机械工程学科研究生教学用书

工程信号处理

主　编　秦树人
副主编　季　忠　尹爱军
主要作者　秦　毅　段虎明　毛永芳

Engineering Signal Processing

高等教育出版社

内容提要

本书系统、全面地介绍了现代信号处理的主要理论、具有代表性的方法以及一些典型应用，并保留了经典信号处理的部分内容。全书共 9 章，分为上、下两篇。上篇介绍线性、平稳信号处理，内容包括信号分析基础、现代谱分析法、自适应信号处理、高阶统计分析等。下篇介绍非线性、非平稳信号处理，内容包括独立分量分析、时频分析方法、小波分析、Hilbert - Huang 变换、神经网络技术及应用等。

本书取材广泛，内容新颖，既阐述了现代信号处理的基础理论与概念，又反映了该学科的新进展。本书章节安排合理，论证清晰，每章都配有思考题，便于读者学习。本书可作为机械工程、电子、通信、自动化、计算机、物理、生物医学等学科相关教师、研究生的教材及参考用书，也可供工程技术人员自学或进修。

图书在版编目 (CIP) 数据

工程信号处理/秦树人主编. — 北京: 高等教育出版社, 2008. 4

ISBN 978-7-04-022840-3

I. 工… Ⅱ. 秦… Ⅲ. 信号处理 Ⅳ. TN911.7

中国版本图书馆 CIP 数据核字 (2008) 第 021493 号

策划编辑 刘占伟 **责任编辑** 刘占伟 **封面设计** 刘晓翔 **责任绘图** 郝 林
版式设计 王 莹 **责任校对** 王效珍 **责任印制** 毛斯璐

出版发行	高等教育出版社	购书热线	010-58581118
社　　址	北京市西城区德外大街 4 号	免费咨询	800-810-0598
邮政编码	100011	网　　址	http://www.hep.edu.cn
总　　机	010-58581000		http://www.hep.com.cn
		网上订购	http://www.landraco.com
经　　销	蓝色畅想图书发行有限公司		http://www.landraco.com.cn
印　　刷	北京宏伟双华印刷有限公司	畅想教育	http://www.widedu.com
开　　本	787×1092　1/16	版　　次	2008 年 4 月第 1 版
印　　张	33.5	印　　次	2008 年 4 月第 1 次印刷
字　　数	820 000	定　　价	58.00 元

本书如有缺页、倒页、脱页等质量问题，请到所购图书销售部门联系调换。

物料号　22840–00

序

本书是机械工程学科系列研究生教材之一。本书对现代信号处理技术进行了较为全面,综合的讲述,适合理工科相关专业的硕士生、博士生作为 40 学时至 60 学时的教材使用。

信号处理作为一门科学,在科学和工程技术中越来越显示出其不可或缺的重要性。近 20 年来,信号处理从傅里叶变换开始至今,已经有了很大的发展。现代信号处理方法以现代谱分析为起点,现已包括现代谱分析法、自适应信号滤波、高阶统计量分析、独立分量分析、时 – 频分析、小波变换分析、希尔伯特 – 黄 (Hilbert – Huang) 变换分析以及神经网络分析等内容。现代信号处理所囊括的丰富内容是经典信号处理所不能比拟的,它所适应的分析与应用早已超越线性平稳随机信号分析的范围,可以面向非线性、非平稳、自适应等一切信号分析,许多过去无法处理、分析的信号,利用现代信号处理技术都可以圆满地或比较好地得到解决。因此,现代信号处理技术可以在许多科学领域 (包括数学、物理学、化学、天文地理学、生物医学等) 和众多工程技术领域中得到广泛应用,现代信号处理技术是许多科学和技术领域不可缺少的分析手段。

本书由秦树人教授、季忠副教授/博士后和尹爱军副教授/博士分别担任主编和副主编,除了编写本书部分章节以外,还负责对全书的内容、体系进行组织、统稿,并负责对全书的编写进行全程指导和把关。参加本书编写工作的还有秦毅博士、段虎明博士和毛永芳博士等。其中,绪论由秦树人教授撰写,第 1 章由秦树人教授、毛永芳博士编写,第 2、4 章由段虎明博士编写,第 6、7 章分别由尹爱军副教授、秦毅博士编写,第 8 章由毛永芳博士编写,第 3、5、9 章由季忠副教授编写。

另外,王见博士、柏林博士、吴宏钢博士、易淼淼学士、张林女士等在本书编写过程中给予了许多技术性支持。

书中各章末均有思考题,供巩固学习内容和进行自测之用。

全书所用参考文献已按相应内容列于各章末尾,以备读者查阅。

由于作者教学经验和水平有限,虽经努力,但仍存在一定纰漏,欢迎广大同行和读者提出意见并指正,以使我们有机会在本书再版时予以订正。

秦树人

2007 年于重庆大学机械工程学院

目 录

下篇 非线性、非平稳信号处理

绪 论

信号处理作为一门科学, 在科学和工程技术中越来越显示出其不可或缺的重要性。近 20 年来, 信号处理从傅里叶变换开始,已有很大的发展。现代信号处理方法以现代谱分析为起点, 现已包括现代谱分析、自适应信号滤波、高阶统计量分析、独立分量分析、时 – 频分析、小波变换分析、希尔伯特 – 黄变换分析以及神经网络分析等。现代信号处理所囊括的丰富内容是经典信号处理所不能比拟的, 它所适应的分析与应用范围早已超越线性平稳随机信号, 已经发展到面向非线性、非平稳、自适应等信号分析的范畴, 许多过去无法处理、分析的信号, 利用现代信号处理技术都可以比较圆满地解决。因此, 现代信号处理技术可以在许多科学领域 (包括数学、物理学、化学、天文地理学、生物医学等) 和工程技术领域中得到广泛应用。现代信号处理技术是许多科学和技术领域不可缺少的分析手段。

本书的主要内容反映的是信号处理中的现代信号处理分析方法, 但是为了保持教材的连贯性, 让读者对本书有一个由经典至现代、由浅入深的阶段性感受, 除现代信号处理内容以外, 本书还保留了经典信号处理的内容。全书内容分上、下两篇, 共 9 章。

上篇为线性、平稳信号处理, 内容包括第 1 ~ 4 章。

第 1 章: 信号分析基础。本章包括信号与系统、信号的时域与幅值域分析、卷积与相关分析、连续信号的频域分析、Z 变换、数据采集原理、数字滤波器的结构、IIR 滤波器设计、FIR 滤波器设计、数字信号处理中的常见问题等。

第 2 章: 现代谱分析法。本章包括奇异值分解和总体最小二乘法、ARMA 谱估计方法、最大熵谱估计方法、最大似然谱估计方法、倒谱以及其他现代谱估计方法等。

第 3 章: 自适应信号处理。本章包括 LMS 自适应滤波器、RLS 自适应滤波器、自适应滤波器的格型算法、快速横向滤波器、自适应 IIR 滤波、自适应谱线增强器、自适应滤波方法在工程信号处理中的应用等。

第 4 章: 高阶统计分析。本章包括基本概念、高阶累量谱、高阶谱估计、高阶累量与线性系统辨识、基于高阶谱的信号重构、Wigner 高阶谱、高阶累量谱在工程信号处理中的应用等。

下篇为非线性、非平稳信号处理, 内容包括第 5 ~ 9 章。

第 5 章: 独立分量分析。本章包括概述、独立分量分析的数学模型、独立分量分析的判据、独立分量分析的优化算法、独立分量分析的实现及应用等。

第 6 章: 时频分析方法。本章包括基本概念、时频分布的一般理论、短时傅里叶变换、Gabor 展开、Wigner – Ville 分布、Radon – Wigner 变换、Cohen 类时频分布、时频分布的性能评价与改进、时频分布的应用等。

第 7 章: 小波分析。本章包括预备知识、连续小波变换、离散化的小波变换及其理论框架、多分辨分析与离散正交小波变换、多采样滤波器组与小波变换、小波包理论、二维小波分析、二代小波变换 —— 提升小波变换、小波分析在工程信号处理中的应用等。

第 8 章: Hilbert – Huang 变换。本章包括 IMF 概念的提出、EMD 方法 —— 筛法过程、Hilbert 谱和边际谱、HHT 中的曲线拟合与端点处理以及 HHT 在机械故障特征提取中的应用等。

第 9 章: 神经网络技术及应用。本章包括神经网络基础、典型结构的神经网络、改进型 BP 算法、集成 BP 算法、多重结构神经网络 (MNN)、神经网络技术在工程信号处理中的应用等。

对于学习本教材必备的一些基础知识 (如概率论与随机过程、参数估计理论及统计性能分析等), 均已列于书末附录中, 供读者学习时参阅。

上　篇
线性、平稳信号处理

第1章　信号分析基础

1.1　信号与系统

1.1.1　信号与系统的定义

在现实生活中, 人们用各种不同的方式交互信息, 比如语音、文字、图像等。这些语音、文字、图像其实就是不同形式的信号。信号是信息的表现形式, 而信息则是信号的具体内容。

信号可以用一个随时间、空间或者其他独立变量变化的函数来表示。一般用一个或者多个独立变量的函数来表示信号。例如, 用 $x(t) = at$ 表示一个斜坡信号, 其中 a 为常数。信号也可以用波形来描述, 与函数描述方式相比, 波形描述方式更具一般性。有些信号很难用数学函数来描述, 但是能够画出它的波形。信号还可用频谱的方式来描述, 频谱是频率的函数, 它可以与表示信号的函数一一对应。如果信号的频谱不是恒定的, 而是随时间变化的, 那么可以用 “时频分布” 更加准确地描述信号的频谱分布和变化情况。

信号总是在系统中传输、处理或者运行。系统是由若干相互作用和相互依赖的事物组合而成的具有特定功能的整体。例如, 传感器、数据采集卡、计算机和相应的数据存储软件就构成了一个数据采集系统。这个系统的目的在于将以电量或振动或其他形式表示的信号转换成为计算机可识别的信号。另外, 传感器、数据采集卡、计算机和数据存储软件都可以分别看成是一个系统。传感器将各种不同形式的信号转换成电压或电流的形式, 提供给数据采集卡。数据采集卡将电压或电流形式的连续信号转换成离散信号。计算机和数据存储软件则将从数据采集卡得到的信号存储在硬盘或其他存储介质中。上述系统都对信号进行了不同的处理。从这个角度来看, 系统也可以定义为对信号实施一定操作的装置。

1.1.2　信号的分类

信号的分类方法很多, 可以从不同的角度对信号进行分类。 在信号分析中, 以信号所具有的时间函数特性加以分类, 这样信号可以分为确定性信号与非确定性信号、能量信号与功率信号、时限信号与频限信号、连续时间信号与离散时间信号等。应该注意的是信号分类的根本目的是为了便于对信号的描述、分析及应用。下面分别说明上述各种信号的定义和特性。

1. 确定性信号与非确定性信号

1) 确定性信号

若信号可以表示为一个确定的时间函数, 因而可确定其在任何时刻的量值, 这种信号称为 (时间) 确定性信号。进一步推广, 只要信号可以用明确的数学关系式来描述, 则称其为确定性信号。确定性信号又可以进一步分为周期信号、非周期信号与准周期信号。

(1) 周期信号: 按一定的时间间隔周而复始重复出现, 无始无终的信号, 可表达为

$$x(t) = x(t + nT_0), \quad n = \pm 1,\ \pm 2,\ \pm 3, \cdots \tag{1-1-1}$$

式中, T_0 为周期, $T_0 = 2\pi/\Omega_0$; Ω_0 为基波角频率。

余弦信号、三角波、方波和调幅信号都是典型的周期信号, 如图 1.1.1 所示。

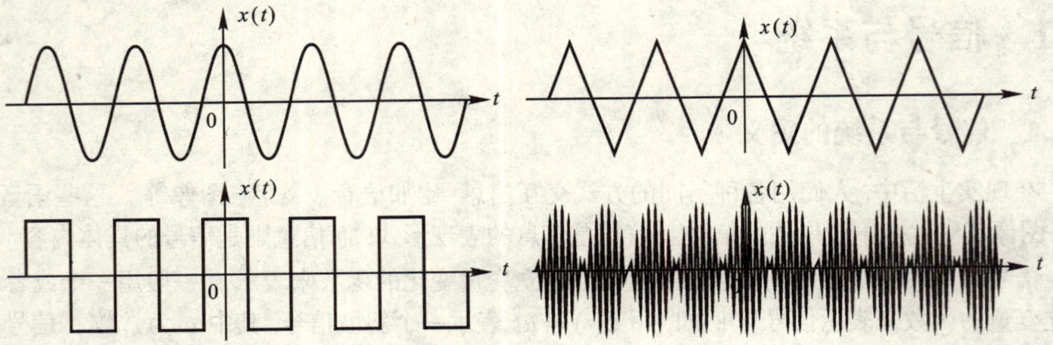

图 1.1.1 典型的周期信号 (余弦信号、三角波、方波和调幅信号)

(2) 非周期信号: 也称为瞬变信号, 其往往具有瞬变性, 或在一定时间区间内存在, 或随时间的增长而衰减至零。常见的非周期信号如图 1.1.2 所示。

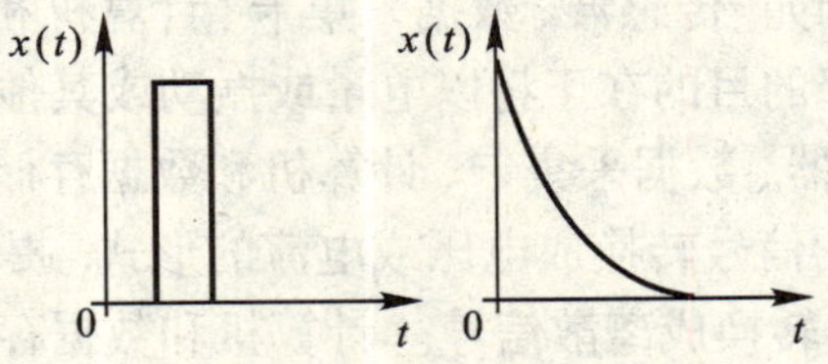

图 1.1.2 瞬变信号 (矩形脉冲、指数衰减函数)

(3) 准周期信号: 准周期信号是周期信号与非周期信号的边缘情况, 是由有限周期信号合成的, 但各周期信号的频率相互之间不是公倍关系, 无公有周期, 其合成信号不满足周期信号的条件, 因而无法按某一时间间隔周而复始重复出现。这种信号往往出现于通信、振动等系统之中, 例如

$$x(t) = \sin \Omega t + \sin \sqrt{2}\Omega t \tag{1-1-2}$$

就是准周期信号。工程实际中, 由不同独立振动激励的系统响应往往属于这一类。

2) 非确定性信号

非确定性信号也称随机信号, 是一种不能准确预测其未来瞬时值, 也无法用数学关系式来描述的信号, 其描述的物理现象是一种随机过程。随机信号任意一次观测值只代表在其变化范围中可能产生的结果之一, 但其值的变化服从统计规律, 具有某些统计特征, 可以用概率统计方法由其过去来估计其未来。

随机信号又有平稳随机信号和非平稳随机信号之分。所谓平稳随机信号是指其统计特征参数不随时间变化的随机信号, 其概率密度函数为正态分布, 否则视为非平稳随机信号。

自然界和生活中有许多随机信号, 例如汽车奔驰时产生的振动、树叶的随风飘动、环境噪声等。

2. 能量信号与功率信号

1) 能量信号

把信号 $x(t)$ 的平方 $x^2(t)$ 及其对时间的积分分别称为信号的功率和能量。当 $x(t)$ 满足

$$\int_{-\infty}^{+\infty} x^2(t)\mathrm{d}t < \infty \tag{1-1-3}$$

时, 则认为信号的能量是有限的, 并称之为能量有限信号, 简称为能量信号, 如矩形脉冲信号、指数衰减信号等。

2) 功率信号

若信号在区间 $(-\infty,+\infty)$ 内的能量是无限的, 即

$$\int_{-\infty}^{+\infty} x^2(t)\,\mathrm{d}t \to \infty \tag{1-1-4}$$

但它在有限区间 (t_1,t_2) 内的平均功率是有限的, 即

$$\frac{1}{t_2-t_1}\int_{t_1}^{t_2} x^2(t)\,\mathrm{d}t < \infty \tag{1-1-5}$$

则称这种信号为功率有限信号或功率信号。

3. 时限信号与频限信号

1) 时限信号

时限信号是在时域有限区间 (t_1,t_2) 内有定义, 而在其外恒等于零的信号。例如矩形脉冲、三角脉冲、余弦脉冲等; 反之, 若信号在时域无穷区间内定义则称为时域无限信号, 前文所述的周期信号、指数衰减信号、随机信号等都是时域无限信号。

2) 频限信号

与时限信号定义类似, 频限信号是在频域内占据一定带宽 (f_1,f_2), 而在其外恒等于零的信号, 例如正弦信号、限带白噪声等。若信号在频域内的带宽延伸至无穷区间, 则称为频域无限信号。

时间有限信号的频谱, 在频率轴上可以延伸至无限远处; 同理, 一个有限带宽信号, 也可在时间轴上延伸至无限远处。一个信号不能够在时域和频域上都是有限的, 即可阐述为如下定理: 一个严格的频限信号, 不能同时是时限信号; 反之亦然。

4. 连续时间信号与离散时间信号

按信号函数表达式中的独立变量取值是连续的还是离散的, 可将信号分为连续信号和离散信号。通常独立变量为时间, 相应地对应连续时间信号和离散时间信号。

1) 连续时间信号

在所讨论的时间间隔内, 对任意时间值, 除若干个第一类间断点外, 都可给出确定的函数值, 此类信号称为连续时间信号或模拟信号。常见的正弦、直流、阶跃、锯齿波、矩形脉冲、截断信号等都属于连续时间信号。

2) 离散时间信号

离散时间信号又称时域离散信号或时间序列。它是在所讨论的时间区间内, 在所规定的不连续瞬时给出函数值。

离散时间信号又可分为两种情况: 时间离散而幅值连续时, 称为采样信号; 时间离散而幅值量化时, 则称为数字信号。

5. 物理可实现信号

物理可实现信号又称为单边信号, 满足条件: $t<0$ 时, $x(t)=0$, 即在时刻小于零的一侧全为零, 信号完全由时刻大于零的一侧确定。

物理系统具有这样一种性质, 当激发脉冲作用于系统之前, 系统是不会有响应的, 换句话说, 在零时刻之前, 没有输入脉冲, 则输出为零, 这种性质反映了物理上的因果关系。因此, 一个信号要通过一个物理系统来实现, 就必须满足 $x(t)=0\ (t<0)$, 这就是把满足上述条件的信号称为物理可实现信号的原因。同理, 对于离散信号而言, 满足 $x(n)=0\ (n<0)$ 条件的序列, 即称为因果序列。

1.1.3 离散时间信号

在信号的分类中已经提到, 如果 t 是定义在时间轴上的连续变量, 则称 $x(t)$ 为连续时间信号, 又称模拟信号; 如果 t 仅在时间轴上离散的点上取值, 则称 $x(t)$ 为离散时间信号。设相邻两个点之间的时间间隔为 T_s, 则 $x(t)$ 可以改写为 $x(nT_s)$, 其中 n 为整数, 即

$$x(nT_s), \qquad n=-N_1,\cdots,-1,0,1,\cdots,N_2 \tag{1-1-6}$$

把 T_s 归一化为 1, 则 $x(nT_s)$ 可以简化为 $x(n)$。$x(n)$ 仅为整数 n 的函数, 所以 $x(n)$ 又称为离散时间序列。

下面介绍一些典型的离散时间信号。

1) 单位采样信号

$$\delta(n)=\begin{cases}1, & n=0\\ 0, & n\neq 0\end{cases} \tag{1-1-7}$$

又叫单位脉冲函数、单位冲激函数。它在离散信号和离散系统的分析中有着十分重要的作用。

2) 脉冲串序列

$$p(n)=\sum_{k=-\infty}^{+\infty}\delta(n-k) \tag{1-1-8}$$

3) 单位阶跃序列

$$u(n)=\begin{cases}1, & n\geqslant 0\\ 0, & n<0\end{cases} \tag{1-1-9}$$

4) 矩形序列

$$R_N(n)=\begin{cases}1, & 0\leqslant n\leqslant N-1\\ 0, & n<0, n\geqslant N\end{cases} \tag{1-1-10}$$

5) 指数序列

$$x(n)=a^n, \quad n\in \mathbf{Z} \tag{1-1-11}$$

6) 复指数序列

$$x(n)=\mathrm{e}^{\mathrm{j}\omega_0 n}=\cos(\omega_0 n)+\mathrm{j}\sin(\omega_0 n) \tag{1-1-12}$$

1.2　信号的时域和幅值域分析

1.2.1　时域分析

信号时域分析又称为波形分析或时域统计分析, 它是通过信号的时域波形计算信号的均值、均方值、方差等统计参数。信号的时域分析很简单, 用示波器、万用表等普通仪器就可以进行分析。

1. 均值

均值 $E[x(t)]$ 表示集合平均值或数学期望值, 或用 μ_x 表示。基于随机过程的各态历经性, 可用时间间隔 T 内的幅值平均值表示, 即

$$\mu_x=E\left[x(t)\right]=\lim_{T\to\infty}\frac{1}{T}\int_0^T x(t)\mathrm{d}t \tag{1-2-1}$$

均值表达了信号变化的中心趋势, 或称之为直流分量。

2. 均方值

信号 $x(t)$ 的均方值 $E[x^2(t)]$, 或称为平均功率 ψ_x^2, 其表达式为

$$\psi_x^2=E\left[x^2(t)\right]=\lim_{T\to\infty}\frac{1}{T}\int_0^T x^2(t)\mathrm{d}t \tag{1-2-2}$$

式中, ψ_x 称为均方根值, 在电信号中均方根值又称有效值。

3. 方差

信号 $x(t)$ 的方差定义为

$$\sigma_x^2=E\left\{\{x(t)-E\left[x(t)\right]\}^2\right\}=\lim_{T\to\infty}\frac{1}{T}\int_0^T\left[x(t)-\mu_x\right]^2\mathrm{d}t \tag{1-2-3}$$

式中, σ_x 称为均方差或标准差。

可以证明, $\sigma_x^2, \psi_x^2, \mu_x^2$ 有如下关系

$$\psi_x^2=\sigma_x^2+\mu_x^2 \tag{1-2-4}$$

式中, σ_x^2 描述了信号的波动量, 对应电信号中交流成分的功率; μ_x^2 描述了信号的静态量, 对应电信号中直流成分的功率。参见图 1.2.1 信号的分解, $x_1(t)$ 对应 $x(t)$ 的波动量, $x_2(t)$ 对应 $x(t)$ 的静态量。

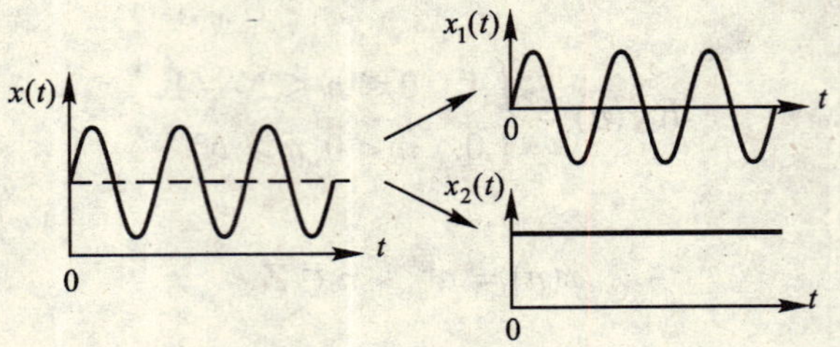

图 1.2.1　信号的分解

1.2.2　幅值域分析

信号的概率密度函数是表示信号幅值落在指定区间内的概率。定义为

$$p(x)=\lim_{\Delta x\to 0}\frac{P\left[x<x(t)\leqslant x+\Delta x\right]}{\Delta x} \tag{1-2-5}$$

对图 1.2.2 所示的信号, $x(t)$ 值落在 $(x,x+\Delta x)$ 区间内的时间为

$$T_x=\Delta t_1+\Delta t_2+\cdots+\Delta t_n=\sum_{i=1}^{n}\Delta t_i$$

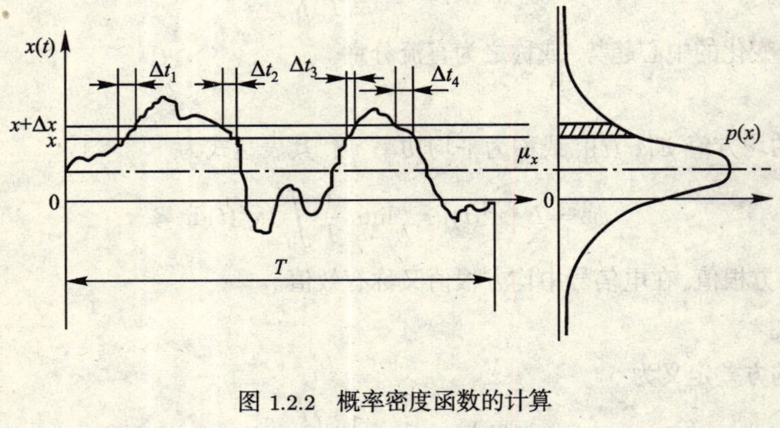

图 1.2.2　概率密度函数的计算

当样本函数的记录时间 T 趋于无穷大时, T_x/T 的比值就是信号落在 $(x,x+\Delta x)$ 区间内的概率, 即

$$P\left[x<x(t)\leqslant x+\Delta x\right]=\lim_{T\to\infty}\frac{T_x}{T} \tag{1-2-6}$$

所以, 相应的幅值概率密度为

$$p(x)=\lim_{\Delta x\to 0}\frac{1}{\Delta x}\left(\lim_{T\to\infty}\frac{T_x}{T}\right) \tag{1-2-7}$$

信号的概率密度函数与信号均值、均方值及方差有如下关系

$$\mu_x = \int_{-\infty}^{+\infty} xp(x)\mathrm{d}x \tag{1-2-8}$$

$$\psi_x^2 = \int_{-\infty}^{+\infty} x^2 p(x)\mathrm{d}x \tag{1-2-9}$$

$$\sigma_x^2 = \int_{-\infty}^{+\infty} (x-\mu_x)^2 p(x)\mathrm{d}x \tag{1-2-10}$$

可以看出，均值是 $x(t)$ 在所有 x 值上的线性加权和；均方值是 $x^2(t)$ 在所有 x 值上的线性加权和；方差则是在 $[x(t)-\mu_x]^2$ 在所有 x 值上的线性加权和。

1.3 卷积与相关分析

1. 卷积

1) 卷积的定义

卷积 (convolution) 是一种运算方法，它不仅是分析线性系统的重要工具，而且在计算离散傅里叶变换，导出许多重要信号和系统的性质以及在数字滤波等方面也经常采用。

函数 $x(t)$ 与 $h(t)$ 的卷积定义为

$$\int_{-\infty}^{+\infty} x(\tau)h(t-\tau)\mathrm{d}\tau$$

简记为 $x(t)*h(t)$，即

$$y(t) = x(t)*h(t) = \int_{-\infty}^{+\infty} x(\tau)h(t-\tau)\mathrm{d}\tau \tag{1-3-1}$$

对应的离散信号 $x(n)$ 与 $h(n)$ 的线性卷积定义为

$$x(n)*h(n) = \sum_{m=-\infty}^{+\infty} x(n-m)h(m) \tag{1-3-2}$$

下面主要介绍连续时间系统中的卷积运算。利用卷积运算，可以描述线性时不变系统的输出与输入的关系，这种关系在物理概念上是十分清楚的，即系统的输出 $y(t)$ 是任意输入 $x(t)$ 与系统脉冲响应函数 $h(t)$ 的卷积。

根据卷积的定义式 (1－3－1)，可以给出 $x(t)$ 与 $h(t)$ 两个信号卷积的几何解释。先把两个信号的自变量换为 τ，即两个信号变为 $x(\tau)$ 与 $h(\tau)$。任意给定某个时刻 t，式 (1－3－1) 可作如下解释：

① 将 $h(\tau)$ 关于 τ 进行反褶得到 $h(-\tau)$；

② 再平移至 t 得到 $h[-(\tau-t)] = h(t-\tau)$；

③ 与 $x(\tau)$ 相乘得到 $x(\tau)h(t-\tau)$；

④ 对 τ 进行积分得到 $\int_{-\infty}^{+\infty} x(\tau)h(t-\tau)\mathrm{d}\tau$；

⑤ 令变量 t 在 $(-\infty,+\infty)$ 范围内变化, 重复第 ②、③、④ 步就可以得到 $y(t)$。

2) 卷积性质

(1) 卷积代数。

卷积运算满足三个基本代数运算律, 即

交换律 $$x(t)*h(t)=h(t)*x(t) \tag{1-3-3}$$

结合律 $$x(t)*[h_1(t)*h_2(t)]=[x(t)*h_1(t)]*h_2(t) \tag{1-3-4}$$

分配律 $$x(t)*[h_1(t)+h_2(t)]=x(t)*h_1(t)+x(t)*h_2(t) \tag{1-3-5}$$

(2) 含有单位脉冲函数 $\delta(t)$ 的卷积。

如图 1.3.1 所示, 设

$$h(t)=[\delta(t-T)+\delta(t+T)]$$

$$x(t)=\begin{cases}A, & 0\leqslant t\leqslant a\\ 0, & \text{其他}\end{cases}$$

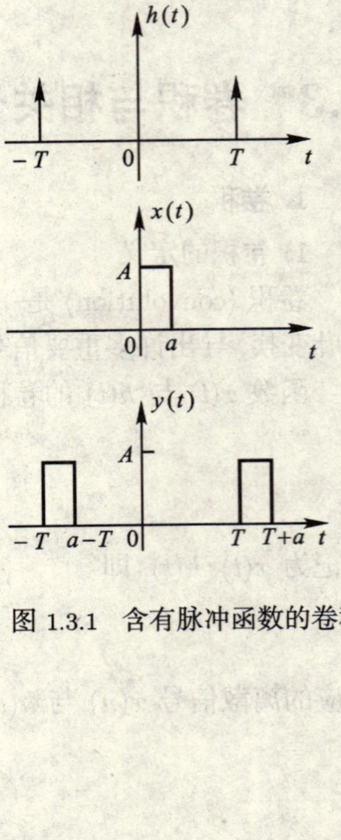

图 1.3.1　含有脉冲函数的卷积

按式 (1－3－1) 计算, 得

$$y(t)=h(t)*x(t)=\int_{-\infty}^{+\infty}h(\tau)x(t-\tau)\mathrm{d}\tau$$

$$=\int_{-\infty}^{+\infty}[\delta(\tau-T)+\delta(\tau+T)]x(t-\tau)\mathrm{d}\tau$$

根据 δ 函数的积分筛选特性, 得

$$y(t)=x(t-T)+x(t+T)$$

可见, 函数 $x(t)$ 与 δ 函数的卷积结果, 就是在 δ 函数的坐标位置上 (以此作为坐标原点) 简单地将 $x(t)$ 重新构图。

(3) 卷积的微分和积分

设 $y(t)=x(t)*h(t)$, 则有

微分 $$\frac{\mathrm{d}y(t)}{\mathrm{d}t}=\frac{\mathrm{d}x(t)}{\mathrm{d}t}*h(t)=x(t)*\frac{\mathrm{d}h(t)}{\mathrm{d}t} \tag{1-3-6}$$

积分 $$\int_{-\infty}^{t}y(\lambda)\mathrm{d}\lambda=\int_{-\infty}^{t}x(\lambda)*h(t)\mathrm{d}\lambda=x(t)*\int_{-\infty}^{t}h(\lambda)\mathrm{d}\lambda \tag{1-3-7}$$

微积分 $$y(t)=\int_{-\infty}^{t}x(\lambda)\mathrm{d}\lambda*\frac{\mathrm{d}h(t)}{\mathrm{d}t}=\frac{\mathrm{d}x(t)}{\mathrm{d}t}*\int_{-\infty}^{t}h(\lambda)\mathrm{d}\lambda \tag{1-3-8}$$

(4) 卷积时移。

若 $y(t)=x(t)*h(t)$, 则

$$x(t)*h(t-t_0)=x(t-t_0)*h(t)=y(t-t_0) \tag{1-3-9}$$

上述性质的证明请参阅文献 [1]。时域卷积定理及频域卷积定理将在 1.4.2 节傅里叶变换的性质中介绍, 这里不再赘述。

2. 相关函数

在信号分析中, 相关是一个非常重要的概念, 被广泛地应用于随机信号的分析中, 也应用在确定性信号的分析中。在相关分析中, 通常研究的是信号 $x(t)$ 与 $y(t)$ 的时延信号 $y(t-\tau)$ 的线性相关和波形相似程度。很显然, 这种相关程度是时延 τ 的函数。τ 的单位和 t 相同, 均为秒。为描述方便, 设 $x(t)$ 和 $y(t)$ 为能量信号, 则它们的互相关函数定义为

$$R_{xy}(\tau)=\int_{-\infty}^{+\infty}x(t)y^*(t-\tau)\mathrm{d}t=\int_{-\infty}^{+\infty}x(t+\tau)y^*(t)\mathrm{d}t \tag{1-3-10}$$

$$R_{yx}(\tau)=\int_{-\infty}^{+\infty}y(t)x^*(t-\tau)\mathrm{d}t=\int_{-\infty}^{+\infty}y(t+\tau)x^*(t)\mathrm{d}t \tag{1-3-11}$$

当 $x(t)=y(t)$ 时, 上式称为自相关函数, 简记为 $R_x(\tau)$

$$R_x(\tau)=\int_{-\infty}^{+\infty}x(t)x^*(t-\tau)\mathrm{d}t=\int_{-\infty}^{+\infty}x(t+\tau)x^*(t)\mathrm{d}t \tag{1-3-12}$$

在 $x(t)$ 和 $y(t)$ 均为实能量信号的情况下, 有

$$R_{xy}(\tau)=\int_{-\infty}^{+\infty}x(t)y(t-\tau)\mathrm{d}t=\int_{-\infty}^{+\infty}x(t+\tau)y(t)\mathrm{d}t \tag{1-3-13}$$

$$R_{yx}(\tau)=\int_{-\infty}^{+\infty}x(t-\tau)y(t)\mathrm{d}t=\int_{-\infty}^{+\infty}x(t)y(t+\tau)\mathrm{d}t \tag{1-3-14}$$

此时的自相关有

$$R_x(\tau)=\int_{-\infty}^{+\infty}x(t)x(t-\tau)\mathrm{d}t=\int_{-\infty}^{+\infty}x(t)x(t+\tau)\mathrm{d}t \tag{1-3-15}$$

如果信号不是能量信号, 那么式 $(1-3-9)$ 和式 $(1-3-10)$ 中的积分将趋于无穷, 因而这两个式子的定义将失去意义。但如果信号是功率信号, 则可以定义它们之间的相关函数。

设 $x(t)$ 和 $y(t)$ 均为实功率信号, 则它们的互相关函数定义为

$$R_{xy}(\tau)=\lim_{T\to\infty}\frac{1}{T}\int_{-\frac{T}{2}}^{\frac{T}{2}}x(t)y(t-\tau)\mathrm{d}t=\lim_{T\to\infty}\frac{1}{T}\int_{-\frac{T}{2}}^{\frac{T}{2}}x(t+\tau)y(t)\mathrm{d}t \tag{1-3-16}$$

$$R_{yx}(\tau)=\lim_{T\to\infty}\frac{1}{T}\int_{-\frac{T}{2}}^{\frac{T}{2}}x(t-\tau)y(t)\mathrm{d}t=\lim_{T\to\infty}\frac{1}{T}\int_{-\frac{T}{2}}^{\frac{T}{2}}x(t)y(t+\tau)\mathrm{d}t \tag{1-3-17}$$

此时的自相关函数为

$$R_x(\tau)=\lim_{T\to\infty}\frac{1}{T}\int_{-\frac{T}{2}}^{\frac{T}{2}}x(t)x(t-\tau)\mathrm{d}t=\lim_{T\to\infty}\frac{1}{T}\int_{-\frac{T}{2}}^{\frac{T}{2}}x(t)x(t+\tau)\mathrm{d}t \tag{1-3-18}$$

复功率信号的相关函数的定义可仿照式 $(1-3-16)\sim(1-3-18)$ 给出

$$R_{xy}(\tau)=\lim_{T\to\infty}\frac{1}{T}\int_{-\frac{T}{2}}^{\frac{T}{2}}x(t)y^*(t-\tau)\mathrm{d}t \tag{1-3-19}$$

$$R_{yx}(\tau)=\lim_{T\to\infty}\frac{1}{T}\int_{-\frac{T}{2}}^{\frac{T}{2}}y(t)x^*(t-\tau)\mathrm{d}t \tag{1-3-20}$$

$$R_x(\tau)=\lim_{T\to\infty}\frac{1}{T}\int_{-\frac{T}{2}}^{\frac{T}{2}}x(t)x^*(t-\tau)\mathrm{d}t \tag{1-3-21}$$

随机信号可看成是周期 $T \to \infty$ 的功率信号。能量信号相关函数表示的物理量是能量, 而周期性信号、随机信号相关函数表示的物理量是功率。

相关函数有如下性质:

(1) 自相关函数是 τ 的偶函数, 即

$$R_x(\tau) = R_x(-\tau) \tag{1-3-22}$$

(2) 自相关函数在 $\tau = 0$ 时为最大值, 并等于该信号的均方值 ψ_x^2。

(3) 周期信号的自相关函数仍然是同频率的周期信号, 但不具有原信号的相位信息。

(4) 随机信号的自相关函数将随 $|\tau|$ 值增大而很快衰减至零。

(5) 互相关函数为非奇非偶函数, 但满足下式

$$R_{xy}(-\tau) = R_{yx}^*(\tau) \tag{1-3-23}$$

(6) 两周期信号的互相关函数仍然是同频率的周期信号, 但保留了原信号的相位差信息。

(7) 两个非同频的周期信号互不相关。

例 1.3.1 求正弦信号 $x(t) = A\sin(\Omega_0 t + \varphi)$ 的自相关函数。

解: 该正弦信号为一周期信号, 周期 $T_0 = 2\pi/\Omega_0$。

$$R_x(\tau) = \frac{1}{T_0}\int_{-\frac{T_0}{2}}^{\frac{T_0}{2}} x(t)\,x(t-\tau)\,\mathrm{d}t = \frac{1}{T_0}\int_{-\frac{T_0}{2}}^{\frac{T_0}{2}} A^2 \sin(\Omega_0 t + \varphi)\sin[\Omega_0(t-\tau)+\varphi]\,\mathrm{d}t$$

根据三角公式

$$\sin\alpha\sin\beta = \frac{1}{2}\cos(\alpha-\beta) - \frac{1}{2}\cos(\alpha+\beta)$$

则有

$$R_x(\tau) = \frac{A^2}{2T_0}\int_{-\frac{T_0}{2}}^{\frac{T_0}{2}} [\cos(\Omega_0\tau) - \cos(2\Omega_0 t - \Omega_0\tau + 2\varphi)]\,\mathrm{d}t$$

又因为

$$\begin{aligned}
&\int_{-\frac{T_0}{2}}^{\frac{T_0}{2}} \cos(2\Omega_0 t - \Omega_0\tau + 2\varphi)\,\mathrm{d}t \\
&= \frac{1}{2\Omega_0}\int_{-\frac{T_0}{2}}^{\frac{T_0}{2}} \cos(2\Omega_0 t - \Omega_0\tau + 2\varphi)\,\mathrm{d}(2\Omega_0 t - \Omega_0\tau + 2\varphi) \\
&= \left.\frac{\sin(2\Omega_0 t - \Omega_0\tau + 2\varphi)}{2\Omega_0}\right|_{-\frac{T_0}{2}}^{\frac{T_0}{2}}
\end{aligned}$$

把 $T_0 = 2\pi/\Omega_0$ 代入上式得

$$\int_{-\frac{T_0}{2}}^{\frac{T_0}{2}} \cos(2\Omega_0 t - \Omega_0\tau + 2\varphi)\,\mathrm{d}t = 0$$

最后得

$$R_x(\tau)=\frac{A^2}{2T_0}\int_{-\frac{T_0}{2}}^{\frac{T_0}{2}}\cos(\Omega_0\tau)\,\mathrm{d}t=\frac{A^2}{2}\cos(\Omega_0\tau)$$

可见正弦函数的自相关函数是一个余弦函数, 在 $\tau=0$ 处具有最大值。它保留了原正弦信号的幅值信息和频率信息, 但丢失了原正弦信号的初始相位信息。

图 1.3.2 是四种典型信号的自相关函数, 稍加对比就可以看到自相关函数是区别信号类型的一个非常有效的手段, 只要信号中含有周期成分, 其自相关函数在 τ 很大时皆不衰减, 并具有明显的周期性。不包含周期成分的随机信号, 当 τ 稍大时其自相关函数就将趋于零。宽带随机噪声的自相关函数很快衰减到零, 窄带随机噪声的自相关函数则具有较慢的衰减特性。

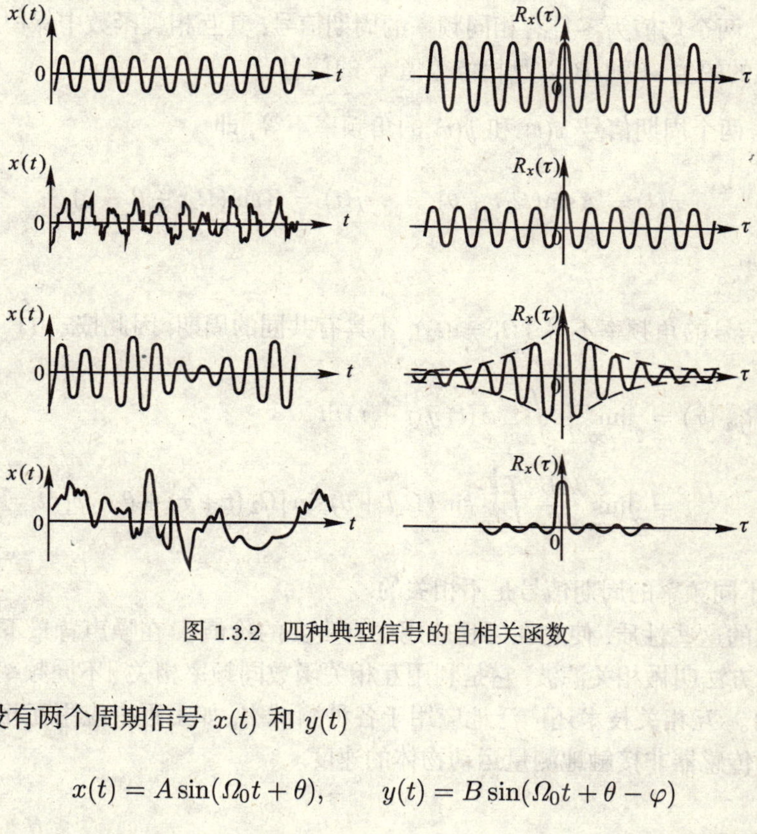

图 1.3.2 四种典型信号的自相关函数

例 1.3.2 设有两个周期信号 $x(t)$ 和 $y(t)$

$$x(t)=A\sin(\Omega_0 t+\theta),\qquad y(t)=B\sin(\Omega_0 t+\theta-\varphi)$$

式中, θ 为 $x(t)$ 相对于 $t=0$ 时刻的相位角; φ 为 $x(t)$ 与 $y(t)$ 的相位差。试求其互相关函数 $R_{yx}(\tau)$。

解: 因为两信号是同频率的周期函数, 其周期为 $T_0=2\pi/\Omega_0$

$$R_{yx}(\tau)=\frac{1}{T_0}\int_{-\frac{T_0}{2}}^{\frac{T_0}{2}}x(t)\,y(t+\tau)\,\mathrm{d}t=\frac{1}{T_0}\int_{-\frac{T_0}{2}}^{\frac{T_0}{2}}A\sin(\Omega_0 t+\theta)\,B\sin[\Omega_0(t+\tau)+\theta-\varphi]\,\mathrm{d}t$$

根据三角公式

$$\sin\alpha\sin\beta=\frac{1}{2}\cos(\alpha-\beta)-\frac{1}{2}\cos(\alpha+\beta)$$

有

$$R_{yx}(\tau)=\frac{AB}{2T_0}\int_{-\frac{T_0}{2}}^{\frac{T_0}{2}}\left[\cos\left(\Omega_0\tau-\varphi\right)-\cos\left(2\Omega_0t+\Omega_0\tau+2\theta-\varphi\right)\right]\mathrm{d}t$$

又由上例知

$$\int_{-\frac{T_0}{2}}^{\frac{T_0}{2}}\cos\left(2\Omega_0t+\Omega_0\tau+2\theta-\varphi\right)\mathrm{d}t=0$$

所以最后求得

$$R_{yx}(\tau)=\frac{AB}{2T_0}\int_{-\frac{T_0}{2}}^{\frac{T_0}{2}}\cos\left(\Omega_0\tau-\varphi\right)\mathrm{d}t=\frac{1}{2}AB\cos\left(\Omega_0\tau-\varphi\right)$$

由上例可见, 两个均值为零且有相同频率的周期信号, 其互相关函数中保留了这两个信号的角频率 Ω_0、对应的幅值 A 和 B 以及相位差值 φ 的信息。

例 1.3.3 若两个周期信号 $x(t)$ 和 $y(t)$ 的角频率不等, 即

$$x(t)=A\sin(\Omega_1t+\theta),\qquad y(t)=B\sin(\Omega_2t+\theta-\varphi)$$

试求其互相关函数。

解: 因为两信号的角频率不等 $(\Omega_1\neq\Omega_2)$, 不具有共同的周期, 因此按式 (1－3－17) 计算

$$\begin{aligned}R_{yx}(\tau)&=\lim_{T\to\infty}\frac{1}{T}\int_{-\frac{T}{2}}^{\frac{T}{2}}x(t)\,y(t+\tau)\,\mathrm{d}t\\&=\lim_{T\to\infty}\frac{AB}{T}\int_{-\frac{T}{2}}^{\frac{T}{2}}\sin\left(\Omega_1t+\theta\right)\sin\left[\Omega_2\left(t+\tau\right)+\theta-\varphi\right]\mathrm{d}t=0\end{aligned}$$

由此可见, 两个不同频率的周期信号是不相关的。

互相关函数的这些性质, 使它在工程应用中有重要的价值。在噪声背景下提取有用信息的一个非常有效的方法叫做相关滤波, 它是利用互相关函数同频率相关、不同频率不相关的性质来达到滤波效果的。互相关技术还广泛地应用于各种测试中, 如工程中应用互相关技术通过两个一定间隔距离的传感器非接触地测量运动物体的速度。

1.4 连续信号的频域分析

在时域难以分析的信号, 通常可以先把它从时域变换到某种变换域, 然后在变换域进行分析, 这是信号分析的重要方法之一。本节主要研究连续时间信号的频域分析。

信号的正交函数分解分析方法就是一种信号的变换域方法, 如果用三角函数集或复指数函数集作为正交函数集, 就称这种分析方法为傅里叶分析方法。傅里叶分析方法在信号分析中有非常重要的地位, 多年来不断有人对其进行发展和应用, 使之成为信息科学与技术领域中应用最广泛的分析方法之一, 同时它也是其他许多变换方法的基础。

1.4.1　周期信号的频谱

1. 傅里叶级数的三角展开式

在有限区间上, 凡满足狄里赫利条件的周期信号 $x(t)$ 都可以展开成傅里叶级数。傅里叶级数的三角展开式如下:

$$x(t)=\frac{a_0}{2}+\sum_{n=1}^{\infty}[a_n\cos(n\Omega_0 t)+b_n\sin(n\Omega_0 t)] \tag{1-4-1}$$

式中, 直流分量

$$a_0=\frac{2}{T_0}\int_{-\frac{T_0}{2}}^{\frac{T_0}{2}}x(t)\mathrm{d}t \tag{1-4-2}$$

余弦分量的幅值

$$a_n=\frac{2}{T_0}\int_{-\frac{T_0}{2}}^{\frac{T_0}{2}}x(t)\cos(n\Omega_0 t)\mathrm{d}t \tag{1-4-3}$$

正弦分量的幅值

$$b_n=\frac{2}{T_0}\int_{-\frac{T_0}{2}}^{\frac{T_0}{2}}x(t)\sin(n\Omega_0 t)\mathrm{d}t \tag{1-4-4}$$

其中, T_0 为基本周期; $\Omega_0=2\pi/T_0$, 称为基波角频率。

将式 (1 − 4 − 1) 中同频分量合并, 可以改写成

$$x(t)=\frac{a_0}{2}+\sum_{n=1}^{\infty}A_n\sin(n\Omega_0 t+\varphi_n) \tag{1-4-5}$$

式中

$$A_n=\sqrt{a_n^2+b_n^2} \tag{1-4-6}$$

$$\varphi_n=\arctan\frac{a_n}{b_n} \tag{1-4-7}$$

由式 (1 − 4 − 5) 可看出, 周期信号是由一个或几个、乃至无穷多个不同频率的谐波叠加而成的。其中, $a_0/2$ 为直流分量, A_n 为 n 次谐波的振幅, φ_n 为 n 次谐波的相位。

当 $x(t)$ 为偶函数时, 由式 (1 − 4 − 2)、式 (1 − 4 − 3) 及式 (1 − 4 − 4) 得

$$a_0=\frac{4}{T_0}\int_0^{\frac{T_0}{2}}x(t)\mathrm{d}t$$

$$a_n=\frac{4}{T_0}\int_0^{\frac{T_0}{2}}x(t)\cos(n\Omega_0 t)\mathrm{d}t$$

$$b_n=0$$

即, 当 $x(t)$ 为偶函数时, 其傅里叶级数展开式中只有直流分量及余弦分量, 无正弦分量。

同理, 当 $x(t)$ 为奇函数时可得

$$a_0=0$$

$$a_n=0$$

$$b_n=\frac{4}{T_0}\int_0^{\frac{T_0}{2}}x(t)\sin(n\Omega_0 t)\mathrm{d}t$$

即, 傅里叶级数展开式中只有正弦分量, 无直流分量和余弦分量。

2. 傅里叶级数的复指数展开式

傅里叶级数也可写成复指数形式。根据欧拉 (Euler) 公式, 式 (1 − 4 − 1) 可改写为

$$x(t)=\frac{a_0}{2}+\sum_{n=1}^{\infty}\left[\frac{1}{2}(a_n+\mathrm{j}b_n)\,\mathrm{e}^{-\mathrm{j}n\Omega_0 t}+\frac{1}{2}(a_n-\mathrm{j}b_n)\,\mathrm{e}^{\mathrm{j}n\Omega_0 t}\right] \tag{1-4-8}$$

令

$$c_n=\frac{1}{2}(a_n-\mathrm{j}b_n) \tag{1-4-9}$$

$$c_{-n}=\frac{1}{2}(a_n+\mathrm{j}b_n) \tag{1-4-10}$$

则

$$x(t)=c_0+\sum_{n=1}^{\infty}c_{-n}\mathrm{e}^{-\mathrm{j}n\Omega_0 t}+\sum_{n=1}^{\infty}c_n\mathrm{e}^{\mathrm{j}n\Omega_0 t} \tag{1-4-11}$$

或

$$x(t)=\sum_{n=-\infty}^{\infty}c_n\mathrm{e}^{\mathrm{j}n\Omega_0 t},\qquad n=0,\ \pm1,\ \pm2,\ \cdots \tag{1-4-12}$$

这就是傅里叶级数的复指数函数形式, 将式 (1 − 4 − 3) 和式 (1 − 4 − 4) 代入式 (1 − 4 − 9), 并令 $n=0,\pm1,\pm2,\cdots$, 即得

$$c_n=\frac{1}{T_0}\int_{-\frac{T_0}{2}}^{\frac{T_0}{2}}x(t)\mathrm{e}^{-\mathrm{j}n\Omega_0 t}\mathrm{d}t \tag{1-4-13}$$

系数 c_n 是一个以谐波次数 n 为自变量的复值函数, 它包含了第 n 次谐波的振幅和相位信息, 即

$$c_n=c_{nR}+\mathrm{j}c_{nI}=|c_n|\mathrm{e}^{\mathrm{j}\varphi_n} \tag{1-4-14}$$

式中

$$|c_n|=\sqrt{c_{nR}^2+c_{nI}^2} \tag{1-4-15}$$

$$\varphi_n=\angle c_n=\arctan\frac{c_{nI}}{c_{nR}} \tag{1-4-16}$$

c_n 与 c_{-n} 共轭, 即 $c_n=c_{-n}^*, \varphi_n=-\varphi_{-n}$。

3. 周期信号的频谱

如上所述, 一个周期信号只要满足狄里赫利条件, 就可展开成一系列的正弦信号或复指数信号之和。在实际工作中, 为表征不同信号的波形, 通常需要画出各次谐波分量的频谱。频谱图一般包括幅值谱图和相位谱图。以角频率为横坐标, 幅值 A_n 或相角 φ_n 为纵坐标作谱线图, 则分别得到幅值谱图和相位谱图。

例 1.4.1 求图 1.4.1 所示周期性三角波的傅里叶级数表示。

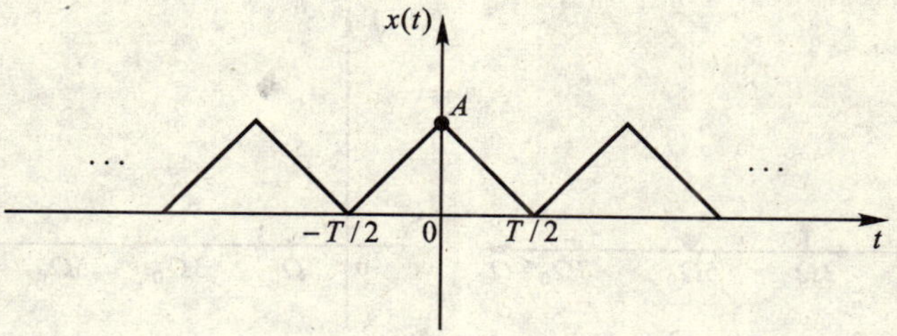

图 1.4.1　周期性三角波

解: $x(t)$ 的一个周期可表示为

$$x(t)=\begin{cases}A+\dfrac{2A}{T}t, & -\dfrac{T_0}{2}\leqslant t\leqslant 0\\ A-\dfrac{2A}{T}t, & 0\leqslant t\leqslant \dfrac{T_0}{2}\end{cases}$$

常值分量

$$\frac{a_0}{2}=\frac{1}{T}\int_{-\frac{T_0}{2}}^{\frac{T_0}{2}}x(t)\mathrm{d}t=\frac{2}{T}\int_0^{\frac{T}{2}}\left(A-\frac{2A}{T}t\right)\mathrm{d}t=\frac{A}{2}$$

余弦分量的幅值

$$\begin{aligned}a_n&=\frac{2}{T_0}\int_{-\frac{T_0}{2}}^{\frac{T_0}{2}}x(t)\cos(n\Omega_0 t)\mathrm{d}t=\frac{4}{T_0}\int_0^{\frac{T_0}{2}}\left(A-\frac{2A}{T_0}t\right)\cos(n\Omega_0 t)\mathrm{d}t\\&=\frac{4A}{n^2\pi^2}\sin^2\frac{n\pi}{2}=\begin{cases}\dfrac{4A}{n^2\pi^2}, & n=1,\ 3,\ 5,\ \cdots\\ 0, & n=2,\ 4,\ 6,\ \cdots\end{cases}\end{aligned}$$

正弦分量的幅值

$$b_n=\frac{2}{T_0}\int_{-\frac{T_0}{2}}^{\frac{T_0}{2}}x(t)\sin(n\Omega_0 t)\mathrm{d}t=0$$

因此, 该周期性三角波的傅里叶级数展开式为

$$x(t)=\frac{A}{2}+\frac{4A}{\pi^2}\sum_{n=1}^{\infty}\frac{1}{(2n-1)^2}\cos[(2n-1)\Omega_0 t]$$

周期性三角波的频谱图如图 1.4.2 所示, 其幅频谱只包含常值分量、基波和奇次谐波的频率分量, 谐波的幅值以 $\dfrac{1}{(2n-1)^2}$ 的规律收敛。在其相频谱中基波和各次谐波的初相位 φ_n 均为零。

例 1.4.2　画出余弦、正弦信号的实、虚部频谱图。

解: 设余弦和正弦信号分别为

$$\cos(\Omega_0 t)=\frac{1}{2}(\mathrm{e}^{-\mathrm{j}\Omega_0 t}+\mathrm{e}^{\mathrm{j}\Omega_0 t})$$

$$\sin(\Omega_0 t)=\mathrm{j}\frac{1}{2}(\mathrm{e}^{-\mathrm{j}\Omega_0 t}-\mathrm{e}^{\mathrm{j}\Omega_0 t})$$

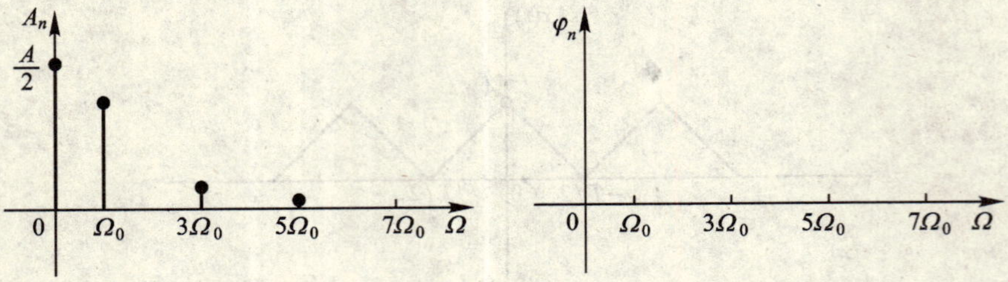

(a) 幅值谱　　(b) 相位谱

图 1.4.2 周期性三角波的频谱

则余弦信号只有实频谱，与纵轴偶对称；正弦函数只有虚频谱图，与纵轴奇对称。图 1.4.3 是这两个函数的频谱图。

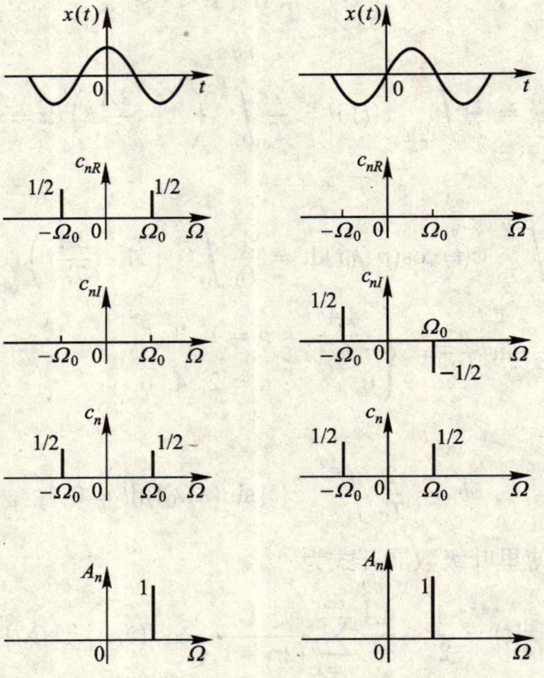

(a) $x(t)=\cos(\Omega_0 t)$　　(b) $x(t)=\sin(\Omega_0 t)$

图 1.4.3 正、余弦函数的频谱图

周期信号的频谱具有如下特点:

(1) 周期信号的频谱是离散的。

(2) 每条谱线只出现在基波频率的整倍数上，基波频率是各高次谐波分量频率的公约数。

(3) 各频率分量的谱线高度表示该次谐波的幅值和相位角。工程中常见的周期信号，其谐波分量的幅值总的趋势是随谐波次数的增高而减小。因此，在频谱分析中没有必要取那些次数过高的谐波分量。

1.4.2 非周期信号的频谱

1. 傅里叶变换与非周期信号的分解

周期信号的周期 T 趋于无穷大时，周期信号就转化为非周期信号。因此，可以把非周期信号看成是周期趋于无穷大的周期信号。当周期信号的周期 T_0 趋于无穷大时，其对应频谱的谱线间隔 $\Omega_0=\dfrac{2\pi}{T_0}$ 趋于无穷小，此时，离散频谱就变成了连续频谱，同时原傅里叶级数的求和变为了积分。此连续频谱实际上是其频谱密度函数。下面详细地讨论用傅里叶级数表示非周期信号的演变 —— 傅里叶变换。

设有一周期信号 $x(t)$，将其展开成指数形式的傅里叶级数，有

$$x(t)=\sum_{n=-\infty}^{+\infty}c_n\mathrm{e}^{\mathrm{j}n\Omega_0 t}$$

$$c_n=\frac{1}{T_0}\int_{-\frac{T_0}{2}}^{\frac{T_0}{2}}x(t)\mathrm{e}^{-\mathrm{j}n\Omega_0 t}\mathrm{d}t$$

当 $T_0\to\infty$ 时，$|c_n|$ 趋于无穷小。若上式两端同时乘以 T_0，则有

$$c_nT_0=\frac{2\pi c_n}{\Omega_0}=\int_{-\frac{T_0}{2}}^{\frac{T_0}{2}}x(t)\mathrm{e}^{-\mathrm{j}n\Omega_0 t}\mathrm{d}t$$

对于非周期信号，周期 $T_0\to\infty$，谱线间隔趋于无穷小量 $\mathrm{d}\Omega$，而离散频率 $n\Omega_0$ 变成连续频率 Ω。在这种极限情况下，c_n 趋于无穷小，但 c_nT_0 可望趋于有限值，且为一个连续函数，通常记为 $X(\Omega)$，即

$$X(\Omega)=\lim_{T_0\to\infty}\frac{2\pi c_n}{\Omega_0}=\int_{-\infty}^{+\infty}x(t)\mathrm{e}^{-\mathrm{j}\Omega t}\mathrm{d}t$$

从而得

$$X(\Omega)=\int_{-\infty}^{+\infty}x(t)\mathrm{e}^{-\mathrm{j}\Omega t}\mathrm{d}t \tag{1-4-17}$$

式中，$X(\Omega)$ 为非周期信号 $x(t)$ 的频谱密度函数。

同样，对 $x(t)$ 的傅里叶级数展开式也可以写成如下形式：

$$x(t)=\sum_{n=-\infty}^{+\infty}c_n\mathrm{e}^{\mathrm{j}n\Omega_0 t}=\sum_{n=-\infty}^{+\infty}\frac{c_n}{\Omega_0}\mathrm{e}^{\mathrm{j}n\Omega_0 t}\Omega_0$$

若上式中 $T_0\to\infty$，则 $x(t)$ 变成非周期信号，$\dfrac{c_n}{\Omega_0}$ 趋于 $\dfrac{X(\Omega)}{2\pi}$，Ω_0 趋于 $\mathrm{d}\Omega$，$n\Omega_0$ 趋于 Ω，而相应的求和变成从 $-\infty\to+\infty$ 的积分，从而得到

$$x(t)=\lim_{T_0\to\infty}\sum_{n=-\infty}^{+\infty}\frac{c_n}{\Omega_0}\mathrm{e}^{\mathrm{j}n\Omega_0 t}\Omega_0=\frac{1}{2\pi}\int_{-\infty}^{+\infty}X(\Omega)\mathrm{e}^{\mathrm{j}\Omega t}\mathrm{d}\Omega \tag{1-4-18}$$

式 (1－4－17) 与式 (1－4－18) 为非周期信号的频谱表示式，称其为傅里叶变换。式 (1－4－17) 为傅里叶正变换，求得的 $X(\Omega)$ 为 $x(t)$ 的频谱密度函数，简称为频谱函数。式 (1－4－18) 为傅

里叶逆变换, $x(t)$ 为 $X(\Omega)$ 的原函数。非周期信号的傅里叶变换可简记为

$$X(\Omega)=\mathrm{F}\left[x(t)\right] \tag{1-4-19}$$

$$x(t)=\mathrm{F}^{-1}\left[X(\Omega)\right] \tag{1-4-20}$$

$x(t)$ 和 $X(\Omega)$ 的关系也可简记为

$$x(t)\longleftrightarrow X(\Omega) \tag{1-4-21}$$

需要指出的是, 上面的推导过程并未严格遵循数学上的推导步骤。从理论上讲, $x(t)$ 应满足一定的条件才存在傅里叶变换。一般来说, 傅里叶变换存在的充要条件为 $x(t)$ 在 $-\infty\sim+\infty$ 范围内满足狄里赫利条件, 而 $x(t)$ 绝对可积, 即

$$\int_{-\infty}^{+\infty}\left|x(t)\right|\mathrm{d}t<\infty \tag{1-4-22}$$

是傅里叶变换存在的充分条件。

2. 非周期信号的频谱

由非周期信号的傅里叶逆变换可知

$$x(t)=\frac{1}{2\pi}\int_{-\infty}^{+\infty}X(\Omega)\mathrm{e}^{\mathrm{j}\Omega t}\mathrm{d}\Omega$$

此式表明, 非周期信号 $x(t)$ 可表示为无数个指数函数 $\mathrm{e}^{\mathrm{j}\Omega t}$ 之和, 而每个指数函数分量的大小为 $X(\Omega)$。这里的 $X(\Omega)$ 不是振幅的概念。由前述傅里叶变换推导过程可知, $X(\Omega)$ 表示单位频率的振幅, 称其为频谱密度函数。频谱密度函数通常是复函数, 可记为

$$X(\Omega)=\left|X(\Omega)\right|\mathrm{e}^{\mathrm{j}\varphi(\Omega)}$$

式中, $\left|X(\Omega)\right|$ 为 $X(\Omega)$ 的模, 它代表信号 $x(t)$ 中各频率分量的相对大小; $\varphi(\Omega)$ 为 $X(\Omega)$ 的相位, 它代表各频率分量的相位。与周期信号的频谱相对应, 习惯上将 $\left|X(\Omega)\right|\sim\Omega$ 的关系曲线称为非周期信号的幅度频谱, 而将 $\varphi(\Omega)\sim\Omega$ 曲线称为相位频谱, 它们都是 Ω 的连续函数。

当 $x(t)$ 为实函数时, 根据频谱函数的定义有

$$\begin{aligned}X(\Omega)&=\int_{-\infty}^{+\infty}x(t)\mathrm{e}^{-\mathrm{j}\Omega t}\mathrm{d}t=\int_{-\infty}^{+\infty}x(t)\cos(\Omega t)\mathrm{d}t-\mathrm{j}\int_{-\infty}^{+\infty}x(t)\sin(\Omega t)\mathrm{d}t\\&=R(\Omega)+\mathrm{j}I(\Omega)\end{aligned}$$

式中

$$R(\Omega)=\int_{-\infty}^{+\infty}x(t)\cos(\Omega t)\mathrm{d}t \tag{1-4-23}$$

$$I(\Omega)=-\int_{-\infty}^{+\infty}x(t)\sin(\Omega t)\mathrm{d}t \tag{1-4-24}$$

从而有

$$X(\Omega)=\left|X(\Omega)\right|\mathrm{e}^{\mathrm{j}\varphi(\Omega)}=R(\Omega)+\mathrm{j}I(\Omega)$$

$\left|X(\Omega)\right|$、$\varphi(\Omega)$ 与 $R(\Omega)$、$I(\Omega)$ 之间的关系如下:

$$\left|X(\Omega)\right| = \sqrt{R^2(\Omega)+I^2(\Omega)} \tag{1-4-25}$$

$$\varphi(\Omega) = \arctan\frac{I(\Omega)}{R(\Omega)} \tag{1-4-26}$$

当 $x(t)$ 为实函数时, 非周期信号的频谱有如下特点:

(1) 若 $x(t)$ 为偶函数, 则 $x(t)$ 的频谱函数 $X(\Omega)$ 为 Ω 的实函数, 且为偶函数。

(2) 若 $x(t)$ 为奇函数, 则 $x(t)$ 的频谱函数 $X(\Omega)$ 为 Ω 的虚函数, 且为奇函数。

下面通过例子来说明非周期信号的频谱分析。

例 1.4.3 已知单位阶跃函数 $u(t)=\begin{cases}1, & t\geqslant 0\\ 0, & t<0\end{cases}$, 信号 $x(t)=\mathrm{e}^{-at}u(t), a>0$, 求 $x(t)$ 的频谱密度。

解: 由式 (1－4－17) 得

$$X(\Omega)=\int_0^{+\infty}\mathrm{e}^{-at}\mathrm{e}^{-\mathrm{j}\Omega t}\mathrm{d}t=\frac{1}{a+\mathrm{j}\Omega}$$

则幅值谱密度和相位谱密度分别为

$$\left|X(\Omega)\right|=\frac{1}{\sqrt{a^2+\Omega^2}},\qquad \varphi(\Omega)=-\arctan\frac{\Omega}{a}$$

如图 1.4.4 所示。

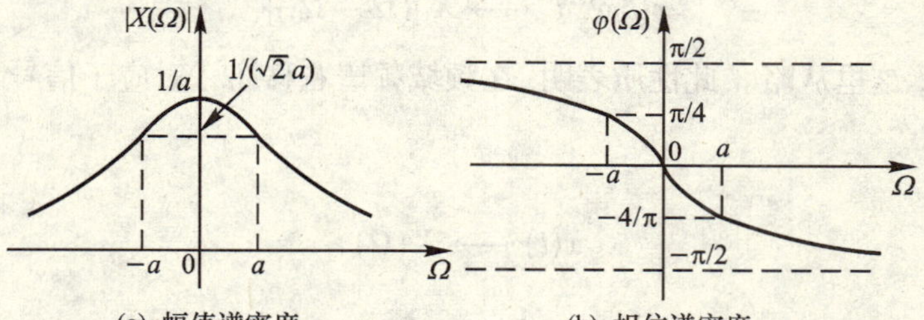

图 1.4.4　单位阶跃函数频谱图

3. 傅里叶变换的主要性质

式 (1－4－17) 和式 (1－4－18) 构成的傅里叶变换对表明时间函数 $x(t)$ 和频谱函数 $X(\Omega)$ 间存在对应关系, 可记为 $x(t)\longleftrightarrow X(\Omega)$, 进一步对其研究, 还可得到若干重要性质。了解并熟练掌握这些性质可以加深理解傅里叶变换对的物理概念, 并为简化分析提供极大的帮助。

1) 线性特性

若

$$X_1(\Omega)=\mathrm{F}\left[x_1(t)\right],\quad X_2(\Omega)=\mathrm{F}\left[x_2(t)\right]$$

则

$$\mathrm{F}\left[ax_1(t)+bx_2(t)\right]=aX_1(\Omega)+bX_2(\Omega) \tag{1-4-27}$$

式中, a, b 为常数。

2) 时移性

若

$$x(t) \longleftrightarrow X(\Omega)$$

则信号 $x(t)$ 在时间上超前 t_0 形成的信号 $x(t-t_0)$ 的频谱和原 $x(t)$ 的频谱有如下关系:

$$x(t-t_0) \longleftrightarrow \mathrm{e}^{-\mathrm{j}\Omega t_0} X(\Omega) \tag{1-4-28}$$

此变换表明, 信号的时移对其幅值谱密度无影响, 而相位谱密度则叠加了一个与频率成线性关系的附加量, 即时域中的时移对应频域中的相移。此性质可证明如下:

$$\mathrm{F}\left[x(t-t_0)\right] = \int_{-\infty}^{+\infty} x(t-t_0)\mathrm{e}^{-\mathrm{j}\Omega t}\mathrm{d}t$$

令 $\tau = t - t_0$, 则上式改写为

$$\mathrm{F}\left[x(t-t_0)\right] = \int_{-\infty}^{+\infty} x(\tau)\mathrm{e}^{-\mathrm{j}\Omega(t_0+\tau)}\mathrm{d}\tau = \mathrm{e}^{-\mathrm{j}\Omega t_0}X(\Omega)$$

3) 频移性

若

$$x(t) \longleftrightarrow X(\Omega)$$

则

$$x(t)\mathrm{e}^{\mathrm{j}\Omega_0 t} \longleftrightarrow X\left[(\Omega-\Omega_0)\right] \tag{1-4-29}$$

上式的证明较简单, 这里从略。此性质表明, 在频域频谱右移 Ω_0, 对应于信号 $x(t)$ 乘以 $\mathrm{e}^{\mathrm{j}\Omega_0 t}$。

4) 时间比例性

若

$$x(t) \longleftrightarrow X(\Omega)$$

则

$$x(at) \longleftrightarrow \frac{1}{|a|}X\left(\frac{\Omega}{a}\right) \tag{1-4-30}$$

式中, a 为非零实数。此性质可证明如下:

将 $x(at)$ 代入式 (1-4-17) 得

$$\mathrm{F}\left[x(at)\right] = \int_{-\infty}^{+\infty} x(at)\mathrm{e}^{-\mathrm{j}\Omega t}\mathrm{d}t$$

令 $\tau = at$, 则 $t = \tau/a, \mathrm{d}\tau = a\mathrm{d}t$, 则当 $a > 0$ 时

$$\mathrm{F}\left[x(at)\right] = \int_{-\infty}^{+\infty} x(\tau)\mathrm{e}^{-\mathrm{j}\frac{\Omega}{a}\tau}\frac{1}{a}\mathrm{d}\tau = \frac{1}{a}X\left(\frac{\Omega}{a}\right)$$

当 $a < 0$ 时

$$\mathrm{F}\left[x(at)\right] = -\int_{+\infty}^{-\infty} x(\tau)\mathrm{e}^{-\mathrm{j}\frac{\Omega}{a}\tau}\frac{1}{a}\mathrm{d}\tau = -\frac{1}{a}X\left(\frac{\Omega}{a}\right)$$

由上述两种情况可知

$$x(at) \longleftrightarrow \frac{1}{|a|}X\left(\frac{\Omega}{a}\right)$$

此性质表明，将信号在时域压缩至其 $1/a$，则其对应的频谱在 Ω 轴上要扩展 a 倍，同时频谱的幅度也减小到原来的 $1/|a|$。特别地，当 $a=-1$ 时，有

$$x(-t) \longleftrightarrow X(-\Omega)$$

5) 对称性

若

$$x(t) \longleftrightarrow X(\Omega)$$

则

$$X(t) \longleftrightarrow 2\pi x(-\Omega) \tag{1-4-31}$$

此性质可证明如下：

由式 (1－4－18) 所示的傅里叶逆变换得

$$x(t)=\frac{1}{2\pi}\int_{-\infty}^{+\infty}X(\Omega)\mathrm{e}^{\mathrm{j}\Omega t}\mathrm{d}\Omega$$

令 $\tau=-t$，上式可写为

$$x(-\tau)=\frac{1}{2\pi}\int_{-\infty}^{+\infty}X(\Omega)\mathrm{e}^{-\mathrm{j}\Omega\tau}\mathrm{d}\Omega$$

将上式中的 τ 换成 Ω，Ω 换成 t，可得

$$x(-\Omega)=\frac{1}{2\pi}\int_{-\infty}^{+\infty}X(t)\mathrm{e}^{-\mathrm{j}t\Omega}\mathrm{d}t$$

从而得

$$2\pi x(-\Omega)=\int_{-\infty}^{+\infty}X(t)\mathrm{e}^{-\mathrm{j}t\Omega}\mathrm{d}t$$

6) 时域卷积

若

$$x_1(t) \longleftrightarrow X_1(\Omega),\quad x_2(t) \longleftrightarrow X_2(\Omega)$$

则

$$x_1(t)*x_2(t) \longleftrightarrow X_1(\Omega)\cdot X_2(\Omega) \tag{1-4-32}$$

该性质可证明如下：

根据卷积的定义有

$$x_1(t)*x_2(t)=\int_{-\infty}^{+\infty}x_1(\tau)x_2(t-\tau)\mathrm{d}\tau$$

将其代入式 (1 − 4 − 17), 得

$$\begin{aligned}\mathrm{F}\left[x_1(t)*x_2(t)\right] &= \int_{-\infty}^{+\infty}\left[\int_{-\infty}^{+\infty} x_1(\tau)x_2(t-\tau)\mathrm{d}\tau\right]\mathrm{e}^{-\mathrm{j}\Omega t}\mathrm{d}t \\ &= \int_{-\infty}^{+\infty} x_1(\tau)\left[\int_{-\infty}^{+\infty} x_2(t-\tau)\mathrm{e}^{-\mathrm{j}\Omega t}\mathrm{d}t\right]\mathrm{d}\tau\end{aligned}$$

由时移性质知

$$\int_{-\infty}^{+\infty} x_2(t-\tau)\mathrm{e}^{-\mathrm{j}\Omega t}\mathrm{d}t = X_2(\Omega)\mathrm{e}^{-\mathrm{j}\Omega\tau}$$

从而有

$$\mathrm{F}\left[x_1(t)*x_2(t)\right] = X_2(\Omega)\int_{-\infty}^{+\infty} x_1(\tau)\mathrm{e}^{-\mathrm{j}\Omega\tau}\mathrm{d}\tau = X_2(\Omega)\bullet X_1(\Omega)$$

7) 频域卷积

若 $x_1(t) \longleftrightarrow X_1(\Omega)$, $x_2(t) \longleftrightarrow X_2(\Omega)$, 则

$$x_1(t)\bullet x_2(t) \longleftrightarrow \frac{1}{2\pi}X_1(\Omega)*X_2(\Omega) \tag{1-4-33}$$

证明从略。

8) 帕斯瓦尔定理

若 $x(t) \longleftrightarrow X(\Omega)$, 则

$$\int_{-\infty}^{+\infty} x^2(t)\mathrm{d}t = \frac{1}{2\pi}\int_{-\infty}^{+\infty}\left|X(\Omega)\right|^2\mathrm{d}\Omega \tag{1-4-34}$$

此式表明, 对非周期信号, 在时域中求得的信号能量与频域中求得的信号能量相等。由于 $\left|X(\Omega)\right|^2$ 是 Ω 的偶函数, 因而上式还可以写为

$$W = \int_{-\infty}^{+\infty} x^2(t)\mathrm{d}t = \frac{1}{2\pi}\int_{-\infty}^{+\infty}\left|X(\Omega)\right|^2\mathrm{d}\Omega = \frac{1}{\pi}\int_{0}^{+\infty}\left|X(\Omega)\right|^2\mathrm{d}\Omega \tag{1-4-35}$$

为了表明信号能量在频率分量上的分布情况, 引入一个能量密度谱函数, 简称为能量谱。能量谱 $G(\Omega)$ 为各频率点上单位频带中的信号能量, 所以信号在整个频率范围的能量为

$$W = \int_{0}^{+\infty} G(\Omega)\mathrm{d}\Omega \tag{1-4-36}$$

对照式 (1 − 4 − 35), 有

$$G(\Omega) = \frac{1}{\pi}\left|X(\Omega)\right|^2 \tag{1-4-37}$$

傅里叶变换的其他性质详见表 1.4.1。

表 1.4.1　傅里叶变换的性质

性质名称	时域	频域
线性	$ax_1(t)+bx_2(t)$	$aX_1(\Omega)+bX_2(\Omega)$
时移性	$x(t-t_0)$	$\mathrm{e}^{-\mathrm{j}\Omega t_0}X(\Omega)$
频移性	$x(t)\mathrm{e}^{\mathrm{j}\Omega_0 t}$	$X\left[(\Omega-\Omega_0)\right]$
调制	$x(t)\cos(\Omega_0 t)$	$1/2\left\{X\left[(\Omega-\Omega_0)\right]+X\left[(\Omega+\Omega_0)\right]\right\}$
	$x(t)\sin(\Omega_0 t)$	$1/2\mathrm{j}\left\{X\left[(\Omega-\Omega_0)\right]-X\left[(\Omega+\Omega_0)\right]\right\}$
时间比例性	$x(at)$	$\dfrac{1}{\lvert a\rvert}X\left(\dfrac{\Omega}{a}\right)$
对称性	$X(t)$	$2\pi x(-\Omega)$
卷积	$x_1(t)*x_2(t)$	$X_1(\Omega)\bullet X_2(\Omega)$
相乘	$x_1(t)\bullet x_2(t)$	$\dfrac{1}{2\pi}X_1(\Omega)*X_2(\Omega)$
时域微分	$\dfrac{\mathrm{d}^n x(t)}{\mathrm{d}t^n}$	$(\mathrm{j}\Omega)^n X(\Omega)$
时域积分	$\int_{-\infty}^{t}x(\tau)\mathrm{d}\tau$	$\pi X(0)\delta(\Omega)+\dfrac{X(\Omega)}{\mathrm{j}\Omega}$
频域微分	$(-\mathrm{j}t)^n x(t)$	$\dfrac{\mathrm{d}^n X(\Omega)}{\mathrm{d}\Omega^n}$
频域积分	$\pi x(0)\delta(t)+\dfrac{x(t)}{-\mathrm{j}t}$	$\int_{-\infty}^{\Omega}X(\eta)\mathrm{d}\eta$
帕斯瓦尔定理	$\int_{-\infty}^{+\infty}x^2(t)\mathrm{d}t$	$\dfrac{1}{2\pi}\int_{-\infty}^{+\infty}\lvert X(\Omega)\rvert^2\mathrm{d}\Omega$

4. 周期信号的傅里叶变换

一般来说周期信号不满足绝对可积条件, 然而借助奇异函数, 有些不满足绝对可积条件的信号也可求其傅里叶变换, 具体步骤如下:

设 $x(t)$ 是以 T_0 为周期的周期信号, 将其展开为傅里叶级数有

$$x(t)=\sum_{n=-\infty}^{+\infty}c_n\mathrm{e}^{\mathrm{j}n\Omega_0 t}$$

式中

$$c_n=\frac{1}{T_0}\int_{-\frac{T_0}{2}}^{\frac{T_0}{2}}x(t)\mathrm{e}^{-\mathrm{j}n\Omega_0 t}\mathrm{d}t$$

对周期信号 $x(t)$ 进行傅里叶变换, 得

$$\mathrm{F}\left[x(t)\right]=\mathrm{F}\left[\sum_{n=-\infty}^{+\infty}c_n\mathrm{e}^{\mathrm{j}n\Omega_0 t}\right]=\sum_{n=-\infty}^{+\infty}c_n\bullet\mathrm{F}\left[\mathrm{e}^{\mathrm{j}n\Omega_0 t}\right]$$

下面来求 $\mathrm{F}\left[\mathrm{e}^{\mathrm{j}n\Omega_0 t}\right]$ 的值。$\mathrm{e}^{\mathrm{j}n\Omega_0 t}$ 可以看成是 $1\bullet\mathrm{e}^{\mathrm{j}n\Omega_0 t}$。只要求出 $\mathrm{F}[1]$, 就能根据傅里叶变换的

频移性质求出 $\mathrm{F}\left[\mathrm{e}^{\mathrm{j}n\Omega_0 t}\right]$。于是先来求 F[1]。由于

$$\mathrm{F}[\delta(t)] = \int_{-\infty}^{+\infty} \delta(t)\mathrm{e}^{-\mathrm{j}\Omega t}\mathrm{d}t = e^0 = 1$$

由傅里叶变换的对称性可知

$$\mathrm{F}[1] = 2\pi\delta(\Omega)$$

求出 F[1] 的值之后, 由傅里叶变换的频移性质可知

$$\mathrm{e}^{\mathrm{j}n\Omega_0 t} \longleftrightarrow 2\pi\delta(\Omega - n\Omega_0)$$

所以有

$$\mathrm{F}\left[x(t)\right] = 2\pi \sum_{n=-\infty}^{+\infty} c_n\delta(\Omega - n\Omega_0), \quad n = 0, \pm1, \pm2, \cdots \tag{1-4-38}$$

例 1.4.4 求均匀冲击序列的频谱密度。

解: 均匀冲击序列是周期为 T_0 的单位冲击函数组成的无穷序列, 如图 1.4.5a 所示, 其数学表达式为

$$g(t) = \sum_{n=-\infty}^{+\infty} \delta(t - nT_0)$$

由于均匀冲击序列是周期函数, 故可由式 (1 − 4 − 38) 给出其傅里叶变换为

$$\mathrm{F}\left[g(t)\right] = 2\pi \sum_{n=-\infty}^{+\infty} c_n\delta(\Omega - n\Omega_0)$$

式中

$$c_n = \frac{1}{T_0}\int_{-\frac{T_0}{2}}^{\frac{T_0}{2}} g(t)\mathrm{e}^{-\mathrm{j}n\Omega_0 t}\mathrm{d}t = \frac{1}{T_0}\int_{-\frac{T_0}{2}}^{\frac{T_0}{2}} \delta(t)\mathrm{e}^{-\mathrm{j}n\Omega_0 t}\mathrm{d}t = \frac{1}{T_0}$$

所以

$$\mathrm{F}\left[g(t)\right] = \Omega_0 \sum_{n=-\infty}^{+\infty} \delta(\Omega - n\Omega_0)$$

可见, 周期冲击函数序列 $g(t)$ 的傅里叶变换是一个在频域中周期为 Ω_0 的冲激序列, 如图 1.4.5c 所示。

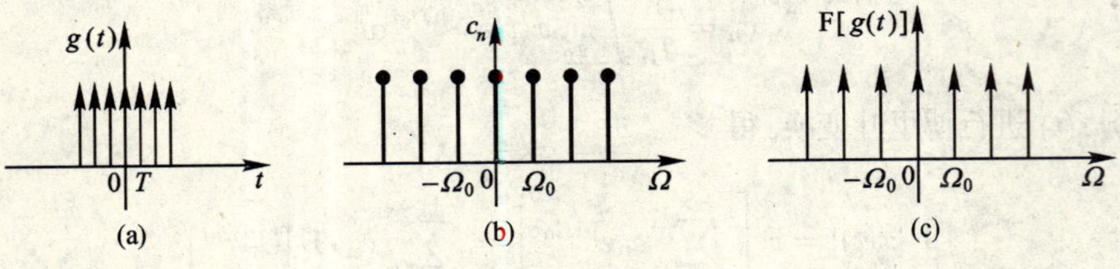

图 1.4.5 均匀冲击序列的频谱密度

1.5 Z 变换

Z 变换是离散时间信号与离散时间系统分析的重要工具, 其地位和作用犹如拉普拉斯变换之于连续时间信号和连续时间系统。本节将介绍 Z 变换的定义、性质以及它与傅里叶变换的联系。

1.5.1 Z 变换的定义

Z 变换的定义可以由抽样信号的拉普拉斯变换引出, 也可以直接由离散信号给出其定义。

给定一个离散信号 $x(n)$, $n=-\infty \sim +\infty$, 可直接给出 $x(n)$ 的 Z 变换的定义

$$X(z)=\sum_{n=-\infty}^{+\infty} x(n)z^{-n} \qquad (1-5-1)$$

式中, z 为复变量。由于 $x(n)$ 存在的范围是 $-\infty \sim +\infty$, 所以上式定义的 Z 变换称为双边 Z 变换。如果由于 $x(n)$ 存在的范围是 $0 \sim +\infty$, 即 $x(n)$ 是一个因果信号, 那么上式应变为如下的单边 Z 变换:

$$X(z)=\sum_{n=0}^{+\infty} x(n)z^{-n} \qquad (1-5-2)$$

单边 Z 变换是双边 Z 变换的特例。

下面再由拉普拉斯变换过渡到 Z 变换。首先给出抽样信号的拉普拉斯变换。设抽样信号 $x_s(nT_s)$ 由连续信号 $x(t)$ 抽样获得, 即

$$x_s(nT_s)=x(t)\sum_{n=-\infty}^{+\infty}\delta(t-nT_s)=\sum_{n=-\infty}^{+\infty}x(nT_s)\delta(t-nT_s) \qquad (1-5-3)$$

对上式两边进行拉普拉斯变换, 得

$$X_s=\int_{-\infty}^{+\infty} x_s(nT_s)\mathrm{e}^{-st}\mathrm{d}t=X(\mathrm{e}^{sT_s}) \qquad (1-5-4)$$

令

$$z=\mathrm{e}^{sT_s} \qquad (1-5-5)$$

式 (1－5－4) 右边可以改写成复变量 z 的变换式, 再将 T_s 归一化为 1, 则式 (1－5－4) 变为

$$X(z)=\sum_{n=-\infty}^{+\infty} x(n)z^{-n}$$

这与式 (1－5－1) 给出的直接定义是一样的。

拉普拉斯复变量 $s=\sigma+\mathrm{j}\Omega$, 其中 Ω 表示的是连续时间信号的角频率, 由式 (1－5－5) 可得

$$z=\mathrm{e}^{sT_s}=\mathrm{e}^{(\sigma+\mathrm{j}\Omega)T_s}=\mathrm{e}^{\sigma T_s}\mathrm{e}^{\mathrm{j}\Omega T_s} \qquad (1-5-6)$$

令

$$\begin{cases} r = \mathrm{e}^{\sigma T_s} \\ \omega = \Omega T_s \end{cases} \tag{1-5-7}$$

则

$$z = r\mathrm{e}^{\mathrm{j}\omega} \tag{1-5-8}$$

其中, ω 是离散时间信号的圆频率。将上式代入式 (1 − 5 − 1), 得

$$X(z) = \sum_{n=-\infty}^{+\infty} x(n)(r\mathrm{e}^{\mathrm{j}\omega})^{-n} = \sum_{n=-\infty}^{+\infty} [x(n)r^{-n}]\mathrm{e}^{-\mathrm{j}\omega n} \tag{1-5-9}$$

这一结果说明, 只要 $x(n)r^{-n}$ 绝对收敛, 即 $\sum\limits_{n=-\infty}^{+\infty} |x(n)r^{-n}| < \infty$, 则 $x(n)$ 的 Z 变换存在。这样, 一个序列 $x(n)$ 的 Z 变换, 又可看成是该序列乘以实序列 r^{-n} 后的傅里叶变换, 即

$$X(z) = \mathrm{F}[x(n)r^{-n}] \tag{1-5-10}$$

若 $r = 1$, 则

$$X(z) = X(\mathrm{e}^{\mathrm{j}\omega}) = \sum_{n=-\infty}^{+\infty} x(n)\mathrm{e}^{-\mathrm{j}\omega n} \tag{1-5-11}$$

这时 Z 变换就演变为离散序列的傅里叶变换。在 1.7 节将会具体介绍离散序列的傅里叶变换。

1.5.2　Z 变换的收敛域

由于 Z 变换是 z^{-1} 的幂级数, 所以它只有在该级数收敛的时候才存在。$X(z)$ 的收敛域 (region of converge, ROC) 即是对任意给定的序列 $x(n)$, 使得其 Z 变换取得有限值的所有 z 的取值的集合。

下面通过两个例子来说明收敛域的必要性。

例 1.5.1　求以下序列的 Z 变换:

$$x(n) = \alpha^n u(n) = \begin{cases} \alpha^n, & n \geqslant 0 \\ 0, & n < 0 \end{cases}$$

解: 由式 (1 − 5 − 1) 得

$$X(z) = \sum_{n=0}^{+\infty} \alpha^n z^{-n} = \sum_{n=0}^{+\infty} (\alpha z^{-1})^n$$

如果 $|\alpha z^{-1}| < 1$, 即 $|z| > |\alpha|$, 该级数收敛

$$X(z) = \frac{1}{1-\alpha z^{-1}} = \frac{z}{z-\alpha}$$

其收敛域为 $|z| > |\alpha|$, 即为半径为 $|\alpha|$ 的圆外部分。

例 1.5.2 求以下序列的 Z 变换:

$$x(n) = -\alpha^n u(-n-1) = \begin{cases} 0, & n \geqslant 0 \\ -\alpha^n, & n < 0 \end{cases}$$

解: 由式 $(1-5-1)$ 得

$$X(z) = \sum_{n=-\infty}^{-1} (-\alpha^n) z^{-n} = -\sum_{l=1}^{+\infty} (\alpha^{-1} z)^l$$

如果 $|\alpha^{-1} z| < 1$, 即 $|z| < |\alpha|$, 该级数收敛

$$X(z) = 1 - \frac{1}{1-\alpha^{-1} z} = \frac{z}{z-\alpha}$$

该序列的 Z 变换为 $\dfrac{1}{1-\alpha z^{-1}}$, 其收敛域为 $|z| < |\alpha|$, 即为半径为 $|\alpha|$ 的圆内部分。

从以上两例可以看出, 序列 $\alpha^n u(n)$ 和序列 $-\alpha^n u(-n-1)$ 具有相同形式的 Z 变换, 其区别在于收敛域的不同。因此, 为了保证一个 Z 变换式对应唯一的时域信号序列, 则必须指明其收敛域。

由级数理论可知, 式 $(1-5-1)$ 收敛需要满足下述条件:

$$\sum_{n=-\infty}^{+\infty} |x(n) z^{-n}| < \infty \tag{1-5-12}$$

对于式 $(1-5-12)$ 中的正项级数, 通常可以用比值判定法或者根值判定法来判断其是否收敛。所谓比值判定法是令其后项与前项的比值极限等于 ρ, 即

$$\rho = \lim_{n\to\infty} \frac{|x(n+1) z^{-(n+1)}|}{|x(n) z^{-n}|} \tag{1-5-13}$$

则当 $\rho < 1$ 时该级数收敛, $\rho > 1$ 时该级数发散, $\rho = 1$ 时该级数可能收敛也可能发散。所谓根值判定法则是令其一般项的 n 次方根的极限等于 ρ, 即

$$\rho = \lim_{n\to\infty} \sqrt[n]{x(n) z^{-n}} \tag{1-5-14}$$

当 $\rho < 1$ 时该级数收敛, $\rho > 1$ 时该级数发散, $\rho = 1$ 时该级数可能收敛也可能发散。

设 $x(n)$ 在区间 $N_1 \sim N_2$ 上有值, 即 $X(z) = \sum\limits_{n=N_1}^{N_2} x(n) z^{-n}$, 下面讨论 N_1、N_2 取不同值时, $x(n)$ 的 Z 变换的收敛域问题。

1. 有限长序列

当 N_1、N_2 取有限整数值时, 序列 $x(n)$ 仅在有限的区间上有值。

(1) 若 $N_1 \geqslant 0$, $N_2 > 0$, 则只有当 $z = 0$ 时 $X(z)$ 才趋于无穷。所以这时的 ROC 是除去原点的整个 z 平面, 即 $|z| > 0$。

(2) 若 $N_1 < 0$, $N_2 \leqslant 0$, 其 ROC 是除去无穷远点的整个 z 平面, 即 $|z| < \infty$。

(3) 若 $N_1 < 0$, $N_2 > 0$, 其 ROC 是上述两种情况的 ROC 的公共部分, 即 $0 < |z| < \infty$。

2. 右边序列

此类序列在 $N_1 \sim \infty$ 范围内取值, 其 Z 变换为

$$X(z)=\sum_{n=N_1}^{\infty}x(n)z^{-n}$$

由式 (1−5−14) 知, 要使上式收敛, 则必须有

$$\lim_{n\to\infty}\sqrt[n]{|x(n)z^{-n}|}<1$$

即

$$|z|>\lim_{n\to\infty}\sqrt[n]{|x(n)|}=r_1$$

其中, r_1 为收敛半径。当 $N_1 \geqslant 0$ 时, 序列为因果序列, 其收敛域为 $|z|>r_1$, 即半径为 r_1 的圆外部分; 当 $N_1<0$ 时, 则收敛域不包括 $z=\infty$ 的情况, 即 $r_1<|z|<\infty$。

3. 左边序列

此类序列在 $-\infty \sim N_2$ 范围内取值, 其 Z 变换为

$$X(z)=\sum_{n=-\infty}^{N_2}x(n)z^{-n}=\sum_{n=-N_2}^{\infty}x(-n)z^{n}$$

由式 (1−5−14) 知, 要使上式收敛, 则必须有

$$\lim_{n\to\infty}\sqrt[n]{|x(-n)z^{n}|}<1$$

即

$$|z|<\frac{1}{\lim\limits_{n\to\infty}\sqrt[n]{|x(-n)|}}=r_2$$

其中, r_2 为收敛半径。可见, 左边序列的收敛域是半径为 r_2 的圆内部分。如果 $N_2>0$, 则收敛域不包括 $z=0$, 即 $0<|z|<r_2$; 如果 $N_2 \leqslant 0$, 则收敛域包括 $z=0$, 即 $|z|<r_2$。

4. 双边序列

此类序列的取值范围为 $-\infty \sim +\infty$, 由式 (1−5−1) 有

$$X(z)=\sum_{n=-\infty}^{+\infty}x(n)z^{-n}=\sum_{n=-\infty}^{-1}x(n)z^{-n}+\sum_{n=0}^{+\infty}x(n)z^{-n}$$

显然, 上式的收敛域应为右端两序列的收敛域的公共部分。若 $r_1<r_2$, 则收敛域存在, 为 z 平面上 $r_1<|z|<r_2$ 的一个环形区域。

例 1.5.3 求序列 $x(n)=a^n u(n)+b^n u(-n-1)$ 的 Z 变换。

解: 由式 (1−5−1) 得

$$X(z)=\sum_{n=-\infty}^{+\infty}x(n)z^{-n}=\sum_{n=0}^{+\infty}a^n z^{-n}+\sum_{n=-\infty}^{-1}b^n z^{-n}=\sum_{n=0}^{+\infty}(az^{-1})^n+\sum_{n=1}^{+\infty}(b^{-1}z)^n$$

上式右端第一个级数收敛于 $|z|>|a|$, 第二个级数收敛于 $|z|<|b|$。如果 $|b|<|a|$, 则上述两个收敛域不重叠, 即序列 $x(n)$ 的 Z 变换不存在。如果 $|b|>|a|$, 则上述两级数在 z 平面上的一个环形区域内同时收敛, 于是得到序列 $x(n)$ 的 Z 变换为

$$X(z)=\frac{1}{1-az^{-1}}-\frac{1}{1-bz^{-1}}=\frac{z(2z-a-b)}{(z-a)(z-b)}$$

其收敛域为 $|a|<|z|<|b|$。

由上面的讨论可以看出, Z 变换的收敛域是 z 平面上的一个环形区域。在某种情况下, 该圆环可以向内扩展到原点, 形成一个圆盘; 在另外的情况下, 也可能扩展到无穷大。只有当 $x(n)$ 是单位采样函数 $\delta(n)$ 时, 其收敛域才是整个 z 平面。表 1.5.1 给出了 N_1、N_2 取不同值时 $X(z)$ 的收敛域。

表 1.5.1　N_1、N_2 取不同值时 $X(z)$ 的收敛域

序列名称	N_1	N_2	ROC
有限长序列	$N_1\geqslant 0$	$N_2>0$	$\|z\|>0$
	$N_1<0$	$N_2\leqslant 0$	$\|z\|<\infty$
	$N_1<0$	$N_2>0$	$0<\|z\|<\infty$
右边序列	$N_1\geqslant 0$	$N_2\to\infty$	$\|z\|>r_1$
	$N_1<0$	$N_2\to\infty$	$r_1<\|z\|<\infty$
左边序列	$N_1\to-\infty$	$N_2>0$	$0<\|z\|<r_2$
	$N_1\to-\infty$	$N_2\leqslant 0$	$\|z\|<r_2$
双边序列	$N_1\to-\infty$	$N_2\to\infty$	$r_1<\|z\|<r_2$

1.5.3　Z 变换的性质

1. 线性

若

$$Z[x_1(n)]=X_1(z),\quad \text{ROC}:r_1$$
$$Z[x_2(n)]=X_2(z),\quad \text{ROC}:r_2$$

则

$$Z[ax_1(n)+bx_2(n)]=aX_1(Z)+X_2(z) \tag{1-5-15}$$

其收敛域为 r_1 和 r_2 的公共部分。

例 1.5.4　求正弦信号 $x(n)=\sin(\omega_0 n)u(n)$ 的 Z 变换。

解: 由欧拉公式, 信号 $x(n)$ 可表示为

$$x(n)=\frac{1}{2\mathrm{j}}[\mathrm{e}^{\mathrm{j}\omega_0 n}u(n)-\mathrm{e}^{-\mathrm{j}\omega_0 n}u(n)]$$

则

$$X(z)=\frac{1}{2\mathrm{j}}\left(\frac{1}{1-\mathrm{e}^{\mathrm{j}\omega_0}z^{-1}}-\frac{1}{1-\mathrm{e}^{-\mathrm{j}\omega_0}z^{-1}}\right)=\frac{z^{-1}\sin\omega_0}{1-2z^{-1}\cos\omega_0+z^{-2}},\quad \text{ROC}:|z|>1$$

2. 时移性

若 $x(n)$ 的 Z 变换是 $X(z)$, $x(n)$ 是双边序列, 记 $x(n)$ 的延迟 $x(n-k)$ 的 Z 变换是 $X'(z)$, 则

$$X'(z)=\sum_{n=-\infty}^{+\infty}x(n-k)z^{-n}$$

令 $n-k=m$, 则

$$X'(z)=\sum_{n=-\infty}^{+\infty}x(m)z^{-k}z^{-m}=z^{-k}X(z) \tag{1-5-16}$$

若 $x(n)$ 是因果序列, 则要分两种情况考虑:

(1) $y(n)=x(n-k)$, 则

$$Y(z)=\sum_{n=0}^{\infty}y(n)z^{-n}=\sum_{n=0}^{\infty}x(n-k)z^{-n}=\sum_{m=-k}^{\infty}x(m)z^{-k}z^{-m}$$

即

$$Y(z)=z^{-k}X(z)+z^{-k}\sum_{n=-k}^{-1}x(n)z^{-n}$$

若考虑 $x(n)$ 是因果序列, 且初始条件为零, 则有

$$Y(z)=z^{-k}X(z) \tag{1-5-17}$$

(2) $y(n)=x(n+k)$, 则

$$\begin{aligned}Y(z)&=\sum_{n=0}^{\infty}y(n)z^{-n}=\sum_{n=0}^{\infty}x(n+k)z^{-n}=\sum_{m=k}^{\infty}x(m)z^{k-m}\\&=z^{k}\left[\sum_{m=0}^{\infty}x(m)z^{-m}-\sum_{m=0}^{k-1}x(m)z^{-m}\right]\end{aligned}$$

即

$$Y(z)=z^{k}X(z)-z^{k}\sum_{n=0}^{k-1}x(n)z^{-n} \tag{1-5-18}$$

3. 序列的指数加权性质

若

$$Z[x(n)]=X(z),\quad \mathrm{ROC}: r_1<|z|<r_2$$

则

$$Z[a^{n}x(n)]=X(z/a),\quad \mathrm{ROC}: |a|r_1<|z|<|a|r_2 \tag{1-5-19}$$

4. 序列的线性加权性质

若

$$Z[x(n)] = X(z), \quad \mathrm{ROC}: r_1 < |z| < r_2$$

则

$$Z[nx(n)] = -z\frac{\mathrm{d}}{\mathrm{d}z}X(z), \quad \mathrm{ROC}: r_1 < |z| < r_2 \tag{1-5-20}$$

证明: $\dfrac{\mathrm{d}}{\mathrm{d}z}X(z) = \dfrac{\mathrm{d}}{\mathrm{d}z}\left[\sum\limits_{n=-\infty}^{+\infty} x(n)z^{-n}\right] = -z^{-1}\sum\limits_{n=-\infty}^{+\infty} nx(n)z^{-n}$

即

$$-z\frac{\mathrm{d}}{\mathrm{d}z}X(z) = \sum_{n=-\infty}^{+\infty} nx(n)z^{-n} = Z\left[nx(n)\right]$$

5. 时域卷积性质

记 $x(n)$, $y(n)$ 的 Z 变换分别是 $X(z)$ 和 $Y(z)$, 则

$$Z[x(n)*y(n)] = X(z)Y(z) \tag{1-5-21}$$

证明: 利用双边 Z 变换的定义, 有

$$\begin{aligned}
\sum_{n=-\infty}^{+\infty}\left[x(n)*y(n)\right]z^{-n} &= \sum_{n=-\infty}^{+\infty}\left[\sum_{k=-\infty}^{+\infty}\left[x(k)y(n-k)\right]\right]z^{-n} \\
&= \sum_{k=-\infty}^{+\infty} x(k)\sum_{n=-\infty}^{+\infty} y(n-k)z^{-(n-k)}z^{-k} \\
&= \sum_{k=-\infty}^{+\infty} x(k)z^{-k}\sum_{m=-\infty}^{+\infty} y(m)z^{-m} \\
&= X(z)Y(z)
\end{aligned}$$

Z 变换的这一性质同傅里叶变换的性质一样, 即两个信号时域的卷积等于它们各自相应的变换在频域相乘; 反之, 两个信号时域的乘积等于相应的变换在频域的卷积。

1.5.4 逆 Z 变换

由已知的 $X(z)$ 及其 ROC 反求序列 $x(n)$ 的过程称为逆 Z 变换, 实现逆 Z 变换的方法通常有幂级数法、部分分式法和留数法。

1. 幂级数法

此方法又叫长除法。由于 $x(n)$ 的 Z 变换的定义为 z^{-1} 的幂级数

$$X(z) = \sum_{n=-\infty}^{+\infty} x(n)z^{-n}$$

所以只要在给定的收敛域内将 $X(z)$ 展开成幂级数的形式, 即 $X(z) = a_0 + a_1z^{-1} + a_2z^{-2} + \cdots$, 则该级数的系数 $a_0, a_1, \cdots, a_n, \cdots$ 就是序列 $x(n)$。下面介绍实现 $X(z)$ 幂级数表示的长除法。

例 1.5.5 设 $X(z)=\dfrac{z^2+z}{z^3-3z^2+3z-1}$,ROC:$|z|>1$, 求 $X(z)$ 的逆变换 $x(n)$。

解: 因为收敛域为 $|z|>1$, 所以这是一个右边序列。利用长除法得

$$
\begin{array}{r l}
 & z^{-1}+4z^{-2}+9z^{-3}+16z^{-4}+\cdots \\
z^3-3z^2+3z-1 \big) & z^2+z \\
 & \underline{z^2-3z+3-z^{-1}} \\
 & 4z-3+z^{-1} \\
 & \underline{4z-12+12z^{-1}-4z^{-2}} \\
 & 9-11z^{-1}-4z^{-2} \\
 & \underline{9-27z^{-1}+27z^{-2}-9z^{-3}} \\
 & 16z^{-1}-23z^{-2}-9z^{-3} \\
 & \underline{16z^{-1}-48z^{-2}+48z^{-3}-16z^{-4}} \\
 & \ddots
\end{array}
$$

即

$$X(z)=z^{-1}+4z^{-2}+9z^{-3}+16z^{-4}+\cdots$$

所以

$$x(n)=n^2u(n)$$

2. 部分分式法

序列的 Z 变换通常是 z 的有理函数, 可表示为有理分式形式。类似于拉氏变换中部分分式展开法。值得注意的是, Z 变换的基本形式是 1, $z/(z-a)$, $z/(z-\mathrm{e}^{-a})$ 等, 因此在利用部分分式法求逆 Z 变换时, 通常先对 $X(z)/z$ 求部分分式, 然后将每个分式再乘以 z, 这样对于一阶极点, 可得到 $z/(z-p_i)$ 的形式, 以便直接利用表 1.5.2 给出的结果。

例 1.5.6 用部分分式法求 $X(z)=\dfrac{z^2}{(z-1)(z-0.5)}$, ROC:$|z|>1$ 的逆变换。

解:

$$\frac{X(z)}{z}=\frac{A_1}{z-0.5}+\frac{A_2}{z-1}$$

式中

$$A_1=\frac{X(z)}{z}(z-0.5)\Big|_{z=0.5}=-1$$

$$A_2=\frac{X(z)}{z}(z-1)\Big|_{z=1}=2$$

所以

$$X(z)=\frac{2z}{z-1}-\frac{z}{z-0.5}$$

因为 $|z| > 1$, 所以 $x(n)$ 是因果序列, 故

$$x(n) = (2 - 0.5^n)u(n)$$

表 1.5.2 给出了部分 Z 变换因式对应的时间序列。

表 1.5.2 部分 Z 变换因式对应的时间序列

变换因式	对应的序列	
	ROC:$\|z\| > r$	ROC:$\|z\| < r$
$z/(z-a)$	$a^n u(n)$	$-a^n u(-n-1)$
$z^2/(z-a)^2$	$(n+1)a^n u(n)$	$-(n+1)a^n u(-n-1)$
$z^3/(z-a)^3$	$\frac{(n+1)(n+2)}{2}a^n u(n)$	$-\frac{(n+1)(n+2)}{2}a^n u(-n-1)$
$z^m/(z-a)^m$	$\frac{(n+1)(n+2)\cdots(n+m-1)}{(m-1)!}a^n u(n)$	$-\frac{(n+1)(n+2)\cdots(n+m-1)}{(m-1)!}\times a^n u(-n-1)$

3. 留数法

由 Z 变换的定义

$$X(z) = \sum_{n=0}^{\infty} x(n) z^{-n}$$

对上式两边分别乘以 z^{m-1}, 然后沿一闭合路径 C 作积分, 即

$$\oint X(z) z^{m-1} \mathrm{d}z = \oint_C \left[\sum_{n=0}^{\infty} x(n) z^{-n}\right] z^{m-1} \mathrm{d}z$$

根据复变函数的理论, 积分路径应该这样选择: 由某一点 z_0 开始, 沿逆时针方向绕原点一周, 又回到 z_0 点, 在整个过程中, $X(z)$ 的全部极点都应保持在积分路径的左边。因为, 对一个因果序列, 若其 ROC 为 $|z| > r_1$, 则所有的极点都应该位于 $|z| \leqslant r_1$ 的圆内, 因此, 积分路径 C 可选为 $r > r_1$ 的圆。如果保证 $\sum\limits_{n=0}^{\infty} |x(n)| < \infty$, 则上式中的求和与积分可交换顺序, 即

$$\oint X(z) z^{m-1} \mathrm{d}z = \sum_{n=0}^{\infty} x(n) \oint_C z^{m-n-1} \mathrm{d}z$$

令积分路径上的 $z = R\mathrm{e}^{\mathrm{j}\theta}$, 则上式可作如下变化:

$$\begin{aligned}
\text{右边} &= \sum_{n=0}^{\infty} x(n) \int_{-\pi}^{\pi} R^{m-n-1} \mathrm{e}^{\mathrm{j}(m-n-1)\theta} \mathrm{j} R \mathrm{e}^{\mathrm{j}\theta} \mathrm{d}\theta \\
&= \sum_{n=0}^{\infty} x(n) \mathrm{j} R^{m-n} \int_{-\pi}^{\pi} \mathrm{e}^{\mathrm{j}(m-n)\theta} \mathrm{d}\theta \\
&= \begin{cases} \mathrm{j}2\pi x(m), & n = m \\ 0, & n \neq m \end{cases}
\end{aligned}$$

所以

$$x(n)=\frac{1}{2\pi \mathrm{j}}\oint_C X(z)z^{n-1}\mathrm{d}z \tag{1-5-22}$$

由于积分路径 C 包围了 $X(z)$ 的所有极点, 所以式 $(1-5-22)$ 的积分可用复变函数中的留数法来求出, 即

$$x(n)=\sum_m \mathrm{res}\left[X(z)z^{n-1}\right]\big|_{z=z_m} \tag{1-5-23}$$

如果 $X(z)z^{n-1}$ 在 $z=z_m$ 处有 k 阶重极点, 则它在该点的留数由下式给出

$$\mathrm{res}\left[X(z)z^{n-1}\right]\big|_{z=z_m}=\frac{1}{(k-1)!}\left\{\frac{\mathrm{d}^{k-1}}{\mathrm{d}z^{k-1}}\left[(z-z_m)^k X(z)z^{n-1}\right]\right\}\bigg|_{z=z_m} \tag{1-5-24}$$

若 $k=1$, 即为一阶极点, 上式可简化为

$$\mathrm{res}\left[X(z)z^{n-1}\right]\big|_{z=z_m}=\left[(z-z_m)X(z)z^{n-1}\right]\big|_{z=z_m} \tag{1-5-25}$$

使用上述两式时要注意, 一定要求出 $X(z)z^{n-1}$ 所有可能极点处的留数。当 n 取不同值时, 在 $z=0$ 处的极点可能会有不同的阶次。

例 1.5.7 求 $X(z)=\dfrac{1}{(z-1)(z-0.6)}$, ROC:$|z|>1$ 的逆变换。

解:

$$x(n)=\sum \mathrm{res}\left[X(z)z^{n-1}\right]=\sum \mathrm{res}\left[\frac{z^{n-1}}{(z-1)(z-0.6)}\right]$$

当 $n=0$ 时, $X(z)z^{n-1}$ 有三个极点, 即 $z=0, z=1, z=0.6$, 所以

$$\begin{aligned}x(0)&=\sum \mathrm{res}\left[\frac{1}{z(z-1)(z-0.6)}\right]\\&=\frac{1}{(z-1)(z-0.6)}\bigg|_{z=0}+\frac{1}{z(z-0.6)}\bigg|_{z=1}+\frac{1}{z(z-1)}\bigg|_{z=0.6}\\&=0\end{aligned}$$

当 $n\geqslant 1$ 时

$$\begin{aligned}x(n)&=\sum \mathrm{res}\left[\frac{z^{n-1}}{z(z-1)(z-0.6)}\right]\\&=\frac{z^{n-1}}{(z-1)(z-0.6)}\bigg|_{z=0}+\frac{z^{n-1}}{z(z-0.6)}\bigg|_{z=1}+\frac{z^{n-1}}{z(z-1)}\bigg|_{z=0.6}\\&=2.5\left(1-0.6^{n-1}\right)\end{aligned}$$

即

$$x(n)=\begin{cases}0, & n=0\\ 2.5\left(1-0.6^{n-1}\right), & n\geqslant 1\end{cases}$$

1.6　数据采集原理

在实际信号处理中, 通常都是用计算机来处理信号, 而计算机只能处理数字信号, 因此连续信号的离散化就显得极其重要。完成连续信号的离散化的过程, 也就是模拟信号的数字化的过程, 称为模/数 (A/D) 转换或称数据采集。

对连续信号, 一般采用以下几个步骤进行离散化: 采样、量化和编码。采样过程是使信号的时间离散化, 从而得到连续值、离散时间信号。量化过程是使采样信号的值离散化, 即对每一个采样值从有限离散数值集中选择一个与它最接近的数值来近似, 从而得到离散值、离散时间信号。将离散值、离散时间信号编码就得到计算机可以识别的数字信号。本节主要介绍采样过程及采样定理。

1. 采样过程

采样过程如图 1.6.1 所示。采样开关周期性地闭合, 闭合周期为 T_s, 闭合时间很短。采样开关的输入为连续时间信号 $x(t)$, 输出信号 $x'(t)$ 可认为是 $x(t)$ 在开关闭合时的瞬时值, 即脉冲序列 $x(T_s), x(2T_s), \cdots, x(nT_s)$。

(a) 采样开关及采样输入

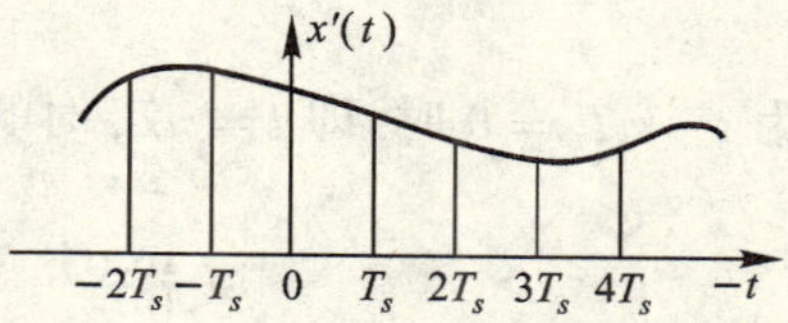

(b) 采样函数

图 1.6.1　采样过程示意图

设采样开关闭合时间为 τ, 则采样后得到的宽度为 τ, 幅值随 $x(t)$ 变化的脉冲序列如图 1.6.2a 所示, 采样信号 $x'(t)$ 可以视为原信号 $x(t)$ 与一个幅值为 1 的开关函数 $s(t)$ 的乘积, 即

$$x'(t) = x(t)s(t) \tag{1-6-1}$$

式 (1 − 6 − 1) 中, $s(t)$ 是周期为 T_s、脉冲宽度为 τ、幅值为 1 的脉冲序列 (图 1.6.2b)。因此采样过程实质上是一种调制过程, 可以用一乘法器来模拟, 如图 1.6.2c 所示。

由于脉冲宽度 τ 远小于采样周期 T_s, 因此可近似认为 τ 趋近于零, 用单位脉冲函数 $\delta(t)$ 来描述, 单位脉冲函数定义为

$$\delta(t) = \begin{cases} \infty, & t = 0 \\ 0, & t \neq 0 \end{cases}$$

且

$$\int_{+\infty}^{-\infty} \delta(t)\mathrm{d}t = 1 \tag{1-6-2}$$

即表示宽度为零, 面积为 1。

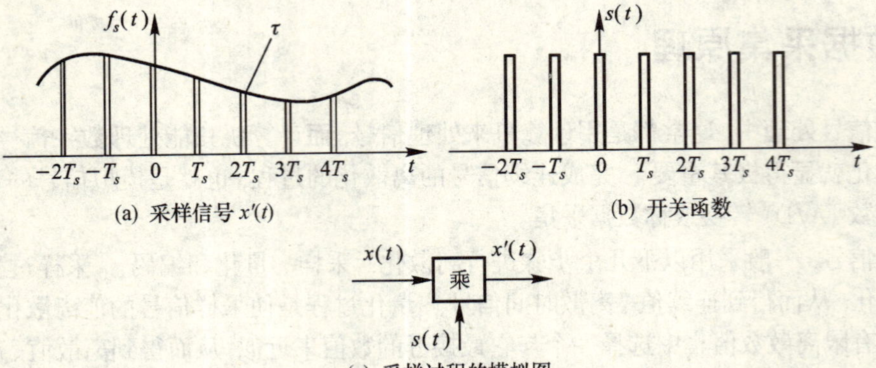

(a) 采样信号 $x'(t)$　　(b) 开关函数

(c) 采样过程的模拟图

图 1.6.2 采样过程原理图

单位脉冲序列 $\delta_T(t)$ 可表示为

$$\delta_T(t) = \sum_{n=-\infty}^{+\infty} \delta(t - nT_s) \tag{1-6-3}$$

式中 $\delta(t - nT_s)$ 为 $t - nT_s = 0$ 时, 即 $t = nT_s$ 时的单位脉冲, 如图 1.6.3 所示。

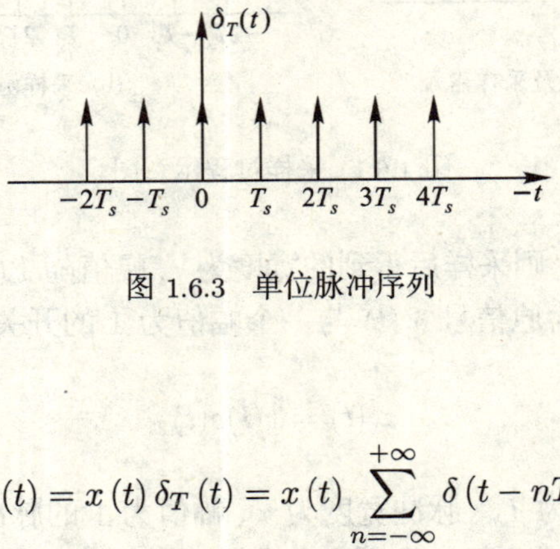

图 1.6.3 单位脉冲序列

因此, 采样信号为

$$x'(t) = x(t)\,\delta_T(t) = x(t) \sum_{n=-\infty}^{+\infty} \delta(t - nT_s) \tag{1-6-4}$$

2. 采样定理

香农采样定理: 对一个频率范围在 $(-f_{\max} < f < f_{\max})$ 以内的连续信号, 当采样频率 $f_s \geqslant 2f_{\max}$ 时, 才能由采样信号 $x'(t)$ 不失真地恢复原来的连续信号。

采样定理所规定的最低的采样频率, 是数据采集系统必须遵守的规则。在实际使用时, 由于 ① 信号 $x(t)$ 的最高频率难以确定, 特别是当 $x(t)$ 中有噪声时, 则更为困难; ② 采样理论要求在取得全部采样值后才能求得被采样函数, 而实际上在某一采样时刻, 计算机只取得本次采样值和以前各次采样值, 却必须在以后的采样值尚未获得的情况下进行计算分析。因此, 实际的采样频率取值高于理论值, 一般为信号最高频率的 $5 \sim 10$ 倍。

1.7　离散傅里叶变换及快速傅里叶变换

1.7.1　离散傅里叶变换

傅里叶变换对共有四种形式, 在 1.4.2 节已经讨论了两种形式的傅里叶变换对, 即非周期信号的傅里叶变换 (时域、频域均连续) 和周期信号的傅里叶级数 (时域连续、频域离散)。其余两种傅里叶变换对为离散时间序列的傅里叶变换 (时域离散、频域连续) 及离散傅里叶变换 (时域、频域均离散)。

离散时间序列的傅里叶变换 (DTFT) 的定义为

$$X(\mathrm{e}^{\mathrm{j}\omega}) = \sum x(n)\mathrm{e}^{-\mathrm{j}\omega n}$$

其逆变换的定义为

$$x(n) = \frac{1}{2\pi}\int_{-\pi}^{\pi} X(\mathrm{e}^{\mathrm{j}\omega})\mathrm{e}^{\mathrm{j}\omega n}\mathrm{d}\omega$$

其中, ω 是圆频率, 它和模拟角频率的关系为 $\omega = \Omega T_s$, 其中 T_s 为采样间隔。

离散傅里叶变换 (DFT) 的定义可由周期序列的离散傅里叶级数 (DFS) 导出。首先介绍周期序列的离散傅里叶级数。

设 $\widetilde{x}(nT_s)$ 是周期信号 $\widetilde{x}(t)$ 的抽样, $\widetilde{x}(t)$ 的周期为 T_0, 每个周期内抽取 N 个点, $T_0 = NT_s$。因此, $\widetilde{x}(nT_s)$ 也是周期的, 周期为 NT_s 或 N。将 $\widetilde{x}(t)$ 展成傅里叶级数, 得

$$\widetilde{x}(t) = \sum_{k=-\infty}^{+\infty} X(k\Omega_0)\mathrm{e}^{\mathrm{j}k\Omega_0 t}$$

式中, k 为整数; $\Omega_0 = 2\pi/T_0 = 2\pi/NT_s$。再对上式中 $\widetilde{x}(t)$ 进行抽样得

$$\widetilde{x}(nT_s) = \widetilde{x}(t)\big|_{t=nT_s} = \sum_k \widetilde{X}(k\Omega_0)\mathrm{e}^{\mathrm{j}k\frac{2\pi}{NT_s}nT_s} = \sum_k \widetilde{X}(k\Omega_0)\mathrm{e}^{\mathrm{j}\frac{2\pi}{N}nk} \tag{1-7-1}$$

由于离散信号的频谱是周期性的, 故在上式中将 $X(k\Omega_0)$ 改记为 $\widetilde{X}(k\Omega_0)$, 且上式对 k 的求和应在一个周期内进行。取 $\widetilde{X}(k\Omega_0)$ 的一个周期, 并简记为 $X(k)$, 又有 $\mathrm{e}^{\mathrm{j}\frac{2\pi}{N}nk} = \mathrm{e}^{\mathrm{j}\frac{2\pi}{N}n(k+lN)}$, l 为任意整数, 则式 $(1-7-1)$ 可表示为

$$\widetilde{x}(nT_s) = \sum_{k=0}^{N-1} X(k)\mathrm{e}^{\mathrm{j}\frac{2\pi}{N}nk} \tag{1-7-2}$$

式中, 当 $n = 0, 1, \cdots, N-1$ 与当 $n = N, \cdots, 2N-1$ 时所得结果相同, 也即该式只能计算出 N 个 $\widetilde{x}(nT_s)$ 的值。这 N 个值即是 $\widetilde{x}(nT_s)$ 的一个周期, 记为 $x(n), n = 0, 1, \cdots, N-1$。这样, 式 $(1-7-2)$ 左边的 $\widetilde{x}(nT_s)$ 可换为 $x(nT_s)$, 再在等式两边同时乘以 $\mathrm{e}^{-\mathrm{j}l\frac{2\pi}{N}n}$, 然后分别求和, 得

$$\sum_{n=0}^{N-1} x(n)\mathrm{e}^{-\mathrm{j}l\frac{2\pi}{N}n} = \sum_{n=0}^{N-1}\left[\sum_{k=0}^{N-1} X(k)\mathrm{e}^{\mathrm{j}\frac{2\pi}{N}nk}\right]\mathrm{e}^{-\mathrm{j}l\frac{2\pi}{N}n} = \sum_{k=0}^{N-1} X(k)\sum_{n=0}^{N-1}\mathrm{e}^{\mathrm{j}\frac{2\pi}{N}(k-l)n}$$

由于

$$\sum_{n=0}^{N-1} \mathrm{e}^{\mathrm{j}\frac{2\pi}{N}(k-l)n} = \begin{cases} N, & k-l=0, N, 2N, \cdots \\ 0, & 其他 \end{cases}$$

故上式的右边等于 $NX(k)$, 于是有

$$X(k) = \frac{1}{N}\sum_{n=0}^{N-1} x(n)\mathrm{e}^{-\mathrm{j}\frac{2\pi}{N}nk} \tag{1-7-3}$$

习惯上将常数 $1/N$ 移到式 $(1-7-2)$ 所示的逆变换中, 这样得到如下两组变换式:

$$\begin{cases} X(k) = \sum_{n=0}^{N-1} x(n)\mathrm{e}^{-\mathrm{j}\frac{2\pi}{N}nk}, & k=0,1,\cdots,N-1 \\ x(n) = \frac{1}{N}\sum_{k=0}^{N-1} X(k)\mathrm{e}^{\mathrm{j}\frac{2\pi}{N}nk}, & n=0,1,\cdots,N-1 \end{cases} \tag{1-7-4}$$

$$\begin{cases} \widetilde{X}(k) = \sum_{n=0}^{N-1} \widetilde{x}(n)\mathrm{e}^{-\mathrm{j}\frac{2\pi}{N}nk}, & k=-\infty \sim +\infty \\ \widetilde{x}(n) = \frac{1}{N}\sum_{k=0}^{N-1} \widetilde{X}(k)\mathrm{e}^{\mathrm{j}\frac{2\pi}{N}nk}, & n=-\infty \sim +\infty \end{cases} \tag{1-7-5}$$

式 $(1-7-4)$ 即是序列的离散傅里叶变换 (DFT), 它与式 $(1-7-5)$ 所示的周期序列的傅里叶级数并无实质区别, 只不过它更明确地表示只取一个周期。

通常引入如下记号:

$$W_N = \mathrm{e}^{-\mathrm{j}\frac{2\pi}{N}}$$

则式 $(1-7-4)$ 可改写为

$$X(k) = \mathrm{DFT}[x(n)] = \sum_{n=0}^{N-1} x(n)W_N^{nk} \tag{1-7-6}$$

$$x(n) = \mathrm{IDFT}[X(k)] = \frac{1}{N}\sum_{k=0}^{N-1} X(k)W_N^{-nk} \tag{1-7-7}$$

式 $(1-7-6)$ 即为离散傅里叶正变换, 而式 $(1-7-7)$ 为离散傅里叶逆变换。

下面讨论离散傅里叶变换与 Z 变换的关系, 由前述内容可知, N 点有限长序列的 Z 变换的定义为

$$X(z) = \sum_{n=0}^{N-1} x(n)z^{-n}$$

对照式 $(1-7-4)$, 不难看出, $x(n)$ 的离散傅里叶变换 $X(k)$ 是在 z 平面单位圆上的 N 个等间隔角点上对 $x(n)$ 的 Z 变换 $X(z)$ 的抽样, 而第一个抽样点为 $k=0$。图 1.7.1 画出了这些抽样点。

下面介绍 DFT 的性质。

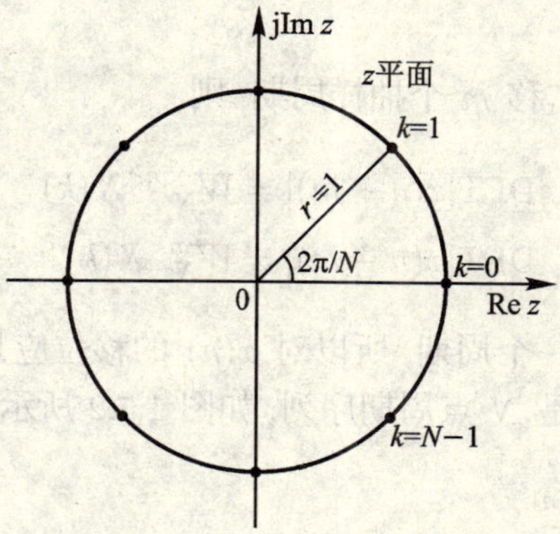

图 1.7.1 三个变换自变量的取值

1. 线性

若 $x_1(n), x_2(n)$ 都是 N 点序列, 其 DFT 分别是 $X_1(k), X_2(k)$, 则

$$\mathrm{DFT}[ax_1(n)+bx_2(n)]=aX_1(k)+bX_2(k) \tag{1-7-8}$$

2. 正交性

令矩阵

$$\boldsymbol{W}_N=\begin{bmatrix} W_N^0 & W_N^0 & W_N^0 & \cdots & W_N^0 \\ W_N^0 & W_N^1 & W_N^2 & \cdots & W_N^{N-1} \\ W_N^0 & W_N^2 & W_N^4 & \cdots & W_N^{2(N-1)} \\ \vdots & \vdots & \vdots & & \vdots \\ W_N^0 & W_N^{N-1} & W_N^{2(N-1)} & \cdots & W_N^{(N-1)(N-1)} \end{bmatrix} \tag{1-7-9}$$

$$\boldsymbol{X}_N=[X(0)\quad X(1)\quad \cdots \quad X(N-1)]$$

$$\boldsymbol{x}_N=[x(0)\quad x(1)\quad \cdots \quad x(N-1)]^{\mathrm{T}}$$

则 DFT 的正变换可以写成矩阵形式

$$\boldsymbol{X}_N=\boldsymbol{W}_N\boldsymbol{x}_N \tag{1-7-10}$$

由于

$$\boldsymbol{W}_N^*\boldsymbol{W}_N=\sum_{k=0}^{N-1}W^{mk}W^{-nk}=\begin{cases}N, & m=n\\ 0, & m\neq n\end{cases}$$

所以 $\boldsymbol{W}_N^*$ 和 $\boldsymbol{W}_N$ 是正交的, 即 $\boldsymbol{W}_N$ 是正交矩阵, DFT 是正交变换。因此 DFT 的逆变换可表示为

$$\boldsymbol{x}_N=\boldsymbol{W}_N^{-1}\boldsymbol{X}_N=\frac{1}{N}\boldsymbol{W}_N^*\boldsymbol{X}_N \tag{1-7-11}$$

3. 序列的圆周移位

将 N 点序列 $x(n)$ 左移或右移 m 个抽样周期, 则

$$\mathrm{DFT}[x(n+m)] = W_N^{-mk} X(k) \tag{1-7-12a}$$

$$\mathrm{DFT}[x(n-m)] = W_N^{mk} X(k) \tag{1-7-12b}$$

由于 $x(n)$ 是周期序列 $\widetilde{x}(n)$ 的一个周期, 所以对 $x(n)$ 的移位应是整个序列的移位, 即前面移出去后, 后面移进来, 故移位后仍是 N 点周期序列, 如图 1.7.2 所示。这种移位称为圆周移位。

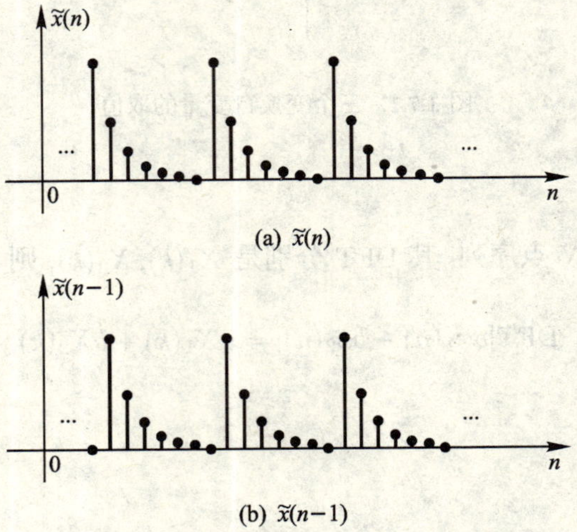

图 1.7.2　循环移位, $N=7$

4. 共轭对称性

设 $\mathrm{DFT}[x(n)] = \mathrm{DFT}\{\mathrm{Re}[x(n)] + \mathrm{jIm}[x(n)]\}$, 则有

(1) $\mathrm{DFT}[x^*(n)] = X^*((-k))_N R_N(k) = X^*((N-k))_N R_N(k)$, 式中 $x^*(n)$ 表示 $x(n)$ 的共轭复序列, $X^*((-k))_N$,$X^*((N-k))_N$ 表示将 $X^*(k)$,$X^*(N-k)$ 延拓成周期为 N 的周期序列, 而 $R_N(k)$ 则表示取相应周期函数的第 $0 \sim N-1$ 个值, 即

$$R_N(k) = \begin{cases} 1, & 0 \leqslant k \leqslant N-1 \\ 0, & \text{其他} \end{cases}$$

(2) 存在关系式

$$\mathrm{DFT}[x^*((-n))_N R_N(n)] = X^*(k) \tag{1-7-13}$$

(3) 若 $x(n)$ 为实序列, 则 $X(k)$ 只有圆周共轭对称分量, 即

$$X(k) = X^*((N-k))_N R_N(k) \tag{1-7-14}$$

若 $x(n)$ 为纯虚序列, 则 $X(k)$ 只有圆周共轭反对称分量, 即

$$X(k) = -X^*((N-k))_N R_N(k) \tag{1-7-15}$$

其他的对称关系归纳于表 1.7.1 中。

当然, 这里所说的有限长序列 $x(n)$ [或 $X(k)$] 的奇偶是指把序列排在一个圆周上, 以 $n=0$ (或 $k=0$) 为对称中心的奇偶对称。

表 1.7.1　序列及其 DFT 的奇、偶、虚、实关系

$x(n)$ [或 $X(k)$]	$X(k)$ [或 $x(n)$]
偶对称	偶对称
奇对称	奇对称
实数	实部为偶对称、虚部为奇对称
虚数	实部为奇对称、虚部为偶对称
实数偶对称	实数偶对称
实数奇对称	虚数奇对称
虚数偶对称	虚数偶对称
虚数奇对称	实数奇对称

5. 帕斯瓦尔定理

$$\sum_{n=0}^{N-1}\left|x(n)\right|^2=\frac{1}{N}\sum_{k=0}^{N-1}\left|X(k)\right|^2 \tag{1-7-16}$$

6. 圆周卷积和

设 $x_1(n), x_2(n)$ 是点数为 N 的有限长序列 $(0\leqslant n\leqslant N-1)$, $X_1(k)=\mathrm{DFT}[x_1(n)]$,$X_2(k)=\mathrm{DFT}[x_2(n)]$, 若 $Y(k)=X_1(k)\bullet X_2(k)$, 则

$$y(n)=x_1(n)\otimes x_2(n) \tag{1-7-17}$$

式中, $\otimes$ 表示求圆周卷积, 它的运算过程如图 1.7.3 所示。

$$\begin{aligned}x_1(n)\otimes x_2(n)&=\left[\sum_{m=0}^{N-1}x_1(m)x_2((n-m))_N\right]R_N(n)\\&=\left[\sum_{m=0}^{N-1}x_2(m)x_1((n-m))_N\right]R_N(n)\\&=x_2(n)\otimes x_1(n)\end{aligned} \tag{1-7-18}$$

1.7.2　快速傅里叶变换

快速傅里叶变换 (FFT) 并不是一种新的变换, 而是离散傅里叶变换 (DFT) 的一种快速算法。DFT 是数字信号处理中最常用的运算。在 FIR 滤波器的设计中由 $h(n)$ 求 $H(k)$ 或由 $H(k)$ 计算 $h(n)$ 时就需要计算 DFT, 另外, 数字信号处理中的许多其他算法, 如相关、卷积、滤波、谱估计等都可转化为 DFT 来实现。但是 DFT 的运算量过大, 致使它在很长一段时间内没有得到真正的使用。

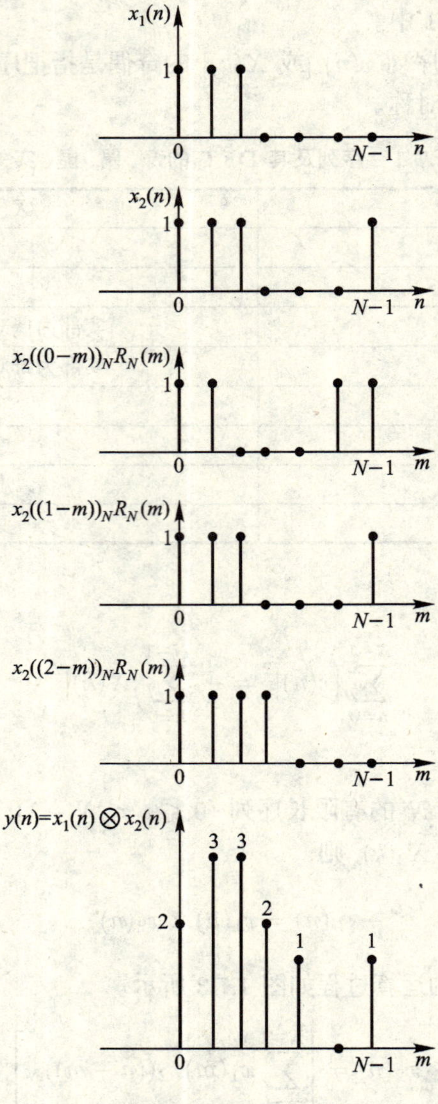

图 1.7.3 两个有限长序列 $(N=7)$ 的圆周卷积和

对 N 点序列 $x(n)$, 其 DFT 变换对的定义为

$$\begin{cases} X(k)=\sum\limits_{n=0}^{N-1} x(n)W_N^{nk}, & k=0,1,\cdots,N-1 \\ x(n)=\dfrac{1}{N}\sum\limits_{k=0}^{N-1} X(k)W_N^{-nk}, & n=0,1,\cdots,N-1 \end{cases} \tag{1-7-19}$$

显然, 求出 N 点 $X(k)$ 需要 N^2 次复数乘法, $N(N-1)$ 次复数加法。众所周知, 实现一次复数乘需要四次实数乘和两次实数加, 实现一次复数加则需要两次实数加。当 N 很大时, 其计算量是相当可观的。

其实, 在 DFT 的运算中包含大量的重复运算。观察其系数矩阵 $\boldsymbol{W}_N$ [式 (1-7-9)], 发现其具有对称性和周期性, 利用这些特性可将长序列的 DFT 分解为短序列的 DFT, 从而减少其运算量。FFT 算法正是基于这样的思路发展起来的。下面具体讨论几种 FFT 算法。

1. 时间抽取 (DIT) 基 2 FFT 算法

对于式 (1 − 7 − 19), 令 $N = 2^M$, M 为正整数, 可将 $x(n)$ 按奇、偶分为两组, 即令 $n = 2r$ 及 $n = 2r+1, r = 0, 1, \cdots, N/2-1$, 于是

$$X(k) = \sum_{r=0}^{N/2-1} x(2r) W_{N/2}^{rk} + W_N^k \sum_{r=0}^{N/2-1} x(2r+1) W_{N/2}^{rk} \tag{1-7-20}$$

其中

$$W_{N/2}^{rk} = \mathrm{e}^{-\mathrm{j}\frac{2\pi}{N/2}} = \mathrm{e}^{-\mathrm{j}4\pi/N}$$

令

$$X_1(k) = \sum_{r=0}^{N/2-1} x(2r) W_{N/2}^{rk}, \quad k = 0, 1, \cdots, N/2-1 \tag{1-7-21}$$

$$X_2(k) = \sum_{r=0}^{N/2-1} x(2r+1) W_{N/2}^{rk}, \quad k = 0, 1, \cdots, N/2-1 \tag{1-7-22}$$

则

$$X(k) = X_1(k) + W_N^k X_2(k), \quad k = 0, 1, \cdots, N/2-1 \tag{1-7-23}$$

且

$$X(k+N/2) = X_1(k) - W_N^k X_2(k), \quad k = 0, 1, \cdots, N/2-1 \tag{1-7-24}$$

这样 N 点的离散傅里叶变换 $X(k)$ 就分解成两个 $N/2$ 点的离散傅里叶变换 $X_1(k)$ 和 $X_2(k)$。但 $X_1(k)$ 和 $X_2(k)$ 仍是高复合数的 DFT, 因此可用上述方法对 $X_1(k)$ 和 $X_2(k)$ 继续进行分解, 直到获得两点的 DFT 为止。以上算法是将时间下标 n 按奇偶分开, 故称时间抽取算法 (decimation in time, DIT)。若 $N = 8$, 则上述算法的过程如图 1.7.4 所示。

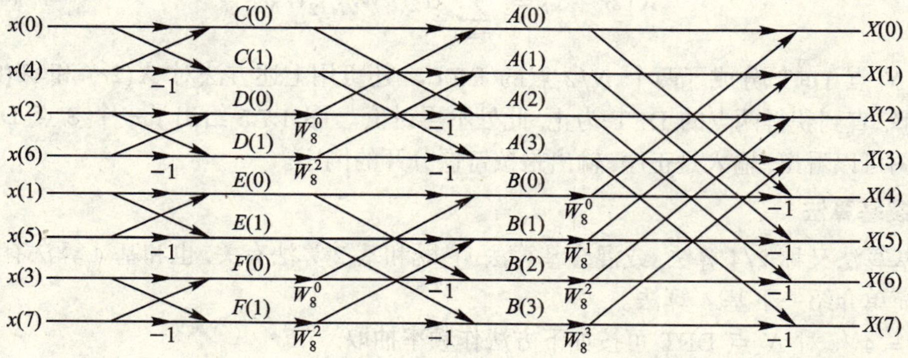

图 1.7.4　8 点 FFT 时间抽取算法信号流图

2. 频率抽取 (DIF) 基 2 FFT 算法

和 DIT 相对应, DIF 算法是将频域 $X(k)$ 的序号 k 按奇偶分开。首先将式 (1－7－19) 中的 DFT 按 n 的顺序分成前后两半

$$\begin{aligned}X(k)&=\sum_{n=0}^{N/2-1}x(n)W_N^{nk}+\sum_{n=N/2}^{N-1}x(n)W_N^{nk}\\&=\sum_{n=0}^{N/2-1}x(n)W_N^{nk}+\sum_{n=0}^{N/2-1}x\left(n+\frac{N}{2}\right)W_N^{(n+\frac{N}{2})k}\\&=\sum_{n=0}^{N/2-1}\left[x(n)+x\left(n+\frac{N}{2}\right)W_N^{\frac{Nk}{2}}\right]W_N^{nk},\quad k=0,1,\cdots,N-1\end{aligned}$$

式中, $W_N^{\frac{Nk}{2}}=(-1)^k$。$k$ 为奇数时, $(-1)^k=-1$; k 为偶数时, $(-1)^k=1$, 因此按 k 的奇偶可将 $X(k)$ 分为两部分。分别令 $k=2r, k=2r+1, r=0,1,\cdots,N/2-1$, 得

$$X(2r)=\sum_{n=0}^{N/2-1}\left[x(n)+x\left(n+\frac{N}{2}\right)\right]W_{N/2}^{nr}\tag{1－7－25}$$

$$X(2r+1)=\sum_{n=0}^{N/2-1}\left[x(n)-x\left(n+\frac{N}{2}\right)\right]W_{N/2}^{nr}W_N^{nk}\tag{1－7－26}$$

令

$$x_1(n)=x(n)+x\left(n+\frac{N}{2}\right)$$

$$x_2(n)=x(n)-x\left(n+\frac{N}{2}\right)$$

则

$$X(2r)=\sum_{n=0}^{N/2-1}x_1(n)W_{N/2}^{nr}\tag{1－7－27}$$

$$X(2r+1)=\sum_{n=0}^{N/2-1}x_2(n)W_{N/2}^{nr}W_N^{nk}\tag{1－7－28}$$

这样就将 N 点 DFT 分成了两个 $N/2$ 点的 DFT。还可用上述方法对 $X(2r)$ 和 $X(2r+1)$ 继续进行分解, 直到获得两点的 DFT 为止, 此处不再讨论。图 1.7.5 给出了一个 8 点 DIF 算法流图。由该图可以看出, 输入是正序, 输出是按奇偶分开的倒序。

3. 分裂基算法

分裂基算法又称 2/4 算法, 或混合基算法, 它既和基 2 算法有关, 也和基 4 算法有关。因此, 有必要先简单介绍一下基 4 算法。

令 $N=4^M$, 对 N 点 DFT 可按如下方法作频率抽取:

$$X(k)=\sum_{n=0}^{N/4-1}x(n)W_N^{nk}+\sum_{n=N/4}^{N/2-1}x(n)W_N^{nk}+\sum_{n=N/2}^{3N/4-1}x(n)W_N^{nk}+\sum_{n=3N/4}^{N-1}x(n)W_N^{nk}\tag{1－7－29}$$

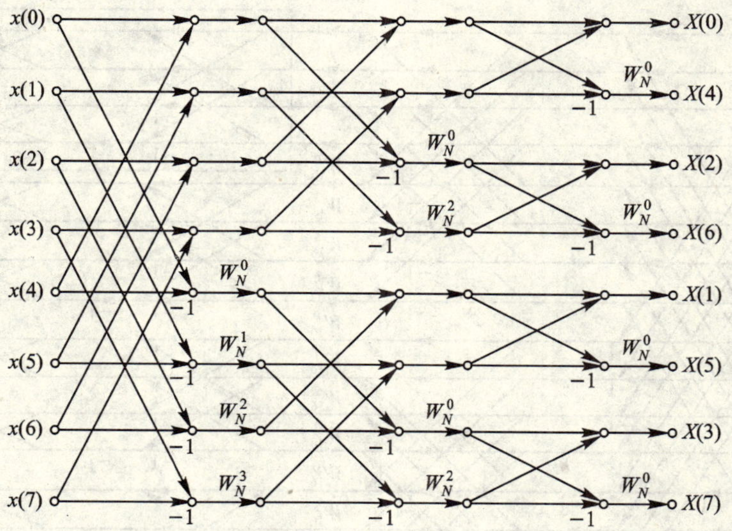

图 1.7.5　按频率抽选 FFT 流图 $(N=8)$

分别令 $k=4r, k=4r+2, k=4r+1, k=4r+3, r=0,1,\cdots,N/4-1$, 有

$$X(4r)=\sum_{n=0}^{N/4-1}\left\{\left[x(n)+x\left(n+\frac{N}{2}\right)\right]+\left[x\left(n+\frac{N}{4}\right)+x\left(n+\frac{3N}{4}\right)\right]\right\}W_{N/4}^{nr} \quad (1-7-30)$$

$$X(4r+2)=\sum_{n=0}^{N/4-1}\left\{\left[x(n)+x\left(n+\frac{N}{2}\right)\right]-\left[x\left(n+\frac{N}{4}\right)+x\left(n+\frac{3N}{4}\right)\right]\right\}W_N^{2n}W_{N/4}^{nr} \quad (1-7-31)$$

$$X(4r+1)=\sum_{n=0}^{N/4-1}\left\{\left[x(n)-x\left(n+\frac{N}{2}\right)\right]-\mathrm{j}\left[x\left(n+\frac{N}{4}\right)-x\left(n+\frac{3N}{4}\right)\right]\right\}W_N^{n}W_{N/4}^{nr} \quad (1-7-32)$$

$$X(4r+3)=\sum_{n=0}^{N/4-1}\left\{\left[x(n)-x\left(n+\frac{N}{2}\right)\right]+\mathrm{j}\left[x\left(n+\frac{N}{4}\right)-x\left(n+\frac{3N}{4}\right)\right]\right\}W_N^{3n}W_{N/4}^{nr} \quad (1-7-33)$$

若 $N=16$, 通过上式推导结果可以将一个 16 点的 DFT 分成四个四点的 DFT, 其信号流图如图 1.7.6 所示。

接下来就可以推导分裂基算法了。分裂基算法的基本思想是对偶序号使用基 2 算法, 对奇序号使用基 4 算法。就目前所知, 分裂基算法在针对 $N=2^M$ 的算法中具有最少乘法次数, 且具有与基 2 算法同样好的同址运算结构, 因此被认为是最好的 FFT 算法。下面来具体讨论该算法。

对 $N=2^M$ 点 DFT, 对其偶序号使用基 2 算法, 则

$$X(2r)=\sum_{n=0}^{N/2-1}\left[x(n)+x\left(n+\frac{N}{2}\right)\right]W_{N/2}^{nr} \quad (1-7-34)$$

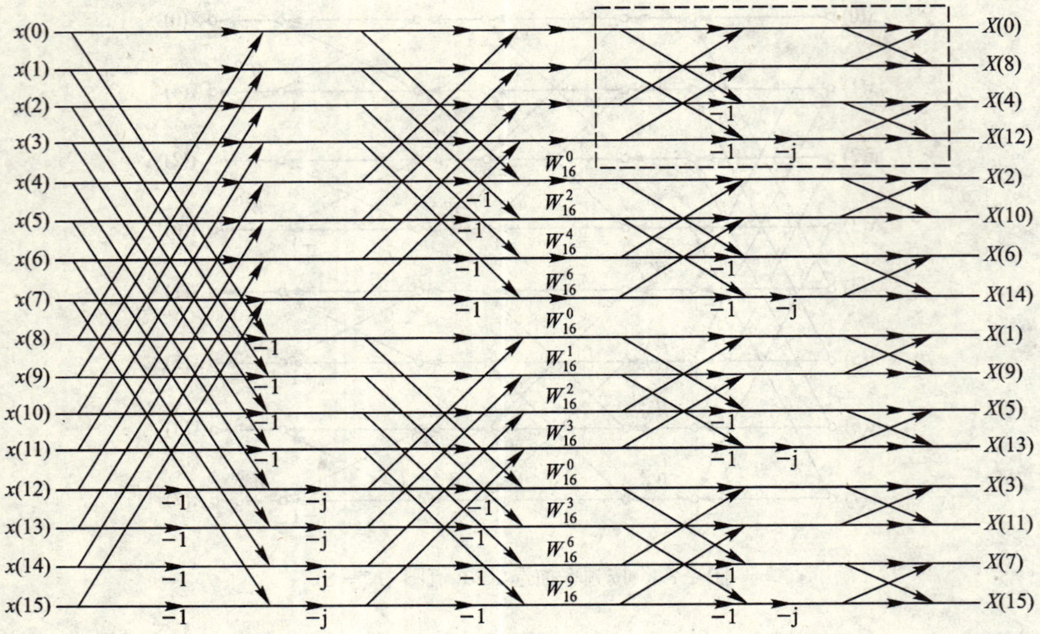

图 1.7.6 16 点基 4 频率抽取信号流图

对其奇序号使用基 4 算法, 则

$$X(4r+1)=\sum_{n=0}^{N/4-1}\left\{\left[x(n)-x\left(n+\frac{N}{2}\right)\right]-\mathrm{j}\left[x\left(n+\frac{N}{4}\right)-x\left(n+\frac{3N}{4}\right)\right]\right\}W_N^nW_{N/4}^{nr} \tag{1-7-35}$$

$$X(4r+3)=\sum_{n=0}^{N/4-1}\left\{\left[x(n)-x\left(n+\frac{N}{2}\right)\right]+\mathrm{j}\left[x\left(n+\frac{N}{4}\right)-x\left(n+\frac{3N}{4}\right)\right]\right\}W_N^{3n}W_{N/4}^{nr} \tag{1-7-36}$$

式中, $r=0,1,\cdots,N/4-1$。上面三式构成了分裂基算法的 L 形算法结构, 如图 1.7.7 所示。

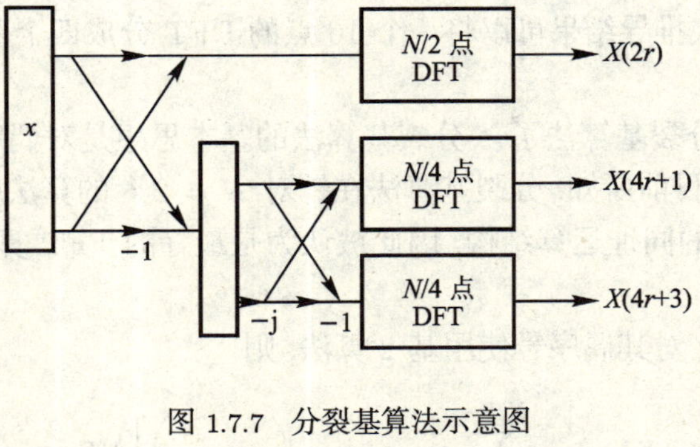

图 1.7.7 分裂基算法示意图

1.8　数字滤波器结构

1.8.1　滤波器及其表示方法

滤波器的作用是对输入信号进行滤波。滤波器的种类很多, 分类方法也不同, 但总的来说, 可以分为两类, 即经典滤波器和现代滤波器。经典滤波器是假定输入信号 $x(n)$ 中的有用成分和噪声部分各自占有不同的频带, 这样当 $x(n)$ 通过一个线性系统 (即滤波器) 后可将噪声有效地去除掉。如果噪声和信号的频谱有重叠, 则经典滤波器就无能为力了。而现代滤波器理论研究的内容则是从含有噪声的信号中估计出信号的某些特征或者信号本身。现代滤波器将信号和噪声都视为随机信号, 利用它们的统计特征 (如自相关函数、功率谱等) 导出一套最佳的估值算法, 然后用软件或硬件予以实现。

经典滤波器从功能上可以分为低通 (LP)、高通 (HP)、带通 (BP)、带阻 (BS) 滤波器, 每一种又有模拟滤波器和数字滤波器两种形式。对于数字滤波器, 又有无限冲激响应 (IIR) 和有限冲激响应 (FIR) 两种实现方式。其中, IIR 滤波器的传递函数为

$$H(z)=\frac{\sum_{k=0}^{M} b_k z^{-k}}{1-\sum_{k=1}^{N} a_k z^{-k}}=\frac{Y(z)}{X(z)} \tag{1-8-1}$$

FIR 滤波器的传递函数为

$$H(z)=\sum_{n=0}^{N-1} h(n) z^{-n} \tag{1-8-2}$$

式中, N 为滤波器的阶数。

从以上两式可得到它们的常系数线性差分方程, 分别为

$$y(n)=\sum_{k=1}^{N} a_k y(n-k)+\sum_{k=0}^{M} b_k x(n-k) \tag{1-8-3}$$

$$y(n)=\sum_{m=0}^{N-1} h(m) x(n-m) \tag{1-8-4}$$

由式 (1 − 8 − 3) 和式 (1 − 8 − 4) 可看出, 组成一个数字滤波器需要如下几种基本运算单元: 加法器、单位延时和常数乘法器。这些基本单元可以有两种表示方法, 即方框图法和信号流图法, 因此一个数字滤波器的运算结构也有这样的表示方法, 如图 1.8.1 所示。用方框图表示更直观, 用信号流图则更简便。

1.8.2　IIR 滤波器的基本结构

无限冲激响应 (IIR) 滤波器有以下特点:

(1) 系统的单位冲激响应 $h(n)$ 是无限长的;

(2) 传递函数 $H(z)$ 在有限 z 平面 $(0<|z|<\infty)$ 上有极点存在;

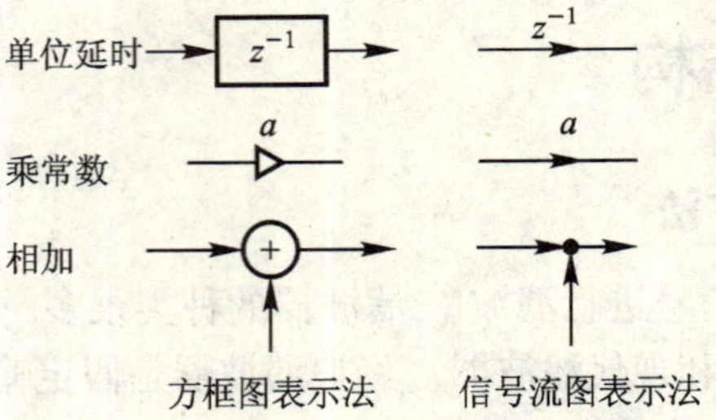

图 1.8.1 基本运算的方框图表示及流图表示

(3) 结构上存在着输入到输出的反馈, 也就是结构上是递归型的。

但是, 同一种传递函数 $H(z)$ 可以有多种不同的结构, 它的基本网络结构有直接 I 型、直接 II 型、级联型和并联型四种。

1. 直接 I 型

式 (1 − 8 − 3) 是 IIR 滤波器的线性差分方程, 它为人们提供了一种计算方法。$\sum_{k=1}^{N} a_k y(n-k)$ 表示将输入以及延时后的输入组成 N 节的延时网络, 把每节延时抽头后加权 (加权系数为 b_k), 然后把结果相加, 就得到一个横向结构网络。$\sum_{k=0}^{M} b_k x(n-k)$ 表示将输出加以延时, 组成 M 节的延时网络, 再将每节延时抽头后加权 (加权系数为 a_k), 然后把结果相加。最后的输出 $y(n)$ 是由这两个和式相加构成的。由于包含了输出的延时部分, 所以它是个有反馈的网络。这种结构称为直接 I 型结构, 其结构如图 1.8.2 所示。可以看出, 总的网络是由上面讨论的两部分网络级联而成, 第一个网络实现零点, 第二个网络实现极点, 且直接 I 型结构需要 $N + M$ 级延时单位。

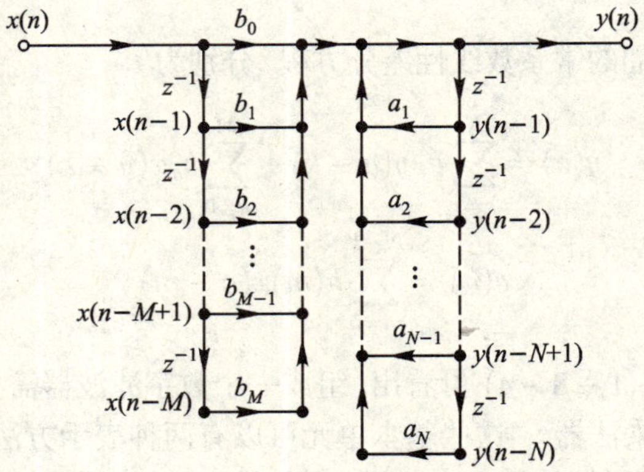

图 1.8.2 实现 N 阶差分方程的直接 I 型结构

2. 直接 II 型

由于线性时不变系统若交换其级联子系统的次序, 传递函数是不变的, 也就是总的输入输出关系不改变。这样就得到另一种结构, 如图 1.8.3 所示。它有两个级联子网络, 第一个实现传递函数的极点, 第二个实现传递函数的零点。可以看出, 两行串行延时支路有相同的输入, 因而可以把它们合并, 则得到图 1.8.4 所示的结构, 该结构称为直接 Ⅱ 型结构或典范型结构。

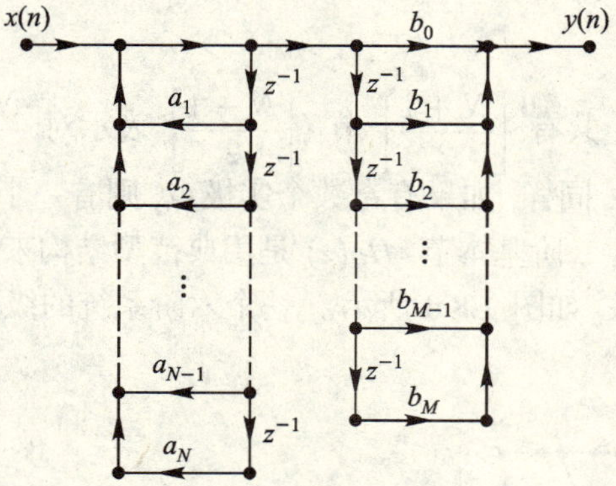

图 1.8.3 直接 I 型的变形

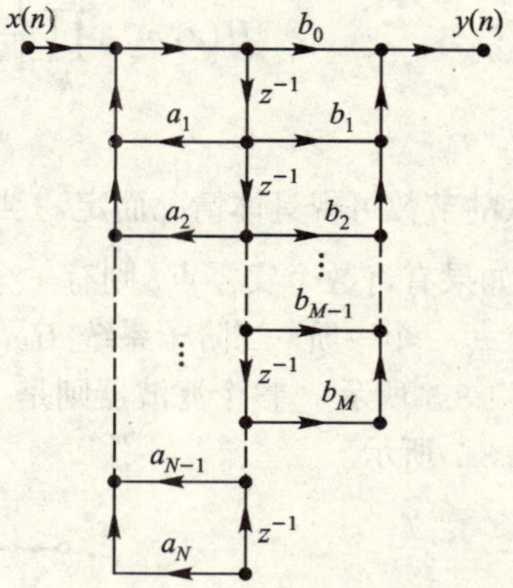

图 1.8.4 直接 Ⅱ 型结构 (典范型结构)

直接 Ⅱ 型结构, 对于 N 阶差分方程只需 N 个延时单位 $(N \geqslant M)$, 因而比直接 I 型延时单元要少, 这也是实现 N 阶滤波器所需的最少延时单元, 因而又称为典范型。典范型滤波器可以节省存储单元或寄存器, 因此比直接 I 型要好。但是它们都是直接型的实现方法, 其共同的缺点是系数 a_k,b_k 对滤波器的性能控制作用不明显。此外, 这种结构的极点对系数的变化过于灵敏, 从而使系统频率响应对系数的变化过于灵敏, 也就是对有限精度运算过于灵敏, 容易出现不稳定现象或产生较大误差。

3. 级联型

将式 (1 − 8 − 1) 按零点、极点进行因式分解, 则表示为

$$H(z)=\frac{\sum\limits_{k=0}^{M}b_kz^{-k}}{1-\sum\limits_{k=1}^{N}a_kz^{-k}}=A\frac{\prod\limits_{k=1}^{M_1}(1-p_kz^{-1})\prod\limits_{k=1}^{M_2}(1-q_kz^{-1})(1-q_k^*z^{-1})}{\prod\limits_{k=1}^{N_1}(1-c_kz^{-1})\prod\limits_{k=1}^{N_2}(1-d_kz^{-1})(1-d_k^*z^{-1})}$$

式中, $M=M_1+2M_2, N=N_1+2N_2$。一阶因式表示实根, p_k 为实零点, c_k 为实极点。二阶因式表示复共轭根, q_k, q_k^* 表示复共轭零点, d_k, d_k^* 表示复共轭极点。当 a_k, b_k 为实系数时, 上式就是最一般的零点、极点分布表示法。把共轭因子组合成实系数的二阶因子, 则有

$$H(z)=A\frac{\prod\limits_{k=1}^{M_1}(1-p_kz^{-1})\prod\limits_{k=1}^{M_2}(1+\beta_{1k}z^{-1}+\beta_{2k}z^{-2})}{\prod\limits_{k=1}^{N_1}(1-c_kz^{-1})\prod\limits_{k=1}^{N_2}(1-\alpha_{1k}z^{-1}-\alpha_{2k}z^{-2})} \qquad (1-8-5)$$

为了简化级联形式, 特别是在时分多路复用时, 采用相同形式的子网络就更有意义。因而将实系数的两个一阶因子组合成二阶因子, 则整个 $H(z)$ 就可以完全分解成实系数的二阶因子形式,

即

$$H(z)=A\prod_{k}\frac{1+\beta_{1k}z^{-1}+\beta_{2k}z^{-2}}{1-\alpha_{1k}z^{-1}-\alpha_{2k}z^{-2}}=A\prod_{k}H_k(z) \tag{1-8-6}$$

级联的节数可视具体情况而定。当 $M=N$ 时，共有 $\left[\dfrac{N+1}{2}\right]$ 节（$\left[\dfrac{N+1}{2}\right]$ 表示对 $\dfrac{N+1}{2}$ 取整）。如果有奇数个实零点，则有一个 β_{2k} 等于零；同样，如果有奇数个实极点，则有一个 α_{2k} 等于零。每一个一阶、二阶子系统 $H_k(z)$ 称为一阶、二阶基本节，$H_k(z)$ 是用典范型结构来实现的，如图 1.8.5 所示。整个滤波器则是 $H_k(z)$ 的级联，如图 1.8.6 所示。一个六阶系统的级联结构如图 1.8.7 所示。

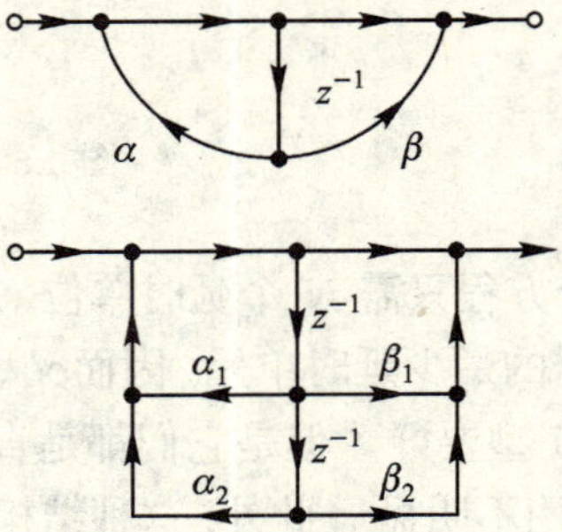

图 1.8.5 级联结构的一阶基本节和二阶基本节结构

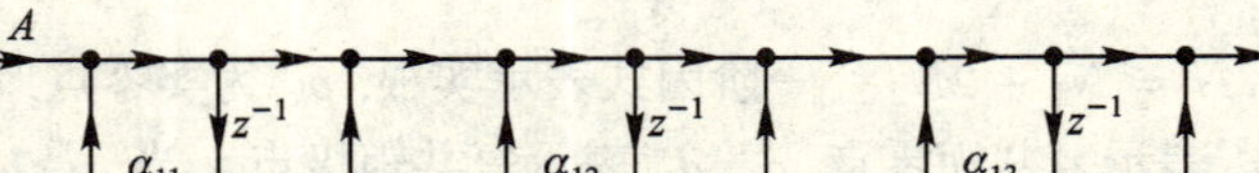

图 1.8.6 级联结构 ($M=N$)

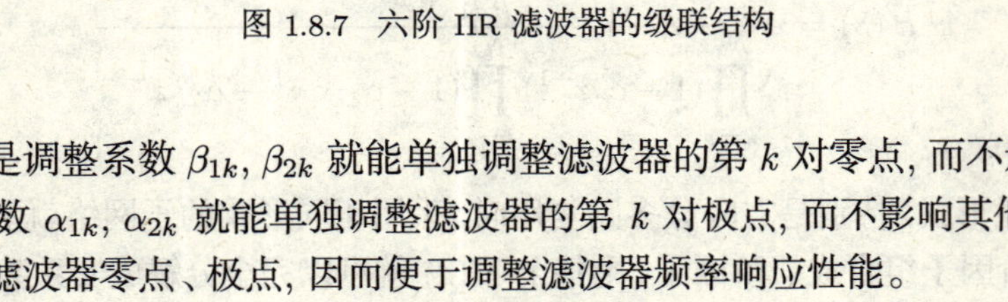

图 1.8.7 六阶 IIR 滤波器的级联结构

级联的特点是调整系数 β_{1k}, β_{2k} 就能单独调整滤波器的第 k 对零点，而不影响其他零点、极点；同样，调整系数 α_{1k}, α_{2k} 就能单独调整滤波器的第 k 对极点，而不影响其他零点、极点。这种结构便于实现滤波器零点、极点，因而便于调整滤波器频率响应性能。

4. 并联型

将因式分解的 $H(z)$ 展开为部分分式的形式, 就得到并联型的 IIR 滤波器的基本结构, 即

$$H(z)=\frac{\sum\limits_{k=0}^{M}b_kz^{-k}}{1-\sum\limits_{k=1}^{N}a_kz^{-k}}$$

$$=\sum_{k=1}^{N_1}\frac{A_k}{1-c_kz^{-1}}+\sum_{k=1}^{N_2}\frac{B_k(1-g_kz^{-1})}{(1-d_kz^{-1})(1-d_k^*z^{-1})}+\sum_{k=0}^{M-N}G_kz^{-k} \qquad (1-8-7)$$

该公式是最一般的表达式。式中, $N=N_1+2N_2$, 由于系数 a_k, b_k 是实数, 故 A_k, B_k, c_k, d_k, G_k 都是实数, d_k^* 是 d_k 的共轭复数。当 $M<N$ 时, 式 (1 − 8 − 7) 中不包含 $\sum\limits_{k=0}^{M-N}G_kz^{-k}$ 项; 如果 $M=N$, 则 $\sum\limits_{k=0}^{M-N}G_kz^{-k}$ 项变成 G_0 一项。一般情况下, IIR 滤波器都满足 $M\leqslant N$。式 (1 − 8 − 7) 表示系统是由 N_1 个一阶系统、N_2 个二阶系统以及延时加权单元并联而成。其中的一阶和二阶结构用典范型结构实现。当 $M=N$ 时, $H(z)$ 可表示为

$$H(z)=G_0+\sum_{k=1}^{N_1}\frac{A_k}{1-c_kz^{-1}}+\sum_{k=1}^{N_2}\frac{\gamma_{0k}+\gamma_{1k}z^{-1}}{1-\alpha_{1k}z^{-1}-\alpha_{2k}z^{-2}} \qquad (1-8-8)$$

这里的一阶、二阶基本节的结构如图 1.8.8 所示。

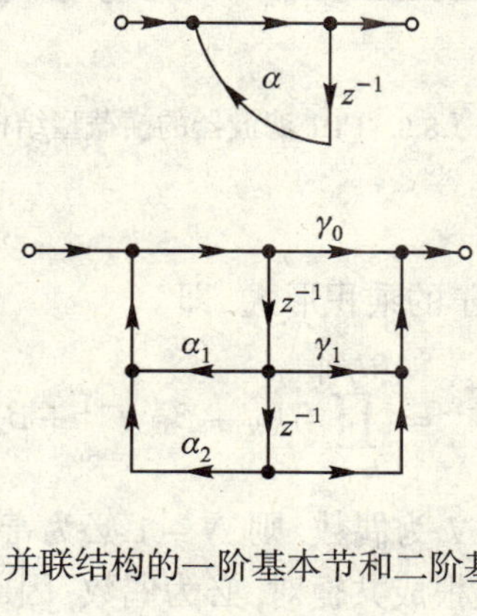

图 1.8.8　并联结构的一阶基本节和二阶基本节结构

并联型可以用调整 α_{1k}, α_{2k} 的办法来单独调整一对极点的位置, 但是不能像级联型那样单独调整零点的位置。此外, 在并联结构中, 各并联基本节的误差互相没有影响, 所以比级联型的误差一般来说要稍小一些。因此在要求准确的传输零点的场合下, 宜采用级联型结构。

除以上几种基本结构外, 还有一些其他结构, 这取决于线性信号流图理论中的多种运算处理方法。其中有一种方法称为流图的转置, 它利用的是流图的转置定理。当然各种流图都保持输入到输出的传递关系不变, 即 $H(z)$ 不变。

1.8.3 FIR 滤波器的基本结构

FIR 滤波器有以下几个特点:

(1) 系统的单位冲激响应 $h(n)$ 在有限个 n 值处不为零;

(2) 传递函数 $H(z)$ 在 $|z|>0$ 处收敛, 在 $|z|>0$ 处只有零点, 有限 z 平面只有零点, 而全部极点都在 $z=0$ 处;

(3) 结构上主要是非递归结构, 没有输入到输出的反馈, 但有些结构 (例如频率抽样结构) 中也包含反馈的递归部分。

设 FIR 滤波器的单位冲激响应 $h(n)$ 为一个 N 点序列, $0 \leqslant n \leqslant N-1$, 则滤波器的传递函数为

$$H(z)=\sum_{n=0}^{N-1} h(n) z^{-n} \tag{1-8-9}$$

也就是说, 在 $z=0$ 处, 它有 $(N-1)$ 阶极点, 而它的 $(N-1)$ 个零点位于有限 z 平面的任何位置。FIR 滤波器有以下几种基本结构。

1. 横截型

横截型又叫卷积型、直接型。式 (1 − 8 − 9) 所示的系统的差分方程为

$$y(n)=\sum_{m=0}^{N-1} h(m) x(n-m) \tag{1-8-10}$$

该式其实就是线性移不变系统的卷积和公式, 也是 $x(n)$ 的延时链的横向结构, 如图 1.8.9 所示。

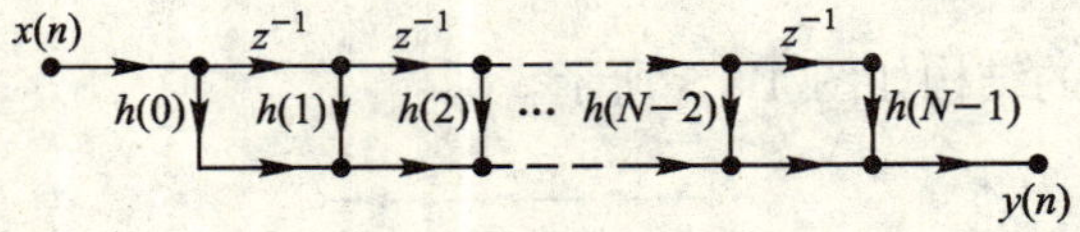

图 1.8.9 FIR 滤波器的横截型结构

2. 级联型

将 $H(z)$ 分解成实系数二阶因子的乘积形式, 即

$$H(z)=\sum_{n=0}^{N-1} h(n) z^{-n}=\prod_{k=1}^{[N/2]}\left(\beta_{0k}+\beta_{1k} z^{-1}+\beta_{2k} z^{-2}\right) \tag{1-8-11}$$

其中, $[N/2]$ 表示对 $N/2$ 取整。若 N 为偶数, 则 $N-1$ 必为奇数, 故系数 β_{2k} 中有一个为零。这是因为, 此时有奇数个根, 其中复数根成共轭对, 必为偶数, 因此必然有奇数个实根。图 1.8.10 画出了 N 为奇数时 FIR 滤波器的级联结构, 其中每一个二阶因子用图 1.8.10 所示的横截型结构。

3. 频率抽样型

把一个 N 点有限长序列的 Z 变换 $H(z)$ 在单位圆上作 N 等分抽样, 就得到 $\widetilde{H}(k)$, 其主值序列就等于 $h(n)$ 的离散傅里叶变换 $H(k)$。用 $H(k)$ 表示 $H(z)$ 的内插公式为

$$H(z)=\left(1-z^{-N}\right) \frac{1}{N} \sum_{k=0}^{N-1} \frac{H(k)}{1-W_N^{-k} z^{-1}} \tag{1-8-12}$$

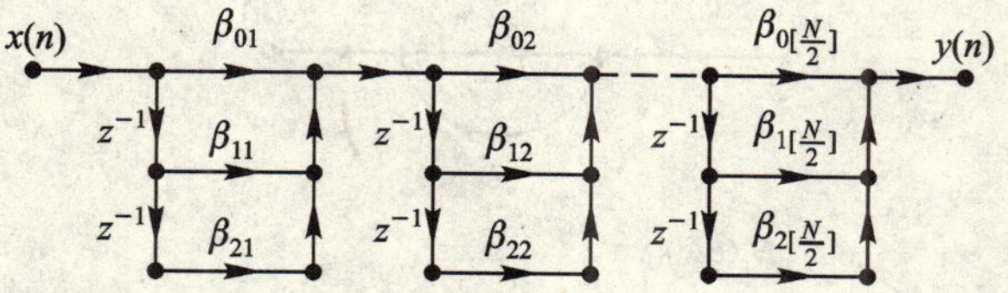

图 1.8.10　FIR 滤波器的级联型结构 (N 为奇数)

该公式为 FIR 滤波器提供了另外一种结构, 这种结构由两部分级联组成, 即

$$H(z)=\frac{1}{N}H_c(z)\sum_{k=0}^{N-1}H'_k(z) \tag{1-8-13}$$

其中, 级联的第一部分为

$$H_c(z)=1-z^{-N} \tag{1-8-14}$$

这是一个 FIR 子系统, 是由 N 节延时单元构成的梳状滤波器, 令

$$H_c(z)=1-z^{-N}=0$$

则有

$$z_i^N=1=\mathrm{e}^{\mathrm{j}2\pi i}$$

$$z_i=\mathrm{e}^{\mathrm{j}\frac{2\pi}{N}i},\quad i=0,1,\cdots,N-1$$

即 $H_c(z)$ 在单位圆上有 N 个等间隔角度的零点, 它的频率响应为

$$H_c(\mathrm{e}^{\mathrm{j}\omega})=1-\mathrm{e}^{-\mathrm{j}\omega N}=2\mathrm{j}\mathrm{e}^{-\mathrm{j}\frac{\omega N}{2}}\sin\left(\frac{\omega N}{2}\right) \tag{1-8-15}$$

因而幅度响应为

$$\left|H_c(\mathrm{e}^{\mathrm{j}\omega})\right|=2\left|\sin\left(\frac{\omega N}{2}\right)\right| \tag{1-8-16}$$

相角为

$$\arg\left[H_c(\mathrm{e}^{\mathrm{j}\omega})\right]=\frac{\pi}{2}-\frac{\omega N}{2}+m\pi \tag{1-8-17}$$

式中, 当 $m=0$ 时, $\omega=0\sim\frac{2\pi}{N}$; 当 $m=1$ 时, $\omega=\frac{2\pi}{N}\sim\frac{4\pi}{N}$; 以此类推。其子网络结构及频率响应幅度如图 1.8.11 所示。

级联的第二部分为

$$\sum_{k=0}^{N-1}H'_k(z)=\sum_{k=0}^{N-1}\frac{H(k)}{1-W_N^{-k}z^{-1}}$$

它是由 N 个一阶网络并联而成的, 而每个网络都是一个谐振器

$$H'_k(z)=\frac{H(k)}{1-W_N^{-k}z^{-1}} \tag{1-8-18}$$

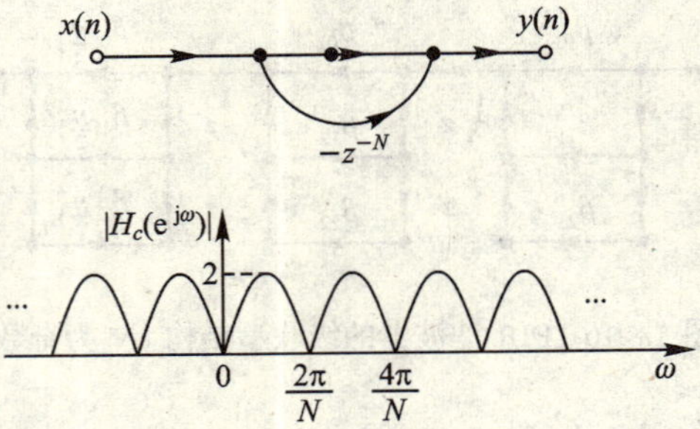

图 1.8.11 梳状滤波器结构及频率响应幅度

令 $H'_k(z)$ 的分母为零, 即

$$1 - W_N^{-k} z^{-1} = 0$$

可得到此一阶网络在单位圆上有一个极点 (即级联第二部分的第 k 个极点)

$$z_k = W_N^{-k} z^{-1} = \mathrm{e}^{\mathrm{j}\frac{2\pi}{N}k}$$

也就是说, 此一阶网络在频率为

$$\omega = \frac{2\pi}{N}k$$

处响应为无穷大, 故等效于谐振频率为 $\frac{2\pi}{N}k$ 的无损耗谐振器。这个谐振器的极点正好与梳状滤波器的一个零点 $(i = k)$ 相抵消, 从而使这个频率 $\left(\frac{2\pi}{N}k\right)$ 上的频率响应等于 $H(k)$。这样, N 个谐振器的 N 个极点就和梳状滤波器的 N 个零点相互抵消, 从而在 N 个频率抽样点 $(\omega = \frac{2\pi}{N}k, k = 0, 1, \cdots, N-1)$ 的响应就分别等于 N 个 $H(k)$ 值。

N 个并联谐振器与梳状滤波器级联后, 就得到图 1.8.12 所示的频率抽样结构。频率抽样结构的特点是它的系数 $H(k)$ 就是滤波器在 $\omega = \frac{2\pi}{N}k$ 处的响应, 因此控制滤波器的频率响应很方便。但是所有极点都在单位圆上, 由 W_N^{-k} 决定, 这样, 当系数量化时, 这些极点会移动, 有些极点就不能被梳状滤波器的零点所抵消 (零点由延时单元决定, 不受量化的影响)。如果极点移动到单位圆外, 系统就不稳定了。

为了克服系数量化后系统可能不稳定的缺点, 可以将频率抽样结构做些修正, 即将所有零点、极点都移动到单位圆内某一靠近单位圆、半径为 r (r 小于或近似等于 1) 的圆上, 此时

$$H(z) = \left(\frac{1 - r^N z^{-N}}{N}\right) \frac{1}{N} \sum_{k=0}^{N-1} \frac{H_r(k)}{1 - rW_N^{-k} z^{-1}}$$

$H_r(k)$ 为新抽样点上的抽样值, 但是由于 $r \approx 1$, 因此有

$$H_r(k) \approx H(k)$$

所以

$$H(z) \approx \left(\frac{1 - r^N z^{-N}}{N}\right) \frac{1}{N} \sum_{k=0}^{N-1} \frac{H(k)}{1 - rW_N^{-k} z^{-1}}$$

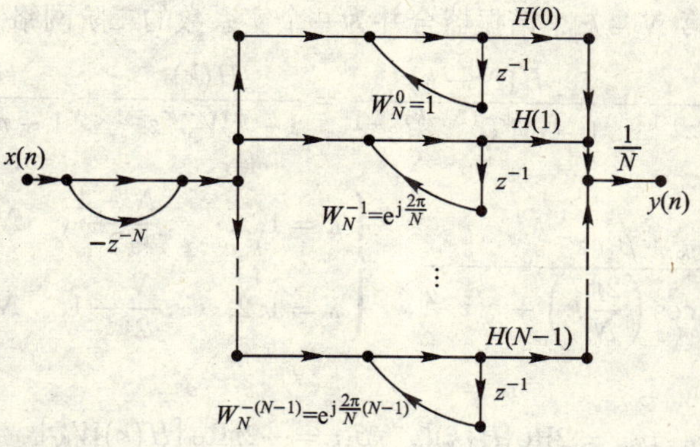

图 1.8.12　FIR 滤波器的频率抽样结构

下面化简这一公式。首先, 谐振器的各个根 [$H(z)$ 的极点] 为

$$z_k = r\mathrm{e}^{\mathrm{j}\frac{2\pi}{N}k}, \quad k = 0, 1, \cdots, N-1$$

为了使系数为实数, 可将共轭根合并, 在 z 平面上这些共轭根在半径为 r 的圆周上以实轴为轴成对称分布, 如图 1.8.13 所示, 满足

$$z_{N-k} = z_k^*$$

也就是

$$rW^{-(N-k)} = r\mathrm{e}^{\mathrm{j}\frac{2\pi}{N}(N-k)} = r(\mathrm{e}^{\mathrm{j}\frac{2\pi}{N}k})^* = rW_N^{*-k}$$

其次, 由于 $h(n)$ 是实数, 故 $H(k) = \mathrm{DFT}[h(n)]$ 也是共轭对称的, 即

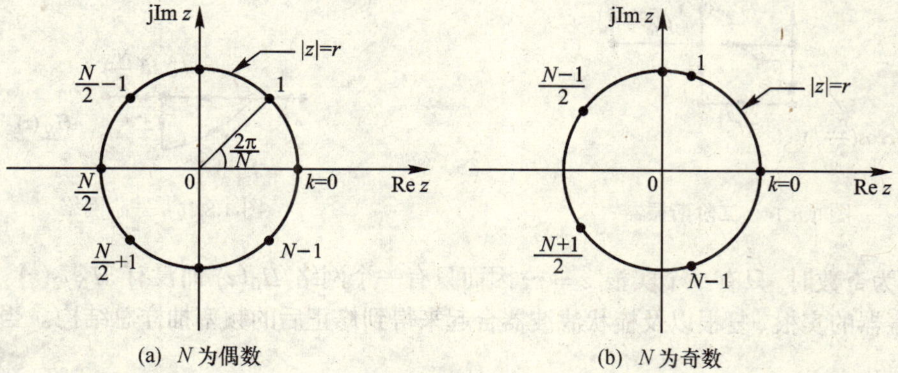

图 1.8.13　谐振器各个根的位置

$$H(k) = H_N^*(N-k)R_N(k), \quad \begin{cases} k = 1, 2, \cdots, \dfrac{N-1}{2}, & N \text{ 为奇数} \\ k = 1, 2, \cdots, \dfrac{N}{2}-1, & N \text{ 为偶数} \end{cases}$$

因此, 可以将第 k 个与第 $N-k$ 个谐振器合并为一个实系数的二阶网络, 用 $H_k(k)$ 表示为

$$H_k(z)=\frac{H(k)}{1-rW_N^{-k}z^{-1}}+\frac{H(N-k)}{1-rW_N^{-(N-k)}z^{-1}}=\frac{H(k)}{1-rW_N^{-k}z^{-1}}+\frac{H^*(k)}{1-rW_N^{*-k}z^{-1}}$$

$$=\frac{\beta_{0k}+\beta_{1k}z^{-1}}{1-z^{-1}2r\cos\left(\frac{2\pi}{N}k\right)+r^2z^{-2}},\quad \begin{cases}k=1,2,\cdots,\dfrac{N-1}{2}, & N\ 为奇数\\ k=1,2,\cdots,\dfrac{N}{2}-1, & N\ 为偶数\end{cases} \tag{1-8-19}$$

其中

$$\beta_{0k}=2\mathrm{Re}\left[H(k)\right],\quad \beta_{1k}=-2r\mathrm{Re}\left[H(k)W_N^k\right]$$

由于这个二阶网络的极点在单位圆内, 而不是在单位圆上, 因而从频率响应的几何解释可知, 它相当于一个有限 Q (品质因数) 的谐振器, 谐振频率为

$$\omega_k=\frac{2\pi}{N}k$$

其结构如图 1.8.14 所示。

当 N 为偶数时, 有一对实根 $z=\pm r$, 因而对应的一阶网络为

$$H_0(z)=\frac{H(0)}{1-rz^{-1}} \tag{1-8-20}$$

$$H_{N/2}(z)=\frac{H\left(\dfrac{N}{2}\right)}{1+rz^{-1}} \tag{1-8-21}$$

其结构如图 1.8.15 所示。

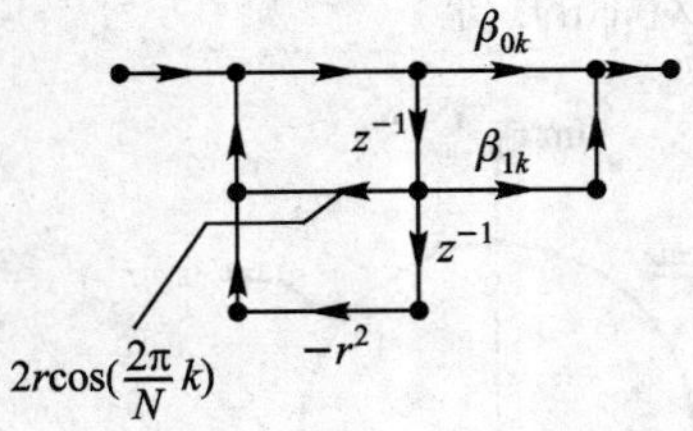

图 1.8.14 二阶谐振器

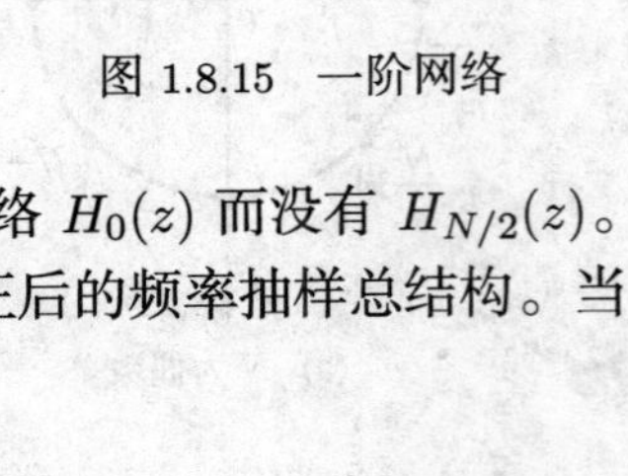

图 1.8.15 一阶网络

当 N 为奇数时, 只有一个实根 $z=r$, 因而只有一个网络 $H_0(z)$ 而没有 $H_{N/2}(z)$。

将谐振器的实根、复根以及梳状滤波器合起来得到修正后的频率抽样总结构。当 N 为偶数时

$$H(z)=(1-r^Nz^{-N})\frac{1}{N}\left[\frac{H(0)}{1-rz^{-1}}+\frac{H\left(\dfrac{N}{2}\right)}{1-rz^{-1}}+\sum_{k=1}^{N/2-1}\frac{\beta_{0k}+\beta_{1k}z^{-1}}{1-z^{-1}2r\cos\left(\dfrac{2\pi}{N}k\right)+r^2z^{-2}}\right]$$

$$=(1-r^Nz^{-N})\frac{1}{N}\left[H_0(z)+H_{N/2}(z)+\sum_{k=1}^{N/2-1}H_k(z)\right] \tag{1-8-22}$$

当 N 为奇数时

$$H(z)=(1-r^Nz^{-N})\frac{1}{N}\left[\frac{H(0)}{1-rz^{-1}}+\sum_{k=1}^{(N-1)/2}\frac{\beta_{0k}+\beta_{1k}z^{-1}}{1-z^{-1}2r\cos\left(\frac{2\pi}{N}k\right)+r^2z^{-2}}\right]$$

$$=(1-r^Nz^{-N})\frac{1}{N}\left[H_0(z)+\sum_{k=1}^{(N-1)/2}H_k(z)\right]\qquad(1-8-23)$$

当 N 为偶数时, 其结构如图 1.8.16 所示, 其中第一个 $H_0(z)$ 及最后一个 $H_{N/2}(z)$ 是一阶的, 其结构如图 1.8.15 所示, 当 N 为奇数时, 没有 $H_{N/2}(z)$, 其他各 $H_k(z)$ 都是二阶的, 其结构如图 1.8.14 所示。

频率抽样结构的另一个特点是它的零点、极点只取决于单位抽样响应的点数, 因此只要单位冲激响应点数相同, 利用同一梳状滤波器、同一结构但加权系数 $\beta_{0k},\beta_{1k},H_0(z),H_{N/2}(z)$ 不同的谐振器, 就能得到不同的滤波器, 因而图 1.8.16 的结构是高度模块化的结构, 适用于时分复用。

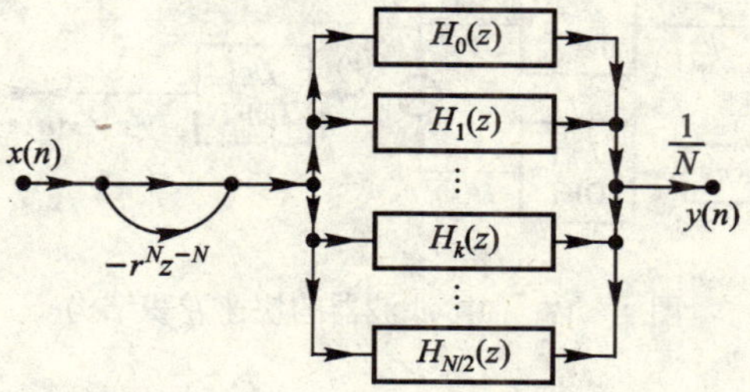

图 1.8.16　FIR 滤波器修正后的频率抽样结构

4. 快速卷积结构

在求两个序列的线性卷积时, 只需要将两个有限长序列补上一定的零值点, 就可以用两序列的圆周卷积代替两序列的线性卷积。也就是将 $x(n)$ 和 $h(n)$ 都变成 L 点序列, 即将 N_1 点输入序列 $x(n)$ 补 $L-N_1$ 个零值点, 将 N_2 点冲激响应序列 $h(n)$ 补 $L-N_2$ 个零值点, 只要满足

$$L\geqslant N_1+N_2-1$$

则 $x(n)$ 与 $h(n)$ 的 L 点圆周卷积就等于其线性卷积。

而实际上并不在时域作圆周卷积, 而是利用 "时域序列的圆周卷积等效于频域的离散频谱的乘积" 这一性质在离散频域对两序列的离散傅里叶变换作乘积。具体方法如下:

(1) 将 $x(n)$ 和 $h(n)$ 补零, 变成 L 点序列, 且 $L\geqslant N_1+N_2-1$, 即

$$x(n)=\begin{cases}x(n), & 0\leqslant n\leqslant N_1-1\\ 0, & N_1\leqslant n\leqslant L-1\end{cases}$$

$$h(n)=\begin{cases}h(n), & 0\leqslant n\leqslant N_2-1\\ 0, & N_2\leqslant n\leqslant L-1\end{cases}$$

(2) 求 $x(n)$ 与 $h(n)$ 各自的 L 点离散傅里叶变换 (DFT), 即

$$X(k) = \text{DFT}[x(n)]$$
$$H(k) = \text{DFT}[h(n)]$$

(3) 将 $X(k)$ 与 $H(k)$ 相乘得 $Y(k)$

$$Y(k) = X(k)H(k)$$

(4) 求 $Y(k)$ 的 L 点逆离散傅里叶变换 (IDFT), 得 $y(n)$, $y(n)$ 的前 $N_1 + N_2 - 1$ 个点就等于 $x(n)$ 和 $h(n)$ 的线性卷积

$$y(n) = \text{IDFT}[Y(k)] = \text{IDFT}[X(k)H(k)] = x(n) * h(n)$$

于是得到图 1.8.17 所示的快速卷积结构。

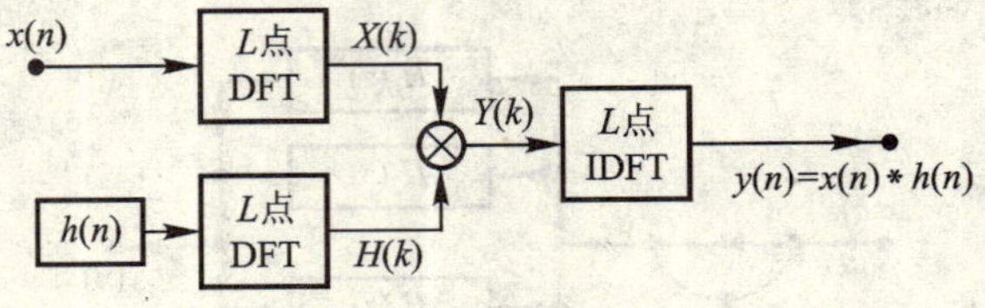

图 1.8.17 FIR 滤波器的快速卷积结构

5. 线性相位 FIR 滤波器的结构

FIR 滤波器由于其冲激响应是有限长的, 因而有可能做成严格线性相位滤波器。

如果 FIR 滤波器单位冲激响应 $h(n)$, $0 \leqslant n \leqslant N-1$ 为实数, 且满足以下条件:

偶对称 $\quad h(n) = h(N-1-n)$

奇对称 $\quad h(n) = -h(N-1-n)$

也就是说, 其对称中心在 $n = (N-1)/2$ 处, 则这种 FIR 滤波器就具有严格线性相位。下面给出这种滤波器的结构。

设 FIR 滤波器的单位冲激响应为 $h(n)$,$0 \leqslant n \leqslant N-1$, 且 $h(n)$ 满足上述任何一种对称条件。其传递函数为

$$H(z) = \sum_{n=0}^{N-1} h(n)z^{-n}$$

下面对 N 为奇数和偶数的情况分别进行讨论。

当 N 为奇数时

$$H(z) = \sum_{n=0}^{N-1} h(n)z^{-n} = \sum_{n=0}^{(N-1)/2-1} h(n)z^{-n} + h\left(\frac{N-1}{2}\right)z^{\frac{N-1}{2}} + \sum_{n=(N-1)/2+1}^{N-1} h(n)z^{-n}$$

在最后一项中, 令 $n=N-1-m$, 再将 m 换成 n, 可得

$$H(z)=\sum_{n=0}^{(N-1)/2-1}h(n)z^{-n}+h\left(\frac{N-1}{2}\right)z^{\frac{N-1}{2}}+\sum_{n=0}^{(N-1)/2-1}h(N-1-n)z^{-(N-1-n)}$$

代入线性相位奇偶对称条件 $h(N-1-n)=\pm h(n)$, 可得

$$H(z)=\sum_{n=0}^{(N-1)/2-1}h(n)\left[z^{-n}\pm z^{-(N-1-n)}\right]+h\left(\frac{N-1}{2}\right)z^{\frac{N-1}{2}}\qquad(1-8-24)$$

式中, 方括号中的 "+" 表示 $h(n)$ 为偶对称, "−" 表示 $h(n)$ 为奇对称。$h(n)$ 奇对称时, 必有 $h[(N-1)/2]=0$, 由式 $(1-8-24)$ 可画出 N 为奇数时, 线性相位 FIR 滤波器的直接型结构的流图, 如图 1.8.18 所示。

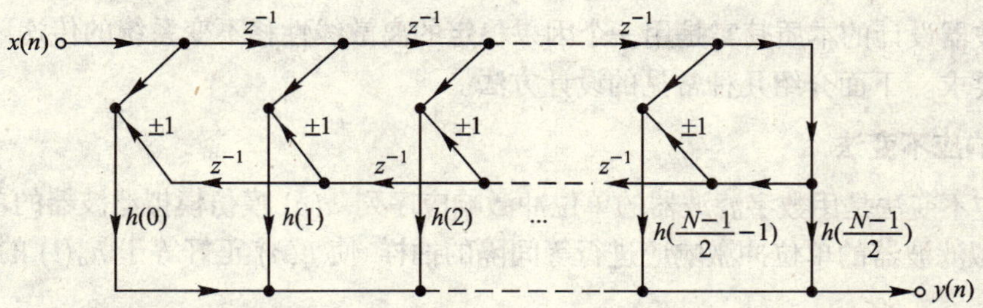

图 1.8.18　N 为奇数时线性相位 FIR 滤波器的直接型结构

$h(n)$ 偶对称时 "±1" 取 +1, $h(n)$ 奇对称时 "±1" 取 −1, 且 $h\left(\frac{N-1}{2}\right)=0$, 即 $h\left(\frac{N-1}{2}\right)$ 处连线断开

当 N 为偶数时

$$H(z)=\sum_{n=0}^{N-1}h(n)z^{-n}=\sum_{n=0}^{N/2-1}h(n)z^{-n}+\sum_{n=N/2}^{N-1}h(n)z^{-n}$$

在最后一项中, 令 $n=N-1-m$, 再将 m 换成 n, 可得

$$H(z)=\sum_{n=0}^{N-1}h(n)z^{-n}=\sum_{n=0}^{N/2-1}h(n)z^{-n}+\sum_{n=0}^{N/2-1}h(N-1-n)z^{-(N-1-n)}$$

代入线性相位奇偶对称条件 $h(N-1-n)=\pm h(n)$, 可得

$$H(z)=\sum_{n=0}^{N/2-1}h(n)[z^{-n}\pm z^{-(N-1-m)}]\qquad(1-8-25)$$

式中, 方括号中的 "+" 表示 $h(n)$ 为偶对称, "−" 表示 $h(n)$ 为奇对称。由式 $(1-8-25)$ 可画出 N 为偶数时, 线性相位 FIR 滤波器的直接型结构的流图, 如图 1.8.19 所示。

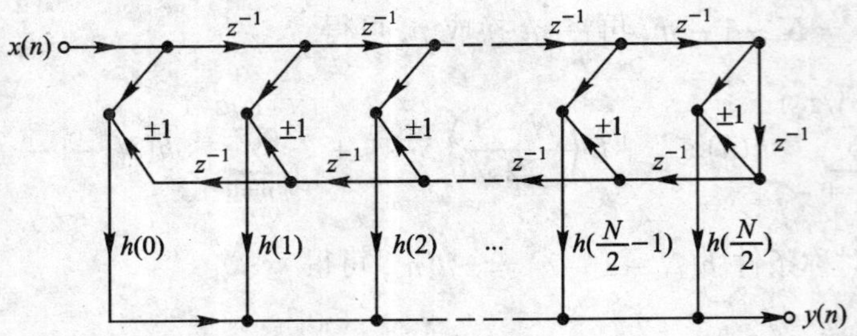

图 1.8.19 N 为偶数时线性相位 FIR 滤波器的直接型结构

$h(n)$ 偶对称时 "±1" 取 $+1$, $h(n)$ 奇对称时 "±1" 取 -1

1.9 IIR 滤波器设计

数字滤波器设计的本质其实是用一个因果稳定的离散线性移不变系统的传递函数去逼近滤波器的性能要求。下面介绍几种常见的设计方法。

1. 冲激响应不变法

冲激响应不变法是用数字滤波器的单位冲激响应序列 $h(n)$ 模仿模拟滤波器的单位冲激响应 $h_a(t)$。对模拟滤波器的单位冲激响应进行等间隔的抽样, 使 $h(n)$ 正好等于 $h_a(t)$ 的抽样值, 即满足

$$h(n) = h_a(nT)$$

式中 T 为抽样周期。

如果令 $H_a(s)$ 为 $h_a(t)$ 的拉普拉斯变换, $H(z)$ 为 $h(n)$ 的 Z 变换, 利用 1.5 节中抽样序列的 Z 变换与模拟信号的拉普拉斯变换的关系得

$$H(z)\big|_{z=e^{sT}} = \frac{1}{T}\sum_{k=-\infty}^{+\infty} H_a\left(s - \mathrm{j}\frac{2\pi}{T}k\right) \tag{1-9-1}$$

可以看出, 冲激响应不变法将模拟滤波器的 s 平面变换成数字滤波器的 z 平面, 变换关系为 $z = e^{sT}$。s 平面上每一条宽度为 $2\pi/T$ 的横条都将被重叠地映射到整个 z 平面上, 而每一条横条的左半边映射到 z 平面单位圆以内, 右半边映射到单位圆以外, 而 s 平面虚轴 ($\mathrm{j}\Omega$ 轴) 映射到 z 平面单位圆上, 虚轴上每一段长为 $2\pi/T$ 的线段都映射到 z 平面单位圆上一周。

冲激响应不变法需要由模拟传递函数 $H_a(s)$ 求拉普拉斯逆变换得到模拟的冲激响应 $h_a(t)$, 然后抽样得到 $h(n) = h_a(nT)$, 再求 Z 变换得到 $H(z)$。

设模拟滤波器的传递函数 $H_a(s)$ 只有单阶节点, 且假定分母的阶次大于分子的阶次 (该条件一般情况下都能满足), 因此可将 $H_a(s)$ 展成部分分式

$$H_a(s) = \sum_{k=1}^{N} \frac{A_k}{s - s_k}$$

其相应的冲激响应是 $H_a(s)$ 的拉普拉斯逆变换, 即

$$h_a(t)=\mathrm{L}^{-1}[H_a(s)]=\sum_{k=1}^{N}A_k\mathrm{e}^{s_k t}u(t)$$

式中, $u(t)$ 是连续时间的单位阶跃函数。而数字滤波器的单位抽样响应等于 $h_a(t)$ 的抽样, 即

$$h(n)=h_a(nT)=\sum_{k=1}^{N}A_k\mathrm{e}^{s_k nT}u(n)=\sum_{k=1}^{N}A_k(\mathrm{e}^{s_k T})^n u(n)$$

对 $h(n)$ 求 Z 变换, 即得到数字滤波器的传递函数

$$\begin{aligned}H(z)&=\sum_{n=-\infty}^{+\infty}h(n)z^{-n}=\sum_{n=0}^{\infty}\sum_{k=1}^{N}A_k(\mathrm{e}^{s_k T}z^{-1})^n=\sum_{k=1}^{N}A_k\sum_{n=0}^{\infty}(\mathrm{e}^{s_k T}z^{-1})^n\\&=\sum_{k=1}^{N}\frac{A_k}{1-\mathrm{e}^{s_k T}z^{-1}}\end{aligned}\qquad(1-9-2)$$

数字滤波器的频率响应与抽样间隔 T 成反比, 如果抽样频率很高, 即 T 很小, 则滤波器增益会很高, 因希望数字滤波器的频率响应不随抽样频率而变化, 故做以下修正, 令

$$h(n)=Th_a(nT)$$

则有

$$H(z)=\sum_{k=1}^{N}\frac{TA_k}{1-\mathrm{e}^{s_k T}z^{-1}}\qquad(1-9-3)$$

冲激响应不变法虽然使得数字滤波器的冲激响应完全模仿模拟滤波器的冲激响应, 而且模拟频率和数字频率之间呈线性关系, 但是因为有频率冲激响应混叠效应, 所以只适用于限带的模拟滤波器, 所以高通和带阻滤波器不宜采用冲激响应不变法。

例 1.9.1 设模拟滤波器的传递函数为

$$H_a(s)=\frac{2}{s^2+4s+3}=\frac{1}{s+1}-\frac{1}{s+3}$$

试利用冲激响应不变法设计 IIR 滤波器。

解: 直接利用式 (1 − 9 − 3) 可得数字滤波器的传递函数为

$$H(z)=\frac{T}{1-z^{-1}\mathrm{e}^{-T}}-\frac{T}{1-z^{-1}\mathrm{e}^{-3T}}=\frac{Tz^{-1}(\mathrm{e}^{-T}-\mathrm{e}^{-3T})}{1-z^{-1}(\mathrm{e}^{-T}+\mathrm{e}^{-3T})+z^{-2}\mathrm{e}^{-4T}}$$

设 $T=1$, 则有

$$H(z)=\frac{0.318z}{1-0.417\,7z^{-1}+0.018\,31z^{-2}}$$

模拟滤波器的频率响应 $H_a(\mathrm{j}\Omega)$ 及数字滤波器的频率响应 $H(\mathrm{e}^{\mathrm{j}\omega})$ 分别为

$$H_a(\mathrm{j}\Omega)=\frac{2}{(3-\Omega^2)+\mathrm{j}4\Omega}$$

$$H(\mathrm{e}^{\mathrm{j}\omega})=\frac{0.318\,1\mathrm{e}^{-\mathrm{j}\omega}}{1-0.417\,7\mathrm{e}^{-\mathrm{j}\omega}+0.018\,31\mathrm{e}^{-\mathrm{j}2\omega}}$$

将 $|H_a(\mathrm{j}\Omega)|$ 和 $|H(\mathrm{e}^{\mathrm{j}\omega})|$ 画在图 1.9.1 上, 由该图可以看出, 由于 $H_a(\mathrm{j}\Omega)$ 不是充分限带的, 所以 $H(\mathrm{e}^{\mathrm{j}\omega})$ 产生了很大的频率混叠。

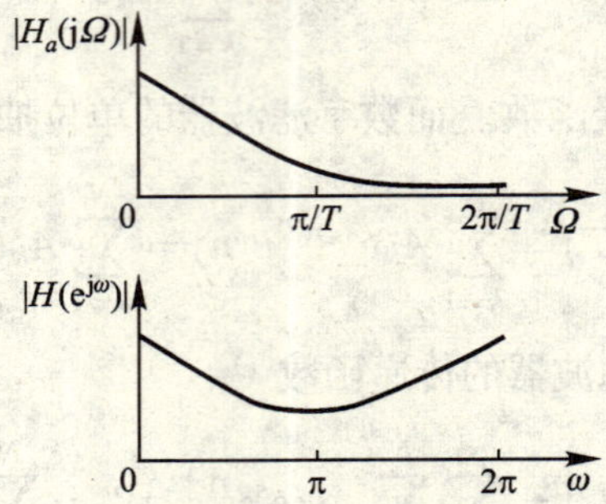

图 1.9.1 冲激响应不变法的频率响应幅度

2. 阶跃响应不变法

阶跃响应不变法是用数字滤波器的阶跃响应 $g(n)$ 模仿模拟滤波器的阶跃响应 $g_a(t)$, 即对模拟滤波器的阶跃响应等间隔抽样, 使 $g(n)$ 正好等于 $g_a(t)$ 的抽样值, 即

$$g(n) = g_a(nT) \tag{1-9-4}$$

式中, T 是抽样周期。

设数字滤波器的传递函数为 $H(z)$ ($H(z) = Z[h(n)]$), 如果其输入端作用一个阶跃函数 $u(n)$, 则其输出端为阶跃响应 $g(n)$, 因而有

$$g(n) = u(n) * h(n)$$

将上式两端取 Z 变换得

$$G(z) = Z[g(n)] = \frac{z}{z-1}H(z) \tag{1-9-5}$$

所以

$$H(z) = \frac{z-1}{z}G(z) \tag{1-9-6}$$

下面求 $G(z)$。对于模拟滤波器, 设其传递函数为 $H_a(s)$ ($H_a(s) = \mathrm{L}[h_a(t)]$), 如果输入端作用一个阶跃函数 $u(t)$, 其输出端即为阶跃响应 $g_a(t)$, 因此有

$$g_a(t) = u(t) * h(t)$$

将此式两端取拉普拉斯变换可得

$$G_a(s) = \mathrm{L}[g_a(t)] = \frac{1}{s}H_a(s)$$

即

$$g_a(t) = \mathrm{L}^{-1}\left[\frac{1}{s}H_a(s)\right]$$

要满足阶跃响应不变, 则应有

$$g(n) = g_a(nT) = \mathrm{L}^{-1}\left[\frac{1}{s}H_a(s)\right]\Bigg|_{t=nT} \tag{1-9-7}$$

将上式取 Z 变换即得 $G(z)$, 将它代入式 (1 – 9 – 5) 即得数字滤波器的传递函数, 即

$$H(z) = \frac{z-1}{z}Z\left\{\mathrm{L}^{-1}\left[\frac{1}{s}H_a(s)\right]\Bigg|_{t=nT}\right\} \tag{1-9-8}$$

阶跃响应不变法也会导致频率混叠现象, 但其频率响应幅度与频率 Ω 成反比, 因而, 随着 Ω 的增加, 频率响应的混叠现象比冲激响应法要小。

例 1.9.2 已知模拟二阶巴特沃思滤波器的归一化 (3 dB, 截止频率为 1) 模拟传递函数为

$$H_a'(s) = \frac{1}{1 + 1.414\,213\,6s + s^2}$$

而 3 dB 截止频率为 50 Hz 的模拟滤波器, 需将归一化 $H_a'(s)$ 中的 s 变量用 $s/(2\pi + 50)$ 来代替, 即

$$H_a(s) = H_a'\left(\frac{s}{100\pi}\right) = \frac{9.869\,604\,4 \times 10^4}{s^2 + 444.288\,30s + 9.869\,604\,4 \times 10^4}$$

设系统抽样频率为 $f_s = 500$ Hz, 要求从这一低通模拟滤波器设计一个低通数字滤波器, 采用阶跃响应不变法。

解: 模拟低通滤波器的拉普拉斯变换为

$$\begin{aligned} G_a(s) = \frac{1}{s}H_a(s) &= \frac{9.869\,604\,4 \times 10^4}{s(s^2 + 444.288\,30s + 9.869\,604\,4 \times 10^4)} \\ &= \frac{1}{s} - \frac{(s + 222.144\,15) + 222.144\,15}{(s + 222.144\,15)^2 + (222.144\,15)^2} \end{aligned}$$

$$g_a(t) = \mathrm{L}^{-1}[G_a(s)] = \left\{1 - \mathrm{e}^{-222.144\,15t}[\sin(222.144\,15t) + \cos(222.144\,15t)]\right\}u(t)$$

则

$$g(n) = g_a(nT) = \left\{1 - \mathrm{e}^{-222.144\,15nT}[\sin(222.144\,15nT) + \cos(222.144\,15nT)]\right\}u(n)$$

可得阶跃响应 $g(n)$ 的 Z 变换为

$$\begin{aligned} G(z) = Z[g(n)] &= \frac{z}{z-1} - \frac{z^2 - 0.333\,907\,1z}{z^2 - 1.158\,045\,9z + 0.411\,240\,70} \\ &= \frac{0.145\,344\,81z^2 + 0.107\,849\,99z}{(z-1)(z^2 - 1.158\,045\,9z + 0.411\,240\,70)} \end{aligned}$$

再由式 (1 – 9 – 6) 可得数字低通滤波器的传递函数为

$$H(z) = \frac{z-1}{z}G(z) = \frac{0.145\,344\,81z^{-1} + 0.107\,849\,99z^{-2}}{1 - 1.158\,045\,9z^{-1} + 0.411\,240\,70z^{-2}}$$

3. 双线性变换法

双线性变换法是使数字滤波器的频率响应与模拟滤波器的频率响应相似的一种变换方法，为克服多值映射这一缺点，首先把整个 s 平面压缩到某一中介的 s_1 平面的一条横带里面 (宽度为 $2\pi/T$，即 $-\pi/T \sim \pi/T$)，其次再通过 $z = e^{s_1 T}$ 将此横带变换到整个 z 平面中去，如图 1.9.2 所示，这样就使 s 平面与 z 平面一一对应，也就消除了频谱混叠现象。

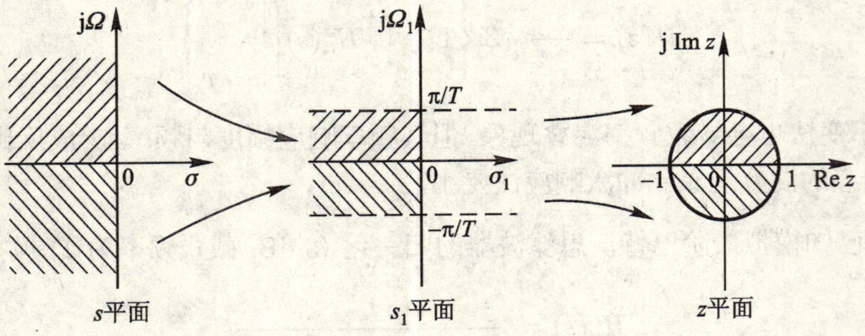

图 1.9.2 双线性变换法的映射关系

上述步骤得到的映射关系为

$$s = \frac{1 - z^{-1}}{1 + z^{-1}} \tag{1-9-9}$$

$$z = \frac{1 + s}{1 - s} \tag{1-9-10}$$

一般来说，为了使模拟滤波器的某一频率与数字滤波器的任一频率有对应的关系，可引入待定常数 c，使上式变为

$$s = c\frac{1 - z^{-1}}{1 + z^{-1}} \tag{1-9-11}$$

$$z = \frac{c + s}{c - s} \tag{1-9-12}$$

当 $c = 2/T$ 时，模拟滤波器与数字滤波器在低频处有较确切的对应关系；而当 $c = \Omega_c \cot(\omega_c/2)$ 时，在模拟原型滤波器的特定频率 Ω_c 和数字滤波器的特定频率 ω_c 处，频率响应是严格相等的。

由于双线性变换中，s 到 z 之间的变换是简单的代数关系，故可以由模拟传递函数通过式 (1 − 9 − 11) 的关系，用代数置换得到数字滤波器的传递函数，即

$$H(z) = H_a(s)\big|_{s=c\frac{z-1}{z+1}} = H_a\left(c\frac{z-1}{z+1}\right) \tag{1-9-13}$$

也可以先将模拟传递函数分解成并联的子传递函数 (子传递函数相加) 或级联的子传递函数 (子传递函数相乘)，使每个子传递函数都变成低阶的 (例如一阶、二阶)，然后再对每个子系统函数分别采用双线性变换。

双线性变换最大的优点是避免了频率响应的混叠现象，但频率 Ω 与 ω 之间存在严重的非线性关系，这种非线性关系导致了新的问题，如一个线性相位的模拟滤波器经双线性变换后就得到

非线性相位的数字滤波器, 不再保持原有的线性相位了, 而且这种非线性关系要求模拟滤波器的幅频响应必须是分段常数型的, 不然变换所产生的数字滤波器的幅频响应对于原模拟滤波器的幅频响应会有畸变。

1.10 FIR 滤波器设计

IIR 滤波器的优点是可以利用模拟滤波器的设计结果, 但是它也有明显的缺点, 就是相位的非线性。而 FIR 滤波器则可以设计成既具有严格的线性相位, 同时又可以具有任意的幅度特性。下面介绍几种常用的 FIR 滤波器设计方法。

1. 窗函数设计法

这种方法也叫傅里叶级数法。一般是先给定所要求的理想滤波器的频率响应 $H_d(\mathrm{e}^{\mathrm{j}\omega})$, 要求设计一个 FIR 滤波器频率响应 $H(\mathrm{e}^{\mathrm{j}\omega})=\sum\limits_{n=0}^{N-1}h(n)\mathrm{e}^{-\mathrm{j}\omega n}$ 来逼近 $H_d(\mathrm{e}^{\mathrm{j}\omega})$。但是设计是在时域进行的, 因而先由 $H_d(\mathrm{e}^{\mathrm{j}\omega})$ 的傅里叶变换导出 $h_d(n)$, 即

$$h_d(n)=\frac{1}{2\pi}\int_{-\pi}^{\pi}H_d(\mathrm{e}^{\mathrm{j}\omega})\mathrm{e}^{\mathrm{j}\omega n}\mathrm{d}\omega \tag{1-10-1}$$

由于 $H_d(\mathrm{e}^{\mathrm{j}\omega})$ 是矩形频率特性, 故 $h_d(n)$ 一定是无限长序列, 且是非因果的。而要设计的 FIR 滤波器, 其 $h(n)$ 必然是有限长序列, 因此要用有限长的 $h(n)$ 来逼近无限长的 $h_d(n)$, 最有效的办法是用一个有限长度的窗口函数序列 $w(n)$ 来截取 $h_d(n)$, 即

$$h(n)=w(n)h_d(n) \tag{1-10-2}$$

下面以一个截止频率为 ω_c 的线性相位的理想矩形低通滤波器为例来加以讨论。设该低通滤波器的群延时为 α, 即

$$H_d(\mathrm{e}^{\mathrm{j}\omega})=\begin{cases}\mathrm{e}^{-\mathrm{j}\omega\alpha}, & -\omega_c\leqslant\omega\leqslant\omega_c\\ 0, & \omega_c<\omega\leqslant\pi, -\pi<\omega<-\omega_c\end{cases}$$

这表明, 在通带 $|\omega|\leqslant\omega_c$ 范围内, $H_d(\mathrm{e}^{\mathrm{j}\omega})$ 的幅度为 1, 相位为 $-\omega\alpha$。由式 (1－10－1) 可得

$$h_d(n)=\frac{1}{2\pi}\int_{-\omega_c}^{\omega_c}\mathrm{e}^{-\mathrm{j}\omega\alpha}\mathrm{e}^{\mathrm{j}\omega n}\mathrm{d}\omega=\frac{\omega_c}{\pi}\frac{\sin[\omega_c(n-\alpha)]}{\omega_c(n-\alpha)} \tag{1-10-3}$$

$h_d(n)$ 是中心点在 α 的偶对称无限长非因果序列, 对其用矩形窗截断得

$$h(n)=h_d(n)w(n)=\begin{cases}h_d(n), & 0\leqslant n\leqslant N-1\\ 0, & \text{其他}\end{cases} \tag{1-10-4}$$

式中, N 为矩形窗的长度。将式 (1－10－3) 代入式 (1－10－4) 得

$$h(n)=h_d(n)w(n)=\begin{cases}\dfrac{\omega_c}{\pi}\dfrac{\sin\left[\omega_c\left(n-\dfrac{N-1}{2}\right)\right]}{\omega_c\left(n-\dfrac{N-1}{2}\right)}, & 0\leqslant n\leqslant N-1\\ 0, & \text{其他}\end{cases} \tag{1-10-5}$$

但是按照线性相位滤波器的约束, $h(n)$ 必须是对称的, 对称中心应为长度的一半, 即 $(N-1)/2$, 因而必须满足 $\alpha=(N-1)/2$。到此已经完成了用有限长的 $h(n)$ 逼近 $h_d(n)$。但是需要注意的是, 加窗会造成吉布斯现象, 因此选择窗函数的时候应尽量满足如下条件: ① 窗谱主瓣尽可能窄, 以获得较陡的过渡带; ② 尽量减少窗谱的最大旁瓣的相对幅度, 使肩峰和波纹减少。但是这两个条件不能同时满足, 往往增加主瓣宽度以换取对旁瓣的抑制。

用 $w(n)$ 表示长度为 N 的窗函数, $n=0,1,\cdots,N-1$, 其频谱用 $W(\mathrm{e}^{\mathrm{j}\omega})$ 表示。通常窗函数的频域考察三个指标: 3 dB 带宽 B, 最大边瓣峰值 A (dB), 边瓣谱峰渐近衰减速度 D (dB/oct)。一个理想的窗函数应该具有较小的 B 和 A 以及最大的 D。

下面是几种常用的窗函数。

1) 矩形窗

$$B=0.89\Delta\omega,\quad B_0=4\pi/N,\quad A=-13\ \text{dB},\quad D=-6\ \text{dB/oct}$$

2) 三角窗 (又称 Bartlett 窗)

$$w(n)=\begin{cases}\dfrac{2n}{N}, & n=0,1,\cdots,\dfrac{N}{2}\\ w(N-n), & n=\dfrac{N}{2},\cdots,N-1\end{cases}$$

或

$$w(n)=1-\frac{2|n|}{N},\quad n=-\frac{N}{2},\cdots,0,\cdots,\frac{N}{2}$$

$$W(\mathrm{e}^{\mathrm{j}\omega})=\frac{2}{N}\mathrm{e}^{-\mathrm{j}\left(\frac{N}{2}-1\right)\omega}\left(\frac{\sin\dfrac{\omega N}{4}}{\sin\dfrac{\omega}{2}}\right)^2$$

$$B=1.28\Delta\omega,\quad B_0=8\pi/N,\quad A=-27\ \text{dB},\quad D=-12\ \text{dB/oct}$$

3) 汉宁 (Hanning) 窗

$$w(n)=0.5-0.5\cos\frac{2\pi n}{N},\quad n=0,1,\cdots,N-1$$

或

$$w(n)=0.5+0.5\cos\frac{2\pi n}{N},\quad n=-\frac{N}{2},\cdots,0,\cdots,\frac{N}{2}$$

$$W(\mathrm{e}^{\mathrm{j}\omega})=0.5U(\omega)+0.25\left[U\left(\omega-\frac{2\pi}{N}\right)+U\left(\omega+\frac{2\pi}{N}\right)\right]$$

式中

$$U(\omega)=\mathrm{e}^{\frac{\mathrm{j}\omega}{2}}\frac{\sin\dfrac{\omega N}{2}}{\sin\dfrac{\omega}{2}}$$

$$B=1.44\Delta\omega,\quad B_0=8\pi/N,\quad A=-32\ \text{dB},\quad D=-18\ \text{dB/oct}$$

4) 海明 (Hamming) 窗

$$w(n)=0.54-0.46\cos\frac{2\pi n}{N},\quad n=0,1,\cdots,N-1$$

或

$$w(n)=0.54+0.46\cos\frac{2\pi n}{N},\quad n=-\frac{N}{2},\cdots,0,\cdots,\frac{N}{2}$$

$$W(e^{j\omega})=0.54U(\omega)+0.23U\left(\omega-\frac{2\pi}{N}\right)+0.23U\left(\omega+\frac{2\pi}{N}\right)$$

$$B=1.3\Delta\omega,\quad B_0=8\pi/N,\quad A=-43\ \text{dB},\quad D=-6\ \text{dB/oct}$$

5) 布莱克曼 (Blackman) 窗

$$w(n)=0.42-0.5\cos\frac{2\pi n}{N}+0.08\cos\frac{4\pi n}{N},\quad n=0,1,\cdots,N-1$$

或

$$w(n)=0.42+0.5\cos\frac{2\pi n}{N}+0.08\cos\frac{4\pi n}{N},\quad n=-\frac{N}{2},\cdots,0,\cdots,\frac{N}{2}$$

$$B=1.68\Delta\omega,\quad B_0=12\pi/N,\quad A=-58\ \text{dB},\quad D=-18\ \text{dB/oct}$$

例 1.10.1　设计一个线性相位 FIR 滤波器, 给定抽样频率为 $\Omega_s=2\pi\times1.5\times10^4$ rad/s, 通带截止频率为 $\Omega_p=2\pi\times1.5\times10^3$ rad/s, 阻带起始频率为 $\Omega_{st}=2\pi\times3\times10^3$ rad/s, 阻带衰减不小于 -50 dB。幅度特性如图 1.10.1 所示。

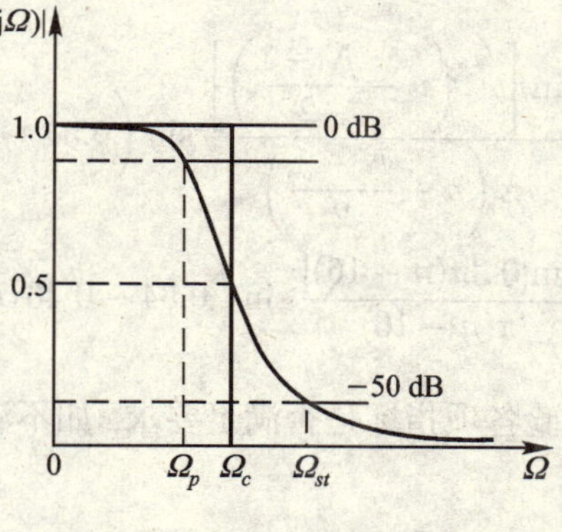

图 1.10.1　例 1.10.1 给定的模拟低通滤波器特性

解: (1) 求对应的数字频率, 即

$$\text{通带截止频率}\quad \omega_p=\frac{\Omega_p}{f_s}=2\pi\frac{\Omega_p}{\Omega_s}=0.2\pi$$

$$\text{阻带起始频率}\quad \omega_{st}=\frac{\Omega_{st}}{f_s}=2\pi\frac{\Omega_{st}}{\Omega_s}=0.4\pi$$

(2) 设 $H_d(e^{j\omega})$ 为理想线性相位滤波器

$$H_d(e^{j\omega})=\begin{cases}e^{-j\omega\alpha}, & |\omega|\leqslant\omega_c\\ 0, & \text{其他}\end{cases}$$

首先由所需低通滤波器的过渡带求理想低通滤波器的截止频率 Ω_c 及 ω_c

$$\Omega_c \approx \frac{1}{2}(\Omega_p + \Omega_s) = 2\pi \times 2.25 \times 10^3 \text{ rad/s}$$

$$\omega_c = \frac{\Omega_c}{f_s} = 2\pi\frac{\Omega_c}{\Omega_s} = 0.3\pi$$

由此可得

$$h_d(n) = \frac{1}{2\pi}\int_{-\pi}^{\pi} \mathrm{e}^{-\mathrm{j}\alpha\omega}\mathrm{e}^{\mathrm{j}\omega n}\mathrm{d}\omega = \begin{cases} \dfrac{2\sin[\omega_c(n-\alpha)]}{\pi(n-\alpha)}, & n \neq \alpha \\ \dfrac{\omega_c}{\pi}, & n = \alpha \end{cases}$$

其中, α 为线性相位所必须的移位, 且应满足 $\alpha = (N-1)/2$。

(3) 由阻带衰减 δ_2 来确定窗的形状, 由过渡带宽确定 N。本例中 $\delta_2 = 50$ dB。由于本例中要求的过渡带宽为

$$\Delta\omega = 2\pi\frac{\Omega_{st} - \Omega_p}{\Omega_s} = 0.2\pi$$

海明窗过渡带满足 $\Delta\omega = \dfrac{6.6\pi}{N}$, 所以

$$N = \frac{6.6\pi}{\Delta\omega} = 33$$

(4) 由窗函数的表达式确定 FIR 滤波器的 $h(n)$ 为

$$\begin{aligned} h(n) = h_d(n)w_n &= \frac{\sin\left[\omega_c\left(n - \dfrac{N-1}{2}\right)\right]}{\pi\left(n - \dfrac{N-1}{2}\right)} \sin\left(0.54 - 0.46\cos\frac{2\pi n}{N-1}\right) R_N(n) \\ &= \frac{\sin[0.3\pi(n-16)]}{\pi(n-16)} \sin\left(0.54 - 0.46\cos\frac{2\pi n}{N-1}\right) R_N(n) \end{aligned}$$

(5) 由 $h(n)$ 求 $H(\mathrm{e}^{\mathrm{j}\omega})$, 检验各项指标是否满足要求, 如不满足要求则改变 N 或改变窗函数来重新计算。

2. 频率抽样法

频率抽样法是把给定的理想频率响应 $H_d(\mathrm{e}^{\mathrm{j}\omega})$ 加以等间隔抽样, 即

$$H_d(\mathrm{e}^{\mathrm{j}\omega})\big|_{\omega=\frac{2\pi}{N}k} = H_d(k)$$

然后以此 $H_d(\mathrm{e}^{\mathrm{j}\omega})$ 作为实际 FIR 数字滤波器的频率特性的抽样值 $H(k)$, 即令

$$H(k) = H_d(k) = H_d(\mathrm{e}^{\mathrm{j}\omega}), \quad k = 0, 1, \cdots, N-1 \tag{1-10-6}$$

得到 $H(k)$ 后, 可以唯一确定有限长序列 $h(n)$, 同样也可以用这 N 个抽样值 $H(k)$ 来求得 FIR 滤波器的传递函数 $H(z)$ 及其频率响应 $H(\mathrm{e}^{\mathrm{j}\omega})$。$H(z)$ 及 $H(\mathrm{e}^{\mathrm{j}\omega})$ 将逼近 $H_d(z)$ 或 $H_d(\mathrm{e}^{\mathrm{j}\omega})$, $H(z)$ 和

$H(e^{j\omega})$ 的内插公式为

$$H(z)=\frac{1-z^{-N}}{N}\sum_{k=0}^{N-1}\frac{H(k)}{1-W_N^{-k}z^{-1}} \tag{1-10-7}$$

$$H(e^{j\omega})=\sum_{k=0}^{N-1}H(k)\varPhi\left(\omega-\frac{2\pi}{N}k\right) \tag{1-10-8}$$

式中, $\varPhi(\omega)$ 是内插函数, 且

$$\varPhi(\omega)=\frac{1}{N}\frac{\sin\dfrac{\omega N}{2}}{\sin\dfrac{\omega}{2}}e^{-j\frac{N-1}{2}\omega}$$

将上式代入式 (1－10－8) 可得

$$H(e^{j\omega})=e^{-j\frac{N-1}{2}\omega}\sum_{k=0}^{N-1}H(k)\frac{1}{N}e^{j\frac{\pi k}{N}(N-1)}\frac{\sin\left[N\left(\dfrac{\omega}{2}-\dfrac{\pi k}{N}\right)\right]}{\sin\left(\dfrac{\omega}{2}-\dfrac{\pi k}{N}\right)} \tag{1-10-9}$$

由内插函数可以看出, 在各频率抽样点上, 滤波器的实际频率响应与理想频率响应数值相等, 但是在抽样点之间的频率响应则是由各采样点的加权内插函数的延伸叠加而形成的, 因而存在一定的逼近误差, 误差大小与理想频率响应曲线形状有关, 理想频率响应特性变化越平缓, 则内插值越接近理想值。反之, 则误差越大。

下面给出 $H(k)$ 的表达式。为方便设计, 将 $H(k)$ 记为 $|H(k)|e^{j\theta(k)}$, 其中 $|H(k)|$ 为幅度响应, $\theta(k)$ 为相位响应。

当 N 为奇数时, 有

$$H(k)=\begin{cases}|H(k)|e^{-j\frac{(N-1)\pi}{N}k}, & k=0,1,\cdots,\dfrac{N-1}{2}\\ |H(N-k)|e^{j\frac{(N-1)\pi}{N}(N-k)}, & k=\dfrac{N+1}{2},\cdots,N-1\end{cases} \tag{1-10-10}$$

当 N 为偶数时, 有

$$H(k)=\begin{cases}|H(k)|e^{-j\frac{(N-1)\pi}{N}k}, & k=0,1,\cdots,\dfrac{N-1}{2}\\ 0, & k=\dfrac{N}{2}\\ |H(N-k)|e^{j\frac{(N-1)\pi}{N}(N-k)}, & k=\dfrac{N+1}{2},\cdots,N-1\end{cases} \tag{1-10-11}$$

3. 切比雪夫逼近法

前面介绍的两种方法, 即窗函数法和频率抽样法都是在不同意义上对给定的理想频率特性 $H_d(e^{j\omega})$ 的逼近。下面介绍一种逼近方法, 它着眼于在所需要的区间 $[a,b]$ 内, 使误差函数

$$E(x)=|p(x)-f(x)|$$

较为均匀一致, 并且通过合理地选择 $p(x)$, 使 $E(x)$ 的最大值 E_n 达到最小。这种逼近方法称为最佳一致逼近。切比雪夫逼近理论解决了 $p(x)$ 的存在性、唯一性以及如何构造等一系列问题。为使读者能更好地理解切比雪夫逼近法的基本理论, 下面先简要介绍一下切比雪夫最佳一致逼近理论的基本内容。

切比雪夫最佳一致逼近的基本思想是, 对于给定区间 $[a,b]$ 上的连续函数 $f(x)$, 在所有 n 次多项式的集合 P_n 中, 唯一存在多项式 $\widehat{p}(x)$, 它在 $[a,b]$ 上对 $f(x)$ 的偏差与属于 P_n 的其他多项式 $p(x)$ 对 $f(x)$ 的偏差相比最小, 即

$$\max_{a\leqslant x\leqslant b}\left|\widehat{p}(x)-f(x)\right|=\min\left\{\max_{a\leqslant x\leqslant b}\left|p(x)-f(x)\right|\right\}$$

切比雪夫逼近理论还指出了该最佳一致逼近多项式 $\widehat{p}(x)$ 的构造方法, 即"交错点组定理"。

设 $f(x)$ 是定义在 $[a,b]$ 上的连续函数, $p(x)$ 为 P_n 中一个阶次不超过 n 的多项式, 并令

$$E_n=\max_{a\leqslant x\leqslant b}\left|p(x)-f(x)\right|$$
$$E(x)=p(x)-f(x)$$

则 $p(x)$ 是 $f(x)$ 的最佳一致逼近的充要条件是, $E(x)$ 在 $[a,b]$ 上至少存在 $n+2$ 个交错点 $a\leqslant x_1<x_2<\cdots<x_{n+2}\leqslant b$, 使得

$$\begin{aligned}&E(x_i)=\pm E_n, &&i=1,2,\cdots,n+2\\&E(x_i)=-E(x_{i+1}), &&i=1,2,\cdots,n+2\end{aligned}$$

这 $n+2$ 个点即是"交错点组", 显然 $x_1,x_2,\cdots,x_{n+2}$ 是 $E(x)$ 的极值点。

n 阶切比雪夫多项式

$$C_n(x)=\cos(n\arccos x),\quad -1\leqslant x\leqslant 1$$

在区间 $[-1,1]$ 上存在 $n+1$ 个点 $x_k=\cos\left(\frac{\pi}{n}k\right), k=0,1,\cdots,n$, 轮流使得 $C_n(x)$ 取得最大值 $+1$ 和最小值 -1。$C_n(x)$ 是 x 的多项式, 且最高项 x^n 的系数是 2^{n-1}。可以证明, 在所有 n 阶多项式中, 多项式 $C_n(x)/2^{n-1}$ 与 0 的偏差为最小。这样, 在寻找 $p(x)$ 时, 如果能使误差函数为某一个 $C_n(x)$, 那么, 这样的 $p(x)$ 将是对 $f(x)$ 的最佳一致逼近。

接下来介绍利用切比雪夫逼近理论来设计 FIR 滤波器。设理想频率响应是

$$H_d(\mathrm{e}^{\mathrm{j}\omega})=\begin{cases}1, & 0\leqslant\omega\leqslant\omega_p\\0, & \omega_s\leqslant\omega\leqslant\pi\end{cases}\tag{1-10-12}$$

式中, ω_p 为通带频率; ω_s 为阻带频率, 如图 1.10.2 所示。图 1.10.2 中, δ_1 为通带纹波峰值, δ_2 为阻带纹波峰值。现在要寻找一个 $H(\mathrm{e}^{\mathrm{j}\omega})$, 使其在通带和阻带内最佳地一致逼近 $H_d(\mathrm{e}^{\mathrm{j}\omega})$。

设计出的 $H(\mathrm{e}^{\mathrm{j}\omega})$ 应具有线性相位。为便于讨论, 先假设 $h(n)$ 为偶对称, N 为奇数, 则

$$H(\mathrm{e}^{\mathrm{j}\omega})=\mathrm{e}^{-\mathrm{j}\frac{N-1}{2}\omega}H_g(\mathrm{e}^{\mathrm{j}\omega})\tag{1-10-13}$$

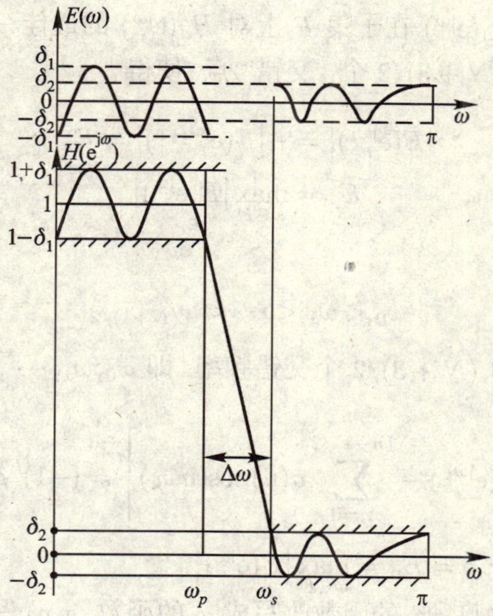

图 1.10.2 低通数字滤波器的一致逼近

式中

$$H_g(e^{j\omega}) = \sum_{n=0}^{(N-1)/2} a(n)\cos(n\omega) \tag{1-10-14}$$

式中, $a(n)$ 和 $h(n)$ 的关系为

$$a(n) = \begin{cases} h\left(\dfrac{N-1}{2}\right), & n = 0 \\ 2h\left(\dfrac{N-1}{2} - n\right), & n = 1, 2, \cdots, \dfrac{N-1}{2} \end{cases} \tag{1-10-15}$$

令 B_p 代表通带 $(0 \sim \omega_p)$ 上的频率, B_s 代表阻带 $(\omega_s \sim \pi)$ 上的频率, 并令 $F = B_p \bigcup B_s$, 表示定义在频率范围 $(0 \sim \pi)$ 上的频率集合的一个子集, 再定义加权函数为

$$W(e^{j\omega}) = \begin{cases} 1/k, & 0 \leqslant \omega \leqslant \omega_p, k = \delta_1/\delta_2 \\ 1, & \omega_s \leqslant \omega \leqslant \pi \end{cases} \tag{1-10-16}$$

记误差函数为

$$\begin{aligned} E(e^{j\omega}) &= W(e^{j\omega})[H_g(e^{j\omega}) - H_d(e^{j\omega})] \\ &= W(e^{j\omega})\left[\sum_{n=0}^{(n-1)/2} a(n)\cos(n\omega) - H_d(e^{j\omega})\right] \end{aligned} \tag{1-10-17}$$

于是, 用 $H_g(e^{j\omega})$ 一致逼近 $H_d(e^{j\omega})$ 的问题可表述为: 寻求系数 $a(n), n = 0, 1, \cdots, \dfrac{N-1}{2}$, 使加权误差函数 $E(e^{j\omega})$ 的最大值为最小。式中引入加权函数是基于在设计滤波器时对通带和阻带不同逼近精度要求的考虑。

由交错点组定理可知, $H_g(\mathrm{e}^{\mathrm{j}\omega})$ 在子集 F 上对 $H_d(\mathrm{e}^{\mathrm{j}\omega})$ 的最佳一致逼近的充要条件是误差函数 $E(\mathrm{e}^{\mathrm{j}\omega})$ 在 F 上至少呈现 $(N+3)/2$ 个 "交错" 点, 使得

$$\left|E(\mathrm{e}^{\mathrm{j}\omega_i})\right| = -\left|E(\mathrm{e}^{\mathrm{j}\omega_{i+1}})\right| = E_n$$
$$E_n = \max_{\omega\in F}\left|E(\mathrm{e}^{\mathrm{j}\omega})\right|$$

且

$$\omega_0 < \omega_1 < \cdots < \omega_{(N+1)/2}$$

如果已经知道在 F 上的 $(N+3)/2$ 个交错频率, 即 $\omega_0, \omega_1, \cdots, \omega_{(N+1)/2}$, 由式 (1 − 10 − 17) 有

$$W(\mathrm{e}^{\mathrm{j}\omega_k})\left[H_d(\mathrm{e}^{\mathrm{j}\omega_k}) - \sum_{n=0}^{(n-1)/2} a(n)\cos(n\omega_k)\right] = (-1)^k\rho \tag{1-10-18}$$

式中, $k = 0, 1, \cdots, (N+1)/2$; $\rho = E_n = \max\limits_{\omega\in F}\left|E(\mathrm{e}^{\mathrm{j}\omega})\right|$。

上式可写成矩阵形式, 并将 $\mathrm{e}^{\mathrm{j}\omega}$ 的函数改写成 ω 的函数, $a(n)$ 写成 a_n, 且令 $M = (N-1)/2$, 则

$$\begin{bmatrix} 1 & \cos\omega_0 & \cdots & \cos(M\omega_0) & \dfrac{1}{W(\omega_0)} \\ 1 & \cos\omega_1 & \cdots & \cos(M\omega_1) & \dfrac{-1}{W(\omega_1)} \\ \vdots & \vdots & & \vdots & \vdots \\ 1 & \cos\omega_M & \cdots & \cos(M\omega_M) & \dfrac{(-1)^M}{W(\omega_M)} \\ 1 & \cos\omega_{M+1} & \cdots & \cos(M\omega_{M+1}) & \dfrac{(-1)^{M+1}}{W(\omega_{M+1})} \end{bmatrix} \begin{bmatrix} a_0 \\ a_1 \\ \vdots \\ a_M \\ \rho \end{bmatrix} = \begin{bmatrix} H_d(\omega_0) \\ H_d(\omega_1) \\ \vdots \\ H_d(\omega_M) \\ H_d(\omega_{M+1}) \end{bmatrix} \tag{1-10-19}$$

解此方程组, 即可唯一地求出系数 $a_0, a_1, \cdots, a_M$ 及偏差 ρ。但是直接求解该方程组存在困难, 为此, J. H. McClellan 等人[6] 利用 Remez 算法, 通过迭代求得一组交错点组, 而且在每次迭代过程中避免了直接求解。该算法的步骤为:

(1) 首先在频率子集 F 上等间隔地取 $M+2$ 个频率 $\omega_0, \omega_1, \cdots, \omega_{M+1}$, 作为交错点组的初始猜测位置, 然后按下式计算 ρ

$$\rho = \frac{\displaystyle\sum_{k=0}^{M+1} \alpha_k H_d(\mathrm{e}^{\mathrm{j}\omega_k})}{\displaystyle\sum_{k=0}^{M+1} (-1)^k \alpha_k / W(\mathrm{e}^{\mathrm{j}\omega_k})} \tag{1-10-20}$$

式中

$$\alpha_k = (-1)^k \prod_{i=0, i\neq k}^{M+1} \frac{1}{\cos\omega_i - \cos\omega_k} \tag{1-10-21}$$

把 $\omega_0, \omega_1, \cdots, \omega_{M+1}$ 代入上式, 可求出 ρ, 它是相对第一次指定的交错点组所产生的偏差, 实际上就是 δ_2。求出 ρ 以后, 利用重心公式的拉格朗日插值公式, 可以在不求出 $a_0, a_1, \cdots, a_M$ 的情况

下, 得到一个 $H_g(\omega)$, 即

$$H_g(\mathrm{e}^{\mathrm{j}\omega})=\frac{\displaystyle\sum_{k=0}^{M}\left[\frac{\beta_k}{\cos\omega-\cos\omega_k}\right]C_k}{\displaystyle\sum_{k=0}^{M}\frac{\beta_k}{\cos\omega-\cos\omega_k}} \tag{1-10-22}$$

式中

$$C_k=H_d(\mathrm{e}^{\mathrm{j}\omega_k})-(-1)^k\frac{\rho}{W(\mathrm{e}^{\mathrm{j}\omega_k})},\quad k=0,1,\cdots,M \tag{1-10-23}$$

$$\beta_k=(-1)^k\prod_{i=0,i\neq k}^{M}\frac{1}{\cos\omega_i-\cos\omega_k} \tag{1-10-24}$$

将 $H_g(\mathrm{e}^{\mathrm{j}\omega})$ 代入式 (1 − 10 − 17), 可求得误差函数 $E(\mathrm{e}^{\mathrm{j}\omega})$。如果在子集 F 上, 对所有的频率 ω, 都有 $\left|E(\mathrm{e}^{\mathrm{j}\omega})\right|\leqslant|\rho|$, 说明 ρ 是纹波的极值, 初始猜定的 $\omega_0,\omega_1,\cdots,\omega_{M+1}$ 恰好是交错点组。这时, 设计工作即可结束。但如果在某些频率处 $\left|E(\mathrm{e}^{\mathrm{j}\omega})\right|>|\rho|$, 则需要交换上次猜测的交错点组中的某些点, 得到一组新的交错点组。

(2) 对上次确定的交错点组 $\omega_0,\omega_1,\cdots,\omega_{M+1}$ 中的每一个点, 都在其附近检查是否在某一个频率处有 $\left|E(\mathrm{e}^{\mathrm{j}\omega})\right|>|\rho|$, 若有, 则再在该点附近找出局部极值点, 用这一局部极值点代替原来的点。待这 $M+2$ 个点都检查过后, 便得到一组新的交错点组 $\omega_0,\omega_1,\cdots,\omega_{M+1}$, 再次利用步骤 (1) 中公式求出 ρ、$H_g(\mathrm{e}^{\mathrm{j}\omega})$ 和 $E(\mathrm{e}^{\mathrm{j}\omega})$, 这样就完成一次迭代, 即完成了一次交错点组的交换。通过交换算法, 使得这一次的交错点组中的每一个 ω_i 都是由上一次的交错点组所产生的 $E(\mathrm{e}^{\mathrm{j}\omega})$ 的局部极值频率点, 因此, 用这次的交错点组求出的 ρ 将增大。

(3) 利用和步骤 (2) 相同的方法, 把在各频率处使 $\left|E(\mathrm{e}^{\mathrm{j}\omega})\right|>|\rho|$ 的点作为新的局部极值点, 从而又得到一组新的交错点组。

重复以上步骤, 直到 ρ 最后收敛到自己的上限, 也即 $H_g(\mathrm{e}^{\mathrm{j}\omega})$ 最佳地一致逼近 $H_d(\mathrm{e}^{\mathrm{j}\omega})$, 迭代结束。由最后得到的交错点组可得到 $H_g(\mathrm{e}^{\mathrm{j}\omega})$, 再对 $H_g(\mathrm{e}^{\mathrm{j}\omega})$ 作逆变换即可得到 $h(n)$。

1.11　数字信号处理中的常见问题

1. 频率分辨力

频率分辨力可以从两个方面来定义: 一是某一个算法将原信号 $x(n)$ 中两个靠得很近的谱峰仍然能够保持分开的能力, 这个定义往往作为比较和检验两种不同算法性能好坏的指标; 二是在使用 DFT 时, 在频率轴上所能得到的最小频率间隔 f_0。由于

$$f_0=\frac{f_s}{N} \tag{1-11-1}$$

这表明, 信号长度 T_0 越长, 即 N 越大, 则频率分辨力越好。但这个长度 T_0 是指实际的信号长度, 采样点数 N 也是指这个长度上的采样点数, 而不是补零后的长度或采样点数。也就是说, 频率分辨力与信号实际长度成反比。补零不能增加数据的有效长度, 因而补零是不能提高频率分辨力的。

2. 频率混叠现象及其抑制

若信号最高频率为 $f_{\max}$, 根据采样定理, 采样频率应满足

$$f_s > 2f_{\max} \tag{1-11-2}$$

式中, f_s 为采样频率。也就是说, 采样间隔 T_s 应满足

$$T_s = \frac{1}{f_s} < \frac{1}{2f_{\max}}$$

如果不满足 $f_s > 2f_{\max}$ 的要求, 就会产生频率混叠现象, 即频率响应的周期延拓分量互相重叠。

由频率分辨力可引出时间函数的周期, 也就是所取的记录长度 T_0

$$T_0 = \frac{1}{f_0}$$

从上述 T_s 和 T_0 两个公式来看, 信号的最高频率分量 $f_{\max}$ 与频率分辨力 f_0 存在着矛盾关系, 要想 $f_{\max}$ 增加, 则时域采样间隔 T_s 就一定减小, 从而 f_s 就会增加, 在 N 固定的情况下, 由式 (1-11-1) 可知 f_0 必然会增加, 即频率分辨力下降。反之, 要提高频率分辨力, 即减小 f_0, 就要增加 T_0, 当 N 给定时, 必然导致 T_s 的增加 (f_s 减小), 要不产生频率混叠, 则必然要减小信号的高频容量 (最高频率分量) $f_{\max}$。

若想兼顾高频容量 $f_{\max}$ 与频率分辨力 f_0, 唯一的办法就是增加记录长度的点数 N, 即满足

$$N = \frac{f_s}{f_0} > \frac{2f_{\max}}{f_0} \tag{1-11-3}$$

如果加窗处理, 频谱分量会加宽, 为保证频率分辨力不变, 则必须增加记录长度, 即增加 T_0。

若已知信号频谱为无限宽, 则需用低通滤波器对信号进行预处理。可选取占信号总能量 98% 左右的频带宽度的 $f_{\max}$ 作为信号的最高频率, 从而可以进一步确定采样频率 f_s。

3. 频谱泄漏

实际处理中, 往往要把观测的信号限制在一定长的时间之内, 设原来延伸到无限长的信号为 $x_1(n)$, 其频谱为 $X_1(\mathrm{e}^{\mathrm{j}\omega})$ (频谱只画出一个周期部分), 所截取的一个时间段的信号为 $x_2(n)$, 其频谱为 $X_2(\mathrm{e}^{\mathrm{j}\omega})$ (频谱也只表示了一个周期部分), 如图 1.11.1 所示。

将信号截断, 就相当于在时域乘一个矩形窗函数, 则在频域相当于原信号与窗函数的频谱进行周期卷积。卷积的结果是造成所得到的频谱 $X_2(\mathrm{e}^{\mathrm{j}\omega})$ 与原来的频谱 $X_1(\mathrm{e}^{\mathrm{j}\omega})$ 不相同, 造成了频谱扩散。截短信号的能量扩散到了无穷宽的频带中去, 这种现象被形象地称为频谱泄漏。

泄漏会导致谱分析时出现两个主要问题: 一是谱分析的频率分辨力下降; 二是由于谱窗具有无限延伸的旁瓣, 就等于在频谱中引入了虚假的频率分量。

减小泄漏的办法, 首先是取更长的数据, 也就是增加窗宽; 其次是数据不要突然截断, 也就是不要加矩形窗, 而要加各种缓变的窗 (如三角窗), 使得窗谱的旁瓣能量更小, 卷积后造成的泄漏减小。

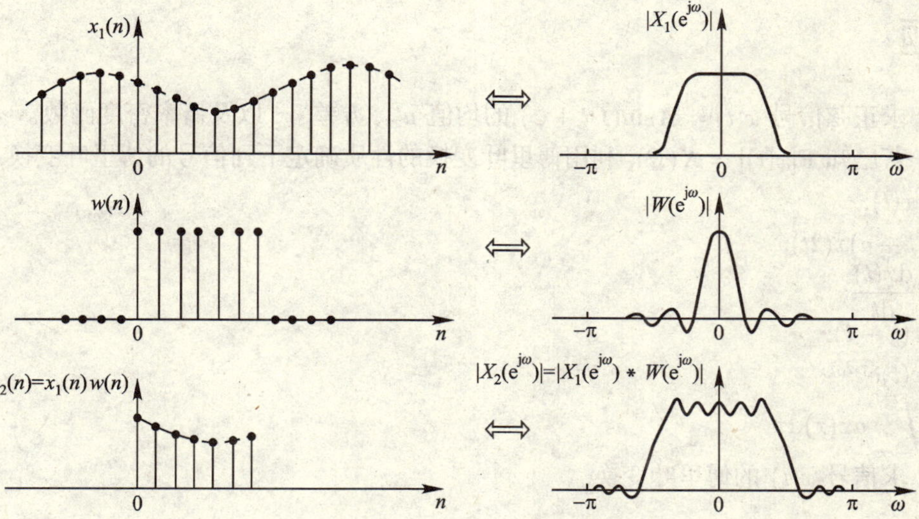

图 1.11.1　信号截断时产生的频谱泄漏现象

4. 栅栏效应

因为 DFT 计算出的频谱是限制在离散点上的频谱，也就是限制为频率分辨力 f_0 的整数倍处的谱，而不是连续频率函数，这就像通过“栅栏”观看景象一样，只能在离散点地方看到真实景象，这种现象称为栅栏效应，如图 1.11.2 所示。

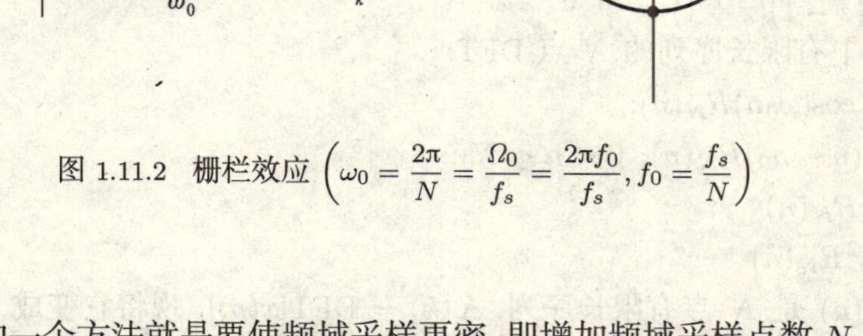

图 1.11.2　栅栏效应 $\left(\omega_0 = \dfrac{2\pi}{N} = \dfrac{\Omega_0}{f_s} = \dfrac{2\pi f_0}{f_s}, f_0 = \dfrac{f_s}{N}\right)$

减小栅栏效应的一个方法就是要使频域采样更密，即增加频域采样点数 N，在不改变时域数据的情况下，必然是在时域数据末端添加一些零值点，使一个周期内的点数增加，但并不改变原有的记录数据。频率采样为 $\dfrac{2\pi}{N}k$，N 增加，必然使采样点间距离更近，谱线更密。谱线变密后原来看不到的谱分量就有可能看到了。

思考题

1.1 求正弦信号 $x(t)=A\sin(\Omega t+\varphi)$ 的均值 μ_x、方差 σ_x^2 以及概率密度函数。

1.2 若已知 $\mathrm{F}[x(t)]=X(\Omega)$, 利用傅里叶变换的性质确定下列信号的傅里叶变换, a 为常数:

(1) $tx(t)$;

(2) $(t+a)x(2t)$;

(3) $t\dfrac{\mathrm{d}x(t)}{\mathrm{d}t}$;

(4) $x(a-t)$;

(5) $x(t)\mathrm{e}^{\mathrm{j}\Omega_0 t}$;

(6) $\displaystyle\int_{-\infty}^{t} ax(\tau)\mathrm{d}\tau$

1.3 求信号 $x(t)$ 的傅里叶变换:

$$x(t)=\mathrm{e}^{-a|t|},\quad a>0$$

1.4 求下列序列的 Z 变换, 并确定其收敛域:

(1) $x(n)=\left(\dfrac{1}{2}\right)^n u(n)$;

(2) $x(n)=\dfrac{1}{n},\ n\geqslant 1$;

(3) $x(n)=a^{|n|}$;

(4) $x(n)=a^n[\cos(\omega_0 n)+\sin(\omega_0 n)]u(n)$

1.5 已知 $x(n)$ 的 Z 变换为 $X(z)$, 试求下列序列的 Z 变换:

(1) $a^n x(n)$;

(2) $\mathrm{e}^{-an}x(n)$;

(3) $nx(n)$;

(4) $x^*(n)$

1.6 求下列 $X(z)$ 的逆变换 $x(n)$。

(1) $X(z)=z^2(1+z)(1-z^{-1})(1+z^2)(1-z^{-2})$;

(2) $X(z)=\dfrac{10z^2}{(z-1)(z+1)},\quad (|z|>1)$

1.7 试求以下有限长序列的 N 点 DFT:

(1) $x(n)=a\cos(\omega_0 n)R_N(n)$;

(2) $x(n)=\delta(n-n_0)R_N(n),\ 0<n<N_0$;

(3) $x(n)=nR_N(n)$;

(4) $x(n)=n^2R_N(n)$

1.8 已知 $x(n)$ 是 N 点有限长序列, $X(k)=\mathrm{DFT}[x(n)]$, 现将它变成 rN 点的有限长序列 $y(n)$:

$$y(n)=\begin{cases}x(n), & 0\leqslant n\leqslant N-1\\ 0, & N\leqslant n\leqslant rN-1\end{cases}$$

试求 $\mathrm{DFT}[y(n)]$ 与 $X(k)$ 的关系。

1.9 设有一谱分析用的信号处理器, 抽样点数必须为 2 的整数幂, 假定没有采用任何特殊数据处理措施, 要求频率分辨力 $\leqslant$ 10 Hz, 如果采用的抽样时间间隔为 0.1 ms, 试确定

(1) 最小记录长度;

(2) 所允许处理的信号的最高频率;

(3) 在一个记录中的最少点数。

1.10 令 $X(k)$ 表示 N 点序列 $x(n)$ 的 N 点离散傅里叶变换, 请证明:

(1) 如果 $x(n)$ 满足关系式 $x(n)=-x(N-1-n)$, 则 $X(0)=0$;

(2) 当 N 为偶数时, 如果 $x(n)=x(N-1-n)$, 则 $X(N/2)=0$。

1.11 $N=16$ 时, 画出基 2 按频率抽选法的 FFT 流图。

1.12 已知 FIR 滤波器的单位冲激响应为

$$H(z)=\frac{1}{5}(1+3z^{-1}+5z^{-2}+3z^{-3}+z^{-4})$$

试画出其线性相位结构。

1.13 已知模拟二阶巴特沃思低通滤波器的归一化系统函数为

$$H_a'(s)=\frac{1}{1+104.421\,36s+s^2}$$

而 3 dB 截止频率为 50 Hz 的模拟滤波器需要将归一化的 $H_a'(s)$ 中的 s 变量用 $s/(2\pi\times 50)$ 来代替, 即

$$H_a(s)=H_a'\left(\frac{s}{100\pi}\right)=\frac{1}{9.869\,604\,4\times 10^4+444.288\,30s+s^2}$$

设系统抽样频率为 $f_s=500$ Hz, 要求采用阶跃响应不变法从这一低通模拟滤波器设计一个低通数字滤波器。

1.14 用矩形窗设计一个 FIR 线性相位低通数字滤波器。已知 $\omega_c=0.5\pi, N=21$。求出 $h(n)$ 并画出 $20\lg\left|H(e^{j\omega})\right|$ 的曲线。

参考文献

[1] John G, Proakis DGM. 数字信号处理: 理论、算法与应用. 3 版. 北京: 中国电力出版社, 2004.

[2] 程佩青. 数字信号处理教程. 北京: 清华大学出版社, 2001.

[3] 胡广书. 数字信号处理: 理论、算法与实现. 北京: 清华大学出版社, 1997.

[4] 郑君里, 应启珩, 杨为理. 信号与系统. 北京: 高等教育出版社, 2000.

[5] 秦树人, 张明洪, 罗德扬. 机械工程测试原理与技术. 重庆: 重庆大学出版社, 2002.

[6] McClellan J H, Parks T W. A unified approach to the design of optimum FIR linear-phase digital filters. IEEE Trans. Circuit Theory, 1973, 20 (6): 697-701.

第 2 章　现代谱分析方法

利用给定的一组样本数据估计一个平稳随机信号的功率谱密度称为谱分析[1]。在许多工程应用中, 功率谱的分析与估计是十分重要的, 因为它能给出被分析对象的能量随频率的分布情况[1]。例如, 在机械领域, 对机床、飞机、汽车等振动信号进行谱分析, 可以检验设计效果和诊断故障。在雷达信号处理中, 由回波信号的功率谱密度及谱峰的宽度、高度和位置, 可以确定运动目标的位置、辐射强度和运动速度。在生物医学工程中, 功率谱密度的峰形和波形显示类癫痫病发作的周期。在目标识别中, 功率谱可作为目标的特征之一。

功率谱密度定义为协方差函数的傅里叶变换。谱分析方法分为两大类: 非参数化方法和参数化方法。非参数化谱分析 (如周期图法、相关图法等) 又叫经典谱分析, 其主要问题是: 由于假定信号的自相关函数在数据观测区以外等于零, 因此估计出来的功率谱很难与信号的真实功率谱相匹配, 频率分辨力也相应较低; 而参数化谱分析又叫现代谱分析或高分辨力谱分析, 具有频率分辨力高的优点, 它是融合经典变换理论、统计估计理论、系统辨识、信息论、时间序列分析及计算方法等理论的新学科。

现代谱分析主要有 ARMA (autoregressive moving average) 谱分析、最大似然法、熵谱估计法和特征分解法四种。本章除介绍以上几种方法外, 还将介绍倒谱分析, 它们构成了现代信号处理中一个极其重要的领域, 是许多信号处理技术 (如机械信号处理、雷达信号处理、通信信号处理、地震信号处理和生物医学信号处理等) 的共同基础。

2.1　奇异值分解和总体最小二乘法

由于特征分解分析法与奇异值分解 (SVD) 密切相关, 而且近几年已广泛使用总体最小二乘法 (total least squares, TLS) 来改善 ARMA 谱估计、MUSIC 法和 ESPRIT 法的数值鲁棒性和功率谱的频率分辨力, 所以本节将介绍奇异值分解和总体最小二乘法作为预备知识。

2.1.1　奇异值分解方法

奇异值分解 (SVD) 是求矩阵秩的一种有效方法, 主要用于求解线性方程组。

对于一个复数矩阵 $\boldsymbol{B}$, 若满足 $\boldsymbol{B}^{-1}=\boldsymbol{B}^{\mathrm{H}}$, 则称 $\boldsymbol{B}$ 为酉矩阵, 其中上标 H 表示复数矩阵的共轭转置。特别地, 一个实的酉矩阵称为正交矩阵, 即有 $\boldsymbol{B}^{-1}=\boldsymbol{B}^{\mathrm{T}}$, 其中上标 T 表示矩阵的转置。

下面给出奇异值分解中的一个重要定理。

定理 2.1.1: 令 $\boldsymbol{A}$ 是一个 $m\times n$ 的复数矩阵, 则存在一个 $m\times m$ 酉矩阵 $\boldsymbol{U}$ 和 $n\times n$ 酉矩阵

$\boldsymbol{V}$, 使得 $\boldsymbol{A}$ 可以分解为

$$\boldsymbol{A}=\boldsymbol{U}\boldsymbol{\Sigma}\boldsymbol{V}^{\mathrm{H}} \tag{2-1-1}$$

式中, $\boldsymbol{\Sigma}$ 是一个 $m\times n$ 维对角阵, 其主对角线上的元素是非负的, 并按下列顺序排列:

$$\sigma_{11}\geqslant\sigma_{22}\geqslant\cdots\geqslant\sigma_{hh}\geqslant 0$$

式中

$$h=\min(m,n)$$

上述定理的证明可以在很多线性代数或矩阵论的著作中找到, 例如参考文献 [2-4]。对角矩阵 $\boldsymbol{\Sigma}$ 的主对角线上的元素 σ_{kk} 称为矩阵 $\boldsymbol{A}$ 的奇异值, 酉矩阵 $\boldsymbol{U}$ 和 $\boldsymbol{V}$ 分别称为矩阵 $\boldsymbol{A}$ 的左奇异矩阵和右奇异矩阵, 而 $\boldsymbol{U}=[u_1,\cdots,u_m]^{\mathrm{T}}$ 和 $\boldsymbol{V}=[v_1,\cdots,v_n]^{\mathrm{T}}$ 的列向量 $\boldsymbol{u}_i$ 和 $\boldsymbol{v}_j$ 分别称为矩阵 $\boldsymbol{A}$ 的左奇异向量和右奇异向量。

非零的奇异值对应于非负 Hermitian 阵 $\boldsymbol{A}\boldsymbol{A}^{\mathrm{H}}$ 和 $\boldsymbol{A}^{\mathrm{H}}\boldsymbol{A}$ 的特征值的正平方根; 而且, $\boldsymbol{U}$ (或 $\boldsymbol{V}$) 的列对应于非负 Hermitian 阵 $\boldsymbol{A}\boldsymbol{A}^{\mathrm{H}}$ (或 $\boldsymbol{A}^{\mathrm{H}}\boldsymbol{A}$) 的适当排列的正交特征向量。

奇异值 σ_{kk} 包含了有关矩阵 $\boldsymbol{A}$ 的秩的特性有用信息。这可以通过下面的问题加以说明: 求秩为 k 的 $m\times n$ 维矩阵, 使得它在 Frobenious 范数意义上最佳逼近 $\boldsymbol{A}$。假定 $k\leqslant\operatorname{rank}(\boldsymbol{A})$, 则 $m\times n$ 维矩阵差 $\boldsymbol{A}-\boldsymbol{B}$ 的 Frobenious 范数定义为

$$\|\boldsymbol{A}-\boldsymbol{B}\|_{\mathrm{F}}=\left[\sum_{i=1}^{m}\sum_{j=1}^{m}|a_{ij}-b_{ij}|^2\right]^{1/2} \tag{2-1-2}$$

现在要寻找一个 $m\times n$ 维且秩为 k 的矩阵 $\boldsymbol{B}$ 使上述范数为最小。这一逼近问题可以用下面的定理来描述。

定理 2.1.2: 在 Frobenious 范数意义下能最佳逼近 $m\times n$ 维矩阵 $\boldsymbol{A}$ 的唯一 $m\times n$ 维且秩 $k\leqslant\operatorname{rank}(\boldsymbol{A})$ 的矩阵由

$$\boldsymbol{A}^{(k)}=\boldsymbol{U}\boldsymbol{\Sigma}_k\boldsymbol{V}^{\mathrm{H}} \tag{2-1-3}$$

给定, 其中 $\boldsymbol{U}$ 为一个 $m\times m$ 酉矩阵, $\boldsymbol{V}$ 为一个 $n\times n$ 酉矩阵, 而 $\boldsymbol{\Sigma}_k$ 是一个 $m\times n$ 维对角阵, 其主对角线上的元素是非负的, 并按下列顺序排列:

$$\sigma_{11}\geqslant\sigma_{22}\geqslant\cdots\geqslant\sigma_{kk}>0=0=\cdots=0$$

这一最佳逼近的质量由

$$\begin{aligned}\|\boldsymbol{A}-\boldsymbol{A}^{(k)}\|_{\mathrm{F}}&=\|\boldsymbol{U}\|_{\mathrm{F}}\|\boldsymbol{\Sigma}-\boldsymbol{\Sigma}_k\|_{\mathrm{F}}\|\boldsymbol{V}^{\mathrm{H}}\|_{\mathrm{F}}=\sqrt{mn}\|\boldsymbol{\Sigma}-\boldsymbol{\Sigma}_k\|_{\mathrm{F}}\\&=\sqrt{mn}\left[\sum_{j=k+1}^{h}\sigma_{jj}^2\right]^{1/2},\quad 0\leqslant k\leqslant h=\min(m,n)\end{aligned} \tag{2-1-4}$$

衡量。

该定理表明, $\boldsymbol{A}^{(k)}$ 逼近 $\boldsymbol{A}$ 的程度取决于 $(h-k)$ 个最小的奇异值的平方和。当 k 接近 h 时, 该平方和将变得越来越小, 并在 $k=h$ 时最终趋于零。为了提供逼近性能的测度 (与矩阵 $\boldsymbol{A}$ 的大小无关), 可考虑下面的归一化比值:

$$v(k)=\frac{\|\boldsymbol{A}^{(k)}\|_{\mathrm{F}}}{\|\boldsymbol{A}\|_{\mathrm{F}}}=\left(\frac{\sigma_{11}^2+\sigma_{22}^2+\cdots+\sigma_{kk}^2}{\sigma_{11}^2+\sigma_{22}^2+\cdots+\sigma_{hh}^2}\right)^{1/2},\quad 0\leqslant k\leqslant h \tag{2-1-5}$$

显然, 当 k 趋近 h 时, 该归一化比值趋近其最大值 1。在实际应用中, 通常选择一个接近 1 的数作为门限值 (例如 0.995), 并把 $v(k)$ 大于该门限值的最小 k 值定为矩阵 $\boldsymbol{A}$ 的有效秩。

除了使用归一化比值 $v(k)$ 外, 也可以利用归一化的奇异值来确定矩阵 $\boldsymbol{A}$ 的有效秩。归一化的奇异值定义为

$$\overline{\sigma}_{kk}\overset{\text{def}}{=\!=}\sigma_{kk}/\sigma_{11},\quad 1\leqslant k\leqslant h \tag{2-1-6}$$

与使用归一化比值 $v(k)$ 的情况相反, 利用 $\overline{\sigma}_{kk}$ 确定有效秩时, 通常选择一个接近零的数作为门限值 (例如 0.05, 0.1 等), 并把 $\overline{\sigma}_{kk}$ 小于此门限值的最大 k 值取为矩阵 $\boldsymbol{A}$ 的有效秩。

在附录 B 参数估计理论中已经阐述了有关最小二乘和加权最小二乘的估计算法, 这里仍然使用对超定的线性方程

$$\boldsymbol{A}\boldsymbol{x}=\boldsymbol{b} \tag{2-1-7}$$

的求解来解释奇异值分解的几何意义。上式中 $\boldsymbol{A}$ 为 $m\times n$ 维的矩阵, $\boldsymbol{x}$ 为 $n\times 1$ 维的向量, $\boldsymbol{b}$ 为 $m\times 1$ 维的向量, 通常 $m>n$, 即方程组超定, 其最小二乘解 $\widehat{\boldsymbol{x}}_{\mathrm{LS}}$ 由

$$\widehat{\boldsymbol{x}}_{\mathrm{LS}}=(\boldsymbol{A}^{\mathrm{T}}\boldsymbol{A})^{-1}\boldsymbol{A}^{\mathrm{T}}\boldsymbol{b}=\boldsymbol{A}^{+}\boldsymbol{b} \tag{2-1-8}$$

确定, 式中 $\boldsymbol{A}^{+}$ 称为广义逆矩阵。这里可以将

$$\widehat{\boldsymbol{x}}=\boldsymbol{V}^{\mathrm{H}}\boldsymbol{x}\quad(\boldsymbol{x}=\boldsymbol{V}\widehat{\boldsymbol{x}}) \tag{2-1-9}$$

看作是利用 $\boldsymbol{V}^{\mathrm{H}}$ 对 $\boldsymbol{x}$ 进行的一种正交变换 (也可以认为是一种旋转), 将 $\boldsymbol{x}$ 上的各点变换到 $\widehat{\boldsymbol{x}}$ 上的各点。同样可以利用 $\boldsymbol{U}^{\mathrm{H}}$ 对 $\boldsymbol{b}$ 作正交变换

$$\widehat{\boldsymbol{b}}=\boldsymbol{U}^{\mathrm{H}}\boldsymbol{b} \tag{2-1-10}$$

即将 $\boldsymbol{b}$ 上的各点旋转一定角度后变换到 $\widehat{\boldsymbol{b}}$ 上的各点。将奇异值分解式 (2−1−1) 代入式 (2−1−7), 并利用式 (2 − 1 − 9) 与式 (2 − 1 − 10), 可以得到

$$\widehat{\boldsymbol{b}}=\boldsymbol{\Sigma}\widehat{\boldsymbol{x}}\quad(\widehat{\boldsymbol{x}}=\boldsymbol{\Sigma}^{-1}\widehat{\boldsymbol{b}}) \tag{2-1-11}$$

于是线性方程式 (2 − 1 − 7) 的求解过程可以解释为一系列的线性变换操作, 即

$$\boldsymbol{b}\xrightarrow{\boldsymbol{U}}\boldsymbol{U}^{\mathrm{H}}\boldsymbol{b}=\widehat{\boldsymbol{b}}\xrightarrow{\boldsymbol{\Sigma}}\boldsymbol{\Sigma}^{-1}\widehat{\boldsymbol{b}}=\widehat{\boldsymbol{x}}\xrightarrow{\boldsymbol{V}}\boldsymbol{V}\widehat{\boldsymbol{x}}=\boldsymbol{x}$$

注意到 $\boldsymbol{\Sigma}^{-1}$ 为 $\boldsymbol{\Sigma}$ 的求逆运算, 即由 $\boldsymbol{\Sigma}^{-1}=\mathrm{diag}(\sigma_{11}^{-1},\cdots,\sigma_{hh}^{-1})$ 直接计算。

从扰动理论出发, 利用 SVD 求线性方程组 $\boldsymbol{A}\boldsymbol{x}=\boldsymbol{b}$ 的最小二乘解比直接计算式 (2 − 1 − 8), 即直接计算广义逆矩阵 $\boldsymbol{A}^{+}$, 具有较好的数值稳定性。

2.1.2 总体最小二乘法

在 $\boldsymbol{Ax} = \boldsymbol{b}$ 模型求解中, 无论是使用附录 B 中的广义逆矩阵 $\boldsymbol{A}^+$ 求解还是使用上一节的 SVD 求解, 它们都相当于只认为 $\boldsymbol{b}$ 含有误差, 但实际上系数矩阵 $\boldsymbol{A}$ 也含有误差。因此, 一种更合理的求解方法应该是同时考虑 $\boldsymbol{A}$ 和 $\boldsymbol{b}$ 的误差, 假设 $\boldsymbol{E}$ 为系数矩阵 $\boldsymbol{A}$ 的误差矩阵, 即考虑矩阵方程

$$(\boldsymbol{A}+\boldsymbol{E})\boldsymbol{x} = \boldsymbol{b}+\boldsymbol{e} \qquad (2-1-12)$$

的最小二乘解。这里既考虑了 $\boldsymbol{b}$ 的误差又考虑了系数矩阵 $\boldsymbol{A}$ 的误差, 所以称这种方法为总体最小二乘法 (total least squares, TLS)。变换上式为

$$(\boldsymbol{B}+\boldsymbol{D})\boldsymbol{z} = 0 \qquad (2-1-13)$$

式中, $\boldsymbol{B} = [-\boldsymbol{b} \vdots \boldsymbol{A}]$, $\boldsymbol{D} = [-\boldsymbol{e} \vdots \boldsymbol{E}]$, $\boldsymbol{z} = [1 \vdots \boldsymbol{x}^{\mathrm{T}}]^{\mathrm{T}}$。于是对式 (2 − 1 − 12) 的总体最小二乘求解可以转化为求一个解向量 $\boldsymbol{z}$, 使得

$$\|\boldsymbol{D}\|_{\mathrm{F}} = \min \qquad (2-1-14)$$

式中

$$\|\boldsymbol{D}\|_{\mathrm{F}} = \left(\sum_{i=1}^{m}\sum_{j=1}^{n} d_{ij}^2\right)^{1/2} \qquad (2-1-15)$$

式中, m, n 为 $\boldsymbol{A}$ 的行数和列数。TLS 的基本思想就是使来自 $\boldsymbol{A}$ 和 $\boldsymbol{b}$ 的误差影响最小。具体描述为求一具有最小范数的误差矩阵 $\boldsymbol{D} \in \mathbf{R}^{m\times(n+1)}$ 使得 $\boldsymbol{B}+\boldsymbol{D}$ 是非满秩的 (若满秩, 则只有平凡解 $\boldsymbol{z} = 0$)。使用 SVD 来实现这一目标, 令

$$\boldsymbol{B} = \boldsymbol{U\Sigma V}^{\mathrm{H}} \qquad (2-1-16)$$

且奇异值仍然按照递减次序排列, 即

$$\sigma_1 \geqslant \sigma_2 \geqslant \cdots \geqslant \sigma_{n+1,n+1} \geqslant 0 \qquad (2-1-17)$$

这里假定 $m > n+1$, 即假定为超定方程组。令 $m\times(n+1)$ 维矩阵 $\overline{\boldsymbol{B}}$ 是 $\boldsymbol{B}$ 的最佳逼近, 并且矩阵 $\boldsymbol{B}$ 的有效秩为 p, 则有

$$\overline{\boldsymbol{B}} = \boldsymbol{U\Sigma}_p\boldsymbol{V}^{\mathrm{H}} \qquad (2-1-18)$$

式中, $\boldsymbol{\Sigma}_p$ 的前 p 个奇异值与矩阵 $\boldsymbol{B}$ 的前 p 个奇异值相同, 而其他奇异值为零。

令 $m\times(p+1)$ 维矩阵 $\overline{\boldsymbol{B}}(j, p+j)$ 是 $m\times(n+1)$ 维最佳逼近矩阵 $\overline{\boldsymbol{B}}$ 中的一个子矩阵, 定义为

$$\overline{\boldsymbol{B}}(j, p+j) \stackrel{\text{def}}{=} \text{由 } \overline{\boldsymbol{B}} \text{ 的第 } j \text{ 列到第 } p+j \text{ 列组成的子矩阵} \qquad (2-1-19)$$

显然, 这种子矩阵共有 $n+1-p$ 个, 即 $\overline{\boldsymbol{B}}(j, p+j)$, $1 \leqslant j \leqslant n+1-p$。

根据附录 B 参数估计理论知识, 矩阵 $\boldsymbol{B}$ 的有效秩为 p 意味着未知参数向量 $\boldsymbol{x}$ 中只有 p 个待定参数是独立的。不妨令这些参数是 $\boldsymbol{x}$ 的前 p 个参数, 它们连同 1 一起构成 $(p+1)\times 1$ 维参

数向量 $\boldsymbol{a}=[1,x_1,\cdots,x_p]^{\mathrm{T}}$。这样对原方程组 (2－1－13) 的求解就变成了对下列 $n+1-p$ 个方程的求解:

$$\overline{\boldsymbol{B}}(k,p+k)\boldsymbol{a}=0,\quad k=1,\cdots,n+1-p \tag{2－1－20}$$

因为

$$\overline{\boldsymbol{B}}(k,p+k)=\sum_{j=1}^{p}\sigma_{jj}\boldsymbol{u}_j(\boldsymbol{v}_j^k)^{\mathrm{H}} \tag{2－1－21}$$

式中, $\boldsymbol{u}_j$ 是酉矩阵 $\boldsymbol{U}$ 的第 j 列, $\boldsymbol{v}_j^k$ 是酉矩阵 $\boldsymbol{V}$ 的第 j 列的一个加窗段, 定义为

$$\boldsymbol{v}_j^k=[v(k,j),v(k+1,j),\cdots,v(k+p,j)]^{\mathrm{T}} \tag{2－1－22}$$

式中, $v(k,j)$ 是矩阵 $\boldsymbol{V}$ 的第 k 行、第 j 列的元素。

根据最小二乘原理, 求方程组 (2－1－20) 的最小二乘解等价于使代价函数

$$\begin{aligned}f(\boldsymbol{a})&=[\overline{\boldsymbol{B}}(1,p+1)\boldsymbol{a}]^{\mathrm{H}}\overline{\boldsymbol{B}}(1,p+1)\boldsymbol{a}+\cdots+[\overline{\boldsymbol{B}}(n+1-p,n+1)\boldsymbol{a}]^{\mathrm{H}}\overline{\boldsymbol{B}}(n+1-p,n+1)\boldsymbol{a}\\&=\boldsymbol{a}^{\mathrm{H}}\left[\sum_{i=1}^{n+1-p}\overline{\boldsymbol{B}}(i,p+i)\overline{\boldsymbol{B}}(i,p+i)\right]\boldsymbol{a}=\boldsymbol{a}^{\mathrm{H}}\boldsymbol{S}^{(p)}\boldsymbol{a}\end{aligned} \tag{2－1－23}$$

最小化, 其中 $(p+1)\times(p+1)$ 维矩阵为

$$\boldsymbol{S}^{(p)}=\sum_{i=1}^{n+1-p}\overline{\boldsymbol{B}}(i,p+i)\overline{\boldsymbol{B}}(i,p+i)=\sum_{j=1}^{p}\sum_{i=1}^{n+1-p}\sigma_{jj}^2\boldsymbol{v}_j^i(\boldsymbol{v}_j^i)^{\mathrm{H}} \tag{2－1－24}$$

代价函数 $f(\boldsymbol{a})$ 最小化, 也就是 $\partial f(\boldsymbol{a})/\partial\boldsymbol{a}=0$, 于是可得

$$\boldsymbol{S}^{(p)}\boldsymbol{a}=\alpha\boldsymbol{e} \tag{2－1－25}$$

式中, $\boldsymbol{e}=[1,0,\cdots,0]^{\mathrm{T}}$, 归一化常数 α 的选择应使参数向量 $\boldsymbol{a}$ 的第一个元素为 1。若令 $\boldsymbol{S}^{-(p)}$ 为 $\boldsymbol{S}^{(p)}$ 的逆矩阵, 则解仅仅取决于逆矩阵 $\boldsymbol{S}^{-(p)}$ 的一列, 即待求参数为

$$\overline{x}_i=\boldsymbol{S}^{-(p)}(i+1,1)/\boldsymbol{S}^{-(p)}(1,1),\quad i=1,\cdots,p \tag{2－1－26}$$

综上所述, 求总体最小二乘解的算法步骤如下:

(1) 计算增广矩阵 $\boldsymbol{B}$ 的 SVD, 并存储奇异值和矩阵 $\boldsymbol{V}$;

(2) 确定增广矩阵 $\boldsymbol{B}$ 的有效秩 p;

(3) 利用式 (2－1－24) 和式 (2－1－22) 计算矩阵 $\boldsymbol{S}^{(p)}$;

(4) 求 $\boldsymbol{S}^{(p)}$ 的逆矩阵 $\boldsymbol{S}^{-(p)}$, 并由式 (2－1－26) 计算未知参数的总体最小二乘估计。

上述算法的基本思想是由 Cadzow 在 1982 年提出的, 该算法称为 SVD－TLS 算法。

2.2 ARMA 谱估计方法

一个 ARMA 过程的功率密度谱具有广泛的代表性。有关功率谱分析研究表明, 任何一个有理式的功率谱密度都可以用一个 ARMA 随机过程的功率谱密度精确逼近。由于其广泛的代表性和实用性, ARMA 谱分析已经成为了现代谱分析中非常活跃和重要的研究方向之一。

2.2.1 平稳 ARMA 过程

由于协方差函数在对概率密度呈正态分布的高斯信号的处理中起着基础作用, 故在给出 ARMA 过程的具体定义之前, 首先回顾一下协方差函数与功率谱密度函数之间的关系。

设存在一个离散过程 $x(n)$, 其均值 $\mu_x(n)$、自相关函数 $R_{xx}(n_1,n_2)$、自协方差函数 $C_{xx}(n_1, n_2)$ 的定义分别为

$$\mu_x(n) \overset{\text{def}}{=\!=} E[x(n)] \tag{2-2-1}$$

$$R_{xx}(n_1,n_2) \overset{\text{def}}{=\!=} E[x(n_1)x^*(n_2)] \tag{2-2-2}$$

$$\begin{aligned} C_{xx}(n_1,n_2) &\overset{\text{def}}{=\!=} E\{[x(n_1)-\mu_x(n_1)][x(n_2)-\mu_x(n_2)]^*\} \\ &= R_{xx}(n_1,n_2)-\mu_x(n_1)\mu_x^*(n_2) \end{aligned} \tag{2-2-3}$$

离散过程 $x(n)$ 与 $y(n)$ 的互相关函数 $R_{xy}(n_1,n_2)$ 与互协方差函数 $C_{xy}(n_1,n_2)$ 的定义分别为

$$R_{xy}(n_1,n_2) \overset{\text{def}}{=\!=} E[x(n_1)y^*(n_2)] \tag{2-2-4}$$

$$\begin{aligned} C_{xy}(n_1,n_2) &\overset{\text{def}}{=\!=} E\{[x(n_1)-\mu_x(n_1)][y(n_2)-\mu_y(n_2)]^*\} \\ &= R_{xy}(n_1,n_2)-\mu_x(n_1)\mu_y^*(n_2) \end{aligned} \tag{2-2-5}$$

如果离散过程 $x(n)$ 的均值为常数, 则称其是 (广义) 平稳的, 其自相关函数只取决于时间差 $k=n_1-n_2$, 即

$$R_{xx}(k)=E[x(n)x^*(n-k)]=C_{xx}(k)+\left|\mu_x\right|^2 \tag{2-2-6}$$

对应于两个离散过程 $x(n)$ 与 $y(n)$, 若它们每一个都是平稳的, 则称它们的互相关函数是 (广义) 平稳的, 并且也是仅取决于时间差 $k=n_1-n_2$, 即

$$R_{xy}(k)=E[x(n)y^*(n-k)]=C_{xy}(k)+\mu_x\mu_y^* \tag{2-2-7}$$

平稳离散过程 $x(n)$ 的功率谱密度定义为自协方差函数的傅里叶级数, 即

$$P_{xx}(\omega) \overset{\text{def}}{=\!=} \sum_{k=-\infty}^{+\infty} C_{xx}(k)\mathrm{e}^{-\mathrm{j}kT\omega} \tag{2-2-8}$$

它是一个以 $\sigma=\pi/T$ 为周期的函数, 因此自协方差函数可用功率谱密度函数表示为

$$C_{xx}(\tau) \overset{\text{def}}{=\!=} \frac{1}{2\sigma}\int_{-\sigma}^{\sigma} P_{xx}(\omega)\mathrm{e}^{\mathrm{j}\tau T\omega}\mathrm{d}\omega \tag{2-2-9}$$

类似地, 其互功率谱密度函数定义为

$$P_{xy}(\omega) \overset{\text{def}}{=\!=} \sum_{k=-\infty}^{+\infty} C_{xy}(k)\mathrm{e}^{-\mathrm{j}kT\omega} \tag{2-2-10}$$

下面给出平稳 ARMA 过程的定义。

若离散随机过程 $x(n)$ 服从线性差分方程

$$x(n)+\sum_{i=1}^{p}a_ix(n-i)=e(n)+\sum_{j=1}^{q}b_je(n-j) \qquad (2-2-11)$$

式中, $e(n)$ 为一离散白噪声, 则称 $x(n)$ 过程为 ARMA 过程, 而式 $(2-2-11)$ 所示的差分方程称为 ARMA 模型。系数 $a_1,\cdots,a_p$ 和 $b_1,\cdots,b_q$ 分别称为自回归 (autoregressive, AR) 参数和滑动平均 (moving average, MA) 参数, 而 p 和 q 分别叫做 AR 阶数和 MA 阶数。具有 AR 阶数 p 和 MA 阶数 q 的 ARMA 过程常简记为 ARMA(p,q)。

ARMA 过程可以写作更紧凑的形式, 即

$$A(z)x(n)=B(z)e(n),\quad n=0,\pm1,\pm2,\cdots \qquad (2-2-12)$$

式中, 多项式 $A(z)$ 和 $B(z)$ 分别称 AR 多项式和 MA 多项式, 即有

$$A(z)=1+a_1z^{-1}+\cdots+a_pz^{-p} \qquad (2-2-13)$$

$$B(z)=1+b_1z^{-1}+\cdots+b_qz^{-q} \qquad (2-2-14)$$

并且 z^{-j} 是后向移位算子, 定义为

$$z^{-j}x(n)\overset{\text{def}}{=\!=}x(n-j),\quad j=0,\pm1,\pm2,\cdots \qquad (2-2-15)$$

上式直接描述为 Z 变换似乎更为妥当, 在许多参考书上也是这样表述的。

这样 ARMA 模型描述的线性时不变系统的传递函数就可以定义为

$$H(z)\overset{\text{def}}{=\!=}\frac{B(z)}{A(z)}=\sum_{k=-\infty}^{+\infty}h_iz^{-i} \qquad (2-2-16)$$

式中, h_i 称为系统的冲激响应因数。可见, 系统的极点 $A(z)=0$ 贡献为自回归, 而系统的零点 $B(z)=0$ 贡献为滑动平均。这样便有了 ARMA 过程的两个特例:

(1) 若 $B(z)=1$, 则 ARMA(p,q) 过程退化为

$$x(n)+a_1x(n-1)+\cdots+a_px(n-p)=e(n) \qquad (2-2-17)$$

这一过程称作阶数为 p 的自回归过程, 简记为 AR(p) 过程。

(2) 若 $A(z)=1$, 则 ARMA(p,q) 过程退化为

$$x(n)=e(n)+b_1e(n-1)+\cdots+b_qe(n-q) \qquad (2-2-18)$$

这一过程称作阶数为 q 的滑动平均过程, 简记为 MA(q) 过程。

下面讨论 ARMA 过程的重要性质。

性质 1: 稳定性。为了使线性时不变系统是稳定的, 即有界的输入 $e(n)$ 一定产生有界的输出 $x(n)$, 则系统的冲激响应 h_i 必须是绝对可求和的, 即

$$\sum_{i=-\infty}^{+\infty}|h_i|<\infty \qquad (2-2-19)$$

该条件等价为系统传递函数不能在单位圆上有极点, 即当 $|z|=1$ 时, $A(z)\neq 0$。

性质 2: 互素性。由于系统模型不能被简化, 这就要求多项式 $A(z)$ 和 $B(z)$ 没有任何公共因子, 或者说 $A(z)$ 和 $B(z)$ 是互素的。

性质 3: 因果性。模型要求线性时不变系统是物理可实现的, 即它必须是一个因果系统。若存在一常数序列 h_i 满足

$$\sum_{i=0}^{\infty}|h_i|<\infty \tag{2-2-20}$$

$$x(n)=\sum_{i=0}^{\infty}h_i e(n-i) \tag{2-2-21}$$

则称由 $A(z)x(n)=B(z)e(n)$ 定义的 ARMA 过程是因果的, 该性质描述的是 $x(n)$ 与输入激励 $e(n)$ 之间的关系。定理 2.2.1 给出了一个 ARMA 过程是因果过程的充分必要条件。

定理 2.2.1: 若 $x(n)$ 是一个多项式 $A(z)$ 和 $B(z)$ 无公共零点的 ARMA(p,q) 过程, 则 $x(n)$ 是因果的, 当且仅当对所有 $|z|\geqslant 1$ 时有 $A(z)\neq 0$。

证明: 先证充分性。假定 $A(z)\neq 0, |z|\geqslant 1$, 即存在一个任意小的非负数 $\varepsilon\geqslant 0$ 使得 $1/A(z)$ 具有幂级数展开

$$\frac{1}{A(z)}=\sum_{i=0}^{\infty}\xi_i z^{-i}=\xi(z),\quad |z|>1+\varepsilon$$

换言之, 当 $i\to\infty$ 时, 有 $\xi_i(1+\varepsilon/2)^{-i}\to 0$。因此, 存在 $K\in(0,\infty)$ 使得

$$|\xi_i|<K(1+\varepsilon/2)^i,\quad i=0,1,2,\cdots$$

由此可得 $\sum\limits_{i=0}^{\infty}|\xi_i|<\infty$ 和 $\xi(z)A(z)=1,\ \forall|z|\geqslant 1$。再对 $A(z)x(n)=B(z)e(n)$ 的两边同除以算子 $\xi(z)$, 并令 $H(z)=\xi(z)B(z)$, 即可得到希望的表达式

$$x(n)=\xi(z)B(z)e(n)=\frac{B(z)}{A(z)}e(n)=\sum_{i=0}^{\infty}h_i z^{-i}e(n)=\sum_{i=0}^{\infty}h_i e(n-i)$$

再证必要性。假定 $x(n)$ 是因果的, 即有 $x(n)=\sum\limits_{i=0}^{\infty}h_i e(n-i)$, 并且序列 h_i 满足 $\sum\limits_{i=0}^{\infty}|h_i|<\infty$ 和 $H(z)\neq 0, |z|\geqslant 1$。这意味着 $x(n)=H(z)e(n)$ 成立。注意到

$$B(z)e(n)=A(z)x(n)=A(z)H(z)e(n)$$

如果令 $\eta(z)=A(z)H(z)=\sum\limits_{i=0}^{\infty}\eta_i z^{-i}, |z|\geqslant 1$, 则上式变为

$$\sum_{i=0}^{q}\theta_i e(n-i)=\sum_{i=0}^{\infty}\eta_i e(n-i),\quad |z|\geqslant 1$$

两边同乘 $e(n-k)$ 后取数学期望, 由于 $e(n)$ 为白噪声, 满足 $E[e(n-i)e(n-k)]=\sigma^2\delta(k-i)$, 故有 $\eta_i=\theta_i, i=0,1,\cdots,q$ 以及 $\eta_i=0, i>q$。从而有

$$B(z)=\eta(z)=A(z)H(z),\quad |z|\geqslant 1 \tag{2-2-22}$$

另外由于

$$|H(z)|=\left|\sum_{i=0}^{\infty}h_i z^{-i}\right|<\sum_{i=0}^{\infty}|h_i||z^{-i}|\leqslant\sum_{i=0}^{\infty}|h_i|,\quad |z|\geqslant 1$$

根据稳定性条件, h_i 是绝对可求和的, 故上式有

$$|H(z)|<\infty,\quad |z|\geqslant 1 \tag{2-2-23}$$

由于 $A(z)$ 和 $B(z)$ 无公共零点, 所以由式 (2-2-22) 和式 (2-2-23) 知, 对于 $|z|\geqslant 1$ 不可能有 $A(z)=0$。证毕。

从该定理可以看出, 当且仅当系统极点全部位于单位圆以内时, 系统输出 $x(n)$ 才是输入 $e(n)$ 的因果函数; 若系统极点全部位于单位圆以外, 则称系统输出是输入的反因果函数, 系统为反因果系统。注意, 稳定性要求系统的极点不能位于单位圆上。极点既位于单位圆内, 也位于单位圆外的系统称为非因果系统。

性质 4: 可逆性。若存在一个常数序列 π_i, 使得

$$\sum_{i=0}^{\infty}|\pi_i|<\infty \tag{2-2-24}$$

$$e(n)=\sum_{i=0}^{\infty}\pi_i x(n-i) \tag{2-2-25}$$

则称由差分方程 $A(z)x(n)=B(z)e(n)$ 定义的 ARMA 过程是可逆的, 该性质和因果性一样, 描述的是 $x(n)$ 与输入激励 $e(n)$ 之间的关系。定理 2.2.2 给出了一个 ARMA 过程是可逆过程的充分必要条件。

定理 2.2.2: 若 $x(n)$ 是一个多项式 $A(z)$ 和 $B(z)$ 无公共零点的 ARMA(p,q) 过程, 则 $x(n)$ 是可逆的, 当且仅当对所有 $|z|\geqslant 1$ 的复数 z 恒有 $B(z)\neq 0$。可逆过程式 (2-2-25) 中的系数 π_i 由下式决定:

$$\pi(z)=\sum_{i=0}^{\infty}\pi_i z^{-i}=\frac{A(z)}{B(z)},\quad |z|\geqslant 1 \tag{2-2-26}$$

证明: 与定理 2.2.1 的证明类似, 这里从略。

从该定理可以看出, 当且仅当系统零点全部位于单位圆内时, 系统输入 $e(n)$ 才是输出 $x(n)$ 的可逆函数。若一个 ARMA(p,q) 过程可逆, 则其逆系统 $A(z)/B(z)$ 的所有极点便全部位于单位圆内, 因而是因果系统。一个可逆的系统也称最小相位系统。若系统零点全部位于单位圆上或者单位圆外, 则称系统是最大相位系统; 若系统在单位圆内外都有零点, 则称系统是非最小相位系统。注意, 当一个系统在单位圆上具有零点时, 其逆系统将是不稳定的系统; 而当一系统的全部零点位于单位圆外时, 其逆系统则是反因果系统。

性质 5: 平稳性。若存在一个具有自协方差函数 $C_{xx}(\tau)$ 的平稳过程, 若

$$y(n) = H(z)x(n) \tag{2-2-27}$$

且 $\sum_{i=-\infty}^{+\infty} |h_i| < \infty$, 则过程 $y(n)$ 是平稳的, 其自协方差函数为

$$C_{yy}(\tau) = \sum_{j=-\infty}^{+\infty}\sum_{i=-\infty}^{+\infty} h_j h_i C_{xx}(\tau - j + i) \tag{2-2-28}$$

更一般地, 考虑对所有 $|z| = 1$, $A(z) \neq 0$ 的情况, 此时, 由复数分析可知, 存在一半径 $r > 1$, 使得

$$\frac{A(z)}{B(z)} = \sum_{i=-\infty}^{+\infty} h_i z^{-i} = H(z) \tag{2-2-29}$$

在环形区域 $r^{-1} < |z| < r$ 内是绝对收敛的。Laurent 级数的这一收敛性在定理 2.2.3 的证明中起着关键的作用。

定理 2.2.3: 若对所有 $|z| = 1$ 有 $A(z) \neq 0$, 则 ARMA 过程 $A(z)x(n) = B(z)e(n)$ 具有唯一的平稳解

$$x(n) = H(z)e(n) = \sum_{i=-\infty}^{+\infty} h_i e(n-i) \tag{2-2-30}$$

式中, 系数 h_i 由式 (2－2－29) 决定。

证明: 先证充分性。若对于所有 $|z| = 1$ 均有 $A(z) \neq 0$, 则由定理 2.2.1 知, 存在 $\delta > 1$, 使得级数 $\sum_{i=-\infty}^{+\infty} \xi_i z^{-i} = 1/A(z) = \xi(z)$ 在环形区域 $\delta^{-1} < |z| < \delta$ 内绝对收敛。因此, 可以对 ARMA 模型 $A(z)x(n) = B(z)e(n)$ 两边同乘算子 $\xi(z)$, 又由于有 $\xi(z)A(z) = 1$, 可得

$$x(n) = \xi(z)A(z)x(n) = \xi(z)B(z)e(n) = H(z)e(n) = \sum_{i=-\infty}^{+\infty} h_i e(n-i)$$

式中, $H(z) = \xi(z)B(z) = B(z)/A(z)$, 即函数 $H(z)$ 的系数 h_i 由式 (2－2－29) 决定。

再证必要性。假定某一过程具有唯一的平稳解, 即式 (2－2－30), 对式 (2－2－30) 两边运用算子 $A(z)$, 则有

$$A(z)x(n) = A(z)H(z)e(n) = B(z)e(n)$$

即具有唯一平稳解的过程是一个 ARMA 过程。由于 ARMA 过程要满足稳定性, 所以当 $|z| = 1$ 时应该恒有 $A(z) \neq 0$。证毕。

综合定理 2.2.2 与定理 2.2.3 可归纳得到描述 ARMA、AR 与 MA 过程之间的 Wold 分解定理[5]。

定理 2.2.4 (Wold 分解定理): 任何一个具有有限方差的 ARMA 或 MA 过程都可以表示成唯一的、阶数有可能无穷大的 AR 过程; 同样, 任何一个 ARMA 或 AR 过程也可以表示成一个阶数可能无穷大的 MA 过程。

该定理在实际应用中具有很重要的作用: 如果在三种模型中选择了一个错误的模型, 则仍然可以通过一个很高的阶数获得一个合理的近似。因此, 一个 ARMA 模型可以用一个阶数足够大的 AR 模型来近似。相比之下, ARMA 模型不仅需要 AR 和 MA 阶数确定, 而且还需要 AR 和 MA 参数估计, 而 AR 模型只涉及 AR 参数估计, 所以许多工程技术人员常喜欢采用 AR 模型作近似。

对于 MA(q) 过程而言, 其 MA 参数与产生该过程的系统的冲激响应是完全相同的, 即有

$$b_i = h_i, \quad i = 0,\ 1,\ \cdots,\ q \tag{2-2-31}$$

式中, $b_0 = h_0 = 1$, 这是因为

$$\begin{aligned} x(n) &= e(n) + b_1 e(n-1) + \cdots + b_q e(n-q) = \sum_{i=0}^{q} h_i e(n-i) \\ &= e(n) + h_1 e(n-1) + \cdots + h_q e(n-q) \end{aligned}$$

由于只有 $q+1$ 个冲激响应系数, 故这样的系统称为有限冲激响应 (finite impulse response) 系统, 简称 FIR 系统。因此 MA 模型也称 FIR 模型。与之相反, ARMA 系统与 AR 系统称为无限冲激响应 (infinite impulse response, IIR) 系统, 因为它们具有无限多个冲激响应系数。

2.2.2 ARMA 过程的功率谱密度

通过前面 ARMA 模型的定义和性质的介绍, 使我们对 ARMA 过程有了基本的了解, 下面讨论 ARMA 过程的功率谱密度及其相关的性质。首先通过定理 2.2.5 来了解基于差分模型的谱分析的理论基础。

定理 2.2.5: 令 $y(n)$ 是一个具有零均值的离散 (时间) 平稳过程, 其功率谱密度为 $P_y(\omega)$。若 $x(n)$ 是由

$$x(n) = \sum_{i=-\infty}^{+\infty} h_i y(n-i) \tag{2-2-32}$$

描述的过程, 且 $\sum_{i=-\infty}^{+\infty} |h_i| < \infty$, 则 $x(n)$ 也是一个零均值的离散平稳过程, 其功率谱密度为

$$P_x(\omega) = \left|H(\mathrm{e}^{-\mathrm{j}\omega})\right|^2 P_y(\omega) \tag{2-2-33}$$

式中, $H(\mathrm{e}^{-\mathrm{j}\omega})$ 是一个 $\mathrm{e}^{-\mathrm{j}\omega}$ 的多项式

$$H(\mathrm{e}^{-\mathrm{j}\omega}) = \sum_{i=-\infty}^{+\infty} h_i z^{-i}\Big|_{z=\mathrm{e}^{\mathrm{j}\omega}} \tag{2-2-34}$$

证明: 由于 $\sum_{i=-\infty}^{+\infty} |h_i| < \infty$, 所以在对式 (2-2-32) 两边求数学期望时, 数学期望与求和符号可以交换操作顺序, 并且有 $y(n)$ 为零均值, 即 $E[y(n)] = 0$, 则有

$$E[x(n)] = \sum_{i=-\infty}^{+\infty} h_i E[y(n-i)] = \sum_{i=-\infty}^{+\infty} h_i E[y(n)] = 0 \tag{2-2-35}$$

再计算 ARMA 过程 $x(n)$ 的自相关函数得

$$R_x(n_1,n_2)=E[x(n_1)x^*(n_2)]=\sum_{j=-\infty}^{+\infty}\sum_{i=-\infty}^{+\infty}h_ih_j^*E[y(n_1-i)y^*(n_2-j)]$$
$$=\sum_{j=-\infty}^{+\infty}\sum_{i=-\infty}^{+\infty}h_ih_j^*R_y(n_1-n_2+j-i) \qquad (2-2-36)$$

由于 $y(n)$ 是平稳的随机过程。令 $\tau=n_1-n_2$ 表示时间差, 则上式可写作

$$R_x(\tau)=\sum_{j=-\infty}^{+\infty}\sum_{i=-\infty}^{+\infty}h_ih_j^*R_y(\tau+j-i) \qquad (2-2-37)$$

因此, $x(n)$ 是一个零均值的平稳过程。对式 $(2-2-34)$ 两边取复数共轭, 根据 2.2.1 节中功率谱密度的定义式 $(2-2-8)$, 由于零均值的自协方差函数与自相关函数等价, 所以有

$$P_x(\omega)=\sum_{\tau=-\infty}^{+\infty}C_x(\tau)\mathrm{e}^{-\mathrm{j}\omega\tau}=\sum_{i=-\infty}^{+\infty}h_i\mathrm{e}^{-\mathrm{j}\omega i}\sum_{j=-\infty}^{+\infty}h_j^*\mathrm{e}^{\mathrm{j}\omega j}\sum_{\tau=-\infty}^{+\infty}C_y(\tau+j-i)\mathrm{e}^{-\mathrm{j}\omega(\tau+j-i)}$$
$$=H(\mathrm{e}^{-\mathrm{j}\omega})H^*(\mathrm{e}^{-\mathrm{j}\omega})P_y(\omega)=\left|H(\mathrm{e}^{-\mathrm{j}\omega})\right|^2P_y(\omega) \qquad (2-2-38)$$

由此可知式 $(2-2-33)$ 成立。证毕。

应用以上定理, 由定理 2.2.6 给出平稳 ARMA 过程功率谱密度的定义。

定理 2.2.6 (任意平稳 ARMA 过程的谱密度): 令 $x(n)$ 是一个满足差分方程

$$x(n)+a_1x(n-1)+\cdots+a_px(n-p)$$
$$=e(n)+b_1e(n-1)+\cdots+b_qe(n-q),\quad e(n)\sim N(0,\sigma^2) \qquad (2-2-39)$$

的平稳 ARMA(p,q) 过程, 式中 $e(n)\sim N(0,\sigma^2)$ 表示 $e(n)$ 是一个正态分布过程, 其均值为零, 方差为 σ^2。则 $x(n)$ 的功率谱密度为

$$P_x(\omega)=\sigma^2\left.\frac{\left|B(z)\right|^2}{\left|A(z)\right|^2}\right|_{z=\mathrm{e}^{\mathrm{j}\omega}}=\sigma^2\frac{\left|B(\mathrm{e}^{\mathrm{j}\omega})\right|^2}{\left|A(\mathrm{e}^{\mathrm{j}\omega})\right|^2} \qquad (2-2-40)$$

式中

$$A(z)=1+a_1z^{-1}+\cdots+a_pz^{-p} \qquad (2-2-41)$$
$$B(z)=1+b_1z^{-1}+\cdots+b_qz^{-q} \qquad (2-2-42)$$

证明: 由定理 2.2.3 知, 式 $(2-2-39)$ 的唯一平稳解可以写作 $x(n)=\sum\limits_{i=-\infty}^{+\infty}h_ie(n-i)$, 其中 $\sum\limits_{i=-\infty}^{+\infty}|h_i|<\infty$, 且 $H(z)=B(z)/A(z)$, 由于 $e(n)$ 是白噪声过程, 其协方差函数为 $C_e(\tau)=\sigma^2\delta(\tau)$, 即功率谱密度为常数 σ^2, 所以运用定理 2.2.5 直接可得

$$P_x(\omega)=\left|H(\mathrm{e}^{\mathrm{j}\omega})\right|^2P_e(\omega)=\sigma^2\frac{\left|B(\mathrm{e}^{\mathrm{j}\omega})\right|^2}{\left|A(\mathrm{e}^{\mathrm{j}\omega})\right|^2}$$

从定理 2.2.6 可以看出, 平稳 ARMA(p,q) 过程的功率谱密度是两个多项式之比, 因此通常称它为有理式谱密度。该定理还表明: 一个离散 ARMA 过程的功率谱密度是 $\mathrm{e}^{-\mathrm{j}\omega}$ 的有理式函数, 反之也成立。

通过式 (2－2－39) 所示的过程, 可以得到一个 ARMA 过程的自相关函数与冲激响应之间的关系。由式 (2－2－37) 可得

$$R_x(\tau)=\sum_{j=-\infty}^{+\infty}\sum_{i=-\infty}^{+\infty}h_i h_j^* \sigma^2\delta(\tau+j-i) \tag{2-2-43}$$

注意到式中 $\delta(\tau+j-i)=1$ 的条件是 $j=i-\tau$, 其他情况恒为零, 于是上式变为

$$R_x(\tau)=\sigma^2\sum_{i=-\infty}^{+\infty}h_i h_{i-\tau}^* \tag{2-2-44}$$

此公式即反映了 $x(n)$ 的自相关函数与冲激响应之间的关系。特别地, 当 $\tau=0$ 时, 式 (2－2－44) 变为

$$R_x(0)=E[x(n)x^*(n)]=\sigma^2\sum_{i=-\infty}^{+\infty}|h_i|^2 \tag{2-2-45}$$

式中, $E[x(n)x^*(n)]=E[|x(n)|^2]$ 表示 ARMA 过程 $x(n)$ 的能量。为了使 $x(n)$ 的能量是有限的, 必须满足

$$\sum_{i=-\infty}^{+\infty}|h_i|^2<\infty \tag{2-2-46}$$

该式称为冲激响应的平方可和条件。

下面介绍可以用 ARMA 谱密度式 (2－2－40) 表示的另外两种过程。

(1) 白噪声中的 AR 过程。

假定 $x(n)$ 是一个满足差分方程

$$x(n)+a_1x(n-1)+\cdots+a_px(n-p)=e(n),\quad e(n)\sim N(0,\sigma^2) \tag{2-2-47}$$

的 AR(p) 过程, 且该过程在加性白噪声 $v(n)$ 中被观测, 即 $y(n)=x(n)+v(n)$, 其中 $v(n)$ 与 $x(n)$ 独立, 且 $v(n)$ 的方差为 σ_v^2。下面求过程 $y(n)$ 的功率谱密度。

由定理 2.2.6 可知, 信号 $x(n)$ 具有谱密度

$$P_x(\omega)=\frac{\sigma^2}{|1+a_1\mathrm{e}^{-\mathrm{j}\omega}+\cdots+a_p\mathrm{e}^{-\mathrm{j}\omega p}|^2}=\left.\frac{\sigma^2}{|A(z)|^2}\right|_{z=\mathrm{e}^{\mathrm{j}\omega}}$$

由于 $v(n)$ 与 $x(n)$ 独立, 利用协方差函数的定义知

$$C_y(\tau)=C_x(\tau)+C_v(\tau)=C_x(\tau)+\sigma_v^2\delta(\tau)$$

再根据功率谱密度的定义有

$$P_y(\omega)=P_x(\omega)+P_v(\omega)=\left.\frac{\sigma^2}{|A(z)|^2}\right|_{z=\mathrm{e}^{\mathrm{j}\omega}}+\sigma_v^2=\left.\sigma_w^2\frac{|B(z)|^2}{|A(z)|^2}\right|_{z=\mathrm{e}^{\mathrm{j}\omega}}$$

式中, $\sigma_w^2 = \sigma^2 + \sigma_v^2$, 并且 $B(z)B^*(z) = \sigma^2 + \sigma_v^2 A(z)A^*(z)$。

以上求解过程说明, 白噪声中的 AR(p) 过程是一个 ARMA(p,q) 过程, 其激励噪声是白的, 方差为 $\sigma_w^2 = \sigma^2 + \sigma_v^2$, 即 $w(n) \sim N\ (0, \sigma^2 + \sigma_v^2)$。

(2) 可预测过程。

定义 2.2.1: 若 $x(n)$ 服从无激励的递推方程

$$x(n) + a_1 x(n-1) + \cdots + a_p x(n-p) = 0 \tag{2-2-48}$$

则称之为 (完全) 可预测过程。可预测过程又称为退化的 AR 过程或者无激励的 AR 过程。该式的另一种等价表示为

$$x(n) = -\sum_{i=1}^{p} a_i x(n-i) \tag{2-2-49}$$

如果给定 p 个数据值 $x(1), \cdots, x(p)$, 则可根据上式依次计算 $x(p+1), x(p+2), \cdots$ 事实上, 只要给出过程 $x(n)$ 的任意 p 个连续时刻的数值, 则其他值均可根据这 p 个值完全“预测”, 可预测过程由此而得名。

假定 $x(n)$ 是一个 p 阶的可预测过程, 且它在加性白噪声 $v(n)$ 中被观测。令 $y(n) = x(n) + v(n)$, 其中 $v(n) \sim N(0, \sigma^2)$ 与 $x(n)$ 独立。将 $x(n) = y(n) - v(n)$ 代入式 (2-2-48) 得

$$y(n) + \sum_{i=1}^{p} a_i y(n-i) = v(n) + \sum_{j=1}^{q} b_j v(n-j) \tag{2-2-50}$$

这表明, 加性白噪声中的可预测过程是一个特殊的 ARMA(p,p) 过程, 其 MA 参数与 AR 参数相同。

下面推导可预测过程的功率谱密度。首先, 用 $x(n-\tau), \tau \geqslant 0$ 同时乘以式 (2-2-48) 的两边, 然后取数学期望, 则有

$$R_x(\tau) + a_1 R_x(\tau-1) + \cdots + a_p R_x(\tau-p) = 0, \quad \forall \tau \geqslant 0 \tag{2-2-51}$$

再令 z_k 是特征多项式 $A(z) = 1 + a_1 z^{-1} + \cdots + a_p z^{-p}$ 的根, 则可预测过程 $x(n)$ 的自相关函数具有如下形式 (详细证明过程见参考文献 [1]):

$$R_x(m) = \sum_{i=1}^{p} c_i z_i^m, \quad |z| \leqslant 1 \tag{2-2-52}$$

式中, c_i 是任意不为零的常数。Papoulis[6] 已经证明, 特征多项式 $A(z) = 0$ 的根 z_i 全部位于单位圆上。因此, 可预测过程的自相关函数表达式 (2-2-52) 可以具体表示为

$$R_x(m) = \sum_{i=1}^{p} c_i \mathrm{e}^{\mathrm{j}m\omega_i}, \quad |\omega_i| \leqslant \pi \tag{2-2-53}$$

由于可预测过程的均值为零, 故其协方差函数与自相关函数等价, 从而可预测过程的功率谱密度为

$$P_x(\omega) = \sum_{k=-\infty}^{+\infty} R_x(k)\mathrm{e}^{-\mathrm{j}k\omega} = \sum_{i=1}^{p} c_i \sum_{k=-\infty}^{+\infty} \mathrm{e}^{-\mathrm{j}k(\omega-\omega_i)} \tag{2-2-54}$$

利用离散傅里叶变换对 $1 \leftrightarrow 2\pi\delta(\omega)$, 可将上式写为

$$P_x(\omega) = 2\pi \sum_{i=1}^{p} c_i \delta(\omega - \omega_i) \tag{2-2-55}$$

这表明, 一个 p 阶可预测过程的功率谱密度由 p 条单独的直线谱组成, 称之为线谱。

由于功率谱描述信号的功率随频率分布的情况, 所以它在许多实际工程中有着非常重要的作用。然而将一个 ARMA 模型的任意个零点与 (或) 极点从单位圆内反演到单位圆外, 或从单位圆外反演到单位圆内, 都能得到形状完全相同的功率谱密度, 只不过比例因子不同而已, 因此不能根据其区分一个 ARMA 过程是因果的、最小相位的, 还是非因果的、非最小相位的, 这一性质称为 ARMA 模型的多重性, 也称为功率谱等价性。这部分内容在第 4 章中将有详细讨论。为了保证 ARMA 模型辨识的唯一性, 在使用功率谱密度作为分析工具时, 通常假设 ARMA 模型是因果的和最小相位的。

当输入 $x(n)$ 激励一线性系统 $H(\mathrm{e}^{\mathrm{j}\omega})$ 时, 由定理 2.2.6 可知, 输出 $y(n)$ 的功率谱密度为 $P_y(\omega) = \left|H(\mathrm{e}^{\mathrm{j}\omega})\right|^2 P_x(\omega)$。从这一表达式可以看出, 即使 $P_y(\omega)$ 和 $P_x(\omega)$ 都已知, 也只能辨识 $\left|H(\mathrm{e}^{\mathrm{j}\omega})\right|^2$, 而不能辨识 $H(\mathrm{e}^{\mathrm{j}\omega})$ 本身。

然而如果使用互功率谱密度来辨识系统, 情况将发生根本变化。考察由式 (2-2-32) 描述的离散线性时不变系统的输出。由定理 2.2.5 知, 当输入 $x(n)$ 为零均值的广义平稳过程时, 输出 $y(n)$ 也是零均值的广义平稳过程。由式 (2-2-32) 有

$$x(n)y^*(n-\tau) = \sum_{k=-\infty}^{+\infty} x(n)x^*(n-\tau-k)h^*(k)$$

$$y(n)y^*(n-\tau) = \sum_{k=-\infty}^{+\infty} x(n-k)y^*(n-\tau)h(k)$$

两边取数学期望后可得

$$C_{xy}(\tau) = R_{xy}(\tau) = \sum_{k=-\infty}^{+\infty} R_{xx}(\tau+k)h^*(k)$$

$$C_{yy}(\tau) = R_{yy}(\tau) = \sum_{k=-\infty}^{+\infty} R_{xy}(\tau-k)h(k)$$

再对以上两式取离散傅里叶变换, 可得

$$P_{xy}(\omega) = P_{xx}(\omega)H^*(\mathrm{e}^{\mathrm{j}\omega}) \tag{2-2-56}$$

$$P_{yy}(\omega) = P_{xy}(\omega)H(\mathrm{e}^{\mathrm{j}\omega}) \tag{2-2-57}$$

从上面两式可以看出, 若已知输入与输出的互功率谱密度 $P_{xy}(\omega)$ 以及输入的功率谱密度 $P_{xx}(\omega)$, 或者已知 $P_{yx}(\omega)$ 和 $P_{yy}(\omega)$, 则可根据式 (2-2-56) 或式 (2-2-57) 辨识系统的真实传递函数 $H(\mathrm{e}^{\mathrm{j}\omega})$。因此, 虽然自功率谱密度不能辨识系统的非因果性和非最小相位性, 但互功率谱密度却可以做到这一点。另外, 利用高阶统计量也可以辨识非因果、非最小相位的系统, 在第 4 章将会集中讨论。

2.2.3 ARMA 功率谱估计的两种线性方法

通过上一小节的学习, 我们知道可以通过定理 2.2.6 来进行 ARMA 过程的功率谱估计, 但是通过式 (2 − 2 − 40) 可以看出, 谱估计时不但需要事先知道激励噪声的方差 σ^2、AR 的阶数 p 与参数 a_i, 而且需要知道 MA 的阶数 q 与参数 b_i。MA 参数的求解需要解非线性方程组 (在 2.2.7 节会有详述), 故求解过程比较复杂。因此, 这里给出两种不需要求解非线性方程组的 ARMA 功率谱估计方法。由于功率谱密度 $P_x(\omega) = P_x(z)\big|_{z=\mathrm{e}^{\mathrm{j}\omega}}$, 为了分析方便, 下面用 $P_x(z)$ 表示 $x(n)$ 的功率谱。显然可以将 ARMA 功率谱密度式 (2 − 2 − 40) 写成

$$P_x(z) = \sigma^2 \frac{\left|B(z)\right|^2}{\left|A(z)\right|^2} = \sigma^2 \frac{B(z)B(z^{-1})}{A(z)A(z^{-1})} \tag{2-2-58}$$

式中, $A(z^{-1}) = A^*(z)$, $B(z^{-1}) = B^*(z)$。

1. Cadzow 谱估计法

将 ARMA 功率谱式 (2 − 2 − 58) 进行分解, 得

$$P_x(z) = \sigma^2 \frac{B(z)B(z^{-1})}{A(z)A(z^{-1})} = \frac{N(z)}{A(z)} + \frac{N(z^{-1})}{A(z^{-1})} \tag{2-2-59}$$

式中, $N(z)$ 是 p 阶多项式, 定义为

$$N(z) = \sum_{i=0}^{p} n_i z^{-i} \tag{2-2-60}$$

它与 $A(z)$ 和 $B(z)$ 之间存在的关系为

$$A(z)N(z^{-1}) + A(z^{-1})N(z) = B(z)B(z^{-1}) \tag{2-2-61}$$

另外, 用协方差函数的离散傅里叶级数表示的功率谱密度也可以作类似的分解, 即

$$P_x(z) = \sum_{k=-\infty}^{+\infty} C_x(k) z^{-k} = \sum_{k=0}^{\infty} r(k) z^{-k} + \sum_{k=0}^{\infty} r(-k) z^{k} \tag{2-2-62}$$

式中, $r(k) = r(-k)$, 且

$$r(k) = \begin{cases} 0.5C_x(k), & k = 0 \\ C_x(k), & k \neq 0 \end{cases} \tag{2-2-63}$$

为了保证式 (2 − 2 − 59) 与式 (2 − 2 − 62) 所示的分解相等, 令

$$\frac{N(z)}{A(z)} = \frac{\sum\limits_{i=0}^{p} n_i z^{-i}}{\sum\limits_{i=0}^{p} a_i z^{-i}} = \sum_{k=0}^{\infty} r(k) z^{-k} \tag{2-2-64}$$

再用 $\sum\limits_{i=0}^{p} a_i z^{-i}$ 同时乘以上式两边, 并比较相同次幂项的系数, 即可得

$$n_k = \sum_{i=0}^{p} a_i r(k-i), \quad k = 0, 1, \cdots, p \tag{2-2-65}$$

这就是 Cadzow[7] 在 1980 年提出的 ARMA 谱估计方法, 式 (2 − 2 − 59) 称为 Cadzow 谱估计子。

该估计方法的优势就是只需确定 AR 的阶数 p 与 AR 参数 a_i, 然后通过式 (2 − 2 − 65) 计算 n_k, 这样就可以求得功率谱, 而不需要解非线性方程求 MA 参数。

2. Kaveh 谱估计法

ARMA 功率谱式 (2 − 2 − 58) 也可以写成

$$P_x(z) = \sigma^2 \frac{B(z)B(z^{-1})}{A(z)A(z^{-1})} = \frac{\sum\limits_{k=-q}^{q} c_k z^{-k}}{A(z)A(z^{-1})} \tag{2-2-66}$$

由该式可以看出

$$\sigma^2 B(z)B(z^{-1}) = \sum_{k=-q}^{q} c_k z^{-k} \tag{2-2-67}$$

且可以看出系数 c_k 具有对称性, 即 $c_k = c_{-k}$。

将式 (2 − 2 − 66) 代入式 (2 − 2 − 58), 并利用功率谱的定义, 可得

$$P_x(z) = \frac{\sum\limits_{k=-q}^{q} c_k z^{-k}}{A(z)A(z^{-1})} = \sum_{m=-\infty}^{+\infty} C_x(m) z^{-m} \tag{2-2-68}$$

由于 $A(z)A(z^{-1}) = \sum\limits_{i=0}^{p}\sum\limits_{j=0}^{p} a_i a_j^* z^{-i+j}$, 并比较上式两边同次幂的系数可得

$$c_k = \sum_{i=0}^{p}\sum_{j=0}^{p} a_i a_j^* C_x(k-i+j), \quad k = 0, 1, \cdots, q \tag{2-2-69}$$

Kaveh[8] 在 1979 年提出的 ARMA 谱估计方法由式 (2 − 2 − 69) 与下面的 Kaveh 谱估计子构成:

$$P_x(z) = \left. \frac{\sum\limits_{k=-q}^{q} c_k z^{-k}}{\left| 1 + \sum\limits_{i=1}^{p} a_i z^{-i} \right|^2} \right|_{z=\mathrm{e}^{\mathrm{j}\omega}} \tag{2-2-70}$$

可以看出, Kaveh 谱估计方法也不需要白噪声方差 σ^2 以及 MA 的参数 b_i, 但仍需要知道 MA 的阶数 q。

2.2.4 修正 Yule − Walker 方程

前面介绍了三种 ARMA 谱估计方法, 这些方法都需要一定的模型阶数和参数, 它们首先要做的就是通过观测样本值 $x(n)$ 估计出相关函数 $R_x(\tau)$。一个时间平均的样本相关函数 $\overline{R}_x(\tau)$ 能否用来代替真实的总体相关函数 $R_x(\tau) = E[x(n)x(n+\tau)]$ 呢? 定理 2.2.7 肯定地回答了这个问题。

定理 2.2.7 (二阶均方遍历定理): 令 $x(n)$ 是一个零均值的高斯 (广义) 平稳过程。若真实的或总体自相关是平方可和的, 即

$$\lim_{N\to\infty}\frac{1}{N}\sum_{k=0}^{N-1}\left|R_x(k)\right|^2=0 \tag{2-2-71}$$

则对于任一固定的 $\tau=0,\pm1,\pm2,\cdots$, 均有

$$\lim_{N\to\infty}E\{[\overline{R}_x(\tau)-R_x(\tau)]^2\}=0 \tag{2-2-72}$$

式中, $\overline{R}_x(\tau)$ 是样本自相关函数, 由

$$\overline{R}_x(\tau)=\frac{1}{N}\sum_{n=1}^{N}x(n)x(n+\tau) \tag{2-2-73}$$

估计。$R_x(\tau)$ 为总体自相关, 即 $R_x(\tau)=E[x(n)x(n+\tau)]$。

证明: 见参考文献 [9]。

下面推导描述 AR 参数与自相关函数之间递推关系的修正 Yule – Walker 方程。

根据定理 2.2.3 可知, 因果的 ARMA 过程 $x(n)$ 具有唯一的平稳解

$$x(n)=\sum_{i=0}^{\infty}h(i)e(n-i) \tag{2-2-74}$$

其相关函数为

$$\begin{aligned}R_x(\tau)=E[x(n)x(n+\tau)]&=E\left\{\left[\sum_{i=0}^{\infty}h(i)e(n-i)\right]\left[\sum_{k=0}^{\infty}h(k)e(n+\tau-k)\right]\right\}\\&=\sum_{i=0}^{\infty}\sum_{k=0}^{\infty}h(i)h(k)E[e(n-i)e(n+\tau-k)]\end{aligned} \tag{2-2-75}$$

由于 $e(n)$ 为白噪声, 故 $E[e(n-i)e(n+\tau-k)]=\begin{cases}\sigma^2, & k=\tau+i\\ 0, & \text{其他}\end{cases}$, 将此结果代入上式得

$$R_x(\tau)=\sigma^2\sum_{i=0}^{\infty}h(i)h(i+\tau) \tag{2-2-76}$$

这个式子描述了相关函数与冲激响应之间的公式。

定理 2.2.8 (修正 Yule – Walker 方程): 令 $x(n)$ 为一个由式 (2 – 2 – 39) 描述的线性的因果平稳 ARMA(p,q) 过程, 其自相关和 AR 参数服从下列的递推关系:

$$R_x(l)+\sum_{i=1}^{p}a_iR_x(l-i)=0,\quad \forall l>q \tag{2-2-77}$$

该式称为修正 Yule – Walker 方程, 简称 MYW 方程。特别地, 对于一个 AR(p) 过程, 上式可简化为

$$R_x(l)+\sum_{i=1}^{p}a_iR_x(l-i)=0,\quad \forall l>0 \tag{2-2-78}$$

这就是 Yule – Walker 方程, 简称为 YW 方程。

证明: 由冲激响应的定义知, $h(n)$ 即是用冲激信号 $\delta(n)$ 作系统 $H(z)$ 的输入激励时系统的输出。故由 ARMA 过程的定义知

$$\sum_{i=0}^{p}a_ih(n-i)=\sum_{j=0}^{q}b_j\delta(n-j)=b_n \tag{2-2-79}$$

利用式 (2 – 2 – 76) 与式 (2 – 2 – 79) 可以得到

$$\sum_{i=0}^{p}a_iR_x(l-i)=\sigma^2\sum_{k=0}^{\infty}h(k)\sum_{i=0}^{p}a_ih(k+l-i)=\sigma^2\sum_{k=0}^{\infty}h(k)b_{k+l} \tag{2-2-80}$$

利用 $b_l\equiv 0, l>q$ 的结果可知, 当 $l>q$ 时, 上式右端恒为零。证毕。

从定理 2.2.8 知道, 修正 Yule – Walker 方程对所有 $l>q$ 均成立, 那么是不是需要无穷多个方程才能确定 AR 的参数 $a_1,\cdots,a_p$ 呢? 该问题实际也是参数唯一可辨识性问题。

定理 2.2.9 (AR 参数的可辨识性): 若 ARMA(p,q) 模型的多项式 $A(z)$ 和 $B(z)$ 无可对消的公共因子, 且 $a_p\neq 0$, 则该模型的 AR 参数 $a_1,\cdots,a_p$ 可由 p 个修正 Yule – Walker 方程

$$\sum_{i=1}^{p}a_iR_x(l-i)=-R_x(l),\quad l=q+1,\cdots,q+p \tag{2-2-81}$$

唯一确定或辨识。

证明: 令 $\boldsymbol{R}$ 是一个 $p\times p$ 维的 Hankel 矩阵, 即

$$\boldsymbol{R}=\begin{bmatrix} R_x(q+1-p) & R_x(q+2-p) & \cdots & R_x(q)\\ R_x(q+2-p) & R_x(q+3-p) & \cdots & R_x(q+1)\\ \vdots & \vdots & \vdots & \vdots\\ R_x(q) & R_x(q+1) & \cdots & R_x(q+p-1)\end{bmatrix} \tag{2-2-82}$$

并定义 $p\times 1$ 维向量

$$\boldsymbol{a}=[a_p,\cdots,a_1]^{\mathrm{T}} \tag{2-2-83}$$

$$\boldsymbol{r}=[R_x(q+1),\cdots,R_x(q+p)]^{\mathrm{T}} \tag{2-2-84}$$

则修正 Yule – Walker 方程组可以用矩阵形式表示为

$$\boldsymbol{Ra}=-\boldsymbol{r} \tag{2-2-85}$$

于是该定理的证明等价于证明矩阵 $\boldsymbol{R}$ 非奇异, 为此, 考虑矩阵

$$\boldsymbol{R}_{\infty}=\begin{bmatrix} R_x(q+1-p) & R_x(q+2-p) & \cdots & R_x(q) \\ R_x(q+2-p) & R_x(q+3-p) & \cdots & R_x(q+1) \\ \vdots & \vdots & \vdots & \vdots \\ R_x(q) & R_x(q+1) & \cdots & R_x(q+p-1) \\ R_x(q+1) & R_x(q+2) & \cdots & R_x(q+p) \\ \vdots & \vdots & \vdots & \vdots \end{bmatrix} \tag{2-2-86}$$

首先, 利用 MYW 方程知

$$\begin{aligned} \boldsymbol{r}_{p+1} &= -a_1\boldsymbol{r}_p - a_2\boldsymbol{r}_{p-1} - \cdots - a_p\boldsymbol{r}_1 \\ \boldsymbol{r}_{p+2} &= -a_1\boldsymbol{r}_{p+1} - a_2\boldsymbol{r}_p - \cdots - a_p\boldsymbol{r}_2 \\ &\ \ \vdots \end{aligned}$$

式中, $\boldsymbol{r}_i$ 代表矩阵 $\boldsymbol{R}_{\infty}$ 的第 i 行向量。上式表明, 矩阵 $\boldsymbol{R}_{\infty}$ 的第 $p+1$ 行是第一行到第 p 行的线性组合, 矩阵 $\boldsymbol{R}_{\infty}$ 的第 $p+2$ 行是第 2 行到第 $p+1$ 行的线性组合, 依此类推。这表明, 矩阵 $\boldsymbol{R}_{\infty}$ 的非奇异性仅取决最上面的 p 行。用反证法可以证明这 p 行不可能线性相关。假定行向量 $\boldsymbol{r}_1,\cdots,\boldsymbol{r}_p$ 线性相关。由于目前已证明 $\boldsymbol{r}_{p+1}$ 与 $\boldsymbol{r}_1,\cdots,\boldsymbol{r}_p$ 线性相关, 而 $\boldsymbol{r}_{p+2}$ 与 $\boldsymbol{r}_2,\cdots,\boldsymbol{r}_{p+1}$ 线性相关等, 所以在这种情况下, 矩阵 $\boldsymbol{R}_{\infty}$ 只有前面 $p-1$ 行线性独立。这等价为可以找到一个 $(p-1)\times 1$ 维向量 $\boldsymbol{u}=[u_1,\cdots,u_{p-1}]^{\mathrm{T}}$ 使法方程

$$\sum_{i=1}^{p-1} u_i R_x(l-i) = -R_x(l), \quad l=q+1,q+2,\cdots$$

成立。这就导致了 $a_p=0$ 的结论, 与假设条件相矛盾, 说明矩阵 $\boldsymbol{R}_{\infty}$ 的前面 p 行 (恰好是 $\boldsymbol{R}$) 必然是线性独立的。又因为矩阵 $\boldsymbol{R}$ 是对称阵, 所以它的 p 列也是线性独立的。综上所述, 矩阵 $\boldsymbol{R}$ 是个非奇异矩阵。证毕。

2.2.5 AR 定阶与参数估计

目前来看, 确定一个 ARMA 模型阶数的方法基本上可以分为两类: 信息量准则法和线性代数法。

在信息量准则法中最著名的是日本数理统计学家赤池提出的信息量准则 (AIC) 法[10] 和最终预测误差 (FPE) 法[11]。下面介绍几种准则。

(1) AIC 准则: 选择使信息量

$$\mathrm{AIC}(p,q) = \ln \overline{\sigma}_{wp}^2 + 2(p+q)/N \tag{2-2-87}$$

最小的 p 和 q 作为 ARMA 模型阶数, 其中 N 为数据长度 (也叫样本容量), $\overline{\sigma}_{wp}^2$ 是线性预测误差的方差, 可按下式计算:

$$\overline{\sigma}_{wp}^2 = \sum_{i=0}^{p} \overline{a}_i \overline{R}_x(q-i) \tag{2-2-88}$$

(2) FPE 准则: 选择 p 和 q 使信息量

$$\mathrm{FPE}(p,q)=\overline{\sigma}_{wp}^2\left(\frac{N+p+q+1}{N-p-q-1}\right) \tag{2-2-89}$$

最小, 式中 N 与 $\overline{\sigma}_{wp}^2$ 的选择与 AIC 准则相同。显然, 不论是使用 AIC 准则还是使用 FPE 准则, 都需要事先使用最小二乘方法拟合各种可能阶数的 ARMA 模型, 然后根据 "吝啬原则", 确定一个尽可能小的阶数组合 (p 和 q) 作为 ARMA 模型阶数。当样本容量 N 趋于无穷大时, 信息量 $\mathrm{AIC}(p,q)$ 与 $\mathrm{FPE}(p,q)$ 等价。

(3) BIC 准则: 是 AIC 准则的改进形式。这种准则是选择 p 和 q 使性能指标

$$\mathrm{BIC}(p,q)=\ln\overline{\sigma}_{wp}^2+(p+q)\frac{\ln N}{N} \tag{2-2-90}$$

最小, 式中 N 与 $\overline{\sigma}_{wp}^2$ 的选择同上。

(4) CAT 准则: 即为自回归传递函数准则, 它是由 Parzen[12] 于 1974 年提出的。CAT 函数定义为

$$\mathrm{CAT}(p,q)=\left(\frac{1}{N}\sum_{k=1}^{p}\frac{N-k}{N\overline{\sigma}_{wp}^2}\right)-\frac{N-p}{N\overline{\sigma}_{wp}^2} \tag{2-2-91}$$

阶数 p 的选择应该使 $\mathrm{CAT}(p,q)$ 最小。

(5) MDL 准则: 即最小描述长度准则, 是由 Rissanen[13] 于 1983 年提出的, 该方法选取的 p 和 q 使信息量

$$\mathrm{MDL}(p,q)=N\ln\overline{\sigma}_{wp}^2+(p+q)\ln N \tag{2-2-92}$$

为最小值。该准则是统计一致的。实验结果显示, 对一个短数据长度, AR 阶数 p 在 $N/3\sim N/2$ 范围内才会有好的结果。

典型的线性代数定阶法有行列式检验算法[14]、Gram – Schmidt 正交法[15]和奇异值分解法 (SVD)。在本章 2.1 节已经介绍了 SVD 方法, 下面就结合上一节的 MYW 方程应用 SVD – TLS 方法来确定 AR 阶数和估计 AR 参数。

在实际应用中, 由于阶数 p 和 q 均未知, 可以利用的只有一段样本相关函数 $\overline{R}_x(\tau),\tau=0,1,\cdots,N$。利用式 (2 – 2 – 81) 估计 AR 参数 a_i, 可知

$$\sum_{i=1}^{p_e}a_i\overline{R}_x(q_e+l-i)=-\overline{R}_x(q_e+l),\quad l=1,\cdots,t \tag{2-2-93}$$

式中, $t\gg p_e$, 且 $p_e\gg p$ 及 $q_e\gg q$。

下面记 $t\times(p_e+1)$ 维矩阵

$$\boldsymbol{R}_e=\begin{bmatrix}R_x(q_e+1) & R_x(q_e) & \cdots & R_x(q_e-p_e+1)\\ R_x(q_e+2) & R_x(q_e+1) & \cdots & R_x(q_e-p_e+2)\\ \vdots & \vdots & \vdots & \vdots\\ R_x(q_e+t) & R_x(q_e+t-1) & \cdots & R_x(q_e-p_e+t)\end{bmatrix} \tag{2-2-94}$$

式中, $t \gg p_e$。若 $p_e \gg p$, $q_e \gg q$, 且 $q_e - p_e \geqslant q - p$, 则 $rank(\boldsymbol{R}_e) = p$。该理论由 Cadzow 于 1982 年证明, 证明过程见参考文献 [16]。于是就可以得到确定 AR 阶数及估计 AR 参数的 SVD – TLS 算法。具体步骤为:

(1) 计算扩展阶增广矩阵 $\boldsymbol{R}_e$ (真实相关函数用样本函数代替) 的 SVD, 并存储右奇异阵 $\boldsymbol{V}$;

(2) 确定 $\boldsymbol{R}_e$ 的有效秩, 给出 AR 阶数估计 p;

(3) 利用式 (2 – 1 – 24) 和式 (2 – 1 – 22) 计算 $(p+1)\times(p+1)$ 维矩阵 $\boldsymbol{S}^{(p)}$;

(4) 求 $\boldsymbol{S}^{(p)}$ 的逆矩阵 $\boldsymbol{S}^{-(p)}$, 并由式 (2 – 1 – 26) 计算 AR 参数向量的估计 $\overline{\boldsymbol{a}} = [\overline{a}_1, \cdots, \overline{a}_p]^{\mathrm{T}}$。

这样一旦 AR 阶数 p 与参数 $a_1, \cdots, a_p$ 被估计出来以后, 即可利用前面提到的 Cadzow 谱估计子或 Kaveh 谱估计子得到 ARMA 过程 $x(n)$ 的功率谱密度函数。

2.2.6 MA 阶数确定

在许多实际应用中, 不仅希望能够通过前面的方法得到 AR 的阶次与 AR 的参数, 而且希望能够进一步获得 MA 的阶次与其参数, 从而得到对整个 ARMA 模型的辨识。本小节介绍 MA 定阶, 下一小节介绍 MA 参数估计。下面首先介绍 MA 定阶原理。

早在 1972 年 Chow[14] 就提出和证明了 MA 阶数确定方法。其主要思想是: MYW 方程式 (2 – 2 – 77) 对所有 $l > q$ 均成立, 表明

$$R_x(l) + \sum_{i=1}^{p} a_i R_x(l-i) \neq 0, \quad l = q \tag{2 – 2 – 95}$$

否则, 就意味着式 (2 – 2 – 77) 对所有 $l > q-1$ 均成立, 即 ARMA 过程的阶数为 $q-1$, 这与 ARMA(p,q) 模型相矛盾。事实上, 对某些 $l < q$ 的情况上式可能成立也可能不成立, 但对于 $l = q$ 必定成立。这说明 MA 的阶数是使

$$R_x(l) + \sum_{i=1}^{p} a_i R_x(l-i) \neq 0, \quad l \leqslant q \tag{2 – 2 – 96}$$

成立的最大整数 l。该方法存在的问题是: 在数据比较短的情况下, 样本相关函数 $\overline{R}_x(l)$ 具有比较大的估计误差和方差。因此, 式 (2 – 2 – 96) 的检验方法将缺乏数值稳定性。

1993 年 Zhang[17] 等人基于 MA 的阶数 q 的信息包含在一个 Hankel 矩阵里的思想, 提出了线性代数方法。令 $\boldsymbol{R}_1$ 是一个 $(p+1)\times(p+1)$ 维 Hankel 矩阵, 即

$$\boldsymbol{R}_1 = \begin{bmatrix} R_x(q) & R_x(q-1) & \cdots & R_x(q-p) \\ R_x(q+1) & R_x(q) & \cdots & R_x(q-p+1) \\ \vdots & \vdots & \vdots & \vdots \\ R_x(q+p) & R_x(q+p-1) & \cdots & R_x(q) \end{bmatrix} \tag{2 – 2 – 97}$$

若 $a_p \neq 0$, 则 $rank(\boldsymbol{R}_1) = p+1$。

证明: 假设矩阵 $\boldsymbol{R}_1$ 的第 $p+1$ 列与其他 p 列线性相关, 那么子列向量

$$\boldsymbol{r}_{p+1} = [R_x(q-p+1), R_x(q-p+2), \cdots, R_x(q)]^{\mathrm{T}}$$

必定是下述 p 个子列向量的线性组合, 即

$$\boldsymbol{r}_p = [R_x(q-p+2), R_x(q-p+3), \cdots, R_x(q+1)]^{\mathrm{T}}$$

$$\vdots$$

$$\boldsymbol{r}_1 = [R_x(q+1), R_x(q+2), \cdots, R_x(q+p)]^{\mathrm{T}}$$

由于 $a_p \neq 0$, 所以 MYW 方程的表示是唯一的, 即上述线性组合也是唯一的, 可表示为

$$\boldsymbol{r}_{p+1} = -\sum_{i=1}^{p} a_i \boldsymbol{r}_{p+1-i}/a_p$$

然而, 当用 $-a_{p-k}/a_p, k=1,\cdots,p$ 去乘第 $p+1-k$ 列, 并将其求和向量的第一个元素同第 $p+1$ 列的第一个元素相比较时, 可以得到

$$R_x(q-p) \neq -\sum_{k=1}^{p} a_{p-k} R_x(q-p+k)/a_p$$

这便是式 $(2-2-96)$ 当 $l=q$ 时的等价结果。即 $\boldsymbol{R}_1$ 的第 $p+1$ 列不可能是其他 p 列的线性组合。此外定理 2.2.9 中已证明矩阵 $\boldsymbol{R}_1$ 最左边的 p 列是线性独立的。由这两个性质便知, 矩阵 $\boldsymbol{R}_1$ 的 $p+1$ 列是线性独立的, 再由 $\boldsymbol{R}_1$ 的对称性, 可知 $\boldsymbol{R}_1$ 的所有 $p+1$ 行也是线性独立的, 从而有 $rank(\boldsymbol{R}_1) = p+1$ 成立。证毕。

下面进一步考虑具有扩展阶 q_e 的矩阵 $\boldsymbol{R}_{1e}$ 的秩。假定 p 已经确定, 并假定 $\boldsymbol{R}_{1e}$ 是一个 $(p+1)\times(p+1)$ 维矩阵

$$\boldsymbol{R}_{1e} = \begin{bmatrix} R_x(q_e) & R_x(q_e-1) & \cdots & R_x(q_e-p) \\ R_x(q_e+1) & R_x(q_e) & \cdots & R_x(q_e-p+1) \\ \vdots & \vdots & \vdots & \vdots \\ R_x(q_e+p) & R_x(q_e+p-1) & \cdots & R_x(q_e) \end{bmatrix} \tag{2-2-98}$$

则当 $q_e > q$ 时, $rank(\boldsymbol{R}_{1e}) = p$, 而且仅当 $q_e = q$ 时, 有 $rank(\boldsymbol{R}_{1e}) = p+1$。

证明: 先考虑 $q_e > q$ 的情况, 这里记 $q_e = \overline{q}_e + 1$, 其中 $\overline{q}_e \geqslant q$。此时 $\boldsymbol{R}_{1e}$ 可变为

$$\boldsymbol{R}_{1e} = \begin{bmatrix} R_x(\overline{q}_e+1) & R_x(\overline{q}_e) & \cdots & R_x(\overline{q}_e+1-p) \\ R_x(\overline{q}_e+2) & R_x(\overline{q}_e+1) & \cdots & R_x(\overline{q}_e-p+2) \\ \vdots & \vdots & \vdots & \vdots \\ R_x(\overline{q}_e+p) & R_x(\overline{q}_e+p-1) & \cdots & R_x(\overline{q}_e) \end{bmatrix} \tag{2-2-99}$$

即 $\boldsymbol{R}_{1e}$ 与在式 $(2-2-94)$ 中取 $p_e = p$ 和 $t = p$ 时的矩阵 $\boldsymbol{R}_e$ 完全相同, 且满足其条件, 则由式 $(2-2-94)$ 所在命题可知 $rank(\boldsymbol{R}_{1e}) = rank(\boldsymbol{R}_e) = p$。再考虑 $q_e = q$ 的情况, 此时 $\boldsymbol{R}_{1e}$ 与式 $(2-2-97)$ 矩阵 $\boldsymbol{R}_1$ 完全相同, 则由式 $(2-2-97)$ 所在命题立即可知, $rank(\boldsymbol{R}_{1e}) = rank(\boldsymbol{R}_1) = p+1$。证毕。

从上述 MA 定阶原理来看, 真实的 MA 阶数隐含在矩阵 $\boldsymbol{R}_{1e}$ 内。理论上决定阶数 q 可以通过以下步骤实现: 从 $Q=q_e>q$ 开始, 并依次减小一阶, 使用 SVD 决定 $\boldsymbol{R}_{1e}$ 的秩; 当秩从 p 变为 $p+1$ 时的第一个转折点就发生在 $Q=q$ 处。然而, 在实际应用中, 由于使用样本自相关函数, 所以该转折点往往不是很明显。为了发展一种 MA 定阶的实际算法, 可以使用 "超定的" 矩阵 $\boldsymbol{R}_{2e}$, 其元素 $R_{2e}(i,j)=\overline{R}_x(q_e+i-j),\ i=1,\cdots,t,\ j=1,\cdots,p_e+1,\ t\gg p_e$。于是有

$$rank(\boldsymbol{R}_{2e})=rank(\boldsymbol{R}_{1e}) \tag{2-2-100}$$

因为 $\boldsymbol{R}_{2e}$ 包含了整个 $\boldsymbol{R}_{1e}$, 而任意第 $k(k\geqslant p+2)$ 列 (或者行) 与其左边 p 列 (或者上面 p 行) 线性相关, 不会改变整个矩阵的秩。

归纳起来, 使用 SVD 确定 ARMA(p,q) 模型的 MA 阶数 q 的算法如下:

(1) 使用 AR 定阶与参数估计的 SVD – TLS 算法中的步骤 (1) 和步骤 (2) 确定出 AR 的阶数 p, 并取 $Q=q_e>q$;

(2) 令 $Q\leftarrow Q-1$, 并构造样本自相关矩阵 $\boldsymbol{R}_{2e}$, 计算其 SVD;

(3) 如果第 $p+1$ 个奇异值与上次计算结果相比较, 有一个明显的转折, 则选择 $q=Q$; 否则返回步骤 (2), 并继续以上步骤, 直到 q 被选出为止。

在该算法中需要注意: 由于 $p\geqslant q$, 所以选择 Q 初始值的最简单有效的方法是取 $Q=q_e=p+1$, 这样可以尽快找到 q。上述 MA 定阶算法仅与 AR 阶数 p 有关, 而与 AR 参数无关, 即 AR 阶数与 MA 阶数的确定可以在参数估计之前独立进行。算法的关键步骤是在步骤 (3) 中选择第 $p+1$ 个奇异值的转折点。作为一个转折的检测法则, 可以考虑使用参数

$$\alpha=\frac{\sigma_{p+1,p+1}^{(Q)}-\sigma_{p+1,p+1}^{(Q+1)}}{\sigma_{p+1,p+1}^{(Q+1)}} \tag{2-2-101}$$

式中, $\sigma_{p+1,p+1}^{(Q)}$ 是 $\boldsymbol{R}_{2e}$ 对应于 Q 值时的第 $p+1$ 个奇异值。如果对应某个 Q 值, 第 $p+1$ 个奇异值的相对变化率 α 大于某个给定的阈值, 则接受此 Q 值为转折点。

2.2.7 MA 参数估计

在上一小节中讨论了 ARMA(p,q) 模型中 MA 阶数的确定, 本小节接着介绍如何估计 MA 的参数。在应用 Kaveh 谱估计子时, 必须先得到 $\overline{p}$, $\overline{q}$ 和 $\overline{a}_i$, 然后根据式 (2 – 2 – 69) 来计算 MA 谱参数 $\overline{c}_k$, 即

$$\overline{c}_k=\sum_{i=0}^{\overline{p}}\sum_{j=0}^{\overline{p}}\overline{a}_i\overline{a}_j^*\overline{C}_x(k-i+j),\quad k=0,1,\cdots,\overline{q} \tag{2-2-102}$$

有时在实际应用中除了需要知道平稳过程的功率谱, 还希望建立该过程完整的模型。比较式 (2 – 2 – 67) 两边相同次幂的系数, 可得方程组

$$\begin{cases}\sigma^2(b_0^2+b_1^2+\cdots+b_q^2)=c_0\\ \sigma^2(b_0b_1+\cdots+b_{q-1}b_q)=c_1\\ \vdots\\ \sigma^2b_0b_q=c_q\end{cases} \tag{2-2-103}$$

有了 ARMA(p,q) 模型的阶数 $\overline{p},\overline{q}$ 和 MA 谱参数 $\overline{c}_k$ 以后, 就可以通过求解式 (2-2-103) 的非线性方程组得到 MA 参数估计 $\overline{b}_j\ (j=0,1,\cdots,\overline{q})$。观察式 (2-2-103) 可知, 共有 $q+2$ 个未知参数 σ^2 及 $b_0,\cdots,b_q$, 而方程却只有 $q+1$ 个, 为了保证解的唯一性, 通常约定 $\sigma^2=1$ 或者 $b_0=1$, 这里约定 $\sigma^2=1$。下面介绍求解非线性方程组 (2-2-103) 的 Newton－Raphson 算法[18]。

首先定义误差函数

$$f_k=\sum_{i=0}^{q}b_ib_{i+k}-c_k,\quad k=0,1,\cdots,q \tag{2-2-104}$$

及 $(q+1)\times 1$ 维向量

$$\boldsymbol{b}=[b_0,b_1,\cdots,b_q]^{\mathrm{T}} \tag{2-2-105}$$

$$\boldsymbol{f}=[f_0,f_1,\cdots,f_q]^{\mathrm{T}} \tag{2-2-106}$$

再定义 $(q+1)\times(q+1)$ 维矩阵

$$\boldsymbol{F}=\frac{\partial\boldsymbol{f}}{\partial\boldsymbol{b}^{\mathrm{T}}}=\begin{bmatrix}\dfrac{\partial f_0}{\partial b_0} & \dfrac{\partial f_0}{\partial b_1} & \cdots & \dfrac{\partial f_0}{\partial b_q}\\ \vdots & \vdots & \vdots & \vdots\\ \dfrac{\partial f_q}{\partial b_0} & \dfrac{\partial f_q}{\partial b_1} & \cdots & \dfrac{\partial f_q}{\partial b_q}\end{bmatrix} \tag{2-2-107}$$

由式 (2-2-104) 求偏导 $\partial f_k/\partial b_j$, 再代入式 (2-2-107) 中, 可得到

$$\boldsymbol{F}=\begin{bmatrix}b_0 & b_1 & \cdots & b_q\\ b_1 & \cdots & b_q & \\ \vdots & \iddots & & \\ b_q & & & 0\end{bmatrix}+\begin{bmatrix}b_0 & b_1 & \cdots & b_q\\ & b_0 & \cdots & b_{q-1}\\ & & b_0 & \vdots\\ 0 & & & b_0\end{bmatrix} \tag{2-2-108}$$

根据 Newton－Raphson 方法的原则, 若在第 i 次迭代中求得的 MA 参数向量为 $\boldsymbol{b}^{(i)}$, 则第 $i+1$ 次迭代的 MA 参数向量估计值由下式给出:

$$\boldsymbol{b}^{(i+1)}=\boldsymbol{b}^{(i)}-\boldsymbol{F}^{-(i)}\boldsymbol{f}^{(i)} \tag{2-2-109}$$

式中, $\boldsymbol{F}^{-(i)}$ 是矩阵 $\boldsymbol{F}$ 在第 i 次迭代中的矩阵 $\boldsymbol{F}^{(i)}$ 的逆矩阵。

归纳起来, 估计 MA 参数的 Newton－Raphson 算法具体步骤如下:

(1) 利用式 (2-2-69) 计算 MA 谱系数 $c_k, k=0,1,\cdots,q$, 并令初始值 $b_0^{(0)}=\sqrt{c_0}$ 和 $b_i^{(0)}=0, i=1,\cdots,q$;

(2) 由式 (2-2-104) 计算拟合误差函数 $f_k^{(i)}, k=0,1,\cdots,q$, 并用式 (2-2-108) 计算 $\boldsymbol{F}^{(i)}$;

(3) 利用式 (2-2-109) 更新 MA 参数估计向量 $\boldsymbol{b}^{(i+1)}$;

(4) 检验 MA 参数估计向量是否收敛。若收敛, 则停止迭代, 输出 MA 参数估计结果; 否则, 令 $i\leftarrow i+1$, 并返回步骤 (1)。重复以上步骤, 直至 MA 参数估计收敛。

作为终止迭代的一个法则, 可采用比较各参数前后两次迭代的计算值的绝对误差。 但是, 这种方法对绝对值较大的 MA 参数比较合适, 却不适合绝对值比较小的 MA 参数。 1985 年,

Zhang[19] 等人提出了更好的方法, 即采用相对误差衡量某个参数在迭代过程中是否收敛, 例如

$$\left|\frac{b_k^{(i+1)}-b_k^{(i)}}{b_k^{(i+1)}}\right| \leqslant \alpha \tag{2-2-110}$$

表示参数 b_k 收敛。式中阈值 α 可选择 0.05。

2.2.8 AR 有色噪声情况下的 ARMA 谱估计

在实际应用中, 当输入信号存在加性有色噪声时, ARMA 功率谱估计需要使用广义最小二乘法 (GLS), 利用自举方法从 AR 有色噪声下的修正 Yule – Walker 方法求 ARMA 模型的 AR 参数。该估计方法是由 Zhang[20] 等人于 1987 年提出的。

在进行 ARMA 谱估计时, 当输入信号存在加性有色噪声时, 一般假设噪声信号 $v(n)$ 为一个固定阶数的 AR(s) 过程, 即观测过程由

$$A(z)y(n)=B(z)e(n)+\frac{1}{D(z)}w(n) \tag{2-2-111}$$

给出, 式中 $w(n)$ 代表另一个与 $e(n)$ 独立的白噪声过程 (其方差为 σ_w^2)。令 $\varepsilon(n)=1/D(z)w(n)$, 将其代入上式, 并用 $y(n-q-l), l\geqslant 1$ 同时乘以上式两边, 再取数学期望, 则有

$$R_y(q+l)+a_1R_y(q+l-1)+\cdots+a_pR_y(q+l-p)=R_{y\varepsilon}(q+l),\quad l\geqslant 1 \tag{2-2-112}$$

式中, $R_{y\varepsilon}(q+l)$ 是 $y(n)$ 与 $\varepsilon(n)$ 之间的互相关函数, 即 $R_{y\varepsilon}(l)=E[y(n-l)\varepsilon(n)]$。再用 $y(n-q-l), l\geqslant 1$ 同时乘以式 (2 – 2 – 111) 两边, 并将式 (2 – 2 – 112) 代入得

$$R_{y\varepsilon}(q+l)+d_1R_{y\varepsilon}(q+l-1)+\cdots+d_sR_{y\varepsilon}(q+l-s)=0,\quad l\geqslant 1 \tag{2-2-113}$$

定义以下向量和矩阵:

$$\begin{aligned}
\boldsymbol{r}&=[R_y(q+1),R_y(q+2),\cdots,R_y(q+S)]^{\mathrm{T}}\\
\boldsymbol{U}_i&=[-R_y(q+i-1),-R_y(q+i-2),\cdots,-R_y(q+i-p)]\\
\boldsymbol{U}^{\mathrm{T}}&=[\boldsymbol{U}_1^{\mathrm{T}},\boldsymbol{U}_2^{\mathrm{T}},\cdots,\boldsymbol{U}_S^{\mathrm{T}}]\\
\boldsymbol{\varepsilon}&=[R_{y\varepsilon}(q+1),R_{y\varepsilon}(q+2),\cdots,R_{y\varepsilon}(q+S)]^{\mathrm{T}}\\
\boldsymbol{a}&=[a_1,a_2,\cdots,a_p]^{\mathrm{T}}\\
\boldsymbol{V}_i&=[-R_{y\varepsilon}(q+i-1),-R_{y\varepsilon}(q+i-2),\cdots,-R_{y\varepsilon}(q+i-p)]\\
\boldsymbol{V}^{\mathrm{T}}&=[\boldsymbol{V}_1^{\mathrm{T}},\boldsymbol{V}_2^{\mathrm{T}},\cdots,\boldsymbol{V}_S^{\mathrm{T}}]\\
\boldsymbol{d}&=[d_1,d_2,\cdots,d_s]^{\mathrm{T}}
\end{aligned}$$

则式 (2 – 2 – 113) 与式 (2 – 2 – 112) 可分别写成矩阵形式

$$\boldsymbol{\varepsilon}=\boldsymbol{V}\boldsymbol{d} \tag{2-2-114}$$

$$\boldsymbol{r}=\boldsymbol{U}\boldsymbol{a}+\boldsymbol{\varepsilon} \tag{2-2-115}$$

令 $\boldsymbol{U}^+$ 为最小二乘广义逆或伪逆, 即 $\boldsymbol{U}^+=(\boldsymbol{U}^{\mathrm{T}}\boldsymbol{U})^{-1}\boldsymbol{U}^{\mathrm{T}}$。用 $\boldsymbol{U}^+$ 左乘式 (2－2－115) 可得

$$\boldsymbol{a}_{\mathrm{LS}}=\boldsymbol{a}+(\boldsymbol{U}^{\mathrm{T}}\boldsymbol{U})^{-1}\boldsymbol{U}^{\mathrm{T}}\boldsymbol{\varepsilon}=\boldsymbol{a}+\boldsymbol{U}^+\boldsymbol{\varepsilon} \tag{2-2-116}$$

式中, $\boldsymbol{a}_{\mathrm{LS}}=\boldsymbol{U}^+\boldsymbol{r}$ 为有色噪声 $v(n)$ 不存在时 ARMA(p,q) 模型 AR 参数的最小二乘估计值。式 (2－2－116) 中第二项为偏差项, 则理想 AR 参数的估计值由下式给出:

$$\widehat{\boldsymbol{a}}=\boldsymbol{a}_{\mathrm{LS}}-\boldsymbol{U}^+\boldsymbol{\varepsilon}=\boldsymbol{a}_{\mathrm{LS}}-\boldsymbol{U}^+\boldsymbol{V}\boldsymbol{d} \tag{2-2-117}$$

假定样本的自相关函数 $\widehat{R}_y(l)=\dfrac{1}{N}\displaystyle\sum_{n=1}^{N-|l|}y(n)y(n+l)$ 已经给出, 并且阶数 p, q 和 s 已知。则使用 GLS 求解的具体步骤为:

(1) 假定 $\widehat{\boldsymbol{d}}=0$, 并计算 $\widehat{\boldsymbol{a}}_{\mathrm{LS}}=\widehat{\boldsymbol{U}}^+\widehat{\boldsymbol{r}}$;

(2) 利用式 (2－2－112) 计算互相关函数 $R_{y\varepsilon}(q+l)$, 并计算 $\widehat{\boldsymbol{d}}=\boldsymbol{V}^+\boldsymbol{\varepsilon}$, 然后根据式 (2－2－113) 计算

$$R_{y\varepsilon}(q+l-s)=\frac{1}{d_s}\sum_{i=0}^{s-1}d_iR_{y\varepsilon}(q+l-i),\quad l=m,m-1,\cdots,1 \tag{2-2-118}$$

于是 $\boldsymbol{U}$, $\boldsymbol{V}$ 和 $\boldsymbol{\varepsilon}$ 均可求出;

(3) 用式 (2－2－117) 计算 $\widehat{\boldsymbol{a}}$, 并令 $\widehat{\boldsymbol{a}}_{\mathrm{LS}}=\widehat{\boldsymbol{a}}$;

(4) 返回步骤 (2), 并重复以上步骤, 直到 AR 参数的估计值 $\widehat{\boldsymbol{a}}$ 趋于收敛 [收敛法则参考式 (2－2－110)]。

给出 GLS 算法的具体步骤以后, 我们将其应用于 ARMA(p,q) 模型 AR 参数的估计。假设 $R_x(k)$ 为信号 $A(z)y(n)=B(z)e(n)$ 的自相关函数, 由于信号 $x(n)$ 与加性有色噪声 $v(n)$ 的独立性, 可知

$$R_y(k)=R_x(k)+R_v(k) \tag{2-2-119}$$

应用 Wiener－Khinchin 定理可得

$$R_y(z)=\sigma_e^2\frac{B(z)B(z^{-1})}{A(z)A(z^{-1})}+\sigma_w^2\frac{1}{A(z)A(z^{-1})D(z)D(z^{-1})}=\sum_{k=-\infty}^{+\infty}R_y(k)z^{-k} \tag{2-2-120}$$

若令

$$c_k=\sum_{i=0}^{p}\sum_{j=0}^{p}a_ia_jR_x(k+i-j) \tag{2-2-121}$$

$$\overline{c}_k=\sum_{i=0}^{p}\sum_{j=0}^{p}a_ia_jR_y(k+i-j) \tag{2-2-122}$$

$$\frac{1}{D(z)D(z^{-1})}=\sum_{k=-\infty}^{+\infty}h_kz^{-k},\quad h_k=h_{-k} \tag{2-2-123}$$

则根据 Kaveh 谱估计子, 由式 (2－2－120) 可得

$$c_k=\overline{c}_k-h_k,\quad k=0,\ 1,\ \cdots,\ q \tag{2-2-124}$$

在有色噪声下使用 GLS 方法的 ARMA 谱估计与建模算法可归纳如下:

(1) 用 GLS 方法从样本自相关函数 $R_y(k)$ 分别估计信号与噪声的 AR 参数 $a_i, i=0,1,\cdots,p$ 与 $d_j, j=0,1,\cdots,s$;

(2) 利用式 (2－2－123) 从估计值 $\widehat{d}_j$ 计算出 $\widehat{h}_k, k=0,1,\cdots,q$;

(3) 利用式 (2－2－122) 与式 (2－2－124) 分别计算 $\bar{c}_k$ 与 c_k 的估计值;

(4) 用 Kaveh 谱估计子计算信号的功率谱。若需要, 可使用 Newton－Raphson 算法估计 MA 参数 $b_i, i=0,1,\cdots,q$。

以上是信号存在有色噪声情况下 ARMA 模型的参数估计方法, 其中步骤 (2) 使用式 (2－2－123) 计算 $\widehat{h}_k, k=0,1,\cdots,q$ 的具体方法可以参考文献 [21-22]。

2.3 最大熵谱估计方法

最大熵方法 (MEM)[23] 是由 Burg 于 1967 年提出的一种现代谱分析方法。它从信息论的观点出发给出了功率谱估计的方法, 由于最大熵方法的一系列优点, 它已经成了现代谱估计的一个重要分支。本节从信息论的观点出发, 首先给出有关熵的概念及其性质, 然后依据构造代价函数的不同, 分别给出三种不同的估计方法及其与 AR 谱估计、ARMA 谱估计方法的等价性, 最后介绍这些谱分析方法中的参数估计方法。

2.3.1 熵的定义及性质

从信息论的观点看, 在观测到一个以概率 p_k 发生的事件 $X=x_k$ 后能够获得多少信息呢? 衡量这种情况的物理量即为信息量, 用符号 $I(x_k)$ 表示

$$I(x_k) \stackrel{\text{def}}{=} I(X=x_k) = \log\left(\frac{1}{p_k}\right) = -\log p_k \tag{2－3－1}$$

式中, 对数的底可以任意选取。当使用自然对数时, 信息量的单位为 nat (奈特); 当使用以 2 为底的对数时, 单位为 bit (比特)。以后章节中, 未作明确说明时均使用以 2 为底的对数, 但是无论采用何种对数, 上述信息量的定义均有以下的重要性质。

性质 1: 肯定发生的事件不含任何信息, 即

$$I(x_k)=0, \quad \forall p_k=1 \tag{2－3－2}$$

性质 2: 非负值性, 即信息量是非负的

$$I(x_k)\geqslant 0, \quad 0\leqslant p_k\leqslant 1 \tag{2－3－3}$$

该式表明: 一个随机事件的发生要么带来信息, 要么不带来任何信息, 但决不会造成信息的丢失或损失。

性质 3: 事件发生的概率越小, 得到的信息越多, 即

$$I(x_k) > I(x_l), \quad p_k < p_l \tag{2－3－4}$$

下面首先给出熵的定义，然后讨论其性质。考察离散随机变量 X，其取值字符集为 $\aleph$。令随机变量 X 取值为 x_k 的概率 $p_k = P\{X = x_k\}, x_k \in \aleph$。

定义 2.3.1: 信息量 $I(x)$ 在字符集合 $\aleph$ 内的平均值称为离散随机变量 X 的熵，记为 $H(X)$

$$H(X) \stackrel{\text{def}}{=} E[I(x)] = \sum_{x_k \in \aleph} p_k I(x_k) = -\sum_{x_k \in \aleph} p_k \log p_k \tag{2-3-5}$$

式中，约定 $0 \log 0 = 0$。这表明在熵的定义式中增加一个零概率项，不会对熵产生任何影响。

熵是随机变量的 X 分布的函数，它仅与随机变量 X 取值的概率有关，而与 X 的实际取值无关。若字符集合 $\aleph$ 由 $2K+1$ 个字符组成，则熵可以表示为

$$H(x) = \sum_{k=-K}^{K} p_k I(x_k) = -\sum_{k=-K}^{K} p_k \log p_k \tag{2-3-6}$$

它是有界函数，即

$$0 \leqslant H(x) \leqslant \log(2K+1) \tag{2-3-7}$$

由该式可以看出，熵的下界和上界有以下性质:

(1) $H(x) = 0$，当且仅当对某个 $X = x_k$ 有 $p_k = 1$，从而 X 取集合 $\aleph$ 中其他数值的概率全部为零，即熵的下界 0 对应为没有任何不确定性;

(2) $H(x) = \log(2K+1)$，当且仅当对所有 k 恒有 $p_k = 1/(2K+1)$，即所有离散取值是等概率的。因此，熵的上界对应为最大的不确定性。

例 2.3.1 令

$$X = \begin{cases} 1, & \text{依概率 } p \\ 0, & \text{依概率 } 1-p \end{cases} \tag{2-3-8}$$

由式 (2-3-5) 可计算出 X 的熵为

$$H(X) = -p \log p - (1-p) \log(1-p) \tag{2-3-9}$$

特别地，当 $p = 0.5$ 时，代入式 (2-3-9) 得 $H(X) = 1$ bit。

例 2.3.2 令

$$X = \begin{cases} a, & \text{依概率 } 1/2 \\ b, & \text{依概率 } 1/4 \\ c, & \text{依概率 } 1/8 \\ d, & \text{依概率 } 1/8 \end{cases} \tag{2-3-10}$$

则 X 的熵为

$$H(X) = -\frac{1}{2}\log\frac{1}{2} - \frac{1}{4}\log\frac{1}{4} - \frac{1}{8}\log\frac{1}{8} - \frac{1}{8}\log\frac{1}{8} = \frac{7}{4}\ \text{bit} \tag{2-3-11}$$

下面将离散随机变量熵的定义推广到连续随机变量。

定义 2.3.2: 设连续随机变量 x 的分布密度函数为 $p(x)$, 则其熵的定义为

$$H(X) \stackrel{\text{def}}{=} \int_{-\infty}^{+\infty} p(x)\ln p(x)\mathrm{d}x = -E[\ln p(x)] \qquad (2-3-12)$$

Burg 于 1967 年仿照连续随机变量的熵的定义, 给出了功率谱的熵的定义。

定义 2.3.3: 设存在功率谱 $P(\omega)$, 其熵 (简称谱熵) 的定义为

$$H[P(\omega)] \stackrel{\text{def}}{=} \frac{1}{2\pi}\int_{-\pi}^{\pi} \ln P(\omega)\mathrm{d}\omega \qquad (2-3-13)$$

2.3.2 Burg 最大熵谱分析及其与 AR、ARMA 谱估计的关系

利用上面谱熵的定义, Burg 提出通过给定的 $2p+1$ 个样本自相关函数 $\widehat{R}_x(k)$, $k=0,\pm1,\cdots,\pm p$ 估计功率谱时, 应该使式 (2 − 3 − 13) 的谱熵为最大, 这就是著名的 Burg 最大熵估计方法。反之, 功率谱 $P(\omega)$ 的傅里叶逆变换还应该能够还原出原来的 $2p+1$ 个样本自相关函数 $\widehat{R}_x(k)$, $k=0,\pm1,\cdots,\pm p$。Burg 最大熵谱估计方法可具体描述为: 求功率谱 $P(\omega)$, 使得 $P(\omega)$ 在满足约束条件

$$\widehat{R}_x(k) = \frac{1}{2\pi}\int_{-\pi}^{\pi} P(\omega)\mathrm{e}^{\mathrm{j}\omega k}\mathrm{d}\omega, \quad k=0,\pm1,\cdots,\pm p \qquad (2-3-14)$$

的情况下, 能够使谱熵 $H[P(\omega)]$ 为最大。

根据式 (2 − 3 − 14), Burg 最大熵谱估计方法可以看作是一具有约束条件的优化问题, 使用拉格朗日乘子法比较容易求解。构造代价函数为

$$J[P(\omega)] = \frac{1}{2\pi}\int_{-\pi}^{\pi} \ln P(\omega)\mathrm{d}\omega + \sum_{k=-p}^{p} \lambda_k \left[\widehat{R}_x(k) - \frac{1}{2\pi}\int_{-\pi}^{\pi} P(\omega)\mathrm{e}^{\mathrm{j}\omega k}\mathrm{d}\omega\right] \qquad (2-3-15)$$

式中, λ_k 为拉格朗日乘子。对上式求相对于 $P(\omega)$ 的偏导数, 并令其等于零, 可得

$$P(\omega) = \frac{1}{\sum_{k=-p}^{p} \lambda_k \mathrm{e}^{\mathrm{j}\omega k}} \qquad (2-3-16)$$

令 $\lambda'_k = \lambda_{-k}$, 则上式变为

$$P(\omega) = \frac{1}{\sum_{k=-p}^{p} \lambda'_k \mathrm{e}^{-\mathrm{j}\omega k}} = \frac{1}{W(\mathrm{e}^{\mathrm{j}\omega})} = \frac{1}{W(z)} \qquad (2-3-17)$$

式中, $W(z) = W(\mathrm{e}^{\mathrm{j}\omega}) = \sum_{k=-p}^{p} \lambda'_k z^{-k} = \sum_{k=-p}^{p} \lambda'_k \mathrm{e}^{-\mathrm{j}\omega k}$。由于功率谱密度非负, 故有

$$W(\mathrm{e}^{\mathrm{j}\omega}) \geqslant 0 \qquad (2-3-18)$$

定理 2.3.1 (Fejer − Riesz 定理): 如果

$$W(z) = \sum_{k=-p}^{p} \lambda'_k z^{-k} \text{ 且 } W(\mathrm{e}^{\mathrm{j}\omega}) \geqslant 0 \qquad (2-3-19)$$

则存在一函数

$$A(z)=\sum_{k=0}^{p}a_kz^{-k} \tag{2-3-20}$$

使得

$$W(\mathrm{e}^{\mathrm{j}\omega})=\frac{1}{\sigma_B}\left|A(\mathrm{e}^{\mathrm{j}\omega})\right|^2 \tag{2-3-21}$$

并且 $A(z)=0$ 的根全部在单位圆内, 则函数 $A(z)$ 是唯一确定的。

根据 Fejer – Riesz 定理可知, 若正确选择 σ_B, 则式 (2-3-17) 可表示为

$$P(\omega)=\frac{\sigma^2}{\left|A(\mathrm{e}^{\mathrm{j}\omega})\right|^2} \tag{2-3-22}$$

该式恰好就是前文所讲的 AR 功率谱密度。因此在式 (2-3-14) 的约束条件下, Burg 最大熵功率谱与 AR 功率谱存在等价关系。

为了得到另外一个 Burg 最大熵功率谱的等价关系, 需增加一个约束条件。为了引出该约束条件, 首先给出倒谱的定义 (在 2.6 节将详细介绍)。

对数功率谱密度 $\ln P(\omega)$ 的傅里叶逆变换称为倒谱 (cepstrum) 系数, 即

$$c_x(k)=\frac{1}{2\pi}\int_{-\pi}^{\pi}\ln P(\omega)\mathrm{e}^{\mathrm{j}\omega k}\mathrm{d}\omega \tag{2-3-23}$$

假设 $2p+1$ 个样本自相关函数 $\widehat{R}_x(k),\ k=0,\pm1,\cdots,\pm p$ 和 $2q$ 个样本倒谱 $\widehat{c}_x(k),\ k=\pm1,\cdots,\pm q$ 为已知, 下面考虑在自相关函数匹配

$$\widehat{R}_x(k)=\frac{1}{2\pi}\int_{-\pi}^{\pi}P(\omega)\mathrm{e}^{\mathrm{j}\omega k}\mathrm{d}\omega,\quad k=0,\pm1,\cdots,\pm p \tag{2-3-24}$$

和倒谱匹配

$$\widehat{c}_x(l)=\frac{1}{2\pi}\int_{-\pi}^{\pi}\ln P(\omega)\mathrm{e}^{\mathrm{j}\omega l}\mathrm{d}\omega,\quad l=\pm1,\cdots,\pm q \tag{2-3-25}$$

这两个约束条件下, 求功率谱密度 $P(\omega)$ 并使其谱熵 $H[P(\omega)]$ 为最大的优化问题。特别地, 当 $l=0$ 时, 式 (2-3-25) 定义的倒谱 $\widehat{c}_x(0)$ 恰好就是谱熵, 故式 (2-3-25) 中 l 不能取零, 即 $\widehat{c}_x(0)$ 不应该包含在倒谱匹配条件式 (2-3-25) 中。于是可构造代价函数为

$$J[P(\omega)]=\frac{1}{2\pi}\int_{-\pi}^{\pi}\ln P(\omega)\mathrm{d}\omega+\sum_{k=-p}^{p}\lambda_k\left[\widehat{R}_x(k)-\frac{1}{2\pi}\int_{-\pi}^{\pi}P(\omega)\mathrm{e}^{\mathrm{j}\omega k}\mathrm{d}\omega\right]+$$
$$\sum_{l\neq0,l=-q}^{q}\mu_l\left[\widehat{c}_x(l)-\frac{1}{2\pi}\int_{-\pi}^{\pi}P(\omega)\mathrm{e}^{\mathrm{j}\omega l}\mathrm{d}\omega\right] \tag{2-3-26}$$

式中, λ_k 和 μ_l 为两个待定的拉格朗日乘子。对上式求相对于 $P(\omega)$ 的偏导数, 使其等于零, 并令 $\mu_l'=\mu_{-l}$, 可得功率谱密度的表达式为

$$P(\omega)=\frac{\displaystyle\sum_{l=-q}^{q}\mu_l'\mathrm{e}^{-\mathrm{j}\omega l}}{\displaystyle\sum_{k=-p}^{p}\lambda_k'\mathrm{e}^{-\mathrm{j}\omega k}} \tag{2-3-27}$$

式中, $\mu_0' = 1$。

依据定理 2.3.1 即 Fejer – Riesz 定理, 上式可以写成

$$P(\omega) = \frac{|B(z)|^2}{|A(z)|^2} = \left.\frac{\left|\sum_{k=0}^{q} b_k z^{-k}\right|^2}{\left|1 + \sum_{k=0}^{p} a_k z^{-k}\right|^2}\right|_{z=e^{j\omega}} \tag{2-3-28}$$

显然, 该式是一个有理式的 ARMA 功率谱, 表明在式 (2 – 3 – 24) 与式 (2 – 3 – 25) 的约束条件下, Burg 最大熵功率谱与 ARMA 功率谱存在等价关系。同时可以看出自相关函数的约束条件导致了自回归部分, 作用为极点; 而倒谱的约束条件则导致了滑动平均部分, 作用为零点。

2.3.3 MEM2

在 Burg 定义的谱熵式 (2 – 3 – 13) 中, 可以看出与连续随机变量的熵的定义式 (2 – 3 – 12) 在形式上明显不同, 如果严格仿照式 (2 – 3 – 12) 定义功率谱的熵, 则应该为

$$H_2[P(\omega)] \overset{\text{def}}{=\!=} -\frac{1}{2\pi}\int_{-\pi}^{\pi} P(\omega)\ln P(\omega)\mathrm{d}\omega \tag{2-3-29}$$

称为构型熵, 是由 Frieden[24] 于 1997 年提出的。通常称采用谱熵最大化的功率谱估计为第一类最大熵方法 (简称 MEM1); 称采用构型熵 (它是负熵) 最小化的功率谱估计为第二类最大熵方法 (简称 MEM2)。

应用拉格朗日乘子法, 构造代价函数为

$$\begin{aligned} J[P(\omega)] = &-\frac{1}{2\pi}\int_{-\pi}^{\pi} P(\omega)\ln P(\omega)\mathrm{d}\omega + \\ &\sum_{k=-p}^{p}\lambda_k\left[-\widehat{R}_x(k) + \frac{1}{2\pi}\int_{-\pi}^{\pi} P(\omega)e^{j\omega k}\mathrm{d}\omega\right] \end{aligned} \tag{2-3-30}$$

式中, λ_k 为待定的拉格朗日乘子。对上式求相对于 $P(\omega)$ 的偏导数, 令其等于零, 可得到

$$\ln P(\omega) = -1 + \sum_{k=-p}^{p}\lambda_k e^{j\omega k} \tag{2-3-31}$$

令 $c_k = \lambda_{-k}$, $k = \pm1, \cdots, \pm p$ 及 $c_0 = -1 + \lambda_0$, 则上式变为

$$\ln P(\omega) = \sum_{k=-p}^{p} c_k e^{-j\omega k} \tag{2-3-32}$$

于是最大熵功率谱密度为

$$P(\omega) = \exp\left(\sum_{k=-p}^{p} c_k e^{-j\omega k}\right) \tag{2-3-33}$$

综上所述, 对功率谱熵采用不同的定义, 得到的是两种不同的最大熵功率谱估计方法; 而在采用相同谱熵定义的情况下, 使用不同的约束条件, 得到的是分别与 AR 谱估计和 ARMA 谱估计等价的两种不同的谱估计子。

2.3.4 Levinson 递推

前面介绍的三种不同的最大熵谱估计方法, 在具体实现时都需要进一步求解其参数。比如在上文介绍的第一种最大熵谱估计方法 (可以等价为 AR 谱估计的方法) 中, 需要确定阶数 p 和系数 a_i; 在第二种最大熵谱估计方法 (可以等价为 ARMA 谱估计的方法) 中除了要确定阶数 p 和系数 a_i 以外, 还需要确定阶数 q 和系数 b_i; 在 MEM2 方法中也需要求解系数 c_i。

在与 ARMA 谱估计等价的 Burg 最大熵谱估计方法中, 参数的求解方法请参考文献 [25], 这里不再详细讨论。在 MEM2 方法中, 系数 c_i 的求解可以通过将式 (2 – 3 – 33) 代入自相关函数匹配公式 (2 – 3 – 24) 中实现, 即

$$\widehat{R}_x(k)=\frac{1}{2\pi}\int_{-\pi}^{\pi}\exp\left(\sum_{k=-p}^{p}c_k\mathrm{e}^{-\mathrm{j}\omega k}\right)\mathrm{e}^{\mathrm{j}\omega k}\mathrm{d}\omega,\quad k=0,\pm1,\cdots,\pm p \tag{2-3-34}$$

这是一个非线性方程组。利用 Newton – Raphson 方法, 即可根据给定的 $2p+1$ 个样本自相关函数从非线性方程组 (2 – 3 – 34) 中求出复倒谱系数 c_i。下面对与 AR 谱估计等价的 Burg 最大熵谱估计方法中的参数求解进行深入讨论。

与 AR 谱估计等价的 Burg 最大熵谱估计方法中参数的求解是以满足 Levinson 递推, 也称 Levinson – Durbin 递推算法为约束条件的。以这一递推算法为基础, 使用线性预测方法递推计算不同阶次的预测器系数, 然后比较各预测器的预测误差功率。

该谱估计方法同时使用了前向预测和后向预测。所谓前向预测就是利用给定的 m 个数据 $x(n-m),\cdots,x(n-1)$ 预测 $x(n)$ 的值, 也称为 m 阶前向线性预测。记 $x(n)$ 的 m 阶前向线性预测值为 $\widehat{x}(n)$, 定义为

$$\widehat{x}(n)\stackrel{\text{def}}{=\!=}-\sum_{i=1}^{m}a_i^m x(n-i) \tag{2-3-35}$$

式中, a_i^m 表示 m 阶预测器的第 i 个系数。类似地, 定义 m 阶后向线性预测为利用给定的 m 个数据 $x(n-m+1),\cdots,x(n)$ 预测 $x(n-m)$ 的值, 即

$$\widehat{x}(n-m)\stackrel{\text{def}}{=\!=}-\sum_{i=1}^{m}a_i^{*m}x(n-m+i) \tag{2-3-36}$$

式中, a_i^{*m} 表示 a_i^m 的复数共轭。

下面根据最小均方误差 (MMSE) 准则设计前向和后向预测滤波器。分别定义前向和后向预测误差为

$$J_1(n)\stackrel{\text{def}}{=\!=}x(n)-\widehat{x}(n)=\sum_{i=0}^{m}a_i^m x(n-i) \tag{2-3-37}$$

$$J_2(n-m)\stackrel{\text{def}}{=\!=}x(n-m)-\widehat{x}(n-m)=\sum_{i=0}^{m}a_i^{*m}x(n-m+i) \tag{2-3-38}$$

式中, $a_0^m=1$。根据正交性原理知, 为了使预测值 $\widehat{x}(n)$ 是 $x(n)$ 的线性均方估计 (附录 B 中有详细介绍), 则前向预测误差 $J_1(n)$ 必须与已知的数据 $x(n-m),\cdots,x(n-1)$ 正交, 即有

$$E[J_1(n)x^*(n-k)]=0,\quad 1\leqslant k\leqslant m \tag{2-3-39}$$

将式 (2 − 3 − 37) 代入式 (2 − 3 − 39), 即可得到一组法方程

$$\begin{cases} R_x(0)a_1^m + R_x(-1)a_2^m + \cdots + R_x(-m+1)a_m^m = -R(1) \\ R_x(1)a_1^m + R_x(0)a_2^m + \cdots + R_x(-m+2)a_m^m = -R(2) \\ \vdots \\ R_x(m-1)a_1^m + R_x(m-2)a_2^m + \cdots + R_x(0)a_m^m = -R(m) \end{cases} \tag{2-3-40}$$

式中, $R_x(k) = E[x(n)x^*(n-k)]$ 是 $x(n)$ 的自相关函数。

再定义前向预测均方误差, 即前向预测误差的输出功率为

$$\begin{aligned} P_m &\overset{\text{def}}{=} E[|J_1(n)|^2] = E\{J_1(n)[x(n) - \widehat{x}(n)]^*\} \\ &= E[J_1(n)x^*(n)] - \sum_{i=1}^{m} a_i^{*m} E[J_1(n)x^*(n-i)] = E[J_1(n)x^*(n)] \end{aligned} \tag{2-3-41}$$

由式 (2 − 3 − 39) 可知, 式 (2 − 3 − 41) 中的求和项为零。展开式 (2 − 3 − 41) 的右端, 可得

$$P_m = \sum_{i=0}^{m} a_i^m R_x(-i) \tag{2-3-42}$$

合并式 (2 − 3 − 40) 和 (2 − 3 − 42), 则有

$$\begin{bmatrix} R_x(0) & R_x(-1) & \cdots & R_x(-m) \\ R_x(1) & R_x(0) & \cdots & R_x(-m+1) \\ \vdots & \vdots & \vdots & \vdots \\ R_x(m) & R_x(m-1) & \cdots & R_x(0) \end{bmatrix} \begin{bmatrix} 1 \\ a_1^m \\ \vdots \\ a_m^m \end{bmatrix} = \begin{bmatrix} P_m \\ 0 \\ \vdots \\ 0 \end{bmatrix} \tag{2-3-43}$$

求解该式, 即可直接得到 m 阶前向预测滤波器的系数 $a_1^m, \cdots, a_m^m$。但存在一个问题: 相应的预测误差功率可能比较大。这就要求知道各种可能阶数的前向预测滤波器的系数和相应的预测误差功率。下面用递推的方法来求解。

由式 (2 − 3 − 43) 很容易列出 $m-1$ 阶前向预测所满足的滤波器方程

$$\begin{bmatrix} R_x(0) & R_x(-1) & \cdots & R_x(-m+1) \\ R_x(1) & R_x(0) & \cdots & R_x(-m+2) \\ \vdots & \vdots & \vdots & \vdots \\ R_x(m-1) & R_x(m-2) & \cdots & R_x(0) \end{bmatrix} \begin{bmatrix} 1 \\ a_1^{m-1} \\ \vdots \\ a_{m-1}^{m-1} \end{bmatrix} = \begin{bmatrix} P_{m-1} \\ 0 \\ \vdots \\ 0 \end{bmatrix} \tag{2-3-44}$$

再考虑 $m-1$ 阶后向预测误差, 由式 (2 − 3 − 38) 有

$$\begin{aligned} J_2(n-m+1) &= x(n-m+1) - \widehat{x}(n-m+1) \\ &= \sum_{i=0}^{m-1} a_i^{*(m-1)} x(n-m+1+i) \end{aligned} \tag{2-3-45}$$

与前向预测误差求解类似, 根据正交性原理知

$$E[J_2(n-m+1)x^*(n-m+1+k)] = 0, \quad k = 1, \cdots, m-1 \tag{2-3-46}$$

由式 (2−3−45) 和式 (2−3−46), 可以得到一组法方程

$$\sum_{i=0}^{m-1} a_i^{*(m-1)} R_x(i-k) = 0, \quad k = 1, \cdots, m-1 \tag{2-3-47}$$

和 $m-1$ 阶后向预测均方误差

$$P_{m-1} = E\left[\left|J_2(n-m+1)\right|^2\right] = \sum_{i=0}^{m-1} a_i^{*(m-1)} R_x(i) \tag{2-3-48}$$

同理, 合并式 (2−3−47) 和式 (2−3−48), 写成矩阵形式可得

$$\begin{bmatrix} R_x(0) & R_x(-1) & \cdots & R_x(-m+1) \\ R_x(1) & R_x(0) & \cdots & R_x(-m+2) \\ \vdots & \vdots & \vdots & \vdots \\ R_x(m-1) & R_x(m-2) & \cdots & R_x(0) \end{bmatrix} \begin{bmatrix} a_{m-1}^{*(m-1)} \\ \vdots \\ a_1^{*(m-1)} \\ 1 \end{bmatrix} = \begin{bmatrix} 0 \\ \vdots \\ 0 \\ P_{m-1} \end{bmatrix} \tag{2-3-49}$$

递推计算的基本思想是使用前一阶的参数及另外一个校正项之和作为该阶的参数。在 Levinson 递推中, 校正项由前一阶后向预测滤波器的系数反射而成, 即

$$a_i^m = a_i^{m-1} + K_m a_{m-i}^{*(m-1)}, \quad i = 0, 1, \cdots, m \tag{2-3-50}$$

式中, K_m 称为反射系数。特别地, 当 $i=0$ 时, $a_m^{m-1}=0$, 代入上式得 $a_0^m = a_0^{m-1}$, 若令 $a_0^1 = 1$, 则恒有 $a_0^m = 1, m \geqslant 2$; 当 $i=m$ 时, 将 $a_m^{m-1}=0$ 及 $a_0^{m-1}=1$ 代入式 (2−3−50) 有, $a_m^m = K_m$。

除了需要递推预测滤波器的系数外, 还需要递推预测误差功率 P_m。式 (2−3−50) 可改写为

$$\begin{bmatrix} 1 \\ a_1^m \\ \vdots \\ a_{m-1}^m \\ a_m^m \end{bmatrix} = \begin{bmatrix} 1 \\ a_1^{m-1} \\ \vdots \\ a_{m-1}^{m-1} \\ 0 \end{bmatrix} + K_m \begin{bmatrix} 0 \\ a_{m-1}^{*(m-1)} \\ \vdots \\ a_1^{*(m-1)} \\ 1 \end{bmatrix} \tag{2-3-51}$$

将上式代入式 (2−3−43), 可得

$$\begin{bmatrix} R_x(0) & R_x(-1) & \cdots & R_x(-m) \\ R_x(1) & R_x(0) & \cdots & R_x(-m+1) \\ \vdots & \vdots & \vdots & \vdots \\ R_x(m) & R_x(m-1) & \cdots & R_x(0) \end{bmatrix} \times \left\{ \begin{bmatrix} 1 \\ a_1^{m-1} \\ \vdots \\ a_{m-1}^{m-1} \\ 0 \end{bmatrix} + K_m \begin{bmatrix} 0 \\ a_{m-1}^{*(m-1)} \\ \vdots \\ a_1^{*(m-1)} \\ 1 \end{bmatrix} \right\} = \begin{bmatrix} P_m \\ 0 \\ \vdots \\ 0 \end{bmatrix} \tag{2-3-52}$$

再将式 (2－3－44) 与式 (2－3－49) 代入上式, 可得

$$\begin{bmatrix} P_{m-1} \\ 0 \\ \vdots \\ 0 \\ --- \\ X \end{bmatrix} + K_m \begin{bmatrix} Y \\ --- \\ 0 \\ \vdots \\ 0 \\ P_{m-1} \end{bmatrix} = \begin{bmatrix} P_m \\ 0 \\ \vdots \\ 0 \end{bmatrix} \tag{2-3-53}$$

或者

$$P_{m-1} + K_m Y = P_m \tag{2-3-54}$$

$$X + K_m P_{m-1} = 0 \tag{2-3-55}$$

式中

$$X = \sum_{i=0}^{m-1} a_i^{m-1} R_x(m-i) \tag{2-3-56}$$

$$Y = \sum_{i=0}^{m-1} a_i^{*(m-1)} R_x(i-m) \tag{2-3-57}$$

注意到 $R_x(i-m) = R_x^*(m-i)$, 所以由式 (2－3－56) 与式 (2－3－57) 知

$$Y = X^* \tag{2-3-58}$$

将式 (2－3－55) 代入上式, 且由于预测误差功率 P_{m-1} 为实数, 得

$$Y = -K_m^* P_{m-1} \tag{2-3-59}$$

将上式代入式 (2－3－54) 便得到预测误差功率的递推公式, 即

$$P_m = (1 - \left|K_m\right|^2) P_{m-1} \tag{2-3-60}$$

综上所述, Levinson 递推算法可描述如下:

$$a_i^m = a_i^{m-1} + K_m a_{m-i}^{*(m-1)}, \quad i = 0, 1, \cdots, m \tag{2-3-61}$$

$$K_m = a_m^m \tag{2-3-62}$$

$$P_m = (1 - \left|K_m\right|^2) P_{m-1} \tag{2-3-63}$$

当 $m = 0$ 时, 式 (2－3－42) 给出预测误差功率的初始值

$$P_0 = R_x(0) = \frac{1}{N} \sum_{n=1}^{N} \left|x(n)\right|^2 \tag{2-3-64}$$

式 (2 − 3 − 61) ∼ 式 (2 − 3 − 63) 称为上推 (向上递推) 的 Levinson 递推公式, 即由低阶向高阶递推求解预测滤波器的系数。但有时需要的是上推的反过程, 即由高阶向低阶递推求解预测滤波器的系数, 这种方法称为下推 (向下递推) 的 Levinson 递推算法, 该算法详细推导过程见参考文献 [26], 其递推 (下推) 公式为

$$a_i^m = \frac{1}{1-\left|K_{m+1}\right|^2}(a_i^{m+1} - K_{m+1}a_{m-i+1}^{m+1}), \quad i = 0, 1, \cdots, m \tag{2-3-65}$$

$$K_m = a_m^m \tag{2-3-66}$$

$$P_m = \frac{1}{1-\left|K_{m+1}\right|^2}P_{m+1} \tag{2-3-67}$$

在该算法的递推过程中, 当 $\left|K_0\right| = 1$ 时, 递推即停止。

2.3.5 Burg 算法

通过 Levinson 递推公式可以看出, 在 Burg 最大熵谱估计方法的参数的求解过程中, 只有反射系数 K_m 未知。如果可以求出反射系数 K_m, 则 Levinson 递推就变成一种有效的实用算法。Burg[23] 在研究最大熵方法时, 提出反射系数应该使前、后向预测误差的平均功率为最小。

Burg 定义的 m 阶前、后向预测误差为

$$J_1^m(n) = \sum_{i=0}^{m} a_i^m x(n-i) \tag{2-3-68}$$

$$J_2^m(n) = \sum_{i=0}^{m} a_{m-i}^{*m} x(n-i) \tag{2-3-69}$$

将式 (2 − 3 − 61) 分别代入上面两式, 整理后便可得到前、后向预测误差的阶数递推公式

$$J_1^m(n) = J_1^{m-1}(n) + K_m J_2^{m-1}(n-1) \tag{2-3-70}$$

$$J_2^m(n) = K_m^* J_1^{m-1}(n) + J_2^{m-1}(n-1) \tag{2-3-71}$$

定义的 m 阶前、后向预测误差的平均功率为

$$P_m = \frac{1}{2}\sum_{n=m}^{N}\left[\left|J_1^m(n)\right|^2 + \left|J_2^m(n)\right|^2\right] \tag{2-3-72}$$

将阶数递推公式 (2 − 3 − 70) 及 (2 − 3 − 71) 代入式 (2 − 3 − 72), 并令 $\partial P_m/\partial K_m = 0$, 则有

$$K_m = \frac{-\sum\limits_{n=m+1}^{N} J_1^{m-1}(n) J_2^{*(m-1)}(n-1)}{\frac{1}{2}\sum\limits_{n=m+1}^{N}[\left|J_1^{m-1}(n)\right|^2 + \left|J_2^{m-1}(n-1)\right|^2]}, \quad m = 1, 2, \cdots \tag{2-3-73}$$

综上所述, 计算前向预测滤波器系数的 Burg 算法的具体步骤为:

(1) 计算预测误差功率的初始值

$$P_0 = \frac{1}{N}\sum_{n=1}^{N}\left|x(n)\right|^2$$

和前、后向预测误差的初始值

$$J_1^0(n) = J_2^0(n) = x(n)$$

(2) 令 $m=1$, 求反射系数

$$K_m = \frac{-\sum\limits_{n=m+1}^{N} J_1^{m-1}(n)J_2^{*(m-1)}(n-1)}{\frac{1}{2}\sum\limits_{n=m+1}^{N}\left[\left|J_1^{m-1}(n)\right|^2 + \left|J_2^{m-1}(n-1)\right|^2\right]}$$

(3) 计算前、后向预测滤波器的系数

$$a_i^m = a_i^{m-1} + K_m a_{m-i}^{*(m-1)}, \quad i=1,\cdots,m-1$$
$$a_m^m = K_m$$

(4) 计算预测误差功率

$$P_m = (1-\left|K_m\right|^2)P_{m-1}$$

(5) 计算滤波器的输出

$$J_1^m(n) = J_1^{m-1}(n) + K_m J_2^{m-1}(n-1)$$
$$J_2^m(n) = K_m^* J_1^{m-1}(n) + J_2^{m-1}(n-1)$$

(6) 令 $m \leftarrow m+1$, 并重复步骤 (2) 至步骤 (5), 直到预测误差功率 P_m 不再明显减小。

2.4 最大似然谱估计方法

高分辨力谱估计泛指频率分辨力高于经典谱估计的方法。在前面章节中已经讨论了 ARMA 谱估计和最大熵谱估计, 这里将介绍另一种高分辨力谱估计, 它是由 Capon 于 1969 年提出的最大似然谱估计。由于在讲解该谱估计方法时, 需要使用相关阵列信号处理的知识, 所以本节首先介绍一些阵列信号处理的基础知识。

2.4.1 阵列信号处理基础

当空间存在多个信号源的时候, 常常需要对这些空间信号进行分离, 以便跟踪或者检测感兴趣的空间信号, 抑制那些被认为是干扰的空间信号, 为此需要使用天线阵列接收多个空间信号, 这种对天线阵列接收到的空间信号所进行的分析与处理就统称为阵列信号处理。近年来, 阵列信号处理已成为信号处理的一个重要分支, 在通信、雷达、声呐、地震勘探、射电天文等领域都得到了广泛的应用与迅速的发展。阵列信号处理的主要问题包括[27-28]：波束形成技术 —— 使阵列方向图的主瓣指向所需的方向；零点形成技术 —— 使天线的零点对准所有的干扰方向；空间谱估计 —— 对空间信号的波达方向的分布进行超分辨估计。

下面就阵列信号处理的基本问题展开讨论。考察在空间传播的多个信号源，它们均为窄带信号。现在利用一个天线阵列对这些信号进行接收。每根天线称为一个阵元，它们都是全向天线，即无任何方向性。通常情况下，阵元沿直线或者圆周排列，为了方便计算，这里假设各个阵元等间距地直线排列，并简称这种阵列为等距线阵，如图 2.4.1 所示。

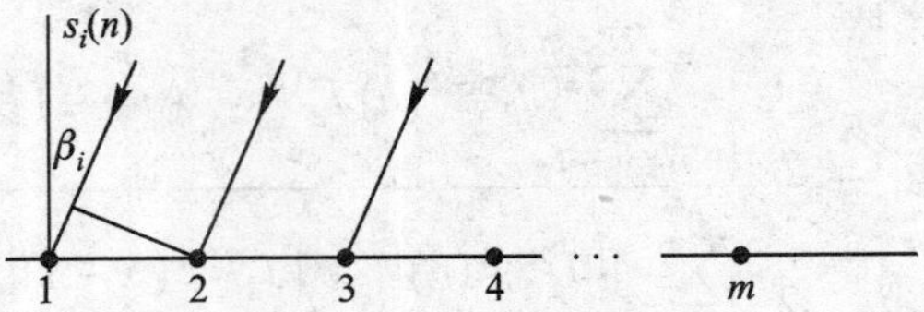

图 2.4.1　等距线阵与远场信号 $s_i(n)$

由于窄带信号的包络变化比较缓慢，因此假设等距线阵各阵元接收到的同一信号的包络相同。同时假设信号 $s_i(n)$ 与阵元的距离足够远，以至于其电波到达各阵元的波前为平面波，这样的信号称为远场信号。远场信号 $s_i(n)$ 到达各阵元的方向角相同，用 β_i 表示，称为波达方向 (角)，具体定义为远场信号 $s_i(n)$ 到达阵元的直射线与阵列法线方向之间的夹角。以阵元 1 作为基准点，简称为参考阵元，即空间信号 $s_i(n)$ 在参考阵元上的接收信号等于 $s_i(n)$。这个信号到达其他阵元的时间相对于参考阵元存在延迟 (或者超前)。假设信号 $s_i(n)$ 电波传播延迟在第 2 个阵元引起的相位差为 ω_i，则根据图 2.4.1 易知，波达方向 β_i 于相位差 ω_i 之间存在如下关系：

$$\omega_i = 2\pi\frac{d}{\lambda}\sin\beta_i \tag{2-4-1}$$

式中，d 为两个相邻阵元之间的距离，λ 为信号的波长。注意，阵元距离 d 应该满足“半波长”条件 $d \leqslant \lambda/2$，否则相位差 ω_i 有可能大于 π 而产生所谓的方向模糊，即 β_i 和 $\beta_i + \pi$ 都可以是信号 $s_i(n)$ 的波达方向。

这样由于是等距线阵，所以信号 $s_i(n)$ 到达第 k 个阵元的电波与到达参考阵元的电波之间的相位差为

$$(k-1)\omega_i = 2\pi\frac{d}{\lambda}(k-1)\sin\beta_i \tag{2-4-2}$$

因此，信号 $s_i(n)$ 在第 k 个阵元上的接收信号应该为 $s_i(n)\mathrm{e}^{-\mathrm{j}(k-1)\omega_i}$。若阵列由 m 个阵元组成，则信号 $s_i(n)$ 到达各阵元的相位差所组成的向量为

$$\boldsymbol{a}(\beta_i) \stackrel{\text{def}}{=\!=} [1, \mathrm{e}^{-\mathrm{j}\omega_i}, \cdots, \mathrm{e}^{-\mathrm{j}(m-1)\omega_i}]^{\mathrm{T}} = [a_1(\beta_i), \cdots, a_m(\beta_i)]^{\mathrm{T}} \tag{2-4-3}$$

称为信号 $s_i(n)$ 的方向向量或者响应向量。若总共有 p 个信号位于远场 ($p \leqslant m$)，则在第 k 个阵元上的观测或者接收信号 $x_k(n)$ 为

$$x_k(n) = \sum_{i=1}^{p} a_k(\omega_i)s_i(n) + e_k(n), \quad k = 1, \cdots, m \tag{2-4-4}$$

式中, $e_k(n)$ 表示第 k 个阵元上的加性观测噪声。把 m 个阵元上的观测数据组合成 $m\times 1$ 维观测数据向量

$$\boldsymbol{x}(n)=[x_1(n),\cdots,x_m(n)]^{\mathrm{T}} \tag{2-4-5}$$

同样, 可以定义 $m\times 1$ 维观测噪声向量

$$\boldsymbol{e}(n)=[e_1(n),\cdots,e_m(n)]^{\mathrm{T}} \tag{2-4-6}$$

于是, 将式 (2－4－5) 和式 (2－4－6) 代入式 (2－4－4) 可得到接收信号向量形式

$$\boldsymbol{x}(n)=\sum_{i=1}^{p}\boldsymbol{a}(\omega_i)s_i(n)+\boldsymbol{e}(n)=\boldsymbol{A}(\omega)\boldsymbol{s}(n)+\boldsymbol{e}(n) \tag{2-4-7}$$

式中

$$\begin{aligned}\boldsymbol{A}(\omega)&=[a(\omega_1),\cdots,a(\omega_p)]^{\mathrm{T}}\\&=\begin{bmatrix}1 & 1 & \cdots & 1\\ \mathrm{e}^{-\mathrm{j}\omega_1} & \mathrm{e}^{-\mathrm{j}\omega_2} & \cdots & \mathrm{e}^{-\mathrm{j}\omega_p}\\ \vdots & \vdots & \vdots & \vdots\\ \mathrm{e}^{-\mathrm{j}(m-1)\omega_1} & \mathrm{e}^{-\mathrm{j}(m-1)\omega_2} & \cdots & \mathrm{e}^{-\mathrm{j}(m-1)\omega_p}\end{bmatrix}\end{aligned} \tag{2-4-8}$$

$$\boldsymbol{s}(n)=[s_1(n),\cdots,s_p(n)]^{\mathrm{T}} \tag{2-4-9}$$

分别为 $m\times p$ 维方向矩阵 (也称为传输矩阵、阵列响应矩阵) 和 $p\times 1$ 维信号向量。注意, 式 (2－4－8) 所示矩阵称为范德蒙矩阵, 其特点是若 $\omega_1,\cdots,\omega_p$ 互不相同, 则它的列相互独立, 即范德蒙矩阵是满列秩的。

在阵列信号处理中, 一次采样称为一次快拍。假定在每个阵元上观测到的 N 次快拍的接收信号为 $x_k(1),\cdots,x_k(N),k=1,\cdots,m$, 则波束形成的问题可表述为: 仅利用这些观测值, 求出某个期望信号 $s_d(n)$ 的波达方向 β_d。

为了求解该波束形成问题, 假设信号 $s_i(n)$ 与各阵元上的观测噪声 $e_k(n)$ 统计独立, 并且各观测噪声具有相同的方差 σ^2。在这样的假设条件下, 考虑第 k 个信号的接收, 这时认为其他信号都为干扰信号, 应该予以抑制。为此, 设计一个权向量 $\boldsymbol{w}=[w_1,\cdots,w_m]^{\mathrm{T}}$, 并对阵元接收信号 $\boldsymbol{x}(n)$ 进行加权求和, 得到输出信号为

$$y(n)=\sum_{i=1}^{m}w_i^*x_i(n)=\boldsymbol{w}^{\mathrm{H}}\boldsymbol{x}(n) \tag{2-4-10}$$

考虑使 N 次快拍的输出能量的平均值为最小, 即

$$\min_{\boldsymbol{w}}\frac{1}{N}\sum_{n=1}^{N}\left|y(n)\right|^2=\min_{\boldsymbol{w}}\frac{1}{N}\sum_{n=1}^{N}\left|\boldsymbol{w}^{\mathrm{H}}\boldsymbol{x}(n)\right|^2 \tag{2-4-11}$$

构造权向量 $\boldsymbol{w}$ 的这一准则称为最小输出能量 (minimum output energy, MOE) 准则, 该准则在通信信号、雷达信号处理中具有重要的应用。令观测信号向量 $\boldsymbol{x}(n)$ 的样本自相关矩阵为

$$\widehat{\boldsymbol{R}}_{xx}=\frac{1}{N}\sum_{n=1}^{N}\boldsymbol{x}(n)\boldsymbol{x}^{\mathrm{H}}(n) \tag{2-4-12}$$

则式 (2 – 4 – 11) 所示的 MOE 准则可以变为

$$\min_{\boldsymbol{w}} \frac{1}{N}\sum_{n=1}^{N}\left|y(n)\right|^2 = \min_{\boldsymbol{w}} \boldsymbol{w}^{\mathrm{H}}\left(\frac{1}{N}\sum_{n=1}^{N}\boldsymbol{x}(n)\boldsymbol{x}^{\mathrm{H}}(n)\right)\boldsymbol{w} = \min_{\boldsymbol{w}} \boldsymbol{w}^{\mathrm{H}}\widehat{\boldsymbol{R}}_{xx}\boldsymbol{w} \tag{2-4-13}$$

当 $N \to \infty$ 时, 上式变为

$$E\left[\left|y(n)\right|^2\right] = \lim_{N\to\infty}\frac{1}{N}\sum_{n=1}^{N}\left|y(n)\right|^2 = \boldsymbol{w}^{\mathrm{H}}\widehat{\boldsymbol{R}}_{xx}\boldsymbol{w} \tag{2-4-14}$$

注意到阵列观测信号向量为

$$\boldsymbol{x}(n) = \boldsymbol{a}(\omega_k)s_k(n) + \sum_{i=1,i\neq k}^{p}\boldsymbol{a}(\omega_i)s_i(n) + \boldsymbol{e}(n) \tag{2-4-15}$$

式中, 右边第一项是希望抽取的信号, 即期望信号; 第二项表示希望拒绝的其他信号 (统称干扰信号) 之和; 第三项为加性噪声项。 将式 (2 – 4 – 15) 代入式 (2 – 4 – 14), 且假设加性噪声 $e_1(n),\cdots,e_m(n)$ 具有相同方差, 可得

$$E\left[\left|y(n)\right|^2\right] = E\left[\left|s_k(n)\right|^2\right]\left|\boldsymbol{w}^{\mathrm{H}}\boldsymbol{a}(\omega_k)\right|^2 + \sum_{i=1,i\neq k}^{p}E\left[\left|s_i(n)\right|^2\right]\left|\boldsymbol{w}^{\mathrm{H}}\boldsymbol{a}(\omega_i)\right|^2 + \sigma^2\left|\boldsymbol{w}\right|^2 \tag{2-4-16}$$

由该式易知, 若权向量 $\boldsymbol{w}$ 满足下面两个约束条件:

$$\text{波束形成条件}\quad \boldsymbol{w}^{\mathrm{H}}\boldsymbol{a}(\omega_k) = \boldsymbol{a}^{\mathrm{H}}(\omega_k)\boldsymbol{w} = 1 \tag{2-4-17}$$

$$\text{零点形成条件}\quad \boldsymbol{w}^{\mathrm{H}}\boldsymbol{a}(\omega_i) = 0,\quad \omega_i \neq \omega_k \tag{2-4-18}$$

则权向量将起到只抽取期望信号, 而拒绝所有其他干扰信号的作用。 应用式 (2 – 4 – 17) 和式 (2 – 4 – 18), 式 (2 – 4 – 16) 可简化为

$$E\left[\left|y(n)\right|^2\right] = E\left[\left|s_k(n)\right|^2\right] + \sigma^2\left|\boldsymbol{w}\right|^2 \tag{2-4-19}$$

注意, 在只有波束形成条件约束的情况下, 当输出能量 $E\left[\left|y(n)\right|^2\right]$ 最小化时, 波束形成器的输出信号的平均能量仍然与上式相同, 这表明零点形成条件可以自动满足。因此, 最佳波束形成器的设计就变成了在约束条件式 (2 – 4 – 17) 下使输出能量 $E\left[\left|y(n)\right|^2\right]$ 最小化的优化问题。

2.4.2　最大似然谱估计

由于在最大似然谱估计中所使用的最佳滤波器类似于从高斯随机噪声中估计已知频率正弦波幅度的最大似然估计的形式, 所以这种方法被误称为 "最大似然谱估计", 这里将仍然沿用该称呼。

下面利用拉格朗日乘子法求解上一小节最后部分提出的优化问题。首先根据式 (2 – 4 – 17) 和式 (2 – 4 – 14) 构造目标函数为

$$J(\boldsymbol{w}) = \boldsymbol{w}^{\mathrm{H}}\boldsymbol{R}_{xx}\boldsymbol{w} + \lambda[1 - \boldsymbol{w}^{\mathrm{H}}\boldsymbol{a}(\omega_k)] \tag{2-4-20}$$

式中, λ 为待定的拉格朗日乘子。由 $\partial J(\boldsymbol{w})/\partial \boldsymbol{w}^{\mathrm{H}}=0$ 得

$$\boldsymbol{R}_{xx}\boldsymbol{w}-\lambda\boldsymbol{a}(\omega_k)=0 \tag{2-4-21}$$

将上式代入约束条件式 (2 − 4 − 17), 且根据 λ 为实数, 可得

$$\lambda=\frac{1}{\boldsymbol{a}^{\mathrm{H}}(\omega_k)\boldsymbol{R}_{xx}^{-1}\boldsymbol{a}(\omega_k)} \tag{2-4-22}$$

将上式代入式 (2 − 4 − 21) 可得使输出能量最小化的最佳波束形成器

$$\widehat{\boldsymbol{w}}=\frac{\boldsymbol{R}_{xx}^{-1}\boldsymbol{a}(\omega_k)}{\boldsymbol{a}^{\mathrm{H}}(\omega_k)\boldsymbol{R}_{xx}^{-1}\boldsymbol{a}(\omega_k)} \tag{2-4-23}$$

这就是 Capon 在 1969 年提出的最小方差无畸变响应 (minimum variance distortionless response, MVDR) 波束形成器。它的基本原理是使来自非期望波达方向的任何干扰所贡献的功率最小, 但又能保持在观测方向上的信号功率不变, 因此它可以看作是一个尖锐的空间带通滤波器。

下面考察输出过程的功率谱密度。将式 (2 − 4 − 23) 代入式 (2 − 4 − 14) 得采样输出的方差为

$$\sigma_{\min}^2=\frac{1}{\boldsymbol{a}^{\mathrm{H}}(\omega_k)\boldsymbol{R}_{xx}^{-1}\boldsymbol{a}(\omega_k)} \tag{2-4-24}$$

于是输出过程的功率谱密度就为

$$P_{\mathrm{ML}}=\frac{1}{\boldsymbol{a}^{\mathrm{H}}(\omega_k)\boldsymbol{R}_{xx}^{-1}\boldsymbol{a}(\omega_k)} \tag{2-4-25}$$

定义下三角阵

$$\boldsymbol{L}=\begin{bmatrix}1 & & & & 0\\ a_1^1 & 1 & & & \\ a_2^2 & a_2^1 & 1 & & \\ \vdots & & \ddots & \ddots & \\ a_p^p & a_p^{p-1} & \cdots & a_p^1 & 1\end{bmatrix} \tag{2-4-26}$$

式中, a_i^m 表示 m 阶 AR 过程中的第 i 个滤波器系数。令

$$\boldsymbol{P}=\mathrm{diag}(\sigma_1^2,\cdots,\sigma_p^2)=\boldsymbol{L}^{\mathrm{H}}\boldsymbol{R}\boldsymbol{L} \tag{2-4-27}$$

于是, $\boldsymbol{P}^{-1}=\boldsymbol{L}^{-1}\boldsymbol{R}^{-1}\boldsymbol{L}^{-\mathrm{H}}$, 等价于

$$\boldsymbol{R}^{-1}=\boldsymbol{L}\boldsymbol{P}^{-1}\boldsymbol{L}^{\mathrm{H}} \tag{2-4-28}$$

将上式代入式 (2 − 4 − 25) 可得

$$\begin{aligned}P_{\mathrm{ML}}&=\frac{1}{\boldsymbol{a}^{\mathrm{H}}(\omega_k)\boldsymbol{L}\boldsymbol{P}^{-1}\boldsymbol{L}^{\mathrm{H}}\boldsymbol{a}(\omega_k)}=\frac{1}{[\boldsymbol{L}^{\mathrm{H}}\boldsymbol{a}(\omega_k)]^{\mathrm{H}}\boldsymbol{P}^{-1}[\boldsymbol{L}^{\mathrm{H}}\boldsymbol{a}(\omega_k)]}\\&=\frac{1}{\sum\limits_{m=1}^{p}\frac{1}{\sigma_m^2}\Bigg/\left|\sum\limits_{j=1}^{p}a_j^m z^{m-j}\right|^2}=\frac{1}{\sum\limits_{m=1}^{p}1\Big/P_{\mathrm{MEM}}^m}\end{aligned} \tag{2-4-29}$$

式中, P_{MEM}^m 为 m 阶 AR 谱估计或最大熵谱估计, 即

$$P_{\text{MEM}}^m(f_0)=\frac{\sigma_m^2}{\left|\sum_{i=1}^{m}a_i^m \mathrm{e}^{\mathrm{j}2\pi f_0(m-i)\Delta t}\right|^2} \tag{2-4-30}$$

因此, 最大似然谱估计 $P_{\text{ML}}(f)$ 与 m 阶最大熵谱估计 $P_{\text{MEM}}^m(f)$ 之间的关系为

$$\frac{1}{P_{\text{ML}}(f)}=\sum_{m=1}^{p}\frac{1}{P_{\text{MEM}}^m(f)} \tag{2-4-31}$$

综上所述, 可以得到最大似然谱估计的具体步骤为:

(1) 用 Burg 最大熵算法计算 $m=1,2,\cdots,p$ 时各阶的最大熵谱 $P_{\text{MEM}}^m(f)$;

(2) 利用式 (2-4-31) 计算最大似然谱 $P_{\text{ML}}(f)$。

2.5 其他现代谱估计方法

本节对利用子空间概念进行谱估计的方法进行介绍, 主要讨论 MUSIC 方法和 ESPRIT 方法。

功率谱密度描述信号功率随频率的分布, 是信号的一种频域表示。根据前面对阵列信号的处理可知, 其主要任务是信号空间参数的估计, 所以这里将功率谱密度的概念在空域加以延伸和推广, 以便于介绍子空间的谱估计方法。这种广义的功率谱简称为空间谱。空间谱描述信号的空间参数的分布。

在介绍具体的谱估计方法之前, 首先了解信号子空间与噪声子空间的概念及相关内容。

2.5.1 信号子空间与噪声子空间

信号处理中的窄带传感器阵列的方向搜索、噪声中几个迭加指数信号的参数估计, 以及重迭回波的分辨等问题都可以归结为估计下列模型的参数:

$$\boldsymbol{y}(n)=\boldsymbol{A}(\omega)\boldsymbol{x}(n)+\boldsymbol{e}(n),\quad n=1,\cdots,p \tag{2-5-1}$$

式中, $\boldsymbol{y}(n)$ 为 $m\times 1$ 维的带噪声的数据向量, $\boldsymbol{x}(n)$ 为 $m\times 1$ 维的信号幅值向量, $\boldsymbol{e}(n)$ 为 $m\times 1$ 维的加性噪声向量, 而矩阵 $\boldsymbol{A}(\omega)$ 为 $m\times p$ 维, 具有下面的结构:

$$\boldsymbol{A}(\omega)=[\boldsymbol{a}(\omega_1),\cdots,\boldsymbol{a}(\omega_p)] \tag{2-5-2}$$

式中, ω_i 为实的参数, $\boldsymbol{a}(\omega_i)$ 为 $m\times 1$ 维的向量, 是第 i 个信号与 $\boldsymbol{y}(n)$ 之间的传输向量, 且 $\boldsymbol{\omega}=[\omega_1,\cdots,\omega_n]^{\mathrm{T}}$。可以看出, 模型式 (2-5-1) 就是上一节中式 (2-4-7) 描述的模型。对于模型式 (2-5-1), 这里假设以下条件:

(1) 对于不同的 ω_i 值, 向量 $\boldsymbol{a}(\omega_i)$ 相互线性独立;

(2) $E[e(n)]=\boldsymbol{0}$,$E[\boldsymbol{e}(n)\boldsymbol{e}^{\mathrm{H}}(n)]=\sigma^2\boldsymbol{I}$ 且 $E[\boldsymbol{e}(n)\boldsymbol{e}^{\mathrm{T}}(n)]=\boldsymbol{0}$, 其中上角标 H 代表向量的共轭转置, 上角标 T 表示转置, $\boldsymbol{0}$ 表示零向量或零矩阵;

(3) 矩阵 $\boldsymbol{P}=E[\boldsymbol{x}(n)\boldsymbol{x}^{\mathrm{H}}(n)]$ 是非奇异的, 即 $rank(\boldsymbol{P})=p$。

对于等距线阵来说: 假设 (1) 自动满足; 假设 (2) 表示加性噪声向量的每个元素都是零均值的复白噪声, 它们不相关, 且具有相同的方差 σ^2; 如果信号源相互独立, 则假设 (3) 也满足。因此, 上面这三个假设只是一般的假设条件, 在实际应用中很容易被满足。

在上面的三个假设条件下, 由式 (2－5－1) 可得

$$\begin{aligned}\boldsymbol{R}_{yy} &\overset{\text{def}}{=} E[\boldsymbol{y}(n)\boldsymbol{y}^{\mathrm{H}}(n)]\\ &= \boldsymbol{A}(\omega)E[\boldsymbol{x}(n)\boldsymbol{x}^{\mathrm{H}}(n)]\boldsymbol{A}^{\mathrm{H}}(\omega)+\sigma^2\boldsymbol{I}\\ &= \boldsymbol{APA}^{\mathrm{H}}+\sigma^2\boldsymbol{I}\end{aligned} \tag{2－5－3}$$

从该式可以看出 $\boldsymbol{R}_{yy}$ 是一个对称矩阵。令其特征值分解为

$$\boldsymbol{R}_{yy}=\boldsymbol{U\Sigma U}^{\mathrm{H}} \tag{2－5－4}$$

式中, $\boldsymbol{\Sigma}=\mathrm{diag}(\sigma_1^2,\cdots,\sigma_m^2)$。根据式 (2－4－7) 知, $\boldsymbol{A}$ 满列秩, 因此 $rank(\boldsymbol{APA}^{\mathrm{H}})=rank(\boldsymbol{P})=p$, 这里假定 $p<m$。于是有

$$\boldsymbol{U}^{\mathrm{H}}\boldsymbol{APA}^{\mathrm{H}}\boldsymbol{U}=\mathrm{diag}(\alpha_1^2,\cdots,\alpha_p^2,0,\cdots,0) \tag{2－5－5}$$

式中, $\alpha_1^2,\cdots,\alpha_p^2$ 是无加性噪声时的观测信号 $\boldsymbol{A}(\omega)\boldsymbol{x}(n)$ 的自相关矩阵 $\boldsymbol{APA}^{\mathrm{H}}$ 的特征值。同时用 $\boldsymbol{U}^{\mathrm{H}}$ 左乘和 $\boldsymbol{U}$ 右乘式 (2－5－3) 可得

$$\begin{aligned}\boldsymbol{U}^{\mathrm{H}}\boldsymbol{R}_{yy}\boldsymbol{U}&=\boldsymbol{U}^{\mathrm{H}}\boldsymbol{APA}^{\mathrm{H}}\boldsymbol{U}+\sigma^2\boldsymbol{U}^{\mathrm{H}}\boldsymbol{U}\\ &=\mathrm{diag}(\alpha_1^2,\cdots,\alpha_p^2,0,\cdots,0)+\sigma^2\boldsymbol{I}\end{aligned} \tag{2－5－6}$$

这表明, 自相关矩阵 $\boldsymbol{R}_{yy}$ 的特征值为

$$\lambda_i=\sigma_i^2=\begin{cases}\alpha_i^2+\sigma^2, & i=1,\cdots,p\\ \sigma^2, & i=p+1,\cdots,m\end{cases} \tag{2－5－7}$$

该式表明当观测数据向量 $\boldsymbol{y}(n)$ 中存在加性观测白噪声时, 其自相关矩阵的特征值由前 p 个特征值 (等于 $\alpha_i^2+\sigma^2$) 和后面 $m-p$ 个特征值 (等于 σ^2) 两部分组成。在信噪比足够高时, 显然 α_i^2 明显大于 σ^2, 这样在 $\boldsymbol{R}_{yy}$ 的特征值中很容易将前 p 个特征值 $\alpha_i^2+\sigma^2$ 和后 $m-p$ 个特征值 σ^2 区分开来。称前 p 个主特征值为信号特征值, 称后 $m-p$ 个次特征值为噪声特征值。

根据信号特征值和噪声特征值, 又可以将特征值矩阵 $\boldsymbol{U}$ 的列向量分成为两个部分, 即

$$\boldsymbol{U}=[\boldsymbol{S}\vdots\boldsymbol{G}] \tag{2－5－8}$$

式中

$$\boldsymbol{S}=[\boldsymbol{u}_1,\cdots,\boldsymbol{u}_p]=[\boldsymbol{s}_1,\cdots,\boldsymbol{s}_p] \tag{2－5－9}$$

$$\boldsymbol{G}=[\boldsymbol{u}_{p+1},\cdots,\boldsymbol{u}_m]=[\boldsymbol{g}_1,\cdots,\boldsymbol{g}_{m-p}] \tag{2－5－10}$$

分别由信号特征向量和噪声特征向量组成。由线性代数知识可知，当给定一个向量组 $\boldsymbol{x}_1,\cdots,\boldsymbol{x}_p\in\mathbf{C}^m$ 时，称这些向量的所有线性组合的集合为由向量组 $(\boldsymbol{x}_1,\cdots,\boldsymbol{x}_p)$ 张成的子空间，或者称为 $(\boldsymbol{x}_1,\cdots,\boldsymbol{x}_p)$ 的闭包或张成，即有

$$\text{Closure}(\boldsymbol{x}_1,\cdots,\boldsymbol{x}_p)=\text{span}(\boldsymbol{x}_1,\cdots,\boldsymbol{x}_p)=\sum_{j=1}^{p}\alpha_j\boldsymbol{x}_j,\quad \alpha_j\in\mathbf{C} \tag{2-5-11}$$

这样，就将信号特征值向量的闭包 $\text{Closure}(\boldsymbol{s}_1,\cdots,\boldsymbol{s}_p)$ 称为信号子空间，将噪声特征向量的闭包 $\text{Closure}(\boldsymbol{g}_1,\cdots,\boldsymbol{g}_{m-p})$ 称为噪声子空间。

下面讨论信号子空间与噪声子空间的几何意义。由子空间的构造方法以及酉矩阵的特点知道，信号子空间与噪声子空间正交，即

$$\text{Closure}(\boldsymbol{s}_1,\cdots,\boldsymbol{s}_p)\perp\text{Closure}(\boldsymbol{g}_1,\cdots,\boldsymbol{g}_{m-p}) \tag{2-5-12}$$

由于特征值矩阵 $\boldsymbol{U}$ 是酉矩阵，故有

$$\boldsymbol{U}\boldsymbol{U}^{\text{H}}=[\boldsymbol{S}\vdots\boldsymbol{G}]\begin{bmatrix}\boldsymbol{S}^{\text{H}}\\ \boldsymbol{G}^{\text{H}}\end{bmatrix}=\boldsymbol{S}\boldsymbol{S}^{\text{H}}+\boldsymbol{G}\boldsymbol{G}^{\text{H}}=\boldsymbol{I} \tag{2-5-13}$$

式中，$\boldsymbol{I}$ 为单位阵，根据上式有

$$\boldsymbol{G}\boldsymbol{G}^{\text{H}}=\boldsymbol{I}-\boldsymbol{S}\boldsymbol{S}^{\text{H}} \tag{2-5-14}$$

定义信号子空间上的投影矩阵为

$$\boldsymbol{P}_s\overset{\text{def}}{=\!=}\boldsymbol{S}\langle\boldsymbol{S},\boldsymbol{S}\rangle^{-1}\boldsymbol{S}^{\text{H}}=\boldsymbol{S}\boldsymbol{S}^{\text{H}} \tag{2-5-15}$$

式中，矩阵的内积 $\langle\boldsymbol{S},\boldsymbol{S}\rangle=\boldsymbol{S}^{\text{H}}\boldsymbol{S}=\boldsymbol{I}$。于是，可以认为 $\boldsymbol{P}_s\boldsymbol{y}$ 为向量 $\boldsymbol{y}$ 在信号子空间上的投影，而 $(\boldsymbol{I}-\boldsymbol{P}_s)\boldsymbol{y}$ 则可以看作向量 $\boldsymbol{y}$ 在信号子空间上的正交投影。同理噪声子空间上的投影矩阵 $\boldsymbol{P}_g=\boldsymbol{G}\langle\boldsymbol{G},\boldsymbol{G}\rangle^{-1}\boldsymbol{G}^{\text{H}}=\boldsymbol{G}\boldsymbol{G}^{\text{H}}$。因此称

$$\boldsymbol{G}\boldsymbol{G}^{\text{H}}=\boldsymbol{I}-\boldsymbol{S}\boldsymbol{S}^{\text{H}}=\boldsymbol{I}-\boldsymbol{P}_s \tag{2-5-16}$$

为信号子空间的正交投影矩阵。

2.5.2 子空间 – MUSIC 方法

这里使用上面讨论的信号子空间和噪声子空间方法进行多个信号的分解，从而得出 MUSIC 谱估计方法。

对式 (2 – 5 – 4) 两边右乘 $\boldsymbol{G}$，再将式 (2 – 5 – 8) 代入可得

$$\boldsymbol{R}_{yy}\boldsymbol{G}=[\boldsymbol{S}\vdots\boldsymbol{G}]\boldsymbol{\varSigma}\begin{bmatrix}\boldsymbol{S}^{\text{H}}\\ \boldsymbol{G}^{\text{H}}\end{bmatrix}\boldsymbol{G}=[\boldsymbol{S}\vdots\boldsymbol{G}]\boldsymbol{\varSigma}\begin{bmatrix}\boldsymbol{0}\\ \boldsymbol{I}\end{bmatrix}=\sigma^2\boldsymbol{G} \tag{2-5-17}$$

又对式 (2 – 5 – 3) 两边右乘 $\boldsymbol{G}$，有

$$\boldsymbol{R}_{yy}\boldsymbol{G}=\boldsymbol{A}\boldsymbol{P}\boldsymbol{A}^{\text{H}}\boldsymbol{G}+\sigma^2\boldsymbol{G} \tag{2-5-18}$$

比较式 (2 − 5 − 17) 与式 (2 − 5 − 18) 可知

$$\boldsymbol{APA}^{\mathrm{H}}\boldsymbol{G}=\boldsymbol{0} \tag{2-5-19}$$

这样便有

$$\boldsymbol{G}^{\mathrm{H}}\boldsymbol{APA}^{\mathrm{H}}\boldsymbol{G}=(\boldsymbol{A}^{\mathrm{H}}\boldsymbol{G})^{\mathrm{H}}\boldsymbol{P}(\boldsymbol{A}^{\mathrm{H}}\boldsymbol{G})=\boldsymbol{0} \tag{2-5-20}$$

由于 $\boldsymbol{P}$ 是非奇异的, $\boldsymbol{Q}^{\mathrm{H}}\boldsymbol{PQ}=\boldsymbol{0}$ 当且仅当 $\boldsymbol{Q}=\boldsymbol{0}$, 故上式成立的充要条件便是

$$\boldsymbol{A}^{\mathrm{H}}\boldsymbol{G}=\boldsymbol{0} \tag{2-5-21}$$

将 $\boldsymbol{A}(\omega)=[\boldsymbol{a}(\omega_1),\cdots,\boldsymbol{a}(\omega_p)]$ 代入上式, 即有

$$\boldsymbol{a}^{\mathrm{H}}(\omega)\boldsymbol{G}=\boldsymbol{0}^{\mathrm{T}},\quad \omega=\omega_1,\cdots,\omega_p \tag{2-5-22}$$

显然, 当 $\omega\neq\omega_1,\cdots\omega_p$ 时, $\boldsymbol{a}^{\mathrm{H}}(\omega)\boldsymbol{G}\neq\boldsymbol{0}^{\mathrm{T}}$。这样将上式改写成标量形式, 可以定义一种类似于功率谱的函数

$$P(\omega)=\frac{1}{\boldsymbol{a}^{\mathrm{H}}(\omega)\boldsymbol{GG}^{\mathrm{H}}\boldsymbol{a}(\omega)} \tag{2-5-23}$$

该式取峰值的 p 个 ω 值 $\omega_1,\cdots\omega_p$, 即可给出 p 个信号的波达方向 $\beta_1,\cdots\beta_p$。由于该式定义的函数 $P(\omega)$ 描述了空间参数 (波达方向) 的分布, 故称之为空间谱。由于它能够对多个空间信号进行识别 (即分类), 故称这种方法为多重信号分类, 简称 MUSIC (multiple signal classification) 方法, 它是 Schmidt[29], Bienvenu 和 Kopp[30] 于 1979 年分别提出的。后来 Schmidt[31] 于 1986 年重新发表了他的论文。将式 (2 − 5 − 14) 代入式 (2 − 5 − 23) 又得

$$P(\omega)=\frac{1}{\boldsymbol{a}^{\mathrm{H}}(\omega)(\boldsymbol{I}-\boldsymbol{SS}^{\mathrm{H}})\boldsymbol{a}(\omega)} \tag{2-5-24}$$

如果将式 (2 − 5 − 23) 看作噪声子空间方法, 则式 (2 − 5 − 24) 应该看作信号子空间方法。

在实际应用中, 通常将 ω 划分成数百个等间隔的单位, 得到

$$\omega_i=2\pi i\Delta f \tag{2-5-25}$$

然后将每个 ω_i 的值代入式 (2 − 5 − 23) 或式 (2 − 5 − 24) 中, 求出所有峰值对应的 ω 值。因此, MUSIC 算法需要在频率轴上进行全域搜索, 计算量比较大。另外, 采用噪声子空间还是采用信号子空间进行 MUSIC 方法计算, 取决于 $\boldsymbol{G}$ 和 $\boldsymbol{S}$ 中哪个具有更小的维数, 除了在计算量上不同外, 这两种方法并没有实质性的区别。

为了改进 MUSIC 算法的性能, 已经提出了很多种变型算法[32], 这里介绍其中一种, 称之为改进的 MUSIC 算法, 其基础是最大似然法, 就是使变量

$$\varepsilon_i=\boldsymbol{a}^{\mathrm{H}}(\omega)\boldsymbol{g}_i,\quad i=1,\cdots,m-p \tag{2-5-26}$$

的似然值为最大。需要注意, 基本的 MUSIC 算法是使 $\sum\limits_{i=1}^{m-p}|\varepsilon_i|^2$ 最小。在文献 [32] 中 Sharman 和 Durrani 已经证明, 使式 (2 − 5 − 26) 取得最大渐近 (大样本 N) 似然值的估计子由下列函数的最大化给出:

$$P(\omega)=\frac{\boldsymbol{a}^{\mathrm{H}}(\omega)\widehat{\boldsymbol{U}}\boldsymbol{a}(\omega)}{\boldsymbol{a}^{\mathrm{H}}(\omega)\boldsymbol{GG}^{\mathrm{H}}\boldsymbol{a}(\omega)} \tag{2-5-27}$$

式中

$$\widehat{\boldsymbol{U}} = \sigma^2 \sum_{i=1}^{p} \frac{\lambda_i}{(\sigma^2-\lambda_i)^2}\boldsymbol{s}_i\boldsymbol{s}_i^{\mathrm{H}} \tag{2-5-28}$$

综上所述, 改进的 MUSIC 算法的具体步骤为:

(1) 用 $\widehat{\boldsymbol{R}}_{yy} = \frac{1}{N}\sum_{n=1}^{N}\boldsymbol{x}(n)\boldsymbol{x}^{\mathrm{H}}(n)$ 计算样本自相关矩阵 $\widehat{\boldsymbol{R}}_{yy}$;

(2) 对 $\widehat{\boldsymbol{R}}_{yy}$ 作特征值分解, 求出 p 及主特征值 $\widehat{\lambda}_1,\cdots,\widehat{\lambda}_p$ 和次特征值 $\widehat{\sigma}^2$, 并储存主特征向量 $\widehat{\boldsymbol{s}}_1,\cdots,\widehat{\boldsymbol{s}}_p$;

(3) 利用式 (2−5−27) 计算 MUSIC 谱 $P(\omega_i)$, 其中 $\omega_i=(i-1)\Delta\omega$, 网格 $\Delta\omega$ 可取作 2π0.001;

(4) 找出 $P(\omega_i)$ 的 p 个峰值, 它们就是待求的 MUSIC 估计值 $\widehat{\omega}_1,\cdots,\widehat{\omega}_p$。

1989 年, Stoica 和 Nehorai[33] 详细分析了 MUSIC 算法的估计值性能, 并给出了以下结论:

(1) 特征向量的估计误差 $\widehat{\boldsymbol{s}}_i-\boldsymbol{s}_i$ 为渐近 (对于大样本 N) 联合高斯分布, 其均值等于零;

(2) MUSIC 参数估计误差 $\widehat{\omega}_i-\omega_i$ 为渐近联合高斯分布, 其均值等于零;

(3) 假设式 (2−5−27) 的分子, 即函数 $r(\omega)=\boldsymbol{a}^{\mathrm{H}}(\omega)\widehat{\boldsymbol{U}}\boldsymbol{a}(\omega)$ 满足正则条件 $r(\omega)\neq 0, i=1,\cdots,p$, 则由式 (2−5−27) 定义的 MUSIC 谱 $P(\omega)$ 最大化与式 (2−5−23) 定义的 MUSIC 谱最大化所得到的参数估计值 $\widehat{\omega}_i, i=1,\cdots,p$ 具有相同的渐近分布。

2.5.3 子空间 – ESPRIT 方法

早在 1986 年, Roy 等人[34]就提出了 ESPRIT (estimating signal parameter via rotational invariance techniques) 方法, ESPRIT 是通过旋转不变技术来估计信号参数的。目前, 该方法已经成为现代信号处理中的一种主要方法, 并得到了广泛的应用。下面介绍利用子空间方法实现谐波信号频率估计的几种 ESPRIT 方法。

1. LS – ESPRIT 算法

这里依然使用 2.5.1 节中式 (2−5−1) 表述的模型

$$\boldsymbol{y}(n) = \boldsymbol{A}(\omega)\boldsymbol{x}(n)+\boldsymbol{e}(n) \tag{2-5-29}$$

令 $m>p$, 则定义式中 $m\times 1$ 维向量为

$$\boldsymbol{y}(n) \stackrel{\mathrm{def}}{=} [y(n), y(n+1),\cdots,y(n+m-1)]^{\mathrm{T}} \tag{2-5-30}$$

$$\boldsymbol{e}(n) \stackrel{\mathrm{def}}{=} [e(n), e(n+1),\cdots,e(n+m-1)]^{\mathrm{T}} \tag{2-5-31}$$

$$\boldsymbol{a}(\omega_i) \stackrel{\mathrm{def}}{=} [\mathrm{e}^{\mathrm{j}n\omega_i}, \mathrm{e}^{\mathrm{j}(n+1)\omega_i},\cdots,\mathrm{e}^{\mathrm{j}(n+m-1)\omega_i}]^{\mathrm{T}} \tag{2-5-32}$$

$$\boldsymbol{A} \stackrel{\mathrm{def}}{=} [\boldsymbol{a}(\omega_1), \boldsymbol{a}(\omega_2),\cdots,\boldsymbol{a}(\omega_p)] \tag{2-5-33}$$

$$\boldsymbol{x}(n) \stackrel{\mathrm{def}}{=} [x_1(n), x_2(n),\cdots,x_p(n)]^{\mathrm{T}} \tag{2-5-34}$$

再定义一个新过程 $\boldsymbol{z}(n) \stackrel{\mathrm{def}}{=} \boldsymbol{y}(n+1)$, 同样可以定义 $m\times 1$ 维向量为

$$\begin{aligned}\boldsymbol{z}(n) &\stackrel{\mathrm{def}}{=} [z(n), z(n+1),\cdots,z(n+m-1)]^{\mathrm{T}}\\ &= [y(n+1), y(n+2),\cdots,y(n+m)]^{\mathrm{T}}\end{aligned} \tag{2-5-35}$$

根据式 (2－5－29) 以及式 (2－5－35), 可得

$$\boldsymbol{z}(n) = \boldsymbol{A}\boldsymbol{\Phi}\boldsymbol{x}(n) + \boldsymbol{e}(n+1) \tag{2-5-36}$$

式中

$$\boldsymbol{\Phi} \stackrel{\text{def}}{=} [\mathrm{e}^{\mathrm{j}\omega_1}, \mathrm{e}^{\mathrm{j}\omega_2}, \cdots, \mathrm{e}^{\mathrm{j}\omega_p}]^{\mathrm{T}} \tag{2-5-37}$$

式中, $\boldsymbol{\Phi}$ 是一个酉矩阵, 即有 $\boldsymbol{\Phi}\boldsymbol{\Phi}^{\mathrm{H}} = \boldsymbol{\Phi}^{\mathrm{H}}\boldsymbol{\Phi} = \boldsymbol{I}$, 它将空间向量 $\boldsymbol{y}(n)$ 与 $\boldsymbol{z}(n)$ 联系起来, 由 2.4.1 节知识可知矩阵 $\boldsymbol{A}$ 是一个范德蒙矩阵, 即 $\boldsymbol{A}$ 满列秩。由于 $\boldsymbol{z}(n) = \boldsymbol{y}(n+1)$, 所以 $\boldsymbol{z}(n)$ 可以看作是 $\boldsymbol{y}(n)$ 平移的结果。因此, 矩阵 $\boldsymbol{\Phi}$ 被称作旋转算符, 当然, 平移被认为是最简单的旋转。

与式 (2－5－3) 类似, $\boldsymbol{y}(n)$ 的自相关矩阵以及 $\boldsymbol{y}(n)$ 与 $\boldsymbol{z}(n)$ 的互相关矩阵为

$$\boldsymbol{R}_{yy} = E[\boldsymbol{y}(n)\boldsymbol{y}^{\mathrm{H}}(n)] = \boldsymbol{A}\boldsymbol{P}\boldsymbol{A}^{\mathrm{H}} + \sigma^2\boldsymbol{I} \tag{2-5-38}$$

$$\boldsymbol{R}_{yz} = E[\boldsymbol{y}(n)\boldsymbol{z}^{\mathrm{H}}(n)] = \boldsymbol{A}\boldsymbol{P}\boldsymbol{\Phi}^{\mathrm{H}}\boldsymbol{A}^{\mathrm{H}} + \sigma^2\boldsymbol{\Pi} \tag{2-5-39}$$

式中, $\boldsymbol{P} = E[\boldsymbol{x}(n)\boldsymbol{x}^{\mathrm{H}}(n)]$, 若各个信号互不相关, 则 $\boldsymbol{P} = \mathrm{diag}\left\{E\left[|x_1(n)|^2\right], \cdots, E\left[|x_p(n)|^2\right]\right\}$ 是一个 $p \times p$ 的对角阵, 其对角线上的元素为各信号的功率; $\sigma^2\boldsymbol{\Pi} = E[\boldsymbol{e}(n)\boldsymbol{e}^{\mathrm{H}}(n+1)]$, 且 $\boldsymbol{\Pi}$ 为一个 $m \times m$ 的特殊矩阵

$$\boldsymbol{\Pi} = \begin{bmatrix} 0 & & & 0 \\ 1 & 0 & & \\ & \ddots & \ddots & \\ 0 & & 1 & 0 \end{bmatrix} \tag{2-5-40}$$

即主对角线下面的对角线元素全部为 1, 其他元素都为 0。根据向量 $\boldsymbol{y}(n)$ 的自相关矩阵中的元素为 $[\boldsymbol{R}_{yy}]_{ij} = E[y(i)y^*(j)] = R_{yy}(i-j) = R_{yy}^*(j-i)$, 向量 $\boldsymbol{y}(n)$ 与向量 $\boldsymbol{z}(n)$ 的互相关矩阵中的元素为 $[\boldsymbol{R}_{yz}]_{ij} = E[y(i)z^*(j)] = E[y(i)y^*(j+1)] = R_{yy}(i-j-1) = R_{yy}^*(j-i+1)$, 表示成矩阵形式分别为

$$\boldsymbol{R}_{yy} = \begin{bmatrix} R_{yy}(0) & R_{yy}^*(1) & \cdots & R_{yy}^*(m-1) \\ R_{yy}(1) & R_{yy}(0) & \cdots & R_{yy}^*(m-2) \\ \vdots & \vdots & \vdots & \vdots \\ R_{yy}(m-1) & R_{yy}(m-2) & \cdots & R_{yy}(0) \end{bmatrix} \tag{2-5-41}$$

$$\boldsymbol{R}_{yz} = \begin{bmatrix} R_{yy}^*(1) & R_{yy}^*(2) & \cdots & R_{yy}^*(m) \\ R_{yy}(0) & R_{yy}^*(1) & \cdots & R_{yy}^*(m-1) \\ \vdots & \vdots & \vdots & \vdots \\ R_{yy}(m-2) & R_{yy}(m-3) & \cdots & R_{yy}^*(1) \end{bmatrix} \tag{2-5-42}$$

于是, 问题具体化为: 在已知自相关函数 $R_{yy}(0), R_{yy}(1), \cdots, R_{yy}(m)$ 的情况下, 如何估计谐波信号的个数 p 以及谐波频率 $\omega_i, i = 1, \cdots, p$ 或波达方向 $\beta_i, i = 1, \cdots, p$。

由于 $\boldsymbol{R}_{yy} = E[\boldsymbol{x}(n)\boldsymbol{x}^{\mathrm{H}}(n)] = E[\boldsymbol{x}(n+1)\boldsymbol{x}^{\mathrm{H}}(n+1)] = \boldsymbol{R}_{zz}$, 故 $\boldsymbol{z}(n) = \boldsymbol{y}(n+1)$ 的平移保持了 $\boldsymbol{y}(n)$ 与 $\boldsymbol{z}(n)$ 对应的信号子空间的不变性。对 $\boldsymbol{R}_{yy}$ 作特征值分解, 可以得到其最小特征值

$\lambda_{\min}=\sigma^2$, 构造一对新的矩阵

$$\boldsymbol{C}_{yy}=\boldsymbol{R}_{yy}-\lambda_{\min}\boldsymbol{I}=\boldsymbol{R}_{yy}-\sigma^2\boldsymbol{I}=\boldsymbol{APA}^{\mathrm{H}} \tag{2-5-43}$$

$$\boldsymbol{C}_{yz}=\boldsymbol{R}_{yz}-\lambda_{\min}\boldsymbol{\Pi}=\boldsymbol{R}_{yz}-\sigma^2\boldsymbol{\Pi}=\boldsymbol{AP\Phi A}^{\mathrm{H}} \tag{2-5-44}$$

称 $\{\boldsymbol{C}_{yy},\boldsymbol{C}_{yz}\}$ 为矩阵对或矩阵束。上述内容可归纳为如下定理。

定理 2.5.1: 定义 $\boldsymbol{\Gamma}$ 为矩阵束 $\{\boldsymbol{C}_{yy},\boldsymbol{C}_{yz}\}$ 的广义特征值矩阵, 其中 $\boldsymbol{C}_{yy},\boldsymbol{C}_{yz}$ 与 $\lambda_{\min}$ 的定义见式 $(2-5-43)$ 和式 $(2-5-44)$, 若矩阵 $\boldsymbol{P}$ 非奇异, 则矩阵 $\boldsymbol{\Gamma}$ 与旋转算符矩阵 $\boldsymbol{\Phi}$ 之间的关系为

$$\boldsymbol{\Gamma}=\begin{bmatrix}\boldsymbol{\Phi} & \boldsymbol{0}\\ \boldsymbol{0} & \boldsymbol{0}\end{bmatrix} \tag{2-5-45}$$

该式表明 $\boldsymbol{\Gamma}$ 的非零元素是旋转算符矩阵 $\boldsymbol{\Phi}$ 的各元素的一个排列。

证明: 考虑矩阵束

$$\boldsymbol{C}_{yy}-\eta\boldsymbol{C}_{yz}=\boldsymbol{AP}(\boldsymbol{I}-\eta\boldsymbol{\Phi}^{\mathrm{H}})\boldsymbol{A}^{\mathrm{H}} \tag{2-5-46}$$

当谐波频率互不相同时, 范德蒙矩阵 $\boldsymbol{A}$ 是非奇异的, 且已知矩阵 $\boldsymbol{P}$ 非奇异, 则根据矩阵秩的性质, 一个矩阵左乘或右乘任一个非奇异矩阵, 其秩均保持不变。因此, 由式 $(2-5-46)$ 知

$$rank(\boldsymbol{C}_{yy}-\eta\boldsymbol{C}_{yz})=rank(\boldsymbol{I}-\eta\boldsymbol{\Phi}^{\mathrm{H}}) \tag{2-5-47}$$

由于 $\boldsymbol{\Phi}$ 是一个酉矩阵, 因此, 对于 $\eta\neq \mathrm{e}^{\mathrm{j}\omega_i}$ 的一般情况, $p\times p$ 维对角矩阵 $\boldsymbol{I}-\eta\boldsymbol{\Phi}^{\mathrm{H}}$ 的任何对角元素都不可能等于零, 即

$$rank(\boldsymbol{C}_{yy}-\eta\boldsymbol{C}_{yz})=p \tag{2-5-48}$$

然而, 若 $\eta=\mathrm{e}^{\mathrm{j}\omega_i}$, 对角阵 $\boldsymbol{I}-\mathrm{e}^{\mathrm{j}\omega_i}\boldsymbol{\Phi}^{\mathrm{H}}$ 的第 i 行全部为零, 因此其秩降低 1, 即

$$rank(\boldsymbol{C}_{yy}-\mathrm{e}^{\mathrm{j}\omega_i}\boldsymbol{C}_{yz})=rank(\boldsymbol{I}-\mathrm{e}^{\mathrm{j}\omega_i}\boldsymbol{\Phi}^{\mathrm{H}})=p-1 \tag{2-5-49}$$

根据矩阵束的广义特征值定义, 由式 $(2-5-48)$ 和式 $(2-5-49)$ 可知 $\eta=\mathrm{e}^{\mathrm{j}\omega_i}$ 是矩阵束 $\{\boldsymbol{C}_{yy},\boldsymbol{C}_{yz}\}$ 的广义特征值。又因为矩阵束的两个矩阵张成相同的子空间, 所以对应于两个矩阵公共零空间的广义特征值将为零, 即 p 个广义特征值位于单位圆上, 并等于旋转矩阵 $\boldsymbol{\Phi}$ 的对角元素, 而其余 $m-p$ 个广义特征值等于零。证毕。

总结以上内容, 基本的 ESPRIT 方法可以看作是一种最小二乘算子, 其作用可概括为将原来 m 维观测空间约束到一个子空间, 该子空间的维数等于波达方向的个数 p, 因此基本的 ESPRIT 算法也可称作 LS – ESPRIT 算法, 具体步骤为:

(1) 利用已知的观测数据 $y(n),n=1,\cdots,N$ 估计相关函数 $\widehat{R}_{yy}(n),n=1,\cdots,N$;

(2) 由估计的自相关函数 $\widehat{R}_{yy}(n),n=1,\cdots,N$, 构造 $m\times m$ 维的自相关矩阵 $\widehat{\boldsymbol{R}}_{yy}$ 和 $m\times m$ 维的互相关矩阵 $\widehat{\boldsymbol{R}}_{yz}$;

(3) 求 $\widehat{\boldsymbol{R}}_{yy}$ 的特征值分解, 对于 $m>p$, 最小特征值为噪声方差的估计 $\widehat{\sigma}^2$;

(4) 利用 $\widehat{\sigma}^2$ 计算 $\boldsymbol{C}_{yy}=\boldsymbol{R}_{yy}-\sigma^2\boldsymbol{I}$ 和 $\boldsymbol{C}_{yz}=\boldsymbol{R}_{yz}-\sigma^2\boldsymbol{\Pi}$;

(5) 求矩阵束 $\{\boldsymbol{C}_{yy},\boldsymbol{C}_{yz}\}$ 的广义特征值分解, 得到位于单位圆上的 p 个广义特征值 $\mathrm{e}^{\mathrm{j}\omega_i},i=1,\cdots,p$, 它们直接给出谐波频率 $\widehat{\omega}_i,i=1\cdots,p$ 或由式 $(2-4-1)$ 确定波达方向。

2. TLS – ESPRIT 算法

很多情况下, 应用最小二乘算子都会存在求解广义特征值问题的困难。目前, 已经广泛使用奇异值分解 (SVD) 和总体最小二乘法 (TLS) 将一个较大维数 ($m \times m$) 的病态广义特征值问题转化为一个较小维数 ($p \times p$) 的无病态广义特征值问题。TLS – ESPRIT 算法种类较多, 这里只介绍由 Zhang 和 Liang[35] 于 1995 年提出的一种只需要一次 SVD 的算法。

同上文的 LS – ESPRIT 算法类似, 考虑矩阵束 $\{\boldsymbol{R}_1, \boldsymbol{R}_2\}$ 的广义特征值分解, 令 $\boldsymbol{R}_1$ 的奇异值分解为

$$\boldsymbol{R}_1 = \boldsymbol{U}\boldsymbol{\Sigma}\boldsymbol{V}^{\mathrm{H}} = [\boldsymbol{U}_1 \quad \boldsymbol{U}_2]\begin{bmatrix}\boldsymbol{\Sigma}_1 & \boldsymbol{0}\\ \boldsymbol{0} & \boldsymbol{\Sigma}_2\end{bmatrix}\begin{bmatrix}\boldsymbol{V}_1^{\mathrm{H}}\\ \boldsymbol{V}_2^{\mathrm{H}}\end{bmatrix} \tag{2-5-50}$$

式中, $\boldsymbol{\Sigma}_1$ 由 p 个主奇异值组成。

在不改变广义特征值的条件下, 用 $\boldsymbol{U}_1^{\mathrm{H}}$ 左乘和 $\boldsymbol{V}_1$ 右乘矩阵 $\boldsymbol{R}_1 - \eta\boldsymbol{R}_2$, 可得矩阵 $\boldsymbol{\Sigma}_1 - \eta\boldsymbol{U}_1^{\mathrm{H}}\boldsymbol{R}_2\boldsymbol{V}_1$。这样原来维数较大的矩阵束 $\{\boldsymbol{R}_1, \boldsymbol{R}_2\}$ 的广义特征值问题就变成了较小维数 ($p \times p$) 的矩阵束 $\{\boldsymbol{\Sigma}_1, \boldsymbol{U}_1^{\mathrm{H}}\boldsymbol{R}_2\boldsymbol{V}_1\}$ 的广义特征值问题。

归纳 TLS – ESPRIT 算法的具体步骤如下:

(1)~(4) 步骤与 LS – ESPRIT 算法中的相同;

(5) 对矩阵 $\boldsymbol{C}_{yy}$ 作奇异值分解, 确定其有效秩, 并存储与 p 个主奇异值对应的矩阵 $\boldsymbol{\Sigma}_1$,$\boldsymbol{U}_1$ 和 $\boldsymbol{V}_1$;

(6) 计算矩阵 $\boldsymbol{U}_1^{\mathrm{H}}\boldsymbol{C}_{yz}\boldsymbol{V}_1$;

(7) 求矩阵束 $\{\boldsymbol{\Sigma}_1, \boldsymbol{U}_1^{\mathrm{H}}\boldsymbol{C}_{yz}\boldsymbol{V}_1\}$ 的广义特征值分解, 得到单位圆上的广义特征值, 它们直接给出谐波频率 $\widehat{\omega}_i, i = 1\cdots, p$ 或者通过式 (2 – 4 – 1) 确定波达方向。

比较 LS – ESPRIT 与 TLS – ESPRIT 算法, 它们给出了相同的渐近 (大样本 N) 估计精度, 但在小样本时后者总比前者好。另外, 后者考虑了 $\boldsymbol{C}_{yy}$ 与 $\boldsymbol{C}_{yz}$ 的噪声影响, 因此更为合理。

3. 改进的 ESPRIT 算法

为了避免基本 ESPRIT 算法, 即 LS – ESPRIT 算法所存在的求解广义特征值的困难问题, 可以考虑使用 ESPRIT 方法的另一种形式, 这里称为改进的 ESPRIT 算法来实现谐波频率的求解。

考查一个由 m 个阵元组成的等距线阵, 如图 2.5.1 所示。现在将这个等距线阵分为两个子阵列, 其中子阵列 1 由第 1 个到第 $m-1$ 个阵元组成, 而子阵列 2 由第 2 个到第 m 个阵元组成。

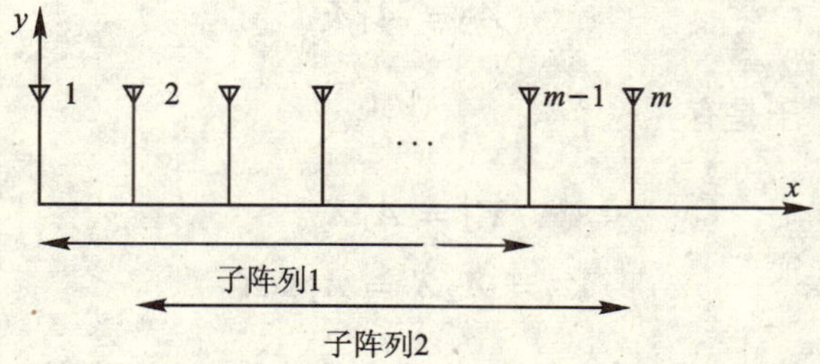

图 2.5.1 两个子阵列

假设 $m \times N$ 维观测数据矩阵为

$$\boldsymbol{Y} = [\boldsymbol{y}(1), \boldsymbol{y}(2), \cdots, \boldsymbol{y}(N)] \tag{2-5-51}$$

式中

$$\boldsymbol{y}(n) = [y_1(n), \cdots, y_m(n)]^{\mathrm{T}}, \quad n = 1, \cdots, N \tag{2-5-52}$$

为 m 个阵元在 n 时刻的观测信号组成的观测数据向量, 而 N 为数据长度。再假设信号矩阵为

$$\boldsymbol{X} = [\boldsymbol{x}(1), \boldsymbol{x}(2), \cdots, \boldsymbol{x}(N)] \tag{2-5-53}$$

式中

$$\boldsymbol{x}(n) = [x_1(n), \cdots, x_p(n)]^{\mathrm{T}}, \quad n = 1, \cdots, N \tag{2-5-54}$$

表示信号向量, 则对于 N 个快拍的数据, 式 (2-5-29) 可以表示为

$$\boldsymbol{Y} = [\boldsymbol{y}(1), \boldsymbol{y}(2), \cdots, \boldsymbol{y}(N)] = \boldsymbol{A}\boldsymbol{X} \tag{2-5-55}$$

式中, $\boldsymbol{A}$ 为 $m \times p$ 维的阵列方向矩阵。这样, 子阵列 1 的观测数据矩阵 $\boldsymbol{Y}_1$ 便由观测数据矩阵 $\boldsymbol{Y}$ 的前 $m-1$ 行组成; 同理, 子阵列 2 的观测数据矩阵 $\boldsymbol{Y}_2$ 便由观测数据矩阵 $\boldsymbol{Y}$ 的后 $m-1$ 行组成, 具体表示为

$$\boldsymbol{Y}_1 = [y_1(1), y_1(2), \cdots, y_1(N)] \tag{2-5-56}$$

$$\boldsymbol{Y}_2 = [y_2(1), y_2(2), \cdots, y_2(N)] \tag{2-5-57}$$

式中

$$\boldsymbol{y}_1(n) = [y_1(n), \cdots, y_{m-1}(n)]^{\mathrm{T}}, \quad n = 1, \cdots, N \tag{2-5-58}$$

$$\boldsymbol{y}_2(n) = [y_2(n), \cdots, y_m(n)]^{\mathrm{T}}, \quad n = 1, \cdots, N \tag{2-5-59}$$

令

$$\boldsymbol{A} = \begin{bmatrix} \boldsymbol{A}_1 \\ \text{最后一行} \end{bmatrix} = \begin{bmatrix} \text{第一行} \\ \boldsymbol{A}_2 \end{bmatrix} \tag{2-5-60}$$

则由于等距线阵的阵列响应矩阵 $\boldsymbol{A}$ 的结构, 可知子矩阵 $\boldsymbol{A}_1$ 和子矩阵 $\boldsymbol{A}_2$ 之间存在以下关系:

$$\boldsymbol{A}_2 = \boldsymbol{A}_1 \boldsymbol{\Phi} \tag{2-5-61}$$

式中, $\boldsymbol{\Phi}$ 为一个酉矩阵。于是有

$$\boldsymbol{Y}_1 = \boldsymbol{A}_1 \boldsymbol{X} \tag{2-5-62}$$

$$\boldsymbol{Y}_2 = \boldsymbol{A}_2 \boldsymbol{X} = \boldsymbol{A}_1 \boldsymbol{\Phi} \boldsymbol{X} \tag{2-5-63}$$

可以看出, $\boldsymbol{Y}_1$ 和 $\boldsymbol{Y}_2$ 具有相同的信号子空间和噪声子空间, 即子阵列 1 和子阵列 2 的观测空间相同, 这就是等距线阵的平移不变性的物理解释。

根据式 (2 − 5 − 38) 可得

$$\boldsymbol{R}_{yy} = \boldsymbol{APA}^{\mathrm{H}} + \sigma^2\boldsymbol{I} = [\boldsymbol{U}_s \quad \boldsymbol{U}_n]\begin{bmatrix}\boldsymbol{\Sigma}_s & \boldsymbol{0}\\ \boldsymbol{0} & \sigma^2\boldsymbol{I}\end{bmatrix}\begin{bmatrix}\boldsymbol{U}_s^{\mathrm{H}}\\ \boldsymbol{U}_n^{\mathrm{H}}\end{bmatrix}$$

$$= [\boldsymbol{U}_s\boldsymbol{\Sigma}_s \quad \sigma^2\boldsymbol{U}_n]\begin{bmatrix}\boldsymbol{U}_s^{\mathrm{H}}\\ \boldsymbol{U}_n^{\mathrm{H}}\end{bmatrix} = \boldsymbol{U}_s\boldsymbol{\Sigma}_s\boldsymbol{U}_s^{\mathrm{H}} + \sigma^2\boldsymbol{U}_n\boldsymbol{U}_n^{\mathrm{H}} \tag{2-5-64}$$

因为 $\boldsymbol{U}_s\boldsymbol{U}_s^{\mathrm{H}} = \boldsymbol{I} - \boldsymbol{U}_n\boldsymbol{U}_n^{\mathrm{H}}$, 所以根据上式可得

$$\boldsymbol{APA}^{\mathrm{H}} + \sigma^2\boldsymbol{U}_s\boldsymbol{U}_s^{\mathrm{H}} = \boldsymbol{U}_s\boldsymbol{\Sigma}_s\boldsymbol{U}_s^{\mathrm{H}} \tag{2-5-65}$$

再用 $\boldsymbol{U}_s$ 右乘上式的两边, 且由于 $\boldsymbol{U}_s^{\mathrm{H}}\boldsymbol{U}_s = \boldsymbol{I}$, 整理可得

$$\boldsymbol{U}_s = \boldsymbol{AT} \tag{2-5-66}$$

式中, $\boldsymbol{T}$ 是一个非奇异矩阵

$$\boldsymbol{T} = \boldsymbol{PA}^{\mathrm{H}}\boldsymbol{U}_s(\boldsymbol{\Sigma}_s - \sigma^2\boldsymbol{I})^{-1} \tag{2-5-67}$$

用 $\boldsymbol{T}$ 右乘式 (2 − 5 − 60) 可得

$$\boldsymbol{AT} = \begin{bmatrix}\boldsymbol{A}_1\boldsymbol{T}\\ \text{最后一行}\end{bmatrix} = \begin{bmatrix}\text{第一行}\\ \boldsymbol{A}_2\boldsymbol{T}\end{bmatrix} \tag{2-5-68}$$

同样可以将 $\boldsymbol{U}_s$ 分块成

$$\boldsymbol{U}_s = \begin{bmatrix}\boldsymbol{U}_1\\ \text{最后一行}\end{bmatrix} = \begin{bmatrix}\text{第一行}\\ \boldsymbol{U}_2\end{bmatrix} \tag{2-5-69}$$

根据式 (2 − 5 − 66), 比较式 (2 − 5 − 68) 和式 (2 − 5 − 69) 可得

$$\boldsymbol{U}_1 = \boldsymbol{A}_1\boldsymbol{T} \tag{2-5-70}$$

$$\boldsymbol{U}_2 = \boldsymbol{A}_2\boldsymbol{T} \tag{2-5-71}$$

将式 (2 − 5 − 61) 代入式 (2 − 5 − 71) 可得

$$\boldsymbol{U}_2 = \boldsymbol{A}_1\boldsymbol{\Phi T} \tag{2-5-72}$$

再将式 (2 − 5 − 70) 右乘 $\boldsymbol{T}^{-1}$ 代入式 (2 − 5 − 72) 可得

$$\boldsymbol{U}_2 = \boldsymbol{U}_1\boldsymbol{T}^{-1}\boldsymbol{\Phi T} \tag{2-5-73}$$

定义

$$\boldsymbol{\Psi} = \boldsymbol{T}^{-1}\boldsymbol{\Phi T} \tag{2-5-74}$$

式中, 矩阵 $\boldsymbol{\Psi}$ 称为矩阵 $\boldsymbol{\Phi}$ 的相似变换, 因此它们具有相同的特征值。将式 (2 − 5 − 74) 代入式 (2 − 5 − 73) 可得到一个重要的关系式

$$\boldsymbol{U}_2 = \boldsymbol{U}_1\boldsymbol{\Psi} \tag{2-5-75}$$

根据该式, 可得出基本 ESPRIT 算法的另外一种算法, 即改进的 ESPRIT 算法的具体步骤为:

(1) 计算观测数据的自相关函数矩阵 $\widehat{\boldsymbol{R}}_{yy}$ 的特征值分解 $\widehat{\boldsymbol{R}}_{yy}=\widehat{\boldsymbol{U}}\boldsymbol{\Sigma}\widehat{\boldsymbol{U}}^{\mathrm{H}}$;

(2) 矩阵 $\widehat{\boldsymbol{U}}$ 与矩阵 $\widehat{\boldsymbol{R}}_{yy}$ 的 p 个主特征值对应的部分组成 $\widehat{\boldsymbol{U}}_s$;

(3) 抽取 $\widehat{\boldsymbol{U}}_s$ 的前面 $m-1$ 行组成矩阵 $\widehat{\boldsymbol{U}}_1$, 后 $m-1$ 行组成矩阵 $\widehat{\boldsymbol{U}}_2$。计算矩阵 $\boldsymbol{\Psi}=(\widehat{\boldsymbol{U}}_1^{\mathrm{H}}\widehat{\boldsymbol{U}}_1)^{-1}\widehat{\boldsymbol{U}}_1^{\mathrm{H}}\widehat{\boldsymbol{U}}_2$ 的特征值分解, 其特征值与 $\widehat{\boldsymbol{\Phi}}$ 的特征值相同, 为 $\mathrm{e}^{\mathrm{j}\omega_i}, i=1,\cdots,p$, 它们直接给出谐波频率 $\widehat{\omega}_i, i=1\cdots,p$ 或由式 (2－4－1) 确定波达方向。

4. 谐波功率估计

上述内容解决的问题为: 在已知自相关函数的情况下, 估计谐波信号的个数和谐波频率, 下面考虑如何估计谐波功率 x_i^2。

假设 $\boldsymbol{\psi}_i$ 是对应于广义特征值 η_i 的广义特征向量。由定义知道, $\boldsymbol{\psi}_i$ 满足

$$\boldsymbol{APA}^{\mathrm{H}}\boldsymbol{\psi}_i=\eta_i\boldsymbol{AP\Phi}^{\mathrm{H}}\boldsymbol{A}^{\mathrm{H}}\boldsymbol{\psi}_i \tag{2－5－76}$$

或等价于

$$\boldsymbol{\psi}_i^{\mathrm{H}}\boldsymbol{AP}(\boldsymbol{I}-\eta_i\boldsymbol{\Phi}^{\mathrm{H}})\boldsymbol{A}^{\mathrm{H}}\boldsymbol{\psi}_i=0 \tag{2－5－77}$$

根据该式可知, 对角矩阵 $\boldsymbol{P}(\boldsymbol{I}-\eta_i\boldsymbol{\Phi}^{\mathrm{H}})$ 的第 i 个对角元素等于零, 而其他元素不等于零 (由于这些非零元素不是讨论的重点, 故下面用 $\times$ 表示), 即

$$\boldsymbol{P}(\boldsymbol{I}-\eta_i\boldsymbol{\Phi}^{\mathrm{H}})=\mathrm{diag}(\times,\cdots,\times,0,\times,\cdots,\times) \tag{2－5－78}$$

则为了保证式 (2－5－77) 成立, $\boldsymbol{\psi}_i^{\mathrm{H}}\boldsymbol{A}$ 和 $\boldsymbol{A}^{\mathrm{H}}\boldsymbol{\psi}_i$ 必须满足

$$\boldsymbol{\psi}_i^{\mathrm{H}}\boldsymbol{A}=[0,\cdots,0,\boldsymbol{a}^{\mathrm{H}}(\omega_i)\boldsymbol{\psi}_i,0,\cdots,0] \tag{2－5－79}$$

$$\boldsymbol{A}^{\mathrm{H}}\boldsymbol{\psi}_i=[0,\cdots,0,\boldsymbol{a}^{\mathrm{H}}(\omega_i)\boldsymbol{\psi}_i,0,\cdots,0]^{\mathrm{T}} \tag{2－5－80}$$

式 (2－5－79) 和式 (2－5－80) 表明, 广义特征值 η_i 对应的广义特征向量 $\boldsymbol{\psi}_i$ 与除方向向量 $\boldsymbol{a}(\omega_i)$ 以外的其他所有方向向量 $\boldsymbol{a}(\omega_j), j\neq i$ 正交。另外, 对角矩阵 $\eta_i\boldsymbol{\Phi}^{\mathrm{H}}$ 的第 (i,i) 个元素等于 1, 即

$$\eta_i\boldsymbol{\Phi}^{\mathrm{H}}=\mathrm{diag}(\mathrm{e}^{-\mathrm{j}\omega_1},\cdots,\mathrm{e}^{-\mathrm{j}\omega_{i-1}},1,\mathrm{e}^{-\mathrm{j}\omega_{i+1}},\cdots,\mathrm{e}^{-\mathrm{j}\omega_p}) \tag{2－5－81}$$

下面将式 (2－5－43) 代入式 (2－5－77) 可得

$$\boldsymbol{\psi}_i^{\mathrm{H}}\boldsymbol{AP}\eta_i\boldsymbol{\Phi}^{\mathrm{H}}\boldsymbol{A}^{\mathrm{H}}\boldsymbol{\psi}_i=\boldsymbol{\psi}_i^{\mathrm{H}}\boldsymbol{C}_{yy}\boldsymbol{\psi}_i \tag{2－5－82}$$

因为 $\boldsymbol{P}$ 为对角阵, 再将式 (2－5－79)、式 (2－5－80) 和式 (2－5－81) 代入式 (2－5－82), 则有

$$\left|\boldsymbol{\psi}_i^{\mathrm{H}}\boldsymbol{a}(\omega_i)\right|^2E\left[\left|x_i(n)\right|^2\right]=\boldsymbol{\psi}_i^{\mathrm{H}}\boldsymbol{C}_{yy}\boldsymbol{\psi}_i \tag{2－5－83}$$

即

$$E\left[\left|x_i(n)\right|^2\right]=\frac{\boldsymbol{\psi}_i^{\mathrm{H}}\boldsymbol{C}_{yy}\boldsymbol{\psi}_i}{\left|\boldsymbol{\psi}_i^{\mathrm{H}}\boldsymbol{a}(\omega_i)\right|^2} \tag{2－5－84}$$

这就是当各个谐波信号相互独立时, 各谐波信号功率 x_i^2 的估计公式。

2.6 倒谱

为了引出倒谱, 首先来考虑信号滤波问题。在第 1 章中已经介绍了滤波及滤波器的基本概念, 即信号 $x(n)$ 通过线性时不变系统 $h(n)$ 以后, 其输出在时域和频域分别为

$$y(n) = x(n) * h(n) \tag{2-6-1}$$

$$Y(e^{j\omega}) = X(e^{j\omega})H(e^{j\omega}) \tag{2-6-2}$$

通常, 信号 $x(n)$ 中包含了有用的理想信号 $s(n)$ 和噪声信号 $w(n)$, 滤波的目的就是去除噪声 $w(n)$。如果 $s(n)$ 和 $w(n)$ 是加性的, 即

$$x(n) = s(n) + w(n) \tag{2-6-3}$$

那么通过滤波器的适当设计即可去除噪声 $w(n)$, 这种滤波过程称为线性滤波。但是在实际工程中 $s(n)$ 和 $w(n)$ 并不总是加性的, 它们有可能是乘性的或卷积性的, 即

$$x(n) = s(n)w(n) \tag{2-6-4}$$

或

$$x(n) = s(n) * w(n) \tag{2-6-5}$$

例如调制信号就是乘性的噪声, 而语音、雷达、声呐、超声成像等有回波出现的场合则往往会出现卷积性的噪声, 这些噪声就无法直接用线性滤波的方法将其除掉。因此, 在乘性和卷积性噪声的情况下, 要想利用线性滤波的方法来去除噪声, 就必须想办法把信号和噪声混合的方式变换为加法性的方式, 这就是同态滤波 (homomorphic filtering) 的基本思路。同态滤波又称为广义线性滤波。

对于两个信号相乘的情况, 如式 (2-6-4) 所示, 可以直接对等式两边取对数, 即可变为相加的信号, 待滤波完成以后再对信号做指数运算即可; 但是对于两个信号卷积的情况, 变换步骤稍复杂, 具体步骤为:

(1) 对式 (2-6-5) 两边进行 Z 变换可得

$$X(z) = S(z)W(z) \tag{2-6-6}$$

(2) 将上式两边取对数, 并记 $\widehat{X}(z) = \ln X(z)$, $\widehat{S}(z) = \ln S(z)$, $\widehat{W}(z) = \ln W(z)$, 可得

$$\widehat{X}(z) = \ln X(z) = \ln S(z) + \ln W(z) = \widehat{S}(z) + \widehat{W}(z) \tag{2-6-7}$$

(3) 对式 (2-6-7) 两边进行 Z 逆变换, 并且记 $\widehat{x}(n) = Z^{-1}[\widehat{X}(z)]$, $\widehat{s}(n) = Z^{-1}[\widehat{S}(z)]$, $\widehat{w}(n) = Z^{-1}[\widehat{W}(z)]$, 可得

$$\widehat{x}(n) = \widehat{s}(n) + \widehat{w}(n) \tag{2-6-8}$$

显然, $\widehat{x}(n)$, $\widehat{s}(n)$ 和 $\widehat{w}(n)$ 都是时域信号。

(4) 信号 $\widehat{x}(n)$ 通过滤波器 $h(n)$ 后得 $\widehat{y}(n)$, 若滤波目标是为了去除 $w(n)$, 那么滤波器的设计就要保证能够去除 $\widehat{w}(n)$。这样, $\widehat{y}(n) = \widehat{s}(n)$。

(5) 对 $\widehat{y}(n)$ 进行 Z 变换可得 $\widehat{Y}(z)=\widehat{S}(z)$。

(6) 再对 $\widehat{Y}(z)$ 取指数运算, 并令其等于 $Y(z)$, 便有

$$Y(z)=\exp[\widehat{Y}(z)]=\exp[\widehat{S}(z)]=\exp[\ln S(z)]=S(z) \tag{2-6-9}$$

这样就实现了 $s(n)$ 和 $w(n)$ 的分离, 即实现了滤除卷积性噪声的目的。

在上面的步骤 (3) 中得到的 $\widehat{x}(n)$, $\widehat{s}(n)$ 和 $\widehat{w}(n)$ 分别是 $X(z)$, $S(z)$ 和 $W(z)$ 各自取自然对数后再取 Z 逆变换所致, 若 z 在单位圆上取值, 则分别有

$$\widehat{x}(n)=\mathrm{IFFT}[\ln X(\mathrm{e}^{\mathrm{j}\omega})] \tag{2-6-10}$$

$$\widehat{s}(n)=\mathrm{IFFT}[\ln S(\mathrm{e}^{\mathrm{j}\omega})] \tag{2-6-11}$$

$$\widehat{w}(n)=\mathrm{IFFT}[\ln W(\mathrm{e}^{\mathrm{j}\omega})] \tag{2-6-12}$$

它们都是相应的傅里叶变换取自然对数后的傅里叶逆变换, 因此称 $\widehat{x}(n)$,$\widehat{s}(n)$ 和 $\widehat{w}(n)$ 为倒谱, 由于它们一般为复数, 故也称为复倒谱 (complex cepstrum)。

例 2.6.1[36] 某声源给出的声音信号是 $s(n)$, 在距该声源一定距离处有一接收器, 该接收器收到的信号为 $x(n)$。则 $x(n)$ 中不但含有 $s(n)$, 还包含了 $s(n)$ 到达不同反射面后反射回来的信号。这些反射信号称为 $s(n)$ 的回波 (echo)。相对 $s(n)$, 回复信号在时间上产生了延迟, 幅度上都会减小, 可用数学公式表示为

$$x(n)=s(n)+\sum_{k=1}^{M}\beta_k s(n-n_k) \tag{2-6-13}$$

式中, $0<n_1<n_2<\cdots<n_m, |\beta_k|<1$。若令

$$w(n)=\delta(n)+\sum_{k=1}^{M}\beta_k \delta(n-n_k) \tag{2-6-14}$$

那么

$$x(n)=s(n)*w(n) \tag{2-6-15}$$

为简单起见, 只考虑一个回波的情况, 即

$$w(n)=\delta(n)+\beta_1\delta(n-n_1) \tag{2-6-16}$$

$$x(n)=s(n)+\beta_1 s(n-n_1) \tag{2-6-17}$$

通常, 信号 $s(n)$ 的长度远大于时延的宽度 n_1, 因此由式 $(2-6-17)$ 显示的信号必然会产生失真。该失真是由回波产生的, 因此希望能将式 $(2-6-15)$ 中的 $s(n)$ 和 $w(n)$ 分开, 显然这正是上面提到的同态滤波问题。由上面步骤 (1) ~ 步骤 (3) 可得

$$X(z)=S(z)W(z) \tag{2-6-18}$$

$$W(z)=1+\beta_1 z^{-n_1} \tag{2-6-19}$$

进而得

$$\widehat{X}(z) = \ln X(z) = \ln S(z) + \ln(1+\beta_1 z^{-n_1}) = \widehat{S}(z) + \widehat{W}(z) \tag{2-6-20}$$

将该式两边取 Z 逆变换, 有

$$\widehat{x}(n) = \widehat{s}(n) + \widehat{w}(n) \tag{2-6-21}$$

由于 $|\beta_1| < 1$, 容易证明

$$\widehat{w}(n) = \sum_{k=1}^{\infty} (-1)^{k+1} \frac{\beta_1^k}{k} \delta(n - kn_1) \tag{2-6-22}$$

由该式可以看出, $\widehat{w}(n)$ 是相距为 n_1 的整数倍的脉冲串序列, 其幅度随着 k 的增加而急剧减小。接下来, 还需要将 (2−6−21) 式中的加性倒谱信号分离。在步骤 (4) 中, 将 $\widehat{x}(n)$ 送入一线性滤波器 $h(n)$ 得 $\widehat{y}(n)$, 并使 $\widehat{y}(n) = \widehat{s}(n)$。最后两个步骤是对 $\widehat{y}(n)$ 作 Z 变换, 然后再进行指数运算, 由式 (2−6−9) 即可实现 $s(n)$ 和 $w(n)$ 的分离, 实现去除卷积性噪声的功能。

思考题

2.1　假定输入信号 $x(t)$ 是一个零均值的高斯白噪声, 其功率谱为 $P_x(f) = N_0$, 且线性系统的冲激响应为

$$h(t) = \begin{cases} \mathrm{e}^{-t}, & t \geqslant 0 \\ 0, & t < 0 \end{cases}$$

求系统输出 $y(t) = x(t) * h(t)$ 的功率谱及协方差函数。

2.2　离散时间的二阶 AR 过程由差分方程

$$x(n) = a_1 x(n-1) + a_2 x(n-2) + e(n)$$

描述, 式中 $e(n)$ 是一个均值为零、方差为 σ_e^2 的白噪声。试证明 $x(n)$ 的功率谱为

$$P_x(f) = \frac{\sigma_e^2}{1 + a_1^2 + a_2^2 - 2a_1(1-a_2)\cos 2\pi f - 2a_2 \cos 4\pi f}$$

2.3　设 $N = 5$ 的数据记录为 $x_0 = 1, x_1 = 2, x_2 = 3, x_3 = 4, x_4 = 5$, 试用 Levinson – Durbin 递推方法求 AR(3) 模型参数及 x_4 的预测估计 $\widehat{x}_4$。

2.4　根据习题 2.3 所给的长为 $N = 5$ 的数据记录, 使用 Burg 算法求 AR(2) 的模型参量。

2.5　抽头延迟线的输出由

$$y(k) = \boldsymbol{a}^{\mathrm{T}} \boldsymbol{x}(k)$$

给出, 式中

$$\boldsymbol{a} = [a_0, a_1, \cdots, a_n]^{\mathrm{T}}$$
$$\boldsymbol{x}(k) = [x(k), x(k-1), \cdots, x(k-n)]^{\mathrm{T}}$$

令

$$\boldsymbol{R}_{xx}=E(\boldsymbol{x}\boldsymbol{x}^{\mathrm{T}})=\boldsymbol{Q}\boldsymbol{\Sigma}\boldsymbol{Q}^{\mathrm{T}}$$

$$\boldsymbol{\Sigma}=\mathrm{diag}(\lambda_0,\lambda_1,\cdots,\lambda_n)$$

若输出序列 $y(k)$ 的均方值为

$$J_a=\frac{1}{2}E[y^2(k)]$$

试证明: ① 在 $\boldsymbol{a}^{\mathrm{T}}\boldsymbol{a}=1$ 的约束条件下, 使 J_a 最小化等价于

$$J_w=\frac{1}{2}\sum_{i=0}^{n}w_i^2\lambda_i$$

的最小化, 式中 $\sum\limits_{i=0}^{n}w_i^2=1, \boldsymbol{w}=[w_0,w_1,\cdots,w_n]^{\mathrm{T}}$ 且 $\boldsymbol{w}=\boldsymbol{Q}^{\mathrm{T}}\boldsymbol{a}$; ② 若取 $\boldsymbol{w}=[\pm1,0,\cdots,0]^{\mathrm{T}}$, 则使 J_a 最小化的最优向量为 $\boldsymbol{a}=\pm\boldsymbol{a}_0$, 其中 $\boldsymbol{a}_0$ 是矩阵 $\boldsymbol{R}_{xx}$ 相对于最小特征值 λ_0 的特征向量。

2.6　假定仿真的观测数据由

$$x(n)=\sqrt{20}\sin(2\pi0.2n)+\sqrt{2}\sin(2\pi0.213n+\pi/4)+e(n)$$

产生, 其中 $e(n)$ 为高斯白噪声, 其均值为 0, 方差为 1, 并取 $n=1,\cdots,128$。试用一般的最小二乘法和 SVD – TLS 方法估计观测数据的 ARMA 模型的 AR 参数, 并估计正弦波的频率。在计算机仿真中, 运行最小二乘法时, 取 AR 阶数分别等于 4 和 6; 而在执行 SVD – TLS 方法时, 假定 AR 阶数未知。计算机仿真至少独立运行 20 次, 要求完成计算机仿真试验报告, 主要内容为:

(1) 谐波回复的基本理论与方法;

(2) AR 参数和正弦波频率估计值的统计结果 (均值和方差);

(3) 讨论使用 SVD 确定样本自相关矩阵有效秩的优点和注意事项。

2.7　编写 MUSIC 方法的计算机程序 (观测数据的产生方法同习题 2.6), 并进行谐波恢复的计算机仿真试验, 统计 20 次独立试验的估计结果。

2.8　编写 LS – ESPRIT 方法和改进的 ESPRIT 方法的计算机程序 (观测数据的产生方法同习题 2.6), 并进行谐波恢复的计算机仿真试验, 统计 20 次独立试验的估计结果。

参考文献

[1]　张贤达. 现代信号处理. 2 版. 北京: 清华大学出版社, 2002.

[2]　Horn R A, Johnson C R. Matrix analysis. London: Cambridge Univ. Press, 1985.

[3]　Golub G H, Van Loan C F. Matrix computations. 2nd ed. The John Hopkis Univ Press, 1989.

[4]　张贤达. 信号处理中的线性代数. 北京: 科学出版社, 1997.

[5]　Kay S M, Marple S L. Spectrum analysis: a modern perspective. Proc. IEEE, 1981, 69: 1380-1419.

[6] Papoulis A. Probability, random variables and stochastic processes. New York: McGraw-Hill, 1984.

[7] Cadzow J A. High perfjormance spectral estimation — a new ARMA method. IEEE Trans. Acoust., Speech, Signal Processing, 1980, 28: 524-529.

[8] Kaveh M. High resolution spectral estimation for noise signals. IEEE Trans. Acoust., Speech, Signal Processing, 1979, 27: 286-287.

[9] Karlin S, Taylor H T. A first course in stochastic process. New York: Academic Press, 1975.

[10] Akaike H. A new look at the statistical model identification. IEEE Trans. Automatic Control, 1974, 19: 716-723.

[11] Akaike H. Power spectrum estimation through autoregression model fitting. Ann. Inst. Stat. Math., 1969, 21: 407-419.

[12] Parzen E. Some recent advances in time series modeling. IEEE Trans. Automatic Control, 1974, 19: 723-730.

[13] Rissanen J. A universal prior for intergers and estimation by minimum descriptive length. Ann. Stat., 1983, 11: 431-466.

[14] Chow J A. On estimating the orders of an ARMA process with uncertain observations. IEEE Trans. Automatic Control, 1972, 17: 707-709.

[15] Chan Y T, Wood J C. A new order determination technique for ARMA processes. IEEE Trans. Acount., Speech, Signal Processing, 1984, 32: 517-521.

[16] Cadzow J A. Spectral estimation: An overdetermined rational model equation approach. Proc. IEEE, 1982, 70: 907-938.

[17] Zhang X D, Zhang Y S. Determination of the MA order of an ARMA process using sample correlations. IEEE Trans. Signal Processing, 1993, 41: 2277-2280.

[18] Box G E P, Jenkins G M. Time series analysis — forecasting and control. San Francisco, CA: Holden-Day, 1970.

[19] Zhang X D, Takeda H. An order recursive generalized least squares algorithm for system identification. IEEE Trans. Automatic Control,1985, 30: 1224-1227.

[20] Zhang X D, Takeda H. An approach to time series analysis and ARMA spectral estimation. IEEE Trans. Acoust., Speech, Signal Processing,1987, 35: 1303-1313.

[21] 张贤达. 现代信号处理. 北京: 清华大学出版社, 1995.

[22] 陆传赉. 现代信号处理导论. 北京: 北京邮电大学出版社, 2003.

[23] Burg J P. Maximum entropy spectral analysis//37th Ann. Int. Soc. Explor. Geophysics Meeting, Oklahoma, 1967.

[24] Frieden B R. Restoring with maximum likelihood and maximum entropy. J. Opt. Soc. Amer., 1997, 62: 511-518.

[25] Lagunas M A, Santamaria M E, Figueiras A R. ARMA model maximum entropy power spectrual estimation. IEEE Trans. Acoust., Speech, Signal Processing, 1984, 32: 984-990.

[26] Poularikas A D. The handbook of formulas and tables for signal processing. CRC Press, 1998.

[27] Haykin S, Reilly J P, Vertatschitsch E. Some aspects of array signal processing. IEE Proc. F, Radar and Signal Processing, 1992, 139: 1-26.

[28] Krim H, Viberg M. Two decades of array signal processing. IEEE Signal Processing Magazine, 1996, 13(4): 67-94.

[29] Schmidt R O. Multiple emitter location and signal parameter estimation. Proc. RADC Spectral EstimationWorkshop, NY: Rome, 1979, 243-258.

[30] Biemvenu G, Kopp L. Principle de la goniomgraveetre passive adaptive//Proc. 7'eme Colloque GRESIT, Nice Frace, 1979, 106: 1-10.

[31] Schmidt R O. Multiple emitter location and signal parameter estimation. IEEE Trans. Antennas Propagat., 1986, 34: 276-280.

[32] Sharman K, Durrani T S. A comparative study of modern eigenstructure methods for baering estimation — a new high performance approach//Proc. IEEE ICASSP-87, Greece, Athens, 1987, 1737-1742.

[33] Stoica P, Nehorai A. MUSIC, maximum likehood , and Cramer-Rao bound. IEEE Trans. Acoust., Speech, Signal Processing, 1989, 37: 720-741.

[34] Roy R, Paulraj A, Kailath T. ESPRIT — a subspace rotation approach to estimation of parameters of cissoids in noise. IEEE Trans. Acoust., Speech, Signal Processing, 1986, 34: 1340-1342.

[35] Zhang X D, Liang Y C. Prefiltering-based ESPRIT for estimating parameters of sinusoids in non-Gaussian ARMA noise. IEEE Trans. Signal Processing, 1995, 43: 349-353.

[36] 胡广书. 数字信号处理 —— 理论、算法与实现. 2 版. 北京: 清华大学出版社, 2003.

第 3 章　自适应信号处理

在随机信号处理中, 若信号为平稳随机过程或者信号和噪声的先验统计特性已知, 则可以预先设计出一个最佳滤波器获得最优处理结果, 如维纳滤波器参数固定, 可用于平稳随机信号的滤波处理; 卡尔曼滤波器参数时变, 可用于非平稳随机信号的处理。然而在实际应用中, 常常无法得到这些随机信号的统计特性, 或者信号的统计特性是随时间变化的, 这就促使人们去研究一类特殊的滤波器。这类滤波器具有以下特点: 当输入过程的统计特性未知时, 或者输入过程的统计特性变化时, 能够相应地利用前一时刻已获得的滤波器参数等结果, 自动地调节现时刻的滤波器参数, 以满足某种准则的要求, 我们把这类滤波器称为自适应滤波器。当输入过程的统计特性未知时, 自适应滤波器调整自身参数的过程称为 "学习" 过程; 而当输入过程的统计特性变化时, 自适应滤波器调整自身参数的过程称为 "跟踪" 过程。

本章着重介绍递推最小二乘 (recursive least squares, RLS) 滤波器、最小均方 (least mean square, LMS) 滤波器。此外, 还将介绍格型滤波器、无限冲激响应 (infinite impulse response, IIR) 滤波器等。

3.1 LMS 自适应滤波器

首先考虑如图 3.1.1 所示的横向 FIR 滤波器, 它的输入序列以向量的形式记为

$$\boldsymbol{X}(k) = [x(k), x(k-1), \cdots, x(k-M+1)]^{\mathrm{T}} \tag{3-1-1}$$

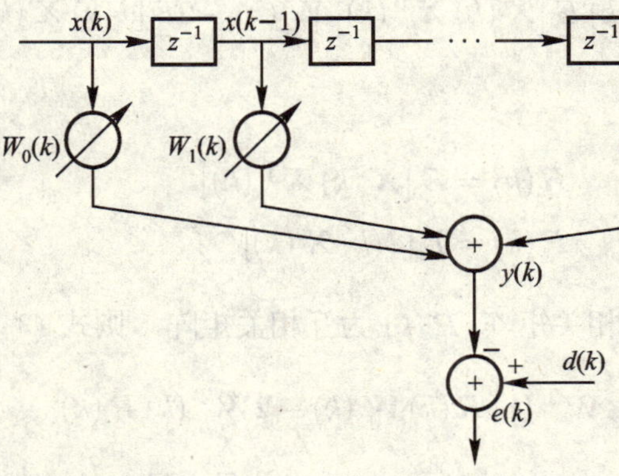

图 3.1.1　横向 FIR 滤波器

假设 $\boldsymbol{X}(k)$ 取自一均值为零、自相关矩阵为 R 的广义平稳随机过程, 而滤波器参数 (加权矢量)

为

$$\boldsymbol{W}(k)=[w_0(k),w_2(k),\cdots,w_{M-1}(k)]^{\mathrm{T}} \tag{3-1-2}$$

式 (3 − 1 − 1) 和式 (3 − 1 − 2) 中的 k 表示时间, 因此, $\boldsymbol{X}(k)$ 和 $\boldsymbol{W}(k)$ 分别表示时刻 k 对应的滤波器输入序列和加权值, 滤波器的输出 $y(k)$ 为

$$y(k)=\sum_{i=0}^{M-1}w_i(k)\,x(k-i) \tag{3-1-3}$$

式中, M 为滤波器的长度。把式 (3 − 1 − 3) 写成向量表示形式为

$$y(k)=\boldsymbol{X}^{\mathrm{T}}(k)\boldsymbol{W}(k)=\boldsymbol{W}^{\mathrm{T}}(k)\boldsymbol{X}(k) \tag{3-1-4}$$

图 3.1.1 中的 $d(k)$ 称为 "理想响应信号", 有时也称为 "训练信号", 它决定了设计最佳滤波器加权向量 $\boldsymbol{W}(k)$ 的取值方向。在实际应用中, 理想响应 $d(k)$ 的确定要根据实际情况而定。$e(k)$ 表示滤波器输出 $y(k)$ 相对于 $d(k)$ 的误差, 即

$$e(k)=d(k)-y(k) \tag{3-1-5}$$

将式 (3 − 1 − 4) 代入式 (3 − 1 − 5) 可得

$$e(k)=d(k)-\boldsymbol{X}^{\mathrm{T}}(k)\boldsymbol{W}(k)=d(k)-\boldsymbol{W}^{\mathrm{T}}(k)\boldsymbol{X}(k) \tag{3-1-6}$$

则可以将该 FIR 滤波器看作是一个估计滤波器, 即根据当前输入数据 $x(k)$ 以及有限个过去值 $x(k-1),x(k-2),\cdots,x(k-M+1)$ 的线性组合来估计 $d(k)$, 而加权向量 $\boldsymbol{W}(k)$ 的取值应服从某种最佳估计准则, 最小均方误差 (mean square error, MSE) 估计准则是常用的一个准则, 根据这一准则设计出来的最佳滤波器称为维纳滤波器。

由式 (3 − 1 − 6) 可得在时刻 k 的估计均方误差为

$$\begin{aligned}\xi(k)&=E\left[e^2(k)\right]=E\left\{\left[d(k)-\boldsymbol{W}^{\mathrm{T}}(k)\boldsymbol{X}(k)\right]^2\right\}\\&=E\left[d^2(k)\right]+\boldsymbol{W}^{\mathrm{T}}(k)E\left[\boldsymbol{X}(k)\boldsymbol{X}^{\mathrm{T}}(k)\right]\boldsymbol{W}(k)-2E\left[d(k)\boldsymbol{X}(k)\right]\boldsymbol{W}^{\mathrm{T}}(k)\end{aligned} \tag{3-1-7}$$

令

$$\boldsymbol{R}(k)=E\left[\boldsymbol{X}(k)\boldsymbol{X}^{\mathrm{T}}(k)\right] \tag{3-1-8}$$

$$\boldsymbol{P}(k)=E\left[d(k)\boldsymbol{X}(k)\right] \tag{3-1-9}$$

称 $\boldsymbol{R}(k)$ 为输入序列 $\boldsymbol{X}(k)$ 的自相关矩阵, $\boldsymbol{P}(k)$ 为互相关矩阵。则式 (3 − 1 − 7) 可简写成

$$\xi(k)=E\left[d^2(k)\right]+\boldsymbol{W}^{\mathrm{T}}(k)\boldsymbol{R}(k)\boldsymbol{W}(k)-2\boldsymbol{W}^{\mathrm{T}}(k)\boldsymbol{P}(k) \tag{3-1-10}$$

式中, $E\left[d^2(k)\right]$ 是理想响应 $d(k)$ 的二阶矩。对实输入信号向量 $\boldsymbol{X}(k)$, 其相关矩阵 $\boldsymbol{R}(k)$ 有两个特点: 一是 $\boldsymbol{R}(k)$ 为对称矩阵; 二是 $\boldsymbol{R}(k)$ 必为正定或半正定的, 这是因为对任意的向量 $\boldsymbol{V}$, 有

$$\boldsymbol{V}^{\mathrm{T}}\boldsymbol{R}\boldsymbol{V}=E\left[\boldsymbol{V}^{\mathrm{T}}\boldsymbol{X}(k)\boldsymbol{X}^{\mathrm{T}}(k)\boldsymbol{V}\right]=E\left\{\left[\boldsymbol{X}^{\mathrm{T}}(k)\boldsymbol{V}\right]^2\right\}\geqslant 0 \tag{3-1-11}$$

由式 (3 – 1 – 10) 可知, 存在一个最优加权向量 $\boldsymbol{W}^*$ 使得 $\xi(k)$ 最小。其必要条件是 $\xi(k)$ 对 $\boldsymbol{W}(k)$ 的偏导 (也即梯度) 为零, 即满足方程

$$\boldsymbol{\nabla}_k = \frac{\partial \xi(k)}{\partial \boldsymbol{W}(k)} = \left[\frac{\partial \xi}{\partial w_0(k)}, \frac{\partial \xi}{\partial w_1(k)}, \cdots, \frac{\partial \xi}{\partial w_{M-1}(k)}\right]^{\mathrm{T}} = 0 \tag{3-1-12}$$

由式 (3 – 1 – 10) 和式 (3 – 1 – 12) 可得最优加权向量 $\boldsymbol{W}^*$ 应满足以下方程

$$\boldsymbol{R}(k)\boldsymbol{W}^* = \boldsymbol{P}(k) \tag{3-1-13}$$

该方程称为维纳 – 霍浦 (Winner – Hopf) 方程或正规方程, 如果 $\boldsymbol{R}(k)$ 是非奇异的, 那么可以求出最优加权向量 $\boldsymbol{W}^*$ 的唯一解为

$$\boldsymbol{W}^* = \boldsymbol{R}^{-1}(k)\boldsymbol{P}(k) \tag{3-1-14}$$

$\boldsymbol{W}^*$ 称为在时刻 k 的 "维纳加权向量"。根据 $\boldsymbol{W}^*$ 所得的滤波器称为维纳滤波器。此时可得最小均方误差为

$$\xi_{\min}(k) = E\left[d^2(k)\right] - \boldsymbol{P}^{\mathrm{T}}(k)\boldsymbol{W}^* \tag{3-1-15}$$

求解正规方程有一个有效的方法称为 Levison – Durbin 算法。由该算法可以演绎出应用广泛的格型自适应滤波器; 另一种重要的方法是最陡下降法, 这是一种沿梯度反方向修正权值, 最终收敛于最优值的方法。最陡下降法是通过递推的方式对最优加权向量 $\boldsymbol{W}^*$ 求解的, 不需要进行矩阵的求逆运算, 更重要的是, 它是最小均方 (LMS) 算法的基础。下面从最陡下降法着手来导出 LMS 算法, 并做一些性质上的研究。

3.1.1 最陡下降算法

下面通过递推方式求解 $\boldsymbol{W}^*$。首先设置一个 $\boldsymbol{W}(0)$ 作为 $\boldsymbol{W}$ 的初值 (在没有任何有关 $\boldsymbol{W}$ 的先验知识的情况下, 一般可设 $\boldsymbol{W}$ 的每个分量的初始值都为零), 由于梯度的方向是 ξ 增加最快的方向, 因而可沿负梯度方向调整 $\boldsymbol{W}$, 从而使得 ξ 沿最快下降方向逼近 $\xi_{\min}$。因此该方法也称为 "最陡下降法", 它通过以下递推公式来调整 $\boldsymbol{W}$ 从而寻求最优加权向量 $\boldsymbol{W}^*$

$$\boldsymbol{W}(k+1) = \boldsymbol{W}(k) + \frac{1}{2}\mu\left(-\boldsymbol{\nabla}_k\right) \tag{3-1-16}$$

式中, μ 是调整步长的常数, 称为步长因子; $\boldsymbol{\nabla}_k$ 为 ξ 在 k 时刻的梯度; 因子 1/2 用来消除以式 (3 – 1 – 12) 求解 $\boldsymbol{\nabla}_k$ 时出现的因子 2。因为由式 (3 – 1 – 12) 得到的梯度矢量 $\boldsymbol{\nabla}_k$ 为

$$\boldsymbol{\nabla}_k = 2\boldsymbol{R}(k)\boldsymbol{W}(k) - 2\boldsymbol{P}(k) \tag{3-1-17}$$

将式 (3 – 1 – 17) 代入式 (3 – 1 – 16) 可得

$$\boldsymbol{W}(k+1) = \boldsymbol{W}(k) + \mu\left[\boldsymbol{P}(k) - \boldsymbol{R}(k)\boldsymbol{W}(k)\right] \tag{3-1-18}$$

式 (3 – 1 – 18) 为最陡下降法的递推公式, 从中可以看到, 无需对 $\boldsymbol{R}(k)$ 求逆, 同时, 该式所示的最陡下降算法是一个反馈模型, 因此算法的收敛性 (或稳定性) 十分重要。

定义 k 时刻的加权矢量误差为

$$\boldsymbol{c}(k)=\boldsymbol{W}(k)-\boldsymbol{W}^{*} \tag{3-1-19}$$

式中, $\boldsymbol{W}^{*}$ 为式 (3-1-13) 所定义的最优加权向量。将式 (3-1-19) 代入式 (3-1-18), 并利用式 (3-1-13) 得

$$\boldsymbol{c}(k+1)=(\boldsymbol{I}-\mu\boldsymbol{R})\boldsymbol{c}(k) \tag{3-1-20}$$

由式 (3-1-20) 不难看出, 最陡下降法的稳定性由两个因素决定: 步长因子 μ 和输入向量 $\boldsymbol{X}(k)$ 的自相关矩阵 $\boldsymbol{R}(k)$。根据酉相似变换原理对 $M\times M$ 维方阵 $\boldsymbol{R}$ 做特征分解可得

$$\boldsymbol{R}=\boldsymbol{Q}\boldsymbol{\Lambda}Q^{\mathrm{T}} \tag{3-1-21}$$

式中, 酉矩阵 $\boldsymbol{Q}\in\boldsymbol{C}^{M\times M}$ 定义为

$$\boldsymbol{Q}=[\boldsymbol{q}_0,\boldsymbol{q}_1,\cdots,\boldsymbol{q}_{M-1}] \tag{3-1-22}$$

式中, $\boldsymbol{q}_0,\boldsymbol{q}_1,\cdots,\boldsymbol{q}_{M-1}$ 为相关矩阵 $\boldsymbol{R}$ 不同特征值 $\lambda_0,\lambda_1,\cdots,\lambda_{M-1}$ 所对应的特征向量, 具有如下特性:

$$\boldsymbol{q}_i^{\mathrm{T}}\boldsymbol{q}_j=\begin{cases}1, & i=j\\ 0, & i\neq j\end{cases} \tag{3-1-23}$$

而 $\boldsymbol{\Lambda}$ 是 $M\times M$ 维对角方阵

$$\boldsymbol{\Lambda}=\operatorname{diag}(\lambda_0,\lambda_1,\cdots,\lambda_{M-1}) \tag{3-1-24}$$

根据相关矩阵 $\boldsymbol{R}$ 的性质可知, 它的特征值 $\lambda_0,\lambda_1,\cdots,\lambda_{M-1}$ 都是实数且为正数, 将式 (3-1-21) 代入式 (3-1-20) 可得

$$\boldsymbol{c}(k+1)=\left(\boldsymbol{I}-\mu\boldsymbol{Q}\boldsymbol{\Lambda}Q^{\mathrm{T}}\right)\boldsymbol{c}(k) \tag{3-1-25}$$

对上式两边同时左乘 $\boldsymbol{Q}^{\mathrm{T}}$ 并利用酉矩阵 $\boldsymbol{Q}^{\mathrm{T}}=\boldsymbol{Q}^{-1}$ 可得

$$\boldsymbol{Q}^{\mathrm{T}}\boldsymbol{c}(k+1)=\boldsymbol{Q}^{\mathrm{T}}\left(\boldsymbol{I}-\mu\boldsymbol{Q}\boldsymbol{\Lambda}Q^{\mathrm{T}}\right)\boldsymbol{c}(k)=(\boldsymbol{I}-\mu\boldsymbol{\Lambda})\boldsymbol{Q}^{\mathrm{T}}\boldsymbol{c}(k) \tag{3-1-26}$$

定义新的坐标系为

$$\boldsymbol{v}(k)=\boldsymbol{Q}^{\mathrm{T}}\boldsymbol{c}(k)=\boldsymbol{Q}^{\mathrm{T}}\left(\boldsymbol{W}(k)-\boldsymbol{W}^{*}\right) \tag{3-1-27}$$

则由式 (3-1-26) 和式 (3-1-27) 可得

$$\boldsymbol{v}(k+1)=(\boldsymbol{I}-\mu\boldsymbol{\Lambda})\boldsymbol{v}(k) \tag{3-1-28}$$

由式 (3-1-27) 知 $\boldsymbol{v}(k)$ 的初始值为

$$\boldsymbol{v}(0)=\boldsymbol{Q}^{\mathrm{T}}\left[\boldsymbol{W}(0)-\boldsymbol{W}^{*}\right] \tag{3-1-29}$$

在事先未知有合适的加权向量 $\boldsymbol{W}$ 的初始值时, 可假设其初始值为零, 则式 (3-1-29) 可简化为

$$\boldsymbol{v}(0)=-\boldsymbol{Q}^{\mathrm{T}}\boldsymbol{W}^{*} \tag{3-1-30}$$

考虑向量 $\boldsymbol{v}$ 中的第 j 个分量, 则根据式 (3 – 1 – 28) 可得到如下的标量表达式

$$v_j(k+1) = (1-\mu\lambda_j)\, v_j(k), \quad j = 0, 1, \cdots, M-1 \tag{3-1-31}$$

式中, λ_j 为相关矩阵 $\boldsymbol{R}$ 的第 j 个特征值。可以看出, 式 (3 – 1 – 31) 表示的是一阶差分方程。假设 $v_j(k)$ 的初值为 $v_j(0)$, 则由式 (3 – 1 – 31) 可得

$$v_j(k) = (1-\mu\lambda_j)^k\, v_j(0), \quad j = 0, 1, \cdots, M-1 \tag{3-1-32}$$

可见, $v_j(k)$ 从 $v_j(0)$ 开始是以几何级数的速度变化的, 几何比率等于 $1-\mu\lambda_j$。为了保证最陡下降算法的收敛性, 对所有的 j, 其几何比率的幅度必须小于 1, 因此得到最陡下降法收敛的充要条件为

$$-1 < 1-\mu\lambda_j < 1 \tag{3-1-33}$$

则随着时刻 k 趋于无穷大时, $v_j(k)$ 将趋向于零, 由式 (3 – 1 – 27) 可知, 这相当于加权向量 $\boldsymbol{W}(k)$ 趋向于最优加权向量 $\boldsymbol{W}^*$。

因为相关矩阵 $\boldsymbol{R}$ 的特征值均为实正数, 所以由式 (3 – 1 – 33) 可进一步得到最陡下降算法收敛的充要条件, 即步长因子 μ 满足以下条件:

$$0 < \mu < \frac{2}{\lambda_{\max}} \tag{3-1-34}$$

式中, $\lambda_{\max}$ 是相关矩阵 $\boldsymbol{R}$ 的最大特征值。

3.1.2 LMS 自适应滤波算法

由最陡下降法的递推公式 (3 – 1 – 16) ~ 式 (3 – 1 – 18) 可知, 要采用这一算法, 必须知道梯度 $\boldsymbol{\nabla}_k$ 的精确值。由式 (3 – 1 – 8) 和式 (3 – 1 – 9) 又知, 这时要根据输入信号 $\boldsymbol{X}(k)$ 和理想响应信号 $d(k)$ 的采样值来估计 $\boldsymbol{R}(k)$ 和 $\boldsymbol{P}(\boldsymbol{k})$。为避免直接对 $\boldsymbol{R}(k)$ 和 $\boldsymbol{P}(\boldsymbol{k})$ 估算 (在非平稳信号的情况下尤其需要这样做), 人们提出了很多间接估计梯度 $\boldsymbol{\nabla}_k$ 的方法, 其中最著名的方法是由 Widrow 等人提出的最小均方 (LMS) 算法。

LMS 算法用瞬时输入误差功率 $e^2(k)$ 作为均方误差 $\xi_k = E\left[e^2(k)\right]$ 的估值, 在每次自适应迭代过程中, 梯度的估计有如下形式:

$$\boldsymbol{\nabla}_k = \frac{\partial \xi_k}{\partial \boldsymbol{W}(k)} = \frac{\partial\left[e^2(k)\right]}{\partial \boldsymbol{W}(k)} \tag{3-1-35}$$

由式 (3 – 1 – 6), 则

$$\boldsymbol{\nabla}_k = \frac{\partial\left[e^2(k)\right]}{\partial \boldsymbol{W}(k)} = -2e(k)\,\boldsymbol{X}(k) \tag{3-1-36}$$

将式 (3 – 1 – 36) 代入式 (3 – 1 – 16) 得到 LMS 算法的递推公式

$$\boldsymbol{W}(k+1) = \boldsymbol{W}(k) + \mu e(k)\,\boldsymbol{X}(k) \tag{3-1-37}$$

LMS 算法的递推式还可以用标量的方式给出

$$w_i(k+1) = w_i(k) + \mu e(k)\, x(k-i), \quad 0 \leqslant i \leqslant M-1 \tag{3-1-38}$$

这是它的一大优点, 因为从式 (3 − 1 − 37) 可以看到其递推式中不存在任何交叉项, 而方程式 (3 − 1 − 38) 是 LMS 算法与最陡下降算法的一个最重要的区别。从以上的讨论可以看到,LMS 算法是最陡下降算法的一个近似算法, 两者之间的最主要区别在于最陡下降法是确定的递推算法, 它要求对真实梯度的计算; 而 LMS 是一个随机的递推算法, 它是用一个带噪声的梯度估计来代替最陡下降法中的真实梯度, 因此, 有些文献称 LMS 算法为随机梯度算法或随机逼近算法。"随机递推" 这一术语意味着式 (3 − 1 − 37) 中的第二项 (即校正项) 是一个随机过程, 这是由于输入序列 $x(k)$ 和 $d(k)$ 是随机过程的缘故。然而在最陡下降算法中,假定 $\boldsymbol{R}(k)$ 和 $\boldsymbol{P}(k)$ 是已知的而且为确定矩阵。

一个完整的 LMS 算法应包含以下三个方程 (结构如图 3.1.1 所示):

$$y(k) = \boldsymbol{X}^{\mathrm{T}}(k)\boldsymbol{W}(k) \tag{3-1-39a}$$

$$e(k) = d(k) - y(k) \tag{3-1-39b}$$

$$\boldsymbol{W}(k+1) = \boldsymbol{W}(k) + \mu e(k)\boldsymbol{X}(k) \tag{3-1-39c}$$

根据最陡下降算法的递推方程式 (3 − 1 − 18) 以及式 (3 − 1 − 8) 和式 (3 − 1 − 9) 可得最陡下降算法的递推方程的另一种表达形式

$$\boldsymbol{W}(k+1) = \boldsymbol{W}(k) + \mu E[e(k)\boldsymbol{X}(k)] \tag{3-1-40}$$

比较式 (3 − 1 − 39c) 和式 (3 − 1 − 40) 可知, LMS 算法是最陡下降法的近似, 具体说就是在递推公式的校正值中用瞬时值 $e(k)\boldsymbol{X}(k)$ 来估计它们的期望值 $E[e(k)\boldsymbol{X}(k)]$, 因此, LMS 算法的加权向量的平均值 $E[\boldsymbol{W}(k)]$ 将按最陡下降法的加权向量规律变化。

1. LMS 算法的收敛性

与最陡下降法类似, 当满足式 (3 − 1 − 34) 所示条件 $0 < \mu < 2/\lambda_{\max}$ 时, LMS 算法收敛, 即 $\lim\limits_{n\to\infty} E[\boldsymbol{W}(k)] = \boldsymbol{W}^*$, 其中 $\lambda_{\max}$ 是相关矩阵 $\boldsymbol{R}$ 的最大特征值。然而, 在实际应用中, 往往不能求得 $\lambda_{\max}$, 因此, 常用输入功率 P_{in} 来确定收敛条件, 由于存在不等式

$$\lambda_{\max} \leqslant \mathrm{tr}[\boldsymbol{R}] \tag{3-1-41}$$

式中, $\mathrm{tr}[\boldsymbol{R}]$ 为矩阵 $\boldsymbol{R}$ 的迹, 即

$$\mathrm{tr}[R] = \sum_{j=0}^{M-1}\lambda_j = \sum_{j=0}^{M-1} E\left[\left|x(k-j)\right|^2\right] = MP_{\text{in}} \tag{3-1-42}$$

则收敛条件变为

$$0 < \mu < 2/MP_{\text{in}} \tag{3-1-43}$$

2. 稳态误差与失调系数

LMS 算法的均方误差的变化规律虽与最陡下降法相似, 但由于 LMS 算法是随机梯度法, 则当 $E[\boldsymbol{W}(k)]$ 收敛到 $\boldsymbol{W}^*$ 时, 加权向量仍然按公式 (3 − 1 − 39c) 变化。由于式 (3 − 1 − 39c) 中的

第二项 (校正值) $\mu e(k)\boldsymbol{X}(k)$ 是一个随机过程, 因此, 当 $k\to\infty$ 时 $\boldsymbol{W}(k+1)$ 将在 $\boldsymbol{W}^*$ 附近随机起伏, 即稳态时的均方误差 $\xi(\infty)$ 将不为最小值 $\xi_{\min}$, 而为

$$\xi(\infty)\approx\left(1+\frac{\mu}{2}\sum_{j=0}^{M-1}\lambda_i\right)\xi_{\min} \tag{3-1-44}$$

引入失调系数 δ 来测量 LMS 算法在均方误差意义上对最优解的逼近程度。失调系数 δ 定义为

$$\delta=\frac{\xi(\infty)-\xi_{\min}}{\xi_{\min}} \tag{3-1-45}$$

由此可见, 失调系数 δ 愈小愈好。将式 (3－1－42) 和式 (3－1－44) 代入式 (3－1－45) 可得

$$\delta=\frac{\left(1+\frac{\mu}{2}MP_{\text{in}}\right)\xi_{\min}-\xi_{\min}}{\xi_{\min}}=\frac{\mu MP_{\text{in}}}{2} \tag{3-1-46}$$

由式 (3－1－46) 可知, 失调系数将随着步长因子 μ 或滤波器阶数 M 的增大而增大。因此, 在设计自适应滤波器时要根据实际情况综合考虑这些参数的选择问题。关于滤波器阶数 M 的选择有一个粗略的方法就是令其大致等于总信号带宽与滤波器所要求的频率分辨力之比的两倍。

3.2 RLS 自适应滤波器

3.2.1 基本 RLS 算法

从多方面来讲, 将某个所期望的信号建模成细而尖的正弦波都是令人感兴趣的: 第一, 它描述了一类确定性的非平稳信号, 而对这类信号的分析是十分清楚的; 第二, 使单个频率的正弦波的瞬时频率发生线性变化是在信号中引入非平稳性的一种相当简单的方法; 第三, 这种情况的一步预测器的结构是所谓的自适应谱线增强 (ALE), 自适应谱线增强在很多领域中都有应用, 它能在无任何先验信息的情况下将窄带和宽带输入分离开来。

自适应谱线增强器工作原理如图 3.2.1 所示。

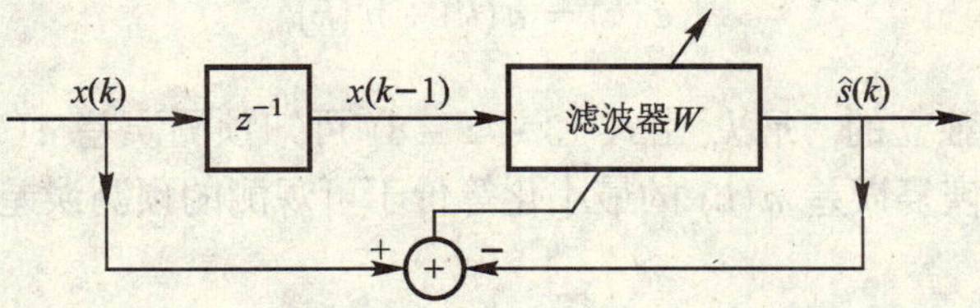

图 3.2.1 自适应谱线增强器

自适应谱线增强利用了这样一个事实: 所期望的信号 $s(t)$ 具有比宽带 (零均值) 加性噪声 $n(t)$ 窄得多的带宽。令 f 是 $s(t)$ 的名义中心频率, B_n 为 $n(t)$ 的带宽, 则存在一个时间间隔 $T\approx1/(2B_n)$, 满足

$$fT\ll\frac{1}{2} \tag{3-2-1}$$

且使得 $n(t)$ 和 $n(t+T)$ 独立, 而 $s(t)$ 和 $s(t+T)$ 却强相关。因而, 将 M 个带噪声的样本

$$x(kT) = s(kT) + n(kT) \tag{3-2-2}$$

相加, 并用一横向滤波器 $\boldsymbol{W}_0$ 做适当的相位校正, 信噪比就可以明显得到增强。因此, 基于过去的观测样本而观测的信号为

$$\widehat{s}(kT) = \boldsymbol{W}^{\mathrm{T}}\boldsymbol{X}(k) \tag{3-2-3}$$

式中, $\boldsymbol{W}$ 是权向量, 而

$$\boldsymbol{X}(k) = [x[(k-1)T], \cdots, x[(k-M)T]]^{\mathrm{T}} \tag{3-2-4}$$

所得到的 $\widehat{s}(kT)$ 将比 $x(kT)$ 本身更逼近 $s(kT)$。定义恢复误差为

$$\eta(k) \triangleq s(kT) - \widehat{s}(kT) \tag{3-2-5}$$

该误差将小于原噪声 $n(kT)$。为方便起见, 可用一零均值且不相关的高斯变量序列来描述 $n(k)$, 令其功率为 P_n, 并将 $s(kT)$ 和 $x(kT)$ 简记为 $s(k)$ 和 $x(k)$。

希望设计出一种自适应滤波器, 通过调节滤波器参数 $\boldsymbol{W}_i$, 可以使得基于过去的观测样本得到的预测信号 $\widehat{s}(k)$ 在某种意义上可以最逼近原信号 $s(k)$。此时, 恢复误差为

$$\eta(k) = s(k) - \boldsymbol{W}^{\mathrm{T}}\boldsymbol{X}(k) \tag{3-2-6}$$

另一方面, 可以将 $\boldsymbol{W}^{\mathrm{T}}\boldsymbol{X}(k)$ 看作 $x(k)$ 的一步预测, 定义预测误差为

$$e(k) = x(k) - \boldsymbol{W}^{\mathrm{T}}\boldsymbol{X}(k) \tag{3-2-7}$$

设计自适应滤波器的目的是希望使恢复误差 $\eta(k)$ 最小, 但是, 由于真实输出信号 $s(k)$ 未知, 因而 $\eta(k)$ 不可观测或无法计算。与此相反, 预测误差 $e(k)$ 却是可以观测的。因此, 一个很自然的问题是能否通过使预测误差 $e(k)$ 最小而达到使恢复误差 $\eta(k)$ 最小的目的。

将式 (3-2-2) 和式 (3-2-3) 代入式 (3-2-7) 可得

$$e(k) = \eta(k) + n(k) \tag{3-2-8}$$

由于噪声序列 $n(k)$ 是独立的, 所以, 由式 (3-2-8) 可知预测误差 $e(k)$ 由两个独立的分布组成。因此, 不可观测的恢复误差 $\eta(k)$ 的最小化等价于可观测的预测误差 $e(k)$ 的最小化。

设

$$\varepsilon(k, W) = \sum_{i=1}^{k} \lambda^{k-i} \left| e(i) \right|^2 \tag{3-2-9}$$

式中, λ 称作遗忘因子, 通常取 $0 \leqslant \lambda \leqslant 1$。

如前所述, 使得恢复误差最小是通过调整滤波器参数 $\boldsymbol{W}_i$ 实现的, 所以可得

$$\frac{\partial \varepsilon(k, \boldsymbol{W})}{\partial \boldsymbol{W}} = \frac{\partial}{\partial \boldsymbol{W}} \sum_{i=1}^{k} \lambda^{k-i} \left[x(i) - \boldsymbol{W}^{\mathrm{T}}\boldsymbol{X}(i)\right]^2 = 0 \tag{3-2-10}$$

由式 (3－2－10) 可得到等价关系式为

$$\sum_{i=1}^{k}\lambda^{k-i}\boldsymbol{X}(i)\boldsymbol{X}^{\mathrm{T}}(i)\boldsymbol{W}=\sum_{i=1}^{k}\lambda^{k-i}x(i)\boldsymbol{X}(i) \tag{3-2-11}$$

令

$$\boldsymbol{R}(k)=\sum_{i=1}^{k}\lambda^{k-i}\boldsymbol{X}(i)\boldsymbol{X}^{\mathrm{T}}(i) \tag{3-2-12}$$

$$\boldsymbol{U}(k)=\sum_{k=1}^{k}\lambda^{k-i}x(i)\boldsymbol{X}(i) \tag{3-2-13}$$

则式 (3－2－11) 可表示为

$$\boldsymbol{R}(k)\boldsymbol{W}(k)=\boldsymbol{U}(k) \tag{3-2-14a}$$

如果 $\boldsymbol{R}(k)$ 是非奇异的, 即存在可逆矩阵, 则由式 (3－2－14a) 可得

$$\boldsymbol{W}(k)=\boldsymbol{R}^{-1}(k)\boldsymbol{U}(k) \tag{3-2-14b}$$

式 (3－2－14) 为滤波器参数的公式, 它是随着时间 k 的变化而变化的。式 (3－2－13) 称为最佳滤波器系数的 Yule－Walker 方程。利用式 (3－2－14) 来调整滤波器的参数存在两个问题: 第一, 需要矩阵求逆及矩阵乘法等运算, 因而计算量大; 第二, 滤波器参数 $\boldsymbol{W}(k)$ 与预测误差 $e(k)$ 之间没有建立任何关系, 不能实现根据预测误差 $e(k)$ 来调整滤波器参数的要求。

根据预测误差的定义和式 (3－2－7), $e(k)$ 可进一步表示为

$$e(k)=x(k)-\boldsymbol{W}^{\mathrm{T}}(k-1)\boldsymbol{X}(k) \tag{3-2-15}$$

利用式 (3－2－15), 式 (3－2－13) 可表示为

$$\boldsymbol{U}(k)=\sum_{i=1}^{k}\lambda^{k-i}\left[\boldsymbol{W}^{\mathrm{T}}(i-1)\boldsymbol{X}(i)+e(i)\right]\boldsymbol{X}(i) \tag{3-2-16}$$

由式 (3－2－14) 和式 (3－2－16) 可得

$$\boldsymbol{W}(k)=\boldsymbol{R}^{-1}(k)\sum_{i=1}^{k}\lambda^{k-i}\left[\boldsymbol{W}^{\mathrm{T}}(i-1)\boldsymbol{X}(i)+e(i)\right]\boldsymbol{X}(i)\triangleq\boldsymbol{W}_1(k)+\boldsymbol{W}_2(k) \tag{3-2-17}$$

为了简化第一项 $\boldsymbol{W}_1(k)$ 的表达, 同时建立 $\boldsymbol{W}(k)$ 与 $\boldsymbol{W}(k-1)$ 之间的关系, 一种合理的表述就是认为 $k-1$ 时刻及其以前时刻的滤波器参数相同, 即有

$$\boldsymbol{W}(0)=\boldsymbol{W}(1)=\cdots=\boldsymbol{W}(k-1) \tag{3-2-18}$$

利用式 (3－2－17) 中 $\boldsymbol{W}_1(k)$ 的表示以及式 (3－2－12), 可得

$$\boldsymbol{W}_1(k)=\boldsymbol{R}^{-1}(k)\sum_{i=1}^{k}\lambda^{k-i}\boldsymbol{X}(i)\boldsymbol{X}^{\mathrm{T}}(i)\boldsymbol{W}(k-1)=\boldsymbol{W}(k-1) \tag{3-2-19}$$

另一方面, 为了简化 $\boldsymbol{W}_2(k)$ 的表达, 可假设遗忘因子 $\lambda=0$。这相当于只有当前时刻 (k 时刻) 的结果被记忆下来了, 而将以前各时刻的结果全部遗忘。因而得到下列简化结果:

$$\boldsymbol{W}_2(k)=\boldsymbol{R}^{-1}(k)\boldsymbol{X}^{\mathrm{T}}(k)e(k) \tag{3-2-20}$$

将式 (3－2－19) 和式 (3－2－20) 代入式 (3－2－17) 可得

$$\boldsymbol{W}(k)=\boldsymbol{W}(k-1)+\boldsymbol{R}^{-1}(k)\boldsymbol{X}^{\mathrm{T}}(k)e(k) \tag{3-2-21}$$

式 (3－2－21) 描述了一个滤波器参数受其输入误差 $e(k)$ 控制的自适应滤波算法, 称为递推最小二乘法 (RLS), 或称为扩展最小二乘法 (extended least squares)、扩展矩阵法 (extended matrix method) 等。

为了实现式 (3－2－21) 所示的递推计算, 必须解决式中逆矩阵 $\boldsymbol{R}^{-1}(k)$ 的递推计算问题。为此, 引入矩阵求逆引理。

引理 3.2.1 (矩阵求逆引理): 若 $\boldsymbol{A}$ 是非奇异的, 则

$$\left(\boldsymbol{A}+\boldsymbol{B}\boldsymbol{C}^{\mathrm{T}}\right)^{-1}=\boldsymbol{A}^{-1}-\boldsymbol{A}^{-1}\boldsymbol{B}(\boldsymbol{I}+\boldsymbol{C}^{\mathrm{T}}\boldsymbol{A}^{-1}\boldsymbol{B})^{-1}\boldsymbol{C}^{\mathrm{T}}\boldsymbol{A}^{-1} \tag{3-2-22}$$

证明: 可用 $\boldsymbol{A}+\boldsymbol{B}\boldsymbol{C}^{\mathrm{T}}$ 左乘上式右边, 验证其结果是否为单位阵即可。

由式 (3－2－12), 可得

$$\begin{aligned}\boldsymbol{R}(k)&=\sum_{i=1}^{k}\lambda^{k-i}\boldsymbol{X}(i)\boldsymbol{X}^{\mathrm{T}}(i)\\&=\sum_{i=1}^{k-1}\lambda^{k-i}\boldsymbol{X}(i)\boldsymbol{X}^{\mathrm{T}}(i)+\lambda^{k-k}\boldsymbol{X}(k)\boldsymbol{X}^{\mathrm{T}}(k)\\&=\boldsymbol{R}(k-1)+\boldsymbol{X}(k)\boldsymbol{X}^{\mathrm{T}}(k)\end{aligned} \tag{3-2-23}$$

对式 (3－2－23) 应用矩阵求逆引理 (引理 3.2.1), 可得

$$\boldsymbol{R}^{-1}(k)=\boldsymbol{R}^{-1}(k-1)-\frac{\boldsymbol{R}^{-1}(k-1)\boldsymbol{X}(k)\boldsymbol{X}^{\mathrm{T}}(k)\boldsymbol{R}^{-1}(k-1)}{\boldsymbol{I}+\boldsymbol{X}^{\mathrm{T}}(k)\boldsymbol{R}^{-1}(k-1)\boldsymbol{X}(k)} \tag{3-2-24}$$

综合以上分析, 可以得到如下最小二乘 (recursive least squares, RLS) 自适应算法步骤:

(1) 初始化

$$\boldsymbol{W}(0)=0;\quad \boldsymbol{R}(0)=\boldsymbol{I}$$

(2) 对 $k=1\sim n$, 执行

$$e(k)=x(k)-\boldsymbol{X}^{\mathrm{T}}(k)\boldsymbol{W}(k-1) \tag{3-2-25}$$

$$\boldsymbol{R}^{-1}(k)=\boldsymbol{R}^{-1}(k-1)-\frac{\boldsymbol{R}^{-1}(k-1)\boldsymbol{X}(k)\boldsymbol{X}^{\mathrm{T}}(k)\boldsymbol{R}^{-1}(k-1)}{\boldsymbol{I}+\boldsymbol{X}^{\mathrm{T}}(k)\boldsymbol{R}^{-1}(k-1)\boldsymbol{X}(k)} \tag{3-2-26}$$

$$\boldsymbol{W}(k)=\boldsymbol{W}(k-1)+\boldsymbol{R}^{-1}(k)\boldsymbol{X}^{\mathrm{T}}(k)e(k) \tag{3-2-27}$$

3.2.2 RLS 算法的性能

为了分析 RLS 自适应滤波器的性能, 通常对所谓的 “失调量” 进行评估。定义 “失调 (misadjustment)” 为

$$M_a(k) \triangleq E\left[\left|\boldsymbol{V}(k-1)^{\mathrm{T}}\boldsymbol{X}(k)\right|^2\right] \tag{3-2-28}$$

式中, $\boldsymbol{V}(k)$ 是自适应滤波器与最佳滤波器的离差, 它可分成三项

$$\boldsymbol{V}(k) = \boldsymbol{V}^t(k) + \boldsymbol{V}^l(k) + \boldsymbol{V}^n(k) \tag{3-2-29}$$

式中, $\boldsymbol{V}^t(k)$ 是瞬态离差 (transient deviation); $\boldsymbol{V}^l(k)$ 是滞后离差 (lag deviation), 由相关函数的滞后引起; 而 $\boldsymbol{V}^n(k)$ 为噪声离差 (noise deviation), 由噪声引起。其中 $\boldsymbol{V}^n(k)$ 是零均值的, 而且 $\boldsymbol{V}^l(k)$ 与 $\boldsymbol{V}^n(k)$ 不相关。

显然, 根据 $\boldsymbol{V}(k)$ 的定义, 输出滤波误差为

$$e(k) = e_{\mathrm{opt}}(k) - V(k-1)^{\mathrm{T}}\boldsymbol{X}(k) \tag{3-2-30}$$

式中, 下标 opt 表示最佳滤波器。把式 (3 − 2 − 30) 代入 (3 − 2 − 28), 可得

$$M_a(k) = E\left[\left|e(k)\right|^2\right] - E\left[\left|e_{\mathrm{opt}}(k)\right|^2\right] \tag{3-2-31}$$

因此, $M_a(k)$ 是由非最佳自适应滤波器引起的附加输出均方误差。 由于 $\boldsymbol{V}^l(k-1)^{\mathrm{T}}\boldsymbol{X}(k)$ 与 $\boldsymbol{V}^n(k-1)^{\mathrm{T}}\boldsymbol{X}(k)$ 不相关, 故由式 (3 − 2 − 28) 和式 (3 − 2 − 29) 可得

$$M_a(k) = M_a^l(k) + M_a^n(k) \tag{3-2-32}$$

式中

$$M_a^l(k) \triangleq E\left[\left|\boldsymbol{V}^l(k-1)^{\mathrm{T}}\boldsymbol{X}(k)\right|^2\right] \tag{3-2-33}$$

$$M_a^n(k) \triangleq E\left[\left|\boldsymbol{V}^n(k-1)^{\mathrm{T}}\boldsymbol{X}(k)\right|^2\right] \tag{3-2-34}$$

可以看到, 滞后和噪声被解耦了。

$\boldsymbol{V}^l(k)$ 的非零均值部分 $\boldsymbol{\Delta}(k)$ 和扰动部分 $\widetilde{\boldsymbol{V}}(k)$ 都将对 M_a^l 产生影响。利用相邻向量 $\boldsymbol{X}(k)$ 的独立性, 显然式 (3 − 2 − 32) ∼ 式 (3 − 2 − 34) 可以给出下列结果:

$$M_a(k) = M_a^{\Delta}(k) + \widetilde{M}_a(k) + M_a^n(k) \tag{3-2-35}$$

式中

$$M_a^{\Delta}(k) = E\left[\left|\boldsymbol{\Delta}(k-1)^{\mathrm{T}}\boldsymbol{X}(k)\right|^2\right] \tag{3-2-36}$$

$$\widetilde{M}_a(k) = E\left[\left|\widetilde{\boldsymbol{V}}(k-1)^{\mathrm{T}}\boldsymbol{X}(k)\right|^2\right] \tag{3-2-37}$$

根据文献 [4], 可得式 (3 − 2 − 35) 中三项失调量的评估结果为

$$M_a^n(k+1) = \tfrac{\beta}{2}(M+1)P_n \tag{3-2-38}$$

$$M_a^{\Delta}(k+1) = \frac{P_n}{4\beta^2}(M+1)^2\rho\psi^2 \tag{3-2-39}$$

$$\widetilde{M}_a(k+1) = \frac{\beta(M-1)(M+2)}{6(M+1)}M^{\Delta}(k) \tag{3-2-40}$$

式中, β 是自适应算法的遗忘速率; ρ 为输入 SNR, $\rho = P_s/P_n$; ψ 是信号的尖化速率 (chirp rate); P_s 为信号功率; P_n 为噪声功率; M 为滤波器长度。

式 (3－2－38) ～ 式 (3－2－40) 表明了以下事实:

(1) 噪声失调 M_a^n 是时不变的, 它与遗忘速率 β、噪声功率 P_n 和 $M+1$ 分别成正比。

(2) 平均滞后失调 M_a^{Δ} 与时间指标 k 无关。更重要的是, 滞后失调与 β^2 成反比。对于时变最佳预测器 $\boldsymbol{W}_{\mathrm{opt}}(k)$ 而言, 这一性质是其确定性性能的特征。式 (3－2－39) 还显示出另两个重要性能。一是 M_a^{Δ}与 ψ^2 成正比。也即尖化完成得越快, 则滞后失调越严重, 当 $\psi = 0$ 时, $M_a^{\Delta} = 0$。二是 M_a^{Δ} 与信号功率 P_s 成正比, 因为 $P_s = \rho P_n$。也即越强的信号, 滞后失调也就越严重。当然, 这不是 RLS 算法所希望的性能。

(3) 由缓慢自适应 (slow adaptation) 条件 $\beta M \ll 2$, 也即遗忘速率 β 非常小可知, 与平均滞后的失调相比由滞后扰动引起的失调可以忽略不计。因此, 总的滞后失调为

$$M_a^l = M_a^{\Delta} = \frac{P_s}{4\beta^2}(M+1)^2\psi^2 \tag{3-2-41}$$

则由式 (3－2－32) 可知, 滤波器输出端总的失调与时间 k 无关 (在恒稳态, in steady state), 且为

$$M_a = \frac{P_n\beta}{2}(M+1) + \frac{P_s}{4\beta^2}(M+1)^2\psi^2 \tag{3-2-42}$$

直观上, 由式 (3－2－42) 可以看出, 作为遗忘速率 β 的函数, M_a 的两个组成部分的作用是相反的, 因此存在一个截止速率 β_{opt} 可以使 (3－2－42) 最小。最小值发生在

$$\beta_{\mathrm{opt}} = \left[(M+1)\rho\psi^2\right]^{\frac{1}{3}} \tag{3-2-43}$$

β_{opt} 对应的最小失调为

$$M_{a\min} = \frac{3}{4}P_n(M+1)\left[(M+1)\rho\psi^2\right]^{\frac{1}{3}} = \frac{3}{4}P_n(M+1)\beta_{\mathrm{opt}} \tag{3-2-44}$$

与 LMS 算法相比较, RLS 算法的最主要的优点是收敛速度快。图 3.2.2 给出了两者性能比较一个例子, 图中的两条学习曲线, 一条对应 RLS 算法, 另一条对应 LMS 算法, 它们的长度 $M = 11$, 输入数据自相关矩阵 $\boldsymbol{R}$ 的最大特征值与最小特征值比率为 11。两个算法的滤波器参数 $\boldsymbol{W}(k)$ 的初始值都设为零, RLS 算法的遗忘因子 $\lambda = 0.999$, LMS 算法的步长因子 $\mu = 0.02$。它们的取值在收敛速度和失调系数上作了一个很好的折中。

由图 3.2.2 可以看到, RLS 算法在收敛速度上的优势是十分明显的, 它在不到 70 次迭代 (70 个信号样本) 的时间内已趋向收敛; 而 LMS 算法迭代了 600 次尚未完全收敛。RLS 算法的快速收敛性使它在处理随时间快速变动信号的应用中显得十分重要, 例如, 对于电离层高频无线电信道的快速时变性能, LMS 算法来不及自适应地跟踪, 而 RLS 算法却能充分地跟踪这种快速的变动。

尽管在跟踪性能上有优越性, 然而 RLS 算法也存在着两个缺点: 一是算法较为复杂, 虽然已找到了快速 RLS 算法, 但其计算的时间仍然是 LMS 算法的四五倍; 二是它对舍入误差比较敏感, 这些误差会在递推过程中累积起来, 在某些场合, 这些舍入误差将导致算法的不稳定。因此, 根据 RLS 的基本算法, 人们又研究了一些更有效的 RLS 算法, 如平方根 RLS 算法, 快速 RLS 算法等。

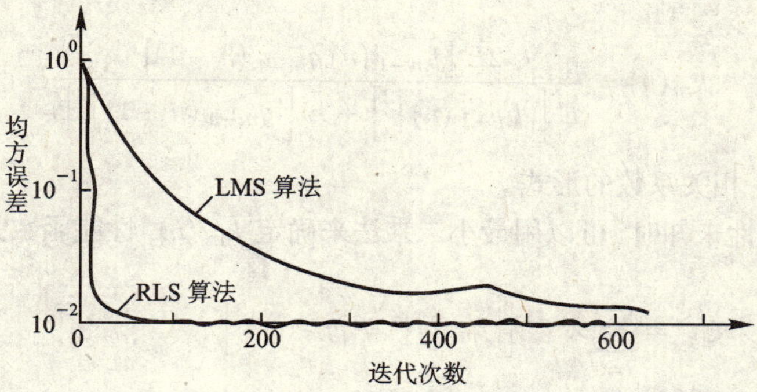

图 3.2.2 RLS 算法与 LMS 算法性能比较

3.3 自适应滤波器的格型算法

3.1 节和 3.2 节所研究的 LMS 和 RLS 滤波器同属于横向自适应数字滤波器。横向滤波器的优点是结构简单, 但是存在收敛慢的严重缺陷。为了克服这种缺陷, 可采用格型滤波器结构。对于横向滤波器而言, 一旦滤波器的长度改变就会导致一组新的滤波器系数, 这些新的滤波器系数与旧的是完全不同的; 格型滤波器的结构是阶次递推式的, 其阶数的改变不影响其他级的反射系数, 这是格型滤波器的一大优点, 后面还会看到格型滤波器的其他优点, 这些优点使自适应格型滤波器越来越受到重视。

3.3.1 梯度格型滤波器

格型滤波器的种类很多, 图 3.3.1 所示称为格型 – 阶梯滤波器, 在格型部分的每一级, 输出 – 输入关系为

$$f_m(n) = f_{m-1}(n) - k_m(n)\, g_{m-1}(n-1) \tag{3-3-1a}$$

$$g_m(n) = g_{m-1}(n-1) - k_m^*(n)\, f_{m-1}(n) \tag{3-3-1b}$$

式中, $k_m(n)$ 是格型部分第 m 级的反射系数, 星号 “*” 表示复共轭, 而 $f_m(n)$ 和 $g_m(n)$ 分别表示在 n 时刻第 m 级的前向和后向预测误差。

格型滤波器的参数 $k_m(n)$ 可根据均方误差 (MSE) 准则或最小二乘法进行优化。采用 MSE 准则来选择参数使前向和后向的均方误差

$$\begin{aligned}\xi_m &= E\left[\left|f_m(n)\right|^2 + \left|g_m(n)\right|^2\right] \\ &= E\left[\left|f_{m-1}(n) - k_m(n)\, g_{m-1}(n-1)\right|^2 + \right. \\ &\qquad \left.\left|g_{m-1}(n-1) - k_m^*(n)\, f_{m-1}(n)\right|^2\right]\end{aligned} \tag{3-3-2}$$

最小, 可通过求 ξ_m 的极小值得到, 即令

$$\frac{\partial \xi_m}{\partial k_m} = 0 \tag{3-3-3}$$

则

$$k_m(n)=\frac{2E\left[f_{m-1}(n)\,g_{m-1}^*(n-1)\right]}{E\left[\left|f_{m-1}(n)\right|^2\right]+E\left[\left|g_{m-1}(n-1)\right|^2\right]} \tag{3-3-4}$$

可见, $k_m(n)$ 具有归一相关系数的形式。

当信号的统计特性未知时, 可以用最小二乘法来确定 $k_m(n)$, 性能函数为

$$\begin{aligned}\xi_m^{\mathrm{LS}}&=\sum_{l=0}^{n}\lambda^{n-l}\left[\left|f_m(l)\right|^2+\left|g_m(l)\right|^2\right]\\&=\sum_{l=0}^{n}\lambda^{n-l}\left[\left|f_{m-1}(l)-k_m(l)\,g_{m-1}(l-1)\right|^2+\right.\\&\left.\left|g_{m-1}(l-1)-k_m^*(l)\,f_{m-1}(l)\right|^2\right]\end{aligned} \tag{3-3-5}$$

令 ξ_m^{LS} 最小, 可得

$$k_m(n)=\frac{2\sum\limits_{l=0}^{n}\lambda^{n-l}f_{m-1}(l)\,g_{m-1}^*(l-1)}{\sum\limits_{l=0}^{n}\lambda^{n-l}\left[\left|f_{m-1}(l)\right|^2+\left|g_{m-1}(l-1)\right|^2\right]} \tag{3-3-6}$$

显然, 在自适应滤波技术的应用场合, 用式 (3-3-6) 来估计 $k_m(n)$ 较合适。

若用递推方式来得到 $k_m(n)$, 则式 (3-3-6) 的分子和分母项的时间递推式可写为

$$u_m(n)=\lambda u_m(n-1)+2f_{m-1}(n)\,g_{m-1}^*(n-1) \tag{3-3-7}$$

$$v_m(n)=\lambda v_m(n-1)+\left|f_{m-1}(n)\right|^2+\left|g_{m-1}(n-1)\right|^2 \tag{3-3-8}$$

则

$$k_m(n)=\frac{u_m(n)}{v_m(n)} \tag{3-3-9}$$

$k_m(n)$ 的另一种时间递推关系式可表示成为

$$k_m(n)=k_m(n-1)+\frac{f_{m-1}(n-1)\,g_m^*(n-1)+g_{m-1}^*(n-2)\,f_m(n-1)}{v_m(n-1)} \tag{3-3-10}$$

图 3.3.1 滤波器的输出 $\widehat{d}(n)$ 是后向误差的一个线性组合, 即

$$\widehat{d}(n)=\sum_{k=0}^{M-1}\beta_k(n)\,g_k(n) \tag{3-3-11}$$

式中, $\beta_k(n)$ 是阶梯部分的加权系数, 对期望信号 $d(n)$ 和估计值 $\widehat{d}(n)$ 的均方误差求极小值可找出最佳的加权系数, 令 $e_{m+1}(n)$ 表示 $d(n)$ 和 m 级格型输出的估计值之间的误差, 且 $e_0(n)=d(n)$, 则有

$$e_{m+1}(n)=d(n)-\sum_{k=0}^{m}\beta_k(n)\,g_k(n)=e_m(n)-\beta_m(n)\,g_m(n) \tag{3-3-12}$$

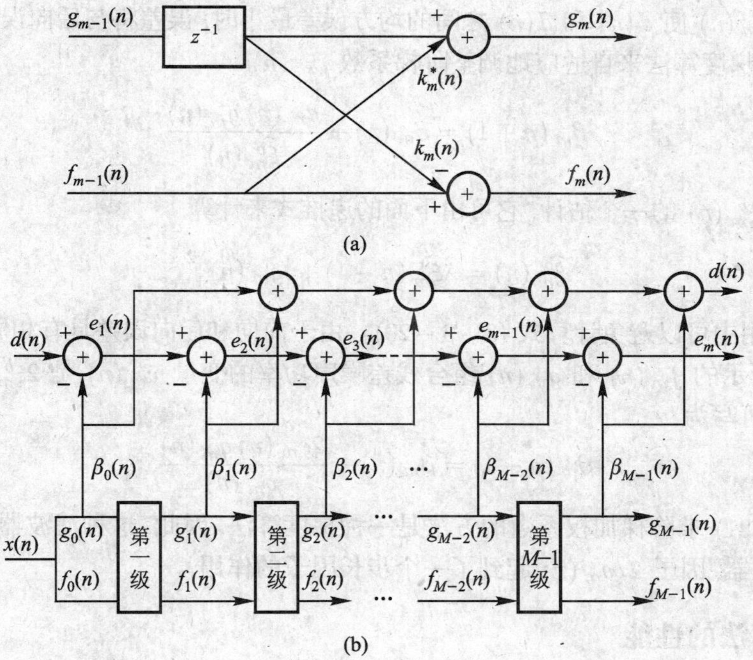

图 3.3.1　自适应梯度格型 – 阶梯滤波器

式 (3 − 3 − 12) 所示的误差也可用矩阵形式表示

$$\boldsymbol{e}_{m+1}(n)=\boldsymbol{d}(n)-\boldsymbol{\beta}_{m+1}^{\mathrm{T}}(n)\,\boldsymbol{G}_{m+1}(n) \tag{3-3-13}$$

式中, $\boldsymbol{\beta}_{m+1}(n)$ 是 $m+1$ 维阶梯加权系数向量, $\boldsymbol{G}_{m+1}(n)$ 是 $m+1$ 维后向误差向量。

若信号是平稳的, 则系数向量与时间无关, 并选择 $\boldsymbol{\beta}_{M+1}$ 使之满足正交条件

$$E\left[\boldsymbol{e}_M(n)\,\boldsymbol{G}_M^*(n)\right]=0 \tag{3-3-14}$$

将式 (3 − 3 − 13) 代入式 (3 − 3 − 14) 再进行数学期望计算, 得到

$$E\left[\boldsymbol{d}(n)\,\boldsymbol{G}_M^*(n)\right]-E\left[\boldsymbol{G}_M^*(n)\,\boldsymbol{G}_M^{\mathrm{T}}(n)\right]\boldsymbol{\beta}_M=0 \tag{3-3-15}$$

即

$$\boldsymbol{\beta}_M=\left\{E\left[\boldsymbol{G}_M^*(n)\,\boldsymbol{G}_M^{\mathrm{T}}(n)\right]\right\}^{-1}E\left[\boldsymbol{d}(n)\,\boldsymbol{G}_M^*(n)\right] \tag{3-3-16}$$

式 (3 − 3 − 1) 描述的格型滤波器后向误差的一个重要性质是它们相互正交, 即

$$E\left[g_k(n)\,g_j^*(n)\right]=\begin{cases}\xi_k^b, & k=j\\ 0, & \text{其他}\end{cases} \tag{3-3-17}$$

因此, 矩阵 $E\left[\boldsymbol{G}_M(n)\,\boldsymbol{G}_M^{\mathrm{T}}(n)\right]$ 是对角阵, 则最佳阶梯系数由下式给出:

$$\beta_m=\frac{1}{\xi_m^b}E\left[d(n)\,g_m^*(n)\right] \tag{3-3-18}$$

当最佳的 $\beta_m(n)$ 使 $d(n)$ 和 $\widehat{d}(n)$ 之间的均方误差最小时, 误差将与后向误差 $g_m(n)$ 正交。可用以下形式的梯度算法来自适应地调整阶梯系数 $\beta_m(n)$:

$$\beta_m(n+1)=\beta_m(n)+\frac{e_m(n)\,g_m^*(n)}{\widehat{\xi}_m^b(n)} \tag{3-3-19}$$

式中, $\widehat{\xi}_m^b(n)$ 是 $\xi_m^b(n)$ 的一个估计, 它可由下面的递推式来计算

$$\widehat{\xi}_m^b(n)=\lambda\widehat{\xi}_m^b(n-1)+\left|g_m(n)\right|^2 \tag{3-3-20}$$

不过, 在实际应用中可以避免计算式 (3-3-20)。由于前向和后向误差具有相同的均方值, 所以式 (3-3-8) 所示的 $f_m(n)$ 和 $g_m(n)$ 组合残差噪声功率的变量 $v_m(n)$ 是 $2\xi_m^b$ 的估计值, 因此式 (3-3-19) 可写为

$$\beta_m(n+1)=\beta_m(n)+\frac{2e_m(n)\,g_m^*(n)}{v_m(n)} \tag{3-3-21}$$

由于式 (3-3-21) 求阶梯加权系数的方法是一种梯度算法, 因此, 这种滤波器称为自适应梯度格型 - 阶梯滤波器, 因子 $2/v_m(n)$ 起到了一个步长因子的作用。

3.3.2　格型算法的性能

格型算法有许多种形式, 除了 3.3.1 节所述的梯度格型算法外, 较常用的还有 RLS 格型算法、LMS 格型算法及 QRD - LS (QR decomposition, QRD) 格型算法等。这里对自适应格型滤波器有关的性能作一简单的讨论, 并与 LMS 算法和 RLS 算法等直接形式的 FIR 滤波算法作一些比较。

1. 收敛速度

图 3.3.2 所示为一个长度为 $M=11$ 的自适应均衡器用 RLS 格型算法、RLS 梯度格型算法和常规 LMS 算法得到的学习曲线, 自相关矩阵的特征值比率为 $\lambda_{\max}/\lambda_{\min}=21$。从图 3.3.2 中可以看到, RLS 梯度格型算法达到收敛所需的时间约比 RLS 格型算法长一倍, 而它又比 LMS 算法的收敛速度快得多。对于上述两个格型算法, 收敛速度与相关矩阵的特征值分布无关。

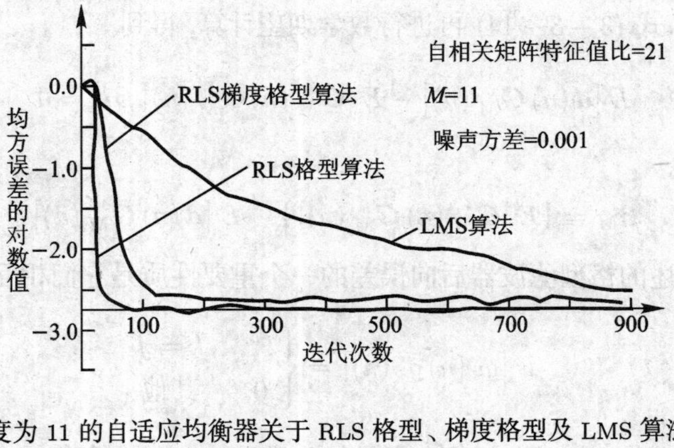

图 3.3.2　长度为 11 的自适应均衡器关于 RLS 格型、梯度格型及 LMS 算法的学习曲线

与 LMS 滤波器相比, 尽管格型滤波器的收敛速度快, 但其收敛后的输出误差常比 LMS 滤波器收敛后的输出误差大, 这是由于收敛后其反射系数仍在不断地自适应调节所致。因此, 对平稳

的随机信号, 格型滤波器可能不是最佳的选择; 当信号非平稳时, 格型滤波器能够比 LMS 自适应滤波器更好地跟踪信号的变化。

2. 运算量的比较

图 3.3.3 所示为各种自适应滤波算法的运算复杂度比较。显然, LMS 算法的运算量最小; 快速 RLS 算法的运算量比梯度格型算法小; 而 RLS 格型算法的运算量又大于梯度格型算法。当 M 很小时, 三种收敛快的 RLS 算法的运算量差别不太大。

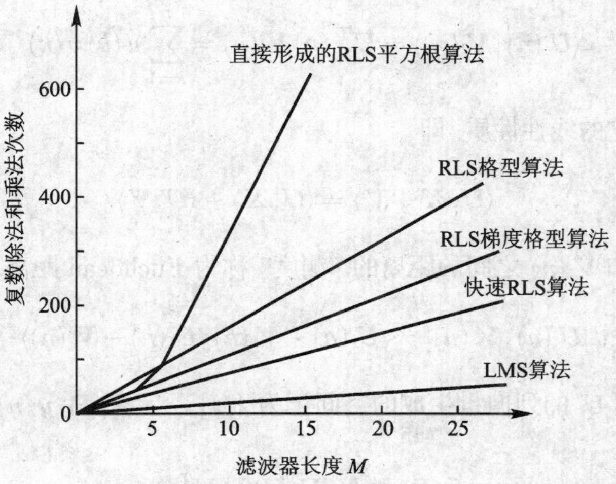

图 3.3.3　自适应滤波算法的运算量比较

3.4　快速横向滤波器

本节应用投影技术和向量空间法推导固定阶数的横向最小二乘自适应滤波器的算法, 这种滤波器称为快速横向滤波器。

推导快速横向滤波器的一种非常有用的数学工具是横向滤波器算子。在本节的讨论中, 这种算子是一个 $N \times n$ 维矩阵, 其中 n 为时间常数, N 代表横向滤波器的固定阶数。

对于一个一般的 $n \times N$ 维数据矩阵 $\boldsymbol{U}$, 横向滤波器算子定义为 $N \times n$ 维矩阵, 即

$$\boldsymbol{K}_U = \langle \boldsymbol{U}, \boldsymbol{U} \rangle^{-1} \boldsymbol{U}^{\mathrm{T}} \qquad (3-4-1)$$

快速横向滤波器可以看作是四个分离的 N 阶横向滤波器的组合。这四个滤波器记为: ① 最小二乘预测滤波器 $\boldsymbol{W}_N(n)$; ② 前向预测误差滤波器 $\boldsymbol{f}_N(n)$; ③ 后向预测误差滤波器 $\boldsymbol{b}_N(n)$; ④ 增益滤波器 $\boldsymbol{g}_N(n)$。

3.4.1　线性向量空间

考虑在时间 n 采集的数据向量 $\boldsymbol{X}(n)$

$$\boldsymbol{X}(n) = [x(1), x(2), \cdots, x(n-1), x(n)]^{\mathrm{T}} \qquad (3-4-2)$$

为了不失一般性, 时间起点假定为时刻 1, 而现在的采样在时刻 n。形如 $\boldsymbol{X}(n)$ 的向量的重要性主要在于它定义了一种特别的向量空间。向量空间的一列向量 $\boldsymbol{U}(n)$ 的 "长度" 可以用向量范数定义, 即

$$\langle \boldsymbol{U}(n), \boldsymbol{U}(n)\rangle^{\frac{1}{2}} = \left[\boldsymbol{U}^{\mathrm{T}}(n)\boldsymbol{U}(n)\right]^{\frac{1}{2}} = \left[\sum_{k=1}^{n} u^{2}(k)\right]^{\frac{1}{2}} \tag{3-4-3}$$

向量长度是两个向量的内积 $\langle \boldsymbol{U}(n), \boldsymbol{V}(n)\rangle$ 的一个特例。两个向量的内积定义为

$$\langle \boldsymbol{U}(n), \boldsymbol{V}(n)\rangle = \boldsymbol{U}^{\mathrm{T}}(n)\boldsymbol{V}(n) = \sum_{k=1}^{n} u(k)v(k) \tag{3-4-4}$$

内积最重要的性质是它的线性性质, 即

$$\langle \boldsymbol{U}, \boldsymbol{X}+\boldsymbol{V}\rangle = \langle \boldsymbol{U}, \boldsymbol{X}\rangle + \langle \boldsymbol{U}, \boldsymbol{V}\rangle \tag{3-4-5}$$

测量两个向量 $\boldsymbol{U}(n)$ 和 $\boldsymbol{V}(n)$ 之间的距离的 "测度" 称为 Euclidean 距离, 定义为

$$d[\boldsymbol{U}(n), \boldsymbol{V}(n)] = \langle \boldsymbol{U}(n)-\boldsymbol{V}(n), \boldsymbol{U}(n)-\boldsymbol{V}(n)\rangle^{\frac{1}{2}} \tag{3-4-6}$$

通常, 将数据矩阵 $\boldsymbol{U}$ 的列向量生成的空间记为 $\{\boldsymbol{U}\}$。定义 $\boldsymbol{P_U y}(n)$ 是 $\boldsymbol{y}(n)$ 在 $\{\boldsymbol{U}\}$ 上的投影, 并称

$$\boldsymbol{P}_U = \boldsymbol{U}\langle \boldsymbol{U}, \boldsymbol{U}\rangle^{-1}\boldsymbol{U}^{\mathrm{T}} \tag{3-4-7}$$

是在子空间 $\{\boldsymbol{U}\}$ 上的投影矩阵。这里的 $\boldsymbol{U}$ 可以是数据矩阵或数据向量, 甚至可以是一个标量。

投影矩阵有两个非常有用的性质, 即

$$\boldsymbol{P}_U\boldsymbol{P}_U = \boldsymbol{P}_U \tag{3-4-8}$$

$$\boldsymbol{P}_U^{\mathrm{T}} = \boldsymbol{P}_U \tag{3-4-9}$$

特别地, 用 $\boldsymbol{P}_U^{\perp}$ 表示子空间 $\{\boldsymbol{U}\}$ 的正交投影矩阵, 定义为

$$\boldsymbol{P}_U^{\perp} = \boldsymbol{I} - \boldsymbol{P}_U \tag{3-4-10}$$

根据其定义可以证明, 正交投影矩阵具有以下性质:

$$\left[\boldsymbol{P}_U^{\perp}\right]^{\mathrm{T}} = \boldsymbol{P}_U^{\perp} \tag{3-4-11a}$$

$$\boldsymbol{P}_U^{\perp}\boldsymbol{P}_U^{\perp} = \boldsymbol{P}_U^{\perp} \tag{3-4-11b}$$

$$\boldsymbol{P}_U^{\perp}\boldsymbol{P}_U = \boldsymbol{0} \tag{3-4-11c}$$

式 (3 − 4 − 11c) 中的 $\boldsymbol{0}$ 表示元素全部为零的矩阵。

3.4.2 最小二乘更新关系

假定当前数据空间是 $\{\boldsymbol{U}\}$, 与此相应的投影矩阵是 $\boldsymbol{P}_U$, 正交投影矩阵为 $\boldsymbol{P}_U^{\perp}$。假设有一个新的向量 $\boldsymbol{u}$ 加入到 $\{\boldsymbol{U}\}$ 的基向量组中, 向量 $\boldsymbol{u}$ 将提供某些在 $\{\boldsymbol{U}\}$ 的原有基向量组中没有包含

的信息。由于数据子空间从 $\{\boldsymbol{U}\}$ 变化为 $\{\boldsymbol{U},\boldsymbol{u}\}$, 则需要寻找新的投影矩阵 $\boldsymbol{P}_{Uu}$ 和 $\boldsymbol{P}_{Uu}^{\perp}$, 以替代原来的投影矩阵 $\boldsymbol{P}_U$ 和 $\boldsymbol{P}_U^{\perp}$。

这些更新可以用正交向量空间的概念来推导。需要注意的是, 向量 $\boldsymbol{u}$ 本身并不能保证与 $\{\boldsymbol{U}\}$ 正交。然而, 如果 $\boldsymbol{u}$ 可以用来产生另一个与 $\{\boldsymbol{U}\}$ 正交的向量 $\boldsymbol{w}$ 的话, 则投影矩阵 $\boldsymbol{P}_{Uu}$ 可分解为

$$\boldsymbol{P}_{Uu}=\boldsymbol{P}_U+\boldsymbol{P}_w \tag{3-4-12}$$

以一维子空间为例, 则

$$\boldsymbol{w}=\boldsymbol{P}_U^{\perp}\boldsymbol{u} \tag{3-4-13}$$

给出了一个与 $\{\boldsymbol{U}\}$ 正交的向量 $\boldsymbol{w}$, 如图 3.4.1 所示。

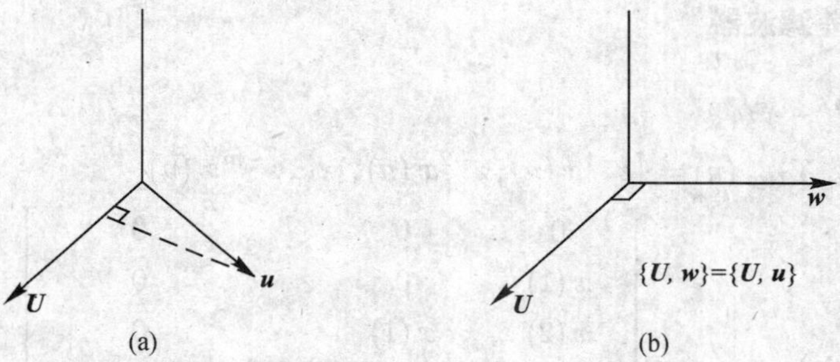

图 3.4.1　子空间的构造

利用投影向量的定义式 (3-4-7), 易求出

$$\boldsymbol{P}_w=\boldsymbol{w}\left\langle\boldsymbol{w},\boldsymbol{w}\right\rangle^{-1}\boldsymbol{w}^{\mathrm{T}}=\boldsymbol{P}_U^{\perp}\boldsymbol{u}\left\langle\boldsymbol{P}_U^{\perp}\boldsymbol{u},\boldsymbol{P}_U^{\perp}\boldsymbol{u}\right\rangle^{-1}\boldsymbol{u}^{\mathrm{T}}\boldsymbol{P}_U^{\perp} \tag{3-4-14}$$

式 (3-4-14) 利用了式 (3-4-11a) 所示的投影向量的性质。由式 (3-4-12) 和式 (3-4-14) 可以得到新的投影矩阵的更新公式

$$\boldsymbol{P}_{Uu}=\boldsymbol{P}_U+\boldsymbol{P}_U^{\perp}\boldsymbol{u}\left\langle\boldsymbol{P}_U^{\perp}\boldsymbol{u},\boldsymbol{P}_U^{\perp}\boldsymbol{u}\right\rangle^{-1}\boldsymbol{u}^{\mathrm{T}}\boldsymbol{P}_U^{\perp} \tag{3-4-15}$$

进一步利用正交投影矩阵的定义式 (3-4-10), 可以得到新的正交投影矩阵的更新公式为

$$\begin{aligned}\boldsymbol{P}_{Uu}^{\perp}&=\boldsymbol{I}-\boldsymbol{P}_{Uu}=\boldsymbol{I}-(\boldsymbol{I}-\boldsymbol{P}_U^{\perp})-\boldsymbol{P}_U^{\perp}\boldsymbol{u}\left\langle\boldsymbol{P}_U^{\perp}\boldsymbol{u},\boldsymbol{P}_U^{\perp}\boldsymbol{u}\right\rangle^{-1}\boldsymbol{u}^{\mathrm{T}}\boldsymbol{P}_U^{\perp}\\&=\boldsymbol{P}_U^{\perp}-\boldsymbol{P}_U^{\perp}\boldsymbol{u}\left\langle\boldsymbol{P}_U^{\perp}\boldsymbol{u},\boldsymbol{P}_U^{\perp}\boldsymbol{u}\right\rangle^{-1}\boldsymbol{u}^{\mathrm{T}}\boldsymbol{P}_U^{\perp}\end{aligned} \tag{3-4-16}$$

对于在子空间 $\{\boldsymbol{U},\boldsymbol{u}\}$ 中的任意一般向量 $\boldsymbol{y}$, 只需要用 $\boldsymbol{y}$ 分别右乘式 (3-4-15) 和式 (3-4-16) 就可以得到下面的更新公式:

$$\boldsymbol{P}_{Uu}\boldsymbol{y}=\boldsymbol{P}_U\boldsymbol{y}+\boldsymbol{P}_U^{\perp}\boldsymbol{u}\left\langle\boldsymbol{P}_U^{\perp}\boldsymbol{u},\boldsymbol{P}_U^{\perp}\boldsymbol{u}\right\rangle^{-1}\left\langle\boldsymbol{u},\boldsymbol{P}_U^{\perp}\boldsymbol{y}\right\rangle \tag{3-4-17a}$$

$$\boldsymbol{P}_{Uu}^{\perp}\boldsymbol{y}=\boldsymbol{P}_U^{\perp}\boldsymbol{y}-\boldsymbol{P}_U^{\perp}\boldsymbol{u}\left\langle\boldsymbol{P}_U^{\perp}\boldsymbol{u},\boldsymbol{P}_U^{\perp}\boldsymbol{u}\right\rangle^{-1}\left\langle\boldsymbol{u},\boldsymbol{P}_U^{\perp}\boldsymbol{y}\right\rangle \tag{3-4-17b}$$

式 (3-4-17) 给出了在最小二乘递推中整个向量的更新公式。

在最小二乘递推中, 还常常需要递推某个标量。由于任一标量都可以用一个广义内积 $\langle \boldsymbol{A}, \boldsymbol{B} \rangle$ 来表示, 因此可以利用内积的定义和式 (3 − 4 − 17) 得到标量的更新公式

$$\langle \boldsymbol{z}, \boldsymbol{P}_{Uu}\boldsymbol{y} \rangle = \langle \boldsymbol{z}, \boldsymbol{P}_{U}\boldsymbol{y} \rangle + \left\langle \boldsymbol{z}, \boldsymbol{P}_{U}^{\perp}\boldsymbol{u} \right\rangle \left\langle \boldsymbol{P}_{U}^{\perp}\boldsymbol{u}, \boldsymbol{P}_{U}^{\perp}\boldsymbol{u} \right\rangle^{-1} \left\langle \boldsymbol{u}, \boldsymbol{P}_{U}^{\perp}\boldsymbol{y} \right\rangle \tag{3-4-18a}$$

$$\left\langle \boldsymbol{z}, \boldsymbol{P}_{Uu}^{\perp}\boldsymbol{y} \right\rangle = \left\langle \boldsymbol{z}, \boldsymbol{P}_{U}^{\perp}\boldsymbol{y} \right\rangle - \left\langle \boldsymbol{z}, \boldsymbol{P}_{U}^{\perp}\boldsymbol{u} \right\rangle \left\langle \boldsymbol{P}_{U}^{\perp}\boldsymbol{u}, \boldsymbol{P}_{U}^{\perp}\boldsymbol{u} \right\rangle^{-1} \left\langle \boldsymbol{u}, \boldsymbol{P}_{U}^{\perp}\boldsymbol{y} \right\rangle \tag{3-4-18b}$$

在式 (3 − 4 − 17) 和式 (3 − 4 − 18) 中选择合适的 $\boldsymbol{U}, \boldsymbol{u}, \boldsymbol{z}, \boldsymbol{y}$, 就可以直接导出快速横向滤波器所需要的全部时间更新和阶数更新的公式。

3.4.3 前、后向预测误差滤波器

1. 前向预测误差滤波器

定义数据矩阵

$$\begin{aligned} \boldsymbol{X}_{1,m}(n) &= \left[z^{-1}\boldsymbol{x}(n), z^{-2}\boldsymbol{x}(n), \cdots, z^{-m}\boldsymbol{x}(n)\right] \\ &= \begin{bmatrix} 0 & 0 & \cdots & 0 \\ x(1) & 0 & \cdots & 0 \\ x(2) & x(1) & \cdots & 0 \\ \vdots & \vdots & \vdots & \vdots \\ x(n-2) & x(n-3) & \cdots & x(n-m-1) \\ x(n-1) & x(n-2) & \cdots & x(n-m) \end{bmatrix} \end{aligned} \tag{3-4-19}$$

m 阶前向预测误差 (FPE) 滤波器根据在子空间 $\{\boldsymbol{X}_{1,m}(n)\}$ 的 m 个基向量计算现时刻数据向量 $\boldsymbol{x}(n)$ 的预测 $\widehat{\boldsymbol{x}}(n)$。由式 (3 − 4 − 19) 可以看到, $\{\boldsymbol{X}_{1,m}(n)\}$ 的基向量全部是被延时的向量, 因此, $\boldsymbol{x}(n)$ 不位于 $\{\boldsymbol{X}_{1,m}(n)\}$ 内。也就是说, 关于现时刻样本 $\boldsymbol{x}(n)$ 的任何信息都不包含在 $\{\boldsymbol{X}_{1,m}(n)\}$ 内。用向量形式, 前向预测误差向量可表示为

$$\boldsymbol{e}_m^f = \boldsymbol{x}(n) - \widehat{\boldsymbol{x}}(n) \tag{3-4-20}$$

m 阶前向预测误差滤波器的预测系数向量 $\boldsymbol{W}_m^f(n)$ 由下式确定:

$$\frac{\partial}{\partial \boldsymbol{W}_m^f(n)} \left\langle \boldsymbol{e}_m^f(n), \boldsymbol{e}_m^f(n) \right\rangle = 0 \tag{3-4-21}$$

这样由最小二乘法可给出下面的解:

$$\begin{aligned} \boldsymbol{W}_m^f(n) &= \left[\boldsymbol{X}_{1,m}^{\mathrm{T}}(n)\boldsymbol{X}_{1,m}(n)\right]^{-1} \boldsymbol{X}_{1,m}^{\mathrm{T}}(n)\boldsymbol{x}(n) \\ &= \langle \boldsymbol{X}_{1,m}(n), \boldsymbol{X}_{1,m}(n) \rangle^{-1} \langle \boldsymbol{X}_{1,m}(n), \boldsymbol{x}(n) \rangle \end{aligned} \tag{3-4-22}$$

利用这一结果, $\boldsymbol{x}(n)$ 的预测 $\widehat{\boldsymbol{x}}(n)$ 为

$$\widehat{\boldsymbol{x}}(n) = \boldsymbol{X}_{1,m}(n)\boldsymbol{W}_m^f(n) = \boldsymbol{P}_{1,m}(n)\boldsymbol{x}(n) \tag{3-4-23}$$

式中, $\boldsymbol{P}_{1,m}(n)$ 为投影矩阵

$$\boldsymbol{P}_{1,m}(n)=\boldsymbol{X}_{1,m}(n)\left\langle\boldsymbol{X}_{1,m}(n),\boldsymbol{X}_{1,m}(n)\right\rangle^{-1}X_{1,m}^{\mathrm{T}}(n) \tag{3-4-24}$$

根据式 (3−4−20) 和式 (3−4−23), 同时利用式 (3−4−10) 所示的正交投影矩阵的定义, 可得到前向预测误差向量的简洁表达式

$$\boldsymbol{e}_m^f(n)=\boldsymbol{x}(n)-\boldsymbol{P}_{1,m}(n)\boldsymbol{x}(n)=\left[\boldsymbol{I}-\boldsymbol{P}_{1,m}(n)\right]\boldsymbol{x}(n)=\boldsymbol{P}_{1,m}^{\perp}(n)\boldsymbol{x}(n) \tag{3-4-25}$$

2. 后向预测误差滤波器

同样可以用类似的方法分析后向预测误差滤波器。由于该滤波器是根据在 $x(n-m)$ 之后发生的 m 个最近样本 $x(n-m+1),\cdots,x(n)$ 计算标量样本值 $x(n-m)$ 的预测值, 故后向预测误差由

$$\boldsymbol{e}_m^b(n)=\boldsymbol{x}(n-m)-\widehat{\boldsymbol{x}}(n-m) \tag{3-4-26}$$

定义。考虑从时刻 1 到时刻 n 的所有后向误差组成的向量, 则有与式 (3−4−26) 对应的向量形式

$$\boldsymbol{e}_m^b(n)=z^{-m}\boldsymbol{x}(n)-\widehat{\boldsymbol{x}}(n-m)=\left[e_m^b(1),e_m^b(2),\cdots,e_m^b(n)\right]^{\mathrm{T}} \tag{3-4-27}$$

定义数据矩阵

$$\begin{aligned}\boldsymbol{X}_{0,m-1}(n)&=\left[z^0\boldsymbol{x}(n),z^{-1}\boldsymbol{x}(n),\cdots,z^{-(m-1)}\boldsymbol{x}(n)\right]^{\mathrm{T}}\\&=\begin{bmatrix}x(1)&0&\cdots&0\\x(2)&x(1)&\cdots&0\\\vdots&\vdots&\vdots&\vdots\\x(n-1)&x(n-2)&\cdots&x(n-m)\\x(n)&x(n-1)&\cdots&x(n-m+1)\end{bmatrix}\end{aligned} \tag{3-4-28}$$

m 阶后向预测误差滤波器的预测系数 $\boldsymbol{W}_m^b(n)$ 由下式确定:

$$\frac{\partial}{\partial\boldsymbol{W}_m^b(n)}\left\langle\boldsymbol{e}_m^b(n),\boldsymbol{e}_m^b(n)\right\rangle=0 \tag{3-4-29}$$

因而, 得到最佳预测系数向量

$$\begin{aligned}\boldsymbol{W}_m^b(n)&=\left[\boldsymbol{X}_{0,m-1}^{\mathrm{T}}(n),\boldsymbol{X}_{0,m-1}(n)\right]^{-1}\boldsymbol{X}_{0,m-1}^{\mathrm{T}}(n)\boldsymbol{x}(n-m)\\&=\left\langle\boldsymbol{X}_{0,m-1}(n),\boldsymbol{X}_{0,m-1}(n)\right\rangle^{-1}\boldsymbol{X}_{0,m-1}^{\mathrm{T}}(n)z^{-m}\boldsymbol{x}(n)\end{aligned} \tag{3-4-30}$$

于是有

$$\widehat{\boldsymbol{x}}(n-m)=\boldsymbol{X}_{0,m-1}(n)\boldsymbol{W}_m^b(n)=\boldsymbol{P}_{0,m-1}(n)z^{-m}\boldsymbol{x}(n) \tag{3-4-31}$$

式中, $\boldsymbol{P}_{0,m-1}(n)$ 是投影矩阵, 有

$$\boldsymbol{P}_{0,m-1}(n)=\boldsymbol{X}_{0,m-1}(n)\left\langle\boldsymbol{X}_{0,m-1}(n),\boldsymbol{X}_{0,m-1}(n)\right\rangle^{-1}\boldsymbol{X}_{0,m-1}^{\mathrm{T}}(n) \tag{3-4-32}$$

根据式 (3−4−27) 和式 (3−4−31), 并利用正交投影矩阵的定义, 可得

$$\boldsymbol{e}_m^b(n)=\left[\boldsymbol{I}-\boldsymbol{P}_{0,m-1}(n)\right]z^{-m}\boldsymbol{x}(n)=\boldsymbol{P}_{0,m-1}^{\perp}(n)z^{-m}\boldsymbol{x}(n) \tag{3-4-33}$$

3.4.4 向量空间关系

1. 最小二乘预测滤波器 $\boldsymbol{W}_N(n)$

用采集到的数据信号 $\boldsymbol{x}(n)$ 最佳地预测所希望的信号 $\boldsymbol{d}(n)$

$$\widehat{\boldsymbol{d}}(n) = W_1(n)\boldsymbol{x}(n) + \cdots + W_N(n) z^{-N+1}\boldsymbol{x}(n) \tag{3-4-34}$$

定义 $\boldsymbol{e}(n|n)$ 为用 n 时刻的滤波器预测 $\boldsymbol{d}(n)$ 时所产生的误差向量, 于是有

$$\boldsymbol{e}(n|n) = \boldsymbol{d}(n) - \widehat{\boldsymbol{d}}(n) \tag{3-4-35}$$

令

$$\begin{aligned}\boldsymbol{X}_{0,N-1}(n) &= \left[z^0\boldsymbol{x}(n), z^{-1}\boldsymbol{x}(n), \cdots, z^{-N+1}\boldsymbol{x}(n)\right] \\ &= \begin{bmatrix} x(1) & 0 & \cdots & 0 \\ x(2) & x(1) & \cdots & 0 \\ \vdots & \vdots & \vdots & \vdots \\ x(n) & x(n-1) & \cdots & x(n-N+1) \end{bmatrix}\end{aligned} \tag{3-4-36}$$

则 $\widehat{\boldsymbol{d}}$ 可表示为

$$\widehat{\boldsymbol{d}}(n) = \boldsymbol{X}_{0,N-1}(n)\boldsymbol{W}_N(n) \tag{3-4-37}$$

如果求解最小二乘问题

$$\frac{\partial}{\partial \boldsymbol{W}_N(n)}\langle \boldsymbol{e}(n|n), \boldsymbol{e}(n|n)\rangle = 0 \tag{3-4-38}$$

则有

$$\begin{aligned}\boldsymbol{W}_N(n) &= \left[\boldsymbol{X}_{0,N-1}^{\mathrm{T}}(n)\boldsymbol{X}_{0,N-1}(n)\right]^{-1}\boldsymbol{X}_{0,N-1}^{\mathrm{T}}(n)\boldsymbol{d}(n) \\ &= \langle \boldsymbol{X}_{0,N-1}(n), \boldsymbol{X}_{0,N-1}(n)\rangle^{-1}\boldsymbol{X}_{0,N-1}^{\mathrm{T}}(n)\boldsymbol{d}(n)\end{aligned} \tag{3-4-39}$$

利用横向滤波器算子 $\boldsymbol{K}_{0,N-1}(n)$, 可以将 $\boldsymbol{W}_N(n)$ 简写成

$$\boldsymbol{W}_N(n) = \boldsymbol{K}_{0,N-1}(n)\boldsymbol{d}(n) \tag{3-4-40}$$

使用横向滤波器算子表示最小二乘滤波器 $\boldsymbol{W}_N(n)$ 的主要好处是, 它能提供一种将 $\boldsymbol{W}_N(n-1)$ 更新为 $\boldsymbol{W}_N(n)$ 的直接方法, 即在时刻 $n-1$, 由式 (3-4-40) 可得

$$\boldsymbol{W}_N(n-1) = \boldsymbol{K}_{0,N-1}(n-1)\boldsymbol{d}(n-1) \tag{3-4-41}$$

利用正交投影矩阵的定义, 由式 (3-4-34)、式 (3-4-35) 和式 (3-4-37) 可得

$$\boldsymbol{e}(n|n) = \boldsymbol{P}_{0,N-1}^{\perp}(n)\boldsymbol{d}(n) \tag{3-4-42}$$

2. 前向预测误差滤波器 $\boldsymbol{f}_N(n)$

假设 $f_i(n)$ 是前向线性预测误差滤波器 $\boldsymbol{f}_N(n)$ 的分量, 即

$$\boldsymbol{f}_N(n)=[f_1(n),f_2(n),\cdots,f_N(n)]^{\mathrm{T}} \tag{3-4-43}$$

则前向预测误差向量变成

$$\boldsymbol{e}^f(n|n)=\boldsymbol{x}(n)-\widehat{\boldsymbol{x}}^f(n) \tag{3-4-44}$$

由式 (3－4－23) 可得

$$\widehat{\boldsymbol{x}}^f(n)=\boldsymbol{P}_{1,N}(n)\,\boldsymbol{x}(n) \tag{3-4-45}$$

式中, $\boldsymbol{P}_{1,N}(n)=\boldsymbol{X}_{1,N}(n)\langle\boldsymbol{X}_{1,N}(n),\boldsymbol{X}_{1,N}(n)\rangle^{-1}X^{\mathrm{T}}_{1,N}(n)$, 且

$$\boldsymbol{X}_{1,N}(n)=\left[z^{-1}\boldsymbol{x}(n),z^{-2}\boldsymbol{x}(n),\cdots,z^{-N}\boldsymbol{x}(n)\right] \tag{3-4-46}$$

则与式 (3－4－22) 类似, 可得

$$\boldsymbol{f}_N(n)=\langle\boldsymbol{X}_{1,N}(n),\boldsymbol{X}_{1,N}(n)\rangle^{-1}\boldsymbol{X}^{\mathrm{T}}_{1,N}(n)\,\boldsymbol{x}(n)=\boldsymbol{K}_{1,N}(n)\,\boldsymbol{x}(n) \tag{3-4-47}$$

式中, $\boldsymbol{K}_{1,N}(n)$ 为横向滤波器算子。由式 (3－4－44) 和式 (3－4－45) 以及正交投影矩阵定义可得前向预测误差向量为

$$\boldsymbol{e}^f(n|n)=[\boldsymbol{I}-\boldsymbol{P}_{1,N}(n)]\,\boldsymbol{x}(n)=\boldsymbol{P}^{\perp}_{1,N}(n)\,\boldsymbol{x}(n) \tag{3-4-48}$$

而前向预测残差或前向预测误差向量 $\boldsymbol{e}^f(n|n)$ 的能量 $\boldsymbol{\varepsilon}^f(n|n)$ 可表示为

$$\boldsymbol{\varepsilon}^f(n|n)=\langle\boldsymbol{e}^f(n|n),\boldsymbol{e}^f(n|n)\rangle=\left\langle\boldsymbol{P}^{\perp}_{1,N}(n)\,\boldsymbol{x}(n),\boldsymbol{P}^{\perp}_{1,N}(n)\,\boldsymbol{x}(n)\right\rangle \tag{3-4-49}$$

根据式 (3－4－11a) 和式 (3－4－11b) 所示的正交投影矩阵性质, 式 (3－4－49) 可改写为

$$\begin{aligned}\boldsymbol{\varepsilon}^f(n|n)&=\langle\boldsymbol{e}^f(n|n),\boldsymbol{e}^f(n|n)\rangle=\left\langle\boldsymbol{P}^{\perp}_{1,N}(n)\,\boldsymbol{x}(n),\boldsymbol{P}^{\perp}_{1,N}(n)\,\boldsymbol{x}(n)\right\rangle\\&=\boldsymbol{x}^{\mathrm{T}}(n)\,\boldsymbol{P}^{\perp}_{1,N}(n)\,\boldsymbol{P}^{\perp}_{1,N}(n)\,\boldsymbol{x}(n)=\left\langle\boldsymbol{x}(n),\boldsymbol{P}^{\perp}_{1,N}(n)\,\boldsymbol{x}(n)\right\rangle\end{aligned} \tag{3-4-50}$$

3. 后向预测误差滤波器 $\boldsymbol{b}_N(n)$

由式 (3－4－32) 及式 (3－4－1), 后向预测误差滤波器 $\boldsymbol{b}_N(n)$ 可表示为

$$\begin{aligned}\boldsymbol{b}_N(n)&=\langle\boldsymbol{X}_{0,N-1}(n),\boldsymbol{X}_{0,N-1}(n)\rangle^{-1}\boldsymbol{X}^{\mathrm{T}}_{0,N-1}(n)\,z^{-N}\boldsymbol{x}(n)\\&=\boldsymbol{K}_{0,N-1}(n)\,z^{-N}\boldsymbol{x}(n)\end{aligned} \tag{3-4-51}$$

与前述推导过程类似, 后向预测误差向量 $\boldsymbol{e}^b(n|n)$ 可表示为

$$\boldsymbol{e}^b(n|n)=\boldsymbol{P}^{\perp}_{0,N-1}(n)\,z^{-N}\boldsymbol{x}(n) \tag{3-4-52}$$

而后向预测残差可表示为

$$\boldsymbol{\varepsilon}^b(n|n)=\langle\boldsymbol{e}^n(n|n),\boldsymbol{e}^b(n|n)\rangle=\left\langle z^{-N}\boldsymbol{x}(n),\boldsymbol{P}^{\perp}_{0,N-1}(n)\,z^{-N}\boldsymbol{x}(n)\right\rangle \tag{3-4-53}$$

4. 增益横向滤波器 $\boldsymbol{g}_N(n)$

首先, 建立偏相关系数的更新公式。

命题 3.4.1: 偏相关系数满足如下更新公式

$$\varDelta_{N+1}(n)=\varDelta_{N+1}(n-1)+\frac{e_N^f(n)\,e_N^b(n-1)}{\gamma_N(n-1)} \tag{3-4-54}$$

式中, $\gamma_N(n-1)$ 为角度参数, 定义为

$$\gamma_N(n-1)=\left\langle \boldsymbol{\pi}(n),\boldsymbol{P}_{1,N}^{\perp}(n)\,\boldsymbol{\pi}(n)\right\rangle \tag{3-4-55}$$

式中, $\boldsymbol{\pi}(n)=[0,0,\cdots,0,1]^{\mathrm{T}}$。证明略。

再介绍一个有用的关系式

$$\boldsymbol{P}_{U,\pi}(n)=\begin{bmatrix}\boldsymbol{P}_U(n-1) & \mathbf{0}\\ \mathbf{0} & 1\end{bmatrix} \tag{3-4-56}$$

式 (3－4－56) 描述了子空间 $\{\boldsymbol{U},\boldsymbol{\pi}(n)\}$ 的投影矩阵 $\boldsymbol{P}_{U,\pi}(n)$ 与子空间 $\{\boldsymbol{U}\}$ 的投影矩阵 $\boldsymbol{P}_U(n)$ 之间的关系。由式 (3－4－56) 和正交投影矩阵定义, 可得

$$\boldsymbol{P}_{U,\pi}^{\perp}(n)=\begin{bmatrix}\boldsymbol{P}_U^{\perp}(n-1) & \mathbf{0}\\ \mathbf{0} & \mathbf{0}\end{bmatrix} \tag{3-4-57}$$

如图 3.4.2 所示, 考虑当 $\boldsymbol{x}(n)$ 从时刻 $n-1$ 变为时刻 n 时, 一维子空间 $\boldsymbol{x}(n)$ 的几何意义, 则根据式 (3－4－55) 可定量描述这一变化的角度参数为

$$\gamma_1(n)=\left\langle \boldsymbol{\pi}(n),\boldsymbol{P}_{0,0}^{\perp}(n)\,\boldsymbol{\pi}(n)\right\rangle=\cos^2\theta \tag{3-4-58}$$

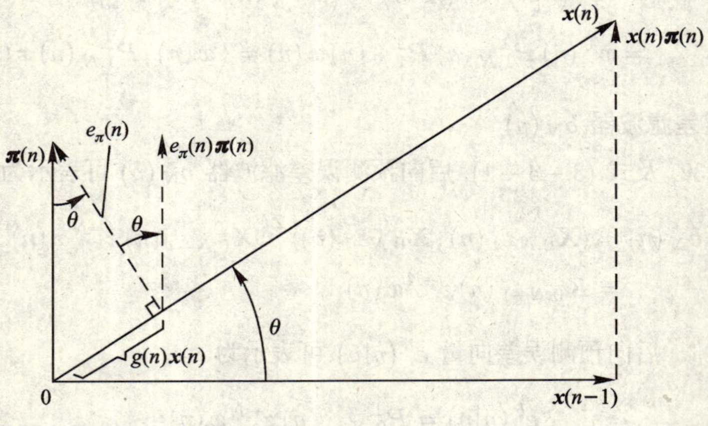

图 3.4.2 一维子空间的几何意义

横向增益滤波器可以看作是在横向最小二乘滤波器估计的框架内提供的一种定量描述图示变化的方法。

考虑 $\boldsymbol{\pi}(n)=[0,0,\cdots,0,1]^{\mathrm{T}}$ 到 $\boldsymbol{x}(n)$ 上的投影。用线性向量空间公式，将此投影记为 $\boldsymbol{P}_x(n)\boldsymbol{\pi}(n)$。由图 3.4.2 可以看到，这一投影是在 $\boldsymbol{x}(n)$ 方向上的，故可写成 $g(n)\boldsymbol{x}(n)$，其中 $g(n)$ 是一个在时刻 n 的标量乘数。于是得

$$g(n)\boldsymbol{x}(n)=\boldsymbol{P}_x(n)\boldsymbol{\pi}(n) \tag{3-4-59}$$

即向量 $g(n)\boldsymbol{x}(n)$ 就是利用数据 $\boldsymbol{x}(n)$ 作出的单位时间向量 $\boldsymbol{\pi}(n)$ 的最小二乘预测。等价地，$g(n)$ 是用数据 $\boldsymbol{x}(n)$ 预测 $\boldsymbol{\pi}(n)$ 的最佳单一系数滤波器。利用正交投影矩阵的定义，由这一预测得到的误差向量 $\boldsymbol{e}_\pi(n)$ 可表示为

$$\boldsymbol{e}_\pi(n)=\boldsymbol{\pi}(n)-\boldsymbol{P}_x(n)\boldsymbol{\pi}(n)=\boldsymbol{P}_x^{\perp}(n)\boldsymbol{\pi}(n) \tag{3-4-60}$$

利用式 (3－4－58)，可得该误差向量 n 时刻的分量为

$$e_\pi(n)=\left\langle\boldsymbol{\pi}(n),\boldsymbol{P}_x^{\perp}(n)\boldsymbol{\pi}(n)\right\rangle=\gamma_1(n) \tag{3-4-61}$$

推广到 N 维子空间 $\{\boldsymbol{X}_{0,N-1}(n)\}$，式 (3－4－59) 变为

$$\boldsymbol{X}_{0,N-1}(n)\boldsymbol{g}_N(n)=\boldsymbol{P}_{0,N-1}(n)\boldsymbol{\pi}(n) \tag{3-4-62}$$

而式 (3－4－61) 相应变成

$$\gamma_N=\left\langle\boldsymbol{\pi}(n),\boldsymbol{P}_{0,N-1}^{\perp}(n)\boldsymbol{\pi}(n)\right\rangle \tag{3-4-63}$$

利用内积与 $\boldsymbol{\pi}(n)$ 的定义及式 (3－4－36)，综合式 (3－4－62) 和式 (3－4－63) 可得

$$\gamma_N=1-\boldsymbol{x}_N^{\mathrm{T}}(n)\boldsymbol{g}_N(n) \tag{3-4-64}$$

式中

$$\boldsymbol{x}_N(n)=[x(n),x(n-1),\cdots,x(n-N+1)]^{\mathrm{T}} \tag{3-4-65}$$

式 (3－4－64) 的主要意义是，利用作用于 N 个最近的数据采样的增益横向滤波器 $\boldsymbol{g}_N(n)$ 的输出，可以计算出角度参数 $\gamma_N(n)$。由式 (3－4－62)，$\boldsymbol{g}_N(n)$ 可写成

$$\boldsymbol{g}_N(n)=\boldsymbol{K}_{0,N-1}(n)\boldsymbol{\pi}(n) \tag{3-4-66}$$

式 (3－4－62) 将增益滤波器定义为“利用数据矩阵 $\boldsymbol{X}_{0,N-1}(n)$ 预测 $\boldsymbol{\pi}(n)$ 的最小二乘预测器”。

3.4.5 横向滤波器算子更新

上面讨论了四种分离的横向滤波器，本节讨论如何由它们组合成快速横向滤波器算法。算法的推导过程分两步：① 确定四种分离的横向滤波器的时间更新公式；② 确定四种分离的滤波器相互作用的公式，以便构成所希望的最小二乘算法。从 3.4.4 节的结果看，每种分离的滤波器与横向滤波器算子 $\boldsymbol{K}_{0,N-1}(n)$ 和 $\boldsymbol{K}_{1,N}(n)$ 之中的一个密切相关。因此，为实现步骤 ①，首先推导 $\boldsymbol{K}_{0,N-1}(n)$ 和 $\boldsymbol{K}_{1,N}(n)$ 的时间更新公式。

假定 $\boldsymbol{u}$ 是矩阵 $[\boldsymbol{U},\boldsymbol{u}]$ 的最后一列。$\boldsymbol{U}$ 和 $\boldsymbol{u}$ 的排列顺序不同将会使得到的横向滤波器算子的更新公式各异。用 $\{\boldsymbol{U},\boldsymbol{u}\}$ 空间的横向滤波器算子 $\boldsymbol{K}_{Uu}$ 左乘式 (3－4－15) 得

$$\boldsymbol{K}_{Uu}\boldsymbol{P}_{Uu}=\boldsymbol{K}_{Uu}\boldsymbol{P}_U+\boldsymbol{K}_{Uu}\boldsymbol{P}_U^{\perp}\boldsymbol{u}\left\langle \boldsymbol{P}_U^{\perp}\boldsymbol{u},\boldsymbol{P}_U^{\perp}\boldsymbol{u}\right\rangle^{-1}\boldsymbol{u}^{\mathrm{T}}\boldsymbol{P}_U^{\perp} \tag{3－4－67}$$

由于 $\boldsymbol{K}_{Uu}$ 的每一行都是在向量空间 $\{\boldsymbol{U},\boldsymbol{u}\}$ 中的一个向量, 于是用投影矩阵右乘 $\boldsymbol{K}_{Uu}$ 的每一行将直接重新产生 $\boldsymbol{K}_{Uu}$ 原来的各行, 亦即

$$\boldsymbol{K}_{Uu}\boldsymbol{P}_{Uu}=\boldsymbol{K}_{Uu} \tag{3－4－68}$$

利用式 (3－4－1), $\boldsymbol{K}_{Uu}$ 可表示为

$$\boldsymbol{K}_{Uu}=\langle[\boldsymbol{U},\boldsymbol{u}],[\boldsymbol{U},\boldsymbol{u}]\rangle^{-1}[\boldsymbol{U},\boldsymbol{u}]^{\mathrm{T}} \tag{3－4－69}$$

对式 (3－4－69) 两边右乘 $[\boldsymbol{U},\boldsymbol{u}]$, 则有

$$\boldsymbol{K}_{Uu}[\boldsymbol{U},\boldsymbol{u}]=\langle[\boldsymbol{U},\boldsymbol{u}],[\boldsymbol{U},\boldsymbol{u}]\rangle^{-1}[\boldsymbol{U},\boldsymbol{u}]^{\mathrm{T}}[\boldsymbol{U},\boldsymbol{u}]=\boldsymbol{I} \tag{3－4－70}$$

由于 $\boldsymbol{K}_{Uu}$ 是一个 $(N+1)\times n$ 维矩阵, $\boldsymbol{U}$ 是一个 $n\times N$ 维矩阵, $\boldsymbol{u}$ 是一个 $n\times 1$ 向量, 所以式 (3－4－70) 可写成矩阵分块形式, 即有

$$\boldsymbol{K}_{Uu}\boldsymbol{U}=\begin{bmatrix}\boldsymbol{I}_{NN}\\ \boldsymbol{0}_N^{\mathrm{T}}\end{bmatrix} \tag{3－4－71}$$

$$\boldsymbol{K}_{Uu}\boldsymbol{u}=\begin{bmatrix}\boldsymbol{0}_N\\ 1\end{bmatrix} \tag{3－4－72}$$

式中, $\boldsymbol{I}_{NN}$ 是 $N\times N$ 维单位阵, $\boldsymbol{0}_N$ 是 $N\times 1$ 维零向量。利用式 (3－4－7) 可得

$$\boldsymbol{K}_{Uu}\boldsymbol{P}_U=\boldsymbol{K}_{Uu}\boldsymbol{U}\langle\boldsymbol{U},\boldsymbol{U}\rangle^{-1}\boldsymbol{U}^{\mathrm{T}} \tag{3－4－73}$$

进一步利用式 (3－4－1) 和式 (3－4－71), 式 (3－4－73) 可变为

$$\boldsymbol{K}_{Uu}\boldsymbol{P}_U=\begin{bmatrix}\boldsymbol{I}_{NN}\\ \boldsymbol{0}_N^{\mathrm{T}}\end{bmatrix}\boldsymbol{K}_U=\begin{bmatrix}\boldsymbol{K}_U\\ \boldsymbol{0}_N^{\mathrm{T}}\end{bmatrix} \tag{3－4－74}$$

利用式 (3－4－68) 和式 (3－4－74), 式 (3－4－67) 可写成

$$\boldsymbol{K}_{Uu}=\begin{bmatrix}\boldsymbol{K}_U\\ \boldsymbol{0}_N^{\mathrm{T}}\end{bmatrix}+\left\{\begin{bmatrix}\boldsymbol{0}_N\\ 1\end{bmatrix}-\begin{bmatrix}\boldsymbol{K}_U\boldsymbol{u}\\ 0\end{bmatrix}\right\}\left\langle \boldsymbol{P}_U^{\perp}\boldsymbol{u},\boldsymbol{P}_U^{\perp}\boldsymbol{u}\right\rangle^{-1}\boldsymbol{u}^{\mathrm{T}}\boldsymbol{P}_U^{\perp} \tag{3－4－75}$$

注意, $\boldsymbol{U}$ 和 $\boldsymbol{u}$ 的排列顺序不同会产生微妙而重要的不同。假如 $\boldsymbol{u}$ 排在第一列而构成矩阵, 则有

$$\boldsymbol{K}_{uU}=\begin{bmatrix}\boldsymbol{0}_N^{\mathrm{T}}\\ \boldsymbol{K}_U\end{bmatrix}+\left\{\begin{bmatrix}1\\ \boldsymbol{0}_N\end{bmatrix}-\begin{bmatrix}0\\ \boldsymbol{K}_{uU}\end{bmatrix}\right\}\left\langle \boldsymbol{P}_U^{\perp}\boldsymbol{u},\boldsymbol{P}_U^{\perp}\boldsymbol{u}\right\rangle^{-1}\boldsymbol{u}^{\mathrm{T}}\boldsymbol{P}_U^{\perp} \tag{3－4－76}$$

在式 (3－4－75) 和式 (3－4－76) 中选择适当的矩阵 $\boldsymbol{U}$ 和 $\boldsymbol{u}$, 就能得到横向滤波器算子 $\boldsymbol{K}_{1,N}(n)$ 和 $\boldsymbol{K}_{0,N-1}(n)$ 所需要的时间更新递推式。在每一种情况下, 向量 $\boldsymbol{u}$ 都选择为单位向量 $\boldsymbol{\pi}(n)$。

考虑 $\boldsymbol{K}_{0,N-1}(n)$ 算子, 取 $\{\boldsymbol{X}_{0,N-1}(n)\}$ 作为子空间 $\{\boldsymbol{U}\}$, 则利用 z 移位符号, 向量空间 $\{\boldsymbol{U},\boldsymbol{u}\}$ 可定义为

$$\{\boldsymbol{U},\boldsymbol{u}\}=\left\{\boldsymbol{x}(n),z^{-1}\boldsymbol{x}(n),z^{-2}\boldsymbol{x}(n),\cdots,z^{-N+1}\boldsymbol{x}(n),\boldsymbol{\pi}(n)\right\} \tag{3-4-77}$$

或更紧凑地写作

$$\{\boldsymbol{U},\boldsymbol{u}\}=\{\boldsymbol{X}_{0,N-1}(n),\boldsymbol{\pi}(n)\} \tag{3-4-78}$$

于是有

$$\boldsymbol{K}_{U,u}=\boldsymbol{K}_{U,\pi(n)}=\boldsymbol{K}_{0,N-1,\pi(n)} \tag{3-4-79}$$

$$\boldsymbol{P}_{U,u}=\boldsymbol{P}_{U,\pi(n)}=\boldsymbol{P}_{0,N-1,\pi(n)} \tag{3-4-80}$$

式中, 符号 "$0,N-1,\boldsymbol{\pi}(n)$" 表示在 $\boldsymbol{X}_{0,N-1}(n)$ 的最后一列之后追加 $\boldsymbol{\pi}(n)$。利用式 (3-4-56) 可得

$$\boldsymbol{P}_{U,u}=\boldsymbol{P}_{0,N-1,\pi(n)}=\begin{bmatrix}\boldsymbol{P}_{0,N-1}(n-1) & \mathbf{0}_{N-1}\\ \mathbf{0}_{N-1}^{\mathrm{T}} & 1\end{bmatrix} \tag{3-4-81}$$

利用式 (3-4-79)、式 (3-4-80) 和式 (3-4-81), 式 (3-4-68) 可写成

$$\boldsymbol{K}_{0,N-1,\pi(n)}=\begin{bmatrix}\boldsymbol{K}_{0,N-1}(n-1) & \mathbf{0}_{N}\\ \boldsymbol{y}^{\mathrm{T}}(n-1) & 1\end{bmatrix} \tag{3-4-82}$$

类似地, 将时间选择向量 $\boldsymbol{\pi}(n)$ 加到矩阵 $\boldsymbol{X}_{1,N}(n)$ 最后面, 可得到横向滤波器算子 $\boldsymbol{K}_{1,N,\pi(n)}$ 的时间分解公式为

$$\boldsymbol{K}_{1,N,\pi(n)}=\begin{bmatrix}\boldsymbol{K}_{1,N}(n-1) & \mathbf{0}_{N}\\ \boldsymbol{b}^{\mathrm{T}}(n-1) & 1\end{bmatrix} \tag{3-4-83}$$

式中, $\boldsymbol{y}(n-1)$ 和 $\boldsymbol{b}(n-1)$ 是在随后横向滤波器推导中不被使用的向量。

3.4.6 快速横向滤波器时间更新

利用式 (3-4-82) 和式 (3-4-83) 可以得到四种分离的横向滤波器 $\boldsymbol{W}_N(n),\boldsymbol{f}_N(n),\boldsymbol{b}_N(n)$ 和 $\boldsymbol{g}_N(n)$ 的时间更新公式。

1. 最小二乘滤波器更新

在式 (3-4-75) 中令 $\boldsymbol{U}=\boldsymbol{X}_{0,N-1}(n),\boldsymbol{u}=\boldsymbol{\pi}(n)$, 同时利用式 (3-4-55) 和式 (3-4-66), 以及正交投影矩阵性质, 则有

$$\boldsymbol{K}_{0,N-1,\pi(n)}(n)=\begin{bmatrix}\boldsymbol{K}_{0,N-1}(n)\\ 0\end{bmatrix}-\begin{bmatrix}\boldsymbol{g}_N(n)\\ -1\end{bmatrix}\frac{\boldsymbol{\pi}^{\mathrm{T}}(n)\boldsymbol{P}_{0,N-1}^{\perp}(n)}{\gamma_N(n)} \tag{3-4-84}$$

用向量 $\boldsymbol{d}(n)$ 右乘式 (3－4－84), 并代入式 (3－4－82), 则得

$$\begin{aligned}&\begin{bmatrix}\boldsymbol{K}_{0,N-1}(n-1) & \boldsymbol{0}_N\\ \boldsymbol{y}^{\mathrm{T}}(n-1) & 1\end{bmatrix}\begin{bmatrix}\boldsymbol{d}(n-1)\\ \boldsymbol{d}(n)\end{bmatrix}\\ &=\begin{bmatrix}\boldsymbol{K}_{0,N-1}(n)\\ 0\end{bmatrix}\boldsymbol{d}(n)-\begin{bmatrix}\boldsymbol{g}_N(n)\\ -1\end{bmatrix}\frac{\boldsymbol{\pi}^{\mathrm{T}}(n)\boldsymbol{P}_{0,N-1}^{\perp}(n)\boldsymbol{d}(n)}{\gamma_N(n)}\\ &=\begin{bmatrix}\boldsymbol{K}_{0,N-1}(n)\\ 0\end{bmatrix}\boldsymbol{d}(n)-\begin{bmatrix}\boldsymbol{g}_N(n)\\ -1\end{bmatrix}\frac{\langle\boldsymbol{\pi}(n),\boldsymbol{P}_{0,N-1}^{\perp}(n)\boldsymbol{d}(n)\rangle}{\gamma_N(n)}\end{aligned}\tag{3－4－85}$$

利用式 (3－4－40) ~ (3－4－42) 可得最小二乘滤波器 $\boldsymbol{W}_N(n)$ 的时间更新公式

$$\boldsymbol{W}_N(n)=\boldsymbol{W}_N(n-1)+\frac{e(n|n)}{\gamma_N(n)}\boldsymbol{g}_N(n)\tag{3－4－86}$$

2. 前向预测误差滤波器更新

在式 (3－4－75) 中令 $\boldsymbol{U}=\boldsymbol{X}_{1,N}(n)$ 和 $\boldsymbol{u}=\boldsymbol{\pi}(n)$, 类似地可得到

$$\boldsymbol{K}_{1,N,\pi(n)}(n)=\begin{bmatrix}\boldsymbol{K}_{1,N,\pi(n)}(n)\\ 0\end{bmatrix}-\begin{bmatrix}g_N(n-1)\\ -1\end{bmatrix}\frac{\boldsymbol{\pi}^{\mathrm{T}}(n)\boldsymbol{P}_{1,N}^{\perp}(n)}{\gamma_N(n-1)}\tag{3－4－87}$$

用向量 $\boldsymbol{x}(n)$ 右乘式 (3－4－87), 并利用式 (3－4－83) 可得

$$\begin{aligned}&\begin{bmatrix}\boldsymbol{K}_{1,N}(n-1) & \boldsymbol{0}_N\\ \boldsymbol{b}^{\mathrm{T}}(n-1) & 1\end{bmatrix}\begin{bmatrix}\boldsymbol{x}(n-1)\\ x(n)\end{bmatrix}\\ &=\begin{bmatrix}\boldsymbol{K}_{1,N,\pi(n)}(n)\\ 0\end{bmatrix}\boldsymbol{x}(n)-\begin{bmatrix}\boldsymbol{g}_N(n-1)\\ -1\end{bmatrix}\frac{\left\langle\boldsymbol{\pi}(n),\boldsymbol{P}_{1,N}^{\perp}(n)\boldsymbol{x}(n)\right\rangle}{\gamma_N(n-1)}\end{aligned}\tag{3－4－88}$$

利用式 (3－4－47) ~ (3－4－49) 可得前向预测误差滤波器 $\boldsymbol{f}_N(n)$ 的时间更新公式

$$\boldsymbol{f}_N(n)=\boldsymbol{f}_N(n-1)+\frac{e^f(n|n)}{\gamma_N(n-1)}\boldsymbol{g}_N(n-1)\tag{3－4－89}$$

3. 后向预测误差滤波器更新

在式 (3－4－75) 中令 $\boldsymbol{U}=\boldsymbol{X}_{0,N-1}(n),\boldsymbol{u}=\boldsymbol{\pi}(n)$, 可得到式 (3－4－84)。用向量 $z^{-N}\boldsymbol{x}(n)$ 右乘式 (3－4－84), 并代入式 (3－4－82), 得

$$\begin{aligned}&\begin{bmatrix}\boldsymbol{K}_{0,N-1}(n-1) & \boldsymbol{0}_{N-1}^{\mathrm{T}}\\ \boldsymbol{y}^{\mathrm{T}}(n-1) & 1\end{bmatrix}\begin{bmatrix}z^{-N}\boldsymbol{x}(n-1)\\ z^{-N}x(n)\end{bmatrix}\\ &=\begin{bmatrix}\boldsymbol{K}_{0,N-1}(n)\\ 0\end{bmatrix}z^{-N}\boldsymbol{x}(n)-\begin{bmatrix}\boldsymbol{g}_N(n)\\ -1\end{bmatrix}\frac{\langle\boldsymbol{\pi}(n),\boldsymbol{P}_{0,N-1}^{\perp}(n)z^{-N}\boldsymbol{x}(n)\rangle}{\gamma_N(n)}\end{aligned}\tag{3－4－90}$$

利用式 (3－4－51) ~ (3－4－53) 可得后向预测误差滤波器 $\boldsymbol{b}_N(n)$ 的时间更新公式

$$\boldsymbol{b}_N(n)=\boldsymbol{b}_N(n-1)+\boldsymbol{g}_N(n)\frac{e^b(n|n)}{\gamma_N(n)}\tag{3－4－91}$$

4. 增益滤波器更新

在式 (3 − 4 − 76) 中令 $\boldsymbol{U} = \boldsymbol{X}_{1,N}(n)$ 和 $\boldsymbol{u} = \boldsymbol{x}(n)$, 使得 $\{\boldsymbol{u}, \boldsymbol{U}\} = \{\boldsymbol{X}_{0,N}(n)\}$。然后, 用 $\boldsymbol{\pi}(n)$ 右乘 (3 − 4 − 76), 便得到

$$\boldsymbol{K}_{0,N}(n)\,\boldsymbol{\pi}(n) = \begin{bmatrix} \boldsymbol{0}_N^{\mathrm{T}} \\ \boldsymbol{K}_{1,N}(n) \end{bmatrix} \boldsymbol{\pi}(n) + \begin{bmatrix} 1 \\ -\boldsymbol{K}_{1,N}(n)\,\boldsymbol{x}(n) \end{bmatrix} \frac{e^f(n|n)}{\varepsilon^f(n)} \tag{3-4-92}$$

式 (3−4−92) 的左边读作 “用 $\boldsymbol{X}_{0,N}(n)$ 预测 $\boldsymbol{\pi}(n)$ 的 $N+1$ 阶最小二乘预测器”。与式 (3−4−66) 比较可知, 式 (3 − 4 − 92) 左边表示的是 $N+1$ 阶增益滤波器 $\boldsymbol{g}_{N+1}(n)$, 以分块的形式表示为

$$\boldsymbol{g}_{N+1}(n) = \begin{bmatrix} \boldsymbol{m}_N(n) \\ m(n) \end{bmatrix} \tag{3-4-93}$$

式中, $\boldsymbol{m}_N(n)$ 是由 $\boldsymbol{g}_{N+1}(n)$ 的前 N 个分量组成的向量, 标量 $m(n)$ 是第 $N+1$ 个分量。又因为 $\boldsymbol{g}_N(n-1) = \boldsymbol{K}_{1,N}(n)\,\boldsymbol{\pi}(n)$, 利用式 (3 − 4 − 47), 则式 (3 − 4 − 92) 可变为

$$\boldsymbol{g}_{N+1}(n) = \begin{bmatrix} \boldsymbol{m}_N(n) \\ m(n) \end{bmatrix} = \begin{bmatrix} 0 \\ \boldsymbol{g}_N(n-1) \end{bmatrix} + \frac{e^f(n|n)}{\varepsilon^f(n)} \begin{bmatrix} 1 \\ -\boldsymbol{f}_N(n) \end{bmatrix} \tag{3-4-94}$$

如果再在式 (3 − 4 − 75) 中令 $\boldsymbol{U} = \boldsymbol{X}_{0,N-1}(n)\,, \boldsymbol{u} = z^{-N}\boldsymbol{x}(n)$ 使得 $\{\boldsymbol{U}, \boldsymbol{u}\} = \{\boldsymbol{X}_{0,N}(n)\}$, 然后用 $\boldsymbol{\pi}(n)$ 右乘该结果, 则有

$$\begin{bmatrix} \boldsymbol{g}_N(n) \\ 0 \end{bmatrix} = \begin{bmatrix} \boldsymbol{m}_N(n) \\ m(n) \end{bmatrix} + \begin{bmatrix} \boldsymbol{b}_N(n) \\ -1 \end{bmatrix} \frac{e^b(n|n)}{\varepsilon^b(n)} \tag{3-4-95}$$

式中, 使用了后向误差参数的定义式 (3 − 4 − 51) 和式 (3 − 4 − 52)。由式 (3 − 4 − 95) 也可得到

$$m(n) = \frac{e^b(n|n)}{\varepsilon^b(n)} \tag{3-4-96}$$

所以

$$\boldsymbol{g}_N(n) = \boldsymbol{m}_N(n) + m(n)\,\boldsymbol{b}_N(n) \tag{3-4-97}$$

式 (3−4−94) 和式 (3−4−97) 组成了增益滤波器的更新公式, 即根据式 (3−4−94) 由 $\boldsymbol{g}_N(n-1)$ 先计算出 $\boldsymbol{m}_N(n)$ 和 $m(n)$, 然后再由式 (3 − 4 − 97) 计算出 $\boldsymbol{g}_N(n)$。

3.5 自适应 IIR 滤波

自适应 IIR 滤波器由于其收敛性和稳定性较难保证, 在过去一段时间发展缓慢。随着计算机性能的不断提高以及 IIR 结构本身所具有的优点, 近年来自适应 IIR 滤波器已经成为一个活跃的研究方向。其主要优点是在系数个数相同的情况下能够提供比自适应 FIR 滤波器更好的滤波性能。一个具有足够阶数的自适应 IIR 滤波器可以准确地描述一个未知的零、极点系统的模型, 而自适应 FIR 滤波器只能近似地描述这样的系统。在得到同一性能的情况下, IIR 滤波器通常只需要较少的系数。

3.5.1 自适应 IIR 滤波器的分类

图 3.5.1 所示为自适应 IIR 滤波器的一般结构，输入为 $x(n)$，输出为 $y(n)$。自适应 IIR 滤波器由一个时变 IIR 滤波器和一个递推算法组成。时变滤波器具有可调系数 $\theta(n)$，而递推算法调整 $\theta(n)$ 以使输出 $y(n)$ 能最佳近似某个所希望的响应 $d(n)$。

输出与期望响应的近似程度是以一个预测误差 $e(n)$ 的性能指标是否最小来衡量的。根据预测误差定义的不同，自适应 IIR 滤波分为两大类：方程误差法和输出误差法。

图 3.5.2 所示的方程误差自适应 IIR 滤波器可以用非递归的差分方程描述，即

$$y_e(n)=\sum_{m=1}^{N-1}a_m(n)\,d(n-m)+\sum_{m=0}^{M-1}b_m(n)\,x(n-m) \tag{3-5-1}$$

式中，$a_m(n)$ 和 $b_m(n)$ 为可调系数；下标 e 用于表示方程误差法，以区别于输出误差法 (用下标 o 表示)。式 (3-5-1) 表示的是一个双输入、单输出的滤波器。两个输入分别是输入信号的延迟样本 $x(n-m)$ $(m=0,1,\cdots,M-1)$ 和期望响应的延迟样本 $d(n-m)$ $(m=1,2,\cdots,N-1)$。滤波器与输出的延迟样本无关，因此，它没有反馈，输出显然是滤波器系数的线性函数。由于 $d(n)$ 和 $x(n)$ 不是系数的函数，所以 $y_e(n)$ 相对于系数的导数不是递归的，易于计算。

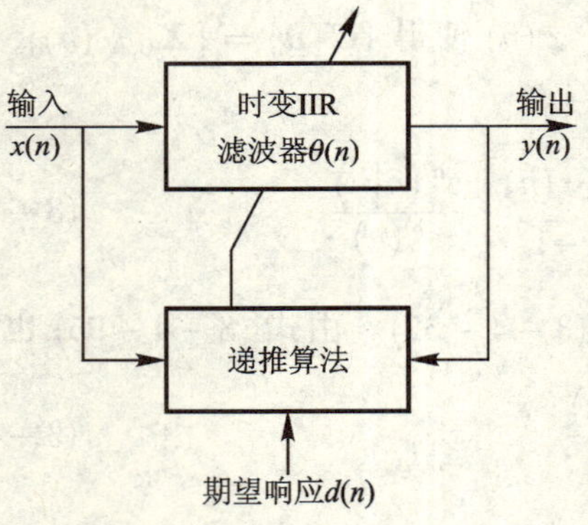

图 3.5.1 自适应IIR滤波器

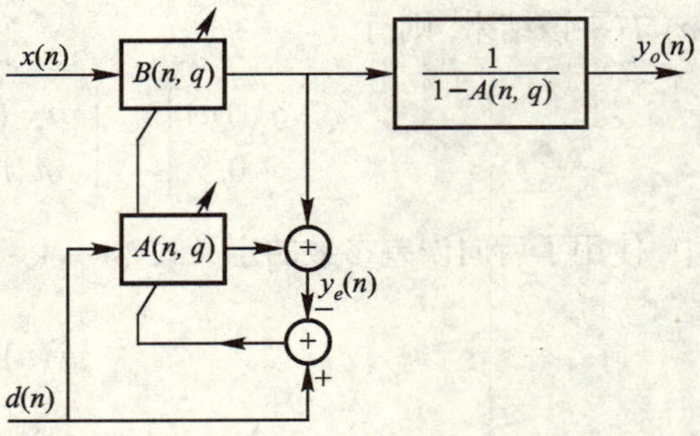

图 3.5.2 方程误差自适应 IIR 滤波器

式 (3-5-1) 可以用更简便的形式表达

$$y_e(n)=A(n,q)\,d(n)+B(n,q)\,x(n) \tag{3-5-2}$$

式中，q 的多项式表示时变滤波器，定义为

$$A(n,q)=\sum_{m=1}^{N-1}a_m(n)\,q^{-m}$$

$$B(n,q)=\sum_{m=1}^{M-1}b_m(n)\,q^{-m}$$

误差 $e(n)=d(n)-y_e(n)$ 称为方程误差。之所以这样称呼，是因为该误差是由两个差分方程 $[1-A(n,q)]\,d(n)$ 和 $B(n,q)\,d(n)$ 相减而产生的缘故。

图 3.5.2 所示的自适应 IIR 滤波器本质上像双输入、单输出的自适应 FIR 滤波器那样工作,即同极点相关联的多项式 $1-A(n,q)$ 以全零点形式自适应调整参数, 在其权系数每次更新之后, $1-A(n,q)$ 之逆被复制成一个全极点滤波器, 并与 $B(n,q)$ 级联。在许多方面, 方程误差自适应 IIR 滤波器的性能类似于自适应 FIR 滤波器的性能, 比如两者具有类似的自适应算法和收敛性, 系数更新的收敛性和稳定性均由 Hessian 矩阵的特征值决定。它们的主要区别是, 方程误差自适应 IIR 滤波器通过复制和倒置多项式 $1-A(n,q)$ 可以像零、极点模型那样工作, 而自适应 FIR 滤波器是一个严格全零点模型, 因为 $A(n,q)=0$。

方程 (3－5－1) 还可以写成内积的形式:

$$y_e(n)=\boldsymbol{\theta}^{\mathrm{T}}(n)\boldsymbol{\varphi}_e(n)=\langle\boldsymbol{\theta}(n),\boldsymbol{\varphi}_e(n)\rangle \tag{3-5-3}$$

式中, 系数向量 $\boldsymbol{\theta}(n)$ 和信号向量 $\boldsymbol{\varphi}_e(n)$ 均具有 $M+N-1$ 长度, 它们分别定义为

$$\boldsymbol{\theta}(n)=[a_1(n),a_2(n),\cdots,a_{N-1}(n),b_0(n),\cdots,b_{M-1}(n)]^{\mathrm{T}} \tag{3-5-4}$$

$$\boldsymbol{\varphi}_e(n)=[d(n-1),\cdots,d(n-N+1),x(n),\cdots,x(n-M+1)]^{\mathrm{T}} \tag{3-5-5}$$

可以看出, 式 (3－5－3) 具有线性回归的形式, 其中 $\boldsymbol{\theta}(n)$ 对应于估计的参数, $\boldsymbol{\varphi}_e(n)$ 是回归的向量 (含数据在内)。自变量 $d(n)$ 和 $x(n)$ 与系数无关, 因为它们既不是 $A(n,q)$ 的函数, 也不是 $B(n,q)$ 的函数。

图 3.5.3 所示为输出误差自适应 IIR 滤波器, 它是以直接形式实现的, 可以用下面的递归差分方程表征:

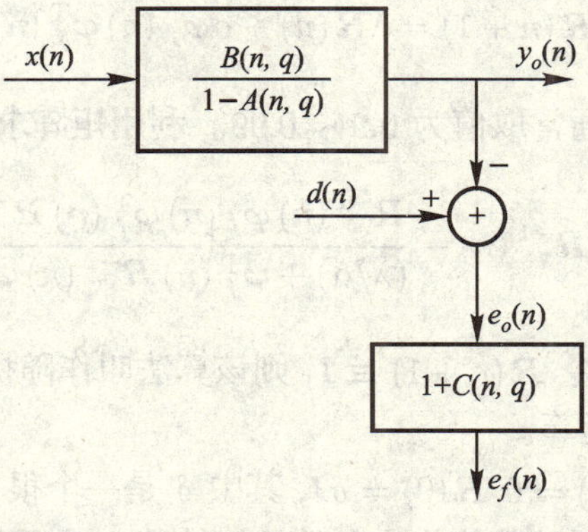

图 3.5.3 输出误差自适应 IIR 滤波器

$$y_o(n)=\sum_{m=1}^{N-1}a_m(n)y_o(n-m)+\sum_{m=0}^{M-1}b_m(n)x(n-m) \tag{3-5-6}$$

式中, 下标 o 代表输出误差方法。$y_o(n)$ 取决于以前的输出样本 $y_o(n-m)$ $(m=1,2,\cdots N-1)$。这一输出反馈大大影响自适应算法的形式。与方程误差方法相比, 输出误差方法具有较大的计算复杂性。与式 (3－5－2) 和式 (3－5－3) 类似, 式 (3－5－6) 可重新写成滤波器形式, 即有

$$y_o(n)=\frac{B(n,q)}{1-A(n,q)}x(n) \tag{3-5-7}$$

和内积形式

$$y_o(n)=\boldsymbol{\theta}^{\mathrm{T}}(n)\boldsymbol{\varphi}_o(n) \tag{3-5-8}$$

式中, 向量 $\boldsymbol{\theta}(n)$ 由式 (3－5－4) 给出; 向量 $\boldsymbol{\varphi}_o(n)$ 则为

$$\boldsymbol{\varphi}_o(n)=[y_o(n-1),\cdots,y_o(n-N+1),x(n),\cdots,x(n-M+1)]^{\mathrm{T}} \tag{3-5-9}$$

输出 $y_o(n)$ 显然是 $\boldsymbol{\theta}(n)$ 的非线性函数, 因为 $\boldsymbol{\varphi}_o(n)$ 中的延迟输出信号 $y_o(n-k)$ 取决于以前的系数值, 即它们取决于 $A(n-k,q)$ 和 $B(n-k,q)$。图 3.5.3 中, $1+C(n,q)$ 为 $1-A^*(q)$ 的估计。式 (3－5－8) 不具有线性回归性, 但有与式 (3－5－3) 相同的形式, 故常称之为伪线性回归。

输出误差由 $e_o(n)=d(n)-y_o(n)$ 给定。之所以称之为输出误差, 是因为它是由式 (3－5－7) 所示的输出减去 $d(n)$ 后产生的。显然, $e_o(n)$ 也是 $\boldsymbol{\theta}(n)$ 的非线性函数。

基于方程误差 $e(n)$ 和输出误差 $e_o(n)$ 的自适应 IIR 算法具有如下的通用形式:

$$\boldsymbol{\theta}(n+1)=\boldsymbol{\theta}(n)+\alpha\boldsymbol{R}^{-1}(n+1)\boldsymbol{\varphi}_f(n)e_f(n) \tag{3-5-10}$$

式中, $\boldsymbol{\varphi}_f(n)$ 和 $e_f(n)$ 分别是 $\boldsymbol{\varphi}(n)$ 和 $e(n)$ 的滤波形式, 且 $\boldsymbol{\varphi}_f(n)=F(n,q)\boldsymbol{\varphi}(n), e_f(n)=G(n,q)e(n)$。式 (3－5－10) 表示的通用形式称为递推 Gauss－Newton 算法, 滤波后的回归 (信号) 向量叫做信息向量。$F(n,q)$ 为时变滤波器, 可用类似于 $B(n,q)$ 的方法定义。标量 (正的) 步长 α 控制算法的收敛速率, $\boldsymbol{R}(n)$ 是 Hessian 矩阵的估计, 可按式 (3－5－11) 更新

$$\boldsymbol{R}(n+1)=\lambda\boldsymbol{R}(n)+\alpha\boldsymbol{\varphi}_f(n)\boldsymbol{\varphi}_f^{\mathrm{T}}(n) \tag{3-5-11}$$

式中, $\lambda=1-\alpha$ 是遗忘因子, 通常取值为 0.9 ~ 0.99。利用矩阵求逆引理, $\boldsymbol{R}^{-1}$ 的更新公式为

$$\boldsymbol{R}^{-1}(n+1)=\frac{1}{\lambda}\left[\boldsymbol{R}^{-1}(n)-\frac{\boldsymbol{R}^{-1}(n)\boldsymbol{\varphi}_f(n)\boldsymbol{\varphi}_f^{\mathrm{T}}(n)\boldsymbol{R}^{-1}(n)}{(\lambda/\alpha)+\boldsymbol{\varphi}_f^{\mathrm{T}}(n)\boldsymbol{R}^{-1}(n)\boldsymbol{\varphi}_f(n)}\right] \tag{3-5-12}$$

如果在式 (3－5－10) 中令 $\boldsymbol{R}(n+1)\equiv\boldsymbol{I}$, 则该算法叫作随机梯度算法。它一般收敛较慢, 但计算简单, 只需 $M+N$ 次运算。

算法的初始值一般取 $\boldsymbol{\theta}(0)=0, \boldsymbol{R}(0)=\delta\boldsymbol{I}$, 其中 δ 是一个很小的正数。如果某先验信息在应用中已知, 则可以取某些合适的数值作为参数的初始值。为了使式 (3－5－10) 收敛, 需要让 $\boldsymbol{R}$ 总是正定的 (保证可逆), 且 $1-A(z)$ 的极点总是位于单位圆内 (保证滤波器稳定), 另外在算法的每步更新中还必须监视 $\boldsymbol{\theta}$ 和 $\boldsymbol{R}$ 是否满足这两个要求。

3.5.2 基于梯度的方法

1. 递推预测误差算法

递推预测算法通过调整滤波器系数使均方误差代价函数 $\xi=E\left[e_o^2(n)\right]$ 最小, 其中 $e_o(n)$ 是输出误差。由于 ξ 一般是未知的, 或者信号是非平稳的, 所以这种算法设计成在每个时刻都使 ξ 的瞬时估计 $\xi=e_o^2(n)$ 最小。事实上, 这是使用输出误差的当前时刻样本作为总体的一个估计。

递推预测误差算法沿 $\beta(n)$ 的梯度方向更新系数向量 $\boldsymbol{\theta}(n)$。$\beta(n)$ 的梯度定义为

$$\nabla_{\theta}\beta(n)=\frac{\partial\beta(n)}{\partial\theta(n)}=e_o(n)\nabla_{\theta}e_o(n)=-e_o(n)\nabla_{\theta}y_o(n) \tag{3-5-13}$$

式中, 由式 (3 − 5 − 6), 梯度 $\nabla_{\theta}y_o(n)$ 可用下面的列向量表示:

$$\nabla_{\theta}y_o(n)=\left[\frac{\partial y_o(n)}{\partial a_1(n)},\cdots,\frac{\partial y_o(n)}{\partial a_{N-1}(n)},\frac{\partial y_o(n)}{\partial b_0(n)},\cdots,\frac{\partial y_o(n)}{\partial b_{M-1}(n)}\right]^{\mathrm{T}} \tag{3-5-14}$$

式 (3 − 5 − 13) 的最后一个等式是根据输出误差 $e_o(n)$ 的定义以及 $d(n)$ 与系数独立这一事实得到的。又由式 (3 − 5 − 8) 知, $\nabla_{\theta}y_o(n)=\nabla_{\theta}\left[\boldsymbol{\theta}^{\mathrm{T}}(n)\boldsymbol{\varphi}_o(n)\right]$。如果 $\boldsymbol{\varphi}_o$ 与 $\boldsymbol{\theta}$ 独立, 则梯度 $\nabla_{\theta}y_o(n)=\boldsymbol{\varphi}_o(n)$。

对式 (3 − 5 − 6) 两边相对于 $a_k(n)$ 求偏导数, 因为 $b_m(n)$ 和 $x(n-m)$ 均与 $a_k(n)$ 独立, 则可得

$$\frac{\partial y_o(n)}{\partial a_k(n)}=y_o(n-k)+\sum_{m=1}^{N-1}a_m(n)\frac{\partial y_o(n-m)}{\partial a_k(n)} \tag{3-5-15a}$$

类似地, 相对于 $b_k(n)$ 求偏导数, 则可得

$$\frac{\partial y_o(n)}{\partial b_k(n)}=x(n-k)+\sum_{m=1}^{N-1}a_m(n)\frac{\partial y_o(n-m)}{\partial b_k(n)} \tag{3-5-15b}$$

式 (3 − 5 − 15) 右边出现偏导数是因为式 (3 − 5 − 6) 所示的滤波器具有反馈, 从而使过去的输出样本取决于过去的系数值, 通过式 (3 − 5 − 10) 所示算法的连续更新, 过去的系数值又与现在的系数值有关。由式 (3 − 5 − 15) 知, 这些偏导是相对于 a_k 和 b_k 的现在值的。因此, 回归式不是递归的, 而且不能用滤波器的形式来表示。然而, 若步长 α 选得足够小, 以致系数更新缓慢, 则可作下列近似: $\theta(n)\approx\theta(n-1)\approx\cdots\approx\theta(n-N+1)$。这在许多应用中是一个合理的假设, 尤其是当 N 较小时。当这一假设不成立时, 时间上只观察到递推预测误差算法的性能有一些降低。因此, 可用式 (3 − 5 − 16) 代替式 (3 − 5 − 15)

$$\frac{\partial y_o(n)}{\partial a_k(n)}\approx y_o(n-k)+\sum_{m=1}^{N-1}a_m(n)\frac{\partial y_o(n-m)}{\partial a_k(n-m)}=\left[\frac{1}{1-A(n,q)}\right]y_o(n-k) \tag{3-5-16a}$$

$$\frac{\partial y_o(n)}{\partial b_k(n)}\approx x(n-k)+\sum_{m=1}^{N-1}a_m(n)\frac{\partial y_o(n-m)}{\partial b_k(n-k)}=\left[\frac{1}{1-A(n,q)}\right]x(n-k) \tag{3-5-16b}$$

由式 (3 − 5 − 16) 可知, 这些偏导数现在是递归的, 因为两个近似表达式的右边项各自对应于左边项的延迟形式。则 $F(n,q)=1/[1-A(n,q)], G(n,q)=1$, 式 (3 − 5 − 10) 所示的算法可由下式给出:

$$\boldsymbol{\theta}(n+1)=\boldsymbol{\theta}(n)+\alpha\boldsymbol{R}^{-1}(n+1)\left[\frac{1}{1-A(n,q)}\right]\boldsymbol{\varphi}_o(n)e_o(n) \tag{3-5-17}$$

式中, 全极点滤波器 F 作用于信号向量 $\boldsymbol{\varphi}_o$ 的每一个分量。

2. 简化的递推预测误差算法

显然，递推预测误差算法之所以不实用主要是因为 φ_f 分量的计算复杂，而且还需要大量存储过去值。但是，可以通过系数近似使得 φ_f 的计算大大简化。首先定义

$$y_f(n-1) \equiv \frac{\partial y_o(n)}{\partial a_1(n)}, \quad x_f(n-1) = \frac{\partial y_o(n)}{\partial b_0(n)} \tag{3-5-18}$$

它们分别是式 (3 − 5 − 16a) 中 $k=1$ 和式 (3 − 5 − 16b) 中 $k=0$ 的梯度初始值。于是，对于 φ_f 的其他分量，可以近似取

$$\frac{\partial y_o(n)}{\partial a_k(n)} \approx y_f(n-k), \quad k=2,\cdots,N-1 \tag{3-5-19a}$$

$$\frac{\partial y_o(n)}{\partial b_k(n)} \approx x_f(n-k), \quad k=1,\cdots,M-1 \tag{3-5-19b}$$

即梯度的每个分量就是式 (3 − 5 − 1) 定义的两个初始分量之一的延迟形式。所以，可以用

$$\varphi_f(n) = [y_f(n-1),\cdots,y_f(n-N+1),x_f(n),\cdots,x_f(n-M+1)]^{\mathrm{T}} \tag{3-5-20}$$

代替以前的信息向量。

3.6 自适应谱线增强器

自适应谱线增强器有几种不同的实现方式。其中一种是 FIR 时域算法，通常应用自适应滤波器权系数、自适应滤波器输出，或应用预测误差信号。其他几种方法包括 IIR 横向滤波器、自适应 FIR 格型滤波器、IIR 格型滤波器、频域 FIR 滤波器、块 LMS 实现以及 IIR 格型陷波器等。

3.6.1 时域 FIR 自适应谱线增强器

如图 3.6.1 所示，时域 FIR 自适应谱线增强器由 L 个权系数的线性预测滤波器组成，其中权系数 $W_l(k)$ 以输入采样速率 f_s 自适应地更新。自适应谱线增强器的输出 $r(k)$ 由下式定义：

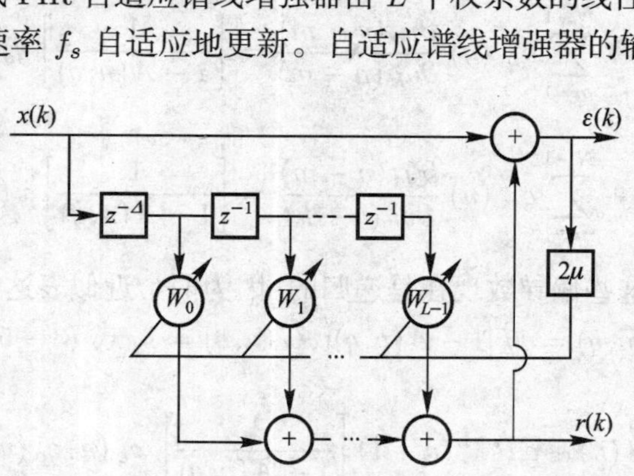

图 3.6.1 时域 FIR 自适应谱线增强器

$$r(k)=\sum_{l=0}^{L-1}W_l(k)\,x(k-l-\Delta) \tag{3-6-1}$$

式中, Δ 是滤波器的预测距离, 单位与采样周期相同。从输入序列 $x(k)$ 减去 $r(k)$ 得到误差序列 $\varepsilon(k)$, 即

$$\varepsilon(k)=x(k)-r(k) \tag{3-6-2}$$

将该误差序列乘以比例因子 2μ, 再反馈给输入, 则可按照

$$W_l(k+1)=W_l(k)+2\mu\varepsilon(k)\,x(k-l-\Delta),\quad l=0,1,\cdots,L-1 \tag{3-6-3}$$

调节 L 个滤波器权系数。式 (3-6-3) 中, 参数 μ 根据所希望的性能预先选择。自适应算法可以用下列向量形式表示:

$$\boldsymbol{W}(k+1)=\boldsymbol{W}(k)+2\mu\varepsilon(k)\,\boldsymbol{x}(k-\Delta) \tag{3-6-4}$$

式中

$$\boldsymbol{x}(k-\Delta)=[x(k-\Delta),x(k-\Delta-1),\cdots,x(k-\Delta-L+1)]^{\mathrm{T}} \tag{3-6-5}$$

将 $\boldsymbol{W}(k)$ 分解成两个并行的权向量, 即 $\boldsymbol{W}(k)=\boldsymbol{W}^*+\widetilde{\boldsymbol{W}}(k)$, 可得到收敛后的自适应谱线增强器权向量 $\boldsymbol{W}(k)\triangleq[W_0(k),\cdots,W_{L-1}(k)]^{\mathrm{T}}$ 的稳态模型, 如图 3.6.2 所示。其中, $\boldsymbol{W}^*$ 是最佳维纳 Δ 步预测权向量, 即

$$\boldsymbol{W}^*=\boldsymbol{R}_{xx}^{-1}\boldsymbol{d} \tag{3-6-6}$$

式中, $\boldsymbol{R}_{xx}$ 是输入向量 $\boldsymbol{x}(k)$ 的 $L\times L$ 维自相关矩阵, 而 $\boldsymbol{d}$ 是输入向量 $\boldsymbol{x}(k)$ 和参考通道输入向量 $\boldsymbol{x}(k-\Delta)$ 的 $L\times 1$ 维互相关向量。$\widetilde{\boldsymbol{W}}(k)$ 是一个零均值的缓慢扰动的向量随机过程, 它是由加权噪声引起的。

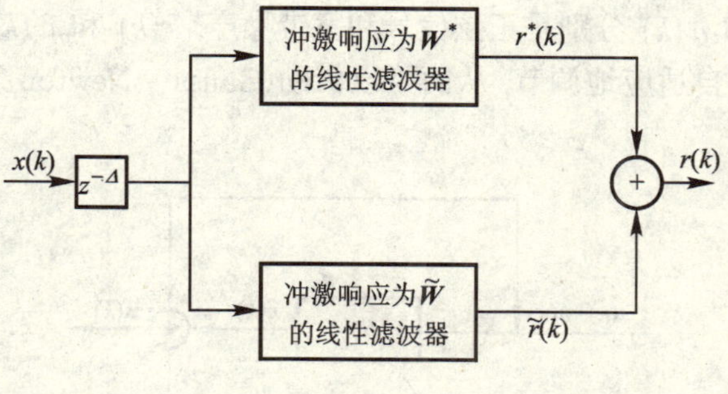

图 3.6.2 自适应谱线增强器权向量的等价稳定模型

1979年, Shensa 推导出了高斯白噪声中的 M 个正弦波, 即

$$x(k)=n(k)+\sum_{i=1}^{M}A_i\sin(\omega_i k+\theta_i) \tag{3-6-7}$$

的自适应谱线增强器权系数收敛速率的表达式, 并且证明了如下结论: 输入的 L 维向量空间可以分解为由信号分量及其正交分量构成的 M 维子空间。

因此, 最佳自适应谱线增强器权向量位于信号子空间内, 而该空间以外的所有特征向量与 $\boldsymbol{W}^*$ 正交。于是, 这些特征向量将不会对下列学习曲线产生影响:

$$\| \boldsymbol{W}^* - \overline{\boldsymbol{W}}(k) \|^2 = \sum_{m=1}^{L} (1-2\mu\lambda_m)^{2k} \left| \boldsymbol{e}_m \cdot \boldsymbol{W}^* \right|^2 \qquad (3-6-8)$$

式中, 假设 $2\mu\lambda_m \ll 1$ (对所有的 m); $\overline{\boldsymbol{W}}(k)$ 代表自适应谱线增强器权向量在时刻 k 的期望值; λ_m 和 $\boldsymbol{e}_m$ 分别是输入数据自相关矩阵 $\boldsymbol{R}_{xx}$ 的特征值和特征向量; 而 $\boldsymbol{e}_m \cdot \boldsymbol{W}^*$ 为第 m 个特征向量在最佳维纳滤波器权向量上的投影 (标量)。因此, 对于上述情况, 仅存在 $\boldsymbol{W}^*$ 在矩阵 $\boldsymbol{R}_{xx}$ 的特征向量上的 $2M$ 个非零投影。

3.6.2 基于 IIR 格型陷波器的自适应谱线增强器

Rao 和 Kung 于 1984 年首先提出了基于 IIR 陷波器的自适应谱线增强器, 这种增强器对 p 个正弦波需要自适应调节 $2p$ 个权系数。而 Nehorai 于 1985 年提出的陷波型自适应谱线增强器通过将陷波器的零点限制在单位圆上而对 p 个正弦波只需自适应调整 p 个系数。上述 IIR 格型滤波器之所以有吸引力, 是因为它们可以拒绝干扰信号, 而且所需滤波器长度也比采用 FIR 滤波器的自适应谱线增强器小很多。

由 Rao 和 Kung 提出的基于 IIR 陷波器的自适应谱线增强器的原理如图 3.6.3 所示。其中, $H(z)$ 是陷波器的传递函数。为了增强一个正弦波, $H(z)$ 由式 (3 – 6 – 9) 给定。其中, $W_1 = -2r\cos\theta; W_2 = r^2$。$\alpha$ 是一个决定陷波器带宽的参数, 其值越接近 1, 陷波越窄, $H(z)$ 的陷波作用越理想。

$$H(z) = \frac{\left(1-r\mathrm{e}^{\mathrm{j}\theta}z^{-1}\right)\left(1-r\mathrm{e}^{-\mathrm{j}\theta}z^{-1}\right)}{\left(1-\alpha r\mathrm{e}^{\mathrm{j}\theta}z^{-1}\right)\left(1-\alpha r\mathrm{e}^{-\mathrm{j}\theta}z^{-1}\right)} = \frac{1+W_1z^{-1}+W_2z^{-2}}{1+\alpha W_1z^{-1}+\alpha^2W_2z^{-2}} \qquad (3-6-9)$$

图 3.6.3 中, $s(k)$ 和 $n(k)$ 分别是正弦信号和宽带噪声; $\widehat{s}(k)$ 和 $\widehat{n}(k)$ 分别表示 $s(k)$ 和 $n(k)$ 的估计值; $H(z)$ 的系数自适应地调节, 从而可以借助 Gauss – Newton 算法使输出估计值 $\widehat{n}(k)$ 的均方值最小。

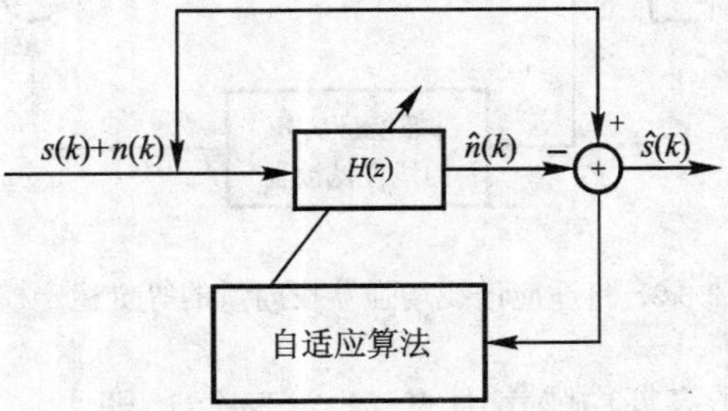

图 3.6.3 噪声中正弦波恢复的自适应滤波器

由于 Gauss – Newton 算法计算比较复杂, 所以利用格型 IIR 陷波器取代上述直接式 IIR 陷波器来实现陷波器的传递函数 $H(z)$。一个格型 IIR 滤波器可以看作是全极点和全零点格型滤波器的一种级联, 其结构如图 3.6.4 所示。采用该结构, 许多用于格型 FIR 滤波器的自适应算法

都可以在这里直接使用。滤波器的传递函数变为

$$H(z)=\frac{1+k_0(1+k_1)z^{-1}+k_1z^{-2}}{1+a_0(1+a_1)z^{-1}+a_1z^{-2}} \tag{3-6-10}$$

对照式 (3−6−9) 可知, 若要使式 (3−6−10) 是一个陷波器传递函数, 则须满足下列方程式:

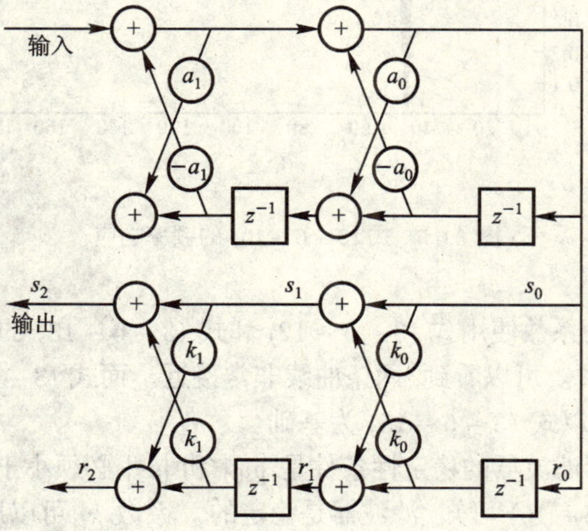

图 3.6.4　格型 IIR 陷波器结构

$$a_0(1+a_1)=\alpha k_0(1+k_1) \tag{3-6-11}$$

$$a_1=\alpha^2k_1 \tag{3-6-12}$$

则可以得到

$$a_0=\frac{\alpha k_0(1+k_1)}{1+\alpha^2k_1} \tag{3-6-13}$$

由式 (3−6−12) 和式 (3−6−13) 可知, a_0 和 a_1 可用 k_0 和 k_1 表示; 而 k_0 和 k_1 可以用格型 FIR 滤波器的自适应算法进行自适应调节。于是, 全极点滤波器的系数 a_0 和 a_1 可以用式 (3−6−12) 和式 (3−6−13) 计算。但是, 若 α 接近 1, 则下列近似等式成立:

$$a_1=\alpha^2k_1\approx\alpha k_1 \tag{3-6-14a}$$

$$a_0(1+a_1)=\alpha k_0(1+k_1)\approx k_0(1+\alpha k_1) \tag{3-6-14b}$$

由式 (3−6−14) 可得到下面的简单结果:

$$a_1=\alpha k_1,\quad a_0=k_0 \tag{3-6-15}$$

用式 (3−6−15) 代替式 (3−6−12) 和式 (3−6−13) 中的 a_0 和 a_1, 并将其代入式 (3−6−10), 则可以看到 $H(z)$ 仍是一个陷波器。图 3.6.5 所示为式 (3−6−10) 的频率响应, 设 $\alpha=0.95, k_1=1, k_0=-\cos(\pi/4)$。

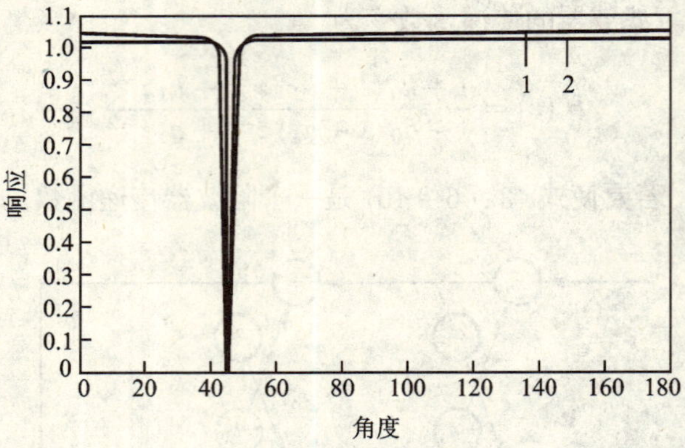

图 3.6.5 式 (3 – 6 – 10) 的频率响应

图 3.6.5 中, 曲线 1 为系数使用式 (3 – 6 – 12) 和式 (3 – 6 – 13) 的情形, 而曲线 2 则为系数使用式 (3 – 6 – 15) 的情形。可以看到, 两条曲线非常接近。而式 (3 – 6 – 15) 的表示更简单, 所以下述两种自适应算法均以式 (3 – 6 – 15) 为基础。

算法 1: 图 3.6.4 所示滤波器的稳定性条件是 $|a_0|$ 和 $|a_1|$ 必须小于 1。因此, 若 $|k_0|$ 和 $|k_1|$ 小于 1, 则由关系式 (3 – 6 – 15) 可知, 滤波器是稳定的。系数 k_i 可以用递推式计算, 即

$$k_m(n) = -\frac{C_m(n)}{D_m(n)} \tag{3-6-16}$$

式中

$$C_m(n) = \lambda C_m(n-1) + s_m(n)\, r_m(n-1)$$
$$D_m(n) = \lambda D_m(n-1) + 0.5 s_m^2(n) + 0.5 r_m^2(n-1)$$

式中, $m = 0, 1$; λ 是遗忘因子, 且 $0 < \lambda \leqslant 1$。因为 $|k_i|$ 总是小于 1, 所以滤波器的极点总是保持在单位圆内。

上述算法通过自适应更新滤波器系数, 使图 3.6.4 中的 s_1 和 r_1 的均方值最小; 并自适应更新 k_1, 旨在使 s_2 和 r_2 的均方值最小。

算法 2: 在算法 1 中, 零点最终将收敛到单位圆上。因此, 若零点的幅值固定为 1, 并且仅仅更新零点的相位, 则 p 个正弦波所需要的自适应系数的个数将只有 p 个。在这种情况下, 自适应算法将更简单, 收敛速度也会更快。如图 3.6.4 所示, 将格型滤波器的零点限制在单位圆上意味着 k_1 取值固定为 1。

在算法 2 中, 由于自适应调节参数仅为 k_0, 所以可令 $s_2^2(n)$ 和 $r_2^2(n)$ 的时间平均值为最小来自适应调节 k_0。当 k_1 取值固定为 1 时, 如图 3.6.4 所示, 有下列方程成立:

$$s_2(n) = r_1(n-1) + s_1(n) \tag{3-6-17a}$$

$$r_2(n) = s_1(n) + r_1(n-1) \tag{3-6-17b}$$

此时, $r_2(n)$ 恒等于 $s_2(n)$。因此, 自适应调节 $k_0(n)$ 时只需要使 $s_2^2(n)$ 的时间平均值最小即可。由图 3.6.4 可知, $s_1(n)$ 和 $r_1(n)$ 可以用 $k_0(n)$ 表示为

$$s_1(n) = s_0(n) + k_0(n) r_0(n-1) \tag{3-6-18a}$$

$$r_1(n) = k_0(n) s_0(n) + r_0(n-1) \tag{3-6-18b}$$

将式 (3 − 6 − 18) 代入式 (3 − 6 − 17), 则可以用 $k_0(n)$ 和 $k_0(n-1)$ 表示 $s_2(n)$, 即

$$s_2(n) = k_0(n-1) s_0(n-1) + k_0(n) r_0(n-1) + r_0(n-2) + s_0(n) \tag{3-6-19}$$

如果假定自适应估计值 $k_0(n-1)$ 近似等于 $k_0(n)$, 则代价函数可以表示为

$$E(n) = \sum_{k=0}^{n} \lambda^{n-k} s_2^2(k) = \sum_{k=0}^{n} \lambda^{n-k} \left[A(k) k_0 + B(k)\right]^2 \tag{3-6-20}$$

式中

$$A(n) = s_0(n-1) + r_0(n-1)$$

$$B(n) = r_0(n-2) + s_0(n)$$

如果使式 (3 − 6 − 20) 最小的 k_0 值取作 $k_0(n+1)$, 则可得到如下递推公式:

$$k_0(n) = -\frac{C(n)}{D(n)} \tag{3-6-21}$$

式中

$$C(n) = \lambda C(n-1) + A(n) B(n)$$

$$D(n) = \lambda D(n-1) + A^2(n)$$

式中, 遗忘因子 λ 满足 $0 \leqslant \lambda \leqslant 1$。

需要注意, 在式 (3−6−21) 中并不能保证 $|D(n)|$ 总是大于 $|C(n)|$。因此, $|k_0(n)|$ 有可能大于 1, 即滤波器的极点有可能不在单位圆内, 从而滤波器会变得不稳定或发散。为了保证 $|k_0(n)|$ 小于 1, 并使离差较小, 必须对 $k_0(n)$ 进行修正, 将它限定在 $[-1, 1]$ 的范围内。为了减小修正的影响, 可以用下面的 $k_0'(n)$ 代替 $k_0(n)$:

$$k_0'(n) = (1-r) k_0'(n-1) + r k_0(n), \quad r = 0.5 \tag{3-6-22}$$

事实上, 式 (3 − 6 − 22) 的平滑过程等价于低通滤波。

3.7 自适应滤波方法在工程信号处理中的应用

自适应滤波技术的应用极其广泛, 总的说来, 凡是在信号的统计特性未知或信号是随时间变化的非平稳过程场合, 都有自适应滤波器的用武之地, 因此, 在通信、控制、雷达、导航、声

呐、遥感、生物医学工程等诸多领域和学科中都有大量文献报道自适应滤波器的应用, 其中不乏经典之作。特别是在 ① 自适应天线阵列; ② 自适应均衡器; ③ 自适应噪声消除技术; ④ 系统辨识与建模等领域。

图 3.7.1 所示为自适应滤波器的典型应用。其中, 图 3.7.1a 为自适应预测滤波器, 此时, 期望信号 $d(k)$ 与输入信号 $x(k)$ 相同, 自适应预测滤波器根据输入 $x(k)$ 的过去值 $x(k-1),\cdots,x(k-M)$ 对输入的当前值进行预测。这种滤波器在信号编码及噪声削减中得到了广泛应用。

图 3.7.1b 所示滤波器的结构用于系统辨识或建模。图中, 宽带信号 $x(k)$ 既作为自适应滤波器的输入又作为未知系统的输入, 自适应滤波器将试图模仿未知系统的传递特性并在某一最佳准则下减少误差, 当自适应过程结束时, 可以认为自适应滤波器的传递函数在某一最佳准则下与未知系统的传递函数相同。这种滤波器在控制方面有广泛的应用。

图 3.7.1c 所示为自适应均衡器, 又称逆模拟器。在这类应用中, 自适应滤波器试图将其传递函数模拟成未知系统传递函数的倒数 (或称为逆), 从而由一个受慢时变系统和加性噪声影响的信号中恢复原始信号。这种滤波器被广泛地应用于通信、地震勘探、控制等领域, 例如, 在色散信道中, 自适应滤波器可以放在接收端用以“均衡”信道, 即在信号通带内提供一个频率和相位响应为信道自身响应的逆或倒数的传递函数, 从而补偿信道的色散。有时, 这种应用也称为解卷, 因为到达接收机的波形是发射波形与信道冲激响应的卷积结果, 在接收机输入端的均衡滤波器能对信道特性进行解卷, 从而恢复原始波形。

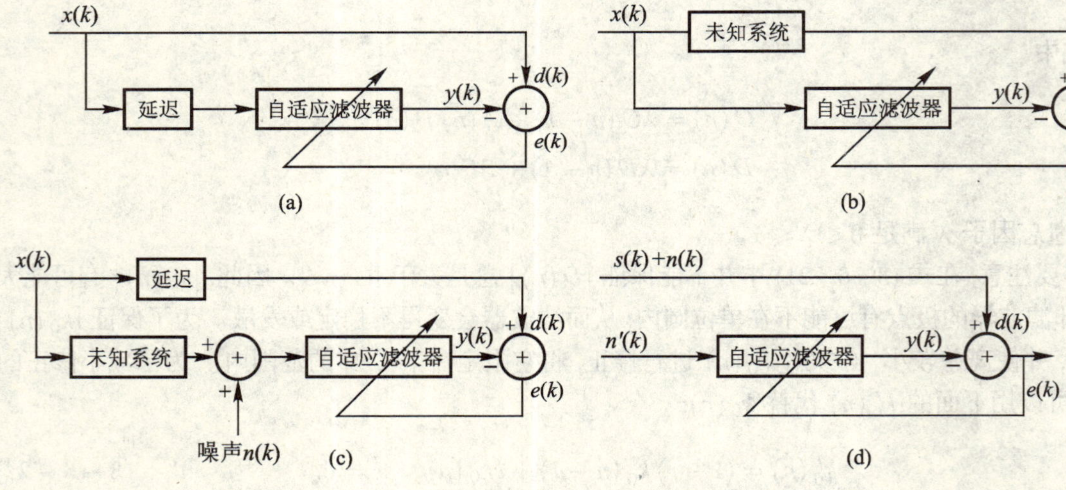

图 3.7.1 自适应滤波器的应用实例

图 3.7.1d 所示结构是对噪声 (干扰) 进行自适应消除的自适应噪声消除器。在该结构中, 期望信号 $d(k)$ 是受加性噪声“污染”的信号, 即 $d(k)=s(k)+n(k)$, 而自适应滤波器的输入是与 $n(k)$ 相关的噪声 $n'(k)$, 自适应滤波器的输出 $y(k)$ 要尽可能地与 $n(k)$ 逼近, 使系统输出 $e(k)=d(k)-y(k)$ 尽量地逼近 $s(k)$。

思考题

3.1 判断下列关系是否为真, 并给出证明:

$$\boldsymbol{X}_{1,k}(n)=\begin{bmatrix}\mathbf{0}_k^{\mathrm{T}}\\ \boldsymbol{X}_{0,k-1}(n-1)\end{bmatrix},\quad \boldsymbol{P}_{1,k}(n)=\begin{bmatrix}0 & \mathbf{0}_{n-1}^{\mathrm{T}}\\ \mathbf{0}_{n-1} & \boldsymbol{P}_{0,k-1}(n-1)\end{bmatrix}$$

3.2 构造一个格型滤波器, 使其传递函数为 $H(z)=\left(z^2+2z+1\right)/\left(z^2-z+0.89\right)$。

3.3 简述本章所述自适应滤波器的特点和算法步骤。

3.4 对本章所述自适应滤波器各列举 1 ~ 2 个实例, 并说明其不同的应用特点和影响因素。

参考文献

[1] 张贤达. 现代信号处理. 北京: 清华大学出版社, 2001.

[2] 沈凤鳞, 陈和晏. 生物医学随机信号处理. 合肥: 中国科学技术大学出版社, 1999.

[3] Simon H. Adaptive Filter Theory. 4th ed. 北京: 电子工业出版社, 2002.

[4] Macchi O M, Bershad N J. Adaptive recovery of a chirped sinusoid in noise, partI: performance of the RLS algorithm. IEEE Trans. On Signal Processing, 1991, 39: 583-594.

[5] Macchi O M, Bershad N J. Adaptive recovery of a chirped sinusoid in noise, part II: performance of the LMS algorithm. IEEE Trans. On Signal Processing, 1991, 39: 595-602.

[6] Bierman G J. Factorization methods for discrete sequential estimation. New York: Academic Press, 1977.

[7] Carayannis G, Manolakis D, Kalouptsidis N,et al. A fast sequential algorithm for least-squares filtering and prediction. IEEE Trans. ASSP, 1983, 31(6): 1394-1402.

[8] Eweda E, Macchi O. Convergence of the RLS and LMS adaptive filters. IEEE Transactions on Circuits and Systems, 1987, 34(7): 799-803.

[9] Earl R, Ferrara J R, Bernard W. The time-sequenced adaptive filter. IEEE trans. On Acoustics, Speech, and Signal Processing, 1981, 29(3): 679-683.

[10] Proakis J G, Rader C M, Ling F. et al. Advanced digital signal processing. New York: MacMillan, 1992.

[11] 吴昌悫, 魏洪增. 矩阵理论与方法. 北京: 电子工业出版社, 2006.

[12] Iltis R, Milstein L. An approximate statistical analysis of the Widrow LMS algorithm with application to narrow-band Interference rejection. IEEE Trans. on Communications, 1985, 33(2): 121-130.

[13] Wu C H, Yagle A E. The gradient adaptive split lattice algorithm. IEEE Trans. on Signal Processing, 1994, 42(2): 441-443.

[14] Lev-Ari H, Kailath T, Cioffi J. Least-squares adaptive lattice and transversal filters: a unified geometric theory. IEEE Trans. on Information Theory, 1984, 30(2): 222-236.

[15] Cioffi J M. An unwindowed RLS adaptive lattice algorithm. IEEE Trans. on Acoustics, Speech and Signal Processing, 1988, 36(3): 365-371.

[16] Merched R.Extended RLS lattice adaptive filters. IEEE Trans. on Signal Processing, 2003, 51(9): 2294-2309.

[17] Jenkins W K, Hull A W, Straint B A, et al. Advanced concepts in adaptive signal processing. Norwell: Kluwer Academic Publishers, 1996.

[18] Alexander ST. Adaptive signal processing: theory and applications. New York: Springer-Verlag, 1986: 136-139.

[19] Fan H, Jenkins W K. A new adaptive IIR filter. IEEE Trans. On Circuits System, 1986, 33(10): 939-947.

[20] Nayeri M, Jenkins W K. Alternate realization to adaptive IIR filters and properties of their performance surfaces. IEEE Trans. On Circuits System, 1989, 36(4): 485-496.

[21] Shynk J J. Adaptive IIR filtering. IEEE ASSP Magazine, 1989, 6(2): 4-21.

[22] Ljung L, Soderstrom T. Theory and practice of recursive identification. MIT Press, 1983.

[23] Haykin S S. Adaptive filter theory. 2nd ed. New York: Prentice-Hall, 1991.

[24] Widorw B,Glover J R, McCool J M, et al. Adaptive noise canceling: principles and applications, Proc. IEEE, 1975, 63: 1692-1716.

[25] Hush D R, Ahmed N, David R, et al. An adaptive IIR structure for sinusoidal enhancement, frequency estimation and detection. IEEE Trans. Acoustics, Speech, and Signal Processing, 1986, 34: 1380-1381.

[26] Leib H, Eizenman M, Pasapathy S, et al. Adaptive lattice filter for multiple sinusoids in white noise. IEEE Trans, Acoustics, Speech, and Signal Processing, 1987, 35: 1015-1023.

[27] Shensa M. The spectral dynamics of evolving LMS adaptive filters//In Proc. IEEE ICASSP, 1979: 950-953.

[28] Rao, D V R, Kung J R. Adaptive notch filtering for the retrieval of sinusoids in noise. IEEE Trans. On Acoustics, Speech, and Signal Processing, 1984, 32: 791-802.

[29] Nehorai A. A minimal parameter adaptive notch filter with constrained poles and zeros. IEEE Trans. On Acoustics, Speech, and Signal Processing, 1985: 33: 983-996.

[30] Cho N I, Choi C H, Lee S U. Adaptive line enhancement by using an IIR lattice notch filter. IEEE Trans. On Acoustics, Speech, and Signal Processing, 1989, 37: 585-589.

[31] Makhoul J, Cossell M. Adaptive lattice analysis of speech. IEEE Trans. On Acoustics, Speech, and Signal Processing, 1981, 29: 654-659.

[32] Widrow B, Mantey P E, Griffiths L J. et al. Adaptive antenna systems. Proc. IEEE, 1967, 55(2): 2143-2159.

[33] Widrow B, Stearns S D. Adaptive signal processing. New Jersey: Prentice-Hall, 1985.

[34] 曹亚丽. 自适应滤波器中 LMS 算法的应用. 仪器仪表学报(增刊), 2005, 26(8): 452-454.
[35] 邱阿瑞. 自适应陷波滤波器在异步电动机故障诊断中的应用. 大电机技术, 1995(5): 14-17.
[36] 赵欣波, 杨苹. 基于 LMS 算法的自适应滤波及在回声消除中的应用. 信息技术, 2006(8): 28-31.
[37] 邹艳碧, 高鹰. 自适应滤波算法综述. 广州大学学报 (自然科学版), 2002, 1(2): 44-50.

第4章　高阶统计分析

在前面几章中，处理信号的方法是以二阶统计量为主，并且假设信号或者噪声是服从高斯分布的，这样一个随机过程的特性就完全可以由其一阶矩和二阶矩确定，即掌握了高斯过程的一阶矩和二阶矩就等于掌握了它的全部特性。但是，对于非高斯随机过程则不具有这样的特点。为了分析和利用非高斯随机过程，从 20 世纪 80 年代起，人们就开始研究高于二阶矩的高阶统计分析，并迅速发展成为现代信号处理的一个重要分支。

高阶矩、高阶累量及它们的谱都称为高阶统计量。高阶统计量，尤其是高阶累量与前面几章使用的相关函数和功率谱相比，在信号处理应用中有很多优势，主要有：

(1) 由于有色高斯噪声的高阶累量恒等于零，因此高阶累量能够抑制高斯噪声，从而能够提高参数估计性能；

(2) 高阶累量可以很好地克服二阶矩的“盲相”问题，因此可用于非最小相位系统和信号的辨识；

(3) 高阶累量反映了随机过程分布偏离高斯分布的程度，因此可用于信号分类和分析由于“偏离高斯性”引起的各种特性；

(4) 高阶累量能够检测信号的非线性特性或者辨识非线性系统。

本章先给出高阶统计量的基本概念和性质，然后介绍高阶累量与线性系统辨识以及基于高阶谱的信号重构，最后讨论高阶统计分析在工程信号处理中的应用。

4.1　基本概念

最常用的高阶统计量是高阶累量及高阶谱。本节从高阶累量的定义出发，介绍随机过程和高斯过程的高阶累量，然后分析累量与矩的转换关系，最后给出高阶累量的基本性质。

4.1.1　高阶累量的定义

高阶矩和高阶累量可以由随机变量的特征函数引出，在本节首先给出随机变量特征函数的定义，随后给出高阶矩、高阶累量的定义。

1. 特征函数

假设存在连续的随机变量 x，它的概率密度函数为 $p(x)$，那么它的特征函数定义为

$$\left|\Phi(\omega)\right| \stackrel{\text{def}}{=} \int_{-\infty}^{+\infty} p(x)\mathrm{e}^{\mathrm{j}\omega x}\mathrm{d}x = E(\mathrm{e}^{\mathrm{j}\omega x}) \qquad (4-1-1)$$

式中，E 表示数学期望。由式 $(4-1-1)$ 可以看出，x 的特征函数实际上也是 $p(x)$ 的傅里叶逆

变换, 也称为第一特征函数。由于概率密度函数 $p(x) \geqslant 0$, 所以 $\varPhi(\omega)$ 在原点有最大值, 即

$$\left|\varPhi(\omega)\right| \leqslant \varPhi(0) = 1 \tag{4-1-2}$$

对式 (4-1-1) 取自然对数, 则有

$$\varPsi(\omega) \stackrel{\text{def}}{=\!=} \ln \varPhi(\omega) = \ln E(\mathrm{e}^{\mathrm{j}\omega x}) \tag{4-1-3}$$

称为随机变量 x 的第二特征函数。

根据上述定义, 对于均值为 μ, 方差为 σ^2 的一般高斯随机变量, 其概率密度函数为

$$p(x) = \frac{1}{\sqrt{2\pi}\sigma}\mathrm{e}^{-\frac{(x-\mu)^2}{2\sigma^2}} \tag{4-1-4}$$

根据式 (4-1-1) 可得它的特征函数为

$$\varPhi(\omega) = \int_{-\infty}^{+\infty} \frac{1}{\sqrt{2\pi}\sigma}\mathrm{e}^{-\frac{(x-\mu)^2}{2\sigma^2}}\mathrm{e}^{\mathrm{j}\omega x}\mathrm{d}x \tag{4-1-5}$$

对上式中 $\mathrm{e}^{\mathrm{j}\omega x}$ 作 Taylor 级数展开, 同时再作积分变换可得该高斯随机变量的特征函数为

$$\varPhi(\omega) = \mathrm{e}^{\mathrm{j}\omega\mu-\omega^2\sigma^2/2} \tag{4-1-6}$$

这样其第二特征函数为

$$\varPsi(\omega) = \mathrm{j}\omega\mu - \frac{\omega^2\sigma^2}{2} \tag{4-1-7}$$

下面将随机变量特征函数概念推广到随机矢量, 假设存在 k 维的随机矢量 $\boldsymbol{X} = [x_1, x_2, \cdots, x_k]^{\mathrm{T}}$, 其特征函数定义为

$$\varPhi(\boldsymbol{\omega}) \stackrel{\text{def}}{=\!=} E(\mathrm{e}^{\mathrm{j}\boldsymbol{\omega}^{\mathrm{T}}\boldsymbol{X}}) = E[\mathrm{e}^{\mathrm{j}(\omega_1 x_1+\omega_2 x_2+\cdots+\omega_k x_k)}] \tag{4-1-8}$$

式中, $\boldsymbol{\omega} = [\omega_1, \omega_2, \cdots, \omega_k]^{\mathrm{T}}$。随机矢量 $\boldsymbol{x}$ 的第二特征函数定义为

$$\varPsi(\boldsymbol{\omega}) \stackrel{\text{def}}{=\!=} \ln \varPhi(\boldsymbol{\omega}) = \ln E(\mathrm{e}^{\mathrm{j}\boldsymbol{\omega}^{\mathrm{T}}\boldsymbol{X}}) \tag{4-1-9}$$

根据上述定义, 对于均值为 $\boldsymbol{\mu} = [\mu_1, \mu_2, \cdots, \mu_k]^{\mathrm{T}}$, 方差为 $\boldsymbol{\sigma} = [\sigma_{ij}]_{k\times k}, \sigma_{ij} = E[(x_i-\mu_i)(x_j-\mu_j)]$ 的一般高斯随机矢量, 其概率密度函数为

$$p(\boldsymbol{X}) = \frac{1}{\sqrt{(2\pi)^k}\boldsymbol{\sigma}}\mathrm{e}^{-\frac{(\boldsymbol{X}-\boldsymbol{\mu})^{\mathrm{T}}(\boldsymbol{X}-\boldsymbol{\mu})}{2\boldsymbol{\sigma}}} \tag{4-1-10}$$

特征函数为

$$\varPhi(\boldsymbol{\omega}) = \mathrm{e}^{\mathrm{j}\boldsymbol{\omega}^{\mathrm{T}}\boldsymbol{\mu}-\boldsymbol{\omega}^{\mathrm{T}}\boldsymbol{\sigma}\boldsymbol{\omega}/2} \tag{4-1-11}$$

第二特征函数为

$$\varPsi(\boldsymbol{\omega}) = \ln \varPhi(\boldsymbol{\omega}) = \mathrm{j}\boldsymbol{\omega}^{\mathrm{T}}\boldsymbol{\mu} - \boldsymbol{\omega}^{\mathrm{T}}\boldsymbol{\sigma}\boldsymbol{\omega}/2 \tag{4-1-12}$$

2. 高阶矩的定义

对上一节的随机变量的特征函数式 (4 − 1 − 1) 作 k 次导数可得

$$\Phi^k(\omega)=\frac{\mathrm{d}^k\Phi(\omega)}{\mathrm{d}\omega^k}=\mathrm{j}^k\int_{-\infty}^{+\infty}p(x)x^k\mathrm{e}^{\mathrm{j}\omega x}\mathrm{d}x=\mathrm{j}^kE(x^k\mathrm{e}^{\mathrm{j}\omega x})\tag{4-1-13}$$

随机变量 x 的 k 阶 (原点) 矩 m_k 和中心矩 μ_k 分别定义为

$$m_k\overset{\mathrm{def}}{=\!=}E(x^k)=\int_{-\infty}^{+\infty}x^kf(x)\mathrm{d}x\tag{4-1-14}$$

$$\mu_k\overset{\mathrm{def}}{=\!=}E\{[x-E(x)]^k\}=\int_{-\infty}^{+\infty}[x-E(x)]^kf(x)\mathrm{d}x\tag{4-1-15}$$

式中, $E(x)$ 为随机变量 x 的一阶矩, 即均值。若随机变量 x 的均值为零, 则其 k 阶原点矩 m_k 和中心矩 μ_k 等价。在下面的论述中, 令随机变量和随机信号的均值为零。在式 (4 − 1 − 13) 中, 令 $\omega=0$, 即可求出随机变量 x 的 k 阶矩为

$$m_k=E(x^k)=(-\mathrm{j})^k\left.\frac{\mathrm{d}^k\Phi(\omega)}{\mathrm{d}\omega^k}\right|_{\omega=0}=(-\mathrm{j})^k\Phi^k(0)\tag{4-1-16}$$

由于随机变量 x 的 k 阶矩 $E(x^k)$ 可以由特征函数生成, 故将特征函数 $\Phi(\omega)$ 称为矩生成函数。

下面将随机变量的矩推广到随机矢量, 对 k 维的随机矢量 $\boldsymbol{X}=[x_1,x_2,\cdots,x_k]^{\mathrm{T}}$ 的特征函数求 $r=a_1+a_2+\cdots+a_k$ 阶偏导数

$$\frac{\partial^r\Phi(\omega_1,\omega_2,\cdots,\omega_k)}{\partial\omega_1^{a_1}\omega_2^{a_2}\cdots\omega_k^{a_k}}=\mathrm{j}^kE[x_1^{a_1}x_2^{a_2}\cdots x_k^{a_k}\mathrm{e}^{\mathrm{j}(\omega_1x_1+\omega_2x_2+\cdots+\omega_kx_k)}]\tag{4-1-17}$$

取 $\omega_1=\omega_2=\cdots=\omega_k=0$, 则上式变为

$$\left.\frac{\partial^r\Phi(\omega_1,\omega_2,\cdots,\omega_k)}{\partial\omega_1^{a_1}\omega_2^{a_2}\cdots\omega_k^{a_k}}\right|_{\omega_1=\omega_2=\cdots=\omega_k=0}=\mathrm{j}^rE(x_1^{a_1}x_2^{a_2}\cdots x_k^{a_k})=\mathrm{j}^rm_{a_1a_2\cdots a_k}\tag{4-1-18}$$

即

$$m_{a_1a_2\cdots a_k}\overset{\mathrm{def}}{=\!=}(-\mathrm{j})^r\left.\frac{\partial^r\Phi(\omega_1,\omega_2,\cdots,\omega_k)}{\partial\omega_1^{a_1}\omega_2^{a_2}\cdots\omega_k^{a_k}}\right|_{\omega_1=\omega_2=\cdots=\omega_k=0}\tag{4-1-19}$$

式中, $m_{a_1a_2\cdots a_k}$ 为随机矢量的 $r=a_1+a_2+\cdots+a_k$ 阶矩。

3. 高阶累量的定义

由式 (4 − 1 − 9) 知, 第一特征函数的自然对数为第二特征函数, 与 k 阶矩的定义类似, 可以对随机变量的第二特征函数 $\Psi(\omega)$ 作 k 次导数, 并取 $\omega=0$, 可得

$$c_k\overset{\mathrm{def}}{=\!=}cum(x^k)=(-\mathrm{j})^k\left.\frac{d^k\ln\Phi(\omega)}{\mathrm{d}\omega^k}\right|_{\omega=0}=(-\mathrm{j})^k\Psi^k(0)\tag{4-1-20}$$

式中, c_k 称为随机变量 x 的 k 阶累量, 同时又将第二特征函数 $\Psi(\omega)$ 称为累量生成函数。

同样, 将随机变量的累量推广到随机矢量, 对 k 维的随机向量 $\boldsymbol{X}=[x_1,x_2,\cdots,x_k]^{\mathrm{T}}$ 的第二特征函数求 $r=a_1+a_2+\cdots+a_k$ 阶偏导数, 并取 $\omega_1=\omega_2=\cdots=\omega_k=0$, 可得

$$c_{a_1a_2\cdots a_k}\overset{\text{def}}{=\!=}cum(x_1^{a_1},x_2^{a_2},\cdots,x_k^{a_k})=(-\mathrm{j})^r\left.\frac{\partial^r\varPsi(\omega_1,\omega_2,\cdots,\omega_k)}{\partial\omega_1^{a_1}\omega_2^{a_2}\cdots\omega_k^{a_k}}\right|_{\omega_1=\omega_2=\cdots=\omega_k=0}\tag{4-1-21}$$

在实际应用中, 通常取 $a_1=a_2=\cdots=a_k=1$, 得到最常见的 k 阶矩和 k 阶累量, 分别为

$$\begin{aligned}m_k&=m_{11\cdots1}\overset{\text{def}}{=\!=}mom(x_1,x_2,\cdots x_k)\\&=(-\mathrm{j})^r\left.\frac{\partial^r\varPhi(\omega_1,\omega_2,\cdots,\omega_k)}{\partial\omega_1\omega_2\cdots\omega_k}\right|_{\omega_1=\omega_2=\cdots=\omega_k=0}\end{aligned}\tag{4-1-22}$$

$$\begin{aligned}c_k&=c_{11\cdots1}\overset{\text{def}}{=\!=}cum(x_1,x_2,\cdots x_k)\\&=(-\mathrm{j})^r\left.\frac{\partial^r\varPsi(\omega_1,\omega_2,\cdots,\omega_k)}{\partial\omega_1\omega_2\cdots\omega_k}\right|_{\omega_1=\omega_2=\cdots=\omega_k=0}\end{aligned}\tag{4-1-23}$$

一般情况下, 把大于等于三阶的矩和累量称为高阶矩和高阶累量。

4.1.2　高斯过程的高阶累量

假设存在高斯随机变量 x, 均值为零, 方差为 σ^2, 其概率密度函数为

$$p(x)=\frac{1}{\sqrt{2\pi}\sigma}\mathrm{e}^{-\frac{x^2}{2\sigma^2}}\tag{4-1-24}$$

故高斯随机变量 x 的特征函数为

$$\varPhi(\omega)=\int_{-\infty}^{+\infty}p(x)\mathrm{e}^{\mathrm{j}\omega x}\mathrm{d}x=\frac{1}{\sqrt{2\pi}\sigma}\int_{-\infty}^{+\infty}\mathrm{e}^{-\frac{x^2}{2\sigma^2}+\mathrm{j}\omega x}\mathrm{d}x=\mathrm{e}^{-\frac{\sigma^2\omega^2}{2}}\tag{4-1-25}$$

求式 (4－1－25) 的各阶导数得

$$\begin{aligned}\varPhi'(\omega)&=-\sigma^2\omega\mathrm{e}^{-\frac{\sigma^2\omega^2}{2}}\\\varPhi''(\omega)&=(\sigma^4\omega^2-\sigma^2)\mathrm{e}^{-\frac{\sigma^2\omega^2}{2}}\\\varPhi^{(3)}(\omega)&=(3\sigma^4\omega-\sigma^6\omega^3)\mathrm{e}^{-\frac{\sigma^2\omega^2}{2}}\\\varPhi^{(4)}(\omega)&=(3\sigma^4-6\sigma^6\omega^2+\sigma^8\omega^4)\mathrm{e}^{-\frac{\sigma^2\omega^2}{2}}\end{aligned}$$

将这些值代入式 (4－1－16) 即可得到高斯随机变量的矩为

$$m_1=0,\quad m_2=\sigma^2,\quad m_3=0,\quad m_4=3\sigma^2$$

对上述四阶矩进行推广, 可得高斯随机变量的任意阶矩为

$$m_k=\begin{cases}0, & k=\text{奇数}\\1\times3\times\cdots\times(k-1)\sigma^k, & k=\text{偶数}\end{cases}\tag{4-1-26}$$

对式 (4 − 1 − 25) 取自然对数可得高斯随机变量 x 的第二特征函数

$$\Psi(\omega)=\ln\Phi(\omega)=-\frac{\sigma^2\omega^2}{2}$$

其各阶导数为

$$\Psi'(\omega)=-\sigma^2\omega,\quad \Psi''(\omega)=-\sigma^2,\quad \Psi^{(k)}(\omega)=0,\quad k=3,4,\cdots$$

将这些值代入式 (4 − 1 − 20) 可得到高斯随机变量的各阶累量为

$$c_1=0,\quad c_2=\sigma^2,\quad c_k=0,\quad k=3,4,\cdots$$

上述结论很容易推广到任何服从高斯分布的随机过程。若 $x(t)$ 为一高斯随机过程, 且此随机过程在任意 $t_1,t_2,\cdots,t_k$ 时刻上所确定的 k 维随机矢量为 $\boldsymbol{X}=[x_{t_1},x_{t_2},\cdots x_{t_k}]^{\mathrm{T}}$, 则可得相应的特征函数

$$\Phi(\boldsymbol{\omega})=\mathrm{e}^{\mathrm{j}\boldsymbol{m}^{\mathrm{T}}\boldsymbol{\omega}-\frac{1}{2}\boldsymbol{\omega}^{\mathrm{T}}\boldsymbol{c}\boldsymbol{\omega}} \tag{4-1-27}$$

式中, $\boldsymbol{m}=[E(x_1),E(x_2),\cdots,E(x_k)]^{\mathrm{T}}$, $\boldsymbol{c}$ 为协方差矩阵。由式 (4 − 1 − 27) 可以得出

$$\begin{aligned}\Psi(\boldsymbol{\omega})&=\ln\Phi(\boldsymbol{\omega})=\mathrm{j}\boldsymbol{m}^{\mathrm{T}}\boldsymbol{\omega}-\frac{1}{2}\boldsymbol{\omega}^{\mathrm{T}}\boldsymbol{c}\boldsymbol{\omega}\\&=\mathrm{j}\left[\sum_{i=1}^{k}E(x_i)\omega_i\right]-\frac{1}{2}\sum_{i=1}^{k}\sum_{j=1}^{k}c_{ij}\omega_i\omega_j\end{aligned} \tag{4-1-28}$$

式中, $c_{ij}=E\{[x_i-E(x_i)][x_j-E(x_j)]\}$。由式 (4 − 1 − 28) 不难看出, 高斯过程的三阶及三阶以上的累量恒等于零。

综上所述, 三阶以上的高斯过程的高阶累量恒为零, 但高阶矩在一般情况下偶数阶都不为零。

4.1.3 随机过程的高阶累量

将矩和累量的定义应用于信号的随机过程。假设 $x(t)$ 为任意的随机过程, 则该随机过程的 k 阶矩 $m_{kx}(\tau_1,\tau_2,\cdots,\tau_{k-1})$ 可定义为

$$m_{kx}(\tau_1,\tau_2,\cdots,\tau_{k-1})\stackrel{\mathrm{def}}{=\!=}mom[x(t),x(t+\tau_1),\cdots,x(t+\tau_{k-1})] \tag{4-1-29}$$

k 阶累量 $c_{kx}(\tau_1,\tau_2,\cdots,\tau_{k-1})$ 可定义为

$$c_{kx}(\tau_1,\tau_2,\cdots,\tau_{k-1})\stackrel{\mathrm{def}}{=\!=}cum[x(t),x(t+\tau_1),\cdots,x(t+\tau_{k-1})] \tag{4-1-30}$$

若 $x(t)$ 为平稳的随机过程, 则在任意 $t,t+\tau_1,\cdots,t+\tau_{k+1}$ 时刻, 随机过程 $x(t)$ 可看成是 k 维随机矢量 $\boldsymbol{X}=[x(t),x(t+\tau_1),\cdots,x(t+\tau_{k-1})]^{\mathrm{T}}$, 由此可知随机过程 $x(t)$ 的矩为 $m_{kx}(\tau_1,\tau_2,\cdots,\tau_{k-1})=m_{11\cdots1}$, 累量为 $c_{kx}(\tau_1,\tau_2,\cdots,\tau_{k-1})=c_{11\cdots1}$, 它们仅仅是 $k-1$ 个滞后的独立变量 $\tau_1,\tau_2,\cdots,\tau_{k-1}$ 的函数, 与时间起点 t 无关。

特别地, 当 $\tau_1=\tau_2=\tau_3=0$ 时, 称

$$c_{2x}(0)=\sigma^2=r_{2x}=E[x^2(t)] \tag{4-1-31}$$

为方差。定义

$$S_x \overset{\text{def}}{=\!=} c_{3x}(0,0)=r_{3x}=E[x^3(t)] \tag{4-1-32}$$

为斜度 (skewness)。定义

$$S_x^0 \overset{\text{def}}{=\!=} \frac{E[x^3(t)]}{E^{3/2}[x^2(t)]} \tag{4-1-33}$$

为归零化斜度。若一个随机信号其斜度为零, 则其三阶累量恒等于零, 即信号服从对称分布; 若斜度不为零则必定服从非对称分布, 即斜度用来衡量一个信号的分布偏离对称分布的歪斜程度, 如图 4.1.1 所示。定义

$$K_x \overset{\text{def}}{=\!=} c_{4x}(0,0,0)=r_{4x}=E[x^4(t)]-3E^2[x^2(t)] \tag{4-1-34}$$

为峰度 (kurtosis)。而定义

$$K_x^0 \overset{\text{def}}{=\!=} \frac{E[x^4(t)]}{E^2[x^2(t)]}-3 \tag{4-1-35}$$

为归零化峰度。峰度用来衡量一个信号分布的尖峭程度, 如图 4.1.2 所示。峰度不仅可以用来区分高斯和非高斯信号, 而且还将非高斯信号进一步分为亚高斯 (sub-Gaussian) 信号和超高斯 (super-Gaussian) 信号, 即归零化峰度等于零的实信号为高斯信号, 归零化峰度小于零的实信号为亚高斯信号, 归零化峰度大于零的信号为超高斯信号。

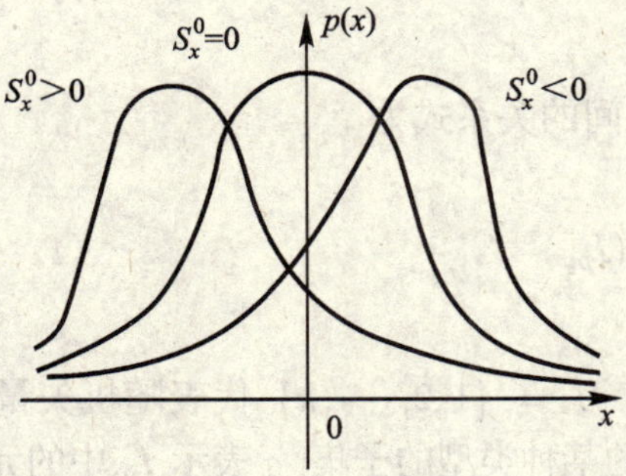

图 4.1.1　不同分布的斜度

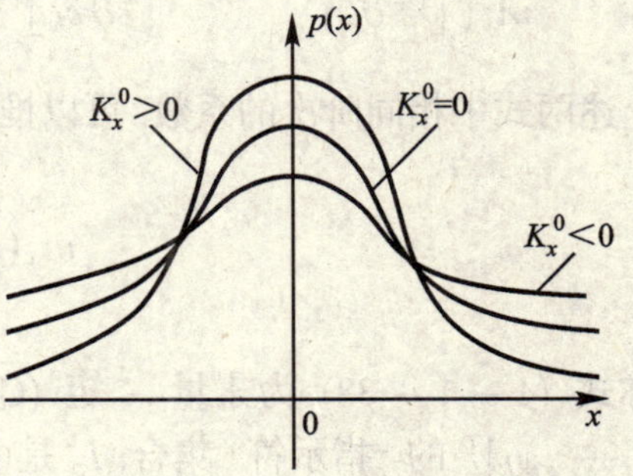

图 4.1.2　不同分布的峰度

4.1.4　累量与矩的转换关系

从高阶累量与高阶矩的定义中, 可以看出它们之间存在着某种转换关系。将式 (4-1-8) 和式 (4-1-9) 中随机矢量 $\boldsymbol{X}=[x_1,x_2,\cdots,x_k]^{\mathrm{T}}$ 的特征函数 $\Phi(\boldsymbol{\omega})$ 和第二特征函数 $\Psi(\boldsymbol{\omega})$ 分别作

Taylor 级数展开可以得

$$\begin{aligned}
&\Phi(\omega_1,\omega_2,\cdots,\omega_k)=\Phi(0,0,\cdots,0)+\frac{1}{1!}\left\{\omega_1\left[\frac{\partial}{\partial\omega_1}\Phi(\omega)\right]_{\omega=0}+\cdots+\right.\\
&\left.\omega_k\left[\frac{\partial}{\partial\omega_k}\Phi(\omega)\right]_{\omega=0}\right\}+\frac{1}{2!}\left\{\left[\omega_1\frac{\partial}{\partial\omega_1}+\cdots+\omega_k\frac{\partial}{\partial\omega_k}\right]^2\Phi(\omega)\right\}_{\omega=0}+\cdots+\\
&\frac{1}{n!}\left\{\left[\omega_1\frac{\partial}{\partial\omega_1}+\cdots+\omega_k\frac{\partial}{\partial\omega_k}\right]^n\Phi(\omega)\right\}_{\omega=0}+\cdots\\
=&1+\frac{1}{1!}\left(\omega_1\mathrm{j}m_{1,0,\cdots,0}+\omega_2\mathrm{j}m_{0,1,\cdots,0}+\cdots+\omega_k\mathrm{j}m_{0,0,\cdots,1}\right)+\\
&\frac{1}{2!}\left(\omega_1^2\mathrm{j}^2m_{2,0,\cdots,0}+\omega_2^2\mathrm{j}^2m_{0,2,\cdots,0}+\cdots+\omega_k^2\mathrm{j}^2m_{0,0,\cdots,2}+\right.\\
&\left.2\omega_1\omega_2\mathrm{j}^2m_{1,1,\cdots,0}+\cdots+2\omega_1\omega_k\mathrm{j}^2m_{1,0,\cdots,1}+\cdots\right]+\cdots+\\
&\frac{1}{n!}\left[\left(\omega_1\frac{\partial}{\partial\omega_1}+\cdots+\omega_k\frac{\partial}{\partial\omega_k}\right)^n\Phi(\omega)\right]_{\omega=0}+\cdots
\end{aligned}\tag{4-1-36}$$

$$\begin{aligned}
&\Psi(\omega_1,\omega_2,\cdots,\omega_k)=1+\frac{1}{1!}\left\{\omega_1\left[\mathrm{e}^{\Psi(\omega)}\frac{\partial}{\partial\omega_1}\Psi(\omega)\right]_{\omega=0}+\cdots+\right.\\
&\left.\omega_k\left[\mathrm{e}^{\Psi(\omega)}\frac{\partial}{\partial\omega_k}\Psi(\omega)\right]_{\omega=0}\right\}+\frac{1}{2!}\left\{\left[\omega_1\frac{\partial}{\partial\omega_1}+\cdots+\omega_k\frac{\partial}{\partial\omega_k}\right]^2\mathrm{e}^{\Psi(\omega)}\right\}_{\omega=0}+\cdots+\\
&\frac{1}{n!}\left\{\left[\omega_1\frac{\partial}{\partial\omega_1}+\cdots+\omega_k\frac{\partial}{\partial\omega_k}\right]^n\mathrm{e}^{\Psi(\omega)}\right\}_{\omega=0}+\cdots\\
=&1+\frac{1}{1!}\left[\omega_1\mathrm{j}c_{1,0,\cdots,0}+\cdots+\omega_k\mathrm{j}c_{0,0,\cdots,1}\right]+\\
&\frac{1}{2!}\left\{\left[\omega_1\frac{\partial}{\partial\omega_1}+\cdots+\omega_k\frac{\partial}{\partial\omega_k}\right]^2\mathrm{e}^{\Psi(\omega)}\right\}_{\omega=0}+\cdots+\\
&\frac{1}{n!}\left\{\left[\omega_1\frac{\partial}{\partial\omega_1}+\cdots+\omega_k\frac{\partial}{\partial\omega_k}\right]^n\mathrm{e}^{\Psi(\omega)}\right\}_{\omega=0}+\cdots
\end{aligned}\tag{4-1-37}$$

比较上述两式中相同阶次的系数, 可以推得矩与累量之间的关系式为

$$m_x(I)=\sum_p\prod_{k=1}^{q}c_x(I_{p_k})\tag{4-1-38}$$

通常称式 (4 − 1 − 38) 为累量 – 矩 (C – M) 公式。 $I=\{1,2,\cdots,k\}$ 代表随机矢量 $\boldsymbol{X}=[x_1,x_2,\cdots,x_k]^{\mathrm{T}}$ 的 “指示符” 集合; I_p 是由指示符构成的某种类型的子集; q 表示 I_p 中的元素, 可取值为 $1,2,\cdots,k$; k 为随机矢量的维数, 这样 $\bigcup\limits_{k=1}^{q}I_{p_k}=I$。以三阶累量为例, 则 $I=\{1,2,3\}$ 可以分为以下子集: $q=1$ 时, I_1 为 $\{(1,2,3)\}$; $q=2$ 时, I_2 为 $\{(1),(2,3)\},\{(2),(1,3)\},\{(3),(1,2)\}$; $q=3$ 时, I_3 为 $\{(1),(2),(3)\}$。由式 (4 − 1 − 33) 可得

$$\begin{aligned}
E(x_1x_2x_3)=c_x(I_1)+c_x(I_2)+c_x(I_3)=c_3(x_1x_2x_3)+c_1(x_1)c_2(x_2x_3)+\\
c_1(x_2)c_2(x_1x_3)+c_1(x_3)c_2(x_1x_2)+c_1(x_1)c_1(x_2)c_1(x_3)
\end{aligned}$$

反过来, 累量与矩的关系为

$$c_x(I)=\sum_p(-1)^{q-1}(q-1)!\prod_{k=1}^{q}m_x(I_{p_k}) \qquad (4-1-39)$$

称式 (4 − 1 − 39) 为矩 – 累量 (M – C) 公式。 同样以 $I=\{1,2,3\}$ 为例, 这时有 $I_{p=1}$ 为 $\{(1,2,3)\}$; $I_{p=2}$ 为 $\{(1),(2,3)\},\{(2),(1,3)\},\{(3),(1,2)\}$; $I_{p=3}$ 为 $\{(1),(2),(3)\}$。因此由式 (4−1−39) 可得

$$\begin{aligned}c_3(x_1x_2x_3)=&E(x_1x_2x_3)-E(x_1)E(x_2x_3)-E(x_2)E(x_1x_3)-\\&E(x_3)E(x_1x_2)+2E(x_1)E(x_2)E(x_3)\end{aligned}$$

特别地, 当 $x=x_1=x_2=x_3$ 时, 有 $c_3=m_3-3m_1m_2+2m_1^3$。对于随机变量 x, 通过类似的推导可得: $c_1=m_1, c_2=m_2-m_1^2, c_4=m_4-3m_2^2-4m_1m_3+12m_1^2m_2-6m_1^4$ 等。当 x 为零均值的随机变量时,三阶以下的累量与矩相等, 而四阶则不等, 即 $c_4=m_4-3m_2^2\neq m_4$。

4.1.5　高阶累量的基本性质

本节讨论高阶矩与高阶累量的基本性质, 这些性质在后面将经常被引用, 为叙述方便, 用 $mom(x_1,\cdots,x_k)$ 和 $cum(x_1,\cdots,x_k)$ 分别表示 k 个随机变量 $x_1,\cdots,x_k$ 的矩和累量。

性质1: 设 $\lambda_i, i=1,2,\cdots,k$ 为常数, $x_i, i=1,2,\cdots,k$ 为随机变量, 则

$$mom(\lambda_1x_1,\cdots,\lambda_kx_k)=\prod_{i=1}^{k}\lambda_i mom(x_1,\cdots,x_k) \qquad (4-1-40)$$

$$cum(\lambda_1x_1,\cdots,\lambda_kx_k)=\prod_{i=1}^{k}\lambda_i cum(x_1,\cdots,x_k) \qquad (4-1-41)$$

证明: 根据 $\lambda_i(i=1,2,\cdots,k)$ 为常数以及矩的定义, 易知式 (4 − 1 − 40) 成立, 下面证明式 (4 − 1 − 41)。设 $\boldsymbol{Y}=[\lambda_1x_1,\lambda_2x_2,\cdots,\lambda_kx_k]^{\mathrm{T}}, \boldsymbol{X}=[x_1,x_2,\cdots,x_k]^{\mathrm{T}}$, 两个矢量的下标相同, 即 $I_Y=I_X$, 根据式 (4 − 1 − 39) 有

$$c_Y(I_Y)=\sum_{\bigcup_{p=1}^{q}I_p=I_Y}(-1)^{q-1}(q-1)!\prod_{p=1}^{q}m_Y(I_p)$$

而

$$\prod_{p=1}^{q}m_Y(I_p)=\prod_{i=1}^{k}\lambda_i\prod_{p=1}^{q}m_X(I_p)$$

因此有

$$c_Y(I_Y)=\left(\prod_{i=1}^{k}\lambda_i\right)c_X(I_X) \qquad (4-1-42)$$

式 (4 − 1 − 41) 与式 (4 − 1 − 42) 等价。

性质2: 矩和累量有对称性, 即

$$mom(x_1,\cdots,x_k)=mom(x_{a_1},\cdots,x_{a_k}) \tag{4-1-43}$$

$$cum(x_1,\cdots,x_k)=cum(x_{a_1},\cdots,x_{a_k}) \tag{4-1-44}$$

式中, $(a_1,\cdots,a_k)$ 为 $1,2,\cdots,k$ 的任意不同的排列。

证明: 由于 $mom(x_1,\cdots,x_k)=E(x_1,\cdots,x_k)$, 交换各个变元的位置对矩无任何影响, 故式 (4-1-43) 显然成立。观察式 (4-1-44) 知, $\bigcup\limits_{p=1}^{q} I_p=I_X$, 集合 I_X 是无交集且非空的子集的无序组合, 所以变元的顺序与值无关, 即式 (4-1-44) 成立。

性质3: 矩和累量相对其变元具有可加性, 即

$$\begin{aligned}&mom(x_1+y_1,x_2,\cdots,x_k)\\&=mom(x_1,x_2,\cdots,x_k)+mom(y_1,x_2,\cdots,x_k)\end{aligned} \tag{4-1-45}$$

$$\begin{aligned}&cum(x_1+y_1,x_2,\cdots,x_k)\\&=cum(x_1,x_2,\cdots,x_k)+cum(y_1,x_2,\cdots,x_k)\end{aligned} \tag{4-1-46}$$

证明: 由于

$$\begin{aligned}mom(x_1+y_1,x_2,\cdots,x_k)&=E[(x_1+y_1),x_2,\cdots,x_k]\\&=E(x_1,x_2,\cdots,x_k)+E(y_1,x_2,\cdots,x_k)\end{aligned}$$

显然式 (4-1-45) 成立。设 $\boldsymbol{Z}=[x_1+y_1,x_2,\cdots,x_k]^{\mathrm{T}}, \boldsymbol{X}=[x_1,x_2,\cdots,x_k]^{\mathrm{T}}, \boldsymbol{Y}=[y_1,x_2,\cdots,x_k]^{\mathrm{T}}$, 三个矢量下标相同, 因为 $m_Z(I_p)$ 是以 I_p 中元素为下标的随机变量乘积的数学期望, 同时 (x_1+y_1) 在 $\prod\limits_{p=1}^{q} m_Z(I_p)$ 的表达式中只是以一次幂的形式出现, 故有

$$\prod_{p=1}^{q} m_Z(I_p)=\prod_{p=1}^{q} m_X(I_p)+\prod_{p=1}^{q} m_Y(I_p)$$

把上式代入式 (4-1-40) 即可得证。

性质4: 若随机变量 $\{x_i\},\{y_i\}, i=1,2,\cdots,k$ 互不相关, 则累量具有 "半不变性", 即

$$cum(x_1+y_1,\cdots,x_k+y_k)=cum(x_1,x_2,\cdots,x_k)+cum(y_1,y_2,\cdots,y_k) \tag{4-1-47}$$

但高阶矩一般没有半不变性, 即

$$mom(x_1+y_1,\cdots,x_k+y_k)\neq mom(x_1,x_2,\cdots,x_k)+mom(y_1,y_2,\cdots,y_k) \tag{4-1-48}$$

证明: 设 $\boldsymbol{Z}=[x_1+y_1,\cdots,x_k+y_k]^{\mathrm{T}},\boldsymbol{X}=[x_1,\cdots,x_k]^{\mathrm{T}},\boldsymbol{Y}=[y_1,\cdots,y_k]^{\mathrm{T}}$, 由于 $\{x_i\}$ 和 $\{y_i\}$ 互不相关, 根据累量生成函数有

$$\begin{aligned}\Psi_z(\omega_1,\omega_2,\cdots,\omega_k)&=\ln E\{\exp[\mathrm{j}\omega_1(x_1+y_1)+\cdots+\mathrm{j}\omega_k(x_k+y_k)]\}\\&=\ln E[\exp(\mathrm{j}\omega_1x_1+\cdots+\mathrm{j}\omega_kx_k)]+\ln E[\exp(\mathrm{j}\omega_1y_1+\cdots+\mathrm{j}\omega_ky_k)]\\&=\Psi_x(\omega_1,\omega_2,\cdots,\omega_k)+\Psi_y(\omega_1,\omega_2,\cdots,\omega_k)\end{aligned}$$

根据累量的定义和上式可得证式 $(4-1-47)$ 成立。以四阶矩为例代入式 $(4-1-48)$, 易知式 $(4-1-48)$ 两边不等。

性质5: 如果 k 个随机变量 $\{x_i\},i=1,2,\cdots,k$ 的一个非空子集与其他部分独立, 则

$$cum(x_1,\cdots,x_k)=0 \tag{4-1-49}$$

$$mom(x_1,\cdots,x_k)\neq 0 \tag{4-1-50}$$

证明: 累量相对其变量具有对称性。不失一般性, 假设 $\{x_1,\cdots,x_i\}$ 和 $\{x_{i+1},\cdots,x_k\}$ 相互独立, 则有

$$\begin{aligned}\Psi_x(\omega_1,\cdots,\omega_k)&=\ln E\{\exp[\mathrm{j}(\omega_1x_1+\cdots+\omega_kx_k)]\}\\&=\ln E\{\exp[\mathrm{j}(\omega_1x_1+\cdots+\omega_ix_i)]\}+\ln E\{\exp[\mathrm{j}(\omega_{i+1}x_{i+1}+\cdots+\omega_kx_k)]\}\\&=\Psi_x(\omega_1,\cdots,\omega_i)+\Psi_x(\omega_{i+1},\cdots,\omega_k)\end{aligned} \tag{4-1-51}$$

$$\Phi_x(\omega_1,\cdots,\omega_k)=\Phi_x(\omega_1,\cdots,\omega_i)\Phi_x(\omega_{i+1},\cdots,\omega_k) \tag{4-1-52}$$

式 $(4-1-51)$ 对 $\omega_1,\cdots,\omega_k$ 求偏导得

$$\begin{aligned}cum(x_1,\cdots,x_k)&=\frac{\partial^k\Psi_x(\omega_1,\cdots,\omega_k)}{\partial\omega_1\cdots\partial\omega_k}\\&=\frac{\partial^k\Psi_x(\omega_1,\cdots,\omega_i)}{\partial\omega_1\cdots\partial\omega_k}+\frac{\partial^k\Psi_x(\omega_{i+1},\cdots,\omega_k)}{\partial\omega_1\cdots\partial\omega_k}=0+0=0\end{aligned}$$

这是因为 $\Psi_x(\omega_1,\cdots,\omega_i)$ 不含变量 $\omega_{i+1},\cdots,\omega_k$, 而 $\Psi_x(\omega_{i+1},\cdots,\omega_k)$ 不含变量 $\omega_1,\cdots,\omega_i$, 故它们对 $\omega_1,\cdots,\omega_k$ 的 k 阶偏导都为零, 即式 $(4-1-49)$ 成立。同样, 让式 $(4-1-52)$ 对 $\omega_1,\cdots,\omega_k$ 求偏导, 等式右边的乘积项求导后明显不为零, 故式 $(4-1-50)$ 成立。

性质6: 若 c 是任意的常数, 则

$$cum(c+x_1,x_2,\cdots,x_k)=cum(x_1,x_2,\cdots,x_k) \tag{4-1-53}$$

$$mom(c+x_1,x_2,\cdots,x_k)\neq mom(x_1,x_2,\cdots,x_k) \tag{4-1-54}$$

证明: 由性质 3 有

$$cum(c+x_1,x_2,\cdots,x_k)=cum(c,x_2,\cdots,x_k)+cum(x_1,x_2,\cdots,x_k) \tag{4-1-55}$$

$$mom(c+x_1,x_2,\cdots,x_k)=mom(c,x_2,\cdots,x_k)+mom(x_1,x_2,\cdots,x_k) \tag{4-1-56}$$

再根据性质 (5) 可知, 式 (4 − 1 − 55) 中第一项为零, 故式 (4 − 1 − 53) 成立。但式 (4 − 1 − 56) 中第一项等于 $cE(x_2, \cdots, x_k)$, 一般不为零, 故式 (4 − 1 − 54) 也成立。

以上讨论了高阶矩和高阶累量的一些重要的基本性质, 从中可以明显地看出高阶矩与高阶累量的区别。

4.2 高阶累量谱

在前面几章的学习中, 已经知道随机过程的功率谱定义为自相关函数的傅里叶变换, 类似地, 可以通过高阶矩与高阶累量的傅里叶变换来定义高阶矩谱和高阶累量谱。

4.2.1 高阶累量谱的定义

与定义功率谱类似, 为了保证高阶矩和高阶累量的傅里叶变换存在, 要求高阶矩和高阶累量是绝对可和的。设高阶矩 $m_{kx}(\tau_1, \tau_2, \cdots, \tau_{k-1})$ 是绝对可和的, 即

$$\sum_{\tau_1=-\infty}^{+\infty} \cdots \sum_{\tau_{k-1}=-\infty}^{+\infty} \left| m_{kx}(\tau_1, \tau_2, \cdots, \tau_{k-1}) \right| < +\infty \tag{4-2-1}$$

则定义 k 阶矩谱为

$$M_{kx}(\omega_1, \omega_2, \cdots, \omega_{k-1}) = \sum_{\tau_1=-\infty}^{+\infty} \cdots \sum_{\tau_{k-1}=-\infty}^{+\infty} m_{kx}(\tau_1, \tau_2, \cdots, \tau_{k-1}) \mathrm{e}^{-\mathrm{j} \sum_{i=1}^{k-1} \omega_i \tau_i} \tag{4-2-2}$$

设高阶累量 $c_{kx}(\tau_1, \tau_2, \cdots, \tau_{k-1})$ 是绝对可和的, 即

$$\sum_{\tau_1=-\infty}^{+\infty} \cdots \sum_{\tau_{k-1}=-\infty}^{+\infty} \left| c_{kx}(\tau_1, \tau_2, \cdots, \tau_{k-1}) \right| < +\infty \tag{4-2-3}$$

则定义 k 阶累量谱为

$$S_{kx}(\omega_1, \omega_2, \cdots, \omega_{k-1}) = \sum_{\tau_1=-\infty}^{+\infty} \cdots \sum_{\tau_{k-1}=-\infty}^{+\infty} c_{kx}(\tau_1, \tau_2, \cdots, \tau_{k-1}) \mathrm{e}^{-\mathrm{j} \sum_{i=1}^{k-1} \omega_i \tau_i} \tag{4-2-4}$$

在一般情况下, 高阶统计量主要指高阶矩、高阶累量、高阶矩谱和高阶累量谱四种, 并且由于高阶累量和高阶累量谱具有许多优良的性质, 非常适合处理随机信号, 故被广为使用, 而高阶矩和高阶矩谱则很少使用。高阶累量谱简称高阶谱或多谱, 常用的高阶谱有三阶谱和四阶谱, 即

$$B_x(\omega_1, \omega_2) = \sum_{\tau_1=-\infty}^{+\infty} \sum_{\tau_2=-\infty}^{+\infty} c_{3x}(\tau_1, \tau_2) \mathrm{e}^{-\mathrm{j}(\omega_1 \tau_1 + \omega_2 \tau_2)} \tag{4-2-5}$$

$$T_x(\omega_1, \omega_2, \omega_3) = \sum_{\tau_1=-\infty}^{+\infty} \sum_{\tau_2=-\infty}^{+\infty} \sum_{\tau_3=-\infty}^{+\infty} c_{4x}(\tau_1, \tau_2, \tau_3) \mathrm{e}^{-j(\omega_1 \tau_1 + \omega_2 \tau_2 + \omega_3 \tau_3)} \tag{4-2-6}$$

通常称三阶谱为双谱, 四阶谱为三谱, 分别用 $B_x(\omega_1, \omega_2)$ 和 $T_x(\omega_1, \omega_2, \omega_3)$ 表示。

4.2.2 双谱及其基本性质

双谱是阶数最低的高阶谱, 它包含了功率谱中没有的相位信息, 处理方法很简单, 理论和方法也比较成熟, 因此得到了广泛的应用。下面讨论双谱 $B_x(\omega_1,\omega_2)$ 的主要性质。

(1) 双谱一般是复数, 即

$$B_x(\omega_1,\omega_2)=\left|B_x(\omega_1,\omega_2)\right|\mathrm{e}^{\mathrm{j}\varphi_B(\omega_1,\omega_2)} \tag{4-2-7}$$

式中, $\left|B_x(\omega_1,\omega_2)\right|$ 表示双谱的幅值; $\varphi_B(\omega_1,\omega_2)$ 表示双谱的相位。

(2) 双谱是以 2π 为周期的双周期函数, 即

$$B_x(\omega_1,\omega_2)=B_x(\omega_1+2\pi k_1,\omega_2+2\pi k_2),\quad k_1,k_2\ \text{为任意整数} \tag{4-2-8}$$

(3) 双谱的对称性很好, 有以下对称形式:

$$\begin{aligned}B_x(\omega_1,\omega_2)&=B_x(\omega_2,\omega_1)=B_x(-\omega_1-\omega_2,\omega_2)=B_x(-\omega_1-\omega_2,\omega_1)\\&=B_x(\omega_1,-\omega_1-\omega_2)=B_x(\omega_2,-\omega_1-\omega_2)\end{aligned} \tag{4-2-9}$$

对于实信号, 双谱还满足共轭对称性, 即

$$B_x(\omega_1,\omega_2)=B_x^*(-\omega_1,-\omega_2)$$

因此双谱 $B_x(\omega_1,\omega_2)$ 在 $\omega_1-\omega_2$ 平面的对称区域有 12 个, 如图 4.2.1 所示。这时, 根据双谱的周期性和对称性, 只要知道图中某个三角形区域内的双谱, 则可计算出全部双谱, 比如 $\omega_2\geqslant 0,\omega_1\geqslant\omega_2,\omega_1+\omega_2\leqslant\pi$ 三角形区域。

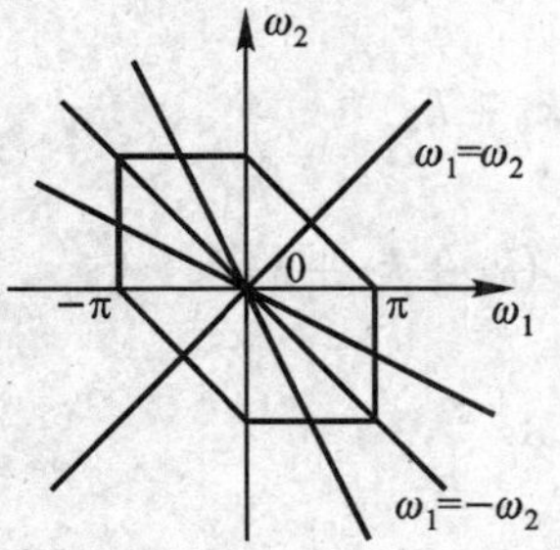

图 4.2.1 双谱的对称性

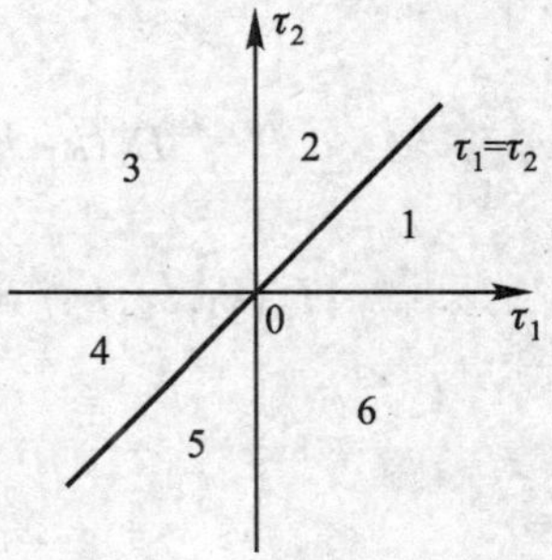

图 4.2.2 三阶累量的对称性

双谱的对称性来源于三阶累量的对称性, 根据性质 (3) 和双谱的定义很容易知道三阶累量 $c_{3x}(\tau_1,\tau_2)$ 有以下对称关系式:

$$\begin{aligned}c_{3x}(\tau_1,\tau_2)&=c_{3x}(\tau_2,\tau_1)=c_{3x}(-\tau_2,\tau_1-\tau_2)=c_{3x}(\tau_1-\tau_2,-\tau_2)\\&=c_{3x}(-\tau_1,\tau_2-\tau_1)=c_{3x}(\tau_2-\tau_1,-\tau_1)\end{aligned} \tag{4-2-10}$$

式 (4 − 2 − 10) 表明, 只要知道 $\tau_1-\tau_2$ 平面内六个扇形区域中任何一个区间的累量, 即可计算出全部的三阶累量, 如图 4.2.2 所示。

高于三阶的高阶累量及其谱和三阶累量及双谱一样, 也存在以上三个主要性质, 只是它们对称区域的个数会随着阶数的增加而增加。

4.2.3 离散确定信号的高阶谱

设 $x(k), k=0,\pm1,\pm2,\cdots$ 是确定性信号, 其傅里叶变换存在, 为

$$X(\omega)=\sum_{k=-\infty}^{+\infty}x(k)\mathrm{e}^{-\mathrm{j}\omega k} \tag{4-2-11}$$

则其能量谱、双谱、三谱定义为

$$P_x(\omega)=\left|X(\omega)\right|^2 \tag{4-2-12}$$

$$B_x(\omega_1,\omega_2)=X(\omega_1)X(\omega_2)X^*(\omega_1+\omega_2) \tag{4-2-13}$$

$$T_x(\omega_1,\omega_2,\omega_3)=X(\omega_1)X(\omega_2)X(\omega_3)X^*(\omega_1+\omega_2+\omega_3) \tag{4-2-14}$$

如果 $x(k)$ 是一个确定的周期性信号, 周期为 N, 则其傅里叶变换为

$$X(k)=\sum_{n=0}^{N-1}x(n)\mathrm{e}^{-\mathrm{j}\frac{2\pi}{N}nk},\quad k=0,1,\cdots,N-1 \tag{4-2-15}$$

则其能量谱、双谱、三谱定义为

$$P_x(k)=\frac{1}{N}\left|X(k)\right|^2 \tag{4-2-16}$$

$$B_x(k_1,k_2)=\frac{1}{N}X(k_1)X(k_2)X^*(k_1+k_2) \tag{4-2-17}$$

$$T_x(k_1,k_2,k_3)=\frac{1}{N}X(k_1)X(k_2)X(k_3)X^*(k_1+k_2+k_3) \tag{4-2-18}$$

4.3 高阶谱估计

在第 2 章中, 已经讨论了由观测数据估计功率谱的几种方法, 将这些方法加以推广, 便是本节要讨论的高阶谱估计。在实际信号处理中, 只能从有限的观测数据得到高阶谱估计, 和功率谱估计一样, 通常高阶谱估计分为非参量法和参量模型法。

4.3.1 高阶谱的非参量估计法

高阶谱的非参量估计法可分为间接估计法和直接估计法。为简便起见, 以常见的双谱为研究对象介绍这两种估计方法。

1. 间接估计法

间接估计法是从观测数据出发, 先估计出三阶累量, 然后通过傅里叶变换得到双谱的估计。设 $x(0), x(1), \cdots, x(N-1)$ 为 N 个观测样本, 具体步骤如下:

(1) 将 N 个观测样本分为 K 段, 每段 M 个样本, 即 $N = KM$。

(2) 将每段的数据减去它的均值, 使其成为零均值化的数据。

(3) 设 $x^k(0), x^k(1), \cdots, x^k(M-1)$ 为第 k 段数据, 对每段数据作三阶累量

$$c^k(i,j) = \frac{1}{M}\sum_{n=-M_1}^{M_2} x^k(n)x^k(n+i)x^k(n+j) \tag{4-3-1}$$

式中, $M_1 = \max\{0, -i, -j\}, M_2 = \min\{M-1, M-1-i, M-1-j\}, k = 0, 1, \cdots, K$。

(4) 求 $c^k(i,j)$ 的均值, 得到三阶累量的估计

$$\widehat{c}(i,j) = \frac{1}{K}\sum_{k=1}^{K} c^k(i,j) \tag{4-3-2}$$

(5) 得到双谱估计

$$\widehat{B}_{in}(\omega_1, \omega_2) = \sum_{m=-L}^{L}\sum_{n=-L}^{L} \widehat{c}(m,n)w(m,n)\mathrm{e}^{-\mathrm{j}(\omega_1 m + \omega_2 n)} \tag{4-3-3}$$

式中, $L < M-1; w(m,n)$ 为二维窗函数。

与第 2 章中功率谱估计类似, 窗函数的选择影响双谱估计的性能, 二维窗函数必须满足以下四个条件:

(1) $w(m,n) = w(n,m) = w(-m, n-m) = w(m-n, -n)$;

(2) 在 $\widehat{c}_{3x}(m,n)$ 支持域以外, 需要 $w(m,n) = 0$;

(3) 满足归一化条件, 即 $w(0,0) = 1$;

(4) $W(\omega_1, \omega_2) \geqslant 0, \quad \forall(\omega_1, \omega_2)$。

满足上述条件的二维窗函数 $w(m,n)$ 可以用一维窗函数 $d(m)$ 来构造, 即

$$w(m,n) = d(m)d(n)d(n-m) \tag{4-3-4}$$

式 (4－3－4) 中, 一维窗函数 $d(m)$ 要求满足

$$d(m) = d(-m) \tag{4-3-5}$$

$$d(m) = 0, \quad m > L \tag{4-3-6}$$

$$d(0) = 1 \tag{4-3-7}$$

$$D(\omega) \geqslant 0, \quad \forall\omega \tag{4-3-8}$$

式 (4－3－8) 中, L 为窗函数的长度; $D(\omega)$ 是 $d(m)$ 的傅里叶变换。

常见的满足上述条件的一维窗函数有:

(1) 最优窗 (Sasaki 窗)

$$d_{\text{opt}}(m)=\begin{cases}\dfrac{1}{\pi}\left|\sin\dfrac{\pi m}{L}\right|\left(1-\dfrac{|m|}{L}\right)\cos\dfrac{\pi m}{L}, & |m|\leqslant L\\ 0, & |m|>L\end{cases} \tag{4-3-9}$$

(2) 帕森窗 (Parzen 窗)

$$d_{\text{Parzen}}(m)=\begin{cases}1-6\left(\dfrac{|m|}{L}\right)^2+6\left(\dfrac{|m|}{L}\right)^3, & |m|\leqslant L\\ 2\left(1-\dfrac{|m|}{L}\right)^3, & L/2<|m|\leqslant L\\ 0, & |m|>L\end{cases} \tag{4-3-10}$$

在构造窗函数时也可以直接构造二维窗函数, 如谱域均匀窗

$$W_{\text{Uniform}}(\omega_1,\omega_2)=\begin{cases}\dfrac{4\pi}{3\varOmega_0}, & |\omega|\leqslant\varOmega_0\\ 0, & |\omega|>\varOmega_0\end{cases} \tag{4-3-11}$$

式中, $|\omega|=\max\left(|\omega_1|,|\omega_2|,|\omega_1+\omega_2|\right)$; $\varOmega_0=a_0/L$, 其中 a_0 是常数。

2. 直接估计法

直接估计法是根据式 (4-2-13) 进行双谱估计的。设 $x(0),x(1),\cdots,x(N-1)$ 为 N 个观测样本, 具体步骤如下:

(1) 将 N 个观测样本分为 K 段, 每段 M 个样本, 即 $N=KM$。

(2) 将每段的数据减去它的均值, 使其成为零均值化的数据。

(3) 设 $x^k(0),x^k(1),\cdots,x^k(M-1)$ 为第 k 段数据, 对其作 DFT, 即

$$X^k(\lambda)=\frac{1}{M}\sum_{n=0}^{M-1}x^k(n)\mathrm{e}^{-\mathrm{j}\frac{2\pi}{M}n\lambda} \tag{4-3-12}$$

式中, $\lambda=0,1,\cdots,\dfrac{M}{2}$; $k=0,1,\cdots,K$。

(4) 计算 DFT 系数的三重相关, 得到第 k 段的双谱估计, 即

$$\begin{aligned}&\widehat{B}^k(\lambda_1,\lambda_2)\\ &=\frac{1}{\varDelta_0^2}\sum_{n_1=-L_1}^{L_1}\sum_{n_2=-L_1}^{L_1}X^k(\lambda_1+n_1)X^k(\lambda_2+n_2)X^k(-\lambda_1-\lambda_2-n_1-n_2)\end{aligned} \tag{4-3-13}$$

式中, $k=0,1,\cdots,K$; $0\leqslant\lambda_2\leqslant\lambda_1$; $\lambda_1+\lambda_2\leqslant f_s/2$; $\varDelta_0=f_s/N_0$; 而 N_0 和 L_1 应该满足 $M=(2L_1+1)N_0$。

(5) 对 K 段数据作平均, 得到观测样本的双谱估计为

$$\widehat{B}_{di}(\omega_1,\omega_2)=\frac{1}{K}\sum_{k=1}^{K}\widehat{B}^k(\omega_1,\omega_2) \tag{4-3-14}$$

式中, $\omega_1=\left(\dfrac{2\pi f_s}{N_0}\right)\lambda_1;\omega_2=\left(\dfrac{2\pi f_s}{N_0}\right)\lambda_2$。

双谱估计都是渐近无偏和一致的, 无论使用直接估计法还是间接估计法, 都会因为截断而产生 "能量泄漏", 都会存在分辨力低、方差高的问题, 但它们都服从渐近复正态分布, 只要有足够的数据长度 N 和数据段长度 M, 二者估计的均值相等, 都可给出渐近无偏估计, 即

$$E[\widehat{B}_{in}(\omega_1,\omega_2)]\approx E[\widehat{B}_{di}(\omega_1,\omega_2)]\approx B(\omega_1,\omega_2) \tag{4-3-15}$$

它们的渐近方差为

$$\begin{aligned}\mathrm{var}\{\mathrm{Re}[\widehat{B}_{in}(\omega_1,\omega_2)]\}&=\mathrm{var}\{\mathrm{lm}[\widehat{B}_{in}(\omega_1,\omega_2)]\}\\&\approx\frac{V}{(2L+1)^2K}P(\omega_1)P(\omega_2)P(\omega_1+\omega_2)\end{aligned} \tag{4-3-16}$$

$$\begin{aligned}\mathrm{var}\{\mathrm{Re}[\widehat{B}_{di}(\omega_1,\omega_2)]\}&=\mathrm{var}\{\mathrm{lm}[\widehat{B}_{di}(\omega_1,\omega_2)]\}\\&\approx\frac{1}{KM_1}P(\omega_1)P(\omega_2)P(\omega_1+\omega_2)\end{aligned} \tag{4-3-17}$$

式 (4 − 3 − 16) 和 (4 − 3 − 17) 中, $P(\omega)$ 为信号 $x(n)$ 的真实功率谱密度; V 为近似归一化双谱方差, 即窗函数的能量

$$V=\sum_{m=-L}^{L}\sum_{n=-L}^{L}\left|w(m,n)\right|^2 \tag{4-3-18}$$

从式 (4 − 3 − 16) 可以看出, 当在间接估计法中使用矩形窗时, 则有 $V=(2L+1)^2$, 同时从式 (4 − 3 − 17) 可以看出, 如果直接估计法不作平均, 即在频率无平滑, 亦即 $M_1=1$ 时, 两种估计方法有相同的估计方差, 即式 (4 − 3 − 16) 和 (4 − 3 − 17) 等价。

4.3.2 高阶谱的参量估计法

在第 2 章介了功率谱估计的参数法, 高阶谱的参数估计法与之类似, 即将随机信号 $x(k)$ 看作是白噪声激励一线性系统 $H(\omega)$ 之后的输出, 如图 4.3.1 所示。

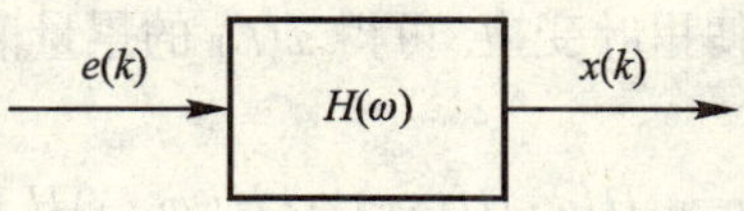

图 4.3.1 信号系统模型

1. BBR 公式

在图 4.3.1 中, 白噪声过程 $e(k)$ 为非高斯分布。为了保证系统的输出 $x(k)$ 的高阶累量不恒为零, 一般设 $e(k)$ 为独立同分布 (independent identically distributed, IID) 的非高斯随机过程。根据高阶累量的性质 5 可知

$$c_{ke}(\tau_1,\tau_2,\cdots,\tau_{k-1})=\begin{cases}r_{ke}, & \tau_1=\tau_2=\cdots=\tau_{k-1}\\0, & 其他\end{cases} \tag{4-3-19}$$

式中, $r_{ke}>0$ 为一常数。可见, 具有独立同分布特性的随机过程的 $e(k)$, 其高阶累量 c_{ke} 是多维的 Kronecker δ 函数, 即

$$c_{ke}(\tau_1,\tau_2,\cdots,\tau_{k-1})=r_{ke}\delta(\tau_1,\tau_2,\cdots,\tau_{k-1}) \tag{4-3-20}$$

相应地, 对其求 $k-1$ 维的傅里叶变换, 得 $e(k)$ 的高阶谱为

$$S_{ke}(\omega_1,\omega_2,\cdots,\omega_{k-1})=r_{ke} \tag{4-3-21}$$

另外, 根据假设条件和卷积公式有

$$x(k)=e(k)*h(k)=\sum_{i=-\infty}^{+\infty}h(i)e(k-i) \tag{4-3-22}$$

对该式两边求 k 阶累量, 并应用高阶累量的性质 1 和性质 5 可得

$$\begin{aligned}c_{kx}(\tau_1,\tau_2,\cdots,\tau_{k-1})&=cum\,[x(n),x(n+\tau_1),\cdots,x(n+\tau_{k-1})]\\&=cum\left[\sum_{i_0=-\infty}^{+\infty}h(i_0)e(n-i_0),\ \sum_{i_1=-\infty}^{+\infty}h(i_1)e(n+\tau_1-i_1),\cdots,\right.\\&\qquad\left.\sum_{i_{k-1}=-\infty}^{+\infty}h(i_{k-1})e(n+\tau_{k-1}-i_{k-1})\right]\\&=\sum_{i_0=-\infty}^{+\infty}\cdots\sum_{i_{k-1}=-\infty}^{+\infty}h(i_0)h(i_1)\cdots h(i_{k-1})\times\\&\qquad cum[e(n-i_0),e(n+\tau_1-i_1),\cdots,e(n+\tau_{k-1}-i_{k-1})]\end{aligned} \tag{4-3-23}$$

将式 (4-3-19) 代入式 (4-3-23), 并令 $i_0=i$ 得 $x(k)$ 的高阶累量为

$$c_{kx}(\tau_1,\tau_2,\cdots,\tau_{k-1})=r_{ke}\sum_{i=-\infty}^{+\infty}h(i)h(i+\tau_1)\cdots h(i+\tau_{k-1}) \tag{4-3-24}$$

再对该式两边同时作 $k-1$ 维的傅里叶变换, 可得 $x(k)$ 的累量谱为

$$S_{kx}(\omega_1,\omega_2,\cdots,\omega_{k-1})=r_{ke}H(\omega_1)H(\omega_2)\cdots H(\omega_{k-1})H\left(-\sum_{i=1}^{k-1}\omega_i\right) \tag{4-3-25}$$

若 $e(k)$ 为非高斯的有色噪声, 则式 (4-3-24) 和式 (4-3-25) 可变为如下两式:

$$\begin{aligned}c_{kx}(\tau_1,\tau_2,\cdots,\tau_{k-1})=&\sum_{i_0=-\infty}^{+\infty}\cdots\sum_{i_{k-1}=-\infty}^{+\infty}h(i_0)h(i_1)\cdots h(i_{k-1})\times\\&c_{ke}(\tau_1+i_0-i_1,\cdots,\tau_{k-1}+i_0-i_{k-1})\end{aligned} \tag{4-3-26}$$

$$\begin{aligned}S_{kx}(\omega_1,\omega_2,\cdots,\omega_{k-1})=&S_{ke}(\omega_1,\omega_2,\cdots,\omega_{k-1})\times\\&H(\omega_1)H(\omega_2)\cdots H(\omega_{k-1})H\left(-\sum_{i=1}^{k-1}\omega_i\right)\end{aligned} \tag{4-3-27}$$

式 (4 − 3 − 26) 和式 (4 − 3 − 27) 描述了系统输出信号的累量、累量谱与输入噪声的累量、累量谱以及系统冲激响应之间的关系, 这两个式子最初由 Bartlett[1] 提出, 后来又被 Brillinger 和 Rosenblatt[2] 推广到任意 k 阶。因此式 (4 − 3 − 26) 和式 (4 − 3 − 27) 合称为 Bartlett – Brillinger – Rosenblatt 公式, 简称 BBR 公式。

特别地, 对于式 (4 − 3 − 24), 其求和下标是 $-\infty$, 因此适合于非因果、非最小相位系统。若研究对象是因果系统, 那么求和下标应改为零, 对于经常使用的二阶、三阶和四阶累量和谱的 BBR 公式为

$$c_{2x}(\tau)=R_x(\tau)=\sigma_e^2\sum_{i=0}^{+\infty}h(i)h(i+\tau) \tag{4-3-28}$$

$$c_{3x}(\tau_1,\tau_2)=r_{3e}\sum_{i=0}^{+\infty}h(i)h(i+\tau_1)h(i+\tau_2) \tag{4-3-29}$$

$$c_{4x}(\tau_1,\tau_2,\tau_3)=r_{4e}\sum_{i=0}^{+\infty}h(i)h(i+\tau_1)h(i+\tau_2)h(i+\tau_3) \tag{4-3-30}$$

$$P_x(\omega)=\sigma_e^2H(\omega)H^*(\omega)=\sigma_e^2\left|H(\omega)\right|^2 \tag{4-3-31}$$

$$B_x(\omega_1,\omega_2)=r_{3e}H(\omega_1)H(\omega_2)H(-\omega_1-\omega_2) \tag{4-3-32}$$

$$T_x(\omega_1,\omega_2,\omega_3)=r_{4e}H(\omega_1)H(\omega_2)H(\omega_3)H(-\omega_1-\omega_2-\omega_3) \tag{4-3-33}$$

2. 高阶累量的对角切片与投影性质

实际的信号处理过程中, 经常使用到高阶累量的一维切片, 使用最多的是对角切片, 即取 $\tau=\tau_1=\tau_2=\cdots=\tau_{k-1}$ 时得到的高阶累量。特别地, 非高斯白噪声激励的系统输出的三阶累量的对角切片为

$$c_{3x}(m)=r_{3e}\sum_{i=-\infty}^{+\infty}h(i)h^2(i+m) \tag{4-3-34}$$

式中, $c_{3x}(m)$ 表示 $c_{3x}(m,m)$。根据该式, 可得其 Z 变换为

$$\begin{aligned}S_{3x}(z)&=r_{3e}\sum_{m=-\infty}^{+\infty}\left[\sum_{i=-\infty}^{+\infty}h(i)h^2(i+m)\right]z^{-m}\\&=r_{3e}\sum_{i=-\infty}^{+\infty}h(i)z^i\sum_{m=-\infty}^{+\infty}h^2(i+m)z^{i+m}=r_{3e}H(z^{-1})H_2(z)\end{aligned} \tag{4-3-35}$$

式中

$$H(z^{-1})=\sum_{i=-\infty}^{+\infty}h(i)z^i \tag{4-3-36}$$

$$H_2(z)=\sum_{m=-\infty}^{+\infty}h^2(i+m)z^{i+m}=\sum_{k=-\infty}^{+\infty}h^2(k)z^k=H(z)*H(z) \tag{4-3-37}$$

式中, $*$ 表示复卷积运算。由式 (4 − 3 − 31) 知, 功率谱 $P(z)=\sigma_e^2H(z)H(z^{-1})$, 代入式 (4 − 3 − 35) 得

$$H(z)S_{3x}(z)=\frac{r_{3e}}{\sigma_e^2}H_2(z)P(z) \tag{4-3-38}$$

式中, 的 $S_{3x}(z)$ 称为 $1\frac{1}{2}$ 维谱。该式说明了 $1\frac{1}{2}$ 维谱与功率谱之间的关系, 可用于线性系统的模型参数估计。将式 (4 − 3 − 34) 推广到 k 阶, 作同样的变换以后, 式 (4 − 3 − 38) 变为

$$H(z)S_{kx}(z) = \frac{r_{ke}}{\sigma_e^2}H_{k-1}(z)P(z) \tag{4-3-39}$$

式中, $H_{k-1}(z) = H(z) * \cdots * H(z)$ 为 $k-2$ 次 $H(z)$ 的复卷积运算; $S_{kx}(z)$ 为对角切片 $c_{kx}(\tau,\tau,\cdots,\tau)$ [简记为 $c_{kx}(\tau)$] 的 Z 变换。

在讨论了 $1\frac{1}{2}$ 维谱与功率谱之间的关系以后, 下面讨论低阶累量与高阶累量之间的关系, 这种关系称为累量的投影性质。对于图 4.3.1 所示的线性系统, 根据式 (4 − 3 − 19) 和式 (4 − 3 − 25) 有

$$\begin{aligned}S_{kx}(\omega_1,\cdots,\omega_{l-1},0,\cdots,0) &= r_{ke}H(\omega_1)\cdots H(\omega_{l-1})\cdot H(0)\cdots H(0)H\left(-\sum_{i=1}^{l-1}\omega_i\right)\\ &= \frac{r_{ke}}{r_{le}}[H(0)]^{k-l}S_{lx}(\omega_1,\omega_2,\cdots,\omega_{l-1})\end{aligned} \tag{4-3-40}$$

该式表明了累量的高阶谱与低阶谱之间的关系。上式两边分别作关于 $\omega_1,\omega_2,\cdots,\omega_{l-1}$ 的傅里叶逆变换, 即可得到系统输出的低阶累量与高阶累量时间的关系

$$c_{lx}(\tau_1,\tau_2\cdots,\tau_{l-1}) = \frac{r_{le}}{r_{ke}}[H(0)]^{l-k}\sum_{\tau_1=-\infty}^{+\infty}\cdots\sum_{\tau_{k-1}=-\infty}^{+\infty}c_{kx}(\tau_1,\tau_2,\cdots,\tau_{k-1}) \tag{4-3-41}$$

4.4 高阶统计量与线性系统辨识

在第 2 章中讨论了利用自相关函数进行各种模型的参数估计和系统辨识问题, 但是基于自相关函数的系统辨识存在 “盲相” 问题, 只能辨识最小相位系统, 为了解决这一问题, 人们转而研究利用高阶累量进行系统辨识。

4.4.1 基于自相关函数的线性系统辨识模型的多重性问题

假设存在白噪声序列 $e(k)$, 其均值为零, 方差为 σ_e^2, 通过一个如图 4.3.1 所示的线性系统, 其输出功率谱为

$$P(\omega) = \frac{\sigma_e^2\prod_{i=1}^{q}\left|1-b_i\mathrm{e}^{-\mathrm{j}\omega}\right|^2}{\prod_{i=1}^{p}\left|1-a_i\mathrm{e}^{-\mathrm{j}\omega}\right|^2} \tag{4-4-1}$$

假定系统是稳定因果最小相位的, 则 $|b_i| < 1, i = 1,2,\cdots,q, |a_i| < 1, i = 1,2,\cdots,p$, 即系统零点和极点都在单位圆内。假设此白噪声通过另外一个线性系统 (部分零点和极点用共轭倒数替换)

输出的功率谱为

$$P'(\omega)=\frac{\sigma_e^2\prod_{i=1}^{k}\left|1-b_i\mathrm{e}^{-\mathrm{j}\omega}\right|^2\prod_{i=k+1}^{q}\left|1-b_i'\mathrm{e}^{-\mathrm{j}\omega}\right|^2}{\prod_{i=1}^{l}\left|1-a_i\mathrm{e}^{-\mathrm{j}\omega}\right|^2\prod_{i=l+1}^{p}\left|1-a_i'\mathrm{e}^{-\mathrm{j}\omega}\right|^2} \qquad (4-4-2)$$

式中，系统零点 $b_i, i=1,2,\cdots,k$ 和极点 $a_i, i=1,2,\cdots,l$ 与前一系统的零点和极点对应相同，而零点 $b_i', i=k+1,k+2,\cdots,q$ 和极点 $a_i', i=l+1,l+2,\cdots,p$ 与前一系统的零点 $b_i, i=k+1,k+2,\cdots,q$ 和极点 $a_i, i=l+1,l+2,\cdots,p$ 皆成“负共轭”关系。在式 (4－4－2) 中

$$\begin{aligned}\left|1-b_i'\mathrm{e}^{-\mathrm{j}\omega}\right|&=\left|1-b_i^{-1}\mathrm{e}^{\mathrm{j}\omega}\right|=\left|b_i^{-1}\mathrm{e}^{\mathrm{j}\omega}\right|\left|1-b_i\mathrm{e}^{-\mathrm{j}\omega}\right|\\&=\left|b_i^{-1}\right|\left|1-b_i\mathrm{e}^{-\mathrm{j}\omega}\right|,\quad i=k+1,k+2,\cdots,q\end{aligned} \qquad (4-4-3)$$

同样

$$\left|1-a_i'\mathrm{e}^{-\mathrm{j}\omega}\right|=\left|a_i^{-1}\right|\left|1-a_i\mathrm{e}^{-\mathrm{j}\omega}\right|,\quad i=l+1,l+2,\cdots,p \qquad (4-4-4)$$

将式 (4－4－3)、式 (4－4－4) 和式 (4－4－1) 代入式 (4－4－2) 中有

$$P'(\omega)=\frac{\sigma_e^2\prod_{i=1}^{q}\left|1-b_i\mathrm{e}^{-\mathrm{j}\omega}\right|^2\prod_{i=k+1}^{q}\left|b_i^{-1}\right|^2}{\prod_{i=1}^{p}\left|1-a_i\mathrm{e}^{-\mathrm{j}\omega}\right|^2\prod_{i=l+1}^{p}\left|a_i^{-1}\right|^2}=P(\omega)\frac{\prod_{i=l+1}^{p}\left|a_i\right|^2}{\prod_{i=k+1}^{q}\left|b_i\right|^2} \qquad (4-4-5)$$

由式 (4－4－5) 可看出，用同一白噪声去激励两个不同的线性系统，则系统的输出功率谱之间只相差一个常数，即

$$C=\frac{\prod_{i=l+1}^{p}\left|a_i\right|^2}{\prod_{i=k+1}^{q}\left|b_i\right|^2} \qquad (4-4-6)$$

这种现象称为线性系统辨识模型的多重性问题，也称为功率谱等价，因此具有两个相同功率谱的系统并不一定就是相同的系统。为了避免这种混淆，人们研究了高阶累量的线性系统辨识问题。

下一节开始讨论基于高阶累量的系统辨识，一般假定由 BBR 公式描述的非高斯信号 $x(n)$ 所对应的线性系统 $H(z)$ 为 ARMA 模型。

4.4.2 MA 系统参数辨识

下面讨论非高斯信号 $x(n)$ 所对应的线性系统 $H(z)$ 用因果的 MA 模型描述的情形，即

$$H(z)=1+\sum_{i=0}^{q}b(i)z^{-i} \qquad (4-4-7)$$

式中, $b(i), i=0,1,\cdots,q, b(0)=1$ 为模型的参数。由 4.3.2 节可知, 非高斯信号 $x(n)$ 可以看成是由方差为 σ_e^2 的广义白噪声 $e(k)$ 激励 $H(z)$ 后的输出。因此有下式成立:

$$x(n)=\sum_{i=0}^{q} b(i)e(n-i)=\sum_{i=0}^{q} h(i)e(n-i), \quad b(0)=h(0)=1 \tag{4-4-8}$$

1. $C(q,k)$ 公式

将式 (4-4-8) 应用到式 (4-3-29), 可得

$$c_{3x}(\tau_1,\tau_2)=r_{3e}\sum_{i=0}^{q} h(i)h(i+\tau_1)h(i+\tau_2) \tag{4-4-9}$$

由该式知, MA 系统的三阶累量只有在有限区域的值不为零, 如图 4.4.1 所示, 其支撑域是一个六

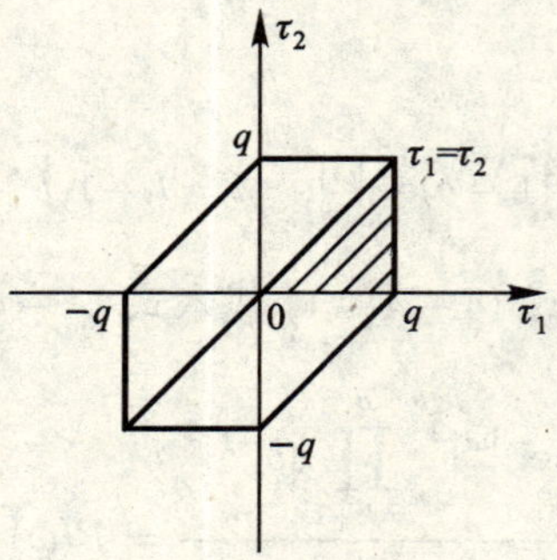

图 4.4.1　MA 系统三阶累量的支撑域

角形, 图中阴影部分称为主域, 这一特性可以用来判别 MA 系统的阶数。在式 (4-4-9) 中, 令 $\tau_1=q, \tau_2=k, 0\leqslant k\leqslant q$, 由于 $i>0$ 时恒有 $h(i+q)=0$ 成立, 所以代入式 (4-4-9) 中有

$$c_{3x}(q,k)=r_{3e}h(q)h(k) \tag{4-4-10}$$

再令 $k=0$, 则有

$$c_{3x}(q,0)=r_{3e}h(q)h(0)=r_{3e}h(q) \tag{4-4-11}$$

将上式代入式 (4-4-10) 有

$$h(k)=\frac{c_{3x}(q,k)}{c_{3x}(q,0)}, \quad k=1,2,\cdots,q \tag{4-4-12}$$

根据累量的对称性质, 上式可以写为

$$h(k)=\frac{c_{3x}(q,k)}{c_{3x}(-q,-q)}, \quad k=1,2,\cdots,q \tag{4-4-13}$$

式 (4-4-12) 和式 (4-4-13) 称为 $C(q,k)$ 公式。将之推广到 k 阶累量有

$$h(k)=\frac{c_{nx}(q,k,0,\cdots,0)}{c_{nx}(-q,-q,\cdots,-q)}=\frac{c_{nx}(q,k,0,0,\cdots,0)}{c_{nx}(q,0,0,\cdots,0)}, \quad k=1,2,\cdots,q \tag{4-4-14}$$

该公式存在物理意义, 可以直接计算 MA 参数 $b(k)$, 但由于其对高阶累量的估计误差极为敏感, 因此不适于解决实际问题, 但在理论推导中经常使用。

用自相关函数和高阶累量的一维切片作递推估计, 求取 MA 系统参数的方法叫闭式解, $C(q,k)$ 算法就是其中一种。另外还可以通过闭式递推求解, 该方法可以参考文献 [3-8]。

2. GM 方法

根据式 (4－4－8) 所表示的 MA 系统, 对式 (4－3－38) 作 Z 逆变换, 可得

$$\sum_{i=0}^{q} b^2(i)r_x(m-i)=\left(\frac{\sigma_e^2}{r_{3e}}\right)\sum_{i=0}^{q} b(i)c_{3x}(m-i,m-i) \tag{4－4－15}$$

式中, $-q\leqslant m\leqslant 2q$。联立该式得到线性方程组, 把 $b(i),b^2(i),1\leqslant i\leqslant q$ 和 $\dfrac{\sigma_e^2}{r_{3e}}$ 作为独立的 $2q+1$ 个变量, 求解方程组即可得 MA 系统的参数。这种方法最早由 Giannakis 和 Mendel [8] 提出, 因此称为 GM 方程, 求解这种方程的方法叫做 GM 算法。由于方程组中使用了自相关函数和累量, 因此也称为自相关－累量法, 即 RC 算法。

对于四阶累量, 式 (4－4－15) 变为

$$\sum_{i=0}^{q} b^3(i)r_x(m-i)=\left(\frac{\sigma_e^2}{r_{4e}}\right)\sum_{i=0}^{q} b(i)c_{4x}(m-i,m-i,m-i) \tag{4－4－16}$$

式中, 应将 $b(i),b^3(i),1\leqslant i\leqslant q$ 和 σ_e^2/r_{4e} 作为独立的变量。

由于 GM 法将 $b(i),b^2(i)$ 或 $b^3(i)$ 作为独立变量来求解方程组, 因此它的解不是最优的。联立方程组时得到的对应矩阵的秩可能小于 $2q+1$, 这样方程组就不存在唯一解, 因而除了对角切片外, 还需要其他形式的切片。另外, GM 算法只适合无加性噪声存在的情况, 当存在加性噪声时, 即在图 4.3.1 中输出的 $x(k)$ 上再加入均值为零, 方差为 σ_v^2 的白噪声 $v(k)$, 如图 4.4.2 所示, 则最后输出信号 $y(k)$ 的自相关函数就与 $x(k)$ 的自相关函数不等了, 即 $R_y(m)=R_x(m)+\sigma_v^2\delta(m)$。这样为避免噪声影响, 应该限制 m 不包含 $0,1,\cdots,q$ 等值, m 的取值范围变成了 $-q\leqslant m\leqslant -1$ 和 $q+1\leqslant m\leqslant 2q$, 导致方程组欠定, 即有 $2q+1$ 个未知数、$2q$ 个方程。因此, 在加性噪声下 MA 参数的估计, 需要寻求其他方法, 比如下面介绍的 Tugnait 法。

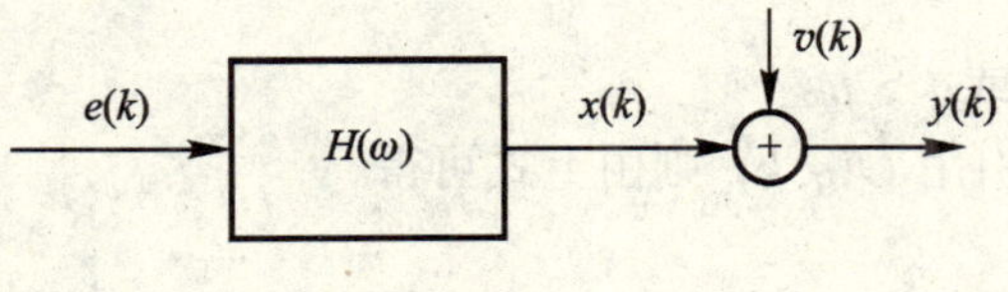

图 4.4.2　线性系统示意图

3. Tugnait 算法

根据 m 的 $2q$ 个取值, 将式 (4－4－15) 重排为

$$\sum_{i=1}^{q} b(i)c_{3y}(m-i,m-i)-d\sum_{i=0}^{q} b^2(i)r_y(m-i)=-c_{3y}(m,m) \tag{4－4－17}$$

式中, $-q \leqslant m \leqslant -1, q+1 \leqslant m \leqslant 2q, d=\dfrac{r_{3e}}{\sigma_e^2}$。为了在加性白噪声情况下, GM 算法 ($2q+1$ 个未知数, $2q$ 个方程) 不再欠定, 就必须增加新的方程。通过二阶和三阶 BBR 公式可得

$$\sum_{i=1}^{q} b(i)c_{3y}(i-m,q)-db(q)r_y(m)=-c_{3y}(m,q) \tag{4-4-18}$$

式中, $1 \leqslant m \leqslant q, d=\dfrac{r_{3e}}{\sigma_e^2}$。联立式 (4−4−17) 和式 (4−4−18), 求解未知参数 $b(1),\cdots,b(q),db(q)$, 及 $db^2(1),\cdots,db^2(q)$, 便构成了 Tugnait 算法 [4-5], 简称 T 算法。可以看出, 方程组为超定的, 它共有 $4q$ 个方程, $2q+2$ 个未知参数。

从式 (4−4−17) 和式 (4−4−18) 可以看出,T 算法也是一种 RC 算法, 除了这两种 RC 算法, 还有一种叫组合累量切片法, 是 Fonollasa 与 Vidal 提出的, 感兴趣的读者可以参考文献 [9], 这里就不再详述了。

4. 累量算法

由于前面的几种 RC 算法混合使用了自相关函数和高阶累量, 所以它们只适用于加性白噪声的情况 (除 GM 方法), 对于有色噪声就失效了。为了处理含有有色噪声的信号, 张贤达等提出了仅基于高阶累量的 MA 参数估计算法。

假设观测信号 $y(k)$ 中含有加性高斯有色噪声 $v(k)$ 和非高斯 MA 模型信号 $x(k)$, 即 $y(k)=x(k)+v(k)$, 根据高阶累量的性质和 BBR 公式有

$$c_{ky}(\tau_1,\cdots,\tau_{k-1})=c_{kx}(\tau_1,\cdots,\tau_{k-1})=r_{ke}\sum_{i=0}^{q}h(i)h(i+\tau_1)\cdots h(i+\tau_{k-1}) \tag{4-4-19}$$

取上式的一个特殊切片 $\tau_1=\tau,\tau_2=\cdots=\tau_{k-1}=0$, 且由 MA 模型的性质知 $b(i)=h(i)$, 当用符号 $c_{ky}(m,n)$ 表示 $c_{ky}(m,n,\cdots,n)$ 时式 (4−4−19) 变为

$$\begin{aligned}c_{ky}(\tau,0)=c_{ky}(\tau,0,\cdots,0)&=r_{ke}\sum_{i=0}^{q}h^{k-1}(i)h(i+\tau)\\&=r_{ke}\sum_{i=0}^{q}h^{k-1}(i)b(i+\tau)=r_{ke}\sum_{j=0}^{q}b(j)h^{k-1}(j-\tau),\quad \forall\tau\end{aligned} \tag{4-4-20}$$

式中, $b(i)=h(i)=0, i<0$ 或 $i>q$。

假设 $b(0)=h(0)=1$, 引用 $C(q,k)$, 则由上式可得

$$r_{ke}\sum_{i=0}^{q}b(i)c_{ky}^{k-1}(q,i-\tau)=c_{ky}(\tau,0)c_{ky}^{k-1}(q,0) \tag{4-4-21}$$

$$r_{ke}\sum_{i=0}^{q}b^{k-1}(i)c_{ky}(q,i+\tau)=c_{ky}(\tau,0)c_{ky}(q,0) \tag{4-4-22}$$

在上式中令 $\tau=q$, 可得

$$r_{ke}=\frac{c_{ky}^2(q,0)}{c_{ky}^2(q,q)} \tag{4-4-23}$$

将式 (4 − 4 − 23) 代入式 (4 − 4 − 21) 或者式 (4 − 4 − 22) 可得两个不同的方程, 但解法相同, 结果类似, 这里代入式 (4 − 4 − 21) 可得

$$\sum_{i=0}^{q} b(i)c_{ky}^{k-1}(q,i-\tau) = c_{ky}(\tau,0)c_{ky}^{k-3}(q,0)c_{ky}(q,q) \qquad (4-4-24)$$

式中, $\tau=-q,\cdots,0,\cdots,q$ 时可得矩阵方程组

$$\begin{bmatrix} \boldsymbol{C}_1 \\ \boldsymbol{C}_2 \end{bmatrix} \boldsymbol{b}_1 = \begin{bmatrix} \boldsymbol{c}_1 \\ \boldsymbol{c}_2 \end{bmatrix} \qquad (4-4-25)$$

式中, 未知矢量为

$$\boldsymbol{b}_1 = [b(0), b(1), \cdots, b(q)]^{\mathrm{T}} \qquad (4-4-26)$$

系数矩阵为

$$\boldsymbol{C}_1 = \begin{bmatrix} c_{ky}^{k-1}(q,q) & & & & 0 \\ c_{ky}^{k-1}(q,q-1) & c_{ky}^{k-1}(q,q) & & & \\ \vdots & \vdots & \ddots & & \\ c_{ky}^{k-1}(q,1) & c_{ky}^{k-1}(q,2) & \cdots & c_{ky}^{k-1}(q,q) & 0 \end{bmatrix}_{q\times(q+1)} \qquad (4-4-27)$$

$$\boldsymbol{C}_2 = \begin{bmatrix} c_{ky}^{k-1}(q,0) & c_{ky}^{k-1}(q,1) & \cdots & c_{ky}^{k-1}(q,q) \\ & c_{ky}^{k-1}(q,0) & \cdots & c_{ky}^{k-1}(q,q-1) \\ & & \ddots & \vdots \\ 0 & & & c_{ky}^{k-1}(q,0) \end{bmatrix}_{(q+1)\times(q+1)} \qquad (4-4-28)$$

$$\boldsymbol{c}_1 = \begin{bmatrix} c_{ky}(-q,0)c_{ky}^{k-3}(q,0)c_{ky}(q,q) \\ c_{ky}(-q+1,0)c_{ky}^{k-3}(q,0)c_{ky}(q,q) \\ \vdots \\ c_{ky}(-1,0)c_{ky}^{k-3}(q,0)c_{ky}(q,q) \end{bmatrix}_{q\times 1} \qquad (4-4-29)$$

$$\boldsymbol{c}_2 = \begin{bmatrix} c_{ky}(0,0)c_{ky}^{k-3}(q,0)c_{ky}(q,q) \\ c_{ky}(1,0)c_{ky}^{k-3}(q,0)c_{ky}(q,q) \\ \vdots \\ c_{ky}^{k-2}(q,0)c_{ky}(q,q) \end{bmatrix}_{(q+1)\times 1} \qquad (4-4-30)$$

解式 (4 − 4 − 25) 所示的超定方程组即可获得 $\boldsymbol{b}_1$ 的最小二乘估计。文献 [7] 已经证明

$$\operatorname{rank}\begin{bmatrix} \boldsymbol{C}_1 \\ \boldsymbol{C}_2 \end{bmatrix} = \operatorname{rank}[\boldsymbol{C}_2] = q+1 \qquad (4-4-31)$$

所以式 (4 − 4 − 25) 有唯一的最小二乘解。

与 RC 算法相比, 累量算法可以用于任何加性噪声, 而 RC 算法仅适用于白噪声。另外, RC 算法不仅估计 $b(i)$ 本身, 而且还需估计 $b^2(i)$, 因此只能是次最优的; 而累量算法只估计 $b(i)$ 或者 $b^{k-1}(i)$, 因此是最优的。

高阶累量的 MA 参数辨识方法除了上面提到的闭式递推法和线性代数解法外, 还有 Lii 和 Rosenblatt 提出的使用穷搜索法的最优解法 [10] 等。

4.4.3 MA 系统阶数确定

在上一节的分析中, 假定 MA 的阶数是确定已知的, 在实际应用中, 该阶数需要在参数估计以前就确定下来。考虑特殊切片的累量 BBR 公式 (4 − 4 − 20), 结合 $C(q,k)$ 公式可得

$$c_{ky}(q,0) = c_{ky}(q,0,\cdots,0) \neq 0 \tag{4-4-32}$$

$$c_{ky}(q,n) = c_{ky}(q,n,\cdots,n) = 0, \quad \forall n > q \tag{4-4-33}$$

由上式可见, MA 阶数 q 应该是满足式 (4−4−33) 的最小正整数 n, 这就是 Giannakis 与 Mendel[11] 的定阶方法。但是在实际估计时, 观测数据较短, 样本累量 $\hat{c}_{ky}(q,n)$ 往往有较大的误差和方差, 因此张贤达 [12] 等人提出了确定 MA 阶数的奇异值分解方法。该方法具有很好的数值稳定性, 其原理是: 把 MA 的阶数确定问题变成矩阵秩的确定问题。构造 $(q+1)\times(q+1)$ 的三角累量矩阵

$$\boldsymbol{C}_{MA} = \begin{bmatrix} c_{ky}(0,0) & c_{ky}(1,0) & \cdots & c_{ky}(q,0) \\ c_{ky}(1,0) & \cdots & c_{ky}(q,0) & \\ \vdots & \iddots & & \\ c_{ky}(q,0) & & & 0 \end{bmatrix} \tag{4-4-34}$$

由于对角元素 $c_{ky}(q,0) \neq 0$, 所以 $\boldsymbol{C}_{MA}$ 是一个满秩矩阵, 即

$$\mathrm{rank}(\boldsymbol{C}_{MA}) = q+1 \tag{4-4-35}$$

由上式知道累量矩阵包含了未知的阶数 q, 故构造扩展阶的累量矩阵

$$\boldsymbol{C}_{MA,e} = \begin{bmatrix} c_{ky}(0,0) & c_{ky}(1,0) & \cdots & c_{ky}(q_e,0) \\ c_{ky}(1,0) & \cdots & c_{ky}(q_e,0) & \\ \vdots & \iddots & & \\ c_{ky}(q_e,0) & & & 0 \end{bmatrix} \tag{4-4-36}$$

式中, $q_e > q$, 由于 $c_{ky}(m,0) = 0, \forall m > q$, 所以有

$$\mathrm{rank}(\boldsymbol{C}_{MA,e}) = \mathrm{rank}(\boldsymbol{C}_{MA}) = q+1 \tag{4-4-37}$$

在实际操作时, 累量矩阵 $\boldsymbol{C}_{MA,e}$ 的元素用样本累量代替, 然后使用奇异值分解确定 $\boldsymbol{C}_{MA,e}$ 的有效秩, 即可获得 q 的估计。

4.4.4 AR 系统参数辨识

这里介绍基于高阶累量的 AR 系统参数辨识方法, 以适合因果系统的基于高阶累量的法方程算法为例。假设图 4.4.2 所示线性系统是 ARMA 模型的非最小相位系统, 则

$$\sum_{i=0}^{p} a(i)y(n-i) = \sum_{j=0}^{q} b(j)v(n-j) \tag{4-4-38}$$

式中, $a(i), i=0,1,\cdots,p$ 和 $b(j), j=0,1,\cdots,q$ 为模型参数, 且 $a(0)=b(0)=1$。该系统的冲激响应为

$$\sum_{i=0}^{p} a(i)h(n-i)=\sum_{j=0}^{q} b(j)\delta(n-j)=b(n) \tag{4-4-39}$$

式中, $0 \leqslant n \leqslant q; h(0)=1$。记符号 $c_{ky}(m,n)=c_{ky}(m,n,0,\cdots,0)$, 则由 BBR 公式可得

$$\sum_{i=0}^{p} a(i)c_{kx}(m-i,n)=r_{ke}\sum_{j=0}^{+\infty} h^{k-2}(j)h(j+n)b(j+m) \tag{4-4-40}$$

由于该系统传递函数不存在零点、极点对消, 所以 $a(p)\neq 0, b(q)\neq 0$, 且 $b(j)\equiv 0, j>q$, 这样由上式可得法方程

$$\sum_{i=0}^{p} a(i)c_{kx}(m-i,n)=0, \quad m>q, \forall n \tag{4-4-41}$$

该式即为用高阶累量表示的修正 Yule – Walker 方程, 简称 MYW 方程。由于系统是因果的, 且没有零点、极点对消, 所以方程组有唯一解。

除了上述的高阶累量法方程算法外, 用于求解 AR 参数的还有穷搜索法、最优解法、转换法、总体最小二乘法等, 这里不再一一介绍, 感兴趣的读者可以查阅文献 [10,13]。

4.4.5 AR 系统阶数确定

AR 模型系统阶数 p 的确定主要通过下面的一个扩展高阶累量矩阵 $\boldsymbol{C}$ 来完成, 矩阵的阶数为 $M_2(N_2-N_1+1)\times M_2$:

$$\boldsymbol{C}=\begin{bmatrix} c_{kx}(M_1,N_1) & \cdots & c_{kx}(M_1+M_2-1,N_1) \\ \vdots & \vdots & \vdots \\ c_{kx}(M_1,N_2) & \cdots & c_{kx}(M_1+M_2-1,N_2) \\ \vdots & \vdots & \vdots \\ c_{kx}(M_1+M_2,N_1) & \cdots & c_{kx}(M_1+2M_2-1,N_1) \\ \vdots & \vdots & \vdots \\ c_{kx}(M_1+M_2,N_2) & \cdots & c_{kx}(M_1+2M_2-1,N_2) \end{bmatrix} \tag{4-4-42}$$

式中, $M_1 \geqslant q+1-p; M_2 \geqslant p; N_1 \leqslant q-p; N_2 \geqslant q$。当且仅当 ARMA$(p,q)$ 模型无零点、极点对消时, 矩阵 $\boldsymbol{C}$ 具有秩 p。该描述的证明见参考文献 [13]。

确定 AR 模型阶数 p 的具体步骤为: 首先根据先验知识估计 p 和 q 的上限 $\widehat{p}$ 和 $\widehat{q}$; 其次根据式 (4 – 4 – 42), 写出矩阵 $\boldsymbol{C}$, 令 $M_1=\widehat{q}+1, M_2=\widehat{p}, N_1=-\widehat{p}, N_2=\widehat{q}$, 并根据观测数据 $\{y(k)\}$ 估计出 c_{kx}; 最后对矩阵 $\boldsymbol{C}$ 进行奇异值分解, 并判定 $\boldsymbol{C}$ 的有效秩, 该秩即为 AR 模型的阶数 p。

4.4.6 ARMA 系统参数辨识

基于高阶累量的 ARMA 系统参数辨识方法有很多种, 例如双 $C(q,k)$ 算法, 该算法是前面 $C(q,k)$ 算法的推广, 假设系统为

$$H(z)=\frac{A(z)}{B(z)}=\frac{1+\sum_{i=1}^{q}b(i)z^{-i}}{1+\sum_{i=1}^{p}a(i)z^{-i}} \tag{4-4-43}$$

根据 BBR 公式 $(4-3-27)$ 有

$$S_{3y}(z_1,z_2)=r_{3e}\frac{B(z_1)B(z_2)B(z_1^{-1}z_2^{-1})}{A(z_1)A(z_2)A(z_1^{-1}z_2^{-1})} \tag{4-4-44}$$

假设

$$D(z_1,z_2)=A(z_1)A(z_2)A(z_1^{-1}z_2^{-1}) \tag{4-4-45}$$

代入式 $(4-4-44)$ 得

$$D(z_1,z_2)S_{3y}(z_1,z_2)=r_{3e}B(z_1)B(z_2)B(z_1^{-1}z_2^{-1}) \tag{4-4-46}$$

对式 $(4-4-45)$ 作逆变换得

$$d(i,j)=\sum_{k=0}^{p}a(k)a(k+i)a(k+j) \tag{4-4-47}$$

相应地式 $(4-4-46)$ 的时域表达式为

$$\sum_{i=0}^{p}\sum_{j=0}^{p}d(i,j)c_{3y}(m-i,n-j)=r_{3e}\sum_{k=0}^{q}b(k)b(k+m)b(k+n) \tag{4-4-48}$$

由 $d(i,j),c_{3y}(m,n)$ 的对称性, 并取 $m=n$, 则式 $(4-4-48)$ 变为

$$-c_{3y}(m,m)=\sum_{i=1}^{p}c_{3y}(m-i,m-i)\frac{d(i,i)}{d(0,0)}+2\sum_{i=1}^{p}\sum_{j=0}^{i-1}c_{3y}(m-i,m-j)\frac{d(i,j)}{d(0,0)} \tag{4-4-49}$$

在上式中, 取 $m=p+1,\cdots,p(p+5)/2$, 可得到 $p(p+3)/2$ 个方程 [假定式 $(4-4-48)$ 中 $p>q$], 这样解方程组即可求得 $d(i,j)/d(0,0)$。若不取 $m=n$, 则有更多的方程, 同样可以用最小二乘法解超定方程组。

对式 $(4-4-46)$ 作 Z 逆变换也可得

$$\sum_{i=0}^{p}\sum_{j=0}^{p}\sum_{k=0}^{p}a(i)a(j)a(k)c_{3y}(m+k-j,n+k-i)=b(m,n) \tag{4-4-50}$$

式中

$$b(m,n)=r_{3e}\sum_{k=0}^{q}b(k)b(k+m)b(k+n) \tag{4-4-51}$$

这样计算得到 $b(m,n)$ 后, 再次利用 $C(q,k)$ 算法得到系统 MA 参数估计, 称作双 $C(q,k)$ 算法。

4.5　基于高阶谱的信号重构

信号重构在实际的信号处理中有着广泛的应用。例如, 根据部分信号结合时频域的方法重构整个信号, 从被污染原信号的观测数据中恢复原信号等。下面从信号频谱与高阶谱的关系入手来讨论基于高阶谱的信号重构。

4.5.1　信号频谱与高阶谱的关系

首先讨论噪声背景下确定信号的重构问题。假设存在确定信号 $x(t)$, 由 4.2 节讨论的离散确定信号的高阶谱可知 $x(t)$ 的双谱为

$$B_x(\omega_1,\omega_2)=X(\omega_1)X(\omega_2)X^*(\omega_1+\omega_2) \tag{4-5-1}$$

式中, $X(\omega)$ 为信号 $x(t)$ 的傅里叶变换。设 $X(\omega)$ 具有如下形式:

$$X(\omega)=A(\omega)\mathrm{e}^{\mathrm{j}\varphi(\omega)} \tag{4-5-2}$$

式中, $A(\omega)$ 和 $\varphi(\omega)$ 分别为 $X(\omega)$ 的幅值和相位。由式 (4−5−1) 和式 (4−5−2) 可得信号 $x(t)$ 的双谱幅度 $A(\omega_1,\omega_2)$ 和双谱相位 $\varphi(\omega_1,\omega_2)$ 分别为

$$\begin{aligned}A(\omega_1,\omega_2)&=\left|B_x(\omega_1,\omega_2)\right|=\left|X(\omega_1)\right|\left|X(\omega_2)\right|\left|X^*(\omega_1+\omega_2)\right|\\&=A(\omega_1)A(\omega_2)A(\omega_1+\omega_2)\end{aligned} \tag{4-5-3}$$

$$\varphi(\omega_1,\omega_2)=\varphi_{B_X}(\omega_1,\omega_2)=\varphi(\omega_1)+\varphi(\omega_2)-\varphi(\omega_1+\omega_2) \tag{4-5-4}$$

在噪声背景下, 假设得到的观测数据为 $y(t)=x(t)+v(t),v(t)$ 为有色高斯噪声, 则由高阶谱的性质可知

$$B_Y(\omega_1,\omega_2)=B_x(\omega_1,\omega_2) \tag{4-5-5}$$

这样 $y(t)$ 的双谱幅度与双谱相位就与 $x(t)$ 的完全一样了, 这也是使用高阶谱进行信号重构的一个很大优点。

同样可以得到信号 $y(t)$ 的三谱为

$$T_x(\omega_1,\omega_2,\omega_3)=X(\omega_1)X(\omega_2)X(\omega_3)X^*(\omega_1+\omega_2+\omega_3) \tag{4-5-6}$$

信号 $y(t)$ 的三谱幅度与三谱相位分别为

$$\begin{aligned}A(\omega_1,\omega_2,\omega_3)&=\left|X(\omega_1)\right|\left|X(\omega_2)\right|\left|X(\omega_3)\right|\left|X^*(\omega_1+\omega_2+\omega_3)\right|\\&=A(\omega_1)A(\omega_2)A(\omega_3)A(\omega_1+\omega_2+\omega_3)\end{aligned} \tag{4-5-7}$$

$$\varphi(\omega_1,\omega_2,\omega_3)=\varphi(\omega_1)+\varphi(\omega_2)+\varphi(\omega_3)-\varphi(\omega_1+\omega_2+\omega_3) \tag{4-5-8}$$

式 (4−5−3)、式 (4−5−4) 反映了双谱中包含了原信号的幅度与相位信息, 而式 (4−5−7)、式 (4−5−8) 则反映了三谱中也包含原信号的幅度与相位信息。因此可以根据双谱、三谱等高阶谱去重构原信号的幅度谱和相位谱。

4.5.2 基于双谱的信号重构

与前面进行的系统辨识一样, 基于高阶谱的信号重构同样有很大的灵活性, 目前可以实现的方法也有很多, 这里以文献 [14] 中提到的方法为例通过双谱来重构原信号的幅度和相位。

假设被测谐波信号 $x(t)$ 为

$$x(t) = A_1\cos(\omega_0 t + \varphi_1) + A_2\cos(2\omega_0 t + \varphi_2) + \cdots + A_n\cos(n\omega_0 t + \varphi_n) \tag{4-5-9}$$

式中, ω_0 为基频。根据前面的双谱分析有

$$A(i\omega_0, j\omega_0) = \frac{A_i A_j A_{i+j}}{8}, \quad i = 1, 2, \cdots, n/2, j = i, i+1, \cdots, n-i \tag{4-5-10}$$

$$\varphi(i\omega_0, j\omega_0) = \varphi_i + \varphi_j - \varphi_{i+j}, \quad i = 1, 2, \cdots, n/2, j = i, i+1, \cdots, n-i \tag{4-5-11}$$

以上两个式子中假设 n 为偶数, 若 n 为奇数, 则上述方程为

$$A\left(\frac{n-1}{2}\omega_0, \frac{n+1}{2}\omega_0\right) = \frac{A_{(n-1)/2}A_{(n+1)/2}A_n}{8} \tag{4-5-12}$$

$$\varphi\left(\frac{n-1}{2}\omega_0, \frac{n+1}{2}\omega_0\right) = \varphi_{(n-1)/2} + \varphi_{(n+1)/2} - \varphi_n \tag{4-5-13}$$

从式 (4−5−10) 可知, 由 n 个方程可以解出 n 个未知数, 但式 (4−5−11) 中只有 $n-1$ 个独立的线性无关方程, 却有 n 个未知数, 方程组欠定, 而且由式 (4−5−10) 决定的方程组也比较复杂, 为此需要对方法进行改进。

假设存在一个初相为零, 幅度为 1 的半基频信号 $z(t) = A_z\cos[(\omega_0/2)t]$, 将该信号叠加到信号 $x(t)$ 可得

$$y(t) = x(t) + z(t) \tag{4-5-14}$$

令 $Y(\omega)$ 和 $Z(\omega)$ 分别为 $y(t)$ 和 $z(t)$ 的傅里叶变换, 则有

$$Y(\omega) = X(\omega) + Z(\omega) \tag{4-5-15}$$

这样可得 $y(t)$ 的双谱 $B_Y(\omega_1, \omega_2)$ 为

$$\begin{aligned} B_Y(\omega_1, \omega_2) &= Y(\omega_1)Y(\omega_2)Y^*(\omega_1+\omega_2) \\ &= [X(\omega_1) + Z(\omega_1)][X(\omega_2) + Z(\omega_2)][X^*(\omega_1+\omega_2) + Z^*(\omega_1+\omega_2)] \end{aligned} \tag{4-5-16}$$

式中, 若令 $\omega_1 = \omega_2 = \omega_0/2$, 则有

$$Z(\omega_1) = Z(\omega_2) = \frac{A_z}{2} = \frac{1}{2}$$

$$Z^*(\omega_1+\omega_2) = Z^*(\omega_0) = 0$$

$$X(\omega_1) = X(\omega_2) = 0$$

$$X^*(\omega_1+\omega_2) = X^*(\omega_0) = \frac{A_1}{2}\mathrm{e}^{-\mathrm{j}\varphi_1}$$

代入式 (4 − 5 − 16) 有

$$B_Y\left(\frac{\omega_0}{2},\frac{\omega_0}{2}\right)=\left[X\left(\frac{\omega_0}{2}\right)+Z\left(\frac{\omega_0}{2}\right)\right]\left[X\left(\frac{\omega_0}{2}\right)+Z\left(\frac{\omega_0}{2}\right)\right]\cdot$$
$$\left[X^*(\omega_0)+Z^*(\omega_0)\right]=Z\left(\frac{\omega_0}{2}\right)Z\left(\frac{\omega_0}{2}\right)X^*(\omega_0)=\frac{A_1}{8}\mathrm{e}^{-\mathrm{j}\varphi_1} \tag{4-5-17}$$

若 $\omega_1\neq\omega_0/2,\omega_2\neq\omega_0/2$ 且 $\omega_1+\omega_2\neq\omega_0/2$, 则有

$$Z(\omega_1)=Z(\omega_2)=Z^*(\omega_1+\omega_2)=0 \tag{4-5-18}$$

由式 (4 − 5 − 14) 和式 (4 − 5 − 18) 可知

$$B_Y(\omega_1,\omega_2)=X(\omega_1)X(\omega_2)X^*(\omega_1+\omega_2)=B_x(\omega_1,\omega_2) \tag{4-5-19}$$

从该式可以看出, 当 $\omega_1\neq\omega_0/2,\omega_2\neq\omega_0/2$ 且 $\omega_1+\omega_2\neq\omega_0/2$ 时, $y(t)$ 的双谱 $B_Y(\omega_1,\omega_2)$ 也就是 $x(t)$ 的双谱 $B_X(\omega_1,\omega_2)$。因此可得幅值和相位的方程组为

$$\begin{cases}A\left(\dfrac{\omega_0}{2},\dfrac{\omega_0}{2}\right)=\dfrac{A_1}{8}\\ A(\omega_0,\omega_0)=\dfrac{A_1A_1A_2}{8}\\ A(\omega_0,2\omega_0)=\dfrac{A_1A_2A_3}{8}\\ \quad\vdots\\ A[\omega_0,(n-1)\omega_0]=\dfrac{A_1A_{n-1}A_n}{8}\end{cases},\quad\begin{cases}\varphi\left(\dfrac{\omega_0}{2},\dfrac{\omega_0}{2}\right)=-\varphi_1\\ \varphi(\omega_0,\omega_0)=2\varphi_1-\varphi_2\\ \varphi(\omega_0,2\omega_0)=\varphi_1+\varphi_2-\varphi_3\\ \varphi(\omega_0,3\omega_0)=\varphi_1+\varphi_3-\varphi_4\\ \quad\vdots\\ \varphi[\omega_0,(n-1)\omega_0]=\varphi_1+\varphi_{n-1}-\varphi_n\end{cases} \tag{4-5-20}$$

由上式可以看出, 方程组中有 $2n$ 个线性无关的方程, 因此可以分别求得 n 个幅值和 n 个相位。上式的递推公式为

$$\begin{cases}A_1=A\left(\dfrac{\omega_0}{2},\dfrac{\omega_0}{2}\right)\\ A_i=\dfrac{8A[\omega_0,(i-1)\omega_0]}{A_1A_{i-1}}\\ \varphi_1=-\varphi\left(\dfrac{\omega_0}{2},\dfrac{\omega_0}{2}\right)\\ \varphi_i=i\varphi_1-\displaystyle\sum_{k=1}^{i-1}\varphi(\omega_0,k\omega_0)\end{cases},\quad i=2,3,\cdots,n \tag{4-5-21}$$

前面的讨论中, 已经假设基频 ω_0 为已知, 现在讨论 ω_0 的估计问题, 同样使用双谱分析来完成。分成两个步骤:

(1) 初估 ω_0。取双谱的对角线 $B(\omega,\omega)$, 使 $|B(\omega,\omega)|$ 不为零的最小 ω 即为 ω_0 的初步估计值 $\widehat{\omega}_0$, 将误差限制在 $\left[-\dfrac{\Delta\omega}{2},\dfrac{\Delta\omega}{2}\right]$ 范围。

(2) 终估 ω_0。在 $\left[\widehat{\omega}_0-\dfrac{\Delta\omega}{2},\widehat{\omega}_0+\dfrac{\Delta\omega}{2}\right]$ 范围搜索使 $|B(\omega,\omega)|$ 最大的 ω, 并进行下面的频率细化处理, 设 ε 为误差精度, 具体方法为:

① 令 $B=\left|B(\widehat{\omega}_0,\widehat{\omega}_0)\right|,\omega=\widehat{\omega}_0+\Delta\omega/2$, 计算 $\left|B(\omega,\omega)\right|$。

② 若 $B<\left|B(\omega,\omega)\right|$, 令 $B=\left|B(\omega,\omega)\right|,\widehat{\omega}_0=\omega,\Delta\omega=\Delta\omega/2$, 若 $\Delta\omega<\varepsilon$, 结束, 若 $\Delta\omega\geqslant\varepsilon$, 则转回 ①; 若 $B\geqslant\left|B(\omega,\omega)\right|$, 则转 ③。

③ 令 $B=\left|B(\widehat{\omega}_0,\widehat{\omega}_0)\right|,\omega=\widehat{\omega}_0-\Delta\omega/2$, 计算 $\left|B(\omega,\omega)\right|$。

④ 若 $B<\left|B(\omega,\omega)\right|$, 则令 $B=\left|B(\omega,\omega)\right|,\widehat{\omega}_0=\omega,\Delta\omega=\Delta\omega/2$; 若 $\Delta\omega<\varepsilon$, 结束, 否则转回 ①。

以上就是通过信号的双谱重构原信号的幅值和相位的过程。如果原信号的双谱为零, 可以使用信号的三谱去重构原信号。

4.5.3 基于倒谱的信号重构

如图 4.3.1 所示, 针对序列 $x(k)$ 将 BBR 公式中双谱的函数应用到 z 域有

$$B_{3x}(z_1,z_2)=r_{3e}H(z_1)H(z_2)H(z_1^{-1}z_2^{-1}) \tag{4-5-22}$$

定义 $c_{3x}(m,n)$ 的倒双谱为

$$b_{3x}(m,n)\overset{\text{def}}{=\!=}Z^{-1}[\ln B_{3x}(z_1,z_2)] \tag{4-5-23}$$

上式成立的条件是, 在单位圆上 B_{3x} 不存在零点和极点。类似地, 序列 $x(k)$ 的倒三谱可以定义为

$$t_{4x}(m,n,l)\overset{\text{def}}{=\!=}Z^{-1}[\ln T_{4x}(z_1,z_2,z_3)] \tag{4-5-24}$$

用类似的方法可以定义更高阶的倒谱。令

$$\widehat{b}_{3x}(z_1,z_2)=\ln B_{3x}(z_1,z_2) \tag{4-5-25}$$

使该式两端对 z_1 求偏导数得

$$\frac{\partial\widehat{b}_{3x}(z_1,z_2)}{\partial z_1}=\frac{1}{B_{3x}(z_1,z_2)}\frac{\partial B_{3x}(z_1,z_2)}{\partial z_1} \tag{4-5-26}$$

式 (4 − 5 − 26) 两端同时乘以 z_1 可得

$$B_{3x}(z_1,z_2)z_1\frac{\partial\widehat{b}_{3x}(z_1,z_2)}{\partial z_1}=z_1\frac{\partial B_{3x}(z_1,z_2)}{\partial z_1} \tag{4-5-27}$$

对上式两端进行二维 Z 逆变换, 则可得

$$\sum_{k=-\infty}^{+\infty}\sum_{l=-\infty}^{+\infty}kb_{3x}(k,l)c_{3x}(m-k,n-l)=mc_{3x}(m,n) \tag{4-5-28}$$

上式称为倒双谱三阶累量方程, 它反映了 $x(k)$ 的倒双谱与三阶累量之间的关系。

对上面的方程进一步简化, 由式 (4 − 5 − 22) 和式 (4 − 5 − 25) 可得

$$\widehat{b}_{3x}(z_1,z_2)=\ln r_{3x}+\ln H(z_1)+\ln H(z_2)+\ln H(z_1^{-1}z_2^{-1}) \tag{4-5-29}$$

对上式进行 Z^{-1} 变换可得

$$b_{3x}(k,l)=(\ln r_{3e})\delta(k,l)+\widehat{h}(k)\delta(l)+\widehat{h}(l)\delta(k)+Z^{-1}[\ln(z_1^{-1}z_2^{-1})] \tag{4-5-30}$$

由于

$$Z^{-1}[\ln(z_1^{-1}z_2^{-1})]=\widehat{h}(-k)\delta(l-k) \tag{4-5-31}$$

将上式代入式 (4－5－30) 可得

$$b_{3x}(k,l)=(\ln r_{3e})\delta(k,l)+\widehat{h}(k)\delta(l)+\widehat{h}(l)\delta(k)+\widehat{h}(-k)\delta(l-k) \tag{4-5-32}$$

显然, 倒双谱 $b_{3x}(k,l)$ 只有当 $k=l$ 或者 $k=0,l\neq 0$ 或者 $k\neq 0,l=0$ 时才有非零值。因此倒双谱累量方程式 (4－5－28) 可简化为

$$\begin{aligned}&\sum_{k=1}^{+\infty}\{k\widehat{h}(k)[c_{3x}(m-k,n)-c_{3x}(m+k,n+k)]+\\&\quad k\widehat{h}(-k)[c_{3x}(m-k,n-k)-c_{3x}(m+k,n)]\}=mc_{3x}(m,n)\end{aligned} \tag{4-5-33}$$

通常假设

$$\begin{aligned}&k\widehat{h}(k)\to 0,\quad 当\ k>p^*\\&k\widehat{h}(-k)\to 0,\quad 当\ k>q^*\end{aligned}$$

则式 (4－5－33) 可简化为

$$\begin{aligned}mc_{3x}(m,n)=&\sum_{k=1}^{p^*}k\widehat{h}(k)[c_{3x}(m-k,n)-c_{3x}(m+k,n+k)]+\\&\sum_{l=1}^{q^*}l\widehat{h}(-l)[c_{3x}(m-l,n-l)-c_{3x}(m+l,n)]\}\end{aligned} \tag{4-5-34}$$

于是根据上式得到相应的方程组, 可以先估计出 $\widehat{h}(k),k=1,2,\cdots,p^*$ 和 $\widehat{h}(-k),k=1,2,\cdots,q^*$。现在还缺少 $\widehat{h}(0)$ 的估计值, 可以通过式 (4－5－32) 来完成, 即

$$b_{3x}(0,0)=\ln r_{3e}+\widehat{h}(0)+\widehat{h}(0)+\widehat{h}(0) \tag{4-5-35}$$

所以

$$\widehat{h}(0)=\frac{1}{3}[b_{3x}(0,0)-\ln r_{3e}] \tag{4-5-36}$$

这样系统的冲激响应 $h(k)$ 就重构成功, 解决了平稳随机序列 $x(t)$ 的重构问题。

4.6 Wigner 高阶谱

Wigner 分布是一种双线性时频分布, 在非平稳信号的分析中应用广泛, 尤其是信号瞬时的能量、频率、功率谱密度和群延迟都很容易由 Wigner 分布推导而得。Wigner 分布也有其缺点, 比

如它不包含相位信息, 处理高斯噪声效果不好等 (有关 Wigner 分布的相关内容将在第 6 章相关部分详细介绍)。但是, 如果将 Wigner 分布进行扩展, 使用 Wigner 高阶谱就可以很好地避免上述缺陷, 并且从前面的介绍可知, 高阶谱不但包含线性信息, 而且包含信号的非线性信息, 因此本节将对 Wigner 高阶谱进行分析和讨论。

4.6.1　Wigner 高阶谱的定义

假设 $x(t)$ 为复确定信号, 那么根据 4.1 节可知, 其 $k+1$ 阶高阶矩可定义为

$$m_{kx}(\tau_1,\tau_2,\cdots,\tau_k)=x^*(t)\prod_{i=0}^{k}x(t+\tau_i) \tag{4-6-1}$$

相应地根据 4.2 节可以将其高阶矩谱定义为

$$M_{kx}(\omega_1,\omega_2,\cdots,\omega_k)=\int_{\tau_1}\int_{\tau_2}\cdots\int_{\tau_k}m_{kx}(\tau_1,\tau_2,\cdots,\tau_k)\mathrm{e}^{-\mathrm{j}\sum\limits_{i=1}^{k}\omega_i\tau_i}\mathrm{d}\tau_1\mathrm{d}\tau_2\cdots\mathrm{d}\tau_k \tag{4-6-2}$$

将式 (4-6-1)、式 (4-6-2) 和 Wigner 分布定义结合, 便可得 Wigner 高阶矩定义为

$$m_{W_{kx}}(\tau_1,\tau_2,\cdots,\tau_k)\overset{\text{def}}{=\!=}x^*(t-\alpha)\prod_{i=0}^{k}x(t+\tau_i-\alpha) \tag{4-6-3}$$

式中, α 满足

$$\frac{1}{k+1}\left[(t-\alpha)+\sum_{i=1}^{k}(t+\tau_i-\alpha)\right]=t \tag{4-6-4}$$

则有

$$\alpha=\frac{1}{k+1}\sum_{i=1}^{k}m_i \tag{4-6-5}$$

根据 Wigner 高阶矩定义式 (4-6-3), 可得 Wigner 分布的高阶矩谱的定义, 即

$$M_{W_{kx}}(\omega_1,\omega_2,\cdots,\omega_k)\overset{\text{def}}{=\!=}\int_{\tau_1}\int_{\tau_2}\cdots\int_{\tau_k}m_{W_{kx}}(\tau_1,\tau_2,\cdots,\tau_k)\mathrm{e}^{-\mathrm{j}\sum\limits_{i=1}^{k}\omega_i\tau_i}\mathrm{d}\tau_1\mathrm{d}\tau_2\cdots\mathrm{d}\tau_k \tag{4-6-6}$$

将式 (4-6-3) 和式 (4-6-5) 代入式 (4-6-6) 可得 Wigner 分布高阶矩谱的进一步表达式

$$\begin{aligned}M_{W_{kx}}(\omega_1,\omega_2,\cdots,\omega_k)=&\int_{\tau_1}\int_{\tau_2}\cdots\int_{\tau_k}\left[x^*\left(t-\frac{1}{k+1}\sum_{k=1}^{k}\tau_i\right)\times\right.\\&\left.\prod_{k=1}^{k}x\left(t+\tau_i-\frac{1}{k+1}\sum_{k=1}^{k}\tau_i\right)\right]\mathrm{e}^{-\mathrm{j}\sum\limits_{i=1}^{k}\omega_i\tau_i}\mathrm{d}\tau_1\mathrm{d}\tau_2\cdots\mathrm{d}\tau_k\end{aligned} \tag{4-6-7}$$

4.6.2 随机过程的 Wigner 高阶谱

将 Wigner 高阶谱的定义应用于信号的随机过程。假设 $x(t)$ 是非平稳的复随机过程, 那么在任意时刻 t, 由该过程所确定的随机变量为

$$X_t = [x(t-\alpha), x(t+\tau_1-\alpha), \cdots, x(t+\tau_k-\alpha)] \tag{4-6-8}$$

式中, $\alpha = \dfrac{1}{k+1}\sum_{i=1}^{k}\tau_i$。相应地, 可以定义随机过程的 Wigner 高阶矩谱为

$$M-WHOS(t,\omega) \stackrel{\text{def}}{=} \int mom(t,\tau_1,\cdots,\tau_k)\mathrm{e}^{-\mathrm{j}\sum\limits_{i=1}^{k}\omega_i\tau_i}\mathrm{d}\tau_1\cdots\mathrm{d}\tau_k \tag{4-6-9}$$

随机过程的 Wigner 高阶累量谱为

$$C-WHOS(t,\omega) \stackrel{\text{def}}{=} \int cum(t,\tau_1,\cdots,\tau_k)\mathrm{e}^{-\mathrm{j}\sum\limits_{i=1}^{k}\omega_i\tau_i}\mathrm{d}\tau_1\cdots\mathrm{d}\tau_k \tag{4-6-10}$$

式 (4－6－9) 和式 (4－6－10) 中, $mom(t,\tau)$,$cum(t,\tau)$ 分别表示非平稳复随机过程的时变高阶矩与时变高阶累量。

4.6.3 Wigner 双谱和三谱

在实际工程中, 一般使用的 Wigner 高阶谱是 Wigner 双谱和 Wigner 三谱, 下面给出它们的公式。根据式 (4－6－7), 特别地, 当 $k=1$ 时, 得到 Wigner 分布为

$$M_{W_{1x}}(t,\omega) = \int_\tau x^*\left(t-\frac{\tau}{2}\right)x\left(t+\frac{\tau}{2}\right)\mathrm{e}^{-\mathrm{j}\omega\tau}\mathrm{d}\tau \tag{4-6-11}$$

当 $k=2$ 时, 就得到 Wigner 分布的双谱

$$\begin{aligned}M_{W_{2x}}(t,\omega_1,\omega_2) = &\int_{\tau_1}\int_{\tau_2} x^*\left(t-\frac{\tau_1}{3}-\frac{\tau_2}{3}\right)x\left(t+\frac{2\tau_1}{3}-\frac{\tau_2}{3}\right)\times\\ &x\left(t-\frac{\tau_1}{3}+\frac{2\tau_2}{3}\right)\mathrm{e}^{-\mathrm{j}\sum\limits_{i=1}^{2}\omega_i\tau_i}\mathrm{d}\tau_1\mathrm{d}\tau_2\end{aligned} \tag{4-6-12}$$

当 $k=3$ 时, 就得到 Wigner 分布的三谱

$$\begin{aligned}M_{W_{3x}}(t,\omega_1,\omega_2,\omega_3) = &\int_{\tau_1}\int_{\tau_2}\int_{\tau_3} x^*(t-\tau)x(t-\tau+\tau_1)x(t-\tau+\tau_2)\times\\ &x(t-\tau+\tau_3)\mathrm{e}^{-\mathrm{j}\sum\limits_{i=1}^{3}\omega_i\tau_i}\mathrm{d}\tau_1\mathrm{d}\tau_2\mathrm{d}\tau_3\end{aligned} \tag{4-6-13}$$

式中, $\tau = \dfrac{1}{4}(\tau_1+\tau_2+\tau_3)$。

Wigner 高阶谱的计算主要是 Wigner 双谱和 Wigner 三谱的计算。在计算 Wigner 双谱时, 一般仅考虑计算 $\omega_1=\omega_2$ 的切片; 在计算 Wigner 三谱时, 一般也仅考虑计算 $\omega_1=\omega_2=-\omega_3$ 的切片。

4.7 高阶谱在工程信号处理中的应用

近年来, 高阶谱在各信号处理领域中都得到了广泛的应用。例如, 线性系统的辨识、有噪声污染下的信号重构、非线性系统中非线性的检测与分析[20]、谐波检测与恢复[7,21-22]、图像处理、生物信号分析[23]、阵列信号处理[10]、延时估计[24]、盲反卷积和盲均衡[25] 等。本节对谐波恢复、延时估计、盲均衡作简单介绍。

4.7.1 谐波恢复

在第 2 章中, 讨论谐波恢复的时候使用的是相关函数, 即二阶的统计量。为了抑制有色噪声的影响, 下面讨论使用高阶统计量进行谐波恢复。

假设存在复信号过程为谐波过程

$$y(n)=\sum_{i=1}^{p}a_i(n)s_n(\omega_i)=\sum_{i=1}^{p}a_i\mathrm{e}^{\mathrm{j}(n\omega_i+\varphi_i)} \tag{4-7-1}$$

式中, $s_n(\omega_i)=\mathrm{e}^{\mathrm{j}n\omega_i}$ 为已知信号波形; $a_i(n)=a_i\mathrm{e}^{\mathrm{j}\varphi_i}$ 是非高斯随机变量; ω_i 为未知常数; φ_i 是在 $[-\pi,\pi]$ 内均匀分布且相互独立的随机变量。由累量的性质知, 信号 $y(n)$ 的累量等于各个谐波信号累量之和。令 $s=\mathrm{e}^{\mathrm{j}\varphi}$, 则

$$\begin{aligned}
&E(s)=0,\quad cum(s,s)=E(s^2)=0,\quad cum(s^*,s)=E(|s|^2)=1\\
&cum(s,s,s)=E(s^3)=0,\quad cum(s^*,s,s)=E(s^*s^2)=0\\
&cum(s,s,s,s)=E(s^4)-3E(s^2)E(s^2)=0\\
&cum(s^*,s,s,s)=E(s^*s^3)-3E(|s|^2)E(s^2)=0\\
&cum(s^*,s^*,s,s)=E(|s|^4)-2E(|s|^2)^2-|E(s^2)|^2=-1
\end{aligned}$$

由上面的推导可知, 谐波信号的三阶累量恒为零, 四阶累量的三种定义中, 只有一种不为零, 因此把零均值的复随机过程 $\{x(n)\}$ 的四阶累量定义为

$$c_{4x}(\tau_1,\tau_2,\tau_3)=cum[x^*(n),x^*(n+\tau_1),x(n+\tau_2),x(n+\tau_3)] \tag{4-7-2}$$

假设式 (4-7-1) 中的 $a_i(n)$ 是零均值化的非高斯随机变量, 代入上式有

$$\begin{aligned}
c_{4y}(\tau_1,\tau_2,\tau_3)&=cum[y^*(n),y^*(n+\tau_1),y(n+\tau_2),y(n+\tau_3)]\\
&=\sum_{i_1=1}^{p}\sum_{i_2=1}^{p}\sum_{i_3=1}^{p}\sum_{i_4=1}^{p}s_n^*(\omega_{i_1})s_{n+\tau_1}^*(\omega_{i_2})s_{n+\tau_2}^*(\omega_{i_3})s_{n+\tau_3}^*(\omega_{i_4})\times\\
&\quad cum[a_{i_1}^*(n),a_{i_2}^*(n+\tau_1),a_{i_3}^*(n+\tau_2),a_{i_4}^*(n+\tau_3)]
\end{aligned} \tag{4-7-3}$$

由于 $a_i(n)$ 相互独立, 则只有 $i_1=i_2=i_3=i_4$ 时上式中的累量才不为零, 因此上式简化为

$$c_{4y}(\tau_1,\tau_2,\tau_3)=\sum_{i=1}^{p}s_n^*(\omega_i)s_{n+\tau_1}^*(\omega_i)s_{n+\tau_2}^*(\omega_i)s_{n+\tau_3}^*(\omega_i)c_{4a_i}(\tau_1,\tau_2,\tau_3) \tag{4-7-4}$$

结合式 (4 − 7 − 1), 上式变为

$$c_{4y}(\tau_1,\tau_2,\tau_3)=-\sum_{i=1}^{p}a_i^4\mathrm{e}^{\mathrm{j}\omega_i(-\tau_1+\tau_2+\tau_3)} \tag{4-7-5}$$

而信号的自相关函数为

$$c_{2y}(\tau)=E[y^*(n)y(n+\tau)]=\sum_{i=1}^{p}a_i^2\mathrm{e}^{\mathrm{j}\omega_i\tau} \tag{4-7-6}$$

若与式 (4 − 7 − 1) 对应的信号为实信号, 即

$$y(n)=\sum_{i=1}^{p}a_i\cos(n\omega_i+\varphi_i) \tag{4-7-7}$$

则相应的四阶累量式 (4 − 7 − 4) 为

$$\begin{aligned}c_{4y}(\tau_1,\tau_2,\tau_3)=-\frac{1}{8}\sum_{i=1}^{p}a_i^4[&\cos\omega_i(\tau_1-\tau_2-\tau_3)+\\ &\cos\omega_i(\tau_2-\tau_1-\tau_3)+\cos\omega_i(\tau_3-\tau_2-\tau_1)]\end{aligned} \tag{4-7-8}$$

实信号的自相关函数为

$$c_{2y}(\tau)=E[y^*(n)y(n+\tau)]=\frac{1}{2}\sum_{i=1}^{p}a_i^2\cos\ \omega_i\tau \tag{4-7-9}$$

由式 (4 − 7 − 5) 和式 (4 − 7 − 8) 可以看出, $y(n)$ 的四阶累量的对角切片包含了原始信号的全部信息, 包括谐波个数、频率、幅值。当 $\tau_1=\tau_2=\tau_3$ 时, 式 (4 − 7 − 8) 简化为

$$c_{4y}(\tau_1,\tau_2,\tau_3)=-\frac{3}{8}\sum_{i=1}^{p}a_i^4\cos\ \omega_i\tau \tag{4-7-10}$$

从上面的推导过程可以看出, 实谐波的四阶累量的对角切片与自相关函数相比, 除了比例因子和谐波幅值以外其他全部相同, 包含了相同个数与相同频率的谐波。由于高斯噪声的高阶累量为零, 所以根据式 (4 − 7 − 10) 可以通过协方差矩阵恢复无噪声或加性白噪声谐波的方法完成加性有色噪声的谐波恢复工作。

4.7.2　时延估计

在声呐、雷达、生物医学、地球物理、水声及通信、光学等领域均用到时延估计技术。时延指的是两个传感器接收信号之间的时间延迟或者是接收信号相对于发射信号之间的时间延迟。本节介绍时延估计的一般原理和方法, 主要介绍基于高阶累量的时延估计及其应用。

假设有两个空间分离的传感器, 它们的观测数据分别是

$$x(k)=s(k)+v_1(k) \tag{4-7-11}$$

$$y(k)=s(k-D)+v_2(k) \tag{4-7-12}$$

式中, $s(k)$ 为实际的有用信号; $s(k-D)$ 为实际信号时间延迟 D 以后的信号; $v_1(k)$ 与 $v_2(k)$ 分别为两个传感器的观测噪声, 它们相互统计独立, 且与 $s(k)$ 不相关。

时延估计问题是根据观测数据 $x(k)$ 和 $y(k)$ 估计时延的参数 D, 即寻求两个信号的最大相似性发生的时间差 (滞后), 具体到信号处理中就是求两个信号的互相关函数。$x(k)$ 和 $y(k)$ 的互相关函数为

$$\begin{aligned} R_{xy}(\tau) &\stackrel{\text{def}}{=} E[x(k)y(k+\tau)] \\ &= E\{[s(k)+v_1(k)][s(k+\tau-D)+v_2(k+\tau)]\} = R_{ss}(\tau-D) \end{aligned} \tag{4-7-13}$$

式中, $R_{ss}(\tau)=E[s(k)s(k+\tau)]$ 是信号 $s(k)$ 的自相关函数。由自相关函数性质知道 $R_{ss}(\tau)\leqslant R_{ss}(0)$, 所以互相关函数 $R_{xy}(\tau)=R_{ss}(\tau-D)$ 在 $\tau=D$ 处取最大值, 即可以通过互相关函数取最大值时的时间滞后 τ 来求得时延 D 的估计。

由于实际中,$x(k)$ 和 $y(k)$ 都为有限长的数据序列, 故直接使用 $x(k)$ 和 $y(k)$ 的互相关函数会存在比较大的偏差, 所以通常会加一个平滑窗函数 $w(k)$, 即

$$R_{xy}(\tau)=\mathrm{F}^{-1}[\widehat{P}_{xy}(\omega)W(\omega)]=\widehat{R}_{xy}(\tau)*w(\tau) \tag{4-7-14}$$

式中, $\widehat{P}_{xy}(\omega)=\mathrm{F}[\widehat{R}_{xy}(\tau)]$ 是被估计的互相关函数 $\widehat{R}_{xy}(\tau)$ 的傅里叶变换, 即 $x(k)$ 和 $y(k)$ 的互功率谱。这种使用平滑窗进行估计的方法最早由 Knapp 和 Carter[26] 提出, 称为广义互相关方法。该方法的关键是平滑窗函数 $w(k)$ 的选择, 常见的有 ROTH、SCOT、PHAT、Eckart 和 Hannan-Thompson 等, 可参考文献 [27]。

在很多实际的应用中, 信号 $s(k)$ 一般为非高斯过程, 而加性噪声 $v_1(k)$ 与 $v_2(k)$ 一般为高斯过程[28]。在这种情况下, 理论上为了完全抑制高斯噪声, 延时估计使用高阶统计量求取则更加合理。假设 $x(k)$ 和 $y(k)$ 为零均值化的观测数据, 则信号 $x(k)$ 的三阶累量为

$$c_{3x}(\tau_1,\tau_2)\stackrel{\text{def}}{=}E[x(k)x(k+\tau_1)x(k+\tau_2)]=c_{3s}(\tau_1,\tau_2) \tag{4-7-15}$$

式中

$$c_{3s}(\tau_1,\tau_2)\stackrel{\text{def}}{=}E[s(k)s(k+\tau_1)s(k+\tau_2)] \tag{4-7-16}$$

定义信号 $x(k)$ 和 $y(k)$ 之间的互三阶累量为

$$c_{xyx}(\tau_1,\tau_2)\stackrel{\text{def}}{=}E[x(k)y(k+\tau_1)x(k+\tau_2)]=c_{3s}(\tau_1-D,\tau_2) \tag{4-7-17}$$

分别对式 (4-7-15) 和式 (4-7-17) 作二维傅里叶变换, 则得双谱为

$$P_{3x}(\omega_1,\omega_2)=P_{3s}(\omega_1,\omega_2) \tag{4-7-18}$$

互双谱为

$$P_{xyx}(\omega_1,\omega_2)=P_{3s}(\omega_1,\omega_2)\mathrm{e}^{\mathrm{j}\omega_1 D} \tag{4-7-19}$$

此外, 还可以得

$$\begin{aligned} P_{3x}(\omega_1,\omega_2) &= \left|P_{3x}(\omega_1,\omega_2)\right|\mathrm{e}^{\mathrm{j}\varphi_{3x}(\omega_1,\omega_2)} \\ &= A_{3x}(\omega_1,\omega_2)\mathrm{e}^{\mathrm{j}\varphi_{3x}(\omega_1,\omega_2)} \end{aligned} \tag{4-7-20}$$

$$\begin{aligned} P_{xyx}(\omega_1,\omega_2) &= \left|P_{xyx}(\omega_1,\omega_2)\right|\mathrm{e}^{\mathrm{j}\varphi_{xyx}(\omega_1,\omega_2)} \\ &= A_{xyx}(\omega_1,\omega_2)\mathrm{e}^{\mathrm{j}\varphi_{xyx}(\omega_1,\omega_2)} \end{aligned} \tag{4-7-21}$$

式中, $A_{3x}(\omega_1,\omega_2)$ 与 $\varphi_{3x}(\omega_1,\omega_2)$ 为双谱 $P_{3x}(\omega_1,\omega_2)$ 的幅值和相位; $A_{xyx}(\omega_1,\omega_2)$ 与 $\varphi_{xyx}(\omega_1,\omega_2)$ 为互双谱 $P_{xyx}(\omega_1,\omega_2)$ 的幅值和相位。

下面定义函数

$$I(\omega_1,\omega_2) = \frac{P_{xyx}(\omega_1,\omega_2)}{P_{3x}(\omega_1,\omega_2)} \tag{4-7-22}$$

将式 (4 − 7 − 18) 与式 (4 − 7 − 19) 代入上式可得

$$I_1(\omega_1,\omega_2) = \frac{P_{xyx}(\omega_1,\omega_2)}{P_{3x}(\omega_1,\omega_2)} = \mathrm{e}^{\mathrm{j}\omega_1 D} \tag{4-7-23}$$

因此

$$\begin{aligned} T_1(\tau) &= \int_{-\infty}^{+\infty}\int_{-\infty}^{+\infty} I_1(\omega_1,\omega_2)\mathrm{e}^{\mathrm{j}\omega_1\tau}\mathrm{d}\omega_1\mathrm{d}\omega_2 \\ &= \int_{-\infty}^{+\infty}\mathrm{d}\omega_2\int_{-\infty}^{+\infty}\mathrm{e}^{\mathrm{j}\omega_1(D-\tau)}\mathrm{d}\omega_1 \end{aligned} \tag{4-7-24}$$

由上式可以看出, $\tau = D$ 处取峰值, 从而可以由峰值检测估计时延 D。考虑到式 (4 − 7 − 18) 中误差的影响, 也可以定义

$$\varphi(\omega_1,\omega_2) = \varphi_{xyx}(\omega_1,\omega_2) - \varphi_{3x}(\omega_1,\omega_2) \tag{4-7-25}$$

利用这个相位可以构造

$$I_2(\omega_1,\omega_2) = \mathrm{e}^{\mathrm{j}\varphi(\omega_1,\omega_2)} \tag{4-7-26}$$

由式 (4 − 7 − 18) ∼ 式 (4 − 7 − 21) 同样可得

$$I_2(\omega_1,\omega_2) = \mathrm{e}^{\mathrm{j}\omega_1 D} \tag{4-7-27}$$

可见上式与式 (4 − 7 − 23) 相同, 同样可得式 (4 − 7 − 24), 也在 $\tau = D$ 处取峰值。以上这两种方法都叫时延估计的非参数化双谱方法[28]。除此之外还有 Nikias 和 Liu 提出的互倒双谱方法[29], Tugnait 等[30] 提出四阶统计量方法等, 感兴趣的读者可以参阅相关文献。

4.7.3　盲均衡[25]

盲均衡是指根据一个线性系统的输出数据序列及其输入数据的统计特性重构系统的输入信号。从数学角度看, 盲均衡问题实际是一类特殊的混合整数规划问题。图 4.7.1 所示为盲均衡器的一般原理图。

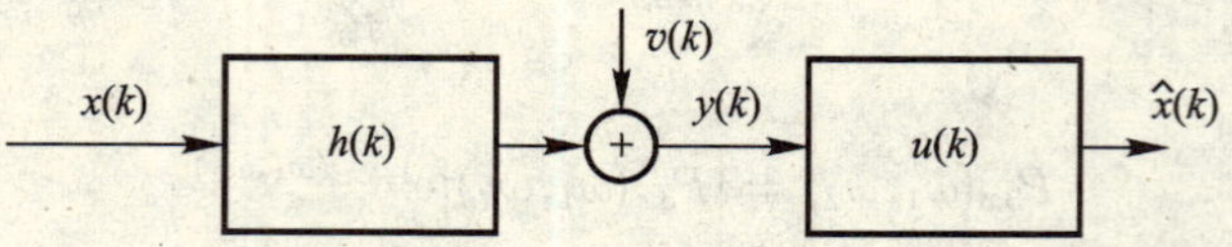

图 4.7.1 盲均衡器原理图

图 4.7.1 中 $h(k)$ 为未知的离散时间传输信道, $x(k)$ 为独立同分布的非高斯随机变量, 均值为零, 方差为 σ_x^2, 不考虑输出端的噪声 $v(k)$, 则有

$$y(k) = h(k) * x(k) \tag{4-7-28}$$

盲均衡的目的就是要从接收信号 $y(k)$ 重构出输入信号 $\widehat{x}(k)$, 即要使 $\widehat{x}(k)$ 为 $x(k)$ 时延后的输出, 即

$$\widehat{x}(k) = x(k-D)\mathrm{e}^{\mathrm{j}\theta} \tag{4-7-29}$$

式中, D 为固定时延; θ 为固定的相移。从图 4.7.1 中可以看出

$$\widehat{x}(k) = u(k) * y(k) = u(k) * h(k) * x(k) \tag{4-7-30}$$

结合式 (4 − 7 − 29) 和式 (4 − 7 − 30) 知

$$h(k) * u(k) = \delta(k-D)\mathrm{e}^{\mathrm{j}\theta} \tag{4-7-31}$$

上式右端的傅里叶变换为 $\mathrm{e}^{\mathrm{j}\theta}\mathrm{e}^{-\mathrm{j}\omega D}$, 因此盲均衡器就是要实现传递函数 $U(\mathrm{e}^{\mathrm{j}\theta})$ 的功能, 即

$$U(\mathrm{e}^{\mathrm{j}\omega}) = \frac{1}{H(\mathrm{e}^{\mathrm{j}\omega})}\mathrm{e}^{\mathrm{j}(\theta-\omega D)} \tag{4-7-32}$$

下面讨论基于倒三谱的盲均衡器。假设信道 $h(k)$ 可以描述为一个时变的线性系统, 同时假设信道的传递函数可以表示为最小相位系统和最大相位系统的级联形式, 即

$$H(z) = AI(z^{-1})O(z) \tag{4-7-33}$$

式中, $A > 0$ 为比例因子; $I(z^{-1})$ 为最小相位系统; $O(z)$ 为最大相位系统, 即

$$I(z^{-1}) = \prod_{k=1}^{p_i}(1 - a_k z^{-1}), \quad |a_k < 1| \tag{4-7-34}$$

$$O(z) = \prod_{k=1}^{p_o}(1 - b_k z), \quad |b_k < 1| \tag{4-7-35}$$

在 4.5.3 节已经使用式 (4 − 5 − 24) 对倒三谱进行了定义, 可以用与推导倒双谱累量方程类似的方法得到倒三谱累量方程式为

$$\sum_{i_1=-\infty}^{+\infty}\sum_{i_2=-\infty}^{+\infty}\sum_{i_3=-\infty}^{+\infty} i_1 t_{4x}(i_1,i_2,i_3)c_{4x}(m_1-i_1,m_2-i_2,m_3-i_3) = m_1 c_{4x}(m_1,m_2,m_3) \tag{4-7-36}$$

该方程简化方法与倒双谱累量方程的简化过程类似, 于是得

$$\begin{aligned}&\sum_{k=1}^{p^*}\alpha^{(i)}[c_{4x}(m_1-i,m_2,m_3)-c_{4x}(m_1+i,m_2+i,m_3+i)]+\\&\sum_{k=1}^{q^*}\beta^{(i)}[c_{4x}(m_1-i,m_2-i,m_3-i)-c_{4x}(m_1+i,m_2,m_3)]\\&=-m_1c_{4x}(m_1,m_2,m_3)\end{aligned}\tag{4-7-37}$$

式中, $\alpha^{(i)}=\sum\limits_{k=1}^{p_i}a_k^i;\beta^{(i)}=\sum\limits_{k=1}^{p_O}b_k^i$。当 p^*,q^* 取值足够大时上式成立。令 $\tau_1=\max(p^*,q^*),\tau_2\leqslant\tau_1/2,\tau_3\leqslant\tau_1/2,n=2\tau_1(2\tau_2+1)(2\tau_3+1)$, 同时选择 $m_1=-\tau_1,\cdots,-1,1,\cdots,\tau_1,m_2=-\tau_2,\cdots,0,\cdots,\tau_2,m_3=-\tau_3,\cdots,0,\cdots,\tau_3$, 联立式 (4−7−37) 可得超定方程组

$$\boldsymbol{C\alpha}=\boldsymbol{p}\tag{4-7-38}$$

式中, $\boldsymbol{C}$ 为 $n\times(p^*+q^*)$ 维的矩阵, 其元素具有 $c_{4x}(m_1,m_2,m_3)-c_{4x}(m_1',m_2',m_3')$ 的形式; $\boldsymbol{p}$ 为 $n\times 1$ 的向量, 其元素具有 $m_1c_{4x}(m_1,m_2,m_3)$ 的形式; $\boldsymbol{\alpha}$ 为 $(p^*+q^*)\times 1$ 维向量, 即 $\boldsymbol{\alpha}^{\mathrm{T}}=[\alpha^{(1)},\alpha^{(2)},\cdots,\alpha^{(p^*)},\beta^{(1)},\beta^{(2)},\cdots,\beta^{(q^*)}]$。式 (4−7−38) 可以通过最小二乘法求解, 得

$$\boldsymbol{\alpha}=(\boldsymbol{C}^{\mathrm{H}}\boldsymbol{C})^{-1}\boldsymbol{C}^{\mathrm{H}}\boldsymbol{p}\tag{4-7-39}$$

通过上式即可实现盲信道估计和均衡。基于倒三谱的盲信道估计和均衡方法无需极小化目标函数, 不会陷入局部最小点, 但计算量大, 收敛速度也较慢。

思考题

4.1 给定一个随机相位的正弦波 $x(t)=A\sin(2\pi ft+\theta)$, 其中幅值 A 和频率 f 是常数, 相位 θ 是一个在 $[-\pi,\pi]$ 上的独立同分布的随机变量。根据定义求 $x(t)$ 的自相关函数、二阶累量和三阶累量, 以及相应的功率谱、二阶谱和三阶谱。

4.2 证明双谱的对称性, 即

$$B(\omega_1,\omega_2)=B^*(-\omega_2,-\omega_1)=B(\omega_2,-\omega_1-\omega_2)$$

4.3 令 $\widetilde{x}_i=x_i*s_i$ 是 x_i 和 s_i 的卷积输出, 其中 x_i 和 s_i 分别为一独立同分布过程和时不变系统冲激响应。证明以下关系式:

$$E[|\widetilde{x}_i|^2]=E[|x_i|^2]\sum_j|s_j|^2$$

$$K(\widetilde{x}_i)=K(x_i)\sum_j|s_j|^4$$

式中, $K(x_i)$ 是 x_i 的峰度, 即

$$K(x_i)=E[|x_i|^4]-2E^2[|x_i|^2]-|E[x_i^2]|^2$$

4.4 令

$$P_{1x}(\omega)=\sum_{\tau=-\infty}^{+\infty}c_{4x}(\tau,0,0)\mathrm{e}^{-\mathrm{j}\omega\tau}$$

表示过程 $x(n)$ 的特殊四阶累量 $c_{4x}(\tau,0,0)$ 的功率谱。考虑复谐波过程

$$X(n)=\mu\mathrm{e}^{\mathrm{j}\omega_0 n}$$

式中, ω_0 为常数; μ 为随机变量; 且 $E(\mu)=0, E(\mu^2)=Q, E(\mu^4)=\mu$。若复谐波过程的四阶累量定义为

$$c_{4x}(\tau_1,\tau_2,\tau_3)=cum[x(n),x^*(n+\tau_1),x(n+\tau_2),x^*(n+\tau_3)]$$

证明下式成立:

$$P_{1x}(\omega)=\frac{\mu-3Q^2}{Q}S_x(\omega)$$

式中, $S_x(\omega)$ 是 $x(n)$ 的功率谱。

4.5 一阶 FIR 系统的冲激响应为

$$h(n)=\delta(n)-\mu\delta(n-1)$$

令 $x(n)$ 是使用独立同分布过程 $\{e(n)\}$ 激励该 FIR 系统得到的输出序列, 其中 $E[e(n)]=0$, $E[e^2(n)]=\sigma_e^2, \gamma_{3e}=E[e^3(n)]\neq 0$。证明 $x(n)$ 的双谱的特殊切片 $S_{3x}(\omega,0)$ 与功率谱 $S_x(\omega)$ 之间存在下列关系:

$$S_{3x}(\omega,0)=\frac{\gamma_{3e}}{\sigma_e^2}H(0)S_x(\omega)$$

式中, $H(0)$ 是 FIR 系统频率传递函数 $H(\omega)$ 在零频率的值。

参考文献

[1] Bartlett M S. Introduction to stochastic processes. UK: Cambridge University Press, 1995.

[2] Brillinger D B, Rosenblatt M. Asymptotic theory of estimates of kth-order spectra. Proceedings of the National Academy of Sciences, 1967, 57(2): 153-188.

[3] Swami A, Mendel J M. Closed-form recursive estimation of moving everage coefficients using autocorrelations and third-order cumulants. IEEE Trans. Acoust., Speech, and Signal Processing, 1989, 37: 1794-1795.

[4] Tugnait J K. Approaches to FIR system identification with noisy data using higher-order statistics. IEEE Trans. Acoust., Speech, and Signal Processing, 1990, 38: 1307-1317.

[5] Tugnait J K. New results on FIR system identification using higher-order statistics. IEEE Trans. Signal Processing, 1991, 39: 2216-2221.

[6] Zhang X D, Zhou Y. A novel recursive approach to estimating MA parameters of causal ARMA models from cumulants. IEEE Trans. Signal Processing, 1992, 40: 2870-2873.

[7] 张贤达. 时间序列分析: 高阶统计量方法. 北京: 清华大学出版社, 1996.

[8] Giannakis G B, Mendel J M. Identification of nonminimum phase systems using higher-order statistics. IEEE Trans. Acoust., Speech, and Signal Processing, 1989, 37: 360-377.

[9] Fonollosa J R, Nikias C L. Wigner-Ville higher-order moment spectra: definition, properties, computation and application to transient signal analysis. IEEE Trans. Signal Processing, 1993, 41: 245-266.

[10] 皇甫堪, 陈建文, 楼生强. 现代数字信号处理. 北京: 电子工业出版社, 2003.

[11] Giannakis G B, Mendel J M. Cumulant-based order determination of non-Gaussian ARMA models. IEEE Trans. Acoust., Speech, and Signal Processing, 1990, 38: 1411-1423.

[12] Zhang X D, Zhang Y S. Singular value decomposition-based MA order determination of non-Gaussian ARMA models. IEEE Trans. Signal Processing, 1993, 41: 2657-2664.

[13] 张贤达. 现代信号处理. 2版. 北京: 清华大学出版社, 2002.

[14] 樊养余, 孙进才, 李平安, 等. 基于双谱的谐波信号重构. 声学学报. 1999, 24(4): 416-423.

[15] 刘希强, 沈萍, 山长仑, 等. 数字化地震波形资料的时频分析方法及应用. 西北地震学报. 1999, 26(2): 118-125.

[16] 李志农, 何永勇, 褚福磊. 基于 Wigner 高阶谱的机械故障诊断的研究. 振动工程学报. 2005, 41(4): 119-122.

[17] 孙俊, 陈淑珍, 邹炼. Wigner 高阶矩谱在分析相控阵探地雷达数据中的应用. 武汉大学学报 (理学版), 2004, 50(5): 637-640.

[18] 杜宁平, 史军, 朱红涛. 高阶统计量分析在汽油预测中的应用. 海洋地质动态. 2004, 20(8): 27-29.

[19] 郝志华, 马孝江. 高阶非线性时频表示在故障特征提取中的应用. 农业机械学报. 2006, 37(2): 106-109.

[20] Nikias C L, Mendel J M. Signal processing with higher-order spectra. IEEE Signal Processing Magazine, 1993, 7: 10-37.

[21] 康晓涛, 石要武, 张丽丽. 谐波恢复的互高阶累积量 Hankel 矩阵法. 电子学报. 2005, 33(1): 67-69.

[22] 周祎, 冯大政. 谐波恢复的多阶段分解算法. 系统工程与电子技术, 2005, 27(8): 1346-1349.

[23] 沈风麟, 陈和晏. 生物医学随机信号处理. 合肥: 中国科技大学出版社, 1999.

[24] 吴正国, 夏立, 尹为民. 现代信号处理技术 —— 高阶谱、时频分析与小波变换. 武汉: 武汉大学出版社, 2003.

[25] 刘文龙. 通信信号处理中若干问题的算法研究, 大连: 大连理工大学, 2004.

[26] Knapp C H, Carter G C. The generalized correlation method for estimation of time delay. IEEE Trans. Acoust., Speech, and Signal Processing, 1976, 24: 320-327.

[27] Nikias C L, Petropulu A P. Higher-order spectral analysis: a nonlinear signal processing framework. New Jersey: Prentice Hall, 1993.

[28] Sasaki K, Sato T, Makamura Y. Holographic passive sonar. IEEE Trans. Sonics Ultrason,

1977, 24: 193-200.

[29] Nikias C L, Liu F. Bispectrum computation based on second- and third-order statistics with applications // International Conference on Acoustics, Speech, and Signal Processing, 1990: 2381-2386.

[30] Tugnait J K. On time delay estimation with unknown spatially correlates Gaussian noise using fourth-order cumulants and cross cumulants. IEEE Trans. Signal Processing, 1991, 39: 1258-1267.

下　篇
非线性、非平稳信号处理

第 5 章　独立分量分析

5.1　概述

5.1.1　独立分量分析的概念

在信号处理领域，独立分量分析 (independent component analysis, ICA) 是 20 世纪 90 年代后期伴随着盲信源问题而发展起来的一种新的信号处理方法。由于其在信号处理方面具有很好的前景而得到广泛研究，例如语音信号识别、电子通信、多媒体信号处理、生物电信号处理等。盲信源分离是指从观测到的混合信号中恢复出源信号，其中观测信号通常是一组传感器的输出，每个传感器接收到的是源信号的不同组合。这里的“盲”指的是：① 源信号是不可测的；② 混合系统是未知的。

ICA 是一种从多个源信号的线性混合中分离出源信号的技术，其本质是将多道观测信号按照统计独立的原则通过优化算法分解为若干独立成分。独立分量分析实际上是一种优化问题，即如何使得分离出的各独立分量逼近各源信号。ICA 是主分量分析 (principal component analysis, PCA) 的一种扩展，是非线性 PCA 的一种形式。ICA 算法不仅仅是对信号进行解相关 (二阶统计)处理，同时也对信号进行高阶统计处理，以使分离的信号尽可能地相互独立。PCA 是一种数据分析技术，可以对数据进行解相关和最大化处理，但不能进行源分离处理。

在本章，为了问题的简化，有关公式的证明被省略而直接给出结果，读者如需进一步了解相关内容，可参阅本章给出的文献资料。

5.1.2　独立分量分析与其他统计方法的比较

1. PCA 与 SVD 的理论算法

1) PCA 的理论算法

一组经过均值处理的输入向量 $\boldsymbol{x}_t, t=1,\cdots,n, \sum_{t=1}^{n}\boldsymbol{x}_t=0$，其中每个输入 $\boldsymbol{x}_t$ 都是 m 维行向量 $\boldsymbol{x}_t=[x_t(1),x_t(2),\cdots,x_t(m)]^{\mathrm{T}}$，通常 $m<n$。通过 PCA 将每个向量 $\boldsymbol{x}_t$ 线性变换为一个新的向量 $\boldsymbol{s}_t$

$$\boldsymbol{s}_t=\boldsymbol{W}^{\mathrm{T}}\boldsymbol{x}_t \tag{5-1-1}$$

式中，$\boldsymbol{W}$ 是一个 $m\times n$ 维的正交变换矩阵。$\boldsymbol{x}_t$ 经过线性变换后，使得向量 $\boldsymbol{s}_t$ 中各随机变量之间互不相关，即 $\boldsymbol{s}_t$ 的协方差矩阵为对角矩阵

$$\boldsymbol{C}=E\left(\boldsymbol{s}\boldsymbol{s}^{\mathrm{T}}\right)=\mathrm{diag}(\lambda_1,\cdots,\lambda_n) \tag{5-1-2}$$

PCA 中较常用的一种方法是通过 $\boldsymbol{x}_t$ 协方差矩阵特征值分解而获得正交矩阵 $\boldsymbol{W}$。也就是说, PCA 首先处理特征值问题。

$\boldsymbol{W}$ 中的第 i 列 $\boldsymbol{W}_i$ 是观测数据的协方差矩阵的第 i 个特征值向量。其中, 观测数据的协方差矩阵为

$$\boldsymbol{C}=\frac{1}{n}\sum_{i=1}^{n}\boldsymbol{x}_i\boldsymbol{x}_i^{\mathrm{T}} \tag{5-1-3}$$

$$\lambda_i\boldsymbol{W}_i=\boldsymbol{C}\boldsymbol{W}_i,\quad i=1,\cdots,m \tag{5-1-4}$$

由式 (5 − 1 − 3) 和式 (5 − 1 − 4) 式得

$$\boldsymbol{C}=\lambda_i\boldsymbol{W}_i\boldsymbol{W}_i^{-1} \tag{5-1-5}$$

式中, λ_i 是 $\boldsymbol{C}$ 的一个特征值; $\boldsymbol{W}_i$ 是与 λ_i 相对应的特征向量。

可用估计得到的 $\boldsymbol{W}_i$ 值计算出 $\boldsymbol{x}_i$ 经正交变换后的 $\boldsymbol{s}_t$

$$\boldsymbol{s}_t(i)=\boldsymbol{W}_i^{\mathrm{T}}\boldsymbol{x}_t,\quad i=1,\cdots,m \tag{5-1-6}$$

所得到的新分量即称为主分量。

由上述可知, PCA 为 n 维数据空间建立一组正交基 $\boldsymbol{W}_1,\cdots,\boldsymbol{W}_n$, 这些正交基给出了原始数据方差变化最大的方向, 即当所有观测数据在 $\boldsymbol{W}_1$ 上投影时, 构成的新随机量具有最大方差, 且 $\boldsymbol{W}_1$ 的选择是唯一的。在其他正交基上的投影也是一样。

2) SVD 的理论算法

在第 4 章介绍了奇异值分解方法, 本章根据实际应用, 给出奇异值分解的相关内容。下面首先给出矩阵奇异值分解 (SVD) 的定义。

定义 5.1.1: 设 $\boldsymbol{A}$ 是 n 阶正规矩阵, 则总存在酉矩阵 $\boldsymbol{U}$, 使 $\boldsymbol{A}$ 酉相似于对角矩阵, 即

$$\boldsymbol{U}^{\mathrm{H}}\boldsymbol{A}\boldsymbol{U}=\boldsymbol{\Lambda}=\mathrm{diag}(\lambda_1,\lambda_2,\cdots,\lambda_n) \tag{5-1-7a}$$

或

$$\boldsymbol{A}=\boldsymbol{U}\boldsymbol{\Lambda}\boldsymbol{U}^{\mathrm{H}} \tag{5-1-7b}$$

式中, $\lambda_i, i=1,2,\cdots,n$ 是 $\boldsymbol{A}$ 的全部特征值。

定义 5.1.2: 设 $m\times n$ 维矩阵 $\boldsymbol{A}\in\mathbf{C}^{m\times n}, \mathrm{rank}(\boldsymbol{A})=r, r>0$, 若 $\boldsymbol{A}^{\mathrm{H}}\boldsymbol{A}$ 的特征值为 $\lambda_1\geqslant\lambda_2\geqslant\cdots\lambda_r>\lambda_{r+1}=\cdots=\lambda_n=0$, 则称其算术平方根 $\sigma_i=\sqrt{\lambda_i}, i=1,2,\cdots,n$ 为矩阵 $\boldsymbol{A}$ 的奇异值。当 $\boldsymbol{A}$ 为零矩阵时, 它的奇异值皆为 0。

由定义 2 可以看出以下性质:

(1) $m\times n$ 维矩阵 $\boldsymbol{A}$ 的奇异值的个数等于列数 (因 $\boldsymbol{A}^{\mathrm{H}}\boldsymbol{A}$ 的阶数为 n);

(2) $\boldsymbol{A}$ 的非零奇异值的个数等于 $\mathrm{rank}(\boldsymbol{A})$ [因 $\mathrm{rank}(\boldsymbol{A}^{\mathrm{H}}\boldsymbol{A})=\mathrm{rank}(\boldsymbol{A})$]。

对于非正规矩阵, 有以下的奇异值分解定理:

定理 5.1.1: 设 $\boldsymbol{A}\in \mathrm{C}_r^{m\times n}$ 为 $m\times n$ 矩阵, 秩为 r, 则存在 m 阶酉矩阵 $\boldsymbol{U}$ 和 n 阶酉矩阵 $\boldsymbol{V}$, 使得

$$\boldsymbol{U}^{\mathrm{H}}\boldsymbol{A}\boldsymbol{V}=\begin{pmatrix}\boldsymbol{\Sigma} & 0\\ 0 & 0\end{pmatrix} \text{ 或 } \boldsymbol{A}=\boldsymbol{U}\begin{pmatrix}\boldsymbol{\Sigma} & 0\\ 0 & 0\end{pmatrix}\boldsymbol{V}^{\mathrm{H}} \tag{5-1-8}$$

式中, $\boldsymbol{\Sigma}=\mathrm{diag}(\sigma_1,\sigma_2,\cdots,\sigma_r);\sigma_1\geqslant\sigma_2\geqslant\cdots\geqslant\sigma_r>0,\sigma_i,i=1,2,\cdots,r$ 为矩阵 $\boldsymbol{A}$ 的正奇异值。则称式 (5 − 1 − 8) 为矩阵 $\boldsymbol{A}$ 的奇异值分解式。

2. ICA 与 PCA、SVD 的比较

主分量分析 (PCA) 和奇异值分解 (SVD) 是较成熟的分解信号的线性代数方法, ICA 与它们的不同之处主要表现在如下两方面:

(1) ICA 只要求分解出来的各分量相互正交 (不相关), 但并不要求它们相互独立。用统计信号处理的语言来表达, 即为 ICA 只考虑二阶统计特性, 而 PCA 和 SVD 则要更全面地考虑其概率密度函数的统计独立性。

(2) ICA 按能量大小的排序来考虑被分解分量的重要性, 这样的分解虽然在数据压缩和去除噪声方面有其优点, 但分解结果往往缺乏明确的物理意义。PCA 和 SVD 分解出的分量虽然其能量大小存在不确定性, 但当测量值确实是由若干独立信源混合而成时, 分解结果往往具有更好的解释。

5.2　独立分量分析的数学模型

5.2.1　数学模型

ICA 的线性统计模型为

$$\boldsymbol{x}(t)=\boldsymbol{A}\boldsymbol{s}(t) \tag{5-2-1}$$

式中, $\boldsymbol{s}(t)=[s_1(t),s_2(t),\cdots,s_N(t)]^{\mathrm{T}}$ 为 t 时刻 N 个源信号构成的行向量, 是源向量; $\boldsymbol{x}(t)=[x_1(t),x_2(t),\cdots,x_M(t)]^{\mathrm{T}}$ 为 t 时刻 M 个混合信号构成的行向量, 是观测向量; $\boldsymbol{A}$ 是 $M\times N$ 维矩阵, 它包含了混合系数。

独立分量分析由 $\boldsymbol{x}(t)$ 在 $t=1,2,\cdots,T$ 各时刻的观测值和 $\boldsymbol{s}(t)$ 各分量之间的统计独立性假设, 并借助关于源信号概率分布的某些先验知识来估计矩阵 $\boldsymbol{A}$, 从而估计 $\boldsymbol{s}(t)$ 在 $t=1,2,\cdots,T$ 各时刻的值, 即恢复 $\boldsymbol{s}(t)$。

一般地, 若记 $\boldsymbol{A}$ 的估计为 $\widehat{\boldsymbol{W}}$($\widehat{\boldsymbol{W}}$ 是 $N\times M$ 维矩阵), 称 $\widehat{\boldsymbol{W}}$ 为分离矩阵, 有

$$\boldsymbol{y}(t)=\widehat{\boldsymbol{W}}\boldsymbol{x}(t) \tag{5-2-2}$$

式中, $\boldsymbol{y}(t)$ 为 $\boldsymbol{s}(t)$ 的估计。因此, $\boldsymbol{y}(t)$ 只是在上述条件下对 $\boldsymbol{s}(t)$ 的逼近。图 5.2.1 给出了 ICA 模型。

对于盲源分离中涉及的多维数据分析, 一般都需要对生成多维观测信号的隐含过程进行一些假设。这是很多信号恢复和处理中经常采用的方法, 否则就无从着手。而这些假设必须使问题有一个合理而有意义的解, 且还必须具有一定范围的适用性。假设:

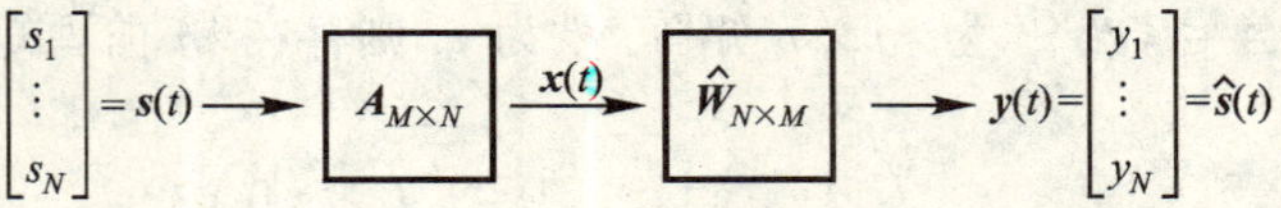

图 5.2.1 ICA 混合及分离模型

(1) $M \geqslant N$, 即传感器的个数 M 大于等于信号源的个数 N, 并且 $\boldsymbol{A}$ 为满秩阵, 即每列之间是线性独立的;

(2) 信号源 $\boldsymbol{s}(t)$ 的各分量在每个时刻 t 都是统计独立的;

(3) 最多只有一个源是正态分布的;

(4) 无传感器噪声或很低的附加噪声, 满足这一条件的 ICA 称为基本 ICA。

上述问题的实质是优化问题, 包括两个方面: 优化判据 (目标函数) 和寻优算法。

5.2.2 预处理

在应用 ICA 算法之前, 对数据进行预处理是十分必要的, 这样可以使数据满足 ICA 算法条件且能使 ICA 算法变得简单。这些预处理步骤包括: 数据白化、数据集中、通过 PCA 方法降低维数等。

数据集中。最基本的预处理是使 $\boldsymbol{x}$ 集中化, 即减去平均量 $m = E(\boldsymbol{x})$, 使 $\boldsymbol{x}$ 成为均值为 0 的变量。由等式 $\boldsymbol{x} = \boldsymbol{A}\boldsymbol{s}$ 可知, $\boldsymbol{s}$ 也成为均值为 0 的变量。这个过程仅仅是为了使 ICA 算法简化。

白噪声化。在应用 ICA 算法之前, 另一个有用的处理方法就是先使观测值变量白噪声化。线性改变观测值矢量 $\boldsymbol{x}$, 得到一个新的白噪声化变量 $\boldsymbol{x}'$, 也就是使各个分量不关联。白噪声化使混合矩阵 $\boldsymbol{A}$ 变为一个新的矩阵 $\boldsymbol{A}$。数据白化后具有零均值、不相关、单位方差等特性。白噪声化的作用就是使新的混合矩阵 $\boldsymbol{A}$ 正交化。通过白噪声化可以产生被估计参数的个数, 与原来方法相比, 这里只需要估计出一个新的正交混合矩阵 $\boldsymbol{A}$。白噪声化解决了 ICA 的一半问题。因为白噪声化是一个非常简单、标准的过程, 并且比 ICA 算法要简单得多, 所以它是一种降低问题复杂度的好方法。

对接收数据进行预处理后, 接下来就是如何估计混合矩阵的问题。

5.3 独立分量分析的判据

ICA 问题的求解已有很多算法。其中大多是围绕信源的独立性提出的各种独立性及非高斯性度量准则, 并结合神经网络加以实现, 用以估计 $\boldsymbol{W}$。

在目标函数的研究领域, 已有许多研究者从不同角度提出了多种判据。主要有以下几种方法: 非高斯性的最大化 (maximization of nongaussianity)、互信息最小化 (minimization of mutual information)、信息或熵极大判据 (Infomax 或 maximization of entropy, 简记 ME) 等。一旦确定了分解方法, 每个独立分量就可以通过 $\boldsymbol{s}(t) = \boldsymbol{W}\boldsymbol{x}(t)$ 来实现, 其中 $\boldsymbol{W}$ 是分解矩阵, $\boldsymbol{x}(t)$ 是观测信号。

下面分别介绍上述几种方法。

5.3.1 非高斯性的最大化

ICA 的一个特性是, 当数据的非高斯性最大化时, 即可获得各独立分量源。其最基本的理论是中心极限定理。中心极限定理表明, 与单个源的密度相比, 少数非高斯源之和的分布更接近于高斯分布。下面给出两种非高斯性的方法。

1. 基于 kurtosis 的非高斯最大化

将 kurtosis 定义为随机数据的四阶矩。给定随机数据 $\boldsymbol{y}$, 则其四阶矩用 $kurt(\boldsymbol{y})$ 表示为

$$kurt(\boldsymbol{y}) = E\left(\boldsymbol{y}^4\right) - 3\left[E\left(\boldsymbol{y}^2\right)\right]^2 \tag{5-3-1}$$

kurtosis 具有线性性质。设 y_1, y_2 是两个相互独立的随机变量, 则满足

$$kurt(y_1 + y_2) = kurt(y_1) + kurt(y_2) \tag{5-3-2a}$$

$$kurt(ay_1) = a^4 kurt(y_1) \tag{5-3-2b}$$

若随机变量 $\boldsymbol{y}$ 的均值为 0, 设其相应的方差为 $E\left(\boldsymbol{y}^2\right) = 1$, 则式 (5 – 3 – 1) 可以表示为

$$kurt(\boldsymbol{y}) = E\left(\boldsymbol{y}^4\right) - 3 \tag{5-3-3}$$

当非高斯变量的 kurtosis 非零时, 则高斯变量的 kurtosis 为零。因此, 可以用 kurtosis 作为测量变量非高斯性的一种方法。超高斯情况时, kurtosis 的值是正值; 亚高斯情况时, kurtosis 的值是负值。超高斯和亚高斯数据的概率密度函数 (probability density function, PDF) 的特性不同。超高斯数据的概率密度函数是凸状的, 当接近于零时, 其概率密度函数值最大。亚高斯数据的概率密度函数是平状的, 当接近于零时, 其概率密度函数值为常值。找出 kurtosis 的局部最大值, 就可以得到非高斯独立分量。对分解矩阵 $\boldsymbol{W}$ 进行选择, 使得通过 $kurt(\boldsymbol{W}^{\mathrm{T}}\boldsymbol{x})$ 来确定局部最大值或独立分量。Kurtosis 方法的缺点是, 该方法对数据的包络敏感, 易受大幅度随机脉冲干扰的影响。

2. 基于负熵的非高斯最大化

熵值是与观测数据的信息量相关的。数据的随机性和不可预测性越大, 则其熵值越大。随机变量 $\boldsymbol{y}$ 的熵 H 定义为

$$H(\boldsymbol{y}) = -\int p(\boldsymbol{y}) \log p(\boldsymbol{y}) \mathrm{d}\boldsymbol{y} \tag{5-3-4}$$

式中, $p(\boldsymbol{y})$ 为 $\boldsymbol{y}$ 的概率密度函数。应该指出, 严格的数学推导可以证明式 (5 – 3 – 4) 并不是信息熵的绝对度量, 而是以某一个值为参照标准在相对意义下的信息量。因此, 更严格的术语应该是 “差分熵 (differential entropy)”。

在所有观测到的具有单位方差的随机变量中, 高斯变量的熵值最大。对差分熵进行归一化得到负熵。负熵 J 的定义为

$$J(\boldsymbol{y}) = H(\boldsymbol{y}_{\mathrm{gauss}}) - H(\boldsymbol{y}) \tag{5-3-5}$$

式中, $\boldsymbol{y}_{\text{gauss}}$ 是与 $\boldsymbol{y}$ 具有相同的互相关和协方差的高斯随机变量。因此, 负熵可以定义为: 任意 $p(\boldsymbol{y})$ 与具有同样二阶矩的高斯分布 $p(\boldsymbol{y}_{\text{gauss}})$ 的信息量之差。由于负熵是归一化的结果, 因此它通常是非负的。只有当 $\boldsymbol{y}$ 为高斯分布时, 其负熵值才为零。负熵的计算量较大且较复杂, 其计算涉及到对随机变量概率密度的估计, 而概率密度估计并不容易, 因为估计的有效性依赖于对估计核参数的正确选择。因此, 需要研究计算负熵的有效近似方法。这里给出一种经典的高阶矩法以简化负熵的计算, 则 $\boldsymbol{y}$ 的负熵公式改写为

$$J(\boldsymbol{y})=\frac{1}{12}\left[E\left(\boldsymbol{y}^3\right)\right]^2-\frac{1}{48}kurt(\boldsymbol{y})^2 \tag{5-3-6}$$

式 (5 − 3 − 6) 是通过对概率密度函数的 Gram − Charlier 近似展开得到的, 即

$$p(\boldsymbol{y})\approx p_g(\boldsymbol{y})\left[1+\frac{1}{3!}c_3h_3(\boldsymbol{y})+\frac{1}{4!}c_4h_4(\boldsymbol{y})\right] \tag{5-3-7}$$

式中, c_k 是基于密度函数 $p(\boldsymbol{y})$ 的高阶累积量, 若 $\boldsymbol{y}$ 具有零均值和单位方差, 则 $c_3=E\left(\boldsymbol{y}^3\right), c_4=E\left(\boldsymbol{y}^4\right)-3$; $h_k(\boldsymbol{y})$ 是正交 Hermit 多项式。结合式 (5 − 3 − 4)、式 (5 − 3 − 5) 可得到式 (5 − 3 − 6)。

式 (5 − 3 − 6) 中含有 kurtosis 估计, 因此和基于 kurtosis 的方法一样, 存在稳健性问题。当数据为对称分布时, 式 (5 − 3 − 6) 右边的值接近 0。解决这一问题的方法是基于期望值来估计负熵值。用非线性方程 G 来代替多项式 $\boldsymbol{y}^3$ 和 $\boldsymbol{y}^4$, 则可将式 (5 − 3 − 6) 改写为

$$J(\boldsymbol{y})\propto\left[G\left(\boldsymbol{y}\right)-G\left(\boldsymbol{v}\right)\right]^2 \tag{5-3-8}$$

式中, $\boldsymbol{v}$ 是具有零均值和单位方差的高斯变量。这样能保证当 $\boldsymbol{y}$ 为高斯分布随机变量时, 负熵估计值为零。如何正确地选择约束方程 G 是该方法的关键, 为获得稳健的估计效果, 非线性函数的变化应该比较缓慢。G 的选择如下:

$$\begin{aligned}G_1(\boldsymbol{y})&=\frac{1}{a_1}\log(\cosh\ a_1\boldsymbol{y})\\G_2(\boldsymbol{y})&=-\mathrm{e}^{-\frac{\boldsymbol{y}^2}{2}}\\G_3(\boldsymbol{y})&=\frac{1}{4}\boldsymbol{y}^4\end{aligned} \tag{5-3-9}$$

式中, $1\leqslant a_1\leqslant 2$.

G_1 是普通情况下的约束函数。而当独立分量是超高斯情况或者需要考虑鲁棒性时, G_2 是较好的选择。当需要降低计算量时, 则可以对 G_1 和 G_2 进行分段线性近似。当使用 kurtosis 值或者需要估计无外包络的亚高斯独立分量值时, 选用 G_3。约束方程的选择对估计方法的性能最优化极为重要, 并且约束方程的选择决定了该方法是一次获得所有的独立分量还是一次只能得到其中的一部分。

5.3.2 互信息

统计独立性的最基本判据可描述如下: 令 $p(\overline{\boldsymbol{y}})$ 是 $\overline{\boldsymbol{y}}$ 的联合概率密度函数, $p_i(y_i)$ 是 $\overline{\boldsymbol{y}}$ 中各分量的边缘概率密度函数, 则当且仅当 $\overline{\boldsymbol{y}}$ 中各分量独立时有

$$p(\overline{\boldsymbol{y}})=\prod_{i=1}^{N}p_i(y_i) \tag{5-3-10}$$

因此用 $p(\overline{\boldsymbol{y}})$ 与 $\prod_{i=1}^{N} p_i(y_i)$ 的 Kullback – Leibler 散度作为独立程度的定量度量, 即

$$I(\overline{\boldsymbol{y}}) = \mathrm{KL}\left[p(\overline{\boldsymbol{y}}), \prod_{i=1}^{n} p_i(y_i)\right] = \int p(\overline{\boldsymbol{y}}) \log \left[\frac{p(\overline{\boldsymbol{y}})}{\prod_{i=1}^{N} p_i(y_i)}\right] \mathrm{d}\overline{\boldsymbol{y}} \qquad (5-3-11)$$

Kullback – Leibler 散度也叫 KL 熵, 它是两个概率密度函数间相似程度的度量。它的最重要的特性是 $I(\overline{\boldsymbol{y}}) \geqslant 0$, 当且仅当各分量独立时 $I(\overline{\boldsymbol{y}}) = 0$。

为了使判据实际可用, 需要把 $I(\overline{\boldsymbol{y}})$ 中有关的概率密度函数 (PDF) 展成级数。由于在协方差相等的概率分布中高斯分布的熵值最大, 因此展开时常用具有相同协方差的高斯分布作为参考标准。例如, 采用 Gram – Charlier 展开时有

$$\frac{P(y_i)}{P_G(y_i)} = 1 + \frac{1}{3!} k_{3y_i} h_3(\overline{y}_i) + \frac{1}{4!} k_{4y_i} h_4(\overline{y}_i) + \cdots \qquad (5-3-12)$$

式中, $P_G(y_i)$ 是与 $P(y_i)$ 具有相同方差 ($\sigma^2 = 1$) 和均值 ($\mu = 0$) 的高斯分布; k_{3y_i}, k_{4y_i} 是 y_i 的三、四阶累积量 (cumulant); $h_n(y_i)$ 是 n 阶 Hermit 多项式。此外还有许多其他展开方法, 例如 Edgeworth 展开、负熵 (negentropy) 等。无论采用何种展开方式, 经推导后总可将式 (5 – 3 – 11) 近似改成 k_3, k_4 的函数

$$I(\overline{\boldsymbol{y}}) = F(k_{3\overline{y}}, k_{4\overline{y}}, \boldsymbol{B}) \qquad (5-3-13)$$

$F(\cdot)$ 的具体形式多种多样, 可由推导时的假设而定。这样就得到互信息判据的实用近似形式, 即在 $\overline{\boldsymbol{y}} = \boldsymbol{B}\overline{\boldsymbol{x}}$ 条件下寻找 $\boldsymbol{B}$, 使式 (5 – 3 – 13) 中的 $I(\overline{\boldsymbol{y}})$ 极小。

5.3.3　信息极大化判据

Linsker 于 1988 年便提出了 Infomax 原则 (信息传输极大原则), 也称为 ME(maximization of entropy), 这种原则源自于神经系统的冗余特性, 即当一个网络的输入端和输出端的互信息达到最大时, 等价于输出端各分量之间的冗余信息得到去除。Nadal 和 Parga 于 1994 年进一步说明, 对于一个输出端具有非线性环节的神经网络, 当经过该网络的信息传输达到最大时, 输出端各分量之间的互信息便达到最大, 如图 5.3.1 所示。

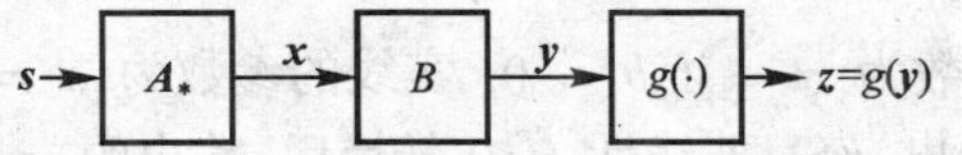

图 5.3.1　混合、分解、非线性转换

在盲源分离问题中使用 Infomax 原则, 等同于使输出信号的联合熵 $H(\boldsymbol{z})$ 最大。$H(\boldsymbol{z})$ 的最大化虽然不是 ICA 的直接目标, 但可以通过求联合熵使 $I(\boldsymbol{z})$ 达到最小, 即输出各分量统计独立。

若单纯地求解 $H(\boldsymbol{z})$ 是不恰当的, 因为任意的 $\boldsymbol{B}$ 值可能使 $H(\boldsymbol{y})$ 的熵值发散到无穷大。因此, 使用以下非线性函数, 使得各输出信号的熵有最大值。

$$[g(\boldsymbol{y})]_i = g_i(y_i), \quad 1 \leqslant i \leqslant n \qquad (5-3-14)$$

$g(\boldsymbol{y})$ 是一个 n 维的非线性映射函数。

这样, Infomax 的约束函数为

$$\phi_I(\boldsymbol{B}) = H[g(\boldsymbol{Bx})] \tag{5-3-15}$$

这一判据的特点是在输出端逐分量地引入一个合适的非线性环节, 把 y_i 转成 z_i, 如图 5.3.1 所示。 可以证明, 如果 $g_i(\cdot)$ 取为对应信源的累积分布函数 (cumulation distributing function, CDF), 亦即概率密度函数的积分, 则使 $\overline{\boldsymbol{z}} = [z_1, \cdots, z_N]^{\mathrm{T}}$ 的熵极大等效于使 $I(\overline{\boldsymbol{y}})$ 极小, 因此也可达到使 $\overline{\boldsymbol{y}}$ 中各分量独立的要求, 从而得到 Infomax 判据, 即在选定适当的 $g_i(\cdot)$ 后, 寻找 $\boldsymbol{B}$ 使熵 $H(\overline{\boldsymbol{z}})$ 极大。

需要指出的是, 虽然理论上 $g_i(\cdot)$ 应取为各信源的 PDF, 但实践证明该要求并不很严格。因为在盲信号分离过程中, 源的概率分布是未知的, 所以非线性函数的选择只能作为一种参考。有些取值在 $0 \sim 1$ 之间的单调增函数也可以被采用, 例如 sigmoid 函数、tanh 函数 $(\cdot)$ 等, 只是信源的 PDF 要求均是超高斯型, 或均是亚高斯型。以 sigmoid 函数为例

$$y_i = g_i(\boldsymbol{u}) = \frac{1}{1 + \mathrm{e}^{-(au+b)}} \tag{5-3-16}$$

$$y_i' = g_i' = \frac{a\mathrm{e}^{-(au_i+b)}}{[1 + \mathrm{e}^{-(au_i+b)}]^2} = ay_i(1 - y_i) \tag{5-3-17}$$

式中, 参数 a 的大小决定 sigmoid 函数上升沿及其导函数的陡峭度; 参数 b 是波形位置的偏移参数。图 5.3.2 给出了 sigmoid 函数的波形图。

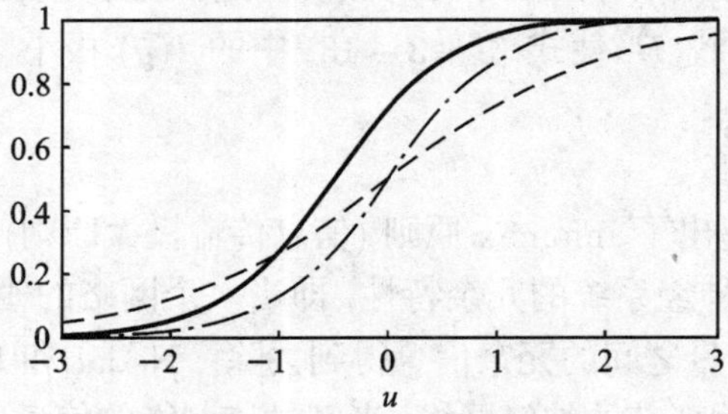

图 5.3.2 sigmoid 函数的波形图

图 5.3.2 中, 虚线的参数为 $a = 1, b = 0$; 实线的参数为 $a = 2, b = 1$; 点划线的参数为 $a = 2, b = 0$。由该图可以看出, 经过非线性 $g(\boldsymbol{u})$ 转换后, 输出的 $\boldsymbol{y}$ 是有界的。

估计 $H(\overline{\boldsymbol{z}})$ 固然也涉及 PDF, 但由于其作用已通过 $g_i(\cdot)$ 引入, 所以可以不必再作级数展开而直接用自适应迭代寻优步骤求解。

对于超高斯信源, 不同的源有不同的概率密度分布, 且非线性函数的波形只是与超高斯源的累积函数相似。而 Infomax 算法对所有的源都采用了相同的非线性函数, 却得到了理想的盲源分离效果。这也说明非线性函数的选择不一定要非常严格。

前面讨论的 Infomax 算法中所采用的非线性函数只是对超高斯源累积分布函数的逼近。因此, 为了分离出混合信号中的亚高斯源, 必须采用与亚高斯累积分布函数相近似的非线性函数。式 (5 − 3 − 18) 是一个用于逼近亚高斯源的概率密度函数模型, 其积分是与之对应的累积函数模

型 (非线性函数)。

$$
\begin{aligned}
g(\boldsymbol{u}) &= \frac{1}{2}[N(\mu,\sigma^2)+N(-\mu,\sigma^2)] \\
&= \frac{1}{2}\left[\frac{1}{\sqrt{2\pi}\sigma}\mathrm{e}^{\frac{-(u-\mu)^2}{2\sigma^2}}+\frac{1}{\sqrt{2\pi}\sigma}\mathrm{e}^{\frac{-(u+\mu)^2}{2\sigma^2}}\right]
\end{aligned} \tag{5-3-18}
$$

图 5.3.3 所示是 $\sigma=1,\mu=-2\sim0$ 时式 (5 − 3 − 18) 的图形。由该图可知, 当 $\mu=0$ 时, 式 (5 − 3 − 18) 为标准的高斯分布; 当 $\mu\neq0$ 时, 式 (5 − 3 − 18) 为亚高斯分布。因此, 只需将式 (5 − 3 − 18) 代入式 (5 − 3 − 15) 中的非线性函数即可得到用于分离亚高斯信号的盲分离算法。

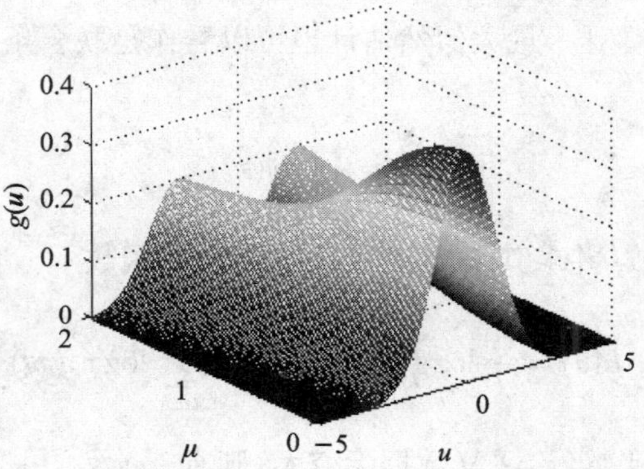

图 5.3.3　逼近亚高斯源的概率密度函数模型

前面提到的分离超高斯信号和亚高斯信号的盲分离算法都不能很好地同时分离含有超高斯和亚高斯的混合信号。T. W. Lee 等人在传统的 Infomax 算法基础上, 提出了可同时分离超高斯和亚高斯源的扩展 Infomax 算法 (Extend – Infomax)。该算法采用双概率模型, 并在盲分离算法迭代过程中, 根据分离结果的统计特性变化动态切换概率模型, 最终实现概率模型与真实源信号概率分布类型的统一, 实现最佳的盲分离效果。扩展 Infomax 算法既能分离亚高斯源也能分离超高斯源。

扩展 Infomax 算法的学习规则能分离各种不同的分布情况 (超高斯、亚高斯等), 主要包括两种算法

$$
\begin{aligned}
\Delta\boldsymbol{W} &= \left[\boldsymbol{I}-\boldsymbol{K}\tanh(\boldsymbol{y})\boldsymbol{y}^{\mathrm{T}}-\boldsymbol{y}\boldsymbol{y}^{\mathrm{T}}\right]\boldsymbol{W} \\
K_i &= 1, \quad sup-Gaussian \\
K_i &= -1, \quad sub-Gaussian
\end{aligned} \tag{5-3-19}
$$

式中, $\boldsymbol{K}$ 称为概率模型切换矩阵, 是 N 维对角矩阵; K_i 为 $\boldsymbol{K}$ 的对角线元素。

由式 (5 − 3 − 19) 可知, 在盲源分离过程中, 需要确定 $\boldsymbol{K}$ 的系数。在实际分离信号中, 并不知道观测信号中含有多少超高斯源和亚高斯源, 因此在分离过程中需要一个用于实时切换超高斯模型和亚高斯模型的准则。一种常用的模型切换准则是根据 kurtosis 符号的变化来确定 K_i 的

取值

$$K_i = \text{sign}\left[\frac{E\left(u_i^4\right) - 3\left[E\left(u_i^2\right)\right]}{\left[E\left(u_i^2\right)\right]^2}\right] = \text{sign}\left[\frac{E\left(u_i^4\right)}{\left[E\left(u_i^2\right)\right]^2} - 3\right], \quad 1 \leqslant i \leqslant N \tag{5-3-20}$$

式 (5 − 3 − 19) 和式 (5 − 3 − 20) 即为扩展 Infomax 算法的学习准则。

5.3.4 极大似然判据

假设 T 次独立的随机变量 $\boldsymbol{x} = [x_1, \cdots, x_T]^{\mathrm{T}}$, 其密度函数设为 $p_*(\boldsymbol{x})$。令

$$\boldsymbol{P} = \left\{p(\boldsymbol{x}) \middle| \boldsymbol{\theta} \in \boldsymbol{\Theta}\right\} \tag{5-3-21}$$

对 $\boldsymbol{x}$ 而言, 这是一个参数模型。最大似然估计也可以看作是联合条件概率密度函数 p_θ 的最大值, 其中 p_θ 为

$$p_\theta = \prod_{t=1}^{T} p_\theta(x_t) \tag{5-3-22}$$

对联合概率密度函数求对数, 并求其平均, 就得到对数似然函数

$$L(\theta) = \frac{1}{T}\log\prod_{t=1}^{T} p_\theta(x_t) = \frac{1}{T}\sum_{t=1}^{T}\log p_\theta(x_t) \tag{5-3-23}$$

由于这是 $\log p_\theta(\boldsymbol{x})$ 的采样平均, 令采样数据无穷大, 则有

$$L(\boldsymbol{\theta}) \xrightarrow{P} L(\boldsymbol{\theta}) \stackrel{\text{def}}{=} EL(\boldsymbol{\theta}) = \int p_*(\boldsymbol{x})\log p_\theta(\boldsymbol{x})\mathrm{d}\boldsymbol{x} \tag{5-3-24}$$

令式 (5 − 3 − 24) 中 $p_\theta(\boldsymbol{x})$ 为

$$p_\theta(\boldsymbol{x}) = [p_\theta(\boldsymbol{x})/p_*(\boldsymbol{x})]p_*(\boldsymbol{x}) \tag{5-3-25}$$

则式 (5 − 3 − 24) 可写为

$$L(\boldsymbol{\theta}) = -K(p_*|p_\theta) - H(p_*) \tag{5-3-26}$$

下面将该算法应用于信号分离中。设 p_* 是 $\boldsymbol{x}$ 的分布函数; 参数模型 P 的参数是未知的混合矩阵 $\boldsymbol{\theta} = \boldsymbol{A}$; 参数集 $\boldsymbol{\Theta}$ 是可逆的 $n \times n$ 维矩阵集; P 中的概率密度函数是 $\boldsymbol{A}\tilde{\boldsymbol{s}}$ 向量的分布。则式 (5 − 3 − 26) 变为

$$L(\boldsymbol{A}) = -K(\boldsymbol{A}_*\boldsymbol{s}|\boldsymbol{A}\tilde{\boldsymbol{s}}) - H(\boldsymbol{A}_*\boldsymbol{s}) \tag{5-3-27}$$

由于 $H(\boldsymbol{A}_*\boldsymbol{s})$ 是附加常量 (不取决于参数 $\boldsymbol{A}$), 所以可以忽略其值, 因此式 (5 − 3 − 27) 变为

$$\phi_L(\boldsymbol{A}) \stackrel{\text{def}}{=} -K(\boldsymbol{A}_*\boldsymbol{s}|\boldsymbol{A}\tilde{\boldsymbol{s}}) \tag{5-3-28}$$

由文献可知, Infomax 算法和极大似然估计 (maximization likelihood estimation, MLE) 的约束函数是相似的, 两种方法都是求出输出分布和假设的源分布之间的 Kullback 最小值。MLE 算法直接给出了模型和数据匹配的重要性, 即使源信号模型与实际有出入时, MLE 算法也能收敛到一个稳定点, 并实现信号分离。但是, 当出现较大出入时, MLE 算法也不能保证其稳定性。另外, 这两种方法都涉及到混合矩阵及源分布的联合估计。

5.4 独立分量分析的优化算法

在 5.3 节已经给出了优化的目标函数, 优化的另一个关键问题是如何确定 ICA 模型中混合系统的参数, 以使目标函数达到极小。与一般的信号处理问题一样, 解决该问题的具体途径可大致分为两条, 即批处理 (batch processing) 和自适应处理 (adaptive processing)。

5.4.1 批处理算法

批处理的含义是依据一批已经取得的数据进行处理, 而不是随着数据的不断输入作递归式处理。在早期, 主要是 Comon 提出的建立在成对数据逐次旋转基础上的 Jacobi 法, 也称为成对旋转法。其特点是把优化过程分解成两步, 即球化和正交归一化。先把 $\boldsymbol{x}(n)$ 经 $\boldsymbol{W}$ 阵加以 "球化" 得 $\overline{\boldsymbol{z}}(n)$, 使 $\overline{\boldsymbol{z}}(n)^{\mathrm{T}}=\boldsymbol{I}_N$, 即各分量不相关且方差为 1, 然后再寻找合适的正交归一阵 $\boldsymbol{U}$ 达到使 $\boldsymbol{y}$ 的各分量独立的目的。前一步类似于 PCA, 后一步则可利用 Givens 旋转, 根据目标函数将 $\overline{\boldsymbol{z}}$ 中各分量两两成对反复旋转直到收敛。这种方法计算量较大, 而且效果也不是很好, 目前已较少采用, 有兴趣的读者可参考相关的文献。1999 年, 法国学者 Cardoso 提出了几种改进方法, 包括 Maxkurt 法、JADE 法以及混合方法 (把 Maxkurt 法和 JADE 法的概念结合起来, 也称 SHIBBS 法) 等。本节着重介绍 Jacobi 法和 JADE 法。

1. Jacobi 法

上面已经提到, Jacobi 算法 (成对数据旋转法) 属于两步法。这里主要介绍第二步处理过程中所涉及的方法。

1) Givens 旋转

Givens 旋转是 Jacobi 算法的基础, 它是一种通过迭代并按照一定优化要求对一个随机矢量进行正交归一变换的方法。该方法通过反复进行一系列坐标平面旋转来达到正交归一变换的目的, 每一次平面旋转都只施加在一对坐标上。

令 $\boldsymbol{z}$ 为 $M\times 1$ 维矢量, 对其 i,j 分量作平面旋转, 同时保持 $\boldsymbol{z}$ 中其他元素不变, 则有

$$\begin{bmatrix} z_i \\ z_j \end{bmatrix}=\begin{bmatrix} \cos\ \theta_{ij} & \sin\ \theta_{ij} \\ -\sin\ \theta_{ij} & \cos\ \theta_{ij} \end{bmatrix}\begin{bmatrix} z_i \\ z_j \end{bmatrix} \tag{5-4-1}$$

亦即将矢量 $\boldsymbol{z}=[z_1,\cdots,z_i,\cdots,z_j,\cdots,z_M]^{\mathrm{T}}$ 作前乘处理, 即

$$\boldsymbol{G}_{ij}\boldsymbol{z}=\begin{bmatrix} 1 & 0 & & & & & \\ 0 & 1 & & & & & \\ & & \cos\ \theta_{ij} & \sin\ \theta_{ij} & & & \\ & & 1 & & & & \\ & & & 1 & & & \\ & & -\sin\ \theta_{ij} & \cos\ \theta_{ij} & & & \\ & & & & & 1 & 0 \\ & & & & & 0 & 1 \end{bmatrix}\begin{bmatrix} z_1 \\ \vdots \\ z_i \\ \vdots \\ z_j \\ \vdots \\ z_M \end{bmatrix} \tag{5-4-2}$$

由式 (5 − 4 − 2) 可以看到, $\boldsymbol{G}_{ij}$ 中除与 i,j 行列相交的四个元素外, 其余各元素中对角元素均为 1, 非对角元素均为 0。则变换后矢量 $\boldsymbol{z}$ 中除了 z_i, z_j 按式 (5 − 4 − 3) 改变, 其余元素保持不变

$$z_i = z_i \cos\ \theta_{ij} + z_j \sin\ \theta_{ij}, \quad z_j = -z_i \sin\ \theta_{ij} + z_j \cos\ \theta_{ij} \tag{5-4-3}$$

把所有 $\dfrac{M(M-1)}{2}$ 对 z_i, z_j 都作过一轮旋转则称为 "一轮扫描"。但只扫描一轮不能达到要求, 所以扫描需要反复进行。具体处理步骤如下:

(1) 第一轮扫描。对所有 $\dfrac{M(M-1)}{2}$ 对元素 $(1 \leqslant i < j \leqslant M)$ 依次进行下述变换:

① 计算 Givens 旋转角 θ_{ij}, 目标是使旋转后的 z_i, z_j 能使优化判据 $\varepsilon(z)$ 减小 (θ_{ij} 的确定方法将在后文介绍);

② 如果计算得到的 $|\theta_{ij}| >$ 预设阈值 $\theta_{\min}$, 则对 z_i, z_j 按式 (5 − 4 − 3) 进行旋转, 否则保持不变。

(2) 重复扫描。重复步骤 (1), 直到前轮扫描中所有各对 z_i, z_j 均不再需要旋转为止。

最后得到的矢量 $\boldsymbol{z}$ 便是所需要的结果 $\boldsymbol{y}$, 而各次 Givens 旋转矩阵 $\boldsymbol{G}_{ij}$ 的乘积便是所需要的正交变换阵 $\boldsymbol{U}$。该变换阵必定是正交归一的, 因为每个 $\boldsymbol{G}_{ij}$ 都是正交归一的。必须注意的是, 上述处理过程是针对已经球化后的数据 $\boldsymbol{z}$, 而不是直接对观察数据 $\boldsymbol{x}$ 进行的。

2) Maxkurt 法

在上面所述步骤中有两个关键问题:

(1) 阈值 $\theta_{\min}$ 的确定。它直接影响优化结果的准确程度。Cardoso 推荐的取值为 $\theta_{\min} = 10^{-2}/$ 样本集总数。

(2) 确定每次旋转角 θ_{ij}。旋转的目的是使优化判据 ε 减小, 亦即 $\theta_{\min}$ 的确定与所采用的判据有关。式 (5 − 4 − 4) 是球化数据输入条件下的极大似然判据 EML

$$\begin{aligned}\mathrm{EML}(\boldsymbol{y}) &= \mathrm{KL}[p(\boldsymbol{y}), p(\boldsymbol{s})] \\ &= \frac{1}{4}\sum_{i,j}\left[K_{ij}(\boldsymbol{y}) - \sigma^2(s_i)\,\delta_{ij}\right]^2 + \frac{1}{48}\sum_{i,j,k,l}\left[K_{ijkl}(\boldsymbol{y}) + k_4(s_i)\,\delta_{ijkl}\right]^2\end{aligned} \tag{5-4-4}$$

式中, $\mathrm{KL}[p(\boldsymbol{y}), p(\boldsymbol{s})]$ 为 $\boldsymbol{y}, \boldsymbol{s}$ 的概率密度函数的 Kullback – Leibler(KL) 散度; K_{ij},K_{ijkl} 分别表示二阶和四阶联合累积量, i, j, k, l 是 $\boldsymbol{y}, \boldsymbol{s}$ 中分量的序号; σ^2, k_4 是 s_i 的方差和峰度; δ 是权重。

由式 (5 − 4 − 4), 对正交变换后的输出 $\boldsymbol{y}$ 有

$$\mathrm{EML}(\boldsymbol{y}) \approx \frac{1}{4}\sum_{i,j}\left[K_{ij}(\boldsymbol{y}) - \sigma^2(s_i)\,\delta_{ij}\right]^2 + \frac{1}{48}\sum_{ijkl}\left[K_{ijkl}(\boldsymbol{y}) - k_4(s_i)\,\delta_{ijkl}\right]^2 \tag{5-4-5}$$

经球化及正交变换后 $K_{ij}(\boldsymbol{y}) = \delta_{ij}$, 又根据原始假设有 $\sigma^2(s_i) = 1$。因此式 (5 − 4 − 5) 右边第一项为零。优化判据只由信源的峰度 $k_4(s_i)$ 及 y 的四阶累计量 $K_{ijkl}(\boldsymbol{y})$ 决定

$$\begin{aligned}\mathrm{EML}(\boldsymbol{y}) &\approx \frac{1}{48}\sum_{i,j,k,l}\left[K_{ijkl}(\boldsymbol{y}) - k_4(s_i)\,\delta_{ijkl}\right]^2 \\ &= \frac{1}{48}\sum_{i,j,k,l}\left[K_{ijkl}^2(\boldsymbol{y}) + k_4^2(s_i)\,\delta_{ijkl}^2 - 2k_4(s_i)\,\delta_{ijkl}K_{ijkl}(\boldsymbol{y})\right]\end{aligned} \tag{5-4-6}$$

式中, 第二项与 $\boldsymbol{y}$ 无关; 在球化输入下第一项为常数; 第三项只有 $i=j=k=l$ 时有值。这样, 式 $(5-4-6)$ 就变为

$$\mathrm{EML}\left(\boldsymbol{y}\right) \stackrel{c}{=\!=} -\frac{1}{24}\sum_{i=1}^{M} k_4\left(s_i\right) k_4\left(y_i\right) \stackrel{c}{=\!=} -\frac{1}{24}\sum_{i=1}^{M} k_4\left(s_i\right) E\left(y_i^4\right) \tag{5-4-7}$$

在球化条件下 $E\left(y_i^2\right)$ 为常数。式 $(5-4-7)$ 中的 $\stackrel{c}{=\!=}$ 表示与原式相比只差一些与 $\boldsymbol{y}$ 无关的项 (包括常数)。式 $(5-4-7)$ 表明, $\mathrm{EML}\left(\boldsymbol{y}\right)$ 极小化的途径是使各信源的峰度 $k_4\left(s_i\right)$ 与各输出的四阶矩 $E\left(y_i^4\right)$ 的乘积之和极大化, 这也是 Maxkurt 法 (极大峰度法) 得名的由来。

为了说明如何由 $\mathrm{EML}\left(\boldsymbol{y}\right)$ 确定 θ_{ij}, 下面分析一个简单情况。假设 $k_4\left(s_1\right)=k_4\left(s_2\right)=\cdots=k_4\left(s_M\right)=k_4$, 省略系数 $-1/24$, 则式 $(5-4-7)$ 进一步简化为

$$\mathrm{EML}\left(\boldsymbol{y}\right) = -k_4\sum_{i=1}^{M} E\left(y_i^4\right) \tag{5-4-8}$$

将其表示为 θ_{ij} 的函数为

$$\mathrm{EML}\left(\boldsymbol{y}\right) = \mu_{ij} - k_4\lambda_{ij}\cos\left(4\theta_{ij}-\varOmega_{ij}\right) \tag{5-4-9}$$

式中, μ_{ij} 为 EML 中与 θ_{ij} 无关的项; $\lambda_{ij}=\sqrt{a_{ij}^2+b_{ij}^2}$; $\varOmega_{ij}=\arctan\dfrac{b_{ij}}{a_{ij}}$, $a_{ij}=\dfrac{1}{4}E(z_i^4+z_j^4-6z_j^2z_j^2)$, $b_{ij}=E(z_i^3z_j-z_iz_j^3)$。

式 $(5-4-9)$ 中的 $\varOmega_{ij},\lambda_{ij}$ 都是由数据求得的, EML 只是 θ_{ij} 的函数, 所以可以通过单变量寻优步骤求得 θ_{ij}。

2. JADE 法

特征矩阵的联合近似对角化法 (joint approximate diagonalization of eigenmatrices, JADE) 是由 Cardoso 提出的, 在该算法中, 累积张量的特征值分解属于预处理部分。

在该算法中, 特征值分解被看作是对角化。矩阵 $\boldsymbol{W}$ 使得 $\boldsymbol{F}\left(\boldsymbol{M}\right)$ 对于任意的 $\boldsymbol{M}$ 对角化, 亦即 $\boldsymbol{W}\boldsymbol{F}\left(\boldsymbol{M}\right)\boldsymbol{W}^{\mathrm{T}}$ 是对角阵, 这是由于矩阵 $\boldsymbol{F}$ 是形如 $\boldsymbol{w}_i\boldsymbol{w}_i^{\mathrm{T}}$ 的线性组合。这样, 可以采用一系列不同的矩阵 $\boldsymbol{M}_i, i=1,\cdots,k$, 并尽可能使 $\boldsymbol{W}\boldsymbol{F}\left(\boldsymbol{M}_i\right)\boldsymbol{W}^{\mathrm{T}}$ 为对角阵。实际应用中, 不可能做到精确的对角化, 总是存在采样误差。

JADE 法约束函数的定义为

$$\phi^{\mathrm{JADE}}(\boldsymbol{y}) = \sum_{ijkl\neq jikl} Q_{ijkl}^2 \tag{5-4-10}$$

式中, 对角阵 $\boldsymbol{Q}=\boldsymbol{W}\boldsymbol{F}(\boldsymbol{M}_i)\boldsymbol{W}^{\mathrm{T}}$ 可以通过测量获得; $\boldsymbol{y}$ 是模型的输出; i,j,k,l 表示不同的源信号。该方法的不足之处是, 为估计出完整的四阶累积量集合, 需要存储累积量矩阵。

近年来, 提出的另一类方法是所谓的 "固定点" 法 (fixed point method)。固定点算法以负熵最大作为一个搜寻方向, 可以顺序地提取独立信号源。固定点算法主要包括对称方法和缩小方法。这两种方法都可以使用非二次方程的约束函数来估计负熵值。对称方法是使用修改方法来更新分解矩阵 $\boldsymbol{W}$, 该方法能同时分解所有独立分量; 而缩小方法是逐一更新 $\boldsymbol{W}$ 的行, 每次只能得到一个独立分量。固定点算法的思路虽来源于自适应处理, 但最终该算法属于批处理的方式,

即在每一步迭代中有大量的样本数据参与运算。简单地说, 通过随机梯度法调节 $\boldsymbol{W}$ 阵来优化目标时, 有

$$\boldsymbol{W}^{*}(k)=\boldsymbol{C}^{-1}E\left\{\boldsymbol{x}g[\boldsymbol{W}(k-1)^{\mathrm{T}}\boldsymbol{x}]\right\}-E\left\{g'[\boldsymbol{W}(k-1)^{\mathrm{T}}\boldsymbol{x}]\right\}\boldsymbol{W}(k-1) \quad (5-4-11)$$

$$\boldsymbol{W}(k)=\frac{\boldsymbol{W}^{*}(k)}{\sqrt{\boldsymbol{W}^{*}(k)^{\mathrm{T}}\boldsymbol{C}\boldsymbol{W}^{*}(k)}} \quad (5-4-12)$$

$$\boldsymbol{W}(k+1)=\boldsymbol{W}(k)+\Delta\boldsymbol{W}(k) \quad (5-4-13)$$

$$\Delta\boldsymbol{W}(k)=-\mu\frac{\partial\varepsilon_k}{\partial\boldsymbol{W}(k)} \quad (5-4-14)$$

式中, k 是迭代序号。当达到稳态时必有

$$E[\Delta\boldsymbol{W}(k)]=0$$

如果 $\Delta\boldsymbol{W}(k)$ 与 $\boldsymbol{W}(k)$ 有关, 就可由上式解出 $\boldsymbol{W}$ 的稳态值。不过由于式 (5－4－14) 总是非线性方程, 因此求解时仍需要采用数值方法 (如牛顿法、共轭梯度法等) 迭代求解。实践证明, 该方法收敛速度较快、计算量较小, 而且还可以根据需要逐次提取最关心的 y_i, 因此是一类值得注意的方法。

5.4.2　结合神经网络的自适应算法

自适应处理可以随着数据的陆续取得而逐步更新处理器参数, 使处理所得逐步趋近于期望结果 (对于 ICA 问题, 最后结果趋于输出各分量相互独立)。它计算比较简单, 但收敛速度较慢, 目前正在不断地改进。因此, 自适应处理, 特别是结合人工神经网络的自适应处理, 其应用范围要比批处理方法更广泛一些。

首先看一个简单的例子。图 5.4.1 是处理过程的粗略框图, 其中 $\boldsymbol{A}$ 表示混合矩阵, $\boldsymbol{B}$ 是参数待调节的解混矩阵。图 5.4.1 的下部所示为自适应处理器, 用来调整解混阵 $\boldsymbol{B}$ 的参数, 解混阵 $\boldsymbol{B}$ 可再分解为球化阵 $\boldsymbol{W}$ 及正交阵 $\boldsymbol{U}$ 两部分, 也可以直接用混合后的观测数据 $\boldsymbol{x}(k)$ 进行处理。本节讨论后面一种情况。

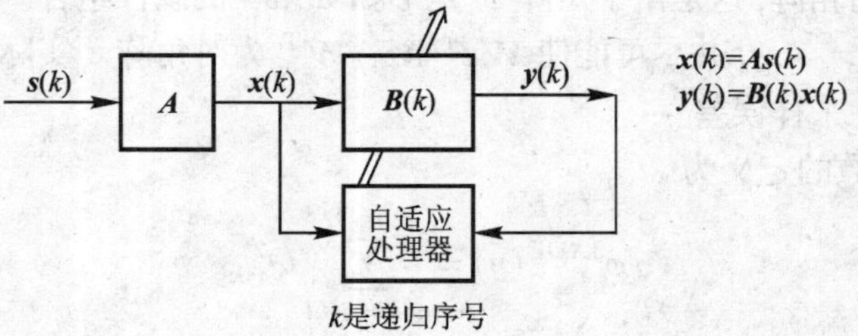

图 5.4.1　自适应处理器框图

从实用计算的角度看, 自适应处理包括以下一些基本问题:

(1) 处理器的结构, 如前馈型结构和递归型结构等。

(2) 算法所依据的判据, 即目标函数 (也有文献称之为 “contrast function”)、损失函数 (loss function)、代价函数 (cost function) 或能量函数 (energy function)。要注意的是, 在线的自适应算法要把理论上的目标函数 “瞬时化”, 即用瞬时量代替理论式中的总集统计量。

(3) 学习算法。常用的学习算法有随机梯度法或共轭梯度法, 目前更多采用的是"自然梯度"和"相对梯度"。

从理论上探讨, 还应包括以下基本问题:

(1) 可解性, 即是否存在逆系统或逆系统的可辨识性;

(2) 逆模型的唯一性及结果的稳定性;

(3) 学习算法的收敛性和收敛速度;

(4) 重建信号源的准确度。

本节主要讨论实用方法, 包括以下内容:

(1) 随机梯度的自适应算法。包括球化阵 $\boldsymbol{W}$ 及正交阵 $\boldsymbol{U}$ 的求解, 也包括总解混阵 $\boldsymbol{B}$ 的求解。

(2) 自然梯度和相对梯度的概念及其与常规梯度的关系。

(3) "串行矩阵更新" 概念及其具体算法。包括两步法以及合成一步的 EASI 算法。

(4) 非线性 PCA 的自适应算法。采用最基本的随机梯度法进行介绍。

1. 常规的随机梯度法

在自适应处理前首先要根据分析目的确定一个目标函数 ε, 当 ε 趋于极小 (或极大) 时就可以使输出 $\boldsymbol{y}(k)$ 在某一最优意义下具有所期望的特性。ε 通常是系统参数 $\boldsymbol{B}$ 的函数。自适应算法的特点是通过逐步调节 $\boldsymbol{B}$ 使 ε 达到极小 (或极大), 而梯度法的特点则以梯度 $\partial\varepsilon/\partial\boldsymbol{B}$ 为指导来调节 $\boldsymbol{B}$, 即

$$\Delta\boldsymbol{B}(k)=\boldsymbol{B}(k+1)-\boldsymbol{B}(k)\propto\partial\varepsilon/\partial\boldsymbol{B} \tag{5-4-15}$$

通常 $\partial\varepsilon/\partial\boldsymbol{B}$ 与 $\boldsymbol{x}(k)$ 和 $\boldsymbol{y}(k)$ 的统计特征有关。如果将理论上的统计特征 [如 $E\left(y_i^2\right),E\left(y_i^3\right)$] 用单样本的估计 (如 y_i^2,y_i^3) 代替便是随机梯度法。

下面通过三个算法的推导来阐明上述思路。

1) 球化阵的自适应算法

在 5.4.1 节已经讲到, 当采用两步法进行 ICA 时, 第一步是将输入数据 $\boldsymbol{x}(k)$ 转换成各分量互不相关且方差都等于 1 的球化数据 $\boldsymbol{z}(k)$。要注意的是, 球化阵不是唯一的。用任意正交归一阵前乘到一个已知的球化阵上, 所得结果仍能对输入数据 $\boldsymbol{x}(k)$ 起到球化作用。因此, 球化阵的自适应算法也不是唯一的。目前常用的算法有以下两种:

$$\Delta\boldsymbol{W}(k)=\mu_k\left[\boldsymbol{I}-\boldsymbol{z}(k)\boldsymbol{z}^{\mathrm{T}}(k)\right] \tag{5-4-16a}$$

$$\Delta\boldsymbol{W}(k)=\mu_k\left[\boldsymbol{I}-\boldsymbol{z}(k)\boldsymbol{z}^{\mathrm{T}}(k)\right]\boldsymbol{W}(k) \tag{5-4-16b}$$

对式 (5 − 4 − 16) 可以从下面两个角度来理解:

(1) 粗糙性理解。式 (5 − 4 − 16) 右边的因式 $\mu_k\left[\boldsymbol{I}-\boldsymbol{z}(k)\boldsymbol{z}^{\mathrm{T}}(k)\right]$ 用来保证当 $\boldsymbol{z}(k)$ 达到球化时 $\Delta\boldsymbol{W}(k)=0$, 此时 $\boldsymbol{W}(k+1)=\boldsymbol{W}(k)$, 达到了处理要求, 且过程收敛。

(2) 独立性理解。以保证矢量 $\boldsymbol{z}(k)$ 中各分量独立的 KL 散度极小作为目标函数, 再将概率密度函数作 Gram – Charlier 展开, 把它们近似表示成高阶累积量的多项式, 最后求其对 $\boldsymbol{W}$ 的导数, 可得

$$\Delta\boldsymbol{W}(k)=\mu_k\left\{\boldsymbol{I}-\boldsymbol{f}\left[\boldsymbol{z}(k)\right]\boldsymbol{z}^{\mathrm{T}}(k)\right\}\boldsymbol{W}^{-\mathrm{T}}(k) \tag{5-4-17}$$

式中

$$\boldsymbol{f}(z)=[f(z_1),\cdots,f(z_i),\cdots,f(z_n)]$$

此式实际上是将 $\boldsymbol{z}$ 的高阶统计量引入到调节过程中来保证各分量独立。如果把 $f(z_i)$ 简单地取为 z_i, 则上式变为

$$\Delta\boldsymbol{W}(k)=\mu_k\left[\boldsymbol{I}-\boldsymbol{z}(k)\boldsymbol{z}^{\mathrm{T}}(k)\right]\boldsymbol{W}^{-\mathrm{T}}(k) \tag{5-4-18}$$

由于此时只考虑了二阶统计量, 因此相应处理只起去相关作用, 不能保证独立性。

将式 (5 − 4 − 18) 后乘 $\boldsymbol{W}^{\mathrm{T}}(k)\boldsymbol{W}(k)$, 就得到采用所谓“自然梯度”的调整算法, 即

$$\Delta\boldsymbol{W}(k)=\mu_k\left[\boldsymbol{I}-\boldsymbol{z}(k)\boldsymbol{z}^{\mathrm{T}}(k)\right]\boldsymbol{W}(k)$$

也就是式 (5 − 4 − 16b)。由于不再需要矩阵求逆, 因此计算得到简化。

2) 信息极大 (Infomax) 法

图 5.4.2 所示是 Infomax 算法 (也称最大熵法) 的处理流程图。其处理过程的特点是, 将解混矩阵 $\boldsymbol{B}$ 解混后对所得 $\boldsymbol{y}$ 的每一个分量 y_i 分别用一个非线性函数 $g_i(y_i)$ 加以处理, 得

$$\boldsymbol{r}=\boldsymbol{g}(\boldsymbol{y})=[g_1(y_1),\cdots,g_N(y_N)]^{\mathrm{T}}\stackrel{\mathrm{def}}{=\!=}[r_1,\cdots,r_N]^{\mathrm{T}} \tag{5-4-19}$$

自适应处理的目标函数是调节 $\boldsymbol{B}$ 使 $\boldsymbol{r}$ 的总熵量 $H(\boldsymbol{r},\boldsymbol{B})$ 极大, 而 $H(\boldsymbol{r})$ 极大便意味着 $\boldsymbol{y}$ 的各分量间互信息 $\boldsymbol{I}(y_1,\cdots,y_N)$ 极小, 从结构上看, $\boldsymbol{B}$ 和 $\boldsymbol{G}$ 合在一起就是单层感知机, 只是 $\boldsymbol{r}$ 并不是需要的输出, 它只是为使 $\boldsymbol{y}$ 的各分量尽可能独立而引入的辅助环节。

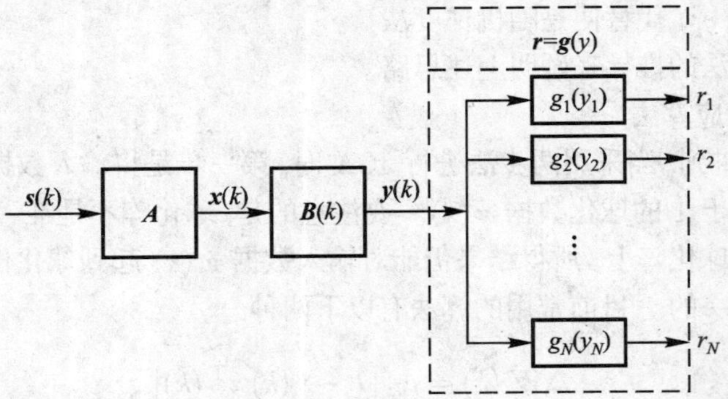

图 5.4.2　Infomax 的处理流程图

参数调节按下式进行:

$$\Delta\boldsymbol{B}=\mu\frac{\partial H(\boldsymbol{r},\boldsymbol{B})}{\partial\boldsymbol{B}} \tag{5-4-20}$$

而总熵量为

$$H(\boldsymbol{r},\boldsymbol{B})=H(\boldsymbol{x})+\int p(\boldsymbol{x})\log\left[|\boldsymbol{B}|\prod_{i=1}^{M}g_i'(y_i)\right]\mathrm{d}\boldsymbol{x}=H(\boldsymbol{x})+\log|\boldsymbol{B}|+\sum_{i=1}^{M}E_x\left[\log g_i'(y_i)\right] \tag{5-4-21}$$

式中, $E_x(\cdot)$ 表示以 $p(\boldsymbol{x})$ 为概率密度函数的均值。作随机梯度法处理时, 取消求总集均值过程, 得

$$H(\boldsymbol{r},\boldsymbol{B})=H(\boldsymbol{x})+\log\left|\boldsymbol{B}\right|+\sum_{i=1}^{M}\log g_i'(y_i) \tag{5-4-22}$$

将上式对 $\boldsymbol{B}$ 求导时, 右边第一项与 $\boldsymbol{B}$ 无关而去除; 第二项为 $\dfrac{\partial}{\partial\boldsymbol{B}}\log\left|\boldsymbol{B}\right|=\boldsymbol{B}^{-\mathrm{T}}$; 第三项为 $\dfrac{\partial}{\partial\boldsymbol{B}}\left[\sum\limits_{i=1}^{M}\log g_i'(y_i)\right]=-\boldsymbol{\psi}(\boldsymbol{y})\,\boldsymbol{x}^{\mathrm{T}}$, 其中 $\boldsymbol{\psi}(\boldsymbol{y})=\left[-\dfrac{g_1''(y_1)}{g_1'(y_1)},\cdots,-\dfrac{g_M''(y_N)}{g_M'(y_N)}\right]$。因此, 式 (5 − 4 − 22) 对 $\boldsymbol{B}$ 求导后得

$$\frac{\partial H(\boldsymbol{r},\boldsymbol{B})}{\partial\boldsymbol{B}}=\boldsymbol{B}^{-\mathrm{T}}-\boldsymbol{\psi}(\boldsymbol{y})\,\boldsymbol{x}^{\mathrm{T}} \tag{5-4-23}$$

因而结合式 (5 − 4 − 20) 可得调节公式为

$$\boldsymbol{B}(k+1)=\boldsymbol{B}(k)+\mu_k\left\{\boldsymbol{B}^{-\mathrm{T}}(k)-\boldsymbol{\psi}\left[\boldsymbol{y}(k)\right]\boldsymbol{x}^{\mathrm{T}}(k)\right\} \tag{5-4-24}$$

3) 互信息极小法

互信息的公式为

$$\boldsymbol{I}(\boldsymbol{y},\boldsymbol{B})=-H(\boldsymbol{y},\boldsymbol{B})+\sum_{i=1}^{M}H(y_i,\boldsymbol{B}) \tag{5-4-25}$$

利用此方法的目标函数, 即 $\boldsymbol{I}(\boldsymbol{y},\boldsymbol{B})$ 取极小, 调节规律可表示为

$$\Delta\boldsymbol{B}=-\mu\frac{\partial\boldsymbol{I}(\boldsymbol{y},\boldsymbol{B})}{\partial\boldsymbol{B}} \tag{5-4-26}$$

式 (5 − 4 − 25) 中的 $\sum\limits_{i=1}^{M}H(y_i,\boldsymbol{B})$ 可近似表示为

$$H(y_i,\boldsymbol{B})\overset{c}{=\!=}F\left[k_3(y_i),k_4(y_i)\right] \tag{5-4-27}$$

式中, “$\overset{c}{=\!=}$” 表示等式两边只差一个常数; k_3,k_4 是三、四阶累积量。又因为

$$H(\boldsymbol{y},\boldsymbol{B})=H(\boldsymbol{x})+\log\left|\boldsymbol{B}\right| \tag{5-4-28}$$

所以由式 (5 − 4 − 25) 得

$$\boldsymbol{I}(\boldsymbol{y},\boldsymbol{B})=-H(\boldsymbol{x})-\log\left|\boldsymbol{B}\right|+\sum_{i=1}^{M}H(y_i,\boldsymbol{B}) \tag{5-4-29}$$

对 $\boldsymbol{B}$ 求导, 可得

$$\frac{\partial\boldsymbol{I}(\boldsymbol{y},\boldsymbol{B})}{\partial\boldsymbol{B}}=-\boldsymbol{B}^{-\mathrm{T}}+\left[\boldsymbol{f}(k_3,k_4)\circ\ \boldsymbol{y}^2\right]\boldsymbol{x}^{\mathrm{T}}+\left[\boldsymbol{g}(k_3,k_4)\circ\ \boldsymbol{y}^3\right]\boldsymbol{x}^{\mathrm{T}} \tag{5-4-30}$$

式中, 符号 $[\boldsymbol{a}\circ\boldsymbol{b}]$ 表示矢量 $\boldsymbol{a},\boldsymbol{b}$ 逐项对应相乘构成的新矢量, 即

$$[\boldsymbol{a}\circ\boldsymbol{b}]=[a_1b_1,\cdots,a_Mb_M]^{\mathrm{T}}$$

另有

$$\boldsymbol{y}^k=\left[y_1^k,\cdots,y_M^k\right],\quad k=2 \text{ or } 3$$

$$\boldsymbol{f}\left(k_3,k_4\right)=3\left\{f\left[k_3\left(y_1\right),k_4\left(y_1\right)\right],\cdots,f\left[k_3\left(y_M\right),k_4\left(y_M\right)\right]\right\}^{\mathrm{T}}$$

$$\boldsymbol{g}\left(k_3,k_4\right)=4\left\{g\left[k_3\left(y_1\right),k_4\left(y_1\right)\right],\cdots,g\left[k_3\left(y_M\right),k_4\left(y_M\right)\right]\right\}^{\mathrm{T}}$$

$\boldsymbol{f},\boldsymbol{g}$ 分别表示式 (5－4－27) 中的 F 对 k_3 和 k_4 的导数。将式 (5－4－30) 简写为

$$\frac{\partial \boldsymbol{I}\left(\boldsymbol{y},\boldsymbol{B}\right)}{\partial \boldsymbol{B}}=-\boldsymbol{B}^{-\mathrm{T}}+\psi\left(\boldsymbol{y}\right)\boldsymbol{x}^{\mathrm{T}} \tag{5－4－31}$$

式中, $\boldsymbol{\psi}\left(\boldsymbol{y}\right)=\left[\boldsymbol{f}\left(k_3,k_4\right)\circ\ y^2\right]+\left[\boldsymbol{g}\left(k_3,k_4\right)\circ\ \boldsymbol{y}^3\right]$。最后得到调节公式为

$$\boldsymbol{B}\left(k+1\right)=\boldsymbol{B}\left(k\right)+\mu_k\left\{\boldsymbol{B}^{-\mathrm{T}}\left(k\right)-\boldsymbol{\psi}\left[\boldsymbol{y}\left(k\right)\right]\boldsymbol{x}^{\mathrm{T}}\left(k\right)\right\} \tag{5－4－32}$$

此式要在实际中应用时, 还必须根据计算出的 $\boldsymbol{y}\left(k\right)$ 估计出 $k_3\left[y_i\left(k\right)\right]$ 和 $k_4\left[y_i\left(k\right)\right]$, $i=1,\cdots,M$。

比较式 (5－4－24) 和式 (5－4－32), 可以看到两者具有相同的表示形式, 只是 $\boldsymbol{\psi}\left[\boldsymbol{y}\left(k\right)\right]$ 的具体表示形式不同。

对于信息极大法 (Infomax), $\boldsymbol{\psi}\left[\boldsymbol{y}\left(k\right)\right]$ 由所有 $g_i\left(y_i\right)$ 来决定。理论上, 应根据信源的 PDF 来选取函数 g_i, 但在实际应用时要求并不十分严格。

对互信息极小法 (MMI), $\boldsymbol{\psi}\left[\boldsymbol{y}\left(k\right)\right]$ 由各累积量 $k_3\left[y_i\left(k\right)\right]$ 和 $k_4\left[y_i\left(k\right)\right],i=1,\cdots,M$ 决定。理论上, 应该取真实值, 但实际工作时只能取估计值。为了降低计算量, k_3 和 k_4 可以采用如下的递推估计:

$$k_3\left(y_i|k+1\right)=k_3\left(y_i|k\right)-\mu_k\left[k_3\left(y_i|k\right)-y_i^3\left(k\right)\right]$$

$$k_4\left(y_i|k+1\right)=k_4\left(y_i|k\right)-\mu_k\left[k_4\left(y_i|k\right)-y_i^4\left(k\right)+3\right]$$

2. 自然梯度与相对梯度

通过上面的讨论可以看到, 利用随机梯度法作系数调节时, 调节公式中会出现 $\boldsymbol{B}^{-\mathrm{T}}$, 因此需要对矩阵 $\boldsymbol{B}$ 求逆, 计算量较大, 且容易出现计算病态。为了避免这种情况, 同时加速收敛, 人们提出了 “自然梯度” 和 “相对梯度” 的概念。

1) 自然梯度

首先从实际应用的角度作简单介绍。对于在矩阵空间中讨论的 ICA 问题, 自然梯度与常规梯度的关系是

$$\widetilde{\nabla}\varepsilon\left(\boldsymbol{B}\right)=\left[\nabla\varepsilon\left(\boldsymbol{B}\right)\right]\boldsymbol{B}^{\mathrm{T}}\boldsymbol{B} \tag{5－4－33}$$

式中, $\nabla\varepsilon$ 代表对 ε 求常规梯度 $\dfrac{\partial\varepsilon\left(\boldsymbol{B}\right)}{\partial\boldsymbol{B}}$; $\widetilde{\nabla}\varepsilon$ 表示自然梯度。前节已经讲到, 常规随机梯度可以表示为

$$\boldsymbol{B}^{-\mathrm{T}}-\boldsymbol{\psi}\left(\boldsymbol{y}\right)\boldsymbol{x}^{\mathrm{T}} \tag{5－4－34}$$

因此自然梯度可以表示为

$$\widetilde{\nabla}\varepsilon\left(\boldsymbol{B}\right)=\left[\boldsymbol{B}^{-\mathrm{T}}-\boldsymbol{\psi}\left(\boldsymbol{y}\right)\boldsymbol{x}^{\mathrm{T}}\right]\boldsymbol{B}^{\mathrm{T}}\boldsymbol{B}=\left[\boldsymbol{I}-\boldsymbol{\psi}\left(\boldsymbol{y}\right)\boldsymbol{y}^{\mathrm{T}}\right]\boldsymbol{B} \tag{5－4－35}$$

因为 $\boldsymbol{y}=\boldsymbol{B}\boldsymbol{x}$, 所以式中 $\boldsymbol{y}^{\mathrm{T}}=\boldsymbol{x}^{\mathrm{T}}\boldsymbol{B}^{\mathrm{T}}$。而相应的系数调节算法变为

$$\boldsymbol{B}(k+1)=\boldsymbol{B}(k)+\mu_k\left\{\boldsymbol{I}-\boldsymbol{\psi}[\boldsymbol{y}(k)]\,\boldsymbol{y}^{\mathrm{T}}(k)\right\}\boldsymbol{B}(k) \tag{5-4-36}$$

由此可见, 采用自然梯度代替常规梯度计算可以避免 $\boldsymbol{B}$ 阵求逆, 从而使计算量明显降低。

2) 相对梯度

1996 年, Cardoso 从 "相对梯度" 的观点出发, 提出了与式 (5 – 4 – 33) 相似的自适应算法。下面介绍其基本概念。

设调节矩阵 $\boldsymbol{B}$ 所依据的目标函数是 $\varepsilon(\boldsymbol{B})$, 则在某一个矩阵 $\boldsymbol{B}$ 值处 $\varepsilon(\boldsymbol{B})$ 的常规梯度可由式 (5 – 4 – 37) 导出, 即把 $\varepsilon(\boldsymbol{B})$ 在 $\boldsymbol{B}$ 点的邻域展开成 Taylor 级数

$$\varepsilon(\boldsymbol{B}+\boldsymbol{\eta})=\varepsilon(\boldsymbol{B})+\left\langle\frac{\partial\varepsilon}{\partial\boldsymbol{B}}\middle|\boldsymbol{\eta}\right\rangle+\text{ 高阶项} \tag{5-4-37}$$

式中, $\boldsymbol{B},\boldsymbol{\eta}$ 皆为矩阵, 因此 $\dfrac{\partial\varepsilon}{\partial\boldsymbol{B}}$ 是矩阵导数; 符号 $\langle\boldsymbol{M}|\boldsymbol{N}\rangle$ 代表 $\boldsymbol{M}$ 和 $\boldsymbol{N}$ 的内积, 当 $\boldsymbol{M}$ 和 $\boldsymbol{N}$ 是两个维数相同的矩阵时, 其内积是两者对应元素乘积的总和, 它是标量, 即

$$\langle\boldsymbol{M}|\boldsymbol{N}\rangle\overset{\text{def}}{=}\sum_i\sum_j m_{ij}n_{ij} \tag{5-4-38}$$

可以证明式 (5 – 4 – 38) 等于 $\boldsymbol{M}^{\mathrm{T}}\boldsymbol{N}$ 之迹, 即

$$\langle\boldsymbol{M}|\boldsymbol{N}\rangle=\operatorname{tr}\left(\boldsymbol{M}^{\mathrm{T}}\boldsymbol{N}\right) \tag{5-4-39}$$

式 (5 – 4 – 37) 中的 $\dfrac{\partial\varepsilon}{\partial\boldsymbol{B}}$ 是 $\boldsymbol{B}$ 点的常规梯度。

相对梯度的特点是, 对 $\varepsilon(\boldsymbol{B})$ 在 $\boldsymbol{B}$ 点做展开时, 其邻域不是简单地取为 $\boldsymbol{\eta}$, 而是取与 $\boldsymbol{B}$ 有关的邻域 $\boldsymbol{\eta}=\boldsymbol{\delta}\boldsymbol{B}$($\boldsymbol{\delta}$ 也是矩阵)。因而式 (5 – 4 – 37) 中右边的第二项为:

$$\left\langle\frac{\partial\varepsilon}{\partial\boldsymbol{B}}\middle|\boldsymbol{\delta}\boldsymbol{B}\right\rangle=\operatorname{tr}\left[\left(\frac{\partial\varepsilon}{\partial\boldsymbol{B}}\right)^{\mathrm{T}}\boldsymbol{\delta}\boldsymbol{B}\right]=\left\langle\frac{\partial\varepsilon}{\partial\boldsymbol{B}}\boldsymbol{B}^{\mathrm{T}}\middle|\boldsymbol{\delta}\right\rangle \tag{5-4-40}$$

而 $\dfrac{\partial\varepsilon}{\partial\boldsymbol{B}}\boldsymbol{B}^{\mathrm{T}}$ 便是相对梯度的定义, 记作 $\nabla_r[\varepsilon(\boldsymbol{B})]$。由于该式推导时邻域 $\boldsymbol{\eta}=\boldsymbol{\delta}\boldsymbol{B}$ 与 $\boldsymbol{B}$ 有关, 所以称为 "相对"。式 (5 – 4 – 37) 可进一步改写为

$$\begin{aligned}\varepsilon(\boldsymbol{B}+\boldsymbol{\eta})=\varepsilon(\boldsymbol{B}+\boldsymbol{\delta}\boldsymbol{B})&=\varepsilon(\boldsymbol{B})+\left\langle\frac{\partial\varepsilon}{\partial\boldsymbol{B}}\boldsymbol{B}^{\mathrm{T}}\middle|\boldsymbol{\delta}\right\rangle+\text{高阶项}\\&\approx\varepsilon(\boldsymbol{B})+\operatorname{tr}\left[\left(\frac{\partial\varepsilon}{\partial\boldsymbol{B}}\boldsymbol{B}^{\mathrm{T}}\right)^{\mathrm{T}}\boldsymbol{\delta}\right]\end{aligned} \tag{5-4-41}$$

要使 $\varepsilon(\boldsymbol{B}+\boldsymbol{\delta}\boldsymbol{B})$ 相对于 $\varepsilon(\boldsymbol{B})$ 下降得愈多, 就要使 $\operatorname{tr}\left[\left(\dfrac{\partial\varepsilon}{\partial\boldsymbol{B}}\boldsymbol{B}^{\mathrm{T}}\right)^{\mathrm{T}}\boldsymbol{\delta}\right]$ 尽可能地为负。显然, 这发生在 $\boldsymbol{\delta}$ 与 $-\left(\dfrac{\partial\varepsilon}{\partial\boldsymbol{B}}\boldsymbol{B}^{\mathrm{T}}\right)$ 成正比之时。此时$\boldsymbol{B}$ 的调节量为

$$\boldsymbol{\eta}=\boldsymbol{\delta}\boldsymbol{B}=-\left(\frac{\partial\varepsilon}{\partial\boldsymbol{B}}\boldsymbol{B}^{\mathrm{T}}\right)\boldsymbol{B}=-\left(\frac{\partial\varepsilon}{\partial\boldsymbol{B}}\right)\boldsymbol{B}^{\mathrm{T}}\boldsymbol{B} \tag{5-4-42}$$

它和自然梯度的调节公式 (5 − 4 − 33) 是一致的。

实际工作时希望用输出 $\boldsymbol{y}$ 直接进行自适应调节, 下面推导其调节公式。

$\varepsilon(\boldsymbol{B})$ 实际上是输出 $\boldsymbol{y}$ 的某一函数 $f(\boldsymbol{y})$ 的统计均值, 因此可以表示为

$$\varepsilon(\boldsymbol{B}) = E[f(\boldsymbol{y})] \tag{5-4-43}$$

设 $f(\boldsymbol{y})$ 足够平滑, 可以在 $\boldsymbol{y}$ 的邻域 $\boldsymbol{\delta y}$ 内作 Taylor 展开 ($\boldsymbol{\delta}$ 是个矩阵), 则

$$f(\boldsymbol{y}+\boldsymbol{\delta y}) = f(\boldsymbol{y}) + \left\langle \frac{\partial f}{\partial \boldsymbol{y}} \middle| \boldsymbol{\delta y} \right\rangle + \text{高阶项} \tag{5-4-44}$$

而

$$\varepsilon(\boldsymbol{B}+\boldsymbol{\eta}) = E[f(\boldsymbol{y}+\boldsymbol{\delta y})] = E[f(\boldsymbol{y})] + E\left\langle \frac{\partial f}{\partial \boldsymbol{y}} \middle| \boldsymbol{\delta y} \right\rangle + \text{高阶项} \tag{5-4-45}$$

由式 (5 − 4 − 40)、式 (5 − 4 − 41)、式 (5 − 4 − 44), 则式 (5 − 4 − 45) 可写为

$$\varepsilon(\boldsymbol{B}+\boldsymbol{\delta B}) \approx E[f(\boldsymbol{y})] + E\left\langle \frac{\partial f}{\partial \boldsymbol{y}}\boldsymbol{y}^{\mathrm{T}} \middle| \boldsymbol{\delta} \right\rangle = E(\boldsymbol{B}) + \left\langle E\left(\frac{\partial f}{\partial \boldsymbol{y}}\boldsymbol{y}^{\mathrm{T}}\right) \middle| \boldsymbol{\delta} \right\rangle \tag{5-4-46}$$

对比式 (5 − 4 − 41) 可以看到相对梯度为

$$\nabla_r \varepsilon(\boldsymbol{B}) = E\left(\frac{\partial f}{\partial \boldsymbol{y}}\boldsymbol{y}^{\mathrm{T}}\right) \tag{5-4-47}$$

则由式 (5 − 4 − 42), 可按下式调节 $\boldsymbol{B}$ 阵:

$$\boldsymbol{B}(k+1) = \boldsymbol{B}(k) - \mu_k \left[E\left(\frac{\partial f}{\partial \boldsymbol{y}}\boldsymbol{y}^{\mathrm{T}}\right)\right]\boldsymbol{B}(k) \tag{5-4-48}$$

作随机梯度处理时, 去掉总集符号 E, 用瞬时值代替, 得

$$\boldsymbol{B}(k+1) = \boldsymbol{B}(k) - \mu_k \frac{\partial f}{\partial \boldsymbol{y}_k}\boldsymbol{y}_k^{\mathrm{T}}\boldsymbol{B}(k) = \left[\boldsymbol{I} - \mu_k f'(\boldsymbol{y}_k)\,\boldsymbol{y}_k^{\mathrm{T}}\right]\boldsymbol{B}(k) \tag{5-4-49}$$

3. 扩展的 Infomax 法

通过前面两部分的讨论可以看到, 当采用自然梯度时 Infomax 法可概括如下 (参见图 5.4.2):

$$\Delta\boldsymbol{B}(k) = \mu_k \left[\boldsymbol{I} - \boldsymbol{\psi}(\boldsymbol{y}_k)\,\boldsymbol{y}_k^{\mathrm{T}}\right]\boldsymbol{B}(k) \tag{5-4-50}$$

式中, $\boldsymbol{y}_k$ 表示第 k 次递推时矢量 $\boldsymbol{y}$ 的值。且有

$$\boldsymbol{\psi}(\boldsymbol{y}) = \left[-\frac{g_1''(y_1)}{g_1'(y_1)}, \cdots, -\frac{g_N''(y_N)}{g_N'(y_N)}\right]^{\mathrm{T}} \tag{5-4-51}$$

理论上 $g_i'(y_i)$ 最好取为待估计信源的概率密度函数 $p_{\widehat{s}}(y_i)$, 也就是 $g_i(y_i)$ 应取为信源 s_i 的累积分布函数。因此

$$\psi_i(y_i) = -\frac{p'_{\widehat{s}_i}(y_i)}{p_{\widehat{s}_i}(y_i)} = -\frac{\partial}{\partial y_i}\left[\log p_{\widehat{s}_i}(y_i)\right] \tag{5-4-52}$$

实践证明, 这个要求与信源是超高斯分布还是亚高斯分布的关系很大, 但只要是同一类分布 (超高斯或亚高斯), 则 $p_{\widehat{s}_i}$ 如何选择与信源分布的关系不大。因此需要寻求一种能把超高斯和亚高斯情况都概括在内的概率分布模型, 并以其为依据来建立 $\psi_i\left(y_i\right)$, 从而对这两类信号都能处理。

1) 高斯分布的组合

利用两个高斯分布的组合来概括各种类型, 即

$$p\left(y_i\right)=(1-a)\,p_{G_1}\left(y_i\right)+a p_{G_2}\left(y_i\right) \tag{5-4-53}$$

式中, p_{G_1}, p_{G_2} 是两个高斯分布, p_{G_1} 满足分布 $N\left(\mu_1, \sigma_1^2\right), p_{G_2}$ 满足分布 $N\left(\mu_2, \sigma_2^2\right)$; 参数 a 在 $0 \sim 1$ 间取值, 形成两个高斯分布的各种组合。不同 a 值下 $p\left(y_i\right)$ 的取值如图 5.4.3a 所示, 图中 $\mu_1=+2, \mu_2=-2, \sigma_1^2=\sigma_2^2=1$。对于不同的 a, μ 取值, $p\left(y_i\right)$ 的峰度 k_4 如图 5.4.3b 所示, 当 a 取值在 $0.2 \sim 0.8$ 内时 $k_4<0$, 在此区间外则有 $k_4>0$。

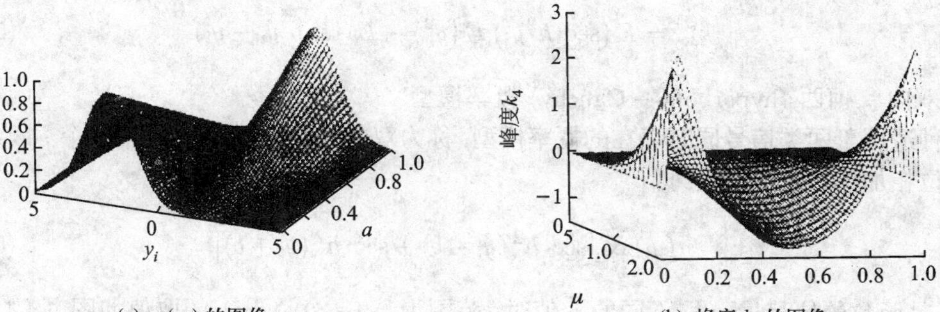

(a) $p(y_i)$ 的图像　　(b) 峰度 k_4 的图像

图 5.4.3　$p(y_i)$ 与峰度的图像

在 $\left|\mu_1\right|=\left|\mu_2\right|=\mu=1, \sigma_1^2=\sigma_2^2=\sigma^2$ 的条件下, 不难推导得到 $\psi_i\left(y_i\right)$

$$\psi_i\left(y_i\right)=\frac{p'\left(y_i\right)}{p\left(y_i\right)}=-\frac{y_i}{\sigma^2}+c\left(\frac{1+\dfrac{a}{a-1} \mathrm{e}^{-2 \sigma y_i}}{1-\dfrac{a}{a-1} \mathrm{e}^{-2 \sigma y_i}}\right) \tag{5-4-54}$$

式中, $c=\dfrac{\mu}{\sigma^2}$。

对于亚高斯模型, 取 $a=\dfrac{1}{2}, \mu=\sigma^2=1$。此时 $k_4=-\dfrac{2 \mu^2}{\left(\mu^2+\sigma^2\right)^2}=-\dfrac{\mu^2}{2}<0$, 属亚高斯情况。而

$$\psi_i\left(y_i\right)=-y_i+\tanh y_i' \tag{5-4-55}$$

因此这时的系数调节算法为

$$\Delta \boldsymbol{B}(k)=\mu_k\left[\boldsymbol{I}+\tanh \left(\boldsymbol{y}_k\right) \boldsymbol{y}_k^{\mathrm{T}}-\boldsymbol{y}_k \boldsymbol{y}_k^{\mathrm{T}}\right] \boldsymbol{B}(k) \tag{5-4-56}$$

对于超高斯模型, 取

$$p\left(y_i\right)=p_G\left(y_i\right) \sec h^2\left(y_i\right) \tag{5-4-57}$$

式中, $p_G(y_i)=N(0,1)$。$p(y_i)$ 的 $k_4>0$, 属超高斯情况。此时有

$$\psi_i(y_i)=\frac{p'(y_i)}{p(y_i)}=-y_i-\tanh y_i' \qquad (5-4-58)$$

对应的调节公式为

$$\Delta\boldsymbol{B}(k)=\mu_k\left[\boldsymbol{I}-\tanh(\boldsymbol{y}_k)\boldsymbol{y}_k^{\mathrm{T}}-\boldsymbol{y}_k\boldsymbol{y}_k^{\mathrm{T}}\right]\boldsymbol{B}(k) \qquad (5-4-59)$$

比较式 (5−4−56) 和式 (5−4−59) 可知, 两者的差别仅在 tanh 函数前的符号上, 因此可以合成一式为

$$\Delta\boldsymbol{B}(k)=\mu_k\left[\boldsymbol{I}-\boldsymbol{K}\tanh(\boldsymbol{y}_k)\boldsymbol{y}_k^{\mathrm{T}}-\boldsymbol{y}_k\boldsymbol{y}_k^{\mathrm{T}}\right]\boldsymbol{B}(k) \qquad (5-4-60)$$

式中, $\boldsymbol{K}=\mathrm{Diag}\left[\mathrm{sgn}\ k_4^{(1)},\cdots,\mathrm{sgn}\ k_4^{(N)}\right]$。

对于超高斯情况 $k_4^{(i)}>0,\mathrm{sgn}\ k_4^{(i)}=+1$, 这时式 (5−4−60) 相当于式 (5−4−59); 对于亚高斯情况 $k_4^{(i)}<0,\mathrm{sgn}\ k_4^{(i)}=-1$, 式 (5−4−60) 相当于式 (5−4−56)。其中, $k_4^{(i)}$ 可按下式估计:

$$k_4^{(i)}=E\left(\sec\ h^2 y_i\right)E\left(y_i^2\right)-E\left(\tanh y_i-y_i\right) \qquad (5-4-61)$$

2) 双曲 − 柯西 (hyperbolic − Cauchy) 概率模型

一种适用于两类信号同时存在的概率模型, 称为双曲 − 柯西模型。它用两个 sec $h^2(\cdot)$ 型函数的移位相加作为合成模型, 即

$$p(y_i)\propto\left[\sec\ h^2(y_i-b)+\sec\ h^2(y_i+b)\right] \qquad (5-4-62)$$

式中, b 是函数的位移量。取不同的 b 值时 (范围为 $0.4\sim2$), $p(y_i)$ 的取值如图 5.4.4 所示。当 b=0 时式 (5−4−62) 中的两项合一, 适用于超高斯情况; 当 b=2 时 $p(y_i)$ 是双峰的, 属亚高斯情况。由 $p(y_i)$ 可求得

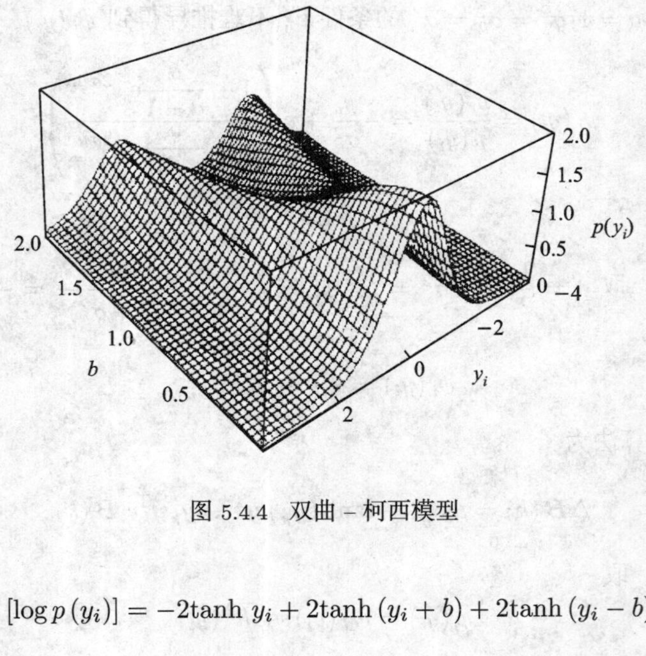

图 5.4.4 双曲 − 柯西模型

$$\psi(y_i)=\frac{\partial}{\partial y_i}\left[\log p(y_i)\right]=-2\tanh y_i+2\tanh(y_i+b)+2\tanh(y_i-b) \qquad (5-4-63)$$

因此系数调节算法表示为

$$\Delta \boldsymbol{B}(k)=\left[\boldsymbol{I}+2\tanh\left(\boldsymbol{y}_k\right)\boldsymbol{y}_k^{\mathrm{T}}-2\tanh\left(\boldsymbol{y}_k+\boldsymbol{b}\right)-2\tanh\left(\boldsymbol{y}_k-\boldsymbol{b}\right)\right]\boldsymbol{B}(k) \qquad (5-4-64)$$

式中, $\boldsymbol{b}$ 的各元素等于 0 或是 2 取决于该分量是超高斯的还是亚高斯的, 可以利用式 (5 − 4 − 61) 来判断。

5.5 独立分量分析的实现

5.5.1 FastICA 方法

1. 基于 kurtosis 的 FastICA

基于 kurtosis 的 FastICA 是由 A. Hyvarinen 和 E. Oja 提出的。

ICA 的一个特性是, 当数据的非高斯性最大化时, 即可获得各独立分量源, 其最基本的理论是中心极限定理。中心极限定理表明, 与单个源的密度相比, 少数非高斯源之和的分布更接近于高斯分布。下面给出用 kurtosis 测量信号非高斯性的理论基础, 理论推导见前面的基于 kurtosis 的非高斯最大化。

1) 估计一个独立分量

假设有一组经过球化 (或白化) 预处理的随机向量 $\boldsymbol{x}$, 即一组由独立源信号线性组合的混合信号, 其混合模型为 $\boldsymbol{x}=\boldsymbol{B}\boldsymbol{s}$。根据前面推导的基于 kurtosis 的非高斯最大化的理论基础, 固定点算法可描述如下:

(1) 设置范数为 1 的随机初始向量 $\boldsymbol{w}(0)$, 令 $k=1$。

(2) 令 $\boldsymbol{w}(k)=E\left\{\boldsymbol{x}[\boldsymbol{w}(k-1)^{\mathrm{T}}\boldsymbol{x}]^3\right\}-3\boldsymbol{w}(k-1)$。可以通过大量的 $\boldsymbol{x}$ 向量值来估计期望值。

(3) $\boldsymbol{w}(k)=\boldsymbol{w}(k)/\parallel \boldsymbol{w}(k)\parallel$。

(4) 若 $\left|\boldsymbol{w}(k)^{\mathrm{T}}\boldsymbol{w}(k-1)\right|$ 趋于 1, 则输出为 $\boldsymbol{w}(k)$; 反之, 则令 $k=k+1$, 转步骤 (2)。

该算法得到的最终向量 $\boldsymbol{w}(k)$ 值等同于混合矩阵 $\boldsymbol{B}$ 的一列。在盲信源分离条件下, 即可通过求解 $\boldsymbol{w}(k)^{\mathrm{T}}\boldsymbol{x}(t), t=1,2,\cdots$ 提取一个非高斯信源。

该算法的一个重要特征是, 通常只需 $5\sim 10$ 次的迭代即可获得采样数据所能达到的最大精度。这归因于该算法所具有的三次方的收敛速率。

2) 估计多个独立分量

运行该算法 n 次, 就可以提取 n 个独立分量。为了确保每次都能提取出不同的独立分量, 需要在算法中增加正交投影这一环节。由于球化原因, 混合矩阵 $\boldsymbol{B}$ 的列是相互正交的, 因此可以通过将 $\boldsymbol{w}(k)$ 投影到混合矩阵 $\boldsymbol{B}$ 的列, 从而估计出独立分量。相应地, 在上文的步骤 (3) 中增加投影操作, 令

$$\boldsymbol{w}(k)=\boldsymbol{w}(k)-\overline{\boldsymbol{B}}\,\overline{\boldsymbol{B}}^{\mathrm{T}}\boldsymbol{w}(k), \quad \boldsymbol{w}(k)=\boldsymbol{w}(k)/\parallel \boldsymbol{w}(k)\parallel$$

在进行迭代之前, 也应将初始随机向量投影到混合矩阵 $\boldsymbol{B}$ 的列。为了避免 $\overline{\boldsymbol{B}}$ 的估计误差影响 $\boldsymbol{w}(k)$ 的估计值, 当迭代几次后出现 $\boldsymbol{w}(k)$ 不断趋向于某一固定点, 并收敛于这个固定点的情况时, 则取消这些投影步骤。

除了上述提到的顺序正交之外，也可以使用其他方法来正交权向量。例如在一些具体应用中，也可以使用对称正交化的方法。

3) 半自适应的 FastICA

批处理的一个不足之处就是需要同时存储大量的数据。然而，固定点算法以半自适应方式运行就可以避免这一问题。半自适应方式可以通过计算 $E\{\boldsymbol{x}[\boldsymbol{w}(k-1)^{\mathrm{T}}\boldsymbol{x}]^3\}$ 实现，即保持 $\boldsymbol{w}(k-1)$ 值不变，直至求出 N 个采样值的平均值后，更新 $\boldsymbol{w}(k)$。

半自适应方式也可以对非平稳数据进行自适应处理。这样，半自适应算法既适于在线处理，也适于批处理算法。

上述提出的是用于 ICA 的神经元学习算法的批处理方式。这种基于固定点的方法具有以下的特征:

(1) 该算法的收敛速度是三次方级的，在 ICA 算法中是相当快的。与其他类似的固定点算法相比，该算法也是比较快的。

(2) 与基于梯度的算法相比，该算法无需调整学习率及参数，更易于使用且更可靠。

(3) 该算法一次只能提取一个独立分量。这样就可以根据分量的先验知识来估计出某个特定的分量。例如，如果该算法的初始权向量是第一个主分量，那么该算法得到的很可能就是最主要的独立分量 (在混合矩阵 $\boldsymbol{B}$ 中相应列的范数应是最大的)。

(4) 通过使用不同的初始值运行算法以及通过投影到正交子空间去除已提取的独立分量，就可以提取到负 kurtosis(如亚高斯分量) 和正 kurtosis(如超高斯分量) 的信号分量。因此，如果只有一个高斯成分，则提取完其他成分后，剩下的一个就是高斯成分了。在 ICA 数学模型里，不能提取两个或两个以上的高斯成分。

2. 基于 negentropy 的 FastICA

本算法是基于负熵极大值的快速固定点算法。该算法是求 $\boldsymbol{w}^{\mathrm{T}}\boldsymbol{z}$ 的负熵最大值，其中，$\boldsymbol{z}$ 是经过白化处理后的观测数据。具体步骤可描述如下:

(1) 对观测数据求均值，使其为零均值。

(2) 对观测数据进行白化处理，得到 $\boldsymbol{z}$。

(3) 选择具有单位范数的初始向量 $\boldsymbol{w}$。

(4) 令 $\boldsymbol{w}=E\left[\boldsymbol{z}g\left(\boldsymbol{w}^{\mathrm{T}}\boldsymbol{z}\right)\right]-E\left[g'\left(\boldsymbol{w}^{\mathrm{T}}\boldsymbol{z}\right)\right]\boldsymbol{w}$。通常 g 为以下函数之一:

$$g_1(\boldsymbol{y})=\tanh(a_1\boldsymbol{y}) \tag{5-5-1}$$

$$g_2(\boldsymbol{y})=y\mathrm{e}^{-\boldsymbol{y}^2/2} \tag{5-5-2}$$

$$g_3(\boldsymbol{y})=\boldsymbol{y}^3 \tag{5-5-3}$$

式 (5-5-1) 中，$1\leqslant a_1\leqslant 2$。

(5) 令 $\boldsymbol{w}=\boldsymbol{w}/\parallel\boldsymbol{w}\parallel$。若收敛，则得到结果 $\boldsymbol{w}$; 反之，转步骤 (4)。

5.5.2 互信息算法

D. T. Pham 给出了基于互信息的离线和在线算法。可以通过梯度下降法使式 (5 − 5 − 4) 取得最小值

$$C(\boldsymbol{B}) = \sum_{i=1}^{K} H(\boldsymbol{y}_k) - \log(\det \boldsymbol{B}) \tag{5-5-4}$$

但更快的算法是使用牛顿算法。

1. 离线算法

使用牛顿算法 (一般使用自然梯度) 求解式 (5 − 5 − 4) 要比使用梯度下降算法快。先估计分离矩阵 $\widehat{\boldsymbol{B}}$ 的值, 它由 $\widehat{C}(\widehat{\boldsymbol{B}} + \boldsymbol{\xi}\widehat{\boldsymbol{B}})$ 对应于 $\boldsymbol{\xi}$ 的直到二阶展开式组成。对展开所得 $\boldsymbol{\xi}$ 的二次函数求解最小值, 以得到新的估计值, 该方法需要求解 $\boldsymbol{\xi}$ 函数 $\widehat{C}(\widehat{\boldsymbol{B}} + \boldsymbol{\xi}\widehat{\boldsymbol{B}})$ 的 Hessian 值。因此, 假定源信号 y_i 相对独立, 使用 C 的相对 Hessian 值代替 $\widehat{C}(\widehat{\boldsymbol{B}} + \boldsymbol{\xi}\widehat{\boldsymbol{B}})$ 的值 (通常称之为半牛顿法)。二次方式的相对 Hessian 定义为

$$\xi \mapsto \frac{1}{2} \sum_{1 \leqslant i \neq j \leqslant K} \left[E\psi_{y_i}^2(y_i) \mathrm{var}(y_j) \xi_{ij}^2 + \xi_{ij}\xi_{ji} \right] \tag{5-5-5}$$

式中, $E\psi_{y_i}^2(y_i)$ 即是 y_i 的 Fisher 信息 J_{y_i}。由于该值未知, 所以用下式代替:

$$J_{y_i} = N^{-1} \sum_{n=1}^{N} \widehat{\psi}_{y_i}^2 \left[y_i(n) \right] \tag{5-5-6}$$

类似地, 用 $\widehat{\sigma}_{y_j}^2$ 替代 $\mathrm{var}(y_i)$。由此建立的近似 Hessian 阵是正定的, 这样就能保证迭代算法的稳定性。显然, 在迭代过程中包括以下计算:

$$\begin{bmatrix} \xi_{ij} \\ \xi_{ji} \end{bmatrix} = \begin{bmatrix} J_{y_j}\widehat{\sigma}_{y_i}^2 & 1 \\ 1 & J_{y_i}\widehat{\sigma}_{y_j}^2 \end{bmatrix}^{-1} \frac{1}{N} \sum_{n=1}^{N} \begin{bmatrix} \widehat{\psi}_{y_i}\left[y_i(n)\right] y_j(n) \\ \widehat{\psi}_{y_i}\left[y_j(n)\right] y_i(n) \end{bmatrix}, \quad \xi_{ii} = 0 \tag{5-5-7}$$

然后用 $\widehat{\boldsymbol{B}} = \widehat{\boldsymbol{B}} - \boldsymbol{\xi}\widehat{\boldsymbol{B}}$ 更新 $\widehat{\boldsymbol{B}}$。

2. 在线算法

上述离线算法可以改成在线算法。 在线算法的主要部分是求解评价函数 (score function) $\widehat{\psi}_y\left[\boldsymbol{y}(n)\right]$

$$\widehat{\psi}_y\left[\boldsymbol{y}(n)\right] = N \frac{\partial H[\boldsymbol{y}(1), \cdots, \boldsymbol{y}(N)]}{\partial \boldsymbol{y}(n)} \tag{5-5-8}$$

可以将评价函数看作是已知函数的线性组合, 这些函数的系数取决于采样数据。 在线算法要更新重构源信号的尺度, 使其具有单位方差, 其优点之一是带宽参数 h 为常数。由于系数决定有效采样尺度, 因此参数 h 必定与学习步长 ρ 相关。有效采样尺度大约是 $(2-\rho)/\rho$。可使用简单的 Silverman 规则选择带宽, 令 $1.9898 \times 1.06 \left[\rho/(2-\rho)\right]^{1/5} = 2.11 \left[\rho/(2-\rho)\right]^{1/5}$ 作为三次基数样条核。

同离线算法一样, 近似 Hessian 阵必须是正定的, 以保证算法的稳定性。当 $\widehat{J}_y\widehat{\sigma}_y^2 > 1$ 时, 近似 Hessian 阵是正定的。

下面给出在线算法的具体步骤:

(1) 构建经过中心化处理的源信号 $\boldsymbol{y}(n)$

$$\boldsymbol{y}(n)=\boldsymbol{B}_{n-1}[\boldsymbol{x}(n)-\overline{\boldsymbol{x}}_n] \tag{5-5-9}$$

式中, $\overline{\boldsymbol{x}}_n=(1-\rho)\overline{\boldsymbol{x}}_{n-1}+\rho\boldsymbol{x}(n)$。令 $i_{k,n}=\boldsymbol{y}_k(n)/b, r_{k,n}=\boldsymbol{y}_k(n)/b-i_{k,n}$。

(2) 更新

$$\widehat{\pi}\boldsymbol{y}_{k,n}\left(i_{k,n}-\frac{1}{2}\right)=(1-\rho)\widehat{\pi}\boldsymbol{y}_{k,n-1}\left(i_{k,n}-\frac{1}{2}\right)+\rho\frac{(1-r_{k,n})^2}{2} \tag{5-5-10}$$

$$\widehat{\pi}\boldsymbol{y}_{k,n}\left(i_{k,n}+\frac{1}{2}\right)=(1-\rho)\widehat{\pi}\boldsymbol{y}_{k,n-1}\left(i_{k,n}+\frac{1}{2}\right)+\rho\left[\frac{1}{2}+(1-r_{k,n})\,r_{k,n}\right] \tag{5-5-11}$$

$$\widehat{\pi}\boldsymbol{y}_{k,n}\left(i_{k,n}+\frac{3}{2}\right)=(1-\rho)\widehat{\pi}\boldsymbol{y}_{k,n-1}\left(i_{k,n}+\frac{3}{2}\right)+\frac{\rho r_{k,n}^2}{2} \tag{5-5-12}$$

$$\widehat{\pi}\boldsymbol{y}_{k,n}\left(i_{k,n}+\frac{1}{2}+j\right)=(1-\rho)\widehat{\pi}\boldsymbol{y}_{k,n-1}\left(i_{k,n}+\frac{1}{2}+j\right),\quad |j|>1 \tag{5-5-13}$$

(3) 计算中心化数据的原始评价函数及 λ 系数值

$$\begin{aligned}\widetilde{\psi}_{y_k}[y_k(n)]=\frac{1}{b}&\left[(1-r_{k,n})\log\widehat{\pi}\boldsymbol{y}_k\left(i_{k,n}-\frac{1}{2}\right)\right]+\\&(2r_{k,n}-1)\log\widehat{\pi}\boldsymbol{y}_k\left(i_{k,n}-\frac{1}{2}\right)-r_{k,n}\log\widehat{\pi}\boldsymbol{y}_k\left(i_{k,n}+\frac{3}{2}\right)\end{aligned} \tag{5-5-14}$$

$$\overline{\widetilde{\psi}}_{y_k}\left[\boldsymbol{y}_k(n)\right]=(1-\rho)\overline{\widetilde{\psi}}_{k,n-1}+\rho\widetilde{\psi}\boldsymbol{y}_k\left[\boldsymbol{y}_k(n)\right] \tag{5-5-15}$$

$$\widetilde{\psi}_{y_k}^c\left[\boldsymbol{y}_k(n)\right]\overset{\text{def}}{=\!=}\widetilde{\psi}_{y_k}\left[\boldsymbol{y}_k(n)\right]-\overline{\widetilde{\psi}}\boldsymbol{y}_{k,n} \tag{5-5-16}$$

$$\lambda_{y_{k,n}}=(1-\rho)\lambda_{y_{k,n-1}}+\rho\widetilde{\psi}_{y_k}^c\left[\boldsymbol{y}_k(n)\right]\boldsymbol{y}_k(n) \tag{5-5-17}$$

(4) 计算 Fisher 信息及其评价函数值

$$\widetilde{J}_{y_{k,n}}=\left[1-\rho+\rho\boldsymbol{y}_k^2(n)\right]\left\{(1-\rho)\,\widetilde{J}_{y_{k,n-1}}+\rho\widetilde{\psi}_{y_k}^c\left[\boldsymbol{y}_k(n)\right]^2\right\} \tag{5-5-18}$$

$$\widehat{J}_{y_{k,n}}=\overline{J}_{y_{k,n}}+1-\lambda_{y_{k,n}}^2 \tag{5-5-19}$$

$$\widehat{\psi}_{y_k}\left[\boldsymbol{y}_k(n)\right]=\widetilde{\psi}_{y_k}^c\left[\boldsymbol{y}_k(n)\right]+\left(1-\lambda_{y_{k,n}}\right)\boldsymbol{y}_k(n) \tag{5-5-20}$$

(5) 更新分离矩阵

$$\boldsymbol{B}_{n+1}=(\boldsymbol{I}-\boldsymbol{\xi})\,\boldsymbol{B}_n \tag{5-5-21}$$

式中, $\boldsymbol{\xi}$ 的值为

$$\xi_{ii}=\frac{\rho}{2}\left[y_i^2(n)-1\right],\ \text{对角元素} \tag{5-5-22}$$

$$\xi_{ij}=\rho\frac{\widehat{J}_{y_{j,n}}\widehat{\psi}_{y_i}\left[y_i(n)\right]y_j(n)-\widehat{\psi}_{y_j}\left[y_j(n)\right]y_i(n)}{\widehat{J}_{y_{i,n}}\widehat{J}_{y_{j,n}}-1} \tag{5-5-23}$$

5.5.3 JADE 算法

本算法是由 J. F. Cardoso 和 A. Souloumiac 提出并实现的, 可通过减少特征矩阵修改该算法, 也可通过优化数学处理过程提高速度。

JADE 算法是一种基于统计的技术, 可归纳为以下几个步骤:

(1) 初始化。初始化矩阵 $\widehat{\boldsymbol{W}}$, 并对其进行白化处理, 令 $\boldsymbol{Z} = \widehat{\boldsymbol{W}}\boldsymbol{x}$。

(2) 构建统计量。估计累积矩阵的最大值集 $\left\{\widehat{Q}_i^z\right\}$。

(3) 优化正交约束函数。寻求旋转矩阵 $\widehat{\boldsymbol{V}}$, 使得累积矩阵尽可能的对角化, 即

$$\widehat{\boldsymbol{V}} = \operatorname{argmin} \sum_i Off\left(\boldsymbol{V}^{\mathrm{T}}\widehat{\boldsymbol{Q}}_i^z\boldsymbol{V}\right)$$

(4) 分离信号。由 $\widehat{\boldsymbol{A}} = \widehat{\boldsymbol{V}}\widehat{\boldsymbol{W}}^{-1}$ 估计出 $\widehat{\boldsymbol{A}}$, 或者由 $\widehat{\boldsymbol{S}} = \widehat{\boldsymbol{A}}^{-1}\boldsymbol{x} = \widehat{\boldsymbol{V}}^{\mathrm{T}}\boldsymbol{z}$ 估计出信号的独立分量。

由于步骤 (3) 中的联合对角化是一种 Jacobi 技术, 因此该算法也算是 Jacobi 算法。然而, 它并非对数据进行旋转, 而是对累积矩阵进行旋转。

该算法的关键之处在于累积矩阵的选取。通过使用累积矩阵最大值集, 使得联合对角化准则等同于约束函数。在任何情况下, 该算法都能保证等变化的估计值。虽然是对白化数据的统计值进行操作, 同样也能优化 $\boldsymbol{y} = \boldsymbol{V}'\boldsymbol{z}$ 方程。

需指出, 联合对角化只适用于累积矩阵, 不适于处理实数据。这是因为首先只能获得采样统计值, 其次带有独立输入量的 $\boldsymbol{x} = \boldsymbol{A}\boldsymbol{s}$ 模型分离原信号的精度不够。这就是为什么要选取累积矩阵如 $\sum_i Off\left(\boldsymbol{V}^{\mathrm{T}}\widehat{Q}_i^z\boldsymbol{V}\right)$ 作为约束函数的原因。在这种情况下, 正确的联合对角化值与 $\boldsymbol{y} = \boldsymbol{B}\boldsymbol{x}$ 模型的独立分量提取是相互对应的。因此, 在计算时尽可能使累积量矩阵的最大值集对角化。

5.6 独立分量分析的应用

如前所述, 近十几年来, ICA 已成功用于通信、语音与图像处理、生物医学、地震信号处理以及金融数据分析等领域的诸多具体方面, 例如源分离、信号压缩与去噪及特征提取、语音与图像识别和分类等。另外, ICA 还成功应用于二元决策树的知识获取。目前, ICA 本身在不断完善和发展的同时, 其应用领域也呈现出不断扩大的趋势, 例如在机械故障诊断领域, Ypma 等人在研究旋转机械振动及声混叠模式基础上, 分别利用不同的二阶及高阶 BSS 方法分离了机械振动源与声源, 并初步应用于工业泵的诊断。

外来噪声的混入及多通道传感观测的信息冗余, 都会对故障诊断造成不利的影响。事实上, 这些问题的解决也可归结为源分离问题。如果将传感观测到的机器运行信号和外来干扰视为各自独立的源, 则借助源分离即可实现外来干扰噪声的剔除。机器内部不同本底振源耦合会导致观测信息冗余干扰, 要准确分离这些本底源信号通常比较困难。下面从源分离的角度出发, 重新思考机械故障诊断问题, 构建基于源分离的故障诊断框架。

如图 5.6.1 所示, 针对机器多通道传感观测 (振动或声) 中混杂的外来干扰噪声, 首先应用基于源分离的干扰消除技术获得“纯净”的待诊断机器自身的运行信号。然后, 借助基于冗余取消

的高阶特征提取方法, 提取故障源特征, 实现故障模式的准确识别。该方法之所以能够实现, 主要原因如下:

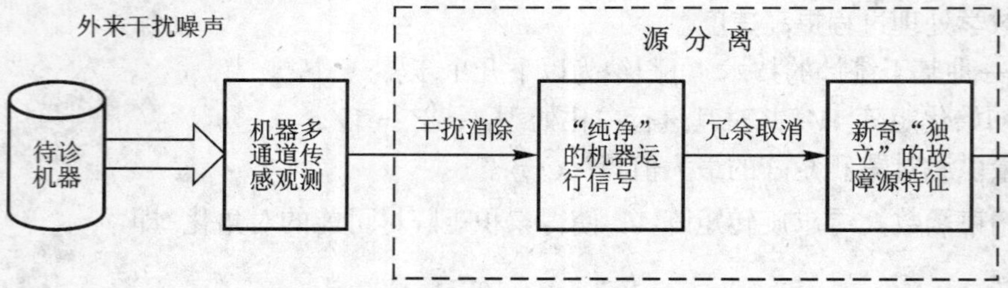

图 5.6.1　源分离故障诊断框架

(1) 机械设备是一个具有层次递进结构的复杂系统, 这决定了其故障具有明显的层次性、相关性、延时性及不确定性, 如图 5.6.2 所示。故障的相关性及不确定性往往造成诊断困难, 这是因为系统各元素间相互影响, 同一层次中多个故障往往同时并存, 而系统特性、监测与信号处理系统、状态描述方法及工作环境等的不确定性也会对故障诊断的准确性带来影响, 这些是不利的一面。另一方面, 延时性 (初始故障随时间扩展) 使得故障预测及早期诊断成为可能, 而分层特性则为诊断提供了一个有效的层次策略和应用模型, 因此复杂诊断问题可逐层分解为简单问题求解。特别地, 故障的发生、发展通常有一定规律可循, 因此有可能通过溯源的方法, 从故障发生的起点即本底故障源出发定位故障。

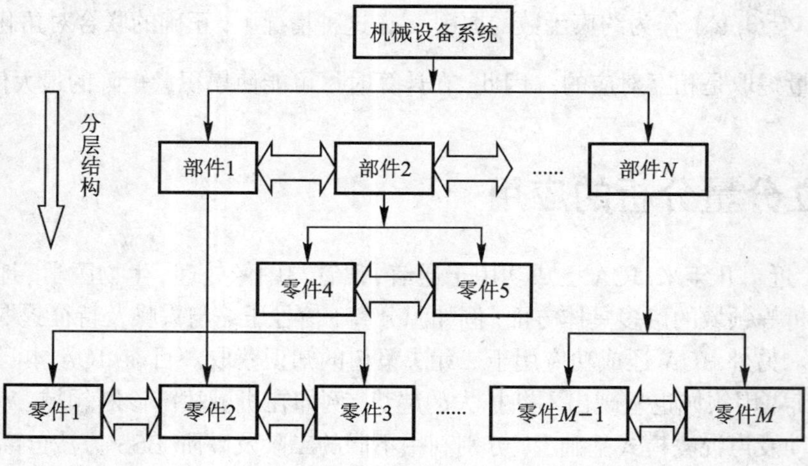

图 5.6.2　机械设备系统的分层结构

(2) 近年来, 故障诊断各相关学科、特别是随机信号处理方面的新进展, 为基于源分离的故障诊断架构的实现创造了条件。这里, 最值得注意的是 ICA 理论方法及其在许多实际领域中的成功应用。作为标准 PCA 的高阶扩展, ICA 可在无正交限制下通过最大化信号分量的非高斯性抽取统计独立分量, 对数据进行深层次分析。统计意义上, ICA 相当于一种冗余去噪技术, 它使得各输出之间的互信息 (MI), 即基于信号所有高阶统计量构建的统计测度为零, 这使 ICA 在非高斯数据分析方面很有优势。另外, 一些特殊的 ICA 方法如非线性 ICA 和非稳态源 BSS 的出现,更拓宽了其潜在的应用范围, 特别是在机械故障诊断中的应用。

思考题

5.1　ICA 方法与其他统计方法相比有何异同点?

5.2　独立分量分析方法的各判据之间的异同点。

5.3　编程实现 FastICA 算法。

5.4　查阅相关文献, 列举 2 ～ 3 个 ICA 方法在工程信号特征信息提取方面的工程应用实例。

参考文献

[1] Cardoso J F. Blind signal separation: statistical principles. Proceedings of the IEEE, 1998, 86(10): 2009-2025.

[2] Jutten C, Herault J. Blind separation of sources, part I: an adaptive algorithm based on neuromimetic architecture. Signal Processing, 1991, 24(1): 1-10.

[3] Linsker R. An application of the principle of maximum information preservation to linear systems // D. S. Touretzky. Advances in Neural Information Processing Systems, San Mateo, CA, 1988: 186-194.

[4] Hyvarinen A. Survey on independent component analysis[EB/OL]. ftp: //ftp. icsi. berkeley. edu/pub/ai/jagota/vol2_4. pdf.

[5] Cardoso J F. Infomax and maximum likelihood for blind source separation. IEEE Signal Processing Letters, 1997, 4(4): 112-114.

[6] 杨福生, 洪波, 唐庆玉. 独立分量分析及其在生物医学工程中的应用. 国外医学生物医学工程分册, 2000, 23(3): 129-134.

[7] Amari S, Cichocki A, Yang H H. A new learning algorithm for blind signal separation. Advances in Neural Information Processing Systems, 1996(8): 753-763.

[8] Lee T W, Girolami M, Sejnowski T J. Independent component analysis using an extended Infomax algorithm for mixed sub-Gaussian and super-Gaussian sources. Neural Computation. 1999, 11(2): 417-433.

[9] Karhunen J, Joutsensalo J. Generalizations of principal component analysis, optimization problems, and neural networks. Neural Networks, 1995, 8(4): 549-562.

[10] Karhunen J, Joutsensalo J. Representation and separation of signals using nonlinear PCA type learning. Neural Networks, 1994, 7(1): 113-127.

[11] Hyvarinen A, Oja E. A fast fixed-point algorithm for independent component analysis. Neural computation, 1997, 9(6): 1483-1492.

[12] Comon P. Independent component analysis: a new concept? Signal Processing, 1994, 35(3): 287-314.

[13] Cardoso J F. High-order contrasts for independent component analysis. Neural Computation, 1999, 11(1): 157-192.

[14] Cardoso J F, Souloumiac A, Paris T. Blind beamforming for non-Gaussian signals. Radar and Signal Processing, 1993, 140(6): 362-370.

[15] Hyvarinen A. Fast and robust fixed-point algorithm for independent component analysis. IEEE Trans. NN., 1999, 10(3): 626-634.

[16] Cichocki A, Unbehanen R, Rummert E. Robust learning algorithm for blind separation of sources. Electronic Letters, 1994, 30(17): 1386-1387.

[17] Li Xiaoou, Zhou Yun, Feng Huanqing. An adaptive on-line algorithm for independent component analysis // IEEE Int. Conf. Neural Networks & Signal Processing, December 14-17, Nanjing, China, 2003.

[18] Pham D T. Fast algorithms for mutual information based independent component analysis. IEEE Transactions on signal Processing, 2004, 52(10): 2690-2770.

[19] Pham D T. Blind separation of instantaneous mixture of sources via an independent component analysis. IEEE Trans. Signal Processing, 1996, 44: 2768-2779.

[20] Amari S I. Natural gradient works efficiently in learning. Neural Computation, 1998, 10(2): 251-276.

[21] Cardoso J F, Laheld B H. Equivariant adaptive source separation. IEEE Trans. SP., 1996, 44(2): 3017-3030.

[22] Cao L J, Chong W K. Feature extraction in support vector machine: a comparison of PCA, KPCA, and ICA // Proceeding of the 9th International Conference on Neural Information Proceeding, 2002: 1001-1005.

[23] Berg M, Bondesson E, Low S Y, et al. A combined on-line PCA-ICA algorithm for blind source separation // Asia-Pacific conference on communications, October, Perth, Australia, 2005: 969-972.

[24] Lee T W, Girolami M, Bell A J, et al. A unifying information-theoretic framework for independent component analysis. Computers and Mathematics with Application, 2000, 39(11): 1-21.

[25] 张旭秀, 邱天爽, 张润烜, 等. 独立分量分析原理及其应用. 大连铁道学院学报, 2003, 24(2): 64-69.

[26] 吴昌悫, 魏洪增. 矩阵理论与方法. 北京: 电子工业出版社, 2006.

[27] Matsuda Y, Yamaguchi K. Semi-invariant function of Jacobi algorithm in independent component analysis // 2004 IEEE International Joint Conference on Neural Networks, July 25-29, 2004: 2147-2151.

[28] 杨福生, 洪波. 独立分量分析的原理与应用. 北京: 清华大学出版社, 2006.

[29] Zarzoso V, Murillo-Fuentes J J, Boloix-Tortosa R, et al. Optimal pairwise fourth-order independent component analysis. IEEE Transactions on Signal Processing, 2006, 54(8): 3049-3063.

[30] Douglas S C, Kung S Y. Design of estimation/deflation approaches to independent component analysis // Conference Record of the Thirty-Second Asilomar Conference on Signals, Systems & Computers, November 1-4, Pacific Grove, USA, 1998: 707-711.

[31] Archilla Y B, Zazo S, Borallo J M P. Adaptive Processing of blind source separation through 'ICA with OS' // 2000 IEEE International Conference on Acoustics, Speech, and Signal Processing, June 5-9, Istanbul, Turkey, 2000: 233-236.

[32] Amari S I. Adaptive blind signal Processing: neural network approaches. Proceedings of the IEEE, 1998, 86(10): 2026-2048.

[33] Girolami M. An alternative perspective on adaptive independent component analysis algorithm. Neural Computation, 1998, 10(8): 2103-2114.

[34] 徐敏. 设备故障诊断手册. 西安: 西安交通大学出版社, 1998

[35] Ypma A, Leshem A, Duin R P W. Blind separation of rotating machine sources: bilinear forms and convolutive mixtures. Neurocomputing, 2002, 49: 349-368.

[36] Gelle G, Colas M, Delaunay G. Blind sources separation applied to rotating machines monitoring by acoustical and vibrations analysis. Mechanical Systems and Signal Processing, 2000, 14(3): 427-442.

[37] Ypma A, Tax D M J, Duin R P W. Robust machine fault detection with independent component analysis and support vector data description // Proceedings of the 1999 IEEE Signal Processing Society Workshop, Neural Networks for Signal Processing, August 23-25, Madison, USA, 1999: 67-76.

第 6 章　时频分析方法

本章将面对实际信号的非平稳特征, 研究相应的信号处理技术。随机信号在理论上可以分为平稳和非平稳两大类。长期以来,由于理论研究和分析工具的局限,人们将许多非平稳信号都简化为平稳信号来处理, 而平稳信号分析与处理的理论和技术已得到充分的发展和广泛的应用。但严格地讲, 许多实际信号都是非平稳信号。随着科学技术的发展和进步, 特别是计算机技术的发展和进步, 已有必要和可能对非平稳信号进行分析和处理。由于非平稳信号的统计特性是随时间变化的, 因而对非平稳信号的主要兴趣便集中在其局部统计性能上。同时, 信号的局部性能需要使用时域和频域的二维联合表示才能得到精确的描述。因此, 常将非平稳信号的二维分析称为信号时频分析[1-8]。

6.1　基本概念

6.1.1　从傅里叶变换到时频分析

对于一个能量有限信号 $x(t)$, 其傅里叶变换为

$$X(\omega)=\int_{-\infty}^{+\infty}x(t)\,\mathrm{e}^{-\mathrm{j}\omega t}\mathrm{d}t$$

其逆变换为

$$x(t)=\frac{1}{2\pi}\int_{-\infty}^{+\infty}X(\omega)\,\mathrm{e}^{\mathrm{j}\omega t}\mathrm{d}\omega$$

长期以来, 尽管上述变换作为信号表示的一种重要工具, 在信号的分析与处理中起了重要的作用, 但傅里叶变换是一种全局性的变换, 即每一时刻 t 的信号值 $x(t)$, 都是全部频率分量共同作用的结果; 同样, 每一频率分量的信号 $X(\omega)$ 也是全部时间范围内 $x(t)$ 共同作用的结果。

全局性的变换在实际应用中会碰到一系列问题。首先, 对于实际信号 $x(t)$, 能得到的仅是一个有限时间段内的信号, 例如在 $[-T,T]$ 内的信号, 因此在求信号的频谱时, 只能作如下近似, 即

$$X(\omega)=\int_{-\infty}^{+\infty}x(t)\,\mathrm{e}^{-\mathrm{j}\omega t}\mathrm{d}t\approx\int_{-T}^{T}x(t)\,\mathrm{e}^{-\mathrm{j}\omega t}\mathrm{d}t=X'(\omega)$$

也就是说, 在实际计算中, 只能得到 $x(t)$ 加窗后的近似频谱 $X'(\omega)$, 而严格准确的频谱是无法知道的。其次, 对于非平稳信号, 人们感兴趣的是在不同时间段内信号频谱的变化情况。例如, 当需要通过舰船螺旋桨噪声监测船速时, 需要计算的正是螺旋桨噪声信号频谱随时间变化的情况。显然, 由傅里叶变换计算频谱无法满足这一要求。

为了克服传统傅里叶变换这种全局性变换的局限性, 对于非平稳信号的分析与处理必须使用局部变换的方法, 用时间和频率的联合函数来表示信号, 即时频分析法。

时频分析法按所设计的时频联合函数不同可分为以下类型:

1) 线性时频表示

这类时频分析方法由傅里叶变换演化而来, 它们与傅里叶变换一样, 其变换满足线性性质。若 $x(t) = ax_1(t) + bx_2(t)$,a, b 为常数, 而 $P(t,\omega)$,$P_1(t,\omega)$,$P_2(t,\omega)$ 分别为 $x(t)$,$x_1(t)$,$x_2(t)$ 的线性时频表示, 则

$$P(t,\omega) = aP_1(t,\omega) + bP_2(t,\omega) \tag{6-1-1}$$

线性时频表示主要有短时傅里叶变换 (short time Fourier transform, STFT)。Gabor 展开及小波变换等。STFT 实际上是加窗傅里叶变换, 随着窗函数在时间轴上的滑动而形成信号的一种时频表示; Gabor 展开是最早提出的一种时频表示, 它可以看作是 STFT 在时间域和频率域进行采样的结果。在上述两种时频表示中, 窗函数的宽度是固定的。小波变换是一种窗函数的宽度可以随频率变化的时频表示, 将在第7章对其进行详细介绍。

2) 双线性时频表示

这类时频表示由能量谱或功率谱演化而来, 其变换是二次的, 所以也称为二次型时频表示。二次型时频表示不满足线性性质。若 $x(t) = ax_1(t) + bx_2(t)$, $P(t,\omega)$,$P_1(t,\omega)$,$P_2(t,\omega)$ 分别为 $x(t)$,$x_1(t)$, $x_2(t)$ 的二次型时频表示, 则

$$P(t,\omega) = |a|^2 P_1(t,\omega) + |b|^2 P_2(t,\omega) + 2\mathrm{Re}\left[abP_{12}(t,\omega)\right] \tag{6-1-2}$$

式中, 最后一项称为干扰项, 也称为互项 (交叉项); $P_{12}(t,\omega)$ 称为 $x_1(t)$,$x_2(t)$ 的互时频表示。

在双线性时频表示中, 主要有 Cohen 类双线性时频分布和仿射类双线性时频分布等, 而著名的 Wigner 分布是连接 Cohen 类分布与仿射类分布的纽带, 也是研究较多的一种双线性时频表示[5]。

6.1.2 信号的时宽与带宽

在信号分析与信号处理中, 信号的 "时间中心 (波形中心)" 及 "时间宽度 (time-duration)", 频率的 "频率中心" 及 "频带宽度 (frequency-bandwidth)" 是非常重要的概念。它们分别说明了信号在时域和频域的中心位置及在两个域内的扩展情况。在文献中, 这些概念有着不同的定义, 由不同的定义又可以引导出不同的解释。这里采用目前绝大多数文献中所共同使用的 "标准差" 的定义[2,4]。

一般而言, 信号的能量特征可以用能量密度 (即瞬时功率) $|s(t)|^2$ 来表征, 它表示在 t 时刻每单位时间内信号的能量或强度。相应地, $|s(t)|^2\Delta t$ 表示在 t 时刻 Δt 时间内信号的部分能量, 而信号的总能量为

$$E = \int |s(t)|^2 \mathrm{d}t \tag{6-1-3}$$

对能量信号而言, 不失一般性, 取总能量 $E = 1$, 则称信号为能量归一化信号。

对于给定信号 $s(t)$ 和任意时间函数 $g(t)$,$g(t)$ 的一般平均定义为

$$\langle g(t)\rangle = \frac{1}{E}\int g(t)\,|s(t)|^2 \mathrm{d}t \tag{6-1-4}$$

对于能量归一化信号, 有

$$\langle g(t)\rangle = \int g(t)\left|s(t)\right|^2 \mathrm{d}t \tag{6-1-5}$$

本节在以下的讨论中, 假定信号是能量归一化的。

信号的时间中心、均方值、时宽等波形特征则是上述定义的特殊形式。

信号的时间中心 (波形中心) 即信号的时间均值, 即在一般定义式 (6−1−5) 中取 $g(t)=t$ 的情形, 于是有

$$t_0 = \langle t\rangle = \int t\left|s(t)\right|^2 \mathrm{d}t \tag{6-1-6}$$

式中, t_0 为信号的时间中心, 它给出了信号能量密度的大致特征, 或信号能量集中的大致时间。

信号的均方持续即为一般定义式 (6−1−5) 中取 $g(t)=t^2$ 的情形, 即

$$\langle t^2\rangle = \int t^2\left|s(t)\right|^2 \mathrm{d}t \tag{6-1-7}$$

信号的时宽反映的是信号在时域围绕 t_0 的扩展程度, 由概率论的知识, 它们自然应被定义为能量密度函数的二阶中心矩, 即信号的标准偏差。在一般定义式 (6−1−5) 中取 $g(t)=(t-\langle t\rangle)^2=(t-t_0)^2$, 即得到时宽

$$\sigma_t = \left[\int (t-\langle t\rangle)^2\left|s(t)\right|^2 \mathrm{d}t\right]^{1/2} = \left[\int (t-t_0)^2\left|s(t)\right|^2 \mathrm{d}t\right]^{1/2} \tag{6-1-8}$$

表示信号持续于 $2\sigma_t$ 的时间范围内, 超出这一范围, 信号大部分会消失, 因此有些文献定义 $2\sigma_t$ 为时宽。显然, 时宽与时间中心、均方持续之间有如下关系:

$$\sigma_t^2 = \langle t^2\rangle - \langle t\rangle^2 \tag{6-1-9}$$

对应地, 能量谱密度 $\left|S(\omega)\right|^2$ 表示信号在频点 ω 处单位频带内信号的能量或强度, 它表明信号在总的持续时间内存在哪些频率成分, 各成分的相对比例如何。于是 $\left|S(\omega)\right|^2\Delta\omega$ 表示在频点 ω 处 $\Delta\omega$ 频带内信号的部分能量, 而信号的总能量为

$$E = \frac{1}{2\pi}\int \left|S(\omega)\right|^2 \mathrm{d}\omega \tag{6-1-10}$$

由 Parseval 定理, 有

$$E = \int \left|s(t)\right|^2 \mathrm{d}t = \frac{1}{2\pi}\int \left|S(\omega)\right|^2 \mathrm{d}\omega \tag{6-1-11}$$

同样, 信号的频域谱特征可由频率函数 $g(\omega)$ 的一般平均来定义

$$\langle g(\omega)\rangle = \frac{1}{2\pi E}\int g(\omega)\left|S(\omega)\right|^2 \mathrm{d}\omega \tag{6-1-12}$$

对于归一化能量信号

$$\langle g(\omega)\rangle = \frac{1}{2\pi}\int g(\omega)\left|S(\omega)\right|^2 \mathrm{d}\omega \tag{6-1-13}$$

信号的频率中心 (中心频率) 即为一般定义式 (6−1−13) 中 $g(\omega)=\omega$ 的情形

$$\omega_0 = \langle \omega\rangle = \frac{1}{2\pi}\int \omega\left|S(\omega)\right|^2 \mathrm{d}\omega \tag{6-1-14}$$

它给出了信号能量谱密度的大致特征, 或信号能量集中的大致频点。

信号的带宽反映的是信号在频域围绕 ω_0 的扩展程度, 被定义为能量谱密度函数的二阶中心矩, 即一般定义式 (6 − 1 − 13) 中取 $g(\omega) = (\omega - \langle\omega\rangle)^2 = (\omega - \omega_0)^2$ 的情形

$$\sigma_\omega = \left[\frac{1}{2\pi}\int(\omega - \langle\omega\rangle)^2 \left|S(\omega)\right|^2 \mathrm{d}\omega\right]^{1/2} = \left[\frac{1}{2\pi}\int(\omega - \omega_0)^2 \left|S(\omega)\right|^2 \mathrm{d}\omega\right]^{1/2} \tag{6-1-15}$$

表示信号持续于 $2\sigma_\omega$ 的频带内。显然, 带宽与中心频率之间有如下关系:

$$\sigma_\omega^2 = \langle\omega^2\rangle - \langle\omega\rangle^2 \tag{6-1-16}$$

如果定义频率算子为

$$\mathrm{W} = \frac{\mathrm{d}}{\mathrm{j}\,\mathrm{d}t} \tag{6-1-17}$$

则 $\mathrm{W}\left(\mathrm{e}^{\mathrm{j}\omega t}\right) = \omega\mathrm{e}^{\mathrm{j}\omega t}$。显然, 它可以重复使用, 即 $\mathrm{W}^n = \dfrac{\mathrm{d}^n}{(\mathrm{j})^n\,\mathrm{d}t^n}$。利用频率算子, 则能量归一化信号 $s(t)$的频谱特征可以直接由波形求得。由式 (6 − 1 − 11) 和式 (6 − 1 − 13), 可得任意频率函数 $g(\omega)$ 的平均为

$$\begin{aligned}\langle g(\omega)\rangle &= \frac{1}{2\pi}\int g(\omega)\left|S(\omega)\right|^2 \mathrm{d}\omega = \int s^*(t)\, g(\mathrm{W})\, s(t)\,\mathrm{d}t \\ &= \int s^*(t)\, g\left(\frac{\mathrm{d}}{\mathrm{j}\,\mathrm{d}t}\right) s(t)\,\mathrm{d}t\end{aligned} \tag{6-1-18}$$

也就是说, 首先取函数 $g(\omega)$, 并用算子 $\mathrm{W} = \dfrac{\mathrm{d}}{\mathrm{j}\,\mathrm{d}t}$ 代替原变量 ω, 然后对信号运算, 并用复共轭信号相乘, 最后积分。对于一般函数 $g(\omega)$, 首先把函数展开成泰勒级数, 即将 $g(\omega)$ 表示为幂级数的和, 然后用算子 W 代替 ω, 可表示为 $g(\omega) = \sum g_n\omega^n$, $g(\mathrm{W}) = \sum g_n \mathrm{W}^n$

相似地, 可以定义时间算子为

$$\mathrm{T} = -\frac{\mathrm{d}}{\mathrm{j}\,\mathrm{d}\omega} \tag{6-1-19}$$

则利用该算子, 可以由频谱计算波形特征, 即对于任意时间函数 $g(t)$ 的平均为

$$\langle g(t)\rangle = \frac{1}{2\pi}\int S^*(\omega)\, g(\mathrm{T})\, S(\omega)\,\mathrm{d}\omega = \frac{1}{2\pi}\int S^*(\omega)\, g\left(-\frac{\mathrm{d}}{\mathrm{j}\,\mathrm{d}\omega}\right) S(\omega)\,\mathrm{d}\omega \tag{6-1-20}$$

式中, $g(t) = \sum g_n t^n$; $g(\mathrm{T}) = \sum g_n \mathrm{T}^n$。

6.1.3　解析信号与正交模型信号

自然界中的信号都是实的。由傅里叶变换的性质可知, 实信号的能量谱密度是偶函数, 所以其中心频率始终为零, 显然这是荒谬的。导致上述佯谬的原因在于没有对信号进行恰当的表示。为解除实信号中心频率始终为零的佯谬, 可以用给定的实信号定义新信号, 得到只有非负频率成分的复信号 —— 解析信号。由解析信号可以得到幅值、相位和瞬时频率的明确定义[1,5]。

1. 解析信号

在介绍解析信号之前, 先引入 Hilbert 变换。对实信号 $s(t)$, 其 Hilbert 变换定义为

$$x(t)=\frac{1}{\pi}\int_{-\infty}^{+\infty}\frac{s(\tau)}{t-\tau}\mathrm{d}\tau=s(t)*\frac{1}{\pi t}=s(t)*h(t)=\mathrm{H}\ [s(t)] \qquad (6-1-21)$$

式中, t,τ 为实变量; $\mathrm{H}\ [s(t)]$ 表示实信号 $s(t)$ 的 Hilbert 变换。上式中 $h(t)$ 的作用是使实信号 $s(t)$ 变成它的 Hilbert 变换, 所以 $h(t)$ 称为 Hilbert 变换器, 也称 Hilbert 滤波器。

同样, 如果已知 Hilbert 变换 $x(t)$, 则也可由它恢复原信号

$$s(t)=\frac{-1}{\pi t}*x(t)=\frac{-1}{\pi}\int_{-\infty}^{+\infty}\frac{x(\tau)}{t-\tau}\mathrm{d}\tau \qquad (6-1-22)$$

容易验证, Hilbert 变换具有以下的线性、时移不变性和尺度不变性:

$$s(t)=as_1(t)+bs_2(t)\Rightarrow \mathrm{H}[s(t)]=a\mathrm{H}[s_1(t)]+b\mathrm{H}[s_2(t)]$$
$$s(t)=s_1(t-a)\Rightarrow \mathrm{H}[s(t)]=\mathrm{H}[s_1(t-a)]$$
$$s(t)=s_1(at),a>0\Rightarrow \mathrm{H}[s(t)]=\mathrm{H}[s_1(at)]$$
$$s(t)=s_1(-at)\Rightarrow \mathrm{H}[s(t)]=\mathrm{H}[s_1(-at)]$$

定义 6.1.1 (解析信号): 与实信号 $s(t)$ 对应的解析信号 (analytic signal) $z(t)$ 定义为 $z(t)=\mathrm{A}[s(t)]$, 其中 $\mathrm{A}[s(t)]=s(t)+\mathrm{jH}\ [s(t)]$ 构成解析信号的算子, 亦即 $\mathrm{A}[s(t)]=s(t)+\frac{\mathrm{j}}{\pi}\int_{-\infty}^{+\infty}\frac{s(t)}{t-\tau}\mathrm{d}\tau$。

相应地, 可从频域的角度定义解析信号。对于具有频谱 $S(\omega)$ 的实信号 $s(t)$, 按照解析信号的频谱只由 $S(\omega)$ 的正频率部分构成的要求, 先剔除 $S(\omega)$ 的负频率部分, 再将 $S(\omega)$ 的正频率部分幅值加倍, 得到 $2S(\omega),0\leqslant\omega\leqslant\infty$, 最后通过傅里叶逆变换得到对应的复信号

$$z(t)=\frac{1}{2\pi}\int_{0}^{\infty}2S(\omega)\mathrm{e}^{\mathrm{j}\omega t}\mathrm{d}\omega \qquad (6-1-23)$$

该复信号即为原信号 $s(t)$ 的解析信号, 其能量为

$$E_z=\frac{1}{2\pi}\int_{0}^{\infty}\left|2S(\omega)\right|^2\mathrm{d}\omega$$

根据上面的论述可知, 因为解析信号的实部就是原信号, 所以规范化并不保持。又因原信号的频谱满足 $|S(\omega)|=|S(-\omega)|$, 因此原信号的能量为 (解析信号的能量定义)

$$E_s=\frac{1}{2\pi}\int\left|S(\omega)\right|^2\mathrm{d}\omega=\frac{1}{\pi}\int_{0}^{\infty}\left|S(\omega)\right|^2\mathrm{d}\omega=\frac{1}{4\pi}\int_{0}^{\infty}\left|2S(\omega)\right|^2\mathrm{d}\omega=\frac{1}{2}E_z \qquad (6-1-24)$$

也就是说, 解析信号的能量是原信号能量的 2 倍。

除了用来构造解析信号外, Hilbert 变换在信号处理中还有很多直接的应用, 可参见文献 [9-10]。

根据 Hilbert 变换的性质及解析信号的定义, 可知解析信号具有如下一些典型性质:

1) 解析信号的解析信号

若 $z(t)$ 为解析信号, 则

$$\mathrm{A}[z(t)] = 2z(t)$$

2) 导数的解析信号

$$\mathrm{A}\left[\frac{\mathrm{d}^n}{\mathrm{d}t^n}s(t)\right] = \frac{\mathrm{d}^n}{\mathrm{d}t^n}\mathrm{A}[s(t)]$$

显然, 这是由解析算子的线性性质决定的。

3) 卷积

解析信号与任意信号的卷积还是解析信号,即对于任何信号 $s(t)$ 和 $f(t)$,$\mathrm{A}[s(t)] * f(t)$ 仍是解析信号。

4) 调制信号

将任意信号 $s(t)$ 调制到载波上, 得到 $s(t)\mathrm{e}^{\mathrm{j}\omega_0 t}, \omega_0 \geqslant 0$。若在 $\omega < -\omega_0$ 时 $S(\omega) = 0$, 则调制信号是解析信号。当 $s(t)$ 为实信号时, 则要求 $s(t)$ 为带限信号, 且限制在低频范围内, 即 $|\omega| > \omega_0$ 时 $S(\omega) = 0$。

5) 复合解析信号

已知信号 $s_1(t)$, 选择信号 $s_2(t)$, 使 $s(t) = s_1(t) + s_2(t)$ 为解析信号, 则

$$S_2(\omega) = -S_1(\omega), \omega < 0$$

6) 两实信号之积的解析信号

设信号 $s_1(t)$ 和 $s_2(t)$ 为两个带限信号, 且

$$\begin{aligned} S_1(\omega) = 0, &\quad |\omega| \geqslant \omega_1 \\ S_2(\omega) = 0, &\quad |\omega| \leqslant \omega_2 \end{aligned}$$

式中, $\omega_2 \geqslant \omega_1 \geqslant 0$, 则

$$\mathrm{A}[s_1(t)s_2(t)] = s_1(t)\mathrm{A}[s_2(t)]$$

7) 两解析信号之积的解析信号

设信号 $s_1(t)$ 和 $s_2(t)$ 是解析的, 那么它们就都是单边的, 且有

$$\mathrm{A}[s_1(t)s_2(t)] = s_1(t)\mathrm{A}[s_2(t)] = \mathrm{A}[s_1(t)]s_2(t) = 2s_1(t)s_2(t)$$

下面分两种情况说明, 在物理上具有什么样的幅值和相位才能保证信号是解析信号。

1) 单频率情况

在单频率情况下, 信号的极坐标形式为

$$s(t) = a(t)\mathrm{e}^{\mathrm{j}\omega_0 t} \tag{6-1-25}$$

其幅值频谱和频谱分别为

$$S_a(\omega) = \int a(t)\,\mathrm{e}^{-\mathrm{j}\omega t}\mathrm{d}t \tag{6-1-26}$$

$$S(\omega) = \int s(t)\,\mathrm{e}^{-\mathrm{j}\omega t}\mathrm{d}t = S_a(\omega-\omega_0) \tag{6-1-27}$$

因信号 $s(t)$ 解析的要求是 $S(\omega)$ 对负频率为零, 即要求

$$S_a(\omega) = 0, \quad \omega \leqslant \omega_0 \tag{6-1-28}$$

所以, 若幅值 $a(t)$ 的频谱包含在 $(-\omega_0, \omega_0)$ 内, 则 $s(t) = a(t)\,\mathrm{e}^{\mathrm{j}\omega_0 t}$ 是解析的, 即全部低频成分在幅值上, 而高频成分在载波上。

2) 一般情况

在一般情况下, 信号的极坐标形式为

$$s(t) = a(t)\,\mathrm{e}^{\mathrm{j}\varphi(t)} \tag{6-1-29}$$

若幅值 $a(t)$ 的频谱包含在 $(-\omega_1, \omega_1)$ 内, 而 $\mathrm{e}^{\mathrm{j}\varphi(t)}$ 的频谱在 $\omega \leqslant \omega_1$ 时为零, 则 $s(t) = a(t)\,\mathrm{e}^{\mathrm{j}\varphi(t)}$ 是解析的。事实上

$$S(\omega) = S_a(\omega) * S_\varphi(\omega) = \frac{1}{2\pi}\int S_a(\omega-\omega')\,S_\varphi(\omega')\,\mathrm{d}\omega' \tag{6-1-30}$$

当 $S_a(\omega)$ 的频率区间为 $(-\omega_1, \omega_1)$ 时,$S(\omega)$ 定义在 $\omega > 0$ 上的充分条件是

$$S_\varphi(\omega) = 0, \quad \omega \leqslant \omega_1 \tag{6-1-31}$$

即 $s(t) = a(t)\,\mathrm{e}^{\mathrm{j}\varphi(t)}$ 为解析信号的要求是低频成分在幅值 $a(t)$ 上, 而高频成分在载波 $\mathrm{e}^{\mathrm{j}\varphi(t)}$ 上。

2. 正交模型信号 (基带信号)

对通信和雷达类信息系统, 常用的信号是实的窄带信号, 即

$$s(t) = a(t)\cos[\omega_c t + \varphi(t)] = \frac{1}{2}a(t)\left(\mathrm{e}^{\mathrm{j}[\omega_c t+\varphi(t)]} + \mathrm{e}^{-\mathrm{j}[\omega_c t+\varphi(t)]}\right) \tag{6-1-32}$$

式中, ω_c 为载波频率。上述窄带信号的正、负频分量明显分开, 负频分量容易被滤除。保留其正频部分, 并将其幅值加倍, 即可得到其解析信号为

$$\mathrm{A}[s(t)] = s_a(t) = a(t)\,\mathrm{e}^{\mathrm{j}\varphi(t)}\mathrm{e}^{\mathrm{j}\omega_c t} \tag{6-1-33}$$

式中, $\mathrm{e}^{\mathrm{j}\omega_c t}$ 作为信息的载体而不含有用的信息。上式两边同时乘以 $\mathrm{e}^{-\mathrm{j}\omega_c t}$, 即可将信号频率下移 ω_c, 变成零载频, 得到的新信号为

$$s_q(t) = a(t)\,\mathrm{e}^{\mathrm{j}\varphi(t)} \tag{6-1-34}$$

这种零载频的信号称为基带信号 (baseband signal), 或称零中频信号。

基带信号可用直角坐标表示为

$$s_q(t) = a(t)\,\mathrm{e}^{\mathrm{j}\varphi(t)} = a(t)\cos\ \varphi(t) + \mathrm{j}a(t)\sin\ \varphi(t) = z_{BI}(t) + \mathrm{j}z_{BQ}(t)$$

式中, 实部分量 (原信号) 和虚部分量 (原信号相移 90° 结果) 习惯上被称为同频分量和正交分量, 二者之间具有正交关系, 因此基带信号也称为正交模型信号, 本书统称为正交模型信号。

对比式 (6 – 1 – 33) 和式 (6 – 1 – 34) 可知, 正交模型信号即是解析信号的复包络, 它是复信号。正交模型信号载频为零, 它既有正频分量, 又有负频分量, 但正交模型信号的频谱不具有共轭对称性质。若正交模型信号剔除负频分量, 就会造成信息损失。实际上, 式 (6 – 1 – 34) 的基带信号只是式 (6 – 1 – 33) 的解析信号的频移形式。另外, Hilbert 变换的工程实现比较困难, 因此在实际应用中常用正交模型信号来替代解析信号。

实际应用中, 直接接收或观察到的总是实信号, 需要经过加工处理才能得到它的解析信号或正交模型信号。前面讲到, 准确的解析信号主要用于数学分析, 实际应用中得到它是困难的, 因为具有理想阶跃频率特性的滤波器无法实现。正交模型信号则不一样, 从高频窄带信号得到正交模型信号并不困难, 即先将实信号 $s(t)$ 乘以 $\mathrm{e}^{-\mathrm{j}\omega_c t}$(可表示为 $\cos\ \omega_c t - \mathrm{j}\sin\ \omega_c t$, $-\sin\ \omega_c t$ 可由 $\cos\ \omega_c t$ 移相 $\pi/2$ 得到), 相当于将其频谱左移 ω_c, 使其负频分量从 $-\omega_c$ 到 $-2\omega_c$, 然后用低通滤波器滤出所需的基带分量即可。

然而对于同一个信号, 其解析信号和基带信号往往不一致, 这种不一致可以用两种误差准则来衡量, 即能量准则 (Nuttall 准则) 和逐点比较准则 (Vakman 准则)。

1) 能量准则

位于负频率轴上的基带信号的频谱损失越小, 则一致性就越好。设实信号 $s(t)$ 及其基带信号和解析信号分别为

$$s(t) = a(t)\cos\ \varphi(t) \tag{6-1-35}$$

$$s_q(t) = a(t)\,\mathrm{e}^{\mathrm{j}\varphi(t)} \tag{6-1-36}$$

$$s_a(t) = \frac{1}{2\pi}\int_0^{\infty} 2S(\omega)\,\mathrm{e}^{\mathrm{j}\omega t}\mathrm{d}\omega \tag{6-1-37}$$

式中, $S(\omega)$ 是实信号的频谱

$$S(\omega) = \int a(t)\cos\ \varphi(t)\,\mathrm{e}^{-\mathrm{j}\omega t}\mathrm{d}t \tag{6-1-38}$$

由欧拉公式 $\mathrm{e}^{\mathrm{j}\varphi(t)} = \cos\ \varphi(t) + \mathrm{j}\sin\ \varphi(t)$, 则基带信号的频谱为

$$S_q(\omega) = S(\omega) + \mathrm{j}\int a(t)\sin\ \varphi(t)\,\mathrm{e}^{-\mathrm{j}\omega t}\mathrm{d}t \tag{6-1-39}$$

取式 (6 – 1 – 39) 的复共轭, 令 $\omega \to -\omega$ 并相加, 因 $S(\omega) = S^*(-\omega)$, 则有

$$2S(\omega) = S_q(\omega) + S_q^*(-\omega) \tag{6-1-40}$$

于是解析信号的频谱为

$$S_a(\omega) = \begin{cases} 0, & \omega < 0 \\ 2S(\omega) = S_q(\omega) + S_q^*(-\omega), & \omega \geqslant 0 \end{cases} \tag{6-1-41}$$

努塔尔研究了基带信号和解析信号两者之间近似误差的能量[11]

$$\begin{aligned}\Delta E &= \int \left|s_a(t) - s_q(t)\right|^2 \mathrm{d}t = \frac{1}{2\pi}\int \left|S_a(\omega) - S_q(\omega)\right|^2 \mathrm{d}\omega \\ &= \frac{1}{2\pi}\int_{-\infty}^{0} \left|S_a(\omega) - S_q(\omega)\right|^2 \mathrm{d}\omega + \frac{1}{2\pi}\int_{0}^{\infty} \left|S_a(\omega) - S_q(\omega)\right|^2 \mathrm{d}\omega \\ &= \frac{1}{2\pi}\int_{-\infty}^{0} \left|S_q(\omega)\right|^2 \mathrm{d}\omega + \frac{1}{2\pi}\int_{0}^{\infty} \left|S_q^*(-\omega)\right|^2 \mathrm{d}\omega \\ &= \frac{1}{\pi}\int_{-\infty}^{0} \left|S_q(\omega)\right|^2 \mathrm{d}\omega \end{aligned} \tag{6-1-42}$$

即近似误差的能量为基带信号在负频率上能量的 2 倍。

2) 逐点比较准则

瓦克曼和文什坦给出了一个较强的条件[12], 即在每一个时刻比较 s_q 和 s_a, 根据式 (6−1−41), 有

$$\begin{aligned}s_a(t) - s_q(t) &= \frac{1}{2\pi}\int S_a(\omega)\,\mathrm{e}^{\mathrm{j}\omega t}\mathrm{d}\omega - \frac{1}{2\pi}\int S_q(\omega)\,\mathrm{e}^{\mathrm{j}\omega t}\mathrm{d}\omega \\ &= \frac{1}{2\pi}\int_{0}^{\infty} \left[S_q(\omega) + S_q^*(-\omega)\right]\mathrm{e}^{\mathrm{j}\omega t}\mathrm{d}\omega - \frac{1}{2\pi}\int S_q(\omega)\,\mathrm{e}^{\mathrm{j}\omega t}\mathrm{d}\omega \\ &= \frac{1}{2\pi}\int_{-\infty}^{0} \left[S_q^*(\omega)\,\mathrm{e}^{-\mathrm{j}\omega t} - S_q(\omega)\,\mathrm{e}^{\mathrm{j}\omega t}\right]\mathrm{d}\omega \end{aligned} \tag{6-1-43}$$

该方程在每一时刻对信号进行比较。如果对式 (6 − 1 − 43) 取绝对值, 则有

$$\begin{aligned}\left|s_a(t) - s_q(t)\right| &= \frac{1}{2\pi}\left|\int_{-\infty}^{0} \left[S_q^*(\omega)\,\mathrm{e}^{-\mathrm{j}\omega t} - S_q(\omega)\,\mathrm{e}^{\mathrm{j}\omega t}\right]\mathrm{d}\omega\right| \\ &\leqslant \frac{1}{2\pi}\int_{-\infty}^{0} \left|S_q^*(\omega)\,\mathrm{e}^{-\mathrm{j}\omega t} - S_q(\omega)\,\mathrm{e}^{\mathrm{j}\omega t}\right|\mathrm{d}\omega \\ &= \frac{1}{\pi}\int_{-\infty}^{0} \left|S_q(\omega)\right|\mathrm{d}\omega \end{aligned} \tag{6-1-44}$$

式 (6 − 1 − 44) 给出了任何时刻的绝对偏差。

6.1.4 瞬时频率与群延迟

在非平稳信号分析中, 瞬时物理量往往起着重要的作用。瞬时频率和群延迟就是这样两个物理量。

在平稳信号的分析与处理中, 所提到的频率指的是傅里叶变换的参数 —— 频率 ω(或 f), 它们与时间无关。然而, 对于非平稳信号而言, 傅里叶频率不再是合适的物理量, 因为① 非平稳信号不再简单地用傅里叶变换作为分析工具; ② 非平稳信号的频率是随时间变化的。因此, 需要使用另一种频率概念 —— 瞬时频率。

瞬时频率最早是由 Carson 和 Fry[13] 以及 Gabor[14] 分别定义的, 而且两种定义不同。后来, Ville 统一了这两种定义[15]。根据 6.1.3 节的介绍, 对于复信号 $s(t)$, 总可以把它写成 $s(t) =$

$a(t)\mathrm{e}^{\mathrm{j}\varphi(t)}$ 的形式; 若 $s(t)$ 为实信号, 则可通过 Hilbert 变换得到与 $s(t)$ 对应的解析信号 $s_a(t)$, 这样 $s_a(t)$ 也可表示为 $a(t)\mathrm{e}^{\mathrm{j}\varphi(t)}$ 的形式。信号的瞬时频率定义为 $\varphi(t)$ 对时间 t 的导数

$$\omega_i(t)=\varphi'(t)=\frac{\mathrm{d}\varphi(t)}{\mathrm{d}t} \tag{6-1-45}$$

显然, 瞬时频率是相对解析信号而言的, 它是解析信号相位的导数。分析可知, 傅里叶频率与瞬时频率有如下几方面区别:

(1) 傅里叶频率 ω 是一个独立的量, 而瞬时频率 $\omega_i(t)$ 是时间的函数;

(2) 傅里叶频率与傅里叶变换相联系, 而瞬时频率和 Hilbert 变换相联系;

(3) 傅里叶频率是一个 "全局性" 的量, 它是信号在整个时间区间内的体现, 而瞬时频率是信号在特定时间上的 "局部" 体现, 理论上讲, 它是信号在该时刻所具有的频率。

从物理学的角度, 信号可分为单分量信号和多分量信号。单分量信号在任意时刻都只有一个频率, 该频率即称为信号的瞬时频率。而多分量信号, 则在某些时刻应具有多个不同的瞬时频率, 而式 (6－1－45) 给出的结果是在该时刻其瞬时频率的平均值, 即确切地说 $\omega_i(t)$ 应该是信号的 "平均瞬时频率"。

Ville 进一步注意到, 由于瞬时频率是时变的, 所以应该存在与瞬时频率相对应的瞬时谱, 并且该瞬时谱的平均频率即为瞬时频率。

根据 6.1.3 节的论述, 同样可以定义信号瞬时频率的时间平均

$$\langle\omega_i(t)\rangle=\int\omega_i(t)\left|s(t)\right|^2\mathrm{d}t=\int\varphi'(t)\left|s(t)\right|^2\mathrm{d}t \tag{6-1-46}$$

利用 Garbor 提出的平均测度, Ville 证明了信号能量谱的中心频率等于瞬时频率的时间平均, 即信号的中心频率用瞬时频率表示为

$$\omega_0=\langle\omega\rangle=\frac{1}{2\pi}\int\omega\left|S(\omega)\right|^2\mathrm{d}\omega=\int\omega_i(t)\left|s(t)\right|^2\mathrm{d}t \tag{6-1-47}$$

与瞬时频率相对的另一个概念是 "群延迟"。与时域信号 $s(t)$ 对应的瞬时物理量为瞬时频率, 而与频域信号 $S(\omega)$ 对应的瞬时物理量为群延迟。将 $S(\omega)$ 写成 $\left|S(\omega)\right|\mathrm{e}^{\mathrm{j}\psi(\omega)}$ 的形式, 则信号 $s(t)$ 的群延迟定义为

$$t_g(\omega)=-\psi'(\omega)=-\frac{\mathrm{d}\psi(\omega)}{\mathrm{d}\omega} \tag{6-1-48}$$

另外, $s(t)$ 的相位延迟定义为

$$t_p(\omega)=-\frac{\psi(\omega)}{\omega} \tag{6-1-49}$$

同样可证明信号的时间中心与群延迟具有如下关系:

$$\langle t\rangle=\int t\left|s(t)\right|^2\mathrm{d}t=-\frac{1}{2\pi}\int t_g(\omega)\left|S(\omega)\right|^2\mathrm{d}\omega \tag{6-1-50}$$

群延迟是频率 ω 的函数, 反映了在频谱 $S(\omega)$ 中频率为 ω 的分量所具有的延迟, 其物理量用时间表示。

6.1.5 不确定原理

1. 不确定原理的定义

不确定原理也称为测不准原理, 最早由 W. Heisenberg 推导得出[2]。对于信号分析而言, 不确定原理表明信号的时宽和带宽不可能同时任意地窄, 即信号的时宽带宽之积不可能无限地小。信号分析中的不确定原理与所讨论的信号直接相关, 例如对原始信号而言, 就是原始信号的不确定原理; 对原始信号加窗后得到的新信号而言, 就是新信号的不确定原理。

在讨论不确定原理之前, 首先引入信号时频协方差的相关概念。

信号的时频协方差或时频相关系数刻画了信号的时频相关性。当信号用极坐标形式表示 (能量归一化信号), 即

$$s(t) = a(t)\,\mathrm{e}^{\mathrm{j}\varphi(t)}$$

时, 考虑如下量

$$\langle t\varphi'(t)\rangle = \int t\varphi'(t)\left|s(t)\right|^2 \mathrm{d}t$$

上式可以看作是乘以瞬时频率的时间平均值。现在, 如果时间与频率之间毫无关系, 则可以预料 $\langle t\varphi'(t)\rangle = \langle t\rangle\langle\varphi'(t)\rangle = \langle t\rangle\langle\omega\rangle$。因此 $\langle t\varphi'(t)\rangle$ 与 $\langle t\rangle\langle\omega\rangle$ 的差值就反映了时间与瞬时频率之间的关系。定义信号时频协方差为

$$\mathrm{cov}_{t\omega} = \langle t\varphi'(t)\rangle - \langle t\rangle\langle\varphi'(t)\rangle = \langle t\varphi'(t)\rangle - \langle t\rangle\langle\omega\rangle \tag{6-1-51}$$

上式表示信号时频联合平均与时间、频率平均之积的偏离程度, 当信号的时间与频率不相关时, 信号时频协方差为零。而归一化时频协方差就是信号的时频相关系数, 即

$$r_{t\omega} = \frac{\mathrm{cov}_{t\omega}}{\sigma_t\sigma_\omega} \tag{6-1-52}$$

式中, σ_t 和 σ_ω 分别为信号的时宽和带宽。

当信号用频谱表示时, 即

$$S(\omega) = \left|S(\omega)\right|\mathrm{e}^{\mathrm{j}\psi(\omega)}$$

信号的时频协方差定义为

$$\mathrm{cov}_{t\omega} = \langle t_g\omega\rangle - \langle t\rangle\langle\omega\rangle \tag{6-1-53}$$

式中, $t_g = -\psi'(\omega)$ 为信号 $s(t)$ 的群延迟, 因此

$$\langle t_g\omega\rangle = -\frac{1}{2\pi}\int \omega\psi'(\omega)\left|S(\omega)\right|^2 \mathrm{d}\omega \tag{6-1-54}$$

可以证明, 由时域和频域定义的信号时频协方差, 即式 (6-1-51) 和式 (6-1-53) 是等价的, 即

$$\int t\varphi'(t)\left|s(t)\right|^2 \mathrm{d}t = -\frac{1}{2\pi}\int \omega\psi'(\omega)\left|S(\omega)\right|^2 \mathrm{d}\omega$$

始终成立。

值得注意的是, 认为实信号的时频协方差和实频谱的时频协方差总是零是一种佯谬, 这与导致实信号中心频率和瞬时频率总是为零 (实信号的相位是零, 导数也是零) 的佯缪具有相同的原因, 即没有对实信号的相位作恰当的定义。

有了信号时频协方差的定义之后, 就可以讨论信号的不确定原理了。

信号的不确定原理有两种形式: 基本形式和增强形式。设信号 $s(t)$ 的时宽、带宽和时频协方差分别为 σ_t,σ_ω 和 $\mathrm{cov}_{t\omega}$, 则信号不确定原理的基本形式为

$$\sigma_t\sigma_\omega \geqslant \frac{1}{2} \tag{6-1-55a}$$

增强形式为

$$\sigma_t\sigma_\omega \geqslant \frac{1}{2}\sqrt{1+4\mathrm{cov}_{t\omega}^2} \tag{6-1-55b}$$

信号不确定原理表明, 不可能存在或构造一个时宽和带宽都任意小的信号。不确定原理涉及以下基本量:

(1) 信号的能量密度 (时间密度)$\left|s(t)\right|^2$;

(2) 信号的能量谱密度 (频率密度)$\left|S(\omega)\right|^2$;

(3) 信号 $s(t)$ 及其复频谱 $S(\omega)$ 的傅里叶变换对;

(4) 时间和频率的标准差 (时宽和带宽)。

2. 不确定原理的证明

显然, 对平均时间和平均频谱分别为 $\langle t\rangle$ 和 $\langle\omega\rangle$ 的任何能量归一化信号 $s_{new}(t)$, 都可以表示为

$$s_{new}(t) = \mathrm{e}^{\mathrm{j}\langle\omega\rangle t}s(t-\langle t\rangle)$$

式中, $s(t)=a(t)\mathrm{e}^{\mathrm{j}\varphi(t)}$ 为平均时间、平均频率为零的信号, 其时宽和带宽分别为 σ_t 和 σ_ω。设 $s_{new}(t)$ 的时宽和带宽分别为 $\sigma_{t,new}$ 和 $\sigma_{\omega,new}$, 则

$$\sigma_{\omega,new}^2 = \frac{1}{2\pi}\int(\omega-\langle\omega\rangle)^2\left|S_{new}(\omega)\right|^2\mathrm{d}\omega = \frac{1}{2\pi}\int(\omega-\langle\omega\rangle)^2\left|S(\omega-\langle\omega\rangle)\right|^2\mathrm{d}\omega$$

令 $\omega'=\omega-\langle\omega\rangle$, 有

$$\sigma_{\omega,new}^2 = \frac{1}{2\pi}\int(\omega')^2\left|S(\omega')\right|^2\mathrm{d}\omega' = \sigma_\omega^2$$

同理可得 $\sigma_{t,new}^2=\sigma_t^2$。即信号 $s_{new}(t)$ 和 $s(t)$ 除了在时间和频率方面被搬移之外, 具有相同的形状。

对于信号 $s(t)$, 有

$$\sigma_t^2 = \int t^2\left|s(t)\right|^2\mathrm{d}t = \int\left|ts(t)\right|^2\mathrm{d}t$$

利用频率算子 ω, 有

$$\sigma_\omega^2 = \frac{1}{2\pi}\int\omega^2\left|S(\omega)\right|^2\mathrm{d}\omega = \int\left|\frac{\mathrm{d}s(t)}{\mathrm{d}t}\right|^2\mathrm{d}t$$

于是

$$\sigma_t^2\sigma_\omega^2 = \int\left|ts(t)\right|^2\mathrm{d}t\int\left|\frac{\mathrm{d}s(t)}{\mathrm{d}t}\right|^2\mathrm{d}t$$

根据施瓦兹 (Schwartz) 不等式, 对任意两个函数 $f(t)$ 和 $g(t)$, 有

$$\int \left|f(t)\right|^2 \mathrm{d}t \int \left|g(t)\right|^2 \mathrm{d}t \geqslant \left|\int f^*(t)\, g(t)\, \mathrm{d}t\right|^2$$

取 $f(t) = ts(t), g(t) = \dfrac{\mathrm{d}s(t)}{\mathrm{d}t}$, 有

$$\sigma_t^2 \sigma_\omega^2 \geqslant \left|\int ts^*(t) \frac{\mathrm{d}s(t)}{\mathrm{d}t} \mathrm{d}t\right|^2 \tag{6-1-56}$$

以 $s(t) = a(t)\,\mathrm{e}^{\mathrm{j}\varphi(t)}$ 代入上式, 得

$$\begin{aligned}\sigma_t^2 \sigma_\omega^2 \geqslant \left|\int ts^*(t) \frac{\mathrm{d}s(t)}{\mathrm{d}t} \mathrm{d}t\right|^2 &= \left|\int ta(t)\,\mathrm{e}^{-\mathrm{j}\varphi(t)} \frac{\mathrm{d}\left[a(t)\,\mathrm{e}^{\mathrm{j}\varphi(t)}\right]}{\mathrm{d}t} \mathrm{d}t\right|^2 \\ &= \left|\int \left[ta'(t)\, a(t) + \mathrm{j}t\varphi'(t)\, a^2(t)\right] \mathrm{d}t\right|^2 \\ &= \left|\int \left\{\frac{1}{2} \frac{\mathrm{d}}{\mathrm{d}t}\left[ta^2(t)\right] - \frac{1}{2} a^2(t) + \mathrm{j}t\varphi'(t)\, a^2(t)\right\} \mathrm{d}t\right|^2\end{aligned}$$

式中, 第一项是一个全微分项, 其积分为零; 因 $s(t)$ 为规范化信号, 故第二项积分为 1/2; 第三项为 $\int \mathrm{j}t\varphi'(t)\, a^2(t)\, \mathrm{d}t = \mathrm{j}\mathrm{cov}_{t\omega}$, 因此

$$\sigma_t^2 \sigma_\omega^2 \geqslant \left|0 - \frac{1}{2} + \mathrm{j}\mathrm{cov}_{t\omega}\right|^2 = \frac{1}{4} + \mathrm{cov}_{t\omega}^2$$

即对于任意规范化信号 $s_{new}(t)$, 有

$$\sigma_{t,new}\sigma_{\omega,new} = \sigma_t \sigma_\omega \geqslant \frac{1}{2}\sqrt{1 + 4\mathrm{cov}_{t\omega}^2}$$

由此, 式 $(6-1-55)$ 得证。

可以证明, 具有高斯包络的固定调频信号才有最小的时宽带宽乘积, 即式 $(6-1-55)$ 中取等号的情况。事实上, 根据施瓦兹不等式和式 $(6-1-56)$ 可知, 具有最小时宽带宽乘积的必要条件为

$$\frac{\mathrm{d}s(t)}{\mathrm{d}t} = -cts(t)$$

式中, $c = c_r + \mathrm{j}c_i$ 为常数。若要满足充分条件, 还必须有协方差等于零。要使协方差等于零, 则 c 必须是实数, 也就是 c_i 等于零[5]。

6.2 时频分布的一般理论

信号时频分析根据其时频表示是否满足线性叠加原理可以分为线性表示或线性变换 (如短时傅里叶变换, Gabor 展开) 和非线性变换 (如 Wingner – Ville 变换为二次型变换) 两大类。线性时频表示以时间和频率的联合函数 (取线性变化形式) 表示信号的频谱随时间变化的情况。如果

以时间和频率的联合函数来描述信号的能量密度随时间变换的情况, 即非平稳信号的 "能量化" 时频表示, 称为信号的时频分布。由于能量本身是信号的二次型表示, 所以时频分布是非平稳信号的一种非线性变换 ("能量化" 的二次型变换)。

时频分析的主要目的在于构造一个恰当的时间和频率的二维能量分布 —— 时频分布, 一方面给出信号在某一确定的时间范围和频率范围内的能量百分比, 另一方面用来估计信号的特征参数, 如瞬时频率, 群延迟等。但是, 并非任意的时间和频率的二维函数都能作为达到上述目的的时频分布, 相反, 只有满足一些基本要求的时频二维函数才是有用的分布。为了更好地理解各种时频分布, 在研究具体的时频分布之前, 有必要先讨论它们的基本概念和特性。

此外, 时频分析一般不用实信号, 而用解析信号或基带信号, 因此如果没有特别指出, 本章后面所提到的信号都是指解析信号。

6.2.1　时频分布的定义

根据 6.1 节的有关内容, 在傅里叶分析中, 信号 $s(t)$ 的瞬时功率是信号模的平方 $|s(t)|^2$, 表示在 t 时刻单位时间的强度, $|s(t)|^2\Delta t$ 表示在 t 时刻, 时间间隔 Δt 内的能量; 能量谱密度是傅里叶谱模的平方 $|S(\omega)|^2$, 表示在 ω 处每单位频率的强度, $|S(\omega)|^2\Delta\omega$ 表示在频点 ω 处, 频率间隔 $\Delta\omega$ 内的能量。

对于非平稳信号 $s(t)$, 对 $s(t)$ 进行时频分析的基本目的在于构造一个能够反映时变特性的时频联合分布 $P(t,\omega)$, 它表示信号在时刻 t 和频点 ω 的强度 (每单位时间和每单位频率的能量)。$P(t,\omega)$ 是时间的函数, 所以也称为时变谱。这样,$P(t,\omega)\Delta t\Delta\omega$ 表示在时频点 (t,ω) 处, 在时间 – 频率网格 $\Delta t\Delta\omega$ 内的能量。

实际上, 信号 $s(t)$ 的瞬时功率是一种二次型 (双线性) 变换 $s(t)s^*(t)$。对于双线性变换, 在平稳信号里就是用它来定义自相关函数和功率谱的, 即

$$R(\tau)=\int s(t)\,s^*(t-\tau)\,\mathrm{d}\tau$$

$$P(\omega)=\int R(\tau)\,\mathrm{e}^{-\mathrm{j}\omega\tau}\mathrm{d}\tau$$

若采用对称形式, 则自相关函数为

$$R(\tau)=\int s\left(t+\frac{\tau}{2}\right)s^*\left(t-\frac{\tau}{2}\right)\mathrm{d}\tau$$

平稳信号的自相关函数和功率谱的定义很容易推广到非平稳信号。因为对称形式的双线性变换更能表现出非平稳信号的某些重要特性, 因此, 对非平稳信号常采用对称形式的时变自相关函数 $R(t,\tau)$。为了体现信号的局部时频特性, 应对信号作滑窗处理, 同时沿 τ 轴加权, 于是

$$R(t,\tau)=\int h(u-t,\tau)\,s\left(u+\frac{\tau}{2}\right)s^*\left(u-\frac{\tau}{2}\right)\mathrm{d}u \tag{6-2-1}$$

式中, $h(t,\tau)$ 为窗函数; $R(t,\tau)$ 称为 "局部相关函数"。对局部相关函数作傅里叶变换, 可得到时变功率谱, 也就是信号的时频分布, 即有

$$P(t,\omega)=\int R(t,\tau)\,\mathrm{e}^{-\mathrm{j}\omega\tau}\mathrm{d}\tau \tag{6-2-2}$$

这表明, 信号时频分布 $P(t,\omega)$ 可以利用局部相关函数来定义。事实上, 如果取不同的局部相关函数形式, 就能够得到不同的时频分布。

如果取窗函数 $h(u-t,\tau)=\delta(u-t)$, 即对 τ 不加限制, 而在时域取瞬时值, 则有

$$R(t,\tau)=\int\delta(u-t)\,s\left(u+\frac{\tau}{2}\right)s^*\left(u-\frac{\tau}{2}\right)\mathrm{d}u$$
$$=s\left(t+\frac{\tau}{2}\right)s^*\left(t-\frac{\tau}{2}\right)=k(t,\tau) \tag{6-2-3}$$

称为瞬时相关函数, 也称双时间信号, 它的傅里叶变换即为 Wigner – Ville 分布

$$P(t,\omega)=W(t,\omega)=\int s\left(t+\frac{\tau}{2}\right)s^*\left(t-\frac{\tau}{2}\right)\mathrm{e}^{-\mathrm{j}\omega\tau}\mathrm{d}\tau \tag{6-2-4}$$

关于 Wigner – Ville 分布的详细论述见 6.5 节。

6.2.2 特征函数

特征函数是概率论中一种重要的数学工具。设信号 $s(t)$ 的时频分布为 $P(t,\omega)$, 将 $P(t,\omega)$ 作为二维密度函数处理, 可以定义一个对应的特征函数

$$M(\tau,\nu)=\langle\mathrm{e}^{\mathrm{j}(\nu t+\omega\tau)}\rangle=\frac{1}{2\pi}\iint P(t,\omega)\,\mathrm{e}^{\mathrm{j}(\nu t+\omega\tau)}\mathrm{d}t\mathrm{d}\omega \tag{6-2-5}$$

将 $\mathrm{e}^{\mathrm{j}(\nu t+\omega\tau)}$ 作泰勒级数展开, 得

$$\mathrm{e}^{\mathrm{j}(\nu t+\omega\tau)}=\sum_{n=0}^{\infty}\sum_{m=0}^{\infty}\frac{(\mathrm{j}\nu t)^n}{n!}\frac{(\mathrm{j}\omega\tau)^m}{m!} \tag{6-2-6}$$

将式 (6 – 2 – 6) 代入式 (6 – 2 – 5) 得

$$M(\tau,\nu)=(\mathrm{j})^{n+m}\sum_{n=0}^{\infty}\sum_{m=0}^{\infty}\frac{\nu^n}{n!}\frac{\tau^m}{m!}\langle t^n\omega^m\rangle \tag{6-2-7}$$

这表明, 特征函数可以由时间和频率的混合矩来构造。一般说来, 特征函数是复变函数, 然而并非每一个复变函数都可以用作特征函数, 因为它必须是某个密度函数的傅里叶变换。在有些情况下, 混合矩并不确定一个唯一分布。

按泰勒级数展开系数的定义, 由特征函数可以得到时间和频率的 $n+m$ 阶混合矩

$$\langle t^n\omega^m\rangle=\frac{1}{(\mathrm{j})^{n+m}}\frac{\partial^{n+m}}{\partial\nu^n\partial\tau^m}M(\tau,\nu)\bigg|_{\tau,\nu=0} \tag{6-2-8}$$

由时频分布 $P(t,\omega)$ 定义的时间、频率分布分别为 $P(t)$ 和 $P(\omega)$, 即

$$P(t)=\frac{1}{2\pi}\int P(t,\omega)\,\mathrm{d}\omega,\quad P(\omega)=\int P(t,\omega)\,\mathrm{d}t \tag{6-2-9}$$

它们的特征函数分别为

$$M(\nu)=\langle\mathrm{e}^{\mathrm{j}\nu t}\rangle=\int P(t)\,\mathrm{e}^{\mathrm{j}\nu t}\mathrm{d}t,\quad M(\tau)=\langle\mathrm{e}^{\mathrm{j}\omega\tau}\rangle=\frac{1}{2\pi}\int P(\omega)\,\mathrm{e}^{\mathrm{j}\omega\tau}\mathrm{d}\omega \tag{6-2-10}$$

事实上, 由式 (6 – 2 – 5) 和式 (6 – 2 – 9), 有

$$M(\nu) = M(0,\nu), \quad M(\tau) = M(\tau,0) \tag{6-2-11}$$

这说明, 特征函数满足边缘特性 (见 6.2.4 节)。

另从式 (6 – 2 – 5) 知, 时频分布函数可以通过特征函数的二维傅里叶逆变换得到, 即有

$$P(t,\omega) = \frac{1}{2\pi}\iint M(\tau,\nu)\,\mathrm{e}^{-\mathrm{j}(\nu t+\omega\tau)}\mathrm{d}\tau\mathrm{d}\nu \tag{6-2-12}$$

这说明, 选择不同的特征函数, 将得到不同的时频分布。

6.2.3 模糊函数

1. 定义

时频分布是对信号的双线性变换 $s\left(t+\frac{\tau}{2}\right)s^*\left(t-\frac{\tau}{2}\right)$ 关于变量 τ 所作的傅里叶变换。如果对该双线性变换作关于时间 t 的傅里叶逆变换, 则得到另一种二维时频分布函数, 即模糊函数

$$A(\tau,\nu) = \int s\left(t+\frac{\tau}{2}\right)s^*\left(t-\frac{\tau}{2}\right)\mathrm{e}^{\mathrm{j}\nu t}\mathrm{d}t \tag{6-2-13a}$$

由式 (6 – 2 – 3) 瞬时相关函数 $k(t,\tau)$ 的定义及式 (6 – 2 – 13a), 模糊函数即为瞬时相关函数关于 t 的傅里叶逆变换

$$A(\tau,\nu) = \underset{t\to\nu}{\mathrm{F}}{}^{-1}\left[k(t,\tau)\right]$$

而在雷达信号分析中, 则将模糊函数定义为瞬时相关函数关于 t 的傅里叶变换

$$A(\tau,\nu) = \underset{t\to\nu}{\mathrm{F}}\left[k(t,\tau)\right] \tag{6-2-13b}$$

本章所论述的模糊函数均采用式 (6 – 2 – 13a) 给出的定义。

对比模糊函数和 Wigner – Ville 分布可知, 它们都是双线性变换信号或瞬时相关函数的某种线性变换。Wigner – Ville 分布变换信号到时频平面, 表示能量分布, 称为能量域; 而模糊函数则将信号变换到时延 – 频偏平面, 表示相关, 称为相关域。事实上, 利用 δ 函数的积分性质、傅里叶变换对、模糊函数的定义, 有

$$\begin{aligned}
W(t,\omega) &= \int s\left(t+\frac{\tau}{2}\right)s^*\left(t-\frac{\tau}{2}\right)\mathrm{e}^{-\mathrm{j}\omega\tau}\mathrm{d}\tau \\
&= \iint s\left(u+\frac{\tau}{2}\right)s^*\left(u-\frac{\tau}{2}\right)\mathrm{e}^{-\mathrm{j}\omega\tau}\delta(u-t)\,\mathrm{d}u\mathrm{d}\tau \\
&= \frac{1}{2\pi}\iiint s\left(u+\frac{\tau}{2}\right)s^*\left(u-\frac{\tau}{2}\right)\mathrm{e}^{-\mathrm{j}\omega\tau}\mathrm{e}^{\mathrm{j}\nu(u-t)}\mathrm{d}u\mathrm{d}\tau\mathrm{d}\nu \\
&= \frac{1}{2\pi}\iint\left[\int s\left(u+\frac{\tau}{2}\right)s^*\left(u-\frac{\tau}{2}\right)\mathrm{e}^{\mathrm{j}\nu u}\mathrm{d}u\right]\mathrm{e}^{-\mathrm{j}(\nu t+\omega\tau)}\mathrm{d}\tau\mathrm{d}\nu \\
&= \frac{1}{2\pi}\iint A(\tau,\nu)\,\mathrm{e}^{-\mathrm{j}(\nu t+\omega\tau)}\mathrm{d}\tau\mathrm{d}\nu
\end{aligned}$$

比较式 (6 – 2 – 12), 对于 Wigner – Ville 分布, 特征函数和模糊函数具有相同的形式。

若定义信号 $x(t)$ 和 $y(t)$ 的互瞬时相关函数为 $k_{xy}(t,\tau)=x\left(t+\dfrac{\tau}{2}\right)y^*\left(t-\dfrac{\tau}{2}\right)$, 则可定义互模糊函数为

$$A_{xy}(\tau,\nu)=\underset{t\to\nu}{\mathrm{F}}^{-1}\left[k_{xy}(t,\tau)\right]=\int k_{xy}(t,\tau)\,\mathrm{e}^{\mathrm{j}\nu t}\mathrm{d}t \qquad (6-2-14)$$

2. 性质

根据定义式 (6 − 2 − 14), 对信号 $s(t)$, 不难证明模糊函数具有以下性质:

(1) 时移。模糊函数的模对时移不敏感, 若 $\widetilde{s}(t)=s(t-t_0)$, 则

$$A_{\widetilde{s}}(\tau,\nu)=A_s(\tau,\nu)\,\mathrm{e}^{\mathrm{i}\nu t_0},\quad \left|A_{\widetilde{s}}(\tau,\nu)\right|=\left|A_s(\tau,\nu)\right|$$

(2) 频移。模糊函数的模对频移也不敏感, 若 $\widetilde{s}(t)=s(t)\,\mathrm{e}^{\mathrm{j}\omega_0 t}$, 则

$$A_{\widetilde{s}}(\tau,\nu)=A_s(\tau,\nu)\,\mathrm{e}^{\mathrm{i}\omega_0 t},\quad \left|A_{\widetilde{s}}(\tau,\nu)\right|=\left|A_s(\tau,\nu)\right|$$

(3) 滤波。若 $\widetilde{s}(t)=\int s(u)\,h(t-u)\,\mathrm{d}u$, 则

$$A_{\widetilde{s}}(\tau,\nu)=\int A_s(\tau,\nu)\,A_h(\tau-u,\nu)\,\mathrm{d}u$$

(4) 调制。若调制信号 $\widetilde{s}(t)=s(t)\,m(t)$, 其模糊函数为

$$A_{\widetilde{s}}(\tau,\nu)=\int A_s(\tau,\eta)\,A_m(\tau,\nu-\eta)\,\mathrm{d}\eta$$

关于模糊函数的更多重要数学性质列于表 6.2.1。

表 6.2.1　模糊函数的重要数学性质

共轭对称性	$A(\tau,\nu)=A^*(-\tau,-\nu)$
时移性	$\widetilde{s}(t)=s(t-t_0)\Rightarrow A_{\widetilde{s}}(\tau,\nu)=A(\tau,\nu)\,\mathrm{e}^{\mathrm{j}\nu t_0}$
频移性	$\widetilde{s}(t)=s(t)\,\mathrm{e}^{\mathrm{j}\omega_0 t}\Rightarrow A_{\widetilde{s}}(\tau,\nu)=A(\tau,\nu)\,\mathrm{e}^{\mathrm{j}\omega_0 t}$
时频伸缩性	$\widetilde{s}(t)=\sqrt{\lvert c\rvert}s(ct)\Rightarrow A_{\widetilde{s}}(\tau,\nu)=A\left(c\tau,\dfrac{\nu}{c}\right),c\neq 0$
时延边缘性	$A(0,\nu)=\dfrac{1}{2\pi}\displaystyle\int S\left(\omega-\dfrac{\nu}{2}\right)S^*\left(\omega+\dfrac{\nu}{2}\right)\mathrm{d}\omega$
频偏边缘性	$A(\tau,0)=\displaystyle\int s\left(t-\dfrac{\tau}{2}\right)s^*\left(t+\dfrac{\tau}{2}\right)\mathrm{d}t$
总能量	$A(0,0)=\displaystyle\int\left\lvert s(t)\right\rvert^2\mathrm{d}t=\dfrac{1}{2\pi}\int\left\lvert S(\omega)\right\rvert^2\mathrm{d}\omega=E$
瞬时频率	$\omega_i(t)=\dfrac{1}{\mathrm{j}}\dfrac{\displaystyle\int\left[\dfrac{\partial A_s(\tau,\nu)}{\partial\tau}\right]_{\tau=0}\mathrm{e}^{-\mathrm{j}\nu t}\mathrm{d}\nu}{\displaystyle\int A_s(0,\nu)\,\mathrm{e}^{-\mathrm{j}\nu t}\mathrm{d}\nu}$

续表

群延迟	$\tau_g(\omega)=-\dfrac{1}{\mathrm{j}}\dfrac{\displaystyle\int\left[\frac{\partial A_s(\tau,\nu)}{\partial\nu}\right]_{\nu=0}\mathrm{e}^{-\mathrm{j}\omega t}\mathrm{d}\tau}{\displaystyle\int A_s(\tau,0)\,\mathrm{e}^{-\mathrm{j}\omega\tau}\mathrm{d}\tau}$
弱时延支撑	$s(t)=0, t\notin[t_1,t_2]\Rightarrow A(\tau,\nu)=0,\tau>t_2-t_1$
弱频偏支撑	$S(\omega)=0,\omega\notin[\omega_1,\omega_2]\Rightarrow A(\tau,\nu)=0,\nu>\omega_2-\omega_1$
酉性 (Moyal 公式)	$\langle A_{x_1y_1},A_{x_2y_2}\rangle=\langle x_1,y_1\rangle\langle x_2,y_2\rangle^*$
卷积性	$s(t)=x(t)*h(t)\Rightarrow A(\tau,\nu)=\int A_x(\tau',\nu)\,A_h(\tau-\tau',\nu)\,\mathrm{d}\tau'$
乘积性	$s(t)=x(t)\,h(t)\Rightarrow A(\tau,\nu)=\int A_x(\tau,\nu')\,A_h(\tau,\nu-\nu')\,\mathrm{d}\nu'$

既然模糊函数也是信号的一种时频分布, 那么它必然也服从二次叠加原理 (见 6.2.4 节), 也存在交叉项 (互模糊函数)。

6.2.4 时频分布的基本性质要求

时频分布是信号能量分布的表示, 对于任何一种实际和有用的时频分析方法, 应该满足一些基本性质。

1. 实值非负性

时频分布必须是实的, 且希望是非负的。因为时频分布是信号的能量分布, 所以这一性质是显然的。

2. 边缘特性

理想情况下, 信号 $s(t)$ 的时频分布应具有真正的边缘, 即

$$P(t)=\frac{1}{2\pi}\int P(t,\omega)\,\mathrm{d}\omega=\left|s(t)\right|^2 \tag{6-2-15}$$

$$P(\omega)=\int P(t,\omega)\,\mathrm{d}t=\left|S(\omega)\right|^2 \tag{6-2-16}$$

也就是说, 某一特定时刻的所有频率的能量总和等于信号在该时刻的瞬时功率, 即能量密度, 而某一特定频率的全部时间内能量总和等于信号的能量谱密度。

具有真边缘是时频分布所期望的一个理想性质。实际应用中, 不具备真边缘的时频分布也可以作为一个合理的或可用的分布, 如谱图 (短时傅里叶变换模的平方)。

3. 总能量

按照能量守恒的要求, 时频分布的总能量应该等于信号的能量, 即

$$E=\frac{1}{2\pi}\iint P(t,\omega)\,\mathrm{d}t\mathrm{d}\omega=\int\left|s(t)\right|^2\mathrm{d}t=\frac{1}{2\pi}\int\left|S(\omega)\right|^2\mathrm{d}\omega \tag{6-2-17}$$

总能量守恒是一个较弱的要求, 许多不满足总能量要求的联合分布也能作为好的时频分布。此外, 具有真正边缘的时频分布显然满足总能量守恒的要求, 反之则不一定正确。

4. 整体平均与局部平均

1) 整体平均

关于时间和频率的任意函数 $g(t,\omega)$, 可以通过为给定信号 $s(t)$ 构造的时频分布 $P(t,\omega)$ 计算其整体平均, 即

$$\langle g(t,\omega)\rangle = \frac{1}{2\pi}\iint g(t,\omega)P(t,\omega)\,\mathrm{d}t\mathrm{d}\omega \tag{6-2-18}$$

如果 $P(t,\omega)$ 具有真边缘, 则进一步有

$$\begin{aligned}\langle g_1(t)+g_2(\omega)\rangle &= \frac{1}{2\pi}\iint [g_1(t)+g_2(\omega)]P(t,\omega)\,\mathrm{d}t\mathrm{d}\omega \\ &= \int g_1(t)\left|s(t)\right|^2\mathrm{d}t + \frac{1}{2\pi}\int g_2(\omega)\left|S(\omega)\right|^2\mathrm{d}\omega\end{aligned} \tag{6-2-19}$$

2) 局部平均

如果将时频分布 $P(t,\omega)$ 作为一个二维密度处理, 则可以定义如下给定时间的频率密度和给定频率的时间密度

$$P(\omega|t) = \frac{P(t,\omega)}{P(t)}, \quad P(t|\omega) = \frac{P(t,\omega)}{P(\omega)} \tag{6-2-20}$$

式中, $P(t)$ 和 $P(\omega)$ 分别表示时间边缘和频率边缘 [见式 (6-2-15) 和式 (6-2-16)]。注意, 这里使用 $P(t)$ 和 $P(\omega)$ 而不是 $\left|s(t)\right|^2$ 和 $\left|S(\omega)\right|^2$, 是因为一些不具有真边缘的时频分布也可以是合理的或可用的。

于是, 对一般的时频分布 $P(t,\omega)$ (不一定具有真边缘), 可以计算在给定时刻或给定频率条件下的平均 —— 局部平均, 即

$$\langle g(\omega)\rangle_t = \frac{1}{2\pi}\int g(\omega)P(\omega|t)\,\mathrm{d}\omega = \frac{1}{2\pi P(t)}\int g(\omega)P(t,\omega)\,\mathrm{d}\omega \tag{6-2-21}$$

$$\langle g(t)\rangle_\omega = \int g(t)P(t|\omega)\,\mathrm{d}t = \frac{1}{P(\omega)}\int g(t)P(t,\omega)\,\mathrm{d}t \tag{6-2-22}$$

设信号 $s(t)=a(t)\mathrm{e}^{\mathrm{j}\varphi(t)}$, 其频域表示为 $S(\omega)=\left|S(\omega)\right|\mathrm{e}^{\mathrm{j}\psi(\omega)}$, 当 $P(t,\omega)$ 为其时频分布时, 由上述局部平均可以估计 $s(t)$ 的常用特征参量:

(1) 瞬时频率的估计, 即估计特定时刻的平均频率

$$\omega_i(t) = \langle\omega\rangle_t = \frac{1}{2\pi P(t)}\int \omega P(t,\omega)\mathrm{d}\omega = \varphi'(t) \tag{6-2-23}$$

(2) 群延迟的估计, 即估计特定频率 (频点) 的平均时间

$$\tau_g(\omega) = \langle t\rangle_\omega = \frac{1}{P(\omega)}\int tP(t,\omega)\mathrm{d}t = -\psi'(\omega) \tag{6-2-24}$$

(3) 瞬时带宽的估计, 即估计给定时刻的频率扩展

$$\sigma^2_{\omega|t} = \langle(\omega-\langle\omega\rangle_t)^2\rangle_t = \frac{1}{2\pi P(t)}\int(\omega-\langle\omega\rangle_t)^2P(t,\omega)\mathrm{d}\omega \tag{6-2-25}$$

(4) 瞬时时宽的估计, 即估计给定频率的时间扩展

$$\sigma^2_{t|\omega} = \langle(t-\langle t\rangle_\omega)^2\rangle_\omega = \frac{1}{P(\omega)}\int(t-\langle t\rangle_\omega)^2P(t,\omega)\mathrm{d}t \tag{6-2-26}$$

5. 有限支撑性

这是从能量角度对时频分布提出的一个基本性质。在信号处理中, 作为工程上的近似, 往往要求信号具有有限的时宽和带宽。有限支撑是指信号定义在有限的区间。信号时频分布的有限支撑性包括弱有限支撑性和强有限支撑性。

1) 弱有限支撑性 (定义域的同一性)

设信号 $s(t)$ 对应的时频分布为 $P(t,\omega)$。若信号定义在某一有限区间内 (或定义在某一频带内), 它的时频分布也定义在相同的区间内 (或相同的频带内), 即

$$s(t)=0,\quad t\notin(t_1,t_2)\Rightarrow P(t,\omega)=0,\quad t\notin(t_1,t_2)$$
$$S(\omega)=0,\quad \omega\notin(\omega_1,\omega_2)\Rightarrow P(t,\omega)=0,\quad \omega\notin(\omega_1,\omega_2)$$

则称该时频分布具有弱有限支撑性或定义域的同一性。

实际上, 满足弱有限支撑性的时频分布不可能局限于时频平面内的有限区域, 因为信号不可能同时在持续时间和频带上有限。

2) 强有限支撑性

设信号 $s(t)$ 对应的时频分布为 $P(t,\omega)$。若无论什么时候只要信号为零, 其时频分布就为零; 或者无论在什么频点, 只要信号的频谱为零, 其时频分布就为零, 即

$$s(t)=0,\quad t=t_0\Rightarrow P(t,\omega)=0,\quad t=t_0$$
$$S(\omega)=0,\quad \omega=\omega_0\Rightarrow P(t,\omega)=0,\quad \omega=\omega_0$$

则称该时频分布具有强有限支撑性。

显然, 强有限支撑包含弱有限支撑, 但反之不成立。

分析上述性质可以看出, 边缘特性连同非负性可以保证时频分布准确反映信号的谱能量、瞬时功率和总能量。边缘特性还可以保证信号的特征参量 (如平均时间、平均频率、时宽和带宽) 能够正确给定。非负性进一步可保证分布的条件期望是切合实际并具有物理意义的。非负性和正确的边缘特性还可以保证时频分布具有强有限支撑性。

6. 平移不变性

平移不变性包括时移不变性和频移不变性。

时移不变性是指信号经时移后, 其时频分布产生相应的时移, 而分布本身保持不变。若信号 $s(t)$ 对应的时频分布为 $P(t,\omega)$, 则信号 $s(t-t_0)$ 对应时频分布为 $P(t-t_0,\omega)$, 记为

$$s(t)\to P(t,\omega)\Rightarrow s(t-t_0)\to P(t-t_0,\omega) \tag{6-2-27}$$

同样, 频移不变性是指信号经频移后, 其时频分布产生相应的频移, 而分布本身保持不变, 记为

$$s(t)\to P(t,\omega)\Rightarrow s(t)\mathrm{e}^{\mathrm{j}\omega_0 t}\to P(t,\omega-\omega_0) \tag{6-2-28}$$

综合时移不变性和频移不变性, 则时频分布的平移不变性可统一表示为

$$s(t)\to P(t,\omega)\Rightarrow s(t-t_0)\mathrm{e}^{\mathrm{j}\omega_0 t}\to P(t-t_0,\omega-\omega_0) \tag{6-2-29}$$

7. 线性尺度变换

对于一个信号 $s(t)$, 其尺度变换的形式为

$$\widetilde{s}(t)=\sqrt{|c|}s(ct)$$

尺度变换使原信号被放大或缩小, 具体取决于 c 是大于 1 还是小于 1(不等于零)。

若信号 $s(t)$ 对应的时频分布为 $P(t,\omega)$, 则尺度变换的结果 $\widetilde{s}(t)$ 的时频分布为 $P(ct,\omega/c)$, 称为时频分布的线性尺度变换性质, 记为

$$s(t)\to P(t,\omega)\Rightarrow\sqrt{|c|}s(ct)\to P\left(ct,\frac{\omega}{c}\right),\quad c\neq 0 \tag{6-2-30}$$

若 $P(t,\omega)$ 具有真边缘, 则 $P(ct,\omega/c)$ 也具有真边缘, 即

$$\frac{1}{2\pi}\int P\left(ct,\frac{\omega}{c}\right)\mathrm{d}\omega=|c||s(ct)|^2 \tag{6-2-31}$$

$$\int P\left(ct,\frac{\omega}{c}\right)\mathrm{d}t=\frac{1}{|c|}\left|S\left(\frac{\omega}{c}\right)\right|^2 \tag{6-2-32}$$

时频分布所期望的一些重要数学性质列表于 6.2.2。

表 6.2.2 时频分布所期望的数学性质

实值性	$P^*(t,\omega)=P(t,\omega)$
时移不变性	$\widetilde{s}(t)=s(t-t_0)\Rightarrow P_{\widetilde{s}}(t,\omega)=P(t-t_0,\omega)$
频移不变性	$\widetilde{s}(t)=s(t)\mathrm{e}^{\mathrm{j}\omega_0 t}\Rightarrow P_{\widetilde{s}}(t,\omega)=P(t,\omega-\omega_0)$
时间边缘特性	$\frac{1}{2\pi}\int P(t,\omega)\mathrm{d}\omega=\|s(t)\|^2$
频率边缘特性	$\int P(t,\omega)\mathrm{d}t=\|S(\omega)\|^2$
时间矩	$\frac{1}{2\pi}\iint t^nP(t,\omega)\mathrm{d}t\mathrm{d}\omega=\int t^n\|s(t)\|^2\mathrm{d}t$
频率矩	$\iint \omega^nP(t,\omega)\mathrm{d}t\mathrm{d}\omega=\int \omega^n\|S(\omega)\|^2\mathrm{d}\omega$
时频伸缩性	$\widetilde{s}(t)=\sqrt{\|c\|}s(ct)\Rightarrow P_{\widetilde{s}}(t,\omega)=P(ct,\omega/c),c\neq 0$
瞬时频率	$\omega_i(t)=\dfrac{\int \omega P(t,\omega)\mathrm{d}\omega}{\int P(t,\omega)\mathrm{d}\omega}=\frac{\mathrm{d}}{\mathrm{d}t}\arg[s(t)]$
群时延	$\tau_g(\omega)=\dfrac{\int tP(t,\omega)\mathrm{d}t}{\int P(t,\omega)\mathrm{d}t}=-\frac{\mathrm{d}}{\mathrm{d}\omega}\arg[S(\omega)]$
弱有限时间支撑	$s(t)=0,t\notin[t_1,t_2]\Rightarrow P(t,\omega)=0,t\notin[t_1,t_2]$
弱有限频率支撑	$S(\omega)=0,\omega\notin[\omega_1,\omega_2]\Rightarrow P(t,\omega)=0,\omega\notin[\omega_1,\omega_2]$
酉性 (Moyal 公式)	$\langle P_{x_1,y_1},P_{x_2,y_2}\rangle=\langle x_1,x_2\rangle\langle y_1,y_2\rangle^*$
卷积性	$\widetilde{s}(t)=s(t)*h(t)\Rightarrow P_{\widetilde{s}}(t,\omega)=\int P_s(\tau,\omega)P_h(t-\tau,\omega)\mathrm{d}\tau$
乘积性	$\widetilde{s}(t)=s(t)h(t)\Rightarrow P_{\widetilde{s}}(t,\omega)=\int P_s(t,\nu)P_h(t,\omega-\nu)\mathrm{d}\nu$

8. 二次叠加原理

和其他线性函数一样, 线性时频表示满足叠加原理, 这给多分量信号的分析和处理带来很大的方便, 因为可以先对各个单分量信号单独进行分析和处理, 然后再将结果叠加即可。但二次型时频表示的情况与线性时频表示的情况不同, 因为二次型或双线性变换破坏了线性叠加原理, 使得多分量信号的时频分析不再像线性时频表示时那样简单。

与线性时频表示服从 "线性叠加原理" 类似, 任何二次型时频表示都满足 "二次叠加原理", 设

$$s(t) = c_1 s_1(t) + c_2 s_2(t)$$

则任何二次型时频表示服从下面的二次叠加原理:

$$P_s(t,\omega) = |c_1|^2 P_{s_1}(t,\omega) + |c_2|^2 P_{s_2}(t,\omega) + c_1 c_2^* P_{s_1,s_2}(t,\omega) + c_2 c_1^* P_{s_2,s_1}(t,\omega) \qquad (6-2-33)$$

式中, $P_s(t,\omega) = P_{s,s}(t,\omega)$ 表示信号 $s(t)$ 的 "自时频分布" (简称 "信号项"), 它是 $s(t)$ 的双线性函数; $P_{s_1,s_2}(t,\omega)$ 表示信号 $s_1(t)$ 和 $s_2(t)$ 的 "互时频分布" (简称 "交叉项"), 它是 $s_1(t)$ 和 $s_2(t)$ 的双线性函数。交叉项通常相当于干扰, 所以又称为 "干扰项"。

将二次叠加原理推广到 p 分量信号 $s(t) = \sum_{k=1}^{p} c_k s_k(t)$, 则可以得到以下一般规则:

(1) 每个信号分量 $c_k s_k(t)$ 都有一个对应的自时频分布分量, 即信号项 $|c_k|^2 P_k(t,\omega)$;

(2) 每一对信号分量 $c_k s_k(t)$ 和 $c_l s_l(t)$(其中 $k \neq l$) 都有一个对应的互时频分布分量, 即交叉项 $c_k c_l^* P_{k,l}(t,\omega) + c_l c_k^* P_{l,k}(t,\omega)$。

因此, 对于 p 个分量的信号 $s(t)$, 其时频分布 $P_s(t,\omega)$ 将包含 p 个信号项以及 $C_p^2 = \dfrac{p(p-1)}{2}$ 个两两组合的交叉项。由于交叉项个数随信号分量个数的增多为二次形式, 因此信号分量越多, 交叉项就越严重, 从而增大了对多分量信号的时频分布作直观分析的难度。

在大多数的实际应用中, 时频分析的主要目的是抽取信号分量, 并且抑制作为干扰存在的交叉项。因此, 通常希望一种时频分布应该具有尽可能强的信号项和尽可能弱的交叉项。

6.3 短时傅里叶变换

短时傅里叶变换 (STFT) 又称为加窗傅里叶变换 (windowed Fourier transform, WFT), 最早由 Gabor 于 1946 年提出。短时傅里叶变换是非平稳信号分析中使用最广泛的方法之一, 它在傅里叶变换的框架内, 将非平稳信号看作是由一系列短时平稳信号构成的, 短时性通过在时域加窗来实现, 并通过平移参数来平移覆盖整个时域。也就是说, 采用一个窗函数与待分析的非平稳信号的乘积, 实现在窗口中心附近的开窗和平移, 再进行傅里叶变换。以短时傅里叶变换的模平方作为一种时频分布, 称为频谱图 (spectrogram) 或谱图, 它的时间分量对应于窗口在平移过程中其中心所处的各个位置。

短时傅里叶变换在多普勒谱分析、干扰消除、噪声过滤、信号参数估计、信号特征提取等方面有着广泛的应用。

6.3.1 连续短时傅里叶变换

为了研究非平稳信号 $s(t)$ 的时变特性, 需要突出信号在某时刻 t 附近一个时段的特性。通过使用中心在 t 时刻的窗函数 $h(t)$ 对 $s(t)$ 开窗并作傅里叶变换可以达到上述目的, 但信号在相应时段的特性要受窗函数波形、宽度等因素的影响。

1. 短时傅里叶变换

对给定非平稳信号 $s(t)$, 令 $h(t)$ 是一个时间宽度很短的窗函数, 它沿时间轴滑动, 于是信号 $s(t)$ 的短时傅里叶变换定义为

$$S(t,\omega)=\mathrm{STFT}_s(t,\omega)=\int\left[s(\tau)\,h^*(\tau-t)\right]\mathrm{e}^{-\mathrm{j}\omega\tau}\mathrm{d}\tau \tag{6-3-1}$$

式中, * 表示复数共轭。实际上, 正是窗函数 $h(t)$ 的时移和频移使短时傅里叶变换具有了局域特性, 它既是时间的函数, 又是频率的函数。对于一个给定的时刻 $t, S(t,\omega)$ 可视为该时刻的 "局部频谱", 也就是原信号在 t 时刻附近 τ 时段内的傅里叶变换, 如图 6.3.1 所示。显然, 如果取无穷长 (全局) 的矩形窗函数 $h(t)=1, \forall t$, 则短时傅里叶变换退化为传统傅里叶变换[3]。

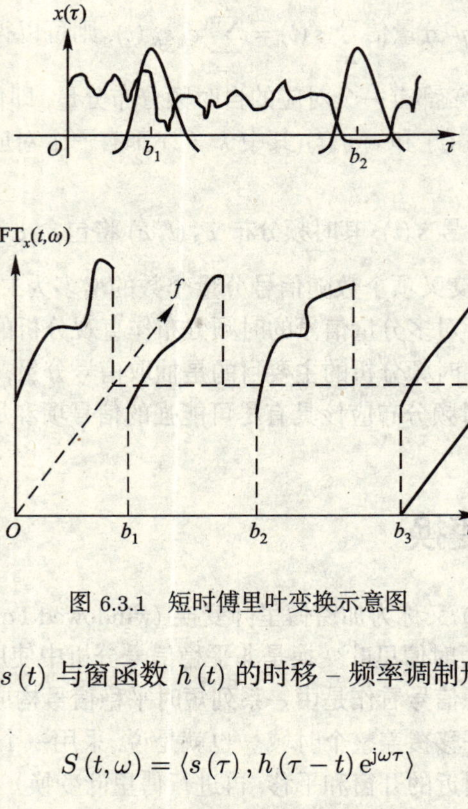

图 6.3.1 短时傅里叶变换示意图

实际上, $S(t,\omega)$ 是信号 $s(t)$ 与窗函数 $h(t)$ 的时移 - 频率调制形式 $h_{t,\omega}(\tau)$ (称为基函数) 的内积, 即

$$S(t,\omega)=\langle s(\tau),h(\tau-t)\,\mathrm{e}^{\mathrm{j}\omega\tau}\rangle$$

原则上, 分析窗函数 $h(t)$ 可以在平方可积空间内任意选择。不过, 在实际应用中, 总是希望所选择的窗函数是一个 "窄的" 时间函数, 以使式 (6-3-1) 的积分仅受到 $s(t)$ 及其附近值的影响。同样, 还希望 $h(t)$ 的频谱函数也是一个 "窄的" 函数。然而根据不确定原理, 信号的时宽和带宽不可能同时任意小。提出 STFT 的实际目的主要是要了解信号的局域频率特性, 但窗函数

的引入降低了局部谱的分辨力。对非平稳信号而言, 其局部频谱是时变的, 过宽的窗函数会使相邻的频谱混淆, 从而不能正确表现局部频谱。换句话说, 窗宽应与信号的局域平稳长度相适应。

对式 (6 − 3 − 1) 两边取幅平方, 则

$$P_{\mathrm{SP}}(t,\omega)=\left|S(t,\omega)\right|^2=\left|\int\left[s(\tau)\,h^*(\tau-t)\right]\mathrm{e}^{-\mathrm{j}\omega\tau}\mathrm{d}\tau\right|^2 \tag{6-3-2}$$

称为 $s(t)$ 的谱图, 或短时傅里叶谱, 即原信号在 t 时刻的能量谱密度。显然谱图是恒正的, 且是实的。由于谱图对能量分布的描述是非常粗糙的, 且不满足作为时频分布的某些更严格的要求 (如真边缘性), 因此有些文献认为它只是二次型时频表示, 而称不上时频分布。本书将能量化的时频表示统称为时频分布。

根据式 (6 − 2 − 5), 利用短时傅里叶变换的定义式 (6 − 3 − 1), 可以证明谱图作为时频分布函数, 其特征函数有如下特点:

$$\begin{aligned}M_{\mathrm{SP}}(\tau,\nu)&=\frac{1}{2\pi}\iint P_{\mathrm{sp}}(t,\omega)\,\mathrm{e}^{\mathrm{j}(\nu t+\omega\tau)}\mathrm{d}t\mathrm{d}\omega\\&=\frac{1}{2\pi}\iint\left|S(t,\omega)\right|^2\mathrm{e}^{\mathrm{j}(\nu t+\omega\tau)}\mathrm{d}t\mathrm{d}\omega\\&=A_s(\tau,\nu)\,A_h(\tau,-\nu)\end{aligned} \tag{6-3-3}$$

式中, $A_s(\tau,\nu)$ 和 $A_h(\tau,\nu)$ 分别为信号 $s(t)$ 和窗函数 $h(t)$ 的模糊函数。所以谱图的特征函数是信号模糊函数和窗函数模糊函数在频率延迟分量上反向结果的乘积[2,4]。

2. 短时傅里叶逆变换

如果把传统的傅里叶变换看作是傅里叶分析的话, 那么傅里叶逆变换则应称为傅里叶综合, 因为傅里叶逆变换是利用傅里叶频谱来重构或综合原信号的。类似地, 短时傅里叶变换也有分析和综合 (短时傅里叶逆变换) 之分。显然, 为了使 STFT 真正成为一种有实际应用价值的非平稳信号分析工具, 信号 $s(t)$ 应该能够由 $S(t,\omega)$ 完全重构出来。设重构公式为

$$p(\tau)=\frac{1}{2\pi}\iint S(t,\omega)\,g(\tau-t)\,\mathrm{e}^{\mathrm{j}\omega\tau}\mathrm{d}t\mathrm{d}\omega \tag{6-3-4}$$

将式 (6 − 3 − 1) 代入式 (6 − 3 − 4), 有

$$\begin{aligned}p(\tau)&=\frac{1}{2\pi}\iint S(t,\omega)\,g(\tau-t)\,\mathrm{e}^{\mathrm{j}\omega\tau}\mathrm{d}t\mathrm{d}\omega\\&=\frac{1}{2\pi}\iint\left\{\int\left[s(u)\,h^*(u-t)\right]\mathrm{e}^{-\mathrm{j}\omega u}\mathrm{d}u\right\}g(\tau-t)\,\mathrm{e}^{\mathrm{j}\omega\tau}\mathrm{d}t\mathrm{d}\omega\\&=\iint\left[\int\frac{1}{2\pi}\mathrm{e}^{-\mathrm{j}\omega(u-\tau)}\mathrm{d}\omega\right]s(u)\,h^*(u-t)\,g(\tau-t)\,\mathrm{d}u\mathrm{d}t\end{aligned} \tag{6-3-5}$$

根据 δ 函数的性质, 有 $\frac{1}{2\pi}\int\mathrm{e}^{-\mathrm{j}\omega(u-\tau)}\mathrm{d}\omega=\delta(u-\tau)$, 代入式 (6 − 3 − 5), 于是

$$\begin{aligned}p(\tau)&=\iint\delta(u-\tau)\,s(u)\,h^*(u-t)\,g(\tau-t)\,\mathrm{d}u\mathrm{d}t\\&=s(\tau)\int h^*(\tau-t)\,g(\tau-t)\,\mathrm{d}t=s(\tau)\int h^*(t)\,g(t)\,\mathrm{d}t\end{aligned} \tag{6-3-6}$$

显然, 为了实现完全重构, 即为了使 $p(\tau)=s(\tau)$, 则必须要求窗函数满足下列条件:

$$\int h^*(t)\,g(t)\,\mathrm{d}t=1 \tag{6-3-7}$$

称式 (6－3－7) 为短时傅里叶变换的完全重构条件。将式 (6－3－4) 中 t,τ 变量互换, 即有

$$s(t)=\frac{1}{2\pi}\iint S(\tau,\omega)\,g(t-\tau)\,\mathrm{e}^{\mathrm{j}\omega t}\mathrm{d}\tau\mathrm{d}\omega \tag{6-3-8}$$

完全重构条件是一个很宽的条件, 对于一个给定的分析窗 $h(t)$, 满足式 (6－3－7) 条件的综合窗 $g(t)$ 可以有无穷多种选择。显然, 其中最简单的选择是如下三种: ① $g(t)=h(t)$; ② $g(t)=\delta(t)$; ③ $g(t)=1$。

由于在时间 t 的 STFT 是被窗函数 $h(\tau-t)$ 预加窗后信号 $s(\tau)$ 的频谱, 所以位于以时间 t 为中心的局部窗时间宽度内的所有信号特性都会在 $\mathrm{STFT}_s(t,\omega)$ 内表现出来。根据前面的论述, 窗函数不可能时宽和带宽都无限小, 并且要求窗宽应与信号的局域平稳长度相适应。上述三种选择中, 由于窗函数 $g(t)=\delta(t)$ 的时宽为零, 带宽为无限大, 所以相应的 STFT 具有理想的时间分辨力, 但完全没有频率分辨力; 相反, 窗函数 $g(t)=1$ 的 STFT 虽可获得理想的频率分辨力, 却丧失了时间分辨力。因此这两种极端选择都不可取, 下面讨论 $g(t)=h(t)$ 的情况。对于综合窗与分析窗相同的情况, 对应的完全重构条件式 (6－3－7) 变为

$$\int h^*(t)\,h(t)\,\mathrm{d}t=\int \left|h(t)\right|^2\mathrm{d}t=1 \tag{6-3-9}$$

即窗函数 $h(t)$ 是能量归一化的。这时, 可将式 (6－3－8) 写为

$$s(t)=\frac{1}{2\pi}\iint S(\tau,\omega)\,h(t-\tau)\,\mathrm{e}^{\mathrm{j}\omega t}\mathrm{d}\tau\mathrm{d}\omega \tag{6-3-10}$$

这称为广义短时傅里叶逆变换。与传统傅里叶变换不同的是, 短时傅里叶变换是一维变换, 而广义短时傅里叶逆变换是二维变换。

在实际应用中, 希望选择的窗函数具有很好的时间和频率聚集性 (即能量在时频平面是高度集中的), 使得 $S(t,\omega)$ 能够有效地对应为信号 $s(t)$ 在时频点 (t,ω) 附近的 "内容", 也就是前面多次强调的, 窗函数应该与信号的局部平稳长度相适应。由高斯窗函数 $g^0(t)=2^{1/4}\mathrm{e}^{-\pi t^2}$ 所得到的基函数 $g^0_{t,\omega}(t')=g^0(t'-t)\,\mathrm{e}^{\mathrm{j}\omega t'}$ 在物理学中称为 "标准相干态", 而在工程中叫做 Gabor 基函数。Gabor 基函数在时频平面上高度聚集在时频点 (t,ω) 附近, 即

$$\int t'\left|g_{t,\omega}(t')\right|^2\mathrm{d}t'=t,\ \frac{1}{2\pi}\int \omega'\left|G_{t,\omega}(\omega')\right|^2\mathrm{d}\omega'=\omega$$

同时, Gabor 基函数还满足不确定原理不等式中的等号关系。因此 Gabor 基函数是一个在相空间 (t,ω) 附近具有最佳相空间聚集性能的窗函数。

事实上, 可以证明 STFT 的基函数 $h_{t,\omega}(\tau)$ 具有时频平面上一个如下所述的分辨 "细胞": 其中心在 (t,ω) 处, 其大小为 $\Delta_\tau\Delta_\nu$, 不管 t,ω 取何值 (即移到何处), 该 "细胞" 的面积始终保持不变, 面积的大小即是 STFT 的时频分辨力, 如图 6.3.2 所示。其中

$$\begin{aligned}H_{t,\omega}(\nu)&=\int h(\tau-t)\mathrm{e}^{\mathrm{j}\omega\tau}\mathrm{e}^{-\mathrm{j}\nu\tau}\mathrm{d}\tau\\&=\mathrm{e}^{-\mathrm{j}(\nu-\omega)t}\int h(t')\mathrm{e}^{-\mathrm{j}(\nu-\omega)t'}\mathrm{d}t'\end{aligned}$$

令 $t' = \tau - t$, 则上式变为

$$H_{t,\omega}(\nu) = H(\nu - \omega)\mathrm{e}^{-\mathrm{j}(\nu-\omega)t}$$

式中, ν 是和 ω 等效的频率变量。

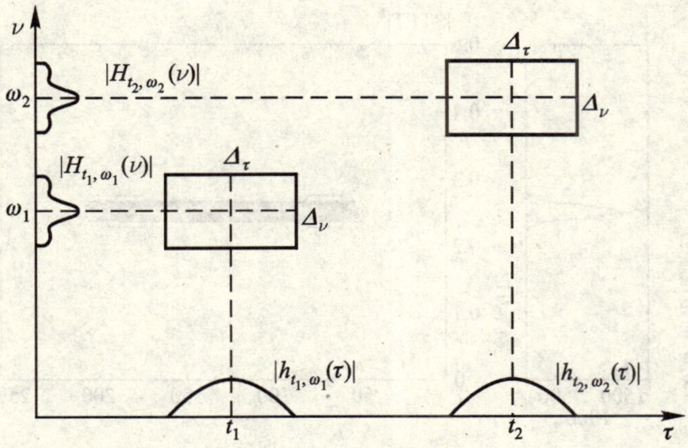

图 6.3.2　STFT 的时—频分辨力

例 6.3.1　令 $x(\tau) = \delta(\tau - \tau_0)$, 可以求出其短时傅里叶变换为

$$\mathrm{STFT}_x(t,\omega) = \int \delta(\tau - \tau_0)h(\tau - t)\mathrm{e}^{-\mathrm{j}\omega\tau}\mathrm{d}\tau = h(\tau_0 - t)\mathrm{e}^{-\mathrm{j}\omega\tau_0}$$

该例说明,STFT 的时间分辨力由窗函数 $h(\tau)$ 的宽度决定。

例 6.3.2　若 $x(\tau) = \mathrm{e}^{\mathrm{j}\omega_0\tau}$, 则

$$\mathrm{STFT}_x(t,\omega) = \int \mathrm{e}^{\mathrm{j}\omega_0\tau}h(\tau - t)\mathrm{e}^{-\mathrm{j}\omega\tau}\mathrm{d}\tau = H(\omega - \omega_0)\mathrm{e}^{-\mathrm{j}(\omega-\omega_0)t}$$

这样, STFT 的频率分辨力由 $h(\tau)$ 频谱的宽度决定。

例 6.3.3　若 $h(\tau) = 1, \forall\tau$, 则 $H(\omega) = \delta(\omega)$, 这样

$$\mathrm{STFT}_x(t,\omega) = X(\omega)$$

这时, STFT 变为简单的 FT, 这时给不出任何时间定位信息。其实, 由于 $h(\tau)$ 为无限宽的矩形窗, 故等于没有对信号作截断处理。

图 6.3.3 给出的是在 $h(\tau) = 1, \forall\tau$ 的情况下所求得高斯幅度调制的 chirp 信号的谱图, 上边是时域波形, 其中心在 $t = 128$ s 处, 时宽约为 64 s; 左边是其频谱; 右下是其 STFT。此时的 STFT 无任何时域定位功能。

对于图 6.3.3 中的时域信号, 图 6.3.4 给出了 $h(\tau) = \delta(\tau)$ 时求得的谱图。这时可实现时域的准确定位, 即 $\mathrm{STFT}_x(t,\omega)$ 的时间中心即为 $x(t)$ 的时间中心, 但无法实现频域的定位功能。

设 $x(t)$ 由两个类似于图 6.3.3 中的信号叠加而成, 这两个信号中一个时间中心在 $t_1 = 100$ s 处, 时宽 $\Delta_{t_1} = 64$ s, 另一个时间中心在 $t_2 = 150$ s 处, 时宽也是 64 s, 调制信号的归一化频率

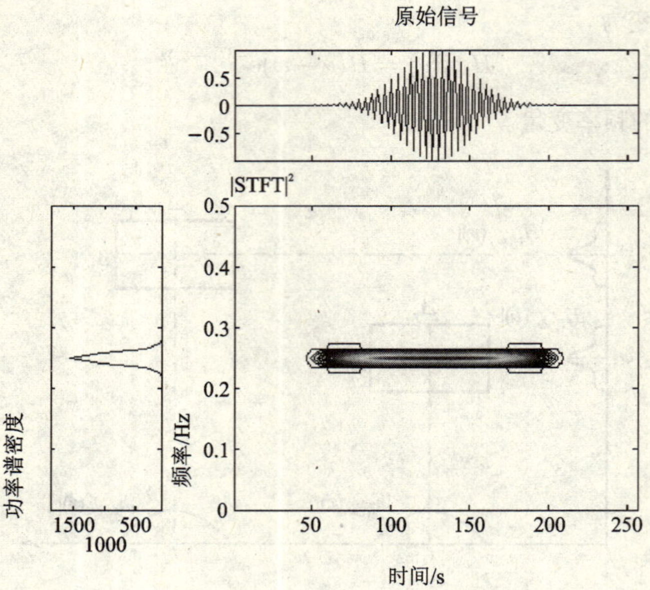

图 6.3.3 窗函数无限宽时 STFT 缺少时域定位功能

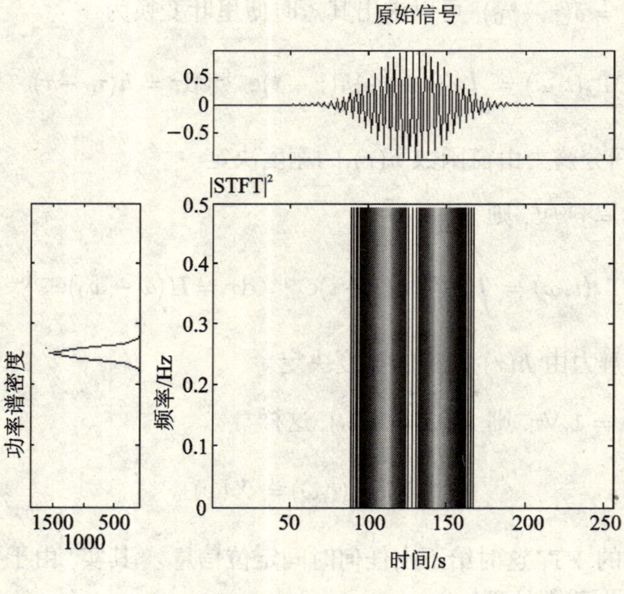

图 6.3.4 窗函数无限窄时 STFT 缺少频域定位功能

都是 0.25 Hz, 如图 6.3.5a 和 b 的上部所示。选择 $h(\tau)$ 为 Hanning 窗, 取窗的宽度为 55 s, 其谱图如图 6.3.5a 所示, 这时频率定位是准确的, 而在时间上分不出这两个 “原子” 信号的时间中心。将窗函数的宽度减为 13 s, 所得谱图如图 6.3.5b 所示, 这时, 在时间上就实现了两个中心的定位。

以上几例说明了窗函数宽度的选择对时间 - 频率分辨力的影响。总之, 由于受不确定原理

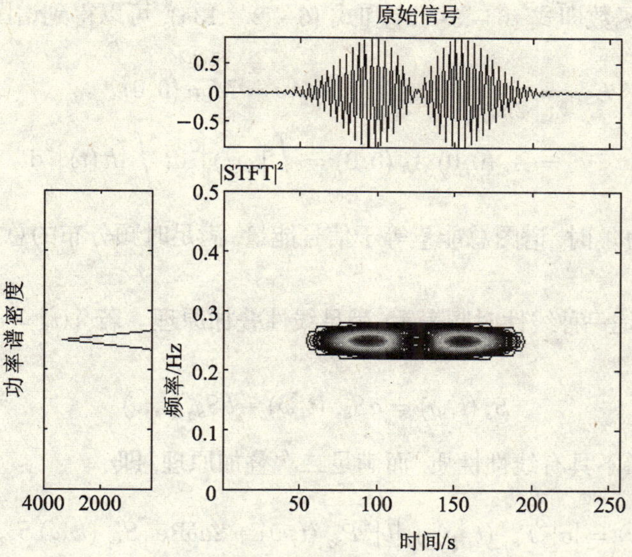

（a）窗函数宽度为55s

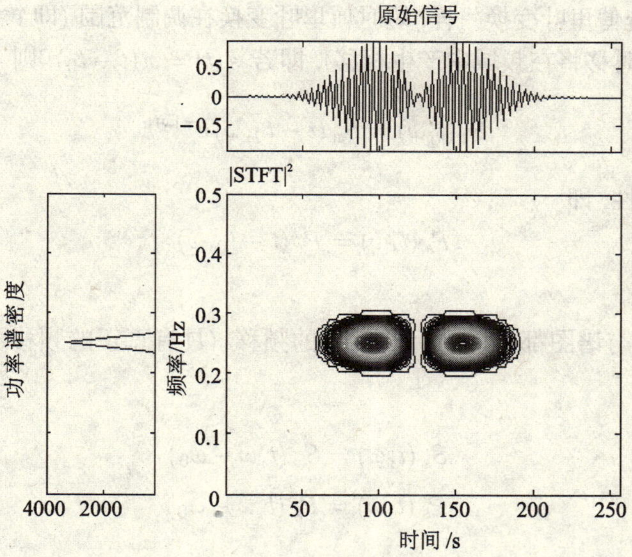

（b）窗函数宽度为13s

图 6.3.5　窗函数宽度对时频分辨力的影响

的制约, 对时间分辨力和频率分辨力只能取一个折中, 即一个提高了, 另一个就必然要降低, 反之亦然。

3. 短时傅里叶变换与谱图的性质

1) 谱图的总能量

利用谱图的特征函数即式 (6 − 3 − 2) 和式 (6 − 2 − 13a), 可以得到谱图的总能量

$$\begin{aligned} E_{\mathrm{SP}} &= \frac{1}{2\pi}\iint P_{\mathrm{SP}}(t,\omega)\,\mathrm{d}t\mathrm{d}\omega = M_{\mathrm{SP}}(0,0) \\ &= A_s(0,0)\,A_h(0,0) = \int \left|s(t)\right|^2 \mathrm{d}t \int \left|h(t)\right|^2 \mathrm{d}t \end{aligned} \tag{6-3-11}$$

可见, 在窗信号能量为 1 时, 谱图总能量等于信号能量, 满足时频分布的总能量要求。

2) 线性

短时傅里叶变换是一种线性时频表示, 满足线性叠加原理。若 $s(t) = as_1(t) + bs_2(t)$, a, b 为常数, 则

$$S_s(t,\omega) = aS_{s_1}(t,\omega) + bS_{s_2}(t,\omega) \tag{6-3-12}$$

但谱图为二次型表示, 不具有线性性质, 而满足二次叠加原理, 即

$$P_s(t,\omega) = \left|a\right|^2 P_{s_1}(t,\omega) + \left|b\right|^2 P_{s_2}(t,\omega) + 2ab\mathrm{Re}\left[S_{s_1}^*(t,\omega)\,S_{s_2}(t,\omega)\right]$$

3) 时移特性

容易证明, 与传统傅里叶变换一样, 短时傅里叶变换在调制范围 (即 $\mathrm{e}^{-\mathrm{j}\omega t_0}$) 内保持时移不变 (非真正的时移不变, 时移将在频域中产生相移), 即若 $s(t) = x(t - t_0)$, 则

$$S_s(t,\omega) = S_x(t - t_0,\omega)\,\mathrm{e}^{-\mathrm{j}\omega t_0} \tag{6-3-13}$$

但谱图具有时移不变性, 即

$$P_s(t,\omega) = P_x(t - t_0,\omega) \tag{6-3-14}$$

4) 频移特性

短时傅里叶变换与谱图都精确地保持信号的频移 (具有真正的频移不变性), 即若 $s(t) = x(t)\,\mathrm{e}^{\mathrm{j}\omega_0 t}$, 则

$$S_s(t,\omega) = S_x(t,\omega - \omega_0) \tag{6-3-15}$$

$$P_s(t,\omega) = P_x(t,\omega - \omega_0) \tag{6-3-16}$$

5) 谱图的边缘特性

谱图的时间边缘和频率边缘分别为

$$P(t) = \frac{1}{2\pi}\int P_{\mathrm{SP}}(t,\omega)\,\mathrm{d}\omega = \int \left|s(\tau)\right|^2 \left|h(\tau - t)\right|^2 \mathrm{d}\tau \tag{6-3-17}$$

$$P(\omega) = \int P_{\mathrm{SP}}(t,\omega)\,\mathrm{d}t = \frac{1}{2\pi}\int \left|S(\nu)\right|^2 \left|H(\omega - \nu)\right|^2 \mathrm{d}\nu \tag{6-3-18}$$

所以, 一般情况下谱图没有真边缘, 原因在于谱图扰乱了具有信号能量分布的窗信号的能量分布。当窗函数为 δ 函数时, 谱图具有真时间边缘; 当窗函数的频谱为 δ 函数时, 谱图具有真频率边缘, 但这时加窗傅里叶变换已经没有意义了。

6) 有限支撑性

显然, 由于窗函数的影响, 谱图一般无强支撑性; 同样, 也无弱支撑性。

7) 整体平均

在原信号 $s(t)$ 和窗函数 $h(t)$ 均为能量归一化时, 即 $\int \left|s(t)\right|^2 \mathrm{d}t = 1, \int \left|h(t)\right|^2 \mathrm{d}t = 1$, 可得到如下整体特征参量:

由式 (6－3－17) 得整体平均时间为

$$
\begin{aligned}
\langle t\rangle^{(\mathrm{SP})} &= \frac{1}{2\pi}\iint tP_{\mathrm{SP}}(t,\omega)\,\mathrm{d}t\mathrm{d}\omega = \int tP(t)\,\mathrm{d}t \\
&= \iint t\left|s(\tau)\right|^2\left|h(\tau-t)\right|^2\mathrm{d}t\mathrm{d}\tau \\
&= \int \left|s(\tau)\right|^2\left(\tau - \langle t\rangle^{(h)}\right)\mathrm{d}\tau = \langle t\rangle^{(s)} - \langle t\rangle^{(h)}
\end{aligned} \tag{6-3-19}
$$

式中, $\langle t\rangle^{(s)} = \int t\left|s(t)\right|^2\mathrm{d}t$; $\langle t\rangle^{(h)} = \int t\left|h(t)\right|^2\mathrm{d}t$。

同理, 由式 (6－3－18) 得整体平均频率为

$$
\langle \omega\rangle^{(\mathrm{SP})} = \frac{1}{2\pi}\iint \omega P_{\mathrm{SP}}(t,\omega)\,\mathrm{d}t\mathrm{d}\omega = \frac{1}{2\pi}\int \omega P(\omega)\,\mathrm{d}\omega = \langle\omega\rangle^{(s)} + \langle\omega\rangle^{(h)} \tag{6-3-20}
$$

式中, $\langle\omega\rangle^{(s)} = \frac{1}{2\pi}\int \omega\left|S(\omega)\right|^2\mathrm{d}\omega$; $\langle\omega\rangle^{(h)} = \frac{1}{2\pi}\int \omega\left|H(\omega)\right|^2\mathrm{d}\omega$。

上述关系表明, 由谱图得到的整体平均时间和整体平均频率与窗函数的平均时间和平均频率有关, 所以谱图一般不能正确给出信号的波形中心和中心频率, 除非窗函数在时间上对称 (因而在频率上也是对称的)。

同样, 由式 (6－3－17) 和式 (6－3－18) 得到整体二阶矩

$$
\begin{aligned}
\langle t^2\rangle^{(\mathrm{SP})} &= \frac{1}{2\pi}\iint t^2 P_{\mathrm{SP}}(t,\omega)\,\mathrm{d}t\mathrm{d}\omega \\
&= \langle t^2\rangle^{(s)} + \langle t^2\rangle^{(h)} - 2\langle t\rangle^{(s)}\langle t\rangle^{(h)}
\end{aligned} \tag{6-3-21}
$$

$$
\begin{aligned}
\langle \omega^2\rangle^{(\mathrm{SP})} &= \frac{1}{2\pi}\iint \omega^2 P_{\mathrm{SP}}(t,\omega)\,\mathrm{d}t\mathrm{d}\omega \\
&= \langle \omega^2\rangle^{(s)} + \langle \omega^2\rangle^{(h)} + 2\langle \omega\rangle^{(s)}\langle \omega\rangle^{(h)}
\end{aligned} \tag{6-3-22}
$$

式中

$$
\langle t^2\rangle^{(s)} = \int t^2\left|s(t)\right|^2\mathrm{d}t,\quad \langle t^2\rangle^{(h)} = \int t^2\left|h(t)\right|^2\mathrm{d}t
$$

$$
\langle \omega^2\rangle^{(s)} = \frac{1}{2\pi}\int \omega^2\left|S(\omega)\right|^2\mathrm{d}\omega,\quad \langle \omega^2\rangle^{(h)} = \frac{1}{2\pi}\int \omega^2\left|H(\omega)\right|^2\mathrm{d}\omega
$$

利用以上关系, 容易得到时宽和带宽的关系, 即

$$
T_{\mathrm{SP}}^2 = T_s^2 + T_h^2,\quad B_{\mathrm{SP}}^2 = B_s^2 + B_h^2 \tag{6-3-23}
$$

式中

$$
T_{\mathrm{SP}}^2 = \langle t^2\rangle^{(\mathrm{SP})} - \left(\langle t\rangle^{(\mathrm{SP})}\right)^2,\quad T_s^2 = \langle t^2\rangle^{(s)} - \left(\langle t\rangle^{(s)}\right)^2,\quad T_h^2 = \langle t^2\rangle^{(h)} - \left(\langle t\rangle^{(h)}\right)^2
$$

$$
B_{\mathrm{SP}}^2 = \langle \omega^2\rangle^{(\mathrm{SP})} - \left(\langle \omega\rangle^{(\mathrm{SP})}\right)^2,\quad B_s^2 = \langle \omega^2\rangle^{(s)} - \left(\langle \omega\rangle^{(s)}\right)^2,\quad B_h^2 = \langle \omega^2\rangle^{(h)} - \left(\langle \omega\rangle^{(h)}\right)^2
$$

上述关系表明, 由谱图求整体平均得不到正确的信号时宽和带宽。

可以证明 (读者可自行证明), 由谱图得到的信号时频协方差为

$$\mathrm{cov}_{t\omega}^{(\mathrm{SP})} = \langle t\omega\rangle^{(\mathrm{SP})} - \langle t\rangle^{(\mathrm{SP})}\langle\omega\rangle^{(\mathrm{SP})} = \mathrm{cov}_{t\omega}^{(s)} - \mathrm{cov}_{t\omega}^{(h)} \tag{6-3-24}$$

式中, $\mathrm{cov}_{t\omega}^{(s)}$ 和 $\mathrm{cov}_{t\omega}^{(h)}$ 分别为信号和窗函数的时频协方差。式 (6 − 3 − 24) 表明由谱图一般得不到正确的信号时频协方差, 但由于实信号的时频协方差为零, 所以如果取实窗, 那么谱图的时频协方差就是信号的时频协方差。

8) 局部平均

短时傅里叶变换是关于时延 τ 的傅里叶变换, 时间 t 是一个参变量。设信号 $s(t)$ 加滑移窗后为

$$s(t,\tau) = s(\tau)\,h^*(\tau-t) = a_s(t)\,a_h(\tau-t)\,\mathrm{e}^{\mathrm{j}[\varphi_s(\tau)+\varphi_h(\tau-t)]} \tag{6-3-25}$$

因 $s(t,\tau)$ 不是以 τ 规范化的, 因此首先对其进行能量归一化, 即

$$\eta(t,\tau) = \frac{s(\tau)\,h^*(\tau-t)}{\sqrt{P(t)}}$$

式中, $P(t)$ 为式 (6 − 3 − 17) 所示的时间边缘。于是, 对任意频率函数 $g(\omega)$, 以时间为条件的平均为

$$\langle g(\omega)\rangle_t = \frac{1}{2\pi P(t)}\int g(\omega)\left|S(t,\omega)\right|^2\mathrm{d}\omega = \int \eta^*(t,\tau)\,g(\mathrm{W})\,\eta(t,\tau)\,\mathrm{d}\tau \tag{6-3-26}$$

式中, W 为频率算子。由此可得到信号 $s(t)$ 的以时间为条件的局部特征参量。

由式 (6 − 3 − 25) 和式 (6 − 3 − 26), 可得到局部频率 —— 瞬时频率估计为

$$\begin{aligned}\omega_i(t) = \langle\omega\rangle_t &= \int \eta^*(t,\tau)\,\frac{1}{\mathrm{j}}\frac{\mathrm{d}}{\mathrm{d}\tau}\eta(t,\tau)\,\mathrm{d}\tau \\ &= \frac{1}{P(t)}\int a_s^2(\tau)\,a_h^2(\tau-t)\left[\varphi_s'(\tau)+\varphi_h'(\tau-t)\right]\mathrm{d}\tau \end{aligned} \tag{6-3-27}$$

显然, 当 $a_h^2(t)\to\delta(t)$ 时, 有 $\omega_i(t)\to\varphi_s'(t)$。也就是说, 由谱图计算局部频率, 一般得不到原信号正确的瞬时频率。

设原信号与窗函数的频谱分别为

$$S(\omega) = \left|S(\omega)\right|\mathrm{e}^{\mathrm{j}\psi_s(\omega)},\quad H(\omega) = \left|H(\omega)\right|\mathrm{e}^{\mathrm{j}\psi_h(\omega)}$$

由时域与频域的对称性可得局部平均 —— 群延迟的估计为

$$\tau_g(\omega) = \langle t\rangle_\omega = -\frac{1}{2\pi P(\omega)}\int\left|S(\nu)\right|^2\left|H(\omega-\nu)\right|^2\left[\psi_s'(\nu)+\psi_h'(\omega-\nu)\right]\mathrm{d}\nu \tag{6-3-28}$$

式中, $P(\omega)$ 为式 (6 − 3 − 18) 所示的频率边缘。显然, 当 $\left|H(\omega)\right|^2\to\delta(\omega)$, 有 $\tau_g(\omega)\to-\psi_s'(\omega)$。

6.3.2　离散短时傅里叶变换

1. 离散短时傅里叶变换的定义

以上讨论了连续短时傅里叶变换, 对于任何实际应用而言, 需要将 $\mathrm{STFT}(t,\omega)$ 离散化。设 STFT 在等间隔时频网格点 $(mT, n\Omega)$ 处采样, 其中 $T>0$ 和 $\Omega>0$ 分别为时间变量和频率变量的采样周期, m 和 n 为整数。为了简便, 记 $\mathrm{STFT}(mT,n\Omega)=\mathrm{STFT}(m,n)$, 于是, 由短时傅里叶变换的定义式 (6 − 3 − 1), 有

$$S(m,n)=\mathrm{STFT}_s(m,n)=\int s(\tau)\,h^*(\tau-mT)\,\mathrm{e}^{-\mathrm{j}n\Omega\tau} \tag{6 − 3 − 29}$$

式 (6 − 3 − 29) 是在 (t,ω) 平面的离散网格上求出的 STFT, T 为窗函数移动的步长, τ 仍然是连续的时间变量。

设信号 $s(k)$ 和窗函数 $h(k)$ 离散, 即对变量 τ 离散, 则有

$$S(m,n)=\sum_k s(k)\,h^*(k-mT)\,\mathrm{e}^{-\mathrm{j}n\Omega k} \tag{6 − 3 − 30}$$

上式即为离散 STFT。若选择综合窗函数 $g(k)$, 则离散傅里叶广义逆变换定义为

$$s(k)=\frac{1}{2\pi}\sum_n\sum_m S(m,n)\,g(k-mT)\,\mathrm{e}^{\mathrm{j}n\Omega k} \tag{6 − 3 − 31}$$

与连续变换中的完全重构条件相对应, 离散变换中的离散分析窗和离散综合窗之间也应满足 “完全重构条件”。 参照连续短时傅里叶变换完全重构的证明, 并利用 Poisson 求和公式 [见式 (6 − 4 − 10), 式 (6 − 4 − 11)], 可得到离散短时傅里叶变换的完全重构条件为

$$\frac{2\pi}{\Omega}\sum_m h\left(k+n\frac{2\pi}{\Omega}-mT\right)g^*(k-mT)=\delta(n),\quad \forall k \tag{6 − 3 − 32}$$

显然, 这一条件比连续变换中的完全重构条件要苛刻得多。若定义 Ω 的采样周期 $F=\dfrac{\Omega}{2\pi}$, 则有

$$\frac{1}{F}\sum_m h\left(k+n\frac{1}{F}-mT\right)g^*(k-mT)=\delta(n),\quad \forall k$$

不失一般性, 令 $s(k)$ 表示长度为 L 的离散序列, 频率在一个周期 2π 内离散为 N 点, 则式 (6 − 3 − 29) 变为

$$S(m,n)=\sum_k s(k)\,h^*(k-mM)\,\mathrm{e}^{-\mathrm{j}\frac{2\pi}{N}nk} \tag{6 − 3 − 33}$$

式中, M 是在时间轴上窗函数移动的步长点数。显然, 上式是一个标准的 N 点 DFT, 若窗函数 $h(k)$ 的宽度正好也是 N 点, 则上式可写为

$$S(m,n)=\sum_{k=0}^{N-1} s(k)\,h^*(k-mM)\,\mathrm{e}^{-\mathrm{j}\frac{2\pi}{N}nk},\quad k=0,1,\cdots,N-1 \tag{6 − 3 − 34}$$

若窗函数的宽度小于 N, 那么可将其补零, 使其变为 N; 若窗函数宽度大于 N, 则应增大 N, 使之等于窗函数宽度。总之, 可使式 (6 − 3 − 34) 变为标准 DFT, 时域、频域的长度都是 N 点。式

(6 − 3 − 34) 中 M 的大小决定了窗函数沿时间轴移动的间距, M 越小, m 的取值越多, 得到的时频曲线越密。若 $M = 1$, 即窗函数在 $s(k)$ 的时间方向上每隔一个点移动一次, 此时应作 L 个 N 点 DFT。

相应地, 对于长度为 L 的离散序列 $s(k)$, 可得离散 STFT 的形式为

$$s(k) = \frac{1}{N} \sum_{n=0}^{N-1} \sum_{m} S(m,n)\, g(k - mM)\, \mathrm{e}^{\mathrm{j}\frac{2\pi}{N}nk}$$

式中, m 的求和范围取决于 $s(k)$ 的数据长度 L 及窗函数移动的步长 M。

2. 离散短时傅里叶变换的实现

离散短时傅里叶变换的实现有很多算法, 本节主要介绍基于 FFT 的基本算法。该算法直接从离散短时傅里叶变换的定义式 (6 − 3 − 33) 入手, 通过恰当的变量替换来定义新序列, 转化为新序列离散傅里叶变换的基本形式, 从而实现基于 FFT 的快速算法。首先令 $k = m + l$, 且 $M = 1$, 则式 (6 − 3 − 33) 变为

$$\begin{aligned} S(m,n) &= \sum_{l} s(m+l)\, h^{*}(l)\, \mathrm{e}^{-\mathrm{j}\frac{2\pi}{N}n(m+l)} \\ &= \mathrm{e}^{-\mathrm{j}\frac{2\pi}{N}nm} \sum_{l} s(m+l)\, h^{*}(l)\, \mathrm{e}^{-\mathrm{j}\frac{2\pi}{N}nl}, \quad n = 0, 1, \cdots, N-1 \end{aligned} \qquad (6-3-35)$$

其次将求和区间划分为长度均等于 N 的多个小区间, 得

$$S(m,n) = \mathrm{e}^{-\mathrm{j}\frac{2\pi}{N}nm} \sum_{r=-\infty}^{+\infty} \sum_{l=rN}^{rN+N-1} s(m+l)\, h^{*}(l)\, \mathrm{e}^{-\mathrm{j}\frac{2\pi}{N}nl}, \quad n = 0, 1, \cdots, N-1 \qquad (6-3-36)$$

在上式中再令 $l = i + rN$, 并考虑复指数因子的周期性, 得

$$S(m,n) = \mathrm{e}^{-\mathrm{j}\frac{2\pi}{N}nm} \sum_{i=0}^{N-1} \widetilde{s}(m,i)\, \mathrm{e}^{-\mathrm{j}\frac{2\pi}{N}ni}, \quad n = 0, 1, \cdots, N-1$$

式中

$$\widetilde{s}(m,i) = \sum_{r=-\infty}^{+\infty} s(m+i+rN)\, h^{*}(i+rN), \quad i = 0, 1, \cdots, N-1 \qquad (6-3-37)$$

即原序列 $s(k)$ 的离散短时傅里叶变换就是关于 i 的 N 点新序列 $\widetilde{s}(m,i)$ 的离散傅里叶变换结果的中心频率平移至频点 $\omega_n = -\dfrac{2\pi}{N}n$ 的结果。

上述基于 FFT 的算法还不是十分有效的。事实上, 对于一个 M 点序列作 N 点离散短时傅里叶变换, 起码要进行 M 个 N 点 FFT。同时, 短时傅里叶变换中常用的矩形窗有比较严重的边界效应, 往往需要使用其他复杂窗函数, 如 Hanning 窗和 Hamming 窗, 但这又增大了计算复杂度和存储量。因此常采用一种称为全极点滑动窗的递归算法。感兴趣的读者, 可参阅文献 [16]。

6.4 Gabor 展开

Gabor 展开是用窗函数及其时移和频移形成的函数系对信号进行展开, 展开系数就是信号的 Gabor 变换。Gabor 展开中常用的 Gauss 窗函数满足不确定原理的下限, 所以信号的 Gabor 变

换具有优良的时频聚集性。但是,Gabor 展开中的函数系通常不是正交的, 因此计算 Gabor 变换一直是一个难题, 直到近几年才有所突破。对于非正交展开, 用框架理论讨论比较方便。框架理论的具体内容在第 7 章讨论。

近年来, 在 Gabor 展开系数的计算方面, 尤其是离散 Gabor 展开式的研究方面取得了较大进展, 使得 Gabor 展开在信号检测、图像分析与压缩、回音消除等方面获得了广泛应用。

6.4.1 连续 Gabor 展开

根据 6.3 节的内容, 信号短时傅里叶变换模的平方为谱图, 它只提供了信号的能量信息。一般情况下, 信号 $s(t)$ 的加窗傅里叶变换既含有幅度信息, 也含有相位信息, 称为 $s(t)$ 的复谱图, 即

$$S(t,\omega) = \mathrm{STFT}[s(t)] = \int s(\tau)\, h^*(\tau - t)\, \mathrm{e}^{-\mathrm{j}\omega\tau} \mathrm{d}\tau$$

式中, $h(t)$ 为分析窗, 其时宽没有原则性的限制。 通常, 复谱图是定义在时频平面上的连续函数。由短时傅里叶变换的完全重构条件, 并取综合窗 $g(t) = h(t)$, 则其重构式为

$$s(t) = \frac{1}{2\pi} \iint S(\tau,\omega)\, h(t-\tau)\, \mathrm{e}^{\mathrm{j}\omega t} \mathrm{d}\tau \mathrm{d}\omega$$

也就是说, 重构原信号需要全部复谱图的信息。Gabor 的研究表明, 用复谱图表示信号时存在冗余, 也就是说, 重构原信号时无需知道全部复谱图的信息, 只要知道复谱图在时频平面上一些离散网格点的值, 就能完全重构原信号。这样的网格称为 Gabor 时频网格。

1. 定义

一般情况下, 连续信号 $s(t)$ 的 Gabor 展开定义为

$$s(t) = \sum_m \sum_n a_{mn} h_{mn}(t) \tag{6-4-1}$$

式中

$$h_{mn}(t) = h(t - mT)\, \mathrm{e}^{\mathrm{j}n\Omega t}, \quad m, n = 0, \pm 1, \pm 2, \cdots \tag{6-4-2}$$

为窗函数 $h(t)$ (又称原型综合函数) 及其时移和频移所形成的函数系, 称为 Gabor 展开基。a_{mn} 为 Gabor 展开系数, T 和 Ω 分别为时间间隔和频率间隔, 如图 6.4.1 所示。

由式 (6-4-1) 知, Gabor 展开中必须解决以下基本问题: 时频网格大小的确定、Gabor 系数的计算、基函数 $h(t)$ (窗函数) 的选择。

当 $T\Omega = 2\pi$ 时, 称为临界采样; $T\Omega < 2\pi$ 时, 称为过采样; $T\Omega > 2\pi$ 时, 称为欠采样。已证明, 欠采样会导致数值上的不稳定, 无实际意义, 因此不予研究。

2. Gabor 系数的解析求法 —— Bastiaans 方法

Gabor 展开早在 1946 年就已问世, 但由于 Gabor 基不是正交基, 所以如何计算 Gabor 展开系数迟迟没有好的方法。直到 1980 年, M. J. Bastiaans 提出用辅助函数 $\gamma(t)$ 计算 a_{mn}, 这个问题才得到较好的解决[17]。该方法常称为 Bastiaans 解析法。

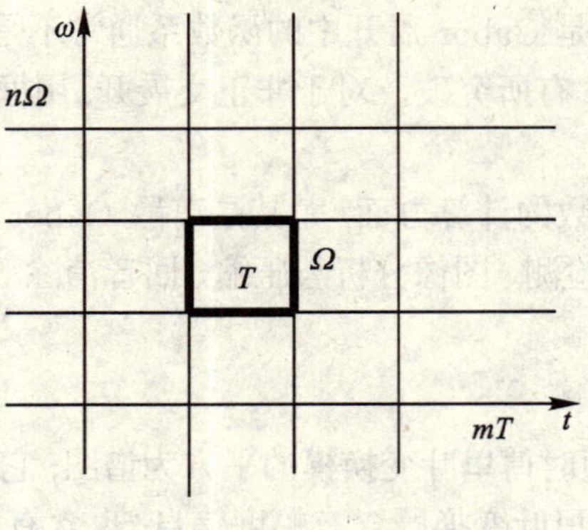

图 6.4.1 Gabor 展开的抽样栅格

在 Gabor 展开式 (6 − 4 − 1) 中, 计算 Gabor 展开系数 a_{mn} 称为信号 $s(t)$ 的 Gabor 变换, 其解析表达式为

$$a_{mn} = \langle s(t), \gamma_{mn}(t) \rangle = \int s(t)\, \gamma_{mn}^{*}(t)\, \mathrm{d}t \qquad (6-4-3)$$

式中

$$\gamma_{mn}(t) = \gamma(t - mT)\, \mathrm{e}^{\mathrm{j}n\Omega t}, \quad m, n = 0, \pm 1, \pm 2, \cdots \qquad (6-4-4)$$

比较短时傅里叶变换式 (6 − 3 − 1) 和式 (6 − 4 − 3) 可知, a_{mn} 实际上是 $\mathrm{STFT}_s(t, \omega)$ 的二维取样值, 即

$$a_{mn} = \mathrm{STFT}_s(mT, n\Omega) \qquad (6-4-5)$$

反过来, 也可将 Gabor 展开式 (6 − 4 − 1) 看作是短时傅里叶逆变换的离散网格重构形式, 即式 (6 − 3 − 10) 的离散形式。因此, 有时也将 Gabor 展开中的母函数 $h(t)$ 称为综合窗函数, 而将辅助函数 $\gamma(t)$ 称为分析窗函数。

由于 Gabor 展开只用 STFT 的部分离散取样值 a_{mn} 来完全重构原信号, 其基函数 $h(t)$ 与辅助函数 $\gamma(t)$ 之间应满足更严格的完全重构条件。将式 (6 − 4 − 3) 代入式 (6 − 4 − 1), 有

$$\begin{aligned} s(t) &= \sum_{m=-\infty}^{+\infty} \sum_{n=-\infty}^{+\infty} \int s(t')\, \gamma_{mn}^{*}(t')\, \mathrm{d}t'\, h_{mn}(t) \\ &= \int s(t') \sum_{m=-\infty}^{+\infty} \sum_{n=-\infty}^{+\infty} \gamma_{mn}^{*}(t')\, h_{mn}(t)\, \mathrm{d}t' \end{aligned} \qquad (6-4-6)$$

如果上式对所有时间 t 恒成立, 则称信号 $s(t)$ 是完全重构的, 即要求

$$\sum_{m=-\infty}^{+\infty} \sum_{n=-\infty}^{+\infty} h_{mn}(t)\, \gamma_{mn}^{*}(t') = \delta(t - t') \qquad (6-4-7)$$

上式在实际应用中并不方便, 实际上, 在 $T\Omega \leqslant 2\pi$ 的条件下, 式 (6 − 4 − 7) 可表示为如下的双正交条件:

$$\frac{T_0 \Omega_0}{2\pi} \int h(t)\, \gamma_{mn}^{*}(t)\, \mathrm{d}t = \frac{T_0 \Omega_0}{2\pi} \int h(t)\, \gamma^{*}(t - mT_0)\, \mathrm{e}^{-\mathrm{j}n\Omega_0 t} \mathrm{d}t = \delta(m)\, \delta(n) \qquad (6-4-8)$$

式中, T_0, Ω_0 满足

$$T_0 \Omega = 2\pi, \quad T\Omega_0 = 2\pi \tag{6-4-9}$$

式 (6-4-8) 表明, 只要 m, n 中有一个不为零, $h(t)$ 便与 $\gamma(t)$ 正交, 因此也常称辅助函数 $\gamma(t)$ 是基函数 $h(t)$ 的双正交函数。

为证明式 (6-4-8) 成立, 首先引入 Poisson 公式。实际上, 对于任意给定的时间间隔 T 和频率间隔 Ω, 并使 T_0 和 Ω_0 满足式 (6-4-9), 则 Poisson 公式的一般形式表示为

$$\sum_{n=-\infty}^{+\infty} f(t+nT) = \frac{1}{T}\sum_{k=-\infty}^{+\infty} \widetilde{f}(k\Omega_0)\,\mathrm{e}^{\mathrm{j}k\Omega_0 t} \tag{6-4-10a}$$

$$\sum_{k=-\infty}^{+\infty} \widetilde{f}(\omega+k\Omega_0) = \frac{2\pi}{\Omega_0}\sum_{n=-\infty}^{+\infty} f(nT)\,\mathrm{e}^{-\mathrm{j}n\Omega t} \tag{6-4-10b}$$

式中, $\widetilde{f}(k\Omega_0) = \int f(t)\,\mathrm{e}^{-\mathrm{j}k\Omega_0 t}\mathrm{d}t$

特别地, 对于 δ 函数, 有

$$\sum_{n=-\infty}^{+\infty} \delta(t+nT_0) = \frac{1}{T_0}\sum_{k=-\infty}^{+\infty} \mathrm{e}^{\mathrm{j}k\Omega t} \tag{6-4-11a}$$

$$\sum_{k=-\infty}^{+\infty} \delta(\omega+k\Omega_0) = \frac{1}{\Omega_0}\sum_{n=-\infty}^{+\infty} \mathrm{e}^{-\mathrm{j}n\Omega t} \tag{6-4-11b}$$

于是, 根据式 (6-4-11a) 得

$$\sum_{n=-\infty}^{+\infty} \mathrm{e}^{\mathrm{j}n\Omega(t-\tau)} = T_0\sum_{k=-\infty}^{+\infty} \delta(t-\tau+kT_0) \tag{6-4-12}$$

根据式 (6-4-10a) 得

$$\begin{aligned}
&\sum_{m=-\infty}^{+\infty} h(t-mT)\,\gamma^*(t+kT_0-mT) \\
&= \frac{1}{T}\sum_{n=-\infty}^{+\infty}\left[\int h(\tau)\,\gamma^*(\tau+kT_0)\,\mathrm{e}^{-\mathrm{j}n\Omega_0\tau}\mathrm{d}\tau\right]\mathrm{e}^{\mathrm{j}n\Omega_0 t}
\end{aligned} \tag{6-4-13}$$

将式 (6-4-7) 展开并结合式 (6-4-12) 得

$$\begin{aligned}
\sum_{m=-\infty}^{+\infty}\sum_{n=-\infty}^{+\infty} h_{mn}(t)\,\gamma_{mn}^*(t') &= \sum_{m=-\infty}^{+\infty}\sum_{n=-\infty}^{+\infty} h(t-mT)\,\gamma^*(t'-mT)\,\mathrm{e}^{\mathrm{j}n\Omega(t-t')} \\
&= \sum_{m=-\infty}^{+\infty}\left[h(t-mT)\,\gamma^*(t'-mT)\sum_{n=-\infty}^{+\infty}\mathrm{e}^{\mathrm{j}n\Omega(t-t')}\right] \\
&= T_0\sum_{m=-\infty}^{+\infty}\left[h(t-mT)\,\gamma^*(t'-mT)\sum_{k=-\infty}^{+\infty}\delta(t-t'+kT_0)\right] \\
&= T_0\sum_{k=-\infty}^{+\infty}\delta(t-t'+kT_0)\sum_{m=-\infty}^{+\infty} h(t-mT)\,\gamma^*(t+kT_0-mT) = \delta(t-t')
\end{aligned} \tag{6-4-14}$$

将式 (6 − 4 − 13) 代入上式得

$$\begin{aligned} &T_0 \sum_{k=-\infty}^{+\infty} \delta\left(t-t'+kT\right) \sum_{m=-\infty}^{+\infty} h\left(t-mT\right)\gamma^*\left(t+kT_0-mT\right) \\ &= \sum_{k=-\infty}^{+\infty} \delta\left(t-t'+kT\right) \sum_{n=-\infty}^{+\infty} \mathrm{e}^{\mathrm{j}n\Omega_0 t}\left[\frac{T_0}{T}\int h\left(\tau\right)\gamma^*\left(\tau+kT_0\right)\mathrm{e}^{-\mathrm{j}n\Omega_0\tau}\mathrm{d}\tau\right] \\ &= \delta\left(t-t'\right) \end{aligned} \qquad (6-4-15)$$

要使上式成立, 必须有

$$\frac{T_0}{T}\int h\left(\tau\right)\gamma^*\left(\tau+kT_0\right)\mathrm{e}^{-\mathrm{j}n\Omega_0\tau}\mathrm{d}\tau = \delta\left(k\right)\delta\left(n\right) \qquad (6-4-16)$$

在式 (6 − 4 − 16) 中, 令 $m=-k, \tau=t$, 并注意到式 (6 − 4 − 9), 式 (6 − 4 − 8), 得证。

实际上, 将函数 $h(t)$ 和 $\gamma(t)$ 互换后, 双正交关系式 (6 − 4 − 7) 仍然成立。这一互换关系可以推广到 Gabor 展开和 Gabor 变换中, 即有如下对偶形式:

$$\begin{aligned} s\left(t\right) &= \sum_{m=-\infty}^{+\infty}\sum_{n=-\infty}^{+\infty} a_{mn}\gamma_{mn}\left(t\right) \\ &= \sum_{m=-\infty}^{+\infty}\sum_{n=-\infty}^{+\infty} a_{mn}\gamma\left(t-mT\right)\mathrm{e}^{\mathrm{j}n\Omega t} \end{aligned} \qquad (6-4-17)$$

$$\begin{aligned} a_{mn} &= \langle s\left(t\right), \gamma_{mn}\left(t\right)\rangle = \int s\left(t\right) h_{mn}^*\left(t\right)\mathrm{d}t \\ &= \int s\left(t\right) h^*\left(t-mT\right)\mathrm{e}^{-\mathrm{j}n\Omega t}\mathrm{d}t \end{aligned} \qquad (6-4-18)$$

因此, 常将 $\gamma(t)$ 称为 $h(t)$ 的对偶函数; $\gamma_{mn}(t)$ 称为对偶 Gabor 基函数。

这样, 在选择了合适的 Gabor 基函数 $h(t)$ 之后, 确定 Gabor 展开系数的解析法可分两步进行:

(1) 求解双正交方程式 (6 − 4 − 8) 得到辅助函数 $\gamma(t)$。

(2) 计算 Gabor 变换 (6 − 4 − 3) 得到 Gabor 展开系数 a_{mn}。

将 Gabor 变换与短时傅里叶变换比较后发现, 二者在形式上非常相似, 但实际上存在本质区别:

(1) 短时傅里叶变换的窗函数 $h(t)$ 必须是一个窄窗, 而 Gabor 变换的窗函数 $\gamma(t)$ 却无此限制。因此, 也可将 Gabor 变换看作是一种加窗傅里叶变换, 只是它的适用范围比短时傅里叶变换的适用范围更广。

(2) 短时傅里叶变换 $\mathrm{STFT}(t,\omega)$ 是信号的时频二维表示, 而 Gabor 变换系数 a_{mn} 则是信号的时移 – 频率调制的二维表示。参数 m 相当于信号时移 mT 单位, 而 n 的作用则体现在指数函数 $\mathrm{e}^{\mathrm{j}n\Omega t}$ 对信号进行频率调制。

3. Gabor 基函数

Gabor 基函数在 Gabor 展开的实际应用中起着非常重要的作用, 只有时频聚集性较好的 Gabor 基才能充分表述信号的局部特性。很多有用的窗函数可以用来构造 Gabor 基函数, 最常用的基函数是 Gauss 函数和矩形函数 (Gabor 展开中最早选择 Gauss 函数)。下面介绍 Gauss 窗函数、广义矩形窗函数及其对偶函数。

1) Gauss 窗函数

$$h(t)=\left(\frac{\sqrt{2}}{\Delta T}\right)^{1/2}\mathrm{e}^{-\pi(t/\Delta T)^2} \tag{6-4-19}$$

$$\gamma(t)=\left(\frac{1}{\sqrt{2}\Delta T}\right)^{1/2}\mathrm{e}^{\pi\left(\frac{t}{\Delta T}\right)^2}\sum_{\left(n+\frac{1}{2}\right)\geqslant\frac{1}{T}}(-1)^n\,\mathrm{e}^{-\pi\left(n+\frac{t}{\Delta T}\right)^2} \tag{6-4-20}$$

式中, ΔT 为基函数的时宽。

2) 广义矩形窗函数

$$h(t)=\frac{1}{\sqrt{\Delta T}}p\left(2\frac{t}{\Delta T}\right)f(t) \tag{6-4-21}$$

$$\gamma(t)=\frac{1}{\sqrt{\Delta T}}p\left(2\frac{t}{\Delta T}\right)\frac{1}{f^*(t)} \tag{6-4-22}$$

式中, $f(t)$ 为 t 的任意函数, 而

$$p(t)=\begin{cases}1, & t\in[-1,1]\\ 0, & t\notin[-1,1]\end{cases}$$

例 6.4.1 求信号 $s(t)=\mathrm{e}^{\mathrm{j}\omega_0 t}$ 在矩形窗 $h(t)=\dfrac{1}{\sqrt{\Delta T}}p\left(2\dfrac{t}{\Delta T}\right)$ 下的 Gabor 变换。

解: 因矩形窗函数的对偶函数为它的本身, 即

$$\gamma_{mn}(t)=\gamma_{mn}(t-mT)\,\mathrm{e}^{\mathrm{j}n\Omega t}=\begin{cases}\dfrac{1}{\sqrt{\Delta T}}\mathrm{e}^{\mathrm{j}n\Omega t}, & t\in\left[-\dfrac{\Delta T}{2}+mT,\dfrac{\Delta T}{2}+mT\right]\\ 0, & t\notin\left[-\dfrac{\Delta T}{2}+mT,\dfrac{\Delta T}{2}+mT\right]\end{cases}$$

所以, $s(t)=\mathrm{e}^{\mathrm{j}\omega_0 t}$ 的 Gabor 变换为

$$a_{mn}=\langle s(t),\gamma_{mn}(t)\rangle=\frac{1}{\sqrt{\Delta T}}\int_{-\frac{\Delta T}{2}+mT}^{\frac{\Delta T}{2}+mT}\mathrm{e}^{\mathrm{j}(\omega_0-n\Omega)t}\mathrm{d}t$$

$$=\frac{1}{\sqrt{\Delta T}}\frac{\sin\left[(\omega_0-n\Omega)\dfrac{\Delta T}{2}\right]}{\omega_0-n\Omega}\mathrm{e}^{\mathrm{j}(\omega_0-n\Omega)mT}=\frac{1}{2}\sqrt{\Delta T}\,\sin c\left[(\omega_0-n\Omega)\frac{\Delta T}{2}\right]\mathrm{e}^{\mathrm{j}(\omega_0-n\Omega)mT}$$

6.4.2 离散 Gabor 展开

1. 周期序列的离散 Gabor 展开

离散 Gabor 展开是连续 Gabor 展开对时间和频率同时离散化的结果。由于时间离散化会导致频谱的周期重复, 而频率的离散化导致信号波形的周期重复, 所以严格地说, 离散 Gabor 展开只适用于周期序列。而对于一个非周期序列, 总可以将它周期延拓为周期序列[5]。因此, 下面集中讨论周期序列的 Gabor 展开。

设周期序列 $\widetilde{s}(k)$ 的周期为 L, 即

$$\widetilde{s}(k)=\widetilde{s}(k+L)$$

则其离散 Gabor 展开可以通过采样定理和离散 Poisson 求和公式由连续 Gabor 展开得到

$$\widetilde{s}(k)=\sum_{m=0}^{M-1}\sum_{n=0}^{N-1}a_{mn}\widetilde{h}_{mn}(k) \tag{6-4-23}$$

式中, 展开系数 a_{mn} 由 Gabor 变换确定

$$a_{mn}=\sum_{k=0}^{L-1}\widetilde{s}(k)\,\widetilde{\gamma}_{mn}^{*}(k) \tag{6-4-24}$$

式中

$$\widetilde{h}_{mn}(k)=\widetilde{h}(k-m\Delta M)\,\mathrm{e}^{\mathrm{j}n\Delta Nk} \tag{6-4-25}$$

$$\widetilde{\gamma}_{mn}(k)=\widetilde{\gamma}(k-m\Delta M)\,\mathrm{e}^{\mathrm{j}n\Delta Nk} \tag{6-4-26}$$

式中, ΔM 和 ΔN 分别是时间采样间隔 (时间网格) 和频率采样间隔 (频率网格), M 和 N 分别是时间采样点数和频率采样点数, 则有

$$\Delta M=\frac{L}{M},\quad \Delta N=\frac{2\pi}{N} \tag{6-4-27}$$

$\widetilde{h}(k)$ 是给定窗函数 $h(k)$ 的周期延拓 (周期为 L), 即

$$\widetilde{h}(k)=\sum_{l=-\infty}^{l}h(k+lL)=\widetilde{h}(k+L) \tag{6-4-28}$$

且窗序列 $h(k)$ 满足能量归一化条件

$$\sum_{k=0}^{L-1}\left|\widetilde{h}(k)\right|^2=\sum_{k=0}^{L-1}\left|h(k)\right|^2=1 \tag{6-4-29}$$

$\widetilde{\gamma}(k)$ 是满足一定离散双正交条件的周期序列 (周期也为 L), 其双正交条件根据采样状态的不同而稍有不同, 稍后分情况讨论。

因只有在临界采样和过采样状态下, 即

$$\Delta M\Delta N=\frac{L}{M}\frac{2\pi}{N}\leqslant 2\pi \quad\rightarrow\quad MN\geqslant L \tag{6-4-30}$$

Gabor 展开才是稳定的, 所以下面分两种情况讨论。

1) 临界采样

在临界采样条件下, 有 $MN=L$, 代入式 (6-4-27) 有 $\Delta M=N$, 结合式 (6-4-24)、式 (6-4-25) 和式 (6-4-26) 得

$$\widetilde{h}_{mn}(k)=\widetilde{h}(k-mN)\,W_N^{nk} \tag{6-4-31}$$

$$\widetilde{\gamma}_{mn}(k)=\widetilde{\gamma}(k-mN)\,W_N^{nk} \tag{6-4-32}$$

式中, $W_N = \mathrm{e}^{\mathrm{j}\frac{2\pi}{N}}$。也就是说, 时间网格将周期 L 内的信号分为 M 段, 每段 N 个点。通常也将频率周期 2π 划分为 L 个离散点, 于是频率网格将 L 个频率离散点分为 N 段, 每段 M 个点。

在临界采样状态下, 周期序列 $\widetilde{\gamma}(k)$ 应满足以下离散双正交条件:

$$\sum_{k=0}^{L-1}\widetilde{h}^*(k+mN)W_N^{nk}\widetilde{\gamma}(k)=\delta_m\delta_n,\quad 0\leqslant m\leqslant M-1,0\leqslant n\leqslant N-1 \tag{6-4-33}$$

将上式写成矩阵形式为

$$\boldsymbol{H\gamma}=\boldsymbol{\nu} \tag{6-4-34}$$

式中

$$\boldsymbol{\gamma}=[\widetilde{\gamma}(0),\widetilde{\gamma}(1),\cdots,\widetilde{\gamma}(L-1)]^{\mathrm{T}} \tag{6-4-35}$$

$$\boldsymbol{\nu}=[1,0,\cdots,0]_{1\times L}^{\mathrm{T}} \tag{6-4-36}$$

$$\boldsymbol{H}=\begin{bmatrix}\boldsymbol{H}^{(0)} & \boldsymbol{H}^{(1)} & \cdots & \boldsymbol{H}^{(M-1)}\\ \boldsymbol{H}^{(1)} & \boldsymbol{H}^{(2)} & \cdots & \boldsymbol{H}^{(0)}\\ \cdots & \cdots & \cdots & \cdots\\ \boldsymbol{H}^{(M-1)} & \boldsymbol{H}^{(0)} & \cdots & \boldsymbol{H}^{(M-2)}\end{bmatrix} \tag{6-4-37}$$

$$\boldsymbol{H}^{(i)}=\begin{bmatrix}W_N^0 & W_N^0 & \cdots & W_N^0\\ W_N^0 & W_N^1 & \cdots & W_N^{N-1}\\ \cdots & \cdots & \cdots & \cdots\\ W_N^0 & W_N^{N-1} & \cdots & W_N^1\end{bmatrix}\times \operatorname{diag}\left[\widetilde{h}^*(iN),\widetilde{h}^*(iN+1),\cdots,\widetilde{h}^*(iN+N-1)\right] \tag{6-4-38}$$

由于 $\boldsymbol{H}$ 为分块 Hankel 矩阵 (交叉对角线上的块矩阵相等), 所以它是可逆矩阵, 由式 (6-4-34) 得

$$\boldsymbol{\gamma}=\boldsymbol{H}^{-1}\boldsymbol{\nu} \tag{6-4-39}$$

显然, 临界采样条件下, 对周期为 L 的序列可精确描述 L 个 Gabor 系数。同时, 对于给定的 L, 满足 $L=MN$ 的任何分解都是允许的, 所以临界采样条件下的离散 Gabor 展开和 Gabor 变换一般不是唯一的, 而在临界采样条件下连续 Gabor 展开和 Gabor 变换是唯一确定的。

在临界条件下求出的对偶序列唯一解 $\boldsymbol{\gamma}=\boldsymbol{H}^{-1}\boldsymbol{\nu}$, 往往其时域或频域的聚集性都较差, 如图 6.4.2 所示的高斯分析函数及其临界采样条件下的对偶函数。

2) 过采样情况

因离散 Gabor 展开系数 a_{mn} 是 $\widetilde{s}(k)$ 和 $\widetilde{\gamma}_{mn}(k)$ [$\widetilde{\gamma}(k)$ 时移和频移后的序列] 的内积, 因此 a_{mn} 反映了 $\widetilde{s}(k)$ 和 $\widetilde{\gamma}(k)$ 的相似性。假如 $\widetilde{\gamma}(k)$ 的聚集性很差, 那么不论 $\widetilde{h}(k)$ 的聚集性有多好, a_{mn} 都不能真实反映 $\widetilde{s}(k)$ 在时频域内的局部性质。为了保证 a_{mn} 能真实刻画 $\widetilde{s}(k)$ 在时频域内的局部性质, 要求 $\widetilde{\gamma}(k)$ 和 $\widetilde{h}(k)$ 都应具有很好的时频聚集性, 为此, 常在过采样条件下进行离散 Gabor 展开。

在过采样 ($L<MN$) 情况下, 令正整数 $\widehat{M}$ 和 $\widehat{N}$ 满足

$$L=\widehat{M}N=M\widehat{N}<MN \tag{6-4-40}$$

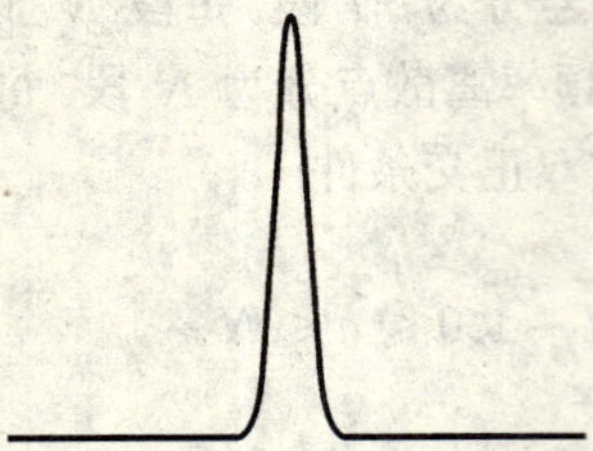

（a）　分析函数（分析窗）

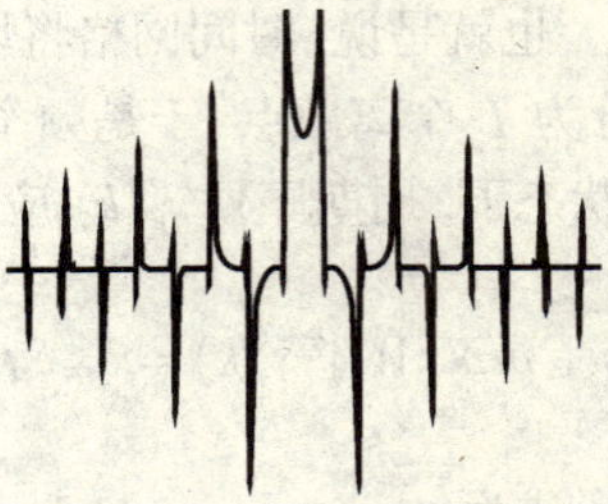

（b）　对偶函数（综合窗）

图 6.4.2　临界采样率下的分析函数 (分析窗) 及其对偶函数 (综合窗)

定义过采样率为

$$\alpha=\frac{MN}{L}=\frac{\widehat{M}\widehat{N}}{L} \tag{6-4-41}$$

这时, 可令周期为 L 的序列 $\widetilde{s}(k)$ 的离散 Gabor 展开和 Gabor 变换分别为

$$\widetilde{s}(k)=\sum_{m=0}^{M-1}\sum_{n=0}^{N-1}a_{mn}\widehat{h}_{mn}(k) \tag{6-4-42}$$

$$a_{mn}=\sum_{k=0}^{L-1}\widetilde{s}(k)\widehat{\gamma}_{mn}^{*}(k) \tag{6-4-43}$$

$$\widehat{h}_{mn}(k)=\widetilde{h}\left(k-m\widehat{N}\right)W_{N}^{nk} \tag{6-4-44}$$

$$\widehat{\gamma}_{mn}(k)=\widetilde{\gamma}\left(k-m\widehat{N}\right)W_{N}^{nk} \tag{6-4-45}$$

且 $\widehat{h}(k)$ 和 $\widehat{\gamma}(k)$ 满足双正交条件, 即

$$\sum_{k=0}^{L-1}\widetilde{h}^{*}(k+mN)W_{\widehat{N}}^{nk}\widetilde{\gamma}(k)=\frac{L}{MN}\delta_m\delta_n,\quad 0\leqslant m\leqslant\widehat{M}-1,\quad 0\leqslant n\leqslant\widehat{N}-1 \tag{6-4-46}$$

上式写成矩阵形式为

$$\widehat{\boldsymbol{H}}\widehat{\boldsymbol{\gamma}}=\widehat{\boldsymbol{\nu}} \tag{6-4-47}$$

式中

$$\widehat{\boldsymbol{\gamma}}=\left[\widehat{\gamma}(0),\widehat{\gamma}(1),\cdots,\widehat{\gamma}(L-1)\right]^{\mathrm{T}} \tag{6-4-48}$$

$$\widehat{\boldsymbol{\nu}}=\left[L/(MN),0,\cdots,0\right]_{1\times\widehat{M}\widehat{N}}^{\mathrm{T}} \tag{6-4-49}$$

$$\widehat{\boldsymbol{H}}=\begin{bmatrix}\widehat{\boldsymbol{H}}^{(0)} & \widehat{\boldsymbol{H}}^{(1)} & \cdots & \widehat{\boldsymbol{H}}^{(\widehat{M}-1)}\\ \widehat{\boldsymbol{H}}^{(1)} & \widehat{\boldsymbol{H}}^{(2)} & \cdots & \widehat{\boldsymbol{H}}^{(0)}\\ \cdots & \cdots & \cdots & \cdots\\ \widehat{\boldsymbol{H}}^{(\widehat{M}-1)} & \widehat{\boldsymbol{H}}^{(0)} & \cdots & \widehat{\boldsymbol{H}}^{(\widehat{M}-2)}\end{bmatrix} \tag{6-4-50}$$

$$\widehat{\boldsymbol{H}}^{(i)}=\begin{bmatrix} W_{\widehat{N}}^{0} & W_{\widehat{N}}^{0} & \cdots & W_{\widehat{N}}^{0} \\ W_{\widehat{N}}^{0} & W_{\widehat{N}}^{1} & \cdots & W_{\widehat{N}}^{\widehat{N}-1} \\ \cdots & \cdots & \cdots & \cdots \\ W_{\widehat{N}}^{0} & W_{\widehat{N}}^{\widehat{N}-1} & \cdots & W_{\widehat{N}}^{1} \end{bmatrix}\times$$
$$\operatorname{diag}\left[\widetilde{h}^{*}\left(i\widehat{N}\right),\widetilde{h}^{*}\left(i\widehat{N}+1\right),\cdots,\widetilde{h}^{*}\left(i\widehat{N}+\widehat{N}-1\right)\right] \tag{6-4-51}$$

此时, 由于 $\widehat{\boldsymbol{H}}$ 是一个 $\widehat{M}\widehat{N}\times L$ 维矩阵, 故当 $L<MN$ 时, 由式 (6 − 4 − 47) 知 $L^2=MN\widehat{M}\widehat{N}$, 从而 $L>\widehat{M}\widehat{N}$, 即 $\widehat{\boldsymbol{H}}$ 是一个扁矩阵 (行数小于列数), 矩阵方程式 (6 − 4 − 47) 是一欠定方程, 其解不唯一, 而最小范数解为

$$\widehat{\boldsymbol{\gamma}}=\widehat{\boldsymbol{H}}^{\mathrm{T}}\left(\widehat{\boldsymbol{H}}\widehat{\boldsymbol{H}}^{\mathrm{T}}\right)^{-1}\widehat{\boldsymbol{\nu}} \tag{6-4-52}$$

即式 (6 − 4 − 47) 在约束条件

$$\Gamma=\min_{\widehat{\boldsymbol{H}}\widehat{\boldsymbol{\gamma}}=\widehat{\boldsymbol{\nu}}}\left\|\frac{\widetilde{\gamma}(k)}{\|\widetilde{\gamma}(k)\|}-\widetilde{h}(k)\right\|^{2} \tag{6-4-53}$$

下的最优解, 式 (6 − 4 − 52) 中 $\widehat{\boldsymbol{H}}$ 是行满秩的 (通常满足)。

若令 $\alpha=\|\widetilde{\gamma}(k)\|$, 则在最优解时, $\gamma(k)\approx\alpha\widetilde{h}(k)$, 于是, 由式 (6 − 4 − 42) 和式 (6 − 4 − 43) 有

$$a_{mn}=\sum_{k=0}^{L-1}\widetilde{s}(k)\widehat{\gamma}_{mn}^{*}(k)\approx\alpha\sum_{k=0}^{L-1}\widetilde{s}(k)\widehat{h}_{mn}^{*}(k) \tag{6-4-54}$$

$$\widetilde{s}(k)=\sum_{m=0}^{M-1}\sum_{n=0}^{N-1}a_{mn}\widehat{h}_{mn}(k)=\alpha\sum_{m=0}^{M-1}\sum_{n=0}^{N-1}\left[\sum_{l=0}^{L-1}\widetilde{s}(l)\widehat{h}_{mn}^{*}(l)\right]\widehat{h}_{mn}(k) \tag{6-4-55}$$

显然, 要使上式成立, 必有

$$\sum_{m=0}^{M-1}\sum_{n=0}^{N-1}\widehat{h}_{mn}^{*}(l)\widehat{h}_{mn}(k)=\frac{1}{\alpha}\delta(l-k) \tag{6-4-56}$$

式 (6 − 4 − 55) 说明, 在 $\widehat{h}_{mn}(k)$ 满足式 (6 − 4 − 56) 时, 虽然 $\widehat{h}_{mn}(k)$ 不一定是线性独立的, 但 a_{mn} 确实是 $\{\widehat{h}_{mn}(k)\}$ 上的正交投影。因此, 也称条件式 (6 − 4 − 53) 下的离散 Gabor 展开为拟正交 Gabor 展开。相对于图 6.4.2, 图 6.4.3 表示高斯分析函数在不同过采样率下的对偶函数, 不难发现随着过采样率的提高, 相似误差显著减小。

事实上, 在许多应用场合中 (如信号特征提取与分类), Gabor 展开 a_{mn} 系数反映了信号的特征。这类应用只用到 Gabor 变换, 而无需对信号进行 Gabor 展开, 这时, 就只需要选择一个基本的窗函数, 而没有必要确定其对偶函数。

2. 离散 Gabor 展开的实现

为减少计算量, 离散 Gabor 展开一般都利用 FFT 算法进行求解。将 Gabor 展开式 (6−4−42) 写为

$$\begin{aligned}\widetilde{s}(k)&=\sum_{m=0}^{M-1}\sum_{n=0}^{N-1}a_{mn}\widehat{h}_{mn}(k)=\sum_{m=0}^{M-1}\sum_{n=0}^{N-1}a_{mn}\widetilde{h}\left(k-m\widehat{N}\right)W_{N}^{nk}\\&=\sum_{m=0}^{M-1}\widetilde{h}\left(k-m\widehat{N}\right)\sum_{n=0}^{N-1}a_{mn}W_{N}^{nk}\end{aligned} \tag{6-4-57}$$

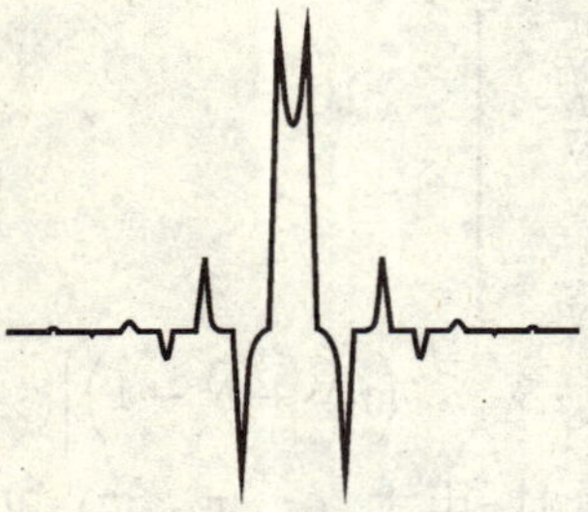

（a）过采样率 1.06

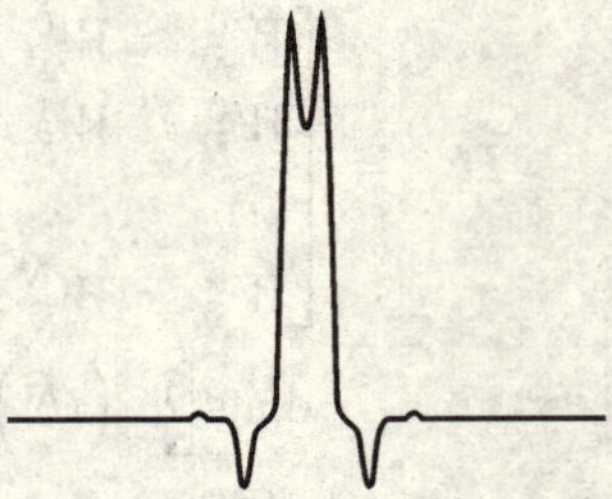

（b）过采样率 1.25

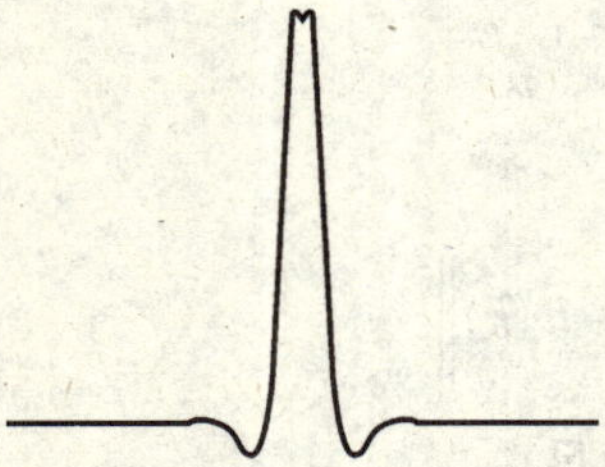

（c）过采样率 1.67

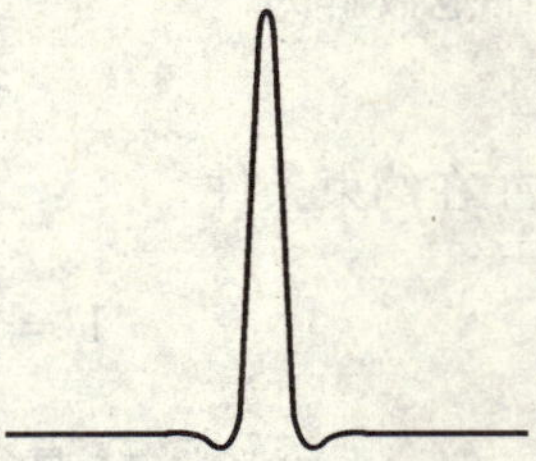

（d）过采样率 2.4

图 6.4.3 过采样率与对偶函数 (综合窗) 的关系

则可利用 FFT 算法, 对变量 n 一共作 M 次 N 点 FFT。同样, 求解 a_{mn} 的分析公式也可作类似处理。

图 6.4.4 所示为线性调频信号的 Gabor 变换。图 6.4.4a 为过采样率 $\alpha = 4$ 时, 即临界采样时的图形, 图 6.4.4b 是过采样率 $\alpha = 1$ 时的图形。

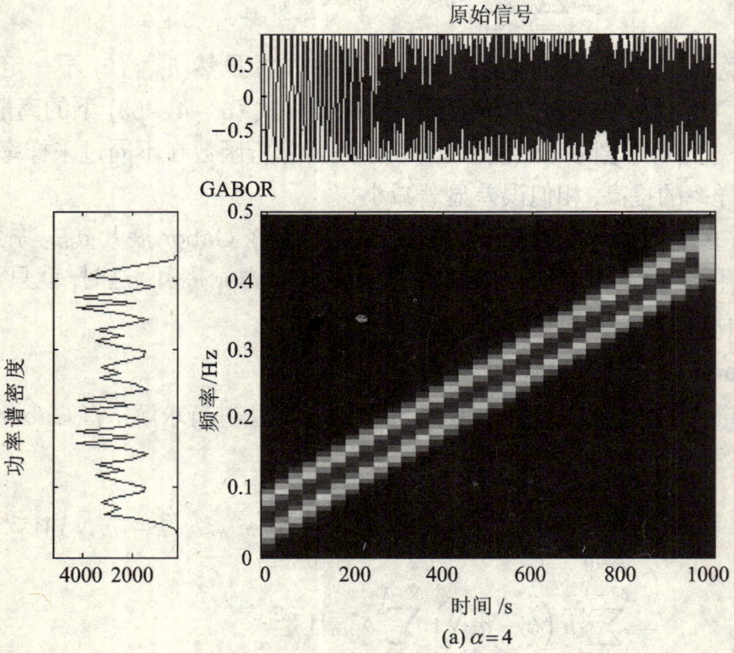

(a) $\alpha=4$

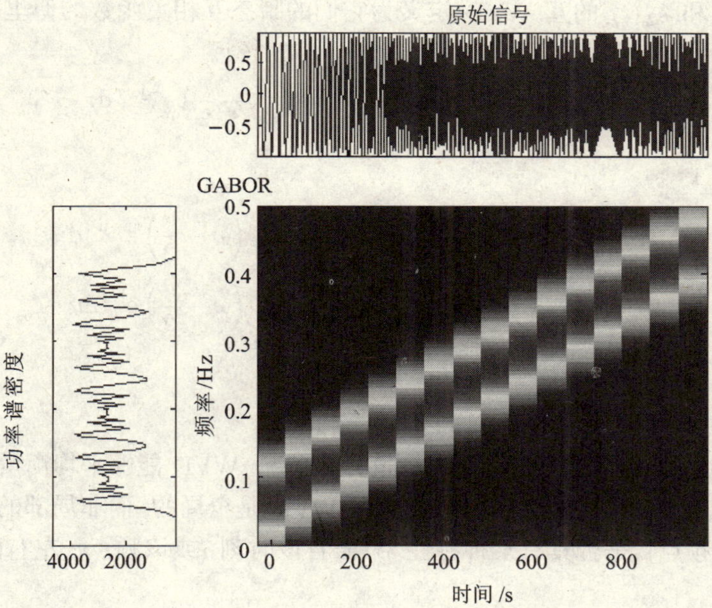

(b) $\alpha=1$

图 6.4.4　线性调频信号的 Gabor 变换

6.5　Wigner – Ville 分布

Wigner 分布于 1932 年由 E.P.Wigner 在量子热力学中提出, 1948 年由 J. Ville 引入信号处理领域, 此后就一直是时频分析领域的研究热点之一。通常, 当 Wigner 分布用于随机信号分析时称为 Wigner – Ville 分布 (简称 WVD), 本书统称为 WVD。由于 WVD 是最早问世的时频分布, 且其他时频分布都可以看作是 WVD 的加窗形式, 所以 WVD 被视为所有时频分布之母[18-20]。

6.5.1　连续 Wigner – Ville 分布

1. 连续 WVD 的定义

信号 $s(t)$ 的 WVD 定义为其瞬态自相关函数的傅里叶变换 (对延迟变量), 即

$$W_s(t,\omega)=\mathrm{WVD}[s(t)]=\int s\left(t+\frac{\tau}{2}\right)s^*\left(t-\frac{\tau}{2}\right)\mathrm{e}^{-\mathrm{j}\omega\tau}\mathrm{d}\tau \tag{6-5-1}$$

若信号 $s(t)$ 的频谱为 $S(f)$, 则 WVD 可由频谱表示

$$\begin{aligned}W_s(t,\omega)&=\frac{1}{2\pi}\int S^*\left(\omega+\frac{\nu}{2}\right)S\left(\omega-\frac{\nu}{2}\right)\mathrm{e}^{-\mathrm{j}\nu t}\mathrm{d}\nu\\&=\frac{1}{2\pi}\int S\left(\omega+\frac{\nu}{2}\right)S^*\left(\omega-\frac{\nu}{2}\right)\mathrm{e}^{\mathrm{j}\nu t}\mathrm{d}\nu\end{aligned} \tag{6-5-2}$$

两信号 $s_1(t)$ 和 $s_2(t)$ 的互 WVD 定义为它们的瞬态互相关函数的傅里叶变换 (对延迟变量), 即

$$W_{s_1s_2}(t,\omega)=\int s_1\left(t+\frac{\tau}{2}\right)s_2^*\left(t-\frac{\tau}{2}\right)\mathrm{e}^{-\mathrm{j}\omega\tau}\mathrm{d}\tau \tag{6-5-3}$$

或

$$\begin{aligned}W_{s_1s_2}(t,\omega)&=\frac{1}{2\pi}\int S_1^*\left(\omega+\frac{\nu}{2}\right)S_2\left(\omega-\frac{\nu}{2}\right)\mathrm{e}^{-\mathrm{j}\nu t}\mathrm{d}\nu\\&=\frac{1}{2\pi}\int S_1\left(\omega+\frac{\nu}{2}\right)S_2^*\left(\omega-\frac{\nu}{2}\right)\mathrm{e}^{\mathrm{j}\nu t}\mathrm{d}\nu\end{aligned} \tag{6-5-4}$$

显然, WVD 具有如下特点:

(1) WVD 在时域和频域是完全对称的;

(2) 对于信号在某时刻 (或某频点) 的能量分布情况, WVD 能够平均衡量距离该时刻 (或某频点) 前后不同时刻 (或不同频点) 的影响, 所以 WVD 是全局的, 而非局部的。这样, 要考察信号在某时刻 (或某频点) 是否具有某种特性, 只需看该时刻 (或该频点) 左右两边这种特性是否有重叠即可。

若预先知道信号的初始值 (或直流分量), 且不为零, 则信号 (或其频谱) 可以由它的 WVD 精确重构, 即

$$s(t)=\frac{1}{2\pi s^*(0)}\int W_s\left(\frac{t}{2},\omega\right)\mathrm{e}^{\mathrm{j}\omega t}\mathrm{d}\omega \tag{6-5-5}$$

$$S(\omega)=\frac{1}{S^*(0)}\int W_s\left(t,\frac{\omega}{2}\right)\mathrm{e}^{-\mathrm{j}\omega t}\mathrm{d}t \tag{6-5-6}$$

式 (6-5-5) 可由式 (6-5-1) 取逆变换获得, 即

$$s\left(t+\frac{\tau}{2}\right)s^*\left(t-\frac{\tau}{2}\right)=\frac{1}{2\pi}\int W_s(t,\omega)\,\mathrm{e}^{\mathrm{j}\omega\tau}\mathrm{d}\omega \tag{6-5-7}$$

在 $t=\tau/2$ 这一特定时刻, 有

$$s(\tau)\,s^*(0)=\frac{1}{2\pi}\int W_s\left(\frac{\tau}{2},\omega\right)\mathrm{e}^{\mathrm{j}\omega\tau}\mathrm{d}\omega$$

进行变量替换即可得式 (6-5-5)。同样可由式 (6-5-2) 得式 (6-5-6)。但值得注意的是, 若 $s(t)$ 含有常数的相位因子, 如 $s(t)=a(t)\,\mathrm{e}^{\mathrm{j}\alpha}$, 由于

$$r_s(t,\tau)=s\left(t+\frac{\tau}{2}\right)s^*\left(t-\frac{\tau}{2}\right)=a\left(t+\frac{\tau}{2}\right)a\left(t-\frac{\tau}{2}\right)$$

把相位因子抵消, 因此由 WVD 恢复出的 $s(t)$ 将不会有此相位因子。

按特征函数定义和式 (6-5-7) 可得到 WVD 的特征函数

$$\begin{aligned}M(\tau,\nu)&=\frac{1}{2\pi}\iint W_s(t,\omega)\,\mathrm{e}^{\mathrm{j}(\nu t+\tau\omega)}\mathrm{d}t\mathrm{d}\omega\\&=\int s\left(t+\frac{\tau}{2}\right)s^*\left(t-\frac{\tau}{2}\right)\mathrm{e}^{\mathrm{j}\nu t}\mathrm{d}t=A_s(\tau,\nu)\end{aligned} \tag{6-5-8}$$

所以信号 WVD 的特征函数就是信号的模糊函数。

根据 6.2 节的有关定义, 定义时变自相关函数的傅里叶变换为时变功率谱, 即

$$S_s(t,\omega)=\int R_s(t,\tau)\,\mathrm{e}^{-\mathrm{j}\omega\tau}\mathrm{d}\tau=\int E\left[s\left(t+\frac{\tau}{2}\right)s^*\left(t-\frac{\tau}{2}\right)\right]\mathrm{e}^{-\mathrm{j}\omega\tau}\mathrm{d}\tau \tag{6-5-9}$$

式中, $E(\cdot)$ 表示样本平均。时变功率谱常称为演变谱。交换 $E(\cdot)$ 与积分的顺序, 则有

$$S_s(t,\omega)=E\left[\int s\left(t+\frac{\tau}{2}\right)s^*\left(t-\frac{\tau}{2}\right)\mathrm{e}^{-\mathrm{j}\omega\tau}\mathrm{d}\tau\right]=E\left[W_s(t,\omega)\right] \tag{6-5-10}$$

可见, 信号的时变功率谱等于该信号 WVD 的样本平均, 因此信号的 WVD 常用来表示信号的时变功率谱。

类似地, 两个信号的时变互功率谱等于这两个信号互 WVD 的样本平均, 即

$$S_{s_1s_2}(t,\omega)=E\left[W_{s_1s_2}(t,\omega)\right]$$

2. 连续 WVD 的性质

WVD 分布有一系列较好的性质, 这是它得到广泛应用的主要原因。设 $s(t)$ 的频谱和 WVD 分别为 $S(\omega)$ 和 $W_s(t,\omega)$, 现对一些重要性质分别予以讨论。

1) 对称性 (奇、偶、虚、实性)

不论 $s(t)$ 是实信号还是复信号, 其自 WVD 都是 t 和 ω 的实函数, 即

$$W_s(t,\omega)=W_s^*(t,\omega) \tag{6-5-11}$$

若 $s(t)$ 为实信号, 即 $s^*(t)=s(t)$, 则 $W_s(t,\omega)$ 不但是 t,ω 的实函数, 还是 ω 的偶函数, 即

$$W_s(t,\omega)=W_s(t,-\omega) \tag{6-5-12}$$

若 $S(\omega)$ 为实频谱, 即 $S^*(\omega)=S(\omega)$, 则 $W_s(t,\omega)$ 不但是 t,ω 的实函数, 还是 t 的偶函数, 即

$$W_s(t,\omega)=W_s(-t,\omega) \tag{6-5-13}$$

对 $s_1(t)$,$s_2(t)$ 的互 WVD, $W_{s_1s_2}(t,\omega)$ 不一定是实函数, 但仍然有

$$W_{s_1s_2}(t,\omega)=W_{s_2s_1}^*(t,\omega) \tag{6-5-14}$$

该性质 [式 (6-5-11)] 的证明较简单, 首先对式 (6-5-1) 两边取共轭, 有

$$W_s^*(t,\omega)=\int s^*\left(t+\frac{\tau}{2}\right)s\left(t-\frac{\tau}{2}\right)\mathrm{e}^{\mathrm{j}\omega\tau}\mathrm{d}\tau$$

令 $\tau=-\lambda$, 则

$$W_s^*(t,\omega)=\int s^*\left(t-\frac{\lambda}{2}\right)s\left(t+\frac{\lambda}{2}\right)\mathrm{e}^{-\mathrm{j}\omega\lambda}\mathrm{d}\lambda=W_s(t,\omega)$$

即式 (6-5-11) 成立.

2) 平移不变性

WVD 具有时移不变性和频移不变性, 即

$$\mathrm{WVD}\left[s\left(t-t_0\right)\right]=W_s\left(t-t_0,\omega\right) \tag{6-5-15}$$

$$\mathrm{WVD}\left[s\left(t\right)\mathrm{e}^{\mathrm{j}\omega_0 t}\right]=W_s\left(t,\omega-\omega_0\right) \tag{6-5-16}$$

3) 边缘性

WVD 具有真边缘, 即由式 (6－5－1) 有

$$\begin{aligned}P_s\left(t\right)&=\frac{1}{2\pi}\int W_s\left(t,\omega\right)\mathrm{d}\omega=\frac{1}{2\pi}\iint s\left(t+\frac{\tau}{2}\right)s^*\left(t-\frac{\tau}{2}\right)\mathrm{e}^{-\mathrm{j}\omega\tau}\mathrm{d}\tau\mathrm{d}\omega\\&=\int s\left(t+\frac{\tau}{2}\right)s^*\left(t-\frac{\tau}{2}\right)\left(\frac{1}{2\pi}\int \mathrm{e}^{-\mathrm{j}\omega\tau}\mathrm{d}\omega\right)\mathrm{d}\tau\\&=\left|s\left(t\right)\right|^2\end{aligned} \tag{6-5-17}$$

由式 (6－5－2) 有

$$\begin{aligned}P_s\left(\omega\right)&=\int W_s\left(t,\omega\right)\mathrm{d}t=\frac{1}{2\pi}\iint S^*\left(\omega+\frac{\nu}{2}\right)S\left(\omega-\frac{\nu}{2}\right)\mathrm{e}^{-\mathrm{j}\nu t}\mathrm{d}t\mathrm{d}\nu\\&=\int S^*\left(\omega+\frac{\nu}{2}\right)S\left(\omega-\frac{\nu}{2}\right)\delta\left(\nu\right)\mathrm{d}\nu=\left|S\left(\omega\right)\right|^2\end{aligned} \tag{6-5-18}$$

由此可见, WVD 满足总能量要求, 即

$$E=\frac{1}{2\pi}\iint W_s\left(t,\omega\right)\mathrm{d}\omega\mathrm{d}t=\int\left|s\left(t\right)\right|^2\mathrm{d}t$$

4) 弱支撑性 (定义域的同一性)

信号的 WVD 与信号本身有相同的时频支撑区, 即

$$s\left(t\right)=0,\quad t\notin\left[t_1,t_2\right]\Rightarrow W_s\left(t,\omega\right)=0,\quad t\notin\left[t_1,t_2\right]$$
$$S\left(\omega\right)=0,\quad \omega\notin\left[\omega_1,\omega_2\right]\Rightarrow W_s\left(t,\omega\right)=0,\quad \omega\notin\left[\omega_1,\omega_2\right]$$

弱支撑性表明, 因果信号的 WVD 仍然是因果的。另外, 容易证明 WVD 无强支撑性。

5) 尺度变换性

$$\mathrm{WVD}\left[\sqrt{|c|}s\left(ct\right)\right]=W_s\left(ct,\frac{\omega}{c}\right),\quad c\neq 0 \tag{6-5-19}$$

6) 加法运算

若

$$\mathrm{WVD}\left[s_1\left(t\right)\right]=W_{s_1}\left(t,\omega\right),\quad \mathrm{WVD}\left[s_2\left(t\right)\right]=W_{s_2}\left(t,\omega\right)$$

则

$$\mathrm{WVD}\left[s_1\left(t\right)+s_2\left(t\right)\right]=W_{s_1}\left(t,\omega\right)+W_{s_2}\left(t,\omega\right)+2\mathrm{Re}\left[W_{s_1s_2}\left(t,\omega\right)\right] \tag{6-5-20}$$

7) 乘积与卷积运算

若

$$\mathrm{WVD}\left[s_1\left(t\right)\right]=W_{s_1}\left(t,\omega\right),\quad \mathrm{WVD}\left[s_2\left(t\right)\right]=W_{s_2}\left(t,\omega\right)$$

则

$$\mathrm{WVD}\left[s_1(t)\,s_2(t)\right]=\frac{1}{2\pi}\int W_{s_1}(t,\nu)\,W_{s_2}(t,\omega-\nu)\,\mathrm{d}\nu \tag{6-5-21}$$

$$\mathrm{WVD}\left[s_1(t)*s_2(t)\right]=\int W_{s_1}(\tau,\omega)\,W_{s_2}(t-\tau,\omega)\,\mathrm{d}\tau \tag{6-5-22}$$

8) 整体平均

由 WVD 可精确地得到信号的平均时间、平均频率、时宽、带宽, 即

$$\langle t\rangle^{(\mathrm{WVD})}=\frac{1}{2\pi}\iint tW_s(t,\omega)\,\mathrm{d}t\mathrm{d}\omega=\langle t\rangle \tag{6-5-23}$$

$$\langle \omega\rangle^{(\mathrm{WVD})}=\frac{1}{2\pi}\iint \omega W_s(t,\omega)\,\mathrm{d}t\mathrm{d}\omega=\langle \omega\rangle \tag{6-5-24}$$

$$\begin{aligned}\sigma_t^{(\mathrm{WVD})}&=\left[\frac{1}{2\pi}\iint\left(t^2-\langle t\rangle^{(\mathrm{WVD})}\right)W_s(t,\omega)\,\mathrm{d}t\mathrm{d}\omega\right]^{1/2}\\&=\left[\langle t^2\rangle-\langle t\rangle^2\right]^{1/2}=\sigma_t\end{aligned} \tag{6-5-25}$$

$$\begin{aligned}\sigma_\omega^{(\mathrm{WVD})}&=\left[\frac{1}{2\pi}\iint\left(\omega^2-\langle \omega\rangle^{(\mathrm{WVD})}\right)W_s(t,\omega)\,\mathrm{d}t\mathrm{d}\omega\right]^{1/2}\\&=\left[\langle \omega^2\rangle-\langle \omega\rangle^2\right]^{1/2}=\sigma_\omega\end{aligned} \tag{6-5-26}$$

9) 局部平均 (群延迟与瞬时频率)

设信号 $s(t)$ 可写成解析形式, 即 $s(t)=a(t)\,\mathrm{e}^{\mathrm{j}\varphi(t)}$, 其频谱为 $S(\omega)=\left|S(\omega)\right|\mathrm{e}^{\mathrm{j}\psi(\omega)}$, WVD 为 $W_s(t,\omega)$, 则 $s(t)$ 的瞬时频率和群延迟可通过其 WVD 精确估计, 即

$$\begin{aligned}\omega_i(t)=\langle\omega\rangle_t^{(\mathrm{WVD})}&=\frac{1}{2\pi P_s(t)}\int \omega W_s(t,\omega)\,\mathrm{d}\omega\\&=\frac{1}{2\pi\left|a(t)\right|^2}\int \omega W_s(t,\omega)\,\mathrm{d}\omega=\varphi'(t)\end{aligned} \tag{6-5-27}$$

$$\tau_g(\omega)=\langle t\rangle_\omega^{(\mathrm{WVD})}=\frac{1}{P_s(\omega)}\int tW_s(t,\omega)\,\mathrm{d}t=-\psi'(\omega) \tag{6-5-28}$$

为便于读者查阅, WVD 的重要数学性质列于表 6.5.1。

表 6.5.1　Wigner − Ville 分布的数学性质

实值性	$W^*(t,\omega)=W(t,\omega)$
时移不变性	$\widetilde{s}(t)=s(t-t_0)\Rightarrow W_{\widetilde{s}}(t,\omega)=W(t-t_0,\omega)$
频移不变性	$\widetilde{s}(t)=s(t)\mathrm{e}^{\mathrm{j}\omega_0 t}\rightarrow W_{\widetilde{s}}(t,\omega)=W(t,\omega-\omega_0)$
时间边缘特性	$\dfrac{1}{2\pi}\displaystyle\int_{-\infty}^{+\infty}W(t,\omega)\mathrm{d}\omega=\lvert s(t)\rvert^2$
频率边缘特性	$\displaystyle\int_{-\infty}^{+\infty}W(t,\omega)\mathrm{d}t=\lvert S(\omega)\rvert^2$
时频伸缩性	$\widetilde{s}(t)=\sqrt{\lvert c\rvert}s(ct)\Rightarrow W_{\widetilde{s}}(t,\omega)=W_s\left(ct,\frac{\omega}{c}\right),c\neq 0$

续表

瞬时频率	$\omega_i(t)=\dfrac{\int_{-\infty}^{+\infty}\omega W(t,\omega)\mathrm{d}\omega}{\int_{-\infty}^{+\infty}W(t,\omega)\mathrm{d}\omega}=\dfrac{\mathrm{d}}{\mathrm{d}t}\arg[s(t)]$
群时延	$\tau_i(\omega)=\dfrac{\int_{-\infty}^{+\infty}tW(t,\omega)\mathrm{d}t}{\int_{-\infty}^{+\infty}W(t,\omega)\mathrm{d}t}=\dfrac{\mathrm{d}}{\mathrm{d}\omega}\arg[S(\omega)]$
弱时间支撑	$s(t)=0,t\notin[t_1,t_2]\Rightarrow W(t,\omega)=0,t\notin[t_1,t_2]$
弱频率支撑	$S(\omega)=0,\omega\notin[\omega_1,\omega_2]\Rightarrow W(t,\omega)=0,\omega\notin[\omega_1,\omega_2]$
酉性 (Moyal 公式)	$\langle W_{x_1,y_1},W_{x_2,y_2}\rangle=\langle x_1,x_2\rangle\langle y_1,y_2\rangle^*$
卷积性	$\widetilde{s}(t)=s(t)*h(t)\Rightarrow W_{\widetilde{s}}(t,f)=\int_{-\infty}^{+\infty}W_s(\tau,\omega)W_h(t-\tau,\omega)\mathrm{d}\tau$
乘积性	$\widetilde{s}(t)=s(t)h(t)\Rightarrow W_{\widetilde{s}}(t,\omega)=\dfrac{1}{2\pi}\int_{-\infty}^{+\infty}W_s(t,\nu)W_h(t,\omega-\nu)\mathrm{d}\nu$

事实上, WVD 是满足表 6.2.2 中所有性质的唯一时频分布。

3. 伪 Wigner – Ville 分布

虽然 WVD 表明信号能量的瞬时特征, 但它是全局性的分布。为了展示信号的局部特性, 可以像短时傅里叶变换一样, 通过对信号加窗, 由截断信号的 WVD 分析信号的局部特性, 这就是伪 WVD。

设窗函数为 $h(t)$, 对信号 $s(t)$ 的截断信号为

$$s_t(\tau)=s(\tau)h(\tau-t)$$

则由 WVD 的乘法运算性质得到

$$W_{s_t}(\tau,\omega)=\frac{1}{2\pi}\int W_s(\tau,\nu)W_h(\tau-t,\omega-\nu)\mathrm{d}\nu \tag{6-5-29}$$

式中, $W_h(t,\omega)$ 为窗函数的 WVD。当只考虑窗口中心处 (即 $\tau=t$ 这条直线上) 时

$$W_{s_t}(\tau,\omega)=\frac{1}{2\pi}\int W_s(\tau,\nu)W_h(0,\omega-\nu)\mathrm{d}\nu \tag{6-5-30}$$

即为信号 $s(t)$ 的伪 WVD。可见, 信号的伪 WVD 是其 WVD 在频域受窗函数在零时刻的 WVD 平滑的结果。平滑使 WVD 的频率分辨力降低, 损坏了 WVD 分布在频率方面的性质 (但不影响时间方面的性质); 而对于多分量信号, 平滑可以降低交叉项的影响, 改善信噪比。

4. WVD 的缺陷

由 WVD 的加法运算性质可知, 两个信号和的 WVD 有交叉项存在, 使得两个信号和的分布已不再是两个信号各自分布的和。

由于 WVD 是信号能量随时间 – 频率的分布, 因此, 理论上讲, $W_s(t,\omega)$ 应始终为正值, 但实际上并非如此。因为 $W_s(t,\omega)$ 是 $r_s(t,\tau)=s\left(t+\dfrac{\tau}{2}\right)s^*\left(t-\dfrac{\tau}{2}\right)$ 的傅里叶变换, 因此, 虽然可以保证 $W_s(t,\omega)$ 始终为实值, 但不一定能保证它非负。

由 WVD 的能量分布性质以及式 (6 − 5 − 17) 和式 (6 − 5 − 18), 有

$$\int_{t_a}^{t_b}\left[\frac{1}{2\pi}\int_{-\infty}^{+\infty}W_s(t,\omega)\,\mathrm{d}\omega\right]\mathrm{d}t=\int_{t_a}^{t_b}\left|s(t)\right|^2\mathrm{d}t \tag{6-5-31}$$

$$\int_{\omega_a}^{\omega_b}\left[\int_{-\infty}^{+\infty}W_s(t,\omega)\,\mathrm{d}t\right]\mathrm{d}\omega=\int_{\omega_a}^{\omega_b}\left|S(\omega)\right|^2\mathrm{d}\omega \tag{6-5-32}$$

$$\frac{1}{2\pi}\int_{-\infty}^{+\infty}\int_{-\infty}^{+\infty}W_s(t,\omega)\,\mathrm{d}t\mathrm{d}\omega=\int_{-\infty}^{+\infty}\left|s(t)\right|^2\mathrm{d}t=\langle s(t),s(t)\rangle \tag{6-5-33}$$

即 $W_s(t,\omega)$ 在 $t-\omega$ 平面上沿一条直线 t 或 ω, 或一个时间带 (t_b-t_a), 或一个频率带 $(\omega_b-\omega_a)$, 以及在整个平面上的积分都为正值, 表示 WVD 确实反映了信号的能量分布。但是, 在某一时刻 t 及某一频率 ω 处 (即 $t-\omega$ 平面上的一个点) 的 WVD 却不能解释为信号的 "瞬时能量", 因此,WVD 也不能理解为信号的 "能量密度"。

5. 典型信号的 WVD

例 6.5.1 令

$$x(t)=\begin{cases}1, & |t|<T\\ 0, & |t|>T\end{cases}$$

求 $W_x(t,\omega)$。

解: 由定义有

$$W_x(t,\omega)=\int x\left(t+\frac{\tau}{2}\right)x^*\left(t-\frac{\tau}{2}\right)\mathrm{e}^{-\mathrm{j}\omega\tau}\mathrm{d}\tau$$

因

$$\begin{cases}\left|t+\dfrac{\tau}{2}\right|<T\\ \left|t-\dfrac{\tau}{2}\right|<T\end{cases}$$

得

$$\begin{cases}-2T+2t<\tau<2T-2t\\ -2T-2t<\tau<2T+2t\end{cases}$$

即

$$-2T+2t<\tau<2T-2t$$

所以

$$W_x(t,\omega)=\int_{-2T+2t}^{2T-2t}\mathrm{e}^{-\mathrm{j}\omega\tau}\mathrm{d}\tau=\begin{cases}\dfrac{2\sin\left[2\omega\left(T-|t|\right)\right]}{\omega}, & |t|<T\\ 0, & |t|>T\end{cases}$$

该信号的 $W_x(t,\omega)$ 在时间轴上只在 $-T\sim T$ 的范围内有值, 在频率轴上是 $\dfrac{\sin\,\omega}{\omega}$ 的 $\sin\,c$ 函数。最大值出现在 $(t,0)$ 处, 最大值为 $4T$, 其中 $T=256$, 如图 6.5.1 所示。

例 6.5.2 令 $x(t)=A\mathrm{e}^{\mathrm{j}\omega_0 t}$, 求 $W_x(t,\omega)$。

解: 由定义有

$$W_x(t,\omega)=\int A\mathrm{e}^{\mathrm{j}\omega_0\left(t+\frac{\tau}{2}\right)}A^*\mathrm{e}^{-\mathrm{j}\omega_0\left(t-\frac{\tau}{2}\right)}\mathrm{e}^{-\mathrm{j}\omega\tau}\mathrm{d}\tau=|A|^2\int\mathrm{e}^{-\mathrm{j}(\omega-\omega_0)\tau}\mathrm{d}\tau$$

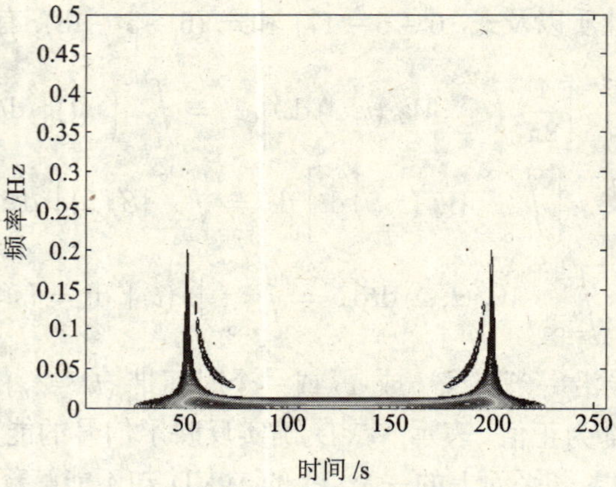

图 6.5.1 例 6.5.1 的 WVD

即

$$W_x(t,\omega)=2\pi\left|A\right|^2\delta(\omega-\omega_0)$$

本例的 $x(t)$ 为确定性复正弦信号, 当然也可以把它看作平稳的随机信号, 因此, 其 WVD 与时间 t 无关。对任意的时间 $t, W_x(t,\omega)$ 都是位于 $\omega=\omega_0$ 处的 δ 函数, 其中 ω_0 的归一化频率为 0.2, 如图 6.5.2 所示。

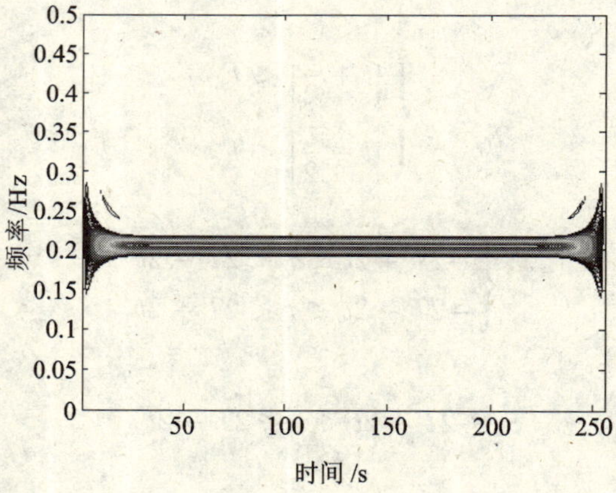

图 6.5.2 例 6.5.2 的 WVD

例 6.5.3 令 $x(t)$ 是由三个不同频率的复正弦信号首尾相连而形成的, 即

$$x(t)=\begin{cases}\mathrm{e}^{\mathrm{j}\omega_1 t}, & 0\leqslant t\leqslant T/4\\ \mathrm{e}^{\mathrm{j}\omega_2 t}, & T/4\leqslant t\leqslant T/2\\ \mathrm{e}^{\mathrm{j}\omega_3 t}, & T/2\leqslant t\leqslant T\end{cases}$$

求 $W_x(t,\omega)$。式中 $\omega_1=4\omega_0,\omega_2=2\omega_0,\omega_3=\omega_0,\omega_0$ 为基本频率。

解: 由例 6.5.2 可直接得到其 WVD, 如图 6.5.3 所示。由该图可清楚地看出 WVD 的时频定位功能。注意, 三段信号时频分布之间有交叉项存在。

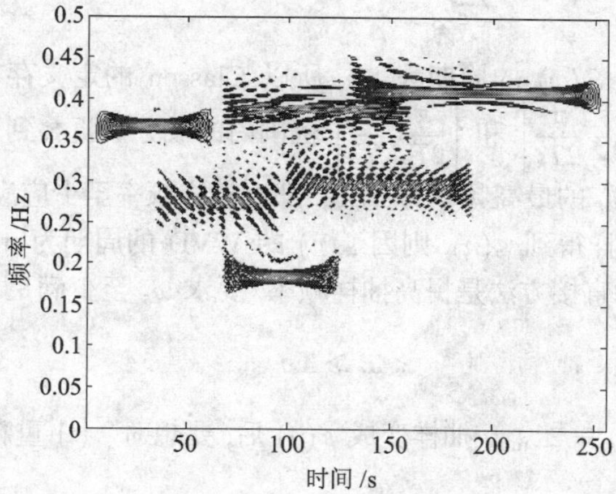

图 6.5.3　例 6.5.3 的 WVD

6.5.2　离散 Wigner – Ville 分布

1. 离散 WVD 的定义

离散时间信号的 WVD 的定义最早由 T. A. C. M. Classen 等于 1980 年提出。该定义是连续时间信号的 WVD 的时域取样结果, 易于理解与计算。但该定义不满足边缘特性等有用性质, 因此, 1986 年 F. Peyrin 又提出了另一种离散 WVD 的定义。Peyrin 的定义满足边缘特性, 但它与 Classen 的定义一样, 其 WVD 在频域都可能出现混叠问题。1989 年以后, 又有人提出了几种无混叠的离散 WVD 的定义[21]。到目前为止, 还没有一个公认的定义能够在兼顾连续 WVD 性质的同时, 又便于计算和应用。这里只介绍应用面较广的 Classen 定义的离散 WVD。

根据 Classen 的定义, 在式 (6 – 5 – 1) 中, 若令 $s(n)$ 为对连续时间信号 $s(t)$ 取样得到的离散时间信号, 其抽样间隔为 T_s, 即 $t = nT_s$, 并令 $\dfrac{\tau}{2} = kT_s$, 即 $\tau = 2kT_s$, 则式 (6 – 5 – 1) 对 τ 的积分变成对 k 的求和

$$W_s(nT_s,\omega) = 2T_s \sum_{k=-\infty}^{+\infty} s(nT_s + kT_s)\, s^*(nT_s - kT_s)\, \mathrm{e}^{-\mathrm{j}2k\omega T_s} \qquad (6-5-34)$$

若将 T_s 归一化, 则上式变为

$$W_s(n,\omega) = 2\sum_{k=-\infty}^{+\infty} s(n+k)\, s^*(n-k)\, \mathrm{e}^{-\mathrm{j}2k\omega} \qquad (6-5-35)$$

相应的频域定义为

$$W_s(n,\omega) = \frac{1}{\pi}\int_{-\pi}^{\pi} S^*(\omega+\nu)\, S(\omega-\nu)\, \mathrm{e}^{-\mathrm{j}2\nu n}\mathrm{d}\nu \qquad (6-5-36)$$

显然, 由式 (6 – 5 – 35) 的定义知, $W_s(n,\omega)$ 在频域的重复周期为 π, 即

$$W_s(n,\omega+\pi)=2\sum_{k=-\infty}^{+\infty}s(n+k)\,s^*(n-k)\,\mathrm{e}^{-\mathrm{j}2k(\omega+\pi)} \tag{6-5-37}$$

而序列 $s(n)$ 的傅里叶谱 $S(\omega)$ 的周期为 2π, 所以 Classen 的定义存在混叠现象。也就是说, $W_s(n,\omega)$ 的频率在 $\left[-\dfrac{\pi}{T_s},-\dfrac{\pi}{2T_s}\right]$ 和 $\left[\dfrac{\pi}{2T_s},\dfrac{\pi}{T_s}\right]$ 范围内的成分被折叠到 $\left[-\dfrac{\pi}{2T_s},\dfrac{\pi}{2T_s}\right]$ 的范围内。

根据采样定理, 若 $s(t)$ 的最高频率为 $\omega_{\max}$, 那么抽样频率至少应满足 $\omega_s\geqslant 2\omega_{\max}$。然而若按 $\omega_s=2\omega_{\max}$ 对 $s(t)$ 抽样得到 $s(n)$, 则因 $s(n)$ 的 WVD 的周期为 π, 使得 WVD 中产生严重的混迭。解决这一问题的直接方法是提高抽样频率, 要求 ω_s 至少满足

$$\omega_s\geqslant 4\omega_{\max} \tag{6-5-38}$$

但是, 一旦信号 $s(t)$ 由 $\omega_s=2\omega_{\max}$ 抽样变成 $s(n)$ 后, 要想对 $s(t)$ 重新抽样是困难的。解决该问题的简便方法有如下两个:

(1) 采用解析信号。由解析信号的性质可知, 将 $s(t)$ 作 Hilbert 变换得到 $\widehat{s}(t)$, 按 $z(t)=s(t)+\mathrm{j}\widehat{s}(t)$ 构成解析信号。$z(t)$ 只包含 $s(t)$ 的正频率部分。这样, 既可减轻由正、负频率分量所引起的交叉项干扰, 又可在保持原有抽样频率 $\omega_s=2\omega_{\max}$ 的情况下, 避免频域的混迭。

(2) 对 $s(n)$ 作插值, 人为地提高其抽样频率 ω_s。若想将抽样频率 ω_s 提高一倍, 则可在 $s(n)$ 每两点之间插入一个零, 然后再让该信号通过低通数字滤波器, 从而将插入的这些零值变成原信号相应点的插值。有关插值的原理, 请参看有关文献, 此处不作讨论。

此外, 定义式 (6 – 5 – 35) 的另一个问题是边缘特性被破坏, 例如其频率边缘性为

$$\begin{aligned}P_s(\omega)&=\sum_n W_s(n,\omega)\\&=\sum_n\left[\sum_k s(n+k)\,s^*(n-k)\,\mathrm{e}^{-\mathrm{j}2k\omega}+\sum_k s(n+k)\,s^*(n-k)\,\mathrm{e}^{-\mathrm{j}2k(\omega+\pi)}\right]\\&=\left|S(\omega)\right|^2+\left|S(\omega+\pi)\right|^2\neq\left|S(\omega)\right|^2\end{aligned} \tag{6-5-39}$$

离散 WVD 还需对频率离散化, 设序列 $s(n)$ 的长度为 $N=2L+1$ (或具有重复周期 $N=2L+1$), 并将频率区间 $[0,2\pi]$ 分为 N 段, 即

$$\omega=m\frac{2\pi}{N},\quad m=0,1,\cdots,N-1$$

由式 (6 – 5 – 35) 得离散 WVD 的定义为

$$W_s(n,m)=2\sum_{k=-L}^{L}s(n+k)\,s^*(n-k)\,\mathrm{e}^{-\mathrm{j}\frac{4\pi}{N}km} \tag{6-5-40}$$

由前面的讨论知道, WVD 在频域上的周期为 π 而不是 2π, 因此常将 $[0,\pi]$ 分为 N 段, 于是式 (6 – 5 – 40) 变为

$$W_s(n,m)=2\sum_{k=-L}^{L}s(n+k)\,s^*(n-k)\,\mathrm{e}^{-\mathrm{j}\frac{2\pi}{N}km} \tag{6-5-41}$$

由上式很容易得到离散 WVD 的重构公式, 对式 (6 − 5 − 41) 两边取傅里叶反变换, 有

$$s(n+k)\,s^*(n-k)=\frac{1}{2}\sum_{m=-L}^{L}W_s(n,m)\,\mathrm{e}^{\mathrm{j}\frac{2\pi}{N}km}$$

令正整数 n_1 和 n_2 满足 $n=\dfrac{n_1+n_2}{2},k=\dfrac{n_1-n_2}{2}$, 得

$$s(n_1)\,s^*(n_2)=\frac{1}{2}\sum_{m=-L}^{L}W_s\left(\frac{n_1+n_2}{2},m\right)\mathrm{e}^{\mathrm{j}\frac{2\pi}{N}\left(\frac{n_1-n_2}{2}\right)m}$$

当 $n_1=2n,n_2=0$ 时, 有

$$s(2n)\,s^*(0)=\frac{1}{2}\sum_{m=-L}^{L}W_s(n,m)\,\mathrm{e}^{\mathrm{j}\frac{2\pi}{N}mn}\qquad(6-5-42)$$

当 $n_1=2n-1,n_2=1$ 时, 有

$$s(2n-1)\,s^*(1)=\frac{1}{2}\sum_{m=-L}^{L}W_s(n,m)\,\mathrm{e}^{\mathrm{j}\frac{2\pi}{N}m(n-1)}\qquad(6-5-43)$$

因此, 由式 (6 − 5 − 42) 和式 (6 − 5 − 43), 可以分别重构 $s(n)$ 的偶数点 $s(2n)\,s^*(0)$ 和奇数点 $s(2n-1)\,s^*(1)$。特别地, 如果已知 $s(n)$ 的两个相邻样本值 $s(2n_0)$ 和 $s(2n_0-1)$ 时, 可计算

$$s^*(0)=\frac{1}{2s(2n_0)}\sum_{m=-L}^{L}W_s(n_0,m)\,\mathrm{e}^{\mathrm{j}\frac{2\pi}{N}mn_0}$$

$$s^*(1)=\frac{1}{2s(2n_0-1)}\sum_{m=-L}^{L}W_s(n_0,m)\,\mathrm{e}^{\mathrm{j}\frac{2\pi}{N}m(n_0-1)}$$

这样就可以准确地重构所有的 $s(n)$。若所重构的信号为解析信号, 则只需由 $W_s(n,m)$ 重构偶数点 $s(2n)$。

2. 离散 WVD 的计算

离散 WVD 有多种算法, 这里介绍基于 FFT 的快速算法[8]。对非周期的长序列, 进行 FFT 之前需要对序列加窗, 即序列的离散伪 WVD。

设窗函数 $h(n)$ 的宽度为 $2L-1$, 即

$$h(n)=0,\quad |n|\geqslant L$$

由式 (6 − 5 − 41) 定义序列 $s(n)$ 的离散伪 WVD 为

$$W_s(n,m)=2\sum_{k=-L+1}^{L-1}h(k)\,s(n+k)\,[h(-k)\,s(n-k)]^*\,\mathrm{e}^{-\mathrm{j}\frac{2\pi}{(2L-1)}km}\qquad(6-5-44)$$

令

$$g(n,k)=h(k)\,s(n+k)$$

则式 (6 − 5 − 44) 变为

$$W_s(n,m) = 2\sum_{k=-L+1}^{L-1} g(n,k)\, g^*(n,-k)\, \mathrm{e}^{-\mathrm{j}\frac{2\pi}{2L-1}km}$$

为了适应 FFT 计算的需要, 设 $N = 2^M > (2L-1)$, 同时为了进行因果性计算, 对数据进行重排, 使编号处于 $0 \sim 2L-1$, 并将长度为 $2L-1$ 的数据 $g(n,k)\,g^*(n,-k)$ 按周期为 N 进行周期延拓, 其主值序列为

$$f(n,k) = \begin{cases} g(n,k)\, g^*(n,-k), & 0 \leqslant k \leqslant \dfrac{N}{2} - 1 \\ g(n,k-N)\, g^*(n,-k+N), & \dfrac{N}{2} \leqslant k \leqslant N-1 \end{cases} \tag{6-5-45}$$

求 $f(n,k)$ 关于 k 的 N 点 FFT, 得

$$W_s(n,m) = 2\sum_{k=0}^{N-1} f(n,k)\, \mathrm{e}^{-\mathrm{j}\frac{2\pi}{N}km} \tag{6-5-46}$$

显然, 为减少误差, 应使 $2L-1$ 尽量接近于 N。

$W_s(n,m)$ 的计算还可以使用离散 Hartley 变换 (DHT) 来实现, 使用 DHT 可使 FFT 算法的复数运算变为等量的实数运算[8]。但总的说来,WVD 的计算量还较大, 不便于实时处理, 这也是阻碍时频分析技术 (STFT 和小波变换除外) 推广应用的主要原因之一。

6.6 Radon – Wigner 变换

线性调频 (LFM) 信号在时变信号中具有特殊作用。一方面, 作为大时间 - 频带积的扩频信号,LFM 信号广泛应用于各种信息系统, 如通信、雷达、声呐等; 另一方面, 探测系统的目标多普勒频率与目标速度近似成正比, 当目标作加速运动时, 其回波即为线性调频。此外, 对于空间线性阵列, 若信号源位于近场, 则沿阵列分布的信号也近似为线性调频。因此, 研究 LFM 信号具有重要意义。

已经知道, 用 WVD 研究单分量 LFM 信号是十分有利的。然而, 如果 LFM 信号存在多个分量时 (实际信号常如此, 如同时存在多个目标), 分量之间的交叉项就会使时频平面变得模糊不清, 特别是在信噪比不高的场合, 甚至很难分辨各个 LFM 信号分量。虽然使用核函数可对 WVD 交叉项起到平滑抑制作用, 但在对交叉项抑制的同时, 信号项的时频聚集性也会有所下降。同时, 核函数还应根据它所作用的信号形式及处理的目的进行选择。因理想 LFM 信号的 WVD 为直线型冲激函数, 有限长度的 LFM 信号的 WVD 为背鳍型, 如图 6.6.1 所示, 所以对其 WVD 的时频平面沿相应直线作积分平滑是一种理想选择。本节讨论的 Radon – Wigner 变化正是基于此而提出的。Radon – Wigner 变换是对信号的 WVD 的时频平面作直线积分投影的 Radon 变换。 由于以直线图形为特征的 Hough 变换与 Radon 变换相当, 所以在有些文献里, 也称 Radon – Wigner 变换为 Wigner – Hough 变换[7,22-23]。

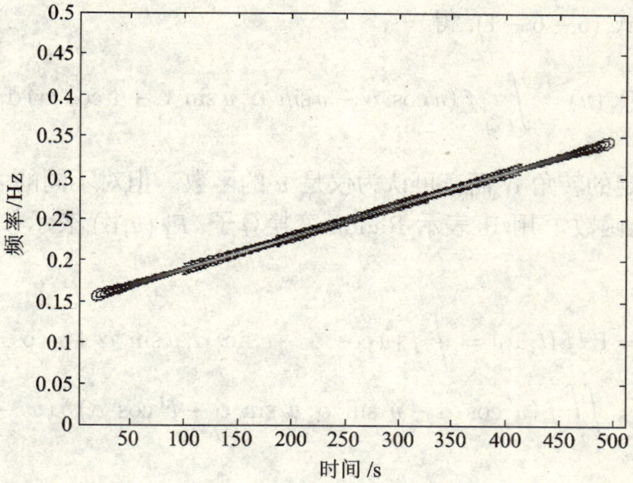

图 6.6.1 LFM 信号的 WVD

6.6.1 Radon-Wigner 变换的定义

1. Radon 变换

Radon – Wigner 变换是一种直线积分的投影变换, 是对信号的 WVD 的时频平面作直线积分投影的 Radon 变换。实际上,Radon 变换相当于广义的边缘积分, 也相当于一种投影变换, 如图 6.6.2 所示。

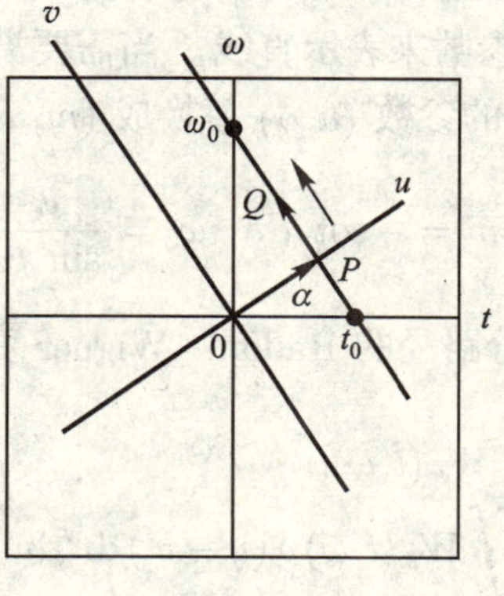

图 6.6.2 Radon 变换的几何关系

设二维平面 (t,ω) 有一任意的二维函数 $f(t,\omega)$, 如图 6.6.2 所示, 则其 Radon 变换定义为

$$P_\alpha(u)=\int_{PQ} f(t,\omega)\,\mathrm{d}v \tag{6-6-1}$$

$\int_{PQ}$ 表示沿直线 PQ 作积分。利用三角运算, 可得到 (t,ω) 与 (u,v) 两平面坐标之间的关系为

$$\begin{cases} t=u\cos\ \alpha-v\sin\ \alpha \\ \omega=u\sin\ \alpha+v\cos\ \alpha \end{cases} \tag{6-6-2}$$

将式 (6 − 6 − 2) 代入式 (6 − 6 − 1), 得

$$P_\alpha(u) = \int_{PQ} f(u\cos\ \alpha - v\sin\ \alpha, u\sin\ \alpha + v\cos\ \alpha)\,\mathrm{d}v \tag{6-6-3}$$

Radon 变换对一定的转角 α 而言可认为仅是 u 的函数。但对不同的 α, 其函数值是变化的, 即它是 u 和 α 的二维函数。用 R 表示 Radon 变换算子, $P_f(u,\alpha)$ 表示 $f(t,\omega)$ 的 Radon 变换, 则有

$$\begin{aligned} P_f(u,\alpha) &= \mathrm{R}[f(t,\omega)] = \int f(u\cos\ \alpha - v\sin\ \alpha, u\sin\ \alpha + v\cos\ \alpha)\,\mathrm{d}v \\ &= \iint f(u'\cos\ \alpha - v'\sin\ \alpha, u'\sin\ \alpha + v'\cos\ \alpha)\,\delta(u'-u)\,\mathrm{d}u'\mathrm{d}v' \end{aligned} \tag{6-6-4}$$

2. Radon – Wigner 变换

如果将 Radon 变换的对象由一般的二维函数 $f(t,\omega)$ 代之以信号 $s(t)$ 的 Wigner – Ville 分布 $W_s(t,\omega)$, 则所得到的 Radon 变换即为信号的 Radon – Wigner 变换 (RWT), 用符号 $D_s(u,\alpha)$ 表示, 即

$$\begin{aligned} D_s(u,\alpha) &= \mathrm{R}[W_s(t,\omega)] \\ &= \iint W_s(u'\cos\ \alpha - v'\sin\ \alpha, u'\sin\ \alpha + v'\cos\ \alpha)\,\delta(u-u')\,\mathrm{d}u'\mathrm{d}v' \end{aligned} \tag{6-6-5}$$

下面具体介绍 LFM 信号的 Radon – Wigner 变换。在 Wigner – Ville 分布的时频平面里, 习惯用 ω 轴的截距 ω_0 和斜率 m 为参数来表示直线。当需要沿 $\omega = \omega_0 + mt$ 作直线积分时, 可将图 6.6.2 中的积分路径 (PQ 直线) 的参数 (u,α) 替换成 (m,ω_0), 这两对参数具有如下关系:

$$m = -\cot\ \alpha, \quad \omega_0 = \frac{u}{\sin\ \alpha}$$

于是, 得到以参数 (m,ω_0) 表示积分路径的 Radon – Wigner 变换

$$\begin{aligned} D_s(u,\alpha) &= \mathrm{R}[W_s(t,\omega)] \\ &= \iint W_s(t,\omega)\,\delta(u-u')\,\mathrm{d}u'\mathrm{d}v' \\ &= \iint W_s(t,\omega)\,\delta[(\omega-\omega_0-mt)\sin\ \alpha]\,\mathrm{d}t\mathrm{d}\omega \\ &= \frac{1}{|\sin\ \alpha|}\iint W_s(t,\omega)\,\delta[\omega-(\omega_0+mt)]\,\mathrm{d}t\mathrm{d}\omega \\ &= \frac{1}{|\sin\ \alpha|}\int W_s(t,\omega_0+mt)\mathrm{d}t\Big|_{\substack{m=-\cot\ \alpha \\ \omega_0=u/\sin\ \alpha}} \end{aligned} \tag{6-6-6}$$

上式表明, 若信号 $s(t)$ 是参数为 ω_0 和 m 的 LFM 信号, 则积分值最大, 当参数偏离 ω_0 或 m 时, 积分值迅速减小, 即对一定的 LFM 信号, 其 Radon – Wigner 变换会在对应的参数 (m,ω_0) 处呈现尖峰。

若将积分路径的直线参数改用 t 轴的截距 t_0 和相对于 ω 轴的斜率 p 表述, 即 $t=t_0+p\omega$, 则

$$p=-\tan\ \alpha,\quad t_0=\frac{u}{\cos\ \alpha}$$

于是信号 $s(t)$ 的 Radon - Wigner 变换可以用另外一种积分形式表示

$$D_s(u,\alpha)=\frac{1}{|\cos\ \alpha|}\int W_s(t_0+p\omega,\omega)\,\mathrm{d}\omega\Big|_{\substack{p=-\tan\ \alpha\\ t_0=u/\cos\ \alpha}} \tag{6-6-7}$$

此外, 信号 $s(t)$ 的 Radon - Wigner 变换还可以用其模糊函数得到, 由式 (6 - 6 - 6), 有

$$\begin{aligned}D_s(u,\alpha)&=\frac{1}{|\sin\ \alpha|}\iint W_s(t,\omega)\,\delta[\omega-(\omega_0+mt)]\,\mathrm{d}t\mathrm{d}\omega\\&=\frac{1}{|\sin\ \alpha|}\iiint s\left(t+\frac{\tau}{2}\right)s^*\left(t-\frac{\tau}{2}\right)\mathrm{e}^{-\mathrm{j}\omega\tau}\delta[\omega-(\omega_0+mt)]\,\mathrm{d}\tau\mathrm{d}t\mathrm{d}\omega\\&=\frac{1}{|\sin\ \alpha|}\int A_s(\tau,m\tau)\,\mathrm{e}^{-\mathrm{j}\omega_0\tau}\mathrm{d}\tau\Big|_{\substack{m=-\cot\ \alpha\\ \omega_0=u/\sin\ \alpha}}\end{aligned} \tag{6-6-8}$$

6.6.2　Radon − Wigner 变换的性质

设 $f(t)$ 和 $g(t)$ 为任意信号, $F(\omega)$ 和 $G(\omega)$ 分别是它们的傅里叶变换, $D_f(u,\alpha)$ 和 $D_g(u,\alpha)$ 分别是 $f(t)$ 和 $g(t)$ 的 Radon - Wigner 变换, $\mathrm{R}(\cdot)$ 和 $\mathrm{W}(\cdot)$ 分别代表 Radon 算子和 Wigner - Ville 分布算子。现在讨论 Radon - Wigner 变换的一些基本性质。

1) 线性性质

Radon 变换具有线性性质, 但因 Wigner - Ville 分布是双线性的, 因此, Radon - Wigner 变换具有双线性性质。

$$\begin{aligned}\mathrm{D}[af(t)+bg(t)]&=\mathrm{R}\{\mathrm{W}[af(t)+bg(t)]\}\\&=\mathrm{R}\left[|a|^2W_f(t,\omega)+|b|^2W_g(t,\omega)+ab^*W_{fg}(t,\omega)+a^*bW_{gf}(t,\omega)\right]\\&=|a|^2D_f(u,\alpha)+|b|^2D_g(u,\alpha)+ab^*D_{fg}(u,\alpha)+a^*bD_{gf}(u,\alpha)\end{aligned} \tag{6-6-9}$$

式中, $D_{fg}(u,\alpha)=\mathrm{R}[W_{fg}(t,\omega)]$ 称为信号 $f(t)$ 和 $g(t)$ 的互 Radon - Wigner 变换。

2) 时移和频移性

根据 Wigner - Ville 分布的移不变性, 信号的平移将在时频平面上产生相应的平移, 但因 Radon 变换以 u 和 α 为变量, 所以对于时频平面内任何 t 和 ω 的平移, 均可通过改变 u 的值使其积分不变[24], 即有

$$D_f(u,\alpha)=D_f(u+t_1\cos\ \alpha+\omega_1\sin\ \alpha,\alpha) \tag{6-6-10}$$

式中, t_1 和 ω_1 分别代表积分路径的水平移动和垂直移动。于是

$$\begin{aligned}\mathrm{R_W}[f(t-t_0)]&=\mathrm{R}\{\mathrm{W}[f(t-t_0)]\}\\&=\mathrm{R}[\mathrm{W}_f(t-t_0,\omega)]=D_f(u-t_0\cos\ \alpha,\alpha)\end{aligned} \tag{6-6-11}$$

$$\begin{aligned}\mathrm{R_W}\left[f(t)\,\mathrm{e}^{\mathrm{j}\omega_0t}\right]&=\mathrm{R}\left\{\mathrm{W}\left[f(t)\,\mathrm{e}^{\mathrm{j}\omega_0t}\right]\right\}\\&=\mathrm{R}[W_f(t,\omega-\omega_0)]=D_f(u-\omega_0\sin\ \alpha,\alpha)\end{aligned} \tag{6-6-12}$$

也就是说, 信号的时移和频移只是在 Wigner 时频平面内作 Radon – Wigner 变换时使积分路径 u 发生平移, 而并不改变 α 的值。

3) 投影特性

有如下的投影切片定理[26]:

$$\int D_f(u,\alpha)\,\mathrm{e}^{-\mathrm{j}u\lambda}\mathrm{d}u = A_f(\tau,\nu)\Big|_{\substack{\tau=\lambda\sin\alpha\\ \nu=\lambda\cos\alpha}} = A_f^p(\lambda,\alpha) \tag{6-6-13}$$

式中, A_f^p 是 A_f 的极坐标表示。

上式的投影切片定理说明, 以某一角度 α 从 Radon – Wigner 变换切得的切片和用频率滞后轴所夹的角度 α 通过模糊平面原点切得的切片之间存在着傅里叶变换关系。

4) 卷积特性

由投影切片定理及式 (6 – 6 – 13), 信号 $f(t)$ 和 $g(t)$ 在 Radon – Wigner 域对 u 的一维卷积对应时频平面内的二维卷积, 即

$$\begin{aligned} D_f(u,\alpha)\overset{u}{*}D_g(u,\alpha) &= \mathrm{R}\left[W_f(t,\omega)\overset{t\omega}{*}W_g(t,\omega)\right] \\ &= \mathrm{R}\left[\iint W_f(u,v)\,W_g(t-u,\omega-v)\,\mathrm{d}u\mathrm{d}v\right] \end{aligned} \tag{6-6-14}$$

对于所有 α 如果 $D_g(u,\alpha)$ 不是 $\delta(u)$ 函数, 则径向卷积给出不同的 Cohen 类变换的 Radon 变换。因此, 利用式 (6 – 6 – 14) 右边的二维卷积, 就可以由 Wigner – Ville 分布和给定的核函数计算不同的 Cohen 类变换, 从而其 Radon 变换就可以用 $D(u,\alpha)$ 的一维卷积计算得到。

5) 遮隔特性

由前面的讨论已经知道, 多分量 LFM 信号的 Radon – Wigner 变换仍然存在交叉项, 但信号项呈现尖峰, 所以交叉项和信号项容易被区分。这样, 在检测或分离信号时, 可通过加阈值等方法实现交叉项的遮隔。Radon – Wigner 变换与一个遮隔函数 $m(u,\alpha)$ 相乘, 将在模糊平面产生一个径向卷积, 即

$$D_f(u,\alpha)\,m(u,\alpha) = A_f(\lambda,\alpha)\overset{\lambda}{*}M(\lambda,\alpha) \tag{6-6-15}$$

式中, $M(\lambda,\alpha) = \underset{u\to\lambda}{\mathrm{F}}[m(u,\alpha)]$。上式表明, 如果在 Radon – Wigner 域沿 u 作很窄的遮隔, 则在模糊域沿 λ 的响应将被展宽。

6.6.3 Radon – Wigner 的计算

由信号检测理论知道, 白噪声中信号的最佳检测方法是匹配滤波器, 但在 LFM 信号参数 ω_0 和 m 未知的情况下, 无法设置固定的匹配滤波器。本质上, 这是一个二维搜索优化问题, 但可以分离进行, 即采用 “解线调” 方法, 这相当于对 m 作搜索。其实, 解线调与 Radon – Wigner 变换有着密切的关系, 这里借助解线调推导 Radon – Wigner 变换的计算。

1. 解线调与 Radon – Wigner 变换

设 $s(t)$ 是一个单分量连续线性调频信号。所谓解线调就是解除 $s(t)$ 的线性调制, 而将 $s(t)$ 变成单频信号。从参数估计的角度看, 解线调就是估计信号 $s(t)$ 的两个参数 —— 起始频率 ω_0

和调频斜率 m, 解线调可以在时域进行, 也可以在频域进行, 它们分别称为时域解线调和频域解线调。

假设 LFM 信号 $s(t)$ 的 m 为已知, 于是用 $\mathrm{e}^{-\mathrm{j}\frac{1}{2}mt^2}$ 与信号相乘后, 有

$$f(t,m)=s(t)\,\mathrm{e}^{-\mathrm{j}\frac{1}{2}mt^2}=\mathrm{e}^{\mathrm{j}\omega_0 t} \tag{6-6-16}$$

$$F(\omega_0,m)=\int f(t,m)\,\mathrm{e}^{-\mathrm{j}\omega_0 t}\mathrm{d}t=\int s(t)\,\mathrm{e}^{-\mathrm{j}\left(\omega_0 t+\frac{1}{2}mt^2\right)}\mathrm{d}t \tag{6-6-17}$$

即 $f(t,m)$ 变成了单频信号, 其频率等于起始频率 ω_0。然而, 实际的 m 值是未知的, 于是以 m 为变量, 搜索计算 $f(t,m)$ 的相关函数和功率谱 (它们均为 m 的函数)。其相关函数为

$$R(\tau,m)=\int f\left(t+\frac{\tau}{2},m\right)f^*\left(t-\frac{\tau}{2},m\right)\mathrm{d}t=\int s\left(t+\frac{\tau}{2}\right)s^*\left(t-\frac{\tau}{2}\right)\mathrm{e}^{-\mathrm{j}mt\tau}\mathrm{d}t \tag{6-6-18}$$

功率谱为

$$\begin{aligned}S(u,\alpha)&=\int R(\tau,m)\,\mathrm{e}^{-\mathrm{j}\omega_0\tau}\mathrm{d}\tau\\&=\int\left[\int s\left(t+\frac{\tau}{2}\right)s^*\left(t-\frac{\tau}{2}\right)\mathrm{e}^{-\mathrm{j}(\omega_0+mt)\tau}\mathrm{d}\tau\right]\mathrm{d}t\\&=\int W(t,\omega_0+mt)\,\mathrm{d}t=\left|F(\omega_0,m)\right|^2\end{aligned} \tag{6-6-19}$$

这就是时域解线调公式。

上式表明, 若以 (u,α) 为坐标得到 $f(t,m)$ 的功率谱, 则其图形中的峰值点的坐标 ω_0 和 m 分别是 LFM 信号 $s(t)$ 的起始频率和调频斜率。也就是说, 如果把 ω_0 和 m 视为两个需要搜索的变量, 则可以利用式 (6－6－19) 对所有可能的 ω_0 和 m 值计算 $f(t,m)$ 的功率谱 $S(u,\alpha)$, 其峰值坐标给出了单分量 LFM 信号的起始频率和调频斜率。如果 $s(t)$ 为多分量 LFM 信号, 即

$$s(t)=\sum_{i=0}^{p}\mathrm{e}^{\mathrm{j}\left(\omega_{0i}t+\frac{1}{2}m_i t^2\right)}$$

则 $S(u,\alpha)$ 在二维 (u,α) 平面上会有 P 个峰值, 对应的峰值坐标给出了相应调频分量的起始频率和调频斜率。

由式 (6－6－6) 和式 (6－6－19), 得到信号 $s(t)$ 的 Radon – Wigner 变换

$$\begin{aligned}D_s(u,\alpha)&=\frac{1}{|\sin\ \alpha|}\int W_s(t,\omega_0+mt)\,\mathrm{d}t\bigg|_{\substack{m=-\cot\ \alpha\\ \omega_0=u/\sin\ \alpha}}\\&=\frac{1}{|\sin\ \alpha|}\left|F(\omega_0,m)\right|^2\bigg|_{\substack{m=-\cot\alpha\\ \omega_0=u/\sin\ \alpha}}\\&=\frac{1}{|\sin\ \alpha|}\left|\int s(t)\,\mathrm{e}^{-\mathrm{j}\left(\omega_0 t+\frac{1}{2}mt^2\right)}\mathrm{d}t\right|^2\bigg|_{\substack{m=-\cot\alpha\\ \omega_0=u/\sin\alpha}}\end{aligned} \tag{6-6-20}$$

式 (6－6－20) 表明, Radon – Wigner 变换完成了解线调的二维搜索, 同时, 信号 $s(t)$ 的 Radon – Wigner 变换可由其时域解线调直接计算。需要注意的是, 当 $\alpha\to 0$ 时, 式 (6－6－20)

中的参数 $m \to -\infty$, 此时, 式 (6－6－20) 不能使用。同时, 只有当 LFM 信号无限长时, 其 Radon－Wigner 才会在 (u,α) 平面的相应参数处表现为冲激脉冲函数; 若信号为有限长, 则该脉冲函数会被展宽。

下面推导 $\alpha \to 0$ 这一情况下的解线调 —— 频域解线调。

设信号 $s(t)$ 的频谱为 $S(\omega)$, 将频谱乘以与频率平方成正比的相位旋转因子 $\mathrm{e}^{\mathrm{j}\frac{1}{2}p\omega^2}$, 得

$$G(\omega,p) = S(\omega)\,\mathrm{e}^{\mathrm{j}\frac{1}{2}p\omega^2} \tag{6－6－21}$$

其傅里叶逆变换为

$$g(t_0,p) = \frac{1}{2\pi}\int G(\omega,p)\,\mathrm{e}^{\mathrm{j}\omega t_0}\mathrm{d}\omega \tag{6－6－22}$$

频谱里增添与频率平方成正比的相位, 相当于信号增添了与频率成正比的群延迟。通常把具有频率特性 $\mathrm{e}^{\mathrm{j}\frac{1}{2}p\omega^2}$ 的器件称为色散延迟线, 即延迟与各分量的频率成线性关系。当色散延迟线的输入为具有宽频带的高频脉冲时, 由于不同频率分量有与之成正比的不同延迟, 所以输出是被扩展了的 LFM 信号。相反, 若输入为 LFM 信号, 且调频斜率与色散延迟系数具有相同数值和相反符号, 则输出为被压缩了的窄脉冲。这就是产生 LFM 信号和实现脉冲压缩的常用方法。

考虑频谱 $G(\omega,p)$ 的频域自相关函数

$$R(\nu,p) = \int G\left(\omega+\frac{\nu}{2},p\right)G^*\left(\omega-\frac{\nu}{2},p\right)\mathrm{d}\omega \tag{6－6－23}$$

与式 (6－6－19) 类似, 上式的傅里叶逆变换为瞬时功率, 即有

$$\begin{aligned}\left|g(t_0,p)\right|^2 &= \frac{1}{2\pi}\int R(\nu,p)\,\mathrm{e}^{\mathrm{j}\nu t_0}\mathrm{d}\nu \\ &= \int\left[\frac{1}{2\pi}\int G^*\left(\omega+\frac{\nu}{2},p\right)G\left(\omega-\frac{\nu}{2},p\right)\mathrm{e}^{-\mathrm{j}(t_0+p\omega)\nu}\mathrm{d}\nu\right]\mathrm{d}\omega \\ &= \int W(t_0+p\omega,\omega)\,\mathrm{d}\omega \end{aligned}\tag{6－6－24}$$

同样, 由式 (6－6－7), 式 (6－6－22) 和式 (6－6－24), 可求得信号 $s(t)$ [其频谱为 $S(\omega)$] 的 Radon－Wigner 变换, 有

$$\begin{aligned}D_s(u,\alpha) &= \frac{1}{|\cos\ \alpha|}\int W_s(t_0+p\omega,\omega)\,\mathrm{d}\omega\Bigg|_{\substack{p=-\tan\alpha\\ t_0=u/\cos\alpha}} \\ &= \frac{1}{|\cos\ \alpha|}\left|g(t_0,p)\right|^2\Bigg|_{\substack{p=-\tan\alpha\\ t_0=u/\cos\alpha}} \\ &= \frac{1}{|\cos\ \alpha|}\left|\frac{1}{2\pi}\int S(\omega)\,\mathrm{e}^{\mathrm{j}\left(t_0\omega+\frac{1}{2}p\omega^2\right)}\mathrm{d}\omega\right|^2\Bigg|_{\substack{p=-\tan\ \alpha\\ t_0=u/\cos\alpha}}\end{aligned}\tag{6－6－25}$$

上式表明, 信号 $s(t)$ 的 Radon－Wigner 变换可用其频域解线调计算。注意, 当 $\alpha \to \dfrac{\pi}{2}$ 时, $p \to \infty$, 式 (6－6－25) 不可用, 此时应使用时域解线调公式 (6－6－20)。

事实上, 解线调会使 Wigner – Ville 平面里的信号支撑区变形, 其边缘特性 (功率谱和瞬时功率) 会随之伸展或压缩。同时, 又由于实际处理的总是离散信号, 其时频平面和边缘特性都是周期的, 边缘特性的伸展会与相邻周期发生混叠。因此, 作解线调处理时, 如对信号不加任何限制, 则应对其支撑区作严格限制, 而且时域和频域解线调两种方法的适用范围也限制得很严格。下面以频域解线调为例说明这一问题。

图 6.6.3a 为未作解线调时的 Wigner – Ville 平面, 图中沿时间轴画了三个周期, 时频平面以中心为原点, 按时间和频率的正负将平面分为四个象限, 并将信号支撑区限制在正时间、正频率的象限里, 用交叉线表示。图 6.6.3b 为 $\alpha=\dfrac{\pi}{8}$ 的频域解线调的情况, 与频率成正比的群延迟使原信号的时频分布向右倾斜, 即原信号的矩形支撑区变为菱形, 而正斜率信号的时间边缘特性随之伸展。图 6.6.3c 为 $\alpha=\dfrac{\pi}{4}$ 的情况, 这时菱形的信号支撑区更加下倾, 相邻的时间边缘特性已经相连接。如果 α 进一步加大, 则边缘特性将发生混叠。也就是说频域解线调的适用范围为 $\alpha<\dfrac{\pi}{4}$。当 α 为负时, 不难得到不产生混叠的条件为 $\alpha>-\dfrac{\pi}{4}$。

类似地, 时域解线调使信号支撑区沿频率轴被拉斜, 所以这时发生混叠的是频率边缘特性。可以得到时域解线调的适用范围为 $\dfrac{\pi}{4}<\alpha<\dfrac{3\pi}{4}$。同时, 当用 $\alpha+\pi$ 代替 α 后, 其结果只是 u 轴反向, 而时频图形并无变化。综上所述, 频域解线调适用于 $|\alpha+k\pi|<\dfrac{\pi}{4}, k$ 为整数; 而时域解线调适用于 $|\alpha+k\pi|\geqslant\dfrac{\pi}{4}$。

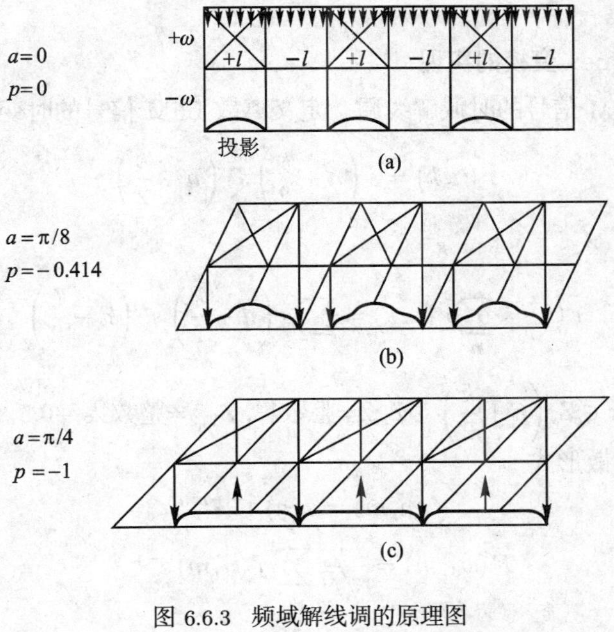

图 6.6.3 频域解线调的原理图

下面讨论时域解线调与频域解线调之间的关系。由 Parseval 公式有

$$\int s(t)\,h^{*}(t)\,\mathrm{d}t=\frac{1}{2\pi}\int S(\omega)\,H^{*}(\omega)\,\mathrm{d}\omega \tag{6-6-26}$$

考虑式 (6 − 6 − 22), 设

$$H(\omega) = 2\pi e^{-j\left(t_0\omega + \frac{1}{2}p\omega^2\right)} \tag{6-6-27}$$

其傅里叶逆变换为

$$h(t) = \frac{1}{\sqrt{p}} e^{j\left[\frac{1}{2p}(t-t_0)^2 - \frac{\pi}{4}\right]} = \frac{1}{\sqrt{p}} e^{j\left(\frac{1}{2p}t_0^2 - \frac{\pi}{4}\right)} e^{j\left(\frac{1}{2p}t^2 - \frac{1}{p}t_0 t\right)} \tag{6-6-28}$$

式中, 第一个指数为负常数, 其模为 1。由式 (6 − 6 − 25) 和式 (6 − 6 − 26), 有

$$\begin{aligned} D_s(u,\alpha) &= \frac{1}{|\cos\ \alpha|} \left| \frac{1}{2\pi} \int S(\omega) e^{j\left(t_0\omega + \frac{1}{2}p\omega^2\right)} d\omega \right|^2 \Bigg|_{\substack{p=-\tan\alpha \\ t_0 = u/\cos\alpha}} \\ &= \frac{1}{|\cos\ \alpha|} \left| \int s(t) h^*(t) dt \right|^2 \Bigg|_{\substack{p=-\tan\ \alpha \\ t_0=u/\cos\ \alpha}} \\ &= \frac{1}{|p\cos\ \alpha|} \left| \int s(t) e^{-j\left(\frac{1}{2p}t^2 - \frac{1}{p}t_0 t\right)} dt \right|^2 \Bigg|_{\substack{p=-\tan\ \alpha \\ t_0=u/\cos\alpha}} \end{aligned} \tag{6-6-29}$$

由于 $p = -\tan\ \alpha = -\dfrac{1}{\cot\ \alpha} = \dfrac{1}{m}, t_0 = \dfrac{u}{\cos\ \alpha} = \dfrac{u}{\sin\ \alpha}\dfrac{1}{\cot\alpha} = -\dfrac{\omega_0}{m}$, 式 (6 − 6 − 29) 用参数 m 和 ω_0 改写后为

$$D_s(u,\alpha) = \frac{1}{|\sin\ \alpha|} \left| \int s(t) e^{-j\left(\omega_0 t + \frac{1}{2}mt^2\right)} dt \right|^2 \Bigg|_{\substack{m=-\cot\alpha \\ \omega_0=u/\sin\alpha}}$$

这就是式 (6 − 6 − 20)。

2. Radon − Wigner 变换的实现

现在讨论离散 LFM 信号的时域解线调。定义离散 LFM 信号的时变自相关函数为

$$r(n,k) = s\left(n + \frac{k}{2}\right) s^*\left(n - \frac{k}{2}\right) \tag{6-6-30}$$

则离散自相关函数为

$$r(k) = \sum_n r(n,k) = \sum_n s\left(n + \frac{k}{2}\right) s^*\left(n - \frac{k}{2}\right)$$

式中, $n \in \left(\mathrm{Z} \bigcup \mathrm{Z}_{1/2}\right), k \in \mathrm{Z}, \left(n + \dfrac{k}{2}\right) \in \mathrm{Z}$, Z=整数集, $\mathrm{Z}_{1/2}$=整数集 +0.5。并考虑式 (6 − 6 − 16) 和式 (6 − 6 − 17) 的离散形式

$$f(n,m) = s(n) e^{-j\frac{1}{2}mn^2} \tag{6-6-31a}$$

$$F(\omega_0, m) = \frac{1}{\sqrt{N}} \sum_n f(n,m) e^{-j\omega_0 n} \tag{6-6-31b}$$

式中, N 为数据长度。则

$$\sum_k r_f(k,m) e^{-jk\omega_0} = \sum_n \left[\sum_k s\left(n + \frac{k}{2}\right) s^*\left(n - \frac{k}{2}\right) e^{-j(mn+\omega_0)k} \right] \tag{6-6-32}$$

上式左边是离散信号 $f(n,m)$ 的功率谱, 等于 $f(n,m)$ 的傅里叶变换幅值的平方; 上式右边由卷积定理可知, 它直接等于 $F(\omega_0,m)F^*(\omega_0,m)$。于是式 (6 – 6 – 32) 化简为

$$\begin{aligned}\left|\frac{1}{\sqrt{N}}\sum_k f(k,m)\,\mathrm{e}^{-\mathrm{j}k\omega_0}\right|^2 &= F(\omega_0,m)\,F^*(\omega_0,m)\\ &= \sum_n W_s^{\mathrm{EX}}(n,\omega_0+mn) \qquad (6-6-33)\end{aligned}$$

式中, W_s^{EX} 是信号 $s(n)$ 的扩展的离散时间 Wigner – Ville 分布。

同样, 可得到离散频域解线调的计算式

$$\begin{aligned}\left|\frac{1}{\sqrt{2\pi}}\int_{-\pi}^{\pi} R(\nu,p)\,\mathrm{e}^{-\mathrm{j}\nu n_0}\mathrm{d}\nu\right|^2 &= g(n_0,p)\,g^*(n_0,p)\\ &= \int_{-\pi}^{\pi} W_s^{\mathrm{EX}}(n_0+p\omega,\omega)\,\mathrm{d}\omega \qquad (6-6-34)\end{aligned}$$

式 (6 – 6 – 34) 的频率积分变量是从 $-\pi\sim\pi$, 而 Wigner – Ville 分布是 π 的周期函数, 因此, 频域解线调对所有不等于零的斜度 p 都将是混叠的。这时, 可将信号序列 $s(n)$ 延长一倍, 延长的数据为零。此时, 频域自相关函数可表示为

$$R'(\nu,p) = \int_{-\pi}^{\pi} G'(\omega+\nu,p)\,G'^*(\omega,p)\,\mathrm{d}\omega$$

将 $G'(\omega,p)=G\left(\dfrac{\omega}{2},p\right)$ 代入上式, 有

$$R'(\nu,p) = \int_{-\pi/2}^{\pi/2} G(\omega+\nu,p)\,G^*(\omega,p)\,\mathrm{d}\omega$$

即补零将式 (6 – 6 – 34) 的积分区间从 2π 减小到 π, 从而避免了混叠。

用计算机进行计算时, 还应该对频率 ω 进行离散化, 限于篇幅, 这里不作讨论。

6.7 Cohen 类时频分布

自从 1948 年 WVD 出现以后, 它在许多领域得到了实际应用。人们发现, 针对不同的实际需要, 应该对 WVD 作某些修改, 从而出现了一系列其他形式的时频分布, 如 Kirkwood 分布[25]、Page 分布[26]、Choi – Williams 分布[27]等。1966 年, L. Cohen 将它们统一成广义双线性时频分布[28], 习惯上称为 Cohen 类时频分布。

6.7.1 定义

Cohen 指出, 信号 $s(t)$ 的时频分布可以用如下的一般形式表示:

$$C(t,\omega) = \frac{1}{2\pi}\iiint s\left(u+\frac{\tau}{2}\right)s^*\left(u-\frac{\tau}{2}\right)\phi(\tau,\nu)\,\mathrm{e}^{-\mathrm{j}(\omega\tau+\nu t-\nu u)}\mathrm{d}u\mathrm{d}\tau\mathrm{d}\nu \qquad (6-7-1)$$

式中, $\phi(\tau,\nu)$ 称为核函数, 它决定了时频分布的具体种类、形式和性质。原则上, 核函数还可以是时间和频率的函数, 即四变量 (时间、频率、时延、频偏) 的函数, 但常用的核函数与时间和频率无关, 只是时延 τ 和频偏 ν 的函数, 即函数具有时、频移不变性。

Cohen 类时频分布的一个重要子类是核取乘积 $\tau\nu$ 的函数形式的时频分布, 此时 $\phi(\tau,\nu)$ 称为乘积核, 记为

$$\phi(\tau,\nu)=\phi_{\mathrm{PR}}(\tau\nu) \tag{6-7-2}$$

相应地, 如果核是每个变量函数乘积的核则称为可分核, 记为

$$\phi(\tau,\nu)=\phi_1(\tau)\phi_2(\nu) \tag{6-7-3}$$

Cohen 类时频分布的一般形式用频谱表示为

$$C(t,\omega)=\frac{1}{4\pi^2}\iiint S^*\left(u+\frac{\nu}{2}\right)S\left(u-\frac{\nu}{2}\right)\phi(\tau,\nu)\,\mathrm{e}^{-\mathrm{j}(\omega\tau+\nu t-u\tau)}\mathrm{d}\tau\mathrm{d}u\mathrm{d}\nu \tag{6-7-4}$$

上述定义的广义双线性时频分布是非平稳信号的能量型表示, 也称为能量化 Cohen 类 (简称 $\mathrm{C_E}$ 类, 下标 E 表示能量化) 时频分布。下面主要对 $\mathrm{C_E}$ 类时频分布进行讨论。

如果分布已给定, 那么由式 (6 − 7 − 1) 可以求分布的特征函数从而计算核函数

$$\phi(\tau,\nu)=\frac{M(\tau,\nu)}{A(\tau,\nu)}=\frac{\dfrac{1}{2\pi}\displaystyle\iint C(t,\omega)\mathrm{e}^{\mathrm{j}(\omega\tau+\nu t)}\mathrm{d}t\mathrm{d}\omega}{\displaystyle\int s\left(u+\frac{\tau}{2}\right)s^*\left(u-\frac{\tau}{2}\right)\mathrm{e}^{\mathrm{j}\nu u}\mathrm{d}u} \tag{6-7-5}$$

两个信号 $s_1(t)$ 和 $s_2(t)$ 的 Cohen 类互时频分布定义为

$$C_{12}(t,\omega)=\frac{1}{2\pi}\iiint s_1\left(u+\frac{\tau}{2}\right)s_2^*\left(u-\frac{\tau}{2}\right)\phi(\tau,\nu)\,\mathrm{e}^{-\mathrm{j}(\omega\tau+\nu t-\nu u)}\mathrm{d}u\mathrm{d}\tau\mathrm{d}\nu \tag{6-7-6}$$

容易验证, 两个信号之和 $s(t)=s_1(t)+s_2(t)$ 的 Cohen 类时频分布为

$$C(t,\omega)=C_{11}(t,\omega)+C_{22}(t,\omega)+C_{12}(t,\omega)+C_{21}(t,\omega)$$

6.7.2 Cohen 类时频分布对核函数的要求

在 6.2 节里提到作为能量分布的时频表示应满足的一些基本性质, 并提到 WVD 满足所有这些基本性质。用核函数对模糊函数加权后, 时频分布自然会发生一些变化。因此, 如果要求变化了的时频分布仍能满足所提出的某些性质的话, 核函数就应受到某些限制。

1. 总能量与边缘特性

如果要求 $C(t,\omega)$ 是能量密度的联合分布, 则希望它满足两个边缘特性。

对于时间边缘, 有

$$\begin{aligned}P(t)&=\frac{1}{2\pi}\int C(t,\omega)\,\mathrm{d}\omega=\frac{1}{4\pi^2}\iiiint s\left(u+\frac{\tau}{2}\right)s^*\left(u-\frac{\tau}{2}\right)\phi(\tau,\nu)\,\mathrm{e}^{-\mathrm{j}(\omega\tau+\nu t-\nu u)}\mathrm{d}u\mathrm{d}\tau\mathrm{d}\nu\mathrm{d}\omega\\&=\frac{1}{2\pi}\iiint\delta(\tau)\,s\left(u+\frac{\tau}{2}\right)s^*\left(u-\frac{\tau}{2}\right)\phi(\tau,\nu)\,\mathrm{e}^{-\mathrm{j}(\nu t-\nu u)}\mathrm{d}u\mathrm{d}\tau\mathrm{d}\nu\\&=\frac{1}{2\pi}\iint|s(u)|^2\phi(0,\nu)\,\mathrm{e}^{-\mathrm{j}(t\nu-u\nu)}\mathrm{d}u\mathrm{d}\nu\end{aligned} \tag{6-7-7}$$

显然, 要使式 (6－7－7) 等于 $\left|s(t)\right|^2$, 必有

$$\frac{1}{2\pi}\int\phi(0,\nu)\mathrm{e}^{-\mathrm{j}(t\nu-u\nu)}d\nu=\delta(t-u)$$

也就是必有

$$\phi(0,\nu)=1 \tag{6-7-8}$$

类似地, 对于频率边缘, 如要满足

$$P(\omega)=\int C(t,\omega)\,\mathrm{d}t=\left|S(\omega)\right|^2 \tag{6-7-9}$$

则必有

$$\phi(\tau,0)=1 \tag{6-7-10}$$

如果正确地给出了边缘, 信号的总能量当然保持不变。然而, 不满足边缘特性也能保证信号的总能量守恒。实际上, 对式 (6－7－1) 进行时间和频率积分, 如要求总能量守恒, 即

$$\frac{1}{2\pi}\iint C(t,\omega)\,\mathrm{d}t\mathrm{d}\omega=E \tag{6-7-11}$$

E 为信号总能量, 则必须有

$$\phi(0,0)=1 \tag{6-7-12}$$

这一条件称为归一化条件, 显然它比边缘条件弱。也就是说, 可能存在某种时频分布, 其总能量守恒, 但不一定满足边缘特性。

2. 实值性

双线性分布一般不能保证是正的, 但作为能量的测度, 至少应该要求它是实的。取式 (6–7–1) 的复数共轭, 然后将它与原时频分布作比较, 则可直接证明时频分布是实分布的充要条件, 即核函数满足

$$\phi(\tau,\nu)=\phi^*(-\tau,-\nu) \tag{6-7-13}$$

3. 平移不变性

设信号 $s(t)$ 的 Cohen 分布为 $C(t,\omega)$, 则时移和频移信号 $s_{sh}(t)=s(t-t_0)\mathrm{e}^{\mathrm{j}\omega_0 t}$ 的 Cohen 分布为

$$\begin{aligned}C_{sh}(t,\omega)&=\frac{1}{2\pi}\iiint s\left(u+\frac{\tau}{2}-t_0\right)s^*\left(u-\frac{\tau}{2}-t_0\right)\times\\&\quad\phi(\tau,\nu)\,\mathrm{e}^{-\mathrm{j}(\omega\tau+\nu t-\nu u)}\mathrm{e}^{-\mathrm{j}\omega_0\left(u-\frac{\tau}{2}-t_0\right)}\mathrm{e}^{\mathrm{j}\omega_0\left(u+\frac{\tau}{2}-t_0\right)}\mathrm{d}u\mathrm{d}\tau\mathrm{d}\nu\\&=\frac{1}{2\pi}\iiint s\left(u+\frac{\tau}{2}\right)s^*\left(u-\frac{\tau}{2}\right)\phi(\tau,\nu)\,\mathrm{e}^{-\mathrm{j}\nu t-\mathrm{j}\tau(\omega-\omega_0)+\mathrm{j}\nu(u+t_0)}\mathrm{d}u\mathrm{d}\tau\mathrm{d}\nu\\&=C(t-t_0,\omega-\omega_0)\end{aligned}$$

也就是说, 如果核函数与时间 t 和频率 ω 不相关, 则 Cohen 类时频分布具有平移不变性。

4. 尺度不变性

容易证明, 如果要求信号 $s_{sc}(t)=\sqrt{c}s(ct)$ 的 Cohen 类分布满足

$$C_{sc}(t,\omega)=C\left(ct,\frac{\omega}{c}\right)$$

则核函数必须满足

$$\phi\left(\frac{\tau}{c},c\nu\right)=\phi(\tau,\nu) \tag{6-7-14}$$

也就是核函数必须为乘积核。

5. 支撑性

可以证明, 要使 Cohen 类分布满足弱的时间支撑性和频率支撑性, 则核函数必须满足

$$\int\phi(\tau,\nu)\,\mathrm{e}^{-\mathrm{j}\nu t}\mathrm{d}\nu=0,\quad |\tau|<2|t| \tag{6-7-15}$$

$$\int\phi(\tau,\nu)\,\mathrm{e}^{-\mathrm{j}\omega\tau}\mathrm{d}\tau=0,\quad |\nu|<2|\omega| \tag{6-7-16}$$

6. 瞬时频率与群延迟

对于信号 $s(t)=a(t)\,\mathrm{e}^{\mathrm{j}\varphi(t)}$, 对于给定的时间, 由 Cohen 类分布计算瞬时频率为

$$\begin{aligned}\omega_i(t)=\langle\omega\rangle_t&=\frac{1}{2\pi P(t)}\int\omega C(t,\omega)\,\mathrm{d}\omega\\&=\frac{1}{2\pi P(t)}\iint a^2(u)\left[\phi(0,\nu)\,\varphi'(u)-\mathrm{j}\left.\frac{\partial\phi(\tau,\nu)}{\partial\tau}\right|_{\tau=0}\right]\mathrm{e}^{\mathrm{j}\nu(u-t)}\mathrm{d}u\mathrm{d}\nu\end{aligned} \tag{6-7-17}$$

对于乘积核, 式 (6-7-17) 变为

$$\langle\omega\rangle_t=\frac{1}{P(t)}\left[\phi(0)\,a^2(t)\,\varphi'(t)+2\phi'(0)\,a(t)\,a'(t)\right] \tag{6-7-18}$$

假定在 $P(t)=a^2(t)$ 的情况下满足时间边缘 $\phi(0,\nu)=1$, 有

$$\langle\omega\rangle_t=\varphi'(t)-\mathrm{j}\,\frac{1}{2\pi P(t)}\iint a^2(u)\left.\frac{\partial\phi(\tau,\nu)}{\partial\tau}\right|_{\tau=0}\mathrm{e}^{\mathrm{j}\nu(u-t)}\mathrm{d}u\mathrm{d}\nu \tag{6-7-19}$$

即 $\omega_i(t)=\varphi'(t)$。则核函数为乘积核, 且必须满足

$$\left.\frac{\partial\phi(\tau,\nu)}{\partial\tau}\right|_{\tau=0}=0 \tag{6-7-20}$$

信号 $s(t)$ 表示为 $S(\omega)=|S(\omega)|\,\mathrm{e}^{\mathrm{j}\psi(\omega)}$, 若要求群延迟为

$$t_g(\omega)=\langle t\rangle_\omega=-\psi'(\omega)$$

则核函数满足频率边缘 $\phi(\tau,0)=1$, 且

$$\left.\frac{\partial\phi(\tau,\nu)}{\partial\nu}\right|_{\nu=0}=0 \tag{6-7-21}$$

为方便读者查阅, 上述性质列表于表 6.7.1。

表 6.7.1 Cohen 类时频分布对核函数的要求

基本性能	对核函数的要求
实值性	$\phi(\tau,\nu)=\phi^*(-\tau,-\nu)$
时移不变性	$\phi(\tau,\nu)$ 与时间变量 t 无关
频移不变性	$\phi(\tau,\nu)$ 与频率变量 ω 无关
时间边缘特性	$\phi(0,\nu)=1,\quad \forall\nu$
频率边缘特性	$\phi(\tau,0)=1,\quad \forall\tau$
非负性	$\phi(\tau,\nu)$ 是某一窗函数 $h(t)$ 的模糊函数
瞬时频率	$\phi(0,\nu)=1$ 且 $\left.\dfrac{\partial\phi(\tau,\nu)}{\partial\tau}\right\|_{\tau=0}=0,\quad\forall\nu$
群时延	$\phi(\tau,0)=1$ 且 $\left.\dfrac{\partial\phi(\tau,\nu)}{\partial\nu}\right\|_{\nu=0}=0,\quad\forall\tau$
弱时间支撑	$\int\phi(\tau,\nu)\,\mathrm{e}^{-\mathrm{j}\nu t}\mathrm{d}\nu=0,\quad \|\tau\|<2\|t\|$
弱频率支撑	$\int\phi(\tau,\nu)\,\mathrm{e}^{-\mathrm{j}\omega\tau}\mathrm{d}\tau=0,\quad \|\nu\|<2\|\omega\|$
减小交叉项	$\phi(\tau,\nu)$ 是在 (τ,ν) 平面上的二维低通滤波器
酋性 (Moyal 公式)	$\|\phi(\tau,\nu)\|=1$
卷积性	$\phi(\tau_1+\tau_2,\nu)=\phi(\tau_1,\nu)\,\phi(\tau_2,\nu)$
乘积性	$\phi(\tau,\nu_1+\nu_2)=\phi(\tau,\nu_1)\,\phi(\tau,\nu_2)$

6.7.3 Cohen 类时频分布的四种等价形式

1. 四种等价形式

前面提到, WVD 为能量域平面的时频表示, 它以时间 t、频率 ω 为变量; 而模糊函数为相关域平面的时频表示, 以时延 τ 和频移 ν 为变量。另外, 已证明 WVD 与模糊函数构成二维傅里叶变换对 (6.2 节)。

实际上, 在上述四个变量 t,ω,τ,ν 中的任意两个都可以构成一种二维分布。例如, 瞬时相关函数 $k(t,\tau)$ 就是以时间 t 和时移 τ 作为变量。同样, 也可用频率 ω 和频移 ν 作为变量, 称为点谱相关函数, 定义为

$$K(\omega,\nu)=S^*\left(\omega+\frac{\nu}{2}\right)S\left(\omega-\frac{\nu}{2}\right) \tag{6-7-22}$$

这样, Cohen 类时频分布可以表示为时频域中函数的卷积, 以及模糊域、瞬时相关域和点谱相关域中函数的傅里叶变换等多种等价形式。

1) 等价形式 I

时频域中核函数与 WVD 的卷积形式 —— 广义 WVD。

设信号 $s(t)$ 的 WVD 为 $W(t,\omega)$, 其 WVD 的反演公式 [式 (6－5－7)] 为

$$s\left(t+\frac{\tau}{2}\right)s^*\left(t-\frac{\tau}{2}\right)=\frac{1}{2\pi}\int W(t,\omega)\,\mathrm{e}^{\mathrm{j}\omega\tau}\mathrm{d}\omega \tag{6-7-23}$$

另外, 设核函数 $\phi(\tau,\nu)$ 的二维傅里叶变换为

$$\varPhi(t,\omega)=\frac{1}{2\pi}\iint\phi(\tau,\nu)\,\mathrm{e}^{-\mathrm{j}(\omega\tau+\nu t)}\mathrm{d}\tau\mathrm{d}\nu=\underset{\substack{\nu\to t\\ \tau\to\omega}}{\mathrm{F}}[\phi(\tau,\nu)] \tag{6-7-24}$$

称为时间 – 频率核函数。将式 (6 – 7 – 23) 和式 (6 – 7 – 24) 代入式 (6 – 7 – 1), 得到 Cohen 类分布的卷积形式 —— 广义 WVD

$$C(t,\omega)=\frac{1}{2\pi}\iint \varPhi(t-u,\omega-\nu)\,W(u,\nu)\,\mathrm{d}u\mathrm{d}\nu$$

$$=\frac{1}{2\pi}\varPhi(t,\omega)\underset{t,\omega}{*}W(t,\omega) \qquad (6-7-25)$$

2) 等价形式 Ⅱ

模糊域中广义模糊函数的二维傅里叶变换。

根据时频分布与特征函数的关系式 (6–2–12), 模糊函数的定义式 (6–2–13a), 及式 (6–7–1) 有

$$C(t,\omega)=\frac{1}{2\pi}\iint M(\tau,\nu)\,\mathrm{e}^{-\mathrm{j}(\nu t+\tau\omega)}\mathrm{d}\tau\mathrm{d}\nu=\underset{\substack{\nu\to t\\ \tau\to\omega}}{\mathrm{F}}\left[M(\tau,\nu)\right] \qquad (6-7-26)$$

$$M(\tau,\nu)=\phi(\tau,\nu)\int s\left(u+\frac{\tau}{2}\right)s^*\left(u-\frac{\tau}{2}\right)\mathrm{e}^{\mathrm{j}u\nu}\mathrm{d}u=\phi(\tau,\nu)\,A(\tau,\nu) \qquad (6-7-27)$$

由式 (6 – 7 – 27), 特征函数可以认为是广义模糊函数。

将式 (6 – 7 – 27) 代入式 (6 – 7 – 26), 有

$$C(t,\omega)=\frac{1}{2\pi}\iint \phi(\tau,\nu)\,A(\tau,\nu)\,\mathrm{e}^{-\mathrm{j}(\nu t+\tau\omega)}\mathrm{d}\tau\mathrm{d}\nu \qquad (6-7-28)$$

由此可以看出, Cohen 类分布是以核函数加权的模糊函数的二维傅里叶变换, 所以 Cohen 类分布也称为广义双线性时频分布。

3) 等价形式 Ⅲ

瞬时相关域中瞬时自相关函数与核函数的卷积 —— 广义瞬时自相关函数的傅里叶变换。

核函数 $\phi(\tau,\nu)$ 在瞬时相关域的形式为

$$\psi(t,\tau)=\frac{1}{2\pi}\int \phi(\tau,\nu)\,\mathrm{e}^{-\mathrm{j}\nu t}\mathrm{d}\nu=\underset{\nu\to t}{\mathrm{F}}\left[\phi(\tau,\nu)\right] \qquad (6-7-29)$$

称为时间 – 时移核函数。将瞬时相关函数 $k(t,\tau)$ 与式 (6 – 7 – 29) 代入式 (6 – 7 – 1), 得

$$C(t,\omega)=\iint k(u,\tau)\,\psi(t-u,\tau)\,\mathrm{e}^{-\mathrm{j}\omega\tau}\mathrm{d}u\mathrm{d}\tau=\underset{\tau\to\omega}{\mathrm{F}}\left[k(t,\tau)\underset{t}{*}\psi(t,\tau)\right] \qquad (6-7-30)$$

若定义广义瞬时自相关函数为

$$g(t,\tau)=k(t,\tau)\underset{t}{*}\psi(t,\tau)=\frac{1}{2\pi}\iint s\left(u+\frac{\tau}{2}\right)\times$$

$$s^*\left(u-\frac{\tau}{2}\right)\phi(\tau,\nu)\,\mathrm{e}^{-\mathrm{j}(\nu t-\nu u)}\mathrm{d}\nu\mathrm{d}u \qquad (6-7-31)$$

则 Cohen 类分布可定义为广义瞬时自相关的傅里叶变换

$$C(t,\omega)=\int g(t,\tau)\,\mathrm{e}^{-\mathrm{j}\omega\tau}\mathrm{d}\tau=\underset{\tau\to\omega}{\mathrm{F}}\left[g(t,\tau)\right] \qquad (6-7-32)$$

4) 等价形式 Ⅳ

点谱相关 [式 (6 – 7 – 22)] 域中点谱相关函数与核函数的卷积 —— 广义点谱相关函数的傅里叶变换。

核函数 $\phi(\tau,\nu)$ 在点谱相关域中的形式为

$$\Psi(\omega,\nu)=\int\phi(\tau,\nu)\,\mathrm{e}^{-\mathrm{j}\omega\tau}\mathrm{d}\tau=\underset{\tau\to\omega}{\mathrm{F}}\left[\phi(\tau,\nu)\right] \tag{6-7-33}$$

称为频率 – 频移核函数。将式 (6 – 7 – 22) 和式 (6 – 7 – 33) 代入式 (6 – 7 – 4), 得

$$\begin{aligned}C(t,\omega)&=\frac{1}{4\pi^2}\iint\Psi(\omega-\xi,\nu)\,K(\omega,\nu)\,\mathrm{e}^{-\mathrm{j}\nu t}\mathrm{d}\xi\mathrm{d}\nu\\&=\underset{\nu\to t}{\mathrm{F}}\left[\Psi(\omega,\nu)\underset{\omega}{*}K(\omega,\nu)\right]\end{aligned} \tag{6-7-34}$$

若定义广义点谱相关函数为

$$\begin{aligned}G(\omega,\nu)&=\Psi(\omega,\nu)\underset{\omega}{*}K(\omega,\nu)\\&=\frac{1}{2\pi}\iint S^*\left(u+\frac{\nu}{2}\right)S\left(u-\frac{\nu}{2}\right)\phi(\tau,\nu)\,\mathrm{e}^{-\mathrm{j}(\omega\tau-u\tau)}\mathrm{d}\tau\mathrm{d}u\end{aligned} \tag{6-7-35}$$

则 Cohen 类分布可定义为广义瞬时自相关的傅里叶变换

$$C(t,\omega)=\frac{1}{2\pi}\int G(\omega,\nu)\,\mathrm{e}^{-\mathrm{j}\nu t}\mathrm{d}\nu=\underset{\nu\to t}{\mathrm{F}}\left[G(\omega,\nu)\right] \tag{6-7-36}$$

Wigner – Ville 分布 $[W(t,\omega)]$、模糊函数 $[A(\tau,\nu)]$、瞬时相关函数 $[k(t,\tau)]$ 和点谱相关函数 $[K(\omega,\nu)]$ 是 Cohen 类的四种分布, 这四种分布以及对应的核函数之间的关系如图 6.7.1 所示, 图中箭头表示取傅里叶变换。

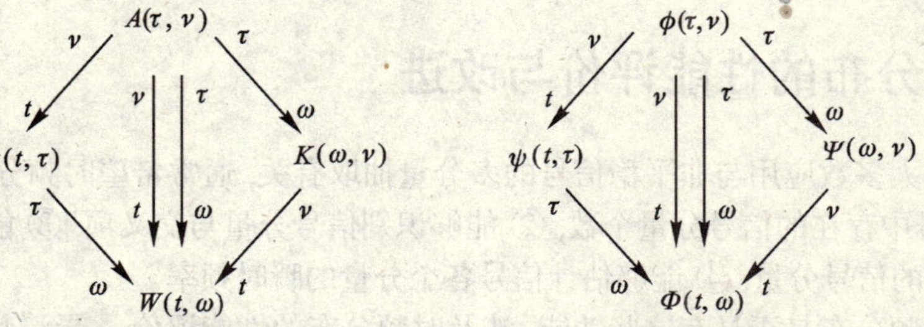

(a) 四种分布的关系　　(b) 四种核函数的关系

图 6.7.1　Cohen 类分布的关系

2. 其他 Cohen 类时频分布

从上面的讨论可知, Cohen 类的上述四种分布是等价的, 核函数的作用形式有的为乘积, 有的为卷积, 这是由傅里叶变换的性质决定的。除了以上四种分布外, Cohen 类时频分布还有许多成员。在实际应用中, 不同的分布会给不同的处理带来方便。

除了上面讨论的 (移不变) 能量化 Cohen 类分布外,Cohen 类分布的另一大类与模糊函数密切相关, 习惯上称为相关化 Cohen 类时频分布[7]。相关化 Cohen 类分布是能量化 Cohen 类的对

偶形式。定义能量化 Cohen 类分布的二维傅里叶变换为

$$P_{\mathrm{dual}}(\tau,\nu)=\frac{1}{2\pi}\iint P(t,\omega)\,\mathrm{e}^{-\mathrm{j}(\nu t-\omega\tau)}\mathrm{d}t\mathrm{d}\omega \tag{6-7-37}$$

(移不变) 相关化 Cohen 类分布记为 $\mathrm{C_C}$ (下标 C 表示相关化)。一种相关化时频分布若属于 $\mathrm{C_C}$ 类, 则它可以表示为核函数 $\phi(\tau,\nu)$ 与模糊函数 $A(\tau,\nu)$ 的乘积, 即

$$P_{\mathrm{dual}}(\tau,\nu)\in \mathrm{C_C}\Leftrightarrow P_{\mathrm{dual}}(\tau,\nu)=\phi(\tau,\nu)\,A(\tau,\nu) \tag{6-7-38}$$

除了能量化 Cohen 类分布 $\mathrm{C_E}$ 外, 仿射类 (affine class) 分布 ($\mathrm{A_E}$) 是另一种能量化 Cohen 类分布。$\mathrm{A_E}$ 是能够保持时间尺度不变和时移不变的二次型时频分布, 即若

$$s(t)\Rightarrow P(t,\omega)$$

则

$$\sqrt{|a|}s[a(t-t_0)]\Rightarrow P\left[a(t-t_0),\frac{\omega}{a}\right]$$

任何一种仿射类时频分布, 都可以表示为 WVD 的仿射变换, 即

$$P(t,\omega)\in A_{\mathrm{E}}\Leftrightarrow P(t,\omega)=\frac{1}{2\pi}\iint \chi\left[\omega(t-\tau),\frac{\nu}{\omega}\right]W(\tau,\nu)\,\mathrm{d}\tau\mathrm{d}\nu \tag{6-7-39}$$

式中, $\chi(\alpha,\beta)$ 是一个与信号无关, 而只与变量 α 和 β 有关的二维核函数。

由于定义能量化 Cohen 类分布 $\mathrm{C_E}$ 和仿射类分布 $\mathrm{A_E}$ 的公理不互相排斥, 所以存在一些同时属于 $\mathrm{C_E}$ 和 $\mathrm{A_E}$ 的时频分布, 即它们能够同时保持时移、频移和时间尺度不变。这些移位 - 尺度不变的时频分布形成了 $\mathrm{C_E}$ 和 $\mathrm{A_E}$ 的交集 $\mathrm{CA_E}=\mathrm{C_E}\bigcap \mathrm{A_E}$。

6.8 时频分布的性能评价与改进

时频分析的大多数应用与非平稳信号的多分量抽取有关, 通常希望时频分析具有以下功能: ① 能够确定信号中存在的信号分量个数; ② 能够识别信号分量与交叉项; ③ 能够分辨出在时频平面上相距很近的信号分量; ④ 能够估计信号各个分量的瞬时频率。

判断一种时频分布是否具有这些功能, 涉及时频分布的性能评价。弄清楚各种时频分布的优缺点, 对于在实际应用中选择一种合适的时频分布具有重要意义。一种时频分布的优缺点主要由它的时频聚集性和交叉项决定。下面对它们分别进行分析与讨论。

6.8.1 时频聚集性

因时频分布是用来描述非平稳信号的时变或局部的时频特性的, 所以希望它具有很好的时频局域性, 即要求它在时频平面上是高度聚集的, 这一性能称为时频分布的时频聚集性。

适合对时频聚集性作有效评价的典型非平稳信号为线性调频 (LFM) 信号。为简便, 这里使用幅度为 1 的单分量 LFM 信号

$$s(t)=\mathrm{e}^{\mathrm{j}\left(\omega_0 t+\frac{1}{2}mt^2\right)} \tag{6-8-1}$$

这种信号广泛用于雷达、声呐和地震等探测系统中, 并有如下共识: 任何一种时频分布如果对 LFM 信号不能提供良好的时频集聚性, 那么它便不适宜对非平稳信号作时频分析[29]。

单分量 LFM 信号的双线性变换为

$$s\left(t+\frac{\tau}{2}\right)s^*\left(t-\frac{\tau}{2}\right)=\mathrm{e}^{\mathrm{j}\left[\omega_0\left(t+\frac{\tau}{2}\right)+\frac{1}{2}m\left(t+\frac{\tau}{2}\right)^2\right]}\mathrm{e}^{-\mathrm{j}\left[\omega_0\left(t-\frac{\tau}{2}\right)+\frac{1}{2}m\left(t-\frac{\tau}{2}\right)^2\right]}=\mathrm{e}^{\mathrm{j}(\omega_0+mt)\tau} \tag{6-8-2}$$

代入 WVD 的定义式 (6 – 7 – 1), 得到 LFM 的 Wigner – Ville 分布为

$$\begin{aligned}W(t,\omega)&=\int s\left(t+\frac{\tau}{2}\right)s^*\left(t-\frac{\tau}{2}\right)\mathrm{e}^{-\mathrm{j}\omega\tau}\mathrm{d}\tau=\int \mathrm{e}^{\mathrm{j}(\omega_0+mt)\tau}\mathrm{e}^{-\mathrm{j}\omega\tau}\mathrm{d}\tau\\&=\delta\left[\omega-(\omega_0+mt)\right]\end{aligned} \tag{6-8-3}$$

由式 (6 – 8 – 3) 可以看出, 单分量 LFM 信号的 Wigner – Ville 分布为沿直线 $\omega=\omega+m_0t$ 分布的冲击线谱, 即时频分布的幅值集中出现在表示信号的瞬时频率变化律的直线上。因此, 从最佳展现 LFM 信号的频率调制这一意义上讲, Wigner – Ville 分布具有理想的时频聚集性。注意, 该 Wigner – Ville 分布为冲击线谱的结论只适用于无穷长的 LFM 信号, 但在实际应用中, 信号的长度总是有限的, 此时其 WVD 将呈鳍背状[7]。

事实上, 对于单分量 LFM 信号, 在所有其他 Cohen 类时频分布中无论怎样选择窗函数 $\phi(\tau,\nu)$, 都不可能给出比窗函数 $\phi(\tau,\nu)=1$ 的 Wigner – Ville 分布具有更好的时频集聚性。这一结论并不奇怪, 因为根据不确定性原理, 无穷宽的窗函数 $\phi(\tau,\nu)=1$ 所对应的带宽为零, 因而具有最高的频率分辨力。但问题是, LFM 信号明显是非平稳信号, 为什么却可以取无穷宽的窗函数呢? 这主要是由于单分量 LFM 信号具有二次型平稳特性。由 LFM 信号的二次型信号表达式 (6 – 8 – 2) 容易求出该二次型信号的时变自相关函数

$$R(t,\tau')=E\left\{\mathrm{e}^{\mathrm{j}(\omega_0+mt)\tau}\mathrm{e}^{-\mathrm{j}\left[\omega_0+m(t-\tau')\right]\tau}\right\}=\mathrm{e}^{\mathrm{j}m\tau\tau'} \tag{6-8-4}$$

它是与时间 t 无关的函数。也就是说, 单分量 LFM 信号的二次型信号 $s\left(t+\frac{\tau}{2}\right)s^*\left(t-\frac{\tau}{2}\right)$ 是二阶平稳的。这就是为什么单分量 LFM 信号的二次型信号 (不是信号本身) 可以加时宽无穷大的窗函数 $\phi(\tau,\nu)=1$ 的原因。然而, 对于更为复杂的信号, 如阶数大于 2 的多项式相位信号, 其二次型信号仍然是非平稳的, 故在时频分布中应加适当时宽的窗函数, 从而引出了对 Wigner – Ville 分布的多种改进形式。

6.8.2　交叉项抑制

1. 交叉项分析

虽然 Wigner – Ville 分布对单分量 LFM 信号具有比其他时频分布更好的时频集聚性, 但对于多分量信号, 其 Wigner – Ville 分布中存在的交叉项会产生 “虚假信号”。

交叉项是二次型或双线性时频分布的固有结果, 它们来自多分量信号中不同信号分量之间的交叉作用。时频分布里的信号项产生于信号的每个分量本身, 它们与时频分布具有有限支撑的信号的物理性质是一致的。也就是说, 如果给出信号 $s(t)$ 及其谱的先验知识, 信号项在时频平面上将只出现在我们希望它们出现的那些地方。与信号项的情况相反, 交叉项则是时频分布里的干扰产物, 它们会在时域, 频域甚至在时频域表现出与原信号的物理性质相矛盾的结果。

时频分布的交叉项一般是比较严重的。例如, 即使两个信号分量在时频平面上相距足够远(两者的支撑区并不重叠), 但它们的 Wigner – Ville 分布的交叉项仍会出现。两个信号分量的交叉项应尽可能小, 这是对任何一种时频分布都希望具有的特性。因此如何抑制交叉项也就成了设计和应用时频分布时必须认真考虑的问题之一。

分析交叉项的影响时, 常以单音信号和 LFM 信号作为考查对象。为了方便, 这里以平稳的单音信号为例。

对于平稳的单音信号 $s(t)=\mathrm{e}^{\mathrm{j}\omega_0 t}$, 由 Cohen 类时频分布的等价定义式 (6 – 7 – 30), 有

$$\begin{aligned}C(t,\omega)&=\iint\psi(t-u,\tau)\,\mathrm{e}^{\mathrm{j}\omega_0\left(u+\frac{\tau}{2}\right)}\mathrm{e}^{-\mathrm{j}\omega_0\left(u-\frac{\tau}{2}\right)}\mathrm{e}^{-\mathrm{j}\omega\tau}\mathrm{d}u\mathrm{d}\tau\\&=\iint\psi(t-u,\tau)\,\mathrm{e}^{-\mathrm{j}(\omega-\omega_0)\tau}\mathrm{d}u\mathrm{d}\tau\\&=\iint\psi(t',\tau)\,\mathrm{e}^{-\mathrm{j}\left[0t'+(\omega-\omega_0)\tau\right]}\mathrm{d}t'\mathrm{d}\tau\end{aligned}\tag{6-8-5}$$

由图 6.7.1 中 $\Psi(\omega,\nu)$ 与 $\psi(t,\tau)$ 的关系, 以及式 (6 – 8 – 5) 得到

$$C(t,\omega)=\Psi(\omega-\omega_0,0)\tag{6-8-6}$$

这表明, 单音信号的 Cohen 类时频分布直接是核函数值 $\Psi(\omega-\omega_0,0)$, 只是在频率上有一个偏移 (偏移量为输入频率 ω_0)。

对于多分量信号

$$s(t)=s_1(t)+s_2(t)=\mathrm{e}^{\mathrm{j}\omega_1 t}+\mathrm{e}^{\mathrm{j}\omega_2 t},\quad \omega_1<\omega_2\tag{6-8-7}$$

则由边缘性条件式 (6 – 7 – 8) 和式 (6 – 8 – 6), Cohen 类时频分布由信号项和交叉项组成

$$\begin{aligned}C(t,\omega)&=C_{\text{auto}}(t,\omega)+C_{\text{cross}}(t,\omega)\\&=C_1(t,\omega)+C_2(t,\omega)+C_{12}(t,\omega)+C_{21}(t,\omega)\end{aligned}\tag{6-8-8}$$

式中, 信号项为

$$C_{\text{auto}}(t,\omega)=C_1(t,\omega)+C_2(t,\omega)=\Psi(\omega-\omega_1,0)+\Psi(\omega-\omega_2,0)\tag{6-8-9}$$

第一个交叉项为

$$\begin{aligned}C_{12}(t,\omega)&=\iint\psi(t-u,\tau)\,\mathrm{e}^{\mathrm{j}\omega_1\left(u+\frac{\tau}{2}\right)}\mathrm{e}^{-\mathrm{j}\omega_2\left(u-\frac{\tau}{2}\right)}\mathrm{e}^{-\mathrm{j}\omega\tau}\mathrm{d}u\mathrm{d}\tau\\&=\iint\psi(t-u,\tau)\,\mathrm{e}^{\mathrm{j}(\omega_1-\omega_2)u}\mathrm{e}^{-\mathrm{j}\left(\omega-\frac{\omega_1+\omega_2}{2}\right)\tau}\mathrm{d}u\mathrm{d}\tau\\&=\Psi\left(\omega-\frac{\omega_1+\omega_2}{2},\omega_1-\omega_2\right)\mathrm{e}^{\mathrm{j}(\omega_1-\omega_2)t}\end{aligned}\tag{6-8-10}$$

类似地, 第二个交叉项为

$$C_{21}(t,\omega)=\Psi\left(\omega-\frac{\omega_1+\omega_2}{2},\omega_2-\omega_1\right)\mathrm{e}^{\mathrm{j}(\omega_2-\omega_1)t}\tag{6-8-11}$$

于是, 交叉项的综合表现为

$$\begin{aligned} C_{\text{cross}}(t,\omega) &= C_{12}(t,\omega) + C_{21}(t,\omega) \\ &= 2\text{Re}\left[\Psi\left(\omega - \frac{\omega_1+\omega_2}{2}, \omega_2-\omega_1\right) \mathrm{e}^{\mathrm{j}(\omega_2-\omega_1)t}\right] \end{aligned} \tag{6-8-12}$$

对于 WVD, 由于 $\Psi(\omega,\nu) = \delta(\omega)$, 总交叉项为

$$C_{\text{cross}}(t,\omega) = 2\delta\left(\omega - \frac{\omega_1+\omega_2}{2}\right)\cos[(\omega_2-\omega_1)t] \tag{6-8-13}$$

故对于含两个单频分量的信号, 其 WVD 的交叉项分布在 $\omega = \dfrac{\omega_1+\omega_2}{2}$ 处。式 (6-8-12) 表明, 不可能完全消除 Cohen 类时频分布中的交叉项, 除非选择一个毫无意义的核函数 $\Psi(\omega,\nu)=0$ (此时, 所有的信号项也都恒等于零)。

2. 交叉项抑制

交叉项的抑制包含两类关键的滤波方法, 即模糊域滤波和核函数滤波。

模糊域滤波是将雷达理论应用于时频分布的结果。在模糊域, 交叉项倾向于远离原点, 而信号项则集中在原点附近。可以证明, 对于同一信号, 其模糊函数及 WVD 的交叉项和信号项具有如图 6.8.1 所示的位置对应关系[30]。

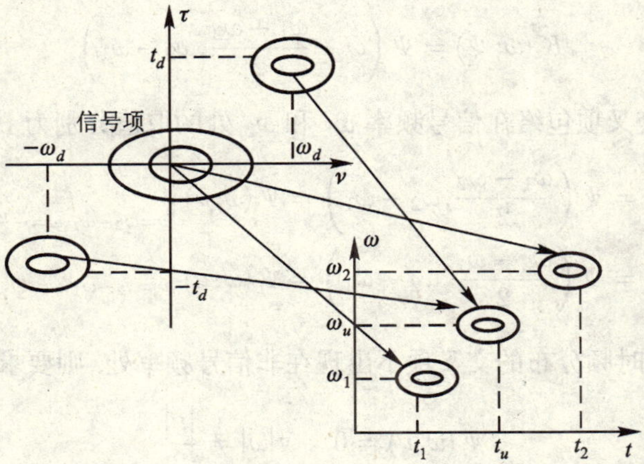

图 6.8.1　同一信号模糊函数及 WVD 交叉项与信号项的位置示意图

WVD 分布是模糊函数的二维傅里叶变换, 因此, 可在模糊域对模糊函数进行滤波, 滤除交叉项, 然后再由模糊函数的二维傅里叶逆变换求 WVD。也就是说, 要求核函数 $\phi(\tau,\nu)$ 是一个二维低通滤波器, 即

$$\phi(\tau,\nu) \leqslant 1, \quad |\tau\nu| \geqslant 0 \tag{6-8-14}$$

从而减小交叉项。

由前面的分析知, Cohen 类时频分布都可认为是使用核函数 $\phi(\tau,\nu)\neq 1$ 或 $\psi(t,\tau)\neq\delta(t)$ 对 WVD 进行滤波的结果, 而滤波的目的就是抑制交叉项。下面主要讨论用核函数对 WVD 滤波的形式。

Cohen 在用统一形式表示时频分布时，就提出一种理想的时频分布应该具有有限支撑性，即凡在信号 $s(t)$ 和它的频谱 $S(\omega)$ 等于零的区域,Cohen 类分布 $C(t,\omega)$ 也应该等于零。根据 6.6 节的有关论述，核函数应该满足

$$\psi(t,\tau)=\int\phi(\tau,\nu)\,\mathrm{e}^{-\mathrm{j}\nu t}\mathrm{d}\nu=0,\quad |\tau|<2|t| \tag{6-8-15}$$

$$\Psi(\omega,\nu)=\int\phi(\tau,\nu)\,\mathrm{e}^{-\mathrm{j}\omega\tau}\mathrm{d}\tau=0,\quad |\nu|<2|\omega| \tag{6-8-16}$$

然而，这两个条件只能保证时频分布的“弱有限支撑性”，其抑制交叉项的作用有限。将式 (6－8－16) 代入式 (6－8－12) 中的核函数，得到

$$\Psi\left(\omega-\frac{\omega_1+\omega_2}{2},\omega_2-\omega_1\right)=0,\quad |\omega_2-\omega_1|<2\left|\omega-\frac{\omega_1+\omega_2}{2}\right|$$

由上式及式 (6－8－12) 知，当 $\omega<\omega_1$ 或 $\omega>\omega_2$ 时，交叉项等于零，也就是说，只有在区域 $[\omega_1,\omega_2]$ 以外的交叉项得到抑制。

那么，能否让 WVD 的交叉项只出现在信号频率处，而其他频率处的交叉项都被抑制呢？这要求核函数满足“强有限支撑性”。时频分布的强有限时间支撑性也称为交叉项时间聚集性，而强频率支撑性也称为交叉项频率聚集性。

由式 (6－8－12)，设两个单音信号交叉项的包络为

$$K(\omega;\Psi)=\Psi\left(\omega-\frac{\omega_1+\omega_2}{2},\omega_2-\omega_1\right) \tag{6-8-17}$$

由式 (6－8－17) 知，交叉项包络在信号频率 ω_1 和 ω_2 处的取值分别为

$$K(\omega;\Psi)\big|_{\omega=\omega_1}=\Psi\left(\frac{\omega_1-\omega_2}{2},\omega_2-\omega_1\right)=\Psi(\omega,\nu)\Big|_{\nu=\omega_2-\omega_1,\omega=-\frac{\nu}{2}} \tag{6-8-18a}$$

$$K(\omega;\Psi)\big|_{\omega=\omega_2}=\Psi\left(\frac{\omega_2-\omega_1}{2},\omega_2-\omega_1\right)=\Psi(\omega,\nu)\big|_{\nu=\omega_2-\omega_1,\omega=\frac{\nu}{2}} \tag{6-8-18b}$$

由式 (6－8－18)，要使时频分布的交叉项不出现在非信号频率处，则要求核函数满足

$$\Psi(\omega,\nu)=0,\quad \forall|\omega|\neq\frac{|\nu|}{2} \tag{6-8-19}$$

这就是要求交叉项具有强频率有限支撑性时，核函数所必须满足的频域约束条件。

类似地，得到核函数的时间约束条件

$$\psi(t,\tau)=0,\quad \forall|t|\neq\frac{|\tau|}{2} \tag{6-8-20}$$

它可以保证交叉项不会出现在信号 $s(t)$ 等于零的时间段内，即可以抑制交叉项出现在时频分布的非信号时间处。

交叉项强有限支撑性约束条件是 Loughlin 提出的[31]，虽然是针对两个单音信号的情况推导得出的，但可以证明，这两个条件对任意信号都是成立的。需要强调的是，交叉项的强有限支撑性可以保证在信号等于零的时频区域，任意双线性时频分布也等于零。然而，它们并不能消除时频分布中的交叉项。

应当指出，交叉项的抑制与信号的维持是一对矛盾，因为交叉项的减小必然对信号项产生拉平的负面作用。若核函数满足交叉项的强有限支撑性条件，虽然在信号项以外的区域，交叉项被完全抑制，但在信号项位置，却总是伴随着交叉项的存在。这种信号项和交叉项的共存对信号的恢复显然是不利的。

以上反复强调了交叉项有害的一面，并详细介绍了各种减小交叉项的方法。然而，在有些重要的信号处理应用中 (例如信号检测)，交叉项反而是非常有用的。从本质上讲，交叉项反映了两个不同信号分量之间的 "相干" 程度。作为相干的一种测度，交叉项是有害还是有用，完全取决于 "相干" 究竟是无用的干扰还是有用的信息。例如，在使用相干雷达探测漂浮在海面上的冰山时，交叉项就是探测目标 (冰山) 存在的实际反映，因此是有用的。

令 $x(t)$ 由三个时 – 频 "原子" 组成：$x_1(t)$ 和 $x_2(t)$ 具有相同的归一化频率 (0.4)，但具有不同的时间位置 (分别是 50 和 200)；$x_3(t)$ 和 $x_2(t)$ 具有相同的时间位置，但归一化频率为 0.1。$x(t)$ 的时域波形如图 6.8.2a 所示，其 WVD 如图 6.8.2b 所示。可以看到，图 6.8.2b 中存在着由这三个 "原子" 两两产生的共三个交叉项。图 6.8.2c 是 $x(t)$ 的 Choi – Williams 分布，核函数为 $\phi(\tau,\nu)=\mathrm{e}^{-\vartheta^2\tau^2/\sigma}$，可以看出，这时的交叉项较图 6.8.2b 的 WVD已大大减小。

6.8.3　其他典型的时频分布

核函数确定了分布及其特性。围绕交叉项的抑制和 WVD 的改进，通过引入一些特定的核函数，提出了很多具体的 Cohen 类分布。表 6.8.1 列举了一些能量化 Cohen 类分布及对应的核函数。

表 6.8.1　典型的 Cohen 类时频分布及对应的核函数[32]

分布名称	核函数$\phi(\tau,\nu)$	时 – 频分布表达式 $C(t,\omega)$
WVD	1	$\int s\left(t+\frac{\tau}{2}\right)s^*\left(t-\frac{\tau}{2}\right)\mathrm{e}^{-\mathrm{j}\omega\tau}\mathrm{d}\tau$
伪 WVD	$h(\tau)$	$\int s\left(t+\frac{\tau}{2}\right)s^*\left(t-\frac{\tau}{2}\right)h(\tau)\mathrm{e}^{-\mathrm{j}\omega\tau}\mathrm{d}\tau$
Re[Rihaczek]	$\cos(\theta\tau/2)$	$\mathrm{Re}\left[s(t)S^*(\omega)\mathrm{e}^{-\mathrm{j}\omega t}\right]$
Rihaczek	$\mathrm{e}^{\frac{\mathrm{j}\theta\tau}{2}}$	$s(t)S^*(\omega)\mathrm{e}^{-\mathrm{j}\omega t}$
Born – Jordan (Cohen)	$\frac{\sin(a\theta\tau)}{a\theta\tau}$	$\frac{1}{2a}\int\frac{1}{\tau}\mathrm{e}^{-\mathrm{j}\omega\tau}\int_{t-a\tau}^{t+a\tau}s\left(u+\frac{\tau}{2}\right)s^*\left(u-\frac{\tau}{2}\right)\mathrm{e}^{-\mathrm{j}\omega\tau}\mathrm{d}u\mathrm{d}\tau$
Page(培基)	$\mathrm{e}^{\frac{\mathrm{j}\theta\lvert\tau\rvert}{2}}$	$\frac{\partial}{\partial t}\left\lvert\int_{-\infty}^{t}s(t')\mathrm{e}^{-\mathrm{j}\omega t'}\mathrm{d}t'\right\rvert^2$
Choi – Williams (ED)	$\mathrm{e}^{\frac{-\vartheta^2\tau^2}{\sigma}}$	$\iint\sqrt{\frac{\sigma}{4\pi\tau^2}}s\left(u+\frac{\tau}{2}\right)s^*\left(u-\frac{\tau}{2}\right)\mathrm{e}^{\frac{-\sigma(u-t)^2}{4\tau^2}-\mathrm{j}\omega\tau}\mathrm{d}u\mathrm{d}\tau$
Zhao – Atlas – Marks	$2g_1(\tau)\frac{\sin\left(\frac{\theta\lvert\tau\rvert}{a}\right)}{\theta}$	$\int g_1(\tau)\mathrm{e}^{-\mathrm{j}\omega\tau}\int_{t-\frac{\lvert\tau\rvert}{a}}^{t+\frac{\lvert\tau\rvert}{a}}s\left(u+\frac{\tau}{2}\right)s^*\left(u-\frac{\tau}{2}\right)\mathrm{d}u\mathrm{d}\tau$
Spectrogram (谱图)	$\int h\left(u+\frac{\tau}{2}\right)\times h^*\left(u-\frac{\tau}{2}\right)\mathrm{e}^{-\mathrm{j}\theta u}\mathrm{d}u$	$\left\lvert\int s(\tau)h(\tau-t)\mathrm{e}^{-\mathrm{j}\omega\tau}\mathrm{d}\tau\right\rvert^2$

注：$h(\cdot)$ 为一窗函数。

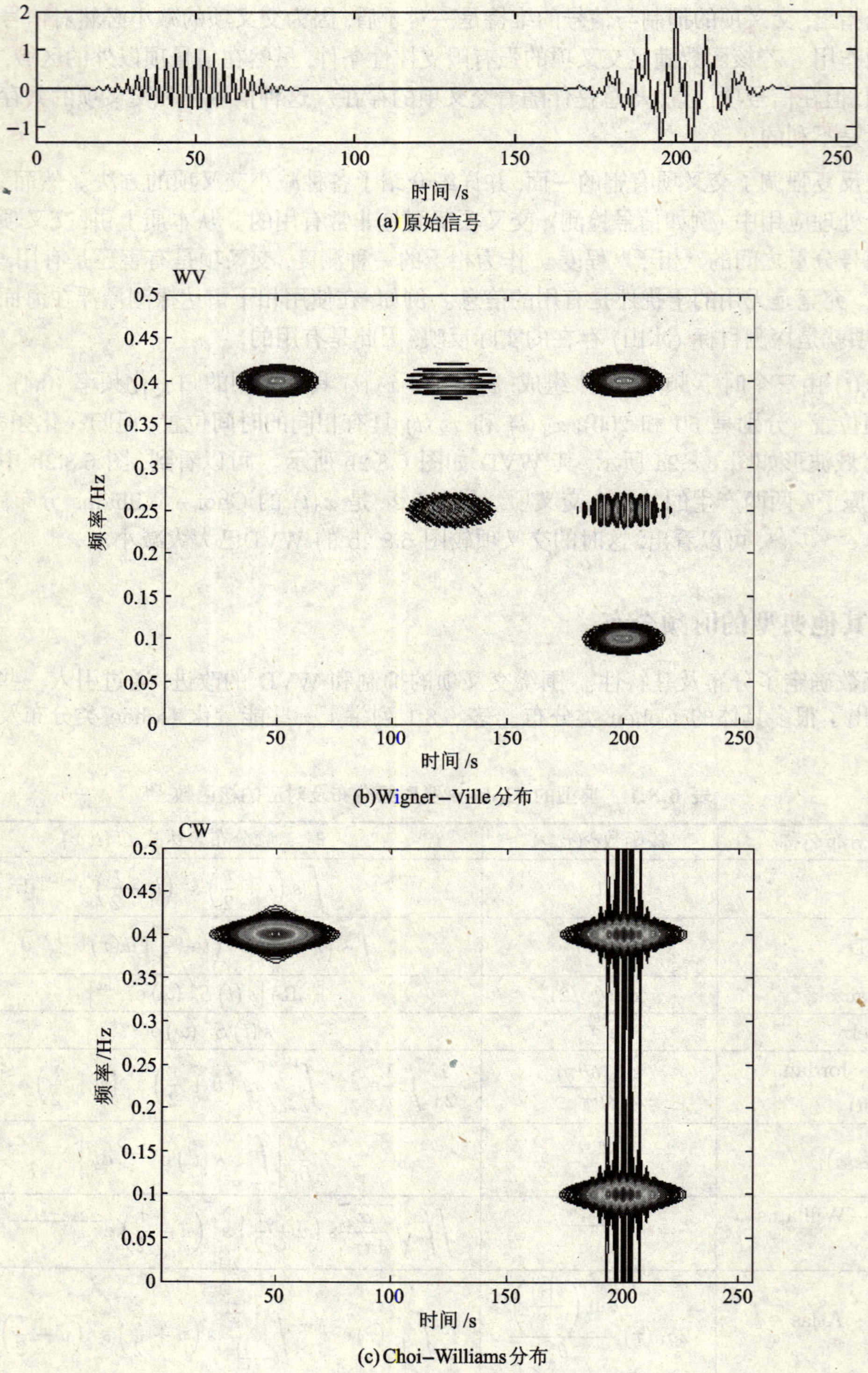

(a) 原始信号

(b) Wigner－Ville 分布

(c) Choi－Williams 分布

图 6.8.2　核函数 $\phi(\tau,\nu)$ 对交叉项抑制的说明

下面着重介绍 Choi – Williams 分布。

由上文知, 模糊函数的信号项以原点 (0,0) 为中心, 而互模糊函数, 即交叉项, 都远离原点。为了抑制远离原点的模糊函数,Choi 和 Williams 在 Cohen 类分布中引入了指数核函数, 即

$$\phi(\tau,\nu)=\mathrm{e}^{-\frac{(\tau\nu)^2}{\sigma}} \tag{6-8-21a}$$

其傅里叶变换为

$$\psi(t,\tau)=\frac{1}{2\pi}\int\phi(\tau,\nu)\,\mathrm{e}^{-\mathrm{j}\nu t}\mathrm{d}\nu=\sqrt{\frac{\sigma}{4\pi\tau^2}}\mathrm{e}^{-\frac{\sigma t^2}{4\tau^2}} \tag{6-8-21b}$$

将式 (6 – 8 – 21b) 代入 Cohen 类分布定义的等价式 (6 – 7 – 32), 即得 Choi – Williams 分布

$$C_{\mathrm{CW}}(t,\omega)=\iint s\left(u+\frac{\tau}{2}\right)s^*\left(u-\frac{\tau}{2}\right)\sqrt{\frac{\sigma}{4\pi\tau^2}}\mathrm{e}^{-\frac{\sigma(t-u)^2}{4\tau^2}}\mathrm{e}^{-\mathrm{j}\omega\tau}\mathrm{d}u\mathrm{d}\tau \tag{6-8-22}$$

由式 (6 – 8 – 21) 知, 指数核函数是一个乘积核函数, 并且有 $\phi(0,0)=1,\phi(0,\nu)=1,\phi(\tau,0)=1$, 表明 Choi – Williams 满足边缘特性、瞬时频率及群延迟特性。另外, 该指数核函数对原点 (0,0) 以及横轴 τ 和纵轴 ν 上的模糊函数没有任何影响。因此, 若模糊函数的交叉项出现在横轴或纵轴上, 则它们不能被抑制, 从而时频分布中相对应的交叉项也不能被抑制。

由于 $\phi(\tau,\omega)<1,\tau\neq 0,\omega\neq 0$, 故模糊函数在坐标轴以外的交叉项都能够得到一定程度的抑制, 从而减小与这些模糊交叉项相对应的时频分布交叉项。

事实上, 对于信号 $s(t)=\mathrm{e}^{\mathrm{j}\omega_1 t}+\mathrm{e}^{\mathrm{j}\omega_2 t},\omega_1<\omega_2$, 其精确的 Choi – Williams 分布为

$$C_{\mathrm{CW}}(t,\omega)=\delta(\omega-\omega_1)+\delta(\omega-\omega_2)+2\cos[(\omega_2-\omega_1)t]\,\eta(\omega,\omega_1,\omega_2,\sigma) \tag{6-8-23}$$

式中

$$\eta(\omega,\omega_1,\omega_2,\sigma)=\sqrt{\frac{\sigma}{4\pi(\omega_1-\omega_2)^2}}\exp\left\{-\sigma\left[\frac{\omega-0.5(\omega_1+\omega_2)}{2(\omega_1-\omega_2)}\right]^2\right\} \tag{6-8-24}$$

显然有

$$\lim_{\sigma\to\infty}\eta(\omega,\omega_1,\omega_2,\sigma)=\delta[\omega-0.5(\omega_1+\omega_2)]$$

因此, 这个分布在 $\omega=0.5(\omega_1+\omega_2)$ 处将有无限的峰值, 这实际上就是 WVD。只要 σ 有限, 交叉项也将是有限的且不是集中在一点。

图 6.8.3 是图 6.8.2 中信号的一些典型时频分布的示意图。

6.8.4　核函数的设计

除了前面几节提到的 Cohen 类的各种时频分布外, 人们还希望能设计出其他更好的时频分布。

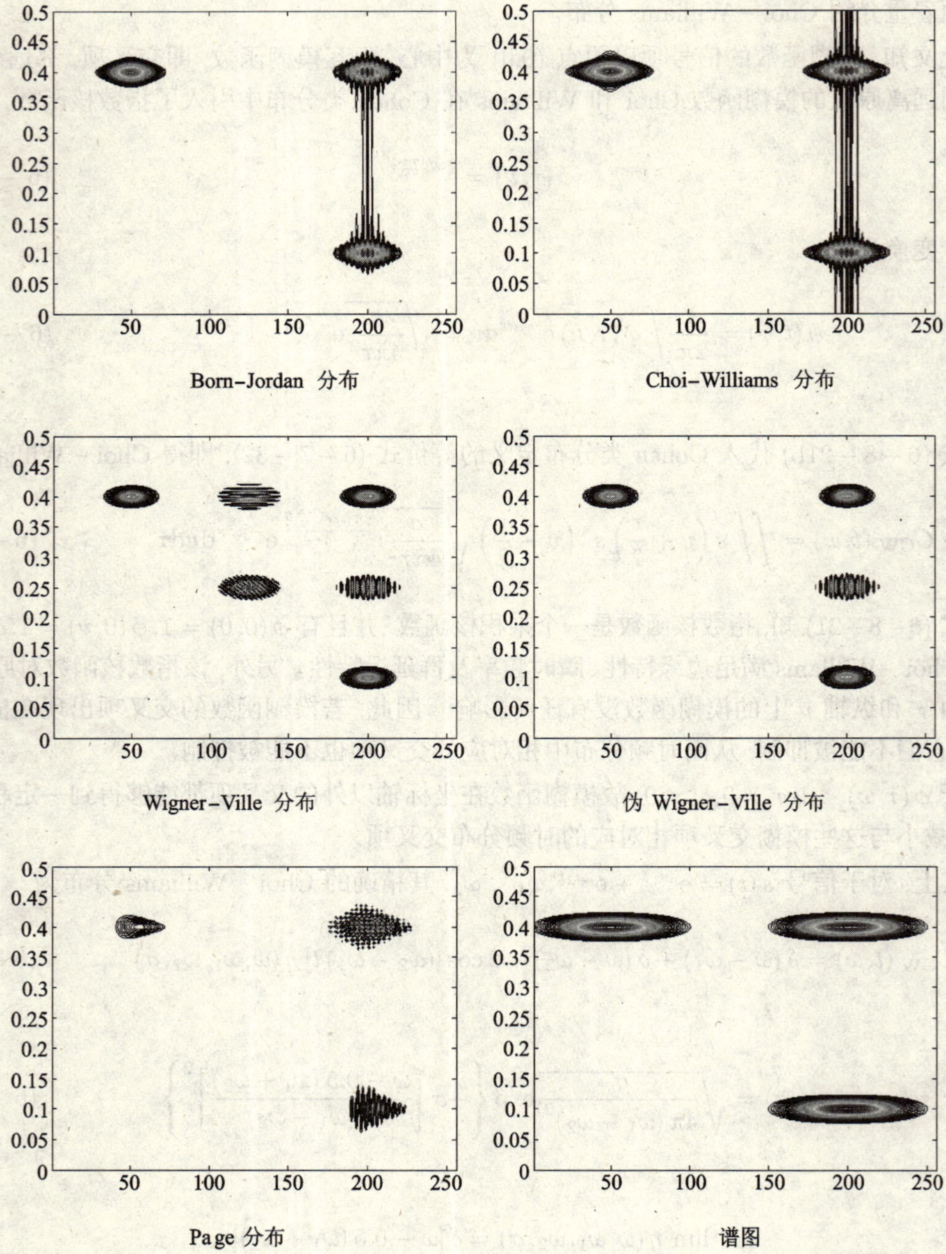

图 6.8.3 三个单频信号和的各种时频分布

1. 减小交叉项的核函数设计

前面已指出, 为了减小交叉项, 要求核函数 $\phi(\tau,\nu)$ 是一个二维低通滤波器, 见式 (6-8-14)。对于乘积类核函数, 可通过如下步骤进行设计:

(1) 设计或选择一个基本函数 $h(t)$, 使之满足① $h(t)$ 有单位面积, 即 $\int h(t)\,\mathrm{d}t=1$; ② $h(t)$ 为偶对称, 即 $h(-t)=h(t)$; ③ $h(t)$ 是时限的, 即当 $|t|>1/2$ 时 $h(t)=0$; ④ $h(t)$ 以 $t=0$ 为中

心向边际平滑减少, 以保证 $h(t)$ 含有较少的高频分量, 即其频谱 $H(\nu)$ 是可微分的, 且具有低通特性。

(2) 取 $h(t)$ 的傅里叶变换, 即

$$H(\nu)=\int h(t)\,\mathrm{e}^{-\mathrm{j}\nu t}\mathrm{d}t$$

(3) 用 $\nu\tau$ 代替 $H(\nu)$ 中的 ν, 得到积核函数

$$\phi(\tau,\nu)=H(\nu\tau) \tag{6-8-25}$$

按照上述原则设计出的核函数 $\phi(\tau,\nu)$ 所对应的分布被 Jeong 和 Williams 称为减少交叉项分布[33-34], 即 RID(reduced interference distributions)。RID 主要强调如何抑制交叉项干扰, 但同时也兼顾时频分布的其他性质。许多窗函数都可以用作这种基本函数, Jeong 和 Williams 给出的窗函数例子就包括三角窗、广义汉明窗和截尾的高斯窗。

容易得到, RID 分布在 $(\tau,\nu),(t,\omega),(t,\tau)$ 和 (ω,ν) 域的核函数分别为

$$\phi(\tau,\nu)=H(\nu\tau) \tag{6-8-26a}$$

$$\Phi(t,\omega)=2\pi\int\frac{1}{|\tau|}h\left(\frac{t}{\tau}\right)\mathrm{e}^{-\mathrm{j}\omega\tau}\mathrm{d}\tau \tag{6-8-26b}$$

$$\psi(t,\tau)=\frac{2\pi}{|\tau|}h\left(\frac{t}{\tau}\right) \tag{6-8-26c}$$

$$\Psi(\omega,\nu)=\frac{4\pi^2}{|\nu|}h\left(\frac{\omega}{\nu}\right) \tag{6-8-26d}$$

取基函数 $h(t)=1$, 取 $|t|\leqslant 1/2$ 时即为 Born - Jodan(BJ) 分布。对于其他属于 RID 的分布, 其核函数在四个域内有着类似的形状[3]。

2. 核函数的优化设计

核函数的作用相当于一个滤除交叉项的滤波器, 所以固定的核函数就是一个固定的滤波器。在实际应用中, 不同信号的时频分布的信号项和交叉项在时频平面上的位置各不相同, 有时甚至差别很大, 因此, 一个固定的滤波器不可能对所有的信号都适用。Baraniuk 和 Jone 提出了核函数的优化设计方法, 根据待分析的信号来设计核函数, 并将其作为一个优化问题来求解[35]。

前面介绍的核函数设计均是给核函数加约束条件。如果在约束条件的基础上, 再引入一个时频性能测度, 并使该测度最大化, 即可得到核函数设计的优化问题。具体地讲, 若给定一个信号和它的模糊函数, 则最优核函数定义为一个实的、非负函数 $\phi(\tau,\nu)$, 它是下列优化问题的解:

$$\max_{\phi}\iint\left|A(\tau,\nu)\,\phi(\tau,\nu)\right|^2\mathrm{d}\tau\mathrm{d}\nu \tag{6-8-27}$$

约束条件为

$$\phi(0,0)=1 \tag{6-8-28a}$$

$$\phi(\tau_1,\nu)\geqslant\phi(\tau_2,\nu),\quad\forall\tau_1\leqslant\tau_2,\forall\nu \tag{6-8-28b}$$

$$\iint \left|\phi(\tau,\nu)\right|^2 \mathrm{d}\tau\mathrm{d}\nu \leqslant 0 \tag{6-8-28c}$$

式 (6-8-27) 和式 (6-8-28) 组成了关于变量 $|\phi|^2$ 的线性规划问题。若将 τ 和 ν 离散化, 其采样点数分别为 M, N, 则线性规划问题可改写为如下形式:

$$\max_{\phi} \sum_{m=-\frac{M}{2}}^{\frac{M}{2}-1} \sum_{n=-\frac{N}{2}}^{\frac{N}{2}-1} \left|A(m,n)\phi(m,n)\right|^2 \tag{6-8-29}$$

约束条件为

$$\phi(0,0) = 1 \tag{6-8-30a}$$

$$\phi(m,n) \text{ 为径向非递增函数} \tag{6-8-30b}$$

$$\sum_{m=-\frac{M}{2}}^{\frac{M}{2}-1} \sum_{n=-\frac{N}{2}}^{\frac{N}{2}-1} \left|\phi(m,n)\right|^2 \leqslant 0 \tag{6-8-30c}$$

若用一维参数 k 代替二维参数 (m,n), 并令 $B(k) = \left|A(m,n)\right|^2, N(k) = \left|\phi(m,n)\right|^2$, 则上述线性规划问题又可表述为

$$\max_{\phi} \sum_{k\in T} B(k) N(k), \quad B(k) \geqslant 0 \tag{6-8-31}$$

约束条件为

$$N(k) \geqslant 0, \quad N(0) = 1 \tag{6-8-32a}$$

$$N(k) \text{ 为在 } T \text{ 内的非递增函数} \tag{6-8-32b}$$

$$\sum_{k\in T} N(k) \leqslant \gamma, \quad \gamma \geqslant 0 \tag{6-8-32c}$$

式 (6-8-31) 和式 (6-8-32) 描述的线性规划问题可用快速算法求解。

于是最优核函数的构造过程如下:

(1) 计算信号的模糊函数 $A(\tau,\nu)$;

(2) 利用文献 [37] 的快速算法求解式 (6-8-31) 和式 (6-8-32) 描述的线性规划问题, 得到最优核函数 $\phi(\tau,\nu)$;

(3) 利用式 (6-7-28) 计算 $A(\tau,\nu)\phi(\tau,\nu)$ 的二维傅里叶变换, 即得到 Cohen 类时频分布 $C(t,\omega)$。

Baraniuk 和 Jone 还通过径向高斯核函数来设计最优核函数[36-37]。若径向高斯核函数为

$$\phi(\tau,\nu) = \exp\left[\frac{\tau^3+\nu^2}{2\sigma^2(\theta)}\right] \tag{6-8-33}$$

式中, $\sigma(\theta)$ 表示径向角 $\theta = \arctan\left(\frac{\tau}{\nu}\right)$ 上的扩展。径向高斯核函数是有界的、径向非递增函数, 若 $\sigma(\theta)$ 为光滑函数, 则径向高斯核函数 $\phi(\tau,\nu)$ 也为光滑函数。

6.9　时频分布的应用

时频表示和时频分布已在实际的非平稳信号处理中获得了十分广泛的应用, 可以说, 凡是平稳信号分析与处理中的典型应用问题 (例如信号检测与分类、滤波、信号正交展开与综合、系统辨识和谱估计等), 在非平稳信号分析与处理中都有对应的问题。下面对一些应用作简单介绍。

6.9.1　瞬时频率估计

在许多实际的信号处理应用中, 估计一个非平稳过程的瞬时频率是一项极为重要的工作。一些信息探测系统只要系统与目标之间有相对运动, 多普勒效应就会使接收频率改变, 传播媒质的扰动也会使频率发生变化, 雷达、声呐、移动通信、医疗设备和天文观测等都存在这一问题。例如雷达信号, 其主要目的是对目标实行检测、跟踪和成像, 这使得雷达的多普勒频率具有非平稳的谱, 因此跟踪这类目标需要用到瞬时频率估计技术。在生物医学方面, 血流的多普勒变化直接关系到心血管疾病的诊断。

瞬时频率的估计方法主要有相位差分法、相位建模法和时频分布法三大类。

1. 相位差分法

该方法直接来源于瞬时频率的定义式 (6 − 1 − 45), 在离散计算中用差分方程实现, 将式 (6 − 1 − 45) 中的相位微分换为相位差分, 即可得到离散时间瞬时频率的估计子, 根据差分实现的不同, 共有三种相位差分算子。分别为

(1) 前向差分瞬时频率估计子

$$\widehat{\omega}(n)=[\phi(n+1)-\phi(n)] \tag{6-9-1}$$

(2) 前后差分瞬时频率估计子

$$\widehat{\omega}(n)=[\phi(n)-\phi(n-1)] \tag{6-9-2}$$

(3) 中心差分瞬时频率估计子

$$\widehat{\omega}(n)=\frac{1}{2}[\phi(n+1)-\phi(n-1)] \tag{6-9-3}$$

其中, 中心差分瞬时频率估计子对线性调频信号是无偏的。相位差分法的主要缺点是对被噪声污染的信号显示出很高的方差, 即这种估计子对噪声比较敏感, 因此出现了很多改进方法, 如平滑相位差分估计子、加权相位差分估计子等, 这些方法可以使上述问题在一定程度上得到解决。

2. 相位建模法

相位建模法是一种参数法, 其原理是假定实信号序列 $s(n)$ 的解析信号 $z(n)$ 包含噪声 $\varepsilon(n)$, 即

$$z(n)=A(n)\mathrm{e}^{\mathrm{j}\phi(n)}+\varepsilon(n) \tag{6-9-4}$$

式中, $A(n)$ 为信号的幅值; $\varepsilon(n)$ 为方差为 $2\sigma^2$ 的复噪声过程; $\phi(n)$ 为信号相位, 由 p 阶多项式定义

$$\phi(n) = a_0 + a_1 n + a_2 n^2 + \cdots + a_p n^p = \sum_{k=0}^{p} a_k n^k \tag{6-9-5}$$

计算时可通过最小二乘估计法和极大似然法求解式 (6 − 9 − 5) 的系数 $a_0, a_1, \cdots, a_p$。最后由下式

$$\widehat{\omega}(n) = \frac{\mathrm{d}\phi(n)}{\mathrm{d}n} = \sum_{k=1}^{p} k a_k n^{k-1} \tag{6-9-6}$$

得到瞬时频率估计。

3. 时频分布方法

前面已指出, 由时频分布计算瞬时频率时, 将其定义为该时刻频率的一阶矩, 同时为使得到的瞬时频率无偏, 该时频分布的核函数必须满足一定条件, 而由 Wigner – Ville 分布可得到精确瞬时频率。下面以 Wigner – Ville 分布为例, 计算瞬时频率。

设序列 $s(n)$ 的离散 WVD 为 $W(n,m)$, 根据离散 WVD 的定义有

$$s(n+k)\,s^*(n-k) = \frac{1}{2}\sum_{m=0}^{N-1} W(n,m)\,\mathrm{e}^{\mathrm{j}\frac{2\pi}{N}km}$$

于是, 基于时频分布的瞬时频率估计就是对 $W(n,m)$ 固定一个时刻 n, 计算对 m 的一阶矩, 这时共有 $N = 2L+1$ 个频率分量, 各分量相邻时刻的相位差分别为 $\dfrac{2\pi}{N}m, m = 0, 1, \cdots, N-1, N$。一阶矩估计 $\widehat{k}(n)$ 可用各分量的加权和向量的相角表示, 即

$$\widehat{k}(n) = N\left\{\arg\left[\sum_{m=0}^{N-1} W(n,m)\,\mathrm{e}^{\mathrm{j}\frac{2\pi}{N}m}\right]\right\} \tag{6-9-7}$$

式中, 大括号内的部分表示计算得到的弧度。N 个分量共 2π 弧度, 各个分量的弧度间隔为 $\dfrac{2\pi}{N}$, 即计算得到的 $\widehat{k}(n)$ 值对离散频率的单位间隔取归一值。

令 $m = 1$, 则由式 (6 − 9 − 7) 及离散 WVD 的定义有

$$\begin{aligned}\widehat{k}(n) &= N\{\arg[s(n+1)] - \arg[s(n-1)]\}\\ &= N\{\arg[\phi(n+1)] - \arg[\phi(n-1)]\}\end{aligned} \tag{6-9-8}$$

若离散信号的采样频率为 ω_s, 则由上式归一化的一阶矩, 可得到基于 WVD 的离散瞬时频率估计为

$$\begin{aligned}\widehat{\omega}(n) &= \frac{\omega_s}{2N}\widehat{k}(n) = \frac{\omega_s}{2}\{\arg[s(n+1)] - \arg[s(n-1)]\}\\ &= \frac{\omega_s}{2}\{\arg[\phi(n+1)] - \arg[\phi(n-1)]\}\end{aligned} \tag{6-9-9}$$

与式 (6 − 9 − 3) 相比较可知, 式 (6 − 9 − 9) 所示结果与由解析信号直接作中心差分估计所得结果是一致的。

6.9.2　信号检测与分类

传统的信号检测方法可采用互相关法 (即匹配滤波法), 即对两个解析信号 $x_r(t)$ 和 $x_s(t)$, 定义

$$\eta = \int x_r(t)\, x_s^*(t)\, \mathrm{d}t = \langle x_r, x_s \rangle \tag{6-9-10}$$

若 η 大于某一门限值, 则称 $x_s(t)$ 中存在有用信号 $x_r(t)$, 否则 $x_s(t)$ 为噪声信号。

同样, 可以在时频域运用 WVD 进行信号检测。因 WVD 满足 Moyal 公式, 即

$$\iint W_{x_1x_2}(t,f)\, W_{x_3x_4}^*(t,f)\, \mathrm{d}t\mathrm{d}f = \langle x_1, x_3 \rangle \langle x_2, x_4 \rangle$$

于是, 可以构造 $x_r(t)$ 和 $x_s(t)$ 的 WVD 的检测统计量

$$\begin{aligned} \eta_{\mathrm{WVD}} &= \iint W_{x_rx_m}(t,f)\, W_{x_sx_m}^*(t,f)\, \mathrm{d}t\mathrm{d}f \\ &= \langle x_r, x_s \rangle \langle x_m, x_m \rangle = A_m \langle x_r, x_s \rangle \end{aligned} \tag{6-9-11}$$

式中, $x_m(t)$ 为具有能量 A_m 的任意解析信号。因为 A_m 为已知常数, 所以由式 (6 − 9 − 11) 可知基于 WVD 的信号检测与互相关法检测是等效的。由于式 (6 − 9 − 11) 将检测统计量的计算由时域变换到时频域进行, 因此可以预先在时频域对 $x_s(t)$ 进行时频滤波, 以提高检测的质量。另外, $x_m(t)$ 的选取应使 WVD 交叉项与信号项相隔离, 从而利于子特征提取。

在使用信号的某种变换图形作信号分类时, 一种直接的方法是将得到的图形与一组预先定义或存储的图形 (习惯上将它们称为参考模板) 进行比较, 如果图形与参考模板中的某个类具有最高的相关度, 则图形被识别为该类。

假定信号 $x(t)$ 的 WVD 分布为 $W_x(t,\omega)$, 该信号属于参考信号 $y_i(t)$ 中的一类, 正确分类的一种直接方法是使用 $W_x(t,\omega)$ 与 $W_{y_i}(t,\omega)$ 之间的相关 [其中 $W_{y_i}(t,\omega)$ 是该类中第 i 个信号的 WVD], 也就是计算

$$Q_i = \max_{t_0,f_0} \left| \iint W_x(t,f)\, W_{y_i}^*(t-t_0, f-f_0)\, \mathrm{d}t\mathrm{d}f \right| \tag{6-9-12}$$

于是, 信号 $x(t)$ 就被归为 Q_i 取最大值的那一类。实际上, 利用 WVD 与模糊函数的关系, 式 (6 − 9 − 12) 可变为

$$\begin{aligned} Q_i &= \max_{t_0,f_0} \left| \iint W_x(t,f)\, W_{y_i}^*(t-t_0, f-f_0)\, \mathrm{d}t\mathrm{d}f \right| \\ &= \max_{t_0,f_0} \left| \iint A_x(\tau,\nu)\, A_{y_i}^*(\tau,\nu)\, \mathrm{e}^{-\mathrm{j}2\pi(\nu t_0+\tau f_0)} \mathrm{d}\tau\mathrm{d}\nu \right| \end{aligned} \tag{6-9-13}$$

由于模糊函数在 τ 和 ν 具有比较小的支撑区, 所以计算式 (6−9−13) 比直接计算式 (6−9−12) 更为有效。

在大多数应用中, 必须考虑参考模板的选择问题。对于参考模板, 要求类别之间的识别性能能够得到改进, 且噪声影响能够得到抑制。

6.9.3 基于 Gabor 变换的时频滤波及阶比分量提取

式 (6 − 4 − 54) 和式 (6 − 4 − 55) 实际上给出了信号"拟正交" Gabor 展开的分解和重构算法。Gabor 展开系数 a_{mn} 实际是时频网格上的离散点, 通过 a_{mn} 可以实现信号的近似重构。在阶比分析中, 如果能够得到分析信号中某一阶比分量的 Gabor 系数 a_{mn}^q (q 表示第 q 阶阶比分量), 就可以实现该阶比分量的时域波形的近似重构, 实际也就是基于离散 Gabor 展开的时变滤波。下面对滤波带宽、遮掩运算等问题展开讨论[38-39]。

1. 滤波带宽的确定

阶比域中的每一阶比分量, 同频域中的谐波分量一样, 都有一个边频带, 因此, 在 Gabor 时频域中, 每一阶比分量包含沿该阶比分量对应的瞬时中心频率的 Gabor 展开系数和邻域内的 Gabor 展开系数。也就是说, 当选择阶比分量的时候, 必须包括邻域内的 Gabor 展开系数。那么问题是如何确定邻域的宽度 (即滤波带宽)。

Gabor 展开分量的邻域带宽的定义有两种形式, 即等频率带宽和等阶比带宽, 如图 6.9.1 所示。假设需要提取的阶比分量的阶次为 q, 该阶次的瞬时中心频率为

$$f^q(t) = qf^1(t) = q\frac{R^1(t)}{60} \tag{6-9-14}$$

式中, $f^1(t)$ 为一阶瞬时频率估计; $R^1(t)$ 为对应转子的瞬时转速 (关于瞬时频率估计的计算可参见 6.9.1 节及其他相关参考文献)。于是邻域带宽的定义如下:

1) 等频率带宽 Δf

邻域定义为 $\left[f^q(t) - \dfrac{\Delta f}{2}, f^q(t) + \dfrac{\Delta f}{2}\right]$, 这里 Δf 是一个恒定频率, 因此称为等频率带宽, 如图 6.9.1a 所示。

2) 等阶比带宽 Δo

邻域定义为 $\left[f^q(t) - \dfrac{\Delta f_t}{2}, f^q(t) + \dfrac{\Delta f_t}{2}\right]$, 这里 $\Delta f_t = \Delta o \times f_i^1(t)$, 是一个变化的频率, 但阶比带宽 Δo 保持恒定, 如图 6.9.1b 所示。

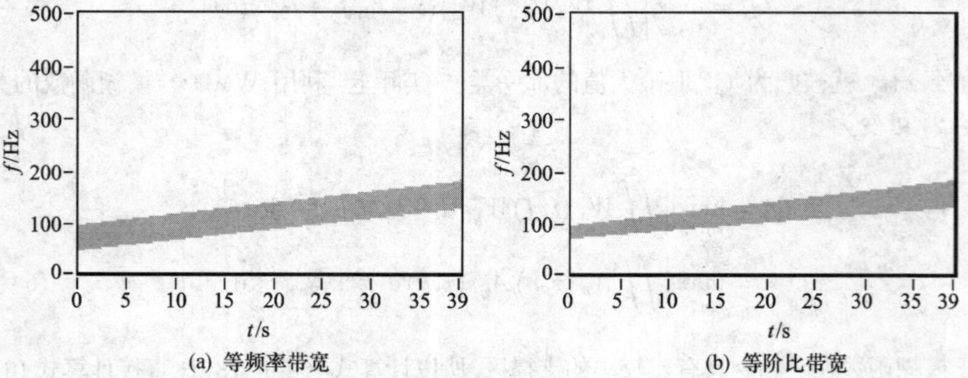

图 6.9.1 等频率带宽和等价比带宽的比较

通常情况下, 带宽最大不能超过两相邻阶比之间的距离, 也就是一阶转频, 为此, 引入带宽系

数 $\alpha \leqslant 1$, 它是指带宽占一阶转频的比例。因此

$$\Delta f = \alpha \max\left[f^1(t)\right]$$
$$\Delta o = \alpha, \quad \Delta f(t) = \alpha f^1(t)$$

2. 遮掩运算

在确定了所选阶比分量的位置和带宽后, 就可以在初始 Gabor 展开系数 a_{mn} 中选取一个子集, 该子集仅包含所选阶比分量的 Gabor 展开系数。对初始系数 a_{mn} 进行遮掩运算即可得到该子集。

为了进行遮掩运算, 需要构造一个二进制遮掩数组 Φ_{mn}, 它是一个与 a_{mn} 具有相同维数的二维数组。然而, 遮掩数组的元素仅仅包含 "0" 和 "1"。当进行遮掩运算的时候, Φ_{mn} 为 0 的地方, Gabor 系数的值保持不变; 为 1 的地方, Gabor 系数的值置为 0。于是可以得到一个遮掩后的系数数组 $\widehat{a}_{mn}$。显然, $\widehat{a}_{mn}$ 也是一个与 a_{mn} 具有相同维数的二维数组。

遮掩运算的方程为

$$\widehat{a}_{mn} = \begin{cases} a_{mn}, & \Phi_{mn} = 1 \\ 0, & \Phi_{mn} = 0 \end{cases} \tag{6-9-15}$$

即

$$\widehat{a}_{mn} = \Phi_{mn} a_{mn} \tag{6-9-16}$$

3. 基于 Gabor 展开的时变滤波

将式 (6 − 9 − 16) 遮掩运算后的系数应用到 Gabor 展开式 (6 − 4 − 55), 得

$$\widehat{s}(k) = \sum_{m=0}^{M-1} \sum_{n=0}^{N-1} \widehat{a}_{mn} \widehat{h}_{mn}(k) \tag{6-9-17}$$

此时, 由重构的时域波形 $\widehat{s}(k)$ 经 Gabor 变换所得到的 Gabor 系数并不等于所选择的 Gabor 系数 $\widehat{a}_{mn}$, 即

$$\widehat{a}_{mn} \neq \sum_{k=0}^{L-1} \widehat{s}(k) \widehat{\gamma}^*_{mn}(k) \tag{6-9-18}$$

为了解决这一问题, 可根据最小均方差 (least mean square error, 简称 LMSE) 原理, 用迭代法得到最近似的波形。

不失一般性, 将式 (6 − 4 − 54) 和式 (6 − 4 − 55) 的 Gabor 变换对表示为矩阵的形式

$$\boldsymbol{a} = \boldsymbol{G}\boldsymbol{s} \tag{6-9-19}$$
$$\boldsymbol{s} = \boldsymbol{H}^{\mathrm{T}}\boldsymbol{a} = \boldsymbol{H}^{\mathrm{T}}\boldsymbol{G}\boldsymbol{s} \tag{6-9-20}$$

式中, $\boldsymbol{G}$ 表示分析矩阵; $\boldsymbol{H}$ 表示综合矩阵。对于过采样来说

$$\boldsymbol{H}^{\mathrm{T}}\boldsymbol{G} = \boldsymbol{I}, \quad \boldsymbol{G}\boldsymbol{H}^{\mathrm{T}} \neq \boldsymbol{I} \tag{6-9-21}$$

于是, 有如下迭代过程:

$$\begin{cases} \boldsymbol{a}^1=\boldsymbol{a}=\boldsymbol{G}\boldsymbol{s}, \boldsymbol{a}_0^1=\boldsymbol{\Phi}\boldsymbol{a}^1=\boldsymbol{\Phi}\boldsymbol{a}, \boldsymbol{s}^1=\boldsymbol{H}^{\mathrm{T}}\boldsymbol{a}_0^1=\boldsymbol{H}^{\mathrm{T}}\boldsymbol{\Phi}\boldsymbol{a} \\ \boldsymbol{a}^2=\boldsymbol{G}\boldsymbol{s}^1=\boldsymbol{G}\boldsymbol{H}^{\mathrm{T}}\boldsymbol{\Phi}\boldsymbol{a}, \boldsymbol{a}_0^2=\boldsymbol{\Phi}\boldsymbol{a}^2, \boldsymbol{s}^2=\boldsymbol{H}^{\mathrm{T}}\boldsymbol{a}_0^2=\boldsymbol{H}^{\mathrm{T}}\boldsymbol{\Phi}\boldsymbol{G}\boldsymbol{H}^{\mathrm{T}}\boldsymbol{\Phi}\boldsymbol{a} \\ \boldsymbol{a}^3=\boldsymbol{G}\boldsymbol{s}^2=\boldsymbol{G}\boldsymbol{H}^{\mathrm{T}}\boldsymbol{\Phi}\boldsymbol{G}\boldsymbol{H}^{\mathrm{T}}\boldsymbol{\Phi}\boldsymbol{a}=\left(\boldsymbol{G}\boldsymbol{H}^{\mathrm{T}}\boldsymbol{\Phi}\right)^2\boldsymbol{a} \\ \cdots \\ \boldsymbol{a}^k=\left(\boldsymbol{G}\boldsymbol{H}^{\mathrm{T}}\boldsymbol{\Phi}\right)^{k-1}\boldsymbol{a} \end{cases} \tag{6-9-22}$$

式中, $\boldsymbol{a}^k$ 表示第 k 次叠代所重构波形经 Gabor 变换所得的 Gabor 系数。当 $k\to\infty$ 时, $\boldsymbol{a}^k$ 和 $\boldsymbol{s}^k$ 收敛, $\boldsymbol{a}^k=\boldsymbol{\Phi}\boldsymbol{a}^k$。

当且仅当

$$\sum_{i=0}^{\widehat{M}-1}\gamma^*(iN+k)h\left(iN+k+m\widehat{N}\right)=\sum_{i=0}^{\widehat{M}-1}h^*(iN+k)\gamma\left(iN+k+m\widehat{N}\right)$$
$$0\leqslant k\leqslant N-1,\quad 0\leqslant m\leqslant M-1 \tag{6-9-23}$$

时 (其中 $L=N\widehat{M}=\widehat{N}M$), $\boldsymbol{a}^k=\boldsymbol{\Phi}\boldsymbol{a}^k$ 在时频域的“支撑”在遮掩区间内。特别地, 当 $\gamma(k)=h(k)$ 时, 经过一次迭代后得到的 Gabor 系数 $\boldsymbol{a}^2$ 根据 LMSE 最接近遮掩 Gabor 系数 $\boldsymbol{\Phi}\boldsymbol{a}^2$。$\boldsymbol{a}^2$ 可作为期望的遮掩 Gabor 系数, 可用其实现选定阶比分量的波形重构。具体地讲, 基于离散 Gabor 展开的时变滤波具有如下步骤:

(1) 确定一组二维 Gabor 系数的二进制遮掩矩阵;

(2) 根据该遮掩矩阵, 保留二维 Gabor 系数中需要的系数, 去除不想要的系数, 即根据该二维遮掩矩阵确定所要选择的 Gabor 系数;

(3) 计算 Gabor 展开;

(4) 在获得时域波形后计算新的 Gabor 系数;

(5) 重复步骤 (2) ~ (4), 直到时域波形收敛。

4. 基于 Gabor 时频滤波的阶比分量提取的具体实现

基于 Gabor 时频滤波的阶比分量提取的具体实现步骤如下:

(1) 对信号进行 Gabor 变换, 产生一个初始的 Gabor 系数 a_{mn}。Gabor 变换时频面上的坐标为 (m,n), m 为时间坐标, n 为频率坐标。

(2) 计算参考轴的瞬时中心频率 $f^1(t)$ (具体计算可参阅相关文献)。

(3) 确定提取的阶比分量的阶次 q, 并利用式 (6−9−14) 计算该阶次的瞬时中心频率 $f^q(t)$。根据最初的 Gabor 系数数组生成二维时频色谱图, 以观察信号在整个时间历程的特性, 从而确定欲提取的阶比分量的阶次。

(4) 依次搜索瞬时中心频率 $f^q(t)$ 在 Gabor 时频网格上各 Gabor 采样点 m_k 处的瞬时频率坐标 n_k

$$n_k=\mathrm{int}\left[f^q(m_k)\frac{N}{f_s}\right],\quad k=0,\cdots,M-1 \tag{6-9-24}$$

式中, int 表示取整; M 和 N 分别表示时域和频域的 Gabor 采样点数; f_s 为采样频率。

(5) 确定 Gabor 时频滤波的带宽, 即计算 Gabor 时频网格上各 Gabor 采样点 m_k 处的频率坐标增量 Δn_k

$$\Delta n_k = \text{int}\left(\frac{\Delta f}{2}\frac{N}{f_s}\right),\quad \text{等频率带宽} \tag{6-9-25}$$

$$\Delta n_k = \text{int}\left[\frac{\Delta o \times f^1(m_k)}{2}\frac{N}{f_s}\right],\quad \text{等阶比带宽} \tag{6-9-26}$$

(6) 根据第 (4) 步和第 (5) 步的计算结果, 利用遮掩运算, 从初始的 Gabor 系数中提取第 q 阶分量的 Gabor 系数 a_{mn}^q

$$a_{mn}^q = \begin{cases} a_{mn}, & n_k - \Delta n_k \leqslant n \leqslant n_k + \Delta n_k \\ 0, & \text{其他} \end{cases} \tag{6-9-27}$$

(7) 利用基于 Gabor 展开时变滤波方法, 由提取的 Gabor 系数 $a_{m,n}^q$ 进行 Gabor 展开, 实现选定信号分量的信号重构, 得到时域波形。

现对一段使用 V8 发动机的某跑车手动换挡快速升速过程中变速箱噪声信号进行分析和阶比分量提取。分析参数如下: 采样速率 $f_s = 5512.5$ Hz, 数据长度 $L = 32 \times 1024$ 点, 综合窗选为归一化高斯窗, $\widehat{N} = 256$, 窗长为 1024, $M = 128, N = 1024$, 过采样率为 4。图 6.9.2a 为采用 "拟正交" Gabor 的 Gabor 谱, 颜色越深则 Gabor 系数模值越大。对该时频谱用峰值搜索法获得第 4 阶阶比成分的瞬时频率 (阶比阶次的确定由该跑车参考轴最高转速和齿轮幅传动比确定), 该阶比成分在时频谱中最突出, 如图 6.9.2a 所示, 并由其计算参考轴瞬时频率。

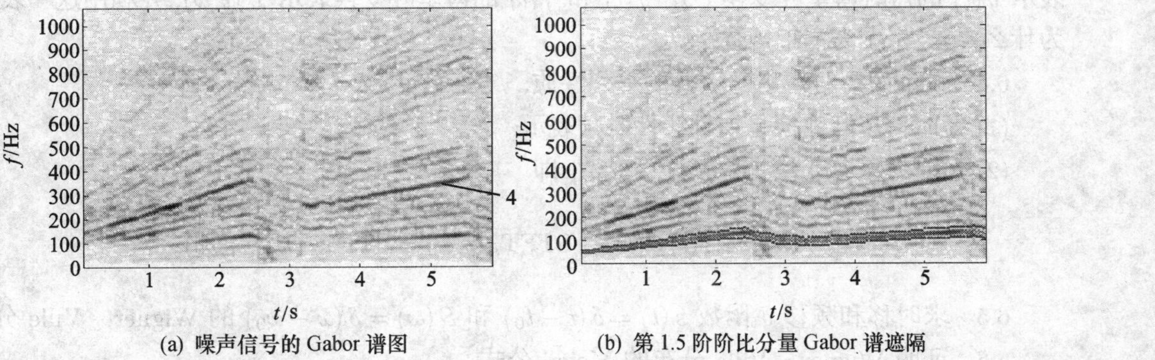

(a) 噪声信号的 Gabor 谱图 (b) 第 1.5 阶阶比分量 Gabor 谱遮隔

图 6.9.2 跑车升速换挡信号的 Gabor 谱图和阶比分量遮隔

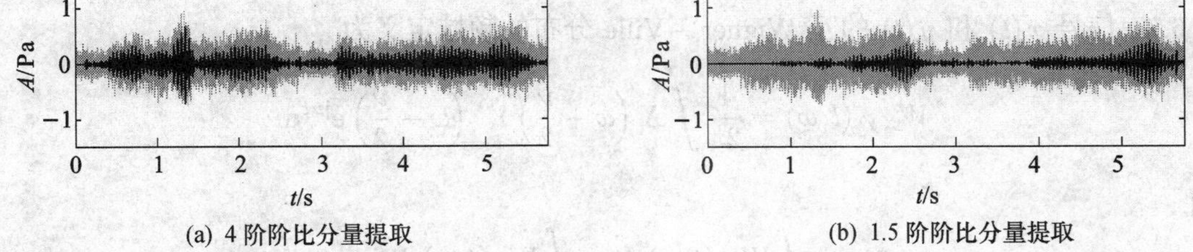

(a) 4 阶阶比分量提取 (b) 1.5 阶阶比分量提取

图 6.9.3 基于 Gabor 时频滤波的阶比分量提取

设定时频滤波带宽为 0.5 阶, 在时频谱图上对选定的阶比分量用遮隔法进行遮隔。图 6.9.2b 为对第 1.5 阶阶比分量的遮隔示例。依次对各选定分量进行 Gabor 时频滤波, 并进行波形重构, 原信号波形用浅色显示, 重构波形用深色显示, 结果如图 6.9.3 所示。

思考题

6.1　求下列信号的瞬时频率 $\omega_i(t)$ 和平均频率 $\overline{\omega}$:

(1) 归一化的高斯信号

$$s(t) = g(t) = \left(\frac{\alpha}{\pi}\right)^{1/4} \mathrm{e}^{-\frac{\alpha}{2}t^2}, \quad \alpha > 0$$

(2) 具有高斯包络的线性调频信号

$$s(t) = g(t)\,\mathrm{e}^{imt^2}$$

6.2　求时移和频移 δ 函数 $s(t) = \delta(t - t_0)$ 和 $S(\omega) = \delta(\omega - \omega_0)$ 的模糊函数。

6.3　设

$$Y(t, \omega) = \int y(u)\,\gamma(u - t)\,\mathrm{e}^{-\mathrm{j}\omega u}\mathrm{d}u$$

表示 $y(t)$ 的短时傅里叶变换。用 $y(t)$ 和 $\gamma(t)$ 的傅里叶变换表示 $Y(t, \omega)$, 并利用这一表示说明为什么要求 $\gamma(t)$ 为窄带函数?

6.4　试证明短时傅里叶变换的下列性质:

(1) 短时傅里叶变换是一种线性时频表示;

(2) 短时傅里叶变换具有频移不变性, 即

$$\widetilde{s}(t) = s(t)\,\mathrm{e}^{\mathrm{j}\omega_0 t} \rightarrow \mathrm{STFT}_{\widetilde{s}}(t, \omega) = \mathrm{STFT}_s(t, \omega - \omega_0)$$

6.5　求时移和频移 δ 函数 $s(t) = \delta(t - t_0)$ 和 $S(\omega) = \delta(\omega - \omega_0)$ 的 Wigner – Ville 分布。

6.6　证明 Wigner – Ville 分布的 Moyal 公式

$$\frac{1}{2\pi}\iint W_x(t, \omega)\,W_y^*(t, \omega)\,\mathrm{d}t\mathrm{d}\omega = \left|\langle x, y\rangle\right|^2 = \left|\int x(t)\,y^*(t)\,\mathrm{d}t\right|^2$$

6.7　信号 $x(t)$ 和 $y(t)$ 的互 Wigner – Ville 分布的频域定义为

$$W_{XY}(t, \omega) = \frac{1}{2\pi}\int X\left(\omega + \frac{\nu}{2}\right) Y^*\left(\omega - \frac{\nu}{2}\right) \mathrm{e}^{\mathrm{j}\nu t}\mathrm{d}\nu$$

证明

$$\int W_X(t, \omega)\,\mathrm{d}t = \int W_x(t, \omega)\,\mathrm{d}t$$

参考文献

[1] 张贤达. 现代信号处理. 2 版. 北京: 清华大学出版社, 2002.

[2] 科恩 L. 时 – 频分析: 理论与应用. 白居宪, 译. 西安: 西安交通大学出版社, 1998.

[3] 胡广书. 现代信号处理教程. 北京: 清华大学出版社, 2001.

[4] 刘本永. 非平稳信号分析导论. 北京: 国防工业出版社, 2005.

[5] 吴正国, 夏立, 尹为民. 现代信号处理技术 —— 高阶谱、时频分析与小波变换. 武汉: 武汉大学出版社, 2003.

[6] 陆光华, 彭学愚, 张林让, 等. 随机信号处理. 西安: 西安电子科技大学出版社, 2002.

[7] 张贤达. 非平稳信号分析与处理. 北京: 国防工业出版社, 1998.

[8] 王宏禹. 非平稳随机信号分析与处理. 北京: 国防工业出版社, 1999.

[9] Kohlmann K. Corner detection in natural images based on the 2-D Hilbert transform. Signal Processing, 1996, 48: 225-234.

[10] Wulich D. Hilbert transform of a constant envelop signal using the time-warping technique. Signal Processing, 1993, 31: 97-101.

[11] Nuttall A H. On the quadrature approximation to the Hilbert transform of modulated signals. Proceedings of the IEEE, 1966, 54(10): 1458-1459.

[12] Vakman D E, Vainshtein L A. Amplitude, phase, frequency-fundamenttal concepts of oscillation theory. Sov. Phys. Usp., 1978, 20: 1002-1016.

[13] Carson J R, Fry T C. Variable frequency electric circuit theory with application to the theory of frequency modulation. Bell Sys. Tech. J., 1937, 16: 513-540.

[14] Gabor D. Theory of communication. J. IEEE, 1946, 93(26): 429-457.

[15] Ville J. Theorie et applications de la notion de signal analytique. Cables et Transmission, 1948, 2A: 61-74.

[16] Chen W, Kehtarnavaz N, Spencer T W. An efficient recursive algorithm for timevarying Fourier transform. IEEE Trans. SP., 1993, 41(7): 2488-2491.

[17] Bastiaans M J. Gabor's expansion of a signal into Gaussian elementary signals. Proceedings of the IEEE, 1980, 68(4): 538-539.

[18] Classen T C M, Mecklenbrauker W F G. The Winger distribution — part I. Philips Res. J., 1980, 35: 217-250.

[19] Classen T C M, Mecklenbrauker W F G. The Wigner distribution — part II. Philips Res. J., 1980, 35: 276-300.

[20] Classen T C M, Mecklenbrauker W F G. The Wigner distribution — part III. Philips Res. J., 1980, 35: 372-389.

[21] Costa A H, Boudreaux-Bartels G F. A comparative study of alias-free time-frequency representations. Proceedings of the IEEE, 1994: 76-79.

[22] John C, Daniel T. Radon transformation of time-frequency distributions for analysis of mul-

ticomponent signals. IEEE Trans. Signal Processing, 1994, 42: 3166-3177.

[23] Barabarossa S. Analysis of multicomponent LFM signals by a combined Wigner-Hough transform. IEEE Trans. Signal Processing, 1995, 43: 1511-1515.

[24] Herman G T. Image reconstruction from projections: the fundamental of computed tomography. New York: Academic Press, 1980.

[25] Kerkwood J K. Quantum statistics of almost classical ensembles. Phys. Rev., 1933, 44: 31-37.

[26] Page C H. instantaneous power spectra. J. Appl. Phys., 1952, 23: 103-106.

[27] Margenau H, Hill R N. Correlation between measurements in quantum theory. Prog. Theoret. Phys., 1961, 26: 722-738.

[28] Cohen L. Generalized phase-space distribution functions. J. Math. Phys., 1966, 7: 781-786.

[29] Boashash B. Time-frequency signal analysis // Haykin S. Advances in Spectral Estimation and Array Processing, Prentice-Hall, 1991: 418-517.

[30] Qian S, Chen D. Joint time-frequency analysis: methods and applications. New Jersey: Prentice-Hall, 1995.

[31] Loughlin P J, Pitton J W, Atlas L E. Bilinear time-frequency representations: new insights and properties. IEEE Trans. Signal Processing, 1993, 41: 750-767.

[32] Boashash B. Time-frequency signal analysis. Wiley Halsted Press, 1992.

[33] Jeong J, Williams W J. Kernel design for reduced interference distributions. IEEE Trans. Signal Processing, 1992, 40(2): 402-412.

[34] Williams W J, Jeong J. New time-frequency distributions: theory and applications // IEEE International Symposium on Circuites and Systems, May 8-11, Portland, USA, 1989: 1243-1247.

[35] Baraniuk R G, Jones D L. A signal dependent time-frequency representation: fast algorithm for optimal kernel design. IEEE Trans. Signal Processing, 1994, 42: 134-146.

[36] Baraniuk R G, Jones D L. A signal-dependent time-frequency representation. IEEE Trans. Signal Processing, 1993, 41: 1589-1602.

[37] Baraniuk R G, Jones D L. A radially Gaussian signal-dependent time-frequency representation: optimal kernel design. IEEE Trans. Signal Processing, 1993, 32: 263-284.

[38] Xia X G, Qian S. Convergence of an iterative time-variant filtering based on discrete Gabor transform. IEEE Trans. Signal Processing, 1999, 47: 2894-2899.

[39] Shao H, Jin W, Qian S. Order tracking by discrete Gabor expansion. IEEE Trans. Instrumentation and Measurement, 2003, 52: 754-761.

第7章 小 波 分 析

小波分析是近二三十年从工程、物理及纯数学发展起来的一门新兴学科, 它是傅里叶分析发展史上里程碑式的进展。法国数学家 Y. Meyer、地质物理学家 J. Morlet 和理论物理学家 A. Grossman 等为小波分析形成较系统的理论框架作出了奠基性的贡献[1-2]。随后, 法国学者 I. Daubechies 和 S. Mallat 将这一理论成功地应用到工程领域, 特别是信号处理领域, 使其成为众多学科关注的热点[3-7]。小波分析的基础理论涉及泛函分析、傅里叶分析、数值分析、样条分析、调和分析、信号与系统等诸多方面, 对于数学基础不足的工科专业人员而言, 学习起来可能比较困难。因此, 本章将省略一些比较繁琐的数学证明, 力求用精练的语言来展现小波分析的精髓。

7.1 预备知识

如果没有特别说明, 本章中 $\mathbf{R}$ 表示实数全体, $\mathbf{C}$ 表示复数全体, $\mathbf{N}$ 表示自然数全体, $\mathbf{Z}$ 表示整数全体, $\mathbf{K}$ 表示实数或复数域。对于复数 α, α^* 表示它的复共轭。另外, 符号 sup 表示上限或 “上确界 (supremum)”, 而 inf 表示下限或 “下确界 (infimum)”。

7.1.1 空间

把具有某种性质的元素的集合或具有某种性质的元素组成的一个类称为空间。下面介绍几种常用的空间。

1. 距离空间

设 X 是一个非空集, X 叫作距离空间或度量空间, 是指在 X 上定义一个双变量的实值函数 $\rho(x,y)$, 并满足下面三个条件:

(1) $\rho(x,y) \geqslant 0$, 且 $\rho(x,y)=0$, 当且仅当 $x=y$;

(2) $\rho(x,y)=\rho(y,x)$;

(3) $\rho(x,y) \leqslant \rho(x,z)+\rho(z,y), \quad \forall x,y,z \in X$。

则称 ρ 为 X 上的一个距离。以 ρ 为距离的空间 X 记为 (X,ρ)。

例 7.1.1 n 维欧氏空间 $\mathbf{R}^n$。

设 $\mathbf{R}^n$ 表示 n 维向量 $\boldsymbol{x}=[x_1,x_2,\cdots,x_n]$ 的全体所构成的集合, 其中 $x_i, i=1,2,\cdots,n$ 都是实数。对于任意的 $\boldsymbol{x}=[x_1,x_2,\cdots,x_n], \boldsymbol{y}=[y_1,y_2,\cdots,y_n] \in \mathbf{R}^n$, 定义

$$\rho(\boldsymbol{x},\boldsymbol{y})=\left[\sum_{i=1}^{n}(x_i-y_i)^2\right]^{\frac{1}{2}} \tag{7-1-1}$$

是 $\mathbf{R}^n$ 上一个距离, 即 $(\mathbf{R}^n, \rho)$ 是距离空间, 称此空间为 n 维欧氏空间。

例 7.1.2 酉空间 $\mathbf{C}^n$。

设 $\mathbf{C}^n$ 表示 n 维向量 $\boldsymbol{x} = [x_1, x_2, \cdots, x_n]$ 的全体所构成的集合, 其中 $x_i, i = 1, 2, \cdots, n$, 都是复数。对于任意的 $\boldsymbol{x} = [x_1, x_2, \cdots, x_n], \boldsymbol{y} = [y_1, y_2, \cdots, y_n] \in \mathbf{C}^n$, 定义

$$d(\boldsymbol{x}, \boldsymbol{y}) = \left(\sum_{i=1}^{n} |x_i - y_i|^2\right)^{\frac{1}{2}} \tag{7-1-2}$$

则 $(\mathbf{C}^n, \rho)$ 是距离空间, 称此空间为酉空间。

例 7.1.3 连续函数空间 $\mathrm{C}[a, b]$。

$\mathrm{C}[a, b]$ 是区间 $[a, b]$ 上的连续函数的全体, 对任意 $\boldsymbol{x}, \boldsymbol{y} \in \mathrm{C}[a, b]$, 定义

$$\rho(\boldsymbol{x}, \boldsymbol{y}) = \max_{a \leqslant t \leqslant b} |\boldsymbol{x}(t) - \boldsymbol{y}(t)| \tag{7-1-3}$$

则 $(\mathrm{C}[a, b], \rho)$ 是距离空间。

2. 线性赋范空间

设 X 为数域 $\mathbf{K}$ 上的非空集合, 若在 X 中规定了线性运算, 即元素的加法和元素的数乘运算, 并满足相应的加法或数乘的结合律及分配律, 则称 X 为数域 $\mathbf{K}$ 上的线性空间, 也叫向量空间。

如果对于每个元素 $\boldsymbol{x} \in X$, 相应的实数 $\|\boldsymbol{x}\|$ 满足: 对于 $\boldsymbol{x}, \boldsymbol{y} \in X, \alpha \in \mathbf{K}$, 有

(1) $\|\boldsymbol{x}\| \geqslant 0$, 当且仅当 $\boldsymbol{x}$ 是 X 中的零值时, 即 $\|\boldsymbol{x}\| = 0$;

(2) $\|\alpha \boldsymbol{x}\| = |\alpha| \|\boldsymbol{x}\|$;

(3) $\|\boldsymbol{x} + \boldsymbol{y}\| = \|\boldsymbol{x}\| + \|\boldsymbol{y}\|$。

则称 $\|\boldsymbol{x}\|$ 为元素 $\boldsymbol{x}$ 的范数, 按范数 $\|\cdot\|$ 构成线性赋范空间。

令 $\rho(\boldsymbol{x}, \boldsymbol{y}) = \|\boldsymbol{y} - \boldsymbol{x}\|$, 则线性赋范空间也是距离空间。

3. 内积空间

设 X 是数域 $\mathbf{K}$ 上的线性空间, 若对所有 $\boldsymbol{x}, \boldsymbol{y} \in X$, 则存在 $\mathbf{K}$ 中唯一确定的数与之对应, 记为 $\langle \boldsymbol{x}, \boldsymbol{y} \rangle$。若 $\langle \cdot, \cdot \rangle : X \times X \to \mathbf{K}$ 满足:

(1) $\langle \boldsymbol{x}, \boldsymbol{y} \rangle \geqslant 0$, 且 $\langle \boldsymbol{x}, \boldsymbol{y} \rangle = 0$ 当且仅当 $\boldsymbol{x} = 0$;

(2) $\langle \alpha \boldsymbol{x} + \beta \boldsymbol{y}, \boldsymbol{z} \rangle = \alpha \langle \boldsymbol{x}, \boldsymbol{z} \rangle + \beta \langle \boldsymbol{y}, \boldsymbol{z} \rangle$;

(3) $\langle \boldsymbol{x}, \boldsymbol{y} \rangle = \langle \boldsymbol{y}, \boldsymbol{x} \rangle^*$。

则称 $\langle \boldsymbol{x}, \boldsymbol{y} \rangle$ 是 $\boldsymbol{x}$ 与 $\boldsymbol{y}$ 的内积, 引入了内积的线性空间 X 称为内积空间。

在内积空间 X 中, 对于每个 $\boldsymbol{f} \in X$ 定义范数

$$\|\boldsymbol{f}\| = \langle \boldsymbol{f}, \boldsymbol{f} \rangle^{1/2} \tag{7-1-4}$$

则 X 就变成了一个线性赋范空间。

4. Hilbert 空间

一个完备的内积空间称为 Hilbert 空间。

Hilbert 空间的一个典型例子是 $L^2(\mathbf{R})$ (平方可积空间)。在 $L^2(\mathbf{R})$ 中函数 f 与 g 的内积为

$$\langle f,g\rangle=\int_{-\infty}^{+\infty}f(x)g^*(x)\mathrm{d}x \tag{7-1-5}$$

另一个 Hilbert 空间的例子是 $l^2(\mathbf{Z})$ (平方可和空间)。在 $l^2(\mathbf{Z})$ 中序列 $\boldsymbol{c}$ 和 $\boldsymbol{d}$ 的内积定义为

$$\langle \boldsymbol{c},\boldsymbol{d}\rangle=\sum_{n=-\infty}^{+\infty}c_n d_n^* \tag{7-1-6}$$

$L^2(\mathbf{R})$ 和 $l^2(\mathbf{Z})$ 都是无限维 Hilbert 空间。$\mathbf{C}^n$ 是有限维 Hilbert 空间最典型的例子, 对于其中的向量 $\boldsymbol{u}$ 和 $\boldsymbol{v}$, 内积为

$$\langle \boldsymbol{u},\boldsymbol{v}\rangle=\sum_{j=1}^{n}u_j\boldsymbol{v}_j^* \tag{7-1-7}$$

后面, 在讨论一般的 Hilbert 空间时, 总记为 H。

对于内积空间 X, 设 $\boldsymbol{u},\boldsymbol{v}\in X$, 则有重要的 Canchy – Schwarz 不等式

$$\left|\langle \boldsymbol{u},\boldsymbol{v}\rangle\right|\leqslant\|\boldsymbol{u}\|\|\boldsymbol{v}\| \tag{7-1-8}$$

特别地, 对于 $f,g\in L^2(\mathbf{R})$, 有

$$\left|\int_{-\infty}^{+\infty}f(x)g^*(x)\mathrm{d}x\right|\leqslant\left(\int_{-\infty}^{+\infty}\left|f(x)\right|^2\mathrm{d}x\right)^{1/2}\left(\int_{-\infty}^{+\infty}\left|g(x)\right|^2\mathrm{d}x\right)^{1/2} \tag{7-1-9}$$

而对于向量 $\boldsymbol{c},\boldsymbol{d}\in l^2(\mathbf{Z})$, 有

$$\left|\sum_n c_n d_n^*\right|\leqslant\left(\sum_n\left|c_n\right|^2\right)^{1/2}\left(\sum_n\left|d_n\right|^2\right)^{1/2} \tag{7-1-10}$$

5. Banach 空间

Banach 空间是完备赋范线性空间。它是 Hilbert 空间的推广, 其范数不一定是由内积来唯一决定的。

7.1.2 Hilbert 空间上有界线性算子

定义在 Hilbert 空间 H 上的线性算子是由 H 到另一个 Hilbert 空间的线性映射, 这另一个 Hilbert 空间通常取为 H 自身。如果 A 是 H 上的一个线性算子, 那么

$$\boldsymbol{A}(\alpha\boldsymbol{x}+\beta\boldsymbol{y})=\alpha\boldsymbol{A}\boldsymbol{x}+\beta\boldsymbol{A}\boldsymbol{y},\quad\forall\alpha,\beta\in\mathbf{K},\quad\forall\boldsymbol{x},\boldsymbol{y}\in H \tag{7-1-11}$$

对于 $\boldsymbol{u},\boldsymbol{v}\in H$, 如果 $\boldsymbol{u}-\boldsymbol{v}$ 很小时, $\boldsymbol{A}\boldsymbol{u}-\boldsymbol{A}\boldsymbol{v}$ 能够达到任意小, 那么称线性算子 $\boldsymbol{A}$ 是连续的。可用数学语言描述为, 对于所有 $\varepsilon>0$, 存在 (依赖 ε 的) δ, 使得由 $\|\boldsymbol{u}-\boldsymbol{v}\|\leqslant\delta$ 能够推出

$\|\boldsymbol{Au}-\boldsymbol{Av}\| \leqslant \varepsilon$。如果选 $\boldsymbol{v}=0,\varepsilon=1$, 那么对于某个 $b>0$, 如果有 $\|\boldsymbol{u}\|\leqslant b$, 则 $\|\boldsymbol{Au}\|\leqslant 1$。对于任意 $\boldsymbol{\omega}\in H$, 能定义 $\boldsymbol{\omega}'=\dfrac{b}{\|\boldsymbol{\omega}\|}\boldsymbol{\omega}$, 明显有 $\|\boldsymbol{\omega}'\|\leqslant b$, 所以

$$\|\boldsymbol{A\omega}\|\leqslant\frac{\|\boldsymbol{\omega}\|}{b}\|\boldsymbol{A\omega}'\|\leqslant b^{-1}\|\boldsymbol{\omega}\| \tag{7-1-12}$$

如果 $\|\boldsymbol{A\omega}\|/\|\boldsymbol{\omega}\|,\boldsymbol{\omega}\neq 0$, 是有界的, 那么 $\boldsymbol{A}$ 称为有界线性算子。由式 (7－1－12) 看到, 任意连续线性算子是有界的, 反之亦真。算子 $\boldsymbol{A}$ 的模 (范数) $\|\boldsymbol{A}\|$ 定义为

$$\|\boldsymbol{A}\|=\sup_{\boldsymbol{u}\in H,\|\boldsymbol{u}\|=0}\|\boldsymbol{Au}\|/\|\boldsymbol{u}\|=\sup_{\|\boldsymbol{u}\|=1}\|\boldsymbol{Au}\| \tag{7-1-13}$$

由此直接得出

$$\|\boldsymbol{Au}\|\leqslant\|\boldsymbol{A}\|\|\boldsymbol{u}\| \tag{7-1-14}$$

由一个 Hilbert 空间 H_1 到另一个 Hilbert 空间 H_2 的一个有界线性算子 $\boldsymbol{A}$ 的伴随 (共轭) 算子 $\boldsymbol{A}^*$ 是从 H_2 到 H_1 的一个算子, 定义为

$$\langle\boldsymbol{u}_1,\boldsymbol{A}^*\boldsymbol{u}_2\rangle=\langle\boldsymbol{Au}_1,\boldsymbol{u}_2\rangle \tag{7-1-15}$$

式中, $\boldsymbol{u}_1\in H_1,\boldsymbol{u}_2\in H_2$。伴随算子 $\boldsymbol{A}^*$ 有下列性质:

$$\|\boldsymbol{A}^*\|=\|\boldsymbol{A}\|,\quad \|\boldsymbol{A}^*\boldsymbol{A}\|=\|\boldsymbol{A}\|^2 \tag{7-1-16}$$

如果 $\boldsymbol{A}^*=\boldsymbol{A}$ (仅当 $\boldsymbol{A}$ 映射 H 到自身), 则称 $\boldsymbol{A}$ 是自伴随的。如果一个自伴随算子 $\boldsymbol{A}$ 满足对所有 $\boldsymbol{u}\in H$, 有 $\langle\boldsymbol{Au},\boldsymbol{u}\rangle\geqslant 0$, 那么 $\boldsymbol{A}$ 称为正算子, 记作 $\boldsymbol{A}\geqslant 0$。对两个算子 $\boldsymbol{A}$ 和 $\boldsymbol{B}$, 如果 $\boldsymbol{A}-\boldsymbol{B}$ 是正算子, 则写作 $\boldsymbol{A}\geqslant\boldsymbol{B}$。

在后面的讨论中, 还会涉及 Riesz 基的概念, 现给出其定义:

如果 $\{e_n,n\in\mathbf{Z}\}$ 是线性无关的, 且存在常数 $0<\alpha\leqslant\beta<\infty$, 使得对于所有 $\boldsymbol{u}\in H$, 有

$$\alpha\|\boldsymbol{u}\|^2\leqslant\sum_n|\langle\boldsymbol{u},e_n\rangle|^2\leqslant\beta\|\boldsymbol{u}\|^2 \tag{7-1-17}$$

则称 $\{e_n,n\in\mathbf{Z}\}$ 是 Hilbert 空间上的 Riesz 基, 也叫无条件基。

7.1.3　基、正交集与双正交基

在介绍小波分析理论时, 会经常涉及到正交小波、双正交小波等概念。因此, 下面将对相关概念作简要介绍。

1. 基

基的定义是, 由函数序列组成的空间。

设 $e_k(t)$ 为一函数序列, X 表示 $e_k(t)$ 所有可能的线性组合构成的集合, 即

$$X=\left\{\sum_k a_ke_k(t)\big|t,a_k\in\mathbf{R},k\in\mathbf{Z}\right\}$$

称 X 为由 $\{e_k(t)\}_{k\in\mathbf{Z}}$ 张成的线性空间, 即 $X=\mathrm{span}\{e_k(t)\}_{k\in\mathbf{Z}}$, 也即对任意 $g(t)\in X$, 可以表达为

$$g(t)=\sum_k a_k e_k(t) \tag{7-1-18}$$

如果 $\{e_k(t)\}_{k\in\mathbf{Z}}$ 线性无关, 对任意 $g(t)\in X$, 则式 (7 − 1 − 18) 中的系数 a_k 取唯一的值, 这时 $\{e_k(t)\}_{k\in\mathbf{Z}}$ 称为空间 X 的一个基底。

2. 正交集

$\boldsymbol{x},\boldsymbol{y}$ 为内积空间的两个元素, 若 $\langle\boldsymbol{x},\boldsymbol{y}\rangle=0$, 则称 $\boldsymbol{x},\boldsymbol{y}$ 正交, 记为 $\boldsymbol{x}\perp\boldsymbol{y}$。

1) 正交集

在内积空间 X 中, 设 M 是由非零元素组成的集合, 若对任意的 $\boldsymbol{x},\boldsymbol{y}\in M$ 都有

$$\langle\boldsymbol{x},\boldsymbol{y}\rangle=0,\quad \boldsymbol{x}\neq\boldsymbol{y} \tag{7-1-19}$$

则称 M 是 X 中的一个正交集。

2) 标准正交集

设 M 为内积空间 X 中的正交集, 若对任意的 $\boldsymbol{x}\in M$, 满足

$$\langle\boldsymbol{x},\boldsymbol{x}\rangle=1 \tag{7-1-20}$$

则称 M 为 X 中的标准正交集。

3) 完全标准正交集 (标准正交基)

设 M 是内积空间 X 中的一个标准正交基, 若 $\boldsymbol{x}\in X,\boldsymbol{x}\perp M$, 则必有 $\boldsymbol{x}=\theta$ (θ 表示零元素), 即 X 中不存在非零元素使它与 M 中所有元素正交, 则称 M 为 X 中的完全标准正交集, 也称标准正交基。

下面介绍一个非常重要的定理。

定理 7.1.1: 设 $E=\{e_n,n\in\mathbf{N}\}$ 是 Hilbert 空间 H 中的标准正交集, 则下面五个条件等价:

(1) E 是 H 中的标准正交基;

(2) Closure(span E)=H, Closure 表示闭包;

(3) 对任意的 $\boldsymbol{x}\in H,\boldsymbol{x}=\displaystyle\sum_{n=1}^{\infty}\langle\boldsymbol{x},e_n\rangle e_n$;

(4) 对任意的 $\boldsymbol{x}\in H,\|\boldsymbol{x}\|^2=\displaystyle\sum_{n=1}^{\infty}\left|\langle\boldsymbol{x},e_n\rangle\right|^2$, 此即 Parseval 等式;

(5) 对任意的 $\boldsymbol{x},\boldsymbol{y}\in H,\langle\boldsymbol{x},\boldsymbol{y}\rangle=\displaystyle\sum_{n=1}^{\infty}\langle\boldsymbol{x},e_n\rangle\overline{\langle\boldsymbol{y},e_n\rangle}$。

3. 双正交基

有些情况下, 基底 $\{e_k(t)\}_{k\in\mathbf{Z}}$ 之间并不满足标准正交集中规定的正交关系, 所以引入对偶基 $\{\widetilde{e}_k(t)\}_{k\in\mathbf{Z}}$ 的概念

$$\langle e_l(t),\widetilde{e}_k(t)\rangle=\delta(l-k) \tag{7-1-21}$$

同样, 可以得到函数的分析和综合公式

$$g(t)=\sum_k\langle g(t),\widetilde{e}_k(t)\rangle e_k(t) \tag{7-1-22}$$

由于这里的正交性存在于展开系和对偶系之间, 所以称这种基为双正交基。

需要了解更多预备知识的读者, 可参看文献 [8-9]。

7.2 连续小波变换

7.2.1 小波分析的基本思想

为了分析非线性、非平稳信号的局部特性, 人们想到用一个已知的基本函数 $\psi(t)$ 与被分析的信号作比较 (通过积分实现)。但为了分析信号在各个时刻的局部特性, 需要将 $\psi(t)$ 作平移; 而为了分析局部特性的不同程度, 需要对 $\psi(t)$ 作尺度缩放。这样就形成了一个函数簇 $\{\psi_{a,b}(t)\}$ (其定义将在下节介绍), 用这个函数簇依次与信号作比较, 就可以分析信号在各个时刻, 各种局部范围的局部特性。这就是小波分析的基本思想, 如图 7.2.1 所示。

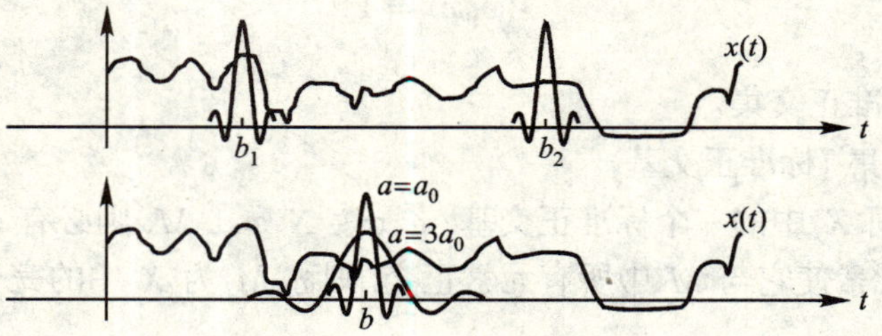

图 7.2.1 小波分析的基本思想

7.2.2 连续小波变换的定义

给定一个基本函数 $\psi(t)$ (称为基本小波或母小波), 令

$$\psi_{a,b}(t)=\frac{1}{\sqrt{a}}\psi\left(\frac{t-b}{a}\right) \tag{7-2-1}$$

式中, 常数 a,b 分别称为尺度参数和位移参数, 且 $a>0$ (在信号分析中一般只考虑 $a>0$ 的情况)。显然, $\psi_{a,b}(t)$ 是基本函数 $\psi(t)$ 先作移位再作伸缩以后得到的。若 a,b 不断地变化, 便得到一簇函数 $\{\psi_{a,b}(t)\}$, 称之为小波基, 其中每个 $\psi_{a,b}(t)$ 就称为一个小波。

设 $x(t)$ 是平方可积信号, 即 $x(t)\in L^2(\mathbf{R})$, 则 $x(t)$ 的小波变换 (wavelet transform, WT) 定义为

$$WT_x(a,b)=\frac{1}{\sqrt{a}}\int_{-\infty}^{+\infty}x(t)\psi^*\left(\frac{t-b}{a}\right)\mathrm{d}t=\int_{-\infty}^{+\infty}x(t)\psi_{a,b}^*(t)\mathrm{d}t=\langle x(t),\psi_{a,b}(t)\rangle \tag{7-2-2}$$

式中, 由于 a, b 和 t 均是连续变量, 因此该式又称为连续小波变换 (continuous wavelet transform, 简记为 CWT)。

连续小波变换也可以写成卷积形式。令

$$\psi'_a(t) = \psi^*_a(-t) = \frac{1}{\sqrt{a}}\psi^*\left(\frac{-t}{a}\right) \tag{7-2-3}$$

则式 (7 − 2 − 2) 可写成

$$WT_x(a,b) = \frac{1}{\sqrt{a}}\int_{-\infty}^{+\infty} x(t)\psi^*\left(\frac{t-b}{a}\right)\mathrm{d}t = \int_{-\infty}^{+\infty} x(t)\psi'_a(b-t)\mathrm{d}t = x(t)*\psi'_a(t) \tag{7-2-4}$$

设 $\psi(t)$ 的傅里叶变换是 $\varPsi(\omega)$①, 由时域卷积定理, 对式 (7 − 2 − 4) 两边取傅里叶变换得

$$WT_x(a,\omega) = X(\omega)\,\varPsi'_a(\omega) = \sqrt{a}X(\omega)\,\varPsi^*(a\omega) \tag{7-2-5}$$

对式 (7 − 2 − 5) 两边取傅里叶逆变换, 可得小波变换的等效频域

$$WT_x(a,b) = \frac{\sqrt{a}}{2\pi}\int_{-\infty}^{+\infty} X(\omega)\,\varPsi^*(a\omega)\,\mathrm{e}^{\mathrm{j}\omega b}\mathrm{d}\omega \tag{7-2-6}$$

由式 (7 − 2 − 1) 和式 (7 − 2 − 2) 可知, b 的作用是确定对 $x(t)$ 分析的时间位置, 即时间中心; a 的作用是把母小波 $\psi(t)$ 作伸缩。假设基本小波 $\psi(t)$ 的时窗中心和时窗宽度半径分别为 t_0 和 $\varDelta_t$, 由式 (7 − 2 − 1) 可知, $\psi_{a,b}(t)$ 的时窗中心为 $b + at_0$, 时窗宽度半径等于 $a\varDelta_t$。即当 $a > 1$ 时, 若 a 越大; 则 $\psi_{a,b}(t)$ 的时域宽度较之 $\psi(t)$ 变得越大; 反之, 当 $a < 1$ 时, a 越小, 则 $\psi_{a,b}(t)$ 的时域宽度较之 $\psi(t)$ 变得越小, 如图 7.2.2a 所示。

对式 (7 − 2 − 1) 两边作傅里叶变换得

$$\varPsi_{a,b}(\omega) = \sqrt{a}\,\varPsi(a\omega)\mathrm{e}^{-\mathrm{j}\omega b} \tag{7-2-7}$$

假设 $\varPsi(\omega)$ 的频率中心是 ω_0, 带宽半径是 $\varDelta_\omega$, 由式 (7 − 2 − 3) 可知, $\varPsi_{a,b}(\omega)$ 的频率中心是 ω_0/a, 带宽半径是 $\varDelta_\omega/a$。即当 $a > 1$ 时, 若 a 越大, 则 $\varPsi_{a,b}(\omega)$ 的频域宽度较之 $\varPsi(\omega)$ 变得越小; 反之, 当 $a < 1$ 时, a 越小, 则 $\varPsi_{a,b}(\omega)$ 的频域宽度较之 $\varPsi(\omega)$ 变得越大, 如图 7.2.2b 所示。

将图 7.2.2a 和图 7.2.2b 结合起来, 小波变换在时频平面上的基本分析单元如图 7.2.3 所示。当 a 值较小时, 时域分辨力很高, 但频域分辨力较低, 即用高频小波作细致观察;当 a 值较大时, 时域分辨力较低, 但在频域上具有很高的分辨力, 即用低频小波作细致观察。

综上, 通过式 (7 − 2 − 1), 时频窗由 $[t_0 - \varDelta_t, t_0 + \varDelta_t] \times [\omega_0 - \varDelta_\omega, \omega_0 + \varDelta_\omega]$ 变为

$$[b + at_0 - a\varDelta_t, b + at_0 + a\varDelta_t] \times \left[\frac{\omega_0}{a} - \frac{1}{a}\varDelta_\omega, \frac{\omega_0}{a} + \frac{1}{a}\varDelta_\omega\right]$$

可见, $\psi_{a,b}(t)$ 的时宽 − 带宽积恒为 $4\varDelta_t\varDelta_\omega$, 与 a, b 无关。这一方面说明小波变换的时频关系受到不确定原理的制约, 另一方面也揭示了小波变换的一个重要性质, 即恒 Q 性质。定义

$$Q = 2\varDelta_\omega/\omega_0 = \text{带宽}/\text{中心频率} \tag{7-2-8}$$

① 本章一律以小写字母 [如 $\psi(t), x(t)$] 表示源函数, 用相应的大写字母[如 $\varPsi(\omega), X(\omega)$] 表示傅里叶变换。同时, 为了书写统一, 角频率用 ω 表示。

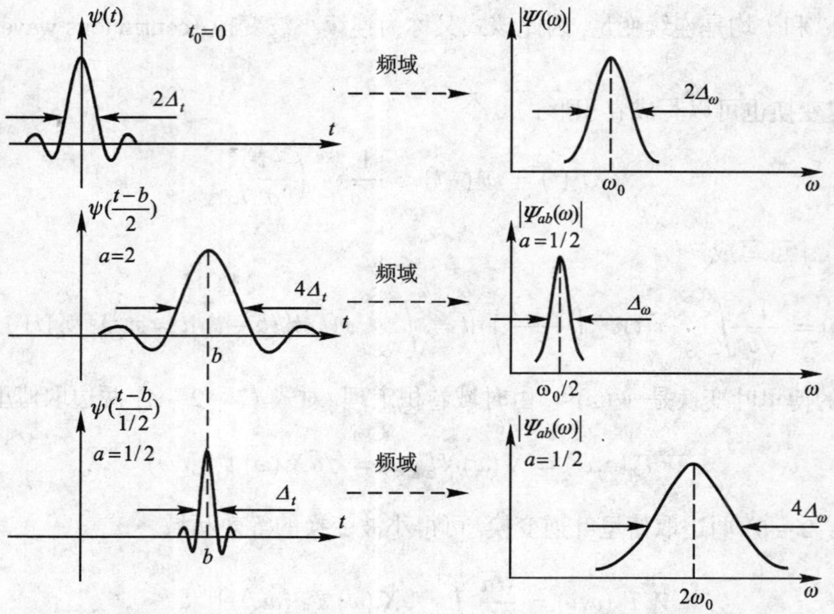

(a) 在时域随 a, b 的变化情况　　(b) 在频域随 a, b 的变化情况

图 7.2.2　小波基在时域和频域随 a, b 的变化情况

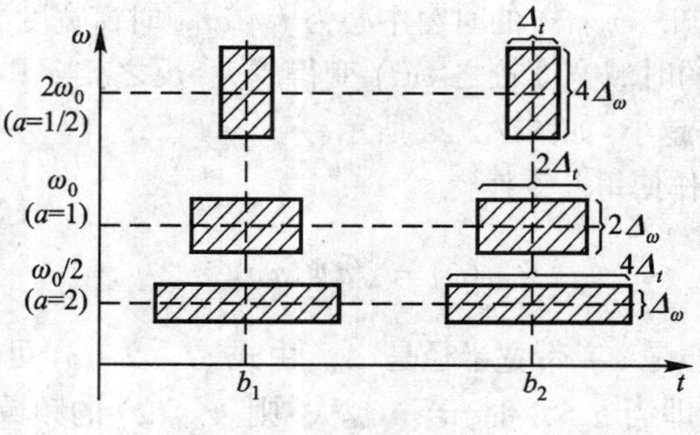

图 7.2.3　时频平面上小波变换的基本分析单元

为母小波 $\psi(t)$ 的品质因素。对 $\psi_{a,b}(t)$, 其

$$\text{带宽/中心频率} = \frac{2\Delta_\omega/a}{\omega_0/a} = 2\Delta_\omega/\omega_0 = Q \tag{7-2-9}$$

因此, 不论 a, b 为何值 $(a>0)$, $\psi_{a,b}(t)$ 始终和 $\psi(t)$ 具有相同的品质因数。恒 Q 性质是小波变换的一个重要性质, 也是区别于其他类型变换且被广泛应用的一个重要原因。

7.2.3 连续小波变换的性质

连续小波变换具有以下重要性质。

1) 线性

令 $x_1(t), x_2(t)$ 的 CWT 分别是 $WT_{x1}(a,b), WT_{x2}(a,b)$, 且 $x(t)=k_1x_1(t)+k_2x_2(t)$, 则

$$WT_x(a,b)=k_1WT_{x1}(a,b)+k_2WT_{x2}(a,b) \tag{7-2-10}$$

2) 时移共变性

若 $x(t)$ 的 CWT 是 $WT_x(a,b)$, 那么 $x(t-\tau)$ 的 CWT 是 $WT_x(a,b-\tau)$。

3) 伸缩共变性

如果 $x(t)$ 的 CWT 是 $WT_x(a,b)$, 令 $y(t)=x(\lambda t)$, 其中 $\lambda>0$, 则

$$WT_y(a,b)=\frac{1}{\sqrt{\lambda}}WT_x(\lambda a,\lambda b) \tag{7-2-11}$$

该性质指出, 当信号的时间轴按 λ 作伸缩时, 其小波变换在 a 和 b 两个轴上同时要作相同比例的伸缩, 但小波变换的波形不变。这是使小波变换成为 “数学显微镜” 的重要依据。

4) 微分性质

如果 $x(t)$ 的 CWT 是 $WT_x(a,b)$, 令 $y(t)=\dfrac{\mathrm{d}x(t)}{\mathrm{d}t}$, 则

$$WT_y(a,b)=\frac{\partial}{\partial b}WT_x(a,b) \tag{7-2-12}$$

5) 卷积性质

令 $x(t), h(t)$ 的 CWT 分别是 $WT_x(a,b)$ 及 $WT_h(a,b)$, 并令 $y(t)=x(t)*h(t)$, 则

$$WT_y(a,b)=x(t)\underset{b}{*}WT_h(a,b)=h(t)\underset{b}{*}WT_x(a,b) \tag{7-2-13}$$

式中, 符号 $\underset{b}{*}$ 表示对变量 b 作卷积。

6) 交叉项的性质

由于 CWT 是线性变换, 满足叠加性, 因此不存在交叉项。但是由它引申出的能量分布函数 $\left|WT_x(a,b)\right|^2$ 却仍有交叉项。

设 $x(t)=x_1(t)+x_2(t)$, 则

$$\left|WT_x(a,b)\right|^2=\left|WT_{x_1}(a,b)\right|^2+\left|WT_{x_2}(a,b)\right|^2+2\left|WT_{x_1}(a,b)\right|\left|WT_{x_2}(a,b)\right|\cos(\theta_{x_1}-\theta_{x_2}) \tag{7-2-14}$$

式中, $\theta_{x_1}, \theta_{x_2}$ 分别是 $WT_{x_1}(a,b)$ 和 $WT_{x_2}(a,b)$ 的幅角。

7) 小波变换的内积定理

定理 7.2.1: 设 $x_1(t), x_2(t)$ 和 $\psi(t)\in L^2(\mathbf{R}), x_1(t), x_2(t)$ 的小波变换分别是 $WT_{x_1}(a,b)$ 和 $WT_{x_2}(a,b)$, 则

$$\int_0^{\infty}\int_{-\infty}^{+\infty}WT_{x_1}(a,b)WT_{x_2}^*(a,b)\frac{\mathrm{d}a}{a^2}\mathrm{d}b=C_\psi\langle x_1(t),x_2(t)\rangle \tag{7-2-15}$$

式中, $C_\psi=\displaystyle\int_0^{\infty}\frac{|\Psi(\omega)|^2}{\omega}\mathrm{d}\omega$。这一定理也叫 Moyal 定理。

上述性质的证明, 可参见文献 [7]。

7.2.4　与 FT、STFT 的比较

傅里叶变换的基函数是复正弦。这一基函数在频域有着最佳的定位功能 (频域的 δ 函数), 但在时域所对应的范围是 $-\infty \sim +\infty$, 完全不具备定位功能。这是 FT 的一个严重缺点。因此, 傅里叶变换只适用于平稳信号分析场合。

人们希望用短时傅里叶变换 (STFT) 来弥补 FT 的不足。STFT 的处理方法是对信号 $x(\tau)$ 施加一个滑动窗 $g^*(\tau-t)$ (t 反映滑动窗的位置) 后, 再作傅里叶变换。即

$$\begin{aligned}\mathrm{STFT}_x(t,\omega) &= \int_{-\infty}^{+\infty} x(\tau)g^*(\tau-t)\mathrm{e}^{-\mathrm{j}\omega\tau}\mathrm{d}\tau \\ &= \int_{-\infty}^{+\infty} x(\tau)g_{t,\tau}^*(\tau)\mathrm{d}\tau = \langle x(\tau), g(\tau-t)\mathrm{e}^{\mathrm{j}\omega\tau}\rangle \end{aligned} \tag{7-2-16}$$

式中, $g_{t,\tau}^*(\tau)=g^*(\tau-t)\mathrm{e}^{-\mathrm{j}\omega\tau}$。由于该式中只有窗函数的位移而无时间的伸缩, 因此, 位移量的大小不会改变复指数 $\mathrm{e}^{-\mathrm{j}\omega\tau}$ 的频率。同理, 当复指数 $\mathrm{e}^{-\mathrm{j}\omega\tau}$ 中的频率 ω 发生变化时, 也不会影响窗函数 $g(\tau)$。如图 7.2.4a 所示, 当复指数 $\mathrm{e}^{-\mathrm{j}\omega\tau}$ 的频率 ω 由 ω_0 变成 $2\omega_0$ 时, STFT 的基函数 $g_{t,\tau}(\tau)$ 的包络不会改变, 改变的只是该包络下的频率成分。而此时从频域上看, $g_{t,\tau}(\tau)$ 对 $x(\tau)$ 分析的中心频率由 ω_0 变成 $2\omega_0$, 但分析的频率范围不变, 也即带宽不变, 如图 7.2.4b 所示。图 7.2.4 中 $g_{t,\tau}(\tau)=\mathrm{e}^{-\frac{-\tau^2}{T}}\mathrm{e}^{\mathrm{j}\omega'\tau}$ (T 为一常数, 且 $t=0$), 则其傅里叶变换 $G_t(\omega)=\sqrt{\dfrac{\pi}{T}}\mathrm{e}^{-\frac{T}{4}(\omega-\omega')^2}$。综上, STFT 在时频平面上的基本分析单元如图 7.2.5 所示。由测不准原理可知, 时窗越小, 时间局部化越好, 但频率局部性较差; 时窗越大, 频率局部化越好, 但时间局部性较差。因此, 短时傅里叶变换适用于次稳定信号的分析。

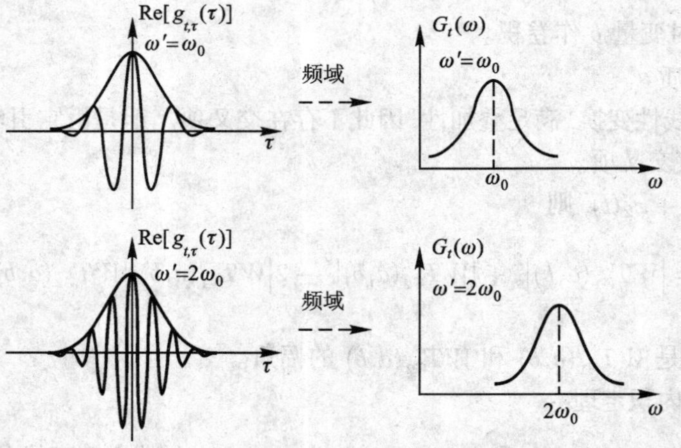

(a) 在时域受频率变化的影响　　(b) 在频域受频率变化的影响

图 7.2.4　基函数受频率变化的影响

对于小波变换, 图 7.2.3 表明它对低频信号 (对应较大的 a) 有很好的频率分辨力, 而时域分辨力较差; 对高频信号 (对应较小的 a) 有很好的时域分辨力, 而频域分辨力较差, 即小波变换是一种多分辨分析方法。这种多分辨力特性或 “变焦” 特性是小波变换的基本特性, 其目的是 “既要看到森林 (信号的全貌), 又要看到树木 (信号的细节)”。正是在这一意义上小波变换被誉为“数

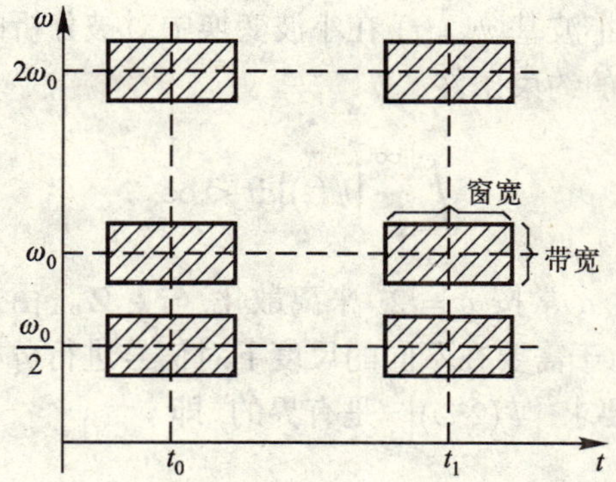

图 7.2.5 时频平面上 STFT 的基本分析单元

学显微镜", 它能将信号交织在一起的多种尺度成分分开, 并能对大小不同的尺度成分采用相应长短的时域或频域采样步长, 从而能够不断地聚焦到对象的任意细节, 因此特别适合于非平稳信号的分析。这就是小波变换优于短时傅里叶变换的地方。

7.2.5 小波逆变换及母小波应满足的基本条件

任何一种线性变换用作信号重构时都应满足恒等分辨的要求, 小波变换也不例外。恒等分辨也叫完全重构。下面将推导由小波变换恢复原信号的公式。

设 $x(t)$ 是一个平方可积函数, $x(t)$ 的小波变换是 $WT_x(a,b)$, 令 $x_1(t)=f(t), x_2(t)=\delta(t-t')$, 则

$$\langle x_1(t), x_2(t)\rangle = x(t')$$

$$WT_{x_2}(a,b)=\frac{1}{\sqrt{a}}\int_{-\infty}^{+\infty}\delta(t-t')\psi\left(\frac{t-b}{a}\right)\mathrm{d}t=\frac{1}{\sqrt{a}}\psi\left(\frac{t'-b}{a}\right)$$

将上式分别代入内积定理表达式 (7 − 2 − 15) 的两边, 再令 $t'=t$, 于是有

$$x(t)=\frac{1}{C_\psi}\int_0^{\infty}\frac{\mathrm{d}a}{a^2}\int_{-\infty}^{+\infty}WT_x(a,b)\psi_{a,b}(t)\mathrm{d}b \tag{7-2-17}$$

这即是小波逆变换公式。

要使式 (7 − 2 − 17) 成立, 必须要求 $C_\psi<\infty$, 即

$$\int_0^{\infty}\frac{\left|\Psi(\omega)\right|^2}{\omega}\mathrm{d}\omega<\infty \tag{7-2-18}$$

这就是从信号的完全重构或恒等分辨角度对母小波 $\psi(t)$ 提出的约束条件, 常称为容许条件, 有的文献也叫完全重构条件或恒等分辨条件。

由容许条件可以推论出, 能用作母小波 $\psi(t)$ 的函数至少满足

$$\Psi(0)=\int_{-\infty}^{+\infty}\psi(t)\mathrm{d}t=0 \tag{7-2-19}$$

由上式知, $\Psi(\omega)$ 必须具有带通性质, 且 $\psi(t)$ 必是正负交替的振荡波形, 使得其平均值为 0, 这便是称之为 "小波" 的原因。

由于母小波 $\psi(t)$ 生成的小波基 $\psi_{a,b}(t)$ 在小波变换中对被分析的信号起着观测窗的作用, 所以 $\psi(t)$ 还应满足一般窗函数的约束条件

$$\int_{-\infty}^{+\infty} |\psi(t)| \mathrm{d}t < \infty \tag{7-2-20}$$

由后面的讨论可知, 尺度 a 常按 $a = 2^j$ 来离散化, $j \in \mathbf{Z}$。由式 (7-2-1), 其对应的傅里叶变换为 $2^{j/2}\Psi(2^j\omega)\mathrm{e}^{-\mathrm{j}\omega b}$, 由于需要在不同的尺度下对信号进行分析, 同时也需要在该尺度下由 $WT_x(a,b)$ 来重建 $x(t)$, 因此要求 $\left|\Psi(2^j\omega)\right|^2$ 是有界的, 即

$$A \leqslant \sum_{j=-\infty}^{+\infty} \left|\Psi(2^j\omega)\right|^2 \leqslant B \tag{7-2-21}$$

这就是所谓的 "稳定性条件"。式中 A, B 为常数, 且 $0 < A \leqslant B < \infty$。

下面介绍紧支撑的概念。

定义 7.2.1: 若函数在某一有限的区间外恒为零, 则称此函数是紧支撑的, 简称紧支的。

通常, 要求母小波的大部分能量聚集在一个有限的区间内。理想情况下, 在该区间外, 母小波 $\psi(t)$ 的能量应等于零, 即母小波在频域应该是紧支撑函数。但由测不准原理知, 一个在频域紧支撑的函数, 它在时域的支撑区将是无穷的, 这很不利于小波变换的计算速度和精度。因此, 母小波应该在时域紧支撑, 而在频域能够快速衰减。

借助于母小波的光滑性和消失矩, 可以保证小波函数在频域能够快速衰减, 从而获得所希望的 "频率聚集性"。光滑性决定了母小波向高频率衰减的快慢。小波越光滑, 它向高频率的衰减就越快。若衰减是指数的, 则小波将是无穷次可求导的。消失矩的阶数决定母小波向低频率衰减的快慢。下面给出一个重要概念 —— 消失矩。

定义 7.2.2: 称母小波 $\psi(t)$ 具有 N 阶消失矩, 若

$$\int_{-\infty}^{+\infty} (t-t_0)^k \psi(t) \mathrm{d}t = 0, \quad k = 0, 1, \cdots, N-1 \tag{7-2-22a}$$

$$\int_{-\infty}^{+\infty} (t-t_0)^N \psi(t) \mathrm{d}t \neq 0 \tag{7-2-22b}$$

消失矩也决定了函数的光滑性。如果 $\psi(t)$ 在零点 $t_0 = 0$ 具有 N 阶消失矩, 则其傅里叶变换 $\Psi(\omega)$ 在零点 $\omega = 0$ 处是 N 次可微分的, 并且 $\Psi^{(k)}(0) = 0$, 其中 $k = 0, 1, \cdots, N-1$, 这就等效于要求

$$\Psi(\omega) = \omega^N L(\omega), \quad L(\omega = 0) \neq 0 \tag{7-2-23}$$

式 (7-2-22) 和式 (7-2-23) 中, $\psi, L \in \mathbf{C}^N$。N 阶消失矩这个条件消除了 $x(t)$ 的多项式展开中 $t_p(p \leqslant n)$ 各项在小波变换中的贡献, 以便突出信号的高阶起伏和高阶倒数中可能存在的奇点, 即小波变换将反映信号中的高阶变化。

另外从函数逼近的角度出发, 也要求母小波 $\psi(t)$ 具有紧支撑和 N 阶消失矩, 并且支撑区间越小, N 越大, 小波变换逼近信号的精度就越高。另一方面, 紧支集小波才有好的时间局域特性,

并且有利于算法实现。但是, 由测不准原理知, 时间局域特性与频域局域特性是一对矛盾, 从频率分辨力角度考虑, 又希望小波的时间支撑区大一些。

以上介绍的 "容许条件"、"窗函数约束条件"、"稳定性条件"、"时域紧支撑条件"、"消失矩条件" 等都是人们希望母小波应满足的基本条件。

7.2.6 重建核与重建核方程

在上一小节已经指出, 并不是时域任一函数都可以用作小波 $\psi(t)$。可以作为小波的函数至少要满足式 (7-2-18) 表达的容许条件。与此结论相类似, 并不是 (a,b) 平面上的任意二维函数 $WT(a,b)$ 都对应某一函数的小波变换。$WT(a,b)$ 如果是某一时域信号, 如 $x(t)$ 的小波变换, 它应满足一定的条件, 此即本节要讨论的内容。

定理 7.2.2: 设 (a_0,b_0) 是 (a,b) 平面上的任一点, (a,b) 上的二维函数 $WT_x(a,b)$ 为某一函数的小波变换的充要条件是, $WT_x(a,b)$ 满足如下的重建核方程, 即

$$WT_x(a_0,b_0)=\int_0^{\infty}a^{-2}\int_{-\infty}^{+\infty}WT_x(a,b)K_\psi(a_0,b_0;a,b)\mathrm{d}a\mathrm{d}b \tag{7-2-24}$$

式中, $WT_x(a_0,b_0)$ 是 $WT_x(a,b)$ 在 (a_0,b_0) 处的值

$$K_\psi(a_0,b_0;a,b)=\frac{1}{C_\psi}\int_{-\infty}^{+\infty}\psi_{a,b}(t)\psi^*_{a_0,b_0}(t)\mathrm{d}t=\frac{1}{C_\psi}\langle\psi_{a,b}(t),\psi_{a_0,b_0}(t)\rangle \tag{7-2-25}$$

称为重建核。

定理 7.2.2 说明:

(1) 若 $WT_x(a,b)$ 是 $x(t)$ 的小波变换, 那么在 (a,b) 平面上某一点 (a_0,b_0) 处小波变换的值 $WT_x(a_0,b_0)$ 可由半平面 $(a>0,b\in\mathbf{R})$ 上的值 $WT_x(a,b)$ 来表示, 也即 $WT_x(a_0,b_0)$ 是半平面上 $WT_x(a,b)$ 的总贡献。既然 (a,b) 平面上各点的 $WT_x(a,b)$ 可由式 (7-2-24) 互相表示, 因此这些点上的值是相关的, 也即式 (7-2-17) 对 $x(t)$ 的重建是存在信息冗余的。因此, 可由 (a,b) 平面离散栅格上的 $WT_x(a,b)$ 来重建 $x(t)$, 以消除重建过程中的信息冗余。

(2) 重建核 $k_\psi(a_0,b_0;a,b)$ 是小波 $\psi_{a,b}(t)$ 和 (a_0,b_0) 处的小波 $\psi_{a_0,b_0}(t)$ 的内积, 因此 k_ψ 反映了 $\psi_{a,b}(t)$ 和 $\psi_{a_0,b_0}(t)$ 的相关性。若 $a=a_0,b=b_0$, 即两个小波重合时, k_ψ 取最大值; 若 (a,b) 远离 (a_0,b_0), 则 k_ψ 将迅速减小。若能保证 $k_\psi=\delta(a-a_0,b-b_0)$, 则 (a,b) 平面上各点小波变换的值将互不相关。这等效于要求对任意的尺度 a 及位移 b, 由母小波 $\psi(t)$ 形成的一簇 $\psi_{a,b}(t)$ 是两两正交的。可以想象, 若 a,b 连续取值, 要想找到这样的母小波 $\psi(t)$ 使 $\psi_{a,b}(t)$ 两两正交, 那将是非常困难的。因此, 连续小波变换的 $WT_x(a,b)$ 必然存在信息冗余。然而, 当 a,b 离散取值时, 则有可能得到一簇正交小波基 $\psi_{a,b}(t)$。

7.2.7 连续小波变换的数值算法

连续小波变换的数值算法主要有以下几种: 数值近似积分、利用调频 Z 变换 (chirped Z transform, 简记为 CZT) 进行快速计算、利用 Mellin 变换进行快速计算、基于 Mellin 变换和斜交投影的快速计算[10-12]等。本书由于篇幅所限, 只介绍常用的数值近似积分法。

最简单的数值积分方法就是矩形法, 也就是按照数字信号处理的习惯将式 (7－2－2) 按 $t \to nT_s, b \to kT_s$ 关系变成

$$WT_x(a,kT_s) = \frac{T_s}{\sqrt{a}} \sum_n x(nT_s)\psi^*\left[\frac{(n-k)T_s}{a}\right]$$

式中, T_s 是采样间隔。

上式也可简记为

$$WT_x(a,k) = \frac{T_s}{\sqrt{a}} \sum_n x(n)\psi^*\left[\frac{(n-k)}{a}\right] \tag{7-2-26}$$

对每一个给定 a 值, 依次求不同 k 值下式 (7－2－26) 的乘积和, 便得到该 a 值下一组 WT 系数。当然, 计算时 a 也必须离散取值, 常取 a 为 2 的整幂。

为了使数值积分更精确, 有人采用梯形法作近似数值积分。其计算公式为

$$WT_x(a,k) = \frac{T_s}{\sqrt{a}} \sum_n \left[x(n)\psi^*\left(\frac{n-k}{a}\right) + x(n+1)\psi^*\left(\frac{n+1-k}{a}\right)\right] \tag{7-2-27}$$

实际数值计算时应注意, 由于实际处理时数据长度总是有限的, 因此在数据的起端和终端, $\psi^*\left(\frac{n-k}{a}\right)$ 将会越出数据有效范围。如果采用将数据范围以外各点 $x(n)$ 补零的办法, 计算结果必然欠准确, 会产生边界效应。通常采用的补救方法是, 令数据周期循环 (即设数据 x_n 的范围是 $n=0\sim N$, 则取 $x_{-k}=x_{N-k}, x_{N+k}=x_k$), 或是把数据反摺 (即取 $x_{-k}=x_k, x_{N+k}=x_{N-k}$)。当然, 这些只是经验方法, 并没有理论依据。

当需要对尺度 a 进行更细致的划分时, 直接按式 (7－2－26) 计算 $WT_x(a,k)$ 的计算量将非常大, 因此需要采用其他的快速算法。

7.3 离散化的小波变换及其理论框架

在 7.2.6 节曾指出, 在连续变换的尺度 a 和位移 b 值下, 小波基 $\{\psi_{a,b}(t)\}$ 具有很大的相关性, 所以一维信号 $x(t)$ 作连续小波变换成为二维的 $WT_x(a,b)$ 后, 它的信息是有冗余的。因此, 从压缩数据及节约计算的角度, 希望能在一些离散的尺度和位移值下进行小波变换, 而又不致丢失信息。下面首先考虑只对尺度进行离散化。

7.3.1 二进小波变换

如果只对尺度 a 进行离散化, 并取 $a=2^j, j\in\mathbf{Z}$, 则将

$$\psi_{j,b}(t) = 2^{-j/2}\psi[2^{-j}(t-b)] \tag{7-3-1}$$

称为 “二进小波”, 而将

$$WT_x(j,b) = \langle x(t), \psi_{j,b}(t)\rangle = 2^{-j/2}\int_{-\infty}^{+\infty} x(t)\psi^*[2^{-j}(t-b)]\mathrm{d}t \tag{7-3-2}$$

称为二进小波变换, 也叫半离散化二进小波变换。

设母小波 $\psi(t)$ 的中心频率为 ω_0, 带宽为 Δ_ω, 当 $a=2^j$ 时, $\psi_{j,b}(t)$ 的中心频率变为 $(\omega_j)_0=\omega_0/2^j=2^{-j}\omega_0$, 带宽 $\Delta_j=2^{-j}\Delta_\omega$。若 $a=2^{j+1}$ 时, $\psi_{j+1,b}(t)$ 的中心频率和带宽分别是 $(\omega_{j+1})_0=2^{-j-1}\omega_0, \Delta_{j+1}=2^{-j-1}\Delta_\omega$。如果当 a 由 2^j 变成 2^{j+1} 时, $\psi_{j,b}(t)$ 和 $\psi_{j+1,b}(t)$ 在频域对应的分析窗 $[2^{-j}\omega_0-2^{-j}\Delta_\omega, 2^{-j}\omega_0+2^{-j}\Delta_\omega]$ 和 $[2^{-j-1}\omega_0-2^{-j-1}\Delta_\omega, 2^{-j-1}\omega_0+2^{-j-1}\Delta_\omega]$ 能够相连接, 则当 j 取遍整个整数轴时, $\psi_{j,b}(t)$ 的傅里叶变换可以覆盖整个正频率轴。显然, 若令母小波 $\psi(t)$ 的 $\omega_0=3\Delta_\omega$, 则上面两个频域窗首尾相连, 即

$$[2^{-j}\Delta_\omega, 2^{-j+1}\Delta_\omega] \text{ 和 } [2^{-j+1}\Delta_\omega, 2^{-j+2}\Delta_\omega]$$

首尾相连。由母小波 $\psi(t)$ 的相位位移 α 等价于 $\Psi(\omega)$ 的频率向前移动 α 这一性质, 可以方便地做到 $\omega_0=3\Delta_\omega$。

现在, 讨论如何由式 (7－3－2) 的 $WT_x(j,b)$ 来恢复 $x(t)$。首先介绍对偶小波的定义[13]。

定义 7.3.1: 若小波 $\psi(t)$ 满足稳定性条件式 (7－2－21), 则存在一个对偶小波 $\widetilde{\psi}(t)$, 其傅里叶变换 $\widetilde{\Psi}(\omega)$为

$$\widetilde{\Psi}(\omega)=\frac{\Psi(\omega)}{\sum\limits_{j=-\infty}^{+\infty}\left|\Psi(2^j\omega)\right|^2} \qquad (7-3-3)$$

下面的定理完整地回答了在二进小波变换情况下 $x(t)$ 的重建问题。

定理 7.3.1: 如果存在常数 $A>0, B>0$, 使得几乎处处满足

$$A\leqslant\sum_{j=-\infty}^{+\infty}\left|\Psi(2^j\omega)\right|^2\leqslant B \qquad (7-3-4)$$

则

$$A\|x\|^2\leqslant\sum_{j=-\infty}^{+\infty}\frac{1}{2^j}\|WT_x(j,b)\|^2\leqslant B\|x\|^2 \qquad (7-3-5)$$

如果 $\widetilde{\psi}(t)$ 几乎处处满足

$$\sum_{j=-\infty}^{+\infty}\Psi^*(2^j\omega)\widetilde{\Psi}(2^j\omega)=1 \qquad (7-3-6)$$

则

$$x(t)=\sum_{j=-\infty}^{+\infty}2^{-3j/2}\int_{-\infty}^{+\infty}WT_x(j,b)\widetilde{\psi}[2^{-j}(t-b)]\mathrm{d}b \qquad (7-3-7)$$

证明过程请参见文献 [14]。

该定理指出, 若 $\psi(t)$ 的傅里叶变换满足稳定性条件, 则 $x(t)$ 在 $a=2^j, j\in\mathbf{Z}$ 上的小波变换的幅值的平方和是有界的。进而, $\psi(t)$ 和 $\widetilde{\psi}(t)$ 的傅里叶变换若满足式 (7－3－6), 则 $x(t)$ 可由式 (7－3－7) 重建。

文献 [4] 证明, 若满足式 (7 − 3 − 4) 的稳定性条件, 则

$$A\ln 2 \leqslant \int_0^{\infty} \frac{\left|\Psi(\omega)\right|^2}{\omega}\mathrm{d}\omega, \quad \int_0^{\infty} \frac{\left|\Psi(-\omega)\right|^2}{\omega}\mathrm{d}\omega \leqslant B\ln 2 \tag{7-3-8}$$

满足式 (7 − 2 − 18) 的容许条件。因此, 只要满足了稳定性条件, 由连续小波变换 $WT_x(a,b)$ 总可以恢复 $x(t)$。

二进小波变换是连续小波变换和离散小波变换的折中, 它具有与连续小波变换相同的时移共变性, 即若 $x(t)$ 的二进小波变换是 $WT_x(j,b)$, 那么 $x(t-\tau)$ 的二进小波变换是 $WT_x(j,b-\tau)$。这个特点是下面将要介绍的离散小波变换所不具有的。因此, 二进小波变换在奇异性检测、图像处理方面都十分有用。

7.3.2 离散栅格上的小波变换

上面的二进小波变换仅是对尺度 a 作二进离散化, 如对尺度 a 和位移 b 同时作离散化, 则可以进一步减少小波变换系数的冗余度。

先讨论尺度的离散化。目前通行的方法是对尺度按幂级数作离散化, 即令 $a=a_0^j, j\in\mathbf{Z}$。再看位移的离散化。当 $j=0$ 时, 以 b_0 为间隔对 b 作均匀抽样, 但应当选择合适的 b_0 使信息能覆盖全 b 轴而不丢失 (例如 b_0 应不低于 Nyquist 采样率); 当 $j\neq 0$ 时, $\psi(a_0^{-j}t)$ 的中心频率比 $\psi(t)$ 的中心频率下降了 a_0^{-j} 倍, 带宽也下降了 a_0^{-j} 倍, 因此根据采样定理, 这时对 b 抽样的间隔也可相应地扩大 a_0^j 倍。由此可以看出, 在某个 j 值下, 采样间隔可取为 $a_0^j b_0$, 即 $b=ka_0^j b_0$。这样, 对 a 和 b 离散化后得

$$\psi_{j,k}(t) = a_0^{-j/2}\psi[a_0^{-j}(t-ka_0^j b_0)] = a_0^{-j/2}\psi(a_0^{-j}t-kb_0), \quad j,k\in\mathbf{Z} \tag{7-3-9}$$

对给定的信号 $x(t)$, 连续小波变换可变成如下离散栅格上的小波变换, 即

$$WT_x(j,k) = \int_{-\infty}^{+\infty} x(t)\psi_{j,k}(t)\mathrm{d}t \tag{7-3-10}$$

此式也称为 “离散小波变换 (discrete wavelet transform, DWT)”。注意, 式中 t 仍是连续变量。在实际应用中, 一般取 $a_0=2$, 则 (a,b) 平面上离散栅格的取点如图 7.3.1 所示。

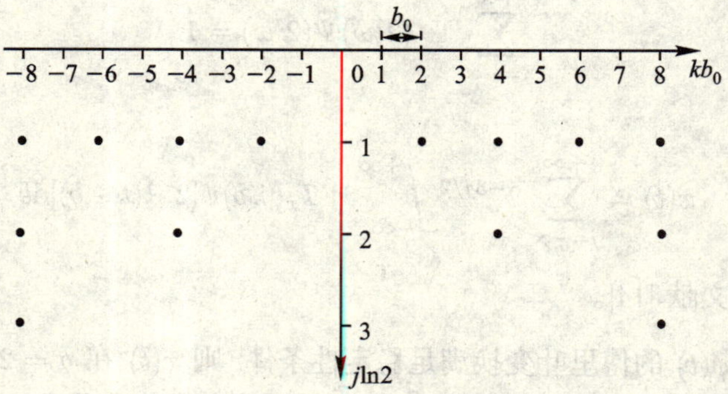

图 7.3.1 $a-b$ 平面的二进离散栅格

图 7.3.1 中尺度轴以 ln2 为坐标单位。由该图可看出小波分析的 "变焦距" 作用, 即在不同的尺度下 (也即不同的频率范围内), 对时域的分析点数是不相同的。

DWT 之所以不同于 CWT, 是因为它在 $a-b$ 平面上对应一些离散的点, 所以称之为离散小波变换。将小波离散化的过程中, 显然出现了下面两个问题:

(1) 离散小波变换 $WT_x(j,k)$ 系数能否完全刻画 $x(t)$? 或者更严格地, 能否由 $WT_x(j,k)$ 通过一个数值上稳定的方法重构 $x(t)$?

(2) 是不是任意函数都可以表示为 "构造元素" $\psi_{j,k}(t)$ 的叠加? 如果是, 能否写出一个简单的算法寻求叠加的系数?

这两个问题实质上只是一个问题的对偶形式, 通过下面的 "框架理论" 可以解决。

7.3.3 框架理论

框架是 Duffin 与 Schaeffer 于 1952 年在非调和傅氏级数的研究中首先引入的。Young 于 1980 年也对框架作过评述。这里仅讨论其定义及一些性质。

定义 7.3.2: 设 $\{\varphi_i\}_{i\in J}$ 是 Hilbert 空间 H 中的一组向量, 对任一信号 $\boldsymbol{x}\in H$, 如果存在常数 $A,B,0<A\leqslant B<\infty$, 并使下式成立:

$$A\|\boldsymbol{x}\|^2\leqslant\sum_{i\in J}|\langle\boldsymbol{x},\boldsymbol{\varphi}_i\rangle|^2\leqslant B\|\boldsymbol{x}\|^2 \tag{7-3-11}$$

则称 $\{\varphi_i\}_{i\in J}$ 为一个框架, A, B 为框架界。其中 J 是框架所含向量个数的数集。

如果两个框架界相等, 即 $A=B$, 则称该框架为紧框架。在一个紧框架中, 有

$$\sum_{i\in J}|\langle\boldsymbol{x},\boldsymbol{\varphi}_i\rangle|^2=A\|\boldsymbol{x}\|^2,\quad\forall\boldsymbol{x}\in H \tag{7-3-12}$$

上式蕴含着①

$$\boldsymbol{x}=A^{-1}\sum_{i\in J}\langle\boldsymbol{x},\boldsymbol{\varphi}_i\rangle\boldsymbol{\varphi}_i \tag{7-3-13}$$

式 (7-3-13) 易使人联想到, $\boldsymbol{x}$ 可在一组标准正交基上展开, 但需要注意的是, 框架甚至紧框架都不一定是标准正交基, 如下面例子所示。

例 7.3.1 令 $H=C^2,\boldsymbol{\varphi}_1=[0,1],\boldsymbol{\varphi}_2=\left[-\frac{\sqrt{3}}{2},-\frac{1}{2}\right],\boldsymbol{\varphi}_3=\left[\frac{\sqrt{3}}{2},-\frac{1}{2}\right]$, 如图 7.3.2 所示, $\forall\boldsymbol{x}=[x_1,x_2]$, 则有

$$\begin{aligned}\sum_{j=1}^{3}\left|\langle\boldsymbol{x},\boldsymbol{\varphi}_j\rangle\right|^2&=\left|x_2\right|^2+\left|-\frac{\sqrt{3}}{2}x_1-\frac{1}{2}x_2\right|^2+\left|\frac{\sqrt{3}}{2}x_1-\frac{1}{2}x_2\right|^2\\&=\frac{3}{2}\left[\left|x_1\right|^2+\left|x_2\right|^2\right]=\frac{3}{2}\|\boldsymbol{x}\|^2\end{aligned}$$

因此, $\{\boldsymbol{\varphi}_1,\boldsymbol{\varphi}_2,\boldsymbol{\varphi}_3\}$ 是一紧框架, 但不是标准正交基, 因为它们是线性相关的, 即 $-\boldsymbol{\varphi}_1+\boldsymbol{\varphi}_2+\boldsymbol{\varphi}_3=0$。注意到, 本例中的框架界 $A=3/2$ 给出了一个 "冗余度" (二维空间的三个向量)。如果以 A 来度量的冗余度为 1, 则下面的定理可知, 此时的紧框架是标准正交基。

①采用反证法, 将式 (7-3-13) 两边对 $\boldsymbol{x}$ 作内积可得式 (7-3-12)。

定理 7.3.2: 设 $\{\varphi_i\}_{i\in J}$ 是一个框架, 框架界 $A=B=1$, 且 $\|\varphi_i\|=1,\forall i\in J$, 则 $\{\varphi_i\}_{i\in J}$ 是标准正交基。

式 (7 − 3 − 13) 给出了一个紧框架时由 $\langle \boldsymbol{x},\boldsymbol{\varphi}_i\rangle$ 重构 $\boldsymbol{x}$ 的基本方法。回到一般框架上来, 情形又将如何呢? 首先引入框架算子①。

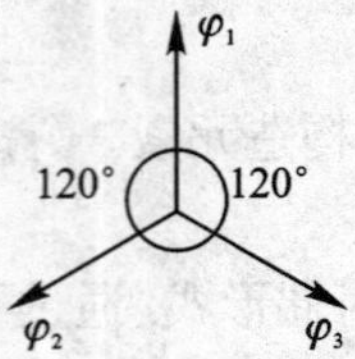

图 7.3.2 紧框架示例

定义 7.3.3: 设 $\{\varphi_i\}_{i\in J}$ 是 Hilbert 空间中的一个框架, 若

$$\boldsymbol{F}\boldsymbol{x}=\sum_{i\in J}\langle \boldsymbol{x},\boldsymbol{\varphi}_i\rangle\boldsymbol{\varphi}_i \tag{7-3-14}$$

是一个将函数 $\boldsymbol{x}\in H$ 映射为 $\boldsymbol{F}\boldsymbol{x}\in H$ 的算子, 则称 $\boldsymbol{F}$ 为框架算子。

框架算子有如下性质, 其中 $\{\varphi_i\}_{i\in J}$ 是一框架, A 和 B $(0<A\leqslant B<\infty)$ 分别为框架的上、下边界。

性质 1: 框架算子 $\boldsymbol{F}$是有界的。

证明: 定义 $\boldsymbol{f}=\boldsymbol{F}\boldsymbol{x}$, 则

$$\|\boldsymbol{f}\|^4=\left|\langle \boldsymbol{F}\boldsymbol{x},\boldsymbol{f}\rangle\right|^2=\left|\left\langle\sum_{i\in J}\langle \boldsymbol{x},\boldsymbol{\varphi}_i\rangle\boldsymbol{\varphi}_i,\boldsymbol{f}\right\rangle\right|^2=\left|\sum_{i\in J}\langle \boldsymbol{x},\boldsymbol{\varphi}_i\rangle\langle\boldsymbol{\varphi}_i,\boldsymbol{f}\rangle\right|^2\leqslant$$
$$\sum_{i\in J}\left|\langle \boldsymbol{x},\boldsymbol{\varphi}_i\rangle\right|^2\sum_{i\in J}\left|\langle\boldsymbol{\varphi}_i,\boldsymbol{f}\rangle\right|^2\leqslant B\|\boldsymbol{x}\|^2B\|\boldsymbol{f}\|^2$$

于是, 有 $\|\boldsymbol{F}\boldsymbol{x}\|^2\leqslant B^2\|\boldsymbol{x}\|^2$ 或 $\|\boldsymbol{F}\boldsymbol{x}\|\leqslant B\|\boldsymbol{x}\|$, 即 $\boldsymbol{F}\leqslant B\boldsymbol{Id}$, 所以 $\boldsymbol{F}$ 是一个有界算子。式中, $\boldsymbol{Id}$ 为单位算子, 即 $\boldsymbol{x}\boldsymbol{Id}=\boldsymbol{x}$, 下同。

性质 2: 框架算子 $\boldsymbol{F}$ 是自伴随的, 即 $\langle \boldsymbol{f},\boldsymbol{F}\boldsymbol{x}\rangle=\langle \boldsymbol{F}\boldsymbol{f},\boldsymbol{x}\rangle$ 对 $\forall \boldsymbol{f},\boldsymbol{x}\in H$ 成立。

证明: 根据框架算子的定义式 (7 − 3 − 14), 有

$$\langle \boldsymbol{f},\boldsymbol{F}\boldsymbol{x}\rangle=\left\langle\boldsymbol{f},\sum_{i\in J}\langle \boldsymbol{x},\boldsymbol{\varphi}_i\rangle\boldsymbol{\varphi}_i\right\rangle=\sum_{i\in J}\langle \boldsymbol{x},\boldsymbol{\varphi}_i\rangle\langle\boldsymbol{f},\boldsymbol{\varphi}_i\rangle$$
$$\langle \boldsymbol{F}\boldsymbol{f},\boldsymbol{x}\rangle=\left\langle\sum_{i\in J}\langle \boldsymbol{f},\boldsymbol{\varphi}_i\rangle\boldsymbol{\varphi}_i,\boldsymbol{x}\right\rangle=\sum_{i\in J}\langle \boldsymbol{f},\boldsymbol{\varphi}_i\rangle\langle\boldsymbol{x},\boldsymbol{\varphi}_i\rangle$$

显然, 性质 2 得证。

① 本书采用的框架算子定义与文献 [5] 不同, 但本质是一样的。

性质 3: 框架算子 $\boldsymbol{F}$ 是正性算子, 即 $\langle \boldsymbol{x}, \boldsymbol{F}\boldsymbol{x}\rangle$ 大于 0。

证明: 根据框架算子的定义式 (7－3－14), 有

$$\langle \boldsymbol{x}, \boldsymbol{F}\boldsymbol{x}\rangle = \left\langle \boldsymbol{x}, \sum_{i\in J}\langle \boldsymbol{x}, \boldsymbol{\varphi}_i\rangle \boldsymbol{\varphi}_i \right\rangle = \sum_{i\in J}\langle \boldsymbol{x}, \boldsymbol{\varphi}_i\rangle\langle \boldsymbol{\varphi}_i, \boldsymbol{x}\rangle = \sum_{i\in J}\left|\langle \boldsymbol{x}, \boldsymbol{\varphi}_i\rangle\right|^2$$

这就证明了框架算子 $\boldsymbol{F}$ 的正性。

性质 4: 框架算子 $\boldsymbol{F}$ 是可逆的, 即 $\boldsymbol{F}^{-1}$ 存在。

为证明此性质, 首先介绍一个引理。

引理 7.3.1: 如果 H上的一个有正界的线性算子 $\boldsymbol{S}$ 有严格的常数下界 α, 则 $\boldsymbol{S}$ 可逆且其逆有上界 α^{-1}。

证明略。有兴趣的读者请参阅文献 [5]。

以这条引理为基础, 证明性质 4。

证明: 由性质 3 的证明和框架定义知

$$\langle \boldsymbol{x}, \boldsymbol{F}\boldsymbol{x}\rangle = \sum_{i\in J}\left|\langle x, \varphi_i\rangle\right|^2 \geqslant A\|\boldsymbol{x}\|^2$$

故由 Cauchy－Schwarz 不等式得

$$\|\boldsymbol{x}\|\|\boldsymbol{F}\boldsymbol{x}\| \geqslant \langle \boldsymbol{x}, \boldsymbol{F}\boldsymbol{x}\rangle \geqslant A\|\boldsymbol{x}\|^2$$

即有 $\|\boldsymbol{F}\boldsymbol{x}\| \geqslant A\|\boldsymbol{x}\|$, 这意味着 $\boldsymbol{F}$ 是一个有下界的算子。又根据性质 1 可知 $\boldsymbol{F}$ 是一个有正界的算子, 所以根据引理 7.3.1 可知, $\boldsymbol{F}^{-1}$ 存在。

框架算子还有一个重要结论。由框架算子的定义有

$$\langle \boldsymbol{F}\boldsymbol{x}, \boldsymbol{x}\rangle = \left\langle \sum_{i\in J}\langle \boldsymbol{x}, \boldsymbol{\varphi}_i\rangle \boldsymbol{\varphi}_i, \boldsymbol{x} \right\rangle = \sum_{i\in J}\left|\langle \boldsymbol{x}, \boldsymbol{\varphi}_i\rangle\right|^2$$

从而由式 (7－3－11) 可得

$$A\|\boldsymbol{x}\|^2 \leqslant \langle \boldsymbol{F}\boldsymbol{x}, \boldsymbol{x}\rangle \leqslant B\|\boldsymbol{x}\|^2$$

由正算子定义可得

$$\boldsymbol{AId} \leqslant \boldsymbol{F} \leqslant \boldsymbol{BId} \tag{7－3－15}$$

在以上框架算子相关结论的基础上, 可以讨论一般框架下 $\boldsymbol{x}$ 的重构问题。

由框架算子性质 4 和式 (7－3－14), 可得

$$\boldsymbol{x} = \boldsymbol{F}^{-1}\sum_{i\in J}\langle \boldsymbol{x}, \boldsymbol{\varphi}_i\rangle \boldsymbol{\varphi}_i = \sum_{i\in J}\langle \boldsymbol{x}, \boldsymbol{\varphi}_i\rangle \boldsymbol{F}^{-1}\boldsymbol{\varphi}_i$$

令 $\widetilde{\boldsymbol{\varphi}}_i = \boldsymbol{F}^{-1}\boldsymbol{\varphi}_i$, 称 $\{\widetilde{\boldsymbol{\varphi}}_i\}_{i\in J}$ 为 $\{\boldsymbol{\varphi}_i\}_{i\in J}$ 的对偶框架, 则

$$\boldsymbol{x} = \sum_{i\in J}\langle \boldsymbol{x}, \boldsymbol{\varphi}_i\rangle \widetilde{\boldsymbol{\varphi}}_i \tag{7－3－16}$$

由上式可知, 重构 $\boldsymbol{x}$ 的关键是寻找 $\{\widetilde{\varphi}_i\}_{i\in J}$。Daubechies 对此问题作过较深入的研究, 可以参看文献 [5] 和文献 [17]。本节仅将对偶框架的重要结论列举如下:

(1) $\{\widetilde{\varphi}_i\}_{i\in J}$ 是以 B^{-1}, A^{-1} 为框架界的框架, 即

$$B^{-1}\|\boldsymbol{x}\|^2 \leqslant \sum_{i\in J}|\langle \boldsymbol{x}, \widetilde{\boldsymbol{\varphi}}_i\rangle|^2 \leqslant A^{-1}\|\boldsymbol{x}\|^2$$

(2) 如果 $\boldsymbol{f} = \sum\limits_{i\in J} c_i\boldsymbol{\varphi}_i$, 其中 $c = (c_i)_{i\in J} \in l^2(J)$ 且 c_i 不全为 $\langle \boldsymbol{f}, \widetilde{\boldsymbol{\varphi}}_i\rangle$, 则

$$\sum_{i\in J}\left|c_i\right|^2 > \sum_{i\in J}\left|\langle \boldsymbol{f}, \widetilde{\boldsymbol{\varphi}}_i\rangle\right|^2$$

(3) 如果 $\{\boldsymbol{\varphi}_i\}_{i\in J}$ 是紧框架, 由式 (7－3－13) 和式 (7－3－16)可知

$$\widetilde{\boldsymbol{\varphi}}_i = A^{-1}\boldsymbol{\varphi}_i \tag{7－3－17}$$

(4) 如果 B 与 A 很接近, 可取

$$\widetilde{\boldsymbol{\varphi}}_i = \frac{2}{A+B}\boldsymbol{\varphi}_i \tag{7－3－18}$$

此时, 精确的重构公式应为

$$\boldsymbol{x} = \frac{2}{A+B}\sum_{i\in J}\langle \boldsymbol{x}, \boldsymbol{\varphi}_i\rangle\boldsymbol{\varphi}_i + \boldsymbol{R}\boldsymbol{x} \tag{7－3－19}$$

式中, $\boldsymbol{R} = \boldsymbol{Id} - \dfrac{2}{A+B}\boldsymbol{F}$。由式 (7－3－15) 可得, $-\dfrac{B-A}{B+A}\boldsymbol{Id} \leqslant \boldsymbol{R} \leqslant \dfrac{B-A}{B+A}\boldsymbol{Id}$, 即 $\|\boldsymbol{R}\| \leqslant \dfrac{B-A}{B+A} = \dfrac{r}{2+r}, r = \dfrac{B}{A} - 1$, 于是得余项 $\boldsymbol{R}\boldsymbol{x}$ 的范数的最大值为 $\dfrac{r}{2+r}\|\boldsymbol{x}\|$。如果 r 很小, 去掉余项 $\boldsymbol{R}\boldsymbol{x}$ 就得到 $\boldsymbol{x}$ 的一个近似重构公式。如果 B与 A不接近, 即 r 不是很小时, 由于 $\|\boldsymbol{R}\| < 1, \sum\limits_{k=0}^{\infty}\boldsymbol{R}^k$ 依范数收敛到 $(\boldsymbol{Id} - \boldsymbol{R})^{-1}$, 可得 $\boldsymbol{F}^{-1} = \dfrac{2}{A+B}\sum\limits_{k=0}^{\infty}\boldsymbol{R}^k$, 于是

$$\widetilde{\boldsymbol{\varphi}}_i = \frac{2}{A+B}\sum_{k=0}^{\infty}\boldsymbol{R}^k\boldsymbol{\varphi}_i \tag{7－3－20}$$

只取其零阶项即为式 (7－3－17)。截取 N 项, 可更好地近似

$$\widetilde{\boldsymbol{\varphi}}_i^N = \frac{2}{A+B}\sum_{k=0}^{N}\boldsymbol{R}^k\boldsymbol{\varphi}_i \tag{7－3－21}$$

$\widetilde{\boldsymbol{\varphi}}_i^N$ 可用迭代算法计算

$$\widetilde{\boldsymbol{\varphi}}_i^N = \frac{2}{A+B}\boldsymbol{\varphi}_i + \boldsymbol{R}\widetilde{\boldsymbol{\varphi}}_i^{N-1}, \quad \widetilde{\boldsymbol{\varphi}}_i^0 = \frac{2}{A+B}\boldsymbol{\varphi}_i$$

或

$$\widetilde{\boldsymbol{\varphi}}_i^N = \sum_{l\in J}\alpha_{il}^N\boldsymbol{\varphi}_l$$

式中

$$\alpha_{il}^N = \frac{2}{A+B}\delta_{il} + \alpha_{il}^{N-1} - \frac{2}{A+B}\sum_{m\in J}\alpha_{im}^{N-1}\langle\varphi_m,\varphi_l\rangle, \quad \alpha_{il}^0 = \frac{2}{A+B}\delta_{il}$$

7.3.4 小波框架

从前一小节看出，在 $\psi_{j,k}(t)$ 构成框架的条件下，就可以找到由 $\langle x(t),\psi_{j,k}(t)\rangle$ 重构 $x(t)$ 的算法。下面的两条定理概括了 $\psi_{j,k}(t)$ 构成框架的必要条件和充分条件。

定理 7.3.3: 如果 $\psi_{j,k}(t) = a_0^{-j/2}\psi(a_0^{-j}t - kb_0), j,k\in\mathbf{Z}$ 构成 $L^2(\mathbf{R})$ 中的一个框架，且框架边界分别为 A 和 B，则母小波 $\psi(t)$ 须满足

$$\frac{b_0\ln a_0}{2\pi}A \leqslant \int_0^\infty \frac{\left|\Psi(\omega)\right|^2}{\omega}\mathrm{d}\omega \leqslant \frac{b_0\ln a_0}{2\pi}B \qquad (7-3-22)$$

$$\frac{b_0\ln a_0}{2\pi}A \leqslant \int_{-\infty}^0 \frac{\left|\Psi(\omega)\right|^2}{\omega}\mathrm{d}\omega \leqslant \frac{b_0\ln a_0}{2\pi}B \qquad (7-3-23)$$

其证明过程请参见文献 [5]。此定理称为 $\psi_{j,k}(t)$ 构成框架的必要条件。该条件实际上是连续小波变换中的容许条件。

若 $\psi_{j,k}(t)$ 构成紧框架，即 $A=B$，那么，其框架边界为

$$A = \frac{2\pi}{b_0\ln a_0}\int_0^\infty \frac{\left|\Psi(\omega)\right|^2}{\omega}\mathrm{d}\omega = \frac{2\pi}{b_0\ln a_0}\int_{-\infty}^0 \frac{\left|\Psi(\omega)\right|^2}{\omega}\mathrm{d}\omega \qquad (7-3-24)$$

若 $\psi_{j,k}(t)$ 构成 $L^2(\mathbf{R})$ 中的正交基，即 $A=B=1$，则

$$\int_0^\infty \frac{\left|\Psi(\omega)\right|^2}{\omega}\mathrm{d}\omega = \int_{-\infty}^0 \frac{\left|\Psi(\omega)\right|^2}{\omega}\mathrm{d}\omega = \frac{b_0\ln a_0}{2\pi} \qquad (7-3-25)$$

下面介绍 $\psi_{j,k}(t)$ 构成框架的充分条件。

定理 7.3.4: 如果 $\psi(t)$ 和 a_0 满足

$$\begin{aligned}&\inf_{1\leqslant|\omega|\leqslant a_0}\sum_{j=-\infty}^{+\infty}\left|\Psi(a_0^j\omega)\right|^2 > 0\\ &\sup_{1\leqslant|\omega|\leqslant a_0}\sum_{j=-\infty}^{+\infty}\left|\Psi(a_0^j\omega)\right|^2 < \infty\end{aligned} \qquad (7-3-26)$$

并且 $\beta(s) = \sup\limits_{\omega}\sum\limits_{m=-\infty}^{+\infty}\left|\Psi(a_0^j\omega)\right|\left|\Psi(a_0^j\omega+s)\right|$ 至少像 $(1+|s|)^{-(1+\omega)}$ 一样快地衰减，则存在阈值 $b^*>0$ 使对于所有 $b_0<b^*, \{\psi_{j,k}\}$ 是一个框架。对于 $b_0<b^*$，下面两式是 $\{\psi_{j,k}\}$ 的框架界:

$$A = \frac{1}{b_0}\left\{\inf_{1\leqslant|\Omega|\leqslant a_0}\sum_{j=-\infty}^{+\infty}\left|\Psi(a_0^j\omega)\right|^2 - \sum_{\substack{k=-\infty\\k\neq0}}^{+\infty}\left[\beta\left(\frac{2\pi k}{b_0}\right)\beta\left(-\frac{2\pi k}{b_0}\right)\right]^{1/2}\right\} \qquad (7-3-27)$$

$$B = \frac{1}{b_0}\left\{\sup_{1\leqslant|\Omega|\leqslant a_0}\sum_{j=-\infty}^{+\infty}\left|\Psi(a_0^j\omega)\right|^2 + \sum_{\substack{k=-\infty\\k\neq0}}^{+\infty}\left[\beta\left(\frac{2\pi k}{b_0}\right)\beta\left(-\frac{2\pi k}{b_0}\right)\right]^{1/2}\right\} \qquad (7-3-28)$$

如果 $\left|\Psi(\omega)\right| \leqslant C|\omega|^{\alpha}(1+|\omega|)^{-\gamma}, \alpha>0, \gamma>\alpha+1$, 则关于 β 的条件及式 (7 − 3 − 25) 成立。证明过程请参见文献 [5]。

下面研究小波框架的对偶框架。如 7.3.3 节所述, 对偶框架可定义为

$$\widetilde{\psi}_{j,k} = \boldsymbol{F}^{-1}\psi_{j,k} \tag{7-3-29}$$

式中, $\boldsymbol{F}x = \sum\limits_{j,k}\langle x, \psi_{j,k}\rangle\psi_{j,k}$。并且 $\boldsymbol{F}$ 的逆像指数收敛一样, 具有较快的收敛速度 ($\dfrac{B}{A}-1$ 要小)。虽然对偶框架 $\widetilde{\psi}_{j,k}$ 个数太多会带来计算的不便, 但还是可以想办法解决。如果引入算子

$$(\boldsymbol{D}^j x)(t) = a_0^{-j/2} f(a_0^{-j}t), \quad (\boldsymbol{T}^k x)(t) = f(t-kb_0)$$

则容易验证, 对于所有 $x \in L^2(\mathbf{R})$, 有

$$\boldsymbol{F}\boldsymbol{D}^j x = \boldsymbol{D}^j \boldsymbol{F} x$$

即 $\boldsymbol{F}^{-1}$ 与 $\boldsymbol{D}^j$ 是可交换的。特别地, 由 $\psi_{j,k} = \boldsymbol{D}^j\boldsymbol{T}^k\psi$ 知

$$\widetilde{\psi}_{j,k} = \boldsymbol{F}^{-1}\boldsymbol{D}^j\boldsymbol{T}^k\psi = \boldsymbol{D}^j\boldsymbol{F}^{-1}\boldsymbol{T}^k\psi$$

即

$$\widetilde{\psi}_{j,k} = a_0^{-j/2}\widetilde{\psi}_{0,k}(a_0^{-j}t) \tag{7-3-30}$$

不幸的是, $\boldsymbol{F}^{-1}$ 与 $\boldsymbol{T}^k$ 是不可交换的, 所以计算还是较困难的。因此研究紧致框架 (snug frames, 又叫紧凑框架), 即满足 $\dfrac{B}{A}-1 \ll 1$ 的框架是很有用的。可取 $\widetilde{\psi}_{j,k} = \dfrac{2}{A+B}\psi_{j,k}$, 这样既避免了讨论对偶框架的繁琐, 又能对任意的 x 得到高质量的重构。另一方面, 存在某些 ψ, a_0, b_0 使 $\psi_{j,k}$ 远离紧框架, 这就使 $\widetilde{\psi}_{j,k}$ 仅由单个函数 $\widetilde{\psi}$ 产生, 即

$$\widetilde{\psi}_{j,k} = a_0^{-j/2}\widetilde{\psi}(a_0^{-j}x - kb_0) \tag{7-3-31}$$

双正交小波就是这种情况。

7.3.5 小波级数

以 7.3.3 节和 7.3.4 节的理论作基础, 本小节就可以解决 7.3.2 节所提出的两个问题了。

首先将 Riesz 基的概念扩展到二维函数序列 $\{\psi_{j,k}(t)\}$, 其中 $\psi_{j,k}(t)$ 的定义如式 (7 − 3 − 9)。

定义 7.3.4: 若 $L^2(\mathbf{R})$ 上离散小波基函数簇 $\{\psi_{j,k}(t), j,k \in \mathbf{Z}\}$ 是稠密的, 即 $L^2(\mathbf{R})$ 中的任一函数都可由二维序列 $\{\psi_{j,k}(t), j,k\in\mathbf{Z}\}$ 的线性组合来表示, 并且存在常数 A 和 $B(0<A\leqslant B<\infty)$, 使得

$$A\|\{c_{j,k}\}\|_2^2 \leqslant \sum_{j=-\infty}^{+\infty}\sum_{k=-\infty}^{+\infty}\left|c_{j,k}\psi_{j,k}\right|^2 \leqslant B\|\{c_{j,k}\}\|_2^2 \tag{7-3-32}$$

对于所有平方可求和的序列 $\{c_{j,k}\}$ 恒成立, 式中

$$\|\{c_{j,k}\}\|_2^2 = \sum_{j=-\infty}^{+\infty}\sum_{k=-\infty}^{+\infty}\left|c_{j,k}\right|^2 < \infty \tag{7-3-33}$$

则称二维函数序列 $\{\psi_{j,k}(t), j,k\in\mathbf{Z}\}$ 是 $L^2(\mathbf{R})$ 上的一个 Riesz 基, 且常数 A 和 B 分别称为 Riesz 基的下界和上界。

该定义等价于: $\{\psi_{j,k}(t), j,k\in\mathbf{Z}\}$ 是 $L^2(\mathbf{R})$ 上的一个框架, 且对任意的 $j,k\in\mathbf{Z}, \psi_{j,k}$ 之间是线性无关的。

定义 7.3.5: 若母小波 $\psi(t)\in L^2(\mathbf{R})$, 且按式 (7−3−9) 生成的二维函数序列 $\{\psi_{j,k}(t), j,k\in\mathbf{Z}\}$ 是 $L^2(\mathbf{R})$ 上的一个 Riesz 基, 则称 $\psi(t)$ 为 Riesz 小波。

Riesz 小波可分为 "正交小波"、"半正交小波"、"双正交小波" 和 "非正交小波"。

定义 7.3.6: 若 Riesz 基 $\{\psi_{j,k}(t), j,k\in\mathbf{Z}\}$ 满足

$$\langle\psi_{j,k},\psi_{m,n}\rangle=\delta(j-m)\delta(k-n),\quad \forall j,k,m,n\in\mathbf{Z} \tag{7−3−34}$$

则称生成 $\psi_{j,k}(t)$ 的母小波 $\psi(t)$ 为正交小波。

对于正交小波 ψ, 由式 (7−3−34) 可得

$$\widetilde{\psi}_{j,k}=\psi_{j,k},\quad j,k\in\mathbf{Z} \tag{7−3−35}$$

可见 ψ 是 "自对偶" 的, 这时 $\widetilde{\psi}_{j,k}$ 能由单个函数 $\widetilde{\psi}(\widetilde{\psi}=\psi)$ 产生。

定义 7.3.7: 若 Riesz 基 $\{\psi_{j,k}(t), j,k\in\mathbf{Z}\}$ 满足

$$\langle\psi_{j,k},\psi_{m,n}\rangle=0,\quad j\neq m, \forall j,k,m,n\in\mathbf{Z} \tag{7−3−36}$$

则称生成 $\psi_{j,k}(t)$ 的母小波 $\psi(t)$ 为半正交小波。

对于半正交小波 ψ, 可以通过它的傅里叶变换来定义其对偶 $\widetilde{\psi}$

$$\widetilde{\Psi}(\omega)=\frac{\Psi(\omega)}{\sum\limits_{k=-\infty}^{+\infty}\left|\Psi(\omega+2k\pi)\right|^2} \tag{7−3−37}$$

可以证明, 此时

$$\langle\psi_{j,k},\widetilde{\psi}_{m,n}\rangle=\delta(j-m)\delta(k-n),\quad \forall j,k,m,n\in\mathbf{Z} \tag{7−3−38}$$

式中

$$\widetilde{\psi}_{m,n}(t)=a_0^{-m/2}\widetilde{\psi}(a_0^{-m}t-nb_0) \tag{7−3−39}$$

半正交小波可以通过 "正交化过程" 变成正交小波。

定义 7.3.8: 若 Riesz 基 $\{\psi_{j,k}(t), j,k\in\mathbf{Z}\}$ 与其对偶 $\left\{\widetilde{\psi}_{j,k}(t), j,k\in\mathbf{Z}\right\}$ 之间满足

$$\langle\psi_{j,k},\widetilde{\psi}_{m,n}\rangle=\delta(j-m)\delta(k-n),\quad \forall j,k,m,n\in\mathbf{Z} \tag{7−3−40}$$

则称生成 $\{\psi_{j,k}(t)\}$ 的 $\psi(t)$ 为双正交小波。

定义 7.3.9: 若 Riesz 小波 $\psi(t)$ 不是半正交小波, 则称之为非正交小波。

需要注意的是, 双正交小波指的是两个函数簇之间的正交性, 而并不涉及 $\psi(t)$ 和 $\psi_{j,k}(t)$ 自身的正交性。显然, 一个正交小波一定是双正交小波, 也是半正交小波, 但双正交小波或半正交小波一般不是正交小波。

由文献 [5] 知, Riesz 基 $\{\psi_{j,k}(t), j,k \in \mathbf{Z}\}$ 的对偶函数序列 $\left\{\widetilde{\psi}_{j,k}(t), j,k \in \mathbf{Z}\right\}$ 也是一个 Riesz 基, 并称 $\left\{\widetilde{\psi}_{j,k}(t), j,k \in \mathbf{Z}\right\}$ 为对偶 Riesz 基。由 7.3.3 节的对偶框架结论 (1) 可知, 两者是互相对偶的, 从而可根据式 (7 − 3 − 16) 将任意 $x \in L^2(\mathbf{R})$ 写为

$$x = \sum_{j=-\infty}^{+\infty} \sum_{k=-\infty}^{+\infty} \langle x, \widetilde{\psi}_{j,k} \rangle \psi_{j,k} = \sum_{j=-\infty}^{+\infty} \sum_{k=-\infty}^{+\infty} \langle x, \psi_{j,k} \rangle \widetilde{\psi}_{j,k} \tag{7-3-41}$$

这两个无限级数称为 “小波级数”。通过上式, 可以解决 7.3.2 节所提出的两个问题。同时, 也得到了离散小波变换的逆变换

$$x(t) = \sum_{j=-\infty}^{+\infty} \sum_{k=-\infty}^{+\infty} \langle x(t), \psi_{j,k}(t) \rangle \widetilde{\psi}_{j,k}(t) = \sum_{j=-\infty}^{+\infty} \sum_{k=-\infty}^{+\infty} WT_x(j,k) \widetilde{\psi}_{j,k}(t) \tag{7-3-42}$$

7.4 多分辨分析与离散正交小波变换

在前几节中, 初步建立了小波分析的理论框架, 但要使小波变换在实际中得到应用, 就必须发展一套快速小波变换算法, 否则小波分析只能成为信号处理中的一种理论摆设。幸运地是, Mallat 和 Meyer 于 1989 年提出了计算离散正交小波变换的快速算法, 从而为小波变换实现工程应用奠定了基础。由于这一算法建立在信号的多分辨分析基础之上, 所以这里有必要介绍多分辨分析的理论与方法[15-16]。

7.4.1 多分辨分析理论

首先从函数空间的剖分引入多分辨分析的定义。

定义 7.4.1: 设 $\{V_j, j \in \mathbf{Z}\}$ 是 $L^2(\mathbf{R})$ 空间中的一系列闭合子空间, 如果它们满足如下六个性质, 则称 $\{V_j, j \in \mathbf{Z}\}$ 是一个多分辨力分析。这六个性质是:

性质1: $\forall j \in \mathbf{Z}, V_{j+1} \subset V_j$, 即 $\cdots V_2 \subset V_1 \subset V_0 \subset V_{-1} \subset V_{-2} \cdots$。

性质2: $\forall j \in \mathbf{Z}$, 若 $x(t) \in V_j$, 则 $x\left(\dfrac{t}{2}\right) \in V_{j+1}$。

性质3: $\lim\limits_{j \to \infty} V_j = \bigcap\limits_{j=-\infty}^{+\infty} V_j = \{0\}$。

性质4: $\lim\limits_{j \to -\infty} V_j = \text{Closure}\left(\bigcup\limits_{j=-\infty}^{+\infty} V_j\right) = L^2(\mathbf{R})$。

性质5: $\forall j,k \in \mathbf{Z}$, 若 $x(t) \in V_j$, 则 $x(t-k) \in V_j$。

性质6: 存在一个基本函数 $\phi(t)$, 使得 $\{\phi(t-k), k \in \mathbf{Z}\}$ 是 V_0 上的 Riesz 基。

下面对以上性质作一些物理解释。

性质 1 又称包容性, 说明了在尺度 j (或 2^{-j}) 时, 对 $x(t)$ 作的是分辨力为 2^{-j} 的近似, 其结果将包含在低一级分辨力 2^{-j+1} (即尺度 $j-1$) 时对 $x(t)$ 近似的所有信息中。

性质 2 又称伸缩性, 它是性质 1 的直接结果。由于对 V_j 中函数 $x(t)$ 作二倍扩展时, 分辨力降为 2^{-j-1}, 所以 $x\left(\dfrac{t}{2}\right)$ 应属于 V_{j+1}。

性质 3 又称递增性, 说明当 $j\to\infty$, 即分辨力 $2^{-j}\to 0$ 时, V_j 子空间收敛为零空间。另由包容性可知, 所有 $V_j, j\in\mathbf{Z}$ 子空间的交集应为零空间。

性质 4 又称递减性, 说明当 $j\to-\infty$, 即分辨力 $2^{-j}\to\infty$ 时, V_j 子空间将收敛为整个空间 $L^2(\mathbf{R})$, 即所有 $V_j, j=-\infty\sim+\infty$ 的并集收敛于整个空间 $L^2(\mathbf{R})$。其中 $\text{Closure}\left(\bigcup\limits_{j=-\infty}^{+\infty} V_j\right)$ 表示包含 $\bigcup\limits_{j=-\infty}^{+\infty} V_j$ 的最小闭集。性质 3 与性质 4 可统称为逼近性。

性质 5 又称平移不变性, 说明了函数的时移不改变其所属的空间。这是由于函数 $x(t)$ 的时移并不改变其形状, 即分辨力保持不变, 所以 $x(t)$ 与 $x(t-k)$ 属于同一子空间。

性质 6 又称 Riesz 基存在性, 说明了在 V_0 中存在可以展开信号 $x(t)$ 的 Riesz 基 $\{\phi(t-k), k\in\mathbf{Z}\}$。

通常称函数 $\phi(t)$ 为"尺度函数", 且规定

$$\phi_{j,k}(t)=2^{-j/2}\phi(2^{-j}t-k),\quad \forall j,k\in\mathbf{Z}$$

对于 $\forall j\in\mathbf{Z}$, 令 W_j 是 V_j 在 V_{j-1} 上的补空间, 于是有

$$V_{j-1}=V_j\oplus W_j \tag{7-4-1}$$

式中, 符号 $\oplus$ 表示子空间的直和。所谓直和, 就是子空间 V_{j-1} 的每一个元素都可以用唯一的形式写作子空间 W_j 的一个元素与子空间 V_j 的一个元素之和, 但子空间 W_j 并不一定是由 V_j 和 V_{j-1} 唯一确定的。

根据式 (7-4-1), 当 $j<J$ 时, 有

$$V_j=V_J\oplus\bigoplus_{k=0}^{J-j-1}W_{J-k} \tag{7-4-2}$$

根据多分辨分析的递增性和递减性, 当 j 为 $-\infty$, 而 J 为 ∞ 时, 有

$$L^2(\mathbf{R})=\bigoplus_{j\in\mathbf{Z}}W_j \tag{7-4-3}$$

上式将 $L^2(\mathbf{R})$ 分解为一系列子空间 $W_j(j\in\mathbf{Z})$, 而且空间 W_j 继承了 V_j 的伸缩性, 即 $\forall j\in\mathbf{Z}$, 若 $x(t)\in W_j$, 则 $x\left(\dfrac{t}{2}\right)\in W_{j+1}$。

若函数 $\psi(t)$ 的平移集合 $\{\psi(t-k), k\in\mathbf{Z}\}$ 是子空间 W_0 的 Riesz 基, 则称函数 $\psi(t)$ 为"小波函数"。再根据式 (7-4-3) 可知, 整个小波簇 $\{\psi_{j,k}, j,k\in\mathbf{Z}\}$ 是 $L^2(\mathbf{R})$ 上的一个 Riesz 基, 其

中 $\psi_{j,k}(t)=2^{-j/2}\psi(2^{-j}t-k)$。由于 V_j 和 W_j 分别由尺度函数和小波函数作基函数, 所以常称 V_j 是尺度为 j 的尺度空间, 而称 W_j 是尺度为 j 的小波空间。

正交多分辨分析和双正交多分辨分析是两种常用的多分辨分析。为了后面讨论的需要, 本节将重点介绍正交多分辨分析。

多分辨分析是正交多分辨分析还需满足以下条件: 小波子空间 W_j 定义为 V_j 在 V_{j-1} 上的正交补, 即有

$$V_j \perp W_j \tag{7-4-4a}$$

$$W_j \perp W_{j'}, \quad j \neq j' \tag{7-4-4b}$$

为了说明正交多分辨分析的基本思想, 首先介绍一个非常重要的结论。

如果设尺度函数 $\phi(t)$ 生成的 $\{\phi(t-k), k\in\mathbf{Z}\}$ 是 V_0 上的标准正交基, 以及小波函数生成的 $\{\psi(t-k), k\in\mathbf{Z}\}$ 是 W_0 上的标准正交基, 则有以下结论: $\{\phi_{j,k}, k\in\mathbf{Z}\}$ 必是 V_j 中的标准正交基; $\{\psi_{j,k}, k\in\mathbf{Z}\}$ 必是 W_j 中的标准正交基。

根据多分辨分析的伸缩性, 容易证明该结论。

对于正交多分辨分析, 如果 $\{\phi(t-k), k\in\mathbf{Z}\}$ 和 $\{\psi(t-k), k\in\mathbf{Z}\}$ 分别是 V_0 和 W_0 上的标准正交基, 则由式 (7-4-1) 和上述结论可得

$$P_{j-1}x(t)=P_jx(t)+D_jx(t) \tag{7-4-5}$$

式中, $P_jx(t)$ 是 $x(t)$ 在 V_j 上的正交投影; $D_jx(t)$ 是 $x(t)$ 在 W_j 上的正交投影。即

$$P_jx(t)=\sum_{k=-\infty}^{+\infty}c_j(k)\phi_{j,k}(t) \tag{7-4-6a}$$

$$D_jx(t)=\sum_{k=-\infty}^{+\infty}d_j(k)\psi_{j,k}(t) \tag{7-4-6b}$$

由于 $\{\phi_{j,k}, k\in\mathbf{Z}\}$ 是 V_j 中的标准正交基, 容易得到

$$c_j(k)=\langle P_jx(t),\phi_{j,k}(t)\rangle=\langle x(t),\phi_{j,k}(t)\rangle \tag{7-4-7a}$$

上式用到 $P_j^{\perp}x(t)$ 与 $\phi_{j,k}(t)$ 正交, 其中 $P_j^{\perp}x(t)$ 为 $P_jx(t)$ 的正交补, 且有

$$P_j^{\perp}x(t)+P_jx(t)=x(t)$$

类似地, 有

$$d_j(k)=\langle D_jx(t),\psi_{j,k}(t)\rangle=\langle x(t),\psi_{j,k}(t)\rangle \tag{7-4-7b}$$

上述各式中的 $c_j(k)$ 和 $d_j(k)$ 分别称为在分辨力 j 下 $x(t)$ 的离散逼近和离散细节信号。

需要指出, 多分辨分析存在两类不同的记号:

(1) Mallat 记号定义 $\phi_{j,k}(t)=2^{j/2}\phi(2^jt-k)$ 和 $\psi_{j,k}(t)=2^{j/2}\psi(2^jt-k)$。此时, 包容性为 $V_j\subset V_{j+1}$ 和 $W_j\subset W_{j+1}$, 而伸缩性为 $f(t)\in V_j \Leftrightarrow f\left(\dfrac{t}{2}\right)\in V_{j-1}$ 和 $g(t)\in W_j \Leftrightarrow g\left(\dfrac{t}{2}\right)\in W_{j-1}$。

(2) Daubechies 记号定义 $\phi_{j,k}(t)=2^{-j/2}\phi(2^{-j}t-k)$ 和 $\psi_{j,k}(t)=2^{-j/2}\psi(2^{-j}t-k)$。此时，包容性为 $V_j\subset V_{j-1}$ 和 $W_j\subset W_{j-1}$，而伸缩性为 $f(t)\in V_j\Leftrightarrow f\left(\dfrac{t}{2}\right)\in V_{j+1}$ 和 $g(t)\in W_j\Leftrightarrow g\left(\dfrac{t}{2}\right)\in W_{j+1}$。

这两种记号的定义在本质上是相同的，但为了与调和分析中的习惯一致，本书采用的是 Daubechies 符号，而且这种记号在数值分析中最为适用。

7.4.2　尺度函数和小波函数的性质

由上一小节可知，找到合适的尺度函数 $\phi(t)$ 和小波函数 $\psi(t)$ 是多分辨分析的关键。对于正交多分辨分析，通常希望尺度函数 $\phi(t)$ 生成的 $\{\phi(t-k),k\in\mathbf{Z}\}$ 和小波函数 $\psi(t)$ 生成的 $\{\psi(t-k),k\in\mathbf{Z}\}$ 分别是 V_0 和 W_0 上的标准正交基。下面就在此条件下，对 $\phi(t)$ 和 $\psi(t)$ 的重要性质作一些讨论。

1. 二尺度差分方程

由伸缩性和包容性可知，对 $\forall j\in\mathbf{Z},\phi_{j,0}(t)=2^{-j/2}\phi(2^{-j}t)\in V_j$ 且 $V_j\subset V_{j-1}$，显然，可将 $\phi_{j,0}(t)$ 看成 V_{j-1} 中的一个元素，这样就可将它表示为 V_{j-1} 中正交基的线性组合，即

$$\phi_{j,0}(t)=\sum_{k=-\infty}^{+\infty}h_0(k)\phi_{j-1,k}(t) \tag{7-4-8}$$

式中，$h_0(k)$ 是加权系数，它是一个离散序列。将上式进一步展开，有

$$2^{-j/2}\phi(2^{-j}t)=2^{-(j-1)/2}\sum_{k=-\infty}^{+\infty}h_0(k)\phi\left(2^{-(j-1)}t-k\right)$$

整理后得

$$\phi\left(\frac{t}{2^j}\right)=\sqrt{2}\sum_{k=-\infty}^{+\infty}h_0(k)\phi\left(\frac{t}{2^{j-1}}-k\right) \tag{7-4-9}$$

同理，由于 W_j 也包含在 V_{j-1} 中，因此，W_j 中的 $\psi_{j,0}(t)$ 也可表为 V_{j-1} 中正交基 $\phi_{j-1,k}(t)$ 的线性组合。采用同上面类似的推导，得到

$$\psi\left(\frac{t}{2^j}\right)=\sqrt{2}\sum_{k=-\infty}^{+\infty}h_1(k)\phi\left(\frac{t}{2^{j-1}}-k\right) \tag{7-4-10}$$

式中，$h_1(k)$ 也是加权系数。式 (7-4-9) 和式 (7-4-10) 被称为“二尺度差分方程”。该方程还可推广到 $\{\phi(t-k),k\in\mathbf{Z}\}$ 和 $\{\psi(t-k),k\in\mathbf{Z}\}$ 仅是 Riesz 基的情况。

特别地，当 $j=1$ 时，有

$$\phi\left(\frac{t}{2}\right)=\sqrt{2}\sum_{k=-\infty}^{+\infty}h_0(k)\phi(t-k) \tag{7-4-11a}$$

$$\psi\left(\frac{t}{2}\right)=\sqrt{2}\sum_{k=-\infty}^{+\infty}h_1(k)\phi(t-k) \tag{7-4-11b}$$

或等价写作

$$\phi(t)=\sqrt{2}\sum_{k=-\infty}^{+\infty}h_0(k)\phi(2t-k) \tag{7-4-12a}$$

$$\psi(t)=\sqrt{2}\sum_{k=-\infty}^{+\infty}h_1(k)\phi(2t-k) \tag{7-4-12b}$$

可见, 二尺度差分方程是多分辨力分析中小波函数和尺度函数的一个重要性质① 。

下面求 $h_0(k)$ 和 $h_1(k)$ 的值。

将式 (7－4－8) 两边对 $\phi_{j-1,k}(t)$ 作内积, 由 $\{\phi_{j-1,k}(t)\}$ 的标准正交性可得

$$\langle\phi_{j,0}(t),\phi_{j-1,k}(t)\rangle=\sum_{i=-\infty}^{+\infty}h_0(i)\langle\phi_{j-1,i}(t),\phi_{j-1,k}(t)\rangle=\sum_{i=-\infty}^{+\infty}h_0(i)\delta(i-k)$$

再由 δ 函数的抽样特性, 得到

$$\begin{aligned}h_0(k)&=\langle\phi_{j,0}(t),\phi_{j-1,k}(t)\rangle=\frac{1}{\sqrt{2^j2^{j-1}}}\int_{-\infty}^{+\infty}\phi\left(\frac{t}{2^j}\right)\phi^*\left(\frac{t}{2^{j-1}}-k\right)\mathrm{d}t\\&=\frac{1}{\sqrt{2}}\int_{-\infty}^{+\infty}\phi\left(\frac{t'}{2}\right)\phi^*(t'-k)\mathrm{d}t'\\&=\langle\phi_{1,0}(t),\phi_{0,k}(t)\rangle\end{aligned} \tag{7-4-13}$$

式中, $\dfrac{t}{2^{j-1}}=t'$。类似地, 可得

$$h_1(k)=\langle\psi_{1,0}(t),\phi_{0,k}(t)\rangle \tag{7-4-14}$$

这两个式子揭示了一个重要的关系: $h_0(k)$ 和 $h_1(k)$ 与 j 无关, 即不论对哪两个相邻级, 其值都相同。

2. 二尺度差分方程的频域表示

对式 (7－4－12a) 和式 (7－4－12b) 两边取傅里叶变换, 有

$$\varPhi(\omega)=\frac{1}{\sqrt{2}}H_0(\mathrm{e}^{\mathrm{j}\omega/2})\varPhi(\frac{\omega}{2}) \tag{7-4-15a}$$

$$\varPsi(\omega)=\frac{1}{\sqrt{2}}H_1(\mathrm{e}^{\mathrm{j}\omega/2})\varPhi(\frac{\omega}{2}) \tag{7-4-15b}$$

式中, $\varPhi(\omega),\varPsi(\omega)$ 是 $\phi(t),\psi(t)$ 的傅里叶变换, 且

$$H_0(\mathrm{e}^{\mathrm{j}\omega})=\sum_{k=-\infty}^{+\infty}h_0(k)\mathrm{e}^{-\mathrm{j}k\omega} \tag{7-4-16a}$$

$$H_1(\mathrm{e}^{\mathrm{j}\omega})=\sum_{k=-\infty}^{+\infty}h_1(k)\mathrm{e}^{-\mathrm{j}k\omega} \tag{7-4-16b}$$

---

① 由于这里的二尺度方程与文献 [16] 不完全一致, 导致后面推导所得关系与文献 [16] 亦不完全一致。在文献 [16] 中 $\phi(t/2)=\sum_k h_0(k)\phi(t-k),\psi(t/2)=\sum_k h_1(k)\psi(t-k)$。

它们分别是 $h_0(k)$ 和 $h_1(k)$ 的离散序列的傅里叶变换, 都是以 2π 为周期的函数。以下为了方便书写, 将 $e^{j\omega}$ 简记为 ω, 从而式 (7－4－15) 变为

$$\Phi(\omega)=\frac{1}{\sqrt{2}}H_0\left(\frac{\omega}{2}\right)\Phi\left(\frac{\omega}{2}\right) \tag{7-4-17a}$$

$$\Psi(\omega)=\frac{1}{\sqrt{2}}H_1\left(\frac{\omega}{2}\right)\Phi\left(\frac{\omega}{2}\right) \tag{7-4-17b}$$

从滤波器的观点来讲, $H_0(\omega)$ 和 $H_1(\omega)$ 可以看作是两个滤波器, 而 $h_0(k)$ 和 $h_1(k)$ 分别是相应的滤波器系数。

下面来推导 $\Phi(\omega),\Psi(\omega)$ 与 $H_0(\omega),H_1(\omega)$ 之间的关系。

由式 (7－4－17a), 有

$$\Phi(\omega)=\frac{1}{\sqrt{2}}H_0\left(\frac{\omega}{2}\right)\Phi\left(\frac{\omega}{2}\right)=\frac{1}{\sqrt{2}}H_0\left(\frac{\omega}{2}\right)\frac{1}{\sqrt{2}}H_0\left(\frac{\omega}{4}\right)\Phi\left(\frac{\omega}{4}\right)$$

依此类推下去, 最后有

$$\Phi(\omega)=\prod_{k=1}^{\infty}\frac{H_0(2^{-k}\omega)}{\sqrt{2}}\Phi(0) \tag{7-4-18}$$

为了使尺度函数的傅里叶变换 $\Phi(\omega)$ 只与 $H_0(\omega)$ 有关, 可以令

$$\Phi(0)=\int_{-\infty}^{+\infty}\phi(t)\mathrm{d}t=1 \tag{7-4-19}$$

称之为尺度函数的“容许条件”。这样, 式 (7－4－18) 便简化为

$$\Phi(\omega)=\prod_{k=1}^{\infty}\frac{H_0(2^{-k}\omega)}{\sqrt{2}}=\prod_{k=1}^{\infty}H_0'(2^{-k}\omega) \tag{7-4-20}$$

式中, $H_0'(2^{-k}\omega)=H_0(2^{-k}\omega)/\sqrt{2}$, 即 $H_0'(\omega)=H_0(\omega)/\sqrt{2}$。

同理, 由式 (7－4－17b) 可推出

$$\Psi(\omega)=\frac{1}{\sqrt{2}}H_1\left(\frac{\omega}{2}\right)\Phi\left(\frac{\omega}{2}\right)=\frac{1}{\sqrt{2}}H_1\left(\frac{\omega}{2}\right)\prod_{k=2}^{\infty}\frac{H_0(2^{-k}\omega)}{\sqrt{2}}$$

如果再令 $H_1'\left(\frac{\omega}{2}\right)=H_1\left(\frac{\omega}{2}\right)/\sqrt{2}$, 则

$$\Psi(\omega)=H_1'\left(\frac{\omega}{2}\right)\prod_{k=2}^{\infty}H_0'(2^{-k}\omega) \tag{7-4-21}$$

式 (7－4－20) 和式 (7－4－21) 表明, 若 $H_0(\omega),H_1(\omega)$ 已知, 就可以求出相应的 $\Phi(\omega)$ 和 $\Psi(\omega)$, 进一步求出相应的 $\phi(t)$ 和 $\psi(t)$。因此, 尺度函数和小波函数的产生可归结为滤波器 $H_0(\omega),H_1(\omega)$ 的设计, 因此必须研究这两个滤波器的性质。

在讨论滤波器 $H_0(\omega)$ 和 $H_1(\omega)$ 的性质之前, 对多分辨分析中一个非常重要的公式 —— Poisson 公式重述如下:

(1) 若 $\{f(t-k),k\in\mathbf{Z}\}$ 是一组标准正交的函数集合, 即

$$\int_{-\infty}^{+\infty} f(t-k_1)f^*(t-k_2)\mathrm{d}t=\delta(k_1-k_2),\quad \forall k_1,k_2\in\mathbf{Z}$$

则有

$$\sum_{k=-\infty}^{+\infty}|F(\omega+2k\pi)|^2=1 \tag{7-4-22}$$

(2) 若 $\{f_1(t-k),k\in\mathbf{Z}\},\{f_2(t-k),k\in\mathbf{Z}\}$ 是两组相互正交的函数集合, 即

$$\int_{-\infty}^{+\infty} f_1(t-k_1)f_2^*(t-k_2)\mathrm{d}t=\delta(k_1-k_2),\quad \forall k_1,k_2\in\mathbf{Z}$$

则有

$$\sum_{k=-\infty}^{+\infty}F_1(\omega+2k\pi)F_2^*(\omega+2k\pi)=1 \tag{7-4-23}$$

上面的 F,F_1,F_2 分别对应 f,f_1,f_2 的傅里叶变换。

式 (7 − 4 − 22) 和式 (7 − 4 − 23) 统称为 "Poisson 公式"。

3. 滤波器 $H_0(\omega),H_1(\omega)$ 的性质

1) $h_0(k)$ 和 $h_1(k)$ 的总和

$$\sum_{k=-\infty}^{+\infty}h_0(k)=\sqrt{2} \tag{7-4-24}$$

$$\sum_{k=-\infty}^{+\infty}h_1(k)=0 \tag{7-4-25}$$

证明: 将式 (7 − 4 − 12a) 两边对 t 积分, 可得

$$\begin{aligned}\int_{-\infty}^{+\infty}\phi(t)\mathrm{d}t&=\sqrt{2}\sum_{k=-\infty}^{+\infty}h_0(k)\int_{-\infty}^{+\infty}\phi(2t-k)\mathrm{d}t\\&=\frac{1}{\sqrt{2}}\sum_{k=-\infty}^{+\infty}h_0(k)\int_{-\infty}^{+\infty}\phi(t')\mathrm{d}t'\end{aligned} \tag{7-4-26}$$

式中, $t'=2t-k$。再将尺度函数的容许条件式 (7 − 4 − 19) 代入上式, 可得

$$\sum_{k=-\infty}^{+\infty}h_0(k)=\sqrt{2}$$

将式 (7 − 4 − 12b) 两边对 t 积分, 可得

$$\begin{aligned}\int_{-\infty}^{+\infty}\psi(t)\mathrm{d}t&=\sqrt{2}\sum_{k=-\infty}^{+\infty}h_1(k)\int_{-\infty}^{+\infty}\phi(2t-k)\mathrm{d}t\\&=\frac{1}{\sqrt{2}}\sum_{k=-\infty}^{+\infty}h_1(k)\int_{-\infty}^{+\infty}\phi(t')\mathrm{d}t'\end{aligned} \tag{7-4-27}$$

式中, $t' = 2t - k$。由于小波函数必须满足母小波的容许条件式 (7－2－19), 即

$$\Psi(0) = \int_{-\infty}^{+\infty} \psi(t)\mathrm{d}t = 0 \tag{7-4-28}$$

将式(7－4－27)和式 (7－4－19) 代入式 (7－4－28), 得

$$\sum_{k=-\infty}^{+\infty} h_1(k) = 0$$

综上, 式 (7－4－24) 和式 (7－4－25) 得证。

2) 频域初值

$$H_0(\omega)\Big|_{\omega=0} = \sqrt{2} \tag{7-4-29}$$

$$H_1(\omega)\Big|_{\omega=0} = 0 \tag{7-4-30}$$

滤波器 $H_0(\omega), H_1(\omega)$ 的上述两个性质其本质是相同的。

3) h_0, h_1 在频域上的特性

$H_0(\omega), H_1(\omega)$ 满足以下关系式:

$$\left|H_0(\omega)\right|^2 + \left|H_0(\omega+\pi)\right|^2 = 2 \tag{7-4-31}$$

$$\left|H_1(\omega)\right|^2 + \left|H_1(\omega+\pi)\right|^2 = 2 \tag{7-4-32}$$

$$H_0(\omega)H_1^*(\omega) + H_0(\omega+\pi)H_1^*(\omega+\pi) = 0 \tag{7-4-33}$$

证明: 首先利用 Poisson 公式得到几个重要的关系式。

前面假定了 $\{\phi(t-k), k \in \mathbf{Z}\}$ 与 $\{\psi(t-k), k \in \mathbf{Z}\}$ 都是标准正交基, 同时由 $\phi(t) \in V_0, \psi(t) \in W_0, V_0 \perp W_0$ 可知, $\{\phi(t-k), k \in \mathbf{Z}\}$ 与 $\{\psi(t-k), k \in \mathbf{Z}\}$ 相互正交。这样, 由 Poisson 公式可直接得出

$$\sum_{k=-\infty}^{+\infty} \left|\Phi(\omega+2k\pi)\right|^2 = 1 \tag{7-4-34}$$

$$\sum_{k=-\infty}^{+\infty} \left|\Psi(\omega+2k\pi)\right|^2 = 1 \tag{7-4-35}$$

$$\sum_{k=-\infty}^{+\infty} \Phi(\omega+2k\pi)\,\Psi^*(\omega+2k\pi) = 0 \tag{7-4-36}$$

先证明式 (7－4－34)。对式 (7－4－17a) 两边取共轭后再与式 (7－4－17a) 相乘得

$$\left|\Phi(\omega)\right|^2 = \frac{1}{2}\left|H_0\left(\frac{\omega}{2}\right)\right|^2 \left|\Phi\left(\frac{\omega}{2}\right)\right|^2$$

将上式代入式 (7－4－34), 可得

$$\sum_{k=-\infty}^{+\infty} \left|H_0\left(\frac{\omega}{2}+k\pi\right)\right|^2 \left|\Phi\left(\frac{\omega}{2}+k\pi\right)\right|^2 = 2$$

式中, $H_0(\omega)$ 是以 2π 为周期的。现将 k 按奇、偶分开, 即分别令 $k=2p$ 和 $k=2p+1$, 并令 $\omega'=\omega/2$, 则有

$$\left|H_0(\omega')\right|^2\sum_{p=-\infty}^{+\infty}\left|\Phi(\omega'+2p\pi)\right|^2+\left|H_0(\omega'+\pi)\right|^2\sum_{p=-\infty}^{+\infty}\left|\Phi(\omega'+2p\pi+\pi)\right|^2=2$$

由于式 $(7-4-34)$ 对任意 ω 均成立, 即有

$$\sum_{p=-\infty}^{+\infty}\left|\Phi(\omega'+2p\pi)\right|^2=\sum_{p=-\infty}^{+\infty}\left|\Phi(\omega'+\pi+2p\pi)\right|^2=1 \tag{7-4-37}$$

因此, 最后得到

$$\left|H_0(\omega)\right|^2+\left|H_0(\omega+\pi)\right|^2=2$$

这样式 $(7-4-31)$ 得证。

对于式 $(7-4-32)$, 可由式 $(7-4-35)$ 与式 $(7-4-17\text{b})$ 类似地证明。

现在证明式 $(7-4-33)$。在式 $(7-4-36)$ 中, 令 $\omega=2\omega'$, 则得

$$\sum_{k=-\infty}^{+\infty}\Phi(2\omega'+2k\pi)\Psi^*(2\omega'+2k\pi)=0$$

将二尺度差分方程的频域关系式 $(7-4-17)$ 代入上式, 有

$$\sum_{k=-\infty}^{+\infty}H_0(\omega'+k\pi)\Phi(\omega'+k\pi)H_1^*(\omega+k\pi)\Phi^*(\omega+k\pi)=0$$

再一次将 k 按奇、偶分开, 并注意到 $H_0(\omega), H_1(\omega)$ 都是以 2π 为周期的, 于是

$$\sum_{p=-\infty}^{+\infty}H_0(\omega'+2p\pi)\Phi(\omega'+2p\pi)H_1^*(\omega'+2p\pi)\Phi^*(\omega'+2p\pi)+$$
$$\sum_{p=-\infty}^{+\infty}H_0(\omega'+2p\pi+\pi)\Phi(\omega'+2p\pi+\pi)H_1^*(\omega'+2p\pi+\pi)\Phi^*(\omega'+2p\pi+\pi)=0$$

由式 $(7-4-37)$, 最后可得

$$H_0(\omega)H_1^*(\omega)+H_0(\omega+\pi)H_1^*(\omega+\pi)=0$$

这样式 $(7-4-33)$ 得证。

由以上证明可知, 式 $(7-4-31)$、式 $(7-4-32)$ 及式 $(7-4-33)$ 分别来自尺度函数 $\phi(t)$ 的标准正交性、小波函数 $\psi(t)$ 的标准正交性以及尺度函数和小波函数之间的正交性。

注意到 $H_0(\omega)$, $H_1(\omega)$ 实际上是周期函数 $H_0(\mathrm{e}^{\mathrm{j}\omega})$, $H_1(\mathrm{e}^{\mathrm{j}\omega})$ 的简记, 又由于 $H(z)$ 对应于 $H(\mathrm{e}^{\mathrm{j}\omega}), H(-z)$ 对应于 $H[\mathrm{e}^{\mathrm{j}(\omega+\pi)}]=H(-\mathrm{e}^{\mathrm{j}\omega})$, 而 $H(z^{-1})$ 对应于 $H^*(\mathrm{e}^{\mathrm{j}\omega})=H(\mathrm{e}^{-\mathrm{j}\omega})$, 从而可以把式 $(7-4-31)\sim$ 式 $(7-4-33)$ 改写成 z 变换形式

$$H_0(z)H_0(z^{-1})+H_0(-z)H_0(-z^{-1})=2 \tag{7-4-38a}$$

$$H_1(z)H_1(z^{-1})+H_1(-z)H_1(-z^{-1})=2 \tag{7-4-38b}$$

$$H_0(z)H_1(z^{-1})+H_0(-z)H_1(-z^{-1})=0 \tag{7-4-38c}$$

容易验证, 当滤波器 $H_0(\omega)$ 满足式 (7 − 4 − 31) 时, 由滤波器 $H_0(\omega)$ 和

$$H_1(\omega)=\mathrm{e}^{-\mathrm{j}\omega}H_0^*(\omega+\pi) \tag{7-4-39a}$$

组成的滤波器组 (H_0,H_1) 不仅是式 (7 − 4 − 33) 的一个解, 而且 $H_1(\omega)$ 满足式 (7 − 4 − 32)。同样, 满足式 (7 − 4 − 31) 的滤波器 $H_0(\omega)$ 和

$$H_1(\omega)=-\mathrm{e}^{-\mathrm{j}\omega}H_0^*(\omega+\pi) \tag{7-4-39b}$$

组成的滤波器组 (H_0,H_1) 也是式 (7 − 4 − 33) 的一个解, 而且 $H_1(\omega)$ 满足式 (7 − 4 − 32)。

满足式 (7 − 4 − 39a) 的两个滤波器系数之间存在如下关系:

$$h_1(k)=(-1)^{1-k}h_0^*(1-k),\quad k\in\mathbf{Z} \tag{7-4-40a}$$

该式也是式 (7 − 4 − 39a) 的时域表达。

类似地, 满足式 (7 − 4 − 39b) 的两个滤波器的系数有以下关系:

$$h_1(k)=(-1)^{k}h_0^*(1-k),\quad k\in\mathbf{Z} \tag{7-4-40b}$$

它与式 (7 − 4 − 40a) 只相差一个负号。根据式 (7 − 4 − 40), 通常称 H_1 是 H_0 的镜像滤波器, 并统称 H_0 和 H_1 为二次镜像滤波器。

在 7.2.5 节, 曾分析过母小波的 “消失矩条件”, 即要求小波函数具有 N 阶消失矩, 并且 N 应该尽可能大。由以上讨论可知, 小波函数具有 N 阶消失矩应等价于 $H_0(\omega)$ 是 N 阶正则的。下面给出其定义。

定义 7.4.2: 滤波器 $H_0(\omega)$ 是 N 阶正则的, 若

$$\left.\frac{\mathrm{d}^kH_0(\omega)}{\mathrm{d}\omega^k}\right|_{\omega=\pi}=0,\quad k=0,1,\cdots,N-1 \tag{7-4-41a}$$

且

$$\left.\frac{\mathrm{d}^NH_0(\omega)}{\mathrm{d}\omega^N}\right|_{\omega=\pi}\neq 0$$

当式 (7 − 4 − 41a) 成立时, 构造的尺度函数和小波函数均具有 q 阶光滑性, 其中 q 与 $N-1$ 成正比, 式 (7 − 4 − 41a) 又可等价写作

$$\sum_{k=-\infty}^{+\infty}(-1)^kk^mh_0(k)=0,\quad k=0,1,\cdots,N-1 \tag{7-4-41b}$$

7.4.3 正交小波构造实例

在 7.4.2 节介绍了尺度函数和小波函数的双尺度方程, 并由此引出了滤波器组 (H_0, H_1), 这两个滤波器是构造正交小波的关键。所谓 "正交小波", 指的是若由 $\psi(t)$ 生成的 $\{\psi(t-k), k \in \mathbf{Z}\}$ 是 W_0 上的正交小波基, 则称 $\psi(t)$ 为一个正交小波。

多分辨分析的一个重要应用就是小波的构造。正交小波构造的一般方法是: 首先构造合适的 $H_0(\omega)$, 并根据式 (7－4－33) 得到相应的 $H_1(\omega)$, 然后就可以求出尺度函数 $\phi(t)$, 进而构造出小波函数 $\psi(t)$。有关 $H_0(\omega)$ 的设计, 还将在 7.5 节讨论。下面以应用最广泛的 Daubechies 小波为例, 介绍正交小波的一般构造方法[17]:

(1) 首先选择滤波器 H_0 的长度 $2N, N = 1, 2, \cdots$。

(2) 为了保证 $\psi(t)$ 具有 M 阶消失矩, 即 $H_0(\omega)$ 是 M 阶正则的, 可以令

$$H_0(\omega) = \sqrt{2}\left(\frac{1+\mathrm{e}^{-\mathrm{j}\omega}}{2}\right)^M Q(\mathrm{e}^{\mathrm{j}\omega}) \tag{7－4－42}$$

式中, $Q(\mathrm{e}^{\mathrm{j}\omega})$ 是 $\mathrm{e}^{-\mathrm{j}\omega}$ 的多项式。可以证明, 要使滤波器长度为 $2N$, 必须使 $H_0(\omega)$ 是 $\mathrm{e}^{-\mathrm{j}\omega}$ 的 $2N-1$ 阶多项式, 所以 $Q(\mathrm{e}^{\mathrm{j}\omega})$ 是 $\mathrm{e}^{-\mathrm{j}\omega}$ 的 $2N-1-M$ 阶多项式。又根据正交条件, 多项式 $Q(\mathrm{e}^{\mathrm{j}\omega})$ 必须具有最小阶数 $M-1$, 从而有 $M = N$。

(3) 下面来确定 $Q(\mathrm{e}^{\mathrm{j}\omega})$。令

$$P(z) = \sum_{k=0}^{N-1}\binom{N+k-1}{k}\left(\frac{2-z-z^{-1}}{4}\right)^k \tag{7－4－43}$$

式中, $\binom{N+k-1}{k}$ 表示从 $N+k-1$ 中每次取 k 可能得到的组合数目。采用谱分解的方法将 $P(z)$ 分解为 $P(z) = Q(z)Q(z^{-1})$, 即将单位圆内的零点赋予 $Q(z)$, 而将单位圆外的零点赋予 $Q(z^{-1})$, 这样求出的 $Q(z)$ 具有最小相位。再将 z 替换为 $\mathrm{e}^{\mathrm{j}\omega}$, 就得到 $Q(\mathrm{e}^{\mathrm{j}\omega})$。

(4) 将以上求得的 $Q(\mathrm{e}^{\mathrm{j}\omega})$ 代入式 (7－4－42), 即得 $H_0(\omega)$, 进而求得 $h_0(k)$。

(5) 得到 $H_0(\omega)$ 后, 利用式 (7－4－20) 求 $\phi(t)$ 的数学表达式是非常困难的, 可以采用迭代算法 7.4.1 来构造尺度函数。

(6) 根据式 (7－4－39b), 取 $H_1(\omega) = -\mathrm{e}^{-\mathrm{j}\omega}H_0^*(\omega+\pi)$, 即 $h_1(k) = (-1)^k h_0^*(1-k)$, 然后利用二尺度差分方程 (7－4－12b) 就可构造出小波函数 $\psi(t)$。

算法 7.4.1: 尺度函数的迭代构造算法。

(1) 令初始值 $\phi^{(0)}(t) = p(t)$, 其中

$$p(t) = \begin{cases} 1, & t \in [0, 1) \\ 0, & \text{其他} \end{cases}$$

(2) 计算

$$\phi^{(i+1)}(t) = \sqrt{2}\sum_{k=0}^{2N-1} h(k)\phi^{(i)}(2t-k) \tag{7－4－44}$$

(3) 判断 $\phi^{(i)}(t)$ 是否收敛。若收敛, 则停止迭代; 否则, 令 $i \leftarrow i+1$, 并返回步骤 (2) 继续迭代, 直至算法收敛。

现已证明, 经过迭代后, $\phi^{(i)}(t)$ 收敛为 $\phi(t)$, 最多相差一个乘数因子。

应用上述方法构造的 Daubechies 小波具有 N 阶消失矩, 因此常简记为 db N (可取 $N = 1,2,\cdots$), 此时滤波器的长度为 $2N$。需要注意的是, N 越大, 尺度函数和小波函数越光滑。下面举例说明 Daubechies 小波的滤波器 H_0 的系数的求取。

例 7.4.1 当 $N=2$ 时, 求 Daubechies 小波的滤波器 H_0 的系数。

解: 由式 $(7-4-43)$, 有

$$\begin{aligned} P(z) &= \sum_{n=0}^{1}\binom{1+n}{n}\left[\frac{2-z-z^{-1}}{4}\right]^n = \frac{1}{2}(4-z^{-1}-z) \\ &= \frac{1}{4}\left[(1+\sqrt{3})+(1-\sqrt{3})z^{-1}\right]\left[(1+\sqrt{3})+(1-\sqrt{3})z\right] \end{aligned}$$

取单位圆内的零点组成 $Q(z)$, 并将 z 替换为 $\mathrm{e}^{\mathrm{j}\omega}$, 得

$$Q(\mathrm{e}^{\mathrm{j}\omega}) = \frac{1+\sqrt{3}}{\sqrt{2}} + \frac{1-\sqrt{3}}{\sqrt{2}}\mathrm{e}^{-\mathrm{j}\omega}$$

因此

$$\begin{aligned} H(\omega) &= \left(\frac{1+\mathrm{e}^{-\mathrm{j}\omega}}{2}\right)^2\left(\frac{1+\sqrt{3}}{\sqrt{2}} + \frac{1-\sqrt{3}}{\sqrt{2}}\mathrm{e}^{-\mathrm{j}\omega}\right) \\ &= \frac{1+\sqrt{3}}{4\sqrt{2}} + \frac{3+\sqrt{3}}{4\sqrt{2}}\mathrm{e}^{-\mathrm{j}\omega} + \frac{3-\sqrt{3}}{4\sqrt{2}}\mathrm{e}^{-\mathrm{j}2\omega} + \frac{1-\sqrt{3}}{4\sqrt{2}}\mathrm{e}^{-\mathrm{j}3\omega} \end{aligned}$$

即 H_0 的系数为

$$\begin{aligned} &h_0(0) = \frac{1+\sqrt{3}}{4\sqrt{2}} = 0.482\,96, \quad h_0(1) = \frac{3+\sqrt{3}}{4\sqrt{2}} = 0.836\,52 \\ &h_0(2) = \frac{3-\sqrt{3}}{4\sqrt{2}} = 0.224\,14, \quad h_0(3) = \frac{1-\sqrt{3}}{4\sqrt{2}} = -0.129\,41 \end{aligned}$$

计算出滤波器 H_0 的系数后, 就可以按照算法 7.4.1 构造出相应的尺度函数, 进而构造出小波函数。上例中 db2 小波的尺度函数和小波函数的波形如图 7.4.1 所示。

7.4.4 Mallat 算法

多分辨分析的另一重要应用就是实现快速正交小波变换及其逆变换, 即 Mallat 算法。我们知道, 通过将信号 $x(t)$ 正交投影到空间 V_j 和 W_j, 能对应地得到分辨力 j 下 $x(t)$ 的离散逼近 $c_j(k)$(也叫尺度系数) 和离散细节信号 $d_j(k)$(也叫小波系数), 后者即是二进离散栅格上的小波变换 $WT_x(j,k)$。这些离散系数可以通过级联的多采样率滤波器组来求取, 这就是 Mallat 算法的基本思想。下面从信号的分解和重建两方面来推导 Mallat 算法。

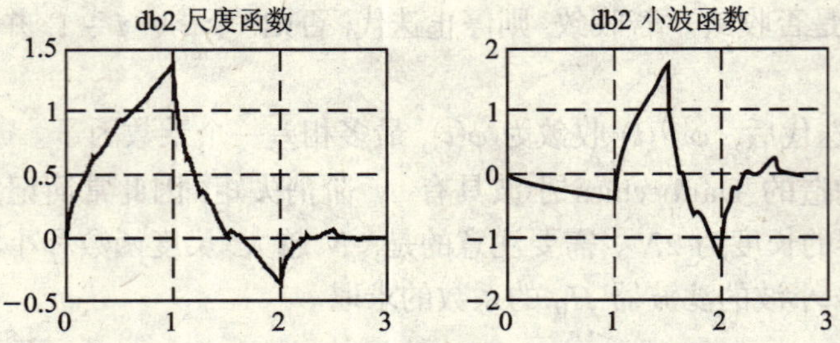

图 7.4.1　db2 小波

1. Mallat 分解算法

首先来推导 $c_j(k)$ 与 $c_{j+1}(k)$ 之间的关系。

由于 (标准) 正交基函数 $\phi_{j+1,k} \in V_{j+1}, \{\phi_{j,k}, k \in \mathbf{Z}\}$ 是 V_j 中的 (标准) 正交基, 且 $V_{j+1} \subset V_j$, 因此, $\phi_{j+1,k}(t)$ 表示为 V_j 中正交基的线性组合, 即

$$\phi_{j+1,k}(t) = \sum_{n=-\infty}^{+\infty} p_n \phi_{j,n}(t) \tag{7-4-45}$$

由上式易得

$$\begin{aligned} p_n &= \langle \phi_{j+1,k}(t), \phi_{j,n}(t) \rangle \\ &= \frac{1}{\sqrt{2^{j+1}}\sqrt{2^j}} \int_{-\infty}^{+\infty} \phi[2^{-(j+1)}t - k]\phi^*(2^{-j}t - n)\mathrm{d}t \end{aligned}$$

式中, 令 $\dfrac{t'}{2} = 2^{-(j+1)}t - k$, 则

$$\begin{aligned} p_n &= \frac{1}{\sqrt{2}} \int_{-\infty}^{+\infty} \phi\left(\frac{t'}{2}\right)\phi^*(t' - n + 2k)\mathrm{d}t' \\ &= \langle \phi_{1,0}(t), \phi_{0,n-2k}(t) \rangle \end{aligned} \tag{7-4-46}$$

由式 (7 − 4 − 13), 有

$$\langle \phi_{1,0}(t), \phi_{0,n-2k}(t) \rangle = h_0(n-2k) = p_n$$

于是, 式 (7 − 4 − 45) 变成

$$\phi_{j+1,k}(t) = \sum_{n=-\infty}^{+\infty} h_0(n-2k)\phi_{j,n}(t)$$

将上式两边分别对 $x(t)$ 作内积, 由式 (7 − 4 − 6b), 得

$$\begin{aligned} \text{左边} &= \langle x(t), \phi_{j+1,k}(t) \rangle = c_{j+1}(k) \\ \text{右边} &= \langle x(t), \sum_{n=-\infty}^{+\infty} h_0(n-2k)\phi_{j,n}(t) \rangle \\ &= \sum_{n=-\infty}^{+\infty} h_0^*(n-2k)\langle x(t), \phi_{j,n}(t) \rangle = \sum_{n=-\infty}^{+\infty} c_j(n)h_0^*(n-2k) \end{aligned}$$

这样, 左边等于右边, 有

$$c_{j+1}(k)=\sum_{n=-\infty}^{+\infty}c_j(n)h_0^*(n-2k) \tag{7-4-47a}$$

类似地, 可以推导出 $c_j(k)$ 与 $d_{j+1}(k)$ 之间的关系为

$$d_{j+1}(k)=\sum_{n=-\infty}^{+\infty}c_j(n)h_1^*(n-2k) \tag{7-4-47b}$$

一般情况下, $h_0(k),h_1(k)\in\mathbf{R}$, 即有 $h_0(k)=h_0^*(k),h_1(k)=h_1^*(k)$。因此, 可令 $h_0'(k)=h_0(-k),h_1'(k)=h_1(-k)$, 则有

$$c_{j+1}(k)=\sum_{n=-\infty}^{+\infty}c_j(n)h_0(n-2k)=c_j*h_0'(2k) \tag{7-4-48a}$$

$$d_{j+1}(k)=\sum_{n=-\infty}^{+\infty}c_j(n)h_1(n-2k)=c_j*h_1'(2k) \tag{7-4-48b}$$

称 (h_0',h_1') 为分析滤波器组。根据上式, 便得到如图 7.4.2 所示的网络结构。

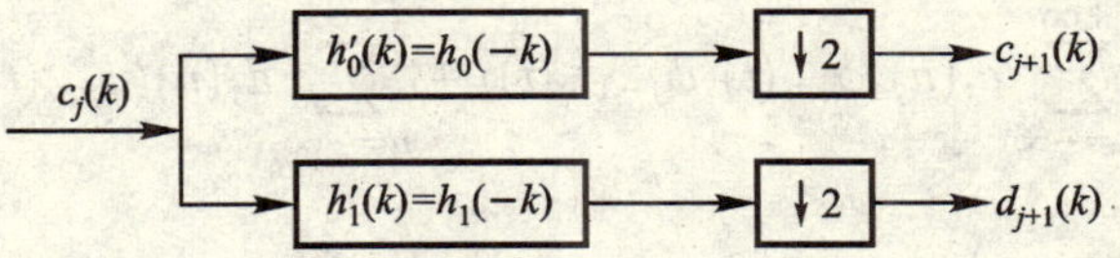

图 7.4.2 式 (7 − 4 − 47) 所示的网络结构

图 7.4.2 中 ↓ 2 表示二抽取。现在解释图 7.4.2 所示的网络结构。设 $j=0$, 则 $c_0(k)$ 是 $x(t)$ 在 V_0 中由正交基 $\{\phi(t-k),k\in\mathbf{Z}\}$ 作分解的系数, 即是在 V_0 中对 $x(t)$ 所作的离散逼近。$c_0(k)$ 和 $h_0'(k)$ 作卷积运算后, 再作二抽取, 就得到 $x(t)$ 在 V_1 中的离散逼近 $c_1(k)$, 其中 $h_0'(k)=h_0(-k)$ 表示将 $h_0(k)$ 作一次翻转。同理, $c_0(k)$ 和 $h_1'(k)$ 作卷积运算后, 再作二抽取, 就得到 $x(t)$ 在 W_1 中的离散细节信号 $d_1(k)$, 其中 $h_1'(k)$ 也由 $h_1(k)$ 作一次翻转得到。

如果令 j 由 0 逐级增大, 便可得到信号分解的逐级实现, 如图 7.4.3 所示。该图所反映的过程 [也即式 (7 − 4 − 48)] 就是 Mallat 分解算法, 即小波变换的快速实现。

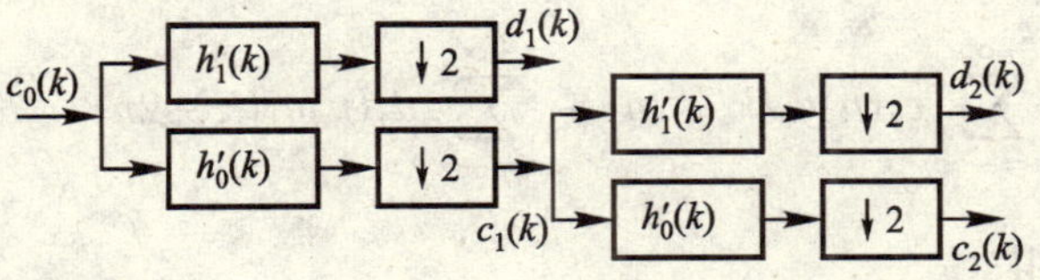

图 7.4.3 Mallat 分解算法

由式 (7 − 4 − 48) 和图 7.4.3, 从滤波器的角度可以看出: 若 $h_0'(k)$ 的频带在 $0\sim\pi/2,h_1'(k)$ 的频带在 $\pi/2\sim\pi$, 并由于 $c_0(k)$ 所处的频带是 $0\sim\pi$, 则 $c_1(k)$ 的频带为 $0\sim\pi/2,d_1(k)$ 的频带为 $\pi/2\sim\pi$; 对 $c_1(k)$ 再分解后, $c_2(k)$ 的频带为 $0\sim\pi/4$, 而 $d_2(k)$ 的频带为 $\pi/4\sim\pi/2$。以此类推,

就实现了对频带的逐级剖分。按这样的方式剖分, 一方面保证了各子频带的恒 Q 性, 另一方面又保证了 $H_0(z)$ 和 $H_1(z)$ 在各级的不变性。

此外, 由于将离散信号的正交小波变换归结到逐级的线性卷积来实现, 所以其计算量低于数值积分法。需要注意的是, 若滤波器 H_0 和 H_1 的系数不是太长, 卷积可在时域直接实现, 否则, 用 FFT 来实现。

2. Mallat 重构算法

根据正交多分辨分析的基本思想, 有

$$P_{j-1}x(t) = P_jx(t) + D_jx(t) = \sum_{n=-\infty}^{+\infty} c_j(n)\phi_{j,n}(t) + \sum_{n=-\infty}^{+\infty} d_j(n)\psi_{j,n}(t) \qquad (7-4-49)$$

又由式 (7 − 4 − 6b), 有

$$c_{j-1}(k) = \langle P_{j-1}x(t), \phi_{j-1,k}(t)\rangle$$

将式 (7 − 4 − 49) 代入上式, 可得

$$\begin{aligned} c_{j-1}(k) &= \langle P_jx(t), \phi_{j-1,k}(t)\rangle + \langle D_jx(t), \phi_{j-1,k}(t)\rangle \\ &= \sum_{n=-\infty}^{+\infty} c_j(n)\langle \phi_{j,n}(t), \phi_{j-1,k}(t)\rangle + \sum_{n=-\infty}^{+\infty} d_j(n)\langle \psi_{j,n}(t), \phi_{j-1,k}(t)\rangle \end{aligned}$$

由式 (7 − 4 − 46), 有

$$\langle \phi_{j,n}(t), \phi_{j-1,k}(t)\rangle = \langle \phi_{1,0}(t), \phi_{0,k-2n}(t)\rangle = h_0(k-2n)$$

同理, 有

$$\langle \psi_{j,n}(t), \phi_{j-1,k}(t)\rangle = \langle \psi_{1,0}(t), \phi_{0,k-2n}(t)\rangle = h_1(k-2n)$$

所以

$$c_{j-1}(k) = \sum_{n=-\infty}^{+\infty} c_j(n)h_0(k-2n) + \sum_{n=-\infty}^{+\infty} d_j(n)h_1(k-2n)$$

如果将 h_0, h_1 替换为 g_0, g_1, 则有

$$c_{j-1}(k) = \sum_{n=-\infty}^{+\infty} c_j(n)g_0(k-2n) + \sum_{n=-\infty}^{+\infty} d_j(n)g_1(k-2n) \qquad (7-4-50)$$

称 (g_0, g_1) 为综合滤波器组。

根据上式, 便得到如图 7.4.4a 所示的网络结构。图中 $\uparrow 2$ 表示二插值。若 j 由 2 递减, 则整个的重建过程如图 7.4.4b 所示, 它正好是图 7.4.3 所示分解过程的逆过程。不过在分解的过程中, h_0 和 h_1 要先作翻转, 而在重建过程中, h_0, h_1 不作翻转。分解时存在二抽取, 而在恢复过程中存在二插值。需要注意的是, 上面推导出的综合滤波器组 (g_0, g_1) 与分析滤波器组 (h'_0, h'_1) 只是特例, 不是唯一答案, 在 7.5 节将作进一步讨论。

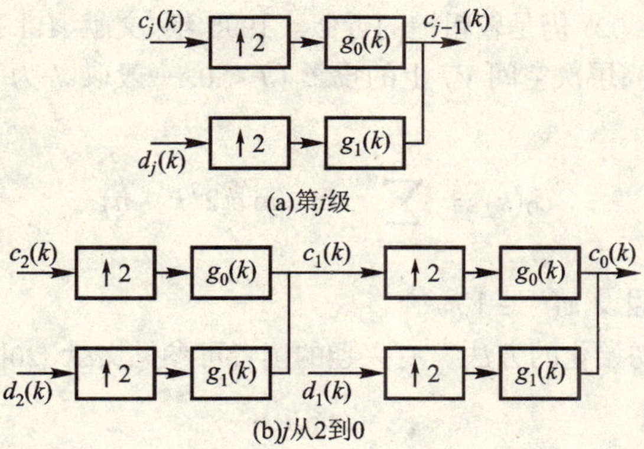

图 7.4.4 Mallat 重构算法

7.4.5 Mallat 算法实现中的一些问题

用滤波器组来实现 Mallat 算法, 固然可以使离散栅格上小波变换的计算量明显减少, 但在具体实现时尚有一些问题需要解决。主要是初始化问题和在分解过程中数据逐渐减少的问题。

1. 初始化问题

图 7.4.3 中分解计算的最初输入是 $c_0(k)$, 它是 $x(t)$ 在 V_0 空间上投影 $P_0x(t)$ 的离散逼近, 即

$$c_0(k) = \langle x(t), \phi(t-k)\rangle = \int_{-\infty}^{+\infty} x(t)\phi^*(t-k)\mathrm{d}t \qquad (7-4-51)$$

如何取得这组数据呢? 目前大多数应用中常常直接用 $x(t)$ 的采样序列 $x(nT_s)$ [简记为 $x(n)$] 作为 $c_0(k)$, 这当然是不严格的。为此, 人们提出了很多由 $x(n)$ 求解 $c_0(k)$ 的方法[18-21], 主要包括:

(1) 由 Shannon 抽样定理引出 $c_0(k)$ 和 $x(n)$ 的关系。

根据 Shannon 采样定理知, $x(t)$ 与各采样值 $x(n)$ 之间的关系是

$$x(t) = \sum_{n=-\infty}^{+\infty} x(n)\sin c(t-n)$$

将其代入式 (7 − 4 − 51), 有

$$c_0(k) = \sum_{n=-\infty}^{+\infty} x(n)\int_{-\infty}^{+\infty} \sin c(t-n)\phi^*(t-k)\mathrm{d}t$$

若把 $\sin c(t-n)$ 近似为 δ 函数, 有

$$c_0(k) \approx \sum_{n=-\infty}^{+\infty} x(n)\int_{-\infty}^{+\infty} \delta(t-n)\phi^*(t-k)\mathrm{d}t = \sum_{n=-\infty}^{+\infty} x(n)\phi^*(n-k) \qquad (7-4-52)$$

文献[18] 用一些仿真算例证明了用式 (7 − 4 − 52) 作初始化的分析结果比直接将 $x(k)$ 当作 $c_0(k)$ 所得结果更为优越, 特别是在 $x(t)$ 并非过采样的情况下。

(2) 实际上式 (7 − 4 − 52) 仍是较粗糙的近似。1996 年, 文献 [19] 又提出了另一种初始化算法, 其特点是用 $x(t)$ 在更高层次空间 V_J 上的投影 ($J<0$, 一般取 J 为 −1 或 −2) 作 $c_0(k)$, 经推导后得

$$c_0(k)=\sum_{n=-\infty}^{+\infty}x(n)\sin c(2^Jk-n) \qquad (7-4-53)$$

不难看出, 这其实也就是假设 $x(t)\in V_J$。

(3) 通过预滤波进行初始化的方法。有兴趣的读者可参见文献 [20] 和文献 [21]。

2. 数据逐级减少问题

在图 7.4.3 中, 由于每一级滤波后都有一个二抽取环节, 这样, 每一级分解后 $d_{j+1}(k)$ 和 $a_{j+1}(k)$ 的数据就要比 $d_j(k)$ 和 $a_j(k)$ 减少一半。当 j 较大时, 数据量的减少也是很可观的。为此, 通常采用 "多孔算法" 进行信号的小波分解。

再次观察图 7.4.3, 每一级的 $d_j(k)$ 都是由上一级的 $c_{j-1}(k)$ 通过滤波器 h_1' 作二抽取后的输出。若不考虑图中 $h_0'(k)$, $h_1'(k)$ 和 $h_0(k)$, $h_1(k)$ 的翻转关系, 即把该图方框中的滤波器都记作 $H_0(z)$ 和 $H_1(z)$, 那么, 对 $d_3(k)$, 其信号流如图 7.4.5 所示。又由于多采样率信号处理中存在如图 7.4.6 所示的等效易位关系 (在 7.5 节中将对此进行详细介绍), 通过递推便知图 7.4.5 又可表示为图 7.4.7, 图中 $\downarrow M$ 表示 M 抽取。

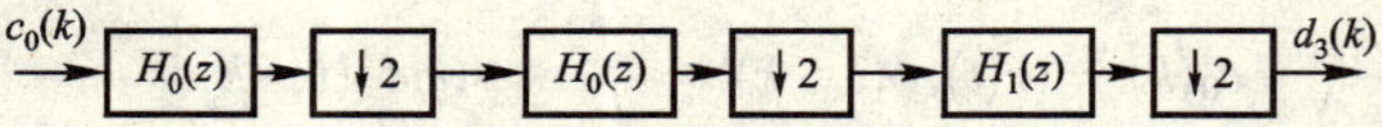

图 7.4.5 求 $d_3(k)$ 的等效信号流图

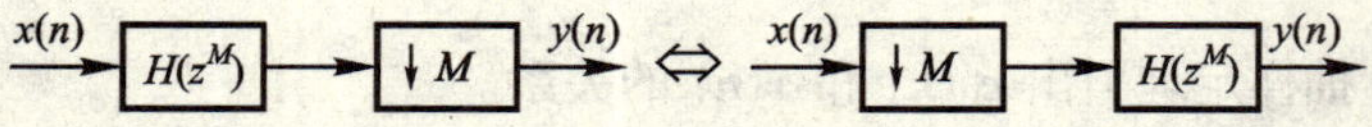

图 7.4.6 抽取与滤波的等效易位关系

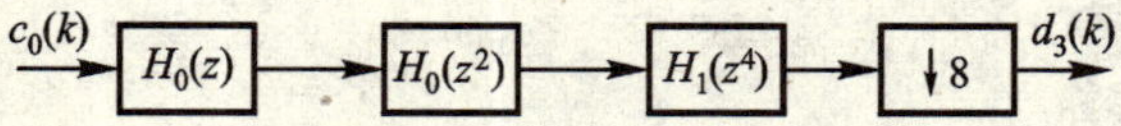

图 7.4.7 图 7.4.5 的等效表示

由以上讨论可知, Mallat 分解算法的处理过程 (图 7.4.3) 等效于图 7.4.8 所示的处理过程。如果舍掉最后的抽取环节, 得到 $d_1'(k), d_2'(k), d_3'(k), d_4'(k)$, 它们实际上是小波变换栅格平面中每层按相同的采样间隔计算出来的离散小波变换值。由于 $H(z^p)$ 的含义是在 $H(z)$ 的单位冲激响应 $h(k)$ 序列的两点间插入 $p-1$ 个零值, 使 "空隙" 增大, 所以该算法称之为 "多孔算法"。

除了多孔算法外, 还可以通过逐点计算来实现离散栅格的加密, 具体内容可参见文献 [22]。

从以上讨论可以看出, 无论是 "Mallat 算法", 还是 "多孔算法", $x(t)$ 均要取为离散值, 由此引出一种新的小波变换 —— 离散序列小波变换。

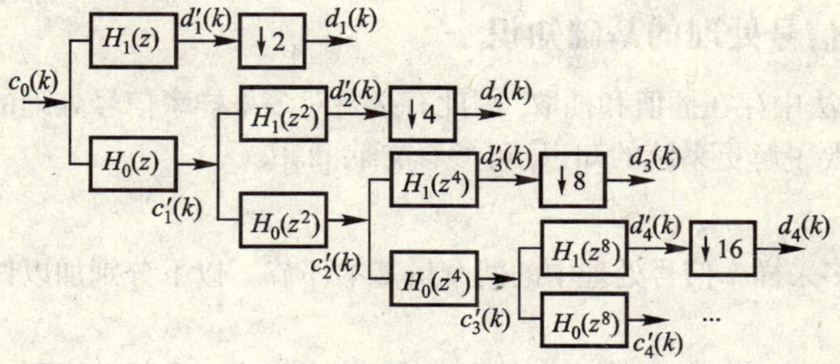

图 7.4.8　多孔算法

若将离散栅格上的小波变换定义式 (7 − 3 − 10) 中的 t 离散化, 取 $t = nT_s, T_s = 1$, 且令 $a_0 = 2, b_0 = 1$, 则有

$$WT_x(2^j, 2^j k) = 2^{-j/2} \sum_{n=-\infty}^{+\infty} x(n)\psi^*(2^{-j}n - k) \qquad (7-4-54)$$

上式即为离散序列小波变换 (discrete sequence wavelet transform, 简记为 DSWT)。

7.4.6　小波变换小结

总结起来, 至此已经介绍了四类小波变换:

(1) 连续小波变换 (CWT)。$WT_x(a,b)$ 是 $x(t)$ 与 $\psi\left(\dfrac{t-b}{a}\right)$ 的内积, 其计算方法可用数值积分, 或基于调频 Z 变换 (CZT), 或基于 Mellin 变换的快速算法, 或基于 Mellin 变换和斜交投影的快速算法。使用 CWT 的好处是 a 可取非整数值, 即按实际分辨力的需要取粗或取细。

(2) 二进小波变换。它只对尺度 a 进行离散化, 并取 $a = 2^j, j \in \mathbf{Z}$, 而 b, t 均保持连续, 因此它具有时移共变性, 这是离散栅格上的小波变换所不具有的。

(3) 离散栅格上的小波变换 (DWT)。它对尺度 a 和位移 b 均离散化, 但 t 保持连续, 在概念上接近于小波级数。当 $a_0 = 2, b_0 = 1$ 时, 离散栅格上的小波变换可以用 Mallat 或多孔等快速算法来实现。

(4) 离散序列小波变换 (DSWT)。它对 a, b, t 均离散化, 适用于计算机处理, 因此应用最为广泛。其计算方法通常采用 Mallat 算法或多孔算法。

7.5　多采样滤波器组与小波变换

在 7.4 节, 利用多分辨分析实现了快速正交小波变换及其逆变换, 即 Mallat 算法。这一算法的核心就是分析、综合滤波器组的设计。本节将以 Z 变换为主要工具, 首先介绍多采样率信号处理中的一些基本关系[23], 接着分析双通道情况下多采样率分析、综合滤波器组的理想重建问题, 并在此基础上介绍正交镜像对称滤波器组与共轭正交滤波器组, 然后介绍分析滤波器组中低通滤波器 $H_0(z)$ 的设计, 最后讨论双正交情况下滤波器的性质与设计问题。

7.5.1 多采样率信号处理的基础知识

由于 Mallat 算法中存在插值和抽取, 因此有必要对多采样率信号处理的一些基础知识加以介绍。如果读者需要了解更系统的知识, 可参看文献 [23]。

1. 插值与抽取

抽取与插值是多采样率信号处理中的两个最基本环节。以下分别加以讨论。

1) 抽取

M 抽取是指将 $x(n)$ 中每 M 个点中抽取一个, 依次组成一个新的序列 $y(n)$, 即

$$y(n) = x(Mn) \tag{7-5-1a}$$

可以证明, 其 Z 变换关系为

$$Y(z) = \frac{1}{M}\sum_{k=0}^{M-1} X\left(z^{\frac{1}{M}}\mathrm{e}^{-\mathrm{j}2\pi k/M}\right) \tag{7-5-1b}$$

将 $z=\mathrm{e}^{\mathrm{j}\omega}$ 代入上式, 则得其频域关系为

$$Y(\mathrm{e}^{\mathrm{j}\omega}) = \frac{1}{M}\sum_{k=0}^{M-1} X[\mathrm{e}^{\mathrm{j}(\omega-2\pi k)/M}] \tag{7-5-1c}$$

式 $(7-5-1\mathrm{b})$ 的证明可参看文献 [23]。

M 抽取的符号为 $\downarrow M$。当 $M=2$ 时, 由式 $(7-5-1)$ 容易得到二抽取的性质

$$y(n) = x(2n), \quad \text{时域关系} \tag{7-5-2a}$$

$$Y(z) = \frac{1}{2}\left[X\left(z^{\frac{1}{2}}\right) + X\left(-z^{\frac{1}{2}}\right)\right], \quad Z\ \text{变换关系} \tag{7-5-2b}$$

$$Y(\mathrm{e}^{\mathrm{j}\omega}) = \frac{1}{2}\left[X\left(\mathrm{e}^{\mathrm{j}\frac{\omega}{2}}\right) + X\left(-\mathrm{e}^{\mathrm{j}\frac{\omega}{2}}\right)\right], \quad \text{频域关系} \tag{7-5-2c}$$

由式 $(7-5-1\mathrm{c})$ 可见, 就归一频率而言, 抽取后频带扩大了 M 倍, 而且是 M 个相位差为 $2\pi/M$ 的谱的总和。除非原始归一频带小于 π/M, 否则将发生谱的混叠。

2) 插值

M 插值是指将 $x(n)$ 每两个点之间补 $M-1$ 个零, 然后组成一个新序列 $y(n)$, 即

$$y(n) = \begin{cases} x\left(\dfrac{n}{M}\right), & n = 0, \pm M, \pm 2M, \cdots \\ 0, & \text{其他} \end{cases} \tag{7-5-3a}$$

可以证明, 其 Z 变换关系为

$$Y(z) = X(z^M) \tag{7-5-3b}$$

将 $z=\mathrm{e}^{\mathrm{j}\omega}$ 代入上式, 则得其频域关系为

$$Y(\mathrm{e}^{\mathrm{j}\omega}) = X(\mathrm{e}^{\mathrm{j}\omega M}) \tag{7-5-3c}$$

现在来证明式 $(7-5-3\mathrm{b})$。

证明:

$$Y(z)=\sum_{n=-\infty}^{+\infty}y(n)z^{-n}=\sum_{n=-\infty}^{+\infty}x\left(\frac{n}{M}\right)z^{-n},$$

$$=\sum_{k=-\infty}^{+\infty}x(k)z^{-Mk}$$

$$=X(z^M),\quad \frac{n}{M}\text{为整数},\quad k=\frac{n}{M},k\text{为整数}$$

M 插值的符号为 $\uparrow M$。当 $M=2$ 时, 由式 (7 − 5 − 3), 容易得到二插值的性质

时域关系 :
$$y(n)=\begin{cases}x\left(\dfrac{n}{2}\right), & n\text{为偶数}\\ 0, & \text{其他}\end{cases}\qquad(7-5-4\text{a})$$

Z 变换关系 :
$$Y(z)=X(z^2)\qquad(7-5-4\text{b})$$

频域关系 :
$$Y(\mathrm{e}^{\mathrm{j}\omega})=X(\mathrm{e}^{\mathrm{j}2\omega})\qquad(7-5-4\text{c})$$

式 (7 − 5 − 3b) 反映了经过 M 插值后新序列 $y(n)$ 的间隔是原序列 $x(n)$ 间隔的 M 倍。式 (7 − 5 − 3c) 说明, 对以原采样间隔为参考值的归一频率而言, 插值后频带压缩了 M 倍, 并以 $2\pi/M$ 为周期重复。只要原始采样满足采样定理, 则插值后不会发生频率混叠。

2. 等效易位与分解

等效易位和等效分解是多采样率信号处理中很重要的特性, 下面以 $M=2$ 为例进行介绍, 如图 7.5.1 ~ 图 7.5.3 所示。

1) 等效易位

(1) 抽取等效易位。

图 7.5.1　抽取等效易位

(2) 插值等效易位。

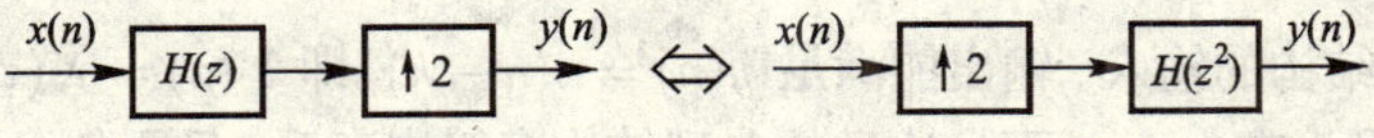

图 7.5.2　插值等效易位

2) 等效分解

图 7.5.3　等效分解

上述各图所示关系不难由基本 Z 变换关系推导出来。

由抽取等效易位递推可得图 7.5.4 所示的等效关系。在 7.4.5 节推导多孔算法时，就用到了此关系。

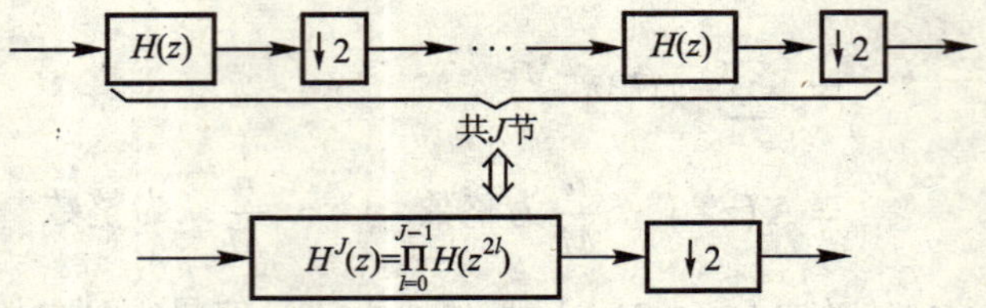

图 7.5.4 J 级串级的等效关系

7.5.2 双通道多采样率滤波器组的理想重建条件

将离散信号的一次小波分解与重构网络结构称作双通道多采样率滤波器组。如图 7.5.5 所示，输入为 $X(z)$ [时域序列为 $x(n)$]，输出为 $Y(z)$ [时域序列为 $y(n)$]，$H_0(z), H_1(z)$ 分别为低通和高通分析滤波器，$G_0(z), G_1(z)$ 为相应的低通和高通综合滤波器。图 7.5.5 中

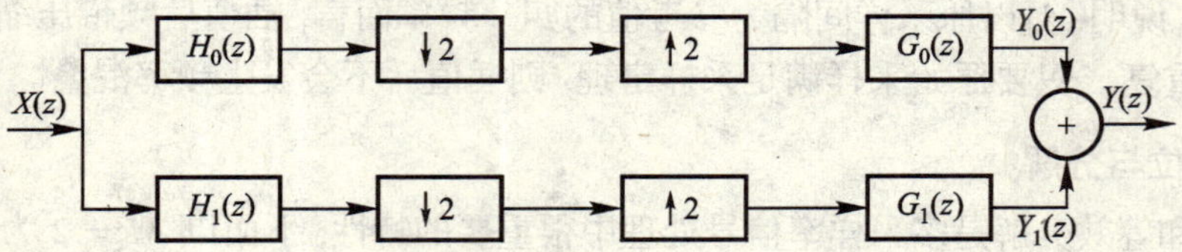

图 7.5.5 双通道多采样滤波器组

$$Y(z) = Y_0(z) + Y_1(z) \tag{7-5-5a}$$

由多采样率信号处理的基本关系可知

$$Y_0(z) = \frac{1}{2}H_0(z)G_0(z)X(z) + \frac{1}{2}H_0(-z)G_0(z)X(-z) \tag{7-5-5b}$$

$$Y_1(z) = \frac{1}{2}H_1(z)G_1(z)X(z) + \frac{1}{2}H_1(-z)G_1(z)X(-z) \tag{7-5-5c}$$

只要这一典型结构的输入、输出能满足 $y(n) = x(n-k)$，即 $Y(z) = X(z)z^{-k}$，则重建后除了有延迟外，重建波形没有失真。而且这样的典型结构多级嵌套后，只要各级引入适当延迟，波形仍不会失真。为达到此目的，下面分析滤波器应满足的条件。由式 (7－5－5) 可见：

(1) 为消除映像 $X(-z)$ 引起的混叠，要求式 (7－5－5) 中下列因子之和为零，即

$$H_0(-z)G_0(z) + H_1(-z)G_1(z) = 0 \tag{7-5-6a}$$

(2) 为使 $Y(z)$ 成为 $X(z)$ 的延迟，要求式 (7－5－5) 中下列因子之和为纯延迟，即

$$H_0(z)G_0(z) + H_1(z)G_1(z) = cz^{-k} \tag{7-5-6b}$$

式中, c 是一个常数; k 是整数。当各滤波器的长度 N 都相等时, 通常取 $k=N$。

式 (7－5－6) 便是理想重建条件 (perfect reconstruction, 简记 PR)[24]。由该理想条件, 可以得到以下更具体的条件。

(1) 抗混叠条件。为了满足式 (7－5－6a), 可令分析滤波器组与综合滤波器组之间满足下面的交叉关系:

$$G_0(z)=z^{-l}H_1(-z),\ \text{即}\ g_0(n)=(-1)^{n-l}h_1(n-l) \tag{7－5－7a}$$

$$G_1(z)=-z^{-l}H_0(-z),\ \text{即}\ g_1(n)=-(-1)^{n-l}h_0(n-l) \tag{7－5－7b}$$

这意味着 g_0 和 h_1 间, h_0 和 g_1 间存在着下述关系: 令 $\widetilde{h}_0(n)$ 为 $h_0(n)$ 的时序反转, 即 $\widetilde{h}_0(n)=h_0(N-n)$; 类似地, 令 $\widetilde{h}_1(n)$ 为 $h_1(n)$ 的时序反转, 即 $\widetilde{h}_1(n)=h_1(N-n)$, 其中 N 为滤波器的长度, 则当 l 为奇数时, 上式有

$$\langle g_0(n),\widetilde{h}_1(n-2k)\rangle=0 \tag{7－5－8a}$$

$$\langle g_1(n),\widetilde{h}_0(n-2k)\rangle=0 \tag{7－5－8b}$$

当 l 为偶数时, 有

$$\langle g_0(n),\widetilde{h}_1(n-2k+1)\rangle=0 \tag{7－5－9a}$$

$$\langle g_1(n),\widetilde{h}_0(n-2k+1)\rangle=0 \tag{7－5－9b}$$

即 l 为奇数时, $\widetilde{h}$ 与 g 的偶数移位正交; l 为偶数时, $\widetilde{h}$ 与 g 的奇数移位正交, 此即 “双正交条件(biorthogonal condition)”。

(2) 纯延迟条件。在式 (7－5－7) 条件下, 式 (7－5－6b) 成为

$$z^{-l}[H_0(z)G_0(z)-H_1(z)G_1(z)]=cz^{-k}$$

或

$$T(z)=H_0(z)H_1(-z)-H_1(z)H_0(-z)=cz^{-k'},\quad k'=k-l \tag{7－5－10}$$

式中, $T(z)$ 为理想重建条件下输入、输出间最后的传递函数, $T(z)=Y(z)/X(z)$。

由式 (7－5－10) 可以得出以下结论:

① $T(z)$ 的延迟值 k' 只能是奇数。

② 同一支路上的分析、综合滤波器间存在下述标准正交关系:

$$\langle g_0(n-2i),\widetilde{h}_0(n-k)\rangle=\delta_i \tag{7－5－11a}$$

$$\langle g_1(n-2i),\widetilde{h}_1(n-k)\rangle=\delta_i \tag{7－5－11b}$$

式中, $k=k'+l$。当 l 为奇数时, k 为偶数; 当 l 为偶数时, k 为奇数。

7.5.3 正交镜像滤波器组

正交镜像滤波器组 (quadrature mirror filter bank, 简记为 QMFB) 是较早提出来的满足 PR 条件 (理想重建条件) 的双通道正交滤波器组[25-26]。

令式 (7 − 5 − 7) 抗混叠条件中延迟 $l=0$, 便有

$$G_0(z)=H_1(-z),\ 即\ g_0(n)=(-1)^n h_1(n) \tag{7-5-12a}$$

$$G_1(z)=-H_0(-z),\ 即\ g_1(n)=-(-1)^n h_0(n) \tag{7-5-12b}$$

并且在 $H_0(z)$ 和 $H_1(z)$ 之间建立如下联系:

$$H_1(z)=H_0(-z), 即\ h_1(n)=(-1)^n h_0(n) \tag{7-5-13}$$

在上述条件下, 式 (7 − 5 − 10) 所示的传递函数成为

$$T(z)=H_0^2(z)-H_0^2(-z)=cz^{-k},\quad l=0,\ k=k' \tag{7-5-14}$$

在式 (7 − 5 − 13) 中, 令 $z=\mathrm{e}^{\mathrm{j}\omega}$, 则

$$H_1(\mathrm{e}^{\mathrm{j}\omega})=H_0(-\mathrm{e}^{\mathrm{j}\omega})=H_0[\mathrm{e}^{\mathrm{j}(\omega+\pi)}]$$

可见, $H_1(\mathrm{e}^{\mathrm{j}\omega})$ 是 $H_0(\mathrm{e}^{\mathrm{j}\omega})$ 移位 π 后的结果, 所以 $H_1(\mathrm{e}^{\mathrm{j}\omega})$ 是高通的, 且 $H_0(\mathrm{e}^{\mathrm{j}\omega}), H_1(\mathrm{e}^{\mathrm{j}\omega})$ 是相对于 π/2 对称的, 故称按此方法选定的滤波器组为 "正交镜像滤波器组"。QMFB 的频谱关系示意图如图 7.5.6 所示。

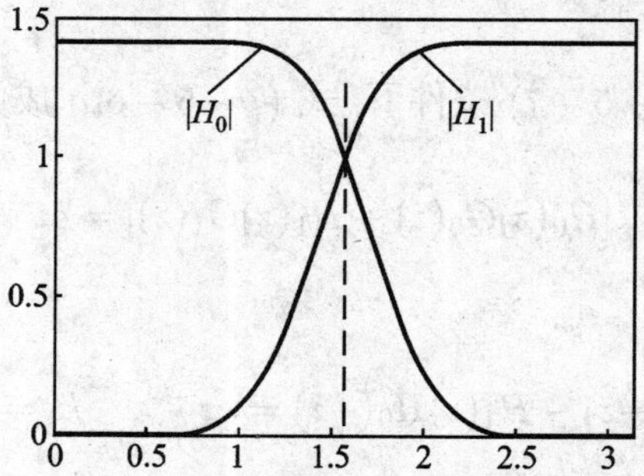

图 7.5.6 QMFB 的频谱关系

在实际应用中, 为了方便计算机实现, 通常希望 $H_0(z)$ 是有限脉冲响应 (FIR) 滤波器, 即仅有有限个 $h_0(n)$, 且满足 $y(n)=x(n)$, 即 $H_0^2(z)-H_0^2(-z)=2$。但遗憾的是, 这样的条件根本不存在, 但无限脉冲响应 (IIR) 滤波器可使之成立。本书不讨论 IIR 滤波器组, 对此感兴趣的读者可参阅文献 [27]。

退而求其次, 满足式 (7−5−14) 要求的 FIR 滤波器 $H_0(z)$ 还是可以找到的, 例如, 取 $H_0(z)=1+a_1z^{-1}$, 便有 $H_0^2(z)-H_0^2(-z)=4a_1z^{-1}$, 但其频率特性不够好。所以在采用 QMFB 条件设计小波滤波器时, 一般需要用优化算法才能得到逼近理想性能的 $H_0(z)$ 和 $H_1(z)$。

7.5.4 共轭正交滤波器组

上一节指出, QMFB 中 $H_0(z)$ 可以是 FIR 滤波器, 但这时 $H_0(z)$ 频率特性不够好。这是由于简单地选择 $H_1(z)=H_0(-z)$ 的缘故。为此, 文献 [26] 提出了另一套双通道正交滤波器组设计方案。此时, 式 (7－5－12) 抗混叠条件仍旧保持为

$$G_0(z)=H_1(-z) \tag{7-5-15a}$$

$$G_1(z)=-H_0(-z) \tag{7-5-15b}$$

而把 H_0 与 H_1 之间的关系改成

$$H_1(z)=z^{-N}H_0(-z^{-1}),\text{即 } h_1(n)=(-1)^{N-n}h_0(N-n) \tag{7-5-16}$$

式中, N 是滤波器 H_0 的阶次 (即长度), 设 N 为奇数 (此时 H_0 的长度 $N+1$ 是偶数)。上式说明, $h_0(n)$ 与 $h_1(n)$ 的关系是将 $h_0(n)$ 时序反转后再将偶序号各值反号便得 $h_1(n)$。

令式 (7－5－10) 中 $k'=k=N$ (因为此时 $l=0$), 得

$$z^{-N}[H_0(z)H_0(z^{-1})+H_0(-z)H_0(-z^{-1})]=cz^{-N}$$

故

$$H_0(z)H_0(z^{-1})+H_0(-z)H_0(-z^{-1})=c \tag{7-5-17}$$

或

$$P(z)+P(-z)=c \tag{7-5-18}$$

式中, $P(z)=H_0(z)H_0(z^{-1}),c$ 是常数。

在式 (7－5－16) 中, 令 $z=\mathrm{e}^{\mathrm{j}\omega}$, 则

$$H_1(\mathrm{e}^{\mathrm{j}\omega})=\mathrm{e}^{-\mathrm{j}N\omega}H_0[\mathrm{e}^{-\mathrm{j}(\omega+\pi)}]$$

可见, 按式 (7－5－16) 定义的 $H_0(z)$ 和 $H_1(z)$ 的幅频特性虽然和按式 (7－5－13) 定义的幅频特性一样, 但由于式 (7－5－16) 中的 z 变成了 z^{-1}, 所以在相频响应上比式 (7－5－13) 定义的相频多了一个共轭, 故称按式 (7－5－15) 和式 (7－5－16) 定义的滤波器组为 "共轭正交滤波器组" (conjugate quadrature filter bank, 简记为 CQFB)。

CQFB 具有许多值得注意的特性。

1) 正交性 (orthogonality)

$H_0(z),H_1(z)$ 的系数具有以下性质:

(1) $h_0(n)$ 和 $h_1(n)$ 本身都具有偶次移位的标准正交性 (假设 $c=1$), 即

$$\langle h_0(n),h_0(n+2k)\rangle=\delta_k,\quad k\in\mathbf{Z} \tag{7-5-19a}$$

$$\langle h_1(n),h_1(n+2k)\rangle=\delta_k,\quad k\in\mathbf{Z} \tag{7-5-19b}$$

(2) $h_0(n)$ 和 $h_1(n)$ 之间都具有偶次移位的正交性, 即

$$\langle h_0(n),h_1(n+2k)\rangle=0,\quad k\in\mathbf{Z} \tag{7-5-19c}$$

证明： 由于 $P(z)=H_0(z)H_0(z^{-1})$ 的反演 Z 变换是 $h_0(n)$ 和 $h_0(-n)$ 的卷积，也就是 $h_0(n)$ 本身的相关。因此 $P(z)$ 必定是具有下述特点的多项式：阶次由 $-N$ 逐步增加到 N，且系数关于原点对称，即 $p(n)=p(-n)$。因此欲使式 (7－5－18) 得以满足，则 $P(z)$ 的奇次项可以任意，偶次项只有常数项非零。即

$$p(2n+1)=\text{任意},\quad p(2n)=c\delta_n \tag{7-5-20}$$

这就是 $\langle h_0(n),h_0(n+2k)\rangle=c\delta_k$ 的另一种表述形式。当 $c=1$ 时，即为式 (7－5－19a)。

式 (7－5－19b) 可类似地证明，只要将式 (7－5－17) 改用 $H_1(z),H_1(z^{-1}),H_1(-z),H_1(-z^{-1})$ 表示。

如前所述，$h_1(n)$ 是将 $h_0(n)$ 首尾倒置后，偶序号各值取负号得到的。因此两者经偶数移位后作内积，所得序列的前一半必与后一半大小相等、符号相反，因而在总和中相消。由此知，式 (7－5－19c) 成立。

2) 无损性 (losslessness)

简单地说，无损性是指系统的输入能量与输出能量之比恒定，且与输入信号无关。可以证明，在 CQFB 条件下的滤波器具有无损性，具体证明可参看文献 [7]。

3) 功率互补性 (power complementary)

功率互补的含义是，尽管每个通道的频率特性不是全通的，也不是理想带通的，但各通道合在一起却具有全通特性，即

$$\left|H_0(\omega)\right|^2+\left|H_1(\omega)\right|^2=c \tag{7-5-21}$$

证明： 因为 CQFB 条件下有 $H_0(z)H_0(z^{-1})+H_0(-z)H_0(-z^{-1})=c$，及 $H_1(z)=z^{-N}H_0(-z^{-1})$，即 $H_1(z^{-1})=z^NH_0(-z)$，可见

$$H_1(z)H_1(z^{-1})=H_0(-z)H_0(-z^{-1})$$

代入式 $H_0(z)H_0(z^{-1})+H_0(-z)H_0(-z^{-1})=c$，便得

$$H_0(z)H_0(z^{-1})+H_1(z)H_1(z^{-1})=c \tag{7-5-22}$$

令 $z=\mathrm{e}^{\mathrm{j}\omega}$，便得式 (7－5－21)。

类似于上面的推导过程，可以证明 CQFB 条件下有

$$H_1(z)H_1(z^{-1})+H_1(-z)H_1(-z^{-1})=c \tag{7-5-23}$$

再结合式 (7－5－17) 和式 (7－5－22)，即

$$\begin{aligned}H_0(z)H_0(z^{-1})+H_0(-z)H_0(-z^{-1})&=c\\H_0(z)H_0(z^{-1})+H_1(z)H_1(z^{-1})&=c\end{aligned}$$

不难发现这些关系与 7.4 节多分辨分析指出的关系

$$\begin{aligned}H_0(z)H_0(z^{-1})+H_0(-z)H_0(-z^{-1})&=2\\H_1(z)H_1(z^{-1})+H_1(-z)H_1(-z^{-1})&=2\\H_0(z)H_1(z^{-1})+H_0(-z)H_1(-z^{-1})&=0\end{aligned}$$

是相呼应的。也就是说, 当 $c=2$ 时, CQFB 系统满足了多分辨分析对二进离散栅格小波变换的部分要求。

通过以上的分析, 可得到 CQFB 条件为

$$H_1(z)=z^{-N}H_0(-z^{-1}), \text{即 } h_1(n)=(-1)^{N-n}h_0(N-n)$$
$$G_0(z)=H_1(-z), \text{即 } g_0(n)=(-1)^n h_1(n)=(-1)^N h_0(N-n)$$
$$G_1(z)=-H_0(-z), \text{即 } g_1(n)=-(-1)^n h_0(n)=-h_1(N-n)$$

它具有良好的正交性、无损性和功率互补性, 而且满足多分辨小波分析提出的部分要求。

7.5.5 正交滤波器组的设计

根据前面的分析, 已经通过多种方式在两通道正交滤波器组的四个滤波器间建立了三个联系。因此, 只要设计出其中一个 [通常是设计分析低通滤波器 $H_0(z)$], 便可得到其余三个。所以这里集中讨论 H_0 的设计。

谱分解法是较早提出的设计方法, 其基本概念如下:

由 CQFB 基本方程式 (7－5－18), 有

$$P(z)+P(-z)=c, \quad P(z)=H_0(z)H_0(z^{-1})$$

设计时先找一个可行多项式 $P(z)$。具体地说, 即要求 $P(z)$ 的偶次项中除常数项外皆为零, 奇数项可以任意, 但要关于原点对称。然后对 $P(z)$ 作谱分解。易知, $P(z)$ 必可分解成关于单位圆对称的成对零点 $(z_m, 1/z_m)$, 即

$$P(z)=G\prod_{m=1}^{N}(z+z_m)(z^{-1}+z_m)=H_0(z)H_0(z^{-1})$$

式中, N 为所要设计的滤波器长度。在每对零点中任取一个组成 $H_0(z)$, 其余的便属于 $H_0(z^{-1})$。因而

$$H_0(z)=\sqrt{G}\prod_{m=1}^{N}(z^{-1}+z_m) \tag{7－5－24}$$

如果取单位圆内的全部零点组成 $H_0(z)$, 则 $H_0(z)$ 为最小相位。也可以把 $H_0(z)$ 的零点交错地取在单位圆内外, 此时形成的滤波器具有近似线性相位。

因此问题归结为如何取得满足可行要求又能给出较好频率特性的 $P(z)$。理论上这可以通过半带滤波器来求解。半带滤波器是一种系数偶对称且幅频特性关于 $\pi/2$ 镜像对称的 FIR 滤波器。它的冲激响应常数项为 1/2, 偶次项为 0, 奇次项根据具体要求设计。其具体设计方法不属于本书讨论范围, 可以参看数字信号处理的有关文献[23]。这里只介绍一种按 Lagrange 插值公式确定的滤波器系数, 即

$$p(2n-1)=\frac{(-1)^{n+K-1}\prod_{i=1}^{2K}\left(K-i+\frac{1}{2}\right)}{(K-n)!(K-1+n)!(2n-1)}, \quad n=1,2,\cdots,K$$

式中，K 是正整数; 滤波器长度为 $4K-1$。例如，当 $K=4$ 时滤波器长度为 15。按上式计算获得的系数如表 7.5.1 所示。

表 7.5.1 滤波器系数列表

n	0	±1	±2	±3	±4	±5	±6	±7
$p(n)$	$\frac{1}{2}$	$\frac{1225}{4096}$	0	$-\frac{245}{4096}$	0	$\frac{49}{4096}$	0	$-\frac{5}{4096}$

由 $p(n)$ 构成 $P(z)$ 后便可作谱分解得 $H_0(z), H_0(z^{-1})$。

对于谱分解法，实际工作中通常采用加窗和优化方法来设计。

谱分解法的数值性能不够好，特别是阶次较高时，计算往往陷入病态。而 Vaidyanathan 提出的格形结构法的计算性能较稳健，而且对量化误差不敏感。

如果要完全恢复信号，即 $y(n)=x(n)$，在 CQFB 条件下有

$$H_0(z)H_0(z^{-1})+H_0(-z)H_0(-z^{-1})=2 \tag{7-5-25}$$

由文献 [17] 知，在满足一定的正则性条件下，可以求出 $H_0(z)$ 为

$$H_0(z)=\sqrt{2}\left(\frac{1+z^{-1}}{2}\right)^N Q(z) \tag{7-5-26}$$

式中，$Q(z)$ 是一个多项式，满足

$$P(z)=Q(z)Q(z^{-1})=\sum_{k=0}^{N-1}\binom{N+k-1}{k}\left(\frac{2-z-z^{-1}}{4}\right)^k+\left(\frac{2-z-z^{-1}}{4}\right)^N R\left(\frac{z+z^{-1}}{4}\right) \tag{7-5-27}$$

式中，$R(z)$ 是奇次多项式，使得 $P(\mathrm{e}^{\mathrm{j}\omega})$ 对所有 ω 保证 $P(\mathrm{e}^{\mathrm{j}\omega})\geqslant 0$。

通常可以采用谱分解的方法求出 $Q(z)$。最常用的方法是将 $P(z)$ 位于单位圆内的零点赋予 $Q(z)$，而将单位圆外的零点赋予 $Q(z^{-1})$，以保证求出的 $Q(z)$ 具有最小相位。将求出的 $Q(z)$ 代入式 (7-5-26)，便得到满足式 (7-5-25) 的 $H_0(z)$。此时，求出的滤波器长度为 $2N$。

利用这一解形式的 $H_0(z)$，可以构造出紧支撑的正交小波，且选择不同的 $R(z)$ 就可构造出不同类型的小波。在 7.4.3 节构造 Daubechies 小波时，就用到了 $H_0(z)$ 的这一解形式，此时选择 $R(z)=0$。

7.5.6 双正交滤波器组与双正交小波

正交滤波器组固然有许多优点，例如两路输出互相正交，实现简单即分析和综合滤波器相同 (只是时序反转) 等。但也有一些不足之处，例如除非 H_0 和 H_1 均取 Haar 滤波器，否则它们不可能同时具有限冲激响应 (FIR) 和线性相位 (即具有实的对称系数); H_0, H_1, G_0, G_1 的长度都相等，等等。如果保持前面提出的 PR 条件，而放弃 H_0 和 H_1 间的正交要求 (即放弃尺度函数与小波函数之间的正交性)，就可以获得更大的自由度，从而克服上述缺点，而且所得滤波器系数还

可以用简单分数表示。为此, 需要对图 7.5.5 所示的典型二通道滤波器组加以改造, 得到新的网络结构如图 7.5.7 所示。在保持抗混叠的条件下, 如果使 H_0, G_1 间以及 H_1, G_0 间保持双正交关系, 就可以得到 "双正交滤波器组"。由于取消了正交条件, 设计的自由度更大, 但设计上的考虑也更多, 特别是, 如果希望能从滤波器组引申出连续情况, 则保证收敛所需要的条件就更复杂。文献 [28] 对此作了较详细的论述, 本书只列出一些重要的结果。

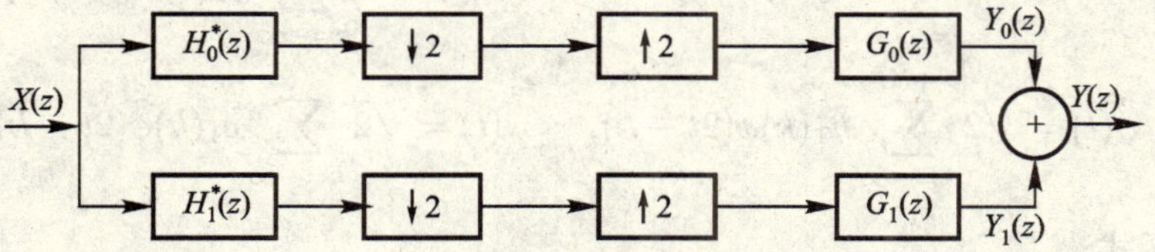

图 7.5.7 双正交滤波器组

根据前面的分析, 信号通过双正交滤波器组后的理想重建条件 (PR 条件) 如下:

$$\text{抗混叠}: H_0^*(-z)G_0(z) + H_1^*(-z)G_1(z) = 0$$

$$\text{纯延迟}: H_0^*(z)G_0(z) + H_1^*(z)G_1(z) = cz^{-k}$$

对于抗混叠条件, 可取

$$G_0(z) = z^{-l}H_1^*(-z), \text{ 即 } g_0(n) = (-1)^{n-l}h_1(-n+l)$$

$$G_1(z) = -z^{-l}H_0^*(-z), \text{ 即 } g_1(n) = -(-1)^{n-l}h_0(-n+l)$$

将其代入纯延迟条件, 并设 $c = 2, k = 0, l = 1$, 有

$$z^{-1}H_0^*(z)H_1^*(-z) - z^{-1}H_1^*(z)H_0^*(-z) = 2 \tag{7-5-28}$$

或

$$H_0^*(z)G_0(z) + H_0^*(-z)G_0(-z) = 2$$

易知 $H_0^*(z), H_1^*(z)$ 的冲激响应分别为 $h_0(n), h_1(n)$ 的时序反转。又由于 l 是奇数, 则根据式 (7 – 5 – 8) 可得两支路间交叉的双正交关系

$$\langle g_0(n-2k), h_1(n-2k') \rangle = 0 \tag{7-5-29a}$$

$$\langle g_1(n-2k), h_0(n-2k') \rangle = 0 \tag{7-5-29b}$$

同理, 由式 (7 – 5 – 11) 可得同一支路上分析与综合滤波器间的标准正交关系

$$\langle g_0(n-2k), h_0(n-k') \rangle = \delta_{kk'} \tag{7-5-30a}$$

$$\langle g_1(n-2k), h_1(n-k') \rangle = \delta_{kk'} \tag{7-5-30b}$$

这里, 为了统一书写形式, 对式 (7 – 5 – 8) 和式 (7 – 5 – 11) 作了适当的变形。

令使用滤波器 H_0 和 G_0 构造的函数分别是尺度函数 $\phi(t)$ 和对偶尺度函数 $\widetilde{\phi}(t)$, 而由滤波器 H_1 和 G_1 构造的函数分别是小波函数 $\psi(t)$ 和对偶小波函数 $\widetilde{\psi}(t)$。则根据双正交多分辨分析, 可推导出以下一些关系:

1) 二尺度差分方程

$$\phi(t)=\sqrt{2}\sum_{k=-\infty}^{+\infty}h_0(k)\phi(2t-k),\quad \widetilde{\phi}(t)=\sqrt{2}\sum_{k=-\infty}^{+\infty}g_0(k)\widetilde{\phi}(2t-k)$$

$$\psi(t)=\sqrt{2}\sum_{k=-\infty}^{+\infty}h_1(k)\phi(2t-k),\quad \widetilde{\psi}(t)=\sqrt{2}\sum_{k=-\infty}^{+\infty}g_1(k)\widetilde{\phi}(2t-k)$$

2) 频域关系式

$$H_0(\omega)=\sum_{k=-\infty}^{+\infty}h_0(k)\mathrm{e}^{-\mathrm{j}k\omega},\quad H_1(\omega)=\sum_{k=-\infty}^{+\infty}h_1(k)\mathrm{e}^{-\mathrm{j}k\omega}$$

$$G_0(\omega)=\sum_{k=-\infty}^{+\infty}g_0(k)\mathrm{e}^{-\mathrm{j}k\omega},\quad G_1(\omega)=\sum_{k=-\infty}^{+\infty}g_1(k)\mathrm{e}^{-\mathrm{j}k\omega}$$

则二尺度关系的频域形式为

$$\varPhi(\omega)=\frac{1}{\sqrt{2}}H_0\left(\frac{\omega}{2}\right)\varPhi\left(\frac{\omega}{2}\right),\quad \widetilde{\varPhi}(\omega)=\frac{1}{\sqrt{2}}G_0\left(\frac{\omega}{2}\right)\widetilde{\varPhi}\left(\frac{\omega}{2}\right) \tag{7-5-31a}$$

$$\varPsi(\omega)=\frac{1}{\sqrt{2}}H_1\left(\frac{\omega}{2}\right)\varPhi\left(\frac{\omega}{2}\right),\quad \widetilde{\varPsi}(\omega)=\frac{1}{\sqrt{2}}G_1\left(\frac{\omega}{2}\right)\widetilde{\varPhi}\left(\frac{\omega}{2}\right) \tag{7-5-31b}$$

3) 双正交关系

$$\langle\widetilde{\phi}(t-k),\psi(t-k')\rangle=0,\quad \langle\widetilde{\psi}(t-k),\phi(t-k')\rangle=0$$

$$\langle\widetilde{\phi}(t-k),\phi(t-k')\rangle=\delta_{kk'},\quad \langle\widetilde{\psi}(t-k),\widetilde{\psi}(t-k')\rangle=\delta_{kk'}$$

以上就是连续时间情况下的 $\phi,\widetilde{\phi},\psi,\widetilde{\psi}$ 之间的双正交关系。利用二尺度差分方程, 这些关系可分别由式 (7－5－29a)、式 (7－5－29b)、式 (7－5－30a)、式 (7－5－30b) 推导出。由以上关系及 Poisson 公式, 还可推导出对应的 H_0,H_1,G_0,G_1 之间的双正交关系表达式

$$\begin{cases}H_0(\omega)G_0^*(\omega)+H_0(\omega+\pi)G_0^*(\omega+\pi)=2\\ H_1(\omega)G_1^*(\omega)+H_1(\omega+\pi)G_1^*(\omega+\pi)=2\\ H_0(\omega)G_1^*(\omega)+H_0(\omega+\pi)G_1^*(\omega+\pi)=0\\ G_0(\omega)H_1^*(\omega)+G_0(\omega+\pi)H_1^*(\omega+\pi)=0\end{cases} \tag{7-5-32}$$

4) 冲激响应的总和

$$\sum_{k=-\infty}^{+\infty}h_0(k)=\sqrt{2},\quad \sum_{k=-\infty}^{+\infty}g_0(k)=\sqrt{2}$$

$$\sum_{k=-\infty}^{+\infty}h_1(k)=0,\quad \sum_{k=-\infty}^{+\infty}g_1(k)=0$$

5) 频域极限值

$$H_0(\omega=0)=G_0(\omega=0)=\sqrt{2},\qquad H_0(\omega=\pi)=G_0(\omega=\pi)=0$$
$$H_1(\omega=0)=G_1(\omega=0)=0,\qquad H_1(\omega=\pi)=G_1(\omega=\pi)=\sqrt{2}$$

6) 递推关系

$$\Phi(\omega)=\prod_{j=1}^{\infty}\frac{H_0(\omega/2^j)}{\sqrt{2}},\qquad \widetilde{\Phi}(\omega)=\prod_{j=1}^{\infty}\frac{G_0(\omega/2^j)}{\sqrt{2}}$$
$$\Psi(\omega)=\frac{H_1(\omega/2)}{\sqrt{2}}\prod_{j=2}^{\infty}\frac{H_0(\omega/2^j)}{\sqrt{2}},\qquad \widetilde{\Psi}(\omega)=\frac{G_1(\omega/2)}{\sqrt{2}}\prod_{j=2}^{\infty}\frac{G_0(\omega/2^j)}{\sqrt{2}}$$

由以上关系可见, 可以用双正交滤波器来构造双正交小波, 其核心就是 $H_0(\omega), G_0(\omega)$ 的设计。设计思路与正交小波的设计类似, 但需要注意的是, $H_0(\omega)$ 和 $G_0(\omega)$ 可以具有不同阶的正则性。具体设计方法可参见文献 [5, 28]。双正交小波变换与正交小波变换的快速算法相类似, 都可按多采样率滤波器组形式实现, 如图 7.5.8 所示, 其中, 分解公式为

$$c_{j+1}(k)=\sum_{n=-\infty}^{+\infty}c_j(n)g_0(n-2k) \tag{7-5-33a}$$

$$d_{j+1}(k)=\sum_{n=-\infty}^{+\infty}c_j(n)g_1(n-2k) \tag{7-5-33b}$$

重构公式为

$$c_{j-1}(k)=\sum_{n=-\infty}^{+\infty}c_j(n)h_0(k-2n)+\sum_{n=-\infty}^{+\infty}d_j(n)h_1(k-2n) \tag{7-5-34}$$

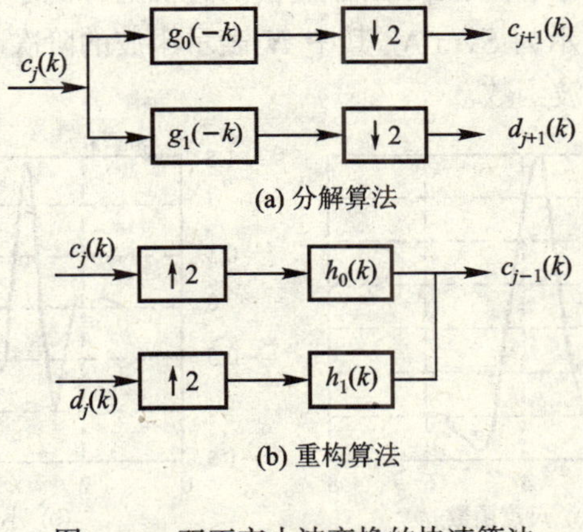

图 7.5.8 双正交小波变换的快速算法

7.5.7 常用小波的分类

前面已经讨论了正交小波和双正交小波, 它们具有各自的特点和适用范围。这两类小波都能进行离散小波变换, 但还有一类小波不能进行离散小波变换, 如 Shannon 小波、Mexican Hat

小波等。于是根据以上特性, 可将现有小波分为三类, 即正交小波、双正交小波和不能进行离散变换的小波。

1. 正交小波

目前提出的正交小波主要有以下几种: Haar 小波、Daubechies 小波、Symlet 小波、Coiflets 小波、Meyer 小波、Dmey 小波等。除 Haar 小波外, 这些正交小波一般不能由一个简洁的表达式给出 $\psi(t)$, 而是通过尺度函数 $\phi(t)$ 的加权组合产生。

1) Haar 小波

Haar 小波源于数学家 Haar 于 1910 年提出的 Haar 正交函数集, 其定义是

$$\psi(t)=\begin{cases}1, & 0\leqslant t<1/2\\ -1, & 1/2\leqslant t<1\\ 0, & \text{其他}\end{cases}\tag{7-5-35}$$

Haar 小波是目前唯一一个既具有对称性又具有紧支撑性的正交小波, 且计算简单。因此, 在教科书与论文中常被用作范例来讨论。其波形如图 7.5.9 所示。

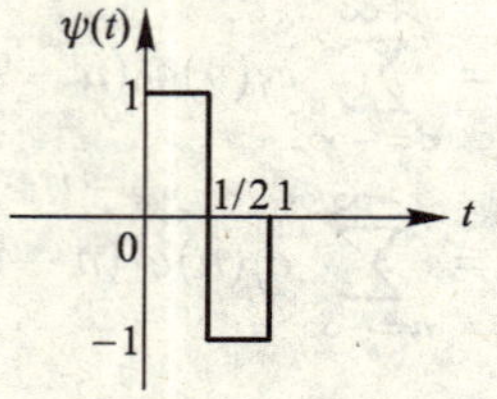

图 7.5.9　Haar 小波

2) Symlet 小波

Symlet 小波是法国著名学者 Daubechies 提出的近似对称的小波, 它是对 db 小波的一种改进。Symlet 小波系数通常表示为 Sym N, 其中 N 表示小波的阶次。图 7.5.10 给出了 $N=4$ 时 Symlet 小波的尺度函数和小波函数。

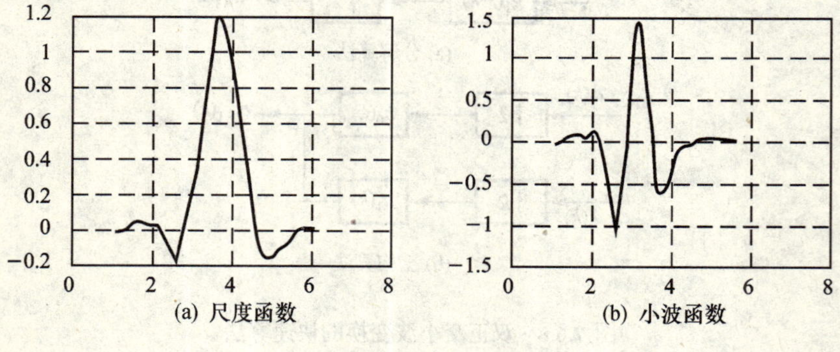

图 7.5.10　Sym4 小波

3) Coiflet 小波

根据 R. Coifman 的要求, Daubechies 构造了 Coiflet 小波, 它具有 Coif $N(N=1,2,3,4,5)$ 这一系列。Coiflet 小波的小波函数 $\psi(t)$ 的 $2N$ 阶矩为零, 尺度函数 $\phi(t)$ 的 $2N-1$ 阶矩为零。$\psi(t)$

和 $\phi(t)$ 支撑长度为 $6N-1$。Coiflet 的 $\psi(t)$ 和 $\phi(t)$ 具有比 db N 更好的对称性。图 7.5.11 给出了 $N=4$ 时的小波函数和尺度函数。

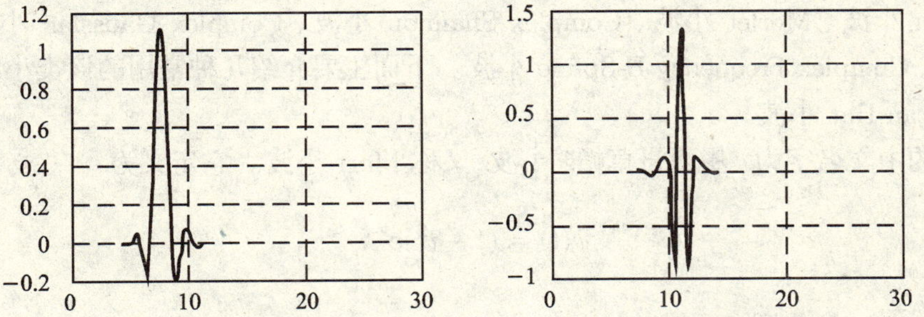

(a) 尺度函数　(b) 小波函数

图 7.5.11　Coif4 小波

2. 双正交小波

由于离散小波变换最后是由两通道滤波器组来实现的, 因此, 正交小波条件下的 $\psi(t), \phi(t)$ 和 h_0, h_1, g_0 与 g_1 都不具有线性相位 (Haar 小波除外)。为此, Daubechies 和 Cohen 提出并构造了双正交小波, 其目的是在放宽正交性的条件下得到线性相位的小波及相应的滤波器组。目前提出的双正交小波主要有以下两种, 即双正交样条小波和逆双正交样条小波。其中, 逆双正交样条小波由双正交样条小波演变而来。下面主要介绍双正交样条小波。

双正交样条小波简称 bior $Nr.Nd$, 其中, Nr 是低通重建滤波器的阶次, Nd 是低通分解滤波器的阶次。这一类小波自然不是正交的, 但它们是双正交的, 是紧支撑的, 更重要的是, 它们是对称的, 因此具有线性相位。分解小波 $\psi(t)$ 的消失矩为 $Nr-1$。图 7.5.12 给出了 bior3.7 的分解小波函数、分解尺度函数、重构小波函数以及重构尺度函数。

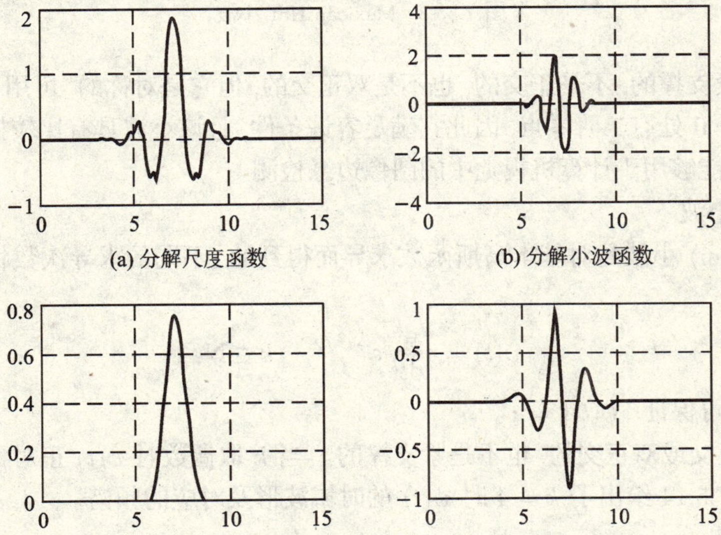

(a) 分解尺度函数　(b) 分解小波函数

(c) 重构尺度函数　(d) 重构小波函数

图 7.5.12　bior3.7 小波

3. 不能进行离散变换的小波

这类小波没有对应的尺度函数及滤波器组, 主要有以下几种:Shannon 小波、Mexican Hat 小波、Gaussian 小波、Morlet 小波、Complex Shannon 小波、Complex Gaussian 小波、Complex Morlet 小波、Complex Frequency B-Spline 小波。下面主要介绍几种常用的该类小波。

1) Mexican Hat 小波

该小波的中文名字为 “墨西哥草帽” 小波, 又称 Marr 小波。它定义为

$$\psi(t)=(1-t^2)\mathrm{e}^{-t^2/2} \tag{7-5-36}$$

其傅里叶变换为

$$\Psi(\omega)=\sqrt{2\pi}\omega^2\mathrm{e}^{-\omega^2/2} \tag{7-5-37}$$

该小波是由高斯函数的二阶导数所得到的, 它沿着中心轴旋转一周所得到的三维图形犹如一顶草帽, 故由此而得名。其波形和其频谱如图 7.5.13 所示。

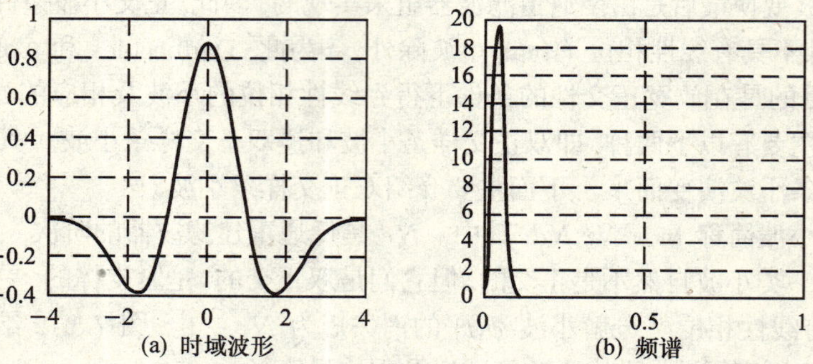

图 7.5.13　Mexican Hat 小波

该小波不是紧支撑的, 不是正交的, 也不是双正交的, 但它是对称的, 可用于连续小波变换。由于该小波在 $\omega=0$ 处有二阶零点, 因此它满足容许条件, 且该小波具有比较接近人眼视觉的空间响应特征, 因此能够用于计算机视觉中的图像边缘检测。

2) Gaussian 小波

高斯 (Gaussian) 小波是对基本高斯函数求导而得到的 (不同的求导次数将得到不同的小波函数), 定义为

$$\psi(t)=c\frac{\mathrm{d}^k}{\mathrm{d}t^k}\mathrm{e}^{-t^2/2},\quad k\in\mathbf{N} \tag{7-5-38}$$

式中, 定标常数 c 可保证 $\|\psi(t)\|=1$。

该小波不是正交或双正交的, 也不是紧支撑的。当 k 取偶数时 $\psi(t)$ 正对称, 当 k 取奇数时, $\psi(t)$ 反对称。图 7.5.14 给出了 $k=4$ 时 $\psi(t)$ 的时域波形及对应的频谱。

3) Morlet 小波

它是高斯包络下的单频率三角函数, 即

$$\psi(t)=\mathrm{e}^{-t^2/2}\cos\ 5t \tag{7-5-39}$$

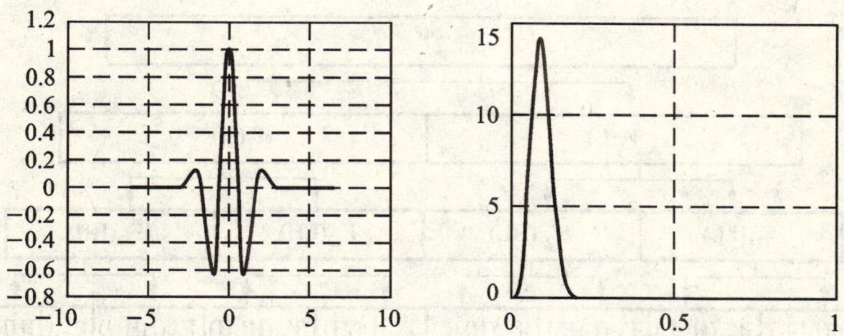

(a) 时域波形　　(b) 频谱

图 7.5.14　Gaussian 小波

这是一个常用的小波, 因为它的时域和频域都具有很好的局部性 (严格地说, 它并不是有限支撑的)。Morlet 小波的时域波形及对应的频谱如图 7.5.15 所示。

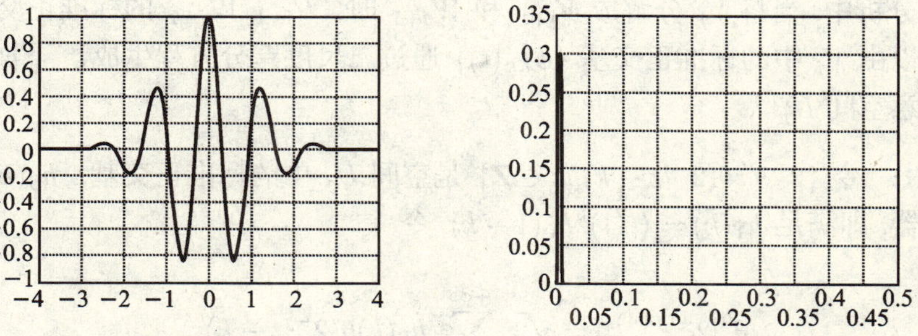

(a) 时域波形　　(b) 频谱

图 7.5.15　Morlet 小波

7.6　小波包理论

在某些场合, 既想得到好的时域分辨力又想得到好的频域分辨力, 这时时频窗口的固定分布的小波变换就不是一种最优的选择, 主要原因是, 小波变换的多分辨力分解只将尺度空间 (V) 进行分解, 而没有对小波空间 (W) 进行进一步分解。1992 年, Coifman, Meyer 和 Wickerhauser 提出了小波包的概念[28-29]。通过小波包可以将小波空间进一步分解, 使小波变换中随尺度减小而变宽的频窗进一步变细, 这样可以找到最适于待分析信号的时频窗口或最优基。

7.6.1　小波包的定义及主要性质

Mallat 多分辨分析中只对各 V_j 空间进行了二剖分, 如果对 W_j 也进行二剖分, 则可得到如图 7.6.1 所示的空间剖分。

在图 7.6.1 所示的分解中, 任取一组空间进行组合, 如果这组空间能将空间 V_0 覆盖, 并且相互之间不重合, 则称这一组空间中的标准正交基的集合构造了一个小波包 (wavelet packet)。显然, 小波包的选择不是唯一的, 也即对信号分解的方式不是唯一的。如图 7.6.1 所示, 可选择

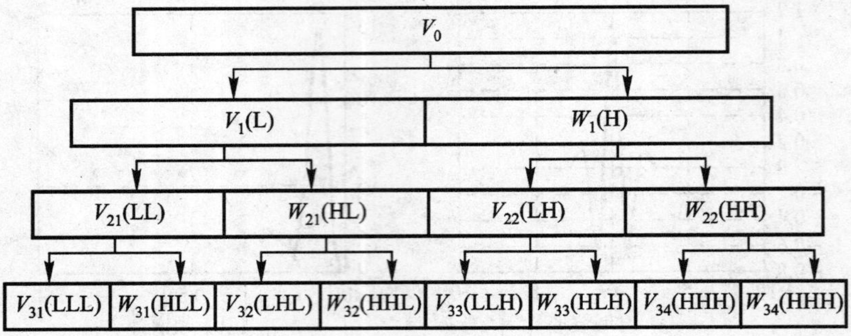

图 7.6.1 V_0 空间的逐级分解

$V_{31}, W_{31}, V_{32}, W_{32}, V_{33}, W_{33}, V_{34}, W_{34}$ 或 $V_{31}, W_{31}, W_{21}, V_{22}, W_{22}$ 等不同空间来组合。如何决定最佳的空间组合及寻找这些空间中的标准正交基是小波包的主要研究内容。

在多分辨分析中, 当将 V_j 分解成 V_{j+1} 和 W_{j+1} 时, V_{j+1}, W_{j+1} 的标准正交基 $\{\phi_{j+1,k}(t)\}$, $\{\psi_{j+1,k}(t)\}$ 可以由 V_j 中的标准正交基 $\{\phi_{j,k}(t)\}$ 通过二尺度差分方程生成。下面的定理将这一结果推广到任意空间 U_j。

定理 7.6.1: 令 $\{2^{-j/2}\theta(2^{-j}t-k), k\in\mathbf{Z}\}$ 是空间 U_j 中的标准正交基, $h_0(k), h_1(k)$ 是一对共轭镜像滤波器, 即满足 $h_1(k)=(-1)^k h_0(1-k)$, 令

$$\theta^0[2^{-(j+1)}t]=\sqrt{2}\sum_{k=-\infty}^{+\infty}h_0(k)\theta(2^{-j}t-k) \tag{7-6-1a}$$

$$\theta^1[2^{-(j+1)}t]=\sqrt{2}\sum_{k=-\infty}^{+\infty}h_1(k)\theta(2^{-j}t-k) \tag{7-6-1b}$$

则 $\{2^{-(j+1)}\theta^0[2^{-(j+1)}t-k], 2^{-(j+1)}\theta^1[2^{-(j+1)}t-k], k\in\mathbf{Z}\}$ 是 U_j 中的标准正交基。

显然, 令 U_j^0, U_j^1 分别是 $\theta_{j+1,k}^0(t)$ 和 $\theta_{j+1,k}^1(t)$ 所产生的空间。自然有

$$U_{j+1}^0\oplus U_{j+1}^1=U_j \tag{7-6-2}$$

对于给定的尺度 j, 在图 7.6.1 中, 共有 2^j 个子空间。为了讨论的方便, 将图中的子空间统一标记为 $W_j^0, W_j^1, \cdots, W_j^{2^j-1}$, 例如 $j=3$ 时, 有 $W_3^0, W_3^1, \cdots, W_3^7$ 共八个子空间。显然, W_j^{2p} 对应每一次剖分的低频部分, 而 W_j^{2p+1} 对应其高频部分, $p=0,1,\cdots,2^{j-1}-1$。令每一个子空间的标准正交基为 $\{\psi_{j,k}^p(t)\}$。由式 $(7-6-1)$, 有

$$\psi^{2p}\left[2^{-(j+1)}t\right]=\sqrt{2}\sum_{k=-\infty}^{+\infty}h_0(k)\psi^p\left(2^{-j}t-k\right) \tag{7-6-3a}$$

$$\psi^{2p+1}\left[2^{-(j+1)}t\right]=\sqrt{2}\sum_{k=-\infty}^{+\infty}h_1(k)\psi^p\left(2^{-j}t-k\right) \tag{7-6-3b}$$

由于 $\{2^{-j/2}\psi^p(2^{-j}t-k), k\in\mathbf{Z}\}$ 是标准正交基, 所以易得

$$h_0(k)=2^{-j-1/2}\left\langle \psi^{2p}[2^{-(j+1)}t], \psi^p(2^{-j}t-k)\right\rangle \quad (7-6-4\text{a})$$

$$h_1(k)=2^{-j-1/2}\left\langle \psi^{2p+1}[2^{-(j+1)}t], \psi^p(2^{-j}t-k)\right\rangle \quad (7-6-4\text{b})$$

由式 $(7-6-2)$, 有

$$W_{j+1}^{2p}\oplus W_{j+1}^{2p+1}=W_j^p \quad (7-6-5)$$

显然, 当 $p=0$ 时, W_0^0 即是空间 $V_0, \{\psi^0(t-k), k\in\mathbf{Z}\}$ 即是 V_0 中的标准正交基 $\{\phi(t-k), k\in\mathbf{Z}\}$, 也即尺度函数 $\phi(t)=\psi^0(t)$。由图 7.6.1 也可看出, W_j^1 即是多分辨力分析中的空间 W_j, 因此 W_j^1 中的标准正交基 $\{\psi_{j,k}^1, k\in\mathbf{Z}\}$ 即是 W_j 的标准正交基 $\{\psi_{j,k}, k\in\mathbf{Z}\}$, 也即小波函数 $\psi(t)=\psi^1(t)$。由式 $(7-6-3)$, 令 $j=-1$, 则

$$\psi^{2p}(t)=\sqrt{2}\sum_{k=-\infty}^{+\infty}h_0(k)\psi^p(2t-k) \quad (7-6-6\text{a})$$

$$\psi^{2p+1}(t)=\sqrt{2}\sum_{k=-\infty}^{+\infty}h_1(k)\psi^p(2t-k) \quad (7-6-6\text{b})$$

因此, 只要给定了 V_0 中的尺度函数 $\phi(t)$ 及相应的小波函数 $\psi(t)$, 由式 $(7-6-5)$ 和式 $(7-6-6)$ 即可递推地求出小波包分解中各个子空间中的基函数 $\psi_{j,k}^{2p}(t)$ 和 $\psi_{j,k}^{2p+1}(t)$。

下面是两个重要的性质:

(1) 每个 $\psi^p(t)$ 本身都是整数移位正交的, 即

$$\langle\psi^p(t), \psi^p(t-k)\rangle=\delta_k, \quad k\in\mathbf{Z} \quad (7-6-7)$$

(2) 偶序号 $\psi^{2p}(t)$ 与奇序号 $\psi^{2q+1}(t)$(包括作整数位移) 之间是正交的, 即

$$\langle\psi^{2p}(t), \psi^{2q+1}(t-k)\rangle=\delta_k, \quad p,q,k\in\mathbf{Z} \quad (7-6-8)$$

7.6.2 小波包的分解与重构

小波包的分解过程可以形象地表示为图 7.6.2 所示的一个二进制的树结构, 称其为二叉小波包树。其中的结点被记为 (j,p), 它与空间 W_j^p 相对应。

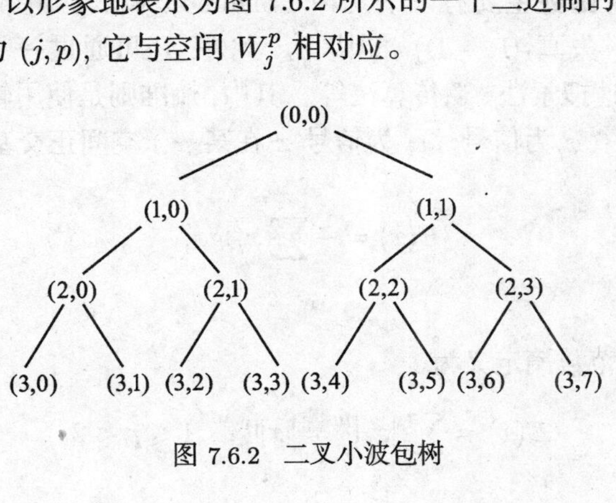

图 7.6.2 二叉小波包树

对小波包树的任意节点 (j,p), 记

$$d_j^p(n)=\langle x(t),\psi_j^p(t)\rangle$$

为 $x(t)$ 在该结点 (或子空间 W_j^p) 处的小波包系数。下述定理给出了小波包系数的快速计算方法。

定理 7.6.2: 小波包分解中, 在结点 $(j+1,p)$ 处的小波包系数为

$$d_{j+1}^{2p}(k)=d_j^p*h_0'(2k)=\sum_{m=-\infty}^{+\infty}d_j^p(m)h_0(m-2k) \tag{7-6-9a}$$

$$d_{j+1}^{2p+1}(k)=d_j^p*h_1'(2k)=\sum_{m=-\infty}^{+\infty}d_j^p(m)h_1(m-2k) \tag{7-6-9b}$$

式中, $h_0(k),h_1(k)\in\mathbf{R},h_0'(k)=h_0(-k),h_1'(k)=h_1(-k)$。而在结点 (j,p) 处的小波包系数 d_j^p 可由下式重构:

$$\begin{aligned}d_j^p(k)&=\sum_n d_{j+1}^{2p}(n)h_0(k-2n)+\sum_n d_{j+1}^{2p+1}(n)h_1(k-2n)\\&=\widetilde{d}_{j+1}^{2p}(k)*h_0(k)+\widetilde{d}_{j+1}^{2p+1}(k)*h_1(k)\end{aligned} \tag{7-6-10}$$

式中, $\widetilde{d}_{j+1}^{2p}(k)$ 和 $\widetilde{d}_{j+1}^{2p+1}(k)$ 分别是 $d_{j+1}^{2p}(k)$ 和 $d_{j+1}^{2p+1}(k)$ 隔点插零后所得到的序列。

由以上定理可知, 小波包的分解与重构也可按滤波器组的形式实现。

7.6.3 最佳小波包分解

信号经小波包分解后, 在完整的二叉树结构中, 并非所有的二叉子树都是有价值的, 即并非每个节点都有必要进一步分解为两部分, 这就是所谓的 “最佳小波包” 的选择问题[30]。一个最佳小波包的选择取决于三个因素: ① 信号本身的性质; ② 信号分解的目的; ③ “最佳” 原则的选择。从应用的角度看, 分解的目的若是为了去噪, 那就应舍弃噪声能量较大的子空间, 选择不但信号能量大而且噪声也小的空间; 分解的目的若是为了数据的压缩, 则应选择信号能量集中的空间。但是, 无论何种目的, 在决定 “最佳小波包” 的过程中, 总要确定一个 “代价函数”, 从而在各种小波包的可能选择中, 使代价函数的值最小。

人们已经提出的代价函数主要有以下几种: Shannon 熵、p 范数熵、对数能量熵、阈值熵、SURE 熵、编码率 – 失真 (R – D) 准则等。此外, 还可通过一些快速算法寻优搜索最佳小波包, 如自底向顶的快速搜索法、遗传算法等。其中, 熵准则是使用较多的寻优判据。下面给出几种常用熵的定义, 其中 x 为信号, x_i 为信号 x 在某一子空间正交基上的投影。

1) Shannon 熵

$$E(x)=-\sum_i x_i^2\lg x_i^2 \tag{7-6-11}$$

2) p 范数熵

在 l^p 范数意义上, p 范数熵定义为

$$E(x)=\sum_i|x_i|^p=\|x\|_p^p,\quad 1\leqslant p<2 \tag{7-6-12}$$

3) 对数能量熵

$$E(x) = \sum_i \log x_i^2 \tag{7-6-13}$$

在最小熵准则意义下一维信号小波包分解算法可描述如下: 从根节点开始, 一个节点 N 是否被分解为 N_1 和 N_2 两个节点, 视 N_1 和 N_2 两个节点熵的和是否大于节点 N 的熵而定, 如果大于则节点 N 被分解为 N_1 和 N_2 两个节点, 否则不对节点 N 进行分解。

下面用一个简单的例子来说明信号的小波包最佳分解。设信号 f 由幅值均为 1 的 10 Hz 和 30 Hz 两频率分量组成, 以 200 Hz 的采样频率采集信号 f 的 400 个点, 选取 Daubechies 小波 db10 将信号分解至三层。完整的二叉小波包树如图 7.6.3 所示, 以 Shannon 熵为准则得到的最佳小波包树如图 7.6.4 所示。

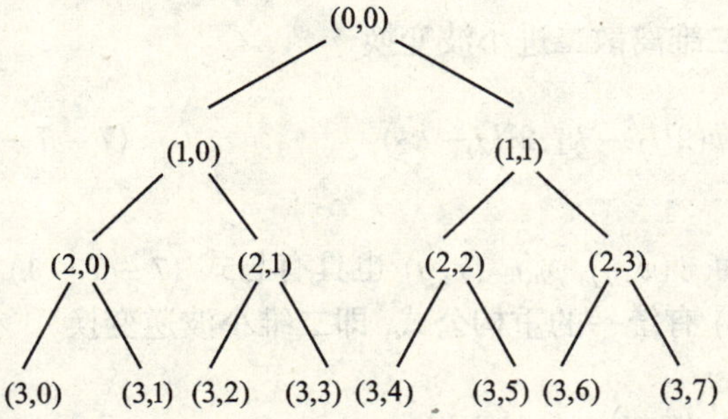

图 7.6.3 完整的二叉小波包树

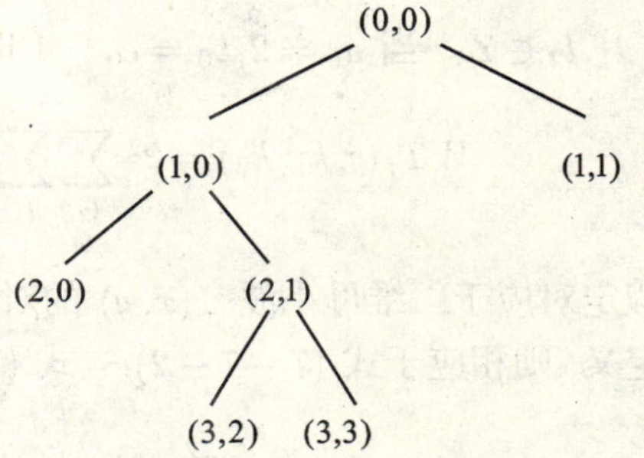

图 7.6.4 最佳小波包树

7.7 二维小波分析

二维信号 (图像信号) 处理是小波变换应用效果比较突出的领域之一。本节将小波变换由一维推广到二维, 形成二维小波变换及相应的多分辨分析和快速算法。

7.7.1 二维连续与离散小波变换

令 $f(x,y) \in L^2(\mathbf{R}^2)$ 为一个二维信号; $\psi(x,y)$ 为二维母小波, 其构造可由一维母小波的张量积形成; $\psi_{a,b,c}(x,y)$ 表示 $\psi(x,y)$ 的尺度伸缩与二维位移, 定义为

$$\psi_{a,b,c}(x,y) = \frac{1}{a}\psi\left(\frac{x-b}{a}, \frac{y-c}{a}\right), \quad b,c \in \mathbf{R}, \quad a > 0 \tag{7-7-1}$$

则可将二维小波变换分为以下几类:

1) 二维连续小波变换 (2-D continuous wavelet transform)

$$WT_f(a,b,c) = \frac{1}{a}\iint f(x,y)\psi\left(\frac{x-b}{a}, \frac{y-c}{a}\right)\mathrm{d}x\mathrm{d}y \tag{7-7-2}$$

式中, $\int$ 表示 $\int_{-\infty}^{+\infty}$, 本节下同

2) 二维离散参数小波变换 (2-D discrete parameter wavelet transform)

令式 (7 − 7 − 2) 中的参数 $a=a_0^{-j}, b=k_1b_0a_0^{-j}, c=k_2c_0a_0^{-j}, a_0, b_0, c_0$ 为常数， $j, k_1, k_2\in\mathbf{Z}$, 则有二维离散参数小波变换 (也叫离散栅格上二维小波变换)

$$WT_f(j,k_1,k_2)=a_0^j\iint f(x,y)\psi(a_0^jx-k_1b_0, a_0^jy-k_2c_0)\mathrm{d}x\mathrm{d}y \tag{7-7-3}$$

3) 二维离散空间小波变换 (2-D discrete space wavelet transform)

将式 (7 − 7 − 3) 中的空间变量 x 与 y 均离散化, 即得二维离散空间小波变换

$$WT_f(j,k_1,k_2)=a_0^j\sum_{l_2}\sum_{l_1}f(l_1,l_2)\psi(a_0^jl_1-k_1b_0, a_0^jl_2-k_2c_0) \tag{7-7-4}$$

式中， $l_1, l_2\in\mathbf{Z}$。当 $a_0=2, b_0=c_0=1$ 时, 即得二维离散二进小波变换

$$WT_f(j,k_1,k_2)=2^j\sum_{l_2}\sum_{l_1}f(l_1,l_2)\psi(2^jl_1-k_1, 2^jl_2-k_2) \tag{7-7-5}$$

假定对应于二维母小波 $\psi(x,y)$ 的对偶小波为 $\widetilde{\psi}(x,y), \widetilde{\psi}_{a,b,c}(x,y)$ 也具有与式 (7 − 7 − 1) 类似的定义, 则相应于式 (7 − 7 − 2) ∼ 式 (7 − 7 − 5) 有统一的重构公式, 即二维小波逆变换

$$\begin{aligned}f(x,y)&=\langle f(x,y),\psi_{a,b,c}(x,y)\rangle\widetilde{\psi}_{a,b,c}(x,y)\\&=\langle f(x,y),\widetilde{\psi}_{a,b,c}(x,y)\rangle\psi_{a,b,c}(x,y)\end{aligned} \tag{7-7-6}$$

7.7.2 二维多分辨分析

二维多分辨分析 (2-D MRA) 是由一维多分辨分析 (1-D MRA) 的有关张量积形成的。首先介绍与张量积有关的概念。

设 F 和 G 是两个有限维或可数无限维线性空间。F 和 G 的基底分别是 $\{f_i, i\in\mathbf{Z}\}, \{g_i, i\in\mathbf{Z}\}$。以形如 $f_ig_i(i,j\in\mathbf{Z})$ 的元素为基底的空间 H, 称为空间 F 与 G 的张量积空间, 表示为

$$H=F\otimes G \tag{7-7-7}$$

如果 F, G 分别是函数空间, 又设 F 中的函数自变量为 x, G 中的函数自变量为 y, 则张量积空间 H 中的元素称为二元张量积函数或张量积曲面。

从 7.4.1 节可以看出, 一个多分辨分析系统 (MARS) 应由四个元素组成, 只要构造了这四个元素, 即完成了 MARS 的构造。

假设

$$\text{1-D MRAS}=\{\phi(x),\psi(x);(V_j)_{j\in\mathbf{Z}},(W_j)_{j\in\mathbf{Z}}\} \tag{7-7-8}$$

$$\text{2-D MRAS}=\{\varPhi(x,y),\varPsi(x,y);(V_j^2)_{j\in\mathbf{Z}},(W_j^2)_{j\in\mathbf{Z}}\} \tag{7-7-9}$$

式中， V_j^2 是二维多分辨分析中的尺度空间, 而 W_j^2 是对应的小波空间。现在需要做的就是从式 (7 − 7 − 8) 求得式 (7 − 7 − 9)。

文献 [14] 给出了以下结论:

$$V_j^2 = V_j \otimes V_j \tag{7-7-10}$$

$$\Phi(x,y) = \phi(x)\phi(y) \tag{7-7-11}$$

$\left\{\Phi_{j,k_1,k_2}\middle|\Phi_{j,k_1,k_2}(x,y) = 2^{-j}\Phi(2^{-j}x-k_1, 2^{-j}x-k_2) = \phi(2^{-j}x-k_1)\phi(2^{-j}x-k_2)\right\}$ 是 V_j^2 的一组标准正交基, 其中 $j,k_1,k_2 \in \mathbf{Z}$。

又因为

$$\begin{aligned}
V_{j-1}^2 &= V_{j-1} \otimes V_{j-1} \\
&= (V_j \oplus W_j) \otimes (V_j \oplus W_j) \\
&= (V_j \otimes V_j) \oplus (V_j \otimes W_j) \oplus (W_j \otimes V_j) \oplus (W_j \otimes W_j) \\
&= V_j^2 \oplus W_j^2
\end{aligned}$$

式中

$$W_j^2 = (V_j \otimes W_j) \oplus (W_j \otimes V_j) \oplus (W_j \otimes W_j) \tag{7-7-12}$$

上式利用了如下结果: 当 $V_j \perp W_j$ 时, 有 $V_j \otimes W_j = W_j \otimes V_j = 0$。式 (7 − 7 − 12) 说明

$$\begin{cases}
\psi^1(x,y) = \phi(x)\psi(y) \\
\psi^2(x,y) = \psi(x)\phi(y) \\
\psi^3(x,y) = \psi(x)\psi(y)
\end{cases}$$

$$\Psi(x,y) = \{\psi^e(x,y)|e = 1,2,3\} \tag{7-7-13}$$

由于 $\{\phi_{j,k}, k \in \mathbf{Z}\}$ 和 $\{\psi_{j,k}, k \in \mathbf{Z}\}$ 分别是 V_j 和 W_j 的标准正交基, 所以可推出

$\{\psi_{j,k,m}^e|e = 1,2,3; k,m \in \mathbf{Z}^2\}$ 是 W_j^2 的一组标准正交基。另外, 整个 $L^2(\mathbf{R}^2)$ 可分解为各分辨力上细节空间的直和, 即

$$L^2(\mathbf{R}^2) = \bigoplus_{j\in\mathbf{Z}} W_j^2 \tag{7-7-14}$$

因此, $\{\psi_{j,k,m}^e|e = 1,2,3; j,k,m \in \mathbf{Z}^2\}$ 是 $L^2(\mathbf{R}^2)$ 上的一组标准正交基。

由式 (7 − 7 − 10) ~ 式 (7 − 7 − 14), 便可完成对式 (7 − 7 − 9) 即二维多分辨分析系统的构造。

7.7.3 二维 Mallat 算法

将 Mallat 算法从一维推广到二维。在所有尺度 2^j 上, 对 $\forall k_1, k_2 \in \mathbf{Z}$, 记

$$c_j(k_1,k_2) = \langle f, \Phi_{j+1,k_1,k_2}\rangle, \quad d_j^e(k_1,k_2) = \langle f, \psi_{j,k,m}^e\rangle, \quad e = 1,2,3$$

在尺度 2^{j+1} 上的尺度系数和小波系数由下面的迭代公式确定:

$$\begin{cases} c_{j+1}(n_1,n_2)=\sum\limits_{k_1}\sum\limits_{k_2}h_0(k_1-2n_1)h_0(k_2-2n_2)c_j(k_1,k_2) \\ d^1_{j+1}(n_1,n_2)=\sum\limits_{k_1}\sum\limits_{k_2}h_0(k_1-2n_1)h_1(k_2-2n_2)c_j(k_1,k_2) \\ d^2_{j+1}(n_1,n_2)=\sum\limits_{k_1}\sum\limits_{k_2}h_1(k_1-2n_1)h_0(k_2-2n_2)c_j(k_1,k_2) \\ d^3_{j+1}(n_1,n_2)=\sum\limits_{k_1}\sum\limits_{k_2}h_1(k_1-2n_1)h_1(k_2-2n_2)c_j(k_1,k_2) \end{cases} \tag{7-7-15}$$

式中, h_0 和 h_1 是与一维母小波 ψ 关联的共轭镜像滤波器。

对任意一维滤波器 y 和 z, 记乘积滤波器 $yz(n_1,n_2)=y(n_1)z(n_2)$, 则 f 与 yz 的二维卷积可以按一维卷积计算

$$f*yz(n_1,n_2)=\sum_{p_1}\sum_{p_2}y(n_1-p_1)z(n_2-p_2)f(p_1,p_2)$$

这样, 式 (7－7－15) 可简化为

$$\begin{cases} c_{j+1}(n_1,n_2)=c_j*h_0'h_0'(2n_1,2n_2) \\ d^1_{j+1}(n_1,n_2)=c_j*h_0'h_1'(2n_1,2n_2) \\ d^2_{j+1}(n_1,n_2)=c_j*h_1'h_0'(2n_1,2n_2) \\ d^3_{j+1}(n_1,n_2)=c_j*h_1'h_1'(2n_1,2n_2) \end{cases} \tag{7-7-16}$$

式中, $h_0'(n)=h_0(-n), h_1'(n)=h_1(-n)$。

对应于式 (7－7－16) 的重构算法为

$$\begin{aligned} c_j(n_1,n_2)=&c_{j+1}*h_0h_0(n_1,n_2)+d^1_{j+1}*h_0h_1(n_1,n_2)+ \\ &d^2_{j+1}*h_1h_0(n_1,n_2)+d^3_{j+1}*h_1h_1(n_1,n_2) \end{aligned} \tag{7-7-17}$$

7.8 二代小波变换 —— 提升小波变换

前面对小波变换的讨论都是在傅里叶分析的框架下进行的, 但它不适合非欧氏空间的应用, 因此小波提升方案应运而生。1996 年, Sweldens 利用提升格式研究在时域内构造小波的问题, 并得到基于提升格式小波的信号分解与重构的计算公式, 从而建立称之为第二代小波变换的小波变换理论[31-32]。与第一代小波变换理论相比, 提升小波变换具有以下特点: ① 可以自定义小波的构造; ② 建立了类似于 Mallat 算法的提升格式算法, 比 Mallat 算法运算量有一定减少; ③ 可以实现整型变换, 并且在计算过程中可以使用即位 (in-place) 运算; ④ 任何已有离散小波变换或具有有限长滤波器的两阶滤波变换都可以被分解为一系列简单的提升步骤, 并能得到一些新的小波变换[33]。下面首先介绍二代小波变换的基本原理。

7.8.1 基本原理

为了讨论的方便, 对 7.5.6 节的双正交滤波器组记号作了适当调整, 即将 H_0, H_1, G_0, G_1 分别用 $H, G, \widetilde{H}, \widetilde{G}$ 表示, 对应的 h_0, h_1, g_0, g_1 分别用 $h, g, \widetilde{h}, \widetilde{g}$ 表示, 则双正交关系式 (7 − 5 − 32) 变为

$$\begin{cases} H(\omega)\widetilde{H}^*(\omega) + H(\omega+\pi)\widetilde{H}^*(\omega+\pi) = 2 \\ G(\omega)\widetilde{G}^*(\omega) + G(\omega+\pi)\widetilde{G}^*(\omega+\pi) = 2 \\ H(\omega)\widetilde{G}^*(\omega) + H(\omega+\pi)\widetilde{G}^*(\omega+\pi) = 0 \\ \widetilde{H}(\omega)G^*(\omega) + \widetilde{H}(\omega+\pi)G^*(\omega+\pi) = 0 \end{cases} \tag{7-8-1}$$

双尺度方程式 (7 − 5 − 31) 变为

$$\varPhi(\omega) = \frac{1}{\sqrt{2}}H\left(\frac{\omega}{2}\right)\varPhi\left(\frac{\omega}{2}\right), \quad \widetilde{\varPhi}(\omega) = \frac{1}{\sqrt{2}}\widetilde{H}\left(\frac{\omega}{2}\right)\widetilde{\varPhi}\left(\frac{\omega}{2}\right) \tag{7-8-2a}$$

$$\varPsi(\omega) = \frac{1}{\sqrt{2}}G\left(\frac{\omega}{2}\right)\varPhi\left(\frac{\omega}{2}\right), \quad \widetilde{\varPsi}(\omega) = \frac{1}{\sqrt{2}}\widetilde{G}\left(\frac{\omega}{2}\right)\widetilde{\varPhi}\left(\frac{\omega}{2}\right) \tag{7-8-2b}$$

为了使式 (7 − 8 − 1) 中的后两个方程成立, 可取

$$G(\omega) = \mathrm{e}^{-\mathrm{j}\omega}\widetilde{H}^*(\omega+\pi) \tag{7-8-3a}$$

$$\widetilde{G}(\omega) = \mathrm{e}^{-\mathrm{j}\omega}H^*(\omega+\pi) \tag{7-8-3b}$$

当然, 还存在其他解, 如 $G(\omega) = -\mathrm{e}^{-\mathrm{j}\omega}\widetilde{H}^*(\omega+\pi), \widetilde{G}(\omega) = -\mathrm{e}^{-\mathrm{j}\omega}H^*(\omega+\pi)$。它们只是形式上的不同, 对信号的完全重构没有任何影响。本节使用的是式 (7-8-3)。

提升小波变换的基本原理可用以下定理加以说明。

定理 7.8.1: 对于一对给定的双正交尺度函数 ϕ 和 $\widetilde{\phi}_{\text{old}}$, 其相应的二尺度系数序列分别为 $h(n)$ 和 $\widetilde{h}_{\text{old}}(n)$。若存在另一序列 $\widetilde{h}(n)$ 与 $h(n)$ 满足双正交关系, 则 $\widetilde{H}(\omega)$ 和 $\widetilde{H}_{\text{old}}(\omega)$ 有如下关系:

$$\widetilde{H}(\omega) = \widetilde{H}_{\text{old}}(\omega) + \mathrm{e}^{-\mathrm{j}\omega}H^*(\omega+\pi)S^*(2\omega) \tag{7-8-4}$$

式中, $S(\omega)$ 为三角函数多项式, 可以表达为

$$S(\omega) = \sum_k s(k)\mathrm{e}^{-\mathrm{j}\omega k}$$

反过来说, 如果 $\widetilde{h}_{\text{old}}(n)$ 和 $\widetilde{h}(n)$ 中有一个与 $h(n)$ 满足双正交关系, 并且两者满足关系式 (7 − 8 − 4), 那么另外一个也必然与 $h(n)$ 满足双正交关系。

顺便指出, Sweldens 在他的研究过程中, 发现该定理同 Vetterli 和 Herley[34] 早年发表的文章中提出的定理 4.7 在本质上是相同的, 因此该定理称为 "Vetterli – Herley 定理"。

考虑式 (7 − 8 − 3b), 则式 (7 − 8 − 4) 可改写为

$$\widetilde{H}(\omega) = \widetilde{H}_{\text{old}}(\omega) + \widetilde{G}(\omega)S^*(2\omega) \tag{7-8-5}$$

再由式 (7 − 8 − 3a), 有

$$G(\omega) = \mathrm{e}^{-\mathrm{j}\omega}\widetilde{H}^*(\omega+\pi) = \mathrm{e}^{-\mathrm{j}\omega}\widetilde{H}^*_{\mathrm{old}}(\omega+\pi) + \mathrm{e}^{-\mathrm{j}\omega}\widetilde{G}^*(\omega+\pi)S[2(\omega+\pi)]$$

即

$$G(\omega) = G_{\mathrm{old}}(\omega) - H(\omega)S(2\omega) \tag{7-8-6}$$

推导中利用到

$$G_{\mathrm{old}}(\omega) = \mathrm{e}^{-\mathrm{j}\omega}\widetilde{H}^*_{\mathrm{old}}(\omega+\pi)$$
$$H(\omega) = -\mathrm{e}^{-\mathrm{j}\omega}\widetilde{G}^*(\omega+\pi)$$

式 (7 − 8 − 5) 和式 (7 − 8 − 6) 就是提升方案的基本公式。因为 S 的使用使得 $\widetilde{H}(\omega)$ 和 $G(\omega)$ 的性质得以改进, 所以称它们为提升了的滤波器。

对式 (7 − 8 − 5) 和式 (7 − 8 − 6) 作傅里叶逆变换, 得

$$\widetilde{h}(n) = \widetilde{h}_{\mathrm{old}}(n) + \sum_k \widetilde{g}(n-2k)s(-k) \tag{7-8-7}$$

$$g(n) = g_{\mathrm{old}}(n) - \sum_k h(n-2k)s(k) \tag{7-8-8}$$

下面研究提升方案对基函数的影响。由于尺度函数 ϕ 仅取决于 $h(n)$, 所以在提升后 ϕ 保持不变。但是与之相关的对偶尺度函数、小波函数和对偶小波函数均会发生变化。将式 (7 − 8 − 6) 代入二尺度方程式 (7 − 8 − 2b), 有

$$\begin{aligned}\varPsi(\omega) &= \frac{1}{\sqrt{2}}G\left(\frac{\omega}{2}\right)\varPhi\left(\frac{\omega}{2}\right)\\ &= \frac{1}{\sqrt{2}}G_{\mathrm{old}}\left(\frac{\omega}{2}\right)\varPhi\left(\frac{\omega}{2}\right) - \frac{1}{\sqrt{2}}H\left(\frac{\omega}{2}\right)S(\omega)\varPhi\left(\frac{\omega}{2}\right)\\ &= \varPsi_{\mathrm{old}}(\omega) - S(\omega)\varPhi(\omega)\end{aligned}$$

对上式作傅里叶逆变换, 得

$$\psi(t) = \psi_{\mathrm{old}}(t) - \sum_k s(k)\phi(t-k)$$

同理, 将式 (7 − 8 − 5) 代入二尺度方程式 (7 − 8 − 2a), 有

$$\begin{aligned}\widetilde{\varPhi}(\omega) &= \frac{1}{\sqrt{2}}\widetilde{H}\left(\frac{\omega}{2}\right)\widetilde{\varPhi}\left(\frac{\omega}{2}\right)\\ &= \frac{1}{\sqrt{2}}\widetilde{H}_{\mathrm{old}}\left(\frac{\omega}{2}\right)\widetilde{\varPhi}\left(\frac{\omega}{2}\right) + \frac{1}{\sqrt{2}}\widetilde{G}\left(\frac{\omega}{2}\right)S^*(\omega)\widetilde{\varPhi}\left(\frac{\omega}{2}\right)\\ &= \frac{1}{\sqrt{2}}\widetilde{H}_{\mathrm{old}}\left(\frac{\omega}{2}\right)\widetilde{\varPhi}\left(\frac{\omega}{2}\right) + S^*(\omega)\widetilde{\varPsi}(\omega)\end{aligned}$$

对上式作傅里叶逆变换, 得

$$\widetilde{\phi}(t) = \sqrt{2}\sum_k \widetilde{h}_{\mathrm{old}}(k)\widetilde{\phi}(2t-k) + \sum_k s(-k)\widetilde{\psi}(t-k)$$

再由式 (7 − 8 − 2b), 得

$$\widetilde{\Psi}(\omega)=\frac{1}{\sqrt{2}}\widetilde{G}\left(\frac{\omega}{2}\right)\widetilde{\Phi}\left(\frac{\omega}{2}\right)$$

对上式作傅里叶逆变换, 得

$$\widetilde{\psi}(t)=\sqrt{2}\sum_{k}\widetilde{g}(k)\widetilde{\phi}(2t-k)$$

以上推导可以归结为以下定理。

定理 7.8.2: 设 $\{\phi_{\text{old}},\psi_{\text{old}},\widetilde{\phi}_{\text{old}},\widetilde{\psi}_{\text{old}}\}$ 是一个关联于滤波器组 $\{h,g_{\text{old}},\widetilde{h}_{\text{old}},\widetilde{g}\}$ 的紧支集双正交尺度函数和小波函数簇。则下面定义的新的尺度函数和小波函数簇 $\{\phi,\psi,\widetilde{\phi},\widetilde{\psi}\}$ 也是双正交的:

$$\phi(t)=\phi_{\text{old}}(t) \tag{7-8-9}$$

$$\psi(t)=\psi_{\text{old}}(t)-\sum_{k}s(k)\phi(t-k) \tag{7-8-10}$$

$$\widetilde{\phi}(t)=\sqrt{2}\sum_{k}\widetilde{h}_{\text{old}}(k)\widetilde{\phi}(2t-k)+\sum_{k}s(-k)\widetilde{\psi}(t-k) \tag{7-8-11}$$

$$\widetilde{\psi}(t)=\sqrt{2}\sum_{k}\widetilde{g}(k)\widetilde{\phi}(2t-k) \tag{7-8-12}$$

如果这些函数是能量有限的, 那么 $\{\psi_{j,k},j,k\in\mathbf{Z}^2\}$ 和 $\left\{\widetilde{\psi}_{j,k},j,k\in\mathbf{Z}^2\right\}$ 是 $L^2(\mathbf{R})$ 上的双正交小波基。

与传统的双正交小波构造方法相比, 提升方案的主要优点是: ① 通过改变 s, 可以自定义构造小波函数、对偶尺度函数及对偶小波函数; ② 通过选择适当的 s, 可以增加小波的消失矩; ③ 可以构造具有特定形状的小波; ④ 增大了 ψ 和 $\widetilde{\psi}$ 的支撑集, 典型的情况是增大的长度等于 s 的支撑集长度。

由于 $\widetilde{h}(n)$ 与 $h(n)$ 的对偶关系是可交换的, 所以也可以在保持 $\widetilde{H}(\omega)$ 不变的情况下, 提升 $H(\omega)$ 和 $\widetilde{G}(\omega)$, 这称为 "对偶提升"。只需将式 (7 − 8 − 5) 和式 (7 − 8 − 6) 中的 H 与 $\widetilde{H}$, G 与 $\widetilde{G}$ 对调即可得到对应的提升公式

$$H(\omega)=H_{\text{old}}(\omega)+G(\omega)\widetilde{S}^*(2\omega) \tag{7-8-13}$$

$$\widetilde{G}(\omega)=\widetilde{G}_{\text{old}}(\omega)-\widetilde{H}(\omega)\widetilde{S}(2\omega) \tag{7-8-14}$$

式中, $\widetilde{S}(2\omega)$ 是一个可供选择的三角函数多项式, 可以表达为

$$\widetilde{S}(\omega)=\sum_{k}\widetilde{s}(k)\mathrm{e}^{-\mathrm{j}\omega k}$$

对式 (7 − 8 − 13) 和式 (7 − 8 − 14) 作傅里叶逆变换, 得

$$h(n)=h_{\text{old}}(n)+\sum_{k}g(n-2k)\widetilde{s}(-k) \tag{7-8-15}$$

$$\widetilde{g}(n)=\widetilde{g}_{\text{old}}(n)-\sum_{k}\widetilde{h}(n-2k)\widetilde{s}(k) \tag{7-8-16}$$

采用与前面类似的推导方法可知, 在对偶提升情况下, 所形成的新尺度函数和小波函数簇与原尺度函数和小波函数簇存在以下关系:

$$\widetilde{\phi}(t)=\widetilde{\phi}_{\text{old}}(t) \tag{7-8-17}$$

$$\widetilde{\psi}(t)=\widetilde{\psi}_{\text{old}}(t)-\sum_{k}\widetilde{s}(k)\widetilde{\phi}(t-k) \tag{7-8-18}$$

$$\phi(t)=\sqrt{2}\sum_{k}h_{\text{old}}(k)\phi(2t-k)+\sum_{k}\widetilde{s}(-k)\psi(t-k) \tag{7-8-19}$$

$$\psi(t)=\sqrt{2}\sum_{k}g(k)\phi(2t-k) \tag{7-8-20}$$

7.8.2 提升实例

选择 Haar 小波作为提升对象。Haar 小波是正交小波, 因而可看成是特殊的双正交小波, 只是 $\widetilde{h}(n)$ 与 $h(n)$ 相同而已。但 Haar 小波只有一阶消失矩, 因而光滑性很差。下面通过提升方案使其消失矩增加到二阶。按本节的记号, 提升之前有

$$H(\omega)=\widetilde{H}_{\text{old}}(\omega)=\frac{1}{\sqrt{2}}+\frac{1}{\sqrt{2}}\mathrm{e}^{-\mathrm{j}\omega}$$

$$\widetilde{G}(\omega)=G_{\text{old}}(\omega)=-\frac{1}{\sqrt{2}}+\frac{1}{\sqrt{2}}\mathrm{e}^{-\mathrm{j}\omega}$$

利用式 (7 − 8 − 6) 对 $G_{\text{old}}(\omega)$ 进行提升后, 得到

$$G(\omega)=G_{\text{old}}(\omega)-H(\omega)S(2\omega)$$

为了使提升后的小波具有二阶消失矩, 必须满足以下条件:

$$G(0)=0,\quad \frac{\mathrm{d}G(\omega)}{\mathrm{d}\omega}=0$$

由

$$G(0)=G_{\text{old}}(0)-H(0)S(0)=0-\sqrt{2}S(0)=0$$

得

$$S(0)=0$$

再由

$$\frac{\mathrm{d}G(\omega)}{\mathrm{d}\omega}=\frac{\mathrm{d}G_{\text{old}}(\omega)}{\mathrm{d}\omega}-2H(\omega)\frac{\mathrm{d}S(\omega)}{\mathrm{d}\omega}-S(2\omega)\frac{\mathrm{d}H(\omega)}{\mathrm{d}\omega}$$

$$\left.\frac{\mathrm{d}G_{\text{old}}(\omega)}{\mathrm{d}\omega}\right|_{\omega=0}=-\left.\frac{\mathrm{j}}{\sqrt{2}}\mathrm{e}^{-\mathrm{j}\omega}\right|_{\omega=0}=-\frac{\mathrm{j}}{\sqrt{2}}$$

$$H(0)=\sqrt{2}\quad S(0)=0$$

得

$$0=-\frac{\mathrm{j}}{\sqrt{2}}-2\sqrt{2}\left.\frac{\mathrm{d}S(\omega)}{\mathrm{d}\omega}\right|_{\omega=0}$$

即

$$\left.\frac{\mathrm{d}S(\omega)}{\mathrm{d}\omega}\right|_{\omega=0}=-\frac{\mathrm{j}}{4}$$

为了使提升后的小波仍为反对称小波, 可取

$$S(\omega)=-\frac{\mathrm{j}}{4}\sin\omega=-\frac{1}{8}(e^{\mathrm{j}\omega}-\mathrm{e}^{-\mathrm{j}\omega})$$

从而得到提升后的结果为

$$\begin{aligned}\widetilde{H}(\omega)&=\widetilde{H}_{\mathrm{old}}(\omega)+\widetilde{G}(\omega)S^{*}(2\omega)\\&=\frac{1}{\sqrt{2}}(-1+\mathrm{e}^{-\mathrm{j}\omega})-\frac{1}{\sqrt{2}}(-1+\mathrm{e}^{-\mathrm{j}\omega})\frac{1}{8}(\mathrm{e}^{-\mathrm{j}2\omega}-\mathrm{e}^{\mathrm{j}2\omega})\\&=\frac{\sqrt{2}}{16}(-\mathrm{e}^{\mathrm{j}2\omega}+\mathrm{e}^{\mathrm{j}\omega}+8+8\mathrm{e}^{-\mathrm{j}\omega}+\mathrm{e}^{-\mathrm{j}2\omega}-\mathrm{e}^{-\mathrm{j}3\omega})\end{aligned}$$

即新的序列 $\{\widetilde{h}(n)\}$ 为

$$\{\widetilde{h}(n)\}=\frac{\sqrt{2}}{16}\{-1,1,8,8,1,-1\}$$

而 $\{h(n)\}$ 仍为 $\{h(n)\}=\left\{\frac{1}{\sqrt{2}},\frac{1}{\sqrt{2}}\right\}$。可见, 它们与 Cohen 等[5]设计的双正交滤波器系数是一致的。

7.8.3 快速算法

提升方案的意义不仅在于提供了一种简便的双正交小波的构造方法, 而且在于提供了一种较 Mallat 算法更快的小波分解算法与重构算法, 也叫 Swelden 算法。

1. 分解算法

首先就提升 $\widetilde{H}(\omega)$ 的情况进行推导。由式 (7−5−33), 并按本节记号, 双正交小波变换的标准分解公式为

$$c_{j+1}(k)=\sum_{n=-\infty}^{+\infty}c_j(n)\widetilde{h}(n-2k)\tag{7−8−21a}$$

$$d_{j+1}(k)=\sum_{n=-\infty}^{+\infty}c_j(n)\widetilde{g}(n-2k)\tag{7−8−21b}$$

将式 (7−8−7) 代入式 (7−8−21a) 有

$$\begin{aligned}c_{j+1}(k)&=\sum_{n}\left[\widetilde{h}_{\mathrm{old}}(n-2k)+\sum_{l}\widetilde{g}(n-2k-2l)s(-l)\right]c_j(n)\\&=\sum_{n}\widetilde{h}_{\mathrm{old}}(n-2k)c_j(n)+\sum_{l}\left[\sum_{n}\widetilde{g}(n-2k+2l)c_j(n)\right]s(l)\end{aligned}$$

又由式 (7 − 8 − 21), 有

$$c_{j+1}^{\text{old}}(k) = \sum_{n=-\infty}^{+\infty} c_j(n)\widetilde{h}_{\text{old}}(n-2k)$$

$$d_{j+1}(k-l) = \sum_{n=-\infty}^{+\infty} c_j(n)\widetilde{g}(n-2k+2l)$$

故

$$c_{j+1}(k) = c_{j+1}^{\text{old}}(k) + \sum_l d_{j+1}(k-l)s(l) \tag{7-8-22}$$

式 (7 − 8 − 22) 表明分解过程可分为两步实现:

第一步, 用 $\widetilde{h}_{\text{old}}$ 和 $\widetilde{g}$ 对输入信号按标准算法进行一次分解, 得

$$c_{j+1}^{\text{old}}(k) = \sum_{n=-\infty}^{+\infty} c_j(n)\widetilde{h}_{\text{old}}(n-2k) \tag{7-8-23}$$

$$d_{j+1}(k) = \sum_{n=-\infty}^{+\infty} c_j(n)\widetilde{g}(n-2k) \tag{7-8-24}$$

第二步, 更新 $c_{j+1}^{\text{old}}(k)$, 即

$$c_{j+1}(k) = c_{j+1}^{\text{old}}(k) + \sum_l d_{j+1}(k-l)s(l)$$

即用 $\{d_{j+1}(k)\}$ 作为数字滤波器 $\{s(k)\}$ 的输入, 然后将此滤波器的输出与原有的序列 $\{c_{j+1}^{\text{old}}(k)\}$ 相加, 便得到了新序列 $\{c_{j+1}(k)\}$。

如果是实现对偶提升, 采用类似的推导过程可得到更新公式为

$$d_{j+1}(k) = d_{j+1}^{\text{old}}(k) - \sum_l c_{j+1}(k-l)\widetilde{s}(-l) \tag{7-8-25}$$

而 $c_{j+1}(k)$ 保持不变。

总结以上两种情况, 可将提升一次的分解算法用图 7.8.1 表示。在图 7.8.1a 中用到 $\widetilde{g}_{\text{old}}(-k) = \widetilde{g}(-k)$; 在图 7.8.1b 中用到 $\widetilde{h}_{\text{old}}(-k) = h(-k)$。

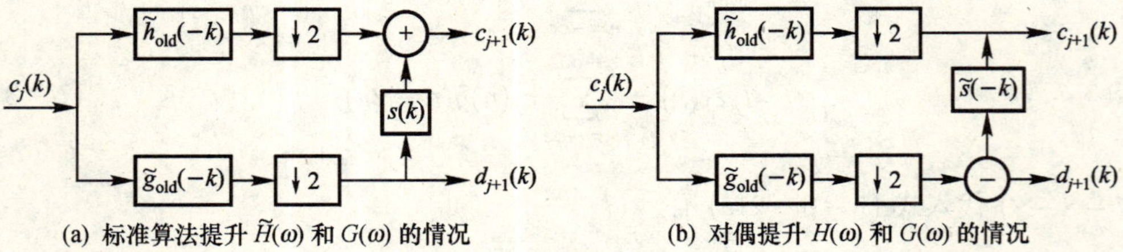

(a) 标准算法提升 $\widetilde{H}(\omega)$ 和 $G(\omega)$ 的情况　　(b) 对偶提升 $H(\omega)$ 和 $G(\omega)$ 的情况

图 7.8.1　一次提升分解算法

为了进一步提升性能, 可以在已提升了其中一个滤波器 [例如 $\widetilde{h}(n)$] 之后, 再提升另一个滤波器 [例如 $h(n)$]。这就是所谓的 “交替提升方案”。例如, 先用 $s_1(\omega)$ 提升 $\widetilde{H}(\omega)$, 再用 $s_2(\omega)$ 提

升 $\widetilde{G}(\omega)$, 则分解过程同样可分两步完成, 只不过在第二步的更新过程中要先用序列 $\{s_1(k)\}$ 对 $\{c_{j+1}^{\mathrm{old}}(k)\}$ 更新, 再用序列 $\{s_2(k)\}$ 和已更新的 $\{c_{j+1}(k)\}$ 对 $\{d_{j+1}^{\mathrm{old}}(k)\}$ 更新。以上过程可用下式表示:

$$\left.\begin{aligned} c_{j+1}(k) &= c_{j+1}^{\mathrm{old}}(k) + \sum_l d_{j+1}^{\mathrm{old}}(k-l)s_1(l) \\ d_{j+1}(k) &= d_{j+1}^{\mathrm{old}}(k) - \sum_l c_{j+1}(k-l)s_2(l) \end{aligned}\right\} \tag{7-8-26}$$

其网络结构如图 7.8.2a 所示。

如果在交替提升中, 先用 $s_1(\omega)$ 提升 $H(\omega)$, 再用 $s_2(\omega)$ 提升 $G(\omega)$, 则更新公式为

$$\left.\begin{aligned} d_{j+1}(k) &= d_{j+1}^{\mathrm{old}}(k) - \sum_l c_{j+1}^{\mathrm{old}}(k-l)s_1(l) \\ c_{j+1}(k) &= c_{j+1}^{\mathrm{old}}(k) + \sum_l d_{j+1}(k-l)s_2(l) \end{aligned}\right\} \tag{7-8-27}$$

其网络结构如图 7.8.2b 所示。

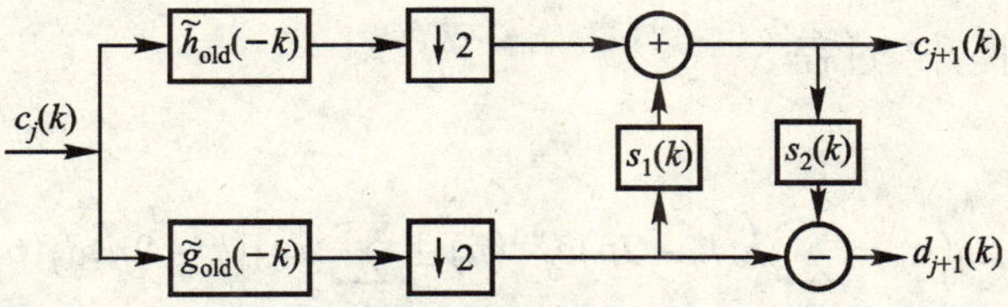

(a) 先提升 $\widetilde{H}(\omega)$，再提升 $\widetilde{G}(\omega)$

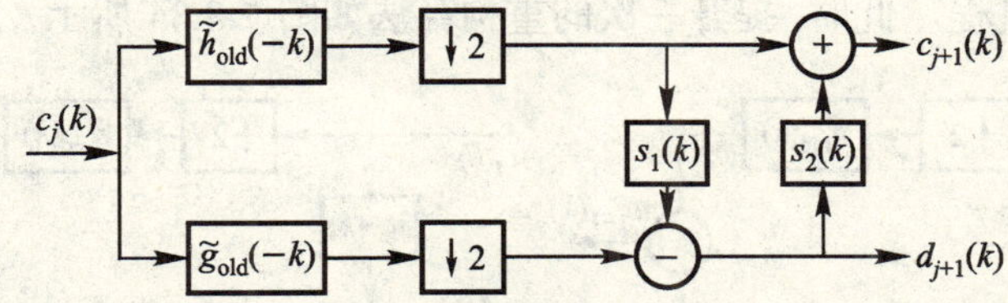

(b) 先提升 $H(\omega)$，再提升 $G(\omega)$

图 7.8.2　交替提升的分解算法

2. 重构算法

首先针对图 7.8.1a 所示的分解算法讨论其重构过程。由式 (7 − 5 − 34), 并按本节记号, 双正交小波变换的标准重构公式为

$$c_{j-1}(k) = \sum_{n=-\infty}^{+\infty} c_j(n)h(k-2n) + \sum_{n=-\infty}^{+\infty} d_j(n)g(k-2n) \tag{7-8-28}$$

将式 (7−8−8) 代入上式可得

$$\begin{aligned}c_{j-1}(k) &= \sum_n c_j(n)h(k-2n) + \sum_n d_j(n)\left[g_{\text{old}}(k-2n) - \sum_l h(k-2n-2l)s(l)\right] \\ &= \sum_n h(k-2n)c_j(n) + \sum_n d_j(n)g_{\text{old}}(k-2n) - \sum_n\sum_m h(k-2n)d_j(n-m)s(m) \\ &= \sum_n h(k-2n)\left[c_j(n) - \sum_m d_j(n-m)s(m)\right] + \sum_n g_{\text{old}}(k-2n)d_j(n)\end{aligned}$$

又由式 (7−8−22) 可得

$$c_j^{\text{old}}(n) = c_j(n) - \sum_m d_j(n-m)s(m) \tag{7-8-29}$$

故

$$c_{j-1}(k) = \sum_n h(k-2n)c_j^{\text{old}}(n) + \sum_n g_{\text{old}}(k-2n)d_j(n) \tag{7-8-30}$$

于是重构过程也可分为两步完成:

第一步, 计算

$$c_j^{\text{old}}(n) = c_j(n) - \sum_m d_j(n-m)s(m)$$

这一步骤也简称为“去提升”过程。

第二步, 计算

$$c_{j-1}(k) = \sum_n h(k-2n)c_j^{\text{old}}(n) + \sum_n g_{\text{old}}(k-2n)d_j(n)$$

这是一个标准的重构过程。此时, 提升一次的重构算法如图 7.8.3a 所示。

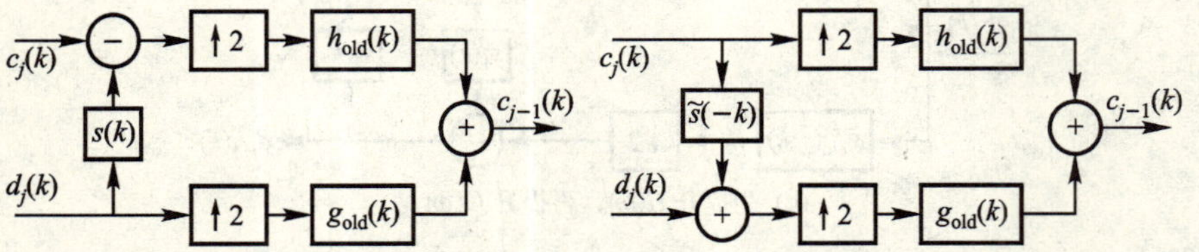

(a) 提升 $\widetilde{H}(\omega)$ 和 $G(\omega)$ 情况　　(b) 提升 $H(\omega)$ 和 $\widetilde{G}(\omega)$ 情况

图 7.8.3　一次提升重构算法

由类似讨论可知, 与图 7.8.1b 和图 7.8.2a, b 所示的分解算法相对应的重构过程可分别用图 7.8.3b 和图 7.8.4a, b 表示。

从以上讨论可知, 利用提升方案的 Swelden 算法进行小波分解和重构时, 并不需要构造 $\widetilde{H}(\omega)$ 和 $G(\omega)$, 而只要用原有的 $\widetilde{H}_{\text{old}}(\omega)$ 和 $G_{\text{old}}(\omega)$, 再加上一个合适的 $S(\omega)$ 便能按图 7.8.1 ~ 图 7.8.4 所示的流程来实现。并且由于提升前的滤波器序列往往比提升后的相应序列短很多, 因而 Swelden 算法虽然表面上看要用两个步骤, 但实际的计算量会比标准算法减少许多。

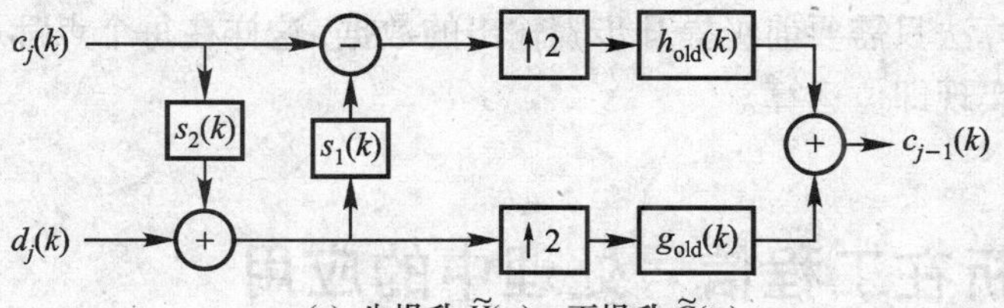

(a) 先提升 $\widetilde{H}(\omega)$，再提升 $\widetilde{G}(\omega)$

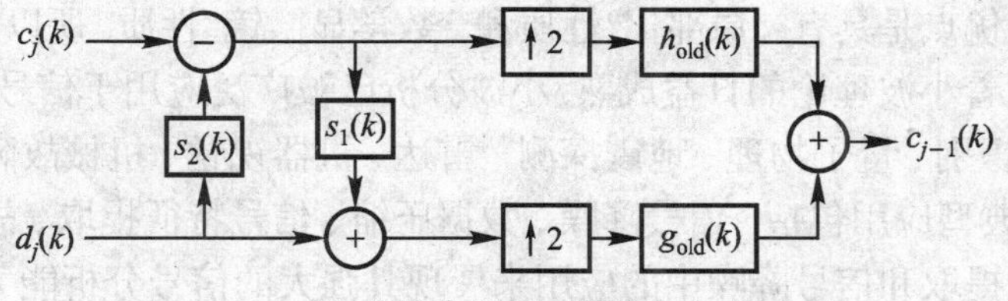

(b) 先提升 $H(\omega)$，再提升 $G(\omega)$

图 7.8.4　交替提升的重构算法

7.8.4　整型小波变换

通过对 Sweleden 算法的进一步研究, 人们还开发出更具优越性的整型小波变换算法。

二代小波变换的整型分解算法可分为以下三个阶段, 即分解 (split)、预测 (predict) 和更新 (update)。

1) 分解

首先将输入信号 s_i 分为两个较小的子集 s'_{i-1} 和 d'_{i-1}, d'_{i-1} 也称为小波子集。最简单的分解方法是将 s_i 根据奇偶性分为两组, 这种分裂所产生的小波称为懒小波 (lazy wavelet), 分解过程表示为 $F(s_i)=\left(s'_{i-1}, d'_{i-1}\right)$。

2) 预测

在基于原始数据相关性的基础上, 用偶数序列 s'_{i-1} 的预测值 $P(s'_{i-1})$ 去预测 (或者内插) 奇数序列 d'_{i-1}, 即将滤波器 P 对偶数信号作用以后作为奇信号的预测值, 奇信号的实际值与预测值相减得到残差信号。实际中, 虽然不可能从子集 s'_{i-1} 中准确地预测子集 d'_{i-1}, 但是 $P(s'_{i-1})$ 有可能很接近 d'_{i-1}, 因此可以使用 d'_{i-1} 和 $P(s'_{i-1})$ 的差来代替原来的 d'_{i-1}, 这样产生的 d_{i-1} 比原来的 d'_{i-1} 包含更少的信息, 于是得到

$$d_{i-1}=d'_{i-1}-P(s'_{i-1}) \tag{7-8-31}$$

3) 更新

为了使原信号集的某些全局特性在其子集 s'_{i-1} 中继续保持, 必须对其进行更新。更新的思想是要找一个更好的子集 s_{i-1}, 使得它保持原图的某一标量特性 $Q(x)$ (例如均值、消失矩等) 不变, 即有 $Q(s_{i-1})=Q(s_i)$。可以利用已经计算好的小波子集 d_{i-1} 对 s'_{i-1} 进行更新, 从而使得后者保持相同的标量特性。这里用一个算子 U 去更新 s'_{i-1}, 定义如下:

$$s_{i-1}=s'_{i-1}+U(d_{i-1}) \tag{7-8-32}$$

至此, 得到比原信号集 s_i 更小的子集 s_{i-1} 和小波子集 d_{i-1}, 即实现了对信号的小波分解。

容易理解, 以上算法只需要前级提升步骤输出的数据, 这样在每个点都可以用新的数据流替换旧的数据流, 从而实现即位运算。

7.9 小波分析在工程信号处理中的应用

小波分析的最大优点是具有 “局部化”性质和 “数学显微镜”性质, 所以很适合于非线性、非平稳信号的分析。随着小波理论的日益成熟, 小波分析已被广泛应用于信号处理、图像处理与传输、语音分析、模式识别、量子物理、地震探测、雷达、机器视觉、机械故障诊断等领域。在工程领域, 小波分析的典型应用包括: 信号降噪、数据压缩、信号特征提取、故障诊断等。下面以小波变换在信号特征提取和信号降噪中的应用来展现其强大的信号分析能力。

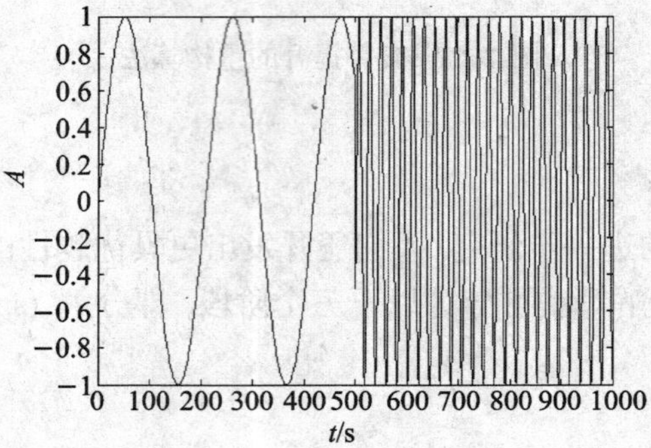

图 7.9.1 突变信号波形

1. 信号特征提取中的应用

几乎一切信号都较难仅根据原始观察数据来作解释, 总要提取它的某些特征来表征。信号的急剧变化之处即间断点处常常是分析特性的关键之处, 而通过小波变换就能精确地确定间断点的位置[35]。这里通过在低频特征的正弦信号的后半部分加入具有中高频特征的正弦信号, 仿真生成了一个突变信号, 如图 7.9.1 所示。应用 Daubechies 小波 db5 进行 6 层小波分解后得到的结果如图 7.9.2 所示。

从图 7.9.2 可以看出, 在细节信号部分能清晰地显示出间断点的准确位置。在该信号的小波分解中, 第一层和第二层细节信号中 (d1 和 d2), 信号的不连续性显示得相当明显, 因为该信号的断裂部分包含的是高频部分。通过实验还表明, 如果只需识别出信号的间断点, 那么用 db1 小波比用 db5 小波的效果要好。

2. 信号降噪中的应用

信号降噪的实质是抑制信号中的无用部分, 恢复信号中有用部分的过程。一般地, 噪声信号多包含在具有较高频率的细节中, 从而可利用门限阈值等形式对所分解的小波系数进行处理, 然后对信号进行小波重构即可达到对信号降噪的目的。

基于小波变换的信号降噪过程可分为以下三个步骤:

(1) 小波的分解。选择合适的小波基以及分解层数对含有噪声的原始信号作小波分解。

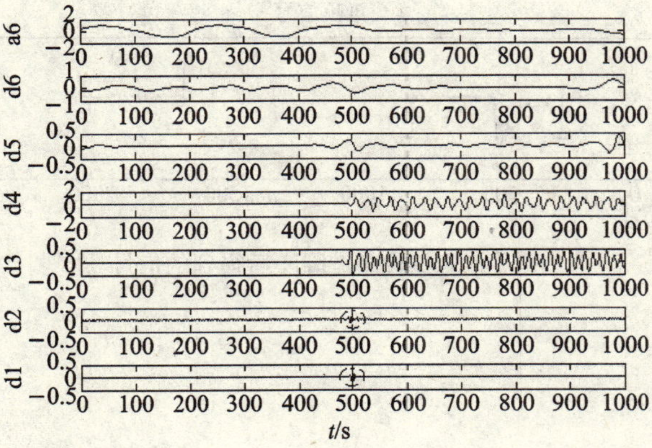

图 7.9.2 6 层 db5 小波分解结果

(2) 小波的收缩。利用阈值处理小波系数, 获得新的阈值量化处理的小波系数。

(3) 小波的重构。根据阈值量化处理后的小波系数和尺度系数, 通过小波逆变换算法, 获得去噪后的信号。

合适的小波基、小波分解的层数以及阈值的选取等都是影响降噪质量的重要因素, 其中最关键的是阈值的选取。最常见的阈值处理方式为硬阈值和软阈值[36]。硬阈值定义为

$$\widehat{d_j}(k)=\begin{cases}d_j(k), & |d_j(k)|>T\\0, & |d_j(k)|\leqslant T\end{cases}$$

式中, T 一般取为 $\sigma\sqrt{2\ln n}$, 其中 n 为数据长度, σ 为噪声水平。

与硬阈值相比, 软阈值具有更好的性质, 如连续性好, 数据处理更加容易等, 所以获得了更为广泛的应用, 其定义如下:

$$\widehat{d_j}(k)=\begin{cases}0, & |d_j(k)|\leqslant T\\\operatorname{sgn}[d_j(k)][|d_j(k)|-T], & |d_j(k)|\geqslant T\end{cases}$$

式中, T 同上; sgn 表示符号函数。此外, 国内外学者还研究了其他一些阈值选取方法, 如最优模糊阈值消噪、结合硬软阈值特点的半硬取阈值、双变量阈值等[37-38]。

下面利用二代小波变换对一噪声水平为 3 的信号进行降噪。染噪信号如图 7.9.3 所示。选用 "CDF9 – 7" 双正交小波, 首先进行 5 级提升分解, 然后进行软阈值处理, 最后重构得到的信号如图 7.9.4 所示。

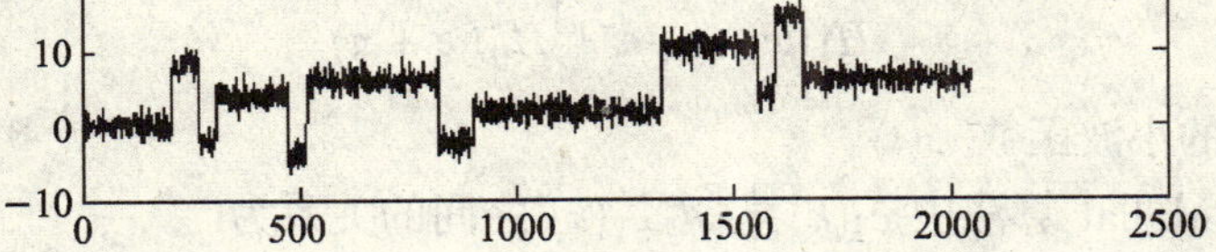

图 7.9.3 噪声水平为 3 的信号

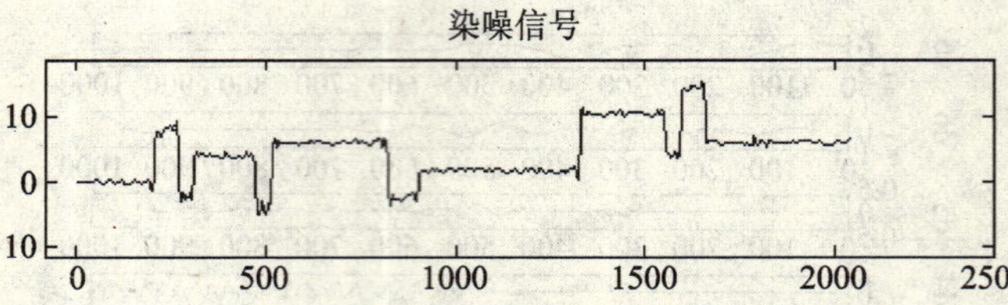

图 7.9.4　二代小波降噪后得到的信号

思考题

7.1　令 $\boldsymbol{e}_1=[1,0]^{\mathrm{T}}, \boldsymbol{e}_2=[0,1]^{\mathrm{T}}$, 其中 T 表示转置。定义 $\boldsymbol{g}_1=\boldsymbol{e}_1, \boldsymbol{g}_2=-0.5\boldsymbol{e}_1+0.5\sqrt{3}\boldsymbol{e}_2$, $\boldsymbol{g}_3=-0.5\boldsymbol{e}_1-0.5\sqrt{3}\boldsymbol{e}_2$。试问 $\{\boldsymbol{g}_i, i=1,2,3\}$ 能组成框架吗? 若不能, 请说明理由; 如果能, 那么它又是何种框架?

7.2　证明产生标准正交小波的滤波器 $H_1(\omega)$ 满足条件

$$\left|H_1(\omega)\right|^2+\left|H_1(\omega+\pi)\right|^2=2$$

7.3　证明若 $H_1(\omega)=-\mathrm{e}^{-\mathrm{j}\omega}H_0^*(\omega+\pi)$, 则 $H_0(\omega)$ 和 $H_1(\omega)$ 的冲激响应 $h_0(k)$ 和 $h_1(k)$ 应满足以下关系:

$$h_1(k)=(-1)^k h_0^*(1-k), \quad k\in\mathbf{Z}$$

7.4　令 P 是一概率测度, 其支撑区为 $[-\varepsilon,\varepsilon]\subset\left[-\dfrac{\pi}{3},\dfrac{\pi}{3}\right]$。已知一尺度函数的傅里叶变换为

$$\Phi(\omega)=\left(\int_{\omega-\pi}^{\omega+\pi}\mathrm{d}p\right)^{1/2}$$

它是积分的非负平方根, 试证明这一尺度函数是正交函数。

7.5　设分解低通滤波器为

$$H_0(\omega)=\frac{\sqrt{2}}{2}(1+\mathrm{e}^{-\mathrm{j}\omega})$$

试求由 $H_0(\omega)$ 产生的尺度函数 $\phi(t)$。进而在 $H_1(\omega)=-\mathrm{e}^{-\mathrm{j}\omega}H_0^*(\omega+\pi)$ 的情况下, 求由 $H_1(\omega)$ 产生的小波函数 $\psi(t)$。

7.6　令分解低通滤波器

$$H_0(\omega)=\begin{cases}\sqrt{2}, & |\omega|\leqslant\pi/2\\ 0, & \text{其他}\end{cases}$$

并且分解高通滤波器满足

$$H_1(\omega)=-\mathrm{e}^{-\mathrm{j}\omega}H_0^*(\omega+\pi)$$

试求由 $H_1(\omega)$ 产生的小波函数 $\psi(t)$。

7.7　证明一维 Mallat 算法中 $c_j(k)$ 与 $d_{j+1}(k)$ 之间的关系为

$$d_{j+1}(k)=\sum_{n=-\infty}^{+\infty}c_j(n)h_1^*(n-2k)$$

7.8 证明共轭正交滤波器组中 $h_0(n)$ 和 $h_1(n)$ 之间都具有偶次移位的正交性, 即

$$\langle h_0(n), h_1(n+2k)\rangle = 0, \quad k \in \mathbf{Z}$$

7.9 证明二维 Mallat 算法中的分解公式

$$\begin{cases} c_{j+1}(n_1,n_2) = \sum\limits_{k_1}\sum\limits_{k_2} h_0(k_1-2n_1)h_0(k_2-2n_2)c_j(k_1,k_2) \\ d_{j+1}^1(n_1,n_2) = \sum\limits_{k_1}\sum\limits_{k_2} h_0(k_1-2n_1)h_1(k_2-2n_2)c_j(k_1,k_2) \\ d_{j+1}^2(n_1,n_2) = \sum\limits_{k_1}\sum\limits_{k_2} h_1(k_1-2n_1)h_0(k_2-2n_2)c_j(k_1,k_2) \\ d_{j+1}^3(n_1,n_2) = \sum\limits_{k_1}\sum\limits_{k_2} h_1(k_1-2n_1)h_1(k_2-2n_2)c_j(k_1,k_2) \end{cases}$$

7.10 在保持 $\widetilde{H}(\omega)$ 和 $G(\omega)$ 不变的情况下, 提升 $H(\omega)$ 和 $\widetilde{G}(\omega)$。证明所形成的新尺度函数和小波函数簇与原尺度函数和小波函数簇存在以下关系:

$$\widetilde{\phi}(t) = \widetilde{\phi}_{\text{old}}(t)$$

$$\widetilde{\psi}(t) = \widetilde{\psi}_{\text{old}}(t) - \sum_k \widetilde{s}(k)\widetilde{\phi}(t-k)$$

$$\phi(t) = \sqrt{2}\sum_k h_{\text{old}}(k)\phi(2t-k) + \sum_k \widetilde{s}(-k)\psi(t-k)$$

$$\psi(t) = \sqrt{2}\sum_k g(k)\phi(2t-k)$$

参考文献

[1] Grossmann A, Morlet J. Decomposition of hardy function into square integrable wavelet of constant shape. SIAM J. of Math. Anal., 1984, 15(4): 723-736.

[2] Meyer Y. Wavelets: algorithms and applications. Philadelphia, PA: SIAM, 1993.

[3] Daubechies I. The wavelet transform, time-frequency localization and signal analysis. IEEE Trans. Information Theory, 1990, 36(5): 961-1005.

[4] Chui C K. An introduction to wavelets. New York, US: Academic Press, 1992

[5] Daubechies I. Ten lectures on wavelets. Philadelphia, PA: SIAM, 1992.

[6] Sweldens W. Wavelets: what next? Proc.IEEE, 1996, 84(4): 680-685.

[7] 杨福生. 小波变换的工程分析与应用. 北京: 科学出版社, 1999.

[8] 黄振友, 杨建新, 华踏红, 等. 泛函分析. 北京: 科学出版社, 2003.

[9] Choquet B Y, Dewitt M C, Dillard B M. Analysis manifolds and phisics. New York, US: North-Holland Publishing Company Amsterdam, 1977.

[10] Jones D L, Baraniuk R G. Efficient approximation of continuous wavelet transform. Electronic Letters, 1991, 27(9): 748-750.

[11] 张彤, 杨福生, 唐庆玉. 基于 Mellin 变换的连续小波变换快速算法. 信号处理, 1996, 12(4): 342-349.

[12] 李建平, 唐远炎. 小波分析方法的应用. 重庆: 重庆大学出版社, 1999.

[13] 张贤达. 现代信号处理. 2 版. 北京: 清华大学出版社, 2002.

[14] Mallat S. 信号处理的小波导引. 杨力华, 戴道清, 黄文良, 等译. 2 版. 北京: 机械工业出版社, 2002.

[15] Mallat S. Multiresolution approximations and wavelet orthonormal bases of $L^2(R)$. Trans. Amer. Math. Soc., 1989, 315: 69-87.

[16] Mallat S. A theory for multiresolution signal decomposition: the wavelet representation. IEEE Trans. PAMI, 1989, 11(7): 674-693.

[17] Daubechies I. Orthonormal bases of compactly supported wavelets. Commun. on Pure and Appl. Math., 1988, 4l: 909-996.

[18] Abry P, Flandrin P. On the initialization of the discrete wavelet transform. IEEE Trans. Signal Processing, 1994, 1(2): 32-34.

[19] Zhang X P, Li S T, Ying N P. From the wavelet series to the discrete wavelet transform—the initialization. IEEE Trans. Signal Processing, 1996, 44(1): 129-133.

[20] Chan Y T, Ho K C. Multiresolution analysis, its link to the discrete parameter wavelet transform and its initialization. IEEE Trans. Signal Processing, 1996, 44(4): 1001-1006.

[21] Ericsson S, Grip N. Efficient wavelet prefilters with optimal time-shifts. IEEE Trans. Signal Processing, 2005, 53(7): 2451-2461.

[22] Rioul O. A discrete-time multiresolution theory. IEEE Trans. Information Theory, 1993, 38(2): 569-586.

[23] 宗孔德. 多采样率滤波器一般理论. 北京: 清华大学出版社, 1996.

[24] Vetterli M. Filter banks allowing perfect reconstruction. Signal Processing, 1986, 10(3): 219-244.

[25] Smith M J T, Barnwell T P III. Exact reconstruction technique for tree-structured subband coder. IEEE Trans. Acoust, Speech, Signal Processing, 1986, 34(3): 434-441.

[26] Vaidyanathan P P, Hoang P Q. Lattice structures for optimal design and robust implementation of two channel perfect reconstruction QMF banks. IEEE Trans. ASSP, 1988, 36(1): 81-94.

[27] Vaidyanathan P P. Multirate systems and filter banks. Englewood Cliffs, NJ: Prentice-Hall, 1993.

[28] Coifman R R, Meyer Y, Wickerhauser M V. Wavelet and signal Processing // Ruskai. wavelet and their application. Boston, US: Jones and Bartlett Publishers, 1992.

[29] Wickerhauser M V. Acoustic signal compression with wavelet packet // Chui C K. wavelet : a tutorial in theory and application, and their application. London, U.K.: Academic Press, 1992.

[30] Coifman R R, Wickerhauser M V. Entropy based algorithm for best basis selection. IEEE Trans. Information Theory, 1992, 38(2): 713-718.

[31] Sweldens W. The Lifting Scheme: A custom-design construction of biorthogonal wavelet. Applied and Computational Harmonic Analysis, 1996, 3(2): 186-200.

[32] Sweldens W. The lifting scheme: a construction of second generation wavelets. SIAM J. Math. Anal., 1997, 29(2): 511-546.

[33] Calderbank A R, Daubechies I, Sweldens W. Wavelet transforms that map integers to integers. Applied and Computational Harmonic Analysis, 1998, 5(3): 332-369.

[34] Vetterli M, Herley C. Wavelets and filter banks: theory and design. IEEE Trans. Acoust, Speech, Signal Processing, 1992, 40(9): 2207-2232.

[35] Mallat S, Hwang W L. Singularity detection and Processing with wavelets. IEEE Trans. Information Theory, 1992, 38(2): 617-643.

[36] Donoho D L. De-noising by soft-thresholding. IEEE Trans. Information Theory, 1995, 41(3): 613-627.

[37] 付炜, 许山川. 一种改进的小波域阈值去噪算法. 传感器技术学报, 2006, 19(2): 534-536.

[38] Shark I K, Yu C. Denoising by optimal fuzzy thresholding in wavelet domain. IEEE Trans. Electronics letters, 2000, 36(6): 581-582.

第 8 章　Hilbert – Huang 变换

8.1　引言

Hilbert – Huang 变换 (简称 HHT) 是 20 世纪末 N. E. Huang 等人首次提出的一种新的信号分析理论[1]。它的主要创新是固有模态函数 (intrinsic mode function, IMF) 概念的提出和经验筛法 (empirical mode decomposition, EMD) 的引入。通过 EMD, 将信号分解成 IMF(一般为有限数目) 的和, 对每个 IMF 进行 Hilbert 变换就可以获得有意义的瞬时频率, 从而给出频率随时间变化的精确表达。信号最终被表示为时频平面上的能量分布, 称为 Hilbert 谱,进而还可以得到边际谱。HHT 是一种新的具有自适应的时频分析方法, 它可根据信号的局部时变特征进行自适应的时频分解, 消除人为的因素, 克服传统方法中用无意义的谐波分量来表示非平稳、非线性信号的缺陷, 并可得到很高的时频分辨力, 具有良好的时频聚集性, 非常适合对非平稳信号、非线性信号进行分析。

由于 HHT 的理论和方法尚处于发展和完善中, 本章仅对目前成熟的 HHT 理论和方法作一详细介绍, 并介绍其在机械故障诊断等方面的应用。

8.2　IMF 概念的提出

8.2.1　瞬时频率

在 6.1.4 节及 6.9.1 节已对瞬时频率的概念及其估计作了比较详细的描述, 这里针对 HHT 中的应用进行阐述。瞬时能量或者信号的瞬时包络线的说法得到了人们的广泛认同, 但是对瞬时频率的说法却存在很大的争议。要接受瞬时频率的概念, 存在两个基本的障碍: 第一个障碍是受到傅里叶频谱分析的深远影响。在传统的傅里叶分析中, 频谱是用跨度为整个信号范围的具有恒定幅度的正弦或者余弦函数来定义的。将这个定义进行扩展, 则瞬时频率也必须是正弦或者余弦函数, 这样, 必须用正弦或者余弦函数的一个周期来定义局部频率值。这样的定义对频率时变的非平稳信号毫无意义。第二个障碍是由瞬时频率定义的非唯一性引起的。但是, 在引入 Hilbert 变换之后, 这此问题也就不再严重了。不过, Cohen 提出的悖论又成为定义瞬时频率所面临的新的困难[2-3]。对任意时间序列 $x(t)$, 它的 Hilbert 变换为

$$y(t) = \frac{1}{\pi} P \int_{-\infty}^{+\infty} \frac{x(t')}{t - t'} \mathrm{d}t' \tag{8-2-1}$$

式中, P 为柯西主值。这个变换对所有 L^p 类函数存在。由此, 得到解析信号 $z(t)$

$$z(t) = x(t) + \mathrm{j}y(t) = a(t)e^{\mathrm{j}\phi(t)} \tag{8-2-2}$$

式中

$$a(t)=\sqrt{x^2(t)+y^2(t)} \tag{8-2-3}$$

$$\phi(t)=\arctan\frac{y(t)}{x(t)} \tag{8-2-4}$$

式 (8 − 2 − 1) 定义的 Hilbert 变换实际上是 $x(t)$ 和 $\frac{1}{t}$ 的卷积, 因此, 它突出了 $x(t)$ 的局部特性。式 (8 − 2 − 2) 所示的极坐标表达式进一步表明了其局部性。但是, 人们对利用 Hilbert 变换将瞬时频率定义为

$$\omega=\frac{\mathrm{d}\phi(t)}{\mathrm{d}t} \tag{8-2-5}$$

仍然有争议。因此, 1995 年 Cohen 提出了 "单分量函数" 的概念,即在任意给定的时刻, 它仅有一个频率值, 仅能代表一个分量。但是, "单分量函数" 并没有一个清晰的定义以判定某函数是否为单分量函数。于是, 人们用窄带信号来代替 "单分量函数" 的限制, 从而使瞬时频率有意义。

关于带宽有两种定义。一种是根据数据的概率特性。信号单位时间内的过零点数量为

$$N_0=\frac{1}{\pi}\left(\frac{m_2}{m_0}\right)^{1/2} \tag{8-2-6}$$

同时, 单位时间内极值点的数量为

$$N_1=\frac{1}{\pi}\left(\frac{m_4}{m_2}\right)^{1/2} \tag{8-2-7}$$

式中, m_i 是第 i 阶谱矩。定义参数 v 为

$$N_1^2-N_0^2=\frac{1}{\pi^2}\frac{m_4m_0-m_2^2}{m_2m_0}=\frac{1}{\pi^2}v^2 \tag{8-2-8}$$

则式 (8 − 2 − 8) 给出了带宽的一个标准测量方法[4-5]。对于窄带信号有 $v=0$, 这意味着极值点数量与过零点数量相等。

另一个关于带宽的更一般的定义也是基于谱矩的, 即对信号 $z(t)=a(t)\mathrm{e}^{\mathrm{j}\phi(t)}$, 如果该函数有频谱 $S(\omega)$, 则其平均频率为

$$\langle\omega\rangle=\int_{-\infty}^{+\infty}z^*(t)\left[\frac{\mathrm{d}}{\mathrm{j}\mathrm{d}t}z(t)\right]\mathrm{d}t=\int_{-\infty}^{+\infty}\phi'(t)a^2(t)\mathrm{d}t \tag{8-2-9}$$

式中, $\phi'(t),a'(t)$ 分别表示 $\phi(t),a(t)$ 的一阶导数。则带宽定义为

$$\begin{aligned}v^2&=\frac{(\omega-\langle\omega\rangle)^2}{\langle\omega\rangle^2}=\frac{1}{\langle\omega\rangle^2}\int_{-\infty}^{+\infty}(\omega-\langle\omega\rangle)^2|S(\omega)|^2\mathrm{d}\omega\\&=\frac{1}{\langle\omega\rangle^2}\left\{\int_{-\infty}^{+\infty}[a'(t)]^2\mathrm{d}t+\int_{-\infty}^{+\infty}(\phi'(t)-\langle\omega\rangle)^2a^2(t)\mathrm{d}t\right\}\end{aligned} \tag{8-2-10}$$

式中, $\phi'(t),a'(t)$ 分别表示 $\phi(t),a(t)$ 的一阶导数。

信号为窄带信号的条件是 v^2 必须足够小, 这就要求式 (8 − 2 − 10) 中的 $a(t)$ 和 $\phi(t)$ 必须是渐变函数。Huang 等认为, 式 (8 − 2 − 8) 和式 (8 − 2 − 10) 均是在全局意义上定义的带宽, 这两

种定义都过于严格同时又缺乏精确性。因此, 一直没有严格建立起使瞬时频率有意义的带宽限制。正如 Gabor[6] 讨论过的那样, 为了得到有意义的瞬时频率, 必须满足限定条件, 即任何一个函数要得到一个有意义的瞬时频率, 其傅里叶变换的实部应该只有正频率。这个限定条件可以从数学上得到证明, 但仍是全局性的。对于实际的信号分析, 必须把这些条件转换成物理上可实现的步骤, 且能用一个简单的方法加以实现。为此, 必须把这些基于信号全局性的限定条件修改为局部的限定条件。

为了探索这些局部限定条件, Huang 等分析了一个简单的例子。对信号

$$x(t) = \sin\ t \tag{8-2-11}$$

作 Hilbert 变换为 cos t。如图 8.2.1 所示, $x-y$ 平面上的相点是一个单位圆 (图 8.2.1a), 相位函数是一条直线 (图 8.2.1b), 瞬时频率是一个常数 (图 8.2.1c)。如果将信号均值移动 α, 即

$$x(t) = \alpha + \sin\ t \tag{8-2-12}$$

则 $x-y$ 的相点还是平面上的一个单位圆, 且与 α 的值无关, 但圆的中心移动了 α (图 8.2.1a)。如果 $\alpha < 1$, 中心还是在圆内, 但在这种条件下, 信号已经违反了瞬时频率有意义的条件, 因为它的傅里叶谱中包含有直流项。尽管它的平均过零频率仍与 $\alpha = 0$ 时相同, 但它的相位函数与瞬时频率却与 $\alpha = 0$ 时的情况很不相同 (图 8.2.1b, c)。如果 $\alpha > 1$, 中心在圆外 (图 8.2.1a), 信号的平均过零频率与 $\alpha = 0$ 时已经不再相同, 这时相位函数与瞬时频率都会出现没有意义的负值 (图 8.2.1b, c)。

Huang 等用这个例子说明, 一个信号只有在它关于信号均值局部对称的条件下才能定义瞬时频率。对一般信号而言, 任何一个叠加波局部等同于 $\alpha > 1$ 的情况; 任何一个非对称波局部等同于 $\alpha < 1$ (但 $\alpha \neq 0$) 的情况。为了获得有意义的瞬时频率, 应该用这些局部限制代替先前分析的全局要求。

Huang 等在总结了瞬时频率有意义的单分量信号应满足的条件的基础上, 提出了固有模态信号的新概念。固有模态或固有模态函数 (intrinsic mode function, IMF) 是满足以下两个条件的信号:

(1) 整个信号中, 零点数与极点数相等或至多相差 1;

(2) 信号上任意一点, 由局部极大值点确定的包络线和由局部极小值点确定的包络线的均值均为零, 即信号关于时间轴局部对称。

第一个条件类似于传统窄带信号的要求; 第二个条件是一个新观点, 其目的是使瞬时频率不致遭受非对称波形的干扰。Huang 等认为, 对非平稳信号, 局部均值涉及到局部时间尺度, 这是不可能定义的, 因此用信号极大值和极小值确定的包络线的均值逼近信号的均值, 并认为这种逼近效果即使在最坏的情况下算出的瞬时频率也与物理意义一致。

一个固有模态不再限定为窄带信号, 而是幅值和频率可调制的。按这一定义, 纯粹的频率和幅值调制函数都可以是 IMF, 即便按传统定义它们有一定的带宽。图 8.2.2 是一个 IMF 的例子。

对每一个 IMF, 其瞬时频率可求。但实际中的信号大多数都不是 IMF, 任何时候, 信号中包含的振动模态都可能超过一个, 这就是对一般信号简单地使用 Hilbert 变换不能充分描述其频率内容的原因 [7]。因此, 为了获得有意义的瞬时频率, 需要将信号分解成 IMF 分量。

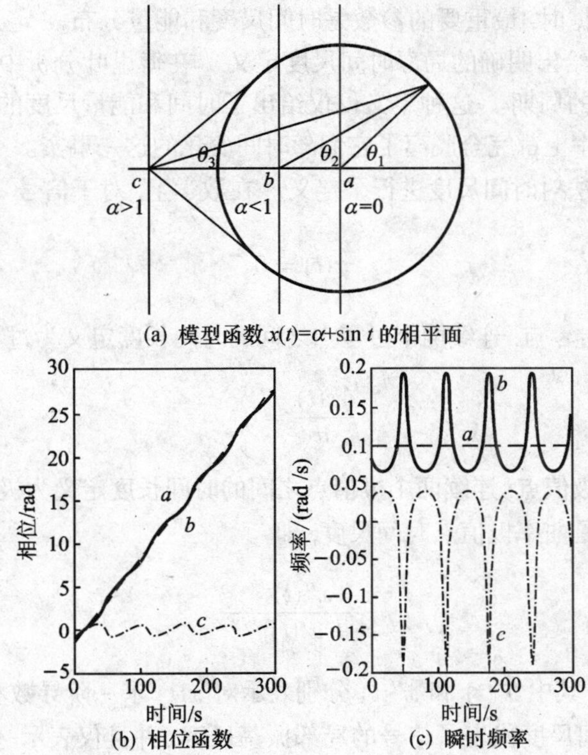

(a) 模型函数 $x(t)=\alpha+\sin t$ 的相平面

(b) 相位函数　(c) 瞬时频率

图 8.2.1　瞬时频率的物理解释

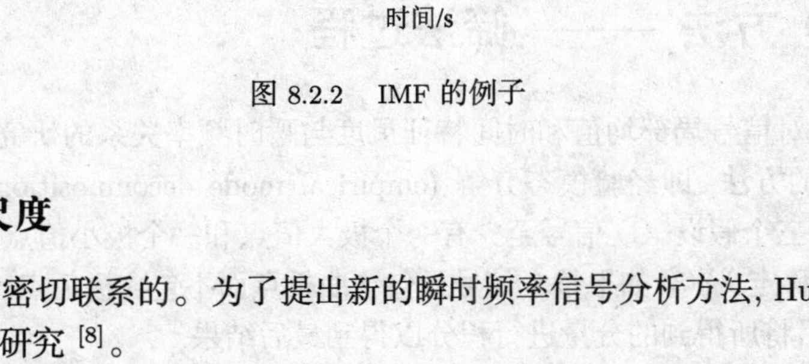

图 8.2.2　IMF 的例子

8.2.2　特征时间尺度

频率与尺度是有密切联系的。为了提出新的瞬时频率信号分析方法, Huang 等对信号的时间特征尺度作了深入研究 [8]。

正如 Drazin[9] 指出的那样, 分析信号的最直接的方法就是用眼观察。这种方法当然是主观的, 但受过训练的眼睛能够检测信号中难以定量确定的一些趋势和模式。即使没有训练过的眼睛, 也很容易看出信号中的某些特性, 例如平稳性、周期性、总体趋势及各种特殊点时间间隔的尺度。尽管这种观察是有效的, 但仅凭眼来观察的方法太主观, 也不紧密。不过在眼可观察到的信号的各种量中, 时间尺度是最容易确定的一种。

在解释任何物理数据时, 最重要的参数是时间尺度和能量分布。定义局部能量密度并不困难, 但至今为止, 还没有给出明确的局部时间尺度定义。在傅里叶分析中, 定义时间尺度为连续和等幅的三角函数分量的周期。这种定义仅仅给出了时间和能量尺度的全局均值, 以至这些尺度无论在幅度还是在频率上都完全脱离了它们随时间变化的这一事实。

Rice 曾用统计的方法对时间尺度进行了定义。在数学上, 对于信号 $x(t)$, 将满足

$$x(t) = 0 \tag{8-2-13}$$

的时间 t 的位置定义为过零点, 连续两个过零点之间的时间长度定义为过零点时间尺度。将满足

$$\frac{\mathrm{d}x(t)}{\mathrm{d}t} = 0 \tag{8-2-14}$$

的时间 t 的位置定义为极值点, 连续两个极值点之间的时间长度定义为极值点时间尺度。

还有一种时间尺度是曲率极值点时间尺度, 即

$$\frac{x''(t)}{[1+x'(t)]^{2/3}} \tag{8-2-15}$$

的极值点间的时间长度, 其中 $x'(t)$ 和 $x''(t)$ 分别表示对 $x(t)$ 求一阶导数和二阶导数。

Huang 等认为, 时间尺度代表了信号的局部振荡尺度, 并且仅表示一种振荡模式。这种振荡从一个极值点到另一个相反的极值点, 因此时间尺度是振荡的内在隐含尺度, 称为特征时间尺度。

在过零点时间尺度、极值点时间尺度和曲率极值点时间尺度三种特征时间尺度中, 极值点时间尺度是主要的; 曲率极值点时间尺度则代表一种轻微的振荡, 这种振荡可能在信号局部产生变化, 但并不产生极值点; 过零点时间尺度则是一个非常不完善的量度, 除非信号是窄带的, 否则信号在两个连续过零点间将可能出现多个极值点, 即出现多个振荡模式。

8.3 EMD 方法 —— 筛法过程

Huang 等基于对信号局部均值和时间特征尺度与瞬时频率关系的研究, 引入了将一个复合信号分解成 IMF 的方法, 即经验模态分解 (empirical mode decomposition, EMD) 或称经验筛法。这种分解基于三个假设: ① 信号至少有一个极大值点和一个极小值点; ② 特征时间尺度由极值点间的时间推移定义; ③ 如果整个信号只包含曲折点而不包含极值点, 可以先微分一次或多次找到极值点, 然后将所得到的分量进行积分以得到最后结果。

EMD 的具体步骤是: 对任一实信号 $s(t)$, 首先确定出 $s(t)$ 上的所有极大值点和极小值点, 然后将所有极大值点和所有极小值点分别用一条光滑的曲线连接起来, 使两条曲线间包含所有的信号。将这两条曲线分别作为 $s(t)$ 的上、下包络线, 计算出它们的平均值曲线 $m_1(t)$, 用 $s(t)$ 减去 $m_1(t)$ 得

$$s(t) - m_1(t) = h_1(t) \tag{8-3-1}$$

这一过程如图 8.3.1 所示, 图 8.3.1a 是原信号; 图 8.3.1b 中点线为原信号, 虚线为上、下包络线, 粗实线为均值曲线, 它将信号很好地进行了上下平分; 图 8.3.1c 即为式 $\dfrac{x''(t)}{[1+x'(t)]^{2/3}}$ 所表示的原信号与均值曲线的差。

理想情况下, $h_1(t)$ 应该是一个 IMF, 因为 $h_1(t)$ 的构造过程就是使它满足 IMF 的条件。但即使对包络线的拟合非常好, 信号斜坡上的一个微小凸包也可能在筛选过程中转变成新的极值点, 这些新的极值点正是前一次筛选过程中遗漏的。因此需要反复筛选, 以恢复所有低幅值的叠加波。

筛选过程有两个目的: 一是消除模态波形的叠加; 二是使波形轮廓更加对称。把 $h_1(t)$ 作为原信号, 重复上面所介绍的步骤, 得到

$$h_1(t) - m_{1,1}(t) = h_{1,1}(t) \tag{8-3-2}$$

如图 8.3.2a 所示, 这时波形更对称, 但仍有极大值点位于零均值曲线之下。再经过一次筛选的结果如图 8.3.2b 所示, 这时所有极大值点均为正值, 所有极小值点均为负值, 但波形中还有许多局部波不对称。因此可以反复筛选 k 次, 直到 $h_{1,k}(t)$ 变为一个 IMF, 即

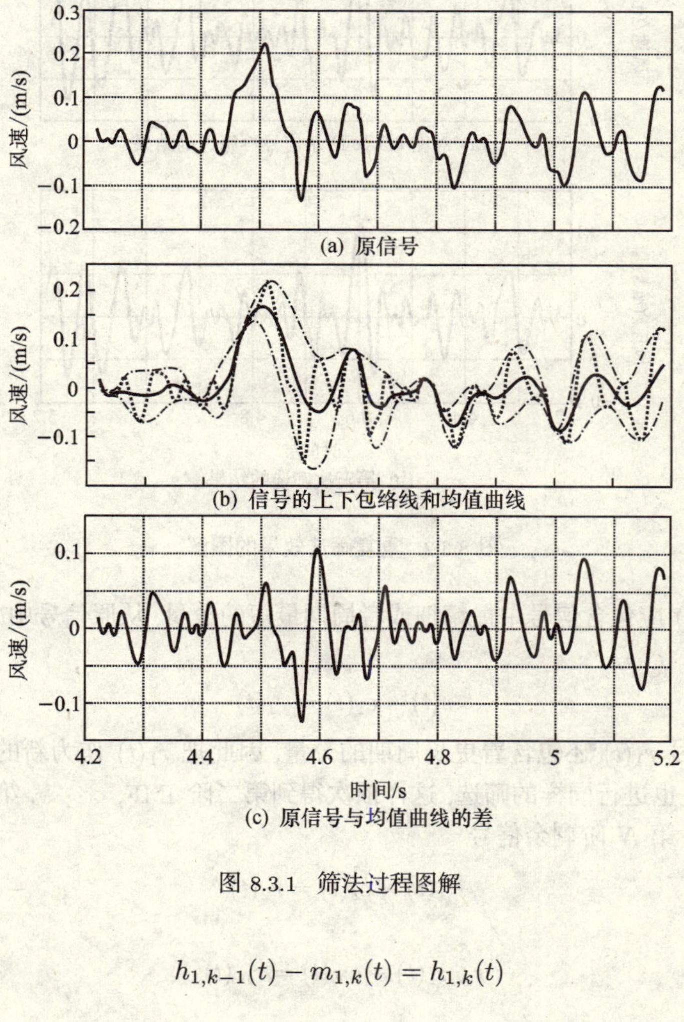

图 8.3.1 筛法过程图解

$$h_{1,k-1}(t) - m_{1,k}(t) = h_{1,k}(t) \tag{8-3-3}$$

如图 8.3.2 所示。这样就从原信号中分解出了第一个 IMF, 称为第一阶 IMF, 记作

$$c_1(t) = h_{1,k}(t) \tag{8-3-4}$$

以上过程就像一个筛子, 它仅从特征时间尺度出发, 一步步地把信号中的最精细的局部模态筛选出来, 因此称为筛选过程。但为了保证筛出的 IMF 在幅值和频率上都具有足够的物理意义, 对筛选过程的次数必须有所限制。过多的筛选次数可能使筛出的 IMF 变为一个常幅值的调频信号, 从而使其失去物理意义。

Huang 等提出了筛法过程的两种终止准则, 第一种是仿柯西收敛准则, 即当

$$SD = \sum_{t=0}^{T}\left[\frac{|h_{1,k-1}(t) - h_{1,k}(t)|^2}{|h_{1,k-1}(t)|^2}\right] \tag{8-3-5}$$

界于 0.2∼ 0.3 之间时, 筛选过程终止; 第二种是只要波形的极值点和过零点的数目相等,筛选过程就终止。

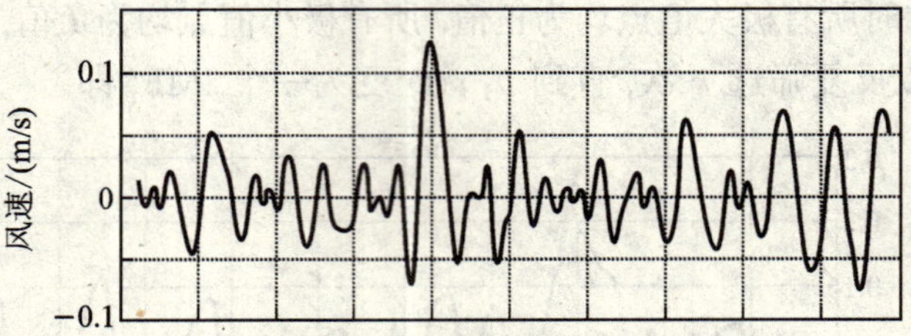

(a) 对图 8.3.1c 所示信号再筛选的结果

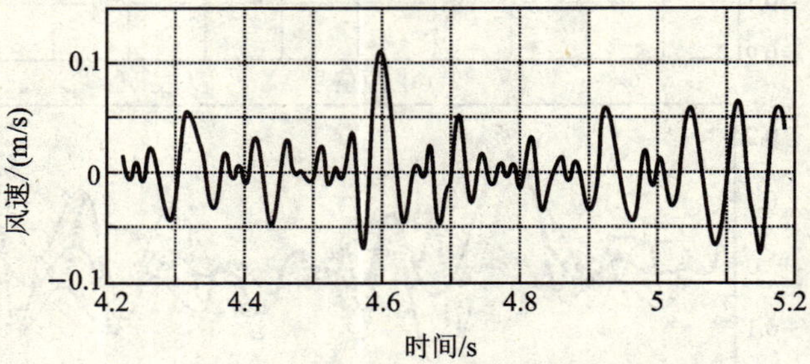

(b) 第三次筛选的结果

图 8.3.2　重复筛选效果的图解

总的来说, $c_1(t)$ 应包含信号中最精细或者周期最短的分量, 从原信号中减去 $c_1(t)$ 得第一阶剩余信号

$$s(t) - c_1(t) = r_1(t) \tag{8-3-6}$$

由于第一阶剩余信号 $r_1(t)$ 还包含着更长周期的分量, 因此把 $r_1(t)$ 作为新的原信号重复以上过程。对后面的 $r_i(t)$ 也进行同样的筛选, 这样依次得到第二阶 IMF, ……, 第 N 阶 IMF 和第二阶剩余信号, ……, 第 N 阶剩余信号

$$\begin{gathered} r_1(t) - c_2(t) = r_2(t) \\ \cdots \\ r_{N-1}(t) - c_N(t) = r_N(t) \end{gathered} \tag{8-3-7}$$

整个分解过程遇如下任何一个准则即终止: ① 当分量 $c_N(t)$ 或剩余信号 $r_N(t)$ 足够小; ② 当剩余信号 $r_N(t)$ 变成一个单调函数, 以至不能再从中提取 IMF。对于经验模态分解 (EMD), 即使信号的均值为零, 最后的剩余信号也可以不为零, 如果信号有某种趋势, 最后的剩余信号应该体现这种趋势。

综合式 (8 – 3 – 6) 和式 (8 – 3 – 7) 得

$$s(t) = \sum_{n=1}^{N} c_n(t) + r_N(t) \tag{8 – 3 – 8}$$

从以上介绍可以看出, 包络线的拟合是经验筛法的关键。目前 Huang 等采用的是三次样条拟合, 虽然这种拟合法在许多情况下能取得好的效果, 但有时会出现严重的过冲或欠冲现象, 以至包络线不能包络信号。

以上分解过程可以用更理想的模型描述: 设 $s(t)$ 表示被分析信号, m 表示求信号的理想均值曲线, $m^n[s(t)]$ 表示对信号 $s(t)$ 的第 n 阶剩余信号 $r_n(t)$ 求理想均值曲线, c_n 表示信号 $s(t)$ 的第 n 个 IMF 分量, N 表示 $s(t)$ 中 IMF 的个数 (一般为有限个), 则

$$c_1(t) = s(t) - m[s(t)]$$

$$c_2(t) = [s(t) - c_1(t)] - m[s(t) - c_1(t)] = m[s(t)] - m^2[s(t)]$$

$$c_3(t) = [s(t) - c_1(t) - c_2(t)] - m[s(t) - c_1(t) - c_2(t)] = m^2[s(t)] - m^3[s(t)]$$

$$\cdots$$

$$c_N(t) = \left[s(t) - \sum_{n=1}^{N-1} c_n(t)\right] - m\left[s(t) - \sum_{n=1}^{N-1} c_n(t)\right] = m^{n-1}[s(t)] - m^n[s(t)]$$

从而

$$s(t) = \sum_{n=1}^{N} c_n(t) + m^N[s(t)] = \sum_{n=1}^{N}\{m^{n-1}[s(t)] - m^n[s(t)]\} + m^N[s(t)] \tag{8 – 3 – 9}$$

式中, $m^N[s(t)]$ 称为 $s(t)$ 的残余分量, 通常记为 $r(t) = m^N[s(t)]$。

在经验筛法中, 获得信号的均值曲线是关键。除了通过拟合信号的上、下包络线来获得信号均值曲线以外, 还可以将均值曲线取为基于极值点滑动平均的 B 样条函数的线性组合[10]。

通常对信号分解的方法要求其具有完备性和正交性。下面对经验筛法的完备性和正交性进行简单分析。信号分解方法的完备性是指信号分解后各个分量相加能够获得原始信号的性质。经验筛法的完备性已由分解过程完全保证, 如式 (8 – 3 – 8) 所示。

信号分解方法的正交性是指信号分解后得到的各个分量之间相互正交的性质。对于正交性, Huang 等认为在实际意义上是存在的。因为每个 IMF 分量都是上次分解的剩余信号与其均值曲线的差, 从实际意义上讲, 这个 IMF 分量与均值曲线是局部正交的, 因此

$$m\{c_n(t) \cdot m[r_{n-1}(t)]\} = 0 \tag{8 – 3 – 10}$$

这说明所有 IMF 分量都应是正交的, 其中 $1 \leqslant n \leqslant N$。但上式并不能从理论上严格证明, 因为均值曲线通过拟合得来, 可能不是真实的, 而且每个后续的 IMF 分量都是前面剩余信号的一部

分。因此, 经验筛法中 IMF 分量的正交性是近似成立的, 因此将其称为近似正交性。EMD 方法中的正交性指标按下式定义:

$$IO = \sum_{i=1}^{n+1} \sum_{j=i+1}^{n+1} \frac{\int c_i(t)c_j(t)\mathrm{d}t}{\int x^2(t)\mathrm{d}t} \tag{8-3-11}$$

在经验筛法中, 每个 IMF 分量的频率一般是非平稳的, 如果对它们作傅里叶变换, 它们将有共同的谐波分量, 因而不可能保证严格的正交性。

8.4 Hilbert 谱和边际谱

在固有模态和经验筛法的基础上, Huang 等系统地提出了一种分析信号的新理论或新方法, 命名为希尔伯特 – 黄变换 (Hilbert – Huang transform, 简称 HHT)。它主要包括经验筛法和 Hilbert 谱分析, 即首先用经验筛法将任意信号 $s(t)$ 分解成 IMF 的和

$$s(t) = \sum_{n=1}^{N} c_n(t) + r_N(t) \tag{8-4-1}$$

然后分别对每一 IMF 分量作 Hilbert 变换, 得到

$$c'_n(t) = \frac{1}{\pi}\int_{-\infty}^{+\infty} \frac{c_n(\tau)}{t-\tau}\mathrm{d}\tau \tag{8-4-2}$$

构造解析信号

$$z_n(t) = c_n(t) + \mathrm{j}c'_n(t) = a_n(t)\mathrm{e}^{\mathrm{j}\phi_n(t)} \tag{8-4-3}$$

式中

$$a_n(t) = \sqrt{c_n^2(t) + c_n'^2(t)} \tag{8-4-4}$$

$$\phi_n(t) = \arctan\frac{c'_n(t)}{c_n(t)} \tag{8-4-5}$$

进一步可求得瞬时频率为

$$\omega_n(t) = \frac{\mathrm{d}\phi_n(t)}{\mathrm{d}t} \tag{8-4-6}$$

最后得到信号的瞬时频率表示

$$s(t) = \mathrm{Re}\sum_{n=1}^{N} a_n(t)\mathrm{e}^{\mathrm{j}\phi_n(t)} = \mathrm{Re}\sum_{n=1}^{N} a_n(t)\mathrm{e}^{\mathrm{j}\int\omega_n(t)\mathrm{d}t} \tag{8-4-7}$$

这里省略了残余函数 $r(t)$, Re 表示取实部。由式 (8 – 4 – 7) 右边求和部分可以得到幅度和频率随时间变化的分布情况, 称为希尔伯特时频谱, 简称希尔伯特谱, 记作

$$H(\omega, t) = \sum_{n=1}^{N} a_n(t)\mathrm{e}^{\mathrm{j}\int\omega_n(t)\mathrm{d}t} \tag{8-4-8}$$

在式 (8 – 4 – 7) 中省略残余函数 $r(t)$ 是因为它或者是一个常数, 或者是一个单调函数。虽然可以把 $r(t)$ 看作一个长周期波的一部分, 但考虑到长周期的不确定性以及信号所包含的信息主要在高频分量中, 因此作了省略处理。

式 (8 – 4 – 7) 中, 每个分量的幅值和相位都是随时间可变的, 而同样信号 $s(t)$ 的傅里叶变换展开式为

$$s(t) = \mathrm{Re}\sum_{n=1}^{\infty} a_n \mathrm{e}^{\mathrm{j}\omega_n t} \tag{8-4-9}$$

式中, $a_1, \cdots, a_n, \omega_1, \cdots, \omega_n$ 均为常数。这清楚地表明:HHT 对信号的瞬时频率表示是 傅里叶展开的一般化, 它不仅提高了信号表示的效率, 而且能够表示可变的频率。因此, 新方法突破了傅里叶变换的束缚。

用希尔伯特谱可以进一步定义边际谱为

$$h(\omega) = \int_{-\infty}^{+\infty} H(\omega, t)\mathrm{d}t \tag{8-4-10}$$

边际谱反映了在整个信号时间跨度上, 每个频率成分对幅度的贡献, 即表示在整个时间跨度上具有统计学意义的累积幅度。

实际上, 无论是 $H(\omega, t)$ 还是 $h(\omega)$ 中的频率均与傅里叶变换中的频率有着完全不同的意义。傅里叶变换中的频率是一个正弦或者余弦分量, 它分布在信号的整个时间跨度上。而希尔伯特谱是幅度 – 频率 – 时间的非归一化联合加权分布, 分配给每个时频单元的权重即为局部幅度。因此, 希尔伯特边际谱中的频率仅表明具有该频率的振动极有可能存在,该振动发生的具体时间由希尔伯特谱给出。

8.5 HHT 中的曲线拟合问题

曲线拟合是 HHT 中的一个关键问题, 它对包络线或均值曲线的拟合好坏直接影响到 EMD 的结果, 也将影响到 HHT 的最终完善和推广应用。HHT 主要研究信号的瞬时频率, 即信号交变或振动的快慢随时间的变化。HHT 所采用的分析方法是先用经验筛法 (EMD) 将信号的固有模态函数 (IMF) 分解出来再进行 Hilbert 变换谱分析。EMD 每次筛选都是用信号减去其均值曲线, 而均值曲线通过极值点拟合得到。均值曲线可以直接拟合获取, 也可以先拟合包络线, 再求均值曲线。这种拟合一般是非均匀点的拟合, 非均匀点拟合时过冲和欠冲现象是很常见的, 但不是 HHT 所希望的。HHT 要求包络线或均值曲线的拟合必须具有很好的自适应性, 避免过冲或欠冲现象。因为过冲或欠冲现象会造成 EMD 对固有模态结构的破坏和出现多余分量。同时, HHT 中的拟合曲线还应有足够高阶的光滑性, 因为 HHT 中的瞬时频率是通过微分运算得到的, 低阶的曲线拟合容易导致微分不均匀。

下面介绍几种常用的曲线拟合方法。

1. 三次样条插值法

N. E. Huang 提出 HHT 时, 同时给出了其包络线的拟合方法, 即三次样条插值法。下面对该方法作一简单介绍。

设有 $n+1$ 个插值点 $(t_i, s_i), i=0,1,\cdots,n$, 求定义在 $[t_0,t_n]$ 上的函数 $s(t)$, 使其满足下列条件:

(1) $s(t)$ 在每一个小区间 $[t_{i-1},t_i]$, $i=1,2,\cdots,n$ 上为三次多项式;

(2) $s(t)$ 在 $[t_0,t_n]$ 上二阶连续可微, 即 $s(t)\in C^2[t_0,t_n]$;

(3) $s(t_i)=s_i$, $i=0,1,\cdots,n$。

则称 $s(t)$ 为三次样条 (插值) 函数。$s(t)$ 在 $[t_{i-1},t_i]$ 上的表达式为

$$\begin{aligned}s(t)=&\left(1+2\frac{t-t_{i-1}}{t_i-t_{i-1}}\right)\left(\frac{t-t_i}{t_{i-1}-t_i}\right)^2 s_{i-1}+\left(1+2\frac{t-t_i}{t_{i-1}-t_i}\right)\left(\frac{t-t_{i-1}}{t_i-t_{i-1}}\right)^2 s_i+\\&(t-t_{i-1})\left(\frac{t-t_i}{t_{i-1}-t_i}\right)^2 m_{i-1}+(t-t_i)\left(\frac{t-t_{i-1}}{t_i-t_{i-1}}\right)^2 m_i\end{aligned}\tag{8-5-1}$$

式中, $m_i=\dot{s}(t_i)$, $i=0,1,\cdots,n$, 可以通过解下列方程组求得

$$\begin{bmatrix}0 & \lambda_0 & & & 0\\ \mu_1 & 2 & \lambda_1 & & \\ & \ddots & \ddots & \ddots & \\ & & \mu_{n-1} & 2 & \lambda_{n-1}\\ 0 & & & \mu_n & 2\end{bmatrix}\begin{bmatrix}m_0\\ m_1\\ \vdots\\ m_{n-1}\\ m_n\end{bmatrix}=\begin{bmatrix}d_0\\ d_1\\ \vdots\\ d_{n-1}\\ d_n\end{bmatrix}\tag{8-5-2}$$

式中

$$\lambda_i=\frac{h_{i-1}}{h_{i-1}+h_i}$$

$$\mu_i=1-\lambda_i=\frac{h_i}{h_{i-1}+h_i}$$

$$d_i=3\left[\frac{\mu_i}{h_{i-1}}(y_i-y_{i-1})+\frac{\lambda_i}{h_i}(y_{i+1}-y_i)\right],\ i=1,2,\cdots,n-1\tag{8-5-3}$$

$$h_{i-1}=t_i-t_{i-1},\quad i=1,2,\cdots,n$$

但式 (8-5-2) 是关于 $n+1$ 个未知量 $m_i, i=0,1,\cdots,n$ 的 $n-1$ 个线性方程组, 该方程组有无穷多解。在实际问题中往往根据具体情况补充两个附加条件(通常称为端点条件) 便可唯一确定一组解。常见的端点条件有:

(1) $s(t)$ 在两端点 t_0,t_n 处的导数 m_0,m_n 已知。

(2) $s(t)$ 在两端点 t_0,t_n 处的二阶导数为零, 这时可得到两个方程

$$2m_0+m_1=\frac{3}{h_0}(s_1-s_0)\tag{8-5-4}$$

$$m_{n-1}+2m_n=\frac{3}{h_{n-1}}(s_n-s_{n-1})\tag{8-5-5}$$

样条插值既能克服高次多项式插值的缺陷 (Gibbs 现象), 又能保证一定的光滑性, 因此在工程中应用广泛。但对非均匀插值点, 三次样条插值容易造成过冲和欠冲现象, 且三次样条插值计算速度慢, 因此, Huang 等认为仍需改进。

2. 分段幂函数法

分段幂函数法是基于抛物线参数样条曲线拟合法原理的曲线拟合方法 [11]。

抛物线参数样条曲线的含义是，将插值点 $P_1, P_2, \cdots, P_n$ 中任意三个相邻点 P_i, P_{i+1}, P_{i+2} 用抛物线参数样条插值，将 $P_{i+1}, P_{i+2}, P_{i+3}$ 也用抛物线参数样条插值。设所得抛物线分别为 $S_i(t), S_{i+1}(t)$，则 P_{i+1} 与 P_{i+2} 之间的曲线用 $S_i(t), S_{i+1}(t)$ 重新拟合即得抛物线参数样条曲线。P_{i+1} 与 P_{i+2} 之间最终拟合曲线的参数形式为

$$S(t) = (1-2t)S_i(t+0.5) + 2tS_{i+1}(t) \tag{8-5-6}$$

或

$$\begin{aligned} S(t) = {} & (-t+4t^2-4t^3)P_i + (t-10t^2+12t^3)P_{i+1} + \\ & (t+8t^2-12t^3)P_{i+2} + (-2t^2+4t^3)P_{i+3} \end{aligned} \tag{8-5-7}$$

式中，$0 \leqslant t \leqslant 0.5$。可以证明，这样的曲线是一阶光滑的曲线。

分段幂函数法与抛物线参数样条曲线的方法类似，只是分段幂函数法采用一种幂函数的方法对插值点 $P_1, P_2, \cdots, P_n$ 中的相邻点 P_{i-1}, P_i, P_{i+1} 和 P_i, P_{i+1}, P_{i+2} 插值，再用式 (8 – 5 – 8) 所示的函数对两段曲线进行拼接，即

$$S(x) = \frac{x_3 - x}{x_3 - x_2} S_1(x) + \frac{x - x_2}{x_3 - x_2} S_2(x) \tag{8-5-8}$$

下面用幂函数法对插值点 P_1, P_2, P_3 进行插值。如图 8.5.1a 所示，设过点 P_2 且与 P_1P_3 平行的直线分别交直线 $x = x_1$ 和 $x = x_3$ 于点 A 和 B。先构造幂函数 $y = x^\beta$[$\beta > 1$ 且 β 的取值使 $y = x^\beta$ 的定义域为 $(-\infty, +\infty)$，值域为 $[0, +\infty)$]，再构造函数

$$\begin{aligned} y &= \begin{cases} \dfrac{\overrightarrow{A'P_1'}}{\overrightarrow{A'C}} x^\beta \\[2ex] \dfrac{\overrightarrow{B'P_3'}}{\overrightarrow{B'D}} x^\beta \end{cases} = \begin{cases} \dfrac{\overrightarrow{AP_1}}{(x_1 - x_2)^a} x^\beta \\[2ex] \dfrac{\overrightarrow{BP_3}}{(x_3 - x_2)^a} x^\beta \end{cases} \\ &= \begin{cases} \left(\dfrac{x}{x_1 - x_2}\right)^\beta \overrightarrow{AP_1}, & x \leqslant 0 \\[2ex] \left(\dfrac{x}{x_3 - x_2}\right)^\beta \overrightarrow{AP_1}, & x \geqslant 0 \end{cases} \end{aligned} \tag{8-5-9}$$

式中，$A'P_1' = AP_1$；$B'P_3' = BP_3$；C, D 分别为曲线 $y = x^\beta$ 与直线 $x = x_1 - x_2$ 和 $x = x_3 - x_2$ 的交点，如图 8.5.1b 所示。设过点 P_2 且与 P_1P_3 平行的直线的方程为 $y = g(x)$，式 (8 – 5 – 9) 右边的函数为 $f(x)$，则插值点 P_1, P_2, P_3 用如下方程插值：

$$y = f(x - x_2) + g(x) \tag{8-5-10}$$

即

$$S_2(x) = \begin{cases} \left(\dfrac{x - x_2}{x_1 - x_2}\right)^\beta \overrightarrow{AP_1} + \dfrac{y_3 - y_1}{x_3 - x_1}(x - x_2) + y_2, & x \leqslant x_2 \\[2ex] \left(\dfrac{x - x_2}{x_3 - x_2}\right)^\beta \overrightarrow{AP_1} + \dfrac{y_3 - y_1}{x_3 - x_1}(x - x_2) + y_2, & x \geqslant x_2 \end{cases} \tag{8-5-11}$$

式中, $\overrightarrow{AP_1} = \dfrac{(x_3 - x_2)y_1 - (x_2 - x_1)y_3}{x_3 - x_1}$。

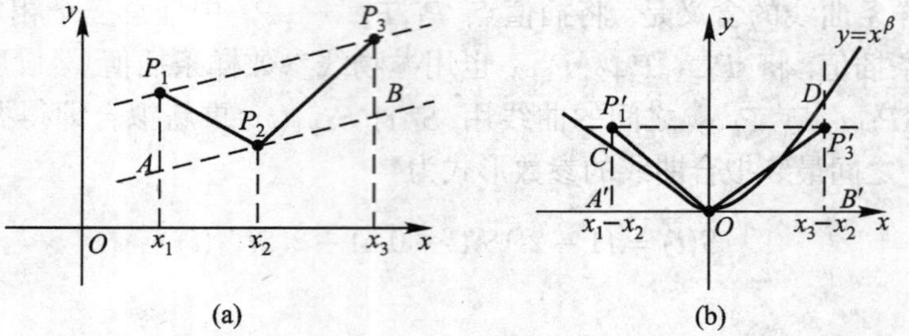

图 8.5.1 幂函数法对P_1, P_2, P_3的插值

容易证明, 由式 (8 − 5 − 11) 确定的 $S_2(x)$ 是单值光滑曲线。

上述幂函数 $y = x^\beta$ 中的参数 β 可以是整数, 也可以是小数, 且可以有无穷多种取值, 但实验证明, β 取 $2 \sim 2.5$ 效果比较好, 因为过大过小都会导致光滑性变差。

3. 改进的三次样条插值法[12]

改进的三次样条插值法是这样一种三次样条拟合方法: 三次样条曲线有且只有两个极值点, 在极值点之间的线段是单调上升 (三次项系数 $a < 0$) 或单调下降 ($a > 0$) 的, 同时极值点就是这个线段的极大或极小值点, 另外该线段在纵、横轴方向都被限制在两个极值点之间, 不存在过冲现象。

设在区间 $[p, q]$ 上有 $p = x_0 < x_1 < \cdots < x_n = q$,则三次样条拟合函数 S_x 应满足以下条件: 在全部内节点, 拟合函数左右极限相等, 且等于给定数值; 一阶导数左右极限相等, 且值为零; 在信号首尾两端点, 拟合函数值等于信号给定值。一阶导数值为零, 即

$$\begin{cases} S_i(x_i - 0) = f(x_i) \\ S_i(x_i + 0) = f(x_i) \\ S_i'(x_{i+1} - 0) = 0 \\ S_i'(x_{i+1} + 0) = 0 \end{cases}, \quad i = 1, 2, \cdots, n \tag{8 − 5 − 12}$$

$n + 1$ 个节点有 n 个子区间和 n 个三次拟合方程组, 共 $4n$ 个条件。每个子区间的四个条件正好可解该区间 $S_i(x)$ 的四个待定系数。在内节点, 函数及一阶导数的左右极限相等, 保证了函数及其一阶导数的连续性。在每个子区间, $S_i(x)$ 是单调函数, 两端点是 $S_i(x)$ 的极值点, 从而把 $S_i(x)$ 的全部值限制在 $f(x_i)$ 和 $f(x_{i+1})$ 之间, 不存在过冲现象。

根据三次样条插值函数 $S(x)$ 的唯一存在定理, 不妨设

$$\begin{cases} S(x) = \displaystyle\sum_{i=1}^{n} S_i(x) \\ S_i(x) = a_i x^3 + b_i x^2 + c_i x + d_i \end{cases} \tag{8 − 5 − 13}$$

式中, $x_i \leqslant x \leqslant x_{i+1}$, $i = 1, 2, \cdots, n$。

由式 (8 – 5 – 12) 得

$$\begin{cases} S_i(x_i) = a_i x_i^3 + b_i x_i^2 + c_i x_i + d_i = f(x_i) \\ S_i(x_{i+1}) = a_i x_{i+1}^3 + b_i x_{i+1}^2 + c_i x_{i+1} + d_i = f(x_{i+1}) \\ S_i'(x_i) = 3a_i x_i^2 + 2b_i x_i + c_i = 0 \\ S_i'(x_{i+1}) = 3a_i x_{i+1}^2 + 2b_i x_{i+1} + c_{i+1} = 0 \end{cases} \tag{8-5-14}$$

解式 (8 – 5 – 13) 所示的方程组, 得

$$\begin{cases} a_i = -2L_i \\ b_i = 3(x_i + x_{i+1})L_i \\ c_i = -6x_{i+1}x_iL_i \\ d_i = f(x_i) + x_i^2(3x_{i+1} - x_i)L_i \end{cases} \tag{8-5-15}$$

式中, $L_i = \dfrac{f(x_{i+1}) - f(x_i)}{(x_{i+1} - x_i)^3}$, $i = 1, 2, \cdots, n$。

如果 $f(x_{i+1}) - f(x_i) = 0$, 则 $S_i(x)$ 是一段水平线; 如果 $f(x_{i+1}) - f(x_i) > 0$ (即 $a < 0$), 则 $S_i(x)$ 是单调上升曲线段; 如果 $f(x_{i+1}) - f(x_i) < 0$ (即 $a > 0$), 则 $S_i(x)$ 是单调下降曲线段。每一小区间的拟合曲线都是一元三次曲线的一部分。

另外, 如果把式 (8 – 5 – 13) 和式 (8 – 5 – 14) 换成公式 (8 – 5 – 16), 则每一小区间的拟合曲线都是正弦曲线的一部分 (整个拟合曲线更接近正弦曲线), 同样具有拟合函数及一阶导数连续, 不发生 “过冲” 现象, 且具有计算简便、计算量小等优点。

$$\begin{cases} h_i = \dfrac{f(x_{i+1}) - f(x_i)}{2} \\ S_i(k) = f(x_i) + h_i \left[1 + \sin(\dfrac{k-1}{k_2 - 1} - \dfrac{1}{2})\pi\right] \end{cases} \tag{8-5-16}$$

式中, k_2 是每一小区间的后一个极值点在整个数据序列中的位置数减去前一个极值点位置数的差; $k = 1, 2, \cdots, k_2$。

8.6 HHT 中的端点处理

对有限长信号的分析或处理一般都会遇到边界处理问题, HHT 也不例外, 因为它的经验筛法是用极值点拟合信号包络线或均值曲线进行分解的。在信号内部, 极值点总是能获得的, 而在边界处拟合包络线或均值曲线时需用到边界外的极值点或信号, 这些极值点或信号需要经过分析人为给定, 以确定边界处信号的局部均值, 这就是 HHT 中的边界处理问题。在小波变换、卷积滤波或傅里叶频谱等使用卷积滤波的信号分析方法中, 只需采用加窗或延拓信号等简单措施即可解决边界问题, 且其边界处理的影响最多波及到距边界一个窗宽的范围内, 而不会影响到信号内部的分析结果。经验筛法的边界处理问题相对复杂和困难, 因为它需要确定边界处的局部均值, 这是简单地加窗或延拓信号所不能解决的。并且, 经验筛法的每次分解都需多次筛选, 每次筛选

又是用信号的极值点拟合信号的均值曲线, 其边界处理的影响不只局限在边界的有限范围内, 而会向信号的内部传播, 这就使得 HHT 中的边界处理显得尤为重要。

下面介绍几种常用的 HHT 端点处理方法。

1. 特征波法

Huang 等首先提出并仍在使用的边界处理方法是特征波法,即在信号的边界处加上一个特征波。特征波是指一个正弦信号,其周期和幅值是与边界相邻的三个波的平均周期和幅值,如图 8.6.1 所示, 粗黑线为特征波, 其周期为 $\dfrac{|t_2-t_1|+|t_4-t_3|+|t_6-t_5|}{3}$, 上幅度为 $\dfrac{e(t_1)+e(t_3)+e(t_5)}{3}$, 下幅度为 $\dfrac{e(t_2)+e(t_4)+e(t_6)}{3}$。

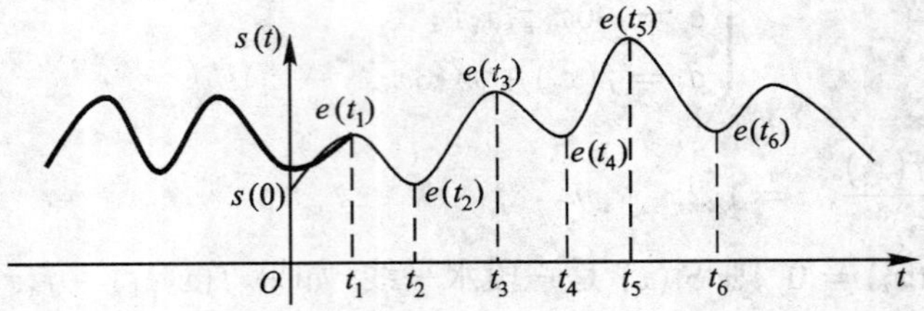

图 8.6.1　特征波

2. 包络延拓法[13]

以起始端点为例, 设与起始端相邻的连续两个极大值点为 $\text{emax}(t_1),\text{emax}(t_2)$, 与起始端相邻的连续两个极小值点为 $\text{emin}(t_1'),\text{emin}(t_2')$, 则在起始端的上包络估计值为

$$\text{emax}(0)=\frac{\text{emax}(t_1)t_2-\text{emax}(t_2)t_1}{t_2-t_1} \qquad (8-6-1)$$

下包络的估计值为

$$\text{emin}(0)=\frac{\text{emin}(t_1')t_2'-\text{emin}(t_2')t_1'}{t_2'-t_1'} \qquad (8-6-2)$$

起始端的局部均值估计值为

$$m(0)=\frac{\text{emax}(0)+\text{emin}(0)}{2} \qquad (8-6-3)$$

同理可以估计出信号终点处的局部均值。

这种方法实质上是将信号内部的包络线进行延拓, 以获得边界处的局部均值估计, 如图 8.6.2 所示, 因此称之为包络延拓法。

3. 边界全波法[14]

设信号 $s(t)$ 的所有极值点组成的时间序列为 $e(t_i), i=1,2,\cdots,n-1,n$, 则信号两端的局部均值估计值按如下公式计算:

$$m(0)=0.5s(0)+0.5\frac{t_1}{2t_1-t_2}[e(t_1)-e(t_2)+s(0)]+0.5\frac{t_2-t_1}{2t_1-t_2}e(t_1) \qquad (8-6-4)$$

$$m(T)=0.5s(T)+0.5\frac{t_n-t_{n-1}}{T-t_{n-1}}e(t_n)+0.5\frac{T-t_n}{T-t_{n-1}}[e(t_n)-e(t_{n-1})+s(T)] \qquad (8-6-5)$$

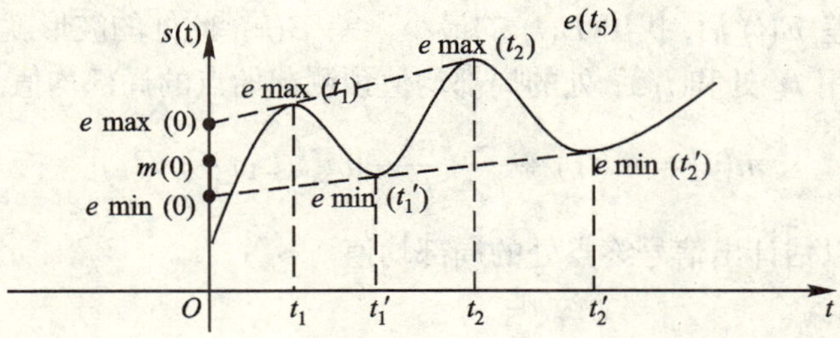

图 8.6.2 包络延拓法

但式 (8 − 6 − 4) 和式 (8 − 6 − 5) 对信号两端的局部均值采用的估计方法是不一样的, 对式 (8 − 6 − 4) 作一些修改, 可得到如下估计公式:

$$m(0) = 0.5s(0) + 0.5\frac{t_1}{t_2}[e(t_1) - e(t_2) + s(0)] + 0.5\frac{t_2 - t_1}{t_2}e(t_1) \qquad (8-6-6)$$

这样, 对信号两端的局部均值采用的估计方法一样, 更具合理性。

式 (8 − 6 − 6) 和式 (8 − 6 − 5) 的含义是将信号的两个端点当作极值点, 即将波 $s(0)e(t_1)e(t_2)$ 和 $e(t_{n-1})e(t_n)s(T)$ 当作两个完整的波, 因此称之为边界全波法。式 (8 − 6 − 6) 和式 (8 − 6 − 5) 的物理意义可作如下解释: 如图 8.6.3 所示, 设直线 $s(0)e(t_2)$ 上时刻 t_1 的值为 A, 直线 $e(t_{n-1})s(T)$ 上时刻 t_n 的值为 B, 则 $m(0) = s(0) + \frac{1}{2}[e(t_1) - A], m(T) = s(T) + \frac{1}{2}[e(t_n) - B]$。

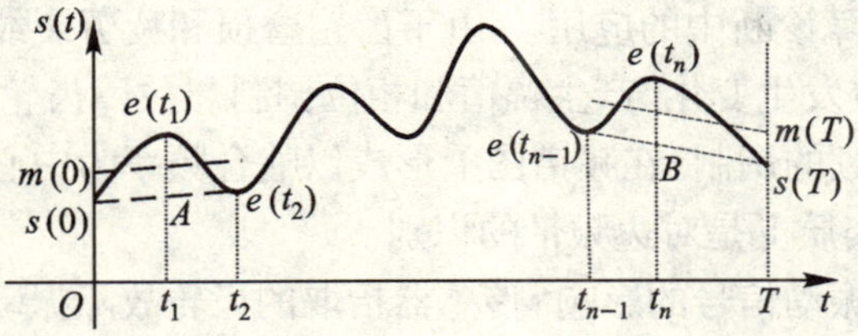

图 8.6.3 边界全波法的物理意义

4. 波形匹配预测法

根据波形相关的思想, 文献 [15] 提出了用信号中与边界三角波形最相匹配的波形来预测边界局部均值的一种边界处理方法, 即波形匹配预测法。以起始端点为例, 设信号起始点及连续相邻的两个极值点分别为 $s(0), e(t_1), e(t_2)$, 则此三点构成一个三角波形。让此三角波形在极值点序列中以步长 2 逐渐向右移动, 所移之处都有一个由顶点 $s(i), e(t_i), e(t_{i+1})$ 构成的三角波形与之匹配对应。其中极大值对应极大值, 极小值对应极小值, 而与起始点对应的 $s(i)$ 点由下式求得:

$$s(i) = e(t_{i-1}) + \frac{t_i - t_{i-1} - t_1}{t_i - t_{i-1}}[e(t_i) - e(t_{i-1})] \qquad (8-6-7)$$

它是直线 $e(t_{i+1})e(t_i)$ 上的点。

匹配误差的算法为

$$E(i) = |s(0) - s(i)| + |e(t_1) - e(t_i)| + |e(t_2) - e(t_{i+1})| \qquad (8-6-8)$$

当计算完所有误差 $E(i)$ 后, 找出 $E(i)$ 的最小误差 $E(k)$, 此处的波形就被认为与起始边界处的波形相匹配。因此用 t_k 处和 t_{k-1} 处的局部均值预测起始点的局部均值, 预测公式为

$$m(0) = m(t_k) + \frac{t_1}{t_k - t_{k-1}}[m(t_{k-1}) - m(t_k)] \tag{8-6-9}$$

用同样的方法可以估计出信号终点处的局部均值。

8.7 HHT 在机械故障特征提取中的应用

机械发生故障时, 其运行过程中采集到的振动信号多是非线性非平稳的, 而这些非线性非平稳信号中却包含了大量的故障信息。对这些非线性非平稳信号进行分析, 传统的基于傅里叶变换的分析已失去了其物理意义, 而必须采用时频分析方法。常用的时频分析方法有 STFT、Winger 分布和小波分析等, 但正如本章引言部分所述, 这些方法都有其局限性。Hilbert – Huang 变换由于其在时频分析上的优越性, 已经在机械故障诊断方面获得了为数不少的应用。本节将介绍一些文献中提及的典型应用。

1. 基于 EMD 的机械故障诊断

EMD 方法能够对信号进行自适应分解, 因此可用其对故障信号进行分解, 然后再对各个 IMF 分量进行 Hilbert 变换得到 Hilbert 时频谱或作其他种类的谱图, 如边际谱、功率谱, 以便从中提取出故障特征。

下面先介绍在齿轮故障诊断中的应用。由于齿轮磨损和疲劳裂纹等因素影响, 当齿轮啮合时, 振动信号的幅值和相位发生变化, 产生幅值和相位调制。故障齿轮的振动信号往往表现为回转频率对啮合频率及其倍频的调制, 在频谱图上形成以啮合频率为中心、两个等间隔分布的边频带。因此, 齿轮故障诊断实质上是对边频带的识别。

忽略传递函数对齿轮振动信号的影响, 传感器拾取的齿轮故障振动信号为

$$y(t) = \sum_{m=1}^{M} X_m[1 + d_m(t)]\cos[2\pi mzf_s t + \phi_m + b_m(t)] \tag{8-7-1}$$

式中, X_m 为第 m 阶啮合频率谐波分量的幅值; ϕ_m 为第 m 阶啮合频率谐波分量的初相位; f_s 为轴的转频; z 为齿轮的齿数; M 为调制信号个数; $d_m(t)$ 为第 m 阶啮合频率谐波分量的幅值函数; $b_m(t)$ 为第 m 阶啮合频率谐波分量的相位分量。

当齿轮出现局部故障时, 故障齿随轴每转一周啮合一次, 因此 $d_m(t)$ 和 $b_m(t)$ 是以轴转频 f_s 及其倍频为重复频率的周期函数。上式可以改写为

$$y(t) = \sum_{m=1}^{M} a_m(t)\cos\ \varPhi_m(t) \tag{8-7-2}$$

式中, $a_m(t) = X_m[1 + d_m(t)]$; $\varPhi_m(t) = 2\pi mzf_s t + \phi_m + b_m(t)$。

同时, 齿轮故障信号又可以表示为各个 IMF 分量和一个残余分量的和, 忽略残余分量, 即为

$$y(t) = \sum_{n=1}^{N} c_n(t) \tag{8-7-3}$$

对式中每一个分量进行 Hilbert 变换, 然后分别构造解析信号, 再将这些解析信号求和, 取其实部, 即为原信号, 如式 (8 – 4 – 1) ~ 式 (8 – 4 – 7) 所示。因此 $y(t)$ 也可表示为

$$y(t)=\sum_{n=1}^{N}a_n(t)\cos\ \phi_n(t) \tag{8-7-4}$$

比较式 (8 – 7 – 1) 与式 (8 – 7 – 4)可见, 齿轮故障信号由若干频率簇的分量组成, 每一个频率簇的分量是一个调制信号。而齿轮故障信号同时也是由若干个 IMF 组成, 每一个 IMF 分量也是一个调制信号。两种展开形式虽然不同, 但是齿轮故障信号包含的频率成分是不变的, 因此可以用 EMD 方法对齿轮故障信号进行分解, 得到若干个 IMF 分量, 其中高频段的 IMF 分量对应着 M 个频率簇, 而其他的 IMF 分量为噪声, 这样在分开 M 个频率族的同时达到了去噪的目的。然后在时域上对高频段的 IMF 分量分析并提取故障信息, 再用 Hilbert 变换对高频段的 IMF 分量分别进行解调, 进一步在频域上提取故障信息。

为验证方法的正确性, 于德介等在齿轮故障试验台上进行了正常齿轮、裂纹齿轮,断齿齿轮等三种工况的实验, 采用模数为 2.5 mm、齿数为 37 的标准直齿轮, 转频为 7 Hz。图 8.7.1 是测得的有裂纹的齿轮振动加速度信号, 裂纹宽 0.15 mm, 深 1 mm, 齿轮运转时, 裂纹在受力面, 采样频率为 2 048 Hz, 图 8.7.2 是它的幅值谱, 从中找不出故障特征。采用 EMD 方法对齿轮振动信号进行分解, 得到的前三个 IMF 分量 c_1, c_2, c_3 分别如图 8.7.3 a, b, c 所示。由于采样频率为 2 048 Hz, 所以齿轮故障振动信号中共包含了三个频率簇, 频率簇的中心频率分别为 259 Hz, 2 × 259 Hz, 3× 259 Hz, 分别对应着 IMF 分量 c_1, c_2, c_3。从 c_1, c_2, c_3 的波形中可以看出明显的调幅特征, 调幅波的周期 $T = 0.037\ 5$ s, 因此调幅波的频率大约为 28 Hz, 正好是齿轮转频的四倍。进一步对分量 c_1 进行解调, 得到如图 8.7.4 所示的包络谱, 从图中可以看出, 在转频的四倍频处存在明显的谱线。

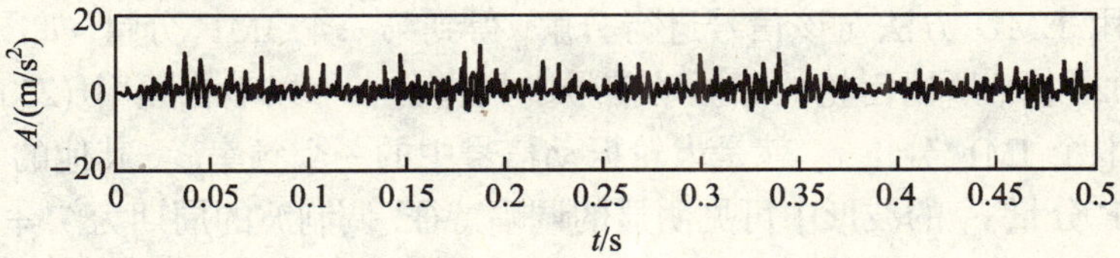

图 8.7.1 具有裂纹的齿轮振动加速度信号

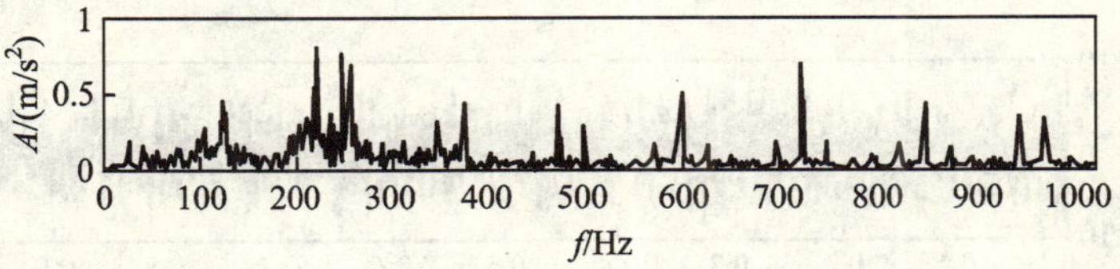

图 8.7.2 具有裂纹的齿轮振动信号的幅值谱

图 8.7.5 为正常齿轮的振动加速度信号, 采样频率为 1 024 Hz, 用 EMD 方法对该信号进行分解, 得到第一个 IMF 分量, 如图 8.7.6 所示, 其中并没有明显的调幅特性。图 8.7.7 是断齿齿轮的振动加速度信号, 采样频率为 1 024 Hz, 与图 8.7.5 中正常齿轮的振动加速度信号相比并没

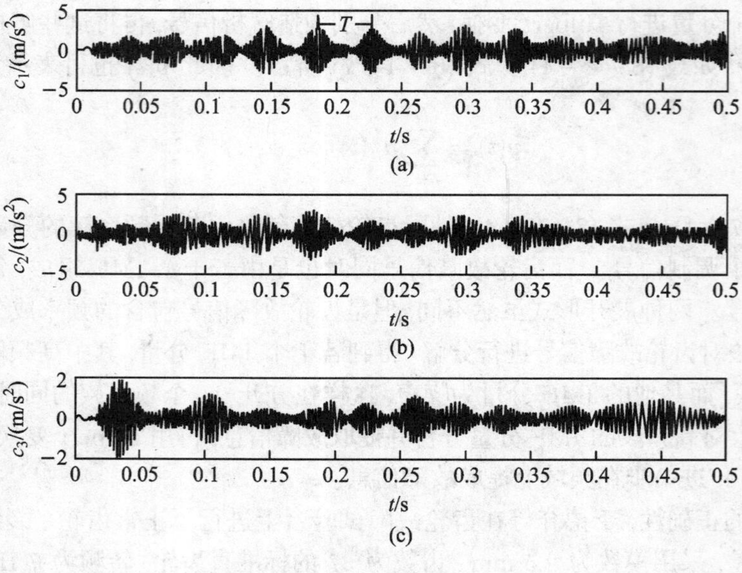

图 8.7.3　具有裂纹的齿轮振动信号的 IMF 分量 c_1, c_2, c_3

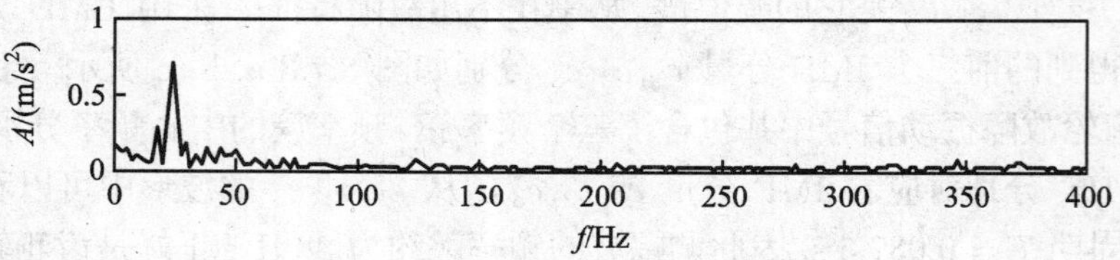

图 8.7.4　具有裂纹的齿轮振动信号的 IMF 分量 c_1 的包络谱

有明显的异常。用 EMD 方法对该信号进行分解, 得到第一个 IMF 分量, 如图 8.7.8 所示。由于采样频率为 1 024 Hz, 所以齿轮故障振动信号中只包含一个以啮合频率 (259 Hz) 为中心频率的频率簇。故第 1 个 IMF 分量 c_1 就是齿轮振动信号中的一个频率簇, 其他的 IMF 分量均为噪声。从第 1 个 IMF 分量 c_1 的波形中可见明显的调幅特征, 调制波的周期为 $T = 0.142\,6$ s, 频率为 7 Hz, 正好与齿轮的转频相等。任取齿轮一个旋转周期 T 中分量 c_1 的局部波形来放大观察, 如图 8.7.9 所示, 在这个周期内正好有 37 个冲击, 产生冲击的数量正好与齿轮的齿数相等。这些特征正是断齿齿轮振动信号所具备的特征, 与实际情况相符。

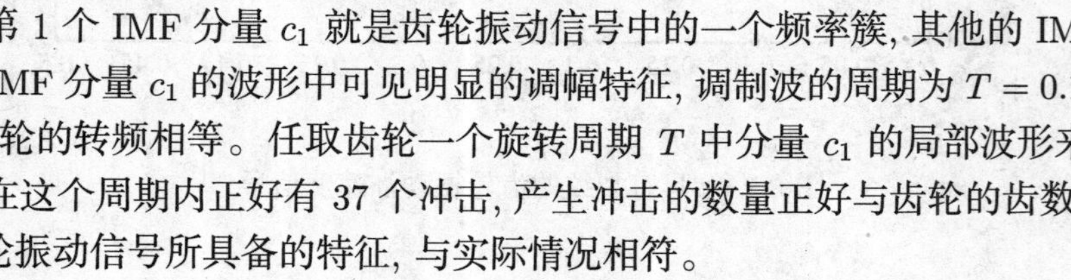

图 8.7.5　正常齿轮振动加速度信号

陈忠等介绍了一种将 HHT 应用到齿轮箱中的齿轮故障诊断方法[16]。文中所用的齿轮箱振动数据来源于荷兰 Delf 大学的研究项目。所获得的实验数据来源于荷兰 Lemmer 的 “Buma” 泵

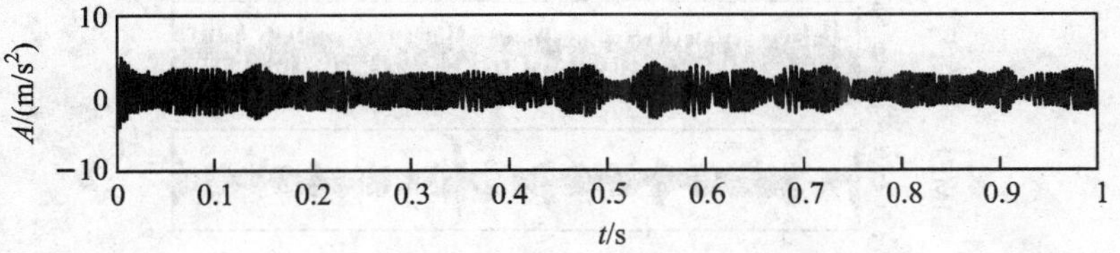

图 8.7.6 正常齿轮振动信号的第一个 IMF 分量 c_1

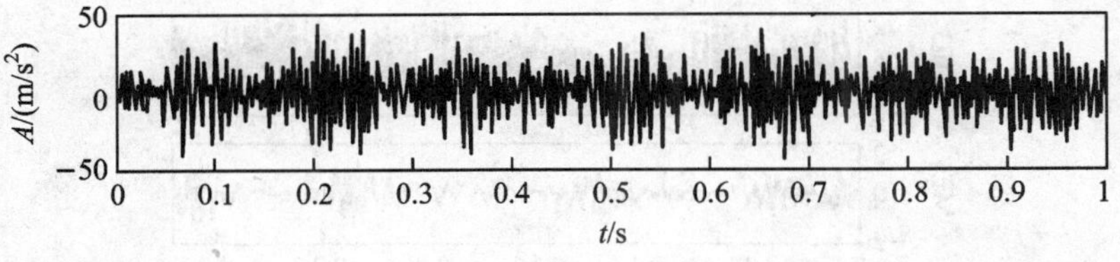

图 8.7.7 断齿齿轮振动加速度信号

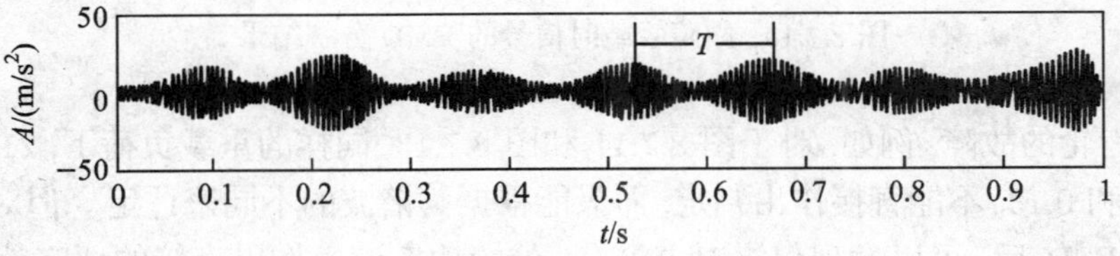

图 8.7.8 断齿齿轮振动信号的第一个 IMF 分量 c_1

站的泵水系统中齿轮箱的振动加速度数据。所采用的振动数据分为四个数据集, 即齿轮齿面严重剥落故障和齿轮无失效两种情况分别在重载和轻载下的振动加速度数据, 把这四种数据集分别称为故障重载、故障轻载、正常重载和正常轻载。已知齿轮箱为两级传动, 第一级主动轮轮齿齿数为 13, 输入转速为 997 r/min, 采样频率 3 200 Hz, 因此啮合频率为 216 Hz。

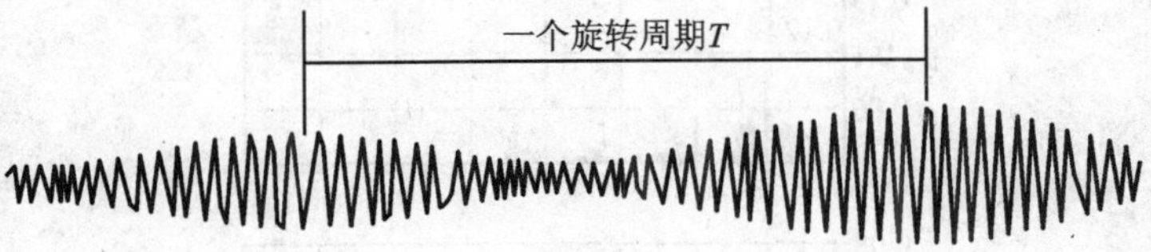

图 8.7.9 一个旋转周期 T 中分量 c_1 的局部波形放大

陈忠等针对第一级齿轮的失效运用 EMD 分解分离出相关的振动模式分量, 以便更好地诊断出齿轮失效故障。对振动信号取 1 024 点进行 EMD 分解, 图 8.7.10 中仅列出故障轻载的分解结果, 其他省略。从分解结果可以看出 IMF3 代表了第一级齿轮的啮合振动 (216 Hz)。EMD 分解存在模式混叠, 特别是在信号突变或冲击时, 会在本模式中嵌入其他时间尺度的模式信号。从图 8.7.10 中的 IMF2 可以看出, 在输入轴转一周 (192 个采样点或 0.06 s) 范围内存在 216 Hz 的齿轮啮合振动模式, 其他工况也有这种情况。因此有可能利用这一特点来诊断第一级齿轮故障。为此, 对四种情况的振动数据分别作原始信号的功率谱和 EMD 分解得到的第二个模式分量 IMF2 的功率谱, 并作归一化处理, 结果如图 8.7.11~ 图 8.7.14 所示。由原信号的 PSD 图 (功率谱图)

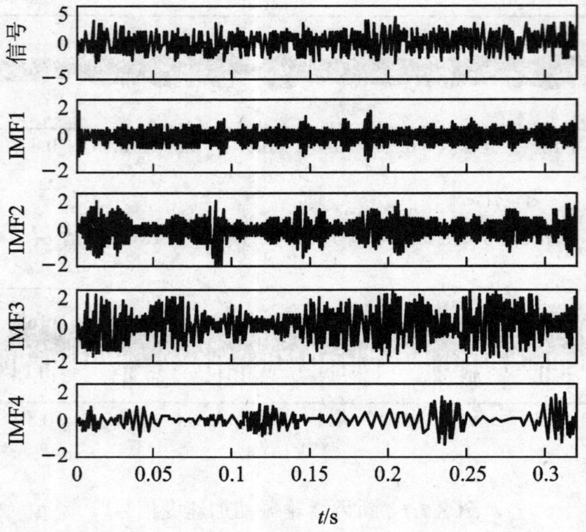

图 8.7.10 故障轻载时信号的 EMD 分解结果

很难直接判定齿轮的故障, 例如, 对于图 8.7.11 和图 8.7.13, 同样的重载负荷下, 216 Hz 的功率谱值分别为 0.12 和 0.13, 不能直接作出判定, 而只能根据其谐波的不同来评定。但对 EMD 的分解分量 IMF2 作 PSD 后, 可以发现仅需对 216 Hz 处的功率谱值作出直接的评定就可以断定齿轮的故障。故障重载、故障轻载、正常重载和正常轻载的 IMF2 的 PSD 在 216 Hz 处的值 (称为 IMFPSD216 指标) 分别为0.037, 0.012, 0.013, 0.0054。可以看出, 在同样负载下, 凭借 IMFPSD216 指标可明显地判定齿轮的失效情况。虽然 IMFPSD216 指标会受到轮齿失效引起的冲击和负载波动的影响, 但完全可以用负载和 IMFPSD216 指标建立起稳定鲁棒的判定规则。同时, 对不同时间段的数据集作上述分析后, 也稳定地得到了上面的结论。

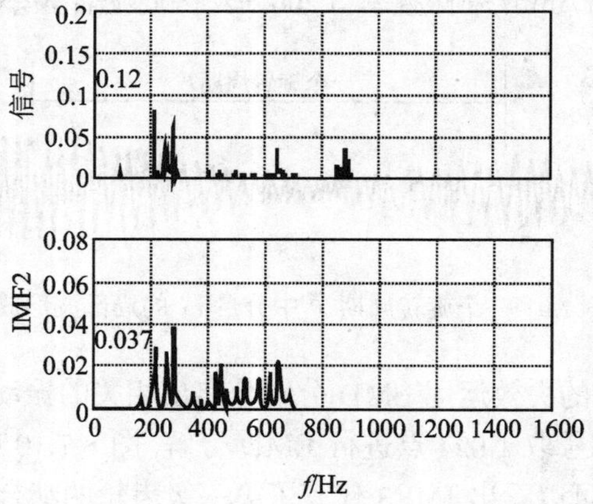

图 8.7.11 故障重载时 IMF2 及原信号的 PSD

当 HHT 应用到转子、轴承等的故障诊断中时, 也可以对采集到的故障信号进行 EMD 分解, 然后再对各个 IMF 分量进行 Hilbert 变换得到 Hilbert 时频谱或作其他种类的谱图, 如边际谱、功率谱, 以便从中提取出故障特征, 其步骤和齿轮故障诊断基本相同, 只是判断故障的依据不同。

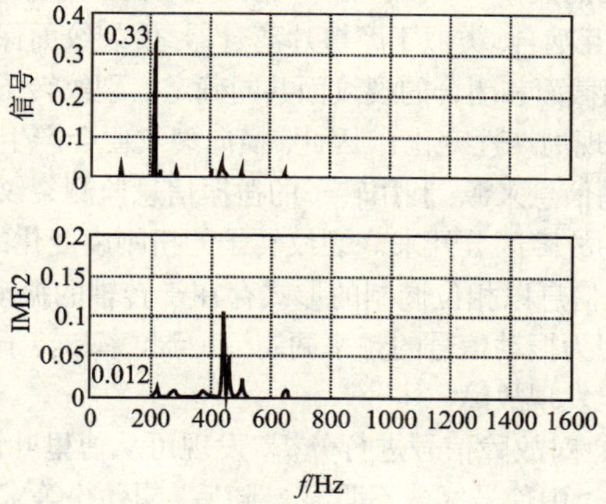

图 8.7.12 故障轻载时 IMF2 及原信号的 PSD

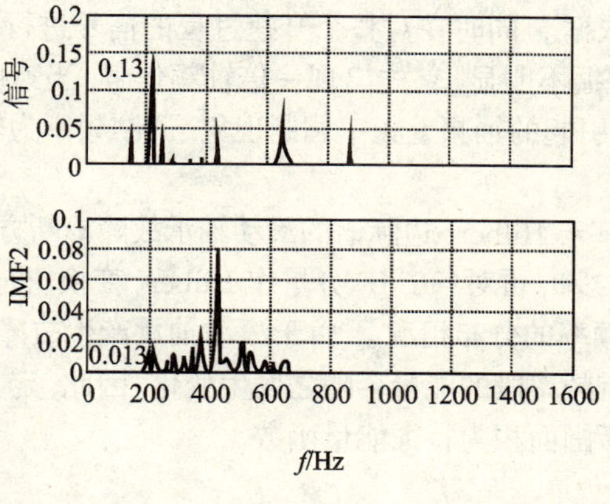

图 8.7.13 正常重载时 IMF2 及原信号的 PSD

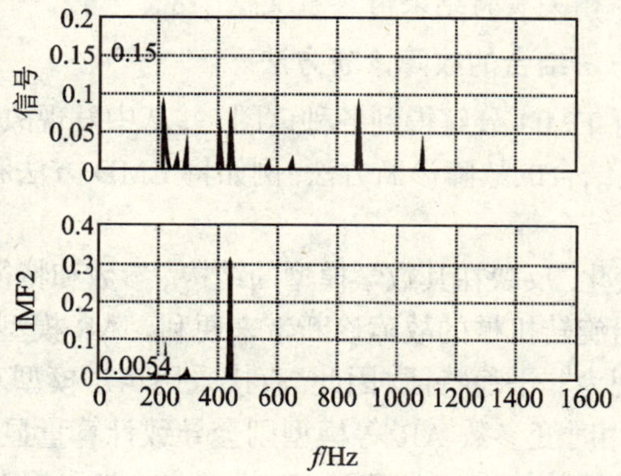

图 8.7.14 正常轻载时 IMF2 及原信号的 PSD

转子在形成横向裂纹以后, 由于转子自重的原因, 当裂纹开口向下时, 裂纹张开, 此时裂纹转子的扭刚度取决于非圆截面的大小。当裂纹开口向上时, 裂纹闭合, 由于裂纹面的凹凸不平, 在摩擦力的作用下, 裂纹面相互啮合, 类似于摩擦片离合器, 使裂纹面保持部分传递扭矩的功能, 这时裂纹转子的扭刚度由非圆截面和闭合的裂纹面共同确定。裂纹转子旋转一周, 轴上的横向裂纹开闭循环一次, 扭刚度也呈现周期性变化。因此, 横向裂纹便会产生转子的扭振现象, 转子的扭振给诊断增添了一个重要的信息来源, 利用转子的扭振信息监测裂纹故障的存在与发展, 有助于将其与不对中等相似特征的故障区分开来。裂纹转子的扭刚度变化的频率与转子转频相同。当转子系统产生扭振时, 扭振信息以相位调制的形式存在于转轴的振动信号中, 形成调相信号, 相位调制在时频分析时应表现为振动信号的频率调制, 并且频率和转子转频相同。因此, 观察拾取的故障信号的时频分布就能发现故障。

胡劲松等[17] 先用 FFT 对故障信号进行分析, 发现可从傅里叶谱中找到 2 倍频, 这是转子裂纹的特征之一, 但是与不对中信号区分不明显。随后, 胡劲松等求取了故障信号的 Hilbert 时频谱, 发现在较低转速下的轴频在整个信号周期变化不大, 二倍频信号有频率调制现象, 说明信号存在非线性现象。在较高转速下的轴频信号产生了频率调制, 其调制频率与轴频相同, 这是由于转子扭振引起的转轴相位调制在时频谱图上就表现为轴频信号上的频率调制。此现象可作为转子横向裂纹故障的评判依据。同时在对整个升速过程的信号进行基于 HHT 的时频分析时发现, 时频谱表现在低速下扭振不明显, 首先出现一倍轴频信号, 当速度逐渐升高时出现二倍频信号, 当再升高时出现由扭振引起的轴频上频率调制现象, 调制频率为轴频。相关信号波形及谱图可参看文献 [17]。

杨宇等[18]提出了一种基于 Hilbert 边际谱的滚动轴承故障诊断方法。采用 EMD 方法将信号分解为若干个平稳的 IMF 之和, 再对各 IMF 分量作 Hilbert 变换, 得到 Hilbert 边际谱 $h(\omega), h(\omega)$ 准确地反映了信号幅值随频率的分布情况。由于滚动轴承产生故障时会激起固有频率, 此时滚动轴承故障振动信号在固有频率段的能量会随之发生变化, 因此, 定义在固有频率区间 ω 1~ ω 2 的边际谱 $h_2(\omega)$ 与频率轴所围面积为特征能量函数

$$S=\int_{\omega_1}^{\omega_2} h^2(\omega)\mathrm{d}\omega \tag{8-7-5}$$

式中, $\omega_1\sim\omega_2$ 为固有频率段, 并以 S 作为故障特征向量建立 M_2 距离判别函数 (定义见文献 [18]) 来识别滚动轴承故障类型。相关实验结果可参看文献 [18]。

2. EMD 方法与其他方法结合的故障诊断方法

除直接通过将信号进行 EMD 分解得到各种谱图, 并从中发现故障特征外, 目前还出现了一些将 EMD 方法与其他方法结合的故障诊断方法, 例如将 EMD 方法和 AR 模型相结合, 将 EMD 方法和 SVM (支持向量机) 结合等。

机械系统动态过程的变化, 反映在其数学模型的结构、参数和特征函数的变化, 因此, 旋转机械系统时域模型方法将会给旋转机械的故障诊断带来便利。AR 模型适用于平稳信号的分析, 而滚动轴承故障振动信号表现为非平稳特征, 因此, 直接采用 AR 模型对滚动轴承故障振动信号进行分析效果不好。如果采用时变参数 AR 等模型则会导致计算量显著增加, 而且也只是对简单的调频信号分析能够取得较好的效果。在建立 AR 模型之前先采用 Hilbert – Huang 变换对滚动轴承故障振动信号进行预处理, 得到平稳的瞬时幅值和瞬时频率。

假设采用 EMD 方法对采集到的故障振动信号 $x(t)$ 进行分解得到了 n 个 IMF 分量 $c_1(t)$, $c_2(t),\cdots,c_n(t)$, 对所有的 IMF 分量进行 Hilbert 变换后得到瞬时幅值 $a_1(t),a_2(t),\cdots,a_n(t)$ 和瞬时频率 $f_1(t),f_2(t),\cdots,f_n(t)$, 其中, $a_i(t),f_i(t)$ 分别是第 i 个 IMF 分量 $c_i(t)$ 的瞬时幅值和瞬时频率。这样通过 Hilbert – Huang 变换, 信号 $x(t)$ 的特征就完全可以由这些瞬时幅值和瞬时频率来刻画, 因此通过对所有的瞬时幅值序列 $a_i(t)$ 和瞬时频率序列 $f_i(t)$ 的特征提取, 就可以得到原始信号 $x(t)$ 的特征。对任何一个 IMF $c_i(t)$ 建立自回归模型 AR(m)为

$$c_i(t)+\sum_{k=1}^{m}\varphi_{ik}c_i(t-k)=e_i(t) \tag{8-7-6}$$

式中, $\varphi_{ik}(k=1,2,\cdots,m), m$ 分别是分量 $c_i(t)$ 的自回归模型 AR(m) 的模型参数和模型阶数; $e(t)$ 为模型的残差, 是均值为零、方差为 σ_i^2 的白噪声序列。

在齿轮和滚动轴承故障诊断中, 由于自回归参数 φ_{ik} 反映了齿轮和滚动轴承振动系统的固有特性, 模型残差的方差 σ_i^2 与齿轮振动系统的输出特性密切相关, 因此, 可以采用 φ_{ik} 和 σ_i^2 作为特征向量 $\boldsymbol{A}_i=\left[\varphi_{i1},\varphi_{i1},\cdots,\varphi_{i1},\sigma_i^2\right]$ 来判别齿轮和滚动轴承的工作状态。

相关实验结果可参看文献 [19] 和文献 [20]。

8.8 HHT 在电力系统信号分析中的应用

电力系统发生故障时的信号多为非平稳信号。而正常运行时, 电力系统负荷也是典型的非平稳信号[22]。图 8.8.1 是某电力系统一个月的负荷数据。

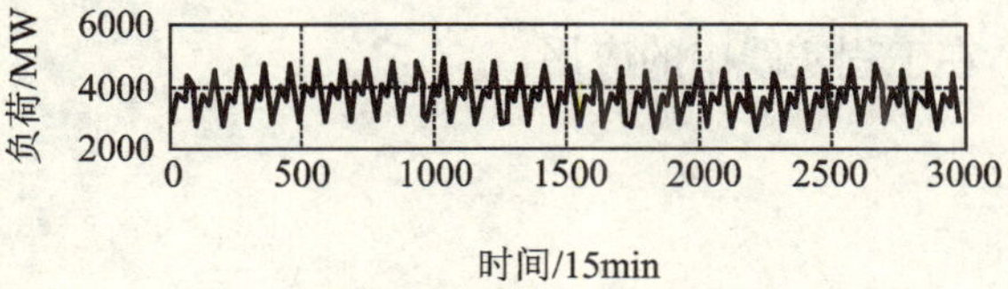

图 8.8.1 某月 31 天的负荷数据

对以上数据分别采用直接法和间接法进行傅里叶功率谱估计, 得到的结果如图 8.8.2 所示。而对以上数据进行 HHT 后, 得到的 Hilbert 谱和边际谱如图 8.8.3 所示。

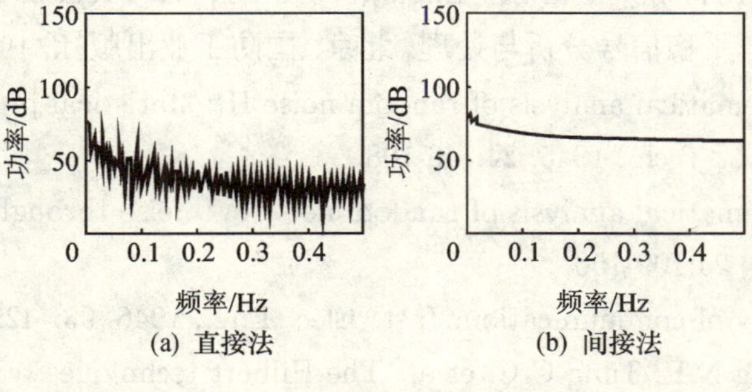

图 8.8.2 负荷的傅里叶功率谱估计

从图 8.8.3 中清楚地看到负荷频谱的连续性, 而且在一个月的周期内, 频率约为 1/96 Hz, 呈现很强的日周期性。对一年 12 个月的负荷作分析可以得到相同的结论。虽然从图 8.8.2 同样可以得出负荷频谱的连续性。但比较图 8.8.2 和图 8.8.3 可知, HHT 的边际谱分辨力明显高于傅里叶功率谱。

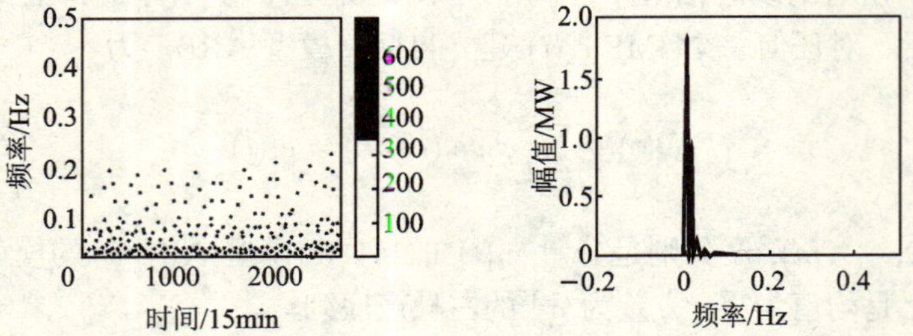

(a) Hilbert 谱 (b) 边际谱

图 8.8.3 负荷的 HHT 谱估计

思考题

8.1 简述如何求单分量信号 $s(t)$ 的瞬时频率。

8.2 简述固有模态函数的定义。

8.3 了解经验模态分解的算法步骤, 并用 matlab 实现。

8.4 举例说明 HHT 在工程实践中的应用。

参考文献

[1] Huang N E, Shen Z, Long S R, et al. The empirical mode decomposition and the Hilbert spectrum for nonlinear and non-stationary time series analysis. Proceedings of the Royal Society A, 1998, 454: 903-995.

[2] Cohen L. Time frequency analysis. Englewood Cliffs, NJ: Prentice-Hall, 1995.

[3] 张贤达, 保铮. 非平稳信号分析与处理. 北京: 国防工业出版社, 1998.

[4] Rice S Q. Mathematical analysis of random noise III: statistical properties of random noise currents. Bell Sys. Tech., 1945, 24: 46-108.

[5] Rice S Q. Mathematical analysis of random noise IV: noise through nonlinear devices. Bell Sys. Tech., 1945, 24:109-156.

[6] Gabor D. Theory of communication. Inst. Elec. Eng., 1946, 93: 429-457.

[7] Long S R, Huang N E, Tung C C, et al. The Hilbert techniques: an alternate approach for non-steady time series analysis. IEEE Geoscience Remote Sensing Soc. Lett., 1995, 3: 6-11.

[8] Huang N E, Shen Z, Long S R. A new view of nonlinear water waves: the Hilbert spectrum. Annu. Rev. Fluid Mech., 1999, 31: 417-457.

[9] Drazin P G. Nonlinear systems. Cambridge, UK: Cambridge University Press, 1992.

[10] Chen Q H, Huang N E, Riemenschneider S, et al. A B-spline approach for empirical mode decompositions. Advances in Computational Mathematics, 2006, 24: 171-195.

[11] Qin Shuren, Zhong Youming. A new envelop algorithm of Hilbert – Huang transform. Mechanical Systems and Signal Processing, 2006, 20: 1941-1952.

[12] 龙思胜, 张铁宝, 龙峰. 希尔伯特 – 黄变换中拟合过冲和端点飞翼的原因及解决办法. 地震学报, 2005, 25(9): 561-568.

[13] 马孝江, 张海勇. 一种消除局域波法中边界效应的新方法. 大连理工大学学报, 2002, 42(1): 115-117.

[14] 余泊. 自适应时频分析方法及其在故障诊断中的应用. 大连: 大连理工大学机械工程学院, 1998.

[15] 黄大吉, 赵进平, 苏纪兰. 希尔伯特 – 黄变换的端点延拓. 海洋学报, 2003, 25(1): 1-10.

[16] 陈忠, 郑时雄. 基于经验模式分解 (EMD) 的齿轮箱齿轮故障诊断技术研究. 振动工程学报, 2003, 16(6): 229-232.

[17] 胡劲松, 杨世锡. 基于 HHT 的转子横向裂纹故障诊断. 动力工程, 2004, 24(4): 218-221.

[18] 杨宇, 于德介, 程军圣. 基于 Hilbert 边际谱的滚动轴承故障诊断方法. 振动与冲击, 2005, 24(1): 70-72.

[19] 于德介, 程军圣, 杨宇. 机械故障诊断的 Hilbert – Huang 变换方法. 北京: 科学出版社, 2006.

[20] 程军圣, 于德介, 杨宇. 一种基于 Hilbert – Huang 变换和 AR 模型的滚动轴承故障诊断方法. 系统工程理论与实践, 2004(10): 92-97.

[21] 于德介, 陈淼峰, 程军圣, 等. 一种基于经验模式分解与支持向量机的转子故障诊断方法. 中国电机工程学报, 2006, 26(16): 162-167.

[22] 李天云, 赵妍, 季小慧, 等. HHT 方法在电力系统故障信号分析中的应用. 电工技术学报, 2005, 20(6): 87-91

第 9 章　神经网络技术及其在工程信号处理中的应用

9.1　神经网络基础

9.1.1　神经元模型

神经网络的基本单元称为"神经元",它是对生物神经元的简化和模拟。生物神经元由细胞体、树突和轴突三部分组成,如图 9.1.1 所示。树突是细胞的输入端,通过细胞体之间连接的节点"突触"接受周围细胞传出的神经冲动。轴突相当于细胞的输出端,其端部的众多神经末梢为信号的输出端子,用于传出神经冲动。生物神经元具有"兴奋"和"抑制"两种工作状态。当传入的神经冲动使细胞膜电位升至高于其阈值时,细胞进入兴奋状态,产生神经冲动,由轴突输出。反之,若传入的神经冲动使细胞膜电位下降至低于阈值时,细胞进入抑制状态,就没有神经冲动输出。

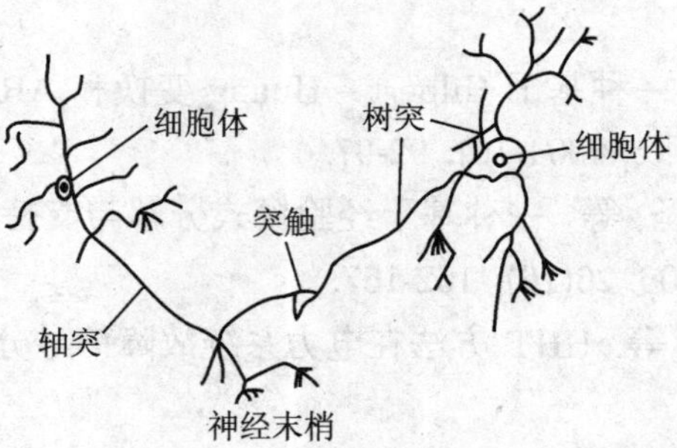

图 9.1.1　生物神经元结构示意图

基于生物神经元的上述结构及工作特性,为了模拟生物神经元,可以将其简化为图 9.1.2 的人工神经元 (简称为神经元),其中各变量的下标 i 表示神经网络中的第 i 个神经元。

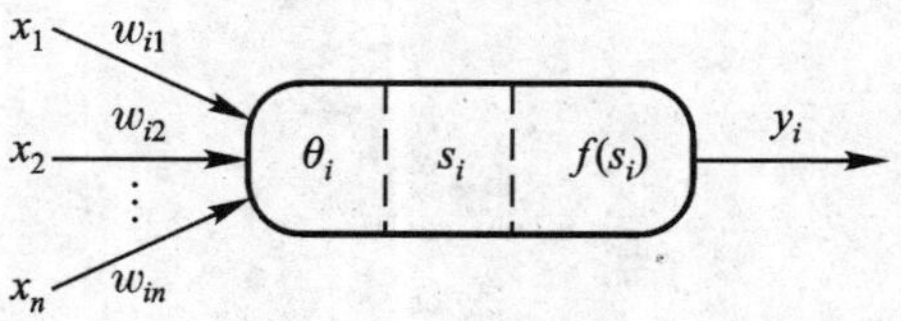

图 9.1.2　人工神经元模型示意图

图 9.1.2 所示为多输入单输出的非线性系统, 其输入输出关系可描述为

$$s_i = \sum_{j=1}^{n} w_{ij} x_j - \theta_i \tag{9-1-1}$$

$$y_i = f(s_i) \tag{9-1-2}$$

式中, $x_j, j = 1 \sim n$ 为来自其他神经元的输入信号; θ_i 为神经元的阈值; w_{ij} 表示从神经元 j 到神经元 i 的连接权值; s_i 表示神经元的状态; $f(\cdot)$ 表示某种线性函数, 它将神经元的状态 s_i 变换成神经元的输出 y_i, 所以称为神经元的激活函数、输出函数或者传递函数。为了便于统一处理, 式 (9−1−1) 也可表示为

$$s_i = \sum_{j=0}^{n} w_{ij} x_j \tag{9-1-3}$$

式中, $w_{i0} = -\theta_i, x_0 = 1$。

神经元模型中的激活函数 $f(\cdot)$ 可以有多种不同的形式, 常用的有以下几种 (见图 9.1.3):

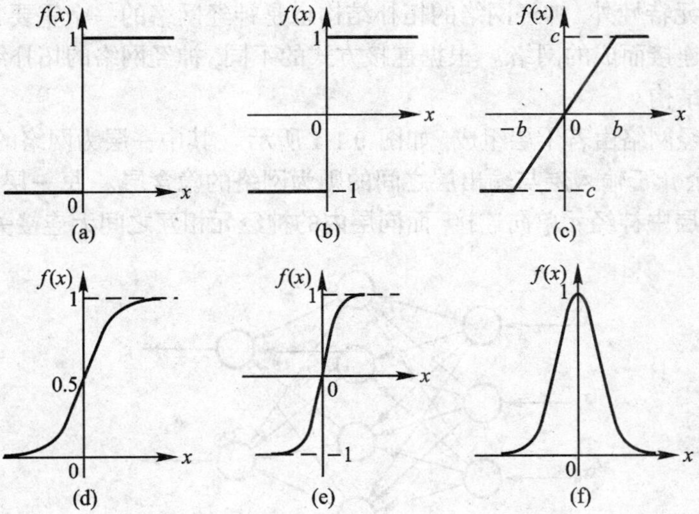

图 9.1.3　神经元典型传递函数

1) 阈值函数

$$f(s_i) = \begin{cases} 1, & s_i \geqslant 0 \\ 0 \text{ 或 } -1, & s_i < 0 \end{cases} \tag{9-1-4}$$

式中, s_i 由式 (9−1−1) 求出。阈值函数也称为阶梯函数, 它是二值函数, 神经元的输出为 0, 1 或 ±1。感知器、M−P 模型以及最初的 Hopfield 模型中都采用了这种类型的激活函数。

2) 限幅线性函数

$$f(s_i) = \begin{cases} a s_i, & |s_i| \leqslant b, a, b > 0 \\ c \cdot \operatorname{sgn}(s_i), & |s_i| > b, b, c > 0 \end{cases} \tag{9-1-5}$$

式中, sgn 为符号函数。

3) Sigmoid 函数

常用的 Sigmoid 函数有以下两种:

$$f\left(s_i\right)=\frac{1}{1+e^{-s_i}} \tag{9-1-6}$$

$$f\left(s_i\right)=\operatorname{th}(s_i)=\frac{e^{s_i}-e^{-s_i}}{e^{s_i}+e^{-s_i}} \tag{9-1-7}$$

这类函数具有平滑和渐近特性, 且保持单调性, 因而得到了较广泛的应用。例如, 在 BP 网络中采用了这种类型的激活函数。

4) 高斯函数

$$f\left(s_i\right)=\exp\left(-\frac{s_i^2}{2\sigma^2}\right) \tag{9-1-8}$$

在径向基函数 (RBF) 神经网络中采用了这种类型的激活函数。

9.1.2 神经网络的拓扑结构

除了神经元单元特性外, 神经网络的拓扑结构也是神经网络的一个重要特性。神经网络是由大量神经元相互连接而成的网络。根据连接方式的不同, 神经网络的拓扑结构可分为两大类, 即层状结构和网状结构。

层状结构的神经网络由若干层组成, 如图 9.1.4 所示。其中一层为网络的输入层, 另一层为网络的输出层, 其余介于输入层与输出层之间的则为网络的隐含层。每一层都包含了一定数量的神经元。在相邻层中神经元单向连接, 而同层内的神经元相互之间无连接关系。

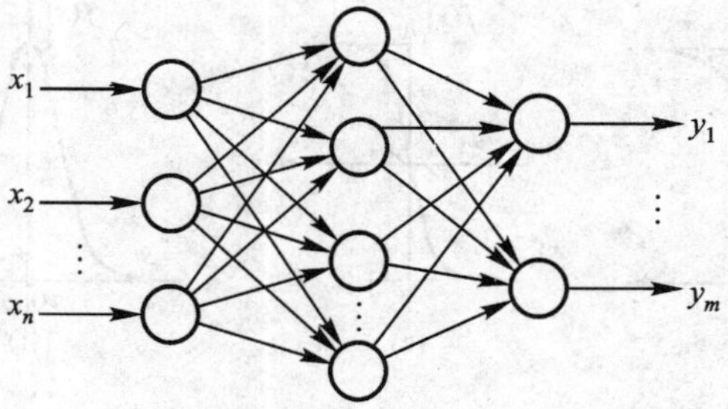

图 9.1.4 三层前馈网络

反馈网络在输出层与隐含层、或者隐含层与隐含层之间具有反馈连接, 即相应的节点同时接收来自前面一层单元的输入和来自后面节点的反馈输入。Hopfield 网络就是一种最典型的反馈神经网络。此外, 递归神经网络 (recurrent neural network, RNN) 也是目前一种常用的反馈网络, 它利用网络内部的状态反馈来描述系统的非线性动力学行为。构成递归神经网络模型的方法很多, 总的思路是通过对前馈神经网络中引入一些附加的内部反馈通道来增强网络的信息处理能力。根据状态信息的反馈途径, 可以构成两种基本的 RNN 结构模型, 即 Jordan 模型和 Elman 模型, 如图 9.1.5 所示。

网状结构的神经网络又称为互联网络, 其特点是任何两个神经元之间都可能存在双向的连接关系, 所有的神经元既作为输入节点, 同时也作为输出节点, 如图 9.1.6 所示。因此, 输入信号要在所有神经元之间反复传递, 从某一初始状态开始, 经过若干次的变化, 直到收敛于某一稳定状态或进入周期振荡等状态为止。随着神经元数目的增加, 互联网络结构会迅速复杂化, 从而大大增加网络的计算量。

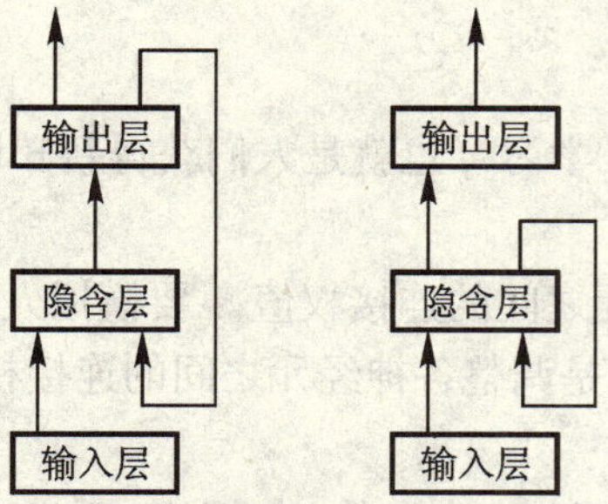

(a) Jordan 型　(b) Elman 型

图 9.1.5　基本 RNN 结构

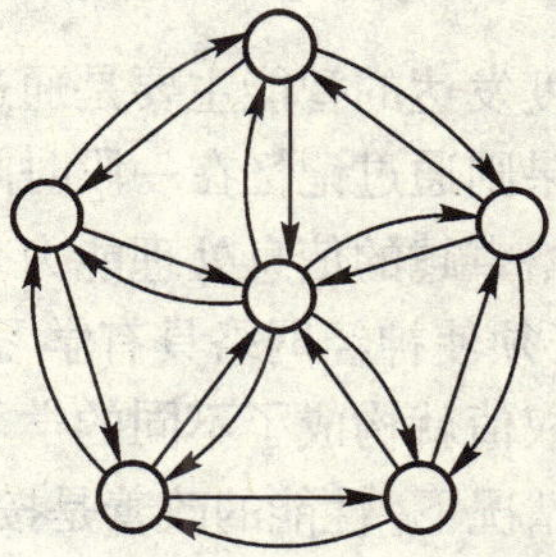

图 9.1.6　网状结构神经网络

另外, 根据层与层之间有无反馈连接, 层状结构的神经网络可进一步分为 "前馈型网络" 与 "反馈型网络" 两种类型。

(1) 前馈型网络又称为前向网络。其特点是各神经元接受前一层的输入, 并输出给下一层, 没有反馈 (见图 9.1.7)。结点分为两类, 即输入单元和计算单元, 每一计算单元可有任意个输入, 但只有一个输出 (它可耦合到任意多个其他接点作为其输入)。

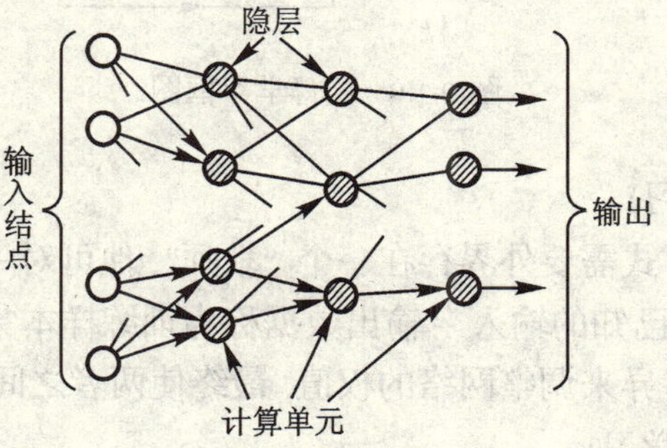

图 9.1.7　前馈网络

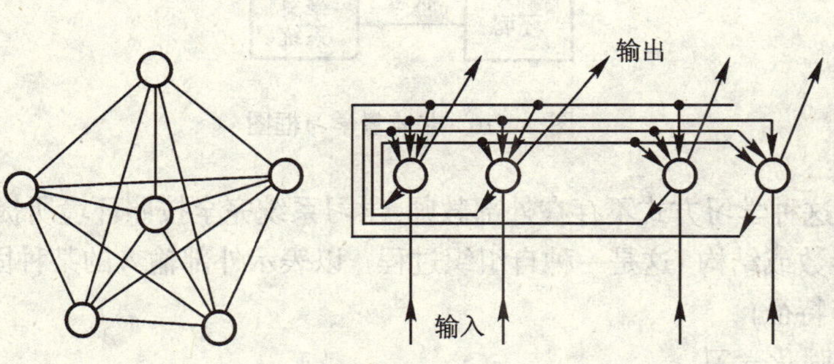

(a)　(b)

图 9.1.8　单层全连接反馈网络

(2) 反馈型网络。所有结点都是计算单元, 同时也可接受输入, 并向外界输出, 可画成一个无向图 (见图 9.1.8a), 其中每个连接弧都是双向的。也可画成图 9.1.8b 的形式。若总单元数为 n, 则每一个结点有 $n-1$ 个输入和一个输出。

9.1.3 神经网络的学习规则

人类高度发达的智能主要是通过学习获得的。所谓 "学习", 也就是人们获得新知识的过程, 而学习的结果则通过记忆在一段时间内得到保持。

神经网络卓越的信息处理能力来自于网络中各神经元之间的连接权值。要模拟人脑的信息处理能力, 必须使神经网络具有学习功能。学习的本质就是调整各神经元之间的连接权值, 而如何调整连接权值就构成了不同的学习算法。

在一般情况下, 性能的改善是按某种预定的度量通过调节自身参数 (如权值) 逐步达到的, 学习方式 (按环境所提供信息的多少分) 主要有三种:

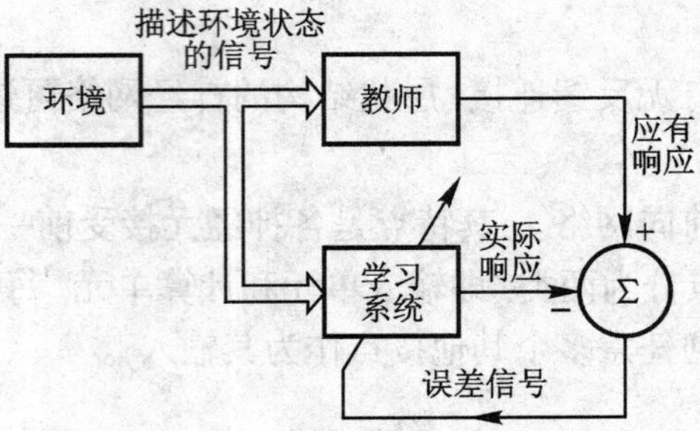

图 9.1.9 监督学习框图

1) 监督学习 (有教师学习)

见图 9.1.9。这种学习方式需要外界存在一个 "教师", 他可对一组给定输入提供应有的输出结果 (教师值)。人们把这组已知的输入 – 输出数据称为训练样本集。神经网络可根据实际输出和期望值 (教师值) 之间的差异来调整网络的权值, 最终使两者之间的误差达到最小值。

2) 非监督学习 (无教师学习)

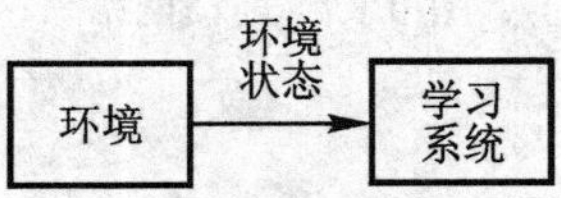

图 9.1.10 非监督学习框图

见图 9.1.10。这种学习方式不存在外部教师, 学习系统完全按照环境所提供数据的某些统计规律来调节自身参数或结构 (这是一种自组织过程), 以表示外部输入的某种固有特征 (如聚类或某种统计上的分布特征)。

3) 再励学习 (强化学习)

见图 9.1.11, 这种学习介于上述两种情况之间, 外部环境对系统输出结果只给出评价 (奖或惩) 而不是给出正确答案, 学习系统通过强化那些受奖励的工作来改善自身性能。

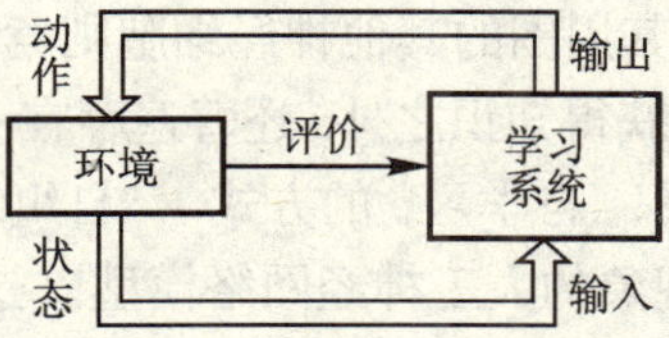

图 9.1.11　再励学习框图

针对不同的网络用途, 人们已经提出了许多神经网络学习规则, 基本的规则有以下几种:

1) Hebbian 学习规则

这种学习规则源自于 Hebb 关于生物神经元学习过程的假设: 当某一突触 (连接) 两端的神经元的激活同步 (同为激活或同为抑制) 时, 该连接的强度应增强, 反之则应减弱。令 w_{ij} 表示从神经元 j 到神经元 i 的连接权值, 则 w_{ij} 按下式确定的变化量调整:

$$\Delta w_{ij} = g\left[y_i(t), t_i(t)\right] h\left[y_j(t), w_{ij}\right] \tag{9-1-9}$$

当没有教师信号时, 可以设 $g(\cdot,\cdot)$ 的函数值为 $y_i(t), h(\cdot,\cdot)$ 的函数值正比于 $y_j(t)$, 因此, 式 $(9-1-9)$ 可写成

$$\Delta w_{ij} = \eta y_i(t) y_j(t) \tag{9-1-10}$$

式中, $\eta > 0$ 为学习速率的系数。

2) Delta(δ) 学习规则

在式 $(9-1-9)$中, 如果 $g(\cdot,\cdot)$ 的函数值正比于教师信号 $t_i(t)$ 与神经元 i 的输出 $y_i(t)$ 之间的差值 δ, 即

$$g\left[y_i(t), t_i(t)\right] = \eta_1\left[t_i(t) - y_i(t)\right] = \eta_1 \delta \tag{9-1-11}$$

式中, $\eta_1 > 0$ 为系数; $h(\cdot,\cdot)$ 的函数值与神经元 j 的输出 $y_j(t)$ 成正比, 即

$$h\left[y_j(t), w_{ij}\right] = \eta_2 y_j(t) \tag{9-1-12}$$

式中, $\eta_2 > 0$ 为系数。则由 Hebbian 学习规则可得

$$\Delta w_{ij} = \eta \delta y_j(t) \tag{9-1-13}$$

式 $(9-1-13)$所示即为 δ 学习规则, 其中 $\eta > 0$ 表示学习速率的系数。

在 δ 学习规则中, 教师信号可视为期望的输出, 因此, 式 $(9-1-11)$ 中的 δ 反映了神经网络期望输出与实际输出之间的差异。这种学习规则的实质就是通过迭代计算逐步调整网络权值 w_{ij}, 直到使误差 δ 达到最小。具体过程可采用梯度法等最优化算法来实现。δ 学习规则又称为“误差修正规则”, 其中 η 一般为与计算步长有关的参数。

3) 竞争式学习规则

在生物神经网络中存在一种侧抑制现象, 即一个神经细胞兴奋后, 通过它的分支会对周围其他神经细胞产生抑制。这种侧抑制使神经细胞之间出现竞争, 一个兴奋最强的神经细胞对周围神经细胞的抑制作用也最强, 虽然一开始各个神经细胞都处于兴奋状态, 但最后兴奋最强、输出

最大的一个神经细胞竞争获胜, 而其周围的其他神经细胞则竞争失败。另一方面, 在人类及动物的认知过程中, 除了通过教师学习获得知识之外, 还普遍存在一种不需要教师指导、直接依靠外界刺激获取知识的方式, 即 "自组织、自学习" 的方式。"自组织竞争人工神经网络" 就是一种用以模拟这类生物神经网络结构和现象的人工神经网络模型。这种神经网络模型可以采用多种学习规则, 如信号 Hebbian 规则、竞争规则、微分 Hebbian 规则、微分竞争规则等, 其中 "竞争式学习规则" 是自组织神经网络中的一种基本学习规则。

竞争式学习规则属于无教师学习方式。它认为, 神经网络是由许多 "区域" 组成的, 各个区域包含一定数量的神经元, 当有外界刺激输入时, 在同一个区域里的各个神经元发生竞争性响应, 其结果是只有一个神经元获胜从而达到兴奋状态, 其余的则被抑制。在竞争式学习中, 网络的权值仍然基于 Hebbian 规则或类似的规则调整。

设 j 为三层前向网络输入层中的某个神经元 $(j=1\sim n), i$ 为隐含层神经元 $(i=1\sim m)$, 且隐含层神经元采用式 $(9-1-6)$ 所示的 Sigmoid 型激活函数。为便于讨论, 假设整个隐含层属于同一个竞争区域, 则竞争式学习规则为

$$\dot{w}_{ij}=y_i'(s_i')\left[y_j(s_j)-w_{ij}\right] \tag{9-1-14}$$

式中, s_i' 表示隐含层神经元 i 的状态, y_i' 表示该神经元的输出; s_j 表示输入层神经元 j 的状态, y_j 表示该神经元的输出。

如果在隐含层中竞争的结果是神经元 k 获胜, 则其输出达到最大

$$y_k'(s_k')=1 \tag{9-1-15}$$

则根据式 $(9-1-14)$, 输入层所有与该神经元相连接的权值 w_{kj} 都将发生变化, 其结果将使 $w_{kj}\approx y_j(s_j)$, 即 $\dot{w}_{ij}\approx 0$, 从而使权值的调整达到稳态。而此时其他竞争失败的神经元受抑制, 其输出为最小

$$y_i'(s_i')=0,\quad i\neq k \tag{9-1-16}$$

由式 $(9-1-14), \dot{w}_{ij}=0$, 即权值 $w_{ij}, i\neq k$ 将不发生变化。

若输入层神经元的作用仅仅为简单地接受网络的输入信号, 即

$$y_j(s_j)=x_j,\quad j=1\sim n \tag{9-1-17}$$

则式 $(9-1-14)$ 的竞争学习规则成为

$$\dot{w}_{ij}=y_i'(s_i')\left[x_j-w_{ij}\right] \tag{9-1-18}$$

通常用到的竞争算法为

$$y_k'(s_k')=\begin{cases}1, & \|\boldsymbol{x}-\boldsymbol{W}_k'\|=\min\limits_i\|\boldsymbol{x}-\boldsymbol{W}_i'\|\\ 0, & \|\boldsymbol{x}-\boldsymbol{W}_k'\|>\min\limits_i\|\boldsymbol{x}-\boldsymbol{W}_i'\|\end{cases} \tag{9-1-19}$$

式中, x 为网络输入向量; W_i' 为由隐含层神经元 i 与所有输入层神经元的连接权值构成的向量; $\|\cdot\|$ 表示向量的长度。

9.2 典型结构的神经网络

9.2.1 反向传播 (BP) 网络

BP(back propagation) 网络是一种最为常用的前馈网络, 其结构如图 9.2.1 所示。它有一个输入层、一个输出层、一个或多个隐含层。每一层上包含了若干个节点, 每个节点表一个神经元。同一层上的各节点之间无耦合连接关系, 信息从输入层开始在各层之间单向传播, 依次经过各隐含层节点, 最后到达输出层节点。设 BP 网络接受的输入数据为 n 个, 以向量 $\boldsymbol{X}$ 表示

$$\boldsymbol{X}=[x_1,x_2,\cdots,x_n]^{\mathrm{T}} \tag{9-2-1}$$

网络产生的 m 个输出, 用向量 $\boldsymbol{Y}$ 表示

$$\boldsymbol{Y}=[y_1,y_2,\cdots,y_m]^{\mathrm{T}} \tag{9-2-2}$$

则网络将对应地有 n 个输入节点、m 个输出节点, 如图 9.2.1 所示。这样, BP 网络可视为从 n 维输入空间到 m 维输出空间的非线性映射, 即

$$f:R^n\to R^m,\quad f(\boldsymbol{X})=\boldsymbol{Y} \tag{9-2-3}$$

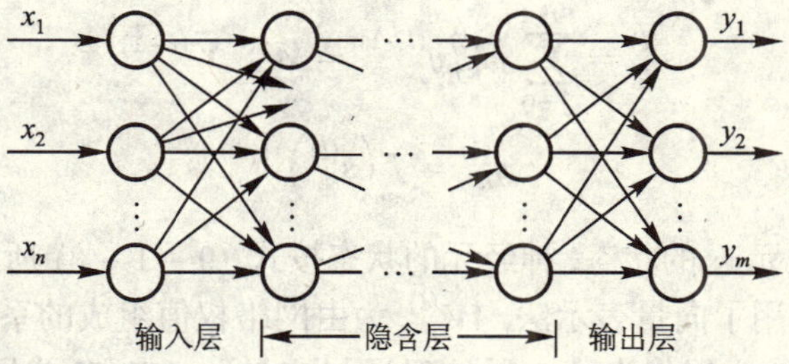

图 9.2.1　BP网络

对于一组给定的样本输入和样本输出 $\left\{\boldsymbol{X}^i,\boldsymbol{Y}^i\right\},i=1\sim M,M$ 为样本数, 假若存在一个连续函数 g, 使得

$$g\left(\boldsymbol{X}^i\right)=\boldsymbol{Y}^i,\quad i=1\sim M \tag{9-2-4}$$

则以下定理表明, BP 网络确定的映射关系 f 可以任意逼近该函数。

定理 9.2.1: 给定任一连续函数 $f:[0,1]^n\to R^m, f$ 可以精确地用一个三层 BP 网络实现, 该网络的第一层即输入层有 n 个神经元, 中间层有 $(2n+1)$ 个神经元, 第三层即输出层有 m 个神经元。

该定理称为 Kolmogorov 定理, 它表述了映射网络的存在性。

定理 9.2.2: 给定任意 $\varepsilon>0$, 对于任意的 L^2 型连续函数 $f:[0,1]^n\to R^m$, 存在一个三层 BP 网络, 它可在任意 ε 平方误差精度内逼近 f。

以上两个定理表明, 只要用三层的 BP 网络就可实现 L^2 型连续函数。基于这一结论, 三层 BP 网络已成为应用最为广泛的 BP 网络。然而, 对于一些实际问题, 有时仍然需要使用多层的 BP 网络。如何选取 BP 网络的隐含层数及其节点数, 目前尚无准确的理论和方法, 针对特定的问题, 通常需要作反复研究才能确定。以下是几个确定三层 BP 网络隐含层节点数 h 的经验参考公式:

$$h \geqslant \sqrt{n+m}+a \tag{9-2-5}$$

式中, n 为输入神经元的个数; m 为输出神经元数; a 为 $1 \sim 10$ 之间的常数。

$$\sum_{i=0}^{n} C\left(\begin{smallmatrix}h\\i\end{smallmatrix}\right) > M \tag{9-2-6}$$

式中, M 为样本数, 当 $i<h$ 时规定 $C\begin{pmatrix}h\\i\end{pmatrix}=0$。

$$h \geqslant \log_2 n \tag{9-2-7}$$

BP 网络中计算单元 (隐含层、输出层的神经元) 的传递函数通常取 Sigmoid 型函数。输出层节点有时也可取线性函数作为其传递函数。

BP 网络的学习采用 BP 算法, 即 "误差反向传播算法"。考虑图 9.2.1 的 BP 网络, 设 BP 网络共有 M 层 (不包括输入层), 第 l 层的节点数为 $n_l, y_k^{(l)}$ 表示第 l 层节点 k 的输出, 则 $y_k^{(l)}$ 由下面两式确定:

$$s_k^{(l)} = \sum_{j=0}^{n_{l-1}} w_{kj}^{(l)} y_j^{(l-1)} = \boldsymbol{W}_k^{(l)} \boldsymbol{Y}^{(l-1)} \tag{9-2-8}$$

$$y_k^{(l)} = f\left(s_k^{(l)}\right) \tag{9-2-9}$$

式中, $s_k^{(l)}$ 为第 l 层神经元 k 的状态, 神经元的状态按式 (9-1-3) 所示方式表示, 即 $y_0^{(l-1)} = 1, \boldsymbol{w}_{k0}^{(l)} = -\theta_k^{(l)}$。上式采用了向量表示法, $\boldsymbol{W}_k^{(l)}$ 为由网络权值组成的系数行向量, $\boldsymbol{Y}^{(l-1)}$ 为第 $l-1$ 层的输出列向量。输入层作为第 0 层处理, 因此 $\boldsymbol{Y}^{(0)} = \boldsymbol{X}, \boldsymbol{X}$ 为网络输入向量。

给定样本模式 $\{\boldsymbol{X}, \boldsymbol{Y}\}$ 后, BP 网络的权值将被调整, 使如下的误差目标函数达到最小:

$$E(\boldsymbol{W}) = \frac{1}{2}\|\boldsymbol{Y} - \widehat{\boldsymbol{Y}}\|^2 = \frac{1}{2}\sum_{k=1}^{n_M}\left(\boldsymbol{Y}_k - \widehat{\boldsymbol{Y}}_k\right)^2 \tag{9-2-10}$$

式中, $\widehat{\boldsymbol{Y}}$为网络的输出; $\boldsymbol{W}$ 表示 BP 网络中所有的权值; n_M 为最后一层 (输出层) 的节点数, 因此 $n_M = m$, 且 $\widehat{\boldsymbol{Y}}_k = y_k^{(M)}$。

根据梯度下降最优化方法, 可以通过 $E(\boldsymbol{W})$ 的梯度来修正权值。连至第 l 层第 i 个神经元的权值向量 $\boldsymbol{W}_i^{(l)}$ 的修正量由下式确定:

$$\Delta \boldsymbol{W}_i^{(l)} = -\eta \frac{\partial E(\boldsymbol{W})}{\partial \boldsymbol{W}_i^{(l)}} = \eta \delta_i^{(l)} \boldsymbol{Y}^{(l-1)} \tag{9-2-11}$$

对于输出层 (第 M 层), 上式中的 $\delta_i^{(l)}$ 为

$$\delta_i^{(M)} = \left(\boldsymbol{Y}_i - \widehat{\boldsymbol{Y}}_i\right) f'\left(s_i^{(M)}\right) \tag{9-2-12}$$

对于隐含层

$$\delta_i^{(l)} = \sum_{j=1}^{n_{l+1}} w_{ij}^{(l+1)} \delta_j^{(l+1)} f'\left(s_i^{(l)}\right) \tag{9-2-13}$$

利用 BP 算法, 对于给定的输入输出样本, 按照上述过程反复调整权值, 最终使网络的输出接近期望的输出。

由于权值的修正是在输入所有样本并计算总体误差后进行的, 所以 BP 算法属于批处理方法。整个处理过程分为两个阶段: 第一阶段是从 BP 网络的输入层开始逐层向前计算, 根据输入样本计算出各层的输出, 最终求出网络输出层的输出, 这是前向传播的过程; 第二阶段是对权值的修正, 从网络的输出层开始逐层向后进行计算和修正, 这是反向传播过程。两个过程反复交替, 直到收敛为止。

BP 算法的实质是梯度下降法, 因而可能存在陷入局部极小以及收敛速度慢等问题。为了解决这些问题, 可以采用全局最优化算法与 BP 算法相结合的方法, 如采用随机优化算法、模拟退火算法、遗传算法或单纯形法等。此外还可以采取以下措施:

(1) 选择合适的初始权值。

(2) 对权值加以扰动。在学习的过程中给权值加以扰动, 有可能使网络脱离当前局部最小点的陷阱。

(3) 在网络的学习样本中适当加些噪声, 可避免网络依靠死记的办法来学习。

(4) 当网络的输出与样本之间的差小于给定的允许误差范围时, 则神经网络不再修正其权值, 以此来加快网络的学习速度。

(5) 适当选择网络的大小, 尽可能使用三层网络, 从而避免因层数多、节点数多、计算复杂化等导致反向误差发散。

基本的 BP 算法是定步长的, 有时候这不利于计算的快速收敛。一种改进的方案是采用变步长的方法。在式 (9 – 2 – 11) 中, η 是与步长有关的参数, 则变步长 BP 算法的主要思想可表达为

$$\eta = \varphi\eta, \quad \varphi > 1, \quad \Delta E < 0$$

$$\eta = \beta\eta, \quad 0 < \beta < 1, \quad \Delta E > 0$$

式中, φ, β 为步长增大、缩小的因子。

9.2.2 径向基函数 (RBF) 网络

径向基函数 (radial basis function, RBF) 神经网络由三层构成, 如图 9.2.2 所示。从结构上看, 它属于三层前馈网络, 包括一个输入层、一个输出层和一个隐含层。输入层节点的作用是传递输入信号到隐含层节点; 隐含层节点由类似高斯函数那样的具有辐射状作用的函数构成; 输出层节点的传递函数通常是简单的线性函数。

隐含层节点中的作用函数 (基函数) 对输入信号在局部产生响应, 即当输入信号靠近基函数的中央范围时, 隐层节点将产生较大的输出, 因而这种网络具有局部逼近能力, 所以径向基函数网络也称为局部感知场网络。

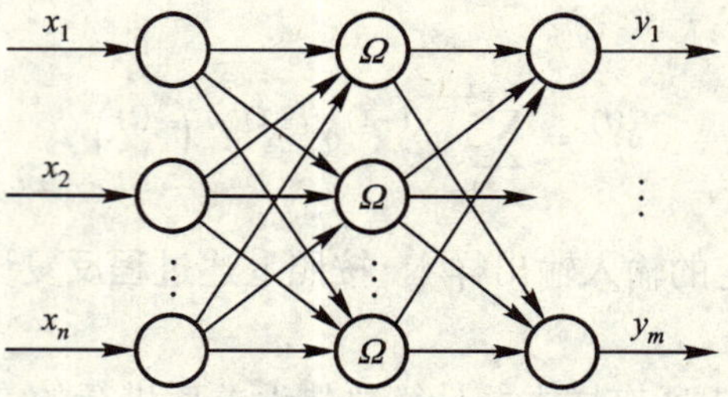

图 9.2.2 RBF网络

基函数的形式, 有下列几种:

$$f(\boldsymbol{x}) = e^{-(\boldsymbol{x}/\sigma)^2} \tag{9-2-14}$$

$$f(\boldsymbol{x}) = \frac{1}{(\sigma^2 + \boldsymbol{x}^2)^{\alpha}}, \quad \alpha > 0 \tag{9-2-15}$$

$$f(\boldsymbol{x}) = (\sigma^2 + \boldsymbol{x}^2)^{\beta}, \quad 0 < \beta < 1 \tag{9-2-16}$$

上面这些函数都是径向对称的, 但最常用的是高斯函数

$$u_i = \exp\left[-\frac{\|\boldsymbol{x} - \boldsymbol{c}_i\|^2}{2\sigma_i^2}\right], \quad i = 1, 2, \cdots, h \tag{9-2-17}$$

式中, $\boldsymbol{x} = [x_1, x_2, \cdots, x_n]^{\mathrm{T}}$ 是 n 维输入向量; $\boldsymbol{c}_i$ 是第 i 个基函数的中心, 与 $\boldsymbol{x}$ 具有相同的维数; σ_i 是标准化常数, 它决定了该基函数围绕中心点的宽度; h 是隐含层节点数; $\|\boldsymbol{x} - \boldsymbol{c}_i\|$ 是向量 $\boldsymbol{x} - \boldsymbol{c}_i$ 的范数, 它通常表示 $\boldsymbol{x}$ 和 $\boldsymbol{c}_i$ 之间的距离; u_i 是第 i 个隐含层节点的输出, 且 $u_i \in [0, 1]$, 其在 $\boldsymbol{c}_i$ 处有一个唯一的最大值, 随着 $\|\boldsymbol{x} - \boldsymbol{c}_i\|$ 的增大, u_i 迅速衰减到零。对于给定的输入 $\boldsymbol{x} \in R^n$, 只有一小部分靠近 $\boldsymbol{x}$ 的中心被激活。

RBF 网络的输出是隐含层节点输出的线性组合, 即

$$y_j = \sum_{i=1}^{h} w_{ji} u_i - \theta_i = \boldsymbol{W}_j^{\mathrm{T}} \boldsymbol{U}, \quad j = 1, 2, \cdots m \tag{9-2-18}$$

式中

$$\boldsymbol{W}_j = [w_{j1}, w_{j2}, \cdots, w_{jh}, -\theta_i]^{\mathrm{T}} \tag{9-2-19}$$

$$\boldsymbol{U} = [u_1, u_2, \cdots, u_h, 1]^{\mathrm{T}} \tag{9-2-20}$$

RBF 网络的学习过程可分为两个阶段, 首先根据所有输入样本决定隐含层各节点的高斯核函数的中心值 $\boldsymbol{c}_i$ 和标准化常数 σ_i。当决定了隐含层的参数后, 再根据样本, 利用最小二乘原则求出输出层的权值向量 $\boldsymbol{W}_j$。下面的定理说明了 RBF 网络对非线性映射的逼近能力。

定理 9.2.3: 给定任意 $\varepsilon > 0$, 对任意的 L^2 型函数 $f : [0, 1]^n \to R^m$, 存在一个 RBF 网络, 它可在任意 ε 平方误差精度内逼近 f。

该定理表明 RBF 网络和 BP 网络一样可以近似任意的连续非线性函数, 两者的主要区别在于 BP 网络中的隐含层节点使用的是 Sigmoid 型函数, 它在输入空间无限大的范围内取非零值, 而 RBF 网络中的隐含层节点使用的是高斯核型函数, 其取值范围具有局部性的特征。

9.2.3 Hopfield 网络

Hopfield 神经网络是美国物理学家 J. J. Hopfield 于 1982 年首先提出来的, 它主要用于模拟生物神经网络的记忆机理, 是一种典型的反馈型神经网络。在反馈型神经网络中, 输入数据决定了反馈系统的初始状态, 经过一系列状态转移后, 系统逐渐收敛至平衡状态。这个平衡状态就是反馈型神经网络经计算后的输出结果。因此, 稳定性是反馈神经网络最重要的问题之一。若能找到网络的 Lyapunov 函数, 则可根据 Lyapunov 稳定性定理来分析、设计反馈型神经网络, 进而保证网络对任意的初始状态都具有稳定收敛的性质。

Hopfield 网络分为连续型和离散型两种。J. J. Hopfield 所提出的神经网络按连续时间运行, 称之为连续时间 Hopfield 神经网络 (记为 HNN) 或 Hopfield 模型 (记为 HM)。与 HM 对应的是按离散时间运行的 Hopfield 神经网络 (记为离散时间 HNN)。

一个 HM 的基本参数和运行规则包括: 全部反馈权值、各神经元的外部输入 (一般取定值)、各神经元的输入输出函数及其中的参数以及各神经元的输入 (或输出) 随时间变化的规律。一旦网络参数确定后, 就可以按照某种定义, 用这些参数和网络各神经元的输出求得一个 HM 的能量函数, 它是描述该网络所处状态的重要参数。HM 的设计应保证, 无论从何种初值出发, 网络总能收敛到一个稳定状态, 它相应于能量函数的某个局部极小点。

连续型 Hopfield 网络的电路模拟如图 9.2.3 所示, 可用非线性微分方程描述为

$$C_i \frac{\mathrm{d}s_i}{\mathrm{d}t} = -\frac{s_i}{R_i} + x_i + \sum_{j=1}^{n} t_{ij} y_j \tag{9-2-21}$$

$$y_i = g_i(s_i) \tag{9-2-22}$$

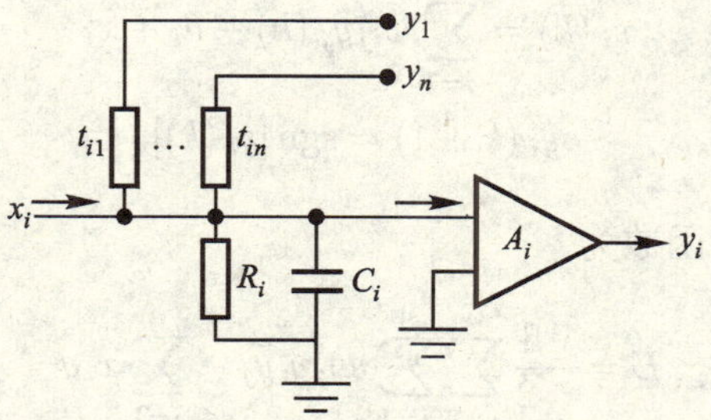

图 9.2.3　连续型 Hopfield 网络模拟单元

图 9.2.3 中, 电阻 R_i 与电容 C_i 并联, 以模拟生物神经元输出的时间常数; 跨导 t_{ij} 模拟生物神经元之间互连的突触特性; 运算放大器 A_i 用来模拟生物神经元的非线性特性 $y_i = g_i(s_i)$; 神经元的状态 s_i 和输出 y_i 取电压量纲, 而输入 x_i 取电流量纲。

定义连续型 Hopfield 神经网络 Lyapunov 能量函数为

$$E = \sum_{i=1}^{n} \frac{1}{R_i} \int_0^{y_i} g_i^{-1}(y)\,\mathrm{d}y - \sum_{i=1}^{n} x_i y_i - \frac{1}{2} \sum_{j=1}^{n} \sum_{k=1}^{N} t_{jk} y_j y_k \tag{9-2-23}$$

定理 9.2.4: 对于连续型 Hopfield 神经网络, 若 $t_{ij}=t_{ji}$ 且 $g_i(s_i)$ 为单调上升函数, 则此网络解的轨迹在状态空间中总是朝着使能量 E 减小的方向运动, 并且网络的稳定平衡点就是 E 的极小点。

该定理保证了对于给定的一组权值 t_{ij}, 连续型 Hopfield 网络从任意的初始状态开始都能收敛于稳定点。如果将系统的每一个稳定点视为一个记忆, 则从最初状态出发向对应的稳定点运动的过程就是寻找该记忆的过程。初始状态代表了该记忆的部分信息或带有噪声的信息, 寻找记忆的过程就是从部分信息出发找出全部信息, 或者从噪声中恢复原有信息的过程。

对于离散型 Hopfield 神经网络, 考虑由 n 个神经元构成的单层全反馈型网络, 网络结构如图 9.2.4 所示, 其中 θ_i, s_i 和 y_i 分别表示神经元 i 的阈值、状态和输出, x_i为网络的第 i 个输入信号。对于神经元 i, 其模型方程为

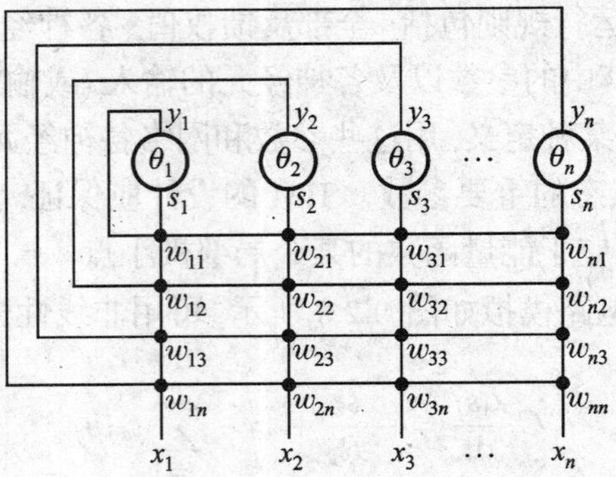

图 9.2.4 离散型 Hopfield 神经网络

$$s_i(k)=\sum_{j=1}^{n} w_{ij}y_j(k)-\theta_i+x_i \tag{9-2-24}$$

$$y_i(k+1)=\operatorname{sgn}[s_i(k)] \tag{9-2-25}$$

对于该神经网络, 可定义能量函数为

$$E=-\frac{1}{2}\sum_{i=1}^{n}\sum_{j=1}^{n} w_{ij}y_iy_j-\sum_{i=1}^{n} x_iy_i \tag{9-2-26}$$

则由于各神经元的输出 y_i 或 y_j 为 ±1 的二值信号, x_i 和 w_{ij} 有界, 故能量 E 有界, 且满足

$$|E|\leqslant\frac{1}{2}\sum_{i,j}|w_{ij}|+\sum_{i}|x_i| \tag{9-2-27}$$

因此, 若从任意初始状态开始, 每次权值调整都能满足 $\Delta E\leqslant 0$, 则网络最终将趋于稳定点 $\Delta E=0$。

9.2.4 自组织特征映射网络

自组织 (self-organized) 学习算法是一种无监督学习算法, 它是一种无教师学习的神经网络,

具有模拟人类应用过去的经验自动适应环境变化的能力。由于没有教师信号，自组织神经网络通常利用竞争学习规则进行网络学习。

自组织神经网络的功能是将输入向量的赋值空间划分成若干子空间，每个子空间对应于网络若干个输出端中的某一个。当输入向量属于某个子空间时，相应输出端的取值为 1 而其他输出端的取值为 0，这样，根据网络的输出，便能立即判断输入向量属于哪一个子空间。如果对各个输出端进行编号，则每个子空间具有相应的编号，称其为标号。子空间的划分以及子空间与各输出端的对应关系不预先规定而是根据某种准则通过学习加以确定，这就是自组织学习的原理，它完全区别于由 “教师” 给出理想输出样本的有监督学习。

现在研究得比较充分且得到广泛应用的两种自组织神经网络是 SOM 和 ART。SOM 是 self-organized feature mapping (自组织特征映射) 的缩写。SOM 作为一种自组织神经网络，其主要功能是实现数据压缩、编码和聚类，这种类型的功能往往可以与人脑的联想记忆功能联系起来。在自组织学习的基础上，还可以对 SOM 实行有监督学习，以实现识别、分类等功能。相应的算法称为 LVQ(learning vector quantization)。SOM 的实际应用包括：过程和系统分析 (如系统辨识、故障诊断等)、统计模式识别 (如计算机视觉、纹理分析和分类、语音识别等)、机器人和通信等。ART 是 adaptive resonance theory 的缩写，这是一种对于输入模式进行自组织分类且具有人类认知特点的神经网络。最初提出的 ART 包括 ART1 (针对二进制输入模式)、ART2 (针对模拟输入模式) 和 ART3 (利用神经元突触机制)。在进一步的研究中提出了 ART2A 和模糊 ART 神经网络。

SOM 是由若干个神经元构成的阵列，其维数可取任意值，但是研究及应用最多的是二维阵列，因此以二维阵列结构的 SOM 为例讨论。设阵列中共含有 M 个神经元，它们按照行和列有序地排列在一个平面中。一种排列方式是每行每列神经元都相互对齐，如图 9.2.5a 所示；另一种方式是每行对齐，隔行错开半个神经元间距，如图 9.2.5b 所示。

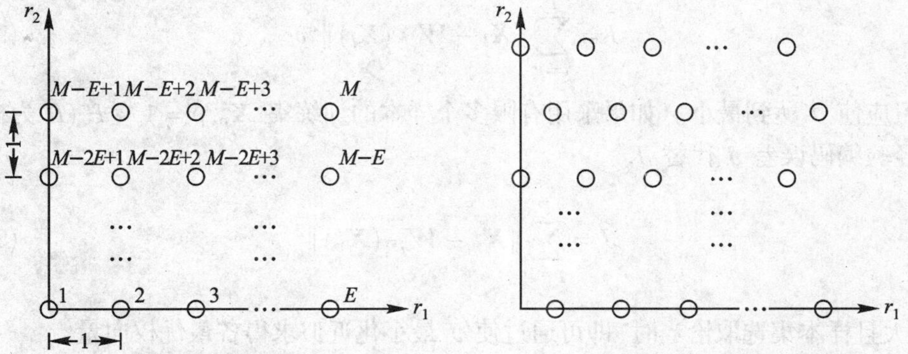

(a) 每行每列相互对齐的排列方式　　(b) 每行对齐的排列方式

图 9.2.5　具有二维阵列结构的 SOM

由于这两种形式的应用效果差别不大，简单起见，只讨论前一种。设阵列每行每列都含有 E 个神经元，则神经元总数为 $M = E^2$，可以按行或列对各神经元编号，图 9.2.5a 所示为按行编号的情况，此编号用 j 表示。设相邻神经元的行距和列距都是 1，如果设定一个二维坐标系，行向坐标为 r_1，列向坐标为 r_2，且以阵列中最左下角的神经元为坐标原点，那么每一个神经元 j

在阵列中的位置可以用其二维坐标表示为 $j(r_1,r_2)$。如编号为 $M-2E+3$ 的神经元的坐标为 $r_1=2, r_2=E-2$。

设网络的输入是 N 维列向量 $\boldsymbol{X}=[x_1,x_2,\cdots,x_N]^{\mathrm{T}}$, 如不特别声明, 其中各分量 x_i 取实数值。网络各神经元的输出记为 y_j, j 是神经元的编号, y_j 取值只能为 0 或 1。每个神经元 j 有一个相应的 N 维权向量 $\boldsymbol{W}_j=[w_{j1},w_{j2},\cdots,w_{jN}]^{\mathrm{T}}$, 各 w_{ji} 皆取实数值。如果各权向量已通过学习加以确定, 那么对于任一输入 $\boldsymbol{X}$, 网络的各输出 y_j 可用下式计算:

$$y_j=\begin{cases}1, & j=j^*\\ 0, & j\neq j^*\end{cases} \tag{9-2-28}$$

式中

$$j^*=\arg\min_j\|\boldsymbol{X}-\boldsymbol{W}_j\|$$

式中, arg 表示取辐角主值; j^* 为获胜神经元编号, 简称获胜者。获胜者的权向量 $\boldsymbol{W}_{j^*}$ 与输入向量 $\boldsymbol{X}$ 的欧氏距离小于其他非获胜者。获胜者的编号即称为该输入向量的标号。

网络的学习是通过向网络馈送训练集中的输入向量来调整各个 $\boldsymbol{W}_j$, 使得 $\boldsymbol{X}$ 至其标号 j^* 的映射满足以下两个要求:

(1) 编码误差最小。

设 $\boldsymbol{X}$ 的概率密度函数 (pdf) 是 $p(\boldsymbol{X})$, 对应于 $\boldsymbol{X}$ 的网络获胜权向量用 $\boldsymbol{W}_{j^*}(\boldsymbol{X})$ 表示, 那么编码误差 J 可表示为

$$J=\int\|\boldsymbol{X}-W_{j^*}(\boldsymbol{X})\|^2p(X)\,\mathrm{d}X \tag{9-2-29}$$

该式是按照均方意义定义的。如果 $\boldsymbol{X}$ 只能取有限个离散样本值 $\boldsymbol{X}_l, l=1\sim L, \boldsymbol{X}_l$ 出现概率为 p_l, 则 J 由下式表示:

$$J=\sum_{l=1}^{L}\|\boldsymbol{X}_l-\boldsymbol{W}_{j^*}(\boldsymbol{X}_l)\|^2p_l \tag{9-2-30}$$

网络的学习应使 J 达到最小。如果采用有限多个样本的训练集 $\boldsymbol{X}_p, p=1\sim P$ (P 为样本个数), 则可以用经验编码误差 $\widehat{J}$ 代替 J

$$\widehat{J}=\sum_{p=1}^{P}\|\boldsymbol{X}_p-\boldsymbol{W}_{j^*}(\boldsymbol{X}_p)\|^2 \tag{9-2-31}$$

当 P 足够大且样本集选取恰当时, 即可通过使 $\widehat{J}$ 最小化近似求得各最优权向量。

(2) 实现保持拓扑特性的映射。

设有两个输入向量 $\boldsymbol{X}_a$ 和 $\boldsymbol{X}_b$, 若两者的欧氏距离较小, 则两者相应获胜神经元在阵列中的距离也小; 反之, 则较大。设 $\boldsymbol{X}_a$ 的获胜者编号及其坐标为 $j_a^*(r_{1a},r_{2a})$, $\boldsymbol{X}_b$ 的为 $j_b^*(r_{1b},r_{2b})$, 那么两个获胜者在阵列中的距离为

$$d_{ab}=\left[(r_{1a}-r_{1b})^2+(r_{2a}-r_{2b})^2\right]^{1/2} \tag{9-2-32}$$

一个保持拓扑特性的映射能够保持 d_{ab} 正变于 $\|\boldsymbol{X}_a-\boldsymbol{X}_b\|$。

这一要求在一般的聚类或 VQ 算法中是不包含的, 但却是一项很重要的特性, 它的输入向量的标号之间的 “距离” 也携带了有关其特点的信息, 从而能更多地了解其特征并为下步处理所使用。

按照目标函数 J 来调整各 $\boldsymbol{W}_j$ 使其达到最小值, 一个自然的结果是在 $\boldsymbol{X}$ 的赋值域中, 概率密度函数 $p(\boldsymbol{X})$ 较大的那些区域 $\boldsymbol{W}_j$ 的分布较密; 反之, $p(\boldsymbol{X})$ 较小的区域, $\boldsymbol{W}_j$ 的分布较疏。

Kohonen 给出的自组织特征映射的算法中, 对于输入模式 $\boldsymbol{X}$, 首先确定中心神经元权向量 $\boldsymbol{W}_c$, 使

$$\|\boldsymbol{X}-\boldsymbol{W}_c\|=\min_j\|\boldsymbol{X}-\boldsymbol{W}_j\| \tag{9-2-33}$$

成立。然后, 对以 $\boldsymbol{W}_c$ 为中心的周围神经元的权向量进行调整, 即

$$\boldsymbol{W}_j(k+1)=\begin{cases}\boldsymbol{W}_j(k)+\alpha(k)[\boldsymbol{X}-\boldsymbol{W}_j(k)], & j\in N_c(k)\\ \boldsymbol{W}_j(k), & j\notin N_c(k)\end{cases} \tag{9-2-34}$$

式中, $N_c(k)$ 表示在 k 时刻由以 $\boldsymbol{W}_c$ 为中心的周围神经元组成的领域; $\alpha(k)$ 为学习系数。在学习过程的初始, $N_c(k)$ 可取得大一些, 然后逐步收缩; $\alpha(k)$ 初始时可取接近于 1 的常数, 然后逐步收缩。

9.2.5　递归神经网络

递归神经网络 (RNN) 有完全递归和部分递归两种类型。完全递归网络具有任意的前馈和反馈连接, 其所有连接权值都可修正调整。而部分递归网络的主体结构仍为前馈型, 反馈连接则由一组结构单元实现, 其连接权值固定。基本递归神经网络的结构如图 9.2.6 所示。在该网络中, 输入单元仅起输入信号传输作用, 输出单元起线性加权求和作用, 结构单元则记忆前一时刻的网络输出值, 即起延时算子的作用。$\boldsymbol{W}_i, \boldsymbol{W}_o$ 和 $\boldsymbol{W}_c$ 分别表示输入层至隐含层、隐含层至输出层以及结构单元至隐含层的权值矩阵。$\boldsymbol{W}_c$ 为固定的权值矩阵, 而 $\boldsymbol{W}_i$ 和 $\boldsymbol{W}_o$ 可以通过学习修改。

设递归神经网络的输入向量为

$$\boldsymbol{X}=[x_1,x_2,\cdots,x_n]^{\mathrm{T}} \tag{9-2-35}$$

网络输出向量为

$$\boldsymbol{Y}=[y_1,y_2,\cdots,y_m]^{\mathrm{T}} \tag{9-2-36}$$

反馈向量为

$$\boldsymbol{F}=[f_1,f_2,\cdots,f_r]^{\mathrm{T}} \tag{9-2-37}$$

隐含层节点的输出向量为

$$\boldsymbol{V}=[v_1,v_2,\cdots,v_h]^{\mathrm{T}} \tag{9-2-38}$$

则递归神经网络 (图 9.2.6) 的模型可以用下述方程描述:

$$\boldsymbol{Y}(k)=\phi[\boldsymbol{W}_o\boldsymbol{V}(k)+\theta_o] \tag{9-2-39}$$

$$\boldsymbol{V}(k)=\psi[\boldsymbol{W}_i\boldsymbol{X}(k)+\boldsymbol{W}_c\boldsymbol{F}(k)+\theta_h] \tag{9-2-40}$$

$$\boldsymbol{F}(k)=\mathit{\Gamma}\ [\boldsymbol{X}(k),\boldsymbol{F}(k-1),\boldsymbol{W}] \tag{9-2-41}$$

以上各式中，k 为离散时间变量；$\boldsymbol{\theta}_o, \boldsymbol{\theta}_h$ 分别为输出层和隐含层神经元的阈值向量；$\boldsymbol{W}$ 为由 $(\boldsymbol{W}_o, \boldsymbol{\theta}_o, \boldsymbol{W}_i, \boldsymbol{W}_c, \boldsymbol{\theta}_h)$ 组成的整个网络的参数矩阵。

在式 (9 − 2 − 41) 中，不同的反馈规则将导致不同的递归神经网络结构。例如，若 $\boldsymbol{F}(k) = 0$，则递归神经网络将退化为普通的前馈网络；若 $\boldsymbol{F}(k) = \boldsymbol{Y}(k-1)$，则变为图 9.1.5a 所示的 Jordan 型递归网络;若 $\boldsymbol{F}(k) = \boldsymbol{V}(k-1)$，则变为图 9.1.5b 所示的 Elman 型递归网络。

由于在递归神经网络中引入了递归结构，所以能够实现对先验输入数据的记忆，即通过递归变量 $\boldsymbol{F}$，依据网络输出层和隐含层的状态信息保留系统中过去的信息。递归神经网络目前在故障诊断、故障预测中已经得到了一定程度的应用。

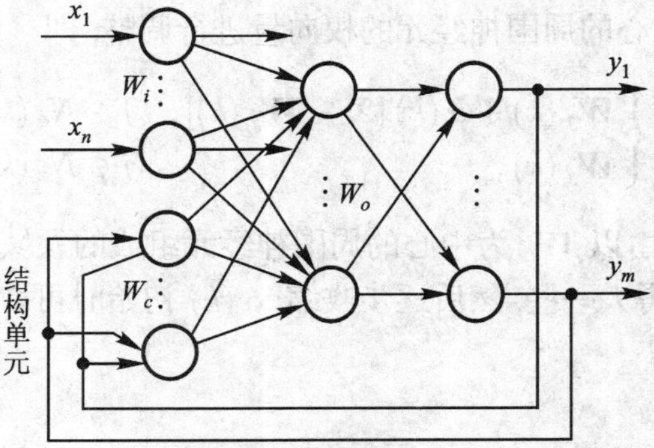

图 9.2.6　递归神经网络 (RNN)

9.3　改进型 BP 算法

9.3.1　BP 算法的主要问题

BP 网络是一种基本的神经网络，它在故障诊断中得到了广泛的应用。目前已经提出了多种 BP 网络的学习算法，其中 BP 算法作为一种最基本的学习算法，具有较为简单、清晰和有效的优点，得到了广泛的应用。然而对于一些复杂的实际应用问题，BP 算法通常存在以下两个主要问题。

1. 多个局部极小点和平台问题

$R_{emp}(\boldsymbol{\xi})$ (见图 9.3.1a) 作为 $\boldsymbol{\xi}$ 的函数一般有多个局部极小点，有时还会出现平台。图 9.3.1a,b 给出了 $\boldsymbol{\xi}$ 为一维的情况下出现多个局部极小点和平台的示例。按照最陡下降算法 (图 9.3.1c)，从任意选择的一个初始权向量 $\boldsymbol{\xi}(0)$ 出发，经过迭代计算，$\boldsymbol{\xi}$ 将收敛到一个局部极小点或者滞留在一个平台上。当输入向量 $\boldsymbol{X}$ 的维数 N 较大且网络的规模很大时，$\boldsymbol{\xi}$ 的维数很高，$R_{emp}(\boldsymbol{\xi})$ 可能存在很多局部极小点和平台，其中很多不能满足要求，即其值较全局最小点 $\boldsymbol{\xi}_a$ 的值 $R_{emp}(\boldsymbol{\xi}_a)$ 大得多。下面给出常用的几种解决方案:

(1) 设置多个初值 $\boldsymbol{\xi}(0)$，从多个迭代计算结果中选择一个最好的，其缺点是当初值设置过多时计算开销太大;

(2) 采用随机优化算法;

(3) 采用模拟退火算法或遗传算法;

(4) 采用单纯形法。

本节只介绍随机优化算法和单纯形法。需要注意的是, 本书只是利用随机优化算法和单纯形法来解决寻优问题, 有关优化算法本身在本书不作叙述。

2. 步幅 α 的选择问题

若 α 选择得太小, 迭代计算收敛速度太慢; 若 α 太大, 则在收敛点附近将产生振荡。在 $\boldsymbol{\xi}$ 的不同维上, $R_{emp}(\boldsymbol{\xi})$ 的下降速度不同时情况更加复杂。当一个极小点附近 $R_{emp}(\boldsymbol{\xi})$ 的不同维下降速度差异很大时, 即形成所谓沟谷形极小点, 如图 9.3.1 所示。由于不同维的下降速度差异很大, 从不同的初值点出发应采取差异很大的步幅值。当 $\boldsymbol{\xi}$ 的维数很高时, 矛盾更突出。

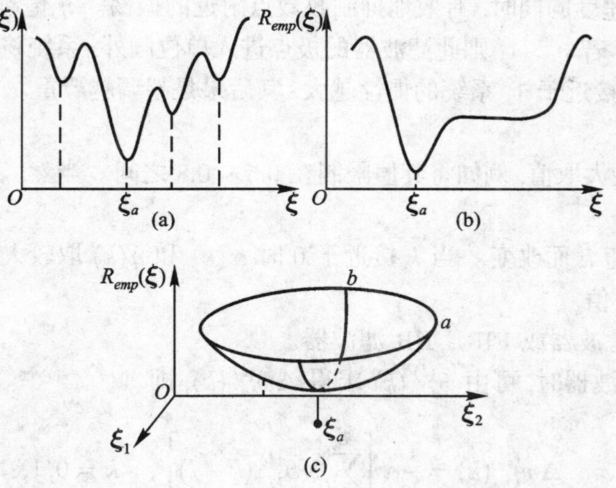

图 9.3.1　一维情况下出现多个局部极小点和平台的示例

为了解决上述两个困难, 下面讨论几种改进型的 BP 算法。

9.3.2　增加惯性

1. 基本惯性算法

在 BP 算法的递推计算中, 各个权向量的递推计算式为

$$w_{ij}^{(l)}(k+1) = w_{ij}^{(l)}(k) + \Delta w_{ij}^{(l)}(k) \tag{9-3-1}$$

式中

$$\Delta w_{ij}^{(l)}(k) = -\alpha \left.\frac{\partial R_{emp}(\boldsymbol{\xi})}{\partial w_{ij}^{(l)}}\right|_{\boldsymbol{\xi}=\boldsymbol{\xi}(k)} \tag{9-3-2}$$

用 $S_{ij}^{(l)}(k)$ 表示式 (9 − 3 − 2) 中的偏微分, 即

$$S_{ij}^{(l)}(k) = \left.\frac{\partial R_{emp}(\boldsymbol{\xi})}{\partial w_{ij}^{(l)}}\right|_{\boldsymbol{\xi}=\boldsymbol{\xi}(k)} \tag{9-3-3}$$

则惯性 BP 算法的权调整量为

$$\Delta w_{ij}^{(l)}(k) = -\alpha S_{ij}^{(l)}(k) + \eta \Delta w_{ij}^{(l)}(k-1), \quad k = 0, 1, \cdots, \Delta w_{ij}^{(l)}(-1) = 0 \tag{9-3-4}$$

式中, $\alpha > 0$, 仍称为步幅; $1 > \eta > 0$, 称为惯性系数。对式 (9 – 3 – 4) 两边作 Z 变换, 设 $S_{ij}^{(l)}(k)$ 的 Z 变换 $S_{ij}^{(l)}(z)$ 为输入, $\Delta w_{ij}^{(l)}(k)$ 的 Z 变换 $\Delta w_{ij}^{(l)}(z)$ 为输出, 则二者关系为

$$\frac{\Delta w_{ij}^{(l)}(z)}{S_{ij}^{(l)}(z)} = \frac{-\alpha}{1 - \eta z^{-1}} \tag{9-3-5}$$

这是一个 IIR 数字低通滤波器, 它能有效地提高输入信号中的低频分量并降低高频分量, 从而在改善迭代计算收敛速度的同时, 有效地抑制收敛点附近的振荡。η 值越大, 此效果越强, 但 η 值也不能太大。首先, 若 $\eta > 1$, 则此滤波器的极点进入单位圆外, 系统将失去稳定, 因此必须保证 $\eta < 1$。其次, η 越接近于 1, 系统的惯性越大, 其后果是超调越严重。为避免过调, 可以采用下面一些方法:

(1) 限制 η 的最大取值, 例如将其值限制在 $0.5 \sim 0.8$ 之间。当然, 若 η 值太小则加惯性项的作用就不大了。

(2) 令 α 和 η 随 k 而改变。当 k 接近于 0 时 $\alpha(k)$ 和 $\eta(k)$ 取较大值; 当 k 接近于迭代计算终点时, 二者取较小值。

(3) 采用 FIR 滤波器或 FIR – IIR 滤波器。

当采用 FIR 滤波器时, 可由 $S_{ij}^{(l)}(k)$ 求得 $\Delta w_{ij}^{(l)}(k)$, 即

$$\Delta w_{ij}^{(l)}(k) = -\alpha \left[\sum_{l=1}^{L} b_l S_{ij}^{(l)}(k-l) \right], \quad k = 0, 1, \cdots \tag{9-3-6}$$

式中, $S_{ij}^{(l)}(k) = 0, k < 0$。相应地, Z 域传递函数为 $\sum_{l=0}^{L} b_l z^{-l}$。这时可以用设计 FIR 低通滤波器的方法求系数 b_l。

当采用 FIR – IIR 滤波器时, $\Delta w_{ij}^{(l)}(k)$为

$$\Delta w_{ij}^{(l)}(k) = -\alpha \left[\sum_{l=1}^{L} b_l S_{ij}^{(l)}(k-l) \right] + \eta \left[\sum_{l=1}^{M} a_l \Delta \omega_{ij}^{(l)}(k-l) \right], \quad k = 0, 1, \cdots \tag{9-3-7}$$

式中, $S_{ij}^{(l)}(k) = \Delta w_{ij}^{(l)}(k) = 0, \quad k < 0$; L 和 M 是两个正整数。

为避免过调, 上述的方法 (2) 和方法 (3) 还可以结合起来使用, 即式 (9 – 3 – 7) 中的 α 和 η 成为随 k 变化的函数 $\alpha(k)$ 和 $\eta(k)$。

2. 独立调节各个权的步幅和惯性系数

令各个权具有自身的步幅 $\alpha_{ij}^{(l)}(k)$ 和惯性系数 $\eta_{ij}^{(l)}(k)$, 权调整量可按下式计算:

$$\Delta w_{ij}^{(l)}(k) = -\alpha_{ij}^{(l)}(k) S_{ij}^{(l)}(k) + \eta_{ij}^{(l)}(k) \Delta w_{ij}^{(l)}(k-1), \quad k = 0, 1, \cdots \tag{9-3-8}$$

$\alpha_{ij}^{(l)}(k)$ 和 $\eta_{ij}^{(l)}(k)$ 随每一步迭代计算的情况而变化。下面给出几条变化规则。

(1) 对于 $k=0,1$, 设定初值

$$\alpha_{ij}^{(l)}(0)=\alpha_{ij}^{(l)}(1)=\alpha_0,\quad 例如设\ \alpha_0=0.2,\quad \forall l,i,j \tag{9-3-9}$$

$$\eta_{ij}^{(l)}(0)=\eta_{ij}^{(l)}(1)=\eta_0,\quad 例如设\ \eta_0=0.7,\quad \forall l,i,j \tag{9-3-10}$$

(2) 对于 $k\geqslant 2$, 按下列规则改变 $\alpha_{ij}^{(l)}(k)$ 和 $\eta_{ij}^{(l)}(k)$: 若 $S_{ij}^{(l)}(k), S_{ij}^{(l)}(k-1), S_{ij}^{(l)}(k-2)$ 具有相同的符号, 则 $\alpha_{ij}^{(l)}(k)=\mu\alpha_{ij}^{(l)}(k-1), \eta_{ij}^{(l)}(k)=\mu\eta_{ij}^{(l)}(k-1)$ (可取 $\mu=1.1$); 若 $S_{ij}^{(l)}(k), S_{ij}^{(l)}(k-1), S_{ij}^{(l)}(k-2)$ 具有不同的符号, 则 $\alpha_{ij}^{(l)}(k)=\lambda\alpha_{ij}^{(l)}(k-1), \eta_{ij}^{(l)}(k)=\lambda\eta_{ij}^{(l)}(k-1)$ (可取 $\lambda=0.5$)。

(3) 设定 $\alpha_{ij}^{(l)}(k)$ 和 $\eta_{ij}^{(l)}(k)$ 的最大及最小值, 例如$\alpha_{\max}=0.5, \alpha_{\min}=0.01; \eta_{\max}=0.8, \eta_{\min}=0.1$。当超出此范围时即停止增减。

9.3.3　修正 BP 算法 (MBP 算法)

用 $\boldsymbol{S}(k)$ 表示经验风险函数的梯度, 即

$$\boldsymbol{S}(k)=\nabla_{\boldsymbol{\xi}}R_{emp}(\boldsymbol{\xi})\big|_{\boldsymbol{\xi}=\boldsymbol{\xi}(k)} \tag{9-3-11}$$

再定义 $\boldsymbol{d}(k)$为

$$\boldsymbol{d}(k)=\begin{cases}-\boldsymbol{S}(k), & k=0\\ -\boldsymbol{S}(k)+\beta_{k-1}\boldsymbol{d}(k-1), & k\geqslant 1\end{cases} \tag{9-3-12}$$

式中, $\beta_{k-1}=\dfrac{\|\boldsymbol{S}(k)\|^2}{\|\boldsymbol{S}(k-1)\|^2}$。则参数向量调整按下列迭代公式计算:

$$\boldsymbol{\xi}(k+1)=\boldsymbol{\xi}(k)+\Delta\boldsymbol{\xi}(k) \tag{9-3-13}$$

$$\Delta\boldsymbol{\xi}(k)=\alpha^*\boldsymbol{d}(k) \tag{9-3-14}$$

式中, α^* 是一个特定的最佳步幅值, 可以通过下述的线性搜索程序求得。首先, 将第 $k+1$ 步的经验风险表示为 α 的函数

$$R_{emp}[\boldsymbol{\xi}(k+1)]=R_{emp}[\boldsymbol{\xi}(k)+\alpha\boldsymbol{d}(k)] \tag{9-3-15}$$

当 $\alpha=\alpha^*$ 时, 式 (9−3−15) 达到最小值。在 α^* 附近, 式 (9−3−15) 可以用多项式 $b_0+b_1\alpha+b_2\alpha^2$ 近似表示。这样可按以下步骤求 α^*: 首先确定 α^* 所处区间, 其次求出系数 b_0, b_1, b_2, 最后通过求近似多项式的最小值求得 α^*。为此, 令 α 取一系列值 $\alpha_1, \alpha_2, \alpha_3, \cdots$, 相应地, $\boldsymbol{\xi}(k+1)$ 用 $\xi_1(k+1), \xi_2(k+1), \cdots$ 表示, 则上述步骤的前两步可按下列操作完成。

(1) 令 $\alpha_1=0, \alpha_2=1$, 若 $R_{emp}[\xi_2(k+1)]<R_{emp}[\xi_1(k+1)]$, 则令 $\alpha_3=\xi_1>1$ (例如 $\xi_1=1.5$), 再分两种情况计算:

(a) 若 $R_{emp}[\xi_3(k+1)]>R_{emp}[\xi_2(k+1)]$, 则 α^* 必然在区间 $(0,\zeta_1)$ 内。通过联立方程, 即可由已知的 α_i 和 $R_{emp}[\xi_i(k+1)], i=1,2,3$, 求得未知的 b_0, b_1, b_2, 即

$$R_{emp}[\xi_i(k+1)]=b_0+b_1\alpha_i+b_2\alpha_i^2,\quad i=1,2,3 \tag{9-3-16}$$

令上式对 α 的导数为零, 则此时的 α 值为

$$\alpha^*=-\frac{b_1}{2b_2} \tag{9-3-17}$$

(b) 若 $R_{emp}[\xi_3(k+1)] < R_{emp}[\xi_2(k+1)]$, 则 α^* 必然在区间 $(0,\zeta_1)$ 外。这时设 $\alpha_4=\zeta_2>\zeta_1$ (例如设 $\zeta_2=2$), 若 $R_{emp}[\xi_4(k+1)] > R_{emp}[\xi_3(k+1)]$, 则 α^* 必然在 $(1,\zeta_2)$ 内; 否则, 继续设 $\alpha_5=\zeta_3>\zeta_2$ (例如设 $\zeta_3=2.5$)。这一过程可继续下去, 直至确定 α^* 的区间并将其求出。

(2) 令 $\alpha_1=0,\alpha_2=1$, 若 $R_{emp}[\xi_2(k+1)] > R_{emp}[\xi_1(k+1)]$, 则令 $\alpha_3=\mu_1<1$(例如 $\mu_1=0.5$), 再分两种情况计算:

(a) 若 $R_{emp}[\xi_3(k+1)] < R_{emp}[\xi_1(k+1)]$, 则 α^* 必然在区间 $(0,1)$ 内, 这时仍能由上述的联立方程求得 b_0,b_1,b_2 并求得 α^*。

(b) 若 $R_{emp}[\xi_3(k+1)] > R_{emp}[\xi_1(k+1)]$, 则可继续设 $\alpha_4=\mu_2<\mu_1$ (例如 $\mu_2=0.25$)。如果 $R_{emp}[\xi_4(k+1)] < R_{emp}[\xi_1(k+1)]$ 则 α^* 必然在区间 $(0,\mu_1)$ 内, 这时仍可通过上述操作求得 α^*; 反之, 若此条件不满足, 可以进一步设 $\alpha_5=\mu_3<\mu_2$。这一过程可继续下去, 直至确定 α^*。

(3) 为检查 α^* 是否可用, 可判定下列不等式是否成立:

$$R_{emp}\left[\boldsymbol{\xi}(k)+\alpha^*\boldsymbol{d}(k)\right] < R_{emp}\left[\boldsymbol{\xi}(k)\right] \qquad (9-3-18)$$

若成立, 则 α^* 可用; 若不成立, 则不可用。这时必须从搜索过程中计算过的 $R_{emp}[\xi_1(k+1)]$, $R_{emp}[\boldsymbol{\xi}_2(k+1)], R_{emp}[\boldsymbol{\xi}_3(k+1)], \cdots$ 中找到一个最小的, 设其为 $R_{emp}[\xi_l(k+1)]$, 则令 $\boldsymbol{\xi}(k+1)=\boldsymbol{\xi}_l(k+1)$。

称上述算法为具有线性搜索程序的共轭梯度算法。

9.3.4 随机优化 (RO) 算法

BP 算法、惯性 BP 算法、MBP 算法等基于最陡下降的优化算法都存在着收敛到一个低质量局部极小点或陷于一个平台的可能性。RO 算法摆脱了最陡下降的约束, 令搜索方向随机变化, 从而可能从一个局部极小点或平台中跳出。下面给出 RO 算法的一种方案:

(1) 设 $\boldsymbol{\xi}$ 的定义域为 D, 任选一个初值参数向量 $\boldsymbol{\xi}(0)\in D$, 设迭代计数器 $k=0$ 并令最大迭代计算次数为 K。

(2) 产生一个维数与 $\boldsymbol{\xi}$ 相同的高斯随机向量 $\boldsymbol{\gamma}(k)$, 其均值为 $\boldsymbol{b}(k)$ [当 $k=0$ 时, $b(k)=0$]。若 $\xi(k)+\gamma(k)\in D$, 转 (3); 否则转 (4)。

(3) 判断 $R_{emp}[\boldsymbol{\xi}(k)+\boldsymbol{\gamma}(k)] < R_{emp}[\boldsymbol{\xi}(k)]$ 是否成立:

(a) 若成立, 令 $\boldsymbol{\xi}(k+1)=\boldsymbol{\xi}(k)+\boldsymbol{\gamma}(k)$, $\boldsymbol{b}(k+1)=0.4\boldsymbol{\gamma}(k)+0.2\boldsymbol{b}(k)$, 转 (4)。

(b) 若不成立, 而 $R_{emp}[\boldsymbol{\xi}(k)-\boldsymbol{\gamma}(k)] < R_{emp}[\boldsymbol{\xi}(k)]$ 成立, 则令 $\boldsymbol{\xi}(k+1)=\boldsymbol{\xi}(k)-\boldsymbol{\gamma}(k)$, $\boldsymbol{b}(k+1)=0.4\boldsymbol{\gamma}(k)+0.2\boldsymbol{b}(k)$, 转 (4)。

(c) 若 (a), (b) 都不成立, 令 $\boldsymbol{\xi}(k+1)=\boldsymbol{\xi}(k)$, $\boldsymbol{b}(k+1)=0.5\boldsymbol{b}(k)$, 转 (4)。

(4) 若 $k=K$, 结束; 若 $k<K$, 令 $k=k+1$, 转 (2)。

9.3.5 修正 BP 算法与随机优化算法的混合

在该混合算法应用中, MBP 算法与 RO 算法交替进行。当判断出 MBP 算法已陷入一个低质量极小点或平台时, 即转到 RO 算法; 当判断出 RO 算法已使 $\boldsymbol{\xi}$ 移至一个质量更佳的极小点附近时, 即转回 MBP 算法。这样, 可以充分发挥定向搜索和随机搜索两者的优势, 如图 9.3.2 所示。接下来的两个关键问题就是: ① 如何判断 MBP 算法陷入了一个局部极小点或平台; ② 如何判断 RO 算法是否已从一个局部极小点或平台转移到了一个更佳的局部极小点附近。

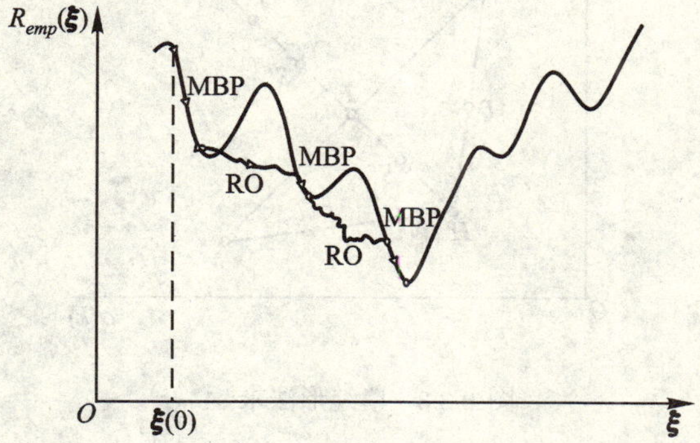

图 9.3.2　MBP 和 RO 的混合算法

1. MBP 算法陷入局部极小或平台的判据

在 MBP 算法中, 令 $|\Delta R_{emp}[\boldsymbol{\xi}(k)]| = \delta(k)$, 它随 k 的增加而逐步减小。设 ε 是一个小的正数 (例如取 $\varepsilon = 0.01$), 当 k 增加到某个值 k' 时, 如果 $\delta(k')/R_{emp}[\boldsymbol{\xi}(k')] < \varepsilon$ 且 $R_{emp}[\boldsymbol{\xi}(k')]$ 仍然较大, 即可判断算法进入一个低质极小点或平台。

2. RO 算法转到更佳局部极小点附近的判据

RO 算法以 $\boldsymbol{\xi}(k')$ 为初值, 从 $k=0$ 开始迭代计算, 设 $\delta(k)$ 是每迭代一步的经验风险下降量, 当 k 增加到某个值 k'' 时, 如果下列不等式成立, 则转移判断成立:

$$\sum_{k=0}^{k''} \delta(k) > \lambda R_{emp}[\boldsymbol{\xi}(k)] \tag{9-3-19}$$

式中, 左侧是 RO 算法的累计风险下降量;系数 λ 是一个适当的正整数 (例如 $\lambda = 0.1 \sim 0.2$)。

混合算法的优点是, 如果能对 $\boldsymbol{\xi}$ 的定义域 D 予以限制 (例如每个权值的最大绝对值不超过 10^3), 则算法能够收敛到全局极小点, 而且收敛速度较快。

9.3.6 单纯形与 BP 算法的结合

单纯形法是一种全局优化算法, 但是当待优化的参数个数较多时其计算效率较低, 这里, 将其与 BP 算法相结合。如果采用式 (9-3-11) 的表示式, 那么带惯性项的权向量调整量为

$$\Delta\boldsymbol{\xi}(k) = -\alpha^*(k)\boldsymbol{S}(k) + \eta^*(k)\Delta\boldsymbol{\xi}(k-1), \quad k = 0,1,2,\cdots \tag{9-3-20}$$

式中, $\Delta\boldsymbol{\xi}(-1)=0$; $\alpha^*(k)$ 和 $\eta^*(k)$ 是两个待定系数, 它们使 $R_{emp}[\xi(k+1)] = R_{emp}[\xi(k)+\Delta\xi(k)]$ 达到极小值。这样, 对第 k 步递推计算而言, 所需解决的是只有两个待优化参数 $\alpha(k), \eta(k)$ 的优化问题。为此, 可以将 $R_{emp}[\boldsymbol{\xi}(k+1)]$ 表示为 $\alpha(k)$ 和 $\eta(k)$ 的函数 $J[\alpha(k), \eta(k)]$。设 $\boldsymbol{A} = [\alpha(k), \eta(k)]$, 则此函数可表示为 $J(\boldsymbol{A})$。这样, 问题变为在 $\boldsymbol{A}$ 的二维空间 (平面) 中找一个点 $\boldsymbol{A}^* = [\alpha^*(k), \eta^*(k)] = \arg\min J(\boldsymbol{A})$。

下面用单纯形法求 $\boldsymbol{A}^*$。如图 9.3.3 所示, 首先在 $\alpha(k)$–$\eta(k)$ 平面中任选三个点 $\boldsymbol{L}, \boldsymbol{M}, \boldsymbol{H}$ 作为计算初值。假设 $J(\boldsymbol{L}) < J(\boldsymbol{M}) < J(\boldsymbol{H})$, 计算图 9.3.3 所示的另外六个点$\boldsymbol{F}, \boldsymbol{R}, \boldsymbol{E}, \boldsymbol{S}', \boldsymbol{S}'', \boldsymbol{D}$, 即

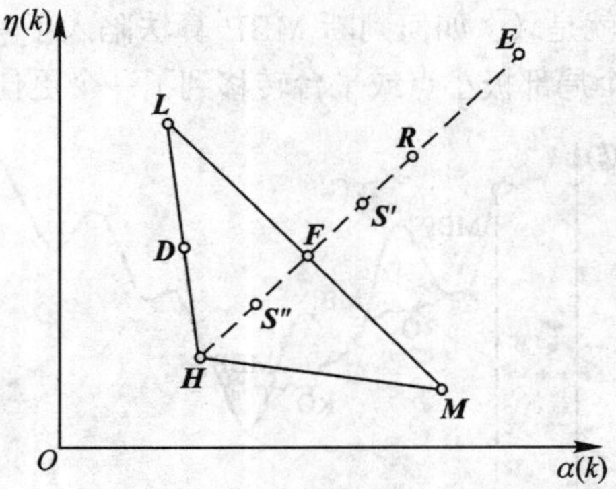

图 9.3.3　单纯形法求 $\boldsymbol{A}^*$

$$\boldsymbol{F}=\frac{1}{2}(\boldsymbol{L}+\boldsymbol{M}),\quad \boldsymbol{R}=\boldsymbol{F}+(\boldsymbol{F}-\boldsymbol{H})$$

$$\boldsymbol{E}=\boldsymbol{R}+(\boldsymbol{F}-\boldsymbol{H}),\quad \boldsymbol{S}'=\frac{1}{2}(\boldsymbol{F}+\boldsymbol{R})$$

$$\boldsymbol{S}''=\frac{1}{2}(\boldsymbol{H}+\boldsymbol{F}),\quad \boldsymbol{D}=\frac{1}{2}(\boldsymbol{H}+\boldsymbol{L})$$

然后, 按下列步骤求取三个新点:

(1) 若 $J(\boldsymbol{E})<J(\boldsymbol{R})<J(\boldsymbol{L})$, 则以 $\boldsymbol{E},\boldsymbol{L},\boldsymbol{M}$ 为三个新点; 反之, 转 (2)。

(2) 若 $J(\boldsymbol{R})<J(\boldsymbol{E})<J(\boldsymbol{L})$, 或 $J(\boldsymbol{L})<J(\boldsymbol{R})<J(\boldsymbol{M})$, 则以 $\boldsymbol{R},\boldsymbol{L},\boldsymbol{M}$ 为三个新点; 反之, 转 (3)。

(3) 若 $J(\boldsymbol{M})<J(\boldsymbol{R})<J(\boldsymbol{H})$, 则以 $\boldsymbol{S}',\boldsymbol{L},\boldsymbol{M}$ 为三个新点; 反之, 转 (4)。

(4) 若 $J(\boldsymbol{H})<J(\boldsymbol{R})$ 且 $J(\boldsymbol{H})>J(\boldsymbol{S}'')$, 则以 $\boldsymbol{S}'',\boldsymbol{L},\boldsymbol{M}$ 为三个新点; 反之, 转 (5)。

(5) 以 $\boldsymbol{D},\boldsymbol{F},\boldsymbol{L}$ 为三个新点。

以上步骤递推进行, 直至 $[J(\boldsymbol{H})-J(\boldsymbol{L})]/J(\boldsymbol{L})$ 小于某个门限值 ε_J 为止 ($\varepsilon_J\ll 1$)。接着, 再按式 (9－3－20) 作下一步计算。

这个方案利用单纯形法待优化参数个数较少时, 单纯形法的计算效率较高且无需计算偏导数, 因而该混合算法的计算量较低。另外, 该算法能在很大的范围内搜索, 易于脱离低质局部极小点或平台。

如果将式 (9－3－20) 右侧第 2 项中的 $\Delta\boldsymbol{\xi}(k-1)$ 换成 $\boldsymbol{\gamma}(k)$, 后者是一个维数与 $\boldsymbol{\xi}(k-1)$ 相同的高斯随机向量, 那么可以形成定向搜索和随机搜索相结合的单纯形算法。

9.4　集成 BP 算法和多重结构神经网络 (MNN)

9.4.1　集成 BP 算法

BP 网络的学习本质上是一个无约束最优化问题。前已述及, 基本 BP 算法中所使用的梯度法往往面临局部极小、收敛速度慢等问题。众所周知, 对于二次型目标函数来说, 共轭梯度法是一种十分有效的最优化算法, 它保证最多通过 n 次 (n 为自变量数目) 一维搜索就能到达目标函数的最小点。而对于非二次型目标函数, 梯度法则具有更快的收敛速度。为了进一步改善基于梯度法的网络学习性能, 可以在基本的 BP 算法中引入一种自适应机制, 即学习率 η 不再取固定不变的常数, 而当作一个变量来处理。学习过程中首先沿误差函数的负梯度方向 [设为 $\boldsymbol{G}(k)$] 对 η 进行一维寻优搜索, 得到最优点 η^*, 然后基于式 (9 − 4 − 1) 调整网络权值

$$\boldsymbol{W}(k+1)=\boldsymbol{W}(k)+\eta^*\boldsymbol{G}(k) \tag{9-4-1}$$

这种自适应机制的引入显然有助于提高网络学习性能。该算法通常称为“自适应变步长”算法, 又称为 ALMS (adaptive least mean square) 算法。

为了兼顾变步长梯度法和共轭梯度法两种算法的优点, 集成 BP 算法在 BP 算法的基础上采用变步长梯度法和共轭梯度法交替搜索的策略。其基本思想是构造一个表征搜索区平坦度的函数 $s(k)$, 即

$$s(k)=\frac{\left|E(k)-E(k-1)\right|}{E(k)} \tag{9-4-2}$$

式中, $E(k)$ 是 k 时刻的误差函数。令 δ 表示两种算法切换的边界参数, 则

$$s(k)\leqslant\delta \tag{9-4-3}$$

成立时, 表明当前最优搜索已进入了平坦区, 此时采用共轭梯度算法; 反之则采用变步长梯度算法。

集成 BP 算法的步骤可描述如下:

(1) 给定初始权值 $\boldsymbol{W}(0)$、允许误差 ε 和平坦系数 δ。

(2) 令 $k=0$。

(3) 采用变步长梯度算法修改权值 $\boldsymbol{W}(k)$。

(4) 计算误差函数 $E(k)$。若 $E(k)\leqslant\varepsilon$ 则停止计算; 否则转下步。

(5) 若 $s(k)\leqslant\delta$, 则改用共轭梯度法修改权值, 并转步骤 (4); 否则转步骤 (3)。

可以看出, 此算法与上节所述随机优化算法类似。

通过交替使用变步长梯度算法和共轭梯度法既可提高收敛速度, 又能有效地避免陷入局部极小点陷阱。

9.4.2　基于层次分类诊断模型的多重结构神经网络 (MNN)

专家系统在故障诊断领域已得到了相当广泛的应用。利用神经网络技术来构造故障诊断专家系统是一条值得重视的新途径。然而, 当面临复杂系统的故障诊断问题时, 如果仅仅使用一个神经网络, 将会出现网络规模庞大、学习训练时间较长等问题, 而且也不利于故障诊断系统学习新的知识。

对于需要综合使用不同类型知识的复杂系统的判断问题, 所建立的诊断模型具有不同的分类层次, 主要涉及以下两个方面的问题:

(1) 能否用一种统一的结构形式来实现不同分类层次的诊断模型;

(2) 如何把各种知识有机地组织起来, 并使其具有一致的表达形式。

神经网络的非线性映射特性、信息的分布存储、并行处理和全局集体作用, 以及高度的自组织和自学习能力, 为解决这些问题提供了新的思路。

1. 层次分类诊断模型

设诊断对象是一个由有限的零部件按一定连接形式组成的系统，广义地，称零部件为“元素”(记为 E)，称元素之间的连接为“联系”(记为 L)，则系统 (记为 S) 可形式化地描述为

$$S = E \bigcup L \tag{9-4-4}$$

对于复杂系统，元素可进一步分解，即高层较大的元素可分解为低层较小元素的集合。用子系统表示可分解的系统层次元素，则系统结构的层次特性可表示为

$$S_i^k = \{S_j^{k+1}\}, \quad k = 1, 2, \cdots, m \tag{9-4-5}$$

式中，S_i^k 表示第 k 层第 i 个子系统，且规定 $k = 0$ 时 $S^0 = S$ 为系统的最高层次。

根据系统的形式化描述方法，式 (9 − 4 − 5) 可进一步表示为

$$S_i^k = E_j^{k+1} \bigcup L_j^{k+1} \tag{9-4-6}$$

系统结构上的层次性决定了故障的层次性。某一层系统产生故障的原因或者是构成该系统 (或子系统) 的元素发生了故障，或者是与该层子系统相关的同层次的子系统发生了故障，亦即下级系统和相连的同级系统的故障是导致上级系统故障的原因，并且故障的传播是一个由低层到高层的逐层传播过程。故障的这种层次性决定了可以采用层次诊断策略和层次诊断模型，从而降低整个系统故障诊断问题的复杂性。

在分类问题中，标准范畴或标准模式称为“概念结点”，由概念结点所构成的层次结构称为“分类层次”。由概念结点按树型结构构成的层次分类诊断模型如图 9.4.1 所示。其中每一个概念结点只有一个父结点，可有若干个子结点。这种树型结构的层次分类诊断模型适用于许多故障诊断分类问题，并可有效地降低故障诊断推理的复杂性。

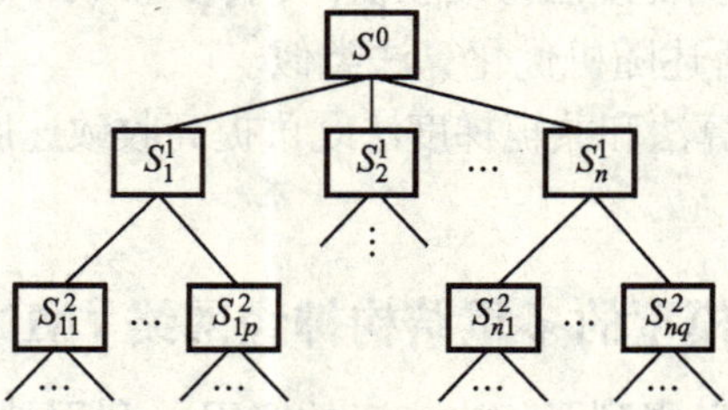

图 9.4.1 层次分类诊断模型结构

如何确定诊断对象的层次分类诊断模型，取决于具体诊断领域的特点以及对诊断对象所采取的分解方式。例如，对于机械设备的故障诊断问题，可以对诊断对象进行功能分解、结构分解或者故障分解。在建立层次分类诊断模型时，应根据具体的诊断问题，综合运用各种分类方法，以建立最合适的综合层次分类模型。

2. 多重结构神经网络 MNN

根据层次分类诊断模型的结构特点，应用神经网络可以构造如图 9.4.2 所示的层次分类 MNN 系统。该系统采用多重神经网络，以分层方式构造。第一层 ANN 对应于主系统，第二层 ANN

对应于低层子系统, 以下则对应于更低层的子系统, 以此类推。其基本特征是层次分类诊断模型中的每一个子系统 S_i^k 都用一个相应的 ANN 子系统 N_i^k 来实现其知识表示、知识获取和知识推理。为了简化故障诊断中的信息处理, 每个 ANN 均可以采用三层 BP 网络。这种 MNN 系统具有以下特点:

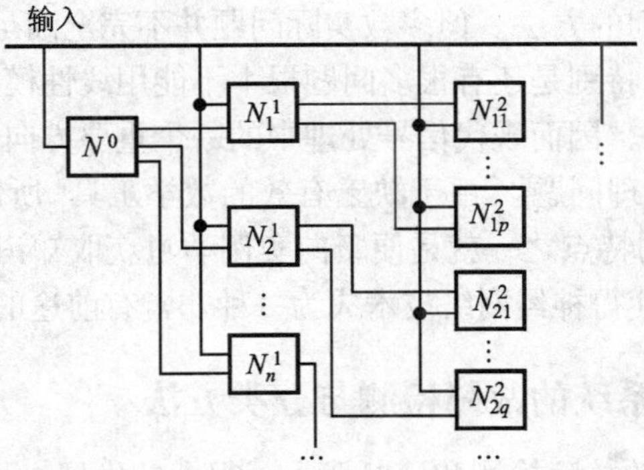

图 9.4.2　多重结构神经网络

(1) 一致的知识表示形式。在复杂系统的层次分类诊断过程中, 所涉及的诊断知识可能会包含诊断对象的结构知识、功能知识、因果知识和启发式经验知识等多种类型, 特别是当采用综合层次分类模型时, 不同的层次具有不同的知识结构, 知识的表示与组织比较复杂。采用 MNN 可以将各种知识有机地组织起来, 并使其具有一致的内部表达形式。

(2) 分层次、分系统的学习策略。完成网络构造后, 分类数据的抽象和证据模式的建立是实现层次分类诊断的关键, 这实质上是一个知识获取的过程。应用神经网络技术, 可以通过 ANN 的学习训练实现知识的自动获取。在 MNN 中采用了分层次, 分系统的学习策略, 独立训练每个 ANN 子系统, 这样可以有效地加快学习过程。

(3) 全局并行的知识推理。传统的层次分类诊断模型的推理过程是一个基于 "假设 — 建立" 机制的、由高层到低层的分类循环过程, 通过概念结点的建立与否定搜索, 达到故障诊断推理的目的。这种方法虽然因层次分类缩小了搜索空间, 但其本质仍是一种模式匹配算法, 其推理速度受到限制。MNN 的知识推理虽然也采用逐层推理的思想, 但其控制策略是全局正向并行搜索, 由输入层开始逐层向前推理。由于 ANN 的知识隐式表示和分布存储特性, 其推理实质上是一种数值计算过程, 因而不会出现匹配冲突、组合爆炸和无穷递归等问题, 而且采用全局搜索策略还可以弥补层次分类模型树型结构可能存在的诊断 "遗漏" 问题。事实上, 基于 MNN 的层次分类诊断模型并不限于树型结构, 还可以采用其他结构形式。

基于 MNN 的故障诊断系统原则上可以采用神经网络的各种学习算法, 但考虑到算法的收敛速度和局部极小点等问题, 认为上述的集成 BP 算法是一种优良的算法。

除了学习算法之外, MNN 中还需要建立各个 ANN 子系统之间的联系, 其基本步骤如下:

(1) 根据诊断对象的特点, 对系统进行分解, 建立合适的综合层次分类模型;

(2) 根据层次分类模型构造 MNN, 其中每一个子网络表示一个概念结点, 即子系统;

(3) 分别由概念结点确定具体子网络的结构参数;

(4) 采用集成 BP 算法, 分别完成各个子网络的学习训练。

9.5 神经网络技术在工程信号处理中的应用

统计信号处理的经典方法是建立在线性、平稳和只用到二阶统计量 (特别是服从高斯分布) 的假设基础上的。在这种很强的假设条件下, 信号可用一个线性模型表示。数学工具可以得到充分应用, 从而发展了一系列的方法。但多数实际问题并不完全满足上述假定, 此时经典方法得出的结果只是一个次优解。特别是还有很多问题根本不能用线性模型描述, 如雷达的目标跟踪, 许多生物信号的处理问题等。因而现代信号处理中的一个重要方向就是解决非线性、非平稳和非高斯分布信号的建模和处理问题。由于缺乏有效的数学工具, 所以要更多地依靠从实验数据中提取信息。而神经网络的特点之一就是便于向实例学习获取知识, 再加上它本身具有的非线性和分布并行处理的特点, 使得神经网络技术成为一种非常有前途的智能信号处理方法。

9.5.1 一种非线性动态系统的故障检测与分类方法

近十年来, 非线性系统的故障检测和诊断取得了很大的发展。由于人工神经网络具有处理非线性和自学习以及并行计算的能力, 尤其是它不需要对象的数学模型, 使其在非线性系统的故障诊断方面有很大的优势。目前, 用人工神经网络进行非线性系统的故障检测主要是利用它对非线性函数的逼近能力, 大多数用的是前向网络。与回归网络相比, 前向网络的优点是结构简单, 训练方法也不复杂, 训练时间相对短, 而且精度高。但是当用前向网络对动态系统进行建模时, 必须引入系统的历史数据。而选取历史数据并不容易, 如果取少了, 则不能完全反映原系统的动态行为, 取多了则会增大网络规模, 容易受到噪声干扰。相反, 回归网络模型的输入输出可以直接由系统的输入输出决定, 如图 9.5.1 所示。但由于其训练中含有多重迭代, 相当耗时, 而且训练结果极易发散。因此, 现在回归网络多用于联想、记忆, 在动态轨迹的拟合中使用不多。

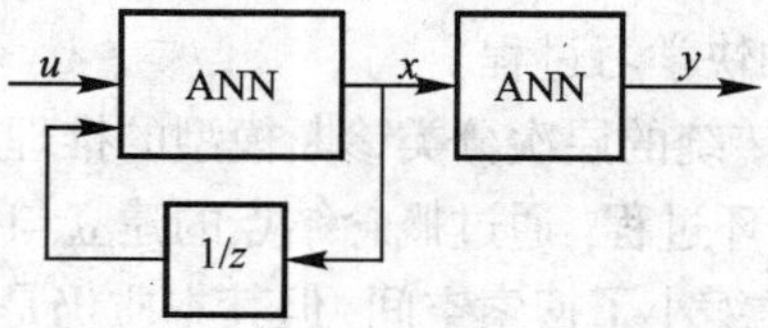

图 9.5.1 非线性状态空间的人工神经网络模型

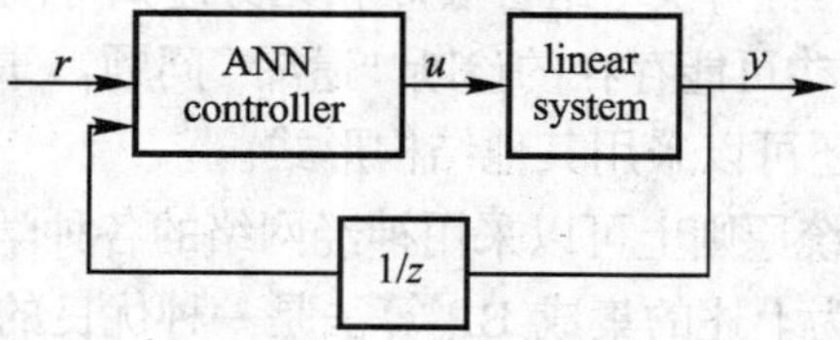

图 9.5.2 人工神经网络和线性动态系统串级模型

为了利用上述两种网络的优点, 如图 9.5.2 所示, 应用一种人工神经网络与线性动态系统的串级模型来进行非线性动态系统的建模。这相当于一个闭环控制系统, 其输入、输出量和反馈量都是完全确定的。因而只需选择其中的线性动态系统是完全可控的, 则通过调节神经网络就可以得到期望的轨迹, 即实际系统的轨迹。这种模型的输入、输出以及反馈都是完全确定的。而且在训练时采用图 9.5.3 所示的模式, 即用实际输出 y_d 的历史数据代替模型输出 y 的时滞反馈, 这样, 训练算法就简化为训练前向网络的方法了。这样做的另一个好处是, 由于在实际仿真时反馈使用模型自身的输出, 那么一旦出现故障, 将引发雪崩效应, 使模型与实际系统的偏差迅速增大, 由此可以迅速地检测微小的初始故障。从另一个角度来考虑此模型, 如果去掉图 9.5.2 中的线性系统, 则成为一个纯粹的回归网络, 此时, 单靠输出的一步时滞反馈可能不够, 因此, 线性系统相当于分离了原系统的部分动态特性, 使反馈量数目容易确定。

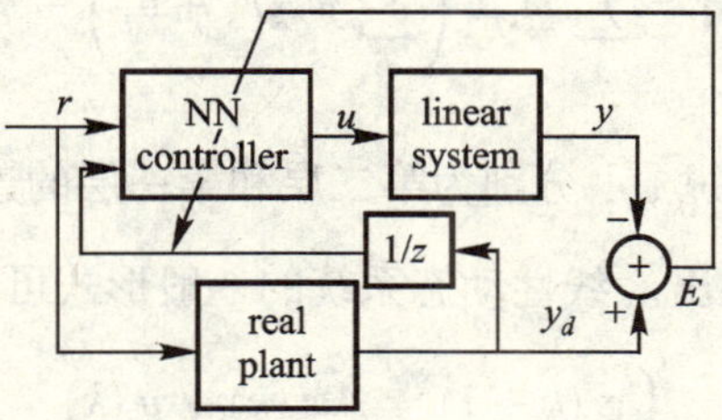

图 9.5.3　串级模型的训练示意图

建立了实际系统的模型用于故障检测后, 再考虑利用神经网络的聚类分析能力进行故障诊断。利用模型输出和系统的实际输出产生残差向量, 然后对残差向量进行聚类分析, 可以分离故障情况。前向网络中 BP 网络、RBF 网络都有很强的分类能力, 可以用于聚类分析。如果采用两种网络协同处理的技术, 即先用自组织神经网络进行初步分类, 得出大致的故障类型, 再用 BP 网络进行精细诊断, 可以有效地利用两种网络的特点, 提高网络性能。然而, 实际应用中往往没有大量的关于故障的数据来训练网络。因此, 在已知故障的先验知识的情况下, 模糊推理用于故障诊断更为成功。但是如果对于故障的先验知识也缺乏, 那么用自组织特征映射或自适应共振理论 (ART) 网络这些无监督学习的网络自动分类, 应该是一种更为理想的方法。

1. 故障检测与诊断方法

考虑一般的非线性状态空间模型 (用矩阵形式表示)

$$\begin{cases} \boldsymbol{x} = f(\boldsymbol{x}, \boldsymbol{u}) + \boldsymbol{\Gamma}\boldsymbol{\nu} \\ \boldsymbol{y} = h(\boldsymbol{x}) + \boldsymbol{\xi} \end{cases} \tag{9-5-1}$$

式中, $\boldsymbol{x}$ 为状态变量, $\boldsymbol{x} \in R^n$; $\boldsymbol{u}$ 为出入变量, $\boldsymbol{u} \in R^m$; $\boldsymbol{y}$ 为输出变量, $\boldsymbol{y} \in R^p$; $\boldsymbol{\nu}$ 为系统噪声, $\nu \in R^r$; $\boldsymbol{\xi}$ 为测量噪声, $\boldsymbol{\xi} \in R^p$; $\boldsymbol{\Gamma}$ 为维数适当的矩阵; f, h 为连续的多维非线性函数。

首先, 用图 9.5.2 的串级模型对非线性系统建模。此时需要对实际系统的数据进行采样, 因为所用的模型是离散的。通过采集实际系统正常运行时的数据来训练该模型, 得到系统的正常运行模型。残差向量定义为

$$\boldsymbol{e}(k) = \boldsymbol{y}_d(k) - \boldsymbol{y}(k) \tag{9-5-2}$$

式中, $\boldsymbol{y}_d(k)$ 为实际系统的输出; $\boldsymbol{y}(k)$ 为模型的输出。

故障检测指标定义为

$$\Delta = \frac{1}{T} \sum_{k=N-T+1}^{N} \boldsymbol{e}^{\mathrm{T}}(k)\, \boldsymbol{e}(k) \tag{9-5-3}$$

式中, T 为数据窗长度。

定义阈值 δ, 当 $\varDelta > \delta$ 时, 认为出现故障。

这里利用 ART 网络进行故障诊断。当检测出故障后, 将故障残差向量输入网络, 根据预先所定的阈值, 网络会将此向量自动聚类, 从而进行故障诊断。

1) 串级模型的训练方法

图 9.5.2 中的神经网络采用只有一个隐节点层的前向 BP 网络, 则网络输出可以表示为

$$u_i = \sum_j w_{ij}^2 s\left(\sum_k w_{jk}^1 r_k + b_j^1\right) + b_i^2 \tag{9-5-4}$$

式中, $s(x) = \dfrac{1}{1+e^{-x}}$; $w_{ij}^2, b_i^2, w_{ik}^1, b_j^1$ 分别为第二层和第一层的连接权值和偏差; r_k 为网络的第 k 个输入; u_i 为网络的第 i 个输出。线性动态系统的一般形式可以假设为

$$\begin{cases} \boldsymbol{x}(k+1) = \boldsymbol{A}\boldsymbol{x}(k) + \boldsymbol{u}(k) \\ \boldsymbol{y}(k) = \boldsymbol{C}\boldsymbol{x}(k) \end{cases} \tag{9-5-5}$$

在训练过程中, 要使误差指标 $E = \dfrac{1}{2}\boldsymbol{e}^{\mathrm{T}}(k)\boldsymbol{e}(k)$ 最小化。用 θ 表示网络的连接权值和偏差, 则误差指标关于 θ 的导数为 $\dfrac{\partial E}{\partial \theta} = -\boldsymbol{e}^{\mathrm{T}}(k)\dfrac{\partial \boldsymbol{y}(k)}{\partial \theta}$, 权值和偏差的更新公式为

$$\theta(k+1) = \theta(k) - \gamma\frac{\partial E}{\partial \theta} \tag{9-5-6}$$

式中, γ 为学习速率。由式 (9－5－5) 可用如下递推式求取 $\dfrac{\partial \boldsymbol{y}(k)}{\partial \theta}$, 即

$$\begin{cases} \dfrac{\partial \boldsymbol{x}(k+1)}{\partial \theta} = \boldsymbol{A}\dfrac{\partial \boldsymbol{x}(k)}{\partial \theta} + \dfrac{\partial \boldsymbol{u}(k)}{\partial \theta} \\ \dfrac{\partial \boldsymbol{y}(k)}{\partial \theta} = \boldsymbol{C}\dfrac{\partial \boldsymbol{x}(k)}{\partial \theta} \end{cases} \tag{9-5-7}$$

式中, $\dfrac{\partial \boldsymbol{u}(k)}{\partial \theta}$ 可以通过对式 (9－5－4) 求导得到。

2) ART 网络

ART(自适应共振理论) 是一种无监督学习网络, 可以根据某种距离度量对数据自动进行分类, 不需要关于故障的先验知识。其基本原理是, 网络接收来自外部的输入, 并按一定规则确定这个新的输入是否属于网络中已存储的模式类别 (这个网络中已存储的模式类别是动态生成的, 对于第一次输入, 网络中还没有已存储的模式类别, 这个初始输入就直接被标识为新的模式类, 存储到网络中)。判别的标准就是检查新的输入模式与所有存储模式类典型向量之间的匹配程度。按照预先设计的参考门限值来考察这些相似度, 然后对新的模式采取相应的处理方法。对于相似度超过参考门限值的所有模式, 选择最为相似的模式类作为该模式类的代表类, 然后把这个模式按一定规则归并入该模式类中; 若相似度都不超过门限值, 则在网络中设立一个新的模式类, 用以代表及存储该模式 (相对于下一个输入, 它就是一个网络中已存储的模式类别)。在网络每一次接受新的输入时, 都要经过上述匹配过程。若已经确定网络与某一存储类别最为相似, 则调

整与该类别相关的连接权值, 使以后与该模式相似的输入在与该模式匹配时, 能得到更大的相似度。ART 结构如图 9.5.4 所示, 其中 R 为识别层, 相当于一种前向竞争网络 (图 9.5.5), 其输出节点可以动态增长, 以满足设立新模式类的需要。G_1 和 G_2 为增益控制。G_2 是输入模式的 x 个元素的逻辑或, 假设当 x 个元素的逻辑或为 α, R 的输出中的各元素的逻辑或为 β 时, $G_1 = \alpha\cdot(\sim\beta)$。$C$ 为比较层, 当输入模式为二值形式时, 其输出与三个输入中的多数一致, 对于输入模式取连续值的情况, C 层要复杂得多, 但功能与二值情况一样。

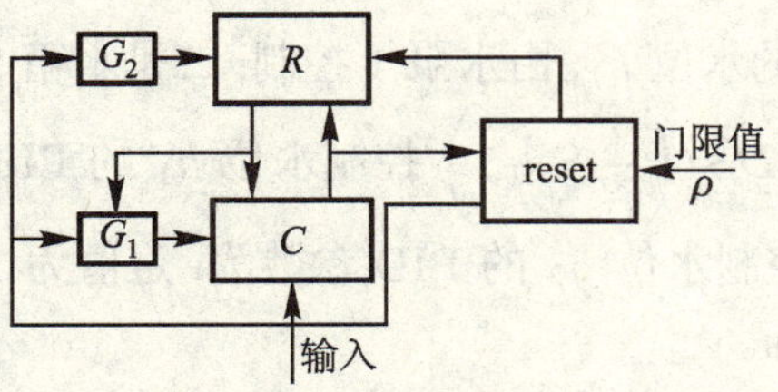

图 9.5.4　自适应共振理论

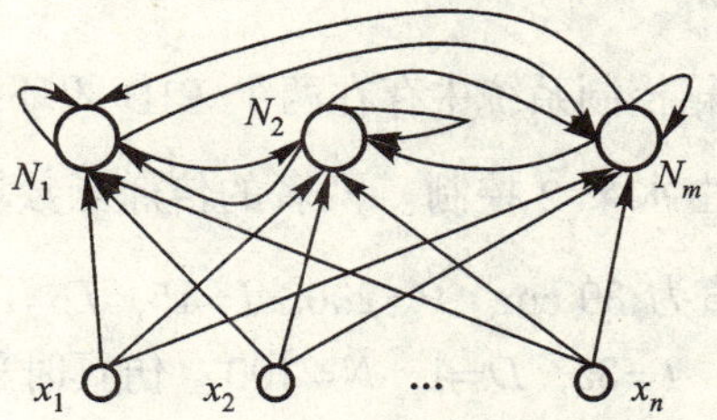

图 9.5.5　前向竞争网络

网络的初始状态为 $x = 0, G_2 = 0, R$ 的输出全为零。当有不全为零的输入时, $G_1 = 1$, 输入从 C 层直接传向识别层 R, 通过 R 层的节点的竞争, 最后有一个节点获胜, R 层将该节点对应的权值反馈给 C。此时, 由于 R 的输出不全为零, 所以 $G_1 = 0$, 那么 R 层的输出则表示了输入模式与反馈模式之间的相似度。如果相似度高于门限值, 则表示系统竞争结果正确, 否则就发出重置信号使上次获胜的节点无效。这种对获胜节点的抑制作用一直要持续到一个新的输入为止。重置节点后, 网络进入搜索阶段, 此时, $G_1 = 1$, 网络又进入识别和比较阶段, 在以前的获胜节点不参加竞争的情况下, 得到新的获胜节点。这样重复搜索直到某一节点获胜, 它的返回权向量与输入 $\boldsymbol{x}$ 要充分匹配, 直到满足要求。然后把模式 $\boldsymbol{x}$ 编到此节点对应的类别中, 同时按一定方法修改此节点的权向量, 使网络以后遇到 $\boldsymbol{x}$ 或与 $\boldsymbol{x}$ 相似的模式时, 此节点能很快地竞争胜出。如果搜索完 R 层的所有节点都没有与 $\boldsymbol{x}$ 充分接近的权向量, 则增设一个 R 层节点表示与 $\boldsymbol{x}$ 相近的模式。

用 ART 网络进行故障分类时, 网络的输入是残差向量, 输出为模式类别。

2. 仿真实验

以图 9.5.6 所示的水箱仿真模型为例。由流体力学知识, 得到系统数学模型为

$$A\dot{h}_1 = Q_1 - a_1 S_{13}\mathrm{sgn}\,(h_1 - h_2)\sqrt{2g\left|h_1 - h_3\right|} + \nu_1$$

$$A\dot{h}_2 = Q_2 - a_3 S_{23}\mathrm{sgn}\,(h_2 - h_3)\sqrt{2g\left|h_3 - h_2\right|} - a_2 S_0\sqrt{2gh_2} + \nu_2$$

$$A\dot{h}_3 = a_1 S_{13}\mathrm{sgn}\,(h_1 - h_3)\sqrt{2g\left|h_1 - h_3\right|} + a_3 S_{23}\mathrm{sgn}\,(h_2 - h_3)\sqrt{2g\left|h_3 - h_2\right|} + \nu_3$$

式中, A 为三个水箱的横截面积, $A = 154\ \mathrm{cm}^2$; h_1, h_2, h_3 为三个水箱的水位; S_{13}, S_{23}, S_0 为水管的横截面积, 其值均为 0.5 cm^2; Q_1, Q_2 为进水量, 单位为 cm^3/s; a_1, a_2, a_3 为调整系数, 表示由不同原因 (如堵塞或腐蚀等) 引起的水管内径的变化, 分别等于 0.5, 0.6, 0.5; g 为重力加速度, $g = 981\ \mathrm{cm/s}^2$; ν_1, ν_2, ν_3 为均值为 0, 方差为 1 的白噪声。

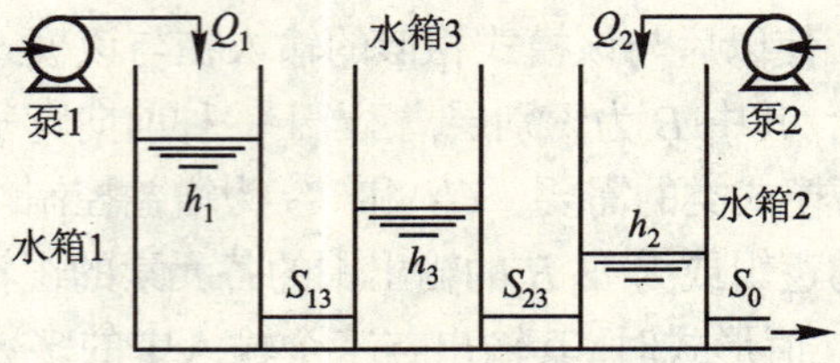

图 9.5.6 水箱模型

水箱控制系统中存在两个 PID 闭环, 一是水箱 1 的水位 h_1, 由水泵 1 控制; 二是水箱 2 的水位 h_2, 由水泵 2 控制。两者的传递函数均为 $P+\frac{1}{s}+DS/\left(\frac{1}{N}S+1\right)$ 控制水位 h_1 的 PID 参数为: 定值为 30 cm, P=200, I=15, D=1, N=100。控制水位 h_2 的 PID 参数为: 定值为 10 cm, P=200, I=35, D=1, N=100。仿真时采样时间为 2 s。

1) 故障检测

图 9.5.2 所示模型中, 神经网络采用结构为 5 − 11 − 3 的 BP 网络, 而矩阵 $\boldsymbol{A},\boldsymbol{C}$ 都取单位矩阵。训练时采用改进的 BP 算法 Levenberg − Marquardt 算法。经过 600 次训练后, 平均误差为 −0.000 611 7, −0.000 401 4, −0.000 858 9, 结果如图 9.5.7 所示, 网络输出 h_1,h_2,h_3 与系统实际输出 h_{1d},h_{2d},h_{3d} 几乎一致。

取阈值 $\delta=0.01$, 数据窗长度 $T=2$, 在 $t=150$ 时, a_2 出现 +5% 的故障。在 $t=153$ 时, 检测出故障, 此时, $\varDelta=0.013\ 2>\delta$, 见图 9.5.8。如果在 $t=150$ 时, a_2 出现 +1% 的故障, 此时故障大小为 $0.01a_2S_0\sqrt{2gh_2}\approx 0.420\ 4$, 与噪声大小相当。仍取阈值 $\delta=0.01$, 在 $t=180$ 时也能检测出故障, 此时 $\varDelta=0.011\ 1>\delta$。可见, 这种模型对于噪声下微小故障的检测也是可行的。

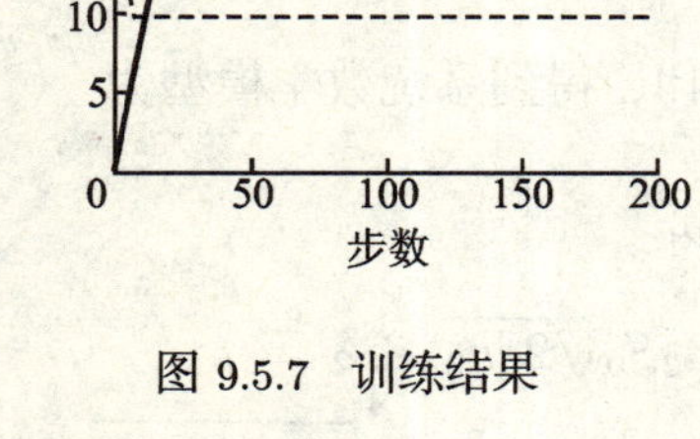

图 9.5.7 训练结果

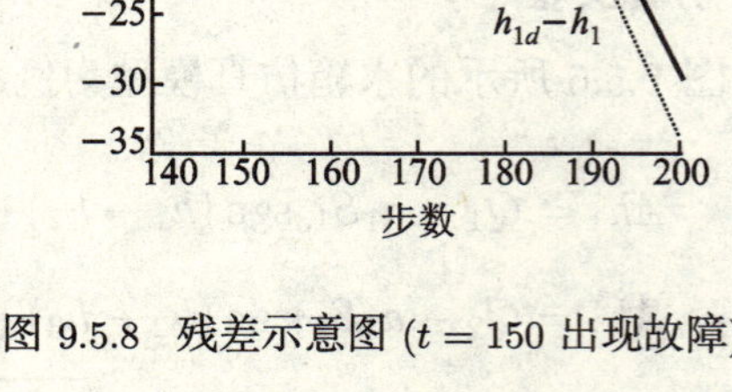

图 9.5.8 残差示意图 ($t=150$ 出现故障)

2) 故障诊断

a_1,a_2,a_3 的变化对应元部件的故障。对于这三个参数分别或同时变化的情况, 可以分为七类: 第一类是 a_1 发生变化, 第二类是 a_2 发生变化, 第三类是 a_3 发生变化, 第四类是 a_2 和 a_3 同时发生变化, 第五类是 a_1 和 a_2 同时发生变化, 第六类是 a_1 和 a_3 同时发生变化, 第七类是 a_1,a_2 和 a_3 同时发生变化。考虑到不分故障的正负变化, 这里将残差矢量的绝对值输入网络进行故障分类。由于 ART 网络将为新的模式建立新的类别, 所以只要出现大于七的类别, 即认为此残差矢量无法识别, 这里用 L_i 表示分类结果。如果没有任何先验知识, ART 网络只能进行故障分类, 而不能将各类结果与实际故障类别进行匹配, 所以表 9.5.1 中的故障诊断类别与实际类别并无对应关系, 只关心实际在同一类中的故障被分到不同类中的情况。

设检测出故障的残差矢量有 19 个, 取阈值为 0.027, 分类结果见表 9.5.1。由表 9.5.1 中可以看到, ART 网络对于单个故障的分类效果是令人满意的。14 个单个故障中只有第 10 个故障无法识别, 被归为第 L_8 类。单个故障的正确识别率为 92.86%。对于复合故障的区分要困难得多。这主要是由于各个故障之间的相互消长。当各个故障幅值变化时, 某一故障类型可能被加强亦可能被削弱, 或者综合出现一种新的故障形式, 其结果难以预料。例如, 由于 a_1 与 a_3的正向变化具有相消性, 所以第 18 号故障显示为 a_2 的类型, 被错分为第 L_2 类。编号为 20 的故障被错分是因为取了绝对值而丢掉了有用信息。

表 9.5.1　故障分类结果

标号	调整系数变化/%	Δh_1/cm	Δh_2/cm	Δh_3/cm	故障实际类别	故障诊断类别
1	Δa_1=+5	–0.05309	–0.014754	0.08857	1	L_1
2	Δa_1=+10	–0.051562	–0.015426	0.107702	1	L_1
3	Δa_1=+15	–0.038537	–0.009851	0.095905	1	L_1
4	Δa_1=–10	–0.027066	0.013263	–0.107762	1	L_1
5	Δa_1=–5	0.028546	0.008228	–0.113049	1	L_1
6	Δa_1=–2	0.033485	–0.001088	–0.094294	1	L_1
7	Δa_1=–7	0.013515	0.013284	–0.110416	1	L_1
8	Δa_2=+5	–0.034209	–0.044842	–0.100322	2	L_2
9	Δa_2=+1	–0.024689	–0.029251	–0.09824	2	L_2
10	Δa_2=–5	–0.051346	0.047848	0.083043	2	L_8
11	Δa_3=+5	–0.072943	0.052635	–0.046028	3	L_3
12	Δa_3=+9	–0.084632	0.065596	–0.033344	3	L_3
13	Δa_3=+10	–0.092001	0.072202	–0.038068	3	L_3
14	Δa_3=–5	–0.083927	–0.067981	–0.043994	3	L_3
15	Δa_2=+10, Δa_3 = +10	0.003439	–0.014012	–0.111926	4	L_4
16	Δa_1=+10, Δa_2=+10	0.050173	–0.086077	–0.053323	5	L_5
17	Δa_1=+10, Δa_3 = +10	–0.112068	0.044051	0.040463	6	L_6
18	Δa_1=+10, Δa_2=+10, Δa_3=+10	–0.035685	–0.033829	–0.089249	7	L_2
19	Δa_1=+20, Δa_2=+10, Δa_3 = +10	–0.091156	–0.044627	0.061286	7	L_7
20	Δa_1=+10, Δa_2=–5, Δa_3=–10	–0.015567	–0.023679	0.128742	7	L_4

9.5.2　神经网络方法用于盲信号处理

在第 5 章已经对独立分量分析方法作了介绍, 这里重点讨论基于神经网络的自适应处理方法。提出的问题可描述如下:

从一个非线性的多输入多输出系统观测到一组信号, 如图 9.5.9 所示。系统的输入是由一些独立源产生的, 希望构造一个神经网络以便估计初始的输入信号, 并希望学习算法是自适应的,以便跟踪非平稳信源。

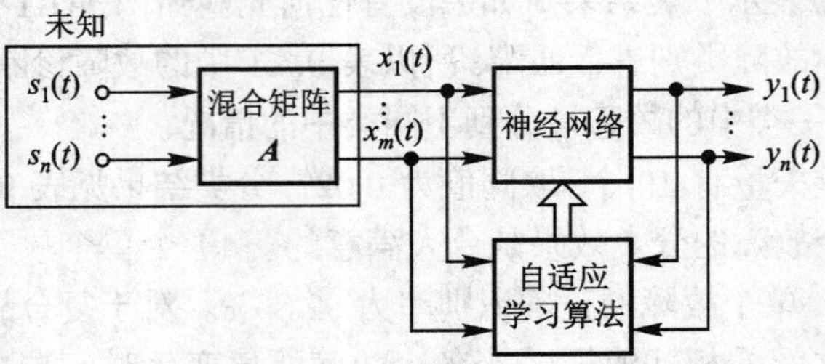

图 9.5.9 盲信号处理问题示意图

这类问题包括三种类型:

(1) 线性瞬时混合信号的盲分离。

设有 n 个独立信号源 $s_j(t), j=1,2,\cdots,n$, 只能观测到它们线性混合后的 m 个 $(m \geqslant n)$ 结果, 结果中混有噪声, 即已知

$$x_i(t)=\sum_{j=1}^{n} h_{ij} s_j(t)+n_i(t), \quad i=1,2,\cdots,m \tag{9-5-8}$$

写成矩阵形式为

$$\boldsymbol{x}(t)=\boldsymbol{H}\boldsymbol{s}(t)+\boldsymbol{n}(t) \tag{9-5-9}$$

式中, $\boldsymbol{H}$ 为 $m \times n$ 维的混合阵。

希望构造一个神经网络, 其输出 $\boldsymbol{y}(t)=[y_1(t),\cdots,y_2(t)]^{\mathrm{T}}$ 是 $\boldsymbol{s}(t)$ 的一个估计, $\boldsymbol{W}(t)$ 为分离矩阵, 它由神经网络的权值组成, 理想情况下要求 $\boldsymbol{W}(t)$ 最后收敛于 $\boldsymbol{H}^{-1}$。实际上我们分不出源信号的顺序以及一个尺度因子, 只能达到

$$\boldsymbol{T}=\boldsymbol{W}\boldsymbol{H}=\boldsymbol{P}\boldsymbol{D} \tag{9-5-10}$$

式中, $\boldsymbol{P}$ 是轮换矩阵; $\boldsymbol{D}$ 为尺度因子组成的对角矩阵。

(2) 多路通道的盲反褶积和盲均衡。

观测到的是源信号的一些延时的线性组合, 混合模型可以是 MA, AR 或 ARMA, 但其系数未知。问题可描述为, 已知

$$\boldsymbol{x}(k)=\sum_{p=-\infty}^{+\infty} \boldsymbol{H}_p \boldsymbol{s}(k-p) \tag{9-5-11}$$

式中, $\boldsymbol{H}_p$ 是滞后为 p 时的 $m \times n$ 维混合系数阵。神经网络的输出为

$$\boldsymbol{y}(k)=\sum_{p=-\infty}^{+\infty} \boldsymbol{W}_p(k)\boldsymbol{x}(k-p) \tag{9-5-12}$$

写成 Z 变换的形式, 有

$$\boldsymbol{x}(k)=\boldsymbol{H}(z)[\boldsymbol{s}(k)] \tag{9-5-13a}$$

$$\boldsymbol{y}(k)=\boldsymbol{W}(z,k)[\boldsymbol{x}(k)]=\boldsymbol{T}(z,k)[\boldsymbol{s}(k)] \tag{9-5-13b}$$

并希望

$$\lim_{k\to\infty}\boldsymbol{T}(z,k)=\boldsymbol{PD}(z)$$

(3) 独立分量分析 (ICA)。

该问题介绍从略。

解决上述问题的方法可描述如下:

(1) 设计合适的神经网络模型;

(2) 构造一个以网络权值为变量的函数作为目标函数, 当其取全局极值时即可实现信号的正确分离;

(3) 选择优化方法 (例如自适应学习算法)。

对上述问题的求解已提出了许多方法, 它们都可由下述统一的原则导出。

设 $\boldsymbol{y}=\boldsymbol{W}\boldsymbol{x}$ 是对源信号的估计, $p(\boldsymbol{y})$ 为依存于 $\boldsymbol{W}$ 的 $\boldsymbol{y}$ 的分布密度函数, 则应寻找 $\boldsymbol{W}$ 使 $\boldsymbol{y}$ 为相互独立的信号。若各 y_i 互相独立, 则其分布应满足

$$q(\boldsymbol{y})=\prod_i q_i(y_i) \tag{9-5-14}$$

采用 Kullback – Leiber(K – L) 度量, 应寻找 $\boldsymbol{W}$ 使下述的离散度函数最大

$$R(\boldsymbol{W})=KL(p\|q)=\int p_y(\boldsymbol{y})\log\frac{p(\boldsymbol{y})}{q(\boldsymbol{y})}\mathrm{d}\boldsymbol{y} \tag{9-5-15}$$

离散度具有下面二个优良性质:

(1) $KL(p\|q)\geqslant 0$, 仅当 $p=q$ 时其值为 0。

(2) 对可逆非线性变换 f 不变, 即

$$KL[p(\boldsymbol{y})\|q(\boldsymbol{s})]=KL\{p[f(\boldsymbol{y})]\|q[f(s)]\} \tag{9-5-16}$$

可以证明, $R(\boldsymbol{W})$ 是下述瞬时风险函数

$$l(\boldsymbol{y},\boldsymbol{W})=-\frac{1}{2}\log\left[\det\left(\boldsymbol{W}\boldsymbol{W}^{\mathrm{T}}\right)\right]-\sum_{i=1}^{m}\log q_i(y_i) \tag{9-5-17}$$

的期望值, 如果采用随机梯度法求 $\boldsymbol{W}$, 其公式为

$$\boldsymbol{W}(k+1)=\boldsymbol{W}(k)-\eta(k)\frac{\partial l[\boldsymbol{W}(k),\boldsymbol{y}(k)]}{\partial\boldsymbol{W}} \tag{9-5-18}$$

常规梯度 $\partial l/\partial\boldsymbol{W}$ 只能代表 $\boldsymbol{W}$ 在欧氏空间中采用直线坐标系条件下的最陡梯度方向, 否则还应考虑空间的局部结构, 于是公式改为

$$\boldsymbol{W}(k+1)=\boldsymbol{W}(k)-\eta(k)\boldsymbol{G}^{-1}[\boldsymbol{W}(k)]\frac{\partial l[\boldsymbol{W}(k),\boldsymbol{y}(k)]}{\partial\boldsymbol{W}} \tag{9-5-19}$$

式中, $\boldsymbol{G}^{-1}[\boldsymbol{W}(k)]$ 是黎曼度量 $\boldsymbol{G}[\boldsymbol{W}(k)]$ 的逆, 称 $\boldsymbol{G}^{-1}(\boldsymbol{W})\dfrac{\partial l(\boldsymbol{W})}{\partial\boldsymbol{W}}$ 为 $l(\boldsymbol{W})$ 的 “自然梯度”。

对于线性混合的盲信号处理问题，$G^{-1}[W(k)]$ 的计算可以大为简化，下述为两种形式的学习算法：

(1) 前馈网络形式。

由图 9.5.10b，y 可写成

$$y(t)=\widehat{W}(t)x(t) \tag{9-5-20}$$

学习达稳定状态时，应有

$$y(t)=\widehat{W}x(t)=\widehat{W}Hs(t)=DPs(t) \tag{9-5-21}$$

因此

$$\widehat{W}=DPH^{-1} \tag{9-5-22}$$

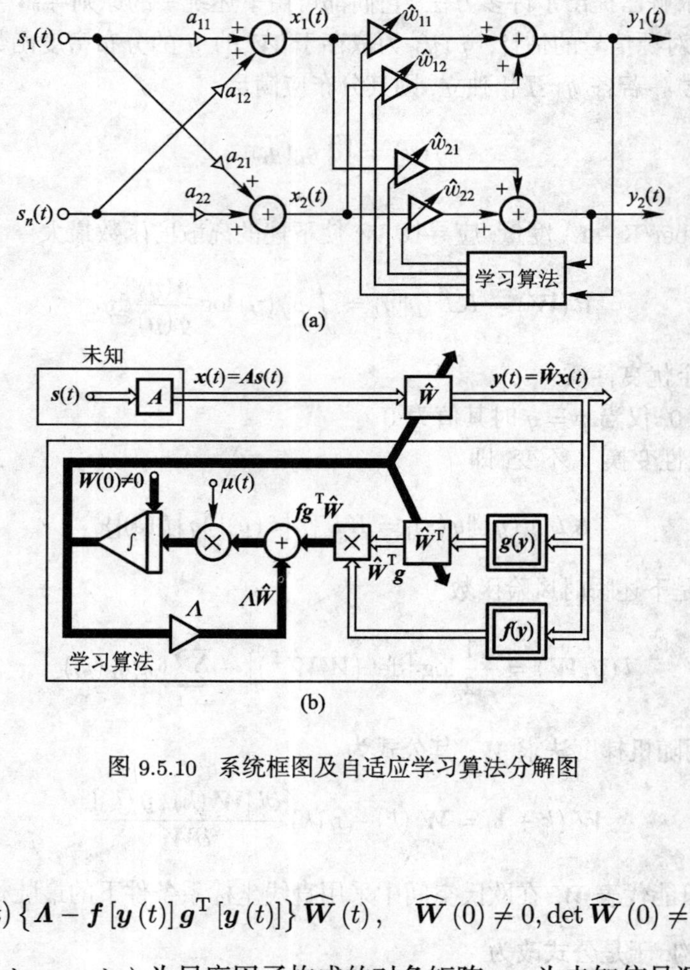

图 9.5.10 系统框图及自适应学习算法分解图

学习公式为

$$\frac{\mathrm{d}\widehat{W}(t)}{\mathrm{d}t}=\mu(t)\left\{\Lambda-f[y(t)]g^{\mathrm{T}}[y(t)]\right\}\widehat{W}(t),\quad \widehat{W}(0)\neq 0,\det\widehat{W}(0)\neq 0 \tag{9-5-23}$$

式中，$\Lambda=\mathrm{diag}(\lambda_1,\lambda_2,\cdots,\lambda_n)$ 为尺度因子构成的对角矩阵，n 为未知信号源数；$f(y),g(y)$ 都是 y 的函数向量。上述向量方程是由一组标量方程组成的，即

$$\frac{\mathrm{d}\widehat{w}_{ij}(t)}{\mathrm{d}t}=\mu(t)\left\{\lambda_i\widehat{w}_{ij}(t)-f_i[y_i(t)]\sum_{p=1}^{n}\widehat{w}_{pj}(t)g_p[y_p(t)]\right\},\quad i,j=1,2,\cdots,n \tag{9-5-24}$$

对离散情况, 学习方程可化为

$$\widehat{\boldsymbol{W}}(k+1)=\widehat{\boldsymbol{W}}(k)+\eta(k)\{\boldsymbol{\Lambda}-\boldsymbol{f}[\boldsymbol{y}(k)]\}\boldsymbol{g}^{\mathrm{T}}[\boldsymbol{y}(k)]\widehat{\boldsymbol{W}}(k),\quad k=0,1,2,\cdots \tag{9-5-25}$$

式中, $\eta(k)=\mu(t)T>0$ 是学习步长, T 是采样间隔。

(2) 反馈网络形式。

由图 9.5.11, $\boldsymbol{y}$ 可写成

$$\boldsymbol{y}(t)=\boldsymbol{x}(t)-\boldsymbol{W}(t)\boldsymbol{y}(t) \tag{9-5-26a}$$

所以

$$\boldsymbol{y}(t)=[\boldsymbol{I}+\boldsymbol{W}(t)]^{-1}\boldsymbol{x}(t) \tag{9-5-26b}$$

根据 $\widehat{\boldsymbol{W}}(t)=[\boldsymbol{I}+\boldsymbol{W}(t)]^{-1}$ 这一关系, 可由前述前馈网络的学习方程变换出反馈网络的学习方程。将方程 (9－5－23) 两端分别左乘 $-\widehat{\boldsymbol{W}}^{-1}(t)$ 可得

$$-\widehat{\boldsymbol{W}}^{-1}(t)\frac{\mathrm{d}\widehat{\boldsymbol{W}}(t)}{\mathrm{d}t}\widehat{\boldsymbol{W}}^{-1}(t)=-\mu(t)\widehat{\boldsymbol{W}}^{-1}(t)\left\{\boldsymbol{\Lambda}-\boldsymbol{f}[\boldsymbol{y}(t)]\boldsymbol{g}^{\mathrm{T}}[\boldsymbol{y}(t)]\right\} \tag{9-5-27}$$

因为 $\widehat{\boldsymbol{W}}^{-1}(t)=\boldsymbol{I}+\boldsymbol{W}(t)$, 且 $-\boldsymbol{W}^{-1}(t)\dfrac{\mathrm{d}\widehat{\boldsymbol{W}}(t)}{\mathrm{d}t}\boldsymbol{W}^{-1}(t)=\dfrac{\mathrm{d}\widehat{\boldsymbol{W}}^{-1}(t)}{\mathrm{d}t}=\dfrac{\mathrm{d}\boldsymbol{W}(t)}{\mathrm{d}t}$, 于是, 反馈网络的学习方程可写为

$$\frac{\mathrm{d}\boldsymbol{W}(t)}{\mathrm{d}t}=-\mu(t)[\boldsymbol{I}+\boldsymbol{W}(t)]\left\{\boldsymbol{\Lambda}-\boldsymbol{f}[\boldsymbol{y}(t)]\boldsymbol{g}^{\mathrm{T}}[\boldsymbol{y}(t)]\right\},\quad \boldsymbol{W}(0)\neq-\boldsymbol{I} \tag{9-5-28}$$

离散情况下为

$$\boldsymbol{W}(k+1)=\boldsymbol{W}(k)-\eta(k)[\boldsymbol{I}+\boldsymbol{W}(k)]\left\{\boldsymbol{\Lambda}-\boldsymbol{f}[\boldsymbol{y}(k)]\boldsymbol{g}^{\mathrm{T}}[\boldsymbol{y}(k)]\right\} \tag{9-5-29}$$

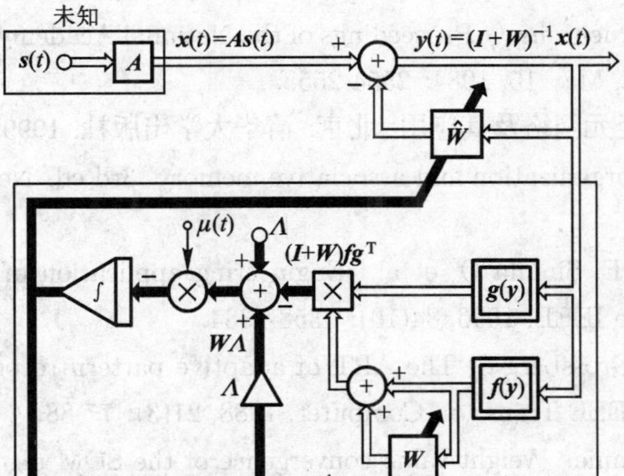

图 9.5.11　反馈网络的学习过程分解图

用 $\boldsymbol{F}[\boldsymbol{y}(k)]$ 代表学习公式中的 $\boldsymbol{\Lambda}-\boldsymbol{f}[\boldsymbol{y}(k)]\boldsymbol{g}^{\mathrm{T}}[\boldsymbol{y}(k)]$, 则一般情况下的学习公式为

$$\text{前馈网络:}\quad \widehat{\boldsymbol{W}}(k+1)=\widehat{\boldsymbol{W}}(k)+\eta(k)\boldsymbol{F}[y(k)]\widehat{\boldsymbol{W}}(k)$$

$$\text{反馈网络:}\quad \boldsymbol{W}(k+1)=\boldsymbol{W}(k)-\eta(k)[\boldsymbol{I}+\boldsymbol{W}(k)]\boldsymbol{F}[\boldsymbol{y}(k)]$$

对不同情况, $\boldsymbol{F}[\boldsymbol{y}(k)]$ 可以有不同的选择。如当 $m\geqslant n$, 且源信号数 n 未知时, 可在 $\boldsymbol{F}[\boldsymbol{y}(k)]$ 中加入一辅助项 $\boldsymbol{y}(k)\boldsymbol{y}^{\mathrm{T}}(k)$ 使输出中有 $m-n$ 个分量迅速趋于零。此时学习算法为

$$\widehat{\boldsymbol{W}}(k+1)=\widehat{\boldsymbol{W}}(k)+\eta(k)\left\{\boldsymbol{\Lambda}-\boldsymbol{y}(k)\boldsymbol{y}^{\mathrm{T}}(k)-\boldsymbol{f}[\boldsymbol{y}(k)]\boldsymbol{y}^{\mathrm{T}}(k)\right\}\widehat{\boldsymbol{W}}(k)$$

式中, $\boldsymbol{\Lambda}=\mathrm{diag}\left\{[y_1+f_1(y_1)]y_1,\cdots,[y_m+f_m(y_m)]y_m\right\}$。

思考题

9.1 熟悉、整理各种神经网络的学习规则, 并指出各学习规则之间的异同点和应用范围。

9.2 了解本章所述典型神经网络的结构及其算法步骤。

9.3 举 1 ~ 2 例说明神经网络技术在工程实践中的应用。

参考文献

[1] 杨行峻, 郑君里. 人工神经网络与盲信号处理. 北京: 清华大学出版社, 2003.

[2] 闻新, 周露, 王丹力, 等. MATLAB 神经网络应用设计. 北京: 科学出版社, 2000.

[3] 周东华, 叶银忠. 现代故障诊断与容错控制. 北京: 清华大学出版社, 2000.

[4] 阎平凡, 张长水. 人工神经网络与模拟进化计算. 北京: 清华大学出版社, 2000.

[5] Hopfield J J. Neurons with graded response having collective computational properties like those of two state neurons // Proceedings of the National Academy of Sciences of the United States of America, May 15, 1984: 2554-2558.

[6] 袁曾任. 人工神经元网络及其应用. 北京: 清华大学出版社, 1999.

[7] Kohonen T. Self-organization and associative memory. 3rd ed. New York: Springer-Verlag, 1989.

[8] Kohonen T, Oja E, Simula O, et al. Engineering application of the self-organizing map. Proceedings of the IEEE, 1996, 84(10): 1358-1384.

[9] Carpenter G A, Grossberg S. The ART of adaptive pattern recognition by self-organizing neural network. IEEE Trans. on Computer, 1988, 21(3): 77-88.

[10] Lin Simin, Sie Jennie. Weight-value convergence of the SOM algorithm for discrete input. Neural Computation, 1998, 10: 807-814.

[11] Frank T, Kraiss K F, Kuhlen T, et al. Comparative Analysis of fuzzy ART and ART-2A network clustering performance. IEEE Trans. On Neural Network, 1998, 9(3): 544-559.

[12] Tang T H, Liu Y J, Li J R. ANN-based fault diagnosis method with a combined BP algorithm // UKACC International Conference on Control, Sept. 2-5, 1996: 861-866.

[13] 赵琦, 周东华. 一种非线性动态系统的故障检测与分类方法. 电工技术学报, 2001, 16(4): 65-70.

[14] Chen Guanrong, Chen Ying, Ogmen H. Identifying chaotic systems via a wiener-type cascade model. IEEE Control Systems, 1997(10): 29-36.

[15] Patton R J, Chen J, Siew T M. Fault diagnosis in nonlinear dynamic systems via neural networks // International Conference on Control, March 21-24, Coventry, UK, 1994: 21-24.

[16] 何耀华, 华赍, 韩守木, 等. 基于多网络协同推理的故障诊断策略. 汽轮机技术, 1998, 40(3): 144-148.

[17] Ozyurt I B, Hall L O, Sunol A K. SQFDiag: semiquantitative model-based fault monitoring and diagnosis via episodic fuzzy rules. IEEE Transaction on Systems, Man, and Cybernetics Part A: Systems and Humans, 1999, 29(3): 294-306.

[18] 丛爽, 向微. BP 网络结构、参数及训练方法的设计与选择. 计算机工程, 2001, 27(10): 36-38.

[19] Amari S. Natural gradiant works efficiently in Learning. Neural Computation, 1998, 10: 251-276.

附　录

附录 A　概率论与随机过程

概率论与随机过程在信号的时域统计分析及其他一些分析方法中具有非常重要的作用, 为了便于理解本书中涉及概率论与随机过程的信号分析方法, 这里给出了相关概率论与随机过程的知识, 以便查阅。

A.1　概率

概率论的一个基本概念是随机试验。一个试验, 若它的结果预先无法确定, 则称之为随机试验, 简称为试验。所有试验的可能结果组成的集合, 称为样本空间, 记作 Ω, Ω 中的元素则称为样本点, 用 ω 表示。由 Ω 中的某些样本点构成的子集合, 常用大写字母 A, B, C 等表示, 由 Ω 中的若干子集构成的集合称为集类, 也用大写字母表示。

为定义概率, 引入可测空间的概念。设 F 为由 Ω 的某些子集构成的非空集类, 若满足:

(1) 若 $A \in F$, 则 $\overline{A} \in F, \overline{A}$ 是 A 的补集;

(2) 若 $A_n \in F, n \in N$, 则 $\bigcup\limits_{n=1}^{\infty} A_n \in F$。

则称 (Ω, F) 为可测空间。

在此基础上, 可定义概率为:

设 (Ω, F) 为可测空间, P 是一个定义在 F 上的集函数, 若满足:

(1) $P(A) \geqslant 0,\ \forall A \in F$;

(2) $P(\Omega) = 1$;

(3) 若 $A_i \in F, i = 1, 2, \cdots$, 且 $A_i A_j = \varnothing, \forall i \neq j$, 有

$$P\left(\bigcup_{i=1}^{\infty} A_i\right) = \sum_{i=1}^{\infty} P(A_i)$$

则称 P 为可测空间 (Ω, F) 上的一个概率测度, 简称概率。称 (Ω, F, P) 为概率空间, 称 F 为事件域。若 $A \in F$, 则称 A 为随机事件, 简称事件, 称 $P(A)$ 为事件 A 的概率。

上述条件 (1)、(2)、(3) 分别称为概率的非负性、规范性与完全可加性或可列可加性, 并称它们为概率的三条公理。

概率的基本性质如下:

(1) $P(\varnothing) = 0, P(\overline{A}) = 1 - P(A)$。

(2) 有限可加性。若 $A_1, A_2, \cdots, A_n$ 互不相容, 则

$$P\left(\bigcup_{i=1}^{n} A_i\right) = \sum_{i=1}^{n} P(A_i)$$

(3) 对任意两个事件 A 及 B, 有

$$P(A \bigcup B) = P(A) + P(B) - P(AB)$$
$$P(A - B) = P(A) - P(AB)$$

(4) 若 $A \subset B$, 则 $P(A) \leqslant P(B)$。

(5) 对任意 $A_1, A_2, \cdots, A_n$ 有

$$P\left(\bigcup_{i=1}^{n} A_i\right) = \sum_{i=1}^{n} P(A_i) - \sum_{1 \leqslant i < j \leqslant n} P(A_i A_j) + \sum_{1 \leqslant i < j < k \leqslant n} P(A_i A_j A_k) - \cdots + (-1)^{n+1} P(A_1 A_2 \cdots A_n)$$

$$P\left(\bigcup_{i=1}^{n} A_i\right) \leqslant \sum_{i=1}^{n} P(A_i)$$

下面讨论事件间的一种重要关系, 即事件的独立性问题。

两个事件 $A, B \in F$, 若满足 $P(AB) = P(A)P(B)$, 称 A 与 B 相互独立。容易证明下列命题等价: ① A 与 B 独立; ② A 与 $\overline{B}$ 独立; ③ $P(A|B) = P(A)$; ④ $P(A|\overline{B}) = P(A)$。其中 $P(A|B)$ 是在事件 B 发生的条件下事件 A 发生的条件概率, $P(A|B) = \dfrac{P(AB)}{P(B)}$。

A.2　随机变量及其分布函数

A.2.1　一维随机变量与分布函数

随机变量的定义为: 设 (Ω, F, P) 是一概率空间, $X(\omega)$ 是定义在 Ω 上的单值实函数, 如果对 $\forall a \in \mathbf{R}$($\mathbf{R}$ 代表实数集), 有 $\{\omega : X(\omega) \leqslant a\} \in F$, 则称 $X(\omega)$ 为随机变量。

需要说明的是:

(1) $\{\omega : X(\omega) \leqslant a\} \in F$ 是指所有满足 $X(\omega) \leqslant a$ 的样本点 ω 的集合, 定义要求 $\{\omega : X(\omega) \leqslant a\}$ 是 (Ω, F, P) 的一个事件, 因而可以定义它的概率;

(2) 定义中 ω 为自变量, 为了书写方便, 可简记 $\{\omega : X(\omega) \leqslant a\} = \{X(\omega) \leqslant a\} = \{X \in (-\infty, a]\}$, 把 $X(\omega)$ 记为 X, 一般随机变量用大写字母 X, Y, Z 等表示。

若随机变量 X 的可能取值的全体是可数集或有限集, 则称 X 为离散型随机变量;反之则为连续型随机变量。

设离散型随机变量 X 的可能取值为 $x_1, x_2, \cdots$, 其中任何两个取值都不相同, X 取各个值的概率分别是 $p_1, p_2, \cdots$, 记

$$P(X = x_k) = p_k, \quad k = 1, 2, \cdots$$

则称 p_k 为离散型随机变量 X 的分布列, 也称为概率分布或简称分布, 显然分布列满足以下条件:

$$p_k \geqslant 0, \quad k=1,2,\cdots, \sum_{k=1}^{\infty} p_k = 1$$

设 X 是 (Ω, F, P) 上的连续型随机变量, 对 $\forall a \in \mathbf{R}$, 定义

$$F(x) = P(X \leqslant x) = P(X \in (-\infty, x])$$

为 X 的分布函数。分布函数 $F(x)$ 具有如下性质:

(1) $0 \leqslant F(x) \leqslant 1$;

(2) $F(-\infty) = 0, F(+\infty) = 1$;

(3) $F(x)$是单调递增函数;

(4) $F(x)$ 是一个右连续函数。

对随机变量 X 的分布函数 $F(x)$, 若存在一非负函数 $f(x)$, 对 $\forall x \in \mathbf{R}$, 有

$$F(x) = \int_{-\infty}^{x} f(u)\mathrm{d}u$$

则称 $F(x)$ 为随机变量 X 的概率密度函数 (probability density function)。若 $f(x)$ 连续, 则

$$\frac{\mathrm{d}F(x)}{\mathrm{d}x} = f(x)$$

即

$$\lim_{h \to 0} \frac{P(x < X \leqslant x+h)}{h} = f(x)$$

密度函数具有如下两个性质:

(1) $f(x) \geqslant 0, x \in (-\infty, +\infty)$;

(2) $\int_{-\infty}^{+\infty} f(x)\mathrm{d}x = 1$。

对于连续型随机变量来讲, 只要得到了它的密度函数, 就可以解决任何事件的概率计算问题。比如

$$P(a < X < b) = \int_{a}^{b} f(x)\mathrm{d}x, \quad a, b \text{ 为任意实数且 } a < b$$

A.2.2 常见的分布列或分布密度

1. 一维变量及其分布

下面介绍几种常见的概率分布。

1) 二项分布 $B(n,p)$

若随机变量 X 满足 $P(X=k) = C_n^k p^k q^{n-k}, k=0,1,\cdots,n$, 其中 $0<p<1, q=1-p$, 称 X 服从参数为 (n,p) 的二项分布, 记作 $X \sim B(n,p)$。当 $n=1$ 时, 称 $B(1,p)$ 为两点分布或 0 – 1 分布。

二项分布具有线性可加性, 即若 $X_1 \sim B(n_1,p), X_2 \sim B(n_2,p)$, 并且 X_1 与 X_2 独立, 则 $X_1 + X_2 \sim B(n_1+n_2,p)$。 特别地, 若 $X_1, X_2, \cdots, X_n$ 为独立同分布, 均服从 0 – 1 分布, 则 $\sum_{i=1}^{n} X_i \sim B(n,p)$。

2) 泊松分布 $P(\lambda)$

若随机变量 X 满足

$$P(X=k)=\frac{\lambda^k}{k!}\mathrm{e}^{-\lambda},\quad k=0,1,2,\cdots,\lambda>0$$

则称 X 服从参数为 λ 的泊松分布, 记作 $X\sim P(\lambda)$。

3) 几何分布 $G(p)$

若随机变量 X 满足 $P(X=k)=pq^{k-1},k=1,2,\cdots$, 其中 $0<p<1,q=1-p$, 称 X 服从参数为 p 的几何分布, 记作 $X\sim G(p)$。

4) 均匀分布 $U[a,b]$

若随机变量 X 的分布密度为

$$f(x;a,b)=\begin{cases}\dfrac{1}{b-a}, & a\leqslant x\leqslant b\\ 0, & \text{其他}\end{cases}$$

称 X 服从区间 $[a,b]$ 上的均匀分布, 简记为 $X\sim U[a,b]$。

5) 指数分布 $\Gamma[1,\lambda]$

若随机变量 X 的分布密度为

$$f(x;\lambda)=\begin{cases}\lambda\mathrm{e}^{-\lambda x}, & 0\leqslant x\\ 0, & x<0\end{cases}$$

式中, $\lambda>0$ 为常数。则称 X 服从参数为 λ 的指数分布。

6) 正态分布

若随机变量 X 的分布密度为

$$f(x;\mu,\sigma^2)=\frac{1}{\sqrt{2\pi}}\mathrm{e}^{-\frac{(x-\mu)^2}{2\sigma^2}},\quad -\infty<x<+\infty$$

式中, $\sigma>0$ 为常数。则称 X 服从参数为 (μ,σ^2) 的正态分布, 记作 $X\sim N(\mu,\sigma^2)$。特别地, 当 $\mu=0,\sigma=1$ 时, 则 $X\sim N(0,1)$ 称为标准正态分布, 其密度函数为

$$f(x;0,1)=\frac{1}{\sqrt{2\pi}}\mathrm{e}^{-\frac{x^2}{2}},\ -\infty<x<+\infty$$

它的分布函数记为 $\varPhi(x)$。

正态分布具有如下性质:

(1) 分布密度 $f(x)$ 关于轴 $x=\mu$ 对称;

(2) 密度曲线呈单峰状, 最大值为 $(\sqrt{2\pi a})^{-1}$, 随 σ 值的增大而减小;

(3) 正态分布具有线性性质, 即若 $X\sim N(\mu_1,\sigma_1^2),Y\sim N(\mu_2,\sigma_2^2)$, 并且 X 与 X 相互独立, 则 $cX+dY\sim N(c\mu_1\pm d\mu_2,c^2\sigma_1^2+d^2\sigma_2^2)$。

7) 伽玛分布 (Γ 分布)

若随机变量 X 的分布密度为

$$f(x;t,\lambda)=\begin{cases}\dfrac{\lambda\mathrm{e}^{-\lambda x}(\lambda x)^{t-1}}{\Gamma(t)}, & x\geqslant 0\\ 0, & x<0\end{cases}$$

式中

$$\Gamma(t)=\int_0^{+\infty}y^{t-1}\mathrm{e}^{-y}\mathrm{d}y, t>0$$

为伽玛函数, 则称 X 服从参数为 (t,λ) 的 Γ 分布, 记作 $X\sim\Gamma(t,\lambda)$, 其中 $t>0$ 称为 “形状参数”, $\lambda>0$ 称为 “刻度参数”。Γ 分布在正值随机变量的分布中占有重要的地位。特别地, 当 $t=1$ 时, 伽玛分布即为前文提到过的指数分布 $\Gamma[1,\lambda]$。

Γ 分布具有如下性质:

(1) Γ 函数的递归公式为

$$\Gamma(t+k)=(t+k-1)(t+k-2)\cdots t\Gamma(t)$$

(2) 线性可加性。设随机变量 X,Y 相互独立, 并且 $X\sim\Gamma(t_1,\lambda),Y\sim\Gamma(t_2,\lambda)$, 则

$$X+Y\sim\Gamma(t_1+t_2,\lambda)$$

8) 逆 Γ 分布

若随机变量 X 的分布密度函数为

$$f(x;t,\lambda)=\begin{cases}\dfrac{\lambda^t}{\Gamma(t)x^{t+1}}, & x>0\\ 0, & x<0\end{cases}$$

式中 $t>0,\lambda>0$. 则称 X 服从参数为 (t,λ) 的逆 Γ 分布, 记作 $X\sim \mathrm{I}\Gamma\ (t,\lambda)$。

9) β 分布

若随机变量 X 的分布密度函数为

$$f(x;p,q)=\begin{cases}\dfrac{\Gamma(p+q)}{\Gamma(p)\Gamma(q)}x^{p-1}(1-x)^{q-1}, & 0<x<1\\ 0, & \text{其他}\end{cases}$$

则称 X 服从参数为 (p,q) 的 β 分布, 记作 $X\sim\beta(p,q)$, 其中 $p>0,q>0$ 为形状参数。特别地, 当 $p=q=1$ 时, β 分布 $\beta(1,1)$ 是 $(0,1)$ 区间上的均匀分布 $U[0,1]$。

10) χ^2 分布

设 $X_1,X_2,\cdots,X_n$ 为 n 个独立且都服从标准正态分布的随机变量, 记 $\chi^2=\sum\limits_{i=1}^{n}X_i^2$, 则称随机变量 χ^2 服从参数为 n 的 χ^2 分布, 记为 $\chi^2\sim\chi^2(n)$。χ^2 的概率密度函数为

$$f(x;n)=\begin{cases}\dfrac{1}{2^{\frac{n}{2}}\Gamma(\frac{n}{2})}x^{\frac{n}{2}-1}\mathrm{e}^{-\frac{x}{2}}, & x>0\\ 0, & x<0\end{cases}$$

式中, 参数 n 称为自由度。

χ^2 分布具有如下两个重要性质:

(1) 设 $\chi^2 \sim \chi^2(n)$, 则 $E\chi^2 = n, D\chi^2 = 2n$, 其中 EX, DX 分别表示随机变量 X 的期望和方差, 它们的定义将在下文随机变量的数字特征中讲到。

(2) 线性可加性。设 $\chi_1^2 \sim \chi^2(n_1), \chi_2^2 \sim \chi^2(n_2)$, 且随机变量 χ_1^2 和 χ_2^2 相互独立, 则 $\chi_1^2 + \chi_1^2 \sim \chi^2(n_1 + n_2)$。

11) t 分布

设 $X \sim N(0,1), Y \sim \chi^2(n)$, 且 X, Y 相互独立, 记 $T = \dfrac{X}{\sqrt{Y/n}}$, 则称 T 服从自由度为 n 的 t 分布。T 的概率密度函数为

$$f(x;n) = \frac{\Gamma\left(\dfrac{n+1}{2}\right)}{\sqrt{n\pi}\Gamma(n/2)}\left(1 + \frac{x^2}{n}\right)^{-\frac{n+1}{2}}, \quad x \in \mathbf{R}$$

t 分布具有以下性质:

(1) 当 $n > 1$ 时, $ET = 0$, 密度函数曲线关于轴 $x = 0$ 对称;

(2) 当 $n > 2$ 时, $DT = \dfrac{n}{n-2}$;

(3) 当 $n = 1$ 时, T 的密度函数为 $f(x) = \dfrac{1}{\pi}\dfrac{1}{1+x^2}, x \in \mathbf{R}$ (Cauchy 分布);

(4) 当 $n \to \infty$ 时, $f(x) = \dfrac{1}{\sqrt{2\pi}}\mathrm{e}^{-\frac{x^2}{2}}, x \in \mathbf{R}$, 这说明当 n 充分大时, 随机变量 T 近似服从标准正态分布。

12) F 分布

设 $X \sim \chi^2(m), Y \sim \chi^2(n)$, 且 X, Y 相互独立, 记 $F = \dfrac{X/m}{Y/n}$, 则称 F 服从参数为 (m,n) 的 F 分布, 记为 $F \sim F(m,n)$, 称参数 m, n 分别为 F 分布的第一自由度和第二自由度。F 的概率密度函数为

$$f(x;m,n) = \begin{cases} \dfrac{\Gamma\left(\dfrac{m+n}{2}\right)}{\Gamma(m/2)\Gamma(n/2)}\left(\dfrac{m}{n}\right)^{\frac{m}{2}} x^{\frac{m}{2}-1}\left(1 + \dfrac{mx}{n}\right)^{-\frac{n+m}{2}}, & x > 0 \\ 0, & x \leqslant 0 \end{cases}$$

F 分布具有如下性质:

(1) 当 $F \sim F(m,n)$ 时, $\dfrac{1}{F} \sim F(n,m)$;

(2) 当 $T \sim t(n)$ 时, $T \sim F(1,n)$。

2. 多维随机变量及其分布

设 $X_1, X_2, \cdots, X_n$ 是 n 个随机变量, 则称由它们构成的向量 $(X_1, X_2, \cdots, X_n)$ 为 n 维随机变量或随机向量。若 n 维随机变量 $(X_1, X_2, \cdots, X_n)$ 的每一个分量 $X_i, i = 1, 2, \cdots, n$ 是离散型随机变量, 则称 $(X_1, X_2, \cdots, X_n)$ 为 n 维离散型随机变量; 反之则称为 n 维连续型随机变量。

设 (X,Y) 为二维离散型随机变量, 它可能取的一切值 $(x_i, y_j), i, j = 1, 2, \cdots$, 则定义二维离散型随机变量 (X,Y) 的联合分布列为

$$P(X = x_i, Y = y_j) = p_{ij}, \quad i, j = 1, 2, \cdots$$

记随机变量 X 的分布列为

$$P(X=x_i)=p_i,\quad i=1,2,\cdots$$

随机变量 Y 的分布列为

$$P(Y=y_j)=p_j\quad j=1,2,\cdots$$

分别称上面两式为 (X,Y) 的边缘分布列。一般地, 二维离散型随机变量 (X,Y) 的联合分布与边缘分布的关系为

$$p_i=P(X=x_i)=\sum_j p_{ij},\quad i=1,2,\cdots$$

$$p_j=P(Y=y_j)=\sum_i p_{ij},\quad j=1,2,\cdots$$

多维连续型随机变量的分布函数定义为: 设 $X_1,X_2,\cdots,X_n$ 是 n 个随机变量, $x_1,x_2,\cdots,x_n$ 为 n 个任意实数, 则 n 维分布函数为

$$F(x_1,x_2,\cdots,x_n)=P(X_1\leqslant x_1,X_2\leqslant x_2,\cdots,X_n\leqslant x_n)$$

若存在一个非负可积函数 $f(x_1,x_2,\cdots,x_n)$, 使得对任意实数 $x_1,x_2,\cdots,x_n$, 有

$$F(x_1,x_2,\cdots,x_n)=\int_{-\infty}^{x_1}\int_{-\infty}^{x_2}\cdots\int_{-\infty}^{x_n}f(u_1,u_2,\cdots,u_n)\mathrm{d}u_1\mathrm{d}u_2\cdots\mathrm{d}u_n$$

则称 $f(x_1,x_2,\cdots,x_n)$ 为 $(X_1,X_2,\cdots,X_n)$ 的联合分布密度, 简称分布密度或密度。

若给定二维连续型随机变量 (X,Y) 的分布密度, 可以得到 X 和 Y 各自的分布密度 $f_X(x)$ 与 $f_Y(y)$, 其计算公式为

$$f_X(x)=\int_{-\infty}^{+\infty}f(x,y)\mathrm{d}y$$

$$f_Y(y)=\int_{-\infty}^{+\infty}f(x,y)\mathrm{d}x$$

称 $f_X(x),f_Y(y)$ 为二维随机变量 (X,Y) 分别关于 X 与 Y 的边缘分布密度。

下面讨论多维随机变量的独立性。

若对于离散型二维随机变量 (X,Y) 及其所有可能的取值 (x_i,y_i), $i,j=1,2,\cdots$ 有

$$P(X=x_i,Y=y_j)=P(X=x_i)P(Y=y_i)$$

则称 X 与 Y 相互独立。更一般地, 若 $X_1,X_2,\cdots,X_n$ 是 n 个离散型随机变量, 对于 $(X_1,X_2,\cdots,X_n)$ 取离散值为 $(x_{1i_1},x_{2i_2},\cdots,x_{ni_n}),i_1,i_2,\cdots,i_n=1,2,\cdots$ 有

$$\begin{aligned}&P(X_1=x_{1i_1},X_2=x_{2i_2},\cdots,X_n=x_{ni_n})\\=&P(X_1=x_{1i_1})P(X_2=x_{2i_2})\cdots P(X_n=x_{ni_n})\end{aligned}$$

成立, 则称 $X_1,X_2,\cdots,X_n$ 相互独立。

对连续型随机变量 (X,Y), 若对 $\forall x,y\in\mathbf{R}$, 有

$$F(x,y)=F_X(x)F_Y(y)$$

则称 X 与 Y 相互独立。更一般地, 对连续型随机变量 $(X_1,X_2,\cdots,X_n)$, 若对 $\forall x_1,x_2,\cdots,x_n\in\mathbf{R}$, 有

$$F(x_1,x_2,\cdots,x_n)=F_{X_1}(x_1)F_{X_2}(x_2)\cdot\cdots\cdot F_{X_n}(x_n)$$

则称 $X_1,X_2,\cdots,X_n$ 相互独立。

A.3　随机变量的数字特征

A.3.1　一维随机变量的数字特征

设离散型随机变量 X 的分布列为

$$\begin{bmatrix} x_1 & x_2 & \cdots & x_k & \cdots \\ p_1 & p_2 & \cdots & p_k & \cdots \end{bmatrix}$$

如果级数 $\sum\limits_{k=1}^{\infty}|x_k|p_k$ 收敛, 则定义 X 的数学期望 (简称期望) 为

$$EX=\sum_{k=1}^{\infty}|x_k|p_k$$

设连续型随机变量 X 的分布密度为 $f(x)$, 若 $\int_{-\infty}^{+\infty}|x|f(x)\mathrm{d}x$ 存在, 则称

$$EX=\int_{-\infty}^{+\infty}|x|f(x)\mathrm{d}x$$

为 X 的数学期望。

若 $E(X-EX)^2$ 存在, 则称 $E(X-EX)^2$ 为 X 的方差, 记为 DX (有时记为 $DX=\mathrm{var}X=\sigma_X^2$), 而称 $\sqrt{DX}$ 为 X 的标准差。容易导出方差的计算公式, 即$DX=EX^2-(EX)^2$。

数学期望和方差具有如下性质:

(1) 若 c 为常数, 则 $Ec=c, Dc=0$。

(2) 若 $c_i, i=1,2,\cdots,n$ 为常数, $X_i, i=1,2,\cdots,n$ 为随机变量, 则

$$E\left(\sum_{i=1}^{n}c_iX_i\right)=\sum_{i=1}^{n}c_iEX_i$$
$$D\left(\sum_{i=1}^{n}c_iX_i\right)=\sum_{i=1}^{n}c_i^2DX_i$$

(3) 设 $g(x)$ 为 x 的函数, $f_X(x)$ 为 X 的密度函数, 若 $E[g(x)]$ 存在, 则

$$E[g(x)]=\int_{-\infty}^{+\infty}g(x)f(x)\mathrm{d}x$$

(4) 若 X 与 Y 独立, 则 $E(XY) = EX \cdot EY$。

A.3.2　多维随机变量的数字特征

1. 数学期望

以二维随机变量为例。对于离散型随机变量 (X,Y), 设其分布列为 $P(X = x_i, Y = y_i) = p_{ij}, i, j = 1, 2, \cdots$, 称 (EX, EY) 为随机变量 (X,Y) 的数学期望, 其计算公式如下

$$EX = \sum_{i=1}^{\infty}\sum_{j=1}^{\infty} x_i p_{ij}, \quad EY = \sum_{i=1}^{\infty}\sum_{j=1}^{\infty} y_i p_{ij}$$

对于连续型随机变量 (X,Y), 设其密度函数为 $f(x,y)$, 则其数学期望 (EX, EY) 的计算公式为

$$EX = \int_{-\infty}^{+\infty}\int_{-\infty}^{+\infty} xf(x,y)\mathrm{d}x\mathrm{d}y, \quad EY = \int_{-\infty}^{+\infty}\int_{-\infty}^{+\infty} yf(x,y)\mathrm{d}x\mathrm{d}y$$

2. 协方差、相关系数和矩

设 X, Y 为随机变量, 它们的方差都存在, 定义 X 与 Y 的协方差为

$$\mathrm{cov}(X,Y) = E(X - EX)(Y - EY) = E(XY) - EX \cdot EY$$

若 X, Y 独立, 则 $E(XY) = EX \cdot EY$, 从而得 $\mathrm{cov}(X,Y) = 0$。于是, 若 $\mathrm{cov}(X,Y) \neq 0$, 则 X, Y 不独立。因此 $\mathrm{cov}(X,Y) \neq 0$ 刻画了 X, Y 取值存在某种统计上的相关关系。

在此基础上, 定义 X 和 Y 的相关系数为

$$\rho(X,Y) = \frac{\mathrm{cov}(X,Y)}{\sqrt{DX}\sqrt{DY}}$$

$\rho(X,Y)$ 刻画了 X, Y 之间线性关系的密切程度。若 $\rho(X,Y) = 0$, 称 X, Y 不相关。

协方差和相关系数具有如下性质:

(1) $\mathrm{cov}(X,Y) = \mathrm{cov}(Y,X)$;

(2) $\mathrm{cov}(aX + b, cY + d) = ac\,\mathrm{cov}(X,Y)$;

(3) $\mathrm{cov}(X_1 + X_2, Y) = \mathrm{cov}(X_1, Y) + \mathrm{cov}(X_2, Y)$;

(4) $D(X \pm Y) = DX + DY \pm 2\mathrm{cov}(X,Y)$;

(5) $|\rho(X,Y)| \leqslant 1$;

(6) $|\rho(X,Y)| = 1$ 的充要条件是 X 与 Y 以概率 1 线性相关, 即存在常数 a 与 b, 使得 $P(Y = aX + b) = 1$。

设 X 为随机变量, k 为正整数, 若 EX^k 和 $E(X - EX)^k$ 存在, 则分别称它们为 X 的 k 阶原点矩和 k 阶中心矩。又如 (X,Y) 是二维随机变量, k 和 l 为正整数, 若 EX^kY^l 和 $E(X - EX)^kE(Y - EY)^l$ 存在, 则分别称它们为 X 和 Y 的 $k + l$ 阶混合矩和 $k + l$ 阶中心混合矩。

A.3.3　条件分布与条件数学期望

设 (X,Y) 是二维离散型随机变量, 对固定的 j, 若 $P(Y = y_j) = p_j > 0$, 称

$$P(X = x_i|Y = y_j) = \frac{P(X = x_i, Y = y_j)}{P(Y = y_j)} = \frac{p_{ij}}{p_j}, \quad i = 1, 2, \cdots$$

为 $Y=y_j$ 条件下随机变量 X 的条件分布列。若级数

$$\sum_{i=1}^{\infty}|x_i|P(X=x_i|Y=y_j)<\infty$$

则定义 X 在 $Y=y_j$ 条件下的条件数学期望为

$$E(X|Y=y_j)=\sum_{i=1}^{\infty}x_iP(X=x_i|Y=y_j)$$

设 (X,Y) 是二维连续型随机变量, 它的联合分布密度为 $f(x,y)$, 关于 Y 的边缘分布 $f_Y(y)$ 连续, 当 $f_Y(y)>0$ 时, 称

$$P(X\leqslant x|Y=y)=\int_{-\infty}^{+\infty}\frac{f(u,y)}{f_Y(y)}\mathrm{d}u$$

为已知 $Y=y$ 发生的条件下 X 的条件分布函数, 记作 $F_{X|Y}(x|y)$, 定义

$$f_{X|Y}(x|y)=F'_{X|Y}(x|y)=\frac{f(x,y)}{f_Y(y)}$$

称 $f_{X|Y}(x|y)$ 为 $Y=y$ 发生的条件下 X 的条件分布密度。又若

$$\int_{-\infty}^{+\infty}|x|f_{X|Y}(x|y)\mathrm{d}x$$

存在, 则称

$$E(X|Y=y)=\int_{-\infty}^{+\infty}xf_{X|Y}(x|y)\mathrm{d}x$$

为 $Y=y$ 条件下 X 的条件数学期望, 简称条件期望。

条件数学期望具有以下几个性质:

(1) 若 c 为常数, 则 $E(c|Y=y)=c$。

(2) 若 a,b 是常数, 又 $E(X_1|Y=y),E(X_2|Y=y)$ 存在, 则 $E(aX_1+bX_2|Y=y)$ 存在, 且

$$E(aX_1+bX_2|Y=y)=aE(X_1|Y=y)+bE(X_2|Y=y)$$

(3) 若 EX 存在, 则 $E[E(X|Y)]=EX$。

A.4 随机过程

设对每一个参数 $t\in T,X(t,\omega)$ 是一个随机变量, 称随机变量族 $X_T=\{X(t,\omega),t\in T\}$ 为一随机过程, 或称随机函数。其中, $T\in\mathbf{R}$ 是一个实数集, 称为指标集。

用映射表示 X_T, 有

$$X(t,\omega):T\times\Omega\to\mathbf{R}$$

即 $X(\cdot,\cdot)$ 是定义在 $T\times\Omega$ 上的二元单值函数, 固定 $t\in T,X(t,\cdot)$ 是定义在样本空间 Ω 上的函数, 即为一随机变量。对于 $\omega\in\Omega,X(\cdot,\omega)$ 是参数 $t\in T$ 的一般函数, 通常称 $X(\cdot,\omega)$ 为样本函数, 或

称为随机过程的一个实现, 或者说是一条轨道。记号 $X(t,\omega)$ 有时也写为 $X_t(\omega)$ 或简记为 $X(t)$ 或 X_t。

参数 $t \in T$ 一般表示时间或空间, 常见的参数集 T 有三种: ① T 为自然数集; ② T 为实数集; ③ $T=[a,b]$, 其中 a 可以取 $-\infty$ 或 0, b 可以取 $+\infty$。当 T 取可列集 (前两种情况) 时, 通常称 X_T 为随机序列。

设 $\{X(t), t \in T\}$ 是一随机过程。为了刻画它的概率特征, 通常要用到随机过程的均值函数、方差函数、协方差函数 (相关函数) 以及有限维分布函数族及特征函数等概念。以下是相关定义:

(1) 均值函数。随机过程 $\{X(t), t \in T\}$ 的均值函数定义为

$$m(t) = E[X(t)]$$

(2) 方差函数。随机过程 $\{X(t), t \in T\}$ 的方差函数定义为

$$D(t) = E\{[X(t)-m(t)]^2\}$$

(3) 协方差函数。随机过程 $\{X(t), t \in T\}$ 的协方差函数定义为

$$R(s,t) = \mathrm{cov}[X(s), X(t)]$$

(4) 相关函数。随机过程 $\{X(t), t \in T\}$ 的相关函数定义为

$$\rho(s,t) = \frac{\mathrm{cov}[X(s), X(t)]}{\sqrt{D(t)}\sqrt{D(s)}}$$

(5) 有限维分布族。设 $t_i \in T, 1 \leqslant i \leqslant n$ (n 为任意正整数), 记

$$F(t_1, t_2, \cdots, t_n; x_1, x_2, \cdots, x_n) = P[X(t_1) \leqslant x_1, X(t_2) \leqslant x_2, \cdots, X(t_n) \leqslant x_n]$$

其全体 $\{F(t_1, t_2, \cdots, t_n; x_1, x_2, \cdots, x_n), t_1, t_2, \cdots, t_n \in T, n \geqslant 1\}$ 称为随机过程 $\{X(t), t \in T\}$ 的有限维分布族。它具有以下两个性质:

(a) 对称性。对 $(1, 2, \cdots, n)$ 的任一排列 $(j_1, j_2, \cdots, j_n)$, 有

$$F(t_{j1}, t_{j2}, \cdots, t_{jn}; x_{j1}, x_{j2}, \cdots, x_{jn}) = F(t_1, t_2, \cdots, t_n; x_1, x_2, \cdots, x_n)$$

(b) 相容性。对 $m < n$, 有

$$F(t_1, \cdots, t_m, t_{m+1}, \cdots, t_n; x_1, \cdots, x_m, \infty, \cdots, \infty) = F(t_1, \cdots, t_m; x_1, \cdots, x_m)$$

(6) 特征函数。记

$$\begin{aligned}
&\phi(t_1, t_2, \cdots, t_n; \theta_1, \theta_2, \cdots, \theta_n) \\
&= E\{\exp\{i[\theta_1 X(t_1) + \cdots + \theta_n X(t_n)]\}\} \\
&= \int_{-\infty}^{+\infty} \cdots \int_{-\infty}^{+\infty} \exp[i(\theta_1 x_1 + \cdots + \theta_n x_n)] F(t_1, \cdots, t_n; \mathrm{d}x_1, \cdots, \mathrm{d}x_n)
\end{aligned}$$

称 $\phi(t_1,t_2,\cdots,t_n;\theta_1,\theta_2,\cdots,\theta_n),n\geqslant 1,t_1,t_2,\cdots,t_n\in T$ 为随机过程 $\{X(t),t\in T\}$ 的有限维特征函数族。

平稳随机过程是信号处理中经常研究的对象。一随机过程 X_T, 若对 $\forall\tau,t\in T,D[X(t)]$ 存在且 $E[X(t)]=m,\mathrm{cov}(X_t,X_{t+\tau})=R(\tau)$ 仅依赖 τ, 则称 X_T 为宽平稳过程, 即它的协方差不随时间推移而改变。若一随机过程 X_T, 对 $\forall t_1,t_2,\cdots,t_n\in T$ 及 $h>0,(X_{t_1},X_{t_2},\cdots,X_{t_n})$ 与 $(X_{t_1+h},X_{t_2+h},\cdots,X_{t_n+h})$ 有相同的联合分布, 则称该过程为严平稳过程。严平稳过程的一切有限维分布对时间的推移保持不变。特别地, $X(t),X(s)$ 的二维分布只依赖于 $t-s$。

附录 B　参数估计理论

参数估计与系统模型的辨识密切相关, 其主要基础是优化理论, 即被估计的参数应该在某种准则下是最优的, 以及如何获得最优的参数估计。下面对参数估计理论作简要介绍。

B.1　估计子的性能

首先介绍估计子的定义。

定义 B.1.1: 由 N 个样本获得的真实参数 $\theta_1,\cdots,\theta_p$ 的估计子是一个将 N 维样本空间 χ^N 映射为 p 维参数空间 Θ 的函数 T, 记作 $T:\chi^N\to\Theta$。

为方便计, 这里以 $p=1$ 为讨论对象。参数 θ 的估计子 $T(x_1,\cdots,x_N)$ 常简记为 $\widehat{\theta}=T(x_1,\cdots,x_N)$。估计子 $\widehat{\theta}$ 是用来近似参数 θ 的。无偏性、渐近无偏性及一致性是人们期望估计子具有的统计性能。

定义 B.1.2: 参数 θ 的估计子 $\widehat{\theta}$ 的偏差定义为该估计子误差的期望值, 即

$$b(\widehat{\theta})\overset{\text{def}}{=\!=}E(\widehat{\theta}-\theta)=E(\widehat{\theta})-\theta \tag{B-1-1}$$

若偏差 $b(\widehat{\theta})$ 等于零或 $E(\widehat{\theta})=\theta$, 即估计子的期望值等于真实参数, 则称估计子 $\widehat{\theta}$ 为无偏的。

定义 B.1.3: 若当样本长度 $N\to\infty$ 时, 偏差 $b(\widehat{\theta})\to 0$, 即

$$\lim_{N\to\infty}E(\widehat{\theta}_N)=\theta \tag{B-1-2}$$

则估计子 $\widehat{\theta}$ 是真实参数 θ 的渐近无偏估计, 其中 $\widehat{\theta}_N$ 表示由 N 个样本得到的估计子。

注意, 一个无偏的估计子一定是渐近无偏的, 但渐近无偏的估计子不一定是无偏的。在信号处理领域, 渐近无偏估计子比无偏估计子有更宽的应用范围。

偏差是误差的期望值, 但是偏差为零并不保证估计子误差取低值的概率就高, 评价估计子的小误差概率的指标称为一致性。

定义 B.1.4: 若 $N\to\infty$ 时该估计子以概率收敛为真实参数 θ, 即

$$\widehat{\theta}\xrightarrow{p}\theta,\ \text{当}\ N\to\infty \tag{B-1-3}$$

则将参数 θ 的估计子 $\widehat{\theta}$ 称为以概率与真实参数 θ 一致, 其中 $\xrightarrow{p}$ 表示以概率收敛。

以上三个性质描述的是当样本趋于无穷大时估计子的性能, 统称为大样本性能。对于只有 N 个数据的小样本, 则应采用其他标准。下面引入估计子的均方误差。

定义 B.1.5: 参数 θ 的估计子 $\widehat{\theta}$ 的均方误差 $M^2(\widehat{\theta})$ 定义为该估计子与真实参数的误差平方的期望值, 即

$$M^2(\widehat{\theta}) = E[(\widehat{\theta} - \theta)^2] \tag{B-1-4}$$

根据定义, 容易得到

$$\begin{aligned} M^2(\widehat{\theta}) &= E\left\{[\widehat{\theta} - E(\widehat{\theta}) + E(\widehat{\theta}) - \theta]^2\right\} \\ &= E\left\{[\widehat{\theta} - E(\widehat{\theta})]^2\right\} + E\left\{[E(\widehat{\theta}) - \theta]^2\right\} + \\ &\quad 2E\left\{[\widehat{\theta} - E(\widehat{\theta})][E(\widehat{\theta} - \theta)]\right\} \end{aligned} \tag{B-1-5}$$

令 $\text{var}(\widehat{\theta}) = E\left\{[\widehat{\theta} - E(\widehat{\theta})]^2\right\}$ 为估计子 $\widehat{\theta}$ 的方差。注意到 $E(\widehat{\theta} - \theta) = E(\widehat{\theta}) - \theta$ 是常数, 易知 $E\left\{[E(\widehat{\theta}) - \theta]^2\right\} = [E(\widehat{\theta}) - \theta]^2 = b^2(\widehat{\theta})$ 表示偏差 $E(\widehat{\theta}) - \theta$ 的平方。由于

$$\begin{aligned} E\left\{[\widehat{\theta} - E(\widehat{\theta})][E(\widehat{\theta} - \theta)]\right\} &= [E(\widehat{\theta}) - \theta]E\left[\widehat{\theta} - E(\widehat{\theta})\right] \\ &= [E(\widehat{\theta}) - \theta][E(\widehat{\theta}) - E(\widehat{\theta})] = 0 \end{aligned}$$

所以式 (B−1−5) 可简化为

$$M^2(\widehat{\theta}) = \text{var}(\widehat{\theta}) + b^2(\widehat{\theta}) \tag{B-1-6}$$

即估计子 $\widehat{\theta}$ 的均方误差 $M^2(\widehat{\theta})$ 等于其方差 $E\left\{[\widehat{\theta} - E(\widehat{\theta})]^2\right\}$ 与偏差 $E(\widehat{\theta} - \theta)$ 的平方之和。使用均方误差作为估计子误差的损失函数 (或称代价函数), 比只使用方差或偏差更为合理。根据均方误差的大小, 可以对 θ 的几种不同的估计子进行排队, 并比较它们之间的优劣。

定义 B.1.6: 若对所有 θ 恒有不等式

$$E\left[(\widehat{\theta}_1 - \theta)^2\right] \leqslant E\left[(\widehat{\theta}_2 - \theta)^2\right] \tag{B-1-7}$$

则称估计子 $\widehat{\theta}_1$ 优于估计子 $\widehat{\theta}_2$。

上式只能判断两个估计子之间的优劣, 并不能确定一个估计子在所有可能的估计子中是否为最优。在下一节将对这个问题进行讨论。

B.2 Fisher 信息与 Cramer − Rao 不等式

下面讨论, 在真实参数 θ 给定的情况下, 根据信号样本值 x 能够得到最优估计子所应该使用的评价标准。不妨将 x 当作随机变量看待, 现在对条件分布密度函数 $f(x|\theta)$ 的质量进行评估。这样一种评价测度称为随机变量 x 的品质函数 (score function)。

定义 B.2.1: 在真实参数 θ 已给定的条件下, 随机变量 x 的品质函数 V 定义为条件分布密度函数的对数 $\ln f(x|\theta)$ 相对于真实参数 θ 的偏导数, 即

$$V(x)=\frac{\partial}{\partial\theta}\ln f(x|\theta)=\frac{\dfrac{\partial}{\partial\theta}f(x|\theta)}{f(x|\theta)} \tag{B-2-1}$$

易知, 品质函数的均值为

$$\begin{aligned}E[V(x)]&=\int_{-\infty}^{+\infty}\frac{\dfrac{\partial}{\partial\theta}f(x|\theta)}{f(x|\theta)}f(x|\theta)\mathrm{d}x=\int_{-\infty}^{+\infty}\frac{\partial}{\partial\theta}f(x|\theta)\mathrm{d}x\\&=\frac{\partial}{\partial\theta}\int_{-\infty}^{+\infty}f(x|\theta)\mathrm{d}x=0\end{aligned} \tag{B-2-2}$$

上式利用了概率论中熟知的结果, 即 $\displaystyle\int_{-\infty}^{+\infty}f(x|\theta)\mathrm{d}x=1$。

由于品质函数的均值为零, 故其方差等于品质函数的二阶矩, 即 $\mathrm{var}[V(x)]=E[V^2(x)]$。品质函数的方差在评价无偏估计子性能时具有重要的意义。

定义 B.2.2: 品质函数的方差称为 Fisher 信息, 用 $J(\theta)$ 表示, 定义为

$$J(\theta)=E\left\{\left[\frac{\partial}{\partial\theta}\ln f(x|\theta)\right]^2\right\}=-E\left[\frac{\partial^2}{\partial\theta^2}\ln f(x|\theta)\right] \tag{B-2-3}$$

当考虑 N 个样本变量 $x_1,\cdots,x_n$ 时, 常用样本向量 $\boldsymbol{x}=(x_1,\cdots,x_n)$ 简记之。此时, 联合条件分布密度函数简记为

$$f(\boldsymbol{x}|\theta)=f(x_1,\cdots,x_N|\theta)$$

因此, N 个随机样本 $x_1,\cdots,x_N$ 的 Fisher 信息应定义为

$$J(\theta)=E\left\{\left[\frac{\partial}{\partial\theta}\ln f(\boldsymbol{x}|\theta)\right]^2\right\}=-E\left\{\frac{\partial^2}{\partial\theta^2}\ln f(\boldsymbol{x}|\theta)\right\} \tag{B-2-4}$$

Fisher 信息的意义可以用下面的定理来描述。

定理 B.2.1 (Cramer – Rao 不等式): 令 $\boldsymbol{x}=(x_1,\cdots,x_n)$ 为样本向量。若参数估计 $\widehat{\theta}$ 是真实参数 θ 的无偏估计, 并且 $\dfrac{\partial f(\boldsymbol{x}|\theta)}{\partial\theta}$ 和 $\dfrac{\partial^2 f(\boldsymbol{x}|\theta)}{\partial\theta^2}$ 存在, 则 $\widehat{\theta}$ 的均方误差所能达到的下界 (称为 Cramer – Rao 下界) 等于 Fisher 信息的倒数, 即

$$\mathrm{var}(\widehat{\theta})=E\left[(\widehat{\theta}-\theta)^2\right]\geqslant\frac{1}{J(\theta)} \tag{B-2-5}$$

式中, Fisher 信息 $J(\theta)$ 由式 (B – 2 – 3) 定义。不等式中等号成立的充分必要条件是

$$\frac{\partial}{\partial\theta}\ln f(\boldsymbol{x}|\theta)=K(\theta)(\widehat{\theta}-\theta) \tag{B-2-6}$$

式中, $K(\theta)$ 是 θ 的某个正函数, 并与样本 $x_1,\cdots,x_N$ 无关。

该定理的证明从略。

Cramer – Rao 下界是所有无偏估计子所能够达到的最低方差, 利用它可以定义最有效的估计子, 常简称为优效估计子。

定义 B.2.3: 无偏估计子 $\widehat{\theta}$ 称为是优效的, 若其方差达到 Cramer – Rao 下界, 即 $\mathrm{var}(\widehat{\theta}) = \dfrac{1}{J(\theta)}$。

当 $\widehat{\theta}$ 为有偏估计子时, 其 Cramer – Rao 不等式为

$$E\left[(\widehat{\theta}-\theta)^2\right] \geqslant \frac{\left[1+\dfrac{\mathrm{d}b(\theta)}{\mathrm{d}\theta}\right]^2}{E\left\{\left[\dfrac{\partial}{\partial\theta}\ln f(\boldsymbol{x}|\theta)\right]^2\right\}} \tag{B – 2 – 7}$$

式中, $b(\theta)$ 为估计子 $\widehat{\theta}$ 的偏差, 即 $E(\widehat{\theta}) = \theta + b(\theta)$, 并假定 $b(\theta)$ 是可微分的。

Fisher 信息是描述从观测数据得到 θ 的 "信息" 的测度。它给出了利用观测数据估计参数 θ 所引起的方差的下界。但需要注意的是, 满足这一下界的估计子有的时候可能并不存在。

对于多个参数 $\theta_1, \cdots, \theta_p$ 的情况, 记 $\boldsymbol{\theta} = [\theta_1, \cdots, \theta_p]^{\mathrm{T}}$, 则 Fisher 信息变成 Fisher 信息矩阵 $\boldsymbol{J}(\boldsymbol{\theta})$, 其元素 $J_{ij}(\boldsymbol{\theta})$ 定义为

$$J_{ij}(\boldsymbol{\theta}) = -\int_{-\infty}^{+\infty} f(x;\boldsymbol{\theta})\frac{\partial^2 \ln f(x;\boldsymbol{\theta})}{\partial\theta_i\partial\theta_j}\mathrm{d}x = -E\left[\frac{\partial^2 \ln f(x;\boldsymbol{\theta})}{\partial\theta_i\partial\theta_j}\right] \tag{B – 2 – 8}$$

且 Cramer – Rao 不等式变为矩阵不等式

$$\boldsymbol{\Sigma} \geqslant \boldsymbol{J}^{-1}(\boldsymbol{\theta}) \tag{B – 2 – 9}$$

式中, $\boldsymbol{\Sigma}$ 为 p 个无偏估计子 $\widehat{\theta}_1, \cdots, \widehat{\theta}_p$ 的协方差矩阵; $\boldsymbol{J}^{-1}(\boldsymbol{\theta})$ 是 Fisher 信息矩阵 $\boldsymbol{J}(\boldsymbol{\theta})$ 的逆矩阵。矩阵不等式 $\boldsymbol{\Sigma} \geqslant \boldsymbol{J}^{-1}(\boldsymbol{\theta})$ 的含义是 $\boldsymbol{\Sigma} - \boldsymbol{J}^{-1}(\boldsymbol{\theta})$为非负定矩阵。

B.3 Bayes 估计

当使用 $\widehat{\theta}$ 作为参数 θ 的估计时, 估计误差 $\theta - \widehat{\theta}$ 通常不为零。除了前面介绍的偏差、方差和均方误差等测度外, 也可以利用误差范围作为估计误差的测度。这样一种测度称为代价函数或损失函数, 用符号 $C(\widehat{\theta}, \theta)$ 表示。

定义 B.3.1: 令 θ 是属于参数空间 Θ 的某个参数, $\widehat{\theta}$ 是在决策或判定空间 A 中取值的一个估计, 称 $C(\widehat{\theta}, \theta)$ 为损失函数或代价函数, 若它是 $\widehat{\theta}$ 和 θ 二者的实值函数, 并且满足以下两个条件:

(1) 对所有 $\widehat{\theta} \in A$ 和 $\theta \in \Theta$, 恒有 $C(\widehat{\theta}, \theta) \geqslant 0$;

(2) 对每个 $\theta \in \Theta$ 至少在决策空间 A 内存在一个 $\widehat{\theta}$, 使得 $C(\widehat{\theta}, \theta) = 0$。

下面介绍三种常用的损失函数, 其中 $C(\widehat{\theta}, \theta)$ 为单个参数估计的损失函数, $C(\widehat{\boldsymbol{\theta}}, \boldsymbol{\theta})$ 为参数向量估计 $\boldsymbol{\theta}$ 的损失函数。

1) 绝对损失函数

$$C(\widehat{\theta}, \theta) = |\widehat{\theta} - \theta|, \quad \text{标量参数} \tag{B – 3 – 1}$$

$$C(\widehat{\boldsymbol{\theta}}, \boldsymbol{\theta}) = \|\widehat{\boldsymbol{\theta}} - \boldsymbol{\theta}\|, \quad \text{向量参数} \tag{B – 3 – 2}$$

式中, $\|\widehat{\boldsymbol{\theta}}-\boldsymbol{\theta}\|$ 为估计误差向量 $\widehat{\boldsymbol{\theta}}-\boldsymbol{\theta}$ 的范数。

2) 二次型损失函数

$$C(\widehat{\theta},\theta)=|\widehat{\theta}-\theta|^2,\quad \text{标量参数} \tag{B-3-3}$$

$$C(\widehat{\boldsymbol{\theta}},\boldsymbol{\theta})=\|\widehat{\boldsymbol{\theta}}-\boldsymbol{\theta}\|^2,\quad \text{向量参数} \tag{B-3-4}$$

3) 均匀损失函数

$$C(\widehat{\theta},\theta)=\begin{cases}0, & |\widehat{\theta}-\theta|<\varDelta\\ 1, & |\widehat{\theta}-\theta|\geqslant\varDelta\end{cases},\quad \text{标量参数} \tag{B-3-5}$$

$$C(\widehat{\boldsymbol{\theta}},\boldsymbol{\theta})=\begin{cases}0, & \|\widehat{\boldsymbol{\theta}}-\boldsymbol{\theta}\|<\varDelta\\ 1, & \|\widehat{\boldsymbol{\theta}}-\boldsymbol{\theta}\|\geqslant\varDelta\end{cases},\quad \text{向量参数} \tag{B-3-6}$$

容易理解, 损失函数是随机的。由于使用随机函数评价参数估计子并不方便, 所以有必要把它变成固定函数。为此, 通常取损失函数的数学期望值

$$R(\widehat{\theta},\theta)=E\left[C(\widehat{\theta},\theta)\right] \tag{B-3-7}$$

作为评价参数估计子性能的测度, 并称之为风险函数, 使风险函数 $R(\widehat{\theta},\theta)$ 最小的参数估计叫做 Bayes 估计。

下面分别讨论采用二次型和均匀损失函数时的 Bayes 估计。

1) 二次型损失函数

使二次型风险函数最小的估计称为最小均方误差 (minimum mean square error, MMSE) 估计。风险函数可写作

$$\begin{aligned}R_{\text{MMSE}}&=E\left[(\widehat{\theta}-\theta)^2\right]\\&=\int_{-\infty}^{+\infty}\cdots\int_{-\infty}^{+\infty}(\widehat{\theta}-\theta)^2 f(x_1,\cdots,x_N,\theta)\mathrm{d}x_1\cdots\mathrm{d}x_N\mathrm{d}\theta\end{aligned} \tag{B-3-8}$$

由概率论可知

$$\begin{aligned}f(x_1,\cdots,x_N,\theta)&=f(\theta|x_1,\cdots,x_N)f(x_1,\cdots,x_N)\\&=f(x_1,\cdots,x_N|\theta)f(\theta)\end{aligned} \tag{B-3-9}$$

式中, $f(\theta|x_1,\cdots,x_N)$ 是给定 N 个观测样本 $x_1,\cdots,x_N$ 情况下 θ 的后验分布密度函数。于是, 式 (B−3−8) 可以改为

$$\begin{aligned}R_{\text{MMSE}}=&\int_{-\infty}^{+\infty}\cdots\int_{-\infty}^{+\infty}\left[\int_{-\infty}^{+\infty}(\widehat{\theta}-\theta)^2 f(\theta|x_1,\cdots,x_N)\mathrm{d}\theta\right]\times\\&f(x_1,\cdots,x_N)\mathrm{d}x_1\cdots\mathrm{d}x_N\end{aligned} \tag{B-3-10}$$

式中的积分与分布密度函数 $f(x_1,\cdots,x_N)$ 是非负的。为使风险函数 R_{MMSE} 最小化, 求其相对于 $\widehat{\theta}$ 的偏导数, 并令结果为零, 则得到

$$\begin{aligned}\frac{\partial R_{\text{MMSE}}}{\partial\widehat{\theta}}&=\int_{-\infty}^{+\infty}\cdots\int_{-\infty}^{+\infty}\left[2\int_{-\infty}^{+\infty}(\widehat{\theta}-\theta)f(\theta|x_1,\cdots,x_N)\mathrm{d}\theta\right]f(x_1,\cdots,x_N)\mathrm{d}x_1\cdots\mathrm{d}x_N\\&=0\end{aligned}$$

由此得

$$\widehat{\theta}_{\mathrm{MMSE}}\int_{-\infty}^{+\infty}f(\theta|x_1,\cdots,x_N)\mathrm{d}\theta=\int_{-\infty}^{+\infty}\theta f(\theta|x_1,\cdots,x_N)\mathrm{d}\theta$$

又由于

$$\int_{-\infty}^{+\infty}f(\theta|x_1,\cdots,x_N)\mathrm{d}\theta=1$$

故参数 θ 的 MMSE 估计为

$$\begin{aligned}\widehat{\theta}_{\mathrm{MMSE}}&=\int_{-\infty}^{+\infty}\theta f(\theta|x_1,\cdots,x_N)\mathrm{d}\theta=\int_{-\infty}^{+\infty}\theta f(\theta|x_1,\cdots,x_N)\mathrm{d}\theta\\&=E(\theta|x_1,\cdots,x_N)\end{aligned}\qquad(\mathrm{B}-3-11)$$

上式说明, 采用二次型损失函数时, 未知参数 θ 的 Bayes 估计 $\widehat{\theta}_{\mathrm{MMSE}}$ 是给定样本 $x_1,\cdots,x_N$ 时 θ 参数的条件均值。

2) 均匀损失函数

均匀损失函数记作 $C_{\mathrm{unif}}(\widehat{\theta},\theta)$, 根据其定义, 易知

$$\begin{aligned}&\int_{-\infty}^{+\infty}C_{\mathrm{unif}}(\widehat{\theta},\theta)f(\theta|x_1,\cdots,x_N)\mathrm{d}\theta\\&=\int_{-\infty}^{+\infty}f(\theta|x_1,\cdots,x_N)\mathrm{d}\theta-\int_{\widehat{\theta}-\Delta}^{\widehat{\theta}+\Delta}f(\theta|x_1,\cdots,x_N)\mathrm{d}\theta\\&=1-\int_{\widehat{\theta}-\Delta}^{\widehat{\theta}+\Delta}f(\theta|x_1,\cdots,x_N)\mathrm{d}\theta\end{aligned}\qquad(\mathrm{B}-3-12)$$

因此, 均匀损失函数的风险函数为

$$\begin{aligned}R_{\mathrm{unif}}&=E\left[C_{\mathrm{unif}}(\widehat{\theta},\theta)\right]\\&=\int_{-\infty}^{+\infty}\cdots\int_{-\infty}^{+\infty}C_{\mathrm{unif}}(\widehat{\theta},\theta)f(\theta|x_1,\cdots,x_N)f(x_1,\cdots,x_N)\mathrm{d}x_1\cdots\mathrm{d}x_N\mathrm{d}\theta\\&=\int_{-\infty}^{+\infty}\cdots\int_{-\infty}^{+\infty}\left[\int_{-\infty}^{+\infty}C_{\mathrm{unif}}(\widehat{\theta},\theta)f(\theta|x_1,\cdots,x_N)\mathrm{d}\theta\right]f(x_1,\cdots,x_N)\mathrm{d}x_1\cdots\mathrm{d}x_N\end{aligned}$$

代入式 (B − 3 − 12), 则有

$$R_{\mathrm{unif}}=\int_{-\infty}^{+\infty}\cdots\int_{-\infty}^{+\infty}\left[1-\int_{\widehat{\theta}-\Delta}^{\widehat{\theta}+\Delta}f(\theta|x_1,\cdots,x_N)\mathrm{d}\theta\right]f(x_1,\cdots,x_N)\mathrm{d}x_1\cdots\mathrm{d}x_N\qquad(\mathrm{B}-3-13)$$

其最小化的条件为 $\dfrac{\partial R_{\mathrm{unif}}}{\partial\widehat{\theta}}=0$, 等价为

$$\frac{\partial}{\partial\widehat{\theta}}f(\theta|x_1,\cdots,x_N)=0\qquad(\mathrm{B}-3-14)$$

称为后验概率密度的最大化 (maximum of a posterior density, MAP), 所求得的参数估计记作 $\widehat{\theta}_{\mathrm{MAP}}$, 常简称为最大后验概率估计。

式 (B − 3 − 14) 可写作更常用的形式, 即

$$\frac{\partial}{\partial\theta}\ln f(\theta|x_1,\cdots,x_N)=0$$

将式 (B − 3 − 9) 代入上式, 可得

$$\frac{\partial}{\partial\theta}[\ln f(x_1,\cdots,x_N|\theta)+\ln f(\theta)-\ln f(x_1,\cdots,x_N)]=0 \tag{B − 3 − 15}$$

由于 $f(x_1,\cdots,x_N)$ 不含未知参数 θ, 且对任一均匀密度函数 $f(\theta)$ 恒有

$$\frac{\partial\ln f(\theta)}{\partial\theta}=0$$

故式 (B − 3 − 15) 可简化为

$$\frac{\partial}{\partial\theta}[\ln f(x_1,\cdots,x_N|\theta)]=0 \tag{B − 3 − 16}$$

由于 $\ln f(x_1,\cdots,x_N|\theta)$ 是观测样本 $x_1,\cdots,x_N$ 的 (对数) 似然函数, 故由式 (B − 3 − 16) 求得的参数估计也称最大似然估计, 记作 $\widehat{\theta}_{\mathrm{ML}}$。这说明, 在未知参数 θ 服从均匀分布的情况下, 采用均匀损失函数的 Bayes 估计与最大似然估计等价。

B.4　最大似然估计

令 $x_1,\cdots,x_N$ 是随机变量 x 的 N 个观测值, $\{f(x_1,\cdots,x_N|\theta),\theta\in\Theta\}$ 是给定参数 θ 情况下观测样本 $(x_1,\cdots,x_N)$ 的联合条件概率密度函数。假定联合条件概率密度函数存在且有界, 下面考虑未知 (固定) 参数 θ 的估计问题。当把联合条件分布密度函数 $f(x_1,\cdots,x_N|\theta)$ 视为真实参数 θ 的函数时, 常称之为似然函数。所谓似然函数, 就是包含未知参数 θ 信息的可能性函数。最大似然估计就是求似然函数 $f(x_1,\cdots,x_N|\theta)$ 最大化的估计值 $\widehat{\theta}$。利用数学符号, 将未知参数 θ 的最大似然估计记作

$$\widehat{\theta}_{\mathrm{ML}}=\arg\max_{\theta\in\Theta}f(x_1,\cdots,x_N|\theta) \tag{B − 4 − 1}$$

因此, 最大似然估计可看作是联合条件概率密度函数 $f(x_1,\cdots,x_N|\theta)$ 的全局极大点。

严格说来, $f(x_1,\cdots,x_N|\theta)$ 与观测样本 $x_1,\cdots,x_N$ 的任意函数相乘的结果都是似然函数, 在本书中, 只称联合条件概率密度函数 $f(x_1,\cdots,x_N|\theta)$ 本身为似然函数。

由于对数函数是严格单调的, 故 $f(x_1,\cdots,x_N|\theta)$ 与 $\ln f(x_1,\cdots,x_N|\theta)$ 的极大点一致。对数函数 $\ln f(x_1,\cdots,x_N|\theta)$ 称为对数似然函数, 常用来代替似然函数 $f(x_1,\cdots,x_N|\theta)$。在很多信号处理的文献中, 习惯将 $\ln f(x_1,\cdots,x_N|\theta)$ 简称为似然函数。为了后面书写的方便, 记

$$L(\theta)=\ln f(x_1,\cdots,x_N|\theta) \tag{B − 4 − 2}$$

于是, θ 的最大似然估计可以通过令

$$\frac{\partial L(\theta)}{\partial\theta}=0 \tag{B − 4 − 3}$$

求得。

在一般情况下, $\boldsymbol{\theta}$ 是一向量参数, 例如 $\boldsymbol{\theta}=[\theta_1,\cdots,\theta_p]^{\mathrm{T}}$, 则 p 个未知参数的最大似然估计 $\widehat{\theta}_{i,\mathrm{ML}}$ 由

$$\frac{\partial L(\boldsymbol{\theta})}{\partial\theta_i}=0,\quad i=1,\cdots,p \tag{B-4-4}$$

确定。若 $x_1,\cdots,x_N$ 是独立的观测样本, 则似然函数可写作

$$L(\boldsymbol{\theta})=\ln f(x_1,\cdots,x_N|\boldsymbol{\theta})=\ln[f(x_1|\boldsymbol{\theta})\cdots f(x_N|\boldsymbol{\theta})]=\sum_{i=1}^{N}\ln f(x_i|\boldsymbol{\theta}) \tag{B-4-5}$$

在这种情况下, 可以通过求解

$$\begin{cases}\dfrac{\partial L(\boldsymbol{\theta})}{\partial\theta_1}=\dfrac{\partial}{\partial\theta_1}\displaystyle\sum_{i=1}^{N}\ln f(x_i|\boldsymbol{\theta})\\ \qquad\vdots\\ \dfrac{\partial L(\boldsymbol{\theta})}{\partial\theta_p}=\dfrac{\partial}{\partial\theta_p}\displaystyle\sum_{i=1}^{N}\ln f(x_i|\boldsymbol{\theta})=0\end{cases} \tag{B-4-6}$$

分别求出 $\widehat{\theta}_{i,\mathrm{ML}},i=1,\cdots,p$。

最大似然估计具有以下性质:

(1) 最大似然估计一般不是无偏的, 但其偏差可以通过对估计值乘以某个合适的常数消除;

(2) 最大似然估计是一致估计;

(3) 最大似然估计给出优效估计, 如果它存在的话;

(4) 对于大的 N, 最大似然估计 $\widehat{\theta}_{\mathrm{ML}}$ 为一高斯分布, 并且其均值为 θ, 方差为

$$\frac{1}{N}\left\{E\left\{\frac{\partial}{\partial\theta}[f(x_1,\cdots,x_N|\theta)]^2\right\}\right\}^{-1}$$

B.5 线性均方估计

Bayes 估计和最大似然估计都需要一定先验知识, 但在许多情况下它们是未知的。本节介绍的线性均方估计不需要先验知识, 并且容易实现。

在线性均方 (linear mean squares, LMS) 估计中, 待定的参数估计子被表示为观测数据的线性加权和, 即

$$\widehat{\theta}_{\mathrm{LMS}}=\sum_{i=1}^{N}\omega_i x_i \tag{B-5-1}$$

式中, $\omega_1,\cdots,\omega_N$ 为待定的权系数。线性均方估计的原理就是使均方误差函数 $E[(\widehat{\theta}-\theta)^2]$ 最小。也就是说, 权系数 ω_i 通过下式确定:

$$\min E\left[(\widehat{\theta}-\theta)^2\right]=\min E\left[\left(\sum_{i=1}^{N}\omega_i x_i-\theta\right)^2\right]=\min E\left(e^2\right) \tag{B-5-2}$$

式中, $e=\widehat{\theta}-\theta$ 为估计误差。

求式 (B－5－2) 相对于 ω_k 的偏导, 并令结果等于零, 则有

$$\frac{\partial E(e^2)}{\partial \omega_k} = E\left(\frac{\partial e^2}{\partial \omega_k}\right) = 2E\left(e\frac{\partial e}{\partial \omega_k}\right) = 2E\left(ex_k\right) = 0$$

或

$$E\left(ex_k\right) = 0, \quad i = 1, \cdots, N \tag{B－5－3}$$

这一结果称为正交性原理。正交性原理可用文字叙述为: 当且仅当估计误差 e 正交于每一个给定的观测数据 x_i 时, 均方误差最小, 其中 $i = 1, \cdots, N$。

为了推导权系数的公式, 可将式 (B－5－3) 改写为

$$E\left[\left(\sum_{i=1}^{N} \omega_i x_i - \theta\right) x_i\right] = 0, \quad i = 1, \cdots, N \tag{B－5－4}$$

注意, 观测数据 $x_i, i = 1, \cdots, N$ 与参数 θ 是相关的, 故 $E\left(\theta x_i\right)$ 不能写作 $\theta E\left(x_i\right)$。

令

$$g_i = E\left(\theta x_i\right), \quad R_{ij} = E\left(x_i x_j\right)$$

则式 (B－5－4) 可简化为

$$\sum_{k=1}^{N} R_{ik}\omega_k = g_i, \quad i = 1, \cdots, N \tag{B－5－5}$$

这一方程称为法方程。若记

$$\boldsymbol{R} = \left[R_{ij}\right]_{i,j=1}^{N,N}$$
$$\boldsymbol{\omega} = \left[\omega_1, \cdots, \omega_N\right]^{\mathrm{T}}$$
$$\boldsymbol{g} = \left[g_1, \cdots, g_N\right]^{\mathrm{T}}$$

则式 (B－5－5) 可以简洁表示为

$$\boldsymbol{R\omega} = \boldsymbol{g} \tag{B－5－6}$$

其解为

$$\boldsymbol{\omega} = \boldsymbol{R}^{-1}\boldsymbol{g} \tag{B－5－7}$$

相关矩阵 $\boldsymbol{R}$ 的非奇异条件是, 观测样本 $x_1, \cdots, x_N$ 相互独立。

由于采用的是最小均方误差 (MMSE) 准则, 故线性均方估计本质上就是一种 MMSE 估计子。

B.6　最小二乘估计

最小二乘法最初是由德国科学家 Gauss 在测定谷神星的运行轨道时提出的, 它是一种不需要任何先验知识的参数估计方法。

假设未知参数向量为 $\boldsymbol{\theta} = \left[\theta_1, \cdots, \theta_p\right]^{\mathrm{T}}$, 在许多实际应用中通常建模为

$$\boldsymbol{A\theta} = \boldsymbol{b} \tag{B－6－1}$$

式中，$\boldsymbol{A}$ 和 $\boldsymbol{b}$ 分别是与观测数据有关的系数矩阵和向量，它们是已知的。这一数据模型可以分为三种情况讨论:

(1) 未知参数的个数与方程的个数相等，且矩阵 $\boldsymbol{A}$ 非奇异，这样式 (B－6－1) 称为适定方程 (well-determined equation)，有唯一解为 $\boldsymbol{\theta}=\boldsymbol{A}^{-1}\boldsymbol{b}$;

(2) 未知参数的个数多于方程的个数，即矩阵 $\boldsymbol{A}$ 是一个 "扁矩阵"(行数少于列数)，此时式 (B－6－1) 称为欠定方程 (under-determined equation);

(3) 未知参数的个数少于方程的个数，即矩阵 $\boldsymbol{A}$ 是一个 "高矩阵"(行数多于列数)，此时式 (B－6－1) 称为超定方程 (over-determined equation)，在谱估计、系统辨识等应用中的矩阵方程大多数都为超定方程，故本节主要讨论这种情况。

为了确定未知参数向量 $\boldsymbol{\theta}$ 的估计值 $\widehat{\boldsymbol{\theta}}$，可选择误差平方和为最小的准则，损失或代价函数 $\boldsymbol{J}$ 为

$$\boldsymbol{J}=\sum_{i=1}^{n}e_i^2=\boldsymbol{e}^{\mathrm{T}}\boldsymbol{e}=(\boldsymbol{A}\hat{\boldsymbol{\theta}}-\boldsymbol{b})^{\mathrm{T}}(\boldsymbol{A}\hat{\boldsymbol{\theta}}-\boldsymbol{b}) \tag{B－6－2}$$

所求的估计值称为最小二乘估计，记为 $\widehat{\boldsymbol{\theta}}_{\mathrm{LS}}$。将上式展开为

$$\boldsymbol{J}=\widehat{\boldsymbol{\theta}}^{\mathrm{T}}\boldsymbol{A}^{\mathrm{T}}\boldsymbol{A}\widehat{\boldsymbol{\theta}}+\boldsymbol{b}^{\mathrm{T}}\boldsymbol{b}-\widehat{\boldsymbol{\theta}}^{\mathrm{T}}\boldsymbol{A}^{\mathrm{T}}\boldsymbol{b}-\boldsymbol{b}^{\mathrm{T}}\boldsymbol{A}\widehat{\boldsymbol{\theta}} \tag{B－6－3}$$

对上式求关于未知参数 $\widehat{\boldsymbol{\theta}}$ 的偏导数，并令结果等于零，则有

$$\frac{\mathrm{d}\boldsymbol{J}}{\mathrm{d}\widehat{\boldsymbol{\theta}}}=2\boldsymbol{A}^{\mathrm{T}}\boldsymbol{A}\widehat{\boldsymbol{\theta}}-2\boldsymbol{A}^{\mathrm{T}}\boldsymbol{b}=0 \tag{B－6－4}$$

当矩阵 $\boldsymbol{A}^{\mathrm{T}}\boldsymbol{A}$ 非奇异时，由上式可得

$$\widehat{\boldsymbol{\theta}}_{\mathrm{LS}}=(\boldsymbol{A}^{\mathrm{T}}\boldsymbol{A})^{-1}\boldsymbol{A}^{\mathrm{T}}\boldsymbol{b}=\boldsymbol{A}^{+}\boldsymbol{b} \tag{B－6－5}$$

式中，$\boldsymbol{A}^{+}$称为广义逆矩阵。当矩阵 $\boldsymbol{A}^{\mathrm{T}}\boldsymbol{A}$ 奇异，即矩阵 $\boldsymbol{A}^{\mathrm{T}}\boldsymbol{A}$ 非满列秩时，由不同的 $\widehat{\boldsymbol{\theta}}$ 值均能得到相同的 $\boldsymbol{A}\widehat{\boldsymbol{\theta}}$ 值，因此无法区分对应于同一 $\boldsymbol{A}\widehat{\boldsymbol{\theta}}$ 值的各个不同的 $\widehat{\boldsymbol{\theta}}$ 值，故在这种情况下参数向量 $\widehat{\boldsymbol{\theta}}$ 是不可辨识的。

此外，若假定 $\boldsymbol{b}$ 是一个可以表示成 $\boldsymbol{b}=\boldsymbol{A}\boldsymbol{\theta}+\boldsymbol{e}$ 的随机向量，其中 $\boldsymbol{A}$ 为 $N\times p$ 维矩阵 $(N>p)$，其秩为 $p,\boldsymbol{\theta}$ 为一未知向量，而 $\boldsymbol{e}$ 为一误差向量，若其均值向量为 $\boldsymbol{E}(\boldsymbol{e})=0$，方差矩阵为 $\mathrm{var}(\boldsymbol{e})=\sigma^2\boldsymbol{I}$，其中 σ^2 未知，则有

$$E(\boldsymbol{b})=E(\boldsymbol{A}\boldsymbol{\theta})+E(\boldsymbol{e})=\boldsymbol{A}\boldsymbol{\theta}$$

所以

$$E(\widehat{\boldsymbol{\theta}}_{\mathrm{LS}})=(\boldsymbol{A}^{\mathrm{T}}\boldsymbol{A})^{-1}\boldsymbol{A}^{\mathrm{T}}E(\boldsymbol{\theta})=\boldsymbol{\theta}$$

即 $\widehat{\boldsymbol{\theta}}$ 是 $\boldsymbol{\theta}$ 的一个无偏估计量。下面来讨论 $\boldsymbol{\theta}$ 的最小二乘估计 $\widehat{\boldsymbol{\theta}}$ 是否为一个最优估计。

事实上，因为对于 $\boldsymbol{\theta}$ 的任一线性参数函数 $g(\boldsymbol{\theta})=\boldsymbol{M}^{\mathrm{T}}\boldsymbol{\theta}$，有 $E[g(\widehat{\boldsymbol{\theta}}_{\mathrm{LS}})]=\boldsymbol{M}^{\mathrm{T}}E(\widehat{\boldsymbol{\theta}}_{\mathrm{LS}})=\boldsymbol{M}^{\mathrm{T}}\boldsymbol{\theta}=g(\boldsymbol{\theta})$，即 $\boldsymbol{M}^{\mathrm{T}}\widehat{\boldsymbol{\theta}}$ 是 $\boldsymbol{M}^{\mathrm{T}}\boldsymbol{\theta}$ 的无偏估计量。一般地，若令 $\widehat{g}$ 是 $g(\boldsymbol{\theta})$ 的任一无偏估计量，由于线性关系，可令 $\widehat{g}=\boldsymbol{B}^{\mathrm{T}}\boldsymbol{b}$，于是就有

$$\boldsymbol{B}^{\mathrm{T}}\boldsymbol{A}\boldsymbol{\theta}=\boldsymbol{B}^{\mathrm{T}}E(\boldsymbol{b})=E(\boldsymbol{B}^{\mathrm{T}}\boldsymbol{b})=E(\widehat{g})=g(\boldsymbol{\theta})=\boldsymbol{M}^{\mathrm{T}}\boldsymbol{\theta}$$

这样可得 $\boldsymbol{B}^{\mathrm{T}}\boldsymbol{A}=\boldsymbol{M}^{\mathrm{T}}$。此外考虑方差有

$$\mathrm{var}(\widehat{g})=\mathrm{var}(\boldsymbol{B}^{\mathrm{T}}\boldsymbol{b})=\boldsymbol{B}^{\mathrm{T}}\mathrm{var}(\boldsymbol{b}\boldsymbol{B})=\sigma^2\boldsymbol{B}^{\mathrm{T}}\boldsymbol{B}$$

同理可得

$$\begin{aligned}\mathrm{var}(\boldsymbol{M}^{\mathrm{T}}\widehat{\boldsymbol{\theta}}_{\mathrm{LS}})&=\mathrm{var}[\boldsymbol{M}^{\mathrm{T}}(\boldsymbol{A}^{\mathrm{T}}\boldsymbol{A})^{-1}\boldsymbol{A}^{\mathrm{T}}\boldsymbol{b}]=\mathrm{var}(\boldsymbol{M}^{\mathrm{T}}\boldsymbol{A}^{-1}\boldsymbol{b})\\&=\sigma^2(\boldsymbol{M}^{\mathrm{T}}\boldsymbol{A}^{-1})(\boldsymbol{M}^{\mathrm{T}}\boldsymbol{A}^{-1})^{\mathrm{T}}=\sigma^2\boldsymbol{M}^{\mathrm{T}}(\boldsymbol{A}^{\mathrm{T}}\boldsymbol{A})^{-1}\boldsymbol{M}=\sigma^2\boldsymbol{B}^{\mathrm{T}}\boldsymbol{A}(\boldsymbol{A}^{\mathrm{T}}\boldsymbol{A})^{-1}\boldsymbol{A}^{\mathrm{T}}\boldsymbol{B}\end{aligned}$$

利用 Schwarz 不等式

$$\boldsymbol{B}^{\mathrm{T}}\boldsymbol{B}\geqslant(\boldsymbol{A}^{\mathrm{T}}\boldsymbol{B})^{\mathrm{T}}(\boldsymbol{A}^{\mathrm{T}}\boldsymbol{A})^{-1}\boldsymbol{A}^{\mathrm{T}}\boldsymbol{B} \tag{B-6-6}$$

即可得

$$\mathrm{var}(\boldsymbol{M}^{\mathrm{T}}\widehat{\boldsymbol{\theta}}_{\mathrm{LS}})\leqslant\mathrm{var}(\widehat{g}) \tag{B-6-7}$$

这就说明了当误差矢量的各个分量具有相同的方差且各个分量互不相关时, 最小二乘估计在方差最小意义下是最优的, 也即 Gauss – Markov 定理。

B.7 加权最小二乘估计

在上一节提到 Gauss – Markov 定理, 即当误差向量 $\boldsymbol{e}$ 的各个分量不仅具有相同的方差, 而且还不相关时, 最小二乘估计 $\widehat{\boldsymbol{\theta}}_{\mathrm{LS}}=(\boldsymbol{A}^{\mathrm{T}}\boldsymbol{A})^{-1}\boldsymbol{A}^{\mathrm{T}}\boldsymbol{b}$ 具有最小的估计方差, 因而是最优的。如果误差向量的各个分量具有不同的方差或者各个分量之间相关时, 最小二乘估计就不再有最小的估计方差, 因而估计结果也不是最优的了, 在这种情况下如何求出具有最小方差的估计子呢?

为了克服最小二乘估计的这一缺陷, 考虑改造其损失函数, 对其进行加权作为新的损失函数, 称为加权误差函数, 即

$$\boldsymbol{J}=\boldsymbol{e}^{\mathrm{T}}\boldsymbol{W}\boldsymbol{e} \tag{B-7-1}$$

式中, $\boldsymbol{W}$ 为加权矩阵。称使用该加权误差函数估计出的参数向量为加权最小二乘估计子, 记为 $\widehat{\boldsymbol{\theta}}_{\mathrm{WLS}}$。将式 (B – 7 – 1) 展开为

$$\begin{aligned}\boldsymbol{J}&=\boldsymbol{e}^{\mathrm{T}}\boldsymbol{W}\boldsymbol{e}=(\boldsymbol{b}-\boldsymbol{A}\boldsymbol{\theta})^{\mathrm{T}}\boldsymbol{W}(\boldsymbol{b}-\boldsymbol{A}\boldsymbol{\theta})\\&=\boldsymbol{b}^{\mathrm{T}}\boldsymbol{W}\boldsymbol{b}-\boldsymbol{\theta}^{\mathrm{T}}\boldsymbol{A}^{\mathrm{T}}\boldsymbol{W}\boldsymbol{b}-\boldsymbol{b}^{\mathrm{T}}\boldsymbol{W}\boldsymbol{A}\boldsymbol{\theta}+\boldsymbol{\theta}^{\mathrm{T}}\boldsymbol{A}^{\mathrm{T}}\boldsymbol{W}\boldsymbol{A}\boldsymbol{\theta}\end{aligned} \tag{B-7-2}$$

对上式求 $\boldsymbol{\theta}$ 的偏导数, 并令结果等于零, 可得

$$\frac{\mathrm{d}\boldsymbol{J}}{\mathrm{d}\boldsymbol{\theta}}=-2\boldsymbol{A}^{\mathrm{T}}\boldsymbol{W}\boldsymbol{b}+2\boldsymbol{A}^{\mathrm{T}}\boldsymbol{W}\boldsymbol{A}\boldsymbol{\theta}=0 \tag{B-7-3}$$

当 $\boldsymbol{A}^{\mathrm{T}}\boldsymbol{W}\boldsymbol{A}$ 是满秩矩阵时, 可得 $\boldsymbol{\theta}$ 的加权最小二乘估计为

$$\widehat{\boldsymbol{\theta}}_{\mathrm{WLS}}=(\boldsymbol{A}^{\mathrm{T}}\boldsymbol{W}\boldsymbol{A})^{-1}\boldsymbol{A}^{\mathrm{T}}\boldsymbol{W}\boldsymbol{b} \tag{B-7-4}$$

式中, 加权矩阵 $\boldsymbol{W}$ 是未知的, 下面讨论如何确定 $\boldsymbol{W}$。

为此, 假定 $\mathrm{var}(\boldsymbol{e})=\sigma^2\boldsymbol{V}$, 其中 $\boldsymbol{V}$ 是一正定矩阵, 这样必然存在非奇异矩阵 $\boldsymbol{P}$, 使得 $\boldsymbol{V}=\boldsymbol{P}\boldsymbol{P}^{\mathrm{T}}$, 记 $\boldsymbol{g}=\boldsymbol{P}^{-1}\boldsymbol{e},\boldsymbol{a}=\boldsymbol{P}^{-1}\boldsymbol{b}$, 于是使用 $\boldsymbol{P}^{-1}$ 左乘 $\boldsymbol{b}=\boldsymbol{A}\boldsymbol{\theta}+\boldsymbol{e}$ 可得

$$\boldsymbol{a}=\boldsymbol{P}^{-1}\boldsymbol{A}\boldsymbol{\theta}+\boldsymbol{g}=\boldsymbol{B}\boldsymbol{\theta}+\boldsymbol{g} \tag{B-7-5}$$

注意到

$$\mathrm{var}(\boldsymbol{g})=\boldsymbol{P}^{-1}\mathrm{var}(\boldsymbol{e})\boldsymbol{P}^{-\mathrm{T}}=\boldsymbol{P}^{-1}\sigma^2\boldsymbol{P}\boldsymbol{P}^{\mathrm{T}}\boldsymbol{P}^{-\mathrm{T}}=\sigma^2\boldsymbol{I} \tag{B-7-6}$$

该式表明, 新的误差向量 $\boldsymbol{g}=\boldsymbol{P}^{-1}\boldsymbol{e}$ 的各个分量是互不相关且具有相同的方差。式 (B－7－5) 刚好符合 Gauss – Markov 定理的要求, 故有

$$\widehat{\boldsymbol{\theta}}_{\mathrm{LS}}=(\boldsymbol{B}^{\mathrm{T}}\boldsymbol{B})^{-1}\boldsymbol{B}^{\mathrm{T}}\boldsymbol{a}=(\boldsymbol{A}^{\mathrm{T}}\boldsymbol{V}^{-1}\boldsymbol{A})^{-1}\boldsymbol{A}^{\mathrm{T}}\boldsymbol{V}^{-1}\boldsymbol{b} \tag{B-7-7}$$

上式是最优估计。比较式 (B－7－7) 与式 (B－7－4) 可知, 只要取

$$\boldsymbol{W}=\boldsymbol{V}^{-1} \tag{B-7-8}$$

即加权矩阵取作 $\boldsymbol{V}$ 的逆矩阵就可得到该最优估计, 其中 $\boldsymbol{V}$ 由 $\mathrm{var}(\boldsymbol{e})=\sigma^2\boldsymbol{V}$ 确定。

附录 C　统计性能分析

在信号处理领域中, 不可避免地会用到各种模型的参数估计及随机过程功率谱估计等方法。对于这些参数的估计值和功率谱估计值来说, 当数据的长度增加时, 即当 $N\to\infty$ 或者 $T\to\infty$ 时, 这些估计值如何变换? 它们是否收敛? 若收敛的话, 以何种条件收敛? 收敛于何值? 这些估计值是否有一定的统计规律, 即是否有渐近分布? 有什么样的渐近分布? 下面将逐一介绍。

假设 $X, X_n(n\geqslant 1)$ 是定义在概率空间 (Ω, F, P) 上的随机变量。其中, Ω 是一个基本事件空间, F 称为事件 σ 代数, 是 Ω 子集的 σ 场, P 为 F 的元素上的概率密度。

C.1　随机变量序列的收敛性定义

首先讨论随机变量的各种收敛性定义。

定义 C.1.1: 若

$$P\left(\lim_{n\to\infty} X_n=X\right)=1 \tag{C-1-1}$$

则称 X_n 依概率 1 (WP1) 收敛于 X。概率 1 收敛又叫几乎必然 (a.s.) 收敛、几乎处处收敛、强收敛等, 常记作 $X_n\xrightarrow{\mathrm{WP1}}X(n\to\infty)$, 或者 $P1-\lim\limits_{n\to\infty}X_n=X$, 或者 $X_n\xrightarrow{\mathrm{a.s.}}X(n\to\infty)$。若存在集 $A\in F, P(A)=0$, 当 $\omega\in A^c$(A^c 为 A 的补集) 时, 有

$$\lim_{m,n\to\infty}|X_n(\omega)-X_m(\omega)|=0 \tag{C-1-2}$$

则称 $\{X_n\}$ 是 Cauchy 几乎必然收敛的。

定理 C.1.1: 若 $\{X, X_n, n\geqslant 1\}$ 是随机变量序列, 那么, $X_n\xrightarrow{\mathrm{WP1}}X$ 的充要条件是 $\{X_n\}$ 为 Cauchy 几乎必然收敛。

证明: 先证必要性。设 $\omega\in A^c, A$ 为几乎必然收敛定义的零概率集, 则有

$$|X_m(\omega)-X_n(\omega)|\leqslant|X_m(\omega)-X(\omega)|+|X_n(\omega)-X(\omega)|\to 0,\quad m,n\to\infty$$

再证充分性。对于每一个 $\omega\in A^c$, 由于 $\{X_n(\omega)\}$ 是实 Cauchy 数列, 所以 $X(\omega)=\lim\limits_{n\to\infty}X_n(\omega)$。因 $P(A)=0$, 故 $X_n\xrightarrow{\text{WP1}}X$, 又由 $X_n(\omega)$ 的极限函数 $X(\omega)$ 是可测的, 所以 X 是一个随机变量。

定理 C.1.2: $X_n\xrightarrow{\text{WP1}}X$ 的充要条件是对任意 $\varepsilon>0$, 总有

$$\lim_{n\to\infty}P\left\{\bigcup_{m=n}^{+\infty}(|X_m-X|\geqslant\varepsilon)\right\}=0 \tag{C-1-3}$$

证明: 对任意 $\varepsilon>0$, 记

$$E_m(\varepsilon)=\{|X_m-X|\geqslant\varepsilon\},m\geqslant 1$$

因为

$$\{X_n\nrightarrow X,n\to\infty\}=\bigcup_{\varepsilon>0}\limsup_{n\to\infty}E_n(\varepsilon)=\bigcup_{\varepsilon>0}\left\{\bigcap_{n=1}^{+\infty}\bigcup_{m=n}^{+\infty}E_m(\varepsilon)\right\}$$

而且

$$P\left\{\limsup_{n\to\infty}E_n(\varepsilon)\right\}=\lim_{n\to\infty}P\left\{\bigcup_{m=n}^{+\infty}E_m(\varepsilon)\right\}$$

所以

$$\begin{aligned}X_n\xrightarrow{\text{WP1}}X&\Leftrightarrow\forall\varepsilon>0,\quad P\left\{\limsup_{n\to\infty}E_n(\varepsilon)\right\}=0\\&\Leftrightarrow\lim_{n\to\infty}P\left\{\bigcup_{m=n}^{+\infty}(|X_m-X|\geqslant\varepsilon)\right\}=0\end{aligned}$$

定义 C.1.2: 若对任意 $\varepsilon>0$, 有

$$\lim_{n\to\infty}P(|X_n-X|<\varepsilon)=1 \tag{C-1-4}$$

则称 X_n 依概率收敛于 X, 记作 $X_n\xrightarrow{P}X(n\to\infty)$, 或者 $P-\lim\limits_{n\to\infty}X_n=X$。

定义 C.1.3: 若存在 $r>0$, 有

$$\lim_{n\to\infty}E|X_n-X|^r=0 \tag{C-1-5}$$

则称 X_n 以 r 阶收敛于 X, 记作 $X_n\xrightarrow{r}X$, 或者 $L_r-\lim\limits_{n\to\infty}X_n=X$。对于 r 阶收敛, r 值越高, 条件越严格, 因此有

$$X_n\xrightarrow{s}X\Rightarrow X_n\xrightarrow{r}X,\quad 0<r<s \tag{C-1-6}$$

定义 C.1.4: 设 $X,X_n(n\geqslant 1)$ 各有分布函数为 $F(x)$ 和 $F_n(x)$, 若对 $F(x)$ 的每个连续点 x, 有

$$\lim_{n\to\infty}F_n(x)=F(x) \tag{C-1-7}$$

则称 X_n 依分布收敛于 X, 依分布收敛又叫弱收敛, 记作 $X_n\xrightarrow{d}X$, 或者 $d-\lim\limits_{n\to\infty}X_n=X$。

C.2 随机变量序列收敛性的相互关系

前面给出了四种收敛性的定义, 现在讨论它们之间的关系。前三种收敛性, 即收敛性 $\xrightarrow{\text{WP1}}$、$\xrightarrow{P}$ 和 $\xrightarrow{r}$ 都表示对于足够大的 n, X_n 和 X 彼此近似, 而最后一种收敛性, 即 $\xrightarrow{d}$ 与分布函数有关, 并不一定表示 X_n 和 X 是近似的。

定理 C.2.1: 若 $X_n \xrightarrow{\text{WP1}} X$, 则 $X_n \xrightarrow{P} X$。

证明: 可直接由定理 C.1.2 得到, 但是逆定理不一定成立。

定理 C.2.2: 若 $X_n \xrightarrow{r} X$, 则 $X_n \xrightarrow{P} X$。

证明: 引入指使函数 $I_S(x)$, 对任意集合 S, 指使函数定义为

$$I_S(x) = \begin{cases} 1, & x \in S \\ 0, & x \notin S \end{cases} \qquad (\text{C}-2-1)$$

利用上式, 对任意 $\varepsilon > 0$, 有

$$E|X_n - X|^r \geqslant E[|X_n - X|^r I(|X_n - X| > \varepsilon)] \geqslant \varepsilon^r P(|X_n - X| > \varepsilon)$$

因此

$$P(|X_n - X| > \varepsilon) \leqslant \varepsilon^{-r} E|X_n - X|^r \to 0, \quad 当\ n \to \infty$$

即

$$\lim_{n\to\infty} P(|X_n - X| < \varepsilon) = 1$$

得证。

定理 C.2.3: 若 $X_n \xrightarrow{P} X$, 则 $X_n \xrightarrow{d} X$。

证明: 略。

定理 C.2.4: 若对任意 $\varepsilon > 0$, 有

$$\sum_{n=1}^{+\infty} P(|X_n - X| \geqslant \varepsilon) < \infty \qquad (\text{C}-2-2)$$

则 $X_n \xrightarrow{\text{WP1}} X$。

证明: 在给定 $\varepsilon > 0$ 时, 式 (C − 2 − 2) 与式 (C − 1 − 3) 等价, 故 $X_n \xrightarrow{\text{WP1}} X$。

定理 C.2.5: 若 $X_n \xrightarrow{P} X$, 且 $|X_n| \leqslant |Y|, \forall n$ 依概率 1 成立, $E|Y|^r < \infty$, 则 $X_n \xrightarrow{r} X$。

证明： 由于 $|X_n| \leqslant |Y|, \forall n$ 依概率 1 成立，知 $|X_n - X| \leqslant |X| + |X_n| \leqslant 2|Y|$。给定 $\varepsilon > 0$，由于 $E|Y|^r < \infty$，所以存在有限常数 $A_\varepsilon > \varepsilon$ 使得 $E[|Y|^T I(2|Y| > A_\varepsilon)] \leqslant \varepsilon$，于是有

$$E|X_n - X|^r = E[|X_n - X|^r I(|X_n - X| > A_\varepsilon)] + E[|X_n - X|^r I(|X_n - X| \leqslant A_\varepsilon)] + \\ E[|X_n - X|^r I(\varepsilon < |X_n - X| \leqslant A_\varepsilon)] \leqslant E[2|Y|^r I(2|Y| > A_\varepsilon)] + \varepsilon^r + \\ A_\varepsilon^r P(|X_n - X| > \varepsilon) \leqslant 2^r \varepsilon + \varepsilon^r + A_\varepsilon^r P(|X_n - X| > \varepsilon)$$

由于 $\lim\limits_{n\to\infty} P(|X_n - X| > \varepsilon) = 0$，所以对 $n \to \infty$，上式左边小于 $2^r\varepsilon + \varepsilon^r$，即 $E|X_n - X|^r \to 0$，亦即 $X_n \xrightarrow{r} X$。

由前面的定理可以看出，随机变量序列的四种收敛性之间有如图 C.2.1 所示的关系。

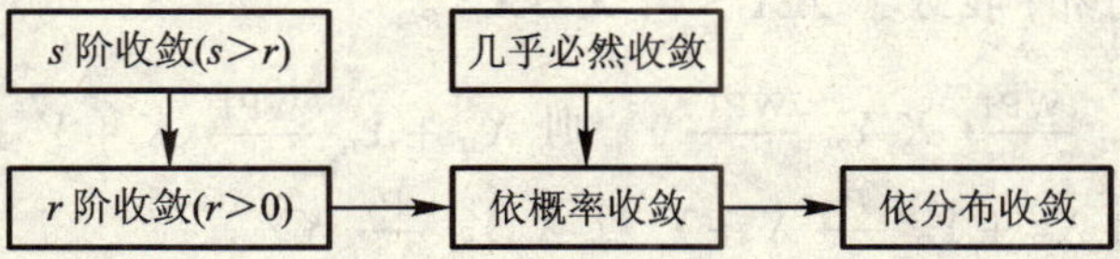

图 C.2.1　四种收敛性的关系图

C.3　随机变量序列收敛性的拓展

前面讨论了随机变量的四种收敛性的定义以及它们之间的关系，现在讨论两个随机变量之间的收敛性关系以及变换序列的收敛性。

定理 C.3.1 (Slutsky 定理)：若 $X_n \xrightarrow{d} X, Y_n \xrightarrow{P} c, c$ 为有限常数，则

$$X_n + Y_n \xrightarrow{d} X + c \tag{C-3-1}$$

$$X_n Y_n \xrightarrow{d} cX \tag{C-3-2}$$

$$X_n / Y_n \xrightarrow{d} X/c, \quad c \neq 0 \tag{C-3-3}$$

推论 C.3.1: 若 $X_n \xrightarrow{P} c, c$ 为有限常数，则等价于 $X_n \xrightarrow{d} c$。

将以上结果进行推广，可得到两个随机向量之间的收敛性关系。

定理 C.3.2: 若对任意整数 $N \geqslant 1$，设 $\boldsymbol{X}_N, \boldsymbol{Y}_N$ 是随机向量，并令 $\boldsymbol{\alpha}, \boldsymbol{\beta}$ 为常数向量，则

$$\boldsymbol{X}_N \xrightarrow{d} \boldsymbol{\alpha}, \boldsymbol{Y}_N \xrightarrow{P} 0 \Rightarrow \boldsymbol{X}_N^{\mathrm{T}} \boldsymbol{Y}_N \xrightarrow{P} 0 \tag{C-3-4}$$

$$\boldsymbol{X}_N \xrightarrow{P} \boldsymbol{\alpha}, \boldsymbol{Y}_N \xrightarrow{P} \boldsymbol{\beta} \Rightarrow \boldsymbol{X}_N^{\mathrm{T}} \boldsymbol{Y}_N \xrightarrow{P} \boldsymbol{\alpha}^{\mathrm{T}} \boldsymbol{\beta} \tag{C-3-5}$$

$$|\boldsymbol{X}_N - \boldsymbol{Y}_N| \xrightarrow{P} 0, \boldsymbol{Y}_N \xrightarrow{d} \boldsymbol{\beta} \Rightarrow \boldsymbol{X}_N \xrightarrow{d} \boldsymbol{\beta} \tag{C-3-6}$$

下面讨论在给定一个函数 $\boldsymbol{g}$ 的情况下，$\boldsymbol{g}(\boldsymbol{X}_N)$ 与 $\boldsymbol{g}(\boldsymbol{X})$ 的收敛关系。已知自变量在某种收敛意义下有 $\boldsymbol{X}_N \to \boldsymbol{X}$。

定理 C.3.3: 若 $\boldsymbol{X}$ 和 $\boldsymbol{X}_N(N \geqslant 1)$ 是定义在一概率空间上的 m 维随机列向量, 并令 $\boldsymbol{g}$ 是定义在 $\mathbf{R}^m$ 上的向量 Borel 函数, 并假定 $\boldsymbol{g}$ 依概率 1 连续, 则

$$\boldsymbol{X}_N \xrightarrow{\text{WP1}} \boldsymbol{X} \Rightarrow \boldsymbol{g}(\boldsymbol{X}_N) \xrightarrow{\text{WP1}} \boldsymbol{g}(\boldsymbol{X}) \tag{C-3-7}$$

$$\boldsymbol{X}_N \xrightarrow{P} \boldsymbol{X} \Rightarrow \boldsymbol{g}(\boldsymbol{X}_N) \xrightarrow{P} \boldsymbol{g}(\boldsymbol{X}) \tag{C-3-8}$$

$$\boldsymbol{X}_N \xrightarrow{d} \boldsymbol{X} \Rightarrow \boldsymbol{g}(\boldsymbol{X}_N) \xrightarrow{d} \boldsymbol{g}(\boldsymbol{X}) \tag{C-3-9}$$

推论 C.3.2: 设 $\boldsymbol{X}_N$ 为 m 维随机行向量, 依概率 1(或者依概率, 或者依分布) 收敛于 m 维随机行向量 $\boldsymbol{X}$, 令 $\boldsymbol{A}$ 和 $\boldsymbol{B}$ 分别为 $k \times m$ 和 $m \times m$ 维矩阵, 则 $\boldsymbol{A}\boldsymbol{X}_N^{\mathrm{T}}$ 和 $\boldsymbol{X}_N\boldsymbol{B}\boldsymbol{X}_N^{\mathrm{T}}$ 必定依概率 1(或者依概率, 或者依分布) 收敛于 $\boldsymbol{A}\boldsymbol{X}^{\mathrm{T}}$ 和 $\boldsymbol{X}\boldsymbol{B}\boldsymbol{X}^{\mathrm{T}}$。

推论 C.3.3: 若 $X_n \xrightarrow{\text{WP1}} X, Y_n \xrightarrow{\text{WP1}} Y$, 则 $X_n + Y_n \xrightarrow{\text{WP1}} X + Y$ 且 $X_nY_n \xrightarrow{\text{WP1}} XY$; 若 $X_n \xrightarrow{P} X, Y_n \xrightarrow{P} Y$, 则 $X_n + Y_n \xrightarrow{P} X + Y$ 且 $X_nY_n \xrightarrow{P} XY$。

C.4　随机变量序列的渐近正态性

前面讨论了依分布收敛, 其最特殊的情况是由正态分布的收敛性组成。

定义 C.4.1: 设 $\{X_n\}$ 是任意的随机变量序列, $\{\mu_n\}$ 和 $\{\sigma_n\}$ 为两个常数序列, 若对充分大的 n, 有 $\sigma_n > 0$, 并且

$$\frac{X_n - \mu_n}{\sigma_n} \xrightarrow{d} N(0,1) \tag{C-4-1}$$

则称该随机变量序列 $\{X_n\}$ 是渐近正态的, 记 X_n 为 $AN(\mu_n, \sigma_n), AN$ 是渐近正态的英文缩写。根据推论 C.3.2, 结合渐近正态的定义, 并将随机变量推广至随机向量可得以下两个推论。

推论 C.4.1: 设 m 维随机向量 $\boldsymbol{X} \sim N(\boldsymbol{\mu}, \boldsymbol{C})$, 其中 $\boldsymbol{X} = [X_1, X_2, \cdots, X_m]^{\mathrm{T}}, \mu = [\mu_1, \mu_2, \cdots, \mu_m]^{\mathrm{T}} = [EX_1, EX_2, \cdots, EX_m]^{\mathrm{T}}, \boldsymbol{C}$ 是 $\boldsymbol{X}$ 的协方差矩阵。若存在 m 维随机向量 $\boldsymbol{X}_N$ 使得 $\boldsymbol{X}_N \xrightarrow{d} \boldsymbol{X}$ 或写作 $\boldsymbol{X}_N \xrightarrow{d} N(\boldsymbol{\mu}, \boldsymbol{C}), \boldsymbol{A}$ 为 $k \times m$ 维矩阵, 则由于 $\boldsymbol{A}\boldsymbol{X} \sim N(\boldsymbol{A}\boldsymbol{\mu}, \boldsymbol{A}\boldsymbol{C}\boldsymbol{A}^{\mathrm{T}})$, 有 $\boldsymbol{A}\boldsymbol{X} \xrightarrow{d} N(\boldsymbol{A}\boldsymbol{\mu}, \boldsymbol{A}\boldsymbol{C}\boldsymbol{A}^{\mathrm{T}})$。

推论 C.4.2: 若 $\boldsymbol{X}_N$ 是 $AN(\boldsymbol{\mu}, \boldsymbol{C}_n)$, 且 $\boldsymbol{C}_n \to 0$, 则 $\boldsymbol{X}_N \xrightarrow{P} \boldsymbol{\mu}$。

C.5　样本均值的统计性能

为了便于讨论时间序列样本均值的收敛性, 这里先给出大数定律的定义。在概率论与数理统计中, 一切关于大量随机现象之平均结果稳定性的定理, 统称为大数定律。按收敛性的不同, 又分为弱大数定律和强大数定律。

假设 $\{X_n, n \geqslant 1\}$ 是定义在概率空间 (Ω, F, P) 上的随机变量, 而且它们都有有穷的数学期望 $\{EX_n, n \geqslant 1\}$。

定义 C.5.1: 若

$$P-\lim_{n\to\infty}\left[\frac{1}{n}\sum_{i=1}^{n}X_i-\frac{1}{n}\sum_{i=1}^{n}EX_i\right]=0 \tag{C-5-1}$$

则称随机变量序列 $\{X_n\}$ 服从弱大数定律。 特别地, 当 $\{X_n\}$ 为独立同分布, 且 $EX_n=\mu, n\geqslant 1$, 则上式简化为

$$P-\lim_{n\to\infty}\frac{1}{n}\sum_{i=1}^{n}X_i=\mu \tag{C-5-2}$$

定义 C.5.2: 若

$$\lim_{n\to\infty}\left[\frac{1}{n}\sum_{i=1}^{n}X_i-\frac{1}{n}\sum_{i=1}^{n}EX_i\right]=0 \tag{C-5-3}$$

则称随机变量序列 $\{X_n\}$ 服从强大数定律。特别地, 当 $\{X_n\}$ 为独立同分布, 且 $EX_n=\mu, n\geqslant 1$, 则上式简化为

$$P\{\lim_{n\to\infty}\frac{1}{n}\sum_{i=1}^{n}X_i=\mu\}=1 \tag{C-5-4}$$

当 $\{X_n\}$ 为独立同分布随机变量序列时, 样本均值估计的强大数定律如下所述。

定理 C.5.1 (Kolmogorov 强大数定律 1): 令 $\{X_n\}$ 为独立同分布, 当且仅当 $EX_n=\mu, n\geqslant 1$ 存在时, 样本均值服从强大数定律, 即

$$\frac{1}{n}\sum_{i=1}^{n}X_i\xrightarrow{\text{WP1}}\mu \tag{C-5-5}$$

在该定理中, 若放松独立同分布的条件, 则其代价为假设方差存在且随 n 增加而增加, 即有下面的定理。

定理 C.5.2 (Kolmogorov 强大数定律 2): 令 $\{X_n\}$ 独立, 且具有均值 $EX_n=\mu_n, n\geqslant 1$ 和方差 $\sigma_n^2=E(X_n-\mu_n)^2$, 若级数 $\sum\limits_{n=1}^{+\infty}\frac{\sigma_n^2}{n^2}<\infty$, 则

$$\frac{1}{n}\sum_{i=1}^{n}X_i-\frac{1}{n}\sum_{i=1}^{n}\mu_i\xrightarrow{\text{WP1}}0 \tag{C-5-6}$$

即随机变量序列 $\{X_n\}$ 服从强大数定律。

由以上论述, 可以写出两个双边无穷阶 MA 过程的大数定律。

定理 C.5.3 (双边无穷阶 MA 的弱大数定律): 令 $\{X_n\}$ 是一个双边无穷阶 MA 过程, 即

$$X_n=\sum_{i=-\infty}^{+\infty}\alpha_i Y_{n-i} \tag{C-5-7}$$

式中, $\{Y_n\}$ 是一个均值为 μ 的独立同分布的过程, 且 $\sum\limits_{i=-\infty}^{+\infty}|\alpha_i|<\infty$, 那么

$$\overline{X}_n=\frac{1}{n}\sum_{j=1}^{n}X_j\xrightarrow{P}\left(\sum_{i=-\infty}^{+\infty}\alpha_i\right)\mu \tag{C-5-8}$$

如果将条件限制得更严格一点, 则可得双边无穷阶 MA 过程 $\{X_n\}$ 的样本均值服从强大数定律。

定理 C.5.4 (双边无穷阶 MA 的强大数定律): 令 $\{X_n\}$ 是由式 (C-5-7) 定义的一个双边无穷阶 MA 过程, 其中 $\{Y_n\}$ 是一个均值为零的独立同分布的过程, 且 $\sum\limits_{i=-\infty}^{+\infty}|\alpha_i|<\infty$, 那么

$$\overline{X}_n\xrightarrow{\text{WP1}}\left(\sum_{i=-\infty}^{+\infty}\alpha_i\right)\mu \tag{C-5-9}$$

由于 $\{Y_n\}$ 独立, 从上式可以看出 $\left(\sum\limits_{i=-\infty}^{+\infty}\alpha_i\right)\mu$ 实际上就是 $\{X_n\}$ 的样本均值依概率 1 收敛的总体均值。

下面讨论样本均值的分布收敛特性。由概率论知道, 凡是在一定条件下断定随机变量之和的极限分布是正态分布的定理皆称为中心极限定理。下面由 m 相依的定义给出中心极限定理。

定义 C.5.3 (m 相依): 若对每一个 n, 随机序列 $\{X_k,k\leqslant n\}$ 与 $\{X_k,k\geqslant n+m+1\}$ 是相互独立的, 则称严格平稳随机序列 $\{X_n\}$ 是 m 相依的。

定理 C.5.5 (Lindeberg – Levy 定理): 设 $\{X_n\}$ 独立同分布, 其均值和方差分别为 μ 和 σ^2, 而且 $\overline{X}_n=(X_1+X_2+\cdots+X_n)/n$, 则 $\overline{X}_n$ 为 $AN(\mu,\sigma^2/n)$。

定理 C.5.6 (m 相依严格平稳序列的中心极限定理): 设 $\{X_n\}$ 为严格平稳 m 相依的随机序列, 均值为零, 协方差为 C, 且 $v_m=C(0)+2\sum\limits_{i=1}^{m}C(i)$, 则 $\overline{X}_n$ 是 $AN(0,v_m/n)$。

定理 C.5.7 (双边无穷阶 MA 过程的中心极限定理): 设 $\{X_n\}$ 为一平稳过程, 即

$$X_n=\mu+\sum_{i=-\infty}^{+\infty}\alpha_iY_{n-i} \tag{C-5-10}$$

式中, $\{Y_n\}$ 是一个均值为零、方差为 σ^2 的独立同分布过程, $\sum\limits_{i=-\infty}^{+\infty}|\alpha_i|<\infty$, $\sum\limits_{i=-\infty}^{+\infty}\alpha_i\neq 0$。记 $\{X_n\}$ 的协方差为 C, 且 $v=\sum\limits_{i=-\infty}^{+\infty}C(i)=\sigma^2\left(\sum\limits_{i=-\infty}^{+\infty}\alpha_i\right)^2$, 则 $\overline{X}_n$ 是 $AN(\mu,v/n)$。

C.6 样本自相关的统计性能

上一节讨论了样本均值即一阶统计量的估计值的统计性能, 下面开始分析样本自相关即二阶统计量估计值的统计性能。由定理 C.5.4 知道, 对于双边无穷阶 MA 过程即一般的 ARMA 过程 $\{X_t\}$, 其样本均值服从强大数定律。这样, 序列 $\{X_t - \overline{X}_n\}$ 依概率 1 等价于序列 $\{X_t - \mu_X\}$。设 $\{X_t\}$ 为一时间序列过程, 其自相关函数假定为 $R(\tau) = EX_tX_{t+\tau}$, 自相关函数的估计量采用有偏估计子

$$\widehat{R}_n(\tau) = \frac{1}{n}\sum_{t=1}^{n-\tau} X_t X_{t+\tau}, \quad 0 \leqslant \tau \leqslant n-1 \tag{C-6-1}$$

由随机过程的均方遍历定理知道, 若 $\lim\limits_{n\to\infty}\sum\limits_{\tau=0}^{n-1} R^2(\tau) = 0$ 时, 有

$$\lim_{n\to\infty} E[\widehat{R}_n(\tau) - R(\tau)]^2 = 0 \tag{C-6-2}$$

该式表明样本自相关与总体自相关的逼近程度。1961 年, Parzen 证明了更进一步的关系, 见下面定理。

定理 C.6.1: 若 $\{X_t\}$ 是零均值的弱平稳时间序列, 则有

$$P\left[\lim_{n\to\infty} \widehat{R}_n(\tau) = R(\tau)\right] = 1, \quad \tau = 0, 1, \cdots \tag{C-6-3}$$

或者

$$\widehat{R}_n(\tau) \xrightarrow{\text{WP1}} R(\tau), \quad \tau = 0, 1, \cdots \tag{C-6-4}$$

如果 $\{X_t\}$ 是四阶弱平稳的, 且满足

$$\frac{1}{n}\sum_{i=0}^{n-1} R^2(i) \leqslant cn^{-q}, \quad \forall n \tag{C-6-5}$$

和

$$\frac{1}{n}\left|\sum_{i=0}^{n-v-1} c_4(v, i, v+i)\right|^2 \leqslant cn^{-q}, \quad \forall n \tag{C-6-6}$$

式中, c 和 q 为正的常数; $c_4(v_1, v_2, v_3)$ 为 $\{X_t\}$ 的四阶累量。上述两个式子也可等价表示为

$$\sum_{\tau=-\infty}^{+\infty} |R(\tau)| < \infty \tag{C-6-7}$$

和

$$\sum_{v_1, v_2, v_3=-\infty}^{+\infty} |c_4(v_1, v_2, v_3)| < \infty \tag{C-6-8}$$

下面讨论样本自相关函数的协方差的渐近性能。由协方差的性质知道

$$\text{cov}\{\widehat{R}_n(k), \widehat{R}_n(l)\} = E\{\widehat{R}_n(k)\widehat{R}_n(l)\} - E\{\widehat{R}_n(k)\}E\{\widehat{R}_n(l)\} \tag{C-6-9}$$

式中, $k \geqslant 0, l \geqslant 0$。当 $\widehat{R}_n(\tau)$ 由有偏的估计子式 (C－6－1) 给定时, 上式变为

$$\operatorname{cov}\{\widehat{R}_n(k), \widehat{R}_n(l)\} = \frac{1}{n^2} E\left\{\sum_{i=1}^{n-k}\sum_{j=1}^{n=l} X_i X_{i+k} X_j X_{j+l}\right\} - \left(1-\frac{k}{n}\right)\left(1-\frac{l}{n}\right) R(k)R(l) \tag{C－6－10}$$

式中, 利用了关系 $E\{\widehat{R}_n(k)\} = \dfrac{n-k}{n} R(k)$。早在 1918 年, Isserlis 就得出二次分布的关系式

$$E\{X_i X_{i+k} X_j X_{j+l}\} = E\{X_i X_{i+k}\}E\{X_j X_{j+l}\} + E\{X_i X_j\}E\{X_{i+k} X_{j+l}\} + E\{X_i X_{j+l}\}E\{X_{i+k} X_j\} \tag{C－6－11}$$

式中, $\{X_t\}$ 为零均值高斯分布的时间序列。下面将 $E\{X_t X_{t+k}\} = R(k)$ 和上式代入式 (C－6－10) 可得

$$\operatorname{cov}\{\widehat{R}_n(k), \widehat{R}_n(l)\} = \frac{1}{n^2}\sum_{i=1}^{n-k}\sum_{j=1}^{n=l}\{R(j-i)R(j-i+l-k) + R(j-i+l)R(j-i-k)\} \tag{C－6－12}$$

对上式作变量替换 $m = j - i$, 上式变为

$$\operatorname{cov}\{\widehat{R}_n(k), \widehat{R}_n(l)\} = \frac{1}{n}\sum_{m=-(n-k)+1}^{n-l-1}\left\{\left(1-\frac{l+|m|}{n}\right)R(m)R(m+l-k) + R(m+l)R(m-k)\right\} \tag{C－6－13}$$

当 $n \to \infty$ 时, 上式中的求和上下限变为 $-\infty$ 和 ∞。因此由上式可得

$$\lim_{n\to\infty} n\operatorname{cov}\{\widehat{R}_n(k), \widehat{R}_n(l)\} = \sum_{m=-\infty}^{+\infty}\{R(m)R(m+l-k) + R(m+l)R(m-k)\} \tag{C－6－14}$$

该式可以用 $R(k)$ 的傅里叶变换来表示, 设 $\{X_t\}$ 的功率谱为 $P(\lambda)$, 则根据卷积定理有

$$\sum_{m=-\infty}^{+\infty} R(m)R(m+l-k) = \frac{1}{2\pi}\int_{-\pi}^{\pi} P^2(\lambda)\exp[\mathrm{j}(l-k)\lambda]\mathrm{d}\lambda \tag{C－6－15}$$

$$\sum_{m=-\infty}^{+\infty} R(m-k)R(m+l) = \frac{1}{2\pi}\int_{-\pi}^{\pi} P^2(\lambda)\exp[\mathrm{j}(l+k)\lambda]\mathrm{d}\lambda \tag{C－6－16}$$

将这两式代入式 (C－6－14) 有

$$\lim_{n\to\infty} n\operatorname{cov}\{\widehat{R}_n(k), \widehat{R}_n(l)\} = \frac{1}{2\pi}\int_{-\pi}^{\pi} P^2(\lambda)\{\exp[\mathrm{j}(l+k)\lambda] + \exp[\mathrm{j}(l+k)\lambda]\}\mathrm{d}\lambda \tag{C－6－17}$$

该式为样本自相关的渐近协方差的另一种表达形式。在 1961 年, Parzen 除证明了定理 C.6.1, 还得出了关于零均值 $\{X_t\}$ 的另一个定理。

定理 C.6.2: 若 $\{X_t\}$ 是零均值的四阶弱平稳时间序列, 且具有绝对可和的自相关和四阶累量函数, 即式 (C−6−7) 和式 (C−6−8) 成立, 则这样的样本自相关函数 $\widehat{R}_n(\tau)$ 具有下面的渐近协方差:

$$\lim_{n\to\infty} n\mathrm{cov}\{\widehat{R}_n(k),\widehat{R}_n(l)\} = \sum_{m=-\infty}^{+\infty}\{R(m)R(m+l+k)+ R(m)R(m+k-l)+c_4(k,m,m+l)\} \tag{C−6−18}$$

或者对于具有功率谱密度函数 $P(\lambda)$ 的线性过程, 有

$$\lim_{n\to\infty} n\mathrm{cov}\{\widehat{R}_n(k),\widehat{R}_n(l)\} = \frac{1}{\pi}\int_{-\pi}^{\pi}P^2(\lambda)\cos(k\lambda)\cos(l\lambda)\mathrm{d}\lambda + \frac{r_4}{2\pi\sigma^4}\int_{-\pi}^{\pi}\int_{-\pi}^{\pi}P(\lambda_1)P(\lambda_2)\cos(k\lambda_1)\cos(l\lambda_2)\mathrm{d}\lambda_1\mathrm{d}\lambda_2 \tag{C−6−19}$$

式中, $k\geqslant 0, l\geqslant 0; r_4$ 和 σ^2 为产生 $\{X_t\}$ 的独立同分布激励噪声的四阶累量和方差。

Brockwell 和 Davis 在 1987 年证明了对于双边无穷阶 MA 过程, 即一般的 ARMA 过程, 其样本自相关估计向量是渐近正态的。

定理 C.6.3: 若 $\{X_n\}$ 是双边无穷阶 MA 过程, 即

$$X_n = \sum_{i=-\infty}^{+\infty}\alpha_i Y_{n-i} \tag{C−6−20}$$

式中, $\{Y_n\}$ 是一个均值为零、方差为 σ^2 的独立同分布过程, $\sum\limits_{i=-\infty}^{+\infty}|\alpha_i|<\infty, EY_n^4<\infty$, 则 $[\widehat{R}_n(0),\widehat{R}_n(1),\cdots,\widehat{R}_n(\tau)]^{\mathrm{T}}$ 是 $AN([R(0),R(1),\cdots,R(\tau)]^{\mathrm{T}},v/n)$, 其中 v 是 $(\tau+1)\times(\tau+1)$ 维协方差矩阵, 等于式 (C−6−18) 或式 (C−6−19) 的右端, 变量 k 和 l 为 $k,l=0,1,\cdots,\tau$。

参考文献

[1] 杨虎, 刘琼荪, 钟波. 数理统计. 北京: 高等教育出版社, 2004.

[2] 张贤达. 现代信号处理. 北京: 清华大学出版社, 2002.

[3] 陆传赉. 现代信号处理导论. 北京: 北京邮电大学出版社, 2003.

郑重声明

反盗版举报电话：(010) 58581897/58581896/58581879

传　　真：(010) 82086060

E - mail：dd@hep.com.cn

通信地址：北京市西城区德外大街4号

高等教育出版社打击盗版办公室

邮　　编：100011

购书请拨打电话：(010)58581118